HANDBUCH DER LEBENSMITTELCHEMIE

HERAUSGEGEBEN VON

L. ACKER · K.-G. BERGNER · W. DIEMAIR · W. HEIMANN
F. KIERMEIER · J. SCHORMÜLLER · S. W. SOUCI

GESAMTREDAKTION

J. SCHORMÜLLER

BAND V/1. TEIL

KOHLENHYDRATREICHE LEBENSMITTEL

SPRINGER-VERLAG BERLIN HEIDELBERG GMBH 1967

KOHLENHYDRATREICHE LEBENSMITTEL

BEARBEITET VON

L. ACKER · A. TH. CZAJA · H. DUISBERG · J. EVENIUS · A. FINCKE
E. FOCKE · R. FRANCK · G. GRAEFE · R. KAUTZMANN · J. KLOSE
E. LOESER · A. MENGER · W. PELZ · M. ROHRLICH · A. ROTSCH
F. SCHNEIDER · A. SCHULZ · B. THOMAS · H. VIERMANN
L. WASSERMANN · W. ZOBERST

SCHRIFTLEITUNG

L. ACKER

MIT 389 TEILS FARBIGEN ABBILDUNGEN UND 7 TAFELN MIT 63 EINZELBILDERN

SPRINGER-VERLAG BERLIN HEIDELBERG GMBH 1967

ISBN 978-3-662-34266-4   ISBN 978-3-662-34537-5 (eBook)
DOI 10.1007/978-3-662-34537-5

Library of Congress Catalog Card Number 65-18301

Titel Nr. 5581

Inhaltsverzeichnis

Mikroskopische Untersuchung der Stärkemehle und Müllerei-Erzeugnisse. Von Prof. Dr.
    A. TH. CZAJA, Aachen. (Mit 187 teils farbigen Abbildungen und 7 Tafeln mit 63 Ein-

Brot, Backwaren und Hilfsmittel für die Bäckerei

Speiseeis

Inhaltsübersicht Band V, Teil 2: Obst, Gemüse, Kartoffeln, Pilze

Frisches Obst. Von Dr. H. DREWS, Berlin

Obstdauerwaren

A. Tiefgefrorenes Obst. Von Dipl.-Ing. J. GUTSCHMIDT, Karlsruhe
B. Obst in Dosen und Gläsern. Von Dr.-Ing. A.S. KOVACS, Hamburg
C. Trockenobst, einschl. gefriergetrocknetes Obst und Obstpulver. Von Dr. K. HERRMANN, Stuttgart
D. Früchte in Dickzucker. Von Dr. K. HERRMANN, Stuttgart

Obsterzeugnisse

A. Konfitüren, Marmeladen, Gelees, Muse und verwandte Erzeugnisse sowie Halberzeugnisse. Von Dr. K. HERRMANN, Stuttgart
B. Fruchtsäfte, Süßmoste, Konzentrate, Fruchtmuttersäfte und Obstsirupe. Von Dr. K. HERRMANN, Stuttgart
C. Fruchtsaftgetränke und sonstige alkoholfreie Erfrischungsgetränke. Von Reg.-Chemiedirektor E. BENK, Sigmaringen

Mikroskopische Untersuchung von Obst u. Obsterzeugnissen. Von Prof. Dr. A.TH.CZAJA, Aachen

Frischgemüse. Von Dr. P. NEHRING, Braunschweig

Gemüsedauerwaren

A. Tiefgefrorenes Gemüse. Von Dipl.-Ing. J. GUTSCHMIDT, Karlsruhe
B. Gemüse in Dosen und Gläsern. Von Dr. P. NEHRING, Braunschweig
C. Eingesäuertes Gemüse. Von Dr. F. MARTENS, Esslingen/Neckar
D. Trockengemüse. Von Dr. K. HERRMANN, Stuttgart
E. Tomatensäfte und andere Tomatenprodukte sowie andere Gemüsesäfte. Von Dr. K. HERRMANN, Stuttgart

Kartoffeln und Kartoffel-Erzeugnisse. Von Prof. Dr. H. MOHLER und Dr. H. SULSER, Zürich

Pilze und Pilzdauerwaren. Von Dr. W. BÖTTICHER, München

Mikroskopische Untersuchung der Gemüse, Salate, Küchenkräuter und Speisepilze. Von Prof. Dr. A. TH. CZAJA, Aachen

Die mikrobiologische Erzeugung von Nahrungsmitteln. Von Prof. Dr. F. REIFF, Ludwigshafen

Sachverzeichnis

Verzeichnis der Mitarbeiter

Prof. Dr. rer. nat. LUDWIG ACKER,
Institut für Lebensmittel-Chemie der
Universität,
44 Münster/Westf., Piusallee 7

Prof. Dr. phil. ALPHONS THEODOR CZAJA,
Botanisches Institut der Technischen
Hochschule,
51 Aachen, Hainbuchenstraße 20

Dr. phil. nat. HERWARTH DUISBERG,
Chemiker,
28 Bremen, Mommsenstraße 38

Dr. phil. JOACHIM EVENIUS,
31 Celle, Danziger Straße 9 A

Dr. rer. nat. ALBRECHT FINCKE, Dipl.-Chem.
507 Bergisch-Gladbach, Refrather Weg 22

ELIDA FOCKE, Technische Assistentin,
31 Celle, Speicherstraße 7

Prof. Dr. phil. nat. RUDI FRANCK, Bundesgesundheitsamt, Max-von-Pettenkofer-
Institut,
1 Berlin 33, Unter den Eichen 82—84

Dr. rer. nat. GERD GRAEFE, Dipl.-Chem.,
2 Hamburg-Blankenese, Oesterleystr. 11

Dr.-Ing. ROBERT KAUTZMANN,
Karl Berthold Benecke-Institut für Hefe-
forschung,
75 Karlsruhe, Kornblumenstr. 13

Dr. rer. pol. JOACHIM KLOSE,
53 Bonn, Baumschulallee 2

Dr.-Ing. ERWIN LOESER,
8 München 22, Widenmayerstraße 50

Dr. phil. ANITA MENGER, Bundesforschungsanstalt für Getreideverarbeitung in Berlin
und Detmold,
493 Detmold, Am Schützenberg 9

Oberchemierat Dr. W. PELZ, Chemisches
Lebensmitteluntersuchungsamt der Stadt,
53 Bonn, Immenburgstraße 20

Prof. Dr. phil. MATEI ROHRLICH, Bundesforschungsanstalt für Getreideverarbeitung
in Berlin und Detmold,
1 Berlin 65, Seestraße 11

Dr. rer. nat. ALFRED ROTSCH, Bundesforschungsanstalt für Getreideverarbeitung
in Berlin und Detmold,
493 Detmold, Am Schützenberg 9

Prof. Dr. phil. FERDINAND SCHNEIDER,
Institut für landwirtschaftliche Technologie und Zuckerindustrie an der Technischen Hochschule,
33 Braunschweig, Langer Kamp 5

Dipl.-Br.-Ing. ADOLF SCHULZ, Bundesforschungsanstalt für Getreideverarbeitung
in Berlin und Detmold,
493 Detmold, Vor den Eichen 2

Prof. Dr. phil. BERTHOLD THOMAS,
Fakultät für Landbau der Technischen
Universität Berlin,
1 Berlin-Nikolassee, Rolandstraße 12

Dr. phil. HERBERT VIERMANN,
8 München 19, Winthirplatz 1

Dr. rer. nat. LUDWIG WASSERMANN,
7911 Gerlenhofen, Krs. Neu-Ulm,
Am Bahndamm 262

Dr. rer. nat. WERNER ZOBERST,
Karl Berthold Benecke-Institut für Hefe-
forschung,
75 Karlsruhe, Kornblumenstraße 13

Getreide und Getreidemahlprodukte

Von

Prof. Dr. **M. Rohrlich** und Priv.-Doz. Dr. **B. Thomas**, Berlin

Mit 23 Abbildungen

A. Getreide

I. Stellung des Getreides in der menschlichen Ernährung, Erzeugung, Verbrauch (Statistik)

1. Allgemeine Bedeutung und Nährwert

Unter dem Begriff Getreide werden Gräser einjähriger Vegetationsdauer zusammengefaßt, deren Samen haltbar und nährstoffreich sind. Dabei handelt es sich um verschiedene Arten, Sorten und Varietäten der Gattungen Weizen, Roggen, Gerste, Hafer, Reis, Mais und Hirse; in der Praxis wird auch Buchweizen dazu gerechnet (vgl. S. 12).

Die Getreidefrüchte bilden zu allen Zeiten der Erdgeschichte eine der wichtigsten Quellen für die Ernährung von Mensch und Haustier. In der Verzehrsmenge stehen sie unter allen Lebensmitteln an vorderster Stelle. Ihre Bedeutung verdanken sie in erster Linie ihrer stofflich vielseitigen Zusammensetzung und ihrer Haltbarkeit. Die meisten Getreidefrüchte bedürfen nur geringer Ergänzungen, um den Nahrungsbedarf des Menschen und vieler Haustiere sicherzustellen. Im Rahmen einer gemischten, verfeinerten Kost wird die Hauptbedeutung des Getreides als Nahrungsmittel in seinem hohen Gehalt an Kohlenhydraten, Eiweiß, verschiedenen Mineralstoffen, hochwertigem Öl, Spurenelementen, Vitaminen der B-Gruppe und Vitamin E gesehen.

Neben dem Nährstoffreichtum haben auch verschiedene andere Vorzüge dazu beigetragen, dem Getreide überall in der Welt einen besonderen Platz zu sichern. Getreide ist im ausgereiften Zustand wasserarm, enthält also im Gegensatz zu den meisten anderen Nahrungsrohstoffen wertvolle Nährstoffe in relativ konzentrierter Form. Diese Konzentrierung bedeutet Raumersparnis für Lagerung und Transport. Die Anforderungen an die Lagerhaltung sind dank des geringen Wassergehaltes relativ einfach. Getreide zeichnet sich daher durch gute Lagerfähigkeit aus und erlaubt eine systematische Vorratspflege ohne merkliche Verluste über mehrere Jahre.

Aus Getreide läßt sich ein mundfertiges, begrenzte Zeit haltbares Lebensmittel herstellen, das Brot. Nach Überlieferungen aus dem alten Ägypten beherrschte der Mensch schon vor 6000 Jahren die Technik, Brot zu backen. Bis Ende des vorigen Jahrhunderts, d. h. bis zum Beginn der modernen Lebensmittelindustrie, hat es nur wenige mundfertige Nahrungsmittel gegeben, die hinsichtlich des Nährstoffreichtums, des niedrigen Preises und der Unabhängigkeit von der Jahreszeit mit dem Brot konkurrieren konnten. Darin mag auch etwas von der Bedeutung liegen, die dem Brot als Grundnahrungsmittel zukommt.

Es hängt von der Art der Verarbeitung oder der Zubereitung ab, ob die Nahrungsmittel aus Getreide alle wertvollen Inhaltsstoffe des rohen Kornes enthalten. In der müllerischen Verarbeitung sind die Werteinbußen durch das Mahlen gering, durch das Sichten, je nach dem Grad der Kleieabtrennung, unter Umständen sehr groß. In der Bäckerei können Wertverluste an hitzeempfindlichen Substanzen (Verringerung der resorbierbaren Lysinmenge und anderer Aminosäuren, Rückgang der Vitamine B_1, Pantothensäure, B_6 u. a.) eintreten.

Getreide ist, für sich allein verzehrt oder verfüttert, nicht in der Lage, Wachstum und gesunde Entwicklung auf lange Zeit zu gewährleisten; zu seiner Ergänzung sind neben Vitaminen und Mineralstoffen einige essentielle Aminosäuren notwendig. Die biologische Wertigkeit des Eiweißes der einzelnen Getreidearten ist unterschiedlich. Werden die verschiedenen Getreidearten in der Reihenfolge der biologischen Wertigkeit geordnet, dann stehen Hafer und Roggen an der Spitze, Mais am Ende dieser Reihe (D. B. JONES u. Mitarb. 1948). Das Eiweiß des Mehlkörpers (Endosperm) hat eine geringere biologische Wertigkeit als das des vollen Kornes, hauptsächlich bedingt durch einen geringen Lysingehalt (limitierende Aminosäure; H. CHICK 1942). Auch der Hitzeeinfluß beim Backen, Rösten, Toasten usw. kann sich in Abhängigkeit von Feuchtigkeit, Temperaturhöhe und -dauer nachteilig auswirken.

Die Unterschiede im Nährwert zwischen Weizen und Roggen sind nicht bedeutend: Weizen enthält u. a. z. B. ca. 15% mehr Eiweiß, ca. 40% mehr Vitamin B_1 und ca. 10% mehr Calcium als Roggen; Roggen dagegen ca. 30% mehr Vitamin B_2, 50% mehr Eisen und Eiweiß von höherer biologischer Wertigkeit als Weizen. Weizen wird in Deutschland zum überwiegenden Teil (55%) zu den wirkstoffarmen Weißmehltypen 405 und 550, Roggen zum überwiegenden Teil (44%) zu den wirkstoffreicheren Typen 1150 und 1370 sowie zu 19% zu Vollkornmehl ausgemahlen (Tab. 1). Wenn Roggen, wie in Deutschland, höher ausgemahlen wird als Weizen, trägt sein Verzehr zur reichhaltigeren Versorgung mit Wirkstoffen bei. Die Mehlausbeute hat 1962 in deutschen Handelsmühlen 79,4% für Weizen und 82,6% für Roggen betragen. Roggenbrot zeichnet sich durch größeren Geschmacksreichtum und größeres Sättigungsvermögen gegenüber dem Weizenbrot aus, doch ist die Herstellung von gutem Roggenbrot wegen der umständlichen Sauerteigführung schwieriger als die von gutem Weizenbrot.

Tabelle 1. *Anteil der Typen an der Mehlherstellung 1962/63 in der Bundesrepublik Deutschland* (in %)[1]

Weizen		Roggen	
Type	Anteil in %	Type	Anteil in %
2000	0,3	1800	19,1
1700	0,6	1740	0,5
1600	4,2	1550	0
1200	0,7	1370	11,9
1050	16,2	1320	0
812	8,7	1150	32,0
630	2,8	1100	0,1
550	42,5	997	27,5
405	16,1	815	8,6
Dunst	3,5	610	0,3
Grieß	4,4		
	100,0		100,0

[1] Statistisches Jahrbuch über Ernährung, Landwirtschaft und Forsten der Bundesrepublik Deutschland 1963, S. 173.

Zu den einfachsten, ältesten und meist verbreiteten Formen der Zubereitung des Getreides gehört das Einweichen oder Einquellen der Körner in Wasser mit und ohne Erhitzen. Für diese Form eines Breigerichtes werden von Spelzen befreite ganze oder grob zerkleinerte Körner genommen. Für drei Fünftel der Erdbewohner bildet noch heute *Brei* die Hauptnahrung, nur zwei Fünftel sind Brotesser.

Der gebackene Brei aus fein zerkleinertem Korn bildet den Übergang zum Brot. Flaches Brot — Fladenbrot — läßt sich aus mehlartig zerkleinerten Teilen

Tabelle 2. *Getreideerträge 1962/63 in den Kontinenten der Erde* (in Millionen t)[1]

	Weizen	Reis	Mais	Gerste	Hirse	Hafer	Roggen	Getreide zus.
Europa	61,8	1,6	22,8	32,4	0,1	17,6	15,7	152,0
Nord- und Zentral- amerika	46,6	4,1	101,1	13,3	13,4	22,5	1,3	202,3
Südamerika	7,9	7,7	16,8	1,0	1,3	0,7	0,2	35,6
Asien	34,4	138,4	13,4	13,0	18,7	0,6	0,7	219,2
Afrika	5,8	5,2	14,6	2,9	15,9	0,2	—	44,5
Ozeanien	8,6	0,2	0,2	1,0	0,3	1,3	—	11,6
Erde	262,9	247,4	217,5	100,1	72,5	50,8	34,9	986,1

[1] Production Yearbook FAO **17**, S. 35 (1963).

Tabelle 3. *Weizenerzeugung der wichtigsten Länder der Erde* (in 1000 t)[1]

	Durchschnitt	
	1950—1959	1963
Kanada	12675	19690
USA	29800	30800
Mexiko	1215	1780
Nordamerika insgesamt	43700	52300
Frankreich	9750	9570
BR Deutschland . . .	3775	4850
Italien	8975	8100
Spanien	4500	4650
Großbritannien . . .	2770	2950
Westeuropa insgesamt[2]	35740	36340
DDR	1145	1240
Polen	2285	2900
Rumänien	3225	4000
Jugoslawien	2775	3945
Osteuropa insgesamt[2] .	14750	17000
UdSSR—Europa+ Asien	52000	40800
China	24500	—
Iran	2610	2900
Türkei	6200	7900
Indien	8980	11500
Pakistan	3625	4200
Asien insgesamt[2] . . .	51445	54300
Algerien	1265	1450
Ägypten	1465	1715
Marokko	970	1200
Afrika insgesamt[2] . .	5300	6400
Argentinien	6145	7100
Südamerika insgesamt	8790	8400
Australien	4580	8360
Welt insgesamt[2] . . .	216500	224000

[1] Nach US. Dept. of Agriculture, 1964.
[2] einschl. nicht aufgeführter Länder

Tabelle 4. *Roggenerzeugung 1962/63 der wichtigsten Länder der Erde* (in Millionen t)[1]

UdSSR	16,9
Polen	6,7
BR Deutschland . . .	3,0
DDR	1,7
USA	1,0
Tschechoslowakei . . .	0,9
Türkei	0,7
Dänemark	0,5
Österreich	0,5
Spanien	0,4
Frankreich	0,4
Niederlande	0,3
Argentinien	0,2
Ungarn	0,2

[1] Production Yearbook FAO **17**, S. 39 (1963).

aller Getreidearten herstellen; gelockertes Laibbrot fordert vom Mehl bestimmte teigbildende Eigenschaften, wie Dehnbarkeit, Zähigkeit u. a. Diese Eigenschaften besitzen Mehle aus Weizen und Roggen, die daher unter dem Begriff *Brotgetreide* zusammengefaßt werden.

In den hochindustrialisierten und mit Vorräten gegen Mißernten gut versorgten Ländern wird mit steigendem Lebensstandard den hellen, niedrig ausgemahlenen Mehlen der Vorzug gegeben. Ihre besseren Lager- und Backeigenschaften passen sich den modernen Produktionsformen und teilweise auch den modernen Verbraucherwünschen besser an. Diese Tendenz hat eine Konzentrierung der Produktionsbedürfnisse auf die verschiedensten Backwaren aus Weizen auf Kosten anderer Getreidearten, auch des Roggens, zur Folge. Erhöhter Produktionsaufwand und Unsicherheit in der Brotqualität sind weitere Ursachen für die Zurückdrängung des Roggens.

Die Bedeutung des Getreides läßt sich an der Tatsache erkennen, daß 70 % des Kohlenhydrat-, 53 % des Eiweiß- und 15 % des Fettverzehrs der ganzen Welt aus

Tabelle 5. *Getreideerzeugung der EWG-Länder, Durchschnitt 1961—1963*[1]

	Bundesrepublik Deutschland	Frankreich	Italien	Niederlande	Belgien	Luxemburg
Hektar-Erträge (dz/ha[2])						
Weizen	32,9	26,6	19,5	42,3	37,6	22,4
Roggen	25,5	14,2	15,8	28,7	29,3	20,3
Gerste	29,5	26,5	13,4	39,7	36,2	25,2
Hafer	28,6	19,3	14,0	36,9	33,4	23,4
Erntemenge (Millionen t)						
Weizen	4,50	10,92	8,64	0,54	0,79	0,04
Roggen	2,90	0,35	0,09	0,32	0,12	0,01
Gerste	3,34	6,14	0,28	0,40	0,46	0,02
Hafer	2,19	2,62	0,58	0,44	0,42	0,04

[1] Statistisches Jahrbuch über Ernährung, Landwirtschaft und Forsten der Bundesrepublik Deutschland 1963, S. 319.
[2] dz = Doppelzentner = 100 kg.

Getreideprodukten stammen. In der Bundesrepublik Deutschland wurden 1960/61 45 % der Kohlenhydrate, je 25 % der Eiweiß- und Eisen- und 16 % der Vitamin B_1-Versorgung durch Getreideerzeugnisse gedeckt (W. Wirths 1963).

2. Erzeugung und Verbrauch (Statistik)

Die wichtigsten Getreidefrüchte im Weltmaßstab sind Reis und Weizen. Weizen nimmt unter allen Getreidearten die größte Anbaufläche der Erde ein.

Über Erzeugung und Anbau der einzelnen Getreidearten geben die Tab. 2—4 Auskunft. In der mengenmäßigen Erzeugung stehen Reis und Weizen auf fast der gleichen Höhe, doch ist dem Weizen auf Grund seiner weltweiten Anbaumöglichkeiten größere Bedeutung einzuräumen. Die Anbaugebiete der übrigen Getreidepflanzen sind demgegenüber aus klimatischen Gründen begrenzt: Reis auf die subtropischen Sumpfgebiete, Mais auf subtropische Trockengebiete, Hirse auf kontinentale Trockengebiete, Hafer auf milde maritime Klimagebiete und Roggen auf trockene Gebiete unter gemäßigtem Klima.

Tabelle 6. *Roggen- und Weizenanteil am Mehlkonsum in der Bundesrepublik Deutschland* (in %) (nach H. Dörner 1954)

	Roggen	Weizen
1893/94	67	33
1900/01	61	39
1910/11	60	40
1925/26	55	45
1930/31	53	47
1937	50	50
1949/50	37	63
1951/52	34	66
1954/55	32	68

Unter den Staaten, die heute in der Europäischen Wirtschaftsgemeinschaft (EWG) zusammengeschlossen sind, ist Frankreich der größte Getreideproduzent mit der größten Anbaufläche (Tab. 5).

Noch um die Mitte bis Ende des vorigen Jahrhunderts bestand die deutsche Brotgetreideernte zu $^2/_3$ aus Roggen und zu $^1/_3$ aus Weizen (Tab. 6). Heute dienen 60% des Roggens und

Tabelle 7. *Die Aufteilung des Brotgetreideverbrauchs*
der Bundesrepublik Deutschland 1962/63 in Millionen t[1]

	Brotgetreide	Getreide insgesamt
Gesamt-Verbrauch	9,40	19,22
Nahrungs-Verbrauch	5,22	5,48
Industrie-Verbrauch	0,12	2,02
Marktverluste	0,06	0,10
Ernteschwund (3%)	0,23	0,46
Saatgut	0,43	0,79
Futter in der Landwirtschaft.	2,56	6,94
Futter über den Markt . . .	0,78	3,43

[1] Statistisches Jahrbuch über Ernährung, Landwirtschaft
und Forsten der Bundesrepublik Deutschland 1963, S. 170/171.

36% des gesamten Brotgetreideverbrauches zur Tierfütterung (Tab. 7). Der Beitrag der übrigen Getreidearten für Nahrungszwecke ist in Deutschland relativ gering und erreicht knapp $^1/_4$ Mill. t (Tab. 8).

Der Verbrauch an Getreide für Nahrungszwecke weist in den einzelnen Ländern große Unterschiede auf; er ist bei den meisten Völkern mit fortschreitendem Lebensstandard rückläufig. In Deutschland ist der Brotverbrauch von ca. 300 kg je Kopf und Jahr zu Beginn des vorigen Jahrhunderts auf ca. 75 kg (1963) stetig zurückgegangen, die sich aus ca. 55 kg Weizenund ca. 20 kg Roggenmehl zusammensetzen. Den höchsten Verzehr an Nahrungsmitteln aus Getreide in Prozent der gesamten Nahrungscalorien haben: Pakistan (78%), Vereinigte Arabische Republik (70%), China und Indien (je 67%) und Türkei (66%); den geringsten Verbrauch weisen auf: USA und Kanada (je 21%), Dänemark (22%), Schweden (23%) und England (24%). In 53% der Länder der Erde deckt das Getreide mehr als die Hälfte aller Nährstoffe und in 87% mehr als 30%. In Ländern, in denen der tägliche Verzehr von Getreideprodukten unter 200 g gesunken ist, können höchstens noch 15% des Calorienbedarfs, 20% des Eiweißbedarfs und 20% des Vitamin B$_1$-Bedarfs durch Brot gedeckt werden.

Tabelle 8. *Nahrungsmittel aus Futtergetreide.*
Menge des Getreideverbrauchs in der
Bundesrepublik Deutschland 1962/63[1]

von Getreideart	1000 t	für Herstellung von	1000 t
Gerste	30	Nährmittel	161
Hafer	135	Backhilfsmittel	17
Mais	103	Nahrungsstärke	90
Zusammen .	268	Zusammen	268

[1] Statistisches Jahrbuch über Ernährung, Landwirtschaft und Forsten der Bundesrepublik Deutschland 1963, S. 173.

In der Bundesrepublik Deutschland hat in den letzten 10 Jahren der Verzehr von Brot und Backwaren um ca. 22% abgenommen. Die Hauptabnahme entfällt dabei auf Roggen-, Misch-, Grau- und Schwarzbrot mit ca. 32%, während der Verzehr von Weißbrot und Weizenkleingebäck um 3 und der von Feinbackwaren um über 100% zugenommen hat („Informationen Brotgetreide-Erzeugnisse" 1962, Nr. 59).

II. Getreidearten und Getreidesorten

1. Geschichte des Getreides

Getreide hat der Mensch seit Jahrtausenden kultiviert. Gerste und Weizen traten bereits als Kulturpflanzen im europäischen Neolithikum (3000—2500) und im Bereich der alten orientalischen Kulturen auf; im südasiatischen Raum herrschte der Reis vor. Mais, in Mittelamerika beheimatet, wurde von Inkas, Mayas und Azteken angebaut. Kulturroggen entstand durch natürliche Auslese aus zähspindeligem Unkrautroggen; er wurde die Brotfrucht hauptsächlich germanischer und slawischer Völker. Auch der Hafer ist später als Gerste und Weizen kultiviert worden; er wurde von Kelten und Germanen bevorzugt. Hirsearten haben ebenfalls schon in der Vorgeschichte des Menschen eine Rolle gespielt. Der Buchweizen, im botanischen Sinne kein Getreide, wurde als eine relativ junge Kulturpflanze offenbar erst nach dem 13. Jahrhundert von den Mongolen nach Europa gebracht. Die Geschichte des Getreidebaues und der Getreideverarbeitung ist ein wesentlicher Teil der Kulturgeschichte.

Für die genetische Entstehung der Vielfalt der heutigen Formen der Getreidearten werden klimatisch begünstigte Entwicklungszentren angenommen (z. B. Südwestasien, Nordostafrika). Über das Sammeln der Früchte und Bevorzugen bestimmter Formen beim Anbau dürfte es an verschiedenen Orten zur systematischen Förderung und zur Auslese ertragreicher und ertragsicherer Arten und Sorten im Laufe der zeitgeschichtlichen Entwicklung gekommen sein. Die heutige große Mannigfaltigkeit der Formen muß als das Zusammenwirken natürlicher Auslese und menschlichen Bemühens angesehen werden, woran systematische Bodenpflege, Züchtungsforschung, künstliche Düngung usw. besonders in den letzten 50 Jahren mitgewirkt haben.

2. Botanik des Getreides

Die Getreidearten gehören botanisch zu den Gräsern (*Gramineae*). Ihre Blüten sind nackt und von Hochblättern (Spelzen) bedeckt, die Einzelblüten sind meist zu mehrblütigen Ährchen vereinigt. Diese sitzen beim Ährengetreide (Weizen, Roggen, Gerste) ungestielt an der Blütenstandachse, beim Rispengetreide (Hafer, Reis, Hirse) werden sie von Seitenästen getragen. Der Maiskolben, der Blütenstand der weiblichen Maisblüten, wird von der Rispe abgeleitet, die männlichen Blüten stehen ebenfalls in einer Rispe oben am Stengel. Das Getreidekorn ist eine trockene einsamige Schließfrucht (*Karyopse*); sie bleibt von Spelzen fest umschlossen (Gerste, Hafer, Reis, Hirse) oder fällt in der Reife aus den Spelzen heraus (Weizen, Roggen, Nacktgerste und Nackthafer). Buchweizen gehört zu den Knöterichgewächsen (*Polygonaceae*). Die Blüten der Getreidearten sind zwittrig, nur beim Mais befinden sich männliche und weibliche Blüten in getrennten Blütenständen auf der gleichen Pflanze (monözisch). Jede Blüte besteht aus Deckspelze und Vorspelze; die Deckspelze ist größer als die Vorspelze, meist gewölbt und trägt die Granne. Zwischen den Spelzen liegen der Fruchtknoten mit zwei fedrigen Narbenästen und die drei Staubbeutel. Die Blüte wird mit Hilfe der beiden Schwellkörper (*Lodiculae*) am Grunde des Fruchtknotens geöffnet. Oft ist schon der Pollen vorher auf die Narbe gelangt, so daß Selbstbefruchtung (bei Weizen, Gerste und Hafer) erfolgt; Roggen und Mais sind Fremdbefruchter.

Man unterscheidet vier Reifestadien: die Milchreife mit ca. 50%, die Gelb- oder Wachsreife mit ca. 30—40%, die Vollreife mit ca. 20% und die Totreife mit <16% Wassergehalt. Mit zunehmender Reife werden Atmung und Enzymaktivität geringer. Zweckmäßiger ist die Unterscheidung in morphologische Reife als

Zeitpunkt des Endes stofflicher Einlagerung und entwicklungsphysiologische Reife als Zeitpunkt des Erreichens der vollen Keimfähigkeit (O. FISCHNICH u. Mitarb. 1959).

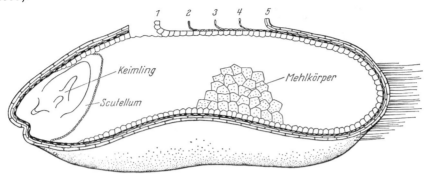

Abb. 1. Schematisierter Längsschnitt des Weizenkornes. *1* Aleuronzellen, *2* Samenhaut, *3* Schlauchzellen *4* Querzellen, *5* Oberhaut mit Längszellen

Der anatomische Bau der Getreidekörner (vgl. Abb. 1) läßt verschiedene Gewebe erkennen, die sich durch Größe, Bau und Zusammensetzung unterscheiden (Tab. 9 u. 12). Die wichtigsten Gewebe sind:

Der *Keimling* mit dem Scutellum als Träger der Lebensfunktionen und Fortpflanzung, reich an Vitaminen und Mineralsalzen.

Tabelle 9. *Gewichtsanteil der einzelnen Kornelemente*
(in % des ganzen Kornes; in Klammern Grenzwerte)

	Weizen	Roggen	Gerste	Hafer	Mais[1]
Keimling	3,0 (1,5—3,3)	3,5 (1,5— 6,5)	3,0 —	2,8 —	11,9 (10,2—14,1)
Mehlkörper	82,5 —	78,5 —	—	—	81,9 (79,7—83,5)
Aleuronzellen . .	7,5 (6,4—8,9)	9,0 (8,4—11,5)	—	—	—
Samenschale . . .	2,5 —	3,0 —	3,5 (2,1— 4,1)	5,5 (3,0— 8,0)	5,3 (4,4— 6,2)
Fruchtschale . . .	— 5,0	— 6,0	Nacktgerste: (5,2— 6,9)	—	—
Schlauchzellen .	0,5	—	—	—	—
Querzellen . . .	0,8	2,0	—	—	—
Längszellen. . .	3,7 (2,8—4,6)	4,0 —	—	—	—
Spelzen	— —	— —	8,0 (6,0—15,0)	25,0 (20,0—37,0)	— —

[1] Nach S. A. MATZ (1959).

Die *Aleuronschicht* (Aleuronzellen), eine dickwandige, großzellige, mineralstoffreiche, lebende Schicht zwischen Schale und Mehlkern, bei den meisten Getreidearten einreihig.

Der *Mehlkern* oder Mehlkörper als Nährstoffspeicher mit Stärke und Plasmaeiweiß gefüllt, zusammen mit der Aleuronschicht als Endosperm bezeichnet.

Die mehrschichtige *Schale* als Schutzorgan, rohfaserreich.

Phylogenetisch gesehen stellt das Korn ein mit Nährstoffen angereichertes Blatt dar, dessen zusammengefaltete Hälften die für viele Getreidearten typische Bauchfurche bedingen. In der Mitte der Bauchfurche befindet sich ein Gefäßbündelstrang, der der Versorgung des reifenden Kornes mit Nährstoffen und des keimenden Kornes mit Wasser dient; sein Anfang befindet sich an der Kornbasis, neben dem Keimling. Der Keimling liegt dem Mehlkern seitlich an und besteht aus dem Embryo mit Blatt- und Sproßknospen, Wurzelanlagen und einem auf das Nährgewebe gerichteten Schildchen (*Scutellum*). Das dem Keim gegenüberliegende Kornende ist behaart (Bartende), um ein Weggleiten des Kornes beim Auswachsen zu verhindern.

Die Schale des Kornes gliedert sich in die Fruchtschale (*Pericarp*) mit Längs-, Quer- und Schlauchzellenschicht und Samenschale (*Testa*), die semipermeabel ist.

Die Früchte der Getreidearten unterscheiden sich durch Form, Größe, Farbe und Gewicht (Tab. 42, S. 58). Diese Kennzeichen unterliegen innerhalb der einzelnen Getreidearten großen Schwankungen in Abhängigkeit von Sorte, Klima und Anbau. Die gelbe Farbe des Weizens wird durch braune oder gelbrote Farbstoffe der Samenschale, die gelbe und blaugrüne des Roggens und der Gerste zusätzlich durch Farbstoffe (*Anthocyane*) der Aleuronzellen hervorgerufen. Je nach Dichte der stofflichen Einlagerung im Mehlkörper gibt es Körner, deren Endosperm teilweise oder ganz hornig-glasig oder mehlig-stumpf erscheint. Schnelles Reifen unter trockenen Bedingungen fördert die Bildung vorwiegend glasiger, langsames unter feuchten Bedingungen vorwiegend mehliger Körner. Die Glasigkeit wird durch enge Verkittung der Stärkekörner im Plasma hervorgerufen, glasige Körner sind daher im Durchschnitt härter als mehlige.

Von der Dichte der Nährstoffeinlagerung im Mehlkörper wird auch das spezifische Gewicht beeinflußt. Die Ermittlung des Maßgewichtes (Hektolitergewicht) bildete daher früher ein wichtiges, relativ schnell bestimmbares Qualitätsmerkmal, dem im internationalen Handel auch heute noch eine große Bedeutung zukommt. Infolge seiner Abhängigkeit vom Feuchtigkeitsgehalt und der veränderlichen Oberflächenbeschaffenheit der Körner ist sein Aussagewert jedoch beschränkt.

a) Weizen (Triticum)

Der Weizen ist die formenreichste Getreideart, sein Ursprungszentrum ist Vorderasien. Nach der Anzahl der Chromosomen werden die diploide (2 n = 14) Einkornreihe, die tetraploide (2 n = 28) Emmerreihe und die hexaploide (2 n = 42) Dinkel-

Tabelle 10. *Die Weizenarten (Triticum sp.)* (nach E. Schiemann 1948)

	Einkornreihe Diploide Gruppe n = 7	Emmerreihe Tetraploide Gruppe n = 14	Dinkelreihe Hexaploide Gruppe n = 21
Wildformen . . .	T. boeoticum Boiss. Wildes Einkorn —	T. dicoccoides Körn. Wilder Emmer T. timopheevi Zhuk.	—
Spelzweizen . . .	T. monococcum L. Einkorn —	T. dicoccum Schübl. Emmer —	T. spelta L. Spelz, Dinkel T. macha Dek. et Men.
Nacktweizen . . .	— — — — — — —	T. durum Desf. Hartweizen T. turgidum L. Rauhweizen T. polonicum L. Gommer, Poln. W. T. carthlicum Nevski Persischer Weizen T. orientale Perc.	T. aestivum L. Saatweizen T.sphaerococcum Perc. Kugelweizen — — — —

reihe unterschieden. Innerhalb dieser Gruppen finden sich Wildformen, Spelz- und Nacktweizen (Tab. 10). Das Hauptverbreitungsgebiet von wilden diploiden Formen und vom Einkorn (*Triticum monococcum L.*) liegt in Kleinasien. Die tetraploide Weizengruppe hat ihr Genzentrum auch in Vorderasien. Zu ihr gehören die Wildformen *Triticum dicoccoides Körnicke* sowie *Triticum timopheevi Zhukov.* und der bespelzte Kulturweizen *Triticum dicoccum Schübl.* (Emmer), die Nacktweizen *Triticum durum Desf.* (Hartweizen), *Triticum turgidum L.* und eine Reihe wirtschaftlich unbedeutender Arten. Von der hexaploiden Dinkelreihe sind nur Kulturformen bekannt: die Spelzweizen *Triticum spelta L.* Spelz oder Dinkel und *Triticum macha Dek. et Men.* sowie die Nacktweizen *Triticum aestivum L.*, unser Saatweizen, und *Triticum sphaerococcum Perc.*, der Kugelweizen (nach J. MacKey 1954, Unterarten). Die europäische Triticum spelta-Form kommt in Süddeutschland, in der Schweiz und in Spanien vor.

Zu den wichtigsten Zuchtzielen bei Weizen gehören Ertrag, Erntesicherung und nach Möglichkeit gute Backeigenschaften. Zu letzteren kann auch ein „Aufmischeffekt" gerechnet werden, d. h. die Fähigkeit, Mehl von geringer Backqualität (Wertzahl [vgl. S. 76] 40—60) zu verbessern. In Deutschland kommen ca. 50 Winterweizen- und 17 Sommerweizensorten zum Anbau. Über die Unterschiede in ihren Eigenschaften und ihrer Eignung für Boden und Klima unterrichtet der Sortenratgeber der DLG (1964).

Im allgemeinen werden vier Qualitätsgruppen unterschieden: Aufmischweizen A I mit hoher Backqualität (Wertzahl um 130) und meist hohem Aufmischeffekt, Aufmischweizen A II mit guter bis hoher Backqualität (Wertzahl um 115) und gutem Aufmischeffekt, Backweizen B I mit guter Backqualität (Wertzahl mindestens 100) und weniger sicherem Aufmischeffekt, Backweizen B II mit brauchbarer bis guter Backqualität (Wertzahl mindestens 80) meist ohne Aufmischeffekt und schließlich Sorten mit überwiegend geringen Backeigenschaften, deren Qualität unter dem Niveau des Backweizens liegt (C-Weizen). Die Sorteneinstufung auf Grund des Backversuches ist mit gewissen Schwierigkeiten verbunden und hat noch nicht ihre endgültige Form gefunden.

Spelzweizen werden nur noch selten kultiviert. Aus dem unreifen Spelz (*T. spelta*) wird in Südwestdeutschland nach Darren Grünkern hergestellt, Emmer und Einkorn sind ohne Bedeutung. Durumweizen wird überwiegend zu Teigwaren verarbeitet. Mittelmeergebiet, Rumänien, europäisches Südrußland, südliches sibirisches Steppengebiet, Steppengebiete von Nordamerika, Argentinien, Südaustralien und Südafrika bilden sein Areal.

b) Roggen (Secale cereale L.)

Zähspindelige Unkrautformen des Roggens finden sich noch heute in den Weizenfeldern Vorderasiens; sie werden mit dem Weizen geerntet und auch wieder ausgesät. In ungünstigen Klimalagen, z. B. im Gebirge, nimmt der Roggenanteil zu, der Weizen wird verdrängt. Das Mannigfaltigkeitszentrum der Unkrautroggen liegt in Vorderasien, dort hat auch der Kulturroggen seinen Ursprung. Mit Hilfe der Unkrauttheorie wird das späte Auftreten des Roggens in der europäischen Kultur erklärt; infolge der Klimaverschlechterung breitete er sich in Mitteleuropa weiter aus.

Roggen ist ein wichtiges Brotgetreide Nordeuropas; er nimmt einen Großteil der Erntefläche Deutschlands, Rußlands, Polens und der Tschechoslowakei ein. Roggen wird meist als Winterfrucht gebaut, in sehr ungünstigen Lagen auch als Sommerfrucht. Heutige Zuchtziele sind Auswuchsfestigkeit, kurzes Stroh, gute Standfestigkeit und hoher Ertrag.

Eine Einstufung der Roggensorten nach Backeigenschaften, wie sie oben für den Weizen beschrieben worden ist, wird nicht vorgenommen.

Es gibt heute 15 Roggensorten in Deutschland; die beherrschende Sorte ist der seit 1880 aus märkischem Landroggen gezüchtete „F. v. Lochows Petkuser Winterroggen Normalstroh". Die Sorten „Petkuser Kurzstroh" und „Carstens Roggen" haben wegen ihrer Mähdrescheigenschaften Bedeutung erlangt; die anderen Sorten spielen in mehr oder weniger begrenzten Gebieten und für besondere Verwendungszwecke eine Rolle. In neuerer Zeit ist auch durch künstliche Verdoppelung der Chromosomen (Colchicinbehandlung) „von Lochows Petkuser

Tetraroggen" mit 4 n = 28 Chromosomen gezüchtet worden. Der jetzige Kulturroggen hat 2 n = 14 Chromosomen.

Kreuzungen zwischen Weizen und Roggen, denen der Wunsch zugrunde liegt, die geringeren Ansprüche des Roggens an den Boden mit den technologisch günstigeren Backeigenschaften des Weizens zu kombinieren, sind zu verschiedenen Zeiten mit teilweise guten Anfangserfolgen aufgenommen worden (TH. ROEMER 1939; F. VETTEL 1959 u. 1960). Über chemische Zusammensetzung, Mehl- und Backeigenschaften einiger hexaploider Triticale-Stämme aus Synthesen von Roggen und Durum-Genomen berichten A. M. UNRAU u. B. C. JENKINS 1964.

c) Gerste (Hordeum)

Die Gerste hat mehrere Genzentren, an denen sie besonders formenreich auftritt; das ostasiatische Genzentrum enthält nur sechszeilige Gersten, Vorderasien ist reich an zweizeiligen bespelzten Gersten, außerdem an vierzeiligen Gersten; sechszeilige werden nicht häufig angetroffen. Echte sechszeilige Gerste ist heute nur noch ein Überbleibsel, die vierzeilige wird als Futter- und Industriegerste, die zweizeilige Gerste als feine Braugerste angebaut; von ihnen werden gleichmäßiges, volles, bauchiges Korn, feine Spelzen, geringer Eiweiß- und hoher Extraktgehalt verlangt. Verbesserung der Winterfestigkeit und Standfestigkeit, hoher Eiweiß- und Stärkegehalt sowie großer Ertrag sind die derzeitigen Zuchtziele bei der Futtergerste.

d) Hafer (Avena sativa L.)

Früher wurde vermutet, daß der Hafer (*Avena sativa*) durch Mutation von *Avena fatua L.* entstanden sei. Heute herrscht die Auffassung vor, daß sich beide vom Wildhafer *Avena sterilis L.* ableiten lassen. Ähnlich wie der Roggen hat sich der Hafer vom Unkraut zur Kulturpflanze durch Auslese gewandelt.

Der Hafer liebt regenreiche kühle Gegenden; er ist heute über Mittel- und Nordeuropa sowie über Asien verbreitet.

In den nördlichen Hafererzeugungsgebieten finden wir überwiegend Weiß- und Gelbhafer, *Avena sativa L.*, in wärmeren, aber feuchten Regionen wie in den Südstaaten der USA, Mexiko, im Süden von Europa und Asien, in Südafrika und Australien wächst die rote Varietät *Avena byzantina Koch*. Nackthafer hat wegen seines geringen Ertrages bis jetzt nur geringe Bedeutung.

e) Mais (Zea mays L.)

Der Mais (*Zea mays L.*) stammt aus den Bergschluchten des Hochlandes in Mexiko, Guatemala und Honduras; er bildete in der vorcolumbianischen Zeit die wichtigste Kulturpflanze Amerikas. Auf Grund von Radiokohlenstoff-Messungen wird das Alter von Maiskörnerfunden in Höhlen auf 4500 Jahre geschätzt; Pollenkörner von wildem Mais sind schon lange vor der Ackerbauzeit abgelagert worden und wurden in 80 000 Jahre alten Schichten unter der Stadt Mexiko gefunden (C. MANGELSDORF u. Mitarb. 1964).

Mais hat eine relativ kurze Vegetationszeit von ca. 160 Tagen. Zum Reifen benötigt er kurzen, heißen Sommer bei viel Wasser; er widersteht der größten Hitze. Mit 25—60 dz/ha liefert Mais die größten Erträge pro Flächeneinheit. Das Maiskorn unterscheidet sich durch Form und Größe wesentlich von anderen Getreidearten. Der Keimling befindet sich seitlich unter der Schale und macht 10—12 % des Gewichtes oder 30 % des Volumens des Kornes aus. Das äußere Endosperm ist hornartig und proteinreich. Der Ölgehalt des ganzen Kornes beträgt 3,5—6 %, der des Keimlings 30—35 %.

Haupterzeugungsgebiete von Mais sind die USA (dort als corn bezeichnet), UdSSR, Kanada, Argentinien, Südafrika, Balkanländer und Italien (grano turco). Alle Maissorten — es gibt Hunderte — gehören zu einer einzigen Art. Eine Reihe von Gruppen, wie z. B. Balgmais, Weichmais, Zahnmais, Hartmais, Zuckermais und Puffmais unterscheiden sich in Aussehen, Konsistenz und Inhaltsstoffen sowie in ihren klimatischen Ansprüchen.

f) Reis (Oryza)

Reis ist ein Sumpfgewächs, das im Gegensatz zu anderen Getreidepflanzen einen hohen Bedarf an Wärme und Feuchtigkeit hat, außer Bergreis. Reis wird auf ebenen, von einem niedrigen Wall umgebenen Feldern angepflanzt und bis zur Reifezeit, d. h. 3—5 Monate, völlig unter Wasser gehalten. In günstigen Klimalagen sind 3—4 Ernten im Jahre möglich. Reis wächst mit begrannten und unbegrannten Spelzen, kommt aber fast nur in entspelztem Zustand (Braunreis) in den Handel.

Die ursprüngliche Heimat des Kulturreises (*Oryza sativa L.*) sind das tropische Asien und Australien; der Wildreis *Oryza punctata Kotschy* kommt dort ebenfalls vor. Heute wird er in tropischen Gebieten, in den Subtropen und in der gemäßigten Zone bis 45° nördlicher Breite kultiviert. In Südasien, China und im indomalaiischen Archipel sowie in Japan steht der Reisanbau im Mittelpunkt der landwirtschaftlichen Erzeugung.

Es gibt nur eine botanische Art des Reises; zu ihr gehören sowohl der Tieflandreis, der bis zur Reifezeit fließendes Wasser braucht, als auch der Bergreis, der auf hohe Luftfeuchtigkeit angewiesen ist. Beim Klebreis handelt es sich um eine Varietät vom Tieflandreis, der neben Stärke größere Anteile an Amylodextrin und Zucker enthält. Nach der Erntezeit im Herbst, Winter oder Frühling werden in Indien drei Reisgruppen unterschieden, die im Herbst reifenden sind wegen ihres guten Ertrages am meisten geschätzt.

Heute gibt es in Indien etwa 4000 Sorten, in den Südstaaten der USA nur 11 handelsübliche. In Ländern mit vielen Sorten wird der Reis nach seiner Kornlänge unterteilt: kurze Körner sind 5—5,5 mm lang, mittellange 6 mm, lange 7—8 mm. Gegebenenfalls dient auch das Länge—Breiteverhältnis zur Klassifizierung. In den USA bestehen 12 Handelsklassen für Rohreis, 11 für Sorten und die 12. für Sortengemische (vgl. S. 112).

g) Hirse

Als Ursprungsgebiet und Entstehungszentrum der Hirsearten werden die Gebirgslagen Zentral- und Ostasiens angesehen. Es muß angenommen werden, daß verschiedene Hirsearten die wichtigste Nahrung der Urbevölkerung in früheren Jahrtausenden gebildet haben.

Im Laufe der Geschichte hat sich die Bedeutung der Hirse erheblich gewandelt; sie ist noch heute in vielen Gebieten von Afrika, Indien, China, Korea, Japan, Afghanistan, Persien und der Türkei eine wichtige Breifrucht, besonders ärmerer Bevölkerungsschichten. In Europa ist sie jedoch zurückgedrängt worden: Im Norden durch die Kartoffel, im Süden durch den Mais. Dieser Prozeß bahnt sich auch in Asien an, zumal der Vorteil des leichten Saatguttransportes nur noch bei den Nomaden zählt. Für arme Böden in Asien wird die dürrefeste Hirse jedoch ihre Bedeutung behalten.

Unter der Bezeichnung Hirse wird eine Reihe von Getreidearten zusammengefaßt, die verschiedenen Pflanzengattungen angehören und in ihren Wuchsformen, Eigenschaften und ihrer Verbreitung z. T. erheblich voneinander abweichen. Es handelt sich botanisch um folgende Arten:

1. *Panicum miliaceum*, Rispenhirse, eine 0,5—1,5 m hohe Pflanze mit herabhängender Rispe, an der einblütige Ährchen sitzen. Die bespelzten eiförmigrunden Früchte messen 2—3 mm im Durchmesser, der Spelzenanteil beträgt ca. 17%, das Tausendkorngewicht 5—6 g. Ihr Anbau ist heute auf kleine Areale in Polen, Rußland und Asien nördlich der Reisanbaugrenze begrenzt.

2. *Setaria italica*, Kolbenhirse, von geringerem Wert als vorstehende; ihre Ährchen sind zu einer schwach überhängenden walzenförmigen, ährenähnlichen Rispe zusammengedrängt, ihre gelben oder schwarzen Früchte sind im allgemeinen etwas länger und von geringerem Glanz als die der Rispenhirse. Ihre Verbreitung dürfte auf örtliche Gebiete Mittelasiens beschränkt sein.

3. *Pennisetum americanum*, Negerhirse, eine 1,50 m hohe Pflanze mit großer, bis 90 cm langer Rispe; wichtige Breipflanze für die Ernährung der einheimischen Bevölkerung vorwiegend im Sudan und Vorderindien, ohne Handelsbedeutung.

4. *Andropogon Sorghum*, Mohren- oder Kaffernhirse, auch Durra oder Dari genannt, eine 2,5 m hohe Pflanze mit relativ großen Früchten von ca. 4 mm ⌀ und einem Tausendkorngewicht von 22,5 g. Die Frucht kommt teils bespelzt, teils unbespelzt in den Handel, in vielen Fällen ragt sie aus der Spelze teilweise heraus. Die Spelzen sind glänzend und teilweise behaart, der Spelzenanteil beträgt nur 5%. Die entspelzte Frucht ist eiförmig und trägt zwei kleine Spitzen, die Reste der Griffel. Das Mehl der Mohrenhirse ist besser, kräftiger und haltbarer als das aller anderen Hirsearten. Die Mohrenhirse ist am weitesten verbreitet, besonders in Afrika und Amerika (Milo), als Brei-, Futter- und Industriepflanze.

Der Ursprung der wilden Sorghumhirse ist nicht bekannt; ihr Mannigfaltigkeitszentrum liegt im mittleren Ostafrika, und es wird angenommen, daß dort auch die Kultursorghumhirse entstanden ist. Sie spielt für die Ernährung der Bevölkerung in China, Indien und Ostafrika eine große Rolle; gegenwärtig wird sie von Mais und Maniok etwas zurückgedrängt.

h) Buchweizen (Fagopyrum)

Buchweizen (*Fagopyrum esculentum*) gehört botanisch nicht zur Familie der Gräser, sondern der Knöterichgewächse (*Polygonaceae*). Seine Früchte sind stärkereich und eiweißhaltig. Er gedeiht auf armen und unter Umständen unfruchtbaren Böden und hat eine kurze Vegetationsdauer. Bei geringem Wärmebedarf benötigt der Buchweizen viel Wasser. Seine dunkelbraunen, gelegentlich auch silbergrauen, 4—6 mm langen und 3 mm breiten Früchte sind dreieckige, kleine Nüßchen, die im Aussehen den Bucheckern ähnlich sind. Die Heimat des Buchweizens ist Asien; in Sibirien gibt es noch heute eine wildwachsende Form (*Fagopyrum tataricum*). Geeignet für den Buchweizenanbau sind die weiten Ebenen im mittleren Rußland, die Heidegegenden Nordwestdeutschlands und der Niederlande sowie gebirgige Landstriche im nordwestlichen und mittleren Frankreich. In Südchina, Japan und in den USA sowie in Kanada wird er ebenfalls angebaut, seine Bedeutung ist gering und nimmt wegen unsicherer Erträge weiter ab.

Früher diente Buchweizen auch zum Strecken des Brotmehles.

3. Anbau und Ernte

Weizen, Roggen, Gerste und Hafer sind Langtagpflanzen; sie blühen nur, wenn der Tag länger als 14 Std ist, während Mais, Reis und Hirse an den kurzen Tropentag gewöhnt sind. Tiefe Kältegrade und zu kurze Vegetationszeit begrenzen die Verbreitung von Weizen, Roggen, Gerste und Hafer im äußersten Norden Europas und Amerikas sowie im Hochgebirge.

Der Winterroggen hält —25° C ohne Schneedecke aus und kann bis zum 67. Breitengrad in Europa angebaut werden. Sommergerste reicht mit ihrer kurzen Vegetationszeit am weitesten nach Norden: bis zum 70. Breitengrad. Auch der Hafer gedeiht als Sommergetreide in Europa bis zum 70., in Amerika bis zum 64. Breitengrad; er wächst am besten in kühlen, feuchten Lagen. Mais benötigt warmes Wetter; eine mittlere Sommertemperatur unter 19° C oder auch eine mittlere Nachttemperatur in der Vegetationszeit unter 13° C setzen ihm Grenzen. Reis verlangt ebenfalls Wärme und dazu Feuchtigkeit, frühreife Sorten sind mit geringeren Wärmesummen zufrieden als normal- oder spätreifende. Die Hirsearten sind durch Anspruchslosigkeit an den Boden und Dürreresistenz charakterisiert; Sorghumhirse verlangt warmes Klima, mindestens 20° C im Durchschnitt der Sommermonate, 125 frostfreie Tage sowie ausreichend Wasser.

Saatzeiten des Getreides sind im mitteleuropäischen Klima Herbst oder Frühjahr, je nach dem, ob die jungen Pflanzen ein gewisses Kältebedürfnis haben wie das Wintergetreide oder kälteempfindlich sind wie das Sommergetreide. Im Frühjahr ausgesätes Wintergetreide bildet im Sommer keine Ähren, es blüht nur, wenn es im Jugendstadium einer Kältebehandlung mit künstlicher Belichtung (Jarowisation, Vernalisation) ausgesetzt wurde. Es gibt aber auch Formen, die sich gegenüber der Aussaatzeit indifferent verhalten, z. B. Wechselweizen.

Durch Behandeln der Saatkörner mit Chlorcholinchlorid (CCC) oder anderen quaternären Ammoniumverbindungen kann das Längenwachstum des Ährenhalmes verkürzt werden, wodurch die Gefahr des Knickens und Lagerns des Getreides auf dem Felde vermindert wird. Allerdings bringt die Behandlung eine Verzögerung der Keimfähigkeit (H.H. Mayr u. S. Barbier 1964) sowie eine Verringerung des Ertrages mit sich (H. Linser u. H. Kühn 1964).

Düngung

Während des Wachstums dem Boden entzogene lösliche Mineralstoffe werden durch Maßnahmen der Düngung wieder zugeführt. Einseitiger Mangel oder Überfluß bereits eines der vielen, zur optimalen Entwicklung der Getreidepflanzen benötigten Haupt- und Spurenelemente kann u. a. eine Schwächung des Wachstums oder der Widerstandskraft gegen Krankheiten und Schädlinge sowie geringeren Ertrag zur Folge haben. Menge und Art der Düngung (Naturdünger, künstliche Düngung, Spurenelemente usw.) sind daher nicht ohne Einfluß auf die Kornausbildung und den Kornertrag, z. T. auch auf die Zusammensetzung des Kornes. Durch starke Phosphatdüngung war es möglich, den Mineralstoffgehalt des Kornes zu erhöhen (E.O. Graeves u. J.E. Graeves 1933).

Im allgemeinen wird die Ansicht vertreten, daß sich der Kornertrag durch gesteigerte Düngung erhöhen läßt, daß aber die Zusammensetzung der Getreidefrüchte und ihre Backeigenschaften bei sachgemäßer Volldüngung mit Stickstoff, Kali, Phosphorsäure und Kalk auch bei weiterer Steigerung nicht entscheidend beeinflußt werden können (M.P. Neumann u. P.F. Pelshenke 1954).

In den vergangenen Jahrzehnten war daher besonderer Wert darauf gelegt worden, Weizensorten anzubauen und zu züchten, deren Ertrag sich durch geeignete Düngung optimal steigern läßt. Da Ertrag und Backqualität nicht immer parallel verlaufen, sondern im Gegenteil zuweilen Ertragssteigerung mit verminderter Backqualität verbunden ist, besitzen neuerdings Bestrebungen Interesse, durch „gelenkte Düngung" oder sog. Spätdüngung die Qualität des Ertragsgutes zu beeinflussen. Sie gehen auf Beobachtungen von W. Selke (1938) und W. Baumeister (1939) zurück, denen zufolge Zeitpunkt und Menge der N-Düngung den Proteingehalt des Weizenkornes bestimmen. Die Getreidepflanze reagiert auf späte zusätzliche N-Gabe nach dem Schossen und nach der Blüte mit bis zu 40 % erhöhtem Rohproteingehalt im Korn. Eingehende, sich über 9 Jahre erstreckende Versuche, die Backeigenschaften österreichischer Weizensorten durch dreifach geteilte N-Gabe (160 kg N/ha) zu verbessern, sind von H. Linser (1958 und 1960) und E. Primost (1958) durchgeführt worden; sie konnten neben einem höheren Ertrag auch eine verbesserte Backqualität erzielen. Ein Einfluß des Standortes sowie der Niederschlagsverhältnisse waren dabei gleichfalls unverkennbar.

Von K. Hoeser (1956) durchgeführte Düngungsversuche mit deutschen Weizen verschiedener Qualität („Breustedts Werla", „Heine VII") zeigten keine eindeutige düngungsbedingte Qualitätsaufbesserung. Untersuchungen von M. Rohrlich u. Ch. Nernst (1960) über den Einfluß steigender N-Gaben auf das Backverhalten des Weizens lassen gleichfalls einen stärkeren Einfluß des Anbaugebietes und der Witterungsverhältnisse auf die Backeigenschaften als einen solchen der N-Düngung erkennen. Offenbar hängt der Erfolg der Düngungsmaßnahmen weitgehend von der charakteristischen Reaktionsbereitschaft der Weizensorten ab (H. Linser 1960; E. von Boguslawski 1965).

Die *Erntezeit* der Getreidearten ist unterschiedlich und abhängig von Klima und Boden. Weizen z. B. wird das ganze Jahr hindurch geerntet:

Januar:	Australien, Chile, Argentinien
Februar/März:	Indien, Ägypten
April:	Indien, Ägypten, Kleinasien, Mittelamerika
Mai:	Mittelasien, Nordafrika, südliches Nordamerika

Juni: Südeuropa, mittleres Nordamerika
Juli: Balkan, Mitteleuropa, nördliches Nordamerika, Kanada
August: Belgien, Holland, Großbritannien, Dänemark, Deutsch-
                     land, Kanada, Nordamerika
Sept./Okt.:   Schottland, Schweden, Norwegen, Nordrußland
Nov./Dez.:   Südamerika, Südafrika

Während früher das Getreide auf dem Felde in Hocken getrocknet und später in der Scheune gedroschen wurde, wird neuerdings im Anschluß an das Mähen sofort gedroschen (Mähdrescher); 1962 wurden etwa 40% der westdeutschen Getreideanbaufläche mit etwa 85000 Mähdreschern abgeerntet. In Entwicklungsländern wird zumeist noch die alte Erntetechnik angewandt.

4. Krankheiten und Feldschäden

Der Getreidebau ist vor allem durch Pilzschädlinge gefährdet; Schaden wird auch durch tierische Schädlinge, ungünstige Wetterbedingungen sowie durch Mangel an Bodennährstoffen verursacht.

Getreiderost befällt vornehmlich die Blätter, so daß die Kornausbildung infolge mangelhafter Assimilation beeinträchtigt wird; außerdem nimmt der Pilz seinen ganzen Nährstoffbedarf aus der Pflanze. In Mittel- und Nordeuropa verursacht der Gelbrost (*Puccinia glumarum Eriksson et Henning*) die größten Schäden beim Weizen, in Südeuropa Braun- und Schwarzrost (*Puccinia triticina Eriksson et Henning* und *Puccinia graminis Pers. f. tritici*). Auf Roggen kommen Roggenbraunrost (*Puccinia dispersa Eriksson et Henning*), Schwarzrost und Gelbrost vor, auf Gerste Zwergrost (*Puccinia simplex Eriksson et Henning*), Gelb- und Schwarzrost, auf Hafer Kronenrost (*Puccinia coronifera Kleb.*) und Schwarzrost. Da die Rostarten biologisch spezialisiert sind, ist das Bekämpfen durch Anbau resistenter Sorten erschwert.

Brandkrankheiten werden durch *Brandpilze* hervorgerufen. Der Stein- oder Stinkbrand (*Tilletia tritici Winter*) wächst zunächst in den Zwischenräumen zwischen den Zellen, im Laufe des Wachstums stirbt das Mycel im unteren Halmteil ab und hemmt dadurch das Längenwachstum des Halmes. An Stelle von Weizenkörnern werden in den befallenen Ähren Brandbutten mit Brandsporen entwickelt; eine Butte enthält 4 Mio Sporen, die sich beim Zerschlagen der Hülle vor allem im Bart der gesunden Körner (blauspitzige Körner) festsetzen können. Die Bekämpfung erfolgt durch Saatgutbeizung nach Entfernen der Brandbutten. Hafer wird vom Haferflugbrand (*Ustilago avenae Persoon Jens.*) befallen, der nicht nur die Fruchtanlagen, sondern meist auch noch die Spelzen zerstört. Gerste leidet unter Gerstenhartbrand (*Ustilago hordei Pers. Kell. et Sw.*) und Gerstenflugbrand (*Ustilago nuda Jens. Kell. et Sw.*). Weizen wird vom Flugbrand (*Ustilago tritici Persoon Jens.*) derart befallen, daß am Ende der Vegetationszeit nur die nackten Ährenspindeln der befallenen Pflanzen stehen bleiben. Maisbrand (*Ustilago maydis*) kann an sämtlichen oberirdischen Teilen der Maispflanzen, die noch junges Gewebe besitzen, auftreten; an den Infektionsstellen entstehen Brandbeulen; so ist auch in den Kolben meist eine größere Anzahl von Körnern in Brandbeulen verwandelt. Zum Bekämpfen der Brandpilze wird im allgemeinen Saatgutbeize empfohlen, solange keine Bodeninfektionen vorliegen, für Flugbrand Heißwasserbeize.

Als *Mutterkorn* (*Secale cornutum*) werden violett-schwarze, gekrümmte, 3 mm bis 4 cm lange Körner bezeichnet, die aus reifen Roggenähren vereinzelt herausragen; sie enthalten u. a. das giftige Alkaloid Ergotoxin, das therapeutisch Verwendung findet. Das Mutterkorn stellt eine Dauerform (Sklerotium) des Pilzes *Claviceps purpurea* dar, dessen Sporen während der Blüte auf den Fruchtknoten von Roggen und auch Gerste gelangen und seine Mißbildung verursachen. Verzehr von Mutterkorn hat schwere Erkrankungen (Kriebelkrankheit) bei Mensch und Tier zur Folge, so daß es notwendig ist, alles Mutterkorn gründlich aus dem Getreide herauszureinigen. Mutterkorn tritt bevorzugt auf sauren Böden bei feuchter Witterung auf. Kalken des Bodens und frühzeitige Ernte, ehe die reifen Mutterkörner ausfallen, sind Gegenmaßnahmen.

Die *Schwärze* des Getreides (*Cladosporium herbarum Pers.*) ist eine Pilzkrankheit, die in feuchten Jahren Ähren und auch Blätter von Getreide befällt. Im allgemeinen siedelt sich der

Schwärzepilz auf bereits erkrankten Pflanzen an. Durch Getreide-*Mehltau* (*Erysiphe graminis D.C.*) kommt es in feuchten Sommern zu Mehltaurasen auf der Pflanze und als Folge der gestörten Assimilation zu notreifen Körnern mit erhöhtem Eiweißgehalt. Eine Reihe anderer Pilzkrankheiten wirkt sich weniger auf die Beschaffenheit des Kornes als auf den Ertrag aus, wie *Fuß-* und *Blattfleckenkrankheiten* sowie *Schneeschimmel* befall. Schneeschimmel (*Fusarium nivale*) schmarotzt auf der in der Erde befindlichen Wintersaat des Roggens unter der Schneedecke und beeinträchtigt das Wachstum.

Durch den Stich von *Wanzen* verschiedener Eurygaster- und Aelia-Arten am unreifen, noch weichen Korn und den dabei übertragenen Speichel werden proteolytische Fermente in das Korn gebracht und aktiviert (J.J.C. Hinton 1962); beim Anteigen wird der Kleber weich (Leimkleber). Am erntereifen Korn kann dieser Schaden leicht übersehen werden. Durch Konditionieren unter besonderen Bedingungen (vgl. S. 82) ist eine Abschwächung der nachteiligen Wirkung möglich (A. Valtadoros 1965).

Durch Saugen der Larven der *Weizengallmücke* (*Contarinia tritici* u. a.) an reifenden weichen Körnern der Weizenähre werden Schmachtkörner von mattgefleckter Oberfläche verursacht, die in der Längsrichtung oft aufgeplatzt und im Rücken eingedrückt sind. Durch starken Befall mit Schimmelpilzen und Bakterien (*Alternaria*) werden die normalen Backeigenschaften verschlechtert (Krumenrisse, grobe Porung, flaches Volumen u. a.; J. Doeksen 1938; P.F. Pelshenke u. W. Schäfer 1953).

Gicht- oder *Radeweizen* sind durch Weizenälchen (*Anguina tritici*) verursachte Mißbildungen; diese Körner sind kleiner als normal, von dunkler Farbe, sehr hart und enthalten unzählige, kaum 1 mm lange Nematodenwürmer. Ihre mechanische Entfernung durch Auswaschen bereitet keine Schwierigkeiten.

Als *notreif* werden Körner bezeichnet, die nicht voll ausgebildet sind, faltige Oberfläche besitzen und deren Nährstoffeinlagerung durch ungünstige Witterung oder Krankheiten (Schmachtkorn) gehemmt worden ist. Notreife Körner sind relativ stärkearm. Bei der mechanischen Reinigung gelten Körner, die durch ein Sieb mit 1,5 mm Schlitzbreite (Roggen) und mit 1,75 mm (Weizen) fallen, als notreif.

Auswuchs wird durch feuchte Witterung während der Ernte hervorgerufen und ist von einer Aktivierung der Enzyme im Keimling begleitet. Selbst bei nachfolgender Unterbrechung dieses Vorganges durch Trocknen bleibt die erhöhte Enzymaktivität bestehen, so daß das normale Teig- und Backverhalten verändert ist: Korrodierte Stärke besitzt verminderte Quelleigenschaften, der Kleber wird weich und nachgiebig. Geringe Auswuchsmengen können für das Backverhalten vorteilhaft sein, über 5 % bei Weizen und 10 % bei Roggen sind jedoch nachteilig.

Frostschäden können sich durch scheckiges Aussehen und verminderte Keimfähigkeit des Kornes bemerkbar machen und durch mangelnde Nährstoffeinlagerung je nach dem Zeitpunkt der Kälteeinwirkung auch die Backeigenschaften beeinträchtigen.

Getreide nimmt *nucleare Zerfallsprodukte* (^{90}Sr, ^{137}Cs u. a.) während des Wachstums über die Wurzel und oberflächlich über Blätter und Fruchtschale in Abhängigkeit von Klima und Niederschlägen auf. Ausschlaggebend für die Höhe des Befalls sind Stärke und Zusammensetzung des „fall out" in einem relativ kurzen Zeitraum unmittelbar vor der Ernte. Da 90 % des gesamten im Getreide vorhandenen ^{90}Sr auf eine direkte Kontamination zurückzuführen sind, ist der größte Teil der Radionuclide an oder in den äußersten Schichten, auch der Samen, anzutreffen (D. Merten u. Mitarb. 1962). Das mit dem Getreide und mit Getreideprodukten zugeführte ^{90}Sr macht nach Untersuchungen in fünf verschiedenen Ländern $^1/_5$ bis $^1/_3$ der ganzen, mit der Nahrung aufgenommenen Menge an radioaktiven Zerfallsprodukten aus. Weizen weist einen höheren Gehalt an ^{90}Sr auf als Roggen, der mehr ^{137}Cs und ^{54}Mn enthält (H.-D. Ocker 1965). Waschen mit Wasser führt nur zu einer unbedeutenden Dekontamination von 6—8 %. Über Maßnahmen zur Dekontamination vgl. S. 78.

Tabelle 12. *Chemische Zusammensetzung der einzelnen Kornteile des Weizens.*
Mittel- und Grenzwerte % i. Tr. (in Klammern Anzahl der Analysen) (von G. Brückner aus verschiedenen Literaturangaben zusammengestellt)

Kornteil	Asche	Rohprotein (N · 6,25)	Rohfett	Rohfaser	Cellulose	Pentosane	Stärke
Längszellen	1,3 1,1— 1,7 (14)	3,9 2,1— 5,7 (3)	1,0 0,8— 1,2 (2)	27,7 27,1—28,2 (2)	32,1 31,8—32,4 (2)	50,1 34,0—56,3 (12)	—
Querzellen (und Schlauchzellen)	10,6 6,2—15,9 (14)	10,7 7,8—12,3 (3)	0,5 0,4— 0,6 (2)	20,7 19,9—21,4 (2)	22,9 22,8—22,9 (2)	38,9 29,2—48,3 (12)	—
Fruchtschale	3,0 1,8— 4,0 (12)	5,9 3,6— 7,8 (4)	0,9 0,7— 1,1 (5)	26,6 26,3—26,9 (2)	30,4 30,1—30,6 (2)	47,9 33,3—53,4 (12)	—
Samenschale	13,1 8,1—23,5 (15)	17,8 12,0—25,0 (5)	0,0 — (3)	1,3 1,2— 1,4 (2)	0,0 — (2)	34,5 16,0—41,9 (12)	—
Frucht- und Samenschale	3,4 2,0— 6,5 (17)	6,9 5,0— 8,0 (3)	0,8 0,6— 1,0 (2)	23,9 23,2—24,5 (2)	27,0 26,3—27,7 (2)	46,6 31,9—51,8 (12)	—
Aleuronzellen (und hyaline Schicht)	10,9 4,9—20,0 (20)	31,7 23,4—41,3 (7)	9,1 7,0—11,5 (5)	6,6 6,1— 7,0 (2)	5,3 4,1— 6,5 (5)	28,3 24,4—33,7 (14)	—
Embryonale Achse	5,5 4,1— 6,2 (5)	39,9 37,9—41,8 (2)	18,0 (1)	—	—	—	—
Scutellum	8,2 6,8— 9,5 (5)	33,3 30,3—36,3 (2)	35,0 (1)	—	—	—	—
Gesamter Keimling	5,8 4,3— 7,8 (15)	34,0 31,1—38,7 (6)	27,6 —	2,4 — (1)	—	—	—
Mehlkörper	0,61 0,50—0,74 (13)	12,6 8,8—15,9 (9)	1,6 1,0— 2,2 (5)	0,3 0,2— 0,3 (3)	0,3 0,2— 0,3 (4)	3,3 3,0— 3,5 (4)	80,4 78,1—83,8 (4)
Korn	1,92 1,42—2,24	14,7 9,9—17,7	2,7 2,2— 3,1	2,9 2,6— 3,1	2,4 2,1— 2,6	8,2 6,5— 9,1	64,2 61,3—68,4

III. Inhaltsstoffe des Getreides

1. Allgemeine Übersicht

Die verschiedenen Getreidearten besitzen in ihrer chemischen Zusammensetzung große Ähnlichkeit (Tab. 11). Die Inhaltsstoffe des Kornes sind über die einzelnen Gewebsschichten gemäß ihrer biologisch determinierten Bedeutung ungleichmäßig verteilt (Tab. 12 und 13). Menge und Verteilung der Inhaltsstoffe sind weitgehend von Sorte, Herkunft, Vegetations- und Erntebedingungen (auch von der Düngung) abhängig und daher großen Schwankungen unterworfen.

Untersuchungen über die Stoffverteilung im Weizen sind von M. R. Shetlar u. Mitarb. (1947) und in neuerer Zeit an Roggen von G. Brückner (1963) ausgeführt worden (Tab. 13).

Tabelle 11. *Mittlere chemische Zusammensetzung der Getreidearten* (in %)

	Kohlenhydrate		Rohprotein (N · 6,25)	Rohfett (Petroläther-extrakt)	Mineral-stoffe (Asche)	Wasser
	Cellulose (als Rohfaser ermittelt)	Stärke und Zucker (N-freie Extraktstoffe)				
Weizen . .	1,8	67,7	12,0	1,9	1,6	15,0
Roggen . .	1,9	70,7	10,0	1,7	1,7	15,0
Hafer[1] . . .	11,1	57,1	10,8	5,5	3,5	12,0
Gerste[1] . .	5,0	66,0	9,5	2,5	2,5	14,5
Reis[1] . . .	9,0	64,8	7,8	1,6	5,0	11,8
Mais. . .	2,2	67,2	9,9	4,4	1,3	15,0
Hirse[2] . . .	8,1	58,6	10,6	3,9	3,8	15,0
Buchweizen[2]	11,4	63,8	10,7	2,4	1,7	10,0

[1] mit Spelzen; [2] = ungeschält.

Tabelle 13. *Chemische Zusammensetzung der einzelnen Kornteile des Roggens.*
Mittel- und Grenzwerte % i. T.
(in Klammern Anzahl der Analysen) (nach G. Brückner 1963)

Kornteil	Asche	Rohprotein (N · 6,25)	Rohfett	Rohfaser
Längszellen.	1,8 1,7— 1,8 (2)	5,8 5,1— 6,5 (2)	1,7 1,4—1,9 (2)	17,4 17,3—17,5 (2)
Querzellen . . . . (und Schlauchzellen).	3,5 2,1— 4,8 (2)	10,5 8,3—12,6 (2)	1,4 — (2)	13,7 13,5—13,8 (2)
Fruchtschale	2,5 1,9— 3,1 (2)	8,1 7,3— 8,8 (2)	1,6 1,4—1,7 (2)	15,8 15,7—15,8 (2)
Samenschale	13,6 12,0—15,1 (2)	4,5 3,4— 5,5 (2)	5,5 — (2)	29,8 28,3—31,3 (2)
Frucht- und Samenschale	4,2 4,0— 4,4 (2)	7,5 7,0— 8,0 (2)	2,2 2,0—2,3 (2)	17,9 17,5—18,2 (2)
Aleuronzellen . . . . (und hyaline Schicht)	10,4 (1)	23,7 (1)	6,2 (1)	3,8 (1)
Korn	1,78 1,75—1,81	11,0 10,6—11,5	1,4 1,3—1,4	2,2 —

2. Wasser

Der Wassergehalt des Getreides hängt von den Wetterbedingungen während der Ernte sowie von der relativen Luftfeuchtigkeit während des Lagerns ab. Zwischen der Feuchtigkeit der Luft und der des Getreides stellt sich ein Gleichgewicht ein. Die Hygroskopizität des Getreidekornes hängt mit seiner chemischen Zusammensetzung und seiner großen inneren Oberfläche zusammen. Der Wassergehalt ist für den Handelswert des Getreides ausschlaggebend; er beeinflußt die Qualität des Kornes bei der Lagerung. Hoher Wassergehalt — über 14% — kann Selbsterhitzung oder durch verstärkte Atmung Substanzverluste hervorrufen (vgl. S. 43).

Die Verteilung des Wassers im Weizenkorn ist von F. Ruch u. W. Saurer (1965) durch Interferenzmikroskopie untersucht worden. Der höchste Wassergehalt ist im Keimling vorhanden; in Endosperm und Aleuronzellen ist das Wasser ungefähr gleichmäßig verteilt.

Differenzen zwischen dem Wassergehalt der peripheren und dem der inneren Schichten haben M. Rohrlich u. G. Brückner (1956) im getrockneten und anschließend genetzten Weizen bei Vergleich der durch Trocknungsverfahren erhaltenen Werte und der durch Widerstandsmessung gefundenen festgestellt.

3. Mineralstoffe

Der Mineralstoffgehalt des Getreides schwankt in Abhängigkeit von Herkunft, Düngung und Ernte. Wie aus Tab. 12 hervorgeht, ist der Mineralstoffgehalt des Mehlkörpers (Endosperm) z. B. von Weizen relativ niedrig (0,5—0,7%). Für den

Tabelle 14. *Phytin-Phosphor und Gesamt-Phosphor im Weizen und Hafer*
(mg/100 g Tr.)
(nach J. Schormüller u. G. Würdig 1957)

Getreide		Phytin-P	Gesamt-P	$\dfrac{\text{Phytin-P}}{\text{Gesamt-P}} \cdot 100$
Weizen	1	288	371	77,6
	2	315	447	70,4
	3	338	448	75,4
Hafer (ohne Spelzen) .	1	355	495	71,7
	2	311	474	65,6

Mineralstoffgehalt der den Aleuronzellen anliegenden Subaleuronzellen sind Werte bis 1,5% und darüber ermittelt worden (W. Seibel 1963). Das trifft innerhalb bestimmter Grenzen für alle Getreidearten zu.

Die Mineralstoffe bestehen hauptsächlich aus: K, Na, Ca, Mg, P, Cl, SiO_2. Kalium liegt im Getreidekorn als Monokaliumphosphat und Dikaliumphosphat vor. Ein großer Teil des Phosphors ist organisch, vornehmlich im Phytin (und auch als Phosphatidphosphor) gebunden (Tab. 14).

Das Phytin, das Kalium-Calcium-(Magnesium-)Salz des Hexaphosphorsäureesters des m-Inosits (Phytinsäure), ist im Pflanzenreich weit verbreitet und in allen Getreidearten reichlich vorhanden (Tab. 15).

Tabelle 15. *Phytingehalt im Getreide*
(von J. Schormüller u. G. Würdig 1957
aus Literaturangaben errechnet)

Getreide	Phytin-P (in mg/100 g Tr.)	Schwankungsbreite
Weizen	280	160—364
Roggen	247	229—260
Hafer mit Spelzen . .	272	208—355
Gerste mit Spelzen . .	212	124—338
Reis	355	305—436
Mais	241	146—329

Das Phytin oder die Phytinsäure ist — wie schon J.G. HAY (1942) festgestellt hat und wie von W. DIEMAIR u. H. BECKER (1955) bestätigt worden ist — in den Randpartien, besonders in den Aleuronzellen des Getreidekornes konzentriert. Auch im Keimling des Weizens (Gesamt-P 1,16%), besonders im Scutellum (Gesamt-P 1,90%), liegt nach J.J.C. HINTON (1944) relativ viel Phosphor als Phytinphosphor (0,40 bzw. 1,31%) vor.

Ganzkornprodukte oder höher ausgemahlene Getreideerzeugnisse besitzen daher einen höheren Phytingehalt als niedrig ausgemahlene, doch besteht keine Bindung des Phytins an die Cellulose des Kornes, sondern vermutlich eine solche an das Protein. Einen Einfluß der Düngung auf den Phytingehalt von Weizen und Roggen haben J. SCHORMÜLLER u. H. HOFFMANN (1961) nicht feststellen können, selbst nicht bei Phosphormangel. Wegen seiner Eigenschaft, Calcium zu einer unlöslichen Verbindung zu binden, haben manche Ernährungsphysiologen dem Phytin in Vollkornprodukten eine ungünstige Wirkung zugeschrieben.

Demgegenüber ist darauf hinzuweisen, daß in den Randschichten (Aleuronzellen) auch vermehrt Phytase enthalten ist, die bei der Keimung des Kornes sowie bei langer Teigführung aktiviert wird, so daß das Phytin weitgehend gespalten wird (A. SCHULERUD 1957; M. ROTHE u. Mitarb. 1962; B. THOMAS 1964). Bei ausgleichender Ernährung ist durch das Phytin keine Störung des Calcium-Phosphor-Verhältnisses zu befürchten (J. SCHORMÜLLER u. G. WÜRDIG 1957).

Tabelle 16. *Mineralstoffelemente in der Weizenasche* (i. Tr.)

Bestandteil	Weizen	helles Mehl
Gesamtasche (g/100 g Korn) .	1,860	0,450
davon:		
Kalium	0,571	0,168
Phosphor	0,428	0,113
Schwefel	0,194	0,165
Magnesium	0,173	0,029
Chlor	0,055	0,051
Calcium	0,048	0,016
Natrium	0,009	0,003
Silicium	0,006	0,005
Spurenelemente	μg/g	μg/g
Zink	100	40
Nickel	35	—
Eisen	31	8
Mangan	24	3
Bor	16	4
Kupfer	6	2
Aluminium	3	0,6
Brom	2	1
Jod	0,006	0,004
Arsen	0,1	0,01
Kobalt	0,01	—
Fluor, Vanadium, Selen . . .	+	+

Tabelle 17. *Mineralstoffelemente in der Roggenasche*

Element	g/100 g Korn[1]
Calcium . . .	0,12
Magnesium . .	0,14
Kalium	0,53
Natrium . . .	0,04
Phosphor . . .	0,37
Chlor	0,02
Schwefel . . .	0,18
Eisen	0,007

[1] alle Werte aufgerundet.

a) Weizen

Der Mineralstoffgehalt des deutschen Weizens schwankt nach M.P. NEUMANN u. P.F. PELSHENKE (1954) zwischen 1,38 und 2,50% i. Tr. (Veraschungstemperatur 920° C). Ähnliche Werte zeigen auch die Importweizen.

Für die elementare Zusammensetzung der Mineralstoffe im Weizen sind von
B. Sullivan (1933) die in Tab. 16 aufgeführten Werte angegeben worden. Von
anderen Autoren (z. B. W. Seibel 1963) für einzelne Elemente angegebene Werte
weichen manchmal etwas von den hier aufgeführten ab; sie sind von der jeweils
angewendeten Bestimmungsmethode und vom Kornmaterial abhängig.

b) Roggen

Der Mineralstoffgehalt des Roggens, der nach M.P. Neumann u. P.F. Pelshenke (1954) zwischen 1,25 und 2,45% schwankt, zeigt gegenüber dem des Weizens keine Besonderheit; er ist von K.C. Beeson (1941) näher untersucht worden
(Tab. 17).

c) Hafer

Der Mineralstoffgehalt des ungeschälten Hafers, zwischen 2,6 und 3,9%
schwankend, ist durch einen hohen SiO_2-Gehalt ausgezeichnet, der sich jedoch
fast ausschließlich in den Spelzen befindet.

Nach E. Timm (1945/47) liegt der Mineralstoffgehalt der Haferkerne (aus
deutschem Hafer) zwischen 1,97 und 2,42% i. Tr., der der Spelzen zwischen 4,19
und 8,64%. Die Ganzkornasche schwankt zwischen 2,56 und 3,90%. K.G. Bergner u. K. Wagner (1960 und 1961) haben für Hafer verschiedener Provenienz
den aufgeführten Mineralstoffgehalt (Tab. 18) und dessen Zusammensetzung
(Tab. 19) ermittelt.

Tabelle 18. *Mineralstoffgehalt (Asche) der Haferkornteile* (% i. Tr.)

	Deutscher Hafer (1953)	Deutscher Hafer (1955)	La Plata-Hafer
Rohhafer .	2,94	3,34	3,76
Haferkerne .	1,93	1,74	1,84
Spelzen . .	4,09	6,56	8,49

Tabelle 19. *Mineralstoffelemente im Rohhafer* (% i. Tr.)

Element	K	Na	Ca	Fe
Deutscher Hafer (1953)	0,325	0,025	0,065	0,004
La Plata-Hafer . . .	0,380	0,016	0,069	0,004

Der Kieselsäuregehalt der Haferkornasche beträgt etwa 42%, der der Schalen-
asche etwa 70% (D.W. Kent-Jones u. A.J. Amos 1957).

Der Fluorgehalt des Rohhafers beträgt 24—63 μg/100 g i.Tr.

d) Gerste

Der Mineralstoffgehalt der ungeschälten Gerste kann nach D.F. Miller (1958)
bei einem Durchschnittswert von 3% i. Tr. zwischen 1,4 und 13,2% schwanken.
Über die Zusammensetzung der Kornasche geben Tab. 20 und 21 Auskunft.

Der Kupfergehalt der ungeschälten Gerste schwankt zwischen 2 und 133 μg/
100 g, der Mangangehalt zwischen 3 und 240 μg/100 g (D.F. Miller 1958).

e) Mais

Der Mineralstoffgehalt des Maises ist im Durchschnitt niedriger als der des
Weizens; er schwankt zwischen 1,3 und 2,1% i. Tr. und hängt nach C.D. Woods

(1907) von der Sorte, aber nach M. NAMEK u. M. M. EL-GINDY (1951) noch stärker von der Umwelt ab. Letztere Autoren geben für den Gehalt von Calcium, Magnesium, Kalium und Phosphor die in Tab. 22 aufgeführten Werte an.

Tabelle 20. *Zusammensetzung der Gerstenasche* (in % der Gesamtasche)[1] (nach H. LÜERS 1950)

P_2O_5	35,1	Na_2O	2,4
SO_3	1,8	CaO	2,6
SiO_2	25,9	MgO	8,8
Cl	1,0	Fe_2O_3	1,2
K_2O	20,9		

[1] aufgerundet.

B. H. SCHNEIDER u. Mitarb. (1953) ermittelten den Mineralstoffgehalt (Asche) einer großen Zahl von Maisproben (geschält) aus verschiedenen Anbaugebieten der USA und fanden in den Jahren 1946 und 1947 die in Tab. 23 zusammengestellten Mittelwerte.

Tabelle 21. *Mineralstoffelemente in der Gerste* (% i. Tr.) (nach D. F. MILLER 1958)

	K	Ca	Mg	P	Fe
mit Spelzen					
Mittelwert	0,63	0,09	0,14	0,47	0,006
Schwankungsbreite	0,33—0,99	0,03—0,41	0,01—0,23	0,28—0,92	0,004—0,010
ohne Spelzen					
Mittelwert	0,60	0,08	0,13	0,40	—
Schwankungsbreite	0,56—0,64	0,05—0,11	0,12—0,14	0,30—0,49	—

Tabelle 22. *Zusammensetzung der Maisasche* (in % der Gesamtasche)

Mineralstoffgehalt (Asche) % i. Tr.	Ca	Mg	K	P
1,3—2,1	1,1—2,4	11,1—13,1	18,3—23,2	20,9—22,4

Tabelle 23. *Mineralstoffelemente in Mais (geschält) in 100 g* (bei 15% H_2O)

Mineralstoffgehalt (Asche) g	Na g	K g	Ca g	P g	Cl g	Fe mg	Cu mg	Mn mg	F mg
1,22	0,010	0,285	0,019	0,273	0,041	2,28	0,44	0,54	0,51
1,27	0,009	0,282	0,024	0,262	0,045	1,95	0,16	0,49	0,58

Tabelle 24. *Mineralstoffe in unentspelztem Reis* (% i. Tr.) (nach M. B. JACOBS 1951)

Na_2O	CaO	MgO	P_2O_5	K_2O	SiO_2
0,092	0,04	0,18	0,54	0,40	3,84

f) Reis

Ungeschälter Reis enthält nach Angaben des *Imperial Institute* (London, 1917) im Durchschnitt einen Mineralstoffgehalt (als Asche ermittelt) von 5,93%. Für die Mineralstoffzusammensetzung des Reises werden die in Tab. 24 zusammengestellten Werte angegeben.

Die Spelzenasche enthält 17,2% Kieselsäure. Der Mineralstoffgehalt (Asche) von geschältem Reis (Braunreis) beträgt 1,1% i. Tr.

g) Hirse

Über den Gehalt an einigen Mineralstoffelementen von Hirse macht D. F. Miller (1958) Angaben (Tab. 25).

h) Buchweizen

Für einige Mineralstoffelemente in Buchweizen hat D. F. Miller (1958) die in Tab. 25 angeführten Werte mitgeteilt.

Tabelle 25. *Mineralstoffgehalt von Hirse und Buchweizen* (% i. Tr.)

	Ca	P	Cu	K	Mg	Fe	Mn
Hirse (Kafir). .	0,04	0,37	0,0007	0,37	0,17	0,005	0,0018
Hirse (Milo) . .	0,04	0,33	0,0016	0,39	0,22	0,005	0,0015
Buchweizen . .	0,13	0,38	0,0011	0,51	—	0,005	0,0037

4. Eiweißstoffe

Der Eiweißgehalt der Getreidearten schwankt innerhalb ziemlich weiter Grenzen (Tab. 26); er ist abhängig von Art und Sorte sowie von den ökologischen Bedingungen (vgl. auch Tab. 11).

Tabelle 26. *Eiweißgehalt (N · 5,7) der Getreidearten* (in %)
(nach D. F. Miller 1958)

Getreideart	Schwankungsbreite	Mittelwert
Weizen (Weichweizen)	8,1—18,5	12,0
Weizen (Hartweizen).	8,3—21,8	15,6
Roggen	9,0—18,2	10,0
Hafer (ungeschält	7,4—23,2	13,3
Gerste (ungeschält)	8,5—21,2	13,1
Reis (ungeschält)	6,5—11,6	9,2
Mais (ungeschält)	10,6—16,2	13,2
Hirse (Kafir; geschält)	7,5—16,9	10,4
Hirse (Milo; geschält)	9,7—15,6	12,4
Buchweizen	10,5—18,0	12,6
Buchweizen (ohne Schale) . . .	12,7—18,0	16,0

Da der Stickstoffgehalt des Getreideproteins wegen des hohen Amidstickstoffgehaltes 17,5% beträgt und nicht, wie bisher angenommen, 16,0%, muß zur Berechnung des Rohproteingehaltes aus dem nach Kjeldahl ermittelten Stickstoffwert der Faktor 5,7 verwendet werden und nicht der Faktor 6,25. Aus den Literaturangaben ist nicht immer ersichtlich, welcher Faktor zugrunde gelegt worden ist.

Die Klassifizierung der Getreideproteine geht auf Untersuchungen von Th. B. Osborne (1907) zurück und wird auch heute noch — zuweilen mit einigen Veränderungen — angewendet. Osborne hat die durch ihre Löslichkeit in Wasser, Salzlösungen, 70%igem Äthanol und verdünntem Alkali löslichen Eiweißstoffe bezeichnet als: Albumin oder Leukosin, Globulin oder Edestin sowie Prolamin oder Gliadin (beim Weizen, Roggen und Hafer) und Glutelin oder Glutenin. Daneben werden noch Eiweißbruchstücke, sog. Proteosen, unterschieden.

Wasserlösliches Albumin wird durch Erhitzen koaguliert und durch Kaliumsulfat ausgefällt; salzlösliches Globulin läßt sich auf diese Weise nur unvollständig ausfällen.

Die in wäßrigem Äthanol löslichen Prolamine der verschiedenen Getreidearten, durch ihren hohen Glutaminsäure- und Prolingehalt charakterisiert, sind eingehend untersucht worden, in neuerer Zeit von E. WALDSCHMIDT-LEITZ u. P. METZNER (1962; Tab. 27).

Für den Glutaminsäuregehalt des Weizen- und Roggengliadins werden in der Literatur zuweilen höhere Werte angetroffen (K. HOCHSTRASSER 1961 und 1963, M. ROHRLICH u. TH. NIEDERAUER 1965).

Das Glutelin (Glutenin), das nach Herauslösen des Prolamins zurückbleibt und nur in schwachem Alkali löslich ist, wird vielfach als „denaturiert" angesehen.

Tabelle 27. *Bausteinanalysen der Prolamine aus Weizen, Roggen, Gerste, Hafer, Mais und Hirse* (in % vom Gesamtstickstoff)

Aminosäure	Gliadin (Weizen)	Gliadin (Roggen)	Hordein (Gerste)	Avenin (Hafer)	Zein (Mais)	Panicin (Hirse)
Glycin	1,5	1,6	2,0	1,3	1,3	1,6
Alanin	1,7	1,5	2,5	3,0	10,0	10,3
Valin	2,9	2,9	2,9	7,4	3,3	3,2
Leucin	4,8	3,7	5,2	6,4	14,2	7,3
Isoleucin	2,5	2,1	4,0	1,0	2,8	2,7
Serin	3,9	3,5	4,1	2,5	4,8	4,6
Threonin	1,2	1,7	1,1	1,5	2,1	1,7
Cystin	1,2	2,0	0,7	1,3	0,4	0,9
Methionin	0,7	0,7	0,7	0,7	0,6	2,4
Phenylalanin	3,5	3,2	4,6	5,2	3,8	3,2
Tyrosin	1,2	0,6	1,4	1,3	2,8	2,0
Prolin	9,3	12,7	14,5	7,0	8,1	6,3
Asparaginsäure	1,3	1,3	1,0	1,3	3,4	2,1
Glutaminsäure	24,1	23,0	27,0	25,0	15,3	13,7
Lysin	0,8	1,1	1,4	0,9	0,0	0,1
Arginin	5,5	3,9	5,2	6,8	3,0	2,8
Histidin	4,5	2,5	2,4	6,1	1,7	3,9
NH_3	26,2	28,4	19,0	21,3	18,9	25,5
	96,8	96,4	99,7	100,0	96,5	94,3

Tabelle 28. *Proteingehalt der Getreidearten* (nach A. BOURDET 1956)

Getreideart	Gesamt-Protein (% i. Tr.) N · 6,25	Proteinfraktion (% vom Gesamt-Protein)			
		Albumin	Globulin	Prolamin	Glutelin
Weizen	10—15	3—5	6—10	40—50	30—40
Roggen	9—14	5—10	5—10	30—50	30—50
Gerste[1]	10—16	3—4	10—20	35—45	35—45
Hafer[1]	8—14	1	80	10—15	5
Reis[1]	8—10	Spuren	2—8	1—5	85—90
Mais	7—13	0	5—6	50—55	30—45
Sorghum-Hirse	7—16	10—11		—	30

[1] entspelzt.

Diese Proteinkomponenten sind im Mehlkörper als Reserveeiweiß vorhanden. Albumin und Globulin entstammen hauptsächlich dem Keimling und den Aleuronzellen.

Eine orientierende Übersicht über den Gehalt der Getreidearten an den verschieden löslichen Eiweißfraktionen vermittelt die Tab. 28.

Neuere Untersuchungen mit modernen Methoden der Eiweißchemie (Ultrazentrifuge, Elektrophorese, Papier- und Säulenchromatographie, Röntgeninterferenzanalyse, Elektronenmikroskopie) haben Zweifel an der objektiven Bedeutung der *Osborne*schen Differenzierung der Getreideproteinfraktionen geweckt und andere Vorstellungen vom Aufbau der Getreideproteine angeregt. Hierüber wird jeweils bei den zu besprechenden Getreidearten berichtet werden. Eine Allgemeine Übersichtsdarstellung über die Getreideproteine gibt J.S. Wall (1964).

Die *biologische Wertigkeit* des Getreideeiweißes ist niedriger als die des tierischen Eiweißes. Sie wird beim Weizen durch den niedrigen Gehalt an Lysin, Methionin sowie Isoleucin und beim Roggen durch den an Methionin und Isoleucin begrenzt. Hafer- und Roggeneiweiß sind in ihrer biologischen Wertigkeit dem des Weizens und der Gerste überlegen.

a) Weizen

Der in weiten Grenzen schwankende Eiweißgehalt des Weizens ist abhängig von Sorte, Art und Umweltbedingungen und auf die einzelnen Kornschichten unterschiedlich verteilt (vgl. Tab. 12).

Besonders eingehendes Interesse hat das Protein des Weizenendosperms, der Kleber, gefunden. Schon Mitte des 18. Jahrhunderts war es J.B. Beccari (1745) gelungen, ihn durch Auswaschen der Stärkekörner aus einem Weizenmehlteig zu gewinnen. Nach den klassischen Untersuchungen von Th.B. Osborne (1907) besteht das Klebereiweiß, das etwa 80 % des Gesamtproteins ausmacht, zu etwa gleichen Teilen aus den Komponenten Gliadin und Glutenin, die sich in ihrem Löslichkeitsverhalten und ihrer Aminosäurezusammensetzung, besonders aber in ihrem Gehalt an Glutaminsäure und Prolin (M.J. Blish 1945) voneinander unterscheiden. Die Glutaminsäure liegt größtenteils als Amid (Glutamin) vor. Gliadin (wegen seines hohen Prolingehaltes als Prolamin bezeichnet) ist in wäßrigem Äthanol (55—70 %ig) und verdünnten Säuren löslich. Glutenin löst sich nur in schwachem Alkali.

Neben den Unterschieden in Löslichkeit und Aminosäurezusammensetzung hat H.L. Bungenberg de Jong (1932) beiden Kleberkomponenten Unterschiede in ihren elektrochemischen Eigenschaften zugeschrieben. Die in der Literatur für den isoelektrischen Punkt angegebenen Werte für Gliadin (pH 3,5—7,6) und für Glutenin (pH 4—7) überschneiden sich jedoch so stark, daß sie für eine Erklärung des unterschiedlichen Verhaltens dieser Eiweißkörper nicht geeignet erscheinen. Das gleiche gilt für die Molekulargewichte. Abhängig von der jeweils angewendeten Methodik werden für Gliadin Molekulargewichte von 15000—75000 und für Glutenin Werte von 36000—47000, neuerdings sogar bis 300000 (H.C. Nielsen u. Mitarb. 1962) angeführt.

Die Unterschiede zwischen dem Albumin und dem Globulin des Weizens kommen nach J.W. Pence u. A.H. Elder (1953) im Gehalt an Tryptophan (2,60 bzw. 0,73 %) und Arginin (16,3 bzw. 29,5 %) zum Ausdruck.

An der Charakterisierung und Differenzierung der Weizenmehlproteine auf Grund ihres Lösungsverhaltens sind mehrfach Zweifel geäußert worden, da — wie aus Arbeiten von R.A. Gortner u. Mitarb. (1928) sowie M. Rohrlich u. Mitarb. (1955) hervorgeht — durch Veränderung der Lösungsbedingungen willkürlich viele Eiweißfraktionen aus dem Weizenendosperm isoliert werden können. Auch der Mineralstoffgehalt des Mehles beeinflußt nach D.K. Cunningham (1953) die Menge an lösbarem Eiweiß.

Daß sowohl der Weizenkleber, als auch der alkohollösliche Anteil des Klebers, das Gliadin, uneinheitlich sind und in mehrere Komponenten zerlegt werden können, hat sich auch mit den modernen Methoden der Eiweißchemie zeigen lassen. Sowohl durch Sedimentieren in der Ultrazentrifuge als auch durch Elektrophorese sind Gliadin und Kleber in eine Reihe von Fraktionen aufgetrennt worden. Albumin ist von J.W. Pence (1953) papierelektrophoretisch in sechs Komponenten

aufgeteilt worden. Bei der Elektrophorese einer Lösung eines Klebers aus kana-
dischem Weizen in Aluminiumlactat-Puffer (pH 3,2) an Stärkegel sind von E.
Kamiński (1962) sogar 21 mit Nigrosin anfärbbare Komponenten angetroffen
worden. Der Kleber selbst ist von J.H. Woychik u. Mitarb. (1960, 1961a und b)
durch Säulenchromatographie in sechs Komponenten mit unterschiedlicher
Aminosäurezusammensetzung zerlegt worden.

Die Arbeiten, die sich mit der primären Struktur, der Sequenz der Aminosäuren in den Getreideproteinen — spezifisch des Weizeneiweißes — befassen,
stehen noch am Anfang. Die Ergebnisse der Endgruppenbestimmungen z. B.
weichen sehr voneinander ab (D.J. Winzor u. H. Zentner 1962).

Zur Klärung der Sekundärstruktur des Weizeneiweißes sind von K. Hess
(1954), W. Traub u. Mitarb. (1957) und von J.C. Grosskreutz (1961a) einige
Arbeiten mit fruchtbaren Ansätzen durchgeführt worden. Mit Hilfe der Röntgen-
interferenztechnik und Elektronenmikroskopie ist versucht worden, ein Bild vom
makromolekularen Aufbau des Klebers oder seiner Fraktionen zu erhalten. Es
wird angenommen, daß das Eiweiß im Kleber gleichfalls aus gefalteten Polypeptid-

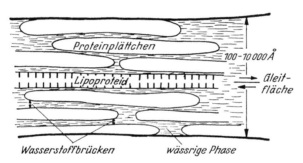

Abb. 2. Modell der Kleberstruktur (nach J. C. Grosskreutz 1961)

ketten in einer α-Helix-Struktur vorliegt, die Plättchen mit einer Stärke von 70 Å
bilden. Auf Grund des Röntgendiagramms ist von J.C. Grosskreutz (1961b) für
die Kleberstruktur ein Lipoproteidmodell (Abb. 2) vorgeschlagen worden, das
auch die viscoelastischen Eigenschaften erklärt.

Ein interessantes Phänomen, das eine Strukturänderung des Proteinmoleküls
im Augenblick der Kleberbildung veranschaulicht, ist von R. Vercouteren u. R.
Lontie (1954) an einem Kleberfilm gezeigt worden. Ein solcher Film kann erzeugt
werden, wenn eine Lösung des Klebers in Dimethylformamid auf eine Quecksilber-
oberfläche nach Dialyse des Lösungsmittels eingetrocknet wird. Dieser Film ist
in Wasser löslich, wird aber darin unlöslich, wenn man ihn nach Anfeuchten mit
Wasser ausdehnt. Die Dehnung des Klebers hat eine Umwandlung der α-Helix- in
die β-Helix-Struktur verursacht.

Für die Vernetzung der das Klebermolekül bildenden Polypeptidketten besonders bedeutsam sind die Disulfidbrücken (-SS-), die durch Oxydation der reak-
tionsfähigen Sulfhydrylgruppen (-SH) des im Eiweißmolekül verankerten Cy-
steins entstehen. In Arbeiten von I. Hlynka (1949), P. de Lange u. H.M.R.
Hintzer (1955), A.H. Bloksma (1958) und W. Bushuk (1961) wird das rheologisch-
technologische Verhalten des Kleberproteins mit dem Verhältnis der im Makro-
molekül „verfügbaren" Cystein-SH-Gruppen zu den Cystin-SS-Gruppen sowie
dem daraus resultierenden Redoxpotential in Zusammenhang gebracht. Die Vernetzung der Polypeptide oder Proteine über -SS-Brücken spielt nach R.J. Dimler
(1965) auch für die Struktur von Gliadin und Glutenin eine wesentliche Rolle.

Durch amperometrische Titration mit 0,001 n-Silbernitratlösung in N_2-Atmosphäre sowie nach Reduktion der schon vorhandenen SS-Brücken mit Natriumbisulfit haben D.W.E. Axford u. Mitarb. (1962) ein quantitatives Bild vom Verhältnis dieser Bindungen im Mehlprotein erhalten. In einem Weizenmehl 65—72%iger Ausmahlung sind 0,28—0,44 SH-Gruppen auf 1000 Atome Stickstoff ermittelt worden. Die Menge an Disulfidgruppen hat eine gewisse Beziehung zum Eiweißgehalt gezeigt: ein Mehl mit 16,4% Eiweiß enthielt 6,6 SS-Gruppen, ein solches mit 7,54% Eiweiß 9,1 SS-Gruppen auf 1000 Atome Stickstoff. Ähnliche Beobachtungen haben C.C. Tsen u. J.A. Anderson (1963) mitgeteilt.

SS- und SH-Gruppen sind aber nicht nur im Kleberprotein enthalten, sie sind auch in wäßrigen Extrakten des Mehles nachweisbar (A.E. Agatova u. N.I. Proskurjakov 1962).

Einen neuen Impuls hat die Chemie der Getreideproteine durch die Beobachtung von K. Hess (1952) erhalten, daß ein großer Teil des Weizenmehlproteins auf Grund seines geringeren spezifischen Gewichtes von der Stärke in „nativem" Zustand abtrennbar ist. Ausgangspunkt dieser Feststellung waren mikroskopische Studien über die Zellinhaltsstoffe des Weizenmehles, die durch geeignete Färbemethoden unterscheidbar gemacht werden können. Auf diese Weise lassen sich im Weizenmehl Eiweißpartikel erkennen, die keil- oder „zwickel"-förmig zwischen den Stärkekörnern liegen und die K. Hess (1954) daher als Zwickelprotein bezeichnet hat. Daneben erkennbare Eiweißteilchen, die unmittelbar auf der Stärke haften und sich mechanisch nicht abtrennen lassen, werden als Haftprotein bezeichnet. Zur mechanischen Abtrennung des Zwickelproteins in einem nicht wäßrigen Medium (Benzol-Tetrachlorkohlenstoff) durch Zentrifugieren (Schwere-Sink-Verfahren) ist eine weitgehende Zerkleinerung der miteinander verwachsenen Zellbestandteile des Endosperms notwendig.

Die Existenz von Zwickel- und Haftprotein hat zu einer originellen Deutung der Kleberbildung geführt: Zwickel- und Haftprotein, die „Grundproteine des Endospermeiweißes", besitzen für sich keine kleberbildenden Eigenschaften. Erst durch ihr Zusammentreten beim Anteigen, durch eine Art Zementierung auf Grund elektrochemischer Unterschiede soll der Kleber zustande kommen. Die Kleberbildung zeigt sich am nativen Eiweiß an einer durch die Wasseraufnahme bedingten Vergrößerung des Röntgenparameters von d $\approx$ 45 Å auf d $\approx$ 100 Å.

Die Aminosäurezusammensetzung der beiden mechanisch trennbaren Eiweißfraktionen des Weizenmehles zeigt markante Unterschiede (K. Hess u. E. Hille 1961 sowie M. Rohrlich u. Th. Niederauer 1965). Ihr unterschiedliches Verhalten hängt nach M. Rohrlich u. Th. Niederauer (1963a) auch mit ihrem unterschiedlichen Gehalt an Lipoproteiden zusammen.

Elektronenmikroskopische Untersuchungen von K. Hess (1954) haben ergeben, daß dem Haftprotein eine Faser- und Strangform zugesprochen werden muß, während das Zwickelprotein keine charakteristische Struktur aufzuweisen scheint. Für die Röntgenstruktur beider Eiweißkomplexe ist auch nach K. Hess die Gegenwart der Lipoproteide verantwortlich.

Die Möglichkeit, Proteinteilchen aus dem Mehl (Weizen- und Roggenmehl) mechanisch abzutrennen, bildet die Grundlage der Windsichtverfahren (vgl. S. 89). Die dabei auftretende Proteinabtrennung beruht nach E. Hanssen u. E.-G. Niemann (1955) jedoch weniger auf Unterschieden im spezifischen Gewicht als vielmehr auf der unterschiedlichen Teilchengröße der Mehlpartikel.

Neben den bisher aufgeführten Proteinen und Proteinkomponenten sind im Weizen zusammengesetzte Eiweißkörper enthalten, in denen das Eiweiß noch mit Nichteiweißverbindungen (mit Fetten, Zuckern u. a.) in mehr oder weniger fester Form vergesellschaftet ist.

Auf die Existenz von *Lipoproteiden*, also Fett-Eiweiß-Symplexen, im Weizenmehl ist schon kurz hingewiesen worden. Über die Zusammensetzung dieser
biochemisch interessanten und die mechanischen Eigenschaften des Klebers beeinflussenden Körperklasse ist wenig bekannt. Es wird angenommen, daß die Lipid-
komponenten vorwiegend Phospholipide (Lecithin, Kephalin o. ä.) sind, doch
fehlen darüber sowie über die Bindungsart noch ausreichende experimentelle
Unterlagen.

Aus Weizen und auch aus Roggen haben W. KÜNDIG u. Mitarb. (1961) sowie
M. ROHRLICH u. Mitarb. (1963) *Glykoproteide* isoliert. Ob in diesen Verbindungen
Zucker (Hexosen, Pentosen) und Protein durch Hauptvalenzen miteinander verknüpft sind — wie aus Untersuchungen von K. HOCHSTRASSER (1961) hervorgeht —
oder ob sie nur locker verbunden sind, muß noch eingehend untersucht werden.

Nucleoproteide sind schon von TH. B. OSBORNE u. G. F. CAMPBELL (1900) im
Keimling des Weizens nachgewiesen worden; sie lassen sich mit Wasser extrahie-
ren und mittels Kochsalz oder durch Ansäuern des Extraktes auf pH=4 ausfällen.
Technologische Bedeutung dürfte diese Stoffgruppe nicht besitzen. Aus dem
Nucleoproteid hat C. V. LUSENA (1951) durch alkalische Hydrolyse Ribonuclein-
säure abscheiden können.

Die biologische Wertigkeit des Keimlings- und Aleuroneiweißes ist höher als
die des Klebereiweißes aus dem Mehlkern, was auf Unterschiede in der Aminosäurezusammensetzung zurückzuführen ist (D. J. STEVENS u. Mitarb. 1963).
Entsprechend den unterschiedlichen Aufgaben der Gewebe des Weizenkorns
befinden sich Albumin und Globulin hauptsächlich im Keimling und in der Aleuronschicht, Gliadin und Glutenin im Mehlkern.

b) Roggen

TH. B. OSBORNE (1907) hat wie beim Weizen nach ihrer Löslichkeit vier
Eiweißstoffe unterschieden (s. oben).

Für die Charakterisierung der Roggenproteine treffen die für das Weizenprotein
gemachten Einwände in gleichem Maße zu, wobei — wie von S. HAGBERG (1950)
und M. ROHRLICH u. Mitarb. (1955) festgestellt worden ist — die höhere Löslichkeit — besonders in Wasser — einen wesentlichen Unterschied gegenüber dem
Weizenprotein darstellt.

Das Roggenprotein bildet keinen Kleber, was von TH. V. FELLENBERG (1919)
auf seinen Gehalt an Schleimstoffen (Pentosanen) zurückgeführt wird. E. BERLINER
u. J. KOOPMANN (1929/30) erklären die mangelnde Kleberbildung mit zu schwachen
elektrostatischen Anziehungskräften zwischen Gliadin und Glutenin. S. HAGBERG
(1952) und N. P. KOSMINA (1958) haben jedoch auch aus Roggenmehl mittels
verdünnter Milchsäure Eiweißanteile extrahieren und anschließend ausfällen
können, die eine gewisse Elastizität — ähnlich der eines „schwachen" Weizenklebers — besitzen.

Aus Roggenmehl abgeschiedenes Zwickelprotein läßt sich nach V. F. GOLENKOV
(1965) mit Wasser allerdings zu Kleber hydratisieren.

Durch Extrahieren des Roggenmehles mit wäßrigem Äthanol läßt sich auch
„Gliadin" gewinnen, das sich wie das Weizengliadin durch einen hohen Glutaminsäuregehalt auszeichnet (Tab. 27). V. M. KOLESOV (1951) nimmt an, daß das
Roggengliadin wie das Prolamin des Weizens durch Assoziation relativ kurzer
Polypeptidketten aus 11—13 Aminosäuren zustandekommt. R. K. LARMOUR (1927)
sowie M. ROHRLICH u. R. RASMUS (1956a) nehmen tiefergreifende Unterschiede
zwischen Weizen- und Roggenprotein, z. B. im Arginingehalt, an.

Auch im Röntgendiagramm hat K. HESS (1952b) meßbare Unterschiede festgestellt. Über das Glutenin, das nach Extraktion des Roggenmehles mit wäßrigem

Alkohol zurückbleibt, ist wenig bekannt; seine Aminosäurezusammensetzung weicht nach E. WALDSCHMIDT-LEITZ u. R. MINDEMANN (1957 und 1958) von der des Weizens (und der Gerste) besonders im Glutaminsäuregehalt ab.

c) Hafer

Nach früheren Angaben TH. B. OSBORNEs (1924) besteht das Eiweiß des Hafers aus 1,3 % Gliadin, 9,1 % Avenin und 1,5 % Avenalin, und zwar auf das Gesamtkorn bezogen; Avenin wird zu den Gluteninen und Avenalin zu den Globulinen gerechnet. Albumin ist im Hafer nicht vorhanden.

Über den Aminosäuregehalt und die Struktur einzelner Eiweißfraktionen sind in der Literatur nur wenig Angaben anzutreffen. Die meisten analytischen Daten (M. B. JACOBS 1951) beziehen sich auf den Aminosäuregehalt des Hafers oder von Hafererzeugnissen und haben ernährungsphysiologisches Interesse.

J. MEIENHOFER (1963) hat das von K. HESS entwickelte Schweresinkverfahren bei Hafermehl angewendet und den Aminosäuregehalt der beiden Komponenten Zwickelprotein und Haftprotein nach S. MOORE u. W. H. STEIN (1954) ermittelt. Beide Fraktionen zeigten den gleichen Aminosäuregehalt. M. ROHRLICH u. TH. NIEDERAUER (1963b), die das gleiche Verfahren an verschiedenen Hafermehlen anwendeten, fanden auch keine Unterschiede zwischen inländischem und australischem Hafer im Gehalt an beiden Komponenten, doch unterschieden sich diese in ihrer Aminosäurezusammensetzung.

d) Gerste

Der Hauptteil des Gerstenproteins wird vom alkohollöslichen Prolamin, auch als Hordein bezeichnet, und vom unlöslichen Glutenin gebildet. Das Hordein enthält wie die analoge Fraktion des Gliadins aus Weizen und Roggen einen hohen Glutaminsäure- und Prolingehalt (vgl. Tab. 27). Nach L. R. BISHOP (1928) besteht eine Beziehung zwischen dem Gesamtproteingehalt der Gerste und ihrem Hordeingehalt. Der Gluteningehalt bleibt dagegen konstant. Dieser als „Regelmäßigkeitsprinzip" bezeichnete Zusammenhang von L. R. BISHOP (1930) hat besonders für die Bierherstellung (Schaumbildung) große Bedeutung.

Versuche, die Frage nach der Eigenart des Gerstenglutenins durch Bestimmen N-endständiger Aminogruppen nach der Methode von F. SANGER (1949) zu beantworten, haben nach E. WALDSCHMIDT-LEITZ u. Mitarb. (1957 und 1958) keinen Erfolg gehabt, da für sämtliche Gersteneiweißfraktionen immer nur Glutaminsäure gefunden worden ist. Die Autoren kommen jedoch auf Grund von Vergleichen des Aminosäuregehaltes von Glutenin und anderen Eiweißpräparaten aus Gerste zu dem Schluß, daß dem Glutenin (auch dem anderer Getreidearten) eine Sonderexistenz zugesprochen werden muß.

Neben den beiden das Endospermeiweiß bildenden Hauptkomponenten werden auch Albumin und Globulin angetroffen. Das Globulin der Gerste, zu dessen Lösung L. R. BISHOP (1928 und 1930) eine 5 %ige Kaliumsulfatlösung empfiehlt, läßt sich nach O. QUENSEL (1942) durch Ultrazentrifugieren in vier Fraktionen auftrennen mit Molekulargewichten zwischen 26000 (a-Globulin) und 300000 (δ-Globulin); die a-Komponente hat QUENSEL nur im Gersteneiweiß angetroffen.

β-Globulin ist reich an Glutaminsäure und hat sich nach E. SANDEGREN u. Mitarb. (1949) polarographisch untersuchen lassen. Die Einheitlichkeit der aufgeführten Eiweißstoffe muß aber gleichfalls auf Grund ihres elektrophoretischen Verhaltens als fraglich angesehen werden. Von G. BISERTE u. R. SCRIBAN (1956) sind zwei Fraktionen für das Albumin und fünf Fraktionen für das Hordein nachgewiesen worden. E. WALDSCHMIDT-LEITZ u. G. KLOOS (1959 und 1960) haben sieben Einzelkomponenten im Hordein durch Elektrophorese erhalten, deren Mengenverhältnis großen Schwankungen unterliegt und von klimatischen Bedingungen sowie von der Stickstoffdüngung beeinflußt wird.

e) Mais

Der Eiweißgehalt des Maises schwankt innerhalb weiter Grenzen. Das in Wasser unlösliche Eiweiß des Maises wird allgemein als Kleber bezeichnet. Maiskleber fällt bei der Produktion von Maisstärke mit einem Eiweißgehalt von 50—70 % an. Er besitzt wegen seines geringen Gehaltes an essentiellen Aminosäuren (Lysin und Tryptophan) einen geringen Nährwert (A.I. Schuschman 1964) und wird u. a. für die Gewinnung von Glutaminsäure verwendet.

Die Verteilung des Eiweißes auf die verschiedenen Gewebsschichten des Maiskornes ist u. a. von F.R. Earle u. Mitarb. (1946) untersucht worden. Sie fanden 75 % des Proteins im Endosperm und 22 % im Keimling. Von J.J.C. Hinton (1953), wurde die in Tab. 29 aufgeführte Eiweißverteilung ermittelt.

Tabelle 29. *Verteilung des Eiweißes im Maiskorn*

	Gewebsanteil %	Eiweißgehalt %	$(N \cdot 6{,}25)^1$ bzw. auf Gesamtkorn in %	Anteil am Gesamteiweiß
Pericarp	6,5	3,0	0,2	2,2
Aleuronzellen . .	2,2	19,2	0,4	4,7
Endosperm 1 . . .	3,9	27,7	1,1	11,9
Endosperm 2 . . .	58,1	7,5	4,4	48,2
Endosperm 3 . . .	17,6	5,6	1,0	10,9
Embryo	1,1	26,5	0,3	3,2
Scutellum	10,6	16,0	1,7	18,9
Gesamtkorn . . .	100	9	9,1	100

[1] beruht auf 14% H_2O.

J. A. Cannon u. Mitarb. (1952) haben eine Übersicht über die von verschiedenen Bearbeitern gewonnenen Ergebnisse zusammengestellt, aus der die Unzulänglichkeit der Eiweißdifferenzierung auf Grund unterschiedlicher Löslichkeit deutlich wird.

Die Löslichkeit der Eiweißfraktionen wird von der Korngröße des vermahlenen Materials, von Menge und Konzentration des angewendeten Lösungsmittels sowie von Dauer und Temperatur der Extraktion beeinflußt. Die Vorgeschichte des Kornmaterials (Art der Trocknung z. B.) spielt gleichfalls für die Löslichkeit des Maiseiweißes eine wesentliche Rolle. A. A. Vidal (1950) hat bei Behandeln des Maises im Autoklaven eine Verminderung im Gehalt an löslichem Protein (Albumin und Globulin) beobachtet; doch wird dabei hauptsächlich der Prolamin- und Glutelingehalt verändert.

Eine wäßrige alkalische Lösung, die Na^+-, Cu^{2+}-, SO_4^{2-}- und SO_3^{2-}-Ionen enthält, wird zum schnellen und vollständigen Lösen der Proteine des Keimlings und Endosperms von E.T. Mertz u. R. Bressani (1958) empfohlen.

Über den Aminosäuregehalt des Maiseiweißes aus sieben amerikanischen Maissorten haben M. Wolfe u. L. Fowden (1957) berichtet.

Zur Extraktion des Eiweißes sind 5 g fein vermahlener Mais zweimal 24 Std mit 25 ml 99%igen Isopropanols zunächst entfettet und anschließend mit 25 ml Boratpuffer von pH 10—11 geschüttelt worden. Aus den Extrakten ist das Eiweiß nach Ansäuern auf pH 4,0—4,5 mit Essigsäure und Ameisensäure bei 50—60° C ausgefällt worden. Nach Waschen mit 5%iger Trichloressigsäure und heißem Wasser hat das so gewonnene Eiweiß 96% der Gesamtstickstoffmenge des Maiskornes repräsentiert. Die Hydrolyse des ausgefällten Eiweißes wurde mit gleichem Volumen 10 n-HCl und Eisessig durchgeführt in Gegenwart von Zinn(II)-chlorid. Die Aminosäureanalyse erfolgte papierchromatographisch.

Die am intensivsten untersuchte Eiweißfraktion des Maises ist das in 92 %igem Äthanol lösliche Zein. Der Zeingehalt hängt nach L. Zeleny (1935) weitgehend von dem Reifungszustand des Maises ab, unreifer Mais enthält nur wenig Zein. D. W. Hansen u. Mitarb. (1946) konnten zwischen dem Gesamteiweißgehalt und dem Zeingehalt eine lineare Beziehung feststellen, die jedoch nach H. H. Mitchell u. Mitarb. (1952) nur bis zu einem Proteingehalt von etwa 14,0 % besteht.

Durch ihre optische Drehung können nach L. Lindet u. L. Ammann (1907) 2 Zeine unterschieden werden: α- und β-Zein. R. A. Gortner u. R. T. McDonald (1944) zerlegten das Zein durch Lösen in Methyl- und Äthylcellosolve und anschließendes Ausfällen mit Wasser gleichfalls in 2 sich in ihrem Stickstoffgehalt und ihren physikalischen Eigenschaften unterscheidende Fraktionen. Den gleichen Autoren zufolge besteht aber das Zein aus mindestens drei Komponenten mit dem Mol.-Gew. 45000 (65 % vom Gesamtprotein), 30000 (25 %) und 23450 (10 %).

Mittels Elektrophorese ist das Zein von B. L. Scallet (1947) in sechs, von J. F. Foster u. Mitarb. (1950) in acht Bestandteile aufgetrennt worden, so daß für die Einheitlichkeit des Zeins die gleiche Einschränkung gemacht werden muß wie für das Weizengliadin, dem es in seiner Äthanollöslichkeit ähnelt.

Die Aminosäurezusammensetzung des Zeins ist vielfach untersucht worden, z. B. von J. A. Cannon u. Mitarb. (1952) sowie von R. J. Block u. D. Bolling (1951) und in neuerer Zeit von E. Waldschmidt-Leitz u. P. Metzner (1962; Tab. 27). Diese Arbeiten bestätigen einige charakteristische Merkmale des Zeins, nämlich seinen relativ hohen Gehalt an Glutaminsäure, Leucin, Prolin sowie einen geringen Gehalt an Glycin, Lysin und Tryptophan. Darin ähnelt das Zein ebenso wie in seinem relativ geringen Gehalt an Arginin und Histidin dem Weizengliadin.

f) Reis

Reis hat von allen Getreidearten den niedrigsten Eiweißgehalt. Reiseiweiß besteht hauptsächlich aus einem als Oryzenin bezeichneten Eiweißkörper; er ist als „Glutelin" in verdünntem Alkali löslich und bis zu 7 % im Reiskorn enthalten.

Das Glutelin von Klebreis (waxy rice) unterscheidet sich von dem des gewöhnlichen Reises durch einen höheren Gehalt an Tyrosin und Histidin (K. Sasaoka 1957).

Tabelle 30. *Verteilung der Eiweißfraktionen im Vollreis und polierten Reis* (in %)[1]

	Vollreis	Polierter Reis
Albumin und Globulin (lösl. in 1 %iger NaCl-Lösung) . .	13,8	11,5
Prolamin (lösl. in 60 %igem Äthanol) . . .	3,7	6,8
Glutelin (lösl. in 0,1 %igem Alkali	44,2 } 48,2	40,9 } 46,2
(lösl. in saurem Äthanol)	4,0	5,3
Restfraktion	25,9	27,6

[1] aufgerundet.

Daneben werden Spuren wasserlöslichen Albumins und Zehntel Prozente Globulin angetroffen. Nach R. T. McIntyre u. K. Kymal (1956) lassen sich aus entfettetem Reismehl fast sämtliche Eiweißstoffe durch eine 4%ige wäßrige Lösung von Alkylarylbenzolsulfonat (Santomerse) herauslösen, der 0,2 % Natriumhydrogensulfit als Reduktionsmittel zugesetzt wird. Eine alkohollösliche Eiweißkomponente ist nicht oder nur in Spuren vorhanden (M. C. KIK 1941). Nach diesem Autor verteilen sich die Eiweißfraktionen in Vollreis und polierten Reis gemäß Tab. 30.

D. B. JONES u. E. F. GERSDORFF (1941) konnten zwei Globulinfraktionen durch ihre Fällungstemperatur (74 und 90°C) unterscheiden. Über Versuche, das Reiseiweiß in verschiedenen Säuren und Salzlösungen zu peptisieren, haben D. K. CUNNINGHAM u. J. A. ANDERSON (1950) berichtet.

Unterschiede im Gehalt an den einzelnen Fraktionen bei amerikanischen und ungarischen Reissorten sind von A. LÓZSA (1953) mitgeteilt worden.

g) Hirse

Der Proteingehalt mehrerer Sorten und botanischer Formen von Pennisetum und Sorghum ist von F. BUSSON u. Mitarb. (1962) untersucht worden. Es zeigten sich sowohl sortenbedingte wie umweltbedingte Unterschiede. Bei der Bestimmung der Aminosäuren dagegen ergab sich, daß ihre Zusammensetzung bei Pennisetum und Sorghum wohl Sortenunterschiede aufwies, die ökologischen Faktoren jedoch ohne Bedeutung waren.

Über das Hirseeiweiß liegt noch eine Arbeit von E. WALDSCHMIDT-LEITZ u. P. METZNER (1962) vor, die ein Prolamin (Panicin) aus Rispenhirse (Panicum miliaceum L.) untersuchten. Es besitzt einen geringeren Glutaminsäuregehalt (13,7 %) als die Prolamine der anderen Getreidearten und hat sich durch Elektrophorese nicht auftrennen lassen.

h) Buchweizen

Buchweizen enthält 0,5 % wasserlösliches Protein und in geringer Menge alkohollösliches Eiweiß. T. UKAI u. S. MORIKAWA (1925) haben den Aminosäuregehalt des alkalilöslichen Eiweißanteiles aus Buchweizenmehl untersucht; es enthielt 13,5 % Gesamt-N; davon waren 8,7 % Amid-N. Aus neuerer Zeit stammt eine Arbeit von K. BLAIM u. H. MALISZEWSKA-BLAIM (1960), die in zwei Buchweizenarten 12,7 und 12,4 % Rohprotein ermittelten.

5. Kohlenhydrate

Der Kohlenhydratgehalt des Getreidekornes umfaßt neben Hochpolymeren wie Cellulose, Hemicellulosen, Pentosanen und Stärke auch Dextrine, Oligosaccharide sowie Monosaccharide (Tab. 31).

Die *Cellulose* ist hauptsächlich in den Schalengeweben enthalten und mit Lignin durchsetzt; sie wird durch den sog. Rohfasergehalt erfaßt (Verteilung im Weizen- und Roggenkorn, vgl. Tab. 12 und 13).

Hemicellulosen, die als Begleitstoff der Cellulose auftreten, sind in allen Kornschichten vorhanden; sie bilden zusammen mit der Cellulose die Zellwände (R. L. WHISTLER u. CH. L. SMART 1953).

Die *Pentosane*, die zu den Hemicellulosen rechnen und die die Schleim- oder Gummistoffe im Getreidekorn mitbilden, sind hauptsächlich aus Pentosen, vornehmlich aus D-Xylose und L-Arabinose aufgebaut (ihre Verteilung im Weizenkorn vgl. Tab. 12). Die Pentosane lassen sich aus dem geschroteten Korn mittels verdünnten Alkalis oder verdünnter Säure z. T. herauslösen. Ihr Nachweis und ihre Bestimmung erfolgen über das bei Destillation mit Salzsäure entstehende Furfural (vgl. Bd. II/2), wobei nach A. HESSE (1929) auch Polygalakturonsäure miterfaßt wird.

J. A. PREECE u. R. HOBKIRK (1953) haben den Schleimstoffgehalt der Getreidearten zu einer summarischen Klassifizierung herangezogen.

Weizen: wenig Pentosane; Glucan über alle Fraktionen verteilt; a-Glucan.

Roggen: reich an Pentosanen, die vollkommen hexosefrei erhalten werden können und aus Xylan-Araban bestehen.

Gerste: sehr wenig Pentosane; größere Mengen an β-Glucan (fällbar durch niedrige Ammoniumsulfatkonzentration).

Hafer: viel β-Glucan in allen Fraktionen, wenig Pentosane.

Tabelle 31. *Mittlerer Gehalt des Getreides an Kohlenhydraten* (% i. Tr.)
(nach D. F. Miller 1958 u. a. Autoren)

Getreide	Cellulose (Rohfaser)	Hemicellulose	Pentosane	Stärke	Gesamt-zucker
Weizen	1,7	—	7,4	63,8	3,2
Roggen	2,2	—	10,6	63,8	4,5
Gerste mit Spelzen	4,0—7,0	8,0—10,0[2]	10,3	60,1	2,5
Gerste ohne Spelzen	—	—	10,3	62,0	1,6
Hafer mit Spelzen	18,2[3]	—	7,5	44,7	1,6
Hafer ohne Spelzen	0,8—2,8[3]	—	—	62,3	1,5
Mais	2,4[1]	—	6,2	71,8	1,9
Reis mit Spelzen	7,8[4]	—	6,2	—	0,6
Reis ohne Spelzen	0,7[4]	—	2,1	85,0	0,6
Buchweizen mit Spelzen	11,4	—	10,3	53,3	2,1
Hirse (Sorghum) ohne Spelzen	2,3	—	2,6	64,6	1,3

[1] I. D. Poppoff (1943).
[2] A. J. C. Cosbie (1942).
[3] H. C. Moir (1942).
[4] D. W. Kent-Jones u. A. J. Amos (1957).

Nähere Angaben über Menge und Zusammensetzung der Getreideschleimstoffe finden sich bei Y. Pomeranz (1961). Werte für Molekulargewichte und physikalische Konstanten der Getreidegummi wurden von V. Podrazký (1964) gegeben.

Die *Stärke* wird im Verlaufe der Vegetation im Korn aus Monosacchariden aufgebaut und im Endosperm als Stärkekorn unterschiedlicher Größe eingelagert (vgl. auch S. 205 ff). Schale, Aleuronzellen und Keimling enthalten keine Stärke.

Die Stärke der verschiedenen Getreidearten ist aus wechselnden Mengen der beiden Komponenten Amylose und Amylopektin zusammengesetzt. Weizen-, Mais- und Reisstärke enthalten nach R. M. Hixon (1943) 20—30% Amylose und 70—80% Amylopektin; Stärke aus „wachsigem" Mais besteht fast vollständig aus Amylopektin.

Tabelle 32. *Verkleisterungstemperatur der Getreidestärken*
(in ° C) (nach M. P. Neumann u. P. F. Pelshenke 1954)

	Beginn		Ende	
	Mittel	Schwankungs-breite	Mittel	Schwankungs-breite
Weizenstärke	60	59—61	88	80—98
Roggenstärke	56	40—62	62	60—88
Gerstenstärke	63	56—65	90	87—95
Haferstärke	55	—	80	—

Das Quellvermögen ist eine charakteristische Eigenschaft der Stärke und für die Getreidetechnologie von besonderem Interesse. Erfolgt die Quellung unter gleichzeitigem Erwärmen, so tritt bei einer bestimmten Temperatur Verkleisterung ein, bei der das Stärkekorn seine ursprünglich fest umrissene Gestalt verliert. Es entsteht eine kolloide Lösung, deren Viscosität vom Stärkegehalt und von der jeweiligen Temperatur abhängt. Die einzelnen Getreidestärken zeigen unterschiedliche Verkleisterungstemperaturen (Tab. 32), die die technische Verarbeitung beeinflussen.

Der Verkleisterungsverlauf der Stärke in wäßriger Suspension wird durch Temperatur, pH-Wert, Korngröße und An- oder Abwesenheit von Amylasen beeinflußt. Nach M. NYMAN (1912) verkleistern die großen Stärkekörner bei

Tabelle 33. *Oligosaccharide im Getreide* (% i. Tr.)

Oligosaccharide	Weizen	Roggen	Gerste	Hafer
Saccharose	0,88	0,91	0,99	1,19
Maltose	0,04	0,03	0,06	0,03
Glucodifructose . .	0,26	0,58	0,12	0,10
Raffinose.	0,19	0,12	0,29	0,29

niedrigen Temperaturen schneller als die kleinen. Auch der Reifezustand der Stärke hat einen gewissen Einfluß.

Für den Gehalt an *Oligosacchariden* in verschiedenen Getreidearten geben K. TÄUFEL u. Mitarb. (1959) die in Tab. 33 aufgeführten Werte an.

a) Weizen

Stärke als mengenmäßig dominierender Bestandteil läßt sich aus Weizenmehlteig mit Wasser auswaschen, wobei der Weizenkleber als zusammenhängende Masse zurückbleibt und die Stärke aus dem Waschwasser als Sediment gewonnen werden kann. Die Dimensionen der Stärkekörner des Weizens sind hauptsächlich auf zwei Gruppen verteilt: 2—8 μ und 25—40 μ; Zwischengrößen sind seltener. Weizenstärke besitzt nach K. HESS ein spezifisches Gewicht von 1,4803—1,5068; die spezifische Wärme der Stärke beträgt nach C.A. WINKLER u. W.F. GEDDES (1931) 0,44 cal/g. (Über enzymatischen Abbau der Weizenstärke vgl. Amylasen; über die Bedeutung der Stärke für das Backverhalten der Mehle vgl. „Backeigenschaften".)

Der *Dextringehalt* des Weizens beträgt nach D.W. KENT-JONES u. A.J. AMOS (1957) 0,1—0,2 %. Die Molekulargröße der Dextrine sowie der meisten anderen Zuckerpolymeren ist unbekannt.

Über die Zusammensetzung der *Pentosane* im Weizen, die z. T. an Eiweiß gebunden sind, liegen nur wenig Angaben vor. (Über ihre Rolle bei der Teigbildung vgl. S. 99.) Aus den wasserlöslichen Pentosanen des Weizenmehles isolierten H.R. GOLDSCHMID u. A.S. PERLIN (1963) ein Araboxylan, dessen Struktur mit Hilfe eines aus Streptomyces gewonnenen, Xylanase enthaltenden Enzympräparates weitgehend ermittelt werden konnte. Die Araboxylan-Moleküle bestehen aus stark verzweigten Ketten, in welchen einzelne und paarige L-Arabinose-Ketten durch einzelne D-Xylose-Einheiten getrennt sind.

Von den niedrig-molekularen Zuckern sind *Raffinose*, *Maltose* und *Saccharose* im Weizenkorn enthalten. Raffinose ist von H. COLIN u. H. BELVAL (1934) hauptsächlich im Keimling angetroffen worden. Von L.M. WHITE u. G.E. SECOR (1953) konnte ein nichtreduzierendes Oligosaccharid im Weizen papierchromatographisch identifiziert werden, in dem Fructose, Glucose und Galaktose im Verhältnis 1:9:1 vorliegen.

Maltose ist gleichfalls im normal gereiften Korn nachweisbar, und zwar als enzymatisches Abbauprodukt der Stärke. Bei der Keimung steigt der Maltosegehalt merklich an; er wird daher auch als ein gewisses Kriterium für eine Schädigung des Weizens durch Auswuchs angesehen. In Auswuchsweizen findet man nach 1stündiger Autolyse bei 27° C einen enzymatisch bedingten Maltosegehalt von über 2,5%.

Saccharose wird im Weizen (1—2%) als Anfangsglied einer Reihe von Gluco-fructosanen angetroffen, hauptsächlich im Keimling.

Der Gehalt an *Glucose* und *Fructose* ist im Weizen sehr gering. M. ROHRLICH u. W. ESSNER (1960a), die den Verlauf der Oligo- und Monosaccharidegehalte im reifenden Weizen untersucht haben, fanden im reifenden Weizenkorn 47 mg Glucose und 27 mg Fructose in 100 g Trockensubstanz.

Auch *Galaktose* ist im Weizen enthalten; sie ist z. T. an Fett gebunden, wie Untersuchungen von H. E. CARTER u. Mitarb. (1960), von N. FISHER u. M. E. BROUGHTON (1960) sowie von M. ROHRLICH u. I. SCHOENMANN (1962b) ergeben haben.

b) Roggen

In der Zusammensetzung seiner Kohlenhydrate ist der Roggen dem Weizen ähnlich. Die *Roggenstärke* hat eine Korngröße von 40—52 μ und ist etwas größer als die des Weizens. Der Verkleisterungsverlauf der Stärken des Roggenmehles, im Amylographen bestimmt, vermittelt ein charakteristisches Bild der Backeigenschaften des Roggens (vgl. S. 138). Von besonderem technologischen Interesse sind die Schleimstoffe des Roggens, die nach TH. v. FELLENBERG (1919) die Bildung eines Klebers, wie er im Weizen vorkommt, verhindern. Die Schleimstoffe sind nahezu ausschließlich aus Pentosen aufgebaut und enthalten fast keine Glucose oder Fructose.

Der Gehalt an löslichem Zucker ist in normal gereiftem Roggen etwas höher als im Weizen. Der *Maltose*gehalt (ca. 0,1%) steigt beim Keimen oder auch in wäßriger Aufschlämmung infolge enzymatischen Abbaues der Stärkekörner an. Bei einem Maltosegehalt des Roggens nach 1stündiger Autolyse bei 27° C von über 3,5% wird auf Auswuchsschaden geschlossen.

Trifructosan, das nach H. H. SCHLUBACH (1958) als ein Polyfructosan anzusehen ist, kommt in Mengen von 2—2,6% im Roggen und ca. 0,5% im Weizen vor (A. SCHULERUD 1957). Dieser Unterschied wurde von J. TILLMANS u. Mitarb. (1928) zum Nachweis von Roggenmehl im Gemisch mit Weizenmehl verwendet. Da aber der Trifructosangehalt in Abhängigkeit von Anbau und Reife erheblich schwanken kann, ist die Aussagekraft der Methode begrenzt.

Der Glucosegehalt im reifen Roggenkorn beträgt nach M. ROHRLICH u. W. ESSNER (1960a) etwa 60 mg/100 g Tr.; der Fructosegehalt liegt in der gleichen Größenordnung.

c) Hafer

Der Kohlenhydratgehalt des Hafers (englische Hafersorten) schwankt nach H. C. MOIR (1942) zwischen 53,0 und 65,8% i. Tr.; der Rohfasergehalt zwischen 6,5 und 12,8%. Der Rohfasergehalt der Spelzen beträgt nach R. A. BERRY (1925) 33,5%, der des Haferkernes 1,3%. Haferstärke, aus scharfkantigen Teilkörnern zusammengesetzt, bildet ovalrunde Stärkekörner von 25—40 $\mu \oslash$. Stärkekörner des Hafers weisen im Durchschnitt einen kleineren Durchmesser auf als Weizen- und Roggenstärke.

Die Schleimstoffe des Hafers, auf die die diätetische Wirkung der Haferzubereitungen zurückgeführt wird, sind von D. L. MORRIS (1942) und von E. LETZIG (1951) sowie von L. ACKER u. Mitarb. (1955) näher untersucht worden; sie gehören zu den Licheninen und bestehen zu 65% aus β-1,4- und zu 35% aus β-1,3-glykosidisch verbundenen Glucosemolekülen. Oligosaccharide vgl. Tab. 33.

d) Gerste

Der Durchmesser der runden Gerstenstärkekörner beträgt 1—6 und 20—30 μ, der Stärkegehalt schwankt zwischen 60 und 64 % (J. De Clerck 1964).

Diätetisches Interesse besitzen die Schleim- und Gummistoffe der Gerste; sie sind von I. A. Preece u. Mitarb. (1954) durch 4 %ige NaOH extrahiert worden. Es werden zwei Typen unterschieden: Ein Spelzentyp, der im ganzen Korn verteilt, und ein Endospermtyp, der fast ausschließlich im inneren Endosperm enthalten ist. Ersterer ist durch einen hohen Pentosangehalt und die Gegenwart geringer Mengen von Uronsäuren ausgezeichnet; die Schleimstoffe des Endosperms weisen einen besonders hohen Glucangehalt auf und enthalten keine Uronsäure. Nach G. O. Aspinal u. R. J. Ferrier (1957) sind sie aus β-D-Xylose-Einheiten aufgebaut, die durch 1,4-glykosidische Bindungen verknüpft sind und verschiedene Seitenketten tragen. Angaben über Art und Zusammensetzung der Schleimstoffe und Gummis der Gerste finden sich bei A. H. Cook (1962).

Von den in der Gerste vorhandenen Oligosacchariden und Hexosen wurden von A. M. MacLeod (1953) etwa 75 % der Saccharose und 80 % der Hexosen im Keimling und in den Aleuronzellen und 65 % der Hexosen (Glucose und Fructose) im Endosperm gefunden. Oligosaccharide vom Typ der Fructane sind von A. M. MacLeod (1953) eingehend untersucht worden. Die wasserlöslichen Zucker verteilen sich nach G. Harris (1958) auf Glucane (1,7—2,1 %), Fructane (1,6—1,9 %), Saccharose (0,3—0,5 %), Raffinose (0,1—0,3 %), Glucodifructose (0,1 %), Maltose, Fructose und Glucose; auch hier finden sich bei A. H. Cook nähere Angaben.

e) Mais

Maisstärke besteht aus eckig geformten Körnern, die 10—22 μ groß und oft durch einen Spalt gekennzeichnet sind. Abgerundete Maisstärkekörner besitzen keinen Spalt.

Mais enthält neben der Stärke noch einen hohen Gehalt an wasserlöslichen (dextrinähnlichen) Polysacchariden, die als Zwischenprodukte der Stärkesynthese angesehen werden.

Nach D. L. Morris u. C. T. Morris (1939) besitzen diese Polysaccharide jedoch mehr den Charakter tierischen Glykogens als den von Dextrinen. J. B. Sumner u. G. F. Somers (1944) zerlegten die Polysaccharide des Maises durch ihre Löslichkeit in 67 %iger Essigsäure in zwei strukturell verschiedene Fraktionen, die nicht durch enzymatischen Abbau entstanden sind. Die löslichere Fraktion wurde als Phytoglykogen bezeichnet.

Im Mais wurden ferner von A. B. Bond u. R. L. Glass (1963) folgende Zucker identifiziert: Raffinose, Saccharose, Glucose, Fructose. Maltose war erst nach 48stündigem Keimen nachzuweisen. Der Gehalt an nichtreduzierendem Zucker, als Saccharose ermittelt, nahm an den ersten 4 Tagen der Keimung um 50 % ab und stieg dann auf den doppelten Wert des Ausgangswertes an. Die Oligo- und Monosaccharide verschiedener Maissorten sind von K. Täufel u. Mitarb. (1960) papierchromatographisch untersucht worden; sie ermittelten im Durchschnitt 1,56 % Saccharose, 0,27 % Raffinose, 0,15 % Glucose und 0,12 % Fructose. Saccharose und Raffinose sind fast vollständig im Embryo, die Monosaccharide im Endosperm lokalisiert. Während des Keimens verschwindet die Raffinose, in einer späteren Keimungsphase tritt auch Maltose auf, die sonst im Keimling nicht nachgewiesen worden ist.

A. M. MacLeod u. I. A. Preece (1954) ermittelten im Mais 0,19 % Raffinose, 0,78 % Saccharose, 0,05 % Glucose und 0,055 % Fructose.

f) Reis

Reisstärke besteht aus $4—6\mu$ großen Körnern, die zu unregelmäßigen Groß-körnern zusammengesetzt und mit Eiweiß fest verkittet sind. Das Abtrennen des Eiweißes ist nur mit Hilfe schwach alkalischer oder SO_2-haltiger Lösung möglich.

Die Stärke, die in geschältem Reis etwa 80% der Trockensubstanz ausmacht, bestimmt weitgehend dessen Kocheigenschaften. B.S. Rao u. Mitarb. (1952) sowie V.R. Williams u. Mitarb. (1958) führten das Verhalten des Reises beim Kochen im wesentlichen auf seinen Amylosegehalt (25—30% der Stärke) zurück. J.V. Ha-lick u. V.J. Kelly (1959) untersuchten die Verkleisterungseigenschaften ver-schiedener Reissorten mit dem Amylographen und setzten diese in Beziehung zu den Kocheigenschaften; sie weisen darauf hin, daß auch das Amylopektin des Reises die Kocheigenschaften beeinflußt, da Sorten gleichen Amylosegehaltes unterschiedliche Verkleisterungstemperaturen zeigten (vgl. S. 113).

Der Gehalt des Reises an reduzierenden Zuckern (Glucose und Fructose) liegt nach K.T. Williams u. A. Bevenue (1953) zwischen 0,05 und 0,19%, der an Oligosacchariden (hauptsächlich Rohrzucker), nach salzsaurer und enzymatischer Hydrolyse bestimmt, zwischen 0,5 bis über 1,4%.

Anders als im Weizen sind nach R.B. Koch u. Mitarb. (1951) im Reiskorn neben Raffinose keine weiteren Oligosaccharide enthalten.

6. Organische Säuren

Als sauer reagierende Stoffe sind im Getreide neben anorganischen Phosphaten, Fettsäuren und Aminosäuren auch niedrigmolekulare, nicht flüchtige organische Säuren enthalten. M.I. Knjaginičev u. Mitarb. (1954) haben außer *Milchsäure* und *Essigsäure* auch *Bernsteinsäure*, *Äpfelsäure* und *Citronensäure* im Roggenmehl nachgewiesen. E. Drews (1958) hat in Roggen- und Weizenmehl Äpfelsäure, Citronensäure, *Fumarsäure* und Bernsteinsäure papierchromatographisch be-stimmt und festgestellt, daß mit steigenden Asche- und Säuregradwerten sich die

Tabelle 34. *Organische Säuren im Getreide* (in mg/100 g Tr.)
(nach D.F. Houston u. Mitarb. 1963)

Säure	Weizen	Roggen	Hafer	Gerste	Mais	Reis
Oxalsäure	29,7—58,5	50,5	10,0	33,0	88,0	24.0—91,0
Äpfelsäure	275—385	190	295	490	55	30,8—75,0
Citronensäure . .	120—270	260	94	280	345	148—240

Menge an Äpfelsäure in den Mahlprodukten erhöht. Auf die Anwesenheit von Citronensäure im Getreide ist auch von K. Täufel u. R. Pohloudek-Fabini (1955) hingewiesen worden. Roggenmehle enthalten entsprechend ihrem höheren Säuregrad mehr Äpfelsäure als Weizenmehle bei gleichem Mineralstoffgehalt. Der Äpfelsäuregehalt steigt ferner nach K. Täufel (1957) zu den Randschichten des Kornes hin an. Das Schicksal der Äpfelsäure und Citronensäure ist im Verlaufe des Mahlprozesses eingehend untersucht worden (E. Drews 1961).

J. Schormüller u. Mitarb. (1961) ermittelten im Roggen relativ wenig Äpfelsäure, aber größere Mengen an Wein-, Bernstein- und Essigsäure.

Den Anteil organischer Säuren an der Gesamtacidität von Gerste haben J.S. Wall u. Mitarb. (1961) bestimmt; sie fanden, daß dieser etwa 44% ausmacht, der Anteil an Phosphaten nur 22%. Im Endosperm der Gerste ist den gleichen Autoren zufolge der Anteil organischer Säuren in der Gesamtacidität am höchsten, die Äpfelsäure ist zu 26,4% am Säuregehalt der Extrakte aus Gerste beteiligt.

Eine vergleichende Übersicht über den Gehalt an säulenchromatographisch ermittelten organischen Säuren in den verschiedenen Getreidearten (Tab. 34) sowie über ihre Verteilung auf die Gewebsschichten des Reises geben D.F. HOUSTON u. Mitarb. (1963).

7. Fette und Fettbegleitstoffe

Die in den Getreidearten enthaltenen Fette sind in verhältnismäßig geringer Menge vorhanden. Nur der Fettgehalt von Mais und Hafer liegt bei 5 % oder darüber (vgl. Tab. 11). Hauptsitz des Fettes sind Keimling und Aleuronzellen. Der Keimling des Weizens enthält nach C.W. HERD u. A.J. AMOS (1930) in Abhängigkeit von der Art der Extraktion 7,8—10,3 % Fett; der Fettgehalt des Keimlings des Roggens (Petrolätherextrakt) beträgt nach M. ROTHE (1963) 9,8 % und

Tabelle 35. *Fettsäurezusammensetzung der Fette verschiedener Getreidearten* (in % der Gesamtfettsäuren)

	Gesättigte Säuren	Ölsäure	Linolsäure	Linolensäure
Weizen	22	16	57	5
Roggen	25	18	48	6
Gerste	14	30	57	1
Hafer	16	45	37	0
Mais	12	31	54	2

Tabelle 36. *Zusammensetzung der Fette im Weizen* (in %)

Material	Palmitinsäure	Stearinsäure	Ölsäure	Linolsäure	Linolensäure
Weizenkorn[1] . . .	17,3	0,9	14,3	62,8	3,0
Weizenmehl[2] . . .	19,0	0,9	13,7	61,3	3,2
—, hell	16,7	0,9	18,2	58,2	3,8

[1] Nach N. FISHER u. M.E. BROUGHTON (1960).
[2] Nach C.C. LEE u. R. TKACHUK (1960).

Tabelle 37. *Kennzahlen der Getreideöle* (Auszug)

	Weizen[1]	Gerste[2]	Hafer[3]		Roggen[4]	Mais	Reis[5]
			Auszug I	Auszug II			
Spezifisches Gewicht bei 25°	0,9269	—	0,9210	—	—	—	—
Verseifungszahl . .	186,5	188,4	191,4	194,5	177	188—193	93,5
Jodzahl	125,6	113,5	105,3	104,2	140	117—123	91,6
Unverseifbares (%)	4,7	5,0	1,4	—	8—10	1,3—2,5	

[1] G.S. JAMIESON u. W. BAUGHMAN (1932).
[2] K. TÄUFEL u. M. RUSCH (1929).
[3] K. AMBERGER u. E. WHEELER-HILL (1927).
[4] A.W. STOUT u. H.A. SCHÜTTE (1932).
[5] D.W. KENT-JONES u. A.J. AMOS (1957).

nach Salzsäureaufschluß 11,3 % i. Tr. Der Fettgehalt des Mehlkörpers von Weizen und Roggen wird im allgemeinen mit etwa 1 % angegeben. Die Aleuronzellen des Getreides und damit die Schalen sind nächst dem Keimling das fettreichste

Gewebe. Am fettreichsten ist wohl der Keimling des Maises; er enthält bis ca. 30 % Fett.

A. Casas u. Mitarb. (1963) untersuchten die Verteilung des Fettes im Reiskorn; sie fanden, daß 20 % des Fettes vom entkeimten und geschälten Korn im äußeren Endosperm enthalten sind, während die äußeren Kornschichten einen Fettgehalt von 4—6 % besitzen.

Angaben über die durchschnittliche Fettsäurezusammensetzung der Fette verschiedener Getreidearten hat M. Rothe (1963) mitgeteilt (Tab. 35).

Über die Fettsäurezusammensetzung im Weizenkorn und -mehl gibt Tab. 36 Auskunft. B. Sullivan u. C.H. Bailey (1936) haben Angaben über die Zusammensetzung des Weizenkeimöls gemacht. Kennzahlen der verschiedenen Getreideöle sind in Tab. 37 zusammengefaßt.

Art und Verteilung der Triglyceride auf die verschiedenen Gewebsschichten des Weizens haben J.H. Nelson u. Mitarb. (1963) mit Hilfe der Craigschen Gegenstromverteilung und der Gaschromatographie untersucht. Die Fette aller Schichten (Keimling, Schale, Endosperm) enthalten hauptsächlich Palmitinsäure, Linolsäure und Linolensäure; daneben werden Stearinsäure, Myristinsäure und Arachidonsäure angetroffen.

Außer den Fettsäureglyceriden (Neutralfette) enthält das Getreide *Phosphatide* wie Lecithin, Kephalin usw. Im Weizenkorn hat B. Sullivan (1940) $^1/_3$—$^2/_3$ des Fettes als Lipoide bezeichnet. Der Lipoidgehalt des Roggens liegt bei etwa 0,5 %. H. Lüers (1915) hat aus Gerste ein Phosphatid isoliert, das ein N:P-Verhältnis von 2:0,94 und eine Verseifungszahl von 220 aufwies; es handelte sich um ein Diaminophosphatid. Phosphatide werden auch als mit Zucker (Galaktose) enthaltene Komplexe angetroffen (vgl. Glykolipide) oder auch als Symplexe mit Eiweiß (vgl. Lipoproteide); die Art der Bindungen dieser Stoffklassen ist aber noch nicht geklärt. Über die Lipide des Weizens berichten N. Fisher u. M.E. Broughton (1960) sowie N. Fisher u. Mitarb. (1964) ausführlicher.

Die im Getreidefett enthaltenen unverseifbaren Substanzen bestehen hauptsächlich aus Sterinen, und zwar aus Sitosterin und geringen Mengen Ergosterin. Die Bestimmung des Sitosterylpalmitats ermöglicht nach M. Matveef (1952) eine Unterscheidung zwischen Grieß aus Durumweizen, der einen geringeren Sitosteringehalt besitzt, und solchem aus Weichweizen mit höherem Sitosteringehalt.

Nach A. Guilbot (1961) ist diese Bestimmungsmethode mit einer gewissen Unsicherheit behaftet. M. Rohrlich u. I. Schoenmann (1962b) haben eine präparative Abscheidung des Sitosterylpalmitats aus Weizengrieß beschrieben.

Im Unverseifbaren sind außerdem Tokopherole und Carotinoide enthalten.

8. Enzyme

Das Getreidekorn enthält als lebender Organismus sämtliche für seine Lebenstätigkeit erforderlichen Enzyme.

Enzyme der Atmungskette wie das Cytochrom c und die Cytochromoxydase sind von A.H. Brown u. D.R. Goddard (1941) durch die Nadi-Reaktion (Indophenolblau-Reaktion) nachgewiesen, das Cytochrom c ist von D.R. Goddard (1944) aus Weizenkeimlingen isoliert worden. Auch Dehydrogenasen (Alkohol-, Bernsteinsäure-, Malonsäure- und Glutaminsäuredehydrogenase) sowie Transaminasen sind im Weizen enthalten. Die meisten Untersuchungen über Getreideenzyme haben sich auf solche im Weizen und Roggen sowie in der Gerste und im Hafer erstreckt, deren Wirksamkeit bei der Verarbeitung am deutlichsten zum Ausdruck kommt.

Eingehende histochemische Untersuchungen über die Lokalisierung der Amylasen, der Proteasen, der Lipasen u. a. in Weizen, Roggen und Gerste liegen von CH. ENGEL u. Mitarb. (1947) vor. Danach sind die *Amylasen* in den Subaleuronzellen, also in den äußeren Endospermschichten, konzentriert. Im Innern des Endosperms findet man nur „mäßige Mengen" an Amylase, aber der Teil, der dem Keimling am nächsten liegt, ist besonders reich. Die im Keimling nachweisbare Amylase ist im Scutellum lokalisiert.

Im ruhenden Korn ist nur die *β-Amylase* (Saccharinogenamylase) nachweisbar, die z. T. allerdings in einer inaktiven Form vorliegt und erst nach Papaineinwirkung voll wirksam wird. *a-Amylase* (Dextrinogenamylase) tritt merkbar erst bei der Keimung auf; dabei dringt sie auch in den relativ enzymarmen Mehlkörper vor. Auf der Bestimmung der Aktivität der a-Amylase beruhen daher die chemischen Methoden zur Ermittlung des Auswuchses, des vorzeitigen und unerwünschten Keimens des Getreidekornes.

Das Aktivitätsoptimum der β-Amylase im Getreidekorn liegt bei 62—65° C, das der a-Amylase etwas höher; a-Amylase zeigt noch bei 70° C 80% ihrer Ursprungsaktivität. Eine Unterscheidung beider Amylasen ist auch auf Grund ihrer pH-Abhängigkeit möglich; obwohl beide Amylasen zwischen pH 5,5 und 6,6 ihr Aktivitätsmaximum haben, ist die a-Amylase säureempfindlicher. Nach A. G. OLSEN u. M. S. FINE (1924) verändert sich aber das pH-Optimum der enzymatischen Aktivität mit der Temperatur, was schon F. A. COLLATZ (1922) beobachtet hatte, der bei 25° C ein amylolytisches Optimum bei pH 4,3, bei Anstieg der Temperatur auf 69° C ein solches von pH 6 fand.

Bei der Keimung, bei der ein starker Abbau der hochpolymeren Kohlenhydrate vor sich geht, treten Glucosanasen in Erscheinung, die den Abbau der Hemicellulose bewirken; sie sind von E. J. BASS u. W. O. S. MEREDITH (1955) in der Gerste nachgewiesen worden und sind identisch mit der von H. LÜERS (1950) beschriebenen Cytase. I. A. PREECE u. Mitarb. (1954) haben den enzymatischen Abbau dieser Polysaccharide näher untersucht.

Von den *Phosphatasen* beansprucht die *Phytase* besonderes Interesse, da sie das im Getreidekorn enthaltene Phytin hydrolysiert. Der enzymatische Abbau des Phytins ist von J. SCHORMÜLLER u. G. BRESSAU (1960) eingehend untersucht worden; die erhaltenen Spaltprodukte konnten mit Hilfe der Säulenchromatographie über alle Zwischenstufen bis zum m-Inosit und zur Orthophosphorsäure isoliert und identifiziert werden. J. SCHORMÜLLER u. Mitarb. haben auch aus Weizenkleie längere Zeit haltbare Phytasetrockenpräparate nach Angaben von F. G. PEERS (1953) hergestellt und das von diesem Autor angegebene Temperatur- (53—58° C) und pH-Optimum (4,0—5,7) bestätigt. Nach F. G. PEERS sind in den Aleuronzellen des Weizens 40% und im Endosperm 34% der Phytaseaktivität konzentriert. Der Weizen weist nach A. MENGER (1951) gegenüber Gerste und Roggen eine geringere Phytaseaktivität auf; die geringste Aktivität besitzt der Hafer. Die Phytase im Reis ist von H. SUZUKI u. Mitarb. (1960) am Abbau der Phytinsäure untersucht worden.

Andere Phosphatasen wie *Glycerophosphatase, Saccharophosphatase* und Nucleotidase sind von H. LÜERS u. L. MALSCH (1929) in keimender Gerste nachgewiesen worden.

Für die Lagerung und Haltbarkeit des Getreides sowie der Getreideerzeugnisse spielt die *Lipase* (Esterase) eine ausschlaggebende Rolle; sie spaltet unter ungünstigen Milieubedingungen (vgl. Veränderung des Getreides während der Lagerung) aus dem Kornfett freie Fettsäuren ab, erhöht so die Fettacidität und trägt damit zur Ranzigkeit des Getreides und der Getreideerzeugnisse bei. Über das Verhalten pflanzlicher Samenlipasen unter natürlichem Milieueinfluß, besonders der Feuchtigkeit und der Temperatur, und über die enzymatische Fetthydrolyse im Verlauf der Keimung berichtet M. Rothe (1959). Die Lipase ist in den Aleuronzellen und im Keimling konzentriert und zellgebunden (L. B. Pett 1935; Ch. Engel 1947; M. Rohrlich u. R. Rasmus 1955; M. Rothe 1958); ihre Aktivität steigt im Verlaufe des Keimens stark an.

Das pH-Optimum der Weizenlipase hängt nach B. Sullivan u. M. A. Howe (1933) vom verwendeten Substrat ab; es liegt bei 7,2—8,2, wenn Glycerintriacetat (Triacetin), im sauren Gebiet, wenn höhere Glyceride verwendet werden. M. Rohrlich u. H. Benischke (1951a) haben gleichfalls mit Triacetin als Substrat in wäßriger Lösung gearbeitet und für Weizen, Roggen, Hafer und Gerste unterschiedliche pH-Optima festgestellt.

Phospholipasen sind Enzyme, die Phosphatide wie Lecithin und Kephalin mit bemerkenswerter Spezifität spalten. Die Phospholipase D kommt im Getreide, in gekeimter Gerste und Weizen auch die Phospholipase B, vor. Nach L. Acker (1956) spaltet die Phospholipase D aus Lecithin das Cholin ab; ihr pH-Optimum liegt bei 6,0—6,3 und ihr Temperaturoptimum bei 25° C. Die Phospholipase B trennt aus Lecithin beide Fettsäuren ab.

Praktische Bedeutung können Phospholipasen für malz- und lecithinhaltige Backmittel besitzen, die durch Lecithinspaltung an Wirkung verlieren würden, sowie für eihaltige kuchenfertige Mehle und Eierteigwaren (vgl. S. 91).

Ein weiteres Enzym, das bei Veränderung der Fettkomponenten des Getreidekornes eine Rolle spielt, ist die *Lipoxydase*. Ihr Wirkungsmechanismus — von S. Bergström u. R. T. Holman (1948) aufgeklärt — besteht in einer Sauerstoffübertragung auf ungesättigte Fettsäuren wie Linol- und Linolensäure, wobei Fettsäurehydroperoxide gebildet werden.

Die Lipoxydase ist verantwortlich für das Ausbleichen des Weizenmehles beim Lagern. Durch die Fettsäurehydroperoxide werden in einer Sekundärreaktion die Carotinoide zerstört. Der Mehlkörper besitzt nur eine geringe enzymatische Aktivität; der Hauptteil der Lipoxydase ist nach B. S. Miller u. F. A. Kummerow (1948) sowie M. Rohrlich u. Mitarb. (1959) im Keimling enthalten. 450 g entfetteter Keimlinge zerstören Carotin zu 100% in weniger als 30 min.

Die Kinetik der Linolsäureoxydation durch Weizenlipoxydase ist nach G. N. Irvine (1959) zum Charakterisieren der Durumweizenqualität eingehend untersucht worden. Er konnte mehrere Phasen unterscheiden: eine Initialphase und eine stationäre Phase. Die erste ist eine Reaktion nullter Ordnung und wird durch freies Enzym, die Endphase von einem Enzymkomplex katalysiert.

Die Aktivität der Lipoxydase während des Keimens von Weizen ist mit Linolensäure und Ölsäure als Substrat von K. V. Pšenova u. P. A. Kolesnikov (1961) in mehreren Wachstumsstadien untersucht worden; sie war während der Entwicklung des Keimlings bis zu einem Maximum angestiegen und dann wieder abgefallen. Ein Ferment vom Lipoxydase-Charakter wird neben Lipoiden als Reaktionspartner für das Bitterwerden von Cerealien verantwortlich gemacht (M. Rothe 1958).

Die Existenz von *Proteasen* im Weizen ist erstmalig von A. Balland (1884) beobachtet und später von C. O. Swanson u. E. L. Teague (1916) bestätigt worden, die einen Anstieg freier Aminogruppen während der Mehlautolyse feststellten. Die Proteasen des Weizens sind — wie von Ch. Engel u. J. Heins (1947) mit Edestin als Substrat nachgewiesen worden ist — in den Aleuronzellen lokalisiert, aber auch nach den Untersuchungen von L. B. Pett (1935) und von M. Rohrlich u. R. Rasmus (1955) im Keimling stark vertreten. Die proteolytische Aktivität des Keimlings wird offenbar noch durch das darin enthaltene Glutathion erhöht. Der Mehlkörper von Weizen, Roggen und Gerste besitzt aber nur eine geringe Proteaseaktivität gegenüber Edestin. Während des Keimens beobachteten A. BACH u. Mitarb. (1927) sowie J. D. MOUNFIELD (1936 und 1938) eine bedeutende Erhöhung der Proteaseaktivität. Von H. LÜERS u. F. SPINDLER (1925/26) wird für die Protease des Weizens ein pH-Optimum von 3,95—5,54 angegeben. Die Bedeutung der Weizenproteasen, die zuweilen dem Papaintyp zugeordnet werden, bei der Teig- und Brotherstellung ist noch umstritten (vgl. S. 98). Bei Mehlautolyse wurde aber von CH. ENGEL u. Mitarb. eine gewisse proteolytische Aktivität gegenüber dem Eigenprotein festgestellt.

Im Zusammenhang mit den Proteasen soll ein Enzym besprochen werden, das in den letzten Jahren näher untersucht worden ist, die *Glutaminsäure-decarboxylase*. Dieses Enzym, das freie Glutaminsäure in γ-Aminobuttersäure und Kohlensäure zerlegt, ist von M. ROHRLICH u. R. RASMUS (1956b) erstmalig im Getreide (Weizen, Roggen, Gerste, Hafer) nachgewiesen worden; seine Anwesenheit ist dann von P. LINKO u. Mitarb. (1961) bestätigt und seine Bedeutung für die Lagerfähigkeit von Weizen und Mais eingehend untersucht worden. Die Glutaminsäuredecarboxylase ist vorzugsweise im Keimling des Getreidekornes enthalten. Werden abgelöste Keimlinge belichtet, so steigt ihre Aktivität noch an. M. ROHRLICH u. K. SIEBERT (1964) isolierten aus Gerste ein angereichertes Enzympräparat und ermittelten dessen Michaelis-Konstante zu $8,4 \cdot 10^{-3}$; dieser Wert stimmt mit dem von anderen Autoren aus anderem Pflanzenmaterial ermittelten überein.

Weniger für die Verarbeitung, wohl aber für die Lebenstätigkeit des Getreidekornes von Bedeutung ist die *Katalase*, die Wasserstoffperoxid zu spalten vermag. Die höchste Katalaseaktivität weist der Keimling auf.

Die Katalaseaktivität steigt im Verlaufe des Keimens an, nach A. BACH u. A. OPARIN (1923) nach 5 Tagen, nach M. ROHRLICH u. R. LENSCHAU (1960) schon nach 72 Std. Die Aktivität der Katalase während der Kornreife ist von N. N. IWANOFF (1932) u. L. TOMBESI (1951) sowie von M. ROHRLICH u. Mitarb. (1959) untersucht worden. Während die erstgenannten ein Maximum während der Gelbreife des Weizens beobachteten, haben letztere schon z. Z. der Milchreife eine hohe, dann aber abfallende Aktivität auch bei Roggen ermittelt. Die Katalase ist außerordentlich temperaturempfindlich, so daß ein Einfluß der Temperatur beim Trocknen des Getreides nach M. ROHRLICH u. G. BRÜCKNER (1956) auch an der Katalaseaktivität des daraus hergestellten Mehles erkennbar wird.

Im Gegensatz zur Katalase ist die in der Weizenkleie erstmalig von G. BERTRAND u. W. MUTTERMILCH (1907) nachgewiesene *Peroxydase* sehr hitzestabil, wie sich aus Untersuchungen von M. ROHRLICH u. G. BRÜCKNER (1956) am Weizen, von R. HEISS (1952) sowie M. ROHRLICH u. H. BENISCHKE (1951b) am Hafer gezeigt hat.

Kristalline Peroxydase konnten K. TAGAWA u. M. SHIN (1959) aus Weizenkeimen isolieren. Ein Enzym mit Phenoloxydasecharakter ist die von G. BERTRAND u. W. MUTTERMILCH (1907) im Weizen und von F. JUST (1940) in der Gerste ermittelte *Tyrosinase*. Auf dieses Enzym, das Tyrosin oder andere Phenole angreift und zu dunkel gefärbten Verbindungen oxydiert, wird die zuweilen an Weißbrot zu beobachtende Verfärbung der Krume zurückgeführt.

9. Vitamine

Im Getreidekorn sind hauptsächlich die Vitamine der *B-Gruppe* und das *Vitamin E* enthalten. Die in der Literatur aufgeführten Werte für den Vitamingehalt der Getreidearten zeigen eine außerordentliche große Schwankungsbreite (Tab. 38). Das kann seine Gründe in der Vorgeschichte des untersuchten Getreides (Herkunft, Lagerung, Trocknung usw.) sowie in einer gewissen Unsicherheit der

Tabelle 38. *Wasserlösliche Vitamine und Vitamin E im Getreide*[1]
(Vitamingehalt in μg/100 g i. Tr.)

	Weizen	Roggen	Hafer	Gerste	Mais	Reis	Hirse	Buch-weizen
Thiamin (B$_1$, Aneurin)	200—700	200—400	400—900	350—600	200—600	300—500	250—350	350—650
Riboflavin (B$_2$, Lactoflavin)	60—200	100—200	100—250	100—250	100—230	60—120	150—230	160—180
Pyridoxin (Pyridoxal, Pyridoxamin, B$_6$, Adermin)	340—460	— —	240 —	800—2700	800—4000	350—1000	800—900	— —
Nicotinsäure und Nicotinsäureamid (Niacin und Niacinamid)	4000—6000	2000—3000	1300—4000	3000—4000	1000—2000	3000—6000	2000—2800	3400—4500
Pantothensäure	900—1800	1000—1500	1000—1800	1000—1200	600—700	1700—	—	1400—1600
Biotin (Vitamin H)	5—20	—	—	—	6	12	—	—
Folsäure	50—200	—	20—50	65	30	—	—	—
Gesamt-Tokopherole (Vitamin E)	4000—5000	3200—5000	2600—5000	3200—5000	10000 —	5000 —	—	3000—5000

[1] Aus neueren Literaturangaben zusammengestellt.
Vgl. W. Stepp u. Mitarb. (1952 und 1957); S. W. Souci u. Mitarb. (1962); F. Brown (1953); E. L. Mason u. W. L. Jones (1958).

Tabelle 39. *Verteilung des Vitamins B$_1$ im Getreide*
(nach J. J. C. Hinton 1947)

	Korn	Embryo	Scutellum	Kornrest
Weizen				
Gehalt an B$_1$ (μg/100 g)	455	1215	17700	175
Gewichtsanteil vom Korn (%)	100	1,2	1,5	97,3
B$_1$-Anteil vom Korn (%)	100	3	59	38
Roggen				
Gehalt an B$_1$ (μg/100 g)	240	690	11400	30
Gewichtsanteil vom Korn (%)	100	1,8	1,7	96,5
B$_1$-Anteil vom Korn (%)	100	5	82	13
Gerste (ohne Spelzen)				
Gehalt an B$_1$ (μg/100 g)	330	1500	10500	—
Gewichtsanteil vom Korn (%)	100	1,9	1,5	97,6
B$_1$-Anteil vom Korn (%)	100	8	49	43
Hafer (ohne Spelzen)				
Gehalt an B$_1$ (μg/100 g)	540	1440	6600	—
Gewichtsanteil vom Korn (%)	100	1,6	2,1	96,3
B$_1$-Anteil vom Korn (%)	100	4	28	68
Mais				
Gehalt an B$_1$ (μg/100 g)	360	2610	4200	—
Gewichtsanteil vom Korn (%)	100	1,2	7,3	91,5
B$_1$-Anteil vom Korn (%)	100	8,3	85	6,7

[1] alle Werte aufgerundet.

angewendeten Untersuchungsmethodik haben, die kaum oder mindestens nur sehr schwer zu standardisieren ist. Über die Verteilung der Vitamine der B-Gruppe im Getreidekorn sind von J.J.C. HINTON (1947) eingehende Untersuchungen durchgeführt worden. Danach befindet sich der Hauptteil im Keimling, d. h. im Scutellum sowie in den Aleuronzellen (Tab. 39).

Bei hydrothermischer Behandlung (parboiling) diffundieren B-Vitamine mit Ausnahme des Riboflavins — wie Untersuchungen von J.J.C. HINTON (1948) für

Tabelle 40. *Tokopherolgehalt von Getreideölen* (nach J. GREEN u. Mitarb. 1955)

Öl aus:	Gesamt-Tokopherol mg/g	% des Gesamt-Tokopherolgehaltes					
		α	β	γ	δ	ε	ζ
Weizenkeime . . .	2,55	56	33,5	—	—	10,5	—
Weizenkleie . . .	3,20	11	5,5	—	—	68	15,5
Roggen	2,48	39	—	5	—	32	24
Hafer	0,61	28	—	36	10	4	22
Gerste	2,38	15,3	—	6	—	34,2	44,5
Mais	0,91	11	—	89	—	—	—

Reis sowie von M. ROHRLICH u. V. HOPP (1961) auch für Weizen, Roggen und Gerste ergeben haben — aus den Randpartien, vornehmlich den Aleuronzellen, in den Mehlkörper.

Das Vitamin E setzt sich aus verschiedenen, auch in ihrer physiologischen Wirksamkeit unterschiedlichen Tokopherolen (α—ζ Tokopherol) zusammen, deren Verhältnis zueinander von Art und Sorte des Getreides bestimmt wird. (Über den Gehalt an Tokopherolen im Hafer und Hafererzeugnissen vgl. S. 107.) Die fettlöslichen Tokopherole sind weitgehend im Keimling lokalisiert und werden beim Entfetten mit herausgelöst; Getreideöle weisen daher einen hohen Tokopherolgehalt auf (Tab. 40).

Vitamin A ist im Getreide in Form des Provitamins Carotin, jedoch nur in geringen Mengen enthalten. Für Weizen werden 150—240 μg Carotin/100 g, für Roggen 300 μg Carotin/100 g, für Mais 120—480 μg Carotin/100 g angegeben (W. STEPP u. Mitarb. 1952 und 1957).

IV. Lagerung des Getreides

1. Allgemeine Grundlagen

Aufgabe der Getreidelagerung ist, das infolge relativ geringen Wassergehaltes für eine Vorratswirtschaft bevorzugt geeignete Getreide ohne Einbuße seines Nähr- und Genußwertes sowie seiner Mahl- und Backeigenschaften über einen längeren Zeitraum aufzubewahren.

Die schwachen Lebensvorgänge im Getreide sind bei einem Wassergehalt des Getreides unter 14% und einer Temperatur unter 12° C, gemessen an der abgeschiedenen Kohlensäuremenge, kaum spürbar, nehmen aber bei einem Wassergehalt über 15% und Temperaturen über 15° C deutlich zu (Abb. 3). Außerdem tritt im Gleichgewicht mit einer 75% übersteigenden relativen Luftfeuchtigkeit zwischen den Körnern Wachstum von Schimmelpilzen (Aspergillus- und Penicillium-Arten u. a. Gattungen — C.M. CHRISTENSEN 1962 und 1963) ein, deren Sporen sich auf der Oberfläche der Getreidekörner befinden. Ihre Hyphen dringen in die äußeren Schichten des Kornes ein und wirken am Abbau der Nährstoffe mit. Bei hoher Luftfeuchtigkeit bilden abgestorbene Keimlinge den Nährboden für bakterielle Umsetzungen. Etwa vorhandene Entwicklungsstadien von Vorratsschädlingen (Eier, Larven, Puppen, Käfer, Falter, Motten und Milben) erfahren unter den geschilderten Umständen ebenfalls eine Intensivierung ihres Wachstums und ihrer Vermehrung.

Gesteigerte Lebensfunktionen aller genannten Lebewesen äußern sich in erhöhtem Stoffwechsel (Atmung, Wachstum, Fraß, Fortpflanzung), der mit neuer Bildung von Wärme und Wasserabscheidung (Atmung) verbunden ist, so daß der Umsetzungsprozeß progressiv ansteigt.

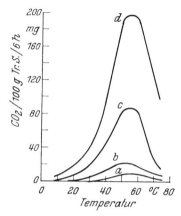

Abb. 3. Abhängigkeit der Atmungsintensität des Weizens von Feuchtigkeit und Temperatur (nach A.P. Prochorova u. V.L. Kretovič 1951). a = 14%, b = 16%, c = 18%, d = 22% Wasser.

In dem Grade der Bereitschaft, Lebensfunktionen zu entfalten, bestehen jedoch Unterschiede von Korn zu Korn und von Partie zu Partie; folgende Faktoren sind hierbei entscheidend:

Vorgeschichte, Vorbehandlung (Reifungsgrad, Erntewetter, Ernteverfahren), Sortenzugehörigkeit

Individuelle Feuchtigkeit des Kornes und die Aktivität seiner Enzyme

Besatz an Fremdbestandteilen, beschädigten und verdorbenen Körnern.

Ursachen für allmähliches Verderben sind:

Lokal begrenzte Feuchtigkeitserhöhung durch Wasserkondensation

Schädlingsentwicklung in Form von Nestbildung, die sich nach und nach allseitig ausweitet;

für schnelles Verderben:

Zu hohe Feuchtigkeit bei Einlagerung oder Berührung mit warmer Luft.

Bei ungestörtem Fortschreiten solcher Verderbsprozesse erwärmt sich das Getreide je nach Dauer und Intensität; unter Mitwirkung thermophiler Bakterien können Temperaturen bis 60° C und darüber erreicht werden. Aussehen, Geruch und Geschmack, Genußtauglichkeit, Mahl- und Backeigenschaften und zuletzt auch der Nährwert werden dabei beeinträchtigt. Bereits kurzes Selbsterhitzen, z. B. beim Liegen überfeuchten Getreides bis zur Trocknung, kann Braunfärbung des Keimlings oder des ganzen Kornes verursachen.

Um den verschiedenen Arten einer Lagerschädigung vorbeugend zu begegnen, muß das Getreide gesund, sauber, besatzfrei, trocken (unter 14% Wasser) und kühl (unter 15° C), außerdem frei von tierischen Schädlingen sein.

Durch Trocknen, Kühlen und Reinigen kann feuchtes Getreide für eine längere Lagerung geeignet gemacht werden. Unter deutschen Klimaverhältnissen gilt Getreide als lagerfest mit einem Wassergehalt unter 14%, lagerfähig mit einem Wassergehalt von 14—16%, nicht oder bedingt lagerfähig mit einem Wassergehalt über 16%.

Die Wärmeleitfähigkeit des Getreides ist sehr gering (0,15 kcal/m/h), so daß sich Temperaturschwankungen, z. B. zwischen Tag und Nacht, höchstens bis in eine Tiefe von 15 cm bemerkbar machen.

Der Lagerraum muß gereinigt und entseucht sein, um ein Übertragen von Schädlingen aus Resten der Vorernte oder aus Ritzen des Gebäudes zu vermeiden. (Über Entwesen leerer Lagerräume und Transportmittel vgl. S. 48.) Boden und Wände müssen isoliert sein, um größere Schwankungen der Außentemperatur in ihrer Wirkung auf das Getreide zu vermindern.

Das Abkühlen des Getreides erfolgt, soweit klimatisch möglich, durch Belüften mit kühler Luft während der Nachtstunden im Herbst und Winter.

Über Theorie und Praxis einer Kühlung überfeuchten Getreides (20 % Wassergehalt) berichten H. HEIDT u. H. BOLLING (1965). In kurzer Zeit kann Getreide in Hallen oder Silozellen von 20° auf 10° C gekühlt und für lang- oder kurzfristige Lagerung haltbar gemacht werden. Letzteres spielt besonders bei der Ernteaufnahme infolge Überlastung der Trocknerkapazität eine wichtige Rolle. Nach L. HOPF (1963) ist jedoch die Kühlung mit künstlich gekühlter Luft nur bedingt rentabel.

Lagerung in der Kälte ist möglich, ohne die Backeigenschaften zu beeinträchtigen. Besondere Aufmerksamkeit erfordert das Einfrieren. Temperaturen um 0° C reichen jedoch nicht aus, um das Wachstum der Schimmelpilze zu verhindern. Nach Versuchen von M.U. AGENA (1961) bietet erst eine Temperatur von −6° C bei 20 % Getreidefeuchtigkeit ausreichenden Schutz, bei höherer Feuchtigkeit sind entsprechend tiefere Temperaturen erforderlich.

Lagerung feuchten Getreides in sauerstoffarmer Atmosphäre verhindert die Entwicklung von Schimmelpilzen und dadurch bedingte Verderbserscheinungen, bei längerer Dauer nimmt aber das Getreide sauren Geruch und Geschmack an. Lagerung unter Stickstoffatmosphäre bringt nach Vergleichsversuchen von R.L. GLASS u. Mitarb. (1959) nur bedingte Vorteile.

2. Trocknung

Für die Trocknung großer Posten sind Darren und Bandtrockner sowie der Einsatz von Kaltluft im allgemeinen nicht geeignet. Schachttrockner erfüllen die Aufgabe gut, besonders wirtschaftlich arbeiten Apparate mit einer Radiatorenbeheizung am Einlauf und anschließenden Trockenschüssen. Günstig für die Getreidetrocknung sind Vakuumtrockner, da sie gleichmäßiges Trocknen bei niedrigen Temperaturen gestatten.

Hoher Trocknungseffekt wird erzielt, wenn Getreide in laufendem Strom vorgewärmt, mit trockener Heißluft umspült und dann gekühlt wird. In einem Durchgang kann der Wassergehalt im allgemeinen um 3—4 % gesenkt werden. Die vorherige Erwärmung dient der Verdampfung der Feuchtigkeit aus dem Innern des Kornes. Die Heißluft darf bei Mahlweizen Temperaturen bis 65° C annehmen, das Getreide selbst aber nicht über 40° C erwärmt werden; doch schwanken diese Grenzen in Abhängigkeit von dem Wassergehalt. Getreide mit 25 % Wassergehalt kann Temperaturen bis 50° C, mit 20 % bis 55° C, mit 15 % bis 65° C vertragen, ohne daß die Backeigenschaften beeinträchtigt werden (J.E. LINDBERG 1953). Von W. SCHÄFER u. L. ALTROGGE (1960) werden etwas niedrigere Temperaturen angegeben: für Weizen über 20 % Wassergehalt 36°C, 18—20 % 40°C, unter 18 % 44°C.

Demgegenüber konnte G. BRÜCKNER (1964) zeigen, daß Mahl- und Backwert von Roggen selbst mit 18,5 % Wasser durch Trocknungstemperaturen von 70° C nicht beeinträchtigt werden. Bei 22,5 % Getreidefeuchtigkeit und 80° C Trocknungstemperatur wurde in Analogie zum Konditioniereffekt eine leichte „Ascheerniedrigung" bei gleicher Mehlausbeute beobachtet. Dennoch wird vor einer Anwendung solch hoher Temperatur in der gewerblichen Trocknung wegen möglicher Additionen noch unbekannter Trocknungseffekte gewarnt.

Die Temperaturen, die eine Schädigung des Mahlwertes zur Folge haben, liegen im Durchschnitt 10—15° höher als die, die eine Schädigung der Keimfähigkeit oder hitzeempfindlicher Fermente hervorrufen. Bei Versuchen von H.W. SCHROEDER u. D.W. ROSBERG (1959) zur leistungsfähigen Trocknung von Reis mit Infrarotstrahlen wurde eine Schädigung der Keimfähigkeit beobachtet. Mais reagiert ebenfalls auf hohe Trocknungstemperatur empfindlich durch Rückgang der Keimfähigkeit, die nach S.A. WATSON u. Y. HIRATA (1962) bei 32 % Feuchtigkeit schon durch 60° C, bei 21 % durch 71° C verringert wurde. Bei der „Impulstrocknung" wird nach V. ATANAZEVIĆ (1963) Getreide in weniger als 1 min abwechselnd mit Heißluft (ca. 220° C) und mit Kaltluft behandelt.

Über Höhe und Ursache der bei der Getreidetrocknung auftretenden Substanzverluste berichten B. THOMAS u. K. FELLER (1961). Rauchgase als direkte Wärmeübertragung werden vom Getreide, insbesondere der Stärke, relativ stark adsorbiert und enthalten je nach Art des Verbrennungsmaterials neben verschiedenen Kohlenwasserstoffen, unter denen sich nach H. Bolling (1964) auch das krebserregende 3,4-Benzpyren befindet, unterschiedliche Mengen von Schwefeldioxid. Steigender Schwefeldioxidgehalt der Trocknungsluft führt nach A. Prochorova u. Mitarb. (1959) zu Qualitätsschäden, die sich auf Farbe, Geruch, Keimfähigkeit, Klebergehalt und Backeigenschaften erstrecken können. Eine direkte Verwendung von Verbrennungsgasen ist daher nicht oder höchstens sehr bedingt vertretbar (H. Wienhaus 1962).

3. Technik und Überwachung

a) Lagerräume

Die Lagerung des Getreides erfolgt in Hallen mit glatten, fugenlosen Böden, mehrstöckigen Boden- oder Rieselspeichern oder in schachtartigen Silozellen. Auf flachen Böden wird das Getreide lose geschüttet bis zu einer Höhe, die von seinem Feuchtigkeitsgehalt abhängig ist und bei gesundem Getreide bis 2 m betragen kann; es wird auch in Säcken gestapelt unter Wahren von Zwischenräumen für den Luftzutritt. Während der Lagerung in Silozellen findet eine Verdichtung des Lagergutes in den unteren Schichten durch das Gewicht des darüber liegenden Getreides statt, was nach O. F. Theimer (1964) bei einer 15 m hohen und 1,5 m breiten Zelle eine Erhöhung des hl-Gewichtes von 75,5 auf 84,0 kg/hl zur Folge hat. Gesundes, lagerfestes Getreide kann im Silo fast unbegrenzt gelagert werden. In den Silozellen kann sich auch bei Lagerung gesunden Getreides Kohlensäure in einem Maße anreichern, daß Vorsicht beim Betreten dieser Räume geboten ist.

In ein Lagerhaus gehören Einrichtungen zum Reinigen, Belüften, Trocknen und Entwesen. Auf flachen Lagerböden erfolgt das Belüften durch Umlagern oder Herabrieseln (Rieselspeicher), oder der Boden wird mit einem netzartig verzweigten Röhrensystem zum Einpumpen und Verteilen von Luft ausgelegt. Die Silozellen werden unter Ausnutzen des kürzesten Weges vorwiegend in der Querrichtung belüftet.

Für das Entwesen werden gasdicht schließende Kammern eingebaut; jeder Speicher muß aus Sicherheitsgründen auch mit Entstaubungsanlagen ausgerüstet sein.

„Kühl und trocken" ist eine Grundregel für jede Getreidelagerung. Da alle unerwünschten Veränderungen (wie Atmung, Schimmelbildung, Schädlingsentwicklung) mit einem allgemeinen oder lokal begrenzten Temperaturanstieg verbunden sind, ist eine ständige Kontrolle der Temperatur des Lagers an vielen Stellen wichtig. Moderne Speicher und Silos sind mit Fernthermometern ausgerüstet. Eine lokale Erhöhung der Temperatur um 3° C gegenüber der Umgebung gilt als akutes Warnzeichen.

Zusätzliche Kontrollmaßnahmen sind: gelegentliche Probenahmen an verteilten Stellen, um Aussehen, Geruch und Feuchtigkeit zu prüfen, sowie Prüfung des CO_2-Gehaltes der Luft zwischen den Körnern (M. Calderon u. E. Shaaya 1961; W. Bretzke 1961). Beginnende Lagerschäden lassen sich durch Prüfen der Keimfähigkeit, des Fettsäuregrades oder der Glutaminsäuredecarboxylase-Aktivität feststellen.

Durch Belüften kann bei nicht lagerfestem Getreide einem drohenden Verderben vorgebeugt werden. Sinn des Belüftens ist, die Ruhe, die Schädlinge und Mikroorganismen für ihre Entwicklung benötigen, zu stören und angestaute Warmluft gegen kühle Trockenluft auszutauschen. Bei Getreide mit einem Wassergehalt über 15 % kann durch wiederholtes Belüften auch der Wassergehalt ohne künstliche Warmlufttrocknung gesenkt werden. Doch ist die Leistung bei solchem Vorgehen gering ($<1\%$ pro Tag).

Der Erfolg der Belüftung hängt entscheidend von einer sorgfältigen Kontrolle der einflußnehmenden Faktoren ab. Die hinzutretende Luft muß in jedem Falle fähig sein, Wasser aufzunehmen. Keinesfalls darf Wasser auf der Kornoberfläche kondensiert werden. Hierfür sind genaue Messungen von Temperatur und relativer Luftfeuchtigkeit im Getreide, im Lagerraum und außerhalb des Lagerhauses notwendig. Für die praktische Handhabung stehen Tabellenwerke mit Formeln zur Verfügung (K. SEIDEL 1936; O. F. THEIMER 1964).

b) Entwesung

Erntefrisches Getreide ist fast frei von Vorratsschädlingen, jedoch die erste Berührung mit Transportmitteln (Wagen, Geräte, Säcke) und Zwischenlagern kann den Keim für eine Ansteckung legen. Daneben ist auch Übertragen durch eigene Aktivität der Schädlinge (Flug, Wanderung) nicht ausgeschlossen. Bei endgültiger Einlagerung kann daher eine geringfügige Neuinfektion leicht übersehen werden.

Den schwersten Schaden verursachen Käfer, deren Entwicklung vom Ei über die Larve zum ausgewachsenen Tier im Innern der Körner, also unsichtbar erfolgt, um plötzlich als Massenbefall bemerkt zu werden. Dazu gehören in gemäßigten Klimazonen der *Kornkäfer*, der etwas kleinere *Reis-* und *Maiskäfer*. Ein Kornkäferweibchen kann täglich 2—3, insgesamt bis 250 Eier legen, unter günstigen Bedingungen sind 3—4 Generationen in einem Jahr möglich. Der jährlich durch den Kornkäfer in der Bundesrepublik Deutschland verursachte Schaden wird mit über 70 Mill. DM veranschlagt. In dieser Summe sind nicht nur die gefressene Substanz, sondern die insgesamt durch Fraß, Exkremente und Kadaverteile verunreinigten Mengen enthalten.

Getreideschmal- und *Leistenkopfplattkäfer* sind seltener die Ursache eines Alleinbefalles, meist treten sie als Nachfolgeschädlinge wie der Reismehl- und Diebkäfer auf, die sich in bereits verletzten Körnern entwickeln. In wärmeren Gegenden zählen *Khaprakäfer* und *Getreidekapuzinerkäfer* zu gefährlichen Schädlingen, die gelegentlich auch in gemäßigte Breiten verschleppt werden. Bei Kapuzinerkäferbefall ist nach kurzer Zeit Honiggeruch wahrnehmbar (W. FABER 1962).

Verschiedene Arten von *Milben* (Getreidemilben) sind im lagernden Getreide fast allgegenwärtig; sie haften mittels Saugfüßen und Krallen am Getreide äußerlich fest, werden von der Reinigung nur z. T. erfaßt und gelangen in die Mahlprodukte, besonders in Grieß und Kleie. Milben wandern im Getreidelager, um die jeweils günstigsten Plätze aufzusuchen. Wegen ihres Bedarfs an Sauerstoff sammeln sich Milben bevorzugt in den oberen Schichten des Getreidelagers. Bei 25° C dauert ihre Entwicklung nur 15 Tage; ein Weibchen kann bis zu 600 Eier legen. Ihre Freßtätigkeit am Korn beginnt beim Keimling. Vermilbte Kleie ist auch als Futter nicht verwendbar.

Die verschiedenen *Motten* (Speichermotte, Kakaomotte, Kornmotte) halten sich vorwiegend an der Oberfläche des Getreides bis 25 cm Tiefe auf, wo sie Schaden durch Fraß ihrer Larven, besonders am Keimling, und Verunreinigung (Häute und Kot) verursachen sowie das Fließvermögen des Getreides durch Gespinste behindern.

Weitere Vorratsschädlinge sind Mäuse, Ratten und Vögel, die Getreide in größeren Mengen fressen und verschmutzen. Die besondere Gefahr von Nagetieren liegt in ihrer großen Beweglichkeit sowie in der möglichen Übertragung ansteckender Krankheiten.

Zum Entwesen des Getreides werden physikalische und chemische Verfahren angewendet. Bei den physikalischen Verfahren handelt es sich um die Vakuumtrocknung, die Zentrifugalschleuderwirkung mit dem Entoleter, Bestrahlen mit Infrarot, Hochfrequenz oder ionisierenden Strahlen. Über die erforderliche

Strahlendosis zum Abtöten von Kornkäfern berichtet M. Mortreuil (1959), über Erfahrungen der Insektenbekämpfung mit γ-Strahlen P.B. Cornwell u. J.O. Bull (1960). Nach R. Stermer (1959) können Motten, Mehlkäfer u. a. Schadinsekten durch elektromagnetische Strahlung bestimmter Wellenlänge (ca. 500 μm) sogar angelockt werden.

Im Durchschnitt sind die physikalischen Verfahren nicht wirtschaftlich genug, so daß chemischen Verfahren der Vorzug gegeben wird.

Die von der Biologischen Bundesanstalt für Land- und Forstwirtschaft (Berlin und Braunschweig) geprüften Mittel werden eingeteilt in
Spritzmittel für leere Speicherräume (vorwiegend auf Lindan-Basis);
Einstäubemittel für lagernde Vorräte (Pyrethrum und Piperonylbutoxid);
Vernebelungsmittel (Pyrethrum und Piperonylbutoxid);
Räuchermittel (Lindan; nur in kleinen Räumen anwendbar);
Durchgasungsmittel für leere und gefüllte Silozellen, Schüttböden, Schuten, leere Säcke und Sackstapel (Äthylenoxid, Methylbromid, Phosphorwasserstoff, Acrylnitril);
Durchgasungsmittel für Mühlen und Speichergebäude (Blausäure, Acrylnitril).

Angaben über die Höhe von Rückständen von Schädlingsbekämpfungsmitteln (DDT, HCH, Malathion, Phosphorwasserstoff und Blausäure) in Getreide und Mehl gibt M. Feuersenger (1964).

Eine Beeinträchtigung der Keimfähigkeit besonders bei Behandeln von Weizen mit höherer Feuchtigkeit wurde bei Verwenden von Methylbromid, nicht aber von Blausäure, festgestellt (R.G. Strong u. D.L. Lindgren 1959).

Lagergeschädigtes Getreide wird nach seinen Merkmalen folgendermaßen gruppiert:

Leicht geschädigt, aber noch verwendungsfähig:
Leichter Lagergeruch, mattes Aussehen, verringerte Keimfähigkeit, Besatz an braun verfärbten Körnern.
Mittel geschädigt, bedingt verwendungsfähig (zum Verschneiden):
Leicht dumpfer, saurer oder gäriger Geruch und Geschmack, mattes Aussehen.
Schwer geschädigt, genußuntauglich:
Starker Dumpf- oder Muffgeruch.

Nur Getreide mit leichten Schäden ohne Schädlingsbefall kann durch intensives Belüften und Trocknen so regeneriert werden, daß es zum Verarbeiten zu Nahrungsmitteln geeignet ist.

Versuche, Getreide zu entdumpfen, z. B. durch Zusatz von Adsorbentien wie Aktivkohle, haben nur zu Teilerfolgen geführt und sind nicht praxisreif geworden (B. Thomas 1940).

Für Verzehr und als Futtermittel untauglich gewordenes Getreide kann in der Brennerei verarbeitet oder für technische Produkte (Stärke, Stärkezucker, Dextrine usw.) verwendet werden.

c) Lagerverluste

Getreide mit mehr als einjähriger Lagerzeit wird als „überlagert" bezeichnet und unterscheidet sich trotz einwandfreier Lagerung von frischem Korn durch stumpfe Oberfläche und Altgeruch, d. h. Fehlen des frischen Getreidegeruches. Es besitzt meist nicht mehr die volle Keimfähigkeit; Löslichkeit und Verdaulichkeit seines Eiweißes sind vermindert; der Gehalt an freien Fettsäuren ist erhöht (vgl. S. 51).

Mit dem Alter zunehmende Verholzung und dadurch bedingte, erhöhte Sprödigkeit der Schale setzt den Mahlwert herab (E. Fritsch 1951). Die Kneteigenschaften des Mehles werden schlechter. Das Backverhalten braucht jedoch selbst bei verminderter Keimfähigkeit nicht beeinträchtigt zu sein.

In der Praxis wird das Getreide im allgemeinen nicht länger als 2 Jahre gelagert; unter abgeschirmten Versuchsbedingungen konnte Getreide über 10 Jahre lang gut gelagert werden.

Während der Lagerung auftretende vielfältige stoffliche Umsetzungsprozesse wirken sich nicht nur qualitativ, sondern auch quantitativ auf das Lagergut nachteilig aus.

Der beim Lagern entstehende *Schwund* kann seine Ursache in Verstaubung, Abrieb, Verdunstung von Wasser, Veratmung von Substanz sowie Fraß haben. Verluste durch Verstauben sind davon abhängig, wie oft das Getreide bewegt wird, sie halten sich in einer Größenordnung von 0,1 % je Bearbeitung.

Die Verluste durch Wasserverdunstung sind das von der Witterung beeinflußte Ergebnis aller Maßnahmen (Umwälzen, Belüften und Trocknen) und lassen sich an der Änderung des Wassergehaltes kontrollieren (B. Thomas u. K. Feller 1961). Verdunstungsverluste sind keine Verluste an wertvoller Substanz, da die Trockenmasse unverändert bleibt. Die Berechnung des Verdunstungsschwundes erfolgt nach der Formel (Duval):

$$V = \frac{100\,(f_1 - f_2)}{100 - f_2}\ \%.$$

V = Gewichtsverlust, f_1 = Feuchtigkeit vor der Trocknung, f_2 = Feuchtigkeit nach der Trocknung.

Verluste durch Atmung sind bei normaler Lagerung unbedeutend (0—0,2 %), nehmen aber mit Ansteigen von Temperatur, Feuchtigkeit und Zeit unter Umständen beträchtlich zu; über ihre Höhe lassen sich allgemein keine Angaben machen (B. Scholz 1960). Verluste durch Schädlingsbefall sind nicht nur quantitativ, sondern auch qualitativ zu bewerten, da je nach dem Grad der Schädigung die verschmutzten Teile um ein Mehrfaches größer sind als die durch Fraß verminderten. Bei Versuchen mit künstlich infiziertem Weizen wurde nach 11 Wochen ein Gewichtsverlust von 1,1 % ermittelt. Die Mehlausbeute vermindert sich um 4,5 % (E. A. R. Liscombe 1962).

In der Statistik wird mit einem Durchschnittsschwund von 3 % je Ernte gerechnet. Vollkommen einwandfreies Getreide, das während seiner Lagerung keinerlei Bearbeitung erforderte, weist einen jährlichen Schwund unter 0,1 % auf. Der jährliche Verlust an Brotgetreide und Reis durch Ratten, Insekten und Pilze auf der ganzen Welt wird auf 33 Mill. t veranschlagt, was ungefähr dem Nahrungsbedarf von 150 Mill. Menschen entspricht.

d) Besonderheiten bei Lagerung von Spelzgetreide und Mais

Die bisherigen Darlegungen bezogen sich vorzugsweise auf die Lagerung von Weizen und Roggen. Die Lagerfähigkeit anderer Getreidearten ist besonders infolge des Spelzengehaltes z. T. unterschiedlich und wird durch Abweichungen in ihrer chemischen Zusammensetzung, Wärmeleitfähigkeit, Schüttdichte, Reifezeit und geographischen Verbreitung bedingt. Z. B. ist für eine Atmungsverstärkung nicht die durchschnittliche Kornfeuchtigkeit, sondern die Feuchtigkeit im Keimgewebe entscheidend, die besonders bei fettreichen Samen von der anderer Gewebe abweichen kann. Spelzgetreide hat eine geringere Schüttdichte als Nacktgetreide, ausgenommen Hirse.

Hafer, besonders solcher aus frischer Ernte, ist unter gleichen Lagerbedingungen wie Weizen und Roggen weniger lagerbeständig und neigt schneller zur Selbsterwärmung. Höhere Feuchtigkeit des Keimes sowie das im Raum zwischen Spelze und Samen herrschende Mikroklima wirken dabei ungünstig mit. Da das Messen der Temperatur infolge geringer Wärmeleitfähigkeit der Spelzen unsicher ist, wird zur Kontrolle die Messung der CO_2-Ansammlung empfohlen.

Bei Gerste ist die Neigung zum Selbsterwärmen, z. T. infolge der Verwachsung von Spelze und Samen, weniger ausgeprägt als bei Hafer, jedoch stärker als bei Weizen und Roggen.

Hirse, besonders frisch geerntet, ist durch geringe Lagerbeständigkeit gekennzeichnet, da die Spelzen die Feuchtigkeitsabgabe erschweren und Schimmelwachstum im Innern begünstigen. Bei Hirse bestehen große Unterschiede im Reifegrad der Körner einer Rispe. Wenn die oberen Körner infolge Überreife bereits auszufallen beginnen, sind die unteren noch grün. Außerdem reifen die einzelnen Rispen im Bestand ungleichmäßig. Beschädigte oder enthülste Körner werden leichter von Mikroorganismen befallen als durch Spelzen geschützte. Ist dagegen eine Hirse genügend trocken, dann bedeuten die Spelzen einen gewissen Schutz gegenüber dem vorübergehenden Zutritt von Feuchtigkeit aus der Atmosphäre. M. V. Kačkova u. Mitarb. (1960) empfehlen für Hirse eine Lagerung in CO_2-Atmosphäre.

Auch bei Mais bestehen relativ große Unterschiede im Reifungsgrad zwischen den Körnern eines Kolbens sowie zwischen den Körnern verschiedener Kolben. Die Atmungsintensität ist nach M. Golik (1961) im unreifen Maiskorn höher als im Weizen unter gleichen Bedingungen. Maislagerung erfordert daher erhöhte Fürsorge; Mais gilt nur bis zu einem Wassergehalt von 12% als lagerfest.

Gelbmais mit einem Wassergehalt von 14,5% zeigte während vierwöchiger Lagerung bei 7° C einen Anstieg des Pilzbefalls und einen Rückgang der Keimfähigkeit (R. E. Welty u. Mitarb. 1963).

Bei ungünstigem warmem Lagern kann ein Überwandern des Fettes vom Keimling in das Endosperm stattfinden (E. Wyss 1965).

4. Biochemische Vorgänge im lagernden Getreide

Frisch geerntetes Getreide besitzt im allgemeinen noch nicht seinen optimalen Verarbeitungswert, da nicht alle Körner auf dem Halm völlig ausgereift sind. Es wird daher durch Lagern einer *Nachreife* überlassen; dabei überwindet das Getreidekorn eine sog. „Keimruhe", über deren Zustandekommen nichts Sicheres bekannt ist. Ihre Beendigung wird nach B. Belderok (1961) von einer gesteigerten Gaspermeabilität der äußeren Schichten beeinflußt. Durch Gegenwart von Thiolgruppen enthaltenden Verbindungen kann bei Weizen der Keimverzug aufgehoben werden, während beim Roggen möglicherweise Phenoloxydasen den freien Sauerstoffzutritt zum Embryo stören. Die Nachreife, die nach G. Brückner (1952) auch auf einer Synärese der kolloiden Bestandteile beruht und sich in einem „Schwitzen" des Kornes äußert, ist abhängig von Sorte und Erntebedingungen und wird hauptsächlich an inländischem Getreide beobachtet. Nach G. Brückner beträgt ihre Dauer bei Weizen 1—2 Monate — auch in Abhängigkeit von der Sorte; bei Roggen ist sie kürzer. P. F. Pelshenke (1948) hat eine Nachreife bei manchen Weizensorten an einem Anstieg der Testzahl beobachtet, was auch auf eine Veränderung des Kleberproteins hindeutet. Doch sind keine weiteren Untersuchungen bekannt, die über die Vorgänge der Nachreife näheren Aufschluß geben, da die im trockenen und unverletzten Korn vor sich gehenden biochemischen, enzymatischen oder nichtenzymatischen Reaktionen kaum meßbar sind. Praktische Erfahrungen deuten aber darauf hin, daß insbesondere bei langer Lagerung Veränderungen vor sich gehen, die sich auf die Backeigenschaften nachteilig auswirken können (verringerte Triebkraft u. a.).

Untersuchungen über die *Kornenzyme* während der Lagerung sind erstmalig von B. Kullen (1941) durchgeführt worden. Bei einer Lagertemperatur des Weizens von —1° C war die Enzymaktivität herabgesetzt; außerdem traten jahreszeitliche Schwankungen, insbesondere der Katalase auf. Über Schwankungen der Enzymaktivität im Verlaufe der Lagerung (Katalase, Protease, Glutaminsäuredecarboxylase) hat auch G. Brückner (1958) berichtet. Die Katalaseaktivität z. B. geht nach seinen Feststellungen während der gesamten Lagerzeit zurück, und zwar parallel zum Rückgang der Keimfähigkeit.

Stärkere biochemische Umsetzungen treten nach B. C. W. HUMMEL u. Mitarb. (1954) erst ein, wenn der Feuchtigkeitsgehalt einen kritischen Wert erreicht, der mit einer relativen Luftfeuchtigkeit von 75 % korrespondiert.

R. L. GLASS u. W. F. GEDDES (1959) haben zeigen können, daß die Menge an anorganischen Phosphaten in Weizen mit einem Wassergehalt von 18 % innerhalb 28 Wochen durch Phytasetätigkeit zunahm, daß aber die Phytaseaktivität nicht auf einen Schimmelpilzbefall zurückzuführen war. Die von R. L. GLASS u. Mitarb. (1959) gemessene schwache CO_2-Entwicklung in unter Stickstoff gelagertem Weizen steht möglicherweise in Zusammenhang mit der von M. ROHRLICH u. R. RASMUS (1956b), von YU-YEN CHENG u. Mitarb. (1958) sowie von P. LINKO u. L. SOGN (1960) beschriebenen Decarboxylierung der Glutaminsäure durch die Glutaminsäuredecarboxylase des Getreidekornes. Die Aktivität dieses Enzyms ermöglicht nach P. LINKO eine Voraussage für das Verhalten des Getreides beim Lagern.

Neben den im lagernden Getreide verlaufenden hydrolytischen Abbaureaktionen wird auch bei niedrigem Wassergehalt die Tätigkeit synthetisierender Enzyme von A. P. PROCHOROVA u. V. L. KRETOVIČ (1951) für möglich gehalten. Auch K. TÄUFEL u. Mitarb. (1959), die in gekeimtem sowie anschließend getrocknetem und gelagertem Getreide einen Anstieg des Saccharosegehaltes bei konstantem und nur wenig abnehmendem Maltosegehalt beobachtet haben, führen diesen Befund auf einen synthetischen Prozeß zurück.

Im Vordergrund der beim Lagern von Getreide auftretenden Veränderungen stehen die durch Befall mit Mikroorganismen hervorgerufenen.

Aus der Beobachtung, daß fungistatische Reagentien die Atmung des Getreides merklich verringern und auch andere, den Verderb begünstigende biochemische Reaktionen hemmen, haben M. MILNER u. Mitarb. (1947) sowie R. A. BOTTOMLEY u. Mitarb. (1952) geschlossen, daß hauptsächlich Schimmelpilze für verstärkte Atmung und Temperaturanstieg verantwortlich sind. B. C. W. HUMMEL u. Mitarb. (1954) haben die bei Befall mit Schimmelpilzen auftretenden Veränderungen eingehend untersucht. Schimmelpilzfreie Weizenproben wiesen bei einem Wassergehalt von 16 % keine meßbare, bei 18 % nur eine schwache Atmung auf, die sich auch bei höherem Wassergehalt nur wenig verstärkte. Die Atmung der mit Schimmelpilzen infizierten Weizenmuster hatte dagegen mit steigendem Wassergehalt deutlich zugenommen.

Am deutlichsten waren aber die Veränderungen am Kornfett zu beobachten. Der Säuregrad des Fettes war in den infizierten Proben mit steigendem Wassergehalt stark angestiegen. Dieses Ergebnis steht im Einklang mit Befunden von L. ZELENY u. D. A. COLEMAN (1938), daß der Zuwachs an freier Fettsäure im lagernden Getreide als Maßstab für den Beginn des Verderbs herangezogen werden kann (Tab. 41). Die Fettsäurezahl ist auch nach D. BAKER u. Mitarb. (1957) sowie P. GROEPLER u. W. SCHÄFER (1958) geeignet, Veränderungen im Gesundheitszustand des Getreides anzuzeigen. Fettsäurezahlen über 20 werden in Deutschland als Lagerschaden bewertet. Erwähnt werden muß dabei, daß diese Maßzahl durch anaerobe Lagerung, Schimmelwachstum oder mikrobiellen Eiweißabbau erniedrigt werden kann.

Eine wichtige Rolle für den Schimmelpilzbefall spielt nach Untersuchungen von H. SORGER-DOMENIGG u. Mitarb. (1955) u. a. die Vorgeschichte des Getreides. Das zeigte sich bei vergleichenden Lagerungsversuchen mit keimfreien und infizierten Weizenproben. Die Keimzahl der mit 15, 18 und 21 % Feuchtigkeit bis 15 Tage gelagerten und anschließend auf 14 und 13 % heruntergetrockneten Proben war eindeutig abhängig vom Wassergehalt, bei dem sie vorher gelagert worden waren, und der Lagerzeit. Die Fettsäurezahl war bei den infizierten Körnern besonders stark angestiegen; das scheint darauf hinzudeuten, daß die Lipase der Schimmelpilze noch wirksam ist, obwohl der Wassergehalt des Getreides für das mikrobielle Wachstum nicht mehr optimal ist. Hierzu muß erwähnt werden, daß sich die Backeigenschaften des Weizens mit Zunahme des Fettsäuregrades verschlechtern, was nach E. Maes u. Mitarb. (1954) auf eine Kleberschädigung durch

Tabelle 41. *Veränderungen in Hard-red-winter-Weizen bei Lagerung von 6,8 t im Metallsilo* (Werte aufgerundet) (nach L. Zeleny u. D. A. Coleman 1938)

Tage	Ver- dorbene Körner %	Keim- fähigkeit %	Fett- säurezahl	
				Wassergehalt 14,5%
7	0,2	79	20,8	
13	0,1	80	22,3	
20	0,2	60	23,3	
27	0,2	66	24,6	
34	1,0	53	26,4	
48	5,0	17	33,0	
55[1]	5,7	18	40,0	
				Wassergehalt 15,4%
7	0,2	60	27,6	
13	4,0	47	33,1	
16[1]	3,8	46	33,9	
20	4,3	24	44,9	
27	4,5	16	49,9	
34	5,4	11	52,0	
41	7,0	7	55,6	
48	4,7	8	53,9	
55	5,0	9	54,6	

[1] Nach 55 Tagen bei 14,5% Wassergehalt und nach 16 Tagen bei 15,4% Wassergehalt war der Geruch des Weizens muffig geworden.

Proteasen der Schimmelpilze zurückgeführt werden kann. Daß die Lipase der Schimmelpilze für das verstärkte Auftreten der freien Fettsäuren verantwortlich ist, haben B. M. Dirks u. Mitarb. (1955) experimentell nachweisen können: Die Lipase des Weizens, insbesondere die des Keimlings, läßt sich durch p-Chlormercuribenzoat oder o-Jodosobenzoat in weit stärkerem Maße hemmen als die Schimmelpilzlipase.

Neben der enzymatischen Spaltung der Fette (und des Eiweißes) verläuft auch ein mikrobieller Kohlenhydratabbau. Dabei spielt die Ab- oder Anwesenheit von Luftsauerstoff eine entscheidende Rolle. Nach A. Guilbot u. J. Poisson (1964) ist bei hoher Luftfeuchtigkeit und Luftzufuhr die Schimmelpilzentwicklung vorherrschend, während bei Sauerstoffmangel intracelluläre Fermentreaktionen wirksam werden.

B. T. Lynch u. Mitarb. (1962) beobachteten, daß gesunder Weizen beispielsweise bei 20% Feuchtigkeit und 30° C sowohl unter anaeroben wie unter aeroben Lagerbedingungen verderben kann. Nach 8 Wochen besitzen die Körner keine Keimfähigkeit mehr. Auch das Backverhalten ist stark geschwächt. Nach diesen Autoren bietet daher die Lagerung unter anaeroben Bedingungen keinen sicheren

Schutz für feuchtes Getreide, da auch trotz Abwesenheit von Sauerstoff anaerob wachsende Mikroorganismen anormale Umsetzungen verursachen. Die Fettsäurezahl des unter anaeroben Bedingungen gelagerten Getreides war konstant geblieben, unter aeroben Bedingungen auf das zehnfache angestiegen.

Der Saccharosegehalt der Weizenproben war unter aeroben Lagerbedingungen stark gesunken, der Gehalt an Glucose, Fructose, Galaktose und Maltose aber nur unwesentlich verändert. Wurde das Getreide unter Stickstoff oder Kohlensäure, also anaerob gelagert, so war der Saccharosegehalt gleichfalls gesenkt; Glucose, Fructose und Galaktose hatten aber merklich zugenommen. Der Anstieg im Gehalt an Monosacchariden und das Absinken des Saccharosegehaltes wird von den Autoren mit der Aktivität einer Glykosidase erklärt. Das Auftreten von Galaktose wird auf den Abbau der Raffinose zurückgeführt, doch auch eine Spaltung des im Weizen enthaltenen Galaktosylglycerids für möglich gehalten.

K. TÄUFEL u. Mitarb. (1959) beobachteten bei sachgemäßer Lagerung gesunden Getreides (Weizen, Roggen, Hafer) keine Änderung im Gehalt an Oligosacchariden. Maltose war nur in geringen Mengen vorhanden; sie tritt aber bei fehlerhafter Lagerung infolge erhöhter amylatischer Aktivität stärker auf.

Die Verwendung luftdicht abschließender Behälter für das Lagern von Getreide, die nach T. A. OXLEY u. M. B. HYDE (1955) sowie G. H. FOSTER u. Mitarb. (1955) das mikrobielle Wachstum weitgehend — auch bei höherem Wassergehalt — einschränken soll, bietet keine Gewähr für den Ausschluß von Qualitätsschädigungen, da anaerobes Wachstum der Schimmelpilze nicht verhindert wird. Diese Ansicht wird von U. A. ŽVETZOVA u. N. I. SOSEDOV (1959) bestätigt, die Weizenproben mit einem Wassergehalt bis zu 20% 7 Monate unter Luftabschluß bei 18—20°C gelagert und noch eine Zunahme des Säuregrades sowie eine proteolytisch bedingte Kleberschädigung festgestellt hatten. W. F. GEDDES u. Mitarb. (1955) empfehlen auf Grund dieser Erkenntnis, die Lagerung unter Luftabschluß nur für Futtergetreide vorzusehen.

Die Wirkung zweijähriger Lagerzeit auf die chemischen und physikalischen Eigenschaften der Proteine des Weizens sowie auf ihre Verdaulichkeit ist von D. B. JONES u. C. F. E. GERSDORFF (1941) untersucht worden. Sowohl die Löslichkeit der Eiweißstoffe in Salzlösungen und wäßrigem Äthanol als auch die Verdaulichkeit durch Pepsin und Trypsin zeigten im Verlaufe der Lagerung (Temperatur 25° C) eine fallende Tendenz. Veränderungen der biologischen Wertigkeit des Weizenproteins treten aber — wie H. H. MITCHELL u. J. R. BEADLES (1949) im Rattenfütterungsversuch mit 3 Jahre gelagertem Weizen gezeigt haben — nicht ein. Neuere Arbeiten über Veränderungen an dem Protein während der Lagerung sind nicht vorhanden.

Von den *Schimmelpilzen*, die am Mikrobenbefall des Weizens beteiligt sind, beansprucht der *Aspergillus restrictus* besonderes Interesse, da er sich nach C. M. CHRISTENSEN u. S. A. QASEM (1962) noch bei einem Wassergehalt von 13,5—15% entwickelt. In vergleichenden Lagerungsversuchen von Weizen, der bei einem Wassergehalt von 12% mit A. restrictus infiziert worden war, mit nicht infiziertem Weizen haben M. GOLUBCHUK u. Mitarb. (1956) auch beobachtet, daß trotz abnehmender Keimzahl der Keimling geschädigt wurde, die Keimfähigkeit sank und die Fettacidität anstieg. Daraus kann der Schluß gezogen werden, daß die Keimzahl selbst kein sicheres Kriterium für beim Lagern entstehende Schäden ist.

Eine besondere Art der Schädigung des Keimlings während des Lagerns von Weizen wird als „sick wheat" bezeichnet (C. M. CHRISTENSEN 1955); sie ist mit einer deutlichen Bräunung des Keimlings verbunden und verleiht dem Weizen einen dumpfen Fremdgeruch. Im allgemeinen ist dieser Lagerschaden mit einem starken Pilzbefall verbunden, doch konnte H. H. KAUFMANN (1962) „sick wheat" auch im Labor unter Ausschluß von Schimmelpilzwachstum hervorrufen. Die Verfärbung wird nach E. W. COLE u. M. MILNER (1953) durch eine nicht-enzymatische Bräunungsreaktion (Maillard-Reaktion) zwischen freigesetzten Aminosäuren und reduzierenden Zuckern verursacht. Das Backverhalten von Weizenmehl, am Brotvolumen ermittelt, wird nach H. H. KAUFMANN beeinflußt, wenn der Anteil an „sick wheat" über 20% liegt, wobei auch das Aussehen der Keimlingsverfärbung eine Rolle spielt.

Angaben über Veränderungen der *Vitamine* in lagerndem Weizen sind in der Literatur relativ spärlich anzutreffen. Nach E. G. BAYFIELD u. W. W. O'DONNELL

(1945) verliert Weizen mit ca. 17 % Feuchtigkeit bei 5monatiger Lagerung etwa 30 %, mit 12 % Feuchtigkeit bis etwa 12 % seines Thiamingehaltes. Ähnliche Beobachtungen haben H. v. Witsch u. A. Flügel (1951) und T. Nakazawa (1938 und 1944) gemacht. Allgemein wird angenommen, daß alle wasserlöslichen Vitamine im intakten Korn, mit möglicher Ausnahme der Pantothensäure, bei niedrigem Feuchtigkeitsgehalt des Lagergutes und unter normalen Lagerungsbedingungen ziemlich stabil sind. C. C. Fifield u. D. W. Robertson (1945) fanden in Weizenproben, die 14—21 Jahre in trockenen ungeheizten Räumen gelagert worden waren, relativ hohe Thiaminmengen, so daß mit nur geringen Verlusten gerechnet werden kann.

Für das Lagern von *Roggen* gilt das bisher Gesagte in analoger Weise. G. Brückner (1958) hat über die Veränderungen der Korneigenschaften (Keimfähigkeit, Mikroorganismenbefall, Enzymaktivität usw.) von Roggen berichtet, der nach Hockendrusch oder Mähdrusch 1 Jahr eingelagert worden war. Gewisse Schäden an der Mähdruschpartie werden auf anfänglich zu hohen Wassergehalt zurückgeführt. Wenn voll ausgereiftes Korn eingelagert wird, ist nach G. Brückner ein unterschiedliches Verhalten zwischen Roggen aus Hockendrusch und solchem aus Mähdrusch nicht zu erwarten. Über die am Keimbefall deutscher Roggen beteiligten Mikroorganismen liegen eingehende Untersuchungen von W. Dierchen (1952) und G. Spicher (1962) vor.

G. Semeniuk u. J. C. Gilman (1944) haben den Einfluß der Feuchtigkeit, Temperatur und anderer Faktoren auf die Atmung des *Maises* untersucht, die im Vergleich zu der des Weizens relativ hoch ist. Sie wird nach J. H. Olafson u. Mitarb. (1954) von Erntebedingungen und Reifungsgrad mitbestimmt. C. M. Nagel u. G. Semeniuk (1947) teilen Beobachtungen und Veränderungen mit, die am lagernden Mais durch Schimmelpilze hervorgerufen wurden. Bei Lagerung gelben Maises unter idealen Bedingungen sind nach D. B. Jones u. Mitarb. (1941) im Laufe von 4 Jahren nur unwesentliche Thiaminverluste aufgetreten.

Ähnlich wie bei der Lagerung von Weizen haben G. M. Bautista u. P. Linko (1962) die Aktivität der Glutaminsäuredecarboxylase als ein Maß für die Schädigung des Maises beim Trocknen und Lagern ermittelt. Die Korrelation zwischen Keimfähigkeit und enzymatischer Aktivität war höher als die zwischen Keimfähigkeit und Fettacidität.

Über den Einfluß von Temperatur und Feuchtigkeit auf die Carotinoide des lagernden Maises liegen Untersuchungen von F. W. Quackenbush (1963) vor. Der Verlust der Carotinoide, der besonders zu Beginn der Lagerung stark war, ist annähernd eine logarithmische Funktion der Zeit. Die Temperatur (7 und 25° C) besitzt einen größeren Einfluß als der Feuchtigkeitsgehalt (3 und 11 %). Die Carotinfraktion war im Vergleich zu Zeaxanthin merklich weniger stabil.

Rohreis, 11—15 Jahre bei tiefen Temperaturen gelagert, wies nach M. Kondo u. Mitarb. (1947) noch eine brauchbare Qualität auf; die Keimfähigkeit aber war verlorengegangen. D. F. Houston u. Mitarb. (1959) haben Rohreis in Dosen gleichfalls bei niedrigen Temperaturen (1, —7, —29° C) über 3 Jahre gelagert und die Veränderungen periodisch untersucht. Den Untersuchungsergebnissen zufolge läßt sich die Lebenstätigkeit des Reiskornes dann 2—3 Jahre erhalten, wenn der Wassergehalt unter 13 % liegt und die Lagertemperatur 1° C beträgt.

Nach Ten-Ching Lee u. Mitarb. (1965) verändert sich nach 6monatiger Lagerung von Rohreis auch die Zusammensetzung der Fettsäuren, insbesondere in den Phospholipiden. Der Gehalt an Ölsäure und der an Linolsäure sinkt mit der Lagerdauer.

I. R. Hunter u. Mitarb. (1951) haben bei der Lagerung von *Braunreis* die Zunahme freier Fettsäuren und reduzierender Zucker in Abhängigkeit von Wassergehalt, Lagerzeit und Temperatur beobachtet. Bei einem Wassergehalt von 11,2 und 13,8 % waren die bei 21° C und auch darunter auftretenden Veränderungen geringfügig, dagegen nahmen bei hohem Wassergehalt, bei dem sich auch Schimmelpilzwachstum zeigte, die freien Fettsäuren und reduzierenden Zucker stark zu. Die Keimfähigkeit war bei höherem Wassergehalt gleichfalls stark reduziert. Bei 0° C und einem Wassergehalt des Reises von 14,1 % hat die Zunahme des Fettsäuregrades monatlich etwa 1 % betragen.

F. A. DEL PRADO u. C. M. CHRISTENSEN (1952) bestimmten die *Pilzflora* gelagerten Reises. Vorherrschend waren Aspergillus- und Penicillium-Arten. Bei Lagerung in versiegelten Flaschen stieg die Keimzahl innerhalb von 21 Tagen weder bei einem Feuchtigkeitsgehalt unter 14 %, noch bei höherer Feuchtigkeit an, wenn die Lagertemperatur —5° C und —3° C betrug. Bei Temperaturen von 17—24° C und einer Feuchtigkeit über 15 % verstärkte sich das Schimmelwachstum; die Lebenstätigkeit des Kornes nahm ab.

Bei Lagerung *geschälten Reises* treten erst nach längerer Zeit (2 Jahre) Thiaminverluste auf. Die Abhängigkeit des Vitaminverlustes von den Lagerbedingungen und ferner von der Intensität des Schälens ist von M. N. RAO u. Mitarb. (1954) beobachtet worden. Bei 12 monatiger Lagerung von entspelztem, schwach geschältem und geschältem Reis trat neben einem Anstieg in der Säurezahl und der Peroxidzahl ein Thiaminverlust von 20—30 % ein. Vorgekochter (parboiled) Reis zeigte vergleichsweise einen geringeren Vitaminverlust.

V. Untersuchung und Beurteilung des Getreides

1. Probenahme und -vorbereitung

Die Entnahme der Untersuchungsprobe ist für eine repräsentative Beurteilung des Getreides von entscheidender Bedeutung. Besonders schwierig ist die Probenahme von Partien, die sich aus Getreide unterschiedlicher Herkunft und Qualität zusammensetzen. Soweit die Möglichkeit besteht, sollen alle Teilpartien getrennt gemustert und untersucht werden.

Im Getreidepreisgesetz für 1961/62 (v. 19. VI. 1961) ist für die Bundesrepublik Deutschland die Probenahme von Getreide unter § 17, Ziff. 2, Absatz 1 geregelt.

Internationale Vereinbarungen wurden von der ICC (Intern. Ges. f. Getreidechemie) als „Musternahme bei Getreide, Getreideprodukten, Stärkeprodukten und Kartoffelmehl" bekanntgegeben (ICC-Methoden [1960], vgl. auch Standard-Meth.[1]).

Liegt loses Material vor, werden Proben (sog. Untermuster) gleicher Größe an verschiedenen Stellen entnommen, wobei Seiten, Oberfläche und das Innere des Schütthaufens berücksichtigt werden. Dies kann bei Getreide niedriger Schüttung (bis zu 20 cm Höhe) mittels einer kleinen Handschaufel geschehen, bei höher geschütteter Ware, bei Waggons oder Kahnladungen durch Probestecher.

Für die Entnahme der Proben während des Entladens eines Waggons oder Kahnes sind neuerdings automatische Apparate hergestellt worden (A. SEIFERT 1958; A. TSCHIERSCH u. W. SCHÄFER 1958; H. BOLLING u. H. ZWINGELBERG 1964).

Bei in Säcken gelagertem Getreide werden die Proben mittels eines Sackstechers aus der Mitte der geöffneten Säcke entnommen. Wenn die Säcke infolge Stapelung nicht geöffnet werden können, wird ein kurzer, besonders zugespitzter Sackstecher (Mehlstecher) verwendet; das Sackgewebe wird hierbei durchstochen. Die Anzahl der für die Bemusterung heranzuziehenden Säcke hängt von der Größe der Partie ab.

Bedingungen des deutschen Getreidehandels vom 1. VII. 1961: Bei über 60 t Getreide sollen aus etwa 3 %, bei 16—50 t aus etwa 5 %, bei bis zu 15 t aus mindestens 10 % der Säcke Proben entnommen werden. Bei loser Lagerung soll sich eine Probe im Höchstfall auf 50 t Getreide beziehen, in der Regel aber nur auf 10—15 t. Bei im Silo lagerndem Getreide kann eine Durchschnittsprobe nur beim Umlagern entnommen werden; es werden hierbei aus dem laufenden

---

[1] Standard-Methoden der Arbeitsgemeinschaft Getreideforschung e. V., Detmold (1964).

Getreidestrom für je 50 t mindestens 25 Teilproben in gleichen Zeitabschnitten gezogen. Die gesammelten Untersuchungsmuster werden sorgfältig gemischt, entweder von Hand oder in einer Mischtrommel. Von der erhaltenen großen Durchschnittsprobe (Sammelmuster) werden wieder von verschiedenen Stellen gleiche Mengen entnommen und gut gemischt; ist die jetzt erhaltene Durchschnittsprobe noch zu groß, so wird der Vorgang wiederholt.

Die gleichmäßige Aufteilung der gezogenen und gemischten Einzelproben erfolgt heute vorwiegend durch mechanisch arbeitende Geräte *(Probeteiler)*. Jede Durchschnittsprobe wird in drei Teile geteilt, von denen ein Teilmuster untersucht wird. Das 2. Teilmuster wird dem Vertragspartner zugestellt, während das 3. Teilmuster für eine gegebenenfalls notwendig werdende Nachkontrolle aufbewahrt wird.

Die Probengröße hängt von der Art der Untersuchung ab. Für Mahl- und Backversuche mit Weizen sind rund 4—7 kg, mit Roggen rund 5—10 kg erforderlich; für die Ermittlung des Hektolitergewichtes genügt 1 kg Getreide, für die sonstigen Untersuchungen 0,5 kg.

Die Teilmuster müssen sofort in dicht schließende Blechbüchsen oder Flaschen gefüllt werden, wenn der Wassergehalt der Ware bestimmt und der Geruch beurteilt werden sollen. Flaschen mit Korkstopfenverschluß müssen durch Siegellack oder Wachs abgedichtet werden. Für die anderen Untersuchungen muß das Getreide in feste Papiertüten oder Stoffbeutel abgefüllt werden.

Bei feuchtem Getreide und zur Bestimmung der Keimfähigkeit muß neben dem fest verschlossenen Muster ein Tütenmuster vorliegen, da das feuchte Getreide im abgeschlossenen Behälter leicht verschimmelt oder verdirbt, wodurch die Keimfähigkeit sowie andere Untersuchungsmerkmale leiden.

Vor der Untersuchung werden die Getreidemuster nochmals gut gemischt und die jeweils für die Untersuchung notwendige Menge mittels Probeteilers entnommen. Strohhalme und andere gröbere Verunreinigungen müssen vorher von Hand entfernt werden. Für einige Untersuchungen wird zuvor der Schmutz aus der gesamten Probe durch Absieben durch Schlitzsieb 3,5 und 1,0 mm bestimmt. Die vorgereinigte Probe wird geteilt und besatzfrei ausgelesen.

Voraussetzung für reproduzierbare Ergebnisse bei den meisten chemischen Untersuchungen ist ein genügender und gleicher Feinheitsgrad der Untersuchungsprobe, der bei den einzelnen Methoden häufig vorgeschrieben wird (0,1—1 mm). Bei der Zerkleinerung durch Labormühlen (MIAG-, Brabender-, Starmix- oder Mokkamühlen) ist darauf zu achten, daß die Probe weder durch Erwärmen noch durch mechanische Korrosion der Stärke oder durch andere Einflüsse verändert wird.

Da die meisten Untersuchungsergebnisse auf Trockensubstanz bezogen werden, ist das Mahlprodukt sofort in gut verschließbare Flaschen zu füllen. Die Flaschen sollen zu etwa $^2/_3$ mit Material gefüllt sein. Das Mahlgut muß vor jeder Entnahme durch drehendes Bewegen der verschlossenen Flasche gut durchgemischt werden, wobei der Flaschenhals während des Drehens gehoben und gesenkt wird.

2. Äußere Wertmerkmale

a) Aussehen

Aus Farbe, Oberflächenbeschaffenheit, Glasigkeit, Größe, Gestalt u. a. lassen sich wertvolle orientierende Rückschlüsse auf Gesundheit, Frischezustand, Mehlausbeute und Backverhalten ziehen. Große Körner von gleichmäßiger Gestalt erleichtern das Mahlen und gewähren höhere Mehlausbeute.

Die *Farbe* der Körner ist überwiegend sorten- und herkunftsabhängig und läßt nur bedingt einen Schluß auf die zu erwartende Mehlqualität zu. Das Fehlen des natürlichen Oberflächenglanzes ist ein Zeichen längeren oder unsachgemäßen Lagerns. Die Frische von Weizenkörnern kann außer an der Keimfähigkeit auch an den auf den Körnern angesiedelten Mikroorganismen ermittelt werden (V.I. Saičev 1962).

Hornartig-*glasige Beschaffenheit* des Getreides ist ein Zeichen dichtgepreßter Einlagerung der Inhaltsstoffe des Endosperms und läßt im Vergleich zum mehligen Korn auf höhere Grieß- und Mehlausbeute sowie oft auch auf bessere Backeigenschaften schließen. Verletzungen der Schutzhaut über dem Embryo sind Hinweise dafür, daß das Getreide häufig bewegt worden ist; sie geben Anlaß für Verdacht auf beginnende oder unterdrückte Lagerschäden.

Die *Kornhärte* wird gemessen, um die Struktur des Getreides zu kennzeichnen und den Mahlwiderstand zu ermitteln. Dadurch lassen sich die Bedingungen für die mahltechnische Vorbereitung (Konditionierung) besser festlegen.

Sie wird bestimmt, indem entweder der Widerstand gemessen wird, den Schale und Endosperm gegen eine Kräfteeinwirkung leisten, oder indem als sog. Endospermhärte das Ausmaß der Stärkeschädigung (Amylosezahl) eines bei engstem Mahlspalt gewonnenen und durch ein Sieb von 80 μ lichter Maschenweite durchgefallenen Mehles ermittelt wird (P.F. PELSHENKE u. G. HAMPEL 1954) oder indem die mit einer Laborfeinmühle bei einer standardisierten Schrotung und Sichtung gewonnene Mehlmenge bestimmt wird (H. CLEVE u. H. GEHLE 1965). Spezialgeräte für die Härtebestimmung: Durograph (Brabender oH., Duisburg), Smetar (MIAG, Braunschweig), Durotest (P.F. Kühne, Frankfurt/M.).

b) Geruch, Geschmack

Der Geschmack des rohen Getreides ist unauffällig und bietet nur in Verbindung mit dem Geruch Anhaltspunkte für eine Bewertung. Der Geruch einwandfreien Getreides ist ebenfalls unauffällig, aber frisch und spezifisch. Getreide nimmt leicht und begierig Gerüche aus der Umgebung an. Fremdgeruch ist daher ein Zeichen nicht einwandfreier Lagerung (dumpf, gärig, sauer) oder auf Berühren mit Schädlingsbekämpfungsmitteln oder auf Lager- und Verpackungsmaterialien u. a. zurückzuführen. Selbst leichter Dumpfgeruch beeinträchtigt den Geschmack daraus hergestellter Backware erheblich. Die Geruchsbeurteilung kann durch Prüfen der beim Kochen einer wäßrigen Aufschlämmung (1 Teil Mehl auf 10 Teile Wasser) aufsteigenden Dämpfe erleichtert werden. Diese *Kochprobe* bildet die Grundlage für die Feststellung der erforderlichen Verschnitthöhe für die Verarbeitung leicht lagergeschädigten Getreides. Geruch nach Heringslake (Amingeruch) im Weizen zeigt den Befall mit Sporen oder Brandbutten des Stein- oder Stinkbrandpilzes an. Gelegentlicher Fremdgeruch nach Knoblauch, Cumarin oder Anis hat seine Ursache in Beimengungen entsprechender Unkräuter.

c) Gleichmäßigkeit, Gewicht

Zum Prüfen der *Gleichmäßigkeit* der Körner werden 100 g besatzfreie Körner auf Blechsieben mit Schlitzbreiten von 1—3 mm nach STEINECKER und VOGEL[1] mit der Hand oder auf Siebapparaten oder mit dem Aptila-Sortiergerät in Siebfraktionen zerlegt, die gewogen und in Gewichtsprozenten ausgedrückt werden (M. ROHRLICH u. G. BRÜCKNER 1966).

Das *Tausendkorngewicht* ist das Gewicht von aus 20 g Getreide abgezählten 1000 besatzfreien Körnern. Das Tausendkorngewicht wird auf Trockensubstanz bezogen; es erlaubt, den Saatgutbedarf abzuschätzen, und liefert im Verein mit anderen Befunden orientierende Hinweise auf die zu erwartende Mehlausbeute, steht aber in keiner direkten Beziehung zu entscheidenden Qualitätsmerkmalen (Tab. 42).

Das *Hektolitergewicht* ist das Gewicht, in Kilogramm ausgedrückt, eines mit Getreide gefüllten Hohlmaßes von $^1/_4$, 1 oder 20 l; es wird mit Hilfe amtlich geeichter Geräte mit amtlich geeichtem Gewichtssatz ermittelt[2]. Die Höhe des hl-Gewichtes ist aber nicht nur von der Menge und spezifischen Schwere der Inhaltsstoffe abhängig, sondern auch von der Feuchtigkeit, der Beschaffenheit der Kornoberfläche und der Art des Besatzes; es erlaubt daher nur bedingte Rückschlüsse auf Mehlausbeute und -qualität (Tab. 42).

---

[1] Lieferant: Fa. Steinecker, Freising.

[2] Amtl. Arbeitsvorschrift der Physikalisch-Technischen Bundesanstalt, Berlin 12 und des Deutschen Amtes für Maß und Gewicht, X 102 Berlin.

Das *spezifische Gewicht* ist von störenden Faktoren weniger abhängig, aber seine Bestimmung ist umständlich; sie beruht auf dem Verdrängen von Xylol durch eine abgewogene besatzfreie Kornprobe (G. Brückner 1933; vgl. auch Tab. 42).

d) Besatz

Unter *Besatz* werden sämtliche Bestandteile einer Getreideprobe verstanden, die nicht einwandfreies Grundgetreide sind. Man unterscheidet zwischen *Kornbesatz*, der Bruchkorn, Schmachtkorn, Fremdgetreide, Auswuchs, Schädlingsfraß

Tabelle 42. *Gewicht und Außenmaße von Getreidekörnern*
(zusammengestellt nach J. F. Hoffmann u. K. Mohs 1931)

	Weizen	Roggen	Industrie-Gerste	Hafer	Mais	Reis	Risp.-Hirse	Mohren-Hirse	Buch-weizen
Hektolitergewicht (kg)	75–78	70–73	68–70	54–56	70–80	65–68	65	71	65–70
Grenzwerte	65–84	60–80	50–76	33–60	56–83	58–75	70	63–75	56–73
Spezifisches Gewicht .	1,335	1,315	–	–	–	–	–	–	–
Grenzwerte	1,23–1,40		–	–	–	–	–	–	–
Tausendkorngewicht, wasserfrei (g)	38	30	40	30	–	19	6	22	20
Grenzwerte	15–45	13–42	21–45	16–36	150–450	14–25	4–7	15–26	15–25
Kornlänge (mm) . . .	6,5	7,5	8,0	11,0	7–8,5	6	3	5	5
Grenzwerte	5–8,5	5–10	6–12	7–17	6–17	5–7	–	4–7	4–6,2

und Körner mit Keimverfärbungen, und *Schwarzbesatz*, der Unkrautsamen, Mutterkorn, verdorbene Körner, Brandbutten, Spelzen, Verunreinigungen, Insektenfragmente und Käfer einschließt. Kornbesatz ist für Futterzwecke verwertbar, Schwarzbesatz nicht. „Schmachtkorn" oder notreif sind Körner, die beim Sieben auf dem Schlitzsieb (1,75 mm) durchfallen oder eine wellige Oberfläche mit sichtbaren Einschrumpfungen aufweisen.

Kleinkorn normaler Beschaffenheit, das nicht durch 1,75 mm-Schlitzsieb fällt, zählt nicht zum Besatz. Bei extrem großen oder extrem kleinen Körnern (z. B. Tetraroggen, Plataroggen) entfällt diese Siebung.

Unter *Fremdgetreide* versteht man alle nicht zum Grundgetreide gehörenden Körner anderer Getreidearten.

Auswuchs liegt vor, wenn Wurzel- oder Blattkeim mit bloßem Auge deutlich erkennbar sind. Die ausgesuchten, Auswuchs enthaltenden Körner werden gezählt und ausgewogen.

Hitzegeschädigte Körner sind voll ausgereifte Körner, deren Schale eine graubraune bis schwarze und deren Mehlkörper beim Durchschneiden eine gelblich graue bis braunschwarze Farbe zeigen.

Unter den Unkrautsamen wird zwischen giftigen, ungiftigen und färbenden unterschieden (vgl. S. 77).

Zu den Verunreinigungen zählen sämtliche Bestandteile, die bei einer Siebung durch das 1 mm-Schlitzsieb fallen.

Die Bestimmung des Besatzes erfolgt durch Handauslesen mit Hilfe einer Pinzette aus einem 50 oder 100 g-Muster, das aus einer größeren Vorprobe von 250—2000 g durch Vorsieben auf Schlitzsieben von 3,5 mm und 1 mm und gleichmäßigem Aufteilen, möglichst unter Verwenden eines mechanischen Probeteilers, gewonnen wird (Standard-Methoden 1964).

Erleichternde Hilfsmittel sind nach E. Anders (1956) sowie Geräte zur mechanischen Besatzauslesung („Granotest", Dockage Carter) (B. Thomas u. K. Feller 1962).

Die aussortierten Fraktionen werden gewogen und in Prozent umgerechnet. Abweichungen sollen 10% des Gesamtbesatzes nicht übersteigen.

Schwierigkeiten bereitet das Herauslesen von Körnern mit schwachem Auswuchs, Wanzenstichen und Hitzeschäden, die infolge ihrer physikalischen Ähnlichkeit mit einwandfreiem Grundgetreide auch von mechanisch arbeitenden Geräten nicht erfaßt werden können. Für die Beurteilung dieser Schäden müssen chemische Untersuchungsverfahren angewendet werden (B. Thomas 1960).

Die Höhe des durchschnittlichen Gesamtbesatzes im Erntegetreide ist unterschiedlich; sie hat z. B. 1961 in Deutschland 8%, Frankreich 15,8%, USA 12,5% und UdSSR 10,5% betragen. Über den durchschnittlichen Gehalt des Erntegetreides an verschiedenen Besatzfraktionen in der Bundesrepublik Deutschland (vgl. Tab. 43) berichten E. Timm u. Ch. Nernst (1964).

Tabelle 43. *Durchschnittswerte der deutschen Brotgetreideernten*
1957, 1960 und 1963; „ungewogene" Mittelwerte
(nach E. Timm u. Ch. Nernst 1964)

	1957	1960	1963
Winterroggen			
Anzahl der Proben	422	443	428
Feuchtigkeit (%)	16,6	20,8	19,4
Hektolitergewicht (kg)	72,6	70,7	72,25
Tausendkorngewicht (g; wasserfrei) . .	26,6	27,7	28,9
Bruchkorn (%)	4,0	2,3	2,9
Kornbesatz (%)	2,3	3,4	2,1
Auswuchs (%)	3,2	8,3	5,8
Schwarzbesatz (%)	0,7	1,2	1,2
Mineralstoffgehalt (% i. Tr.)	1,81	1,69	1,73
Rohprotein (N · 6,25; % i. Tr.)	10,1	10,2	10,1
Winterweizen			
Anzahl der Proben	368	371	396
Feuchtigkeit (%)	17,5	19,8	19,6
Hektolitergewicht (kg)	74,75	72,95	74,8
Tausendkorngewicht (g; wasserfrei) . .	36,1	37,9	38,9
Bruchkorn (%)	4,1	2,3	1,9
Kornbesatz (%)	2,0	4,7	3,0
Auswuchs (%)	2,6	4,9	3,4
Schwarzbesatz (%)	0,3	0,7	0,7
Mineralstoffgehalt (% i. Tr.)	1,82	1,74	1,76
Rohprotein (N · 5,7; % i. Tr.)	11,0	11,1	11,8
(N · 6,25; % i. Tr.)	12,1	12,2	12,9

e) Spelzen und Schalen

Die Feststellung des *Spelzengehaltes* erfolgt bei Hafer und Spelzweizen durch Ausdrücken des Samens aus der Spelze zwischen zwei Fingern mit Hilfe einer Pinzette und Auswiegen der abgelösten Spelzen.

Bei Gerste können die Spelzen erst nach 1stündigem Erhitzen in 5%iger Ammoniaklösung auf einem Wasserbade von 80°C mit der Pinzette abgelöst werden; sie werden anschließend getrocknet und unter Anrechnen eines Korrekturfaktors in Prozent umgerechnet.

Der durchschnittliche Spelzengehalt beträgt bei Hafer ca. 25%, Spelzweizen ca. 23% und Gerste ca. 8%.

Eine *Schalenbestimmung* kann Anhaltspunkte über die Dicke der mehlfreien äußeren Kornschichten und damit indirekt über die zu erwartende Mehlausbeute geben. Die Ergebnisse sind von den Schwankungen der biologischen Beschaffenheit des Untersuchungsmaterials und von den Untersuchungsmethoden abhängig. Der Erfassung aller nährstofffreien Gewebselemente kommt eine enzymatische Rohfaserbestimmung am nächsten (vgl. S. 128). Langwieriger und nicht frei von Verlusten ist die Feststellung des Schalenrückstandes nach einer 10- oder 14-tägigen Keimung (E. Lowig 1935).

Durch Behandeln einer gewogenen Kornprobe (50 g) mit 8 ml Schwefelsäure (1,84) und anschließend mit 3 ml Salpetersäure (1,42) werden die Schalen zerstört und abgelöst. Der Gewichtsverlust der mit Wasser ausgewaschenen und vorher und nachher getrockneten Körner wird als Schalengehalt angesehen (R. H. Carr, 1938). Jedoch erfolgt das Ablösen der Schale in der Bauchfurche des Kornes unvollständig.

Nach P. F. Pelshenke (1931/32) wird der Mehlkörper von 5 g Korn durch verdünnte Milchsäure (bei 40—50° C) zum Quellen und Lösen gebracht und nach 48 Std ausgewaschen. Der verbleibende getrocknete Rückstand stellt den Schalengehalt dar.

Der Schalengehalt von Weizen liegt im Mittel bei 12 %, der für Roggen 1—2 % höher (M. Rohrlich u. G. Brückner 1966).

Zum Bestimmen des Keimlingsanteils von Weizen werden die Körner mit Schwefelsäure behandelt und dann gewaschen. Der Keimling läßt sich danach mechanisch leicht lösen und wird anschließend getrocknet (M. Matveef 1966).

3. Gesundheitszustand

a) Alter

Das Alter einer Getreideprobe kann mit einer Methode allein nicht sicher festgestellt werden, es sei denn, die Probe ist nicht älter als höchstens 6 Monate. Innerhalb dieser Frist ist frisches Getreide auf Grund der Anwesenheit bestimmter Penicilliumarten, die später nicht mehr angetroffen werden, durch grün fluorescierende Körner unter der Analysenquarzlampe zu erkennen. Weitere Aussagen über das vermutliche Alter lassen sich nur durch Abwägen der Ergebnisse verschiedener Untersuchungen machen, zu denen neben dem Geruch vor allem der Keimversuch und der Kulturversuch gehören. Säuregrad und Fettsäurezahl erlauben gleichfalls Hinweise auf den Gesundheitszustand (vgl. S. 130 ff.).

b) Keimfähigkeit

Die Keimfähigkeit ist Ausdruck biologischer Unversehrtheit. Volle Keimfähigkeit gibt Gewähr, daß der Gehalt an biologisch wirksamen Bestandteilen (Enzyme, Vitamine) nicht geschädigt ist. Der Rückgang der Keimfähigkeit hat seine Ursache vor allem in ungünstigen Lagerungs- (Sauerstoffmangel) oder Trocknungsbedingungen und schließt, anfänglich nicht notwendig, eine Verschlechterung der Backeigenschaften ein; z. B. ist der bei einwandfreier mehrjähriger Lagerung zu beobachtende Rückgang der Keimfähigkeit zunächst von keiner Benachteiligung der Backeigenschaften begleitet.

Das Keimverhalten wird durch Auslegen von zweimal 100 Körnern auf feuchtem Fließpapier, Sand oder auf Taucherglocken in Petrischalen, Aufbewahren in Dunkelheit bei ca. 20° C und feuchtigkeitsgesättigter Atmosphäre, Auszählen der gekeimten Körner nach 5 Tagen zur Kennzeichnung des Gesundheitszustandes oder nach 10 Tagen zur Saatgutanerkennung ermittelt. Die Keimruhe frisch geernteten Getreides kann durch Eintauchen der Körner in verdünnte H$_2$O$_2$-Lösung überbrückt werden. Werden die Körner vor dem Auslegen in das Keimbett 3 Std in Leitungswasser von Zimmertemperatur getaucht (M. Rohrlich u. G. Brückner 1966), so kann die *Keimenergie* nach 24 Std durch Auszählen der gespitzten Körner ermittelt werden.

Indirekt kann die Keimfähigkeit in kurzer Zeit durch Färbeverfahren kenntlich gemacht werden. Das in wäßriger Lösung (1 %) befindliche farblose 2,3,5-Triphenyl-tetrazoliumchlorid wird bei pH 6—7 in lebenden Zellen des Kornes zu karminrotem Formazan reduziert.

Zu diesem Zweck werden die Keimlinge von 100 Körnern herauspräpariert, in 1%ige Tetrazoliumlösung getaucht und nach 6—24 Std auf Grund der aufgetretenen Farbe topographisch beurteilt. Entwicklungsfähig sind diejenigen Keime, bei denen neben dem Sproß auch ein kleiner Teil der Wurzelanlage gefärbt erscheint (G. Lakon 1948).

Bei dem Selenverfahren werden die Körner in einer 2%igen wäßrigen Natriumdiselenitlösung evakuiert und darin 3 Std bei 37° C oder 24 Std bei 20° C aufbewahrt. Am Längsschnitt ist der Grad der durch Reduktion verursachten Rotfärbung der Keimlinge durch abgeschiedenes amorphes Selen erkennbar. Durch Evakuieren der Luft über dem Keimling kann die Auswertung auch ohne Längsschnitt vorgenommen werden (F. E. Eidmann 1936 u. 1937; B. Thomas 1938 und 1939).

c) Befall durch Mikroorganismen

Der Befall mit Mikroorganismen kann im *Kulturversuch* nach K. MOHS (1928) geprüft werden; je 100 Körner werden in sterilen Keimschalen unter feuchter Atmosphäre bei 37°C 48 Std bebrütet. Der Befall wird an der Zahl der Körner mit losem Grauschimmel (Rhizopus), dichtem Farbschimmel (vorwiegend Aspergillus- und Penicillium-Arten verschiedener Farbe) oder mit schleimigen Bakterienabscheidungen am Keimling beurteilt. Befall mit Grauschimmel ist ohne besondere Bedeutung, da er fast immer vorhanden ist und nicht in das Innere der Körner eindringt.

Bei mehr als 10% Farbschimmelbefall ist das Getreide für eine weitere Lagerung ungeeignet und vor dem Vermahlen zu verschneiden. Liegt der Anteil bakteriell zersetzter Körner über 30%, so ist das ein Zeichen starker Lagerschädigung.

Anstelle der Keimschalen aus Ton können auch Petrischalen mit Filtrierpapier (G. BRÜCKNER u. E. A. SCHMIDT 1938) oder Filterscheiben (G. SPICHER 1964) verwendet werden.

Bei verstärktem Schimmelpilzbefall von Weizen haben M. GOLUBCHUK u. Mitarb. (1960) einen erhöhten Chitin- und Glucosamingehalt in hydrolysierten Rohfaseraufbereitungen beobachtet. Letzterer kann daher Aufschluß über den Grad des Verderbs von gelagertem Weizen geben. In Weizenmustern mit geringem Pilzbefall, niedriger Fettsäurezahl und hoher Keimfähigkeit wurden 18—55 mg Glucosamin/kg gegenüber 214—393 mg/kg in verdorbenen Körnern ermittelt.

d) Befall durch tierische Schädlinge

Bei Verdacht auf lebende oder tote Käfer wird 1 kg Getreide auf einem Käfersieb, das mit Seidengaze von 1,8 mm lichter Maschenweite bespannt ist, und zum Nachweis von Milben auf einem 1 mm Schlitzsieb gesiebt. Die Auswertung richtet sich nach der Zahl der gefundenen Insekten, die nach M. ROHRLICH u. G. BRÜCKNER (1966) wie folgt beurteilt werden:

Stufe	Zahl der Käfer	Auswertung
1	1	vereinzelter Käferbefall
2	2—3	leichter Käferbefall
3	4—6	mittlerer Käferbefall
4	7—10	starker Käferbefall
5	10 und mehr	sehr starker Käferbefall

Grad	Zahl der Milben
1.	bis 20 Milben
2.	21—40 Milben
3.	41—60 Milben
4.	61 und mehr Milben

Für die Feststellung unsichtbaren inneren Befalles (Brut, Larven, Eier) werden verschiedene Wege vorgeschlagen. Bei der Schwimmprobe nach F. ZACHER (1964), dem einfachsten Verfahren, wird ca. 1 kg Getreide in einem Behälter mit Wasser umgerührt. Neben Schmachtkörnern schwimmen die mit Larven besetzten Körner obenauf; nach Aufschneiden werden sie auf ihren lebenden Inhalt hin geprüft.

Um nur schwer zu erkennende kleine Einstichpunkte deutlich sichtbar zu machen, können Farbstoffe zu Hilfe genommen werden. Durch Behandeln in verschiedenen Farblösungen läßt sich der Sekretpfropfen, der die Einstichstelle des Insektes kennzeichnet, gegenüber seiner Umgebung sichtbar machen. Mit verdünnter Säurefuchsin-Lösung nach J. C. FRANKENFELD (1950) wird der Einstich rot gefärbt. Nach M. MILNER u. Mitarb. (1950) fluoresciert bei Anwenden von Berberinsulfatlösung (0,0002%) die Einstichstelle unter der Analysenquarzlampe gelb.

Durchleuchten einer größeren einschichtig ausgebreiteten Kornprobe über einer starken Lichtquelle (Diaphanoskop) gestattet relativ schnelle Orientierung, wenn die Körner vorher in Natronlauge gekocht werden.

Umständlicher, aber sehr genau ist nach M. MILNER u. Mitarb. (1950) die Prüfung einer Kornprobe durch Röntgenstrahlen. Außer den allerjüngsten Entwicklungsstadien können auf diese Weise alle Höhlungen im Korn und Skeletteile der Insekten erkannt werden. Zum Nachweis von Nagetier-Urin wird das Getreide (50 g) nach G.E. KEPPEL (1963) in flacher Schicht mit Mg-Uranylacetat-Lösung besprüht. Unter der Analysenquarzlampe weisen grün fluorescierende Körner auf Urin hin. Sie werden mit Urease-Bromthymolblau-Papier und dem Xanthydrol-Test geprüft. Die Empfindlichkeit dieser Methode ist jedoch begrenzt, da nach Untersuchungen von S.W. PIXTON (1965) vier ausgewachsene Reismehlkäfer (*Tribolium confusum*) je Gramm Mehl nötig sind, um den Harnsäurenachweis bei Insekten führen zu können.

e) Kontamination

Uran und Thorium können nach herkömmlichen Verfahren bestimmt werden, alle übrigen Radionuclide bedürfen zu ihrem Nachweis einer kombinierten radiochemischen und physikalischen Methode (vgl. Bd. II/2 sowie D. MERTEN 1963).

f) Verunreinigungen durch Chemikalien

α) Beizmittel und das Wachstum beeinflussende Substanzen

Zum *qualitativen Nachweis von Quecksilber* dient die Farbreaktion mit Dithizon (Diphenylcarbazon):

2—2,5 ml frisch hergestellter Dithizonlösung (2 mg Dithizon in 100 ml Tetrachlorkohlenstoff) werden in einem Meßzylinder (25 ml) mit 25%iger HCl versetzt und so vorsichtig umgeschüttelt, daß keine Emulsion entsteht. Die zu prüfenden Körner werden in die grün gefärbte Mischung getan, die sich in Anwesenheit von Quecksilber in 1 min gelb färbt (E. TORNOW 1942).

Ein anderer Nachweis von Quecksilber im Getreide (nicht im Schrot) beruht auf der durch Quecksilber angeregten Bildung von Aluminiumoxid auf einer blanken Aluminiumfolie, die in eine Kalilauge-Natriumthiosulfatmischung getaucht wird. Aluminiumoxid kann auch durch Auftropfen von Natriumalizarinsulfonatlösung als ziegelroter Fleck nachgewiesen werden (D.K. CUNNINGHAM u. J.A. ANDERSON 1954).

Zur *quantitativen Bestimmung* von Quecksilber werden 0,5—2,0 g des Getreidemusters in einem 200 ml-Erlenmeyerkolben mit 10 ml konz. H_2SO_4, dann unter Verwenden eines Luftkühlers mit 3—5 ml 30%igem H_2O_2 (Perhydrol) versetzt und auf kleiner Flamme erwärmt. Nach nochmaligem Zusatz von ca. 5 ml H_2O_2 wird bis zur vollständigen Zerstörung der organischen Substanz weiter erhitzt. Der abgekühlte Kolbeninhalt wird filtriert, verdünnt und mit $KMnO_4$-Lösung versetzt, um den H_2O_2-Überschuß zu zerstören. Das Quecksilber wird mit H_2S ausgefällt, der Niederschlag durch einen Gooch-Tiegel filtriert, getrocknet und ausgewogen. Ausgefallener Schwefel wird durch Waschen des Tiegelinhalts mit Schwefelkohlenstoff ausgewaschen.

Für den *Nachweis von Arsen* wird das Untersuchungsmaterial naß verascht (in Gegenwart von MgO und $H_2SO_4 + HNO_3$). Nach Lösen der Asche mit Wasser und zinnhaltiger HCl wird das gelöste Arsenik mit Zink und HCl in Arsenwasserstoff übergeführt und nachgewiesen (Marsh-Probe). Bei Verwenden von Quecksilberchloridpapier treten schwarze Flecken auf, die einen quantitativen Nachweis ermöglichen können, wenn vorher eine Eichung mit bekannten Arsenmengen vorgenommen worden ist (D.W. KENT-JONES u. A.J. AMOS 1957).

β) Farben

Zum Denaturieren von Getreide benutzte *Farbstoffe* lassen sich folgendermaßen qualitativ nachweisen:

Ca. 25 g Schrot oder Mehl werden in dünner Schicht (1 mm) auf ebener Unterlage glatt gestrichen und mit einer Alkohol-Glycerin-Mischung (70 Teile 95%iger Alkohol, 10 Teile Glycerin, 20 Teile Wasser) übersprüht. Nach einigen Minuten zeigen sich blaue oder rote Flecken, je nach benutztem Farbstoff (J. MEYER 1934).

Eosin läßt sich an einer orangeroten Fluorescenz unter UV-Licht erkennen. In ammoniakhaltiger Lösung zeigt es schon bei Tageslicht (F. SCHWARZ u. O. WEBER 1910) grüne Fluorescenz. Hierauf beruht auch der Nachweis von Eosin bei Gerste oder Malz (vgl. Gerstenzollordnung).

Für den speziellen Nachweis von *Methylenblau* und Eosin wird eine Mehlprobe in einer Petrischale glattgestrichen, mit einem Uhrglas angedrückt und kurz in Wasser getaucht. Nach dem Abtropfen wird beobachtet, ob farbige Punkte auftreten.

γ) Schädlingsbekämpfungsmittel

Die verbreitete Anwendung von Schädlingsbekämpfungsmitteln bringt es mit sich, daß geringe Restmengen am Getreide, insbesondere auch an Importware, haften können. Der Nachweis dieser Rückstände wird in analoger Weise wie an anderen Lebensmitteln vorgenommen (vgl. Bd. II/2). Deshalb soll hier nur das Prinzip einiger analytischer Verfahren aufgeführt werden.

Zur quantitativen Bestimmung von *Blausäure* werden 50 g des Kornmusters in einem 200 ml Wasser enthaltenden Kjeldahl-Kolben (800 ml) mit 5 ml konz. HNO_3 (1,52) versetzt. Der Kolbeninhalt — mehrmals umgeschüttelt — wird einer Wasserdampfdestillation unterworfen, wobei das Kühlerende unter den Spiegel einer in einer Vorlage befindlichen $AgNO_3$-

Lösung (25 ml 0,02 n-AgNO₃-Lösung + 2 ml konz. HNO₃) taucht. 100—125 ml des Destillates werden durch ein dichtes Filter filtriert; Kühler und Vorlage werden durchgespült, die Waschwasser über Filter geleitet. Der AgNO₃-Überschuß im Filtrat wird mit 0,02 n-KSCN-Lösung und Eisenalaun als Indicator titriert. 1 ml 0,02 n-AgNO₃ = 0,54 mg HCN.

Die Blausäure kann auch alkalisch absorbiert und mit Silbernitratlösung titriert werden Cereal Labor, Methods 1962; 60—20).

Phosphorwasserstoff wird durch Absorption in Mercurichloridlösung bestimmt.

Hierfür wird 1 kg Getreide in den 3 1-Kolben eingewogen und dieser mit einer Waschflasche verdünnter H_2SO_4, drei Waschflaschen NaOH und einer Waschflasche, $HgCl_2$-Lösung enthaltend, verbunden. Nach Verdrängen der Luft durch Stickstoff wird das Getreide mit 5%iger Schwefelsäure versetzt, bis es bedeckt ist. Das Gemisch wird dann unter weiterem Einleiten von Stickstoff 5 Std im siedenden Wasserbad erhitzt (Gasgeschwindigkeit etwa 1 Gasperle/sec). Der freiwerdende PH_3 wird direkt nach Passieren der Säure und Lauge enthaltenden Waschflaschen vom $HgCl_2$ der letzten Waschflasche absorbiert. Nach Abfiltrieren und anschließendem gründlichen Auswaschen des entstandenen Niederschlages $(HgCl)_3P$ wird die bei der Umsetzung gleichfalls entstandene HCl mit 0,01 n-NaOH mit Methylorange als Indicator oder zweckmäßiger potentiometrisch titriert (W. E. WHITE u. A. H. BUSHEY 1944; M. FEUERSENGER 1955).

Zur Bestimmung von *Methylbromid* werden 10 g des Kornmusters in einem Nickel- oder Porzellantiegel mit 3 ml ges. NaCl-Lösung und alkohol. KOH (4%ig) versetzt. Das Gemisch wird nach 1 Std zur Trockne eingedampft und 15—30 min getrocknet. Das so vorbehandelte Material wird dann zunächst 15—20 min in einem Muffelofen bei 400° C und anschließend bei 510° C verascht (bis 2 Std). Nach Abkühlen des Tiegels wird die Asche mit 25 ml verd. HCl extrahiert und der Extrakt durch ein grobes Filter filtriert. Tiegel und Filter werden gründlich ausgewaschen. 100 ml des nötigenfalls eingedampften Filtrats werden mit 6 n-HCl angesäuert und mit verd. NaOH auf pH 5,2 (Methylorange) eingestellt. Das Filtrat wird mit 2 g krist. NaH_2PO_4 und 5 ml n-NaOCl-Lösung (0,1 n-NaOH) versetzt und 2 min zum Sieden erhitzt, um das Bromid zu oxydieren. Nach Zusatz von 5 ml Natriumformamidlösung (50 g Natriumformamid in 100 ml Wasser) und nochmaligem Erhitzen (2 min) wird die abgekühlte Lösung mit einigen Tropfen 1%iger Na-Molybdatlösung, 25 ml Cu_2SO_4 und 1 ml KJ-Stärkelösung versetzt. Das freigesetzte Jod wird mit 0,01 n-Thiosulfatlösung titriert. 1 ml 0,01 n-Thiosulfatlösung = 0,1332 mg Brom = 0,158 Methylbromid. In einer Parallelbestimmung mit den Reagentien ohne Substanz gegebenenfalls erhaltener Blindwert muß vom Titrationswert abgezogen werden (Cereal Labor. Methods 60—10).

Für die quantitative Bestimmung von p,p'-*Dichlordiphenyltrichloräthan (DDT)* werden 5—50 g Kornmaterial (in Abhängigkeit von dem vermuteten Gehalt) 4 Std auf dem Wasserbad mit Petroläther kalt extrahiert (Schüttelmaschine). Die erhaltenen Extrakte werden durch Faltenfilter filtriert und im Vakuum eingeengt. Der konz. Extrakt wird über Al_2O_3 chromatographisch gereinigt; dann erfolgt Nitrierung und Aufarbeitung nach der von G. BRÜCKNER u. Mitarb. (1957) modifizierten Arbeitsvorschrift von M. S. SCHECHTER u. Mitarb. (1945).

Das zu prüfende Getreide kann auch geschroten und im Soxhlet-Apparat extrahiert werden (DDT PANEL 1960).

Zum quantitativen Nachweis von *Hexachlorcyclohexan (HCH)* werden 5—10 g des Kornmaterials 1 Std mit Chloroform extrahiert und nach H. ZEUMER u. K. NEUHAUS (1953) aufgearbeitet (vgl. auch BHC-Panel 1962).

DDT und HCH in Getreide können auch infrarotspektrophotometrisch bestimmt werden (G. PAULIG 1960). Vgl. auch Bd. II/2.

4. Chemische Untersuchung der Korninhaltsstoffe

a) Wasser

Für die Bestimmung des Wassers im Getreide stehen mehrere Methoden zur Verfügung (vgl. W. SCHÄFER, Bd. II/2); die gebräuchlichsten beruhen auf der Ermittlung des *Trocknungsverlustes*. Die genauesten Werte werden bei Trocknung im Vakuum (M. ROHRLICH 1949) bei Temperaturen um 50° C unter Verwenden von P_2O_5 oder Silicagel erhalten.

Die Trocknungszeit hängt außer von der Temperatur auch von der Korngröße des Schrotes, von der Härte des Materials u. a. ab (B. THOMAS u. E. ANDERS 1952; W. SCHÄFER u. W. SEIBEL 1957; G. BRÜCKNER 1958).

Die Standardmethode der Arbeitsgemeinschaft Getreideforschung (1964) sieht eine Trocknungsdauer von $1^1/_2$ Std im Trockenschrank bei 130° C vor. Vgl. auch

internationale Basisbezugsmethode zur Wasserbestimmung bei Getreide und
Getreideprodukten (ICC-Methoden 1960).

Während bei den Trocknungsmethoden damit gerechnet werden muß, daß
neben dem Wasser auch andere flüchtige Stoffe (Öl- und Linolsäure) mitbestimmt
werden (H. Bolling 1960), wird bei der *chemischen Bestimmung* nach K. Fischer
(1935) der tatsächliche Wassergehalt ermittelt; ein Gerät für automatische
Durchführung beschreiben W. Seibel u. H. Bolling (1958). Andere chemische
Bestimmungsmethoden haben keine Bedeutung.

Die Bestimmung der Getreidefeuchtigkeit mit *elektrischen Geräten* (Messung
der Leitfähigkeit oder der Dielektrizitätskonstante) hat den Vorteil großer Schnel-
ligkeit, doch sind die erhaltenen Werte nicht mit den durch Trocknen erhaltenen
vergleichbar (G. Brückner u. Mitarb. 1950).

Eine Kontrolle des Konditionier- oder Netzeffektes kann durch Feststellung
der Feuchtigkeitsdifferenz zwischen Schale und Kern mit Hilfe eines eichfähigen
Elektro-Feuchtigkeitsmeßgerätes am ganzen und am geschnittenen Korn durchgeführt werden (F. Pfeuffer 1965). Bei höherem Feuchtigkeitsgehalt (über 18 %)
sind die erhaltenen Werte auch schlecht reproduzierbar. Außerdem muß in diesem
Falle — wie auch bei den anderen Bestimmungsmethoden — das Korn zunächst
vorgetrocknet und der Trocknungsverlust errechnet werden.

Während aus heißem Klima stammendes Getreide einen Wassergehalt von
etwa 12 % aufweisen kann, enthält in Mitteleuropa geerntetes 15—25 % Wasser.

b) Mineralstoffe (Asche)

Unter den Mineralstoffen versteht man den Veraschungsrückstand, der nach
Verbrennen der organischen Substanz zurückbleibt. Die zum Veraschen angewendete Arbeitsweise richtet sich nach dem Zweck. Soll nur der Gewichtsanteil an
Kornasche ermittelt werden, so kann nach einer der üblichen Methoden — zweckmäßig nach der Standardmethode der Arbeitsgemeinschaft Getreideforschung,
die eine Veraschungstemperatur von 920° C vorsieht — verfahren werden:

"*Vorbereitung des Materials:* Eine durch mechanische Probeteilung erhaltene Durchschnittsprobe von 30—40 g Getreide oder Schrot wird auf einer Kegelmühle oder in einem Starmix-
gerät so fein geschroten, daß mindestens 90% des Schrotes durch ein Sieb mit einer lichten
Maschenweite von 1000 μ fallen.

Durchführung der Untersuchung: Zweimal etwa 5 g der sorgfältig gemischten Probe werden
in je ein vorher geglühtes und nach dem Abkühlen ausgewogenes Schälchen (aus Porzellan
oder Quarz, Durchmesser ca. 5,5 cm, Höhe ca. 2 cm) eingewogen. Die Gewichte des leeren Ver-
aschungsschälchen werden bis zur vierten, die der gefüllten bis zur dritten Stelle nach dem
Komma bestimmt.

Die Veraschung erfolgt in einem elektrisch beheizten Muffelofen bei einer Temperatur von
900—920° C. Die mit Mehl oder Schrot gefüllten Schälchen werden nicht unmittelbar in den
voll aufgeheizten Ofen gebracht, sondern zunächst in den Eingang des Ofens gestellt, um
einerseits eine zu stürmische Verbrennung und damit Substanzverluste und andererseits ein
zu leichtes Zerspringen der Porzellanschalen zu vermeiden.

Der Zug im Ofen soll so stark sein, daß genügend Sauerstoff für die Verbrennung vorhanden
ist; er soll jedoch ein bestimmtes, bei jedem Gerät zu ermittelndes Höchstmaß nicht überschreiten, da sonst zu rasche Auskühlung und Materialverluste stattfinden.

Die Dauer der Veraschung beträgt 60—90 min, jedoch bietet die Innehaltung einer bestimmten Zeitdauer keine Sicherheit für vollständige Veraschung. Man hat sich daher jeweils
davon zu überzeugen, ob die Asche rein weiß erscheint. Enthält sie noch schwarze Punkte von
unverbrannter Substanz, so läßt sich deren Verbrennung durch Zugabe einiger Körnchen
Ammoniumnitrat oder von etwas Alkohol beschleunigen. Auch ein Versetzen des Rückstandes
mit dest. Wasser und Zerdrücken der schwarzen Körner kann zum Ziel führen. Diese Zusätze
dürfen zu der Asche erst dann gegeben werden, wenn die Ascheschalen nach Herausnahme aus
dem Ofen sich genügend abgekühlt haben. Beim Wiedereinsetzen der Schalen in den Ofen ist
auf eine langsame Erwärmung zu achten. Nach der Veraschung bringt man die Schälchen auf
die durchlöcherte Asbestplatte oder das Asbestdrahtnetz des Exsiccators und läßt etwa 60 min
lang abkühlen. In einen Exsiccator dürfen höchstens vier Ascheschalen gesetzt werden.

Das Auswägen der auf Raumtemperatur erkalteten Schälchen (Kontrollthermometer! — die Temperatur des Schälchens muß der Temperatur im Wägekasten entsprechen) muß wegen der hohen Hygroskopizität der Asche so rasch wie möglich erfolgen.

Berechnung und Fehlergrenzen: Der Aschegehalt wird stets auf Trockensubstanz bezogen. Die Berechnung erfolgt nach folgenden Formeln:

$$\% \text{ Asche lufttrocken} = \frac{100 \times \text{ausgewogene Asche}}{\text{Einwaage}}$$

$$\% \text{ Asche in Trockensubstanz} = \frac{\% \text{ Asche lufttrocken} \times 100}{100 - \% \text{ Wassergehalt}}$$

Das Ergebnis der Aschebestimmung wird mit zwei Dezimalen angegeben. Doppelbestimmungen dürfen bis zu einem Aschegehalt von 1,00% um nicht mehr als 0,02 Einheiten des Aschegehaltes, bei einem solchen von mehr als 1,00% um nicht mehr als 2% des Aschegehaltes voneinander abweichen. Bei größeren Abweichungen ist eine Wiederholung notwendig."

Über die Ursachen nicht genügender Reproduzierbarkeit berichten B. Thomas u. E. Anders (1956). Durchschnittswerte für den Mineralstoffgehalt, ausgedrückt als Aschemenge, sind jeweils bei den einzelnen Getreidearten aufgeführt.

Es ist möglich, niedrigere Veraschungstemperaturen (550—600° C) anzuwenden (ICC-Methoden 1960) und zum Beschleunigen des Aufschlusses dem Veraschungsmaterial Kaliumacetatlösung oder Ammoniumnitrat zuzusetzen (Cereal Labor. Methods 08—02, 1962). Niedrige Veraschungstemperaturen sind auch angezeigt, wenn der Gehalt an einzelnen Mineralstoffen bestimmt werden soll, um Verluste an flüchtigen Alkalisalzen zu vermeiden.

Nasses Veraschen der organischen Substanzen durch Säuregemische (H_2SO_4 + HNO_3) zur Ermittlung der Mineralstoffe ist früher von A. Neumann (1902/03) empfohlen worden. In neuerer Zeit haben K. Ebert u. E. Thalmann (1963) folgende Arbeitsweise vorgeschlagen: 1,25 g Substanz werden in 100 ml-Kjeldahlkolben — mit Eichmarkierung bei 125 ml — mit 10 ml Aufschlußlösung (HNO_3, $\delta = 1,40$; $HClO_4$, $\delta = 1,54$; H_2SO_4, $\delta = 1,84$, im Verhältnis 10:2,5:0,25) behandelt. Zusatz von 2,5 ml Trichloräthylen wirkt als Entschäumungsmittel; bei fettreichem Material werden noch 2 ml $HClO_4$ zugesetzt. Zum Erhitzen können IR-Strahler dienen; die Temperatur des Aufschlußkolbens steigt dabei nur langsam an. Der Aufschluß ist bei 205° C beendet; die Aufschlußdauer beträgt 1—3 Std. Nach beendetem Aufschluß wird ein wenig abgekühlt, mit 40—70 ml Wasser verdünnt, umgeschüttelt, bis zur Marke aufgefüllt und die ausgeschiedene Kieselsäure absitzen gelassen. Schnellaschebestimmungen, bei denen ein Verbrennen des Materials durch Hochfrequenzstrom erfolgt und die Aschemenge durch Messen der Dielektrizitätskonstante des Veraschungsproduktes vor und nach dem Veraschen ermittelt wird, sind zwar vorgeschlagen, aber in der Praxis noch nicht eingeführt (Ch. Schmid 1955).

c) Eiweißstoffe

Die allgemein in dem Begriff Rohprotein zusammengefaßte Stickstoffsubstanz des Getreides wird durch Bestimmen des Stickstoffgehaltes nach Kjeldahl mit dem modifizierten Gerät von I. Parnass u. R. Wagner ermittelt (vgl. Bd. II, 2 und internationale Arbeitsvorschrift zur Bestimmung des Proteins in Getreide und Getreideprodukten [ICC-Methoden 1960]).

Die Standardbestimmung der Arbeitsgemeinschaft Getreideforschung (1964) sieht als Einwaage 1 g Schrot oder Mehl vor.

Nach der von W. Seibel u. H. Bolling (1960) modifizierten Arbeitsweise wird das beim Kjeldahlaufschluß (Perhydroloxydation) entstandene Ammoniumsulfat durch automatisch verlaufende potentiometrische Formoltitration ermittelt.

Die erhaltenen Stickstoffwerte werden bei Weizen mit dem Faktor 5,7 (in Anpassung an angelsächsische Länder), bei Roggen mit dem Faktor 6,25 multipliziert.

Der Eiweißgehalt von Weizen (Mehl) kann ferner auf Grund der Biuretreaktion (Umsetzung mit $CuSO_4$ in alkalischer Lösung) ermittelt werden (A.J. Pinckney 1961). Diese Arbeitsweise soll sich besonders zur indirekten Bestimmung des Kleberproteins eignen (Th. Biéchy u. F. Spindler 1949).

Eine Methode, die auf Bindung eines Farbstoffes an das Mehlprotein beruht, ist von D.C. Udy (1956) vorgeschlagen worden. Das Weizenprotein bildet mit dem wasserlöslichen Farbstoff Orange G bei pH 2,2 einen unlöslichen Komplex.

Für die Eiweißbestimmung werden 500 mg Mehl in einem 50 ml-Zentrifugenglas mit 25 ml Orange-G-Lösung (100 mg Farbstoff gelöst in 100 ml Citratpufferlösung, pH 2,2) versetzt. Nach Zentrifugieren wird die Extinktion der überstehenden Farblösung bei 470 nm gemessen und der Proteingehalt aus der Menge gebundenen Farbstoffes ermittelt. Ein kleiner Korrektur-faktor ist dabei erforderlich, da Stärke und auch Kornschale etwas Farbstoff zu binden ver-mögen. Ein zur Ausführung dieser Bestimmungsmethode entwickeltes Gerät haben O. J. Banasik u. K. A. Gilles (1962) beschrieben. Zur Bestimmung des *wasserlöslichen Eiweißes* werden 4 g Mehl oder fein gemahlenen Schrotes in einen 200 ml-Meßkolben mit Wasser klümp-chenfrei eingerührt. Der Kolben wird mit Wasser etwas aufgefüllt und die Suspension unter wiederholtem Umschütteln 1 Std bei Zimmertemperatur belassen. Dann wird bis zur Marke aufgefüllt und durch ein Faltenfilter filtriert. In 50 ml des innerhalb 30 min erhaltenes Filtrates wird der N-Gehalt nach Kjeldahl ermittelt.

Die Menge an löslichen Stickstoffsubstanzen hängt von Art und Ausmahlungs-grad des Schrotes oder Mehles ab. Im Weizenmehl sind etwa 15 % des Rohproteins wasserlöslich, im Roggenmehl 20—30 %.

Da in der löslichen Stickstoffsubstanz des Mehles auch Peptide und Amino-säuren enthalten sind, müssen diese bei Bestimmung des Reineiweißes durch Dialyse des Filtrats entfernt werden. Das Reineiweiß läßt sich auch nach Aus-fällen mit Trichloressigsäure und anschließendem Kjeldahl-Aufschluß bestimmen.

d) Fett

Die besatzfreien Getreideproben werden — nach der Vorschrift der Standardmethode der Arbeitsgemeinschaft Getreideforschung (1964) — mit einem Feuchtigkeitsgehalt zwischen 10 und 14 % in einer Kegelmühle oder in einem Starmix-Gerät so fein gemahlen, daß der Schrot mindestens zu 90 % durch ein Sieb von 1 mm lichter Maschenweite fällt.

Das Rohfett wird durch Extrahieren des geschroteten Getreides (5—10 g) mit einem geeigneten Lösungsmittel (Petroläther, Sdp unter 60° C) im Soxhlet- oder Twisselmann-Apparat ermittelt (vgl. Bd. II/2).

Vom Petroläther (Äther) werden an Eiweiß gebundene Lipide nur teilweise gelöst. Sollen diese mitbestimmt werden, muß Äthanol (Methanol) (oder Äthanol-Benzol) zur Extraktion angewendet werden (Ch. Nernst 1952/53).

Bei einem hohen Anteil von Schalen in Schrot oder Mahlprodukten empfiehlt sich ein Salzsäureaufschluß nach J. Grossfeld (1937).

e) Enzyme

Während die Bestimmung der Aktivität der Amylasen als Kriterium des sog. Auswuchses von Getreide zur serienmäßigen Arbeit der Getreideuntersuchung zählt, wird die Aktivität anderer Enzyme (Lipase, Lipoxydase, Protease, Peroxy-dase, Katalase) nur in einigen Sonderfällen oder für wissenschaftliche Zwecke ermittelt.

α) Amylasen

Die Bestimmung der Aktivität der Amylasen ist erforderlich, wenn beim Auslesen des Getreides keine Zeichen einer *Auswuchsschädigung* sichtbar sind (vgl. S. 58), d. h. wenn Verdacht auf versteckten Auswuchs vorliegt.

Die hierfür gebräuchlichen Methoden beruhen auf dem Bestimmen des amyla-tisch bedingten Stärkeabbaus zu Maltose (β-Amylase) und Dextrinen (α-Amylase) oder auf dem Messen des Viscositätsabfalls.

Die Aktivität der *β-Amylase* kommt in der sog. *Maltosezahl* zum Ausdruck; sie ergibt sich aus der Differenz zwischen der im Korn (Mahlprodukt) enthaltenen präexistierenden und der bei Autolyse enzymatisch gebildeten Maltose.

Zur Bestimmung der *präexistierenden Maltose* werden 20 g Schrot (Mehl) in einem 200 ml-Meßkolben mit 100 ml Wasser (20° C) und 10 ml 10 %iger Tanninlösung versetzt, wodurch die Amylase inaktiviert wird. Nach 1 Std wird die Suspension mit 7 ml basischer Bleiacetatlösung (Bleiessig) und 10 ml gesättigter Na_2SO_4-Lösung versetzt; dann wird mit Wasser aufgefüllt und filtriert. Im Filtrat wird der Zuckergehalt nach einer bekannten Methode ermittelt und als Maltose in % i. Tr. berechnet.

Zur Bestimmung des *Maltosegehaltes nach Autolyse* werden 20 g Schrot (Mehl) in genau 100 ml Wasser auf 27° C unter Schütteln suspendiert. Die Suspension wird genau 1 Std bei 27° C im Thermostaten autolysiert und alle 15 min gut umgerührt, dann werden wie oben 10 ml 10%iger Tanninlösung, 7 ml Bleiessig und 10 ml Na$_2$SO$_4$-Lösung unter gutem Umschütteln zugesetzt; nach Auffüllen mit Wasser und Filtrieren wird die Zuckerbestimmung im klaren, nötigenfalls nochmals filtrierten Filtrat durchgeführt. Gesamt-Maltose abzüglich präexistierender Maltose zeigt die Aktivität der β-Amylase an (L. A. Rumsey 1922; K. Ritter 1928; Standardmethoden 1964).

Die Autolysentemperatur von 27° C ist der Temperatur der Teiggärung angepaßt; es wird auch empfohlen, als Autolysentemperatur 62° C, das Temperaturoptimum der β-Amylase, zu wählen.

Weizen mit einem Maltosegehalt über 2,3 % und Roggen mit einem solchen über 3,5 % werden als auswuchsgeschädigt angesehen. Auslandsweizen weisen infolge höheren Zuckergehaltes zuweilen Maltosewerte über 3,5 % auf, ohne auswuchsgeschädigt zu sein. Die Bestimmung der β-Amylaseaktivität ist daher nur sehr bedingt zur Auswuchsbestimmung geeignet.

Da die Aktivität der *a-Amylase* erst beim Keimen stärker hervortritt, ist die Auswuchsbestimmung durch den a-Amylasenachweis besser gesichert. Die a-Amylaseaktivität kann mit Hilfe des Gelbzeitwertes (K. Ritter 1942), des Dextrinwertes (J. Lemmerzahl 1955) oder des Jodqualitätstestes (M. Rohrlich 1958) ermittelt werden.

Zur Bestimmung des *Gelbzeitwertes* werden 5 g Schrot oder Mehl in 100 ml Wasser klümpchenfrei suspendiert und in einem Erlenmeyerkolben 30 min (Thermostat 40° C) unter häufigem Umrühren erwärmt. Die Suspension wird durch ein Faltenfilter filtriert. 40 ml des klaren Filtrates werden in einen 200 ml-Erlenmeyerkolben, der 80 ml 1%iger Stärkelösung enthält, gefüllt. Der Kolben wird bei 60° C in einen Thermostaten gestellt, in Abständen von 5 min werden je 5 ml entnommen und in ein Reagensglas mit 5 ml verd. Jodlösung (0,1 n-Jodlösung 1:80 verdünnt) versetzt. Die Zeit, die bis zum Auftreten einer Gelbfärbung gemessen wird (Vergleich mit einer gelben Standardlösung aus 0,02%iger Kaliumdichromatlösung mit 10% vorgequollener und abgepreßter Gelatine), wird als Gelbzeitwert bezeichnet; sie gibt auch die a-Amylaseaktivität sowie den Auswuchsgrad an (vgl. auch Standardmethoden 1964). Weizen (Roggen) bei normaler Beschaffenheit zeigt Gelbzeitwerte über 60 (über 30); niedrigere Zahlenwerte weisen auf mehr oder weniger starken Auswuchs hin.

Nach R. M. Sandstedt u. Mitarb. (1939) wird die a-Amylaseaktivität an dem Abbau einer gepufferten Grenzdextrinlösung bei 30° C gemessen, die durch β-amylatischen Abbau löslicher Stärke bereitet wird. Die in bestimmten Abständen mittels Jodlösung erhaltene Färbung wird durch standardisierte Farbscheiben ermittelt. Die Aktivität der a-Amylase wird in Sandstedt-Kneen-Blish(SKB)-a-Amylase-Einheiten angegeben (vgl. Cereal Labor. Methods 22—01, 1962; R. Olered 1959).

In ähnlicher Weise wird bei der Methode von J. Lemmerzahl (1955) verfahren, die hauptsächlich zum Nachweis von Auswuchs im Mehl in der praktischen Bäckerei angewendet wird. Der amylatische Abbau einer Dextrinlösung wird bei Zimmertemperatur innerhalb 16 Std (über Nacht) verfolgt; der mit Jodlösung erhaltene Farbton wird mit einer in Ziffern aufgeteilten Farbskala abgelesen.

Die angeführten Auswuchsbestimmungen erfordern z. T. einen beträchtlichen Aufwand an Zeit und Geräten; außerdem hängt der erhaltene Wert (für a-Amylaseaktivität oder Auswuchs) weitgehend von der angewendeten Stärke- oder Dextrinlösung ab, deren Eigenschaften nicht immer gleich sind; das trifft besonders für den Gelbzeitwert zu.

Zum schnellen Nachweis, ob Getreide auswuchshaltig ist, ist der *Jodqualitätstest* von M. Rohrlich (1958) geeignet; er wird wie folgt ausgeführt:

5 g Schrot (fein gemahlen) oder Mehl werden mit 100 ml 20° C warmen dest. Wassers in einem 150 ml-Philippsbecher klümpchenfrei verrührt, 30 min in ein auf 70° C (bei Roggen 65° C) temperiertes Wasserbad gebracht und während dieser Zeit mehrfach umgeschüttelt. Danach wird die Suspension in einem Wasserbad schnell abgekühlt (auf etwa 25° C) und dabei 1 ml 2 n-H$_2$SO$_4$ zum Unterbrechen der Enzymtätigkeit zugesetzt. Anschließend wird die Suspension durch ein Faltenfilter filtriert, wobei zweimal die ersten 15—20 ml des Filtrates auf das

Filter zurückgegeben werden. In einem Reagensglas werden 5 ml Filtrat mit 10 ml Wasser und 5 ml 0,001 n-Jodlösung vermischt. Der nach dem Umschütteln auftretende Farbton wird sofort bestimmt. Liegt kein Auswuchsschaden vor, so ist die in Lösung gegangene Stärke nur wenig oder nicht abgebaut worden und ergibt mit Jod Blaufärbung. Bei starkem Auswuchs wird die Stärke zu mit Jod nicht färbbaren Dextrinen abgebaut; es ergibt sich Gelbfärbung. Zwischenfarben Blauviolett, Violett, Rotviolett, Rotbraun und Orange treten bei geringem oder mittelstarkem Auswuchsgehalt auf.

Der durch α-Amylase hervorgerufene *Viscositätsabfall* der Stärke von Mahlprodukten wird auch durch den *Amylograph* von Brabender registriert (vgl. S. 138).

Der von H. Perten (1962) weiter entwickelten *Fallzahlmethode* nach Hagberg, die in neuerer Zeit gleichfalls zum Nachweis der α-Amylaseaktivität angewendet wird, liegt die Messung der Viscosität einer erwärmten Mehlsuspension zugrunde. Unter dem Einfluß der α-Amylase wird die verkleisternde Stärke in Abhängigkeit von der Amylaseaktivität mehr oder weniger schnell verflüssigt. Die Verflüssigungszeit wird mit einem Rührer-Viscosimeter gemessen und als Fallzahl angegeben.

Ähnlich wie die Viscosität im Amylographen wird auch die Fallzahl von der Viscosität der Schleimstoffe (Pentosane) beeinflußt (E. Drews 1965).

β) Lipase, Lipoxydase

Die Haltbarkeit der Getreidemahlprodukte, besonders solcher, die den Keimling oder Keimlingsanteile enthalten, ist — wie früher ausgeführt — von der Inaktivierung der fettspaltenden und oxydierenden Fermente, Lipase und Lipoxydase, abhängig (vgl. S. 39 ff).

Für den Nachweis der *Lipase* wird die aus einem Glycerinester (Triacetin, Tributyrin, Triolein) durch das zu prüfende Material freigesetzte Säure titrimetrisch ermittelt (B. Sullivan u. M.A. Howe 1933; M. Rohrlich u. H. Benischke 1951a; J.B. Hutchinson u. H.F. Martin 1952).

Bei der Wahl des Substrates ist zu beachten, daß die Triglyceride niederer Fettsäuren auch durch Esterasen gespalten werden können, welche die eigentlichen Fette nicht angreifen. Es empfiehlt sich daher Triolein oder Ölsäuremethylester als Substrat.

Nach einer Arbeitsvorschrift von M. Rothe (1955) wird das mit Petroläther im Soxhlet-Apparat entfettete Mahlprodukt mit Ölsäuremethylester versetzt und bei 37° C bebrütet. Nach dem Bebrüten wird das Material mit Äther im Soxhlet-Apparat extrahiert. Durch Ausschütteln der ätherischen Lösung mit 1%iger Kupferacetatlösung wird die freie Ölsäure als blau-grünes Kupferkomplexsalz gebunden und die Extinktion im Photometer gemessen. Die Bestimmung der Lipaseaktivität wird hier nicht in einer Wassersuspension, also bei unphysiologisch hohem Wassergehalt, sondern bei einer Feuchtigkeit um 20% ausgeführt.

Die Aktivität der *Lipoxydase* kann entweder photometrisch an der Entfärbung reinen β-Carotins gemessen werden (B.S. Miller u. F.A. Kummerow 1948) oder besser nach G.N. Irvine u. J.A. Anderson (1953) am Sauerstoffverbrauch einer 60%igen Linolsäure (im Gemisch mit 40% Linolensäure) in der Warburg-Apparatur.

10 g des Mahlproduktes werden mit 5 g Sand und 20 ml Wasser 5 min gut verrieben, dann zentrifugiert. 0,8 ml des klaren Zentrifugates werden in den Seitenarm des Warburg-Gerätes (15 ml) gefüllt und zur Aktivitätsbestimmung mit 0,1 ml einer Linolsäure-Wasseremulsion (Zusatz eines Emulgators!) zur Reaktion gebracht. Die dabei gemessene Aktivität wird in μl O_2/min/g erhalten.

Der durch die Lipoxydase auf Linol- oder Linolensäure übertragene Sauerstoffverbrauch läßt sich auch elektrometrisch mit dem Gerät von F. Tödt mit guter Reproduzierbarkeit ermitteln (M. Rohrlich u. Mitarb. 1959).

Der Nachweis der Lipoxydaseaktivität ist besonders für die Qualitätsbeurteilung der Durumgrieße wichtig, da von ihr die Farbbeständigkeit der daraus hergestellten Teigwaren beeinflußt wird.

Eine Plattentechnik zur Bestimmung der Lipoxydaseaktivität haben J. A. BLAIN u. J.P. TODD (1958) beschrieben. Petrischalen werden mit Bixin und mit Methyllinolat enthaltendem Agar ausgegossen; der Enzymextrakt wird in ein mit einem Bohrer ausgestanztes Loch gefüllt. Die Lipoxydaseaktivität zeigt sich durch Entfärben des Bixins an und kann auf Grund des Durchmessers der entfärbten Zone quantitativ ermittelt werden.

γ) Peroxydase

Zur Bestimmung der Peroxydaseaktivität wird die Menge des aus Pyrogallol gebildeten Purpurogallins gemessen (R. WILLSTÄTTER u. A. STOLL 1918).

5 g des Getreides oder Mahlproduktes werden vermahlen, 0,5 g davon durch Verreiben mit Seesand weiter zerkleinert und in einem Erlenmeyerkolben mit 0,5 g Pyrogallol, 2 ml Wasser und 3 ml 1%igem Wasserstoffperoxid versetzt. Das mehrfach umgeschüttelte Reaktionsgemisch färbt sich langsam rot. Nach 1 Std (Zimmertemperatur) wird die Peroxydasereaktion durch Zugeben von 2 ml 10%iger H_2SO_4 abgebrochen. Zum Vergleich wird die Verfärbung von 0,5 g des zu untersuchenden Produktes nach Zusatz von 0,5 g Pyrogallol und 5 ml Wasser (Leerprobe) beobachtet. Das in Gegenwart von H_2O_2 entstandene Purpurogallin wird durch fünfmaliges Ausäthern aus der gefärbten Aufschlämmung extrahiert. Die gefärbten ätherischen Lösungen werden in einem Meßkolben vereinigt und auf ein bestimmtes Volumen (100 ml) aufgefüllt. Die Farbintensität kann im Photometer und nötigenfalls auch in einer vorher aufgestellten Eichkurve abgelesen werden (M. ROHRLICH u. H. BENISCHKE 1951b).

Bei einer anderen Methode wird einem vorgewärmten Gemisch aus Ascorbinsäure, Phosphat-Citronensäurepuffer und Phosphat-Oxalsäurepuffer, o-Toluidin und H_2O_2 eine entsprechende Menge des zu prüfenden Extraktes hinzugefügt. Nach Ablauf einer bestimmten Zeit wird die Peroxydase durch 2 n-H_2SO_4 inaktiviert und die noch vorhandene Ascorbinsäure mit 0,004 n-Jodlösung titriert (A. PURR 1950).

Der Nachweis einer Enzyminaktivierung bei technologischen Prozessen kann mit Hilfe der ziemlich temperaturstabilen Peroxydase geführt werden (F. KIERMEIER 1948).

δ) Katalase

Die Aktivität der Katalase läßt sich entweder auf Grund des enzymatisch zerstörten Wasserstoffperoxids oder des dabei entstehenden Sauerstoffs bestimmen:

50 ml 0,01 m-H_2O_2 in 0,0067 m-Phosphatpuffer (pH 6,8) werden auf 0° C abgekühlt und mit 1 ml des katalasehaltigen Extraktes versetzt. Nach raschem Durchschütteln werden 5 ml entnommen und die Katalase mit 5 ml 2 n-H_2SO_4 zerstört. Dann wird der vorhandene H_2O_2-Überschuß mit 0,2 n-$KMnO_4$-Lösung titriert. Nach 3, 6 und 9 min werden weitere Proben entnommen und analog behandelt. Aus dem Verbrauch an $KMnO_4$-Lösung zur Zeit 0 und t ergibt sich die Katalaseaktivität (H. v. EULER u. K. JOSEPHSON 1927; R.K. BONNICHSEN u. Mitarb. 1947).

Die Zersetzung des H_2O_2 durch die Katalase kann nach M. ROHRLICH u. Mitarb. (1959) auch elektrometrisch in dem Gerät von F. TÖDT (1955) mit großer Genauigkeit verfolgt werden.

ε) Proteasen

Die proteolytische Aktivität läßt sich auf verschiedene Weise bestimmen, indem als Substrat entweder Hämoglobin oder das mehleigene Eiweiß verwendet werden.

Nach D.C. ABBOTT u. Mitarb. (1952) werden 5 g Schrot (Mehl) mit 1,25 g Bactohämoglobin (wasserfrei) und 3 g Bimssteinpulver in einem Zentrifugenglas sorgfältig verrieben. Mit 25 ml 1:20 verdünnter und auf 40° C angewärmter Pufferlösung (pH 4,7) wird eine gleichmäßige Suspension hergestellt. Diese wird in einem Thermostaten 5 Std und 15 min und eine auf gleiche Weise hergestellte Suspension nur 15 min unter häufigem Rühren bebrütet. Dann werden in jedes Zentrifugenglas 5 ml Trichloressigsäure (36 g in 65 ml Wasser gelöst) zugegeben; nach weiteren 30 min im Thermostaten wird zentrifugiert und filtriert. Ein trübes Filtrat wird kurz aufgekocht (Ersatz des Verdampfungsverlustes durch Wasserzugabe!); in je 5 ml Filtrat wird der N-Gehalt nach Kjeldahl bestimmt. Die Differenz zwischen den beiden ermittelten Werten zeigt die proteolytische Aktivität an.

Nach A. Cairns u. C.H. Bailey (1928) werden 25 g Schrot (Mehl) in einem Erlenmeyer-kolben (300 ml) mit 100 ml Wasser suspendiert und mit einigen Tropfen Toluol versetzt; die Suspension wird 1 Std im Wasserbad bei 40° C bebrütet und dann zentrifugiert. 50 ml der über-stehenden Lösung werden mit 0,1 n-NaOH, mit Phenolphthalein-Lösung als Indicator bis zum Umschlag titriert; dann werden 10 ml Formaldehyd-Lösung (40%ig, neutral) zugesetzt und nach 5 min Stehen wieder mit 0,1 n-NaOH bis zum erneuten Umschlag titriert. Aus der Dif-ferenz der NaOH-Mengen vor und nach Zugabe des Formaldehyds, multipliziert mit 1,4 · 2 · 4, errechnet sich die Menge freigesetzten Aminostickstoffs in mg/100 g Schrot; sie zeigt die pro-teolytische Aktivität an.

Die freien Aminogruppen können auch nach van Slyke bestimmt werden; die nach beiden Methoden erhaltenen Werte lassen sich nicht immer miteinander ver-gleichen. Im allgemeinen liegt die am Hämoglobinabbau bestimmte proteolytische Aktivität höher als die bei Autolyse beobachtete; beide sind aber abhängig vom Ausmahlungsgrad des Mahlproduktes.

f) Vitamine

Getreide enthält hauptsächlich die Vitamine der B-Reihe und das Vitamin E. Von den ersteren besitzen für die Analytik besonders Thiamin, Riboflavin und Niacin Interesse; die folgenden Ausführungen sind daher auf die Bestimmungs-methoden dieser Vitamine beschränkt.

Für die Bestimmung des *Thiamins* (Vitamin B_1, Aneurin) in Getreide und Getreidemahlprodukten hat sich die *Thiochrommethode* am besten bewährt; die mikrobiologische Methode wird seltener angewendet. Hier sollen nur die vorberei-tenden Arbeiten zur Anwendung der Thiochrommethode beschrieben werden:

Es wird soviel fein gemahlenes Getreide oder Mehl in einen 100 ml-Meßkolben eingewogen, daß die Probe vermutlich 4—20 µg Thiamin enthält. Die Probe wird mit 50 ml 0,1 n-Schwefel-säure versetzt und unter gelegentlichem Schütteln 10 min im siedenden Wasserbad erhitzt. Der auf 50° C abgekühlte Extrakt wird mit 5 ml einer Suspension von 1,8 g Clarase in 30 ml 2,5 m-Natriumacetatlösung versetzt, 2—3 Std bei 45—50° C bebrütet und nach Abkühlen auf Raumtemperatur mit dest. Wasser auf 100 ml aufgefüllt, durchgeschüttelt und filtriert. Die ersten ml des Filtrats werden verworfen. Gefärbte und störende Substanzen werden aus dem Extrakt (25 ml des Filtrates) auf einer mit 1 g aktiviertem Decalso (Permutit T Merck) be-schickten Säule (Innen-Durchmesser 6 mm, Länge 150 mm) entfernt. Sobald die Flüssigkeit in die Oberfläche des Austauschers eingesickert ist, wird mit dreimal 10 ml heißen Wassers nachgewaschen. Das Thiamin wird dann mit zweimal 10 ml und einmal 5 ml heißer, saurer Kaliumchloridlösung (25% KCl in 0,1 n-HCl) eluiert, das Eluat in einem 25 ml-Meßkölbchen aufgefangen und nach Abkühlen auf Raumtemperatur auf 25 ml aufgefüllt. In 5 ml dieser Lösung wird das Thiamin nach der Thiochrommethode ermittelt (vgl. W.G. Bechtel u. C.M. Hollenbeck 1958; Cereal Labor. Methods 86—50, 1962; B. Gassmann u. Mitarb. 1963).

Für die Bestimmung von *Riboflavin* (Vitamin B_2, Lactoflavin) in Getreide und Getreidemahlprodukten werden chemische und mikrobiologische Methoden ange-wendet. Die mikrobiologische Methode (mit *Lactobac. casei* als Testorganismus) hat gegenüber der chemischen Methode besonders bei Reihenuntersuchungen gewisse Vorzüge. Als chemische Bestimmungsmethoden werden die fluorimetrische oder die Lumiflavin-Methode angewendet.

Für die direkte *fluorimetrische Bestimmungsmethode* werden je nach dem vermuteten Ribo-flavingehalt (0—1 mg/100 g) 2—5 g des Untersuchungsmaterials eingewogen. Die eingewogene Probe wird in einem 100 ml-Meßkolben mit 75 ml 0,1 n-H_2SO_4 versetzt und entweder 30 min im Autoklaven auf 121—123° C (1,1—1,2 atü) oder unter mehrmaligem Schütteln 30 min im siedenden Wasserbad erhitzt. Nach Abkühlen auf Raumtemperatur werden 5 ml 2,5 m-Na-triumacetatlösung zugesetzt. Nach mindestens 1stündigem Stehen wird der Extrakt (pH ca. 4,5) zu 100 ml verdünnt und filtriert. Das Filtrat wird dann nach Vorschrift (vgl. Cereal Labor. Methods 86—20, 1962) weiter verarbeitet und der Riboflavingehalt nach Zerstören der Verun-reinigungen durch $KMnO_4$-Lösung bestimmt.

Für die *Lumiflavin-Methode* werden die Proben mit vermutlich 15—100 µg Riboflavin in einem 300 ml-Kolben eingewogen, unter Schütteln mit 150 ml 0,1 n-HCl vermischt und 30 min im Autoklaven auf 121° C (1,1 atü) erhitzt. Nach Abkühlen auf 45° C wird so viel 3,7 m-Na-triumacetatlösung zugesetzt, daß ein pH-Wert zwischen 4,5 und 5,5 erreicht wird. Nach Zugabe von etwa 2 g Diastase (Merck) wird der Kolben 30 min bei 45° C bebrütet und abgekühlt; der Kolbeninhalt wird mit Wasser auf 250 ml verdünnt und filtriert. Aliquote Teile des Filtrats werden mit Chloroform (1:1,5) ausgeschüttelt, in dem Riboflavin im Gegensatz zu Lumiflavin nicht löslich ist. Die wäßrige Phase wird in flache Schalen pipettiert, mit $KMnO_4$-Lösung behandelt und der Überschuß an letzterem mit H_2O_2-Lösung zurückgenommen. Danach wird der Schaleninhalt mit 7 n-Natronlauge alkalisiert und gleichzeitig mit einer Glühlampe bestrahlt, wodurch das Riboflavin in Lumiflavin übergeführt wird, das nach Ansäuern mit Essigsäure mit Chloroform extrahiert wird. Der Chloroformextrakt wird mit Natriumsulfat getrocknet und die Fluorescenz mit einem geeigneten Fluorimeter gemessen (B. GASSMANN u. H. PLESSING 1959; Cereal Labor. Methods 86—71, 1962).

Für die *mikrobiologische Bestimmungsmethode* werden Proben mit maximal etwa 5 μg Riboflavin in 50 ml 0,1 n-H_2SO_4 oder HCl dispergiert und 15 min bei 121—123° C im Autoklaven erhitzt (1,1—1,2 atü).

Der auf Raumtemperatur abgekühlte Extrakt wird auf pH 4,3 eingestellt, zu 100 ml verdünnt und durch ein Filter filtriert, das keine meßbaren Riboflavinmengen zurückhalten darf. Das Filtrat wird auf pH 6,6—6,8 eingestellt. Von dieser Lösung werden dann aliquote Teile mit dem riboflavinfreien Testmedium und Wasser zu einem bestimmten Volumen verdünnt, sterilisiert, mit *Lactobac. casei* beimpft und bei 37—40° C 48—72 Std bebrütet. Die Bestimmung erfolgt nach Titration mit 0,1 n-NaOH bei pH 6,8 mit Hilfe einer Eichkurve (Cereal Labor. Methods 86—72, 1962).

Für die Bestimmung des *Niacins* (Nicotinsäure, Nicotinsäureamid) in Getreide und Getreidemahlprodukten werden gleichfalls chemische und mikrobiologische Bestimmungsmethoden mit gutem Erfolg angewendet, wenngleich die mikrobiologischen Methoden besonders für Reihenuntersuchungen der chemischen vorzuziehen sind. Der Nachteil der chemischen Methode liegt vor allem in der Arbeit mit dem giftigen Bromcyan.

Für die *chemische Bestimmung* werden die Proben des gemahlenen Getreides, die etwa 100 μg Nicotinsäure enthalten sollen, in folgender Weise vorbereitet:

Die Substanzmenge wird in einem kalibrierten Zentrifugenglas zu einem Volumen von 15 ml mit Wasser angerührt, aus einer Bürette mit 5 ml konz. HCl versetzt und 1 Std unter gelegentlichem Durchrühren im siedenden Wasserbad erhitzt. Nach Abspülen des Rührstabes wird das Gemisch mit Wasser zu 25 ml verdünnt, gut durchgemischt und filtriert. 10 ml des Filtrates werden mit 2 ml 10 n-NaOH versetzt, gekühlt und mit 10 n-NaOH oder konz. HCl auf pH 0,5—1,0 eingestellt. Aus dieser Lösung wird die Nicotinsäure an Lloydsches Reagens (hydratisiertes Aluminiumsilicat) adsorbiert. Das Adsorbat wird durch Zentrifugieren abgetrennt und sauer ausgewaschen. Die Nicotinsäure wird mit Natronlauge eluiert, das Eluat mit frisch gefälltem Bleihydroxid gereinigt. Nach Abtrennen des Bleihydroxids und Alkalisieren der Lösung durch Zusatz von K_3PO_4-Kristallen wird der pH-Wert mit verdünnter H_3PO_4 auf 4,5 eingestellt. Nach Zentrifugieren wird die Nicotinsäure in einem gemessenen Anteil der überstehenden Lösung nach der Bromcyanmethode bestimmt (vgl. Cereal Labor. Methods 86—50, 1962).

Zur mikrobiologischen Bestimmung der gesamten Nicotinsäure wird soviel gemahlenes Getreide oder Mehl in einem 300 ml-Kolben genau eingewogen, daß 0,02—0,1 mg Nicotinsäure zu erwarten sind; z. B. für Weizen 1,5—2 g, für Roggen 2—3 g. Diese Probe wird mit 100 ml n-H_2SO_4 gut vermischt und im Autoklaven 30 min auf 121—123° C erhitzt. Der abgekühlte Extrakt wird mit n-NaOH auf pH 6,8 eingestellt und mit dest. Wasser so aufgefüllt, daß 1 ml annähernd 0,1 μg Nicotinsäure enthält. Von dieser Lösung werden dann 1,0, 2,0, 3,0 und 4,0 ml mit einer bestimmten Menge des niacinfreien Kulturmediums vermischt, mit *Lactobac. plantarum* (*L. arabinosus*) beimpft und 72 Std bei 30—37° C bebrütet. Die erzeugte Milchsäure wird titriert und der Nicotinsäuregehalt mit Hilfe einer Eichkurve ermittelt, die nach den Titrationswerten von unter gleichen Bedingungen bebrüteten Niacinlösungen bekannten Gehaltes ermittelt wurde (vgl. Cereal Labor. Methods 86—51, 1962).

Für die *Bestimmung der Nicotinsäure in angereicherten Mahlprodukten* werden etwa 2,2 g des Untersuchungsmaterials mit vermutlich etwa 100 μg Niacin eingewogen. Nach Hydrolyse der Probe mit n-H_2SO_4 im Autoklaven bei 1,1 atü wird die Nicotinsäure in der geklärten Lösung nach Umsetzung mit Bromcyan und Sulfanilsäure colorimetrisch bei 450 nm ermittelt (vgl. Cereal Labor. Methods 86—50, 1962).

Nach der Vorschrift von J. A. CAMPBELL u. O. PELLETIER (1961 und 1962) wird zur Hydrolyse Calciumhydroxid verwendet. Diese Methode soll genauer und besser reproduzierbar sein; die Nicotinsäureausbeuten sind höher.

Die Bestimmung der *Tokopherole* (Vitamin E) in Getreide und Getreideprodukten beruht auf der Fähigkeit, 3wertiges Eisen zu 2wertigem zu reduzieren.

Zur Bestimmung des *Tokopherolgehaltes* wird zunächst das Fett des zu untersuchenden Materials (unter Lichtschutz) extrahiert und verseift. Die gebräuchlichste Arbeitsweise ist die von S. Nobile u. H. Moor (1953) beschriebene, bei der Extraktion und Verseifung der Fette in einem Arbeitsgang durchgeführt werden. Nach weiterem Aufarbeiten, bei dem störende Carotinoide und Sterine entfernt werden, wird das Tokopherol in bekannter Weise mit äthanolischer Eisen (III)-chlorid- und 2,2-Dipyridyl-Lösung (nach A. Emmerie u. Ch. Engel 1943) versetzt und die Extinktion des entstandenen roten Farbkomplexes bei 520 nm im Photometer gemessen. An einer vorher mit *a*-Tokopherol aufgestellten Eichkurve wird der Tokopherol-Wert abgelesen.

Die Angabe des Gesamttokopherolgehaltes sagt aber wenig über seine biologische Wirksamkeit aus, die weit unter dem nach der Farbreaktion mit dem Emmerie-Engel-Reagens ermittelten und auf *a*-Tokopherol bezogenen Gehalt liegen kann.

Sollen daher die einzelnen Tokopherole, die unterschiedliche physiologische Wirksamkeit besitzen, neben dem Gesamttokopherolgehalt bestimmt werden, so müssen sie mittels zweidimensionaler Papierchromatographie getrennt werden (J. Green u. Mitarb. 1955). Zum Trennen wird mit Zinkcarbonat imprägniertes Filterpapier verwendet. Zunächst wird das Chromatogramm mit 30%iger Benzollösung in Cyclohexan entwickelt. Zur Chromatographie in der 2. Dimension wird der Bogen mit flüssigem Paraffin überzogen, worauf mit 75%igen Äthanol als beweglicher Phase entwickelt wird.

Zum Lokalisieren der Tokopherole wird beim Präparieren der Zinkcarbonatpapiere der Lösung eine sehr geringe Menge an Fluoresceinnatrium zugesetzt; dann erscheinen die Flecke im UV dunkel auf dem fluorescierenden Untergrund und können markiert werden.

Nach einer anderen Methode wird ein Bogen mit einer frischen Mischung äthanolischer $FeCl_3$- und *a,a'*-Dipyridyllösung besprüht; die Tokopherole erscheinen als rote Flecken. Auf den anderen Bogen werden dann die entsprechenden Positionen markiert. Die auf die eine oder andere Weise markierten Stellen und gleichfalls auch diejenigen auf dem Blindwertbogen werden herausgeschnitten, mit 3 ml Äthanol, dann (im dunklen Raum) mit ca. 0,5 ml des Emmerie-Engel-Reagenses versetzt. Nach genau 2 min werden die dekantierten Lösungen bei 520 nm photometriert. Mit dieser Methode können β- und γ-Tokopherol sowie ε- und η-Tokopherol nicht voneinander getrennt werden. Wenn γ-, η- oder ζ-Tokopherol vermutet wird, wird einer der Testbogen zunächst mit einer 5%igen Natriumcarbonatlösung, dann mit einer Lösung von diazotiertem o-Dianisidin angefärbt (0,5 g o-Dianisidin-dihydrochlorid in 6 ml Wasser gelöst). Dann werden 6 ml Salzsäure ($\delta = 1,18$) und 12 ml 5%iger Natriumnitritlösung zugesetzt. 5 min nach dem Durchschütteln werden 12 ml 5%iger Harnstofflösung zugesetzt.

Die hier nur kurz beschriebene Arbeitsmethode zur Bestimmung der einzelnen Tokopherole hat noch nicht den Entwicklungsstand erreicht, daß sie in jedem Laboratorium mit der erforderlichen Genauigkeit ausgeführt werden kann.

5. Mahleigenschaften

Der Verarbeitungswert eines Getreides wird außer von den Backeigenschaften der daraus hergestellten Mehle auch von seinem *Mahlwert*, seinen Mahleigenschaften bestimmt, die gleichfalls sortenabhängig sind (W. Schäfer u. G. Tschiersch 1956; W. Seibel u. H. Zwingelberg 1960). Zur Bewertung der Mahleigenschaften dienen folgende Merkmale: Anfall an Mehl, Grieß und Schrot sowie deren Asche und außerdem Asche- und Stärkegehalt der Schrotkleie. Der Leistungsbedarf hat dabei gleichfalls Bedeutung (vgl. Standardmethoden 1964).

Die Mahleigenschaften können nur durch einen Mahlversuch ermittelt werden, zu dessen Durchführung ein müllerisch geschulter Fachmann sowie eine Versuchsmahlanlage zur Verfügung stehen müssen. Die Versuchsmahlanlage muß mit einer Getreidevorreinigung und einer Vorrichtung zum Netzen des Versuchsgutes ausgerüstet sein.

Als Versuchsmühle können der Bühler-Automat[1] und das Quadrumat Senior[2] verwendet werden, der Mahlversuche auch mit kleineren Getreidemengen (3 kg) zuläßt sowie der Multomat[3], der mit Walzen ausgerüstet ist, die der spezifischen Leistung einer Handelsmühle entsprechen.

---

[1] Fa. Gebr. Bühler, Uzwil, Schweiz.
[2] Fa. C. W. Brabender OHG, Duisburg
[3] Fa. MIAG, Braunschweig.

6. Backqualität

Der Bestimmung des Backwertes von Weizen (Weizenmehl) dient eine Reihe indirekter Methoden, die nur begrenzte Aussagekraft besitzen; sie beruhen auf der Ermittlung des Feuchtklebergehaltes, auf Prüfen seiner Quelleigenschaften sowie Bestimmen des Gasbildungs- und Gashaltevermögens. Um diese verschiedenen Ergebnisse zu einer summarischen Aussage zusammenzufassen, kann durch Multiplikation der Werte für Feuchtklebermenge, Kleberquellzahl und Klebertestzahl mit verschiedenen Bewertungsfaktoren eine „Gütezahl" berechnet werden (vgl. S. 74). Infolge der beschränkten Reproduzierbarkeit aller Kleberfeststellungen wird heute eine Bewertung durch Proteingehalt, Sedimentationswert (nach L. ZELENY 1947) und Testzahl der Vorzug gegeben, obwohl die Kleberqualität dabei nur ungenügend erfaßt wird (kein Erkennen von Hitze- und Auswuchsschäden u. a.).

a) Klebermenge

Die Klebermenge des Weizens wird am Mehl oder Schrot ermittelt: 10 g Mehl (oder 10 g Schrot aus 11—12 g Weizen, der durch ein Sieb von 1 mm Maschenweite durchfällt) werden in einem Porzellanmörser mit ca. 5—6 ml 0,2%iger Kochsalzlösung (pH 6,8) angeteigt (1—2 min). Der Teig wird mit der Hand auf einer Glasplatte zu einer Kugel geformt und in zwei gewichtsgleiche Hälften geteilt; die gleichfalls zu Kugeln geformten Teigstücke (jede Kugel entspricht 5 g Mehl) werden — anfangs von Hand — tropfenweise und anschließend mit fließender Kochsalzlösung gewaschen. Die Waschlösung wird über ein mit Seidengaze (7xx) bespanntes Handsieb ablaufen gelassen, um Kleberverluste zu vermeiden. Die so vorgewaschenen Teigkugeln werden anschließend auf der Kleberauswaschmaschine Theby[1] mit ca. 200 ml Waschlösung in 6 min gewaschen. Nach nochmaligem Auswaschen von Hand (Prüfen mit Jod auf Stärkefreiheit) wird der Feuchtkleber zwischen zwei aufgerauhten Glasplatten[2] durch 20—30maliges Zusammenklappen entwässert. Zum Auswiegen der Feuchtklebermenge genügt eine gute technische Waage. Durch Multiplizieren des Gewichtes (Durchschnittswert aus zwei Bestimmungen) mit 20 wird der Prozentgehalt an Feuchtkleber erhalten (vgl. auch Standardmethoden 1964, und ICC-Methoden 1960).

Zur Bestimmung des *Trockenklebers* wird der Feuchtkleber im Trockenschrank bei 105°C über Nacht getrocknet und anschließend ausgewogen.

Deutsche Weizen besitzen im Durchschnitt eine Feuchtklebermenge von 15—25%, kanadische und USA-Weizen von 30 bis zu 42%. Die Aussagekraft der Klebermenge wurde zuweilen überschätzt, doch wird sie für die Beurteilung der Mehle im Mühlenlaboratorium noch ihren Wert behalten.

b) Kleberquellzahl (nach E. BERLINER)

0,5 g des nach a) erhaltenen Feuchtklebers werden mit Leitungswasser 1 min gewaschen (um anhaftendes Kochsalz zu entfernen) und in 15 ungefähr gleichmäßige Stücke geteilt (Fingerspitzen anfeuchten). Die Stückchen werden in eine mit 20 ml 0,01 n-Milchsäure von 27°C gefüllte Porzellanschale getan; die Milchsäure wird vorher in einem Quellglas in einem Rotationsthermostaten auf 27° C erwärmt. Kleber und Milchsäure werden in das Quellglas übergeführt; dieses wird mit einem Gummistopfen verschlossen und leicht hin und her geschwenkt, ohne daß Kleber an der Wand haften bleibt. Das gefüllte Glas wird schließlich im Rotationsthermostaten bei 27° C 40 min (bei Schrotkleber 30 min) bewegt und die auftretende Trübung nach 5 min im Photometer[3] gemessen[4].

Die Quellzahl ohne Abstehzeit — als Q_0 bezeichnet — wird als Maß der Kleberqualität angesehen. Wird die Quellzahl nach 30 min Abstehen des Teiges ermittelt, so zeigt der so erhaltene Wert (Q_{30}) die Wirksamkeit proteolytischer Enzyme an.

---

[1] Ertel-Werke, München.
[2] Kleberpresse der Fa. Kipper, Darmstadt.
[3] Hersteller Fa. Dr. B. Lange, Berlin.
[4] Die benötigten Geräte: Rotationsthermostat, Photometer (mit Eichkurve), Quellgläser sind von der Fa. Kipper, Darmstadt/Eberstadt, zu beziehen.

Bei mittlerem Feuchtklebergehalt wird eine Quellzahl über 20 als hoch, von 10—20 als mittelmäßig, mit 10 als niedrig bewertet.

Trotz des großen manuellen Aufwandes und der Schwierigkeiten bei der Standardisierung hat die Quellzahlbestimmung ihre Bedeutung für die Prüfung kleiner Proben in der Züchtung sowie für die Betriebskontrolle in Mühlen und Kleinmühlen behalten.

c) Testzahl

(Schrotgärmethode nach P. F. Pelshenke [1931]; Standardmethoden [1964])

"*Vorbereitung des Materials:* Eine schwarzbesatzfreie Durchschnittsprobe des Getreides (12—15 g) wird in der gleichen Weise wie bei der Feuchtkleberbestimmung geschroten.

Durchführung der Untersuchung: 10 g Schrot werden mit 0,5 g Hefe und 5—6 ml Wasser zu einem Teig angesetzt. Schrot sowie das zum Teigmachen benutzte Wasser sollen Raumtemperatur haben. Den zusammenhängenden Teig nimmt man mit dem Spatel aus der Teigschüssel heraus und knetet ihn auf einer Glasplatte etwa 1 min lang durch abwechselndes Zusammenarbeiten und Plattdrücken durch, so daß er absolut gleichmäßig wird. Dann formt man ihn nach Teilung zu zwei Kugeln. Es ist notwendig, stets mindestens zwei, besser noch vier Wiederholungen durchzuführen; daher wird von vornherein ein Teig für zwei Wiederholungen angesetzt. Mehr noch als bei der Teigbereitung für das Kleberauswaschen muß hier auf eine gleichmäßige und sorgsame Bearbeitung des Teiges geachtet werden. Bei Serienuntersuchungen empfiehlt es sich, eine 10%ige Hefeaufschwemmung, die ohne Änderung der Gärfähigkeit der Hefelösung ½ Std lang benutzt werden kann, herzustellen. Man benutzt für jeden Ansatz jeweils genau 5 ml der Lösung. Zum Erzielen der richtigen Konsistenz der Teigkugel darf, um die Hefemenge nicht unkontrollierbar zu verändern, nur reines Wasser zugesetzt werden. Es empfiehlt sich, die Hefesuspension jeweils vor neuem Gebrauch umzuschütteln. Die so vorbereiteten Teigkugeln wirft man in ein Standglas, das etwa 6 cm Durchmesser und eine Höhe von 7 cm hat und zu etwa dreiviertel mit Wasser gefüllt ist. Die Standgläser stehen in einem Wärmeschrank, der so beheizt ist, daß die Wassertemperatur 31—33° C beträgt. Die Türen des Schrankes sind durchsichtig, so daß die Teige dauernd beobachtet werden können. Die Schrotteige fallen zunächst in dem Standglas zu Boden, schwimmen nach 10—12 min auf der Oberfläche und platzen nach einer bestimmten Zeit auf, was an dem Zubodensinken größerer Teigstückchen zu erkennen ist.

Berechnung und Fehlergrenzen: Die Zeit in Minuten vom Beginn der Gärung bis zum Aufplatzen ergibt die Testzahl. Bei sehr guten Qualitäten ist der Zeitpunkt des Aufplatzens bisweilen schwierig zu erfassen; die Teigkugeln platten sich ab, werden zuletzt scheibenförmig und sinken zu Boden. In diesem Falle wird die Zeit aufgeschrieben, zu der der Teig den Boden berührt. Bei sehr geringen Qualitäten steigt der Teig gelegentlich überhaupt nicht hoch; hier gilt als Testzahl die Zeit, die normalerweise zum Hochsteigen der Teigkugeln benötigt wird. Die Schwankung der Doppelbestimmungen soll 10% der festgestellten Testzahl nicht überschreiten.

Grenzwerte: Die Schrotgärmethode ist nur bei gesundem Kornmaterial anzuwenden und erfaßt in erster Linie Dehnbarkeit und Elastizität. Je höher die Testzahl, um so besser ist die Klebergüte."

In der Testzahl kommen Gasbildungs- und Gashaltevermögen des Weizenmehlteiges zum Ausdruck. Testzahlen unter 25 gelten als niedrig, zwischen 25 und 50 als mittelmäßig und über 50 als hoch. Deutsche Weizen weisen im Durchschnitt eine Testzahl von 32, kanadische (Manitoba) eine solche bis zu 170 auf.

d) Gütezahl

Die Gütezahl, die früher zur Beurteilung der Weizenqualität diente, wird aus den Werten für Feuchtklebermenge, Kleberquellzahl und Testzahl errechnet; sie wird erhalten, indem die Klebermenge mit 25, die Quellzahl mit 100 und die Testzahl mit 50 multipliziert und die dabei erhaltenen Produkte addiert werden (Testzahlen über 60 werden nur mit 60 eingesetzt).

Mit Gütezahlen über 4050 wurden A-Weizen gekennzeichnet (bei einem Feuchtklebergehalt von 20%, einer Quellzahl von mindestens 10 und einer Testzahl von 35; mit solchen unter 4050—3000 B-Weizen, unter 3000 C-Weizen.

Mit A-Weizen lassen sich Weizen schlechter Backqualität verbessern; B-Weizen zeigen ausreichende, C-Weizen schlechte Backeigenschaften. Diese Einstufung ist nicht identisch mit der auf S. 9 aufgeführten.

Die Gütezahl hat für die Weizensortenbewertung in Deutschland heute keine Gültigkeit mehr, da letztere durch Einstufung auf Grund von Backversuchen (vgl. S. 76) erfolgt.

e) Sedimentationstest (nach L. ZELENY 1947)

Der Sedimentationstest wird seit einigen Jahren zur Qualitätsfeststellung von Weizen angewendet; er beruht auf der Messung des Quellvermögens des Weizenmehles in einem Gemisch aus verd. Milchsäure und Isopropanol unter festgelegten Arbeitsbedingungen. Im Sedimentationswert kommen Quantität und Qualität des Weizenklebers zum Ausdruck.

"*Vorbereitung des Materials* (Standardmethoden 1964): 100—200 g Kornmaterial (schwarzbesatzfrei) mit einem Feuchtigkeitsgehalt von ungefähr 14% werden mit der MIAG-Grobschrotmühle bei einer Mahlspaltbreite von 1 mm vorgebrochen. Bei stark abweichenden Feuchtigkeitsgehalten ist das Getreide auf einen Feuchtigkeitsbereich von 13—15% zu netzen bzw. vorsichtig zu trocknen. Nach dem Netzen muß mindestens eine Abstehzeit von 5—6 Std eingehalten werden. Nach einem weiteren Durchgang bei einer Mahlspaltbreite von 0,1 mm wird der Schrot mit Hilfe eines Laborplansichters 5 min über 150 μ abgesichtet. Die Ausbeute des Versuchsmehles soll zwischen 10 und 18% liegen und einen Aschegehalt von 0,6% i.Tr. nicht überschreiten.

Durchführung der Untersuchung: 3,2 g des Versuchsmehles werden in einen mit Schliffstopfen versehenen, graduierten Meßzylinder eingewogen. Man gibt anschließend 50 ml Lösung I[1] in den Meßzylinder und beginnt mit der Zeitmessung. Die Zylinder werden fest verschlossen, und innerhalb von 5 sec muß das Mehl vollständig suspendiert sein. Beim Schütteln muß man die Zylinder nahezu horizontal halten, das obere Ende etwas tiefer als das untere. Anschließend wird der Zylinder in die Schüttelapparatur gelegt und 5 min lang geschüttelt. Dann setzt man 25 ml Lösung II[2] zu und schüttelt erneut 5 min lang. Der Zylinder wird aus dem Gestell herausgenommen, sofort aufrecht hingestellt und das sedimentierte Volumen nach genau 5 min abgelesen.

Berechnung und Fehlergrenzen: Als Sedimentationswert werden nur ganze Zahlen angegeben. Der abgelesene Sedimentationswert muß noch in Abhängigkeit vom jeweiligen Feuchtigkeitsgehalt des Versuchsmehles korrigiert werden. Der korrigierte Sedimentationswert errechnet sich nach folgender Formel:

$$\text{korr. Sed.-Wert (14\% H}_2\text{O)} = \frac{\text{unkorr. Sed.-Wert (100—14)}}{100 - \text{Mehlfeuchtigkeit \%}}$$

Die zulässige Fehlerbreite beträgt ± 0,5 Einheiten.

Grenzwert: Für die Beurteilung der Getreidequalität mit Hilfe des Sedimentationswertes wird folgendes Schema vorgeschlagen:

Sedimentationswert	*Beurteilung*
über 36	sehr gut
25—35	gut
16—24	geschwächt
unter 15	mangelhaft."

Der Zelenytest ist auch als Mikrotest ausführbar. Hierzu werden nur 4 g Weizen benötigt (W. T. GREENAWAY u. Mitarb. 1966)

Obwohl der Sedimentationswert sich immer mehr einführt, gehen die Meinungen über seine Brauchbarkeit zur Qualitätsbeurteilung von Weizen, insbesondere über seine Korrelation zum Ergebnis des Backversuches auseinander. Über Erfahrungen mit dem Sedimentationstest berichten: W. SCHÄFER (1955a), A.J. PINCKNEY u. Mitarb. (1957), P. HALTON u. Mitarb. (1961), R.K. DURHAM (1962), J. SCHLESINGER (1963), L. ZELENY u. Mitarb. (1963), K.A. GILLES u. L.D. SIBITT (1963).

---

[1] 4 mg Bromphenolblau in 1 l dest. Wasser auflösen.
[2] 180 ml Milchsäurevorratslösung (250 ml 85%ige Milchsäure mit dest. Wasser auf 1 l verdünnen und 6 Std am Rückflußkühler kochen) und 200 ml Isopropylalkohol 99—100%ig (Merck) werden sorgfältig gemischt und mit dest. Wasser auf 1 l aufgefüllt. Das Reagens wird vor Gebrauch 48 Std lang stehengelassen und sorgfältig verschlossen aufbewahrt, um Konzentrationsänderungen zu vermeiden.

f) Backversuch

Für die Durchführung des Backversuches gilt das gleiche wie für den Mahl-versuch; zu seiner Ausführung ist die Mitarbeit eines Fachmannes erforderlich.

Nach der von der Arbeitsgemeinschaft Getreideforschung herausgegebenen Arbeitsvorschrift (Standardmethoden 1964) können im *Weizenbackversuch* Kasten-gebäcke, Rundgebäcke oder Kleingebäcke zum Beurteilen der Mehlqualität her-gestellt werden. Im allgemeinen werden aber Kastengebäcke gebacken und zwar aus 500 g Mehl; die erforderliche Teigwassermenge wird im Farinographen (vgl. S. 134ff) ermittelt. Die Gebäckbeurteilung, die 15—20 Std nach dem Ausbacken erfolgen soll, erstreckt sich auf Form, Bräunung, Krumenbeschaffenheit, Poren-gleichmäßigkeit, Krumenelastizität, Geschmack und Gärstabilität.

Aus den ermittelten Wertmerkmalen wird entweder die Backzahl nach M.P. Neumann (1929) oder die Wertzahl nach H. Dallmann (1941) errechnet, bei der auch die Krumenbeschaffenheit des Gebäckes berücksichtigt wird:

$$\text{Backzahl} = \frac{\text{Volumenfaktor} \times \text{Porenfaktor}}{100}$$

Tabelle 44. *Grenzwerte für die Wertzahl verschiedener Mehltypen*

Bewertung		Wertzahlen	Mittelwert
Mehltype 550 . . .			
sehr gut	über	125	135
gut		100—125	115
geschwächt. . . .		75— 99	85
mangelhaft . . .	unter	75	
Mehltype 812			
sehr gut	über	90	105
gut		60— 90	75
geschwächt. . . .		20— 59	40
mangelhaft . . .	unter	20	
Mehltype 1050			
sehr gut	über	80	95
gut		50— 80	65
geschwächt. . . .		10— 49	30
mangelhaft . . .	unter	10	

Das Gebäckvolumen wird durch direkte Volumenmessung in einem von M.P. Neumann (1929) beschriebenen Gerät bestimmt; es besteht aus einem Metalltrichter, der mit Rübsen ge-füllt ist, und einem darunter befindlichen Glasgerät. Das Gebäck wird in das Glasgefäß ge-stellt, in das die Rübsen hineinrieseln; das vom Gebäck verdrängte und gemessene Rübsen-volumen entspricht dem Gebäckvolumen.

Die Porung (Porengröße, Porenverteilung usw.) wird an Hand der Porentabelle von H. Dallmann (1958) beurteilt.

Für den *Aufmischbackversuch* zum Einstufen der Weizensorte in einzelne Qualitätsgruppen (vgl. S. 9) wird das zu prüfende Sortenmehl mit einem Grund-mehl (aus C-Weizen, vgl. S. 9) im Verhältnis 1 : 3 gemischt.

Die für den Aufmischbackversuch auf dem Bühler-Automaten gewonnenen Mehle (Grund-mehl und Sortenmehl) müssen zum Erlangen optimaler Backeigenschaften 4 Wochen ab-lagern und werden vor dem Verbacken durch Malzmehlzusatz auf einen Maltosegehalt von 1,8—2,3% i. Tr. eingestellt (Th. Biéchy 1955). Treten im Backversuch offensichtliche, auf Auswuchsschäden hinweisende Abweichungen (Schwächung der Krumenelastizität, zu starke Bräunung der Kruste) auf, so muß dies bei Beurteilen der Backqualität berücksichtigt werden. Es empfiehlt sich auch, den Weizen schon vor dem Vermahlen auf Auswuchsschaden (vgl. S. 66) und in der Keimfähigkeit zu prüfen.

Die in den einzelnen Ländern üblichen Vorschriften und Rezepte für den Backversuch weichen stark voneinander ab, was mit unterschiedlichen Ansprüchen zusammenhängt, die an die Qualität des Mehles gestellt werden. Bestrebungen, den Backversuch so zu standardisieren, daß er internationale Gültigkeit besitzt, haben bisher noch keinen Erfolg gehabt.

Der *Standard-Backversuch* dient im wesentlichen zur Prüfung von Weichweizenmehlen (deutsche Handelsmehle).

Im *Qualitäts-Weizenbackversuch* zur Beurteilung kleberstarker Mehle aus Importweizen werden 500 g Mehl mit 1,2% Salz, 3% Hefe und 1% Zucker unter Zusatz von 0,0005% Ascorbinsäure bei 30° C zu einem Teig verarbeitet (Schnellkneter) und verbacken. Die Qualitätseinstufung erfolgt gleichfalls nach der Wertzahl (P. F. PELSHENKE u. Mitarb. 1963).

Der *Kleingebäck-Backversuch* (Rapid-Mix-Test), für kleberstarke und -schwache Mehle geeignet, ist gleichfalls an das Vorhandensein des Schnellkneters sowie einer Langwirkmaschine und Brötchen-Teigteilmaschine gebunden. Der Teig wird unter Zusatz von Hefe, Salz, Zucker, Erdnußfett und 0,002% Ascorbinsäure geführt. Für die Beurteilung der Mehlqualität werden Ausbund, Bräunung, Gleichmäßigkeit, Krumenelastizität und Geschmack geprüft. Für die Qualitätseinstufung von Weizen wird nur die Volumenausbeute ermittelt (P. F. PELSHENKE u. Mitarb. 1965).

Der *Roggenbackversuch* wird mit 1000 g Mehl durchgeführt, entweder mit Hefe, mit Milchsäure und Hefe oder mit Sauerteig als Lockerungsmittel. Die in der Regel freigeschobenen Brote werden entsprechend einem festgelegten Punktschema nach folgenden Punkten beurteilt: Form, Stückung und Volumen; Bräunung; Beschaffenheit der Kruste; Krumenlockerung; Porengleichmäßigkeit; Geschmack (unter Berücksichtigung der jeweiligen Führung); Elastizität; Säuregrad; Gesamtbeurteilung (Qualität; vgl. Standardmethoden 1964).

B. Mahlprodukte des Getreides

I. Müllereitechnik des Brotgetreides (Weizen, Roggen)

Rohe Getreidefrüchte sind relativ hart, trocken, geschmacksarm und enthalten die verschiedensten Verunreinigungen; sie müssen daher für die menschliche Ernährung besonders zubereitet, zunächst aber gereinigt werden.

1. Reinigung

Das vom Felde kommende Getreide ist mit Früchten anderer Getreidearten, Unkrautsamen, Steinen, Erde, Schmutz und Fremdstoffen durchsetzt und kann mißgebildete, notreife, verletzte oder ausgewachsene Körner enthalten. Alle diese zum Besatz des Getreides gehörenden Beimengungen beeinträchtigen nicht nur den Genußwert, sondern auch den Mahlwert und die Lagerfähigkeit, so daß ihre baldige Entfernung notwendig ist. Die durchschnittliche Höhe des Besatzes im Erntegetreide beträgt in Deutschland ca. 5%.

Giftige Verunreinigungen sind: Kornrade, bunte Kronenwicke, Taumellolch, einige Arten von Rittersporn, Stechapfel, Wolfsmilch, Mutterkorn, Skabiose u. a.

Geruch und Geschmack beeinträchtigen: Hederich, Knoblauch, Weinberglauch, bunte Kronenwicke, Ackerpfennigkraut, Ackersenf, Steinklee u. a.

Die *Farbe* von Mehl (Backwaren) verändern: Ackerwachtelweizen, Klappertopf, syr. Schuppenköpfchen. Dunkelfärbung von Mehl (Backwaren) wird auch bei
höherem Gehalt an folgenden Unkrautsamen beobachtet: Ackerhahnenfuß, Hederich, Kornrade, Taumellolch, Feldrittersporn, wolliger Saflor, Ackersenf u. a.

Ungenießbare Besatzteile (Schmutz, Sand, Schädlinge, verdorbene Körner,
tierische Exkremente) werden als Schwarzbesatz zusammengefaßt, genießbare
Teile können in der Tierfütterung verarbeitet werden (Fremdgetreide, verletzte
und notreife Körner, Auswuchs, manche Unkrautsamen u. a.).

Die Entfernung des Besatzes aus dem Getreide durch die Reinigungsmaschinen
der Müllerei wird *Schwarzreinigung*, die Entfernung der äußeren Schalenschichten
des Kornes, der Barthaare und des Keimlings durch Schälen und Bürsten *Weiß-
reinigung* genannt.

Außer Besatz kann das Getreide weitere Verunreinigungen enthalten, die auf
dem Wege vom Felde bis zur Mühle hinzugekommen sind, z. B. Spuren von Indu-
strieschmutz, Schädlinge und deren Exkremente, Rückstände von Schädlingsbekämpfungsmitteln oder durch Schädlinge verschmutzte Kornteile u. v. a. Je
nach dem Grade der Haftfähigkeit dieser Stoffe kann ihre Beseitigung Schwierigkeiten machen, z. B. eingestreute Pulver zur Schädlingsbekämpfung können nur
z. T. (70—75%) wieder entfernt werden (G. Brückner 1950; B. Thomas 1951;
G. Brückner u. Mitarb. 1957).

Getreide kann nucleare Zerfallsprodukte während des Wachstums über die
Wurzel und oberflächlich über Blätter und Fruchtschale aufnehmen, sie werden in
den Randschichten des Kornes konzentriert (*Kontamination*). Ihre Intensität
läßt sich durch Verringern des Ausmahlungsgrades, Enthülsen oder Ionenaus-
tausch-Verfahren (W. Stadelmann 1963) herabsetzen.

Der Reinigungsprozeß des Getreides geht vollautomatisch vor sich. Die Unterschiede der Besatzelemente zum Getreide in Größe, Form, Oberflächenbeschaffenheit, spezifischem Gewicht, Schwebeverhalten in Luft- oder Wasserstrom, Roll-
fähigkeit usw. erlauben ein Abtrennen auf mechanisch-physikalischem Wege
durch Sieben, Besaugen, Schütteln u. v. a. Schwierigkeiten bereiten nur solche
Besatzteile, die sich vom gesunden Getreide in den genannten physikalischen
Eigenschaften kaum unterscheiden, wie Auswuchs, wanzenstichige und braun-
verfärbte Körner sowie einige Unkrautsamen.

Im folgenden seien die wichtigsten Einrichtungen und Maschinen der Getreidereinigung und ihrer Funktion aufgeführt:

Das *Schrollensieb* dient der Entfernung grober fremder Beimengungen.

Der *Aspirateur* befreit den Getreidestrom über belüfteten Rüttelsieben aus
Blech mit Längsschlitzen von zu kleinen, zu großen und zu leichten Teilen sowie
von Eisenteilen (Magnet).

Der *Vibraklon* verwendet dasselbe Arbeitsprinzip wie der Aspirateur, doch
wird das Schütteln der Siebe durch Vibration ersetzt.

Pneumatische Separatoren trennen das Mahlgut nach dem spezifischen Widerstand im aufsteigenden Luftstrom und heben leichte Teile heraus; sie finden
besonders in pneumatisch betriebenen Mühlen Anwendung.

Der *Trieur* (Abb. 4) liest kleine runde Samen oder gebrochene Körner aus dem
Getreidestrom mittels rotierender Trommeln oder rotierender Scheiben heraus, die
mit taschenförmigen Vertiefungen ausgestattet sind. Normale Getreidekörner
fallen nach dem Anheben in den Getreidestrom zurück. Der *Schneckentrieur* dient
der Aussortierung halber Getreidekörner aus dem vom Trieur ausgelesenen Unkrautsamen nach dem Prinzip einer abschüssigen schraubenförmigen Gleitbahn:
runde Sämereien erreichen größere Geschwindigkeit und werden zentrifugal her-
ausgeschleudert.

Die *Waschanlage* besteht aus einem Waschtrog mit Schneckenwalze zum Bewegen des Getreides unter Wasser und aus einer Zentrifuge zum Trockenschleudern des nassen Getreides. In der Wäscherei wird das Getreide von schweren (Steinen), schwerhaftenden (Sporen von Brandbutten u. a.) sowie auf dem Wasser schwimmenden (spezifisch leichte oder hohle Körner, Spelzen u. a.) Teilen befreit. Früher verfügten nur wenige Mühlen über eine Getreidewäscherei. Auch heute noch ist es

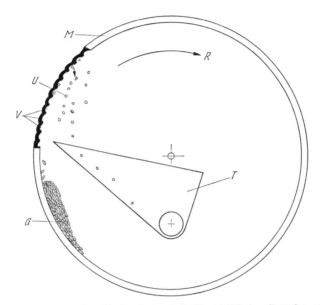

Abb. 4. Querschnitt durch einen Trieur (Gesäme-Ausleser). Im Mantel (*M*) eines liegenden, schwach nach einer Richtung geneigten Zylinders sind kleine muldenförmige Vertiefungen (*V*) angebracht. Das Getreide fließt durch Neigen und Drehen des Zylinders von einem Ende zum anderen (im Bild von vorn nach hinten). Durch das Rotieren (*R*) des Zylinders wird der Getreidestrom (*G*) nach einer Seite verdrängt; kleine Unkrautsamen (*U*) und halbe Getreidekörner bleiben dabei in den Mulden (*V*), werden hochgehoben und fallen bei weiterem Rotieren in den Auffangtrog (*T*)

nicht überall üblich, Getreide zu waschen. Da die Getreideschalen und an ihnen haftender Schmutz beim Vermahlen entfernt werden und der Backprozeß einer Art Hitzesterilisation gleichkommt, sind Bedenken gegen das Fehlen der Naßreinigung praktisch nur bei Verarbeiten des Getreides zu Vollkornmehlen zu erheben. Heute verfügen alle Großmühlen über eine Waschanlage, die gleichzeitig der müllereitechnischen Vorbereitung des Getreides dient.

Die *Schäl- und Bürstmaschine* besteht aus einem rotierenden Schlägerwerk, welches das Getreide gegen den rauhen Mantel des umgebenden Zylinders wirft. Dabei werden Teile der Schale und des Keimlings (Embryonen), besonders beim spitzen Roggenkorn, abgeschlagen oder gelockert und von der nachfolgenden Bürstmaschine abgestreift, die nach dem gleichen Prinzip arbeitet, jedoch Bürsten statt Schläger enthält. In der modernen Müllerei geht die Verwendung der Schäl- und Bürstmaschine zurück.

Der *Tischausleser* (Paddy) besteht aus einer exzentrisch schwingenden schrägen Tischfläche. Auf dieser in mehrere Laufwege unterteilten Fläche wird das Getreide hin und her geschleudert und durch spitze, in den Laufweg vorragende Nasen nach seiner spezifischen Schwere in leichte und schwere Teile getrennt. Die Maschine dient zum Ausscheiden schwer abtrennbarer fremder Sämereien (Knoblauch, Skabiose, Mutterkorn, Auswuchs), zum Ausscheiden von Steinen und Erdklümp-

chen aus Hartweizen sowie zum Trennen geschälter von ungeschälten Körnern
(Hafer, Reis).

Der Einsatz aller Reinigungsmaschinen muß so erfolgen, daß das Getreide
nicht beschädigt wird. Trotz Verwendens verschiedenartiger Reinigungsmaschinen
ist es nicht möglich, Getreide vollkommen von Unkrautsamen frei zu machen. Der
Restbesatz kann bis 0,25 % betragen. Bakterien und Pilzkeime werden durch die
Wäscherei um ca. 60 % vermindert (W. Schäfer 1951). Durch Ultraschall-
waschen kann der Mikroorganismenbefall an der Oberfläche des Getreides verringert werden; die Festigkeit des Kornes leidet jedoch darunter.

2. Konditionierung (Vorbereitung)

Zweck der Konditionierung des Getreides ist, durch vorwiegend physikalische
Veränderung des Korngefüges Mahl- und Backeigenschaften zu verbessern. Jede
Getreidepartie besitzt in Abhängigkeit von Sorte, Herkunft und Vorgeschichte
unterschiedliche Voraussetzungen für den Vermahlungsprozeß. Diese beziehen
sich vor allem auf die Härte des Endosperms, die Zähigkeit der Schale und die
Feuchtigkeitsverteilung in Schale und Kern. Durch hydrothermische Behandlung
(in der müllerischen Fachsprache: Vorbereitung oder Konditionierung) ist es möglich, zur Erhöhung der Mehlausbeute und Energieeinsparung beim Vermahlen das
Korn, besonders den Weizen, vorzubereiten.

a) Theoretische Grundlagen

Die müllerische Vorbereitung basiert auf Anwenden von Feuchtigkeit und
Wärme innerhalb begrenzter Zeit; ihr Ziel ist, durch unterschiedliche Wasseraufnahme das Splittern der Schale zu vermindern, um den Mehlkern möglichst vollständig und schalefrei abzutrennen oder bei hartem Korn den Mehlkern zu erweichen. Generell gültige Rezepte für eine optimale Vorbereitung gibt es nicht; jede
Getreidepartie ist individuell zu behandeln.

Außer müllerischen Vorteilen ist es bei Anwenden höherer Temperaturen
möglich, durch Festigung des Klebers und Inaktivieren der Enzyme auch die
Backeigenschaften von Weizen und Roggen zu beeinflussen.

Die erste umfassende Definition des Begriffes „Konditionieren" gab A.E. Humphries
(1911), über die geschichtliche Entwicklung berichtet J. Speight (1962), über die technische
Entwicklung vgl. W. Schäfer u. L. Altrogge (1960).

Beim Netzen des Getreides wird von den Außenschichten der Kornschale
binnen kurzer Zeit Wasser adsorptiv aufgenommen, so daß der Wassergehalt des
Kornes in einer halben Minute um 4—5 % steigt. Die Gewebe der Schale, besonders
die Testa, sind im trocknen Zustand spröde, im feuchten zähe und splittern beim
Vermahlen weniger, so daß sie mit weniger Kraftaufwand und vollständiger abgesiebt werden können (E.D. Kazakov 1959).

Ein Durchfeuchten des Mehlkernes erfolgt erst nach mehrstündigem Netzen
(6—8 Std nach J. Buré 1950; 12 Std nach G.M. Grosh u. M. Milner 1959). Das
Wasser nimmt dabei seinen Weg über Nabel, Keimling, Scutellum und Aleuronschicht (A.v. Ugrimoff 1933 und E. Fritsch 1940) und dringt erst von hier nach
innen, im mehligen weichen Korn schneller als im harten. Dabei auftretende
Quellungsvorgänge vergrößern das Volumen des einzelnen Kornes und setzen das
spezifische Gewicht (Dichte) herab, bei hohem Klebergehalt stärker als bei niedrigem (E.D. Kazakov u. I.A. Sacharova 1961).

Durch Wärme wird das Eindringen des Wassers in das Korninnere beschleunigt,
oberhalb von 70° C wird selbst die hyaline Schicht durchlässig, und das Wasser
kann binnen 10 min allseitig in den Kern eindringen.

Wärme unterstützt eine unterschiedliche Quellung verschiedener Gewebe, was zur Lockerung des Gefüges, besonders zwischen Schale und Mehlkern, beiträgt. Die Dispergierbarkeit des Proteins der Aleuronschicht in 0,5 m-MgSO$_4$-Lösung wird bei Dampfkonditionierung ab Temperaturen von 60° C verringert (D. H. WAGGLE u. Mitarb. 1964). Die Aleuronschicht verliert in der Wärme an Elastizität, so daß nach E. FRITSCH (1951) die aleuronnahen Endospermzellen schalefrei zum Mehl gewonnen werden können.

Die hydrothermische Behandlung löst auch eine Diffusion von Inhaltsstoffen zwischen einzelnen Geweben aus. E. D. KAZAKOV (1960) stellte eine Zunahme des Mineralstoffgehaltes im Embryo auf Kosten einer Abnahme im Endosperm fest und führte die höhere Mehlausbeute durch das Konditionieren zu 15—30% auf die Mineralverschiebung zurück. Nach W. HÖFNER u. H. BEHRINGER (1962) findet die Verschiebung nicht einheitlich für alle, sondern spezifisch für einzelne Elemente statt (z. B. nahm Kalium im Embryo und Endosperm zu) und ist abhängig vom Feuchtigkeitsgehalt und der Zeit. Nach kurzem Behandeln nahmen Kupfer und Zink im Endosperm zu, nach 24stündigem ab. Bei Roggen wurde nach 2stündigem Behandeln eine Konzentrationszunahme von Kupfer, Zink, Mangan, Kalium und Phosphor im Endosperm auf Kosten einer Abnahme im Embryo und in den Schalenteilen gefunden.

Die spezifische Wärme und die Wärmeleitfähigkeit des Getreides, die sortenabhängig sind (T. A. OXLEY 1948 und W. SCHÄFER 1955 b), und die Höhe der Feuchtigkeit bestimmen neben weiteren Faktoren die zum Aufheizen des Getreides erforderliche Wärmemenge. Die Wärmeleitfähigkeit des Getreides ist außerordentlich niedrig und beträgt 0,15 kcal/m/h/°C (T. A. OXLEY 1948).

Während bei der Konditionierung zur Verbesserung der Mehlausbeute die obere Temperaturgrenze zwischen 40 und 50° C liegt, werden bei der Konditionierung zur Verbesserung der Backeigenschaften höhere Temperaturen angewendet, obwohl bereits von 40°C an bei Hartweizen mit geringer Enzymaktivität ein Erweichen des Klebers erzielt werden kann. Für die Backverbesserung weicher Weizensorten und des Roggens sind Temperaturen zwischen 52 und 58° C erforderlich, die oberhalb der Gerinnungstemperatur des Getreideeiweißes liegen. Koaguliertes Eiweiß ist gegen Enzymangriffe widerstandsfähiger (ST. JANKOWSKI 1962), korneigene und bakterieneigene Enzyme werden infolge ihres Eiweißcharakters inaktiviert. Weiche, zu dehnbare Teige, wie sie für deutsche Sorten typisch sind, gewinnen an Festigkeit.

Höhere Temperaturen führen zu einer Einbuße an Dehnbarkeit und Elastizität des Klebers, so daß die auswaschbare Klebermenge geringer und krümelig wird. Teige aus thermisch überbehandelten Mehlen sind zu fest und neigen infolge ungenügender Gashaltung zum Reißen. Die Anwendung überhöhter Temperatur läßt sich nur bei Auswuchs und Wanzenschäden verantworten. Um nicht die gesamte Amylase zu inaktivieren, wird in der Praxis nur ein Teil des Getreides diesen Temperaturen ausgesetzt.

b) Praxis der Konditionierung

Die praktische Konditionierung richtet sich nach Härte und Feuchtigkeitsgehalt des Getreides. Harte und weiche ebenso wie feuchte und trockne Partien müssen getrennt konditioniert werden. Zum Netzen des Getreides werden in der Praxis höchstens 3—5% Wasser auf einmal zugegeben. Zur gleichmäßigen Feuchtigkeitsverteilung gelangt das Getreide nach dem Passieren einer Mischschnecke zum Abstehen, bei niedrigen Temperaturen 3—24 Std, bei erhöhten Temperaturen wesentlich kürzer. Das Ziel der Konditionierung von hartem Weizen liegt in einer Mürbung seines meist spröden, glasigen Gefüges. Das wird durch relativ langes

Abstehen des genetzten Getreides in Spezialbehältern (20—48 Std) erreicht und hat eine Zunahme des Kornvolumens zur Folge (B. V. Senatorskij 1963).

Durch Wanzenstiche in seinem Backverhalten geschädigter Weizen, der nach V. F. Milovskaja (1962) auch erhöhte a-Amylaseaktivität aufweist, kann nach A. Valtadoros (1965) durch Konditionierung bei hohen Temperaturen und Zusatz von 0,08 % Ammoniumsulfat oder Ascorbinsäure verbessert werden.

Konstruktion und Arbeitsprinzip der Apparate zum Konditionieren ähneln denen von Getreidedurchlauftrocknern (Radiatoren-, Vakuum- u. a. -konditioneure). Das feuchte Getreide passiert mit regulierbarer Durchlaufgeschwindigkeit in 0,5—2 Std verschiedene Zonen des Apparates, in denen es nacheinander erwärmt, getrocknet und gekühlt wird. Das Aufheizen erfolgt meist in zwei nacheinander folgenden Heizstößen.

Eine zusätzliche Kurzbehandlung mit Dampf vor dem Durchgang durch den Konditioneur beschleunigt das Aufheizen des Getreides und gewährleistet besseres Aufschroten (L. Altrogge 1950) und ein Aufhellen der Passagen (H. Cleve 1952).

Spezial-Verfahren sind: das *Randzonenverfahren* (K. Wille u. Mitarb. 1938); es sieht ein Evakuieren des Kornes unter Wasser vor, so daß das Wasser besonders schnell in die luftleer werdenden Vakuolen eindringt und gegebenenfalls chemische Zusätze intensiver zur Wirkung kommen. Daran schließt sich die übliche Konditionierung an. Infolge großen Aufwandes ist die praktische Anwendung dieses Verfahrens jedoch begrenzt.

Bei der Konditionierung nach E. Berliner (1937) wird das Korn in wenigen Sekunden auf 70° C erhitzt und schnell wieder abgekühlt. Berliner strebte nur eine Backverbesserung durch Blockieren nachteiliger enzymatischer Vorgänge an, ohne den Kleber zu verändern. Das in England entwickelte Stabilisorverfahren geht ähnliche Wege.

Das *Dampfzusatzverfahren* nach L. Altrogge (1950) bezweckt eine müllerische und backtechnische Verbesserung und sieht ebenfalls eine kurze Dampfbehandlung vor. Diese wird zum schnelleren Aufheizen des Getreides vor der Trocknung im eigentlichen Konditioneur vorgenommen und gewährt Vorteile beim Verarbeiten von Auswuchs- und Wanzenschäden, insbesondere auch bei Roggenauswuchs.

Beim *Schnellkonditionierverfahren* nach P. P. Tarutin (1957) handelt es sich um eine langsame Kontakterwärmung auf 35—40°C, der eine kurze Dampfbehandlung von einer halben Minute Dauer folgt. Nach dem Abstehen wird das Getreide in der Waschmaschine gekühlt und nach der Trockenzentrifuge nochmals abstehen gelassen.

Die Vorteile der Konditionierung sind u. a. folgende:

Herabsetzen des Kraftbedarfs beim Vermahlen bis ca. 20 %

Herabsetzen des Feuchtigkeitsabfalles während des Vermahlens durch die Mühlenaspiration

Besseres Aufschroten, d. h. Erhöhen des Schrot- und Grießanfalles

Verbesserung der Sichtfähigkeit

Herabsetzen des Anfalles von Mehlteilchen unter 50μ und mechanisch beschädigter Stärkekörner

Herabsetzen der Erwärmung des Mehles

Herabsetzen der Enzymaktivität durch gründlicheres Absondern enzymreicher Randschichten

Verbesserung der Mehlfarbe durch besseres Abtrennen der Schalen

Infolge geringerer Stärkekornbeschädigung und Gewinnung griffigerer Mehle wird gleichzeitig das Backverhalten verbessert.

Durch sog. *Passagenkonditionierung*, das ist selektive Trocken- und Warmbehandlung einzelner enzymreicher Mehlpassagen ist es ferner möglich, die Aktivität der Enzyme zu schwächen, um die Backeigenschaften des daraus hergestellten Mehles zu heben (D. W. Kent-Jones u. A. J. Amos 1957). Das Mehl wird für Bruchteile einer Sekunde hohen Temperaturen ausgesetzt (Verfahren nach C. W. Brabender, 1957) oder 6—8 min mit Infrarot bestrahlt (L. Ja. Auerman u. Mitarb. 1958).

Im Gegensatz zum Weizen ist das Roggenkorn relativ weich und mürbe, so daß seine Mahleigenschaften nicht wesentlich verbessert werden können. Ausnahmen bilden kleinkörnige ausländische Sorten mit relativ harten Körnern, über deren Verbesserungsmöglichkeiten hinsichtlich Asche und Farbe N. N. RUSAKOVA (1959) berichtet. Dagegen ist einheimischer Roggen wegen seines oft sehr hohen Enzymgehaltes für eine Verbesserung seiner Backeigenschaften empfänglich; hierfür eignen sich die Verfahren der Kurzkonditionierung nach W. SCHÄFER u. L. ALTROGGE (1960).

Durch Trocknen und Bestrahlen mit Infrarot kann eine Verbesserung der Backeigenschaften bei Roggen (E. A. ISAKOVA u. T. I. FETISOVA 1960) und Weizen (L. JA. AUERMAN 1961) erzielt werden. Durch 8 min langes Bestrahlen kann eine 2monatige Reifung ersetzt werden (L. JA. AUERMAN 1960).

3. Vermahlung

a) Grundlagen

Der Mahlprozeß hat nicht nur die Zerkleinerung des Kornes zum Ziel, sondern auch eine Trennung der Kornschichten. Hierbei fallen Kornteile verschiedener Größe, Konsistenz und Zusammensetzung an. Ca. 80 % bilden die hellen Anteile des Endosperms, die sich zu einem Mehl mit unterschiedlicher Teilchengröße zerkleinern lassen; ca. 20 % bilden die dunkelgefärbten Anteile der Randschichten (Aleuronschicht, Samen- und Fruchtschale), die infolge ihrer zähen und verzahnten Struktur in flachen, blättchenartigen Gewebefetzen zusammenhalten. Den geringsten Anteil (unter 1 %) bilden Keimlingsteile, die aus dem eiweiß- und fettreichen Embryo und Scutellum bestehen und sich infolge ihrer zähelastischen Struktur einer Feinzerkleinerung widersetzen. Durch seinen hohen Gehalt an Fett und an Lipasen setzt der Embryo die Haltbarkeit der Mahlprodukte herab, so daß er abgetrennt werden muß.

Das unterschiedliche physikalische Verhalten der Gewebeschichten hatte schon frühzeitig dazu geführt, mit dem Mahlprozeß ein Sortieren durch Sieben zu verknüpfen. Unter Mahlen oder Müllerei wird daher nicht nur das Zerkleinern, sondern auch das Trennen in Mehl und Kleie (Randschichten und Keimlinge) verstanden.

Der Aufbau des Getreidekornes mit seiner tiefen Einkerbung (Bauchfurche) erlaubt nicht, auf einfachem Wege den Mehlkern von den Randschichten 100 %ig abzutrennen. Das technische Vermahlungsprinzip beruht vielmehr darauf, das Korn in viele grobe Stücke zu zerschneiden und von diesen Stücken nach und nach die Mehlteile durch Reibung und Druck abzulösen, bis die leeren Schalen übrigbleiben. Dabei läßt sich nicht vermeiden, daß im Mehl Schalenteilchen in Form feiner Splitter (Stippen) und in der Kleie Mehlreste bleiben.

Die Müllereitechnik führt die Zerkleinerung des Kornes im laufenden Strom zwischen rotierenden Kegeln, Steinen oder Walzen durch. Das anfallende Mahlgut wird durch mechanische Siebung zerlegt in

Mehl   = pulverfein
Dunst   = körniges Mehl
Grieß   = sandkorngroße Teile des Mehlkernes
Schrot   = grob und ungleich zerkleinerte Teile des ganzen Kornes
Übergang = fein zerkleinerte Teile, Endosperm und Schale enthaltend.

Durch mehrfaches Wiederholen des Mahlens und Siebens werden mehlfeine Produkte unterschiedlicher Farbe und Zusammensetzung gewonnen (Passagen). Das Zusammenmischen farbheller Passagen ergibt Mehl, farbdunkler Passagen

Kleie. Die Grenze zwischen beiden richtet sich nach dem *Ausmahlungsgrad* oder
nach der Farbe des Mehles, die Höhe des Ausmahlungsgrades nach dem Prozentsatz Mehl, der aus einem Posten gereinigten Getreides gewonnen wird (M. Rohrlich u. G. Brückner 1966). 80%ige Ausmahlung heißt, daß von 100 kg Getreide 80 kg Mehl gewonnen werden. In den USA wird die Mehlausbeute auf den
maximal aus dem Korn erzielbaren Mehlanteil, das sind 75% des Kornes, bezogen.
Vollkornmehle bestehen aus allen Gewebselementen des Getreidekornes (Endosperm einschließlich Aleuronschicht, Schale und Keimling), Weißmehle (Auszug-
mehle) weitgehend aus den aleuronfreien Teilen des Endosperms.

Mit 75% übersteigender Ausmahlung nimmt der Anteil an feinzermahlenen
Randschichten zu, so daß die Farbe der Mehle dunkler wird (Graumehle).

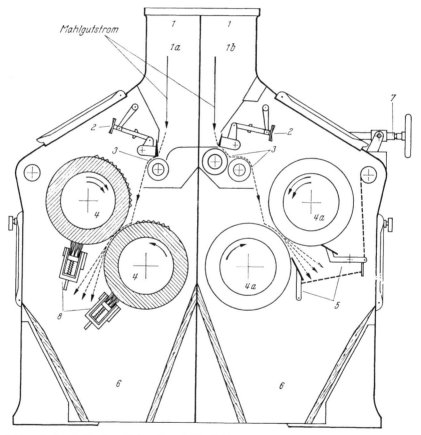

Abb. 5. Doppelwalzenstuhl, schematischer Querschnitt. Mahlgutlauf durch Pfeile und Strichelung angedeutet.
1 Einlauf, *1a* Kornzulauf, *1b* Grießzulauf, *2* Mahlgutstromeinstellung, *3* Speisewalzen, *4* Riffelwalzen, *4a* Glattwalzen, *5* Abstreifbleche, *6* Ausläufe, *7* Mahlspalteinstellung, *8* Bürsten

b) Mahltechnik

In der Mahltechnik haben viele Mühlensysteme Eingang gefunden (Mahlgang,
Hammer-, Schlagkreuz-, Schleuder-, Stift- und Prallmühlen u. a.), unter denen der
Walzenstuhl am weitesten verbreitet (Abb. 5) ist. Zwischen zwei sich drehenden
Walzen mit längsgeriffelter Oberfläche wird das Getreide zerschnitten, zerrieben
oder zerdrückt. Durch Variieren des Walzendurchmessers, der Anzahl, Tiefe, Ab-

stände, Winkel und Drall der Riffel, der Walzengeschwindigkeit (Voreilung einer Walze) und des Abstandes zwischen beiden Walzen (Mahlspalt) sind dem Müller viele Möglichkeiten gegeben, verschiedenen Vermahlungswünschen gerecht zu werden.

Darüber hinaus stehen ihm Maschinen mit speziellen Aufgaben zur Verfügung:

Grießputzmaschinen trennen im aufsteigenden Luftstrom unter Vibrieren über Siebe die schweren Grieße von den kleiehaltigen Teilen (Koppen) und losgelösten leichten Schalestücken (Flugkleie) nach dem spezifischen Gewicht (Abb. 6).

Ausmahlmaschinen trennen aus schalenreichen Passagen Mehlteile ab, indem diese mit einer rauhen Steinwalze gegen einen Reibklotz gedrückt werden.

Kleieschleudern schleudern die mehlhaltige Kleie durch ein Schlägerwerk hoher Umdrehungsgeschwindigkeit gegen rauhe Wandungen und drücken das anfallende Mehl durch Poren nach außen.

Die Trennung der Mahlprodukte erfolgte früher durch feinmaschiges Tuch (Beutel, gebeuteltes Mehl), später durch langsam rotierende Siebzylinder und heute durch den *Plansichter* (Abb. 7) oder die *Windsichtung* (vgl. S. 89).

Der exzentrisch schwingende Plansichter, nach dem Walzenstuhl die wichtigste Maschine der modernen Mühle, ist ein Kastenbehälter, in dem das zu sortierende Mahlgut von oben einfließend eine Reihe von Sieben verschiedener Maschenweite

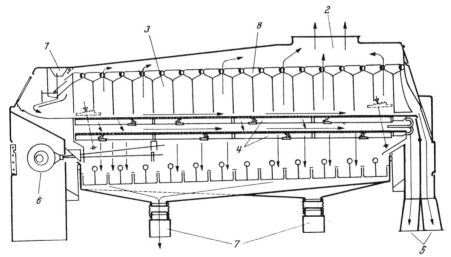

Abb. 6. Grießputzmaschine im Längsschnitt. Die eingezeichneten Pfeile deuten schematisiert den Lauf des Mahlgutes an. *1* Einlauf, *2* Abluft mit Flugkleie, *3* Ansaugkanal, *4* Siebe, *5* Übergang (Koppen), *6* Antrieb, *7* geputzte Grieße, *8* Luftregulierung

mit getrennten Ausläufen für das gesiebte Gut passiert. Die Siebflächen bestehen aus Gewebe von Draht, Naturseide oder Kunstfaser (Nylon). Für den Siebeffekt ausschlaggebend ist die lichte Maschenweite: Grieß hat einen durchschnittlichen Feinheitsgrad von 200—500 μ, Dunst von 100—200 μ und Mehl von 50—125 μ. Von der Teilchengröße eines Mehles hängen wichtige Eigenschaften ab; vor allem die Geschwindigkeit der Wasserbindung, Quellung und Gärung. Eine Teilchengröße von 75—125 μ ist backtechnisch günstig, unter 50 μ unerwünscht.

Der *Transport* zwischen den einzelnen Maschinen in der Mühle erfolgte früher durch Becherwerke (Elevatoren) und abwärts durch Ausnutzung des natürlichen Gefälles, heute vorwiegend pneumatisch, ferner mit Hilfe von Schnecken, Bändern und Redlern. Mühlen waren die ersten Nahrungsmittelbetriebe, die fast vollauto-

matisch arbeiten. Über die Zunahme pneumatischer Mühlen in den USA berichtet
F. Schiess (1962).

Der *Mahlwert* eines Getreides richtet sich nach dem Aufwand, der bei seiner
Vermahlung erforderlich ist, um eine hohe Ausbeute an aleuronfreien Endospermmehlen zu erzielen; er ist abhängig von der Sorteneigenschaft (Korngröße, Korn-
form u. a.), ferner von Wassergehalt, Härte des Endosperms und Dicke der Schale.

Die *Leistung einer Mühle* wird schematisch nach der in 24 Std vermahlenen Menge Getreide
beurteilt. Großmühlen mahlen mehr als 50 t, Mittelmühlen mehr als 10 t und Kleinmühlen
weniger als 10 t. Die für 100 kg Vermahlung in 24 Std benötigte spezifische Walzenlänge ist
ein Maß für die individuelle Leistungsfähigkeit einer Mühle, sie betrug früher 50—70 mm bei

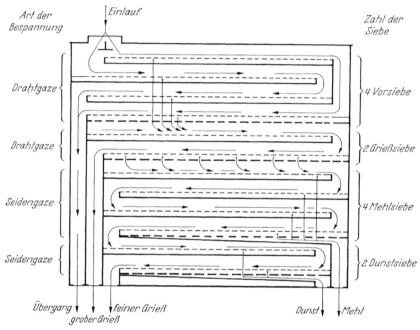

Abb. 7. Schematischer Längsschnitt durch einen Plansichter. Die eingezeichneten Pfeile deuten den Lauf des
Mahlgutes an. Gestrichelte Linien = Siebfläche

Weizen und ca. 50 mm bei Roggen und konnte unter dem Einfluß moderner Rationalisierung
auf 20—40 mm für Großmühlen gesenkt werden. Die Umdrehungsgeschwindigkeit der Walzen
ist von ca. 3,2 m/sec auf ca. 7—12 m/sec bei Schrot und ca. 6—9 m/sec bei Mehl erhöht worden.
Die für 100 kg Vermahlung in 24 Std benötigte spezifische Sichtfläche beträgt 20—25 cm² und
weniger (10 cm²).

Da die einzelnen Maschinen hinsichtlich ihrer Leistungsfähigkeit aufeinander
abgestimmt sein müssen, insbesondere Walzenlänge und Sichtfläche, wird von der
Mengenleistung auch die qualitative Leistung beeinflußt. Das Erreichen des
müllerischen Zieles ist daher nicht einfach und bedarf der Zuhilfenahme eines
festumrissenen Planes, des *Mühlendiagramms*. Die Kontrolle des Diagramms
erfolgt durch Farbvergleich der Mehlpassagen (Pekarisieren) oder Veraschen. Die
einzelnen Abschnitte des Mühlendiagramms sind: Schrotung, Auflösung und Ausmahlung. Eine schematische Darstellung der Vermahlung gibt Abb. 8.

Bei der Weizenvermahlung kann es je nach Größe der Mühle bis acht, bei der
Roggenvermahlung bis vier Schrotungen geben. Bei der *Auflösung* werden reine
Grieße und Dunste zwischen Glattwalzen (Weizen) oder feingeriffelten Walzen
(Roggen) mehlfein vermahlen.

Während der Vermahlung entsteht ein *Gewichtsschwund* durch Wasserverdunstung und Verstaubung. Seine Höhe schwankt im allgemeinen zwischen 1 und 2% in Abhängigkeit von der individuellen Mahltechnik, der Walzenerwärmung, der Länge des Diagramms und örtlicher Klimaverhältnisse.

Während des Mahlprozesses werden die Mehlstärkekörner z. T. beschädigt; sie ändern dabei ihre Quelleigenschaften und werden beim Anteigen leichter abgebaut. Der Grad der Stärkebeschädigung (z. T. sortenbedingt) nimmt mit steigendem Walzendruck, besonders bei Auflösen grober Grieße, und mit dem Abnutzungsgrad der Walzen zu (C. R. JONES u. Mitarb. 1961). Auch Blättchenbildung als Folge erhöhter Feuchtigkeit führt zu höheren Anteilen beschädigter Stärke, da wegen der Behinderung des Siebeffektes der Mahlvorgang verlängert wird.

Im müllerischen Verhalten bestehen Unterschiede zwischen Weizen und Roggen. Das Endosperm des Weizens ist um 5—8 % größer, die mögliche Mehlausbeute also entsprechend höher. Das Endosperm des Roggens ist etwas zäher als das des

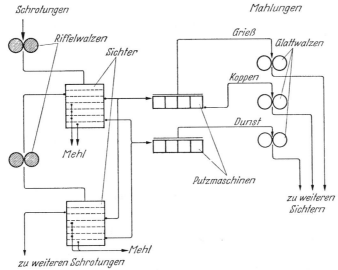

Abb. 8. Schematische Darstellung der Vermahlung von Brotgetreide. Das gereinigte Korn wird im Walzenstuhl zwischen geriffelten Walzen zerkleinert, auf Plansichtern in Teile unterschiedlicher Größe als Mehl, Dunst, Grieß und Schrot (grobe Kornteile, bestehend aus Endosperm und Schale) sortiert. Der Schrot gelangt auf den nächsten Walzenstuhl und wird bei enger gestellten Walzen erneut zerkleinert (II. Schrot), dessen Teile wiederum sortiert werden. Auf diese Weise erfolgen mehrere Schrotungen nacheinander. Die dabei jeweils anfallenden Grieße und Dunste werden auf Putzmaschinen von Schrotstückchen (Koppen) und Flugkleie befreit und zwischen Glattwalzen zu Mehl aufgelöst. Die Koppen werden zwischen fein geriffelten Walzen zerkleinert und auf weiteren Sichtern sortiert. Das nach den verschiedenen Sichtern anfallende Mehl wird zusammengemischt

Weizens, Roggenmehl läßt sich daher nicht so leicht und nicht so fein absichten; Roggengrieße lassen sich nicht putzen. Das hatte zur Folge, daß bei der Weizenvermahlung die Gewinnung von Grieß in den Vordergrund gestellt wird. („Hochmüllerei" wegen des großen Walzenabstandes zu Beginn der Vermahlung.) Grieße lassen sich zwischen Glattwalzen zu relativ sehr reinem Weißmehl auflösen. Die Roggenvermahlung erfolgt demgegenüber zwischen dichter stehenden Walzen (Flachmüllerei).

c) Mühlenprodukte

Die in der Mühle anfallenden Mahlprodukte kommen unter verschiedenen Bezeichnungen auf den Markt:

Mehl aus Weizen und Roggen. Mahlprodukt großer Feinheit in verschiedenen Typen in Abhängigkeit vom Mineralstoffgehalt (Asche).

Grieß (Grob- und Feingrieß) aus Weizen. Mahlprodukt mittleren Feinheits-grades, weitgehend frei von Schalen- und Keimlingsanteilen (auch Produkte der Durumweizenvermahlung für Teigwaren).

Dunst aus Weizen. Mahlprodukt mit einem Feinheitsgrad zwischen Mehl und Grieß, weitgehend frei von Schalen- und Keimlingsanteilen (auch Produkte der Durumweizenvermahlung für Teigwaren).

Schrot (Grob- und Feinschrot). Mahlprodukt aus ungeschältem (oder naßge-schältem, enthülstem) Getreide beliebigen, nicht einheitlichen Feinheitsgrades von ähnlicher stofflicher Zusammensetzung wie das verarbeitete Getreide.

Vollkornmehl. Mahlprodukt, das sämtliche Bestandteile des gereinigten unge-schälten Getreidekorns enthält (auch solche aus „enthülstem" Korn).

Mehle (Grieß und Dunst) werden vorwiegend in 50 kg-Säcken aus Papier oder Jute oder durch Mehltankwagen auf den Markt gebracht. Zur Mindestkennzeich-nung von Mehl gehören Angaben über Hersteller, Typenbezeichnung, Mahlpost oder Herstellungsdatum und Gewicht.

Nachmehle und *Kleie* als Abfallprodukte für die Futtermittelherstellung. Zu ihrer Klassifizierung werden Stärke-, Asche- und Rohfasergehalt herangezogen (G. Brückner 1957; H. Kummer u. P. v. Polheim 1960; R. Seibold 1962).

Kleie ist der Sammelbegriff für alle bei der Nahrungs- oder Nährmittelherstel-lung anfallenden müllerischen Abfallprodukte, die infolge der Vielzahl der Inhalts-stoffe ein hochwertiges Futter darstellen. Ihre Zusammensetzung ist sehr unter-schiedlich je nach der Höhe des Ausmahlungsgrades und der Anwesenheit von Keimlingen. Infolge hohen Gehaltes an ungesättigten Fettsäuren, Pilzsporen und Entwicklungsstadien von Vorratsschädlingen ist Kleie leicht verderblich. Um ihre Haltbarkeit zu erhöhen und den Transport zu erleichtern, wird Kleie bei 100—200 atü unter Dampf zu Preßlingen verformt (J.K.P. Kraan 1959).

Getreidekeimlinge finden in der Diätetik und pharmazeutischen Industrie Ver-wendung. Für ihre Beurteilung ist ihr Reinheitsgrad entscheidend, der vom Grade der Beimengung an Schalen und Mehlteilen abhängig ist.

Die steigende Nachfrage nach vielseitiger Backware hat zu einer Spezialisierung der Mehl-gewinnung geführt, die sich auch in der Forderung nach Mehlen mit bestimmter Qualität aus-drückt:

Mehle für Brot, Kleingebäck, Zwieback: Kleberreich, kleberstark und griffig;
Mehle für Feinbackwaren: Kleberreich und kleberstark;
Mehle für Konditorei: Kleberschwach und kleberarm;
Mehle für Haushalt und Küche: Kleberschwach mit gutem Bindungsvermögen;
Mehle für Dauerbackwaren: Kleberarm und glatt;
Mehle für Waffeln: Kleberreich und kleberschwach;
Mehle für Teigwaren: Doppelgriffig;
Mehle für Stärkegewinnung: Kleber mit guter Qualität, leicht auswaschbar.

d) Neuere Entwicklungen in der Müllerei

Unter dem Einfluß von Rationalisierungsbestrebungen fanden im letzten Jahr-zehnt verschiedene technische Neuentwicklungen in der praktischen Müllerei Eingang, die im wesentlichen über eine erhöhte Belastung und dadurch erhöhte Leistung einzelner Maschinen zu einer Konzentrierung des Mühlendiagrammes, besonders für Weizen, führten. Dadurch konnte die spezifische Walzenlänge auf Werte unter 40, teilweise sogar unter 20 mm/100 kg/24 Std. und die spezifische Sichtfläche auf 0,10—0,25 m²/100 kg/24 Std gesenkt werden.

Zu dieser noch im Fluß befindlichen Entwicklung moderner Mahlverfahren haben u. a. folgende Neuerungen beigetragen:

Durch schnellere Umdrehung der Walzen, erhöhte Voreilung einer Walze, besondere Riffelung und Verwenden von Untersetzungsgetrieben wird ein stärkeres Beschütten der

Walzen und eine Senkung der Passagenzahl möglich (Kurzmahlverfahren nach O. KNAUFF [1960], Differentialwalzenstuhl nach H. DONATH [1955] u. v. a.).

Durch schnelleres und gleichmäßiges Speisen der Mahlwalzen wird eine stärkere Beschüttung erreicht (z. B. bis zu 800 kg/dm/h beim ersten Schrot durch Heranführen des Mahlgutes in Form eines einschichtigen Mahlgutschleiers hoher Geschwindigkeit nach dem Pratique-Verfahren [1960]).

Durch stärkere Siebgutauftragung und dickere Siebgutschichten können die Siebflächen verkleinert werden (zweisiebige Flachsiebe, Separieren im elektrischen Feld, Kurzplansichter L. HOPF 1962 u. a.).

Durch Reduzieren der Schrotungen und vermehrtes Verwenden von Kleieschleudern, Vibroschleudern, Stratoauflösern u. a. ist es möglich, in der Weichweizenvermahlung auf die Putzmaschinen zu verzichten, sofern kein Speisegrieß gewonnen werden soll.

Unter optimaler Ausnutzung von Raum, Walzenlänge und Sichtfläche sind vorgefertigte komplette Mühleneinheiten bestimmter Leistung und vereinfachter Bedienung entwickelt worden (Compaktmühle Molinostar mit Schüttelsieben und Abrädern an Stelle von Plansichtern, bei denen durch Schichten des Gutes der Siebeffekt unterstützt wird).

Auch in der Kleinmühle ist durch verschiedene technische Fortschritte eine vollautomatische Vermahlung möglich geworden. Dazu haben die pneumatische Passagenförderung, die Unterteilung des Walzenstuhles, die Entwicklung des Gliederwalzenstuhles, die waagerechte Unterteilung des Plansichters sowie andere Maßnahmen, darunter auch die Einführung von Mahlautomaten, beigetragen.

Eine höhere Ausbeute kleiefreier, aschearmer Mehle aus dem Mittelstück des Kornes wird durch die Kornschnitzelmaschine möglich, die mit Messerwalzen Keimling und Bartende vom Korn abschneidet (P. RAJKAI 1959).

Mit hochtourigen Turbomühlen (10 000 U/min) ist es auch nach H. BOLLING u. H. ZWINGELBERG (1963) möglich, in einem Arbeitsgang aus Weichweizenvollkornmehl oder aus Grieß feines Mehl herzustellen. Die Stärkebeschädigung anhand der Amylosezahl ist dabei sogar geringer als bei Verwenden von Mahlwalzen.

Durch Prallen (Schleudern des Mahlgutes unter hoher Geschwindigkeit gegen harte Wandflächen) ist es möglich, bestimmte schalenarme Grieß- und Dunstfraktionen unter Einsparung zahlreicher Auflöse- und Ausmahlmaschinen in *einem* Durchgang in Mehl überzuführen. Ausschließliches Prallen ohne Verwenden von Mahlwalzen hat sich weder für die Zerkleinerung des ganzen Kornes noch der vorderen Schrotpassagen bewährt. Durch zusätzliche Erzeugung von gewirbelter oder in scharfem Strahl geblasener Luft ist eine Steigerung des Pralleffektes möglich.

Stärkeres Interesse beansprucht die sog. *Windsichtung* der Mehle. Sie beruht auf der Beobachtung, daß durch den Mahlvorgang die Stärke und Eiweiß enthaltenden, von Zellwänden umschlossenen und miteinander verwachsenen Zellen aufgelöst werden, so daß im Mehl neben Endospermteilchen Stärkekörner verschiedener Korngröße, freie Proteinteilchen und mit Protein verbundene Stärkekörner vorliegen. Die freien Eiweißteilchen, in denen die Stärkekörner wie in einem Schaum verpackt liegen, besitzen einen Teilchendurchmesser unter 18 μ. Der Durchmesser der freiliegenden Stärkekörner mit Proteinoberfläche schwankt zwischen 0,5—50 μ.

Die übliche Sichtung im Plansichter im Bereich um 100 μ gestaltet sich bekanntlich mit abnehmender Teilchengröße immer schwieriger. Feine Teilchen können jedoch im Luftstrom abgetrennt werden, da sie eine kleinere Fallgeschwindigkeit haben als die größeren. Hierfür wird im allgemeinen ein sog. Spiralwindsichter verwendet, in dem die Sichtung in einer Spiralströmung erfolgt, in der Luftkräfte die feinen Teilchen nach innen führen und Zentrifugalkräfte die groben an die äußere Umgrenzung des kreisförmigen Sichtraumes befördern.

E. HANSSEN u. E.-G. NIEMANN, die erstmals 1955 über eine sog. *Proteinverschiebung durch Windsichten* des Weizenmehles berichteten, haben das Mehl einer nochmaligen Vermahlung anfangs in einer Kugelmühle, später in einer nach dem Prinzip der Prallmahlung arbeitenden Alpine-Kolloplex-Mühle 250 Y, unterworfen, um auch das zwischen den Stärkekörnern liegende Eiweiß freizulegen. Diese Mühle ist eine sieblose Stiftmühle, die aus einem Gehäuse mit zwei parallelen Scheiben, einem „Strator" und einem Rotor, besteht. Beide Scheiben sind auf den einander zugewandten Seiten mit Stiften versehen, die ineinander kämmen und die in die Mitte der Scheiben gelangenden Mehlteilchen zerschlagen, bis sie durch die Zentrifugalkraft aus dem Wirkungsbereich der Scheiben herausfliegen. Durch den Anprall auf die Stifte werden die Endospermzellen weitgehend aufgelöst. Über die Wirkungsweise der Alpine-Kolloplex-Mühle und des Alpine-Mikroplex-Windsichters, deren Anwendung für andere Materialien in zahlreichen Industriezweigen seit langem bekannt ist, hat W. H. Gellrich (1958) ausführliche Angaben gemacht. Ein von H. Cleve (1959) aufgeführtes Schema einer Windsichteranlage für Weizenmehl, bei der eine von E. Nenninger (1959) näher beschriebene, auch nach dem Prinzip der Prallzerkleinerung arbeitende Stratomühle sowie ein Zentrifugal- und Schwerkraftsichter

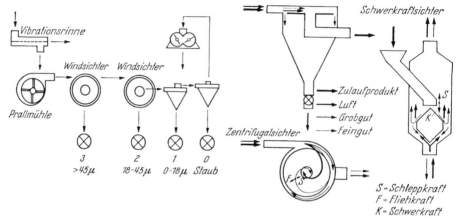

Abb. 9. Windsichtanlage

Tabelle 45. *Protein- und Aschegehalt von durch Windsichtung fraktioniertem Weichweizenmehl Type 550* (nach H. Cleve 1959)

Fraktion	Anteil %	Feinheit μ	Protein % i. Tr.	Asche % i. Tr.
Ausgangsmehl	100	—	10,0	0,48
Fraktion 1 . .	5,6	0—5	29,3	0,66
2 . .	4,1	4—8	26,3	0,60
3 . .	3,1	6—11	20,7	0,56
4 . .	2,1	10—14	17,8	0,53
5 . .	1,9	13—17	14,2	0,58
6 . .	4,8	16—20	7,1	0,45
7 . .	19,9	18—32	3,7	0,39
8 . .	18,3	30—45	5,0	0,41
9 . .	30,6	42—63	9,5	0,53
10 . .	2,5	63—71	11,8	0,47
11 . .	5,7	71—125	11,2	0,46
12 . .	1,4	über 125	10,2	0,45

verwendet worden sind, macht die für die Mehlwindsichtung angewendete Arbeitsweise gut verständlich (Abb. 9; Tab. 45). Obwohl die Windsichtung mit gewissen Vorteilen verbunden ist (Gewinnung von „Mehlen nach Maß"), ist ihre praktische Anwendung wegen des hohen Kraftbedarfes noch eingeschränkt (M. Rohrlich 1961). Der Pralleffekt ist rohstoffabhängig u. a. von Kornhärte, Sorte und Anbau. Mehle mit abgeändertem Protein: Stärke-Verhältnis wurden bisher in der Praxis nur aus Weichweizen mit Proteingehalten zwischen 3 und 34% (R. K. Bequette u. Mitarb. 1964) gewonnen und als Spezialmehle gehandelt. Über Gewinnung proteinreicher Reismehle mit einem um 75—100% erhöhten Proteingehalt berichten D. F. Houston u. Mitarb. (1963).

Die Weiterentwicklung der Prallmühlen führt zu *Strahlmühlen*, in denen das Korn durch starke Luftströme im freien Flug gegeneinander prallt und zerschlagen wird. Dem Mahlgut wird dabei Wasser entzogen, so daß es spröde bleibt.

Zum Vermeiden des langsamen Benetzens von Mehl mit Wasser unter ungleichmäßiger Klumpenbildung wurden Verfahren zum *Agglomerieren* der Mehle entwickelt (M. W. VINCENT 1964). Das wird dadurch erreicht, daß die Mehlpartikel frei fallend oberflächlich benetzt, durch Luftwirbel zum Zusammenhaften gebracht, bei schonender Temperatur (unter 58° C) getrocknet, gekühlt und nach gewünschter Größe auf Sieben sortiert werden. Agglomerierte Mehle sind frei von Mehlstaub und lassen sich im Gegensatz zu üblichen Mehlen schnell und mühelos mit Wasser benetzen, außerdem besitzen sie bessere Fließeigenschaften; ihr Wassergehalt, spezifisches Gewicht und Feinheitsgrad können nach Belieben eingestellt werden.

e) Spezialmehle

Unter Spezialmehlen werden Mehle besonderer Zusammensetzung oder mit abweichenden Eigenschaften, die für die technische Weiterverarbeitung von Bedeutung sind, sowie Mehle mit besonderen Nährwerteigenschaften verstanden. Zu ersteren zählen Mehle besonderen Feinheitsgrades [Zentrofan-Mehl] (B. THOMAS u. E. ANDERS 1957) oder besonderer Klebereigenschaften, sofern sie sich für das Herstellen bestimmter Spezialerzeugnisse (z. B. Dauerbackwaren, Waffeln, Konditoreierzeugnisse, Haushaltsmehle) besonders eignen, außerdem verschiedene Formen von kuchen- oder backfertigen Mehlen, die einen Teil oder alle erforderlichen Backzutaten wie Backpulver, Gewürze, Aromen, Rosinen, Zucker, Milchpulver, Eipulver, Mandeln und Fett für bestimmte mehr oder weniger starre Rezepturen (Sandtorte, Napfkuchen, Spekulatius u. a.) enthalten. Das Zubereiten beschränkt sich daher auf wenige mechanisch auszuführende Tätigkeiten wie das Anteigen mit Wasser, in-die-Form-Füllen und Abbacken. Aussehen und Geschmack dieser Erzeugnisse sind begrenzt. Diese ursprünglich zur Erleichterung der Hausbäckerei eingeführten Fertigmehle fanden bald eine Ausweitung auf vorgefertigte Mischungen für bestimmte Konsumbackwaren, z. B. spezielle Brötchenmehle, Fertigmischung für Florentiner u. a., um auch dem kleinen Backbetrieb das Zusammenstellen schwieriger Rezepturen zu erleichtern.

Die Technik der Spezialmehlgewinnung hängt von Art und Menge der Zutaten ab, wobei besonders das Einarbeiten des Fettes maschinelle Probleme mit sich bringt, da von der weitgehenden Verteilung des Fettes die Qualität des Spezialmehles bestimmt wird. Im allgemeinen werden zunächst Vormischungen aus plastischen Fetten, Zucker und Mehl in liegenden, heizbaren Mischtrommeln hergestellt und diese dann mit Mehl auf die gewünschte Konzentration eingestellt. Zuweilen wird das Fett auch direkt durch Düsen in das Gemisch aus Mehl und Zutaten gespritzt (W. SCHÄFER u. F. CLEVEN 1959).

Instant-Mehl ist agglomeriertes Mehl, das sich in Wasser ohne Klumpenbildung schnell auflösen läßt (vgl. agglomerierte Mehle oben).

Zu Spezialmehlen mit besonderen Nährwerteigenschaften gehören Mehle, die durch besondere Mahlverfahren oder mit nährwertreichen Zusätzen hergestellt werden:

Angereicherte oder *vitaminierte* Mehle sind Brotgetreidemehle, denen synthetisch gewonnene Vitamine und Mineralsalze in der Mühle zugemischt werden, um den beim Abtrennen der Schalen und des Keimlings verlorengegangenen Anteil an einigen dieser Substanzen zu ersetzen (vgl. Anreicherung S. 96). Im allgemeinen handelt es sich um den Zusatz der Vitamine B_1, B_2, Niacin sowie von Calcium und Eisen; vgl. S. 96 u. 97.

Steinmetzmehl wird aus enthülstem Getreide hergestellt, indem es durch Naßschälen von der äußeren Fruchtschale zwecks Erniedrigung des Rohfasergehaltes befreit wird (M. ROHRLICH 1956; B. THOMAS 1964).

Schlütermehl wird aus den Bestandteilen des vollen Kornes hergestellt, jedoch wird die Kleie gesondert einer hydrothermischen Behandlung und mechanischen Zerkleinerung zum Zwecke der besseren Erschließung der Inhaltsstoffe der Aleuronzellen unterzogen (B. THOMAS 1964).

II. Chemische Zusammensetzung und Eigenschaften der Getreidemahlprodukte

1. Chemische Zusammensetzung der Vermahlungsprodukte von Weizen und Roggen

Der *Mineralstoffgehalt* der Vermahlungsprodukte von Weizen und Roggen hängt von dem des vermahlenen Kornes ab und wird vom Ausmahlungsgrad, d. h. von der Mehlausbeute bestimmt; er hängt also davon ab, wieviel von den mineralstoffreichen Anteilen der Randschichten (Schalen, Aleuronzellen, Keimling) in das Mahlprodukt gelangen (Tab. 12). Richtwerte für die Höhe des Gehaltes an den wichtigsten Mineralsalzen in Abhängigkeit vom Ausmahlungsgrad zwischen 60- und 100%iger Ausmahlung finden sich bei B. Thomas (1964). Die prozentuale Höhe des Gehaltes an Mineralsalzen in Weizenmehlen verschiedener Ausmahlung, bezogen auf den Gehalt des vollen Kornes, ist in Abb. 10 wiedergegeben (B. Thomas u. L. Tunger 1966).

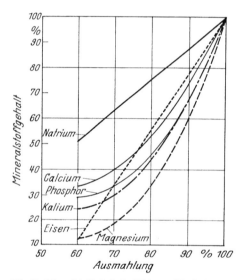

Abb. 10. Mineralstoffgehalt des Weizenmehles in Abhängigkeit vom Ausmahlungsgrad (nach B. Thomas u. L. Tunger 1966)

Bei dem Mahl- und Siebprozeß erfolgt aber nicht nur eine Verteilung des Gesamtmineralstoffgehaltes auf die dabei anfallenden Produkte, es tritt vielmehr auch ein Verschieben in den Mengenanteilen der einzelnen Elemente ein, wie Untersuchungen von B. Sullivan u. C. Near (1927) zeigen (Tab. 46).

Ähnlich den Mineralstoffen verteilen sich die anderen Inhaltsstoffe des Kornes in bestimmter Weise auf die beim Vermahlen anfallenden Passagen.

Tabelle 46. *Elementare Zusammensetzung der Asche von Weizenmahlprodukten* (in mg/g bzw. µg/g Trockensubstanz)

		Weizen-korn	Auszug-mehl	Brot-mehl	Nach-mehl	Grieß-kleie	Schale	Keimling
Mineralstoff-gehalt	in mg/g	20,5	4,82	8,04	14,6	47,6	67,5	50,4
Magnesium		1,90	0,31	0,62	1,33	4,55	7,17	3,80
Calcium		0,45	0,18	0,23	0,34	1,12	1,16	0,69
Phosphor		4,44	1,16	1,91	3,51	10,45	15,21	12,53
Kalium		2,37	0,55	0,88	1,55	5,63	7,10	5,54
Zink	in µg/g	100	40	48	129	319	562	420
Eisen		31	8	11	22	71	95	68
Mangan		24	2	5	12	48	112	67
Kupfer		6	2	2	4	13	14	9
Aluminium		3	0,6	2	7	8	27	25

[1] aufgerundet.

Die von M. Rohrlich u. G. Brückner (1966) stammende Übersicht über die stoffliche Zusammensetzung der Passagenmehle einer Weizenvermahlung läßt erkennen, wie mit dem Aschewert des Mehles der Rohfasergehalt zunimmt. Zunehmende Tendenz zeigen ferner Rohprotein und Fett, während die Stärke abnimmt (Tab. 47).

Auch der Aminosäuregehalt der Mehle ändert sich in Abhängigkeit von der Menge der mitvermahlenen Korngewebe; mit steigendem Ausmahlungsgrad nehmen Lysin, Arginin, Isoleucin und Threonin bei Weizen und Roggen zu, die

Tabelle 47. *Chemische Zusammensetzung deutscher Handelsmehle.*
Mittelwerte, niedrigste und höchste Werte (% i. Tr.).
(Nach Untersuchungen der Bundesforschungsanstalt für Getreideverarbeitung, Berlin)

Type	Mineralstoffe (Asche)	Rohfaser[1]	Rohfett[2]	Rohprotein[3]
Weizenmehl				
405	0,41 (0,38—0,44)	—	1,0 (0,9—1,3)	11,7 (9,4—13,9)
550	0,55 (0,49—0,58)	0,1 (0,0—0,3)	1,2 (0,8—1,3)	12,3 (8,2—14,6)
630	0,63 (0,60—0,70)	0,1 (0,0—0,4)	1,3 (1,1—1,5)	12,4 (7,5—14,3)
812	0,81 (0,75—0,87)	0,2 (0,0—0,5)	1,5 (1,3—1,9)	13,0 (10,9—14,9)
1050	1,05 (1,00—1,15)	0,3 (0,0—0,6)	1,9 (1,7—2,1)	13,3 (9,8—15,8)
1200	1,20 (1,16—1,35)	0,4 (0,2—0,8)	2,2 (2,0—2,5)	14,1 (12,1—15,9)
1600	1,60 (1,55—1,75)	0,9 (0,5—1,6)	—	14,7 (11,7—16,5)
Roggenmehl				
815	0,82 (0,79—0,87)	—	—	8,0 (6,2—11,9)
997	1,00 (0,95—1,07)	0,4 (0,2—0,6)	1,1 (0,8—1,3)	8,6 (6,4—11,0)
1150	1,15 (1,10—1,25)	0,5 (0,2—0,9)	1,3 (1,0—1,9)	9,5 (6,1—12,7)
1370	1,37 (1,30—1,45)	—	1,5 (1,1—1,9)	9,8 (6,7—13,9)
1590	1,59 (1,53—1,63)	—	1,6 (1,4—1,8)	10,6 (8,3—13,6)
1740	1,74 (1,64—1,84)	1,2 (0,9—1,6)	1,5 (1,5—1,6)	11,3 (9,2—13,3)

[1] Nach dem Weender-Verfahren ermittelt.
[2] Petrolätherextrakt.
[3] Faktor N · 6,25.

biologische Wertigkeit des Mehleiweißes erhöht sich (E. Barton-Wright u. T. Moran 1946; H. Kurzepa u. Mitarb. 1960). Bei Roggen wurde für alle Ausmahlungen zwischen 45 und 98% nach J. Bartnik (1964) ein gleich hoher Proteinwirkungswert gefunden.

Über die Zusammensetzung der Vermahlungsprodukte amerikanischer und kanadischer Weizen finden sich bei D. W. Kent-Jones u. A. J. Amos (1957) ins einzelne gehende Angaben.

Die Windsichtung des Weizenmehles ist gleichfalls mit einer Verschiebung in dem Verhältnis der Inhaltsstoffe zueinander verbunden. Die feinen Teilchen sind gegenüber den groben vor allem durch einen höheren Proteingehalt ausgezeichnet (Tab. 48).

Da die Handelsmehle durch Mischen der Passagenmehle und auch mit Auslandsmehlen gewonnen werden, wird erklärlich, daß Mehle gleicher Type, d. h. gleicher Asche, ungleichmäßige Zusammensetzung der anderen Inhaltsstoffe aufweisen können. Die Zusammensetzung der z. Z. in der Bundesrepublik Deutschland und West-Berlin im Handel befindlichen Weizen- und Roggenmehle nach ihrer Type geordnet ist mit ihrer zulässigen Toleranzzahl in der Tab. 49 aufgeführt (Untersuchungen der Bundesforschungsanstalt für Getreideverarbeitung, Berlin).

Tabelle 48. Zusammensetzung von Passagenmehlen einer Weizenvermahlung (nach M. Rohrlich u. G. Brückner 1966)

Passage	Ausbeute %	Wasser %	Asche % i. Tr.	Rohprotein % i. Tr.	Feuchtkleber %	Trockenkleber % i. Tr.	Stärke % i. Tr.	Rohfett % i. Tr.	Säuregrad[1]
Rohweizen	—	16,2	1,80	13,8	—	—	64,9	2,70	3,4
I. Schrot.	3,4	15,8	0,63	11,8	26,2	9,8	82,9	1,44	1,2
II. Schrot.	2,3	15,0	0,67	12,1	26,2	9,8	82,7	1,61	1,3
III. Schrot.	2,9	15,3	0,64	12,5	27,4	10,3	81,5	1,70	1,5
IV. Schrot.	1,8	15,2	0,75	13,8	29,8	11,3	77,4	1,90	1,8
V. Schrot.	1,5	14,2	1,33	15,4	31,5	12,2	77,0	2,74	2,5
VI. Schrot.	1,5	13,0	1,84	14,6	25,4	10,5	75,8	3,16	3,7
1. Mahlung glattes Mehl	19,2	15,1	0,44	10,5	23,0	8,7	84,1	1,25	0,8
1. Mahlung griffiges Mehl	9,9	15,3	0,40	13,3	28,6	10,9	80,8	1,38	0,8
1. Mahlung doppelgriffiges Mehl	7,3	15,0	0,44	13,1	27,0	10,4	80,5	1,33	0,9
2. Mahlung glattes Mehl	6,0	13,9	0,46	12,3	25,2	10,3	83,8	1,35	1,1
2. Mahlung griffiges Mehl	2,6	14,1	0,50	13,4	25,7	10,2	78,2	1,46	1,3
3. Mahlung	3,4	13,8	0,41	13,2	27,0	10,5	79,9	1,69	1,3
4. Mahlung	2,1	13,7	0,87	14,5	30,0	10,9	78,1	2,02	2,1
5. Mahlung	1,9	12,9	1,05	15,8	32,5	12,3	75,6	2,39	3,4
6. Mahlung	1,4	12,6	1,33	16,0	27,8	11,2	72,5	2,88	4,0
7. Mahlung	0,9	12,4	1,79	16,4	27,6	12,4	70,0	3,42	4,0
8. Mahlung	1,4	12,6	1,81	16,7	Kleber läßt sich nicht		68,1	3,48	5,3
9. Mahlung	1,1	12,9	3,11	16,9	auswaschen		64,2	4,40	5,4
1. Koppen	0,9	12,9	1,80	13,7			72,3	3,87	4,1
2. Koppen	1,1	13,2	2,40	15,7			68,7	4,32	5,0

[1] Säuregrad: In Aufschlämmung ohne Abstehzeit bestimmt; aufgerundet.

Tabelle 49. *Zusammensetzung von Handelsmehlen und Mahlprodukten des Weizens und Roggens* (in %). (Zusammengestellt aus Untersuchungen der Bundesforschungsanstalt für Getreideverarbeitung Berlin, 1964)

Mahlprodukt	Wasser	Rohprotein	Rohfett	N-freie Extraktstoffe	Rohfaser	Asche
Weizen						
Mehl Type 550 . . .	15,0	10,2	1,0	73,2	0,1	0,5
Mehl Type 1050 . . .	14,5	11,2	1,6	71,6	0,2	0,9
Mehl Type 1200 . . .	14,0	11,8	1,9	70,7	0,5	1,1
Schrot Type 1700 . .	14,0	12,6	1,9	68,2	1,8	1,5
Futtermehl	13,0	17,7	4,7	57,9	3,2	3,5
Kleie	13,0	15,4	4,5	54,7	7,7	4,7
Schale	13,5	13,2	3,7	53,0	11,0	5,6
Keimling	13,0	35,5	10,4	34,1	2,2	4,8
Roggen						
Mehl Type 997 . . .	15,0	7,3	0,9	75,6	0,4	0,8
Mehl Type 1370 . . .	14,5	8,0	1,5	74,0	0,9	1,1
Schrot Type 1800 . .	14,0	11,8	1,6	68,5	2,2	1,9
Futtermehl	13,0	14,6	3,0	63,4	3,0	3,0
Kleie	13,0	13,7	3,1	59,7	5,8	4,7
Keimling	13,0	38,9	10,4	29,5	3,4	4,8

Der Anstieg des Säuregrades mit dem Aschewert bedeutet keine Zunahme freier Säuren, sondern — wie aus Untersuchungen von M. Rohrlich u. W. Essner (1960b) hervorgeht — einen Anstieg des Pufferungsvermögens, bedingt durch einen

erhöhten Phytingehalt in den Randpartien des Kornes. Der pH-Wert der Mahlprodukte in wäßriger Aufschlämmung zeigt einen Anstieg zum Neutralen hin (Abb. 11).

Eine Diffusion des in den Randpartien des Kornes enthaltenen Phytins sowie der Mineralstoffe in den Mehlkern wird nach M. Rohrlich u. V. Hopp (1961) bewirkt, wenn das Getreidekorn hydrothermisch behandelt wird.

Bei den Vermahlungsprodukten des Roggens sind die Verhältnisse analog wie beim Weizen (M. Rohrlich u. G. Brückner 1966).

Da — wie früher schon ausgeführt — die *Enzyme* in den Randschichten des Kornes konzentriert sind, steigt die enzymatische Aktivität in den Mahlpro-

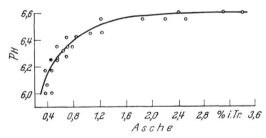

Abb. 11. pH-Wert von Mehl- und Schrotsuspensionen

dukten gleichfalls mit steigenden Mengen an Schalenteilen an. Hierüber liegen Untersuchungen von B. Sullivan u. M. A. Howe (1933) vor, die die Lipase-Aktivität in Weizenmahlprodukten ermittelt haben. Auch die proteolytische Aktivität ist nach A. H. Johnson u. Mitarb. (1929) bei stärker ausgemahlenen Weizenmahlprodukten merklich erhöht.

Von ernährungsphysiologischer Bedeutung ist die bei der Vermahlung eintretende Verteilung der in den Randschichten enthaltenen *Vitamine*.

Über die Abhängigkeit des Vitamingehaltes vom Ausmahlungsgrad, die in dem Kurvenbild (Abb. 12) für Weizen anschaulich zum Ausdruck kommt, berichten B. Thomas u. L. Tunger (1966). Dort finden sich auch Richtwerte für die wichtigsten Vitamine bei allen Stufen des Ausmahlungsgrades zwischen 60- und 100 %iger

Ausmahlung von Weizen und Roggen. Der relativ steile Verlauf der Kurven oberhalb von 70- und erst recht von 80%iger Ausmahlung läßt die Bedeutung hoch
ausgemahlener Mehle für die Versorgung mit Vitaminen erkennen.

Was sich für die hier aufgeführten Vitamine der B-Gruppe ergibt, daß Mehle
mit niedriger Ausmahlung nur einen geringen Vitamingehalt aufweisen, das gilt
auch für das fettlösliche Vitamin E (Gesamt-Tokopherol), auf dessen Lokalisierung
im Keimling bereits hingewiesen worden ist, und dessen Menge gleichfalls mit
steigender Asche ansteigt, wie Ch. Engel (1942) gezeigt hat (Tab. 50).

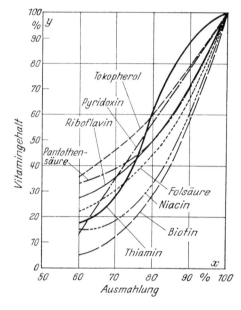

Abb. 12. Vitamingehalt des Weizenmehles in Abhängigkeit vom Ausmahlungsgrad (nach B. Thomas u. L.
Tunger 1966)

Tabelle 50. *Tokopherolgehalt von Weizenmehlen*

Mehl-ausbeute	Tokopherolgehalt	
	µ g/100 g	% des Gesamtge-haltes von Korn
0—70	1,7	45,5
70—80	2,7	10,3
80—82	4,8	3,7
82—90	5,9	17,9
90—100	5,9	22,6
0—100	2,61 (berechnet)	100,0

Der relativ niedrige Vitamingehalt (insbesondere Thiamingehalt) heller Mehle,
der nach M. Rohrlich u. G. Brückner (1952) durch Zusatz von Oxydationsmitteln zur Backverbesserung noch weiter vermindert wird, hat dazu geführt, daß
in den angelsächsischen Ländern dem Mehl Vitamine zugesetzt werden, daneben
auch Eisen und Kalk.

Diese als *Vitaminanreicherung* bezeichnete Maßnahme ist in Großbritannien
seit 1942 gesetzlich eingeführt. Die Mehlvitaminierung ist dort durch entsprechende Vorschriften und Richtlinien jeweils dem Stand des Wissens angepaßt

Tabelle 51. *Wirkstoffanreicherung der Mehle in USA*
(USA-National Research Council 1944, zit. nach E.J. Pyler 1952)

Substanz	Mehl		Brot	
	Min.	Max.	Min.	Max.
	mg/100 g		mg/100 g	
Vorgeschrieben:				
B₁	0,44	0,55	0,24	0,40
Riboflavin. . .	0,26	0,33	0,20	0,35
Nicotinsäure .	3,52	4,41	2,20	3,30
Eisen	2,86	3,63	1,70	2,75
Empfohlen:				
Calcium . . .	110,13	137,67	66,08	176,21
Vitamin D . .	55,07	220,26	33,04	165,20

worden, zuletzt nach S. O. SULLIVAN (1962) am 26. X. 1961. Danach sollen 100 g
Mehl mit 0,24 mg Thiamin, 1,60 mg Niacin und 1,65 mg Eisen angereichert werden.
Ein Zusatz von Lactoflavin wird nicht für notwendig angesehen. Der Kalkzusatz
($CaCO_3$) soll so bemessen sein, daß er 235—330 mg/100 g Mehl beträgt. Anstelle
des früher üblichen Ferrum reductum wird heute Eisenammoniumcitrat empfohlen
(vgl. auch K. J. HAYDEN 1964).

In einigen Staaten der USA ist der Zusatz von Vitaminen und Mineralstoffen
vorgeschrieben, wobei die in Tab. 51 angeführten Mengen üblich sind.

In der Sowjetunion erfolgt eine auf die vitaminarme Jahreszeit, bestimmte Personen und
Gegenden begrenzte Vitaminierung heller Mehle, für die je nach Ausmahlungsgrad folgende
Mengen auf 100 g Mehl zugrunde gelegt wurden: 0,2—0,4 mg Vitamin B_1; 0,4 mg Vitamin B_2
und 1,0—3,0 mg Niacin (E. WUNDERLICH 1964).

In Deutschland besteht keine Vorschrift zur Vitaminierung der Mehle; sie
wird aber von einigen Ernährungsphysiologen gefordert, um eine bessere Versorgung aller Bevölkerungsschichten mit einigen B-Vitaminen zu gewährleisten
(K. LANG 1957).

Um den Vitamingehalt heller Mehle durch *Beimischen von Weizenkeimlingen* wirksam zu
erhöhen, wäre nach A. MENGER u. H. STEPHAN (1953) ein Mindestzusatz von etwa 10% erforderlich; andernfalls ist die Vitaminanreicherung nur unzureichend.

2. Backeigenschaften

a) Grundlagen der Backfähigkeit

Für das Verhalten des Brotgetreidemehles beim Anteigen und Verbacken hat
sich der Begriff ,,Backfähigkeit" eingebürgert, obwohl dieser Begriff — wie M.
ROHRLICH u. G. BRÜCKNER (1966) betonen — sprachlich unkorrekt ist. Die
Fähigkeit — ein aktives Verhalten — liegt beim Bäcker, Mehl besitzt nur passive
Eigenschaften. Man sollte daher besser vom Backverhalten der Mehle sprechen
oder — wie in Frankreich — vom Backwert (valeur boulangère); in angelsächsischen Ländern werden die Backeigenschaften als ,,baking strength" zusammengefaßt.

Die ,,Backfähigkeit" der Mehle wird von Art und Menge der Inhaltsstoffe, von
ihren enzymatischen Umwandlungen, ihren rheologischen Eigenschaften sowie
von der Art der Verarbeitung, also von biochemischen, kolloidchemischen und
technologischen Faktoren bestimmt. Auch die Korngrößenverteilung der Mehlpartikel spielt eine Rolle. Durch Beherrschen und Lenken aller dieser miteinander
verknüpften Faktoren kommt das Gebäck zustande. Veränderung eines Faktors
zieht eine solche der anderen nach sich. Aus diesem Grunde ist auch eine eindeutige
Definition der Backeigenschaften kaum möglich; hinzu kommt, daß diese auch im
Hinblick auf die Gebäckart gesehen werden müssen.

Das Backverhalten eines Mehles kommt daher auch erst im fertigen Gebäck
zum Ausdruck. Ein Mehl zeigt dann ein gutes Backverhalten, wenn das daraus
gewonnene Gebäck ein optimales Volumen besitzt, wenn die Krume elastisch,
gut gelockert und die Kruste gut gebräunt ist. Das Wasserbindungsvermögen des
Teiges, sein Verhalten beim Kneten sowie die Brotausbeute spielen in der Beurteilung der Mehleigenschaften gleichfalls eine Rolle.

Die sich unter den Getreidemehlen heraushebenden Backeigenschaften des
Weizenmehles beruhen in erster Linie auf seinem Protein, das sich zu etwa 80%
als plastisch-elastischer *Kleber* durch Kneten eines Teiges und Auswaschen der
Stärke erhalten läßt. Das Kleberprotein vermag etwa das Dreifache seines Gewichtes an Wasser aufzunehmen. Zwischen Klebermenge oder Eiweißmenge und Backqualität besteht eine positive Beziehung, doch keine lineare; sie gilt nur in dem
Sinne, daß kleberreiche Mehle im allgemeinen bessere Backeigenschaften besitzen

als kleberarme. Als Mindestmenge wird zum Erzielen ausreichender Backeigenschaften eine Feuchtklebermenge von 16—18% angesehen.

Bei amerikanischen und kanadischen Weizenmehlen ist eine Parallele zwischen Proteingehalt und Backverhalten weitgehend gegeben und eine Qualitätsbeurteilung der Mehle nach dem Protein-Stickstoff gerechtfertigt. Bei deutschen Weizenmehlen aber tritt noch eine Reihe unbekannter, auch mit Vegetations- und Erntebedingungen zusammenhängender Faktoren hinzu, so daß eine Beurteilung allein nach der Kleber- oder Eiweißmenge versagt. Deshalb wird die Qualität des Klebers, d. h. seine kolloiden Eigenschaften wie Quellvermögen und Elastizität, mitherangezogen. Von den kolloiden Eigenschaften des Klebers hängt das Verhalten des Teiges bei seiner mechanischen Bearbeitung, beim Kneten, ab; umgekehrt läßt sich durch mehr oder weniger intensives Kneten auch das rheologische Verhalten des Teiges beeinflussen.

Wieweit die physikalischen Eigenschaften von der Primärstruktur, also dem Aminosäuregehalt, der Aminosäuresequenz oder auch der räumlichen Anordnung der Polypeptidketten im Eiweißmolekül abhängen, ist noch nicht ausreichend erforscht (vgl. S. 24).

Eine große Anzahl von Autoren bringt die wechselnden Backeigenschaften des Weizenmehles mit einem unterschiedlichen Verhältnis der im Klebermolekül vorhandenen Disulfid- und Sulfhydrylgruppen in Zusammenhang, da Zusätze von Reduktions- oder Oxydationsmittel die Teigeigenschaften beeinflussen (vgl. S. 25). Durch Vernetzen, Salz- und Brückenbindung, an der die Disulfidgruppen des Klebers beteiligt sind, entwickelt sich nach K. Ritter (1928) im Teig ein Polypeptidrost. Nach neueren Vorstellungen (R. W. Burley 1955; A. H. Bloksma 1964) finden zwischen Sulfhydrylgruppen und Disulfidbindungen Austauschreaktionen statt, die im Verlaufe der Teigentwicklung Spaltung und Neubildung von Disulfidbindungen hervorrufen.

An der beim Kneten durch Luftsauerstoff bewirkten Oxydation sind nach C. C. Tsen u. I. Hlynka (1963) Fettsäureperoxide beteiligt. Werden die Disulfidbrücken durch Reduktionsmittel oder durch Änderung des Redoxpotentials gesprengt, so ändern sich die Eigenschaften des Klebers.

D. K. Mecham (1959) hat die SH-Gruppen im Weizenmehl durch reaktionsfähige Verbindungen wie N-Äthylmaleinimid u. ä. blockiert. Durch diese Umsetzung, bei der die Fähigkeit des Proteins, SS-Brücken zu entwickeln, behindert wird, ändern sich das rheologische Verhalten und die Backeigenschaften des Weizenmehles deutlich.

Nach J. W. Pence u. Mitarb. (1951) hat auch der *wasserlösliche Proteinanteil* auf die Backqualität des Mehles einen gewissen Einfluß. Untersuchungen von E. Maes (1963) haben ergeben, daß die Backeigenschaften des Weizens besonders mit einer Eiweißfraktion zusammenhängen, die in 40%igem Isopropanol löslich ist.

Inwieweit die *proteolytische Aktivität* der Mehle und der Abbau des Kleberproteins durch Proteasen bei der Teigbildung mitwirkt, ist noch umstritten; auch ist völlig unbekannt, wie groß die Eiweißbruchstücke sind, die bei der Proteolyse des Mehlproteins entstehen, und ob es sich nicht vielmehr um eine Art Desaggregierung der Proteinmoleküle handelt (A. V. Blagoveščenski u. M. P. Yurgenson 1935).

Auch die *Stärke*, die zu über 60% im Mehl enthalten ist, beeinflußt neben anderen Kohlenhydraten das Backverhalten der Mehle.

Auf eine Beziehung zwischen der *Korngrößenverteilung* der Stärkekörner und dem Backverhalten der Mehle hat K. Schmorl (1925/26) hingewiesen. Dieser Hinweis wird durch Untersuchungen von M. Rohrlich u. R. Rasmus (1952) bestätigt, die experimentell zeigen konnten, daß kleine Stärkekörner infolge ihrer größeren spezifischen Oberfläche amylatisch stärker abgebaut werden als größere.

Um die Gärungsvorgänge im Mehlteig in Gang zu bringen und zu halten und um für die Hefe eine genügende Menge an freien Zuckern im Mehl zur Verfügung zu haben, ist ein begrenzter enzymatischer Stärkeabbau durch *β-Amylasen* erforderlich. Von der Bereitstellung freier Zucker wird auch die Krustenfarbe der Gebäcke beeinflußt, die bei ungenügendem Zuckerbildungsvermögen hell bleibt. Dem amylolytischen Abbau der Stärke kommt damit gleichfalls eine wichtige Rolle für das Backverhalten zu.

Wird der amylatische Abbau der Stärke durch Schädigung der Stärkekörner beim Vermahlen oder durch zu hohe Aktivität der *α*-Amylase des Mehles auf Grund von Auswuchs zu stark, so wird die Kruste dunkelbraun gefärbt. Verstärkter amylatischer Abbau, der also biochemische oder technologische Ursachen haben kann, hat aber noch andere Folgen: er setzt das Wasserbindungsvermögen des Mehles herab.

Das Wasserbindungsvermögen, d. h. das Quellvermögen der Stärke, steht bei der Teigbildung gegenüber dem des Proteins zurück. Normale Stärkekörner quellen in kaltem Wasser nur in begrenztem Maße, wobei sie sich etwa um 35 % ihres Volumens vergrößern. Bei Erhitzen in wäßriger Suspension bis zur Verkleisterungstemperatur und darüber kann die Stärke das Mehrfache ihres Gewichtes an Wasser aufnehmen; sie wird dabei anfälliger gegen einen enzymatischen Angriff. Unter den begrenzten Wasserverhältnissen im Teig nimmt die Stärke bei der Krumenbildung etwa die Hälfte bis Dreiviertel des Eigengewichts an Wasser auf.

Die Rolle der Stärke setzt also erst ein, wenn beim Backen das koagulierende Kleberprotein das beim Anteigen aufgenommene Wasser wieder abgibt. Dieses wird dann von der langsam verkleisternden Stärke gebunden, so daß eine trockene Krume gewährleistet ist. Bei gestörter Wasseraufnahmefähigkeit des Mehles steht zur Bindung des freigesetzten Teigwassers nicht genügend verkleisternde Stärke zur Verfügung. Die Gebäckkrume bleibt feucht oder reißt im Extremfall. Hier wird die Bedeutung der Stärke für die Mehlqualität erkennbar.

Einen experimentellen Beweis einer dominierenden Rolle der Stärke für das Backverhalten von Weizenmehl, insbesondere bei der Ausbildung der Gebäckkrume, hat A. ROTSCH (1954) erbracht. A. ROTSCH hat Teige aus reiner Weizenstärke bereitet und verbacken, denen lediglich gewisse Mengen von Fruchtkernmehlen oder von Alginaten als Quellstoffe zugesetzt worden waren. Die erhaltenen Gebäcke zeigten normales Volumen und gleichmäßig geporte Krume. Der Autor ist auf Grund seiner Untersuchungen zu dem Schluß gelangt, daß das Krumengefüge durch die verkleisterte Stärke und nicht, wie K. HESS (1952b) annimmt, durch das koagulierte Eiweiß zustande kommt. Analoge Vorstellungen über die Rolle der Stärke hat R.M. SANDSTEDT (1961) entwickelt.

An dem Zustandekommen des Krumengefüges dürften auch die als *Schleimstoffe* bezeichneten Hemicellulosen und Pentosane beteiligt sein, doch ist ihre praktische Bedeutung für die Mehlverarbeitung noch nicht recht bekannt. H. NEUKOM u. Mitarb. (1962) haben die Neigung der Pentosane, bei Zusatz geringer Mengen von Oxydationsmitteln wie H_2O_2 feste Gele zu bilden, eingehend untersucht und diese Eigenschaft auf ein eine Xylankette aufweisendes Glykoprotein zurückgeführt. Die genaue Struktur des Glykoproteids, das auch phenolische Gruppen (Ferulasäure) enthält, ist aber noch nicht aufgeklärt.

Über die Bedeutung der *Lipide* für das Backverhalten der Mehle werden widerspruchsvolle Angaben gemacht; ihnen wird an der Eiweißoberfläche im allgemeinen eine oberflächenaktive Rolle zugesprochen. A.H. JOHNSON u. W.O. WHITCOMB (1931) haben bei Teigen aus entfettetem Weizenmehl ein erhöhtes Gashaltevermögen im Vergleich zum Kontrollmehl festgestellt. M.A. COOKSON u. J.B.M. COPPOCK (1956), die diese Frage gleichfalls eingehend untersuchten, haben nach

Extrahieren des Fettes mit verschiedenen Lösungsmitteln z. T. Mehle mit verbesserten Teig- und Backeigenschaften — erkennbar an einem größeren Volumen der Gebäcke — erhalten, aber z. T. auch Mehle mit stark beeinträchtigter Qualität; dabei wurde eine Abhängigkeit vom Erntejahr vermutet.

M. Rohrlich u. I. Schoenmann (1962a) haben Mehle verschiedener Provenienz durch Extraktion mit wasserfreiem Petroläther und Äthanol-Äther-Gemischen (1:1) entfettet. Beim Verbacken der entfetteten Mehle wurde in jedem Falle eine Verbesserung der Gebäcke gegenüber den Kontrollen erzielt, sowohl was das Volumen als auch die Porung anbelangt. Es wurden dabei allerdings Mehle verwendet, die vor der Extraktion mit dem Lösungsmittel durch vorsichtiges Trocknen im Vakuum weitgehend wasserfrei gemacht worden waren, um so eine Kleberschädigung zu vermeiden.

Das Backverhalten des *Roggenmehles* wird von mehr Faktoren als das des Weizenmehles bestimmt. Der bemerkenswerte Unterschied zwischen Roggen- und Weizenmehl besteht in dem Verhalten der Proteine: aus Roggenmehlteig läßt sich kein Kleber durch Auswaschen der Stärke gewinnen. Das Protein des Roggens ist löslicher als das des Weizens; seine Quellfähigkeit wird erst in Gegenwart von Säuren, vornehmlich Milchsäure, ausgeprägter. Roggenmehlteig wird daher in der Regel mittels Sauerteiges gelockert.

Nach A. Schulerud (1957) verlaufen bei Führen des Roggenmehlteiges zwei entgegengesetzte Prozesse, eine Auflösung polymerer Stoffe, die ein Erweichen des Teiges zur Folge hat, und ein Quellen derselben, wodurch ein „Nachsteifen" des Teiges erfolgt. Hierbei dürften auch die sog. Schleimstoffe mitbeteiligt sein, die im Roggen in größerer Menge enthalten sind und höhere Viscosität aufweisen und auf deren Rolle schon bei Besprechen der Eigenschaften von Weizenmehl hingewiesen worden ist.

Versuche von S. Hagberg (1954) haben gezeigt, daß die Schleimstoffe des Roggenmehles mit Wasser schnell quellen und eine hohe Viscosität bedingen. Die Viscosität sinkt bei 45° C und pH 3, vermutlich infolge eines enzymatischen Abbaues. Aus Roggenmehl extrahierte Schleimstoffe bilden — wie gleichfalls von S. Hagberg festgestellt — wie die des Weizens bei Zusatz geringer Mengen von Wasserstoffperoxid feste Gele.

Die Bedeutung der Stärke für die Backeigenschaften des Roggens wird beim Verbacken von Mehlen, die aus stärker auswuchsgeschädigtem Korn stammen, noch deutlicher als beim Verbacken auswuchsgeschädigter Weizenmehle. Doch ist die Säure bei der Sauerteigführung ein Mittel, die Aktivität der säureempfindlichen a-Amylase so zu hemmen, daß der Stärkeabbau begrenzt bleibt.

Über die Rolle der Fette bei Teigbildung und Verbacken von Roggenmehlen ist bisher noch nichts bekannt, wenn man von der in der Praxis bekannten Tatsache absieht, daß Zusatz von Neutralfett eine Vergrößerung des Brotvolumens bewirken kann.

In dem Zusammenhang zwischen Phytingehalt und dem davon abhängenden Pufferungsvermögen der Roggenmehle, die für die Säureentwicklung im Sauerteig ausschlaggebend ist, sehen M. Rohrlich u. W. Essner (1960b) eine weitere Ursache für das Backverhalten von Roggenmehl.

b) Verbesserung der Backeigenschaften

Aus frisch geerntetem Getreide hergestelltes Mehl besitzt noch keine befriedigenden Backeigenschaften. Es muß — darauf ist bereits bei Besprechen der Veränderungen während des Lagerns hingewiesen worden — längere Zeit nachreifen. Durch mehr oder weniger langes „Abstehen" des Weizens kann schon eine deutliche Verbesserung der Backeigenschaften des Kornes und daraus hergestellter Mehle eintreten.

Ein einfaches Verfahren, Weizenmehl geringer Qualität zu verbessern, besteht im *Verschneiden* mit einem Mehl, das gute oder beste Backeigenschaften besitzt. Ebenso können Weizenpartien unterschiedlicher Qualität im Gemisch vermahlen werden. In welchen Mengen die Vermischung zu erfolgen hat, läßt sich nur empirisch ermitteln. Hierbei spielt der Verwendungszweck des Mehles eine Rolle. Im allgemeinen wird ein kleberschwaches Mehl mit einem kleberstarken, werden Mehle mit einer höheren enzymatischen Aktivität (Auswuchsmehl) mit solchen geringerer enzymatischer Aktivität vermischt.

Für die Qualitätsverbesserung der Mehle stehen dem Müller ferner physikalische und chemische Verfahren zur Verfügung. Zu den physikalischen Verfahren ist vor allen Dingen das *Konditionieren* des Weizens, das auch auf Mehlfraktionen angewendet werden kann, zu rechnen (vgl. Konditionierung S. 82).

Als physikalische Behandlungsmethode zur Beeinflussung der Mehlqualität ist auch das *Bestrahlen* mit ionisierenden Strahlen herangezogen worden. Die Anwendung ionisierender Strahlen hat ursprünglich dazu gedient, Schädlinge im Mehl abzutöten; dabei hat sich herausgestellt, daß auch die Mehlqualität verändert wird.

Die Wirkung ionisierender Strahlen auf die Mehlinhaltsstoffe ist besonders von A.R. DESCHREIDER (1959) untersucht worden; er konnte zeigen, daß neben einer Veränderung der Stärke, die sich in erhöhter Löslichkeit und in einer verminderten Viscosität äußert, sich die Menge an reduzierenden Stoffen im Mehl erhöht. Die Löslichkeit der Mehlproteine in Alkohol und Kaliumsulfatlösung wird gleichfalls durch die ionisierenden Strahlen merklich verändert. Nach A.R. DESCHREIDER (1959) haben sich europäische (belgische) Weizenmehle gegenüber ionisierenden Strahlen anders verhalten als überseeische. Nach M. BLINC (1959) werden die Backeigenschaften besonders von schwachen Mehlen durch kleine Dosen von γ-Strahlen bis 100 000 rep verbessert. Diese Verbesserung kommt in einer erhöhten Teig- und Brotausbeute und auch im Geschmack zum Ausdruck. N.V. ROMENSKI u. Mitarb. (1961) beobachteten bei Bestrahlen des Weizenmehles mit γ-Strahlen (^{60}Co) ein Abnehmen der proteolytischen Aktivität mit steigender Strahlendosis. Die Backeigenschaften eines Weizenmehles aus wanzenstichigem Weizen haben sich durch Bestrahlen mit 200 000—1 000 000 rep verbessern lassen. Höhere Strahlendosen wirkten in jedem Falle schädigend auf das Backverhalten von Weizenmehl. (Die Anwendung ionisierender Strahlen ist in Deutschland bisher noch nicht zugelassen.)

Die *chemische Mehlbehandlung* (M. ROHRLICH u. G. BRÜCKNER 1952) hat zumeist zwei Ziele: Aufhellen der Mehlfarbe (Bleichen) und Heben der Backeigenschaften, d. h. Erhöhung des Gebäckvolumens und Verfeinerung der Poren. Zum Bleichen des Mehles werden in besonderen Apparaten (Elektrobleichverfahren) entwickelte Gase, wie Stickoxide und Ozon oder auch feste Stoffe, wie z. B. Benzoylperoxid, angewendet. Die Wirkung der Bleichmittel beruht auf einer Zerstörung des Carotins und Xanthophylls. Reine Bleichverfahren, wie sie um die Jahrhundertwende eingeführt worden waren, werden wegen der Zerstörung von Vitaminen und Bildung unphysiologischer Substanzen kaum noch angewendet.

Chemikalien, die die Backeigenschaften zu verbessern vermögen, sind: gasförmige Stoffe, wie Stickstofftrichlorid (Agene), Chlordioxid; feste Oxydationsmittel wie Persulfate, Perborate, Bromate, Jodate; organische Säuren, wie Malonsäure, Adipinsäure, Bernsteinsäure und insbesondere Ascorbinsäure.

Technische Bedeutung haben vor allem Chlordioxid, Ammoniumpersulfat, Kaliumbromat und — nach dem Verbot der Chemikalien zur Mehlverbesserung in Deutschland — Ascorbinsäure erlangt. Die Anwendung von Stickstofftrichlorid ist in den meisten Ländern verboten.

In welcher Weise die Chemikalien zur Mehlverbesserung auf die Mehlinhaltsstoffe einwirken, ist noch nicht völlig geklärt. Nach H. JØRGENSEN (1939) sollen die Oxydationsmittel die Mehlproteasen und somit einen Abbau des Klebers hemmen. H.L. BUNGENBERG DE JONG (1939) erklärt die Wirkung der Chemikalien mit einer Oxydation der SH-Gruppen der Mehlproteine oder der ungesättigten Fettsäuren der Mehllipide. Oxydationsmittel und selbst Luftsauerstoff verschieben nach C.C. LEE u. R.E. SAMUELS (1962) das Verhältnis der SH-Gruppen zu-

gunsten der SS-Brücken, und zwar Kaliumbromat in geringerem Maße als Kalium-
jodat. Dieses Ergebnis haben Versuche mit Hilfe radioaktiver Spurenstoffe (^{35}S
und ^{14}C) erbracht. J. W. Read u. L. W. Haas (1938) haben unter dem Einfluß von
Ammoniumpersulfat eine Steigerung des Zuckerbildungsvermögens beobachtet.

Von besonderem Interesse ist die Wirkungsweise der Ascorbinsäure, die von
P. R. A. Maltha (1956) eingehend untersucht worden ist; danach wird ein Teil der
Ascorbinsäure im Teig enzymatisch in die Dehydroascorbinsäure umgewandelt.
Die Dehydroascorbinsäure wird durch ein spezifisch auf diese Dehydroform eingestelltes Enzym (Glutathion-Dehydroascorbinsäure-oxydoreductase) wieder reduziert, wenn gleichzeitig Glutathion anwesend ist. Das Glutathion kommt im
Getreide nur in geringer Menge vor, wird aber von der Hefe während der Gärung
gebildet. Das Glutathion kann durch Aktivierung der Proteinase vom Papaintyp
den Kleberabbau begünstigen; es kann aber auch unmittelbar auf die Disulfidbrücken des Klebers einwirken. Die Umwandlung des Glutathions in die oxydierte
Form bei Anwesenheit von Ascorbinsäure kann daher zu einer Verbesserung der
backtechnischen Eigenschaften führen. Die Wirkung der Ascorbinsäure ist von
bemerkenswerter Spezifität, denn nur die L-Form verschiebt das SH:SS-Gleich-
gewicht im Teig; die D-Ascorbinsäure hat keine Wirkung.

Ein neues pulverförmiges Produkt zur Mehlreifung ist das Azodicarbonamid,
das durch Oxydation zweier miteinander verkoppelter Harnstoffmoleküle gebildet
wird und folgende Struktur besitzt: $H_2N—CO—N=N—CO—NH_2$; es ist auch in
Mischungen sehr stabil, geht aber bei Gegenwart des Wassers im Teig in die Aus-
gangssubstanz über. Nach vorliegenden Versuchsergebnissen ist die verbessernde
Wirkung (z. B. auf die rheologischen Eigenschaften des Teiges) vergleichbar mit
derjenigen von Benzoylperoxid und Bromat. Beschleunigtes Ranzigwerden des
Mehles tritt nicht ein. Vitamine werden nicht angegriffen. Azodicarbonamid wird
als physiologisch unbedenklich angesehen (R. R. Joiner u. Mitarb. 1963).

Über Notwendigkeit und Zweckmäßigkeit der chemischen Mehlbehandlung ist
viel diskutiert worden. Eine eingehende Übersicht über Behandlungsmittel zur
Mehlverbesserung sowie die hygienischen und pharmakologischen Konsequenzen
haben M. Rohrlich u. G. Brückner (1952) zusammengestellt. Die Qualitätsverbesserung der Backeigenschaften des Weizenmehles durch Chemikalien ist unbe-
streitbar, doch können bei ihrer Anwendung — mit Ausnahme der der Ascorbinsäure — gesundheitsschädliche Wirkungen nicht ausgeschlossen werden.

Besonders die Anwendung von Stickstofftrichlorid hat Befürchtungen in dieser
Richtung aufkommen lassen, nachdem E. Mellanby (1946) bei Hunden und
Frettchen nach Verfüttern von mit Stickstofftrichlorid behandeltem Mehl tollwut-
ähnliche Anfälle beobachtete. Stickstofftrichlorid setzt sich nach H. R. Bentley
u. Mitarb. (1950) mit dem Methionin des Mehlproteins zum Methioninsulfoximin
um, das bei Verfüttern an Tieren diese schweren toxischen Störungen hervorruft.
Die Neigung zu Hauterkrankungen bei Müllern und Bäckern (Bäckerekzem) wird
nach Ansicht von Gewerbehygienikern durch die Anwendung von Chemikalien wie
Ammoniumpersulfat verstärkt. Schließlich sind chemisch behandelte Mehle in
ihrem ernährungsphysiologischen Wert gemindert. So treten nach M. Rohrlich
u. G. Brückner (1952) Verluste im Vitamin B_1-Gehalt und nach Ch. Engel (1942)
sowie T. Moran u. Mitarb. (1953) Verluste im Vitamin E-Gehalt auf. Nach J.
Schormüller u. Mitarb. (1953) wird auch der Aminosäuregehalt des Mehles verändert.

Die chemische Mehlbehandlung durch kleberbeeinflussende Oxydationsmittel
ist in Deutschland verboten (BGBl. I 1956, Nr. 55, S. 1081; Gesetz-Bl. DDR,
1958, Teil I, S. 210), Ascorbinsäure ist zugelassen.

III. Industriegetreide, Schälmüllerei, Schälmühlenprodukte

Unter Industriegetreide werden im wesentlichen die Spelzgetreidearten Hafer, Gerste, Reis und Hirse (Rispenhirse) sowie Mais und Buchweizen verstanden. Ihre Verarbeitung ist dadurch charakterisiert, daß das Hauptgewicht nicht auf den Zerkleinerungsprozeß gelegt wird, sondern auf das progressive Abtrennen der Spelzen und Schalen (Frucht- und Samenschale) vom Kern (Endosperm). Die Verarbeitungsdiagramme ähneln sich bei den einzelnen Getreidearten, aus denen auch ähnliche Produkte gewonnen werden (Grütze, Grieß, Flocken, Mehl u. a.).

Nicht ohne wirtschaftliche Bedeutung für die Schälmüllerei ist das Problem der Nutzbarmachung der Schälmühlenabfälle, die wegen ihres hohen Spelzengehaltes für Futterzwecke ungeeignet sind und häufig nur als Brennmaterial dienen. Unter anderem ist vorgeschlagen worden, Haferspelzen und Maiskolben wegen ihres hohen Pentosangehaltes zu Furfurol zu verarbeiten (z. B. D.B.P. 1065854, 1959). Im Gemisch mit Harzen soll sich Schleifmaterial aus Maiskolben auch zur Herstellung von Schleifscheiben und -steinen eignen. Aus Mahlabfällen von Mais lassen sich ferner Hemicellulosen gewinnen, die als Verdickungsmittel für Lebensmittel und Cosmetica dienen können (z. B. U.S.P. 2868778, 1959).

1. Hafer

Aus Hafer werden hauptsächlich *Haferflocken* hergestellt, und zwar in verschiedenen Größenklassen, aber auch Hafergrütze und Hafermehl; letzteres wird hauptsächlich für Kindernährmehle verwendet. Seit einigen Jahren sind auch Hafertrockenschleime auf dem Markt.

Für die Herstellung der Hafererzeugnisse muß gesunder Hafer verwendet werden, also Korn, das bei der Sinnesprüfung keine anormalen Eigenschaften besitzt. Auch der Spelzengehalt soll nicht außergewöhnlich sein, um beim Schälen günstige Ausbeuten zu erzielen. Über den Einfluß der Korneigenschaften auf die Schälung des Hafers liegen eingehende Untersuchungen von G. ØVERBY (1937), H. CLEVE (1949) und G. BRÜCKNER (1953) vor.

a) Haferflocken, Hafergrütze, Hafermehl

Der Rohhafer läuft zunächst durch einen Entgranner und dann in einen *Aspirateur*, wie er aus der Weizenmüllerei bekannt ist; hier werden Sand und gröbere Verunreinigungen (Schrollen) entfernt. Eisenteile werden durch einen Elektromagneten beseitigt. Da für die Weiterverarbeitung gleiche Kornlänge vorteilhaft ist, wird der Hafer in Plansieben, die mit Schlitzblechbespannung ausgerüstet sind, oder in *Sortierzylindern* in zwei bis drei Größeklassen sortiert; er läuft weiter über zwei *Trieure*, in denen Unkrautsamen, Bruch und Fremdkörper ausgelesen werden.

Vor dem Schälen muß der Rohhafer gedämpft werden, wodurch gleichzeitig das Ablösen der Spelze vom Kern erleichtert wird. Um gleichmäßige Wirkung des Dämpfens zu gewährleisten, läuft der Hafer vorher nochmals über Sortierzylinder. Der gedämpfte Hafer wird dann 1—1$^1/_2$ Std bei 75° C gedarrt und im Feuchtigkeitsgehalt auf etwa 5% heruntergetrocknet (vgl. Haferdiagramm (Abb. 13).

Das als *Präparation* des Rohhafers bezeichnete Dämpfen und Darren verleiht den Hafererzeugnissen das gewünschte Aroma und dient gleichzeitig dazu, Enzyme, die Geschmacksveränderungen (Bitterwerden, Ranzigwerden usw.) beim Lagern bewirken, zu inaktivieren; außerdem werden dabei Schimmelpilze u. a. Mikroorganismen weitgehend abgetötet.

Als analytisches Kriterium für ausreichende Inaktivierung der am Verderb beteiligten Enzyme gilt nach F. KIERMEIER (1948) sowie R. HEISS (1952) das Ausbleiben der Peroxydasereaktion in dem hergestellten Produkt. Zu weitgehendes feuchtes Erhitzen des Rohhafers kann nach M. Rohrlich u. H. Benischke (1951 b) den Gehalt an Thiamin und die Verdaulichkeit des Eiweißes herabsetzen.

Der noch heiße Rohhafer läuft durch ein Kühlaggregat, in dem er durch eingeblasene Kaltluft gekühlt wird.

Zum Schälen dient ein *Unterläuferschälgang* (Abb. 14), eine Schälmaschine, die aus zwei mit Schmirgelmasse belegten und in einem Gehäuse horizontal befindlichen Eisenscheiben besteht. Der obere „Stein" steht fest und ist durch Regulierschrauben mit dem Gehäuse verbunden; der untere „Stein" dreht sich. Der Abstand zwischen den Steinen beträgt etwas weniger als der Kornlänge entspricht.

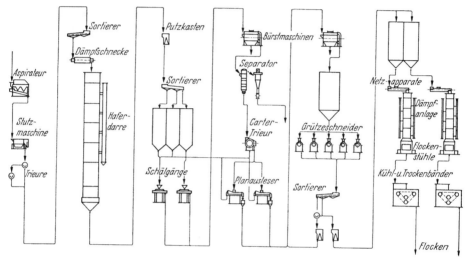

Abb. 13. Diagramm einer Haferschälmühle

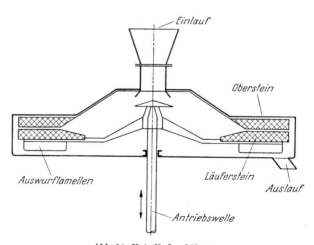

Abb. 14. Unterläuferschälgang

Der Hafer, der durch einen Einlauftrichter eines Speisetellers auf den unteren Stein aufgegeben wird, wird zwischen die Mahlflächen gezogen und dabei geschält; geschälte Körner und Spelzen werden nach außen abgeschleudert.

In neuerer Zeit hat sich zum Schälen des Hafers der sog. *Fliehkraftschäler* oder *Strator* durchgesetzt. Die Haferkörner werden darin durch einen mit Leitschaufeln versehenen schnellaufenden Rotor gegen eine Prallwand geworfen, so daß die Kerne aus den Spelzen herausspringen. Hierfür ist kein vorheriges Sortieren erforderlich; diese Art des Schälens verläuft schonender als im Unterläuferschälgang. Die Schälwirkung ist nach H. CLEVE (1949) und G. BRÜCKNER (1953) vom Wassergehalt der Spelzen abhängig.

Das Schälgut (Spelzen, Haferkerne, Schälmehl) durchläuft einen „Sechskantsichter" und einen Hülsenseparator, in dem Schälmehl und Spelzen entfernt werden. Noch ungeschälte Haferkörner werden auf einem „*Paddy-Ausleser*" abgetrennt (vgl. S. 112).

Damit die Hafererzeugnisse eine helle Farbe erhalten, wird die am geschälten Hafer noch anhaftende Frucht- und Samenschale in einem *Schleifgang* und einem *Poliergang* (Abb. 15) abgetrennt. Der Schleifgang besteht aus einem Schleifkegel, der mit einer Schmirgelmasse (Naxosschmirgel) belegt ist und konzentrisch in einem Drahtgewebe rotiert. Das Schalengewebe wird zwischen Schleifkegel und Drahtgewebemantel abgeschliffen, ohne daß das Korn gebrochen wird; das Schleifmehl fällt durch das Drahtgewebe.

Um noch anhaftendes Schleifmehl zu entfernen, wird der Hafer poliert. Der Poliergang arbeitet nach dem gleichen Prinzip wie der Schleifgang. Der Schleifkegel ist aber nicht mit Schmirgelmasse, sondern mit Leder (Ziegenleder oder Kunststoff) belegt, so daß der Haferkern schonend an-

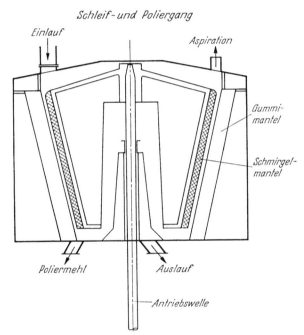

Abb. 15. Schleif- und Poliermaschine

gegriffen wird und ein glattes Aussehen erhält. Die polierten Haferkerne (Haferreis) werden weiter zu Flocken, Grütze oder Mehl verarbeitet.

Zur Herstellung von Haferflocken werden die polierten Haferkerne noch einmal gedämpft, was sowohl dem Geschmack als auch der Haltbarkeit der daraus hergestellten Flocken zugute kommt. Dann gelangen sie auf einen *Flockenstuhl* mit Glattwalzen, die mit Wasser gekühlt werden. Die hierbei gewonnenen warmen und feuchten Haferflocken werden getrocknet und gekühlt. Beim Walzen anfallendes Hafermehl wird auf einem Schüttelsieb abgesiebt.

Zur Herstellung feiner Haferflocken (Kleinblattflocken, Rapidflocken) wird Hafergrütze verwendet.

Die Haferflockenausbeute beträgt nach M. ROHRLICH u. G. BRÜCKNER (1966) 55—65%, kann aber niedriger sein, wenn die Haferflocken aus stark polierten Kernen gewonnen werden; sie ist vom Feuchtigkeitsgehalt des Rohhafers, vom Spelzengehalt und vom Verlauf des Verarbeitungsganges abhängig. Der Anfall an Spelzen schwankt zwischen 20 und 25%, der an Kleie zwischen 10 und 15%; der Darrverlust beläuft sich nach L. HOPF (1938) auf ca. 4%.

Hafergrütze wird gleichfalls aus polierten Haferkernen in einem *Grützeschneider* gewonnen, wofür verschiedene Konstruktionen vorhanden sind. Die Grütze wird in einem Putzkasten gereinigt und nach Größe sortiert. Das beim Grützeschneiden entstehende Mehl wird abgesiebt.

Hafermark. Beim Grützeschneiden fällt ein gewisser Prozentsatz ganz feiner Grütze an, die sich für die Herstellung von Kleinblattflocken nicht mehr eignet. Diese Grütze wird gesammelt und zu ganz kleinen Flocken ausgewalzt, die als Hafermark bezeichnet werden. Es wird in Hafermark weiß und braun unterschieden.

Hafermehl kann durch Vermahlen polierter Haferkerne oder der Grütze auf Walzenstühlen und Absichten des Mehles im Plansichter gewonnen werden. Zum Verarbeiten für Kindermehl wird Hafermehl zu einem Teig angerührt, der auf Walzentrocknern getrocknet, geröstet und feinst vermahlen wird. Aus 100 kg Haferkernen können nach L. Hopf (1938) 80 kg Mehl, 15 kg Nachmehl und 5 kg Feinkleie erhalten werden.

Zur Herstellung von *Hafertrockenschleim* vgl. Ph. Bender u. A. Parlow (1958) sowie Kapitel „Diätetische Lebensmittel" in diesem Band.

Haferflocken dürfen weder ranzig noch bitter schmecken, der Spelzengehalt darf 0,1 % nicht übersteigen. Die kochtechnische Prüfung erstreckt sich vorwiegend auf Quellfähigkeit und Dickungsvermögen, den Zusammenhalt der einzelnen Flocken, Mehlabrieb und Konsistenz. Die Vollkörnigkeit kann nur unter Auswertung der Ergebnisse verschiedener Untersuchungen (Rohfaser, Schalengehalt, Asche, Anwesenheit von Samenschale und Keimling) beurteilt werden. Betonter Röstgeschmack deutet auf starke Hitzeeinwirkung während des Präparierens und löst Verdacht auf Hitzeschäden u. a. im Vitamin B_1-Gehalt aus. Als Kriterium für schonende technische Verarbeitung wird ein Mindest-B_1-Gehalt von 0,6 mg-% vorgeschlagen (L. Tunger 1966).

b) Chemische Zusammensetzung der Haferschälprodukte

Für die stoffliche Zusammensetzung der in der Haferschälmühle erhaltenen Produkte geben M. Rohrlich u. G. Brückner (1966) die in Tab. 52 zusammengestellten Werte an.

Tabelle 52. *Durchschnittliche Zusammensetzung von Haferschälprodukten* (in %)

	Wasser	Roh-protein	Rohfett	N-freie Extraktstoffe	Rohfaser	Mineralstoffe (Asche)
Flocken Grütze Mehl } . . .	10,0	14,4	6,8	66,1	1,0	1,7
Futtermehl . .	9,0	15,5	8,9	61,2	2,1	3,3
Schälkleie . . .	10,0	8,0	3,3	51,1	21,8	5,8
Spelzen	8,0	2,8	1,0	53,3	30,6	4,3

Der Thiamin-Gehalt von Haferflocken hängt sehr von der Intensität der Präparation des Rohhafers und der Haferkerne ab; er schwankt zwischen 500 und 785 μg. Durchschnittswerte für einige Mineralstoffe und Vitamine enthält die Tab. 53.

Hafernährmittel, besonders solche aus vollem Korn, zeichnen sich gegenüber Weizen und Weizenprodukten durch höheren Gehalt an den Vitaminen B_1 und E, Linolsäure sowie Lysin aus und besitzen höhere biologische Wertigkeit (M. Rothe u. L. Tunger 1964).

Tabelle 53. *Mineralstoff- und Vitamingehalt von Haferflocken*
(in mg/100 g) (nach M. B. Jacobs 1951)

Na[1]	K[1]	Ca	P	Fe	Cu	Thiamin	Riboflavin	Niacin
9	290	54	365	5,20	0,50	0,55	0,14	1,10

[1] Nach K. G. Bergner u. K. Wagner (1960 und 1961).

Den Gehalt an Tokopherolen (α- und ζ-Tokopherol) haben M. Rohrlich u.
W. Essner (1959) nach papierchromatographischer Auftrennung bestimmt
(Tab. 54). Die Werte lassen erkennen, daß beim Präparieren des Hafers keine
merklichen Tokopherolverluste eintreten. Durch Schälen und Schleifen wird das
Mengenverhältnis der einzelnen Tokopherole verändert, ohne daß jedoch der
biologische Wert der fertigen Haferflocken vermindert ist.

Tabelle 54. *Tokopherole in Hafer und Haferprodukten* (in mg/100 g Tr.)
in zwei Hafer verarbeitenden Betrieben (nach M. Rohrlich u. W. Essner 1959)

	Betrieb A						Betrieb B					
	Gesamt-Bestimmung	α-Tok.	ζ-Tok.	Rest-Tok.	Start-fleck[1]	Summe	Gesamt-Bestimmung	α-Tok.	ζ-Tok.	Rest-Tok.	Start-fleck[1]	Summe
1. Rohhafer (gereinigt, unbehandelt)	2,84	0,54	1,31	0,58	0,28	2,71	1,77	0,37	0,60	0,52	0,17	1,66
2. Hafer (ungeschält, gedämpft)	—	—	—	—	—	—	1,58	0,27	0,50	0,45	0,19	1,41
3. Hafer (ungeschält, gedämpft und gedarrt)	3,14	0,41	1,34	0,58	0,31	2,64	1,58	0,34	0,63	0,49	0,14	1,60
4. Haferkerne	4,08	0,63	2,38	0,73	0,27	4,01	2,25	0,21	0,79	0,45	0,13	1,58
5. Haferflocken	3,85	0,53	2,12	0,52	0,37	3,54	2,93	0,35	1,57	0,78	0,22	2,92
6. Haferkleie	4,49	2,01	1,25	0,88	0,33	4,47	3,01	0,74	0,46	1,42	0,21	2,83

[1] Startfleck als α-Tokopherol bestimmt.

2. Gerste

Gerste wird hauptsächlich zu Graupen und Grütze verarbeitet. Ausländische
Gerste wird wegen ihrer größeren Härte der inländischen, die eine weichere Zell-
struktur besitzt, besonders zur Herstellung feinerer Graupen vorgezogen.

a) Gerstengraupen, Gerstengrütze, Gerstenmehl

Die Bearbeitung der gereinigten und nach Korngröße sortierten Rohgerste
erstreckt sich über drei Passagen, in denen sie geschält (Schälgang), geschliffen
(Rollgang) und poliert (Poliergang) wird.

Im *Schälgang* wird die Gerste weitgehend geschält, d. h. entspelzt. Je nach der gewünschten
Größe der Graupen wird zwei- oder dreimal geschält. Im *Rollgang* wird die geschälte und noch
länglich geformte Gerste stärker abgerundet. Im *Poliergang* erhält sie die typische Graupen-
form. Die drei Arbeitsgänge werden in sog. „Holländern" (Abb. 16) durchgeführt, das sind
periodisch arbeitende Schälmaschinen mit beliebig einstellbarer Schäldauer. Die gebräuchlichsten Graupengänge sind sog. *Stirnschäler*, in denen die Gerste zwischen der Stirnseite eines
rotierenden Steines (Naturstein oder Schmirgeltrommel) und einer sich entgegengesetzt drehenden, aus geschlitztem oder perforiertem Stahlblech bestehenden Ummantelung (Bütte) einer
schleifenden Bearbeitung unterzogen wird.

Die Qualitätsunterschiede der *Gerstengraupen* sind von der Intensität des Schälens abhängig, die auch die Ausbeute bestimmt. Grobe Graupen, sog. *Kälber-zähne*, sind lediglich von den Spelzen befreit, enthalten aber noch Bestandteile der Frucht- und Samenschale, auch Spelzenreste in der Bauchspalte.

Zum Herstellen feiner Graupen wird das grob geschälte Material zunächst auf „Grütze-schneidern" zu *Grütze* geschnitten; durch Bürsten und Putzen werden anhaftende Schalenteile entfernt, durch Rollen und Polieren wird die Graupe geformt. Auf Plansichtern werden schließ-lich die Graupen in verschiedene Größenklassen sortiert, die durch Zahlen von 6 über 0 bis 00000 (5/0) gekennzeichnet sind. Die Zahl 6 kennzeichnet die größten (C-Graupen), 5/0 die kleinen Graupen (B- oder Perlgraupen). Die Ausbeute an C-Graupen liegt zwischen 65 und 67%, für feine B-Graupen bei 40% und darunter. Feine Graupen haben einen ∅ von 2,25 mm.

Perlgraupen werden gelegentlich auch als „Gerste, perlförmig geschliffen" in den Handel gebracht. Im Interesse des Qualitätsvergleichs mit Perlgraupen wird für solche Ware gefordert, daß sie höchstens 1% Asche (ohne Talkum) und bei rundem und glattem Aussehen weder Keimlings- noch Spelzenreste aufweist.

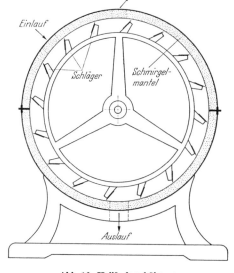

Abb. 16. Holländerschälgang

Bei Verarbeitung mancher Gersten-sorten, die bläulich gefärbte Aleuron-zellen enthalten, fallen mehr oder weniger gefärbte Graupen an. Um gleichmäßig weiße Ware zu gewinnen, wird die geschälte Rohgerste mit SO_2 gebleicht. Der Bleichprozeß, der in bestimmten Bleichapparaten, häufig auch in Silos durchgeführt wird, soll auch eine Sterilisierung der Graupen zur Folge haben und sie gegen Milben-befall oder ähnlichen Verderb schützen.

Eine sterilisierende Wirkung wird auch dem zum Erleichtern des Polierens häufig angewendeten Talkumzusatz zugeschrieben. Dieser dient aber nach F. Böhm (1934) häufig dazu, eine durch unzureichendes Belüften beim Schälen auftretende Gelbfärbung zu verdecken (über den Nachweis von Talkum vgl. S. 127, Sandnachweis).

Die Einstufung der Graupen in Größen- und Handelsklassen (Kälberzähne, Perlgraupen, Grütze usw.) erfolgt durch Siebsortierung auf Rundsieben, die Beur-teilung erfolgt nach Aussehen, Form, Gleichmäßigkeit, Spelzenentfernung u. a. Der SO_2-Gehalt von Gerstengraupen darf 40 mg/100 g nicht übersteigen. Die Kochzeit von Gerstengraupen wird außer von der Korngröße und der Gersten-sorte auch von ihrer mechanisch-physikalischen Beschaffenheit, der Mehligkeit und dem Wasserbindevermögen beeinflußt. Über Untersuchungen zur Kochzeit-verkürzung berichten M. Rohrlich u. A. Angermann (1959).

Gerstengrütze wird gleichfalls in mehreren Sortierungen gewonnen, und zwar als grobe, mittlere, feine und „Stichgrütze".

Gerstenmehl fällt als relativ schalenarmes Produkt beim Polieren der feinen Perlgraupen an, kann aber auch durch Vermahlen vorgeschälter Gerste auf einem Walzenstuhl hergestellt werden. Präpariertes Gerstenmehl wird durch Vermahlen gedämpfter und gedarrter Gerste gewonnen, die geschält und nach Art der Wei-zenmüllerei vermahlen wird.

b) Chemische Zusammensetzung der Gerstenschälprodukte

Für die stoffliche Zusammensetzung der bei der Graupenherstellung anfallenden Erzeugnisse und Nebenprodukte geben M. ROHRLICH u. G. BRÜCKNER (1966) die in der Tab. 55 aufgeführten Werte an.

Daten für den Gehalt feiner Graupen an einigen Mineralstoffen und Vitaminen sind in Tab. 56 zusammengestellt.

Tabelle 55. *Durchschnittliche Zusammensetzung von Gerstenschälprodukten* (in %)

	Wasser	Rohprotein	Rohfett	N-freie Extraktstoffe	Rohfaser	Mineralstoffe (Asche)
Gerste, geschält . .	12,5	10,6	1,7	72,1[1]	1,6	1,5
Graupen	12,5	7,8	1,0	76,2	1,4	1,1
Schleifmehl . . .	12,5	9,5	1,4	74,3	0,8	1,5
Futtermehl. . . .	12,0	12,5	3,0	64,0	5,0	3,5
Kleie	10,5	14,0	3,5	57,1	10,0	4,9
Spelzen	10,4	3,6	1,0	49,2	28,6	7,2

[1] ungeschält.

Tabelle 56. *Mineralstoff- und Vitamingehalt von Perlgraupen* (in mg/100 g)
(nach M. B. JACOBS 1951)

Ca	P	Fe	Cu	Thiamin	Riboflavin	Niacin
16	189	2,0	0,12	0,12	0,08	3,10

Der Mineralstoff- und Vitamingehalt von Graupen kann nach M. ROHRLICH u. V. HOPP (1961) um 50—80% gesteigert werden, wenn die Rohgerste vor dem Schälen mehrere Stunden eingeweicht und mit Dampf behandelt wird (vgl. Parboiled-Reis).

3. Mais

Mais wird zu Maisgrieß, -mehl oder Flocken verarbeitet. Maisgrieß wird hauptsächlich in Breiform (Italien: Polenta; Rumänien: Mammeliga; Holland: Homing), Maismehl als Maiskuchen (Mittel- und Südamerika: Tortilla) verzehrt.

Bevor der Mais verarbeitet wird, muß der seitlich unter der Schale des Maiskornes befindliche 3—7 mm lange, 17—40% Fett enthaltende Keimling abgetrennt werden, da Grieß und Mehl nur einen geringen Fettgehalt aufweisen dürfen. Je vollständiger dieses Entkeimen verläuft, um so geringer ist der Fettgehalt des gewünschten Erzeugnisses und damit seine Haltbarkeit bei längerer Lagerzeit umso besser.

Es werden zwei Verfahren zum Entkeimen unterschieden: die Trockenentkeimung und die Naßentkeimung.

a) Trockenentkeimung

Die Trockenentkeimung wird angewendet, wenn der Mais zu Mehl oder Grieß verarbeitet werden soll. Das gereinigte Material wird durch *Prallzerkleinerung* entkeimt und zwar in einem Gerät, das aus einer mit Prallkörpern versehenen Stahlblechtrommel und einem darin mit vertikaler Achse laufenden Schlagscheibenwerk besteht. Die Maiskörner werden von den Schlagscheiben gegen die Prallkörper geworfen und so gebrochen, daß die Keimlinge dabei nicht beschädigt werden. Der Vorgang wird mehrmals wiederholt, bis diese weitgehend abgelöst sind (System Noury).

Für das Entkeimen des Maises kann auch der *Fliehkraftschäler* (vgl. Haferschälung S. 104) verwendet werden. Die darin erzielte Ausbeute an Keimlingen beträgt nach H. Cleve (1947) zwischen 8,7 und 11,2% (der Keimlingsanteil am Korngewicht liegt etwa zwischen 10,0 und 12,0%). Um diese günstige Ausbeute zu gewährleisten, wird Konditionieren des Maises empfohlen, um vor dem Schälen die Bindung zwischen Keimling und Schale aufzulockern.

Der gebrochene Mais (Bruch, Grieß, Mehl) wird in einen *Vorkonzentrator* übergeführt, in dem das zulaufende Gemisch durch einen Windstrom aufgeteilt wird. Der schwere Maisbruch fällt nach unten, wo er ausgetragen wird; die leichten Anteile der Schale und des Keimlings werden vom Wind nach oben geblasen und dort abgezogen.

Das Ausscheiden der Keimlinge kann auf *Tischauslesern* oder in einem *Windsortierer* erfolgen, der ähnlich wie der Vorkonzentrator arbeitet. Eine befriedigende Trockenentkeimung des Maises läßt sich auch auf den in der Müllerei gebräuchlichen Schrotwalzenmühlen durchführen, wobei die Keimlinge im Plansichter abgeschieden werden. Ein Diagramm einer solchen Arbeitsweise hat W. Hachmann (1949) beschrieben. Darin ist neben dem Tischausleser eine Grießputzmaschine vorgesehen, die den Grieß von Keimlingsteilen weitgehend reinigt.

b) Naßentkeimung

Bei der Naßentkeimung wird der Mais vorbehandelt. Er wird vor dem Entkeimen mit warmem oder kaltem Wasser genetzt oder auch mit Sattdampf bis 3 atü gedämpft. Beide Arbeitsweisen können kombiniert und auch noch durch einen Konditionierungsprozeß (Wärmebehandlung bei 50—70° C) ergänzt werden. Durch diese Maßnahmen wird erreicht, daß Keimling und Mehlkern einen unterschiedlichen Wassergehalt — im Keimling ist er höher — aufweisen, um auf diese Weise ein Zersplittern des Keimlings zu vermeiden. Das Entkeimen erfolgt nach Vorbereiten auf einem Walzenstuhl mit Rücken auf Rücken eingelegten Walzen. Die Keimlinge werden vom Maisbruch durch einen Plansichter sowie durch einen Tischausleser für die Größensortierung ausgeschieden.

Bei der Naßentkeimung sollen nach W. Hachmann (1949) geschmacklich bessere und besser verdauliche Erzeugnisse erhalten werden.

Um ein Ranzigwerden der Keimlinge zu verhindern, müssen diese auf 11—13% Wasser heruntergetrocknet (Bandtrockner, Tellertrockner u. ä.) werden; anderenfalls werden Ausbeute und Qualität des Maiskeimöls merklich herabgesetzt.

Die Keimlingsausbeute ist bei Verarbeiten des so vorbehandelten Maises gegenüber der beim Trockenentkeinen erzielbaren erhöht. Auch der Ölgehalt der Maiskeime, der beim Trockenentkeimen zwischen 13 und 15,4% liegt, steigt beim Naßentkeimen auf über 20% (Keimlinge aus der Maisstärkefabrikation enthalten über 30% Fett). Die Keimlinge dienen zum Gewinnen von Öl und Ölkuchen, der als Futtermittel verwendet wird.

Über Vor- und Nachteile moderner Trocken- und Naßentkeimungsverfahren und deren optimale Anwendung bei verschiedenen Rohstoffen unter Angabe von Richtwerten für die Ausbeute berichtet E. Ander (1965).

c) Maisgrieß, Maisflocken, Maismehl

Für die Gewinnung von *Maismehl* aus nicht entkeimtem oder entkeimtem Mais ist jede für das Vermahlen von Weizen oder Roggen eingerichtete Mühle geeignet; dabei fällt Grieß an, der in Grießputzmaschinen geputzt, auch als Speisegrieß verwendet werden kann. Die Grießausbeute ist dabei aber relativ niedrig. Polenta ist Grieß aus dem Maisendosperm. Homing sind reine Endospermstücke mit einem Ölgehalt unter 1%, die für Brauerei und Cornflakes Verwendung finden.

Maisgrieß für Speisezwecke wird in einer Maisgrießmühle gewonnen; das Diagramm sieht fünf Schrotwalzenstühle und drei Auflösewalzenstühle vor. Das Mahlprodukt wird in ein oder drei Plansichtern aufgetrennt. Die Grieße werden zum Ablösen der Keimlingsreste gleichfalls in Grießputzmaschinen (Stoßwindputzmaschinen) geputzt.

Für die Klassifizierung und Qualitätsbeurteilung von Maisgrieß kann der Fettgehalt herangezogen werden, der zwischen 1,5 und 4% schwankt.

Angaben über die Ausbeute verschiedener Mahlprodukte und deren Fettgehalt findet man bei W. Hachmann (1949).

Für die Herstellung von *Maisflocken* wird gebrochener Mais in Grützekörnung bei 70° C getrocknet und anschließend 2—2$^1/_2$ Std mit Malzsirup gekocht. Die Grütze färbt sich hierbei gelbbraun. Nach Trocknen auf einen Feuchtigkeitsgehalt von 8—20 % wird die Grütze 20 min gedämpft und anschließend auf einem Walzenstuhl gequetscht. Die Flocke wird noch geröstet und erhält so ihren aromatischen Geschmack.

Für den amerikanischen Markt gelten für die Maismahlerzeugnisse bestimmte Definitionen, die sich auf Körnung und Reinheit erstrecken; auch der Fettgehalt wird als Qualitätsmerkmal miteinbezogen. Die Vitaminanreicherung von Maisgrieß oder -mehl ist gleichfalls standardisiert (vgl. M.B. JACOBS 1951).

d) Chemische Zusammensetzung der Maisprodukte

Werte für die durchschnittliche chemische Zusammensetzung einiger Maiserzeugnisse sind in Tab. 57, solche für den Vitamin- und Mineralstoffgehalt in Tab. 58 zusammengestellt; sie sind naturgemäß von der Vorgeschichte und Verarbeitung des Maises bestimmt und großen Schwankungen unterworfen.

Tabelle 57. *Chemische Zusammensetzung einiger Maiserzeugnisse* (in %)
(nach M.B. JACOBS 1951)

	Wasser	Eiweiß	Fett	Rohfaser	N-freie Extraktstoffe	Mineralstoffe (Asche)
Maismehl . . . . (Vollmehl)	12,0	9,1	3,7	2,0	73,9	1,3
Maismehl aus entkeimtem Mais	12,0	7,5—8,3	1,1	0,7	78,0	0,5
Maisflocken. . . .	9,3	7,9	0,7	0,5	80,3	1,8
Maisgrieß	11,4	8,5	0,8	0,4	78,9	0,4
Maisschalen . . .	9,4	9,7	7,3	9,2	62,0	2,4

Tabelle 58. *Vitamin- und Mineralstoffgehalt einiger Maiserzeugnisse* (in mg/100 g)
(nach M.B. JACOBS 1951)

Mehl	Ca	P	Fe	Cu	Thiamin	Riboflavin	Niacin
Maismehl (Vollmehl) . . .	18	248	2,7	—	0,41	0,12	1,7
Maismehl aus entkeimtem Mais	10	140	1,0	0,20	0,15	0,06	0,9
Maisgrieß	11	70	1,0	0,19	0,15	0,05	0,9
Maisflocken.	10	56	1,0	0,17	0,16	0,08	1,6

4. Reis

a) Braunreis, Weißreis

Getrockneter und in ähnlicher Weise wie Hafer vorgereinigter Rohreis — auch *Paddy* genannt — wird zunächst sortiert; die erhaltenen Partien werden getrennt geschält.

Zum Schälen, d. h. Entspelzen, des Rohreises gibt es mehrere Einrichtungen. Am gebräuchlichsten ist der *Unterläuferschälgang* (vgl. Hafer).

Im *Walzenschäler* laufen zwei mit Gummibelag versehene Eisenzylinder (Länge 260—220 mm, Durchmesser 25 mm) in verschiedener Drehrichtung gegeneinander. Diese mit einem hohen Schäleffekt arbeitende Schälmaschine hat aber den Unterläuferschälgang bisher nicht verdrängen können.

Das Schälgut, aus entspelzten Reiskörnern, Spelzen, Bruchkörnern und Schälmehl bestehend, wird gesiebt, um Schälmehl und Bruch auszuscheiden. Das Reishülsengemisch wird in einem nach dem Kaskadenprinzip arbeitenden Hülsenseparator mittels eines regulierbaren Luftstromes getrennt, der die leichteren Spelzen mitreißt.

Der vom Paddyausleser ablaufende geschälte Reis, der noch von den fetthaltigen Samenhäutchen (Silberhäutchen) umgeben ist und daher ein graues bis rotbraunes Aussehen besitzt, wird als Braunreis bezeichnet.

Um dem Reis ein glasiges, weißes Aussehen zu geben, wird der Braunreis auf einem *Schleifgang* bis viermal geschliffen. Dabei werden Schale (Fruchtschale, Samenschale), Aleuronschicht und Keimling entfernt. Um noch anhaftendes Schleifmehl abzuscheiden, wird der Reis auf einem *Poliergang* poliert (vgl. Hafer). Das Polieren ist nur erforderlich, wenn das Aussehen der Ware nach dem Schleifgang nicht befriedigt und der Reis weiter behandelt werden soll. Der polierte Reis, auch Weißreis genannt, besteht aus dem aleuronfreien Endosperm des Reiskornes.

Damit der Weißreis ein glänzendes, glasartiges Aussehen erhält, kann er mit Talkum oder Glucose „glasiert" werden; auf 100 kg Reis werden 1—2 kg Talkum oder 8—10 kg Glucose mit Wasser 1:1 verdünnt und aufgekocht in dafür geeignete Trommeln mittels Zerstäubers oder Tropfapparates zugegeben. Zum Nachweis von Talkum werden nach V. Moucka (1936) einige Körner 4 min in Jod-Kaliumjodid-Lösung getaucht, abgespült und erhitzt. Mit Talkum behandelte Körner haben ein metallisch glänzendes Aussehen.

Über Nützlichkeit und Zweckmäßigkeit des Glasierens gehen Meinungen und Erfahrungen auseinander. Nach z. Z. geltenden gesetzlichen Bestimmungen wird Talkum als technischer Hilfsstoff betrachtet. Eine Festsetzung der Restmenge ist jedoch bisher nicht erfolgt (Holt-höfer-Juckenack-Nüse 1963).

Das Glasieren soll nicht nur das Aussehen verbessern, sondern auch den Reis für längeres Lagern geeignet machen. Wenn das Aussehen des Reises nach dem Polieren nicht befriedigt, wird er manchmal durch Beimischen von 1 g Ultramarin auf 100 kg Weißreis (in Deutschland unzulässig) oder mit anderem Farbstoff gefärbt.

Die Ausbeute an bei der Reismüllerei erhaltenen Fertigerzeugnissen hängt außer von den an sie gestellten Qualitätsansprüchen von der Beschaffenheit des Rohreises (ob klein- oder großkörnig, ob dünn- oder dickschalig) sowie von der Einrichtung und Arbeitsweise der Mühle ab; auch der Wassergehalt des Rohreises kann die Ausbeute beeinflussen. Nach K. Fischer (1957) kann mit folgenden Ausbeuten gerechnet werden: Vollreis 45—56%, Bruch[1] 9—17%, Nebenprodukte[2]: 7—15%, Hülsen 20—24%.

Der Weißreis gelangt in verschiedenen Qualitäten, Typen oder Standards, die durch Sortieren gewonnen werden, auf den Markt. Für die Erzeugnisse deutscher Reismühlen werden die in Tab. 59 aufgeführten Typenbezeichnungen verwendet.

Tabelle 59. *Deutsche Reistypen*

Type	Bruchanteil (%)
000	4,0
000/00	5,0
00	10,0—12,0
00/0	15,0—18,0
0	20—25
0/I	30—40
I	$^3/_4$ Körner (Grobbruch)
II	$^1/_2$ Körner (Mittelbruch)
III	$^1/_4$ Körner (Feinbruch)

Eine Übersicht über die „Standards" in den USA sowohl für Braunreis als auch für Weißreis gibt M.B. Jacobs (1951). Über die Qualität der italienischen Reissorten werden von L. Borasio (1961), über die Reisqualität sowie die Verbraucheransprüche in den Importländern der „Communauté Française" von A. Angladette (1961) Angaben gemacht.

Die europäischen Reismühlen verarbeiten im allgemeinen bereits in den Erzeugerländern vorgeschälten Reis, sog. Cargoreis oder Loonzaine (auch Europareis genannt); Cargoreis enthält etwa 20%, Loonzaine nur 2—3% ungeschälte Körner. Der Feuchtigkeitsgehalt des Cargoreises liegt bei etwa 12%, um Veränderungen während des Transports zu vermeiden (L. Hopf 1938; H. Hampel 1954).

Beim Schälen von Cargoreis wird naturgemäß eine höhere Ausbeute erzielt als beim Schälen von Paddy-Reis, da die Spelzen beim Vorschälen sowie dabei ent-

---

[1] Grobbruch, Mittelbruch, Feinbruch.
[2] Kopfgrieß, Schleif- und Poliermehl, Schälmehl, Halbkörner und Unkrautsamen.

stehender Reisbruch bereits entfernt worden sind. Das Diagramm bei Verarbeiten von Cargoreis ist einfacher als das einer Paddy-Reismüllerei; es erstreckt sich nur auf Schleifen, Polieren, Glasieren und Sortieren des Reises. Über ein Verfahren zur Bestimmung des Schleifungsgrades von Reis durch Messen der Höhe des Eiweißniederschlages in einem wäßrigen Extrakt berichtet H. DEGNER (1931).

Die Kocheigenschaften von Reis sind sehr unterschiedlich, z. T. in Abhängigkeit von Sorte und Herkunft. Die Ursache hierfür wird in Unterschieden der kolloiden Struktur sowie in dem wechselnden Amylose-Amylopektin-Verhältnis gesehen. Die allgemeinen Forderungen an die Qualität sind: Reis soll voluminös, trocken, von einheitlicher, weicher Konsistenz sein, nicht kleben und nicht spalten. Nach N. V. V. PARTHASARATI u. N. NATH (1953) gilt Reis als gekocht, wenn 2,25 g Wasser pro 1 g Reis während des Kochens bei 100°C adsorbiert werden. Lange Körner neigen dazu, mehr Wasser aufzunehmen als mittlere oder kurze (A. SREENIVASAN 1939).

Zur Prüfung der Kocheigenschaften dienen u. a. folgende Methoden:

Bei dem Expansionstest nach F.Y. REFAI u. S.A. AHMAD (1958) werden 5 g entspelzter Reis mit 45 ml Wasser in einen 100 ml-Meßzylinder gegeben und auf 80°C gleichmäßig erwärmt. Das Volumen wird nach 20 min, dann in Abständen von 10 min bis zur gesamten Kochzeit von 90 min abgelesen. Die Expansionszahl ist der Quotient aus Volumen nach 90 min, geteilt durch ursprüngliches Volumen. Dabei wird gleichzeitig die kürzeste Kochzeit zum Erreichen des maximalen Volumens festgestellt.

Bei der Quellzahl nach RAO u. Mitarb. (1952) wird das Gewicht des Wassers, das 100 g Reis beim Kochen unter Standardbedingungen in Wasser bei 98° aufnehmen, ermittelt. Bei dem Alkalitest nach F.J. WARTH u. D.B. DARABSETT (1914) und J.W. JONES (1938) werden Körner in 0,2 n-KOH über Nacht in Petrischalen getaucht. Je nach Struktur oder Härte beginnen die Körner sich verschieden schnell aufzulösen unter Bildung eines Hofes, dessen Länge gemessen wird. Proben, deren Mehlkern in durchsichtige Massen zerfallen, haben bessere Kocheigenschaften als solche, die undurchsichtig bleiben.

Bei dem Jod-Stärketest nach J.V. HALICK u. K.K. KENEASTER (1956) wird die Intensität der auftretenden Blaufarbe photoelektrisch gemessen. Sorten mit sehr guten Kocheigenschaften haben niedrigere Werte, solche mit schlechten hohe Werte (hoher Amylopektingehalt). Sorten mit hohem Amylosegehalt sind nach dem Kochen nicht klebrig. Der Amylosegehalt läßt nach Untersuchungen von J.V. HALICK u. V.J. KELLY (1959) im Amylographen zwar keinen Einfluß auf die Temperatur der Verkleisterung, aber auf die maximale Viscosität des heißen Kleisters und die Gelbildung beim Abkühlen erkennen. Kurz- und Mittelkornsorten mit niedrigen Verkleisterungstemperaturen von 65—67°C absorbieren mehr Wasser als Langkornsorten.

F.Y. REFAI u. S.A. AHMAD (1958) haben unter Verwenden von Expansionszahl, Kochzeit, Alkalitest und Jodblautest ein Punkt-Bewertungsschema (12 Punkte) entwickelt und erhalten niedrige Punktzahlen vorwiegend bei Kurzkornsorten.

Mit der Reisquellzahl nach G. HAMPEL (1959) läßt sich die Quellgeschwindigkeit der Körner und die Homogenität der Reispartien verfolgen. Das Prinzip dieser Methode beruht darauf, daß bestimmte hydratisierte Stärkefraktionen extrahiert werden und mit der Jodfärbung die Menge dieser extrahierten Fraktionen bestimmt wird. Als Reagens dient eine Lösung von Formamid, Ammoniumsulfat und Sulfosalicylsäure.

Für die Messung der Konsistenz von gekochtem Reis wird eine Konsistenzprüfung nach G. HAMPEL (1959) mit Hilfe eines Oryzogrammes unter Verwendung des Panimeters empfohlen.

b) Weitere Reiserzeugnisse

Schnellkochreis („minute"-Reis). Für die Gewinnung von Reis mit abgekürzter Kochzeit wird Rohreis z. B. zunächst eingeweicht, 15—60 min bei ca. 82°C mit Dampf behandelt und bis auf einen Wassergehalt von 14% getrocknet. Anschließend wird der Reis in einem Heißluftstrom von 148—260°C innerhalb von 30—120 sec oder durch dielektrisches Erhitzen auf 52—93°C behandelt. Die Kochzeit des auf diese Weise gewonnenen Reises beträgt nur 1 min (Rice Grower's Assoc. of California 1957). Nach einem anderen Verfahren wird der gewässerte Reis zwischen 65° und 113°C erwärmt (10—100 min, je nach Temperatur, um die Stärke zu verkleistern. Die Reiskörner werden auf 30—80% ihrer ursprünglichen Dicke komprimiert und abschließend auf einen Wassergehalt von 10—14% getrocknet (A.K. OZAI-DURRANI 1948).

„*Parboiled*" *Reis.* Um das Ablösen der Spelzen vom Reiskorn zu erleichtern, ist es in einigen Gegenden Asiens üblich geworden, den Rohreis einige Stunden in Wasser einzuweichen, ihn an der Sonne zu trocknen und dann erst zu schälen. In eingehenden Untersuchungen hat J.J.C. Hinton (1948) gezeigt, daß dieser „parboiled" Reis einen höheren Vitamingehalt besitzt als der auf normale Weise hergestellte. In neuerer Zeit ist in England und in den USA dieses bisher primitive Verfahren technisch verbessert worden. Parboiled-Reis wird z. B. nach folgender Arbeitsweise hergestellt:

Rohreis wird in geeigneten Behältern in kaltem oder warmem Wasser 24—80 Std eingeweicht, bis er einen Wassergehalt von 25% aufweist. Nach dem Weichen wird er 15 min gedämpft; dies erfolgt entweder diskontinuierlich in Kesseln oder auch kontinuierlich in dampfbeheizten Schnecken. Der so vorbehandelte Reis wird getrocknet und dann geschält.

Reisflocken. Reisflocken werden ähnlich wie Haferflocken gewonnen. Der polierte — nicht glasierte — Reis wird 10—15 min gedämpft und nach einiger „Abstehzeit" dem Flockenstuhl zugeführt. Je nach Stärke des Reises wird die Flocke größer oder kleiner. Die den Flockenstuhl verlassenden noch feuchten Flocken werden bei etwa 80° C auf Bändern getrocknet; sie sollen einen Feuchtigkeitsgehalt nicht über 10% besitzen.

Kleine Reisflocken (Perlflocken) werden aus Bruchreis hergestellt.

c) Chemische Zusammensetzung der Reisschälprodukte

Die stoffliche Zusammensetzung der Reiserzeugnisse ist naturgemäß großen Schwankungen unterworfen. Durchschnittswerte sind in der Tab. 60 zusammengestellt.

Durch Schleifen und Polieren können dem Braunreis 10% des Eiweißes, 85% des Fettes, 70% der Mineralstoffe und 80% des Thiamins entzogen werden. Über den Verlust an weiteren B-Vitaminen vgl. Tab. 61.

Der Verzehr polierten Reises als Hauptnahrungsmittel war Ursache für das seuchenhafte Auftreten der Beri-Beri in Südostasien.

Tabelle 60. *Durchschnittliche Zusammensetzung der Reisschälprodukte* (in %)
(nach M. B. Jacobs 1951)

	Wasser	Eiweiß	Fett	Rohfaser	N-freie Extraktstoffe	Mineralstoffe (Asche)	Pentosane
Bräunreis . .	12,0	7,5	1,7	0,6	77,7	1,1	2,1
Weißreis. . .	12,3	7,6	0,3	0,2	79,4	0,4	1,8
Puffreis . . .	9,3	6,7	0,3	0,3	83,0	0,4	—
Reisflocken .	8,3	7,7	0,5	0,7	82,0	1,5	—
Reismehl . .	12,1	7,4	0,5	0,4	79,5	0,5	—
Reiskleie . .	9,1	12,5	13,5	12,0	39,4	13,5	—
Reisspelzen .	8,5	3,6	0,9	39,0	29,4	18,6	18,1

Tabelle 61. *Der Einfluß des Polierens auf den Gehalt an B-Vitaminen von Reis*
(Mittelwerte in 100 g Tr.) (nach H. Schroeder 1960)

	Aneurin mg	Lactoflavin mg	Nicotinsäure mg	Pantothensäure mg	Pyridoxin mg	Biotin mg
Braunreis, Naturreis (unpoliert)	375	60	5,18	1,72	1036	12,1
Weißer Reis (poliert)	77	24	1,54	0,66	397	4,2
Gelber Reis („parboiled', ,converted')	267	35	3,97	—	—	—
Reiskleie	2250	240	37,3	7,38	3200	46,3
Reispolitur . . . . (Kleie und Keim)	2180	210	31,8	9,15	2450	68,3

5. Hirse

a) Hirsegrieß, Hirsegrütze, Hirseflocken

Hirse (Sorghumhirse oder Milocorn; Rispenhirse) wird zu Grieß, Grütze, Flocken und Mehl verarbeitet. Die Verarbeitung spelzenhaltiger Rispenhirse (auch Speisehirse genannt) hat in westeuropäischen Ländern nur in Notzeiten eine gewisse Bedeutung. Die äußeren Eigenschaften (Hektolitergewicht, Feuchtigkeit, Spelzengehalt usw.) der aus Rußland und Rumänien im Jahre 1945 nach Deutschland eingeführten Hirse sowie die chemische Zusammensetzung der Schälerzeugnisse haben G. BRÜCKNER u. T. SPECHT-SEMERAK (1945/47) untersucht.

Die Verarbeitung der Sorghumhirse (Milocorn) hat dagegen, wenn auch nur in geringem Umfange, für Speisezwecke, insbesondere aber für die Stärkefabrikation große Bedeutung erlangt. Die geschälte Hirse wird im wesentlichen als Brei verzehrt.

Zum Schälen (Entspelzen) der gut gereinigten Rohhirse können Graupenholländer und besonders gut Reisschleifgänge verwendet werden; es werden dann zwei bis drei Schleifgänge hintereinander geschaltet. Die im ersten Schälgang anfallende Schälkleie (hauptsächlich Spelzen) wird in Bürstensichtern abgesichtet, die Hirse anschließend geputzt und nochmals geschält. Die so bearbeitete Grütze wird als Brein bezeichnet.

Das geschälte Gut wird zu Grütze geschnitten (Excelsiormühle) und das Schneidemehl im Sechskantsichter abgetrennt; die Grütze durchläuft ferner einen Putzkasten und ein Sortiersieb.

Hirse-(Milo-)flocken werden aus grober oder mittlerer Grütze hergestellt, die gedämpft und auf einem Flockenwalzenstuhl gequetscht wird.

Mehl aus Milocorn kann in jeder Weizenmühle ermahlen werden. Bei Vermahlen in einer Roggenmühle (die über keine Grießputzmaschine verfügt) muß das Korn vorher geschält werden, um das Auftreten rotbrauner Stippen zu vermeiden. Die Mehlausbeute beträgt 80—90 %.

In einer gut ausgerichteten Hirseschälerei wird mit folgenden Ausbeuten gerechnet: 73 % geschälte Hirse (verschiedener Qualität), 1,8 % Futterhirse, 17,5 % Schale (Spelzen), 3,2 % Poliermehl, 4,0 % Unkrautsamen und Abfall, 0,5 % Verlust.

Tabelle 62. *Durchschnittliche Zusammensetzung von Mahlerzeugnissen aus Hirse (lfttr.) (in %)*

Mahlgrad	Rohfaser	Asche	Rohprotein N · 6,25	Rohfett	N-freie Extraktstoffe
Hirse (geschält) . .	2,5	1,81	11,2	4,5	65,3
Grütze	0,8	0,50	11,7	0,8	86,4

Tabelle 63. *Mineralstoffgehalt geschälter Hirse* (in mg/100 g Tr.)
(nach D.F. MILLER 1958)

	Ca	P	Cu	K	Mg	Fe	Mn
Min.	10	270	0,33	—	—	0	0,79
Max.	70	420	1,8	—	20	18	2,73
Mittelwert. . .	30	350	0,79	370	20	5	1,87

Tabelle 64. *Vitamingehalt geschälter Hirse* (in mg/100 g Tr.) (nach D.F. MILLER 1958)

	Thiamin	Ribo-flavin	Pantothen-säure	Niacin	Pyridoxin	Carotin
Min..	0,13	0,08	0,42	3,61	—	—
Max.	0,51	0,24	1,56	9,26	—	—
Mittelwert	0,35	0,18	1,28	5,32	1,03	0,2

b) Chemische Zusammensetzung der Hirseschälprodukte

Für die Zusammensetzung der Mahlprodukte aus Hirse finden sich nur wenige Angaben (Tab. 62).

Werte für den Mineralstoff- und Vitamingehalt sind in der Literatur nur für geschälte Hirse angegeben (Tab. 63 und 64).

Der Gesamtzuckergehalt geschälter Hirse wird im Mittel mit 1,3 % (1,0 bis 1,6 %), der Gehalt an Stärke im Mittel mit 68,3 % (64,5—73,8 %) angegeben. Der Pentosangehalt beträgt im Mittel 2,4 %.

6. Buchweizen

a) Buchweizengrütze, Buchweizengrieß, Buchweizenmehl

Buchweizen wird zu Grütze, Grieß oder Mehl verarbeitet und als Brei verzehrt. In den USA wird das Mehl hauptsächlich im Gemisch mit anderen Mehlen z. B. als Fertigmehl für Pfannkuchen verwendet.

Der frisch geerntete Buchweizen, der häufig stark durch Sand verunreinigt ist, wird nach Passieren der automatischen Waage, eines Magneten und Entgranners in einem Mühlenaspirateur gereinigt, dessen Sandsieb mit Bürsten oder Gummikugeln versehen ist. Unkrautsamen, taube Körner und Fremdgetreide werden in einem wirksam arbeitenden Trieur sowie einem Tischausleser, kleine Steinchen in einem Steinausleser entfernt.

Der gereinigte Buchweizen wird gedämpft (5 min bei 145° C) und gedarrt. Durch das Dämpfen wird das Quellungsvermögen der Erzeugnisse erhöht und ihre Kochzeit verkürzt (V. Šarunajte 1965). Mit einem Feuchtigkeitsgehalt von etwa 7—8 % werden Schalen, die sich beim Darren gelöst haben, in einem Putzapparat ausgeschieden. Nach Abkühlen durch längeres „Abstehen" oder in einem zylindrisch gebauten Kühlapparat, in den Kaltluft durch einen Exhaustor gesaugt wird, wird der Buchweizen in einem Sortiersieb in vier Größenklassen sortiert und im Unterläuferschälgang geschält. Beim Schälen entstandenes Mehl wird in einem Sechskantsichter abgesiebt; die Schalen werden in einem Hülsenseparator abgesaugt. Die geschälten Körner gelangen dann in den Grützeschneider, werden im Sortiersieb gesiebt und im Putzkasten von anhaftenden Schalenteilen gereinigt.

Zum Schälen des Buchweizens werden auch grob geriffelte Walzen, wie sie in den Backschrotmühlen verwendet werden, eingesetzt. Dies geschieht in Betrieben, die Buchweizen nur gelegentlich verarbeiten.

Buchweizenmehl wird aus ganz feiner Grütze auf einem Schrotwalzenstuhl vermahlen und in einem zweiteiligen Plansichter gesichtet. In einer Mischmaschine werden Mehle zu dem gewünschten Farbton vermischt (hell bis grau). Als Ausbeuten werden bei Verarbeiten guten Buchweizens 60—65 % für Grütze und Mehl angegeben. Der Anfall an Schalen beträgt etwa 30 % und der an mehlhaltiger Kleie 10—12 %.

Buchweizenschalen werden als Verpackungsmaterial verwendet oder im Gemisch mit Kohle verheizt. Feine Kleie dient als Schweinefutter.

Tabelle 65a. *Zusammensetzung von Buchweizenmehl* (in %) (nach M.B. Jacobs 1951)

Buchweizen	Wasser	Rohprotein	Rohfett	Rohfaser	Kohlenhydrate (N-freie Extraktstoffe)	Mineralstoffe (Asche)
Mehl						
sehr hell .	12,6	4,7	0,5	0,4	81,2	0,6
hell . . .	12,0	6,3	1,1	0,4	79,7	0,9
dunkel . .	12,0	12,4	2,4	1,0	71,6	1,6
sehr dunkel	13,9	15,9	3,3	1,2	63,5	2,2
Grütze. . .	11,1	12,6	2,8	0,8	71,0	1,7
Schale . . .	6,4	2,9	0,8	49,4	38,5	2,0

Tabelle 65b. *Mineralstoff- und Vitamingehalt von Buchweizenmehl* (in mg/100 g)
(nach M.B. Jacobs 1951)

Ca	P	Fe	Cu	B_1	B_2	Niacin
11,0	88,0	1,0	0,07	0,31	0,08	2,1

b) Chemische Zusammensetzung der Buchweizenmahlprodukte

Für die durchschnittliche Zusammensetzung von Buchweizenmahlprodukten werden die in Tab. 65a aufgeführten Werte angegeben.

Werte für den Gehalt hellen Buchweizenmehles an einzelnen Mineralstoffen und Vitaminen enthält die Tab. 65b.

IV. Sonstige Mühlenerzeugnisse

Neben den zur Herstellung von Brot und Backwaren verschiedener Art in der Mühle gewonnenen Mehlen wird eine Reihe spezieller Erzeugnisse auf den Markt gebracht, die dem Wunsch des Verbrauchers nach tischfertigen oder diätetischen Getreidenahrungsmitteln entgegenkommen.

Getreide-Frühstückskost. Für bequemes Bereiten eines nährstoffreichen Getreidebreies im Haushalt werden Schrot, Grieß oder Flocken vorwiegend aus Weizen, Hafer, aber auch aus Hirse, Mais u. a. in handlichen Kleinpackungen als Frühstücksflocken, Tafelweizen, Muesli u. a. angeboten.

Um sie haltbar zu machen, werden die hierfür verwendeten Getreidemahlprodukte im allgemeinen einer kurzen Hitzebehandlung unterworfen, die je nach ihrer Neigung zum Verderben oder Bitterwerden — bei fettarmen Produkten (Weizen) relativ schonend und kurz, bei fetthaltigen Produkten (Hafer) intensiver — durchgeführt wird.

Da diese Produkte roh verzehrbar sind, müssen bei der Auswahl des Rohstoffes hohe Anforderungen an Sauberkeit und biologische Unversehrtheit gestellt werden. Bei ihrer Herstellung muß daher das Getreide besonders gründlich gereinigt werden, ohne daß dabei größere Keimlingsverluste auftreten. Manche Erzeugnisse werden auch durch Anteigen und Formen wie Teigwaren hergestellt und mit Zusätzen zum Erhöhen des Nährstoffgehaltes und Aromas versehen.

Die sehr unterschiedlichen Erzeugnisse werden roh, mit Wasser, Milch oder Fruchtsäften angequollen, als Beigabe zu Suppen oder angewärmt als warmer Brei mit verschiedenen Zutaten an Früchten, Gewürzen u. a. verzehrt.

Getreidefrühstücksflocken werden in den USA zuweilen auch mit Antioxydantien (Butylhydroxyanisol und -toluol) versetzt (R. H. ANDERSON u. Mitarb. 1963).

Unter der Bezeichnung *Weizengel, Weizenflocken* finden in der Therapie von Fettsucht u. a. Stoffwechselerkrankungen zur Durchführung von Entschlackungs- und Fastenkuren kleiefreie Flocken aus dem angeteigten und getrockneten Vollweizengel Verwendung; sie werden mit Wasser zubereitet, sind geschmacksneutral und werden allein oder in Verbindung mit anderen Nahrungsmitteln verzehrt.

Grünkern wird aus unreifen Körnern des Dinkelweizens (Triticum spelta) durch Entspelzen (Schälen), Darren, Quetschen und Schroten gewonnen und findet auf Grund seines eigenen, würzigen Geschmackes zur Herstellung von Suppen und Soßen Verwendung. Seine Gewinnung ist auf Süddeutschland beschränkt, die Ausbeute an geschälten Körnern beträgt ca. 68 %, an Schrot ca. 62 %.

Die mühlentechnischen Maßnahmen für die Gewinnung von Keimlingen beschränken sich im wesentlichen auf das Aussondern der Embryonen ohne Scutellum in den Großmühlen. Diese, als *Weizenkeimlinge* bezeichnet, werden beim Putzen der Grieße mit nur sehr geringer Ausbeute (0,1 % auf Getreide bezogen) gewonnen und enthalten oft große Beimengungen von Kleie und Mehlteilchen. *Roggenkeimlinge* werden bei der Reinigung abgeschieden und sind oft mit Reinigungsabfällen (Sand, Schmutz) durchsetzt.

Keimlinge sind durch ihren hohen Fettgehalt (vgl. Tab. 66) schnell verderblich und nehmen in kurzer Zeit ranzigen oder kratzend bitteren Geschmack an.

Diesem Verderb wird durch Hitzebehandlung oder starkes Reduzieren des Wassergehaltes der meist frischen Keimlinge begegnet. Je nach Intensität des Röstvorganges nehmen die Keimlinge einen angenehm nußartigen Geschmack an, allerdings unter Umständen auf Kosten des Vitamingehaltes.

Tabelle 66. *Zusammensetzung von Getreidekeimlingen*
(in g/100 g Frischsubstanz) (nach H. Vogel 1948)

	Weizen gereinigt	Roggen	Mais
Wasser	8,8	10,5	9,4
N-Substanz.	40,8	44,7	15,1
Wasserlösliches Protein	19,8	21,6	—
Fett (Äther-Extrakt)	12,0	12,0	24,4
N-freie Extraktstoffe	39,3	20,0	32,8
Stärke	13,0	6,0	24,8
Reduz. Zucker	4,1	6,7	—
Pentosane	11,6	7,3	—
Reduz. Zucker nach Inversion. .	18,6	22,6	8,0
Rohfaser	2,5	3,9	5,8
Mineralstoffe	5,0	5,0	5,5
Phosphor	2,5	3,1	—

Keimlinge finden wegen ihres Nähr- und Wirkstoffreichtums vielseitige Verwendung, besonders in der diätetischen, pharmazeutischen und kosmetischen Industrie.

Gepufftes Getreide (Weizen, Mais, Reis usw.) zeichnet sich durch ein gegenüber dem Rohgetreide stark erhöhtes Volumen aus. Zu seiner Herstellung werden hauptsächlich zwei Verfahren angewendet. Das Getreide wird entweder bei normalem Druck mit einem plötzlichen Hitzestoß behandelt, so daß das Wasser sehr schnell verdampft und infolge der dadurch bedingten Expansion das Kornvolumen erhöht wird. Gebräuchlicher ist aber die Anwendung von Überdruck beim Erhitzen des Getreides und anschließendes Entspannen.

Hierfür dient eine sog. Puffkanone, eine mit Gas beheizte rotierende Stahltrommel, in die Dampf eingeleitet wird (L. J. Huber 1955 und W. C. Gates 1958).

Zur Gewinnung z. B. von *Puffreis* wird geschälter Reis etwa 8 min erhitzt, bis sich durch Wasserverdampfung ein Druck von etwa 15 atü einstellt. Dann wird der Trommeldeckel geöffnet, wobei der Inhalt gegen eine Seitenwand geschleudert wird. Durch die plötzlich eintretende Entspannung dehnen sich die Reiskörner um das acht- bis zehnfache ihres ursprünglichen Volumens aus.

Gepufftes Getreide darf nicht mehr als 3 % Feuchtigkeit aufweisen, schon bei 5 % Wasser verliert es seinen knusprigen Charakter. Zuweilen wird Puffgetreide auch getoastet, d. h. geröstet.

Abgesehen von Spezialuntersuchungen, auf die bei den einzelnen Produkten bereits hingewiesen wurde, erfolgt die allgemeine Qualitätsbeurteilung nach den für Getreidemahlerzeugnisse angegebenen Methoden.

Bulgur ist vorgekochter, mehr oder weniger geschälter körniger Weizen mit einem Wassergehalt von nur 10 %.

Gereinigter, gewaschener Weizen wird durch mehrstufige Wasserzugabe bei bis auf 85° C steigender Temperatur langsam in mehreren Stunden auf einen Feuchtigkeitsgehalt von 40 % gebracht (*Fisher Flouring Mills*, 1959 und *US Dept. of Agriculture*, 1960). Durch kurzes Kochen (1,5 min) unter Überdruck von 12 atü wird die Stärke ohne Verfärbung verkleistert. Gleichzeitig werden die Sporen von Mikroorganismen vernichtet, was die Haltbarkeit (9 Monate bei 20° C) erhöht. Die mit Heißluft getrockneten und dann gekühlten Körner werden ganz oder zerkleinert abgepackt (W. L. Haley u. J. W. Pence 1960).

Bulgur wird ähnlich wie Reis verwendet, übertrifft diesen aber hinsichtlich seines höheren Gehaltes an Eiweiß, Fett, B-Vitaminen und einigen Mineralsalzen und ist durch einen herzhafteren Geschmack ausgezeichnet; er ist nach kurzem Aufkochen (ca. 10 min) tischfertig und findet als neutrale Begleitspeise an Stelle von Reis und Kartoffeln für salzige und süße Speisen sowie zur Verbesserung der Ernährungslage in Entwicklungsländern Verwendung (Z.I. SABRY u. R.I. TANNOUS 1961; W. SCHÄFER 1962).

Unter WURLD-Weizen wird ein vorgekochter, durch Laugenbehandlung geschälter körniger Weizen verstanden, der in den USA entwickelt wurde und in seiner allgemeinen Verwendung wie Reis als Beilage zu Gerichten oder als Brei gedacht ist. Er besteht aus dem Endosperm einschließlich der Aleuronschicht. Die Schale ist selbst in der Bauchfurche des Kornes entfernt, ebenso der Embryo (A.I. MORGAN u. Mitarb. 1964).

Bei „pearl"-Weizen, ebenfalls einem reisähnlichen Produkt, wird die Schale mechanisch entfernt und durch hydrothermisches Behandeln eine Verschiebung einiger Wirkstoffe aus der Aleuronschicht in den Mehlkern hervorgerufen. Hierüber wie über Bemühungen zur Herstellung pflanzlicher Trockenmilch aus proteinreichen Fraktionen windgesichteter Mehle oder zur Herstellung von vegetarischem Büchsenfleisch und haltbarer Pflanzenwurst aus Weizen berichtet J.W. PENCE (1962).

V. Biochemische Vorgänge in lagernden Getreidemahlprodukten

Im unversehrten Korn sind die enzymatisch bedingten Veränderungen biologisch determiniert und bei relativer Luftfeuchtigkeit unter 75 % sowie einem Wassergehalt unter 15 % nur geringfügig. In den Mahlprodukten ist die biologische Ordnung zerstört, „die Umsetzungen verlaufen nicht mehr zweckbestimmt, sondern dem unphysiologischen Zustand einer Unordnung zwangsläufig zu" (K. TÄUFEL 1950).

Mehl ist infolge seiner erhöhten Adsorptions- und Reaktionsbereitschaft (vgl. S. 38 ff) vielseitigen Einflüssen aus der Umgebung durch Luftsauerstoff, Licht, Feuchtigkeit, Schädlinge, Fremdgeruch, Schmutz, u. a. stärker ausgesetzt als Getreide. Angesichts der dadurch erschwerten Lagerbedingungen ist es nicht möglich und auch nicht üblich, Mehl für längere Zeit zu lagern.

Mehl wird im allgemeinen nur solange aufbewahrt, wie es die Reifungsvorgänge zum Erzielen optimaler Backeigenschaften als geboten erscheinen lassen. Dies ist bei Weizenmehlen im allgemeinen nach 1—2, bei Roggenmehlen nach knapp einem Monat der Fall. Vollkornmehle und Mehle für Breinahrung bedürfen keiner Ablagerung.

Transport, Verpackung und Aufbewahrung von Mehl erfolgte früher ausschließlich in Jutesäcken, heute vorwiegend in mehrschichtigen Papiersäcken und teilweise auch lose in Betonzellen und Tankwagen mit pneumatischer Füllung (J. BRATZ 1958 und B. GMÜR 1962). Bei Aufbewahren von Mehlsäcken ist auf die Verhütung von Feuchtigkeitsaufnahme, Geruchsadsorption und Schädlingsinfektion besonders zu achten. Der Raum muß kühl, trocken, frei von Temperaturschwankungen, durch Lattenroste gegen Wände und Boden geschützt und frei von Schädlingen sein, die Stapelung der Säcke muß allseitig freie Luftzirkulation ermöglichen.

Ein optisch erkennbares Zeichen einer Umsetzung im Weizenmehl während des Lagerns ist das *Ausbleichen* des Mehlfarbstoffes. Diese als Mehlalterung oder Reifung bezeichnete Aufhellung stellt eine erwünschte Erscheinung bei zu Backzwecken bestimmten Mahlprodukten dar. Bei Grießen aus Hartweizen, die zu Teigwaren verarbeitet werden sollen, ist sie dagegen unerwünscht. Ursache dieser Farbeinbuße der Mahlprodukte ist eine Fermentreaktion, ursprünglich einer Carotinoxydase zugeschrieben, später von J.B. SUMNER u. R.J. SUMNER (1940) sowie von B.S. MILLER u. F.A. KUMMEROW (1948) als eine solche der *Lipoxydase* (vgl. Enzyme, S. 68) erkannt.

Während der Lagerung von Mahlprodukten werden auch ihre technologischen Eigenschaften verändert, was nach N. P. Kosmina (1935) und E. C. Barton-Wright (1938) mit dem Auftreten ungesättigter Fettsäuren zusammenhängt. Mit dem Anstieg der Menge freier Fettsäuren im Mehl ist ein Anstieg des Säuregrades verbunden. Der Gesundheitszustand der Mahlprodukte wird daher auch im allgemeinen am Säuregrad beurteilt.

Beim Bestimmen des Säuregrades werden je nach der angewendeten Methodik neben Fettsäuren Phosphorsäure, saure Phosphate, wasserlösliche organische Säuren sowie sauer reagierende Stickstoffsubstanzen (Protein, Peptide, Aminosäuren) miterfaßt. Im Verlaufe des Lagerns steigt aber — wie aus Untersuchungen von A. Purr (1950) hervorgeht — hauptsächlich die Acidität der Fettsäuren und Phosphorsäurekomponenten an, während sich die der Proteine oder Aminosäurekomponenten nur wenig verändert.

Die Aussagekraft des Säuregrades hinsichtlich der Menge freier Säuren muß also stark eingeschränkt werden. Hinzu kommt, daß nach den Untersuchungen von M. Rohrlich u. W. Essner (1960b) die puffernde Wirkung des Phytins und des Proteins in den in der wäßrigen Suspension ermittelten Wert miteingeht und mit steigendem Mineralstoffgehalt zunimmt (vgl. S. 131).

Für die während längerer Lagerung auftretenden Veränderungen der Backeigenschaften des Weizenmehles machen A. T. Sinclair u. A. G. McCalla (1937) sowie B. Sullivan u. Mitarb. (1936) eine Oxydation der ungesättigten Fettsäuren und eine gleichzeitige Schädigung des Weizenklebers verantwortlich.

Die Feuchtigkeit der lagernden Mahlprodukte hat bei solchen Umsetzungen naturgemäß einen entscheidenden Einfluß. Nach M. S. Fine u. A. G. Olson (1928) sowie nach P. Halton u. E. A. Fisher (1937) steigt allerdings die Sauerstoffaufnahme und die Oxidranzigkeit mit abnehmender Feuchtigkeit an. Eine ähnliche Beobachtung haben L. S. Cuendet u. Mitarb. (1954) gemacht, die an Weizenmehl aus dem ganzen Korn bei 3 % Wassergehalt schneller eine Geruchsveränderung wahrnehmen konnten als bei einem solchen von 6 %.

Die Beteiligung von Mikroorganismen, insbesondere von Schimmelpilzen, ist bei Lagerung feuchter Mahlprodukte gegeben, die aber zuweilen keinen merklichen Anstieg im Fettsäuregehalt aufweisen. Diese Erscheinung wird von E. C. Barton-Wright (1938) damit erklärt, daß die sich entwickelnden Schimmelpilze einen Teil der Fettsäuren veratmen. Bei starkem Schimmelpilzbefall, der einen Eiweiß-abbau und Freisetzung von Ammoniak verursacht, werden die freien Fettsäuren unter Umständen auch neutralisiert (vgl. auch L. Acker u. H.-O. Beutler 1964).

Der Zusammenhang zwischen den bei der Lagerung verschiedener Weizenmahlprodukte auftretenden Veränderungen der Fette, die sich in einer signifikanten Steigerung der Fettacidität und einer Beeinträchtigung der Backeigenschaften zeigte, ist von L. S. Cuendet u. Mitarb. (1954) systematisch untersucht worden. Mit steigender Feuchtigkeit wurde eine Zunahme der Fettacidität (bei 14 % H_2O wurden 50 % des Mehlfettes gespalten) und zugleich eine merkliche Abnahme des Brotvolumens beobachtet. Das Backverhalten heller, niedrig ausgemahlener Mahlprodukte war gegenüber dem der stärker ausgemahlenen merklich weniger beeinträchtigt. L. S. Cuendet u. Mitarb. haben ebenso wie J. A. Shellenberger u. Mitarb. (1958) im Gegensatz zu Erfahrungen der Bäckereipraxis keine Verbesserungen der Backeigenschaften des Weizenmehles während der Lagerung feststellen können. Dagegen hat H. Dörner (1952) im Extensogramm und im Backversuch erkennbare Qualitätsverbesserungen der Mehle während ihrer Lagerung beobachtet. Nach L. Zeleny (1954) tritt im allgemeinen bei kurzer Lagerzeit eine Verbesserung, bei längerer Lagerung eine Verschlechterung der Backeigenschaften ein. J. A. Anderson u. Mitarb. (1960) stellten in 5jährigen Lagerversuchen mit Weizenmehl (Asche 0,44 %) und Grieß (Asche 0,30 %) ebenfalls einen Abfall der Backeigenschaften von naturfeucht (15 %) gelagerten Proben, jedoch eine Zunahme der auf 8—10 % Feuchtigkeit vor der Lagerung getrockneten Proben fest. Grieß hielt sich besser als Mehl. Die Lipaseaktivität fiel in allen Proben stark zurück.

L. S. Cuendet u. Mitarb. (1954) führen das Nachlassen der Backeigenschaften auf enzymatische und oxydative Veränderungen im Mehl zurück. Diese lassen sich auch deutlich an Veränderungen am Mehlfett erkennen, da zwischen Brotvolumen und Fettsäurezahl eine negative Korrelation besteht. Die Fettacidität ist nach diesen Autoren als ein gutes Kriterium für die Veränderungen anzusehen, die während der Mehllagerung die Backeigenschaften beeinflussen.

Das Verhalten der Mehle beim Lagern ist sicher auch von der Ursprungsqualität abhängig. Ein qualitativ gutes Mehl aus gut ausgereiftem kanadischen oder amerikanischen Weizen kann bei der Lagerung kaum noch eine Qualitätssteigerung entwickeln im Gegensatz zu einem Mehl aus deutschem Weichweizen. Mehle aus deutschem Weizen müssen zum Erreichen ihrer optimalen Backeigenschaften 1—2 Monate lagern und „nachreifen". Schrot muß jedoch frisch verarbeitet werden.

Über die enzymatischen Veränderungen, die sich an den Phosphatiden (Lecithin usw.) während der Lagerung von Weizenmahlprodukten abspielen, haben B. Sullivan u. Mitarb. (1936) sowie L. Acker u. G. Ernst (1954) berichtet. Phospholipasen werden im hellen Mehl nur schwach wirksam, da sie hauptsächlich im Keimling enthalten sind, doch kann diese geringfügige Aktivität bei Lagerung lecithinhaltiger Kuchenmehle und Eierteigwaren eine Rolle spielen.

Von A. Schulerud (1957) wurden bei der Lagerung von *Roggenmehl* auch Veränderungen der Verkleisterungseigenschaften der Stärke beobachtet. Mit steigender Lagerzeit und Lagertemperatur verschiebt sich die Verkleisterungstemperatur nach oben, was mit einem Schrumpfen der Stärkekörner erklärt wird. Die freien Fettsäuren bewirken nach A. Schulerud eine Hemmung der Verkleisterung der Roggenstärke, die auch durch nachlassende Aktivität der Amylasen beeinflußt wird.

Über die Änderungen von chemischen und physikalischen Kennwerten bei einer 3- bis 18monatigen Speicherlagerung von Gerstengraupen, Haferflocken und Schälprodukten aus Reis, Mais und Hirse bei Temperaturen von —20° bis +21° C berichten I. Salun u. Mitarb. (1963). Längere Lagerzeiten führten zu einer Erhöhung der Säurezahl, während die Zahl der Bakterien stark abnahm. Lagerzeiten über 12 Monate erhöhten die Zahl der Schimmelpilze.

In verschieden stark ausgemahlenen *Maismehlen*, die in unterschiedlicher Verpackung (Baumwollbeutel, Polyäthylenbeutel) gelagert worden waren, wurden die Veränderungen während der Lagerung von H. M. B. Ballschmieter u. H. Vlietstra (1963) untersucht. Sie fanden, daß von den ermittelten Kennzahlen (Peroxidzahl, Fettacidität, pH-Wert, Thiobarbitursäurezahl) die Thiobarbitursäurezahl nach der Methode von H. Schmidt (1959) oder nach der Arbeitsweise von C. J. Sidwell u. Mitarb. (1955) das beste Kriterium für den Verderb von Maismehl darstellt.

Von besonderer Bedeutung sind die biochemischen Prozesse, die sich in lagernden Hafererzeugnissen abspielen, da sie zu unerwünschten Geschmacksveränderungen führen können. Hierüber liegt eine große Zahl von Untersuchungen vor, die sich hauptsächlich auf das Entstehen des bitteren und ranzigen Geschmacks erstrecken.

W. Diemair u. Mitarb. (1950), W. Mohr (1953), M. Rohrlich u. G. Train (1953), sowie R. Heiss u. A. Purr (1954) haben aus normalem und aus bitterem

Hafer und dessen Schälkleie eine bitterschmeckende Substanz isoliert und als saponinähnliches Glykosid identifizieren können. Ob diese Substanz ursächlich mit dem bitteren Geschmack des Hafers zusammenhängt und unter welchen Bedingungen sie auftritt, ist noch nicht geklärt.

Die neben dem Bitterwerden zuweilen auch auftretende Ranzigkeit der Haferschälerzeugnisse hängt naturgemäß mit ihrem hohen Fettgehalt zusammen. Durch Hydrolyse und Oxydation entstehen ranzig schmeckende Zersetzungsprodukte. Die diesen Prozeß hervorrufenden Fermente sind die Lipase und Lipoxydase des Hafers. Über die Aktivität der Lipase in Haferprodukten liegen Untersuchungen von M. Rohrlich u. H. Benischke (1951a) sowie J. B. Hutchinson u. H. F. Martin (1952), ferner von T. Moran (1951) u. a. vor. Die Abhängigkeit der Lipaseaktivität in lagerndem Haferschrot von der relativen Luftfeuchtigkeit, wie sie in einem charakteristischen Anstieg des Säuregrades erkennbar wird, haben L. Acker u. H.-O. Beutler (1964) aufgezeigt.

Die oxydative Veränderung des Haferfettes, auch im Hinblick auf eine antioxygene Wirkung von Hafer, ist bereits früher von K. Täufel u. M. Rothe (1944) untersucht und später von M. Rothe (1953, 1954 und 1955) weiter verfolgt worden. Als Antioxydantien im Hafer sind von D. G. H. Daniels u. Mitarb. (1963) phenolische Verbindungen wie Kaffeesäure und Ferulasäure nachgewiesen worden, die möglicherweise als Glyceride vorliegen. Neuerdings hat H. F. Martin (1958) die Faktoren untersucht, die bei der oxydativen Ranzidität von Haferflocken eine Rolle spielen. Aus allen Arbeiten über die Veränderungen in lagernden Hafererzeugnissen geht hervor, daß ihre Haltbarkeit von einer ausreichenden Wärmeinaktivierung der fettverändernden Fermente abhängt.

VI. Untersuchung und Bewertung der Getreidemahlprodukte

1. Probenahme und Vorbereitung

Die Probenahme von Mahlprodukten erfolgt nach dem gleichen Verfahren, wie es für das Kornmaterial beschrieben worden ist (vgl. S. 55). Auch hier werden die Untermuster zu einem Sammelmuster vereinigt, das je nach der Größe der für die Untersuchung erforderlichen Muster nach dem Mischen evtl. sinnvoll verkleinert werden muß. Die Größe der drei Einzelproben eines Musters richtet sich nach der Art der Untersuchung. Für die Durchführung von Backversuchen sind je nach der Art der Teigführungen bei Weizenmehl 1,5—5 kg, bei Roggenmehl 2—10 kg erforderlich, für teigphysikalische Untersuchungen reichen 1—2 kg, für chemische Untersuchungen etwa 125—250 g aus. Auch wenn nur *ein* Untersuchungsmerkmal geprüft werden soll, sollen die Proben nicht zu klein sein, sondern mindestens 100 g betragen. Sind Wassergehalt und Geruch der Muster zu ermitteln, so müssen die gezogenen Proben sofort nach ihrer Entnahme in fest verschließbare Flaschen oder Büchsen gefüllt werden. Bei zu feuchter Ware muß außerdem ein Tütenmuster vorliegen, da das feuchte Muster vorzeitig verderben kann.

Die Mehlproben werden vor ihrer eigentlichen Untersuchung durch dreimaliges Sieben (0,5—1 mm-Sieb) gemischt, wobei etwa vorhandene Klumpen verteilt und Gespinste entfernt werden. Das Mehl muß vor der Entnahme in der Flasche nochmals gut gemischt werden (vgl. ICC-Methoden 1960).

2. Allgemeine Beschaffenheit

a) Sinnesphysiologische Beurteilung

Aus der Prüfung von *Aussehen, Geruch, Geschmack* und *Griff* des Mehles lassen sich Rückschlüsse auf wichtige Mehleigenschaften ziehen, z. B. aus der Farbtönung auf die Getreideart, aus der Helligkeit auf die Höhe des Ausmahlungsgrades, aus Körnung und Größe der Stippen auf den Feinheitsgrad usw.

Die *Farbe* von Endospermmehlen ist nicht einheitlich weiß, sondern unterschiedlich getönt; bei Weizen leicht gelblich (Carotinoide), bei Mais gelb (Zeaxanthin und Kryptoxanthin), bei Roggen leicht bläulich-weiß. Mit zunehmender Mehlausbeute wechsel die Farbtönung in Grau über, in Abhängigkeit von der auch sortenbedingten Schalenfarbe: bei Weizen in Rot-bräunlich-grau, bei Roggen in Grau-blau (vgl. Pekar-Probe).

Vom Grade der Korngrößenverteilung im Weizenmehl wird der Umfang des Nachquellens der Mehle während der Teigbereitung beeinflußt. Der Grad der Körnung ist daher ein wichtiger Beurteilungsmaßstab; er kann durch Zerdrücken einer kleinen Mehlprobe zwischen zwei Fingern ermittelt werden. Normalgriffig heißt festkörnig und läßt gute Teigeigenschaften erwarten, scharfgriffiges Mehl läßt auf hartes Endosperm mit guten Klebereigenschaften schließen, nicht griffige, glatte oder „schliffige" Mehle verursachen fließende Teige; Roggenmehle sind weniger griffig als Weizenmehle. Weizenmehl wird allgemein als griffig bezeichnet, wenn beim Sieben durch Mehlgaze 10xxx (Maschenweite 150 μ) mindestens 50% des Gewichtes als Rückstand verbleiben.

Geruch und Geschmack orientieren über den Frischzustand und über den möglichen Grad der Verdorbenheit. Einwandfreie Mehle weisen unaufdringlichen, eigentümlichen und angenehmen Frischgeruch auf. Fehlen dieses Geruches bedeutet, daß das Mehl nicht frisch ist, oder aus nicht einwandfreiem Getreide stammt. Fremd- oder Dumpfgeruch weisen auf fehlerhafte Lagerung hin; sie werden in Backwaren im verstärktem Maße wahrgenommen. Einwandfreies Mehl schmeckt unauffällig, fast neutral, wenig ausgeprägt und leicht süß im Nachgeschmack. Durch eine Kochprobe (10 g auf 100 ml Wasser) werden Geruchs- und Geschmacksfeststellungen erleichtert. Erzeugnisse mit dumpfem, modrigem, muffigem, gärigem oder kratzendem Geschmack sind als verdorben zu bezeichnen. Verdorbenheit liegt auch bei Anwesenheit von Insekten oder Insektenfragmenten, Kot von Mäusen oder Ratten oder mehlfremden Beimengungen vor. Bittergeschmack wird auf die Anwesenheit bitterer Reaktionsprodukte zurückgeführt, die im Laufe der Lagerung aus den Fettperoxiden in Folgereaktionen (Di- bzw. Polymerisation) entstehen (M. ROTHE 1956b).

b) Alter, Frischezustand, Gesundheit

Über die Genußtauglichkeit eines Getreidemahlproduktes orientiert schon die Geruchs- und Geschmacksprüfung (s. o.). Nicht frischer Zustand bei im übrigen einwandfreier Beschaffenheit kann außerdem am Säuregrad erkannt werden (vgl. S. 130 ff).

Über den Befall mit Mikroorganismen gibt der Kulturversuch Auskunft, der analog wie bei Getreide in Petrischalen ausgeführt wird (M. ROHRLICH u. G. BRÜCKNER 1966).

Tierische Schädlinge können das Mehl durch Abscheiden fester und flüssiger Stoffwechselprodukte, Larven, Häute, Gespinste u. a. ekelerregend verschmutzen und unbrauchbar machen. Neben Haaren und Harn von Nagetieren handelt es sich vornehmlich um Insekten der verschiedensten Art, insbesondere Motten, Käfer und Milben, aber auch um Fragmente von Insekten, die bei der Getreidereinigung nicht erfaßt werden.

Zum *Nachweis von Milben*, die sich in geschlossenen Gefäßen durch einen stickigen, leicht fremden Geruch bemerkbar machen, wird Mehl in dünner gleichmäßiger Schicht ausgebreitet und oberflächlich glattgestrichen. Je nach Stärke des Befalls zeigen sich nach kurzer oder längerer Zeit auf der Mehloberfläche kleine von den Milben hervorgerufene Furchen oder Häufelungen.

Schrot und Grieß werden verschlossen in eine Pulverglasflasche durch Aufstoßen dicht zusammengeschüttelt. Lebende Milben wandern am Flaschenrand nach oben und können mit der Lupe erkannt werden. In Schrot, Flocken und Grütze können Milben durch kräftiges Schütteln über einem Drahtsieb abgesiebt werden. In dem nach Säureaufschluß verbleibenden Schalenrückstand können Milben, auch Milbeneier, mikroskopisch nachgewiesen werden. Milbenbefallene Mahlprodukte sind für Zwecke der Lebensmittelherstellung ungeeignet, für die Viehfütterung nur bedingt verwendungsfähig.

Mäusehaare, Flügelschuppen, Insektenbeine u. a. werden durch den sog. *Filth-Test* nachgewiesen. Die Mehlbestandteile werden durch Behandeln mit Salzsäure gelöst, die Insektenfragmente nebst Kleierückständen in der Grenzschicht zwischen wäßriger und Paraffinphase angereichert und mikroskopisch ausgezählt (E. Hanssen 1954). Die Anwesenheit von 2—3 Nagetierhaaren oder 20 Insektenteilen in 227 g Mehl wird in den USA als obere Grenze für einwandfreie Mehlqualität angesehen (Food and Drug Circ. Nr. 1, 1944).

Nagetierverunreinigungen können durch vom Mehl aufgenommene Harnsäure festgestellt werden. Nach der Enzym-Ultraviolett-Methode von G. Farn u. D. M. Smith (1963) können noch 10 mg Harnsäure in 100 g Mehl nachgewiesen werden. Das Mehl wird zu diesem Zweck mit einer Uricase-Lösung versetzt und durch Trichloressigsäure vom Eiweiß befreit (S. V. Rao u. Mitarb. 1959). Rückstände von Schädlingsbekämpfungsmitteln (Blausäure u. a.) in Mahlprodukten werden nach den auf S. 62 u. 63 angegebenen Verfahren nachgewiesen.

c) Ausmahlungsgrad

Für die Beurteilung eines Mahlproduktes ist das Feststellen seines Ausmahlungsgrades von großer Bedeutung, da hiervon in einem gewissen Grade Backeigenschaften und Nährwert abhängen (vgl. S. 92 ff).

Das Feststellen des wahren Ausmahlungsgrades und damit der Mehlausbeute erfolgt in der Mühle durch *Auswiegen* der erzielten Produkte. Außerhalb der Mühle ist eine Kontrolle nur indirekt durch Eigenschaften des Mehles möglich, die sich parallel zum Ausmahlungsgrad ändern. Da das Beurteilen der *Farbe* oder der *Helligkeit* des Mehles die ältesten und einfachsten Methoden mit relativ großer Aussagekraft sind, werden sie seit langem zur Mehlbewertung angewendet; hierfür dienen die Pekar-Probe oder photometrische Messungen.

Die fast gesetzmäßige Beziehung zwischen Ausmahlungsgrad und Mineralstoffgehalt (Aschemenge) des Mahlproduktes ist die Grundlage der Kennzeichnung der Mehle nach Asche, wie sie 1934 auf Vorschlag von K. Mohs (1933) in Deutschland eingeführt worden ist (Ascheskala nach Mohs vgl. S. 125, Tab. 67).

Die Mehltype ergibt sich aus der ermittelten Asche i. Tr. durch Multiplikation mit 1000 (vgl. S. 125).

Mit der Typisierung nach der Asche wurde eine Grundlage für die Beurteilung des Handelswertes der Mehle geschaffen. Früher hatte dazu der Farbton des Mahlproduktes (Pekar-Probe) gedient. Aus dem Farbton ergab sich dann auch der Verwendungszweck, nach dem auch die Bezeichnung des Handelsmehles gewählt wurde: Auszugmehl (bis 30% der Ausmahlung), Semmelmehl (hell und dunkel), Brotmehl, Schrot.

α) Pekar-Probe

5—6 g Mehl werden mit Hilfe eines Metallspatels (5×7 cm) mit Griff, auch Müllerspatel genannt, auf einem geschwärzten Holzbrettchen (7×20 cm) gehäuft und auf diesem zu einem rechteckigen Häufchen glattgestrichen. Mit einem Vergleichsmehl wird ähnlich verfahren und dieses unmittelbar an die Seite des zu prüfenden Mehles gelegt. Beide Mehle werden mit einer Glasplatte (15×20 cm) geglättet. Das Beurteilen des Farbunterschiedes der Mehle wird bei Tageslicht vorgenommen; dieser wird deutlicher, wenn die Mehle angefeuchtet werden, wofür das Holzbrettchen mit den Mehlproben unter Wasser gehalten wird. Noch vorhandene Schalenteilchen können deutlicher sichtbar gemacht werden, wenn das Pekarbrettchen in eine 0,2%ige Brenzcatechinlösung getaucht wird. Feinheitsgrad und Wassergehalt beeinflussen die bei der Pekarprobe erhaltene Farbtönung etwas.

β) Photometrische Verfahren

Bei Verwenden photoelektrischer Meßgeräte wird die durch Mehl bedingte Reflektion oder Absorption des Lichtes unter Verwendung von Filtern bestimmter Wellenlänge gemessen.

Die Meßwerte sind hauptsächlich vom Schalengehalt des Mehles, aber auch vom Pigmentgehalt sowie von Feinheitsgrad, Eiweiß- und Wassergehalt abhängig. Wird das Mehl in Form einer Paste untersucht, so kann der Einfluß des Feinheitsgrades weitgehend ausgeschaltet werden. Der Wert der Mehlfarb- und Helligkeitsmessung liegt in der Erleichterung der innerbetrieblichen Kontrolle, die Messung entspricht aber noch nicht den Bedürfnissen einer sicheren Beurteilung des Ausmahlungsgrades von Mehlen unbekannter Herkunft. Der innerbetrieblichen Kontrolle dienen Geräte, welche die Helligkeit kontinuierlich messen (G. BRÜCKNER u. A. ANGERMANN 1958; K. KARRER 1965; E. STAUDT 1965).

Die unter bestimmten Bedingungen gewonnene Mehlasche (vgl. S. 64) ist ein Maß für den

Tabelle 67. *Ascheskala* (nach K. MOHS 1933 [Auszug])

Ausmahlungsgrad (Ausbeute) %	Aschegehalt % i. Tr.	
	Weizen	Roggen
0— 10	0,380	0,363
0— 20	0,385	0,373
0— 30	0,392	0,393
0— 35	0,397	0,410
0— 40	0,403	0,432
0— 45	0,415	0,461
0— 50	0,425	0,498
0— 55	0,442	0,545
0— 60	0,466	0,609
0— 65	0,502	0,697
0— 70	0,563	0.815
0— 75	0,693	0,967
0— 80	0,905	1,152
0— 85	1,168	1,365
0— 90	1,471	1,597
0— 95	1,751	1,838
0—100	1,904	1,903

Ausmahlungsgrad des Mehles (vgl. ICC-Methoden 1960); sie ist die Grundlage der Mehltypisierung (Ascheskala nach K. MOHS 1933; Tab. 67).

Auch durch Bestimmen des *Schalengehaltes* (vgl. S. 59) oder des *Rohfasergehaltes* (vgl. S. 128) eines Mehles läßt sich die Höhe des Ausmahlungsgrades ermitteln, denn Rohfaser- und Schalengehalt nehmen ebenfalls mit steigendem Ausmahlungsgrade zu; doch sind diese Methoden aufwendiger und weniger gut reproduzierbar, so daß ihnen nur sekundäre Bedeutung zukommt. Die Bestimmung des Schalenfarbstoffes (G. HAMPEL 1951) steht gleichfalls in guter Beziehung zum Ausmahlungsgrad, unterliegt aber Schwankungen von Mehl zu Mehl in Abhängigkeit von Sorte und Anbau.

d) Feinheitsgrad

Der Feinheitsgrad, das ist die Korngrößenverteilung der Mehlpartikel (zuweilen als Kornband bezeichnet), gewinnt als ein die Qualität bestimmender Faktor steigende Bedeutung, insbesondere beim Verarbeiten von Spezialmehlen (vgl. auch Windsichtung, S. 89).

Die Methoden zum Bestimmen der Teilchengröße beruhen, wenn vom Messen unter dem Mikroskop abgesehen wird, auf Absieben oder Sedimentieren im inerten Medium.

Auf *Handsiebe*, die aus einem rechtwinkligen Holzrahmen (Länge 22 cm, Breite 15 cm, Höhe 5 cm) bestehen, der mit der zum Sieben erforderlichen Müllergaze (Draht-, Seiden- oder Kunststoffgewebe) bespannt und mit einem abnehmbaren Untersatz versehen ist, werden 50 g Mehl auf das Sieb geschüttet und 1,5–3 min nach einem bestimmten Rhythmus gesiebt. Sollen Siebungen auf verschiedenen Sieben vorgenommen werden, so wird mit dem engmaschigen Sieb begonnen, dann mit dem gröbsten und anschließend mit dem nächstfeineren fortgefahren. Der jeweils auf einem Sieb verbleibende Rückstand wird ausgewogen.

Für die zollamtliche Unterscheidung von Grieß und Mehl aus Weizen ist das Handsieben vorgeschrieben. Ein Weizenprodukt wird als Grieß angesehen, wenn im Mehl von zwei Siebungen von je 50 g auf einem Sieb mit einer Maschenweite von 320 μ (Mehlseidengaze 3xxx) mehr als 25% des Gewichtes und als Mehl, wenn höchstens 25% als Siebrückstand verbleiben.

Besser reproduzierbar sind Siebergebnisse, die auf mechanischen Siebanlagen erhalten werden. *Laboratoriumssichter* sind mit Sieben von ca. 300 cm² Sichtfläche aus DIN-Drahtgewebe ausgestattet; die Klopfbewegung zum Vermeiden des Verstopfens der Siebfläche wird durch Gummiwürfel bewirkt. Eine Siebung dauert 30 min bei 200 Ü/min.

Für die *Sedimentationsanalyse* wird 1 g Mehl mit 25 ml Palatinol A in einem Meßgläschen aufgeschlämmt und der zeitliche Verlauf der Sedimentation in einem Photometer an Hand der Lichtabsorption gemessen (E. Lindemann 1950).

Ein Gerät, das die Gewichtsabnahme des sich absetzenden Sediments anzeigt, und sich so zur Ermittlung der Korngrößenverteilung eignet, ist die *Sedimentationswaage*[1]. Ihr Bereich erfaßt Teilchengrößen von 1—60 μ. Der Vorteil dieses Gerätes liegt in der automatischen Aufzeichnung des Sedimentationsvorganges.

Die Versuchsergebnisse von Siebanalysen und Sedimentation sind nicht miteinander vergleichbar, da die Meßprinzipien und die Größenordnung der getrennten Teilchen verschieden sind.

Nach einem neuen Verfahren wird die Korngröße elektrisch gemessen und die Verteilung elektronisch ermittelt. Das hierfür verwendete Gerät (*Coulter Counter*) bestimmt Anzahl und Größe von in einer Elektrolytlösung suspendierten Teilchen. Das Gerät ist besonders zum Bestimmen der Korngrößenverteilung unter 100 μ geeignet, ein Bereich, in dem die Siebanalyse versagt (C. R. Jones 1962; H. Bolling u. F. Springer 1964).

e) Verunreinigungen, Beimengungen, Fremdmehl

Zu unbeabsichtigten Beimengungen, die in Mahlprodukten in Spuren enthalten sein können, gehören Sand, Unkrautsamen, Mutterkorn oder Brandsporen, Reste von tierischen Schädlingen u. v. a. sowie auch Eisensplitter als Abrieb von den Mahlwalzen. Dem Grundgetreide in Gestalt und Gewicht ähnliche Unkrautsamen werden von der Mühlenreinigung nicht voll erfaßt, so daß mit einem durchschnittlichen Restbesatz von 0,3—0,5 % im mahlfertigen Getreide gerechnet wird.

Unkrautbesatz kann sich bereits bei der Pekar-Probe durch dunkelgefärbte Flecken bemerkbar machen; seine genaue Identifizierung erfolgt durch mikroskopischen Nachweis (vgl. S. 270 ff).

Nach A. E. Vogl (1899) läßt sich die Anwesenheit folgender Unkrautsamen auf chemischem Wege ermitteln, indem eine kleine Mehlprobe im Reagensglas mit einem Gemisch aus 70%igem Äthanol und 5 ml HCl (1,19) erwärmt wird, wobei charakteristische Färbungen auftreten: orangegelb = Kornrade und Taumellolch; rosenrot, violett oder purpur = Wicken; blaugrün oder grün = Wachtelweizen und Klappertopf; fleischrot = Mutterkorn.

Spezifische Verfärbungen können auch bei Prüfen in der Mikrogaskammer auf dem Objektträger unter dem Mikroskop nach A. Niethammer (1930) durch Behandeln einer kleinen Mehlprobe mit Eisessig und rauchender Salzsäure erzielt werden.

Über einen Spezialnachweis für *Wachtelweizen* und Klappertopf berichtet A. Nestler (1920).

Mutterkorn wird mikroskopisch (vgl. S. 258 ff) und auch chemisch nachgewiesen:

Eine kleine Mehlprobe wird mit 20 ml Äther und einigen Tropfen 20%iger H_2SO_4 geschüttelt, geschlossen stehengelassen und nach 6 Std filtriert; dem Filtrat werden einige Tropfen einer kalt gesättigten Natriumhydrogencarbonat-Lösung zugesetzt. Das Absetzen einer rosa oder blaurot gefärbten Schicht ist Hinweis auf Mutterkorn, schließt aber die Anwesenheit von Kornrade nicht aus (E. Grünsteidl 1931).

Mutterkornalkaloide lassen sich auch papierchromatographisch nachweisen und nach S. Stoll u. Y. Bouteville (1954) von denen der Wicke, des Wachtelweizens und Schwarzkümmels differenzieren. Für den quantitativen Nachweis haben H. Kluge u. A. Pisarzewski (1942) eine colorimetrische Bestimmungsmethode der Mutterkornalkaloide ausgearbeitet.

Brandsporen werden mikroskopisch nachgewiesen.

Für den *Nachweis von Eisen* werden 1000 g Mehl in sehr flacher Schicht ausgebreitet und in dichtem Abstand (3—4 mm) an einem Permanentmagneten vorbeigeführt. Der durchschnittliche Eisengehalt liegt zwischen 0,5 und 2 mg auf 1000 g Mehl.

---

[1] Hersteller: Sartorius-Werke, Göttingen.

Sand verursacht bereits von weniger als 0,1 % an in Mahlprodukten beim Verzehr unangenehmes Knirschen zwischen den Zähnen.

Zur quantitativen Bestimmung von Sand werden 25 g Schrot oder Mehl in einen mit 300 ml Tetrachlorkohlenstoff gefüllten Scheidetrichter gebracht. Nach kräftigem Durchschütteln und 15 min Stehen wird der Bodensatz durch kurzes Öffnen des Hahnes auf ein aschefreies Filter abgelassen. Der Inhalt des Scheidetrichters wird nochmals durchgeschüttelt und der Bodensatz wiederum durch kurzes Öffnen des Hahnes auf das Filter gebracht. Filter mit Inhalt wird in einem ausgeglühten und gewogenen Tiegel (oder Veraschungsschale) 20 min bei ca. 920° C geglüht. Der gewogene Glührückstand entspricht, falls keine anderen mineralischen Beimengungen vorhanden sind, der im Untersuchungsgut vorhandenen Sandmenge.

Ist die zu untersuchende Probe frei von Kieselsäure, erfolgt die Sandbestimmung einfacher durch Veraschen. Die Asche wird zweimal mit 10 %iger HCl aufgekocht, die Säurelösung abfiltriert; Rückstand und Filter werden verascht. Diese Arbeitsweise ist auch zum Bestimmen von *Talkum* in Getreideprodukten geeignet.

Der qualitative Nachweis von *Beimengungen fremder Mahlprodukte* ist relativ einfach, der quantitative aber oft sehr schwer und nur durch Abwägen der Ergebnisse verschiedener Untersuchungsverfahren möglich. Die mikroskopische Untersuchung (vgl. S. 250 ff) ist dabei voranzustellen, da sie einen Hinweis für weiteres Vorgehen gibt. Grobe Mahlprodukte, besonders Schrot und Kleie, müssen zweckmäßig noch in mehrere Siebfraktionen zerlegt werden. Grobe Verunreinigungen lassen sich oft schon mit Lupe oder bloßem Auge identifizieren.

Bei Verdacht auf Verfälschung eines Grundmehles durch ein Fremdmehl ist zu berücksichtigen, daß geringe Anteile solcher Getreidearten, die mit gleichen Maschinen geerntet, verladen, gereinigt und vermahlen wurden, als technisch unvermeidbarer Besatz in geringen Mengen — unter 5 % — geduldet werden müssen.

Weizen- und Roggenbestandteile lassen sich im Mikroskop auf Grund histologischer Gewebsunterschiede der Schalen oder mit Hilfe der Tusche-Methode nach E. BERLINER (1934) ermitteln. Ein chemischer Nachweis von Roggenmehl beruht auf seinem — im Vergleich zum Weizenmehl — höheren Trifructosan-Gehalt (vgl. S. 34). Das „Trifructosan" wird aus einem Mehlextrakt (aus 10 g Mehl und 100 ml Wasser) nach Ausfällen der Dextrine, Gummistoffe usw. als Kaliumverbindung abgeschieden und durch Erwärmen mit HCl in Fructose übergeführt. Die Fructose wird dann mit Fehlingscher Lösung bestimmt (vgl. M. ROHRLICH u. G. BRÜCKNER 1966).

Bei der großen Schwankungsbreite, die von dem Durchschnittsgehalt aller Getreideinhaltsstoffe bekannt ist, dürfte der Nachweis eines erhöhten „Trifructosan"-Gehaltes jedoch nicht zwingend für die Anwesenheit entsprechend erhöhter Roggenanteile sein, zumal Weizen auch Trifructosan enthält.

Über den *Nachweis von Hartweizenmehl* vgl. S. 480.

Maismehl kann qualitativ unter dem Mikroskop (vgl. S. 253) und chemisch nachgewiesen werden.

Im letzteren Falle werden 10 g Mehl mit 25 ml Isoamylalkohol 15 min gekocht und schnell filtriert. Eine beim Erkalten auftretende Trübung deutet auf Maismehl hin (PROVVEDI 1941). Zur quantitativen Bestimmung wird der nach G. BRÜCKNER u. B. THOMAS (1938) bei 75° C gewonnene alkohol. Extrakt mit NaOH und verd. Kupfersulfatlösung versetzt. Die dabei auftretende blauviolette Farbe ist von der Höhe des Maisgehaltes abhängig. Der Extrakt wird blank filtriert, im Photometer gemessen und mit Hilfe einer Eichkurve ausgewertet. Die Methode ist besonders für den Nachweis geringer Mengen Maismehles in Weizen geeignet. Ein qualitativer Nachweis von *Sojabohnenmehl* wird so geführt, daß ca. 0,5 g Mehl im Reagensglas mit 2 %iger Harnstofflösung aufgeschlämmt und 3 Std bei 40°, mit einem Streifen roten Lackmuspapieres versehen, verschlossen stehengelassen wird. Durch die in Soja enthaltene Urease wird Harnstoff abgebaut, der das Lackmuspapier blau färbt. Das Verfahren versagt bei hitzebehandelten Sojaerzeugnissen.

Über den mikroskopischen Nachweis von *Reismehl, Hülsenfruchtmehl, Kartoffelmehl* u. a. vgl. S. 252 ff.

Stechapfelsamen, die zuweilen Buchweizen und Buchweizenerzeugnisse (oder auch Hirse) verunreinigen, lassen sich auf Grund einer grüngelben bis türkisfarbigen Fluorescenz im UV-Licht nachweisen (A. Menger 1955 a, b).

Zur Bestimmung des *Keimlingsanteils* in Vollkornschrot werden nach H. Werner (1941) 5 g Schrot kurz gekocht und nach Abdekantieren des Kochwassers in dünner Schicht auf Watte ausgebreitet, um die Zahl der gelbgefärbten Keimlinge festzustellen und zur Durchschnittszahl der Keimlinge in 5 g Körnern (bei Roggen ca. 160—170 Körner) in Beziehung zu setzen.

3. Inhaltsstoffe der Mahlprodukte

a) Wasser

Die *Wasserbestimmung* in Mahlprodukten erfolgt nach einer der auf S. 63 beschriebenen Methoden, zweckmäßig nach der Standardmethode (1964) der Arbeitsgemeinschaft Getreideforschung e. V. oder nach der internationalen Basis-Bezugsmethode zur Wassergehaltsbestimmung bei Getreide und Getreideprodukten (ICC-Methoden 1960).

b) Asche

Die *Asche* der Mahlprodukte wird zur Mehlgewinnung nach der auf S. 64 angegebenen Standardmethode der Arbeitsgemeinschaft Getreideforschung e. V. oder der internationalen Arbeitsvorschrift zur Bestimmung des Aschegehaltes von Mehl (ICC-Methoden 1960) in % i. Tr. ermittelt. An Hand der Ascheskala nach K. Mohs (1933) kann auf den Ausmahlungsgrad geschlossen werden (vgl. S. 125). Aus der Asche läßt sich jedoch nicht ersehen, ob ein durchgemahlenes Mehl oder ein Zwischenmehl vorliegt.

Zur Bestimmung einzelner Mineralstoffe muß das Veraschen bei tieferer Temperatur oder naß erfolgen (vgl. S. 65).

c) Rohfaser

Die Bestimmung der Rohfaser erfolgt nach dem 1864 von Henneberg u. Stohmann in Weende entwickelten Verfahren, das unter Berücksichtigung verschiedener Modifikationen in den Standardmethoden (1964) beschrieben ist (vgl. auch Bd. II/2).

Die Schwierigkeiten der Methode, die im Einhalten gleicher Konzentration während des Kochens und im verlustlosen schnellen Filtrieren liegen, haben den Anstoß zu mehreren Modifikationen gegeben (u. a. U.H. Puranen u. E.S. Tomula 1930; V.P. Hirsjärvi u. L. Andersen 1952), die eine etwas andere Rohfaser lieferten als die Weender Methode. Daneben hat das Verfahren von K. Scharrer u. K. Kürschner (1931) wegen seiner einfacheren Durchführung bei guter Reproduzierbarkeit große Verbreitung erlangt. Hier erfolgt der Aufschluß mit Trichloressigsäure im Gemisch mit 65 %iger Salpetersäure und 70 %iger Essigsäure bei nur einmaligem Filtrieren.

Außer hydrolytischen und oxydativen Verfahren sind Methoden entwickelt worden, bei denen mit Hilfe von Amylase und Protease (wie Pepsin oder Papain) der Abbau der Stärke und Eiweiß begrenzt bleibt. Enzymatisch gewonnene Rohfaserwerte enthalten alle Zellwandbestandteile und liegen daher zwei- bis dreifach höher als die nach der Weender Methode gewonnenen Rohfaserwerte.

d) Kohlenhydrate

α) Stärke

Von den verschiedenen Möglichkeiten, Stärke in Getreide und Getreidemahlprodukten zu bestimmen, werden die polarimetrischen Methoden am meisten angewendet. Die gebräuchlichen Methoden sind den verschiedenen Produkten angepaßt. Bei der Kontrolle von Nachmehlen und Kleien erfolgt die Lösung der Stärke in verdünnter Salzsäure (nach E. EWERS 1908), bei derjenigen von Stärkemehlen und Stärkeprodukten in konz. Calciumchloridlösung (nach K. A. CLENDENNING 1942, 1945, 1948) (vgl. Standardmethoden 1964 sowie Bd. II/2).

Enzymatische Methoden unter Verwenden von Amylase oder Pankreatin sind zeitraubender und finden nur bei Nachmehlen, Kleie und Mischprodukten Anwendung (R. W. KERR 1950). Für diese Erzeugnisse ist auch die Methode von v. FELLENBERG in der Modifikation von H. HADORN u. F. DOEVELAAR (1960) geeignet. Dabei wird die Stärke zunächst durch Jod gefällt und nach Jod-Entfernung mit Dichromat oxydiert; aus der titrimetrischen Bestimmung des überschüssigen Bichromats wird der Stärkegehalt berechnet.

Photometrische Methoden, die auf Messen der durch Jod herbeigeführten blauen Farbe beruhen, erfordern die Aufstellung einer Eichkurve für jedes stärkehaltige Produkt. Ihre Reproduzierbarkeit ist begrenzt, weil ihre Werte u. a. Schwankungen in der Abhängigkeit von dem stets wechselnden Gehalt der Stärke an Amylose unterliegen. Ihre Anwendung beschränkt sich auf die Untersuchung von Nachmehlen im Rahmen der eigenen Betriebskontrolle (E. BERLINER u. W. KRANZ 1937; H. HADORN u. F. DOEVELAAR 1960).

Mit wenigen Ausnahmen sind die Streuungen der Ergebnisse bei allen Methoden relativ groß. Werte der gleichen Probe, nach verschiedenen Methoden ermittelt, stimmen infolge verschiedener Verfahren zum Lösen und Isolieren der Stärke nicht überein. Daher sind einige Modifikationen der Arbeitsvorschriften auf die Untersuchung spezieller Produkte beschränkt, z. B. die Methode von C. BAUMANN u. J. GROSSFELD auf Backwaren.

β) Dextrine

(vgl. Bd. II/2 sowie K. RAUSCHER 1956; M. ROHRLICH u. G. BRÜCKNER 1966).

γ) Pentosane

Die Methoden zum quantitativen Nachweis der Pentosane beruhen auf ihrer Hydrolyse mit Salzsäure zu Furfurol, das abdestilliert und maßanalytisch oder gravimetrisch bestimmt werden kann (Cereal Labor. Methods 52—10, 1962).

Arbeitsvorschrift: 0,50 g feinst gemahlenen Materials werden im 500 ml-Destillierkolben (Siedesteinchen) mit 125 ml 12%iger HCl versetzt. Durch einen Zulaufstutzen läßt man im Verlaufe der anschließenden Destillation (Glycerinbad) weitere 360 ml 12%iger HCl (30 ml in 10 min) zufließen und erhitzt auf eine Temperatur von 150° C. Wenn 30 ml abdestilliert worden sind, werden sie jeweils durch vorsichtige Zugabe (1—2 min) von 30 ml 12%iger HCl ersetzt; dies wird solange wiederholt, bis sich 360 ml Destillat angesammelt haben.

Die abgenommene Destillationsvorlage wird verstöpselt und auf 0°C abgekühlt. Unter Eiskühlung werden dann 50 ml einer KBr-KBrO$_3$-Lösung (50,0 g KBr und 3,0 g KBrO$_3$ in 1 l Wasser) zugesetzt; das Reaktionsgemisch wird im verschlossenen Kolben genau 4 min stehengelassen. Nach Zugabe von 10 ml 10%iger KJ-Lösung und Stärkelösung wird schnell mit 0,1 n-Natriumthiosulfatlösung bis zum Entfärben titriert (E.E. HUGHES u. S.F. ACREE 1934). Aus der verbrauchten Thiosulfatmenge wird unter Berücksichtigung eines Blindwertes für die Bromid-Bromat-Lösung der Pentosangehalt nach folgender Formel berechnet: g Pentosan = ml 0,1 n-Natriumthiosulfat · 0,0082.

Nach B. PETER u. Mitarb. (1933) wird das Furfurol mit Barbitursäure in Salzsäurelösung ausgefällt, abgeschieden und das getrocknete Barbiturat ausgewogen. Zum Umrechnen des gefundenen Furfurols auf Pentosane und Pentosen dienen die Formeln von B. TOLLENS (vgl. M. ROHRLICH u. G. BRÜCKNER 1966).

Nach einer weiteren Arbeitsweise wird die Hydrolyse des Pentosans in Gegenwart von Xylol vorgenommen, das das gebildete Furfurol löst. Nach Abtrennen des Xylols (Scheidetrichter) von der wäßrigen Phase wird das Furfurol im Vakuum abdestilliert, in Xylol mit Anilinacetat versetzt und die erhaltene Färbung im

Photometer gemessen (R. E. Reeves u. J. Munro 1940). Aus einer vorher aufgestellten Vergleichslösung läßt sich der Furfurolgehalt ermitteln.

δ) Reduzierende und nichtreduzierende Zucker

Zum Bestimmen reduzierender und nicht reduzierender Zucker wird ein
wäßriger Extrakt mit Carrezschen Lösungen oder mit Wolframat geklärt. Die
dafür erforderliche Mehlmenge wird zunächst mit Alkohol befeuchtet und dann
in Wasser suspendiert. Um enzymatische Einwirkungen gering zu halten, muß
rasch gearbeitet werden (etwa in Mixgeräten). Oder aber man geht von wäßrig-
alkoholischen Extrakten aus, wie sie für die Papierchromatographie vorgeschlagen werden. Zur quantitativen Bestimmung vgl. Bd. II/2 sowie Cereal Labor.
Methods 80—60, 1962.

Um den Gehalt an *Glucose, Fructose, Saccharose* und *Maltose* getrennt zu
ermitteln, werden diese papierchromatographisch getrennt. Der chromatographischen Trennung muß eine Inaktivierung der kohlenhydratabbauenden Enzyme
vorausgehen, zweckmäßig durch 30 min Erhitzen des Untersuchungsmaterials in
siedendem Äthanol (I. S. Košina 1956; K. Täufel u. Mitarb. 1959; M. Rohrlich u. W. Essner 1960a).

Mono- und Oligosaccharide werden durch etwa viermaliges 30 min. Erhitzen mit 80%igem
Äthanol (20—30 ml/g) bei 70° C am Rückflußkühler oder durch 16stündiges Extrahieren im
Soxhlet-Apparat extrahiert. Um Hydrolyse zu vermeiden, wird der Substanz vor dem Frak-
tionieren eine kleine Menge Magnesium- oder Calciumcarbonat zugesetzt. Der zur Inaktivierung benutzte Alkohol und die Extrakte werden filtriert; das Filtrat wird unter vermindertem
Druck zur Sirupkonsistenz eingedampft. Zum restlosen Entfernen des Alkohols wird der Sirup
zweimal mit etwas Wasser aufgenommen und wieder eingedampft; der Sirup wird mit Wasser
aufgenommen und falls notwendig filtriert oder zentrifugiert. Diese Lösung wird auf pH 7 eingestellt und in einer Mischbettaustauscher-Säule entsalzt. Das Eluat wird unter vermindertem
Druck oder auf dem siedenden Wasserbade konzentriert und zu einem bestimmten Volumen
aufgefüllt. Diese Lösung wird für die Papierchromatographie verwendet, wobei man das
Chromatogramm entweder aufsteigend oder absteigend mit einem geeigneten Fließmittelsystem wie Butanol-Äthanol-Wasser oder Butanol-Eisessig-Wasser u. a. entwickelt. Zur quantitativen Papierchromatographie vgl. Bd. II/2.

e) Eiweiß

Der Eiweiß (Rohprotein)-Gehalt von Mahlprodukten wird in gleicher Weise,
wie auf S. 65 für Getreide beschrieben, bestimmt; zweckmäßigerweise nach den
Standardmethoden (1964) oder nach der Arbeitsvorschrift zur Bestimmung des
Proteingehaltes in Getreide und Getreideprodukten der ICC-Methoden (1960.)

Über die Bestimmungen von Klebermenge und Kleberqualität vgl. S. 73ff.

f) Fett

Der Rohfettgehalt eines Getreidemahlproduktes kann nach der auf S. 66
beschriebenen Arbeitsweise ermittelt werden. Bei einem hohen Gehalt an Schalen-
bestandteilen sowie zur Erfassung symplex gebundener Lipide ist Salzsäureaufschluß nach J. Grossfeld (1937) erforderlich.

Eine quantitative Schnellmethode, die sich zur Bestimmung von Fett in
Fertigmehlen eignen soll und sich des Butyrometers bedient, haben E. Mohr u.
K. Franke (1962) beschrieben.

g) Säuregrad

Als Säuregrad wird die Anzahl ml n-Natronlauge bezeichnet, die zum Neutralisieren von 100 g Mehl erforderlich ist. Zu seiner Bestimmung werden hauptsächlich zwei Methoden angewendet: Titration der wäßrigen Suspension (M.P. Neumann 1929) und Titration des wäßrig-alkoholischen Filtrates mit 0,1 n-NaOH

(A. SCHULERUD 1934). Der Neutralisationspunkt wird entweder durch Phenolphthalein oder mit Hilfe eines geeigneten pH-Meters ermittelt.

Frischezustand und Unverdorbenheit eines Mehles werden durch die in verdünntem Alkohol löslichen sauren Substanzen, insbesondere Fettsäuren, stärker differenziert wiedergegeben, so daß heute bei der Beurteilung von Mehl und Schrot dem Säuregrad nach SCHULERUD der Vorzug gegeben wird.

Titration des alkoholischen Filtrates nach SCHULERUD (nach der Vorschrift der Standardmethoden 1964): 10 g Schrot (Mehl) werden in einem 100 ml-Becherglas mit 50 ml 67%igem Alkohol von 20° C verrührt, mit einem Uhrglas bedeckt und 15 min (bei Rührgerät 5 min) unter häufigem Umrühren extrahiert. Anschließend wird durch ein Faltenfilter bei möglichst vollständiger Aufgabe der Aufschlämmung filtriert, wobei der Trichter, der auf ein Erlenmeyerkölbchen (100 ml) aufgesetzt wird, mit einem Uhrglas bedeckt wird, um Verdunstungsverluste zu vermeiden. Ist eine Filtratmenge von ca. 30 ml erreicht, wird die Filtration unterbrochen. 25 ml des Filtrates werden mit einer Vollpipette entnommen und in einen 100 ml-Erlenmeyerkolben übergeführt. Nach Zugabe von drei Tropfen einer 3%igen alkoholischen Phenolphthaleinlösung wird mit 0,1 n-NaOH, die man tropfenweise der Bürette entnimmt, bis zum Erreichen eines deutlich wahrnehmbaren Rosafarbtones des Extraktes titriert (Umschlag von gelb oder grünlich-gelb nach rosa). Die verbrauchte Anzahl ml 0,1 n-NaOH wird auf 0,05 ml genau abgelesen.

Die Anzahl der zum Neutralisieren benötigten ml 0,1 n-NaOH gibt nach Multiplizieren mit dem Faktor 2 den Säuregrad des Schrotes oder Mehles direkt an. Bei einem Säuregrad bis zum Wert 3 sind bei Doppelbestimmungen Differenzen bis zu 0,2 Säuregradeinheiten zulässig, bei höheren Säuregradwerten solche bis zu 0,3 Säuregradeinheiten.

Die letztere Arbeitsmethode hat gegenüber der Titration in der wäßrigen Aufschlämmung den Vorteil, daß in der alkoholischen Suspension keine Säuren mehr durch enzymatische Tätigkeit nachgebildet werden und der Umschlagspunkt besser zu erkennen ist. Die nach diesen beiden Methoden erhaltenen Werte sind nicht miteinander vergleichbar, da sich im wäßrigen Alkohol nur ein Teil der sauren Phosphate löst und die sauren Gruppen der Eiweißkörper nicht erfaßt werden.

Zur Beurteilung der Mehle nach ihrem Säuregrad können die Zahlen in Tab. 68 als Richtwerte dienen. Bei Getreideschrot kann ein Säuregrad (SCHULERUD) bis 3,0 bei Weizen und ein solcher bis 4,0 bei Roggen als normal bezeichnet werden.

Tabelle 68. *Mittel- und Grenzwerte für den Säuregrad* (nach SCHULERUD) *einiger Mahlerzeugnisse*

	Säuregrad (Mittelwerte)	Grenzzahlen Säuregrad erhöht
Weizenmehle		
Type 405 . .	1,6	über 2,4
Type 550 . .	1,7	über 2,4
Type 630 . .	1,8	über 2,4
Type 812 . .	2,0	über 2,6
Type 1050 . .	2,5	über 3,3
Type 1600 . .	3,3	über 4,1
Roggenmehle		
Type 1150 . .	3,0	über 3,7
Type 1370 . .	3,2	über 3,9
Type 1740 . .	4,1	über 4,6

Der Säuregrad kann allerdings nur bedingt als Maß für freie Säuren betrachtet werden, da in ihm auch die Pufferungskapazität der Mahlprodukte zum Ausdruck kommt (M. ROHRLICH u. W. ESSNER 1960b). Trotzdem wird der Säuregrad zur Beurteilung für den Frischezustand der Mahlprodukte herangezogen.

h) Fettsäurezahl

Als Fettsäurezahl wird die Menge KOH in mg bezeichnet, die erforderlich ist, um die freien Fettsäuren in 100 g trockenen Getreides zu neutralisieren.

20 g Schrot oder Mehl (mit weniger als 10% H_2O) werden mit 50 ml Benzol 15 min angerührt. Nach Absetzen wird die überstehende Flüssigkeit durch ein Faltenfilter filtriert. 25 ml des Filtrates werden mit 25 ml alkoholischer Phenolphthalein-Lösung versetzt und mit KOH bis zum Umschlag titriert (vgl. Standardmethoden 1964).

9*

Bei Fettsäurezahlen von 20 und darüber kann bei Weizen auf eine Qualitätsverschlechterung geschlossen werden. Als Kriterium für beginnenden oxydativen Fettverderb bei Maismehl wird die Thiobarbitursäurezahl nach C.J. Sidwell u. Mitarb. (1955) oder nach H. Schmidt (1959) angewendet.

i) Amylosezahl

Die Amylosezahl vermittelt ein Bild von der Härte des Endosperms und vom Ausmaß einer beim Vermahlen hervorgerufenen mechanischen Stärkebeschädigung.

Arbeitsvorschrift nach G. Hampel (1952): 1 g Mehl wird in einem 100 ml-Erlenmeyerkolben mit 20 ml einer frisch bereiteten Formamid-Sulfosalicylsäurelösung kräftig geschüttelt. Das Gemisch wird 10 min in ein 40° C warmes Wasserbad gestellt, nach 1, 5 und 10 min mehrmals kräftig geschüttelt und durch ein Faltenfilter filtriert (Schleicher u. Schüll, Nr. 602). Die ersten Tropfen des Filtrates werden auf das Filter zurückgegeben. 10 ml des Filtrates werden dann mit 0,3 ml 30%igem Wasserstoffperoxid und 10 ml Wasser versetzt, umgeschüttelt und in ein siedendes Wasserbad gestellt (5 min). Der Wasserbadspiegel muß gleich oder höher liegen als der Flüssigkeitsspiegel im Reagensglas. Nach Abkühlen der Lösung wird die Lichtabsorption photometrisch bei einer Wellenlänge von ca. 530 nm (Grünfilter VG 9, Lange-Kolorimeter) gemessen, 0,6 ml frisch bereitete 0,01 n-Jodlösung hinzugesetzt und die Lichtabsorption der umgeschüttelten blauviolett bis braun gefärbten Lösung sofort bestimmt. Die Amylosezahl wird aus der Differenz beider Messungen an Hand einer Eichkurve errechnet; die Eichkurve wird durch Verdünnen einer Tetraminkupfer (II)-hydroxidlösung aufgestellt.

1. Herstellung der Formamid-Sulfosalicylsäure-Lösung: 150 ml Formamid (chemisch rein) werden mit gesättigter Ammoniumsulfatlösung zu 1000 ml aufgefüllt. Ausgeschiedene Kristalle werden abfiltriert. 2 g Sulfosalicylsäure (p. a.) werden unter schwachem Erwärmen in 100 ml der Lösung gelöst.

2. Herstellung der Tetraminkupfer (II)-hydroxidlösung: 30 ml 3%iger $CuSO_4$-Lösung (p. a. Merck) + 10 ml NH_3 (chemisch rein; 0,88) werden mit Wasser zu 50 ml verdünnt.

Die Stärkebeschädigung wird aus der Formel: $\dfrac{\text{Amylosegehalt}}{\text{Stärkegehalt}}$ in Prozent errechnet.

4. Zusätze

a) Mehlbehandlungsmittel

Die Verwendung kleber-beeinflussender Oxydationsmittel, wie Chlor oder Chlorverbindungen, Kaliumbromat, Ammoniumpersulfat usw., ist in Deutschland gesetzlich verboten; ihr Nachweis ist bei Importmehlen aber gelegentlich erforderlich.

Eine Behandlung mit *Chlor* läßt sich *qualitativ* im Mehl (Petrolätherextrakt) schon durch die Beilstein-Probe (Kupferdraht) nachweisen oder nach Verseifen des aus 10 g Mehl mit Petroläther extrahierten Fettes und Ansäuern mit Salpetersäure durch $AgNO_3$-Lösung als AgCl (M. Rohrlich u. G. Brückner 1966).

Zur *quantitativen Bestimmung von organisch gebundenem Chlor* werden 500 g Mehl mit Petroläther extrahiert. Der Fettrückstand wird mit einer Schmelzmischung aus wasserfreiem Kaliumcarbonat, wasserfreier Soda und gepulvertem Kaliumnitrat aufgeschlossen und verascht. In der gelösten Asche wird Chlor als Silberchlorid nach einer der üblichen Methoden bestimmt und in mg/g Fett angegeben (M. Rohrlich u. G. Brückner 1966). Bei der Auswertung ist Vorsicht am Platze im Hinblick auf die etwaige Anwesenheit chlorierter Insecticide.

Zur orientierenden Prüfung, ob ein Oxydationsmittel (Jodat, Bromat, Persulfat, Perborat) zugesetzt worden ist, wird das Mehl auf eine Glasplatte gedrückt (pekarisiert) und mit einem Gemisch aus 2%iger KJ-Lösung und verdünnter H_2SO_4 befeuchtet. Bei Anwesenheit oxydativer Behandlungsmittel treten dunkelrote bis braunschwarze Punkte (oder ein Farbschleier) auf.

Zum *Nachweis von Kaliumbromat* werden 5 ml des wäßrigen Mehlextraktes mit 5 ml einer Lösung salzsauren Anilinchlorhydrates (5 g Anilinchlorhydrat in 100 ml HCl; 1,19) versetzt. In Gegenwart von Bromat tritt sofort eine Blaufärbung auf, die schnell verblaßt. In Gegenwart von Chlorat bildet sich nach Auftreten der sich langsam entwickelnden Blaufärbung ein grüner Niederschlag. Jodate erzeugen eine blaue Färbung, die in Grün übergeht.

Zum qualitativen Nachweis von *Ammoniumpersulfat* werden 10—15 g Mehl pekarisiert, glatt gestrichen und Pekarbrett (oder Glasplatte) mit Mehl in kaltes Wasser getaucht (1 min). Nach Abtropfen des Wassers wird auf die Mehloberfläche alkoholische Benzidinlösung (0,5 g Benzidin in 100 ml 50%igen Äthanols) gesprüht. Bei Anwesenheit von Persulfat bilden sich blau-schwarze Punkte.

Quantitative Bestimmung von Kaliumbromat: 10 g Mehl werden in einem 500 ml-Erlenmeyerkolben mit 200 ml Wasser versetzt und im geschlossenen Kolben 2 min quirlend bewegt. Nach weiteren 10—25 min werden 25 ml 0,18 n-Zinksulfatlösung und 25 ml 0,18 n-NaOH zugesetzt. Wenn die überstehende Lösung klar geworden ist (5—10 min), werden 50 ml des Filtrates (= 2 g Mehl) mit 10 ml 10%iger H_2SO_4, 3 ml 30%iger KJ-Lösung und 1 ml 1%iger Stärkelösung versetzt. Das freigesetzte Jod wird mit 0,001 n-Natriumthiosulfatlösung titriert. In Gegenwart von Jodat oder Persulfat versagt die Methode (M. HOWE 1951). Eine etwas andere, aber auf demselben Prinzip beruhende Arbeitsweise hat W.L. RAINEY (1954) beschrieben (vgl. auch Cereal Labor. Methods 48—42, 1962).

Zur *orientierenden Prüfung* auf Ascorbinsäure wird die Mehlprobe auf ein Pekar-Brett gelegt und mit Taubers Reagens besprüht. In Gegenwart von Ascorbinsäure treten nach 1—2 min helle blaue Flecken auf. Durch Vergleich mit den Farbflecken, die bei Mehlen mit bekanntem Ascorbinsäurezusatz auftreten, ist eine annähernd quantitative Schätzung möglich; andere Mehlbehandlungsmittel stören nicht (M. ROHRLICH u. G. BRÜCKNER 1966). Taubers Reagens: 1 g Fe(III)-sulfat wird in 50 ml Wasser gelöst, mit 10 ml 85%iger Phosphorsäure und bei Siedehitze mit 1%iger $KMnO_4$-Lösung bis zur Schwachrosa-Färbung versetzt. Die abgekühlte Lösung wird dann mit 20%iger NaOH versetzt, bis Trübung entsteht. Durch Zugabe 10%iger H_2SO_4 wird die Lösung geklärt, mit Wasser auf 100 ml verdünnt und filtriert; das Filtrat wird mit 0,5%iger Kaliumhexacyanoferrat(III)-Lösung in 100 ml Wasser gemischt. Die Lösung ist rein gelb gefärbt und ca. 3 Monate haltbar.

Die *quantitative Bestimmung der Ascorbinsäure* im Mehl beruht auf dem reduktiven Entfärben einer Lösung von 2,6-Dichlorphenolindophenol. Die Reduktion dieses Redoxindicators ist jedoch nicht spezifisch, da auch andere reduzierende Stoffe mitbestimmt werden.

30 g Mehl werden mit 150 ml 2%iger Metaphosphorsäure 30 min extrahiert. Der Extrakt wird durch ein Faltenfilter (Schleicher und Schüll, Nr. 560) filtriert; die ersten 10 ml des Filtrates werden verworfen und der Rest des Filtrates mit 20%iger Natriumacetatlösung auf pH 3,8 eingestellt. 50 ml des gepufferten Filtrates werden mit bidest. eisgekühltem Wasser auf 150 ml verdünnt und zu gleichen Teilen auf zwei Bechergläser verteilt. Beide Lösungen werden mit 2,6-Dichlorrphenolindophenollösung auf Farbgleichheit titriert. (0,2 g 2,6-Dichlorphenolindophenol in 80 ml siedendem H_2O lösen, auf 500 ml auffüllen und filtrieren. Titereinstellung gegen 10 ml 0,02%iger Ascorbinsäurelösung). 50 ml des gepufferten Filtrates werden mit 25 ml 35—40%iger Formaldehydlösung versetzt und 15—20 min bei Raumtemperatur stehengelassen, dann wie oben behandelt und titriert. Der hierbei ermittelte Titrationswert wird von dem oben ermittelten Mittelwert abgezogen (A. MENGER 1954; Standardmethoden 1964).

Einen papierchromatographischen Nachweis der Ascorbinsäure im Mehl haben E. BECKER u. H. HOPPE (1956) beschrieben.

b) Mineralstoffe und Vitamine

Wie auf S. 96 erwähnt, werden Weizenmehle zuweilen mit Vitaminen u. a. nährwertsteigernden Zusätzen, hauptsächlich Kalk und Eisen, angereichert.

Zur quantitativen Bestimmung von *Calcium*, das stets in sehr geringen Mengen im Mehl enthalten ist, werden ca. 5 g Mehl genau eingewogen und in Veraschungsschalen im Muffelofen verascht, ohne daß sich eine Schmelze bildet. Nach Abkühlen wird der Rückstand in 10—20 ml 10%iger HCl gelöst, die Lösung sorgfältig in einen 600 ml-Becher gespült und eine Ca-Bestimmung in bekannter Weise durch Fällen mit Ammoniumoxalatlösung oder Reihenanalyse mit Hilfe eines Flammenphotometers angeschlossen.

Eine Methode zur *gleichzeitigen Bestimmung von Ca und SiO_2* (in Hafer und Haferschälprodukten) haben K.G. BERGNER u. K. WAGNER (1960 und 1961) beschrieben.

Die *Calcium*bestimmung kann auch durch Titration mit dem Dinatriumsalz der Äthylendiamintetraessigsäure (EDTA) und Murexid als Indicator durchgeführt werden.

Arbeitsvorschrift: Nach Veraschen der Mehlprobe (2—10 g) im Quarztiegel bei 550° C über Nacht wird die Asche in Salzsäure gelöst, die Kieselsäure durch Abdampfen zur Trockne abgeschieden, der Rückstand in heißem Wasser gelöst und auf 50 ml aufgefüllt. 20 ml dieser Lösung werden auf eine Kationenaustauschersäule [Amberlite IR-120 (H)] gegeben (1 ml/

min). Im Eluat und im Waschwasser wird die Gesamtacidität durch Titration mit NaOH gegenüber Phenolphthalein bestimmt, desgleichen in 20 ml der Originallösung. Die Säurezunahme im Eluat wird durch den Austausch durch Kationen gegenüber H-Ionen hervorgerufen. An Hand einer Eichkurve, die mit Mehlen bekannten Mineralstoffgehaltes hergestellt worden ist, läßt sich der Mineralstoffgehalt der untersuchten Probe ablesen. Um auf zugesetztes Calcium zu prüfen, wird die Säule mit Salpetersäure behandelt und das erhaltene Eluat nach dem Auswaschen auf pH 12 gebracht. Nach Zugeben von Murexid wird mit EDTA-Lösung titriert. Die der gefundenen Calciummenge äquivalente Säuremenge wird mit der dem ermittelten Mineralstoffgehalt entsprechenden Säuremenge abgesetzt. Die Differenz entspricht dem Originalgehalt (Y. Pomeranz 1957).

Zum *qualitativen Nachweis von Eisensalzen* wird das Mehl auf einer Glasplatte glattgestrichen (vgl. Pekar-Probe) und mit 1 ml 10%iger KCSN-Lösung (vor dem Gebrauch mit 2 n-HCl 1:1 vermischen) betropft. Nach etwa 10 min tritt bei Anwesenheit von Fe^{3+}-Ionen eine Rötung auf oder auch bei Einzelpartikeln örtlich begrenzte rote Flecken, die die Einheitlichkeit des Eisenzusatzes erkennen lassen. Zum Nachweis von Fe^{2+} muß noch verd. H_2O_2 aufgetropft werden.

Zur *quantitativen Bestimmung* wird das Mehl (5 g oder bei nicht angereichertem Mehl 10 g) bei 550—660° C über Nacht verascht und das Fe in der salzsauren Lösung ermittelt.

Vitaminzusätze

Die zur Vitaminierung von Getreideerzeugnissen zugesetzten Vitamine werden nach den früher angegebenen Methoden ermittelt (vgl. S. 70ff).

5. Backqualität

Hinweise, die das Verhalten eines Mehles während der Teigbildung und des Backens kennzeichnen, können die verschiedenen Arten des Backversuches (vgl. S. 76), bei Weizenmehl vor allen Dingen die Ermittlung von Klebermenge und Kleberqualität (vgl. S. 73ff) sowie physikalische Messungen folgender Teigeigenschaften geben:

a) Rheologische Eigenschaften

Im Verlaufe der maschinellen Aufarbeitung ist der Weizenmehlteig bestimmten Belastungen, Dehnungen und Verformungen ausgesetzt. Um zu untersuchen, inwieweit aus einem Mehl ein Teig hergestellt werden kann, der den dabei gestellten Ansprüchen genügt, werden daher seine rheologischen Eigenschaften geprüft. Diese kommen in seiner Konsistenz (Viscosität) und seinen Kneteigenschaften zum Ausdruck und kennzeichnen die Qualität des Mehles; dabei wird vorausgesetzt, daß eine optimale Wasserbindung gegeben ist.

α) Kneteigenschaften

Zur Bestimmung der Kneteigenschaften und der *Wasserbindungsfähigkeit* von Weizenmehl (Teigentwicklung, -konsistenz, -stabilität) dient der *Farinograph*[1], ein Gerät, daß den Widerstand mißt, der beim Kneten bei konstanter Knetgeschwindigkeit auftritt.

Das Gerät (Abb. 17) besteht aus einem mit einem Wassermantel versehenen Kneter (1), der von einem freipendelnd gelagerten Elektromotor (2) mit Getriebe (3) angetrieben wird. Bei laufendem Kneter wird der Widerstand, den die Knetschaufeln in dem zu untersuchenden Teig finden, von einem durch Öldämpfung (5) gedämpften Hebelsystem (4) auf eine Waage (6) übertragen und von einem Schreiber (7) als Kraft-Zeitdiagramm („Farinogramm") registriert. Kneter und Öldämpfung sind an einen Umlaufthermostaten (8) angeschlossen, der eine Teigtemperatur von 30° C gewährleistet. Das Wasser wird dem zu prüfenden Mehl durch eine Spezialbürette zugegeben. Im einzelnen wird folgendermaßen verfahren:

Man gibt 300 g (50 g) des zu prüfenden Mehles in den Kneter und läßt aus der Bürette solange Wasser zulaufen, bis die Normalkonsistenz von 500 Farinogramm-Einheiten (FE) erreicht ist (Titrierkurve). Die verbrauchte Wassermenge gibt das optimale Wasserbindungsvermögen des Mehles an.

---

[1] Hersteller: Fa. C.W. Brabender o.H., Duisburg.

Darauf beschickt man den Kneter erneut mit 300 g (50 g) Mehl und setzt jetzt die in der Titrierkurve ermittelte Wassermenge auf einmal zu. Dabei erhält man die Normalkurve, die einen graphischen Ausdruck für das Verhalten des Teiges während des Knetens darstellt und zur Beurteilung des Mehles dient.

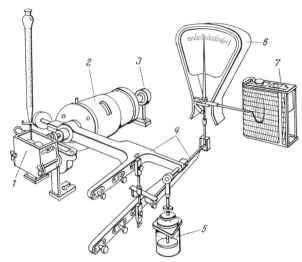

Abb. 17. Farinograph

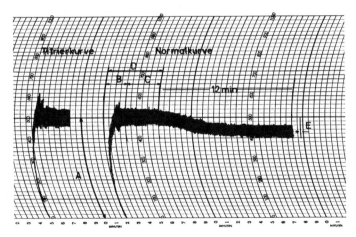

Abb. 18. Farinogramm mit Titrier- und Normalkurve

Für diese Beurteilung sind folgende Faktoren von Bedeutung, die aus dem Farinogramm abgelesen werden können (Abb. 18):

a) Die prozentuale Wasseraufnahme zur Bildung eines Teiges mit einer Teigfestigkeit von 500 FE (Farinogramm-Einheiten).

b) Die Teigentwicklungszeit in Minuten gibt die Knetzeit an, die das Mehl vom Beginn des Anknetens bis zum optimal entwickelten Teig bei Erreichen der vollen Bandbreite benötigt.

c) Die Teigstabilität in Minuten gibt die Zeit an, während der sich die Konsistenz des optimal entwickelten Teiges nicht verändert.

d) Die Resistenz des Teiges in Minuten als Summe von b) und c).

e) Die Teigerweichung, gemessen in *Farinogramm-Einheiten* (*FE*); sie wird als Differenz der Teigfestigkeit zwischen Beginn der Teigerweichung und nach weiteren 12 min Teigknetung bestimmt.

Ein starkes Weizenmehl z. B. bindet 58,6% Wasser, die Teigentwicklungszeit beträgt 3 min, die Teigstabilität 4 min, die Teigresistenz 7 min und die Teigerweichung 40 FE. Die Wasseraufnahmefähigkeit eines schwachen Weizenmehles liegt bei 50,5%, die Teigentwicklungszeit kann 1 min, die Teigstabilität 0 min, die Teigresistenz 1 min, die Erweichung 150 FE betragen (B. Pagenstedt 1954).

Neben diesen verhältnismäßig einfachen Deutungen der Farinogramme sind noch weitere Auswertungen möglich, indem z. B. der Kurvenverlauf nach 1stündiger Teigruhe (Abstehkurve ohne oder mit Hefezusatz) mit dem der Normalkurve verglichen wird. Dabei kommt in dem Konsistenzabfall (Differenz zwischen der Teigfestigkeit nach Erreichen der optimalen Teigentwicklung und der Teigfestigkeit, die nach 1 Std Teigruhe bei Wiedereinschalten des Kneters angezeigt wird) eine enzymatische Einwirkung, z. B. der Hefe (J. A. Johnson u. B.S. Miller 1949 und 1953), zum Ausdruck.

Mathematische Ergänzungen in der Auswertung von Farinogrammen sind von P.P. Merritt u. C.H. Bailey (1939) sowie insbesondere von I. Hlynka (1959 und 1960) eingeführt worden. I. Hlynka hat zwischen Mobilität des Teiges, dem reziproken Wert seiner Konsistenz und der Wasseraufnahme eine lineare Abhängigkeit gefunden. Diese Relation trifft aber nur für den Bereich von 300—900 FE zu. Im Bereich von 200—950 FE ist die Beziehung zwischen Teigkonsistenz oder der daraus berechneten Mobilität und Absorption eine parabolide Funktion (J.B. Louw u. G.N. Krynauw 1961). Eine Möglichkeit, die im großen Kneter ermittelte Wasseraufnahme mit der im kleinen Kneter gemessenen zu vergleichen, haben I. Hlynka u. Mitarb. (1961) durch Einführung einer Proportionalitätskonstante aufgezeigt.

Diese Zusammenhänge ermöglichen einen Vergleich unter den Ergebnissen verschiedener Farinographen, die bisher nicht geeicht werden konnten; ein Nachteil, der einer Standardisierung der Arbeitsvorschrift bisher entgegenstand.

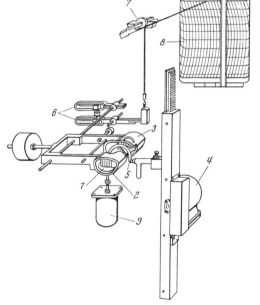

Abb. 19. Extensograph

Ein anderes Gerät zum Bestimmen der Kneteigenschaften von Weizenmehl ist der *Mixograph* (C.O. Swanson u. E.B. Working 1933). Das Kneten wird im Mixographen in einem wärmeisolierten Raum bei gleichmäßiger Luftfeuchtigkeit durchgeführt, um jede Temperaturänderung während des Knetens zu vermeiden. Der Kneteffekt wird dadurch hervorgerufen, daß sich vier vertikale Stifte, die an einem rotierenden Knetknopf angebracht sind, gegen drei fest montierte Stifte im Kreis bewegen. In dem Maße, in dem sich der Teig entwickelt, steigt die Kraft an, die sich den rotierenden Stiften entgegenstellt; sie wird registriert und vermittelt im Mixogramm ein ähnlich auswertbares Bild wie der Farinograph (L. D. Sibbitt u. R. H. Harris 1945; J. A. Johnson u. Mitarb. 1946; S. Zalik u. M. Ostafischuk 1960).

β) Dehnungseigenschaften

Ein Bild von den Dehnungseigenschaften eines Teiges und seines Verhaltens bei mechanischer Verformung vermittelt der *Extensograph*; er ergänzt das im Farinographen erhaltene Qualitätsbild.

Die Arbeitsweise des Gerätes (Abb. 19) ist folgende: Der im Farinographkneter mit einer Teigkonsistenz von 500 Farinogramm-Einheiten hergestellte kochsalzhaltige Teig wird zu zwei Teigstücken von je 150 g aufgeteilt. Diese werden walzenartig geformt, in Teigschalen gelegt und 45 min im Teigabstehbehälter des Gerätes (29° C) belassen. Das walzenförmige Teigstück (1) mit Teigschale und Teighalteklammern (3) wird in den Teigschalenhalter (2) des Gerätes eingesetzt. Dann wird der Antriebsmotor (4) des Dehnungshebels (5) eingeschaltet. Der Hebel bewegt sich dann senkrecht nach unten, trifft dabei auf die Mitte des in der Teigschale gehaltenen Teigzylinders und dehnt den Teig bei gleichbleibender Dehnungsgeschwindigkeit senkrecht nach unten. Hierbei werden die der Teigdehnung entgegenwirkenden Kräfte über das

Hebelsystem (6) auf das Waagensystem (7) übertragen. Das Waagensystem ist direkt mit einem Schreibarm gekuppelt, der die an der Waage auftretenden Kräfte auf die Registriervorrichtung (8) überträgt. Wenn der Teigstrang reißt, wird die Registriervorrichtung (8) automatisch ausgeschaltet. Damit nun Hebel- und Waagensystem (6 und 7) nach dem Reißen des Teigstranges nicht plötzlich nach oben schnellen, ist der Teigschalenhalter mit einem Öldämpfer (9) gekuppelt, der diese plötzliche Aufwärtsbewegung abfängt und leicht dämpft.

Die erhaltene Kurve, das *Extensogramm* (Abb. 20), zeigt die Dehnungseigenschaften des Teiges an. Der Teig kann noch ein zweites und ein drittes Mal zu einem Teigstrang verformt und gedehnt werden. Die so nach 45, 90 und 135 min erhaltenen Extensogramme lassen den Einfluß der mechanischen Verformungsarbeit in Verbindung mit der Teigruhe auf die plastischen Eigenschaften des gleichen Teigstückes erkennen.

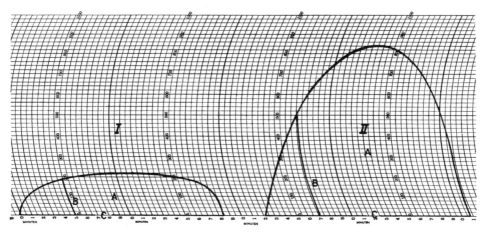

Abb. 20. Extensogramme von zwei Teigen; links (I) fließender Teig, rechts (II) normaler Teig

Die aus dem Extensogramm nach 135 min sich ergebenden Teig- und Mehleigenschaften werden in Zahlen abgelesen und ausgedrückt:

Die Energie (A): Die von der Kurve umschriebene Fläche in cm² als Maßstab für die beim Dehnen des Teigstückes aufzuwendende Gesamtkraft (die Fläche wird mit einem Planimeter gemessen).

Der Dehnwiderstand (B): Gemessen als Höhe des Extensogrammes in Extensogramm-Einheiten (EE) nach 50 mm Dehnung, zum Charakterisieren der der Teigdehnung entgegenwirkenden Kraft.

Die Dehnbarkeit (C): Gemessen als Länge des Extensogrammes in mm, zum Charakterisieren der Dehnbarkeit des Teiges.

Die Verhältniszahl (B:C) errechnet als Quotient von Dehnwiderstand (B) zu Dehnbarkeit (C) dient in Verbindung mit der Energie (A) zur Charakterisierung von Gebäckvolumen, Teigverhalten sowie Teig- und Gebäckstand.

Die Extensogramme lassen sich zusammengefaßt folgendermaßen interpretieren: Je größer der Dehnwiderstand B und die Dehnbarkeit C sind, d. h., je größer also die von der Kurve umzogene Fläche ist, umso besser ist die Backqualität des Mehles. Eine gewisse Höhe des Extensogrammes ist, abhängig vom Verwendungszweck des Mehles, wünschenswert. B und C müssen in einem gewissen Gleichgewicht sein, damit die Gebäckkrume eine ausgeglichene Struktur aufweist. Zu dehnbare Teige mit ungenügendem Dehnwiderstand können durch oxydative Zusätze im Sinne des nötigen Gleichgewichts verbessert werden.

Weitere Geräte, die zum Ermitteln der rheologischen Eigenschaften von Weizenmehlteigen verwendet werden, sind der *Alveograph* (M. CHOPIN 1927), der *Extensigraph* (Extensometer) von P. HALTON u. E.A. FISHER (1937) sowie der *Neo-Laborograph* (E. MAES 1958; I.T. RADA 1958).

Im Alveograph wird eine Teigscheibe bestimmter Größe auf eine geölte Platte gelegt, unter festgelegtem Druck angepreßt, festgehalten und mit Luft zu einer Hohlkugel aufgeblasen, bis sie platzt. Der größte innerhalb der Teigblase auftretende Druck (P) gilt als Maß des Dehnwiderstandes und ergibt unter Berücksichtigung des Maximalvolumens der Blase (Dehnbarkeit G) auch ein solches für die Elastizität des Teiges. Die Deformationsarbeit (W) steht in direkter Beziehung zur Fläche des Alveogramms und wird in erg, auf 1 g Teig bezogen, ausgedrückt. Auch das Verhältnis P:L (L = Breite des Diagramms) spielt bei der Beurteilung der Mehlqualität eine Rolle.

Im *Extensigraph* drückt eine Metallscheibe durch ein festgeklemmtes Teigstück und formt dieses zu einem Hohlzylinder; der Druck der Scheibe gegen die Länge des Zylinders wird registriert.

Extensogramm und Alveogramm zeigen ähnlich wie das Farinogramm konventionelle Werte an, die nur empirische Bedeutung besitzen.

Die Meßergebnisse des Extensograph differieren innerhalb eines Laboratoriums um 10—15 %; ebenso die des Alveograph. Über eingehende Versuche, sie mathematisch-physikalisch zu definieren und auszuwerten, berichten C. J. Dempster u. Mitarb. (1952, 1953, 1954) sowie I. Hlynka u. F. W. Barth (1957). Diese Autoren verzichten auf Messen der Maximalhöhe des Extensogramms für die Teigcharakterisierung und bestimmen die Extensogrammhöhe (L) bei einer willkürlich festgelegten Dehnung zwischen 3 und 11 cm. Durch Auftragen von L gegen die jeweilige Ruhezeit des Teiges in ein Koordinatensystem wird eine Kurve erhalten, die die sog. *Struktur-Relaxation* des Teiges verbildlicht (Abb. 21). In ihr drückt sich die Relaxation des frisch gekneteten oder gewirkten Teiges aus, das ist die Eigenschaft des Teiges, nach Deformation wieder in den Ruhestand überzugehen; sie läßt sich sowohl am Extensographen wie im Alveographen ermitteln. Diese Auswertungstechnik hat sich besonders zur Beobachtung von Oxydations- und Reduktionsvorgängen im Teig bewährt, da sich die Wirkung der Oxydations- und Reduktionsmittel in einer Veränderung der rheologischen Eigenschaften ausdrückt (I. Hlynka u. R. R. Matsuo 1959; A. H. Bloksma 1964).

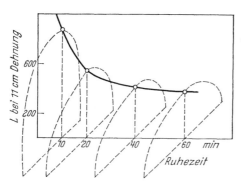

Abb. 21. Ableitung der Strukturrelaxation

γ) Viscosität und Verkleisterung

Viscosität und Verkleisterungseigenschaften von Teigen geben, besonders während der Aufheizphase zu Beginn des Backens, Hinweise auf Unterschiede im Backverhalten der Mehle. Der Viscositätsverlauf wird dabei hauptsächlich von der Stärke und ihrem enzymatischen Abbau, aber auch von anderen Inhaltsstoffen (Eiweiß, Pentosanen, Mineralstoffen, Säuren usw.) bestimmt. Er wird besonders als Kriterium für die Qualität des Roggens herangezogen, dessen Stärke-Amylase-Komplex für die Gebäckausbildung von ausschlaggebender Bedeutung ist (vgl. S. 32ff).

Für die Bestimmung des Verkleisterungsverlaufes von Mehlen dient der *Amylograph* (Viscograph) (Abb. 22), ein Rotationsviscometer mit folgender Arbeitsweise:

80 g Mehl (auch Feinschrot) werden mit 300 ml Wasser in einem Rührgefäß zu einer klümpchenfreien und homogenen Suspension angerührt. Die Suspension wird quantitativ in den Rührtopf (1) des Amylographen gefüllt, wobei zum Aus- und Nachspülen des Behälters und der Rührvorrichtung weitere 150 ml Wasser angewendet werden. Der Amylograph-

fühler (2), der mit einem Meßsystem (3) und mit einer Schreibvorrichtung (5) gekuppelt ist, wird in den Rührtopf eingesetzt und dieser durch einen Spezialgetriebemotor (4) zum Rotieren gebracht. Die Suspension wird dann durch elektrische Strahlungsheizung (6) unter Steuerung eines Kontaktthermometers mit einer konstanten Aufheizgeschwindigkeit von 1,5°C/min von 25°C ab bis zur Verkleisterung erhitzt. Der Viscositätsverlauf kann auch bei konstant bleibender Temperatur untersucht werden, indem das Kontaktthermometer auf eine bestimmte Temperatur festgelegt wird.

Während des Aufheizens wird die Änderung der Viscosität der Suspension gemessen und in Form einer Kurve, dem *Amylogramm* (Abb. 23), registriert. Die Viscosität sinkt unter dem Einfluß der Quellstoffe (Pentosane) mit steigender Temperatur anfangs und möglicherweise auch infolge der Einwirkung der a-Amylase des Mehles leicht ab; von 50—60° C an setzt die Verkleisterung und damit auch der Anstieg der Viscosität ein. Nach Erreichen des Maximalwertes (Verkleisterungsmaximum) nimmt die Viscosität wieder ab (E.

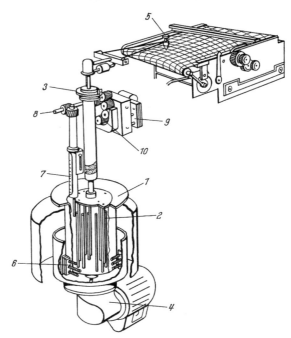

Abb. 22. Amylograph

DREWS 1964). Der Maximalwert der Viscosität ist außer von den Eigenschaften der Stärke von der Aktivität der a-Amylase im Mehl abhängig; er wird in Amylogrammeinheiten (AE) abgelesen. Da ausgewachsenes Getreide eine gesteigerte a-Amylaseaktivität aufweist, ist das Amylogramm auch zur Ermittlung von Auswuchsschäden geeignet.

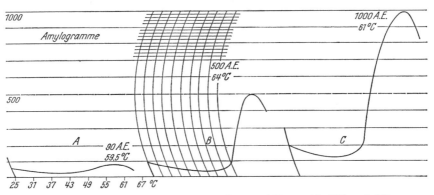

Abb. 23. Amylogrammkurven von drei verschiedenen Mehlen. A Enzymreich, B Normal, C Enzymarm

Ein niedriges Amylogramm des Mehles (unter 250 AE) läßt bei Verbacken eine mangelhafte, meist feuchte Gebäckkrume, ein Amylogramm über 800 AE eine zu trockene Krume erwarten. Der Bereich von 250—650 AE zeigt normale Roggen-mehlqualität an.

Bei Auswertung der Amylogramme muß darauf Rücksicht genommen werden, daß die Differenz der auf verschiedenen Geräten ermittelten Viscositätsmaxima relativ groß sein kann (um 40—60 AE), da eine Eichung der Geräte bisher nicht erfolgte.

b) Gärverhalten

Der Backwert eines Mehles läßt sich mit Hilfe indirekter Methoden allein nicht bestimmen, da sie über die zu erwartenden Vorgänge im Teig und beim Backen nur begrenzte Aussagen zulassen. Messen der rheologischen Eigenschaften ist zwar gut geeignet, die Mehlqualität zu kennzeichnen, der Einfluß der Hefe und der von ihr bestimmten Gärungsvorgänge wird hierbei aber nicht berücksichtigt.

Zum Messen der Kohlensäurebildung, also der Triebkraft in Weizenmehlteigen, dient der *Fermentograph*[1]. Dieses Gerät besteht aus einem Wasserbad (30° C), in das eine den Hefeteig enthaltende Gummiblase versenkt wird. Die sich entwickelnde Kohlensäure vergrößert allmählich das Volumen von Teig und Gummiblase, die im Wasserbad nach oben steigt; der dabei auftretende Auftrieb wird registriert (Fermentogramm).

Ein Gerät, das Gärzeit, Gärtoleranz und Elastizität des Teiges im Stadium der Endgare unter konstanten Temperatur- und Feuchtigkeitsbedingungen sowie den Ofentrieb zu bestimmen gestattet (bisher nur subjektiv und auf Grund von Erfahrung feststellbare Eigenschaften), ist der *Maturograph*[1] in Verbindung mit dem sog. *Ofentriebgerät*[1].

Das Gerät arbeitet nach folgendem Prinzip: Ein Druckstempel wird mit Hilfe einer besonderen Mechanik in Abständen von 2 min in einen Teig gedrückt, der sich in einem abgeschlossenen Teigbehälter (30°C; 80—85% rel. Luftfeuchte) befindet. In Abhängigkeit von der CO_2-Entwicklung und der Teigelastizität wird der Stempel auf ein unterschiedliches Niveau gehoben, um dann wieder nach 2 min in den Teig gedrückt zu werden. Der Versuch wird solange fortgesetzt, bis das Maximum der Kurve (Endgare in Minuten) erreicht ist.

Das optimale Teigvolumen läßt sich mit Hilfe des Ofentriebgerätes bestimmen, indem eine gärende Teigkugel von 30° auf 100°C in 22 min erhitzt wird (W. Seibel u. A. Crommentuyn 1963, 1964).

VII. Hinweise für die lebensmittelrechtliche Beurteilung von Getreide und Getreide-Mahlprodukten

Nach § 3 des Gesetzes über den Verkehr mit Getreide und Futtermitteln (Getreidegesetz) vom 24. XI. 1951 (BGBl. I S. 901) ist das Bundesministerium für Ernährung, Landwirtschaft und Forsten u. a. ermächtigt zu bestimmen, welcher Ausbeutesatz bei der Verarbeitung des Getreides und welche Mehltypen bei der Vermahlung einzuhalten sind. Auch über das Mischungsverhältnis der Mahlprodukte bei der Herstellung von Brot und über etwaige Beimischungen können Vorschriften erlassen werden.

Von den Durchführungs-Verordnungen (DVO) zum Getreidegesetz, die im allgemeinen den marktpolitischen Zwecken des Getreidegesetzes dienen, ist lebensmittelrechtlich wichtig die 17. DVO vom 21. VII. 1961, (BGBl. I S. 1039) die Bestimmungen über die Vermahlung von Brotgetreide und über die zulässigen Mehltypen bei Roggen und Weizen enthält. Weiterhin kommt in Betracht die 7. DVO vom 12. VIII. 1953, welche u. a. die Kennzeichnung von Getreidemahlerzeugnissen regelt.

---

[1] Hersteller: Fa. C.W. Brabender o.H., Duisburg.

Die früher in Deutschland geduldete Mehlbleichung und chemische Mehlbehandlung ist jetzt nach der VO über chemisch behandelte Getreidemahlerzeugnisse, unter Verwendung von Getreidemahlerzeugnissen hergestellte Lebensmittel und Teigwaren aller Art vom 27. XII. 1956, also noch vor Erlaß der Novelle zum Lebensmittelgesetz, verboten. Zulässig ist lediglich der Zusatz von Ascorbinsäure sowie von saurem Natriumacetat, Calciumacetat oder -propionat.

Zu den kuchenfertigen und backfertigen Mehlen hat das Bundesministerium für Ernährung, Landwirtschaft und Forsten in einem Rundschreiben vom 2. XII. 1955 Stellung genommen. Vitaminierte Mehle unterliegen der VO über vitaminierte Lebensmittel vom 1. IX. 1942.

Zu berücksichtigen ist ferner die Verordnung über Pflanzenschutz-, Schädlingsbekämpfungsund Vorratsschutzmittel in oder auf Lebensmitteln pflanzlicher Herkunft (Höchstmengen Vo-Pflanzenschutz) vom 30. November 1966 (BGBl. I, S. 667), die am 1. Januar 1968 in Kraft tritt.

Nach der ersten Verordnung zur Durchführung des Gesetzes zur Durchführung der Verordnung Nr. 19 (Getreide) des Rates der EWG für das Getreidewirtschaftsjahr 1966/67, 1. DVO Getreide v. 13. VI. 1966 (BGBl I S. 373) sind Weichweizen, Roggen und Gerste von durchschnittlicher Beschaffenheit, wenn

das hl-Gewicht bei Weichweizen zwischen   74 und 76 kg,
das hl-Gewicht bei Roggen zwischen . . .   70 und 73 kg,
der Feuchtigkeitsgehalt zwischen . . . . . 15,5 und 16,5% liegen und

der Besatz bei	Weichweizen	Roggen
an Bruchkorn und Kornbesatz	4%	5%
an Auswuchs	2%	2%
an Schwarzbesatz	1%	1% nicht übersteigt.

Abweichungen von dieser Beschaffenheit wird durch preisliche Zu- oder Abschläge Rechnung getragen. Mengkorn muß im Gemenge gewachsen und geerntet sein. Die Richtlinien zur Durchführung der Intervention im Getreidewirtschaftsjahr 1965/66 vom 12. August 1965 (Bundesanzeiger Nr. 153 vom 18. August) bestimmen, daß Weichweizen, Mengkorn und Roggen für Mahlzwecke gesund und im Korn und Schrot frei von dumpfem, saurem, muffigem und artfremdem Geruch sein muß, daß eine ordnungsgemäß gezogene Probe dem Augenschein nach

frei von lebenden Schädlingen sein muß,
das Getreide nicht mit gebeiztem Saatgut vermischt sein darf und
naturfeuchtes Getreide erkennbar nicht mit getrocknetem Getreide vermischt sein darf.

Als Mindestanforderungen an die Qualität von Mahlgetreide gelten:
Der Anteil an hitzegeschädigten Körnern darf 1%,
der Besatz an Auswuchs bei Weichweizen 4% und bei Roggen 6% nicht übersteigen.

Für Zwecke der menschlichen Ernährung nicht mehr verwendungsfähig sind Weichweizen und Roggen mit mehr als 10% hitzegeschädigter Körner und mehr als 30% Auswuchs.

Das Gesetz über Sortenschutz und Saatgut von Kulturpflanzen (Saatgutgesetz) vom 27. VI. 1953 (BGBl I 1953, S. 450 ff.) gewährt 15jährigen Rechtsschutz für einmal zugelassene Sorten.

Bibliographie

AGENA, M.U.: Untersuchungen über Kälteeinwirkungen auf lagernde Getreidefrüchte mit verschiedenem Wassergehalt. Diss. Univ. Bonn 1961.

BEESON, K.C.: The mineral composition of crops with particular reference to the soils in which they are grown. USDA, Misc. Publ. No. 369, 1941.

BLOCK, R.J., and D. BOLLING: The amino acid composition of proteins and foods. 2nd Ed. Springfield: Thomas 1951.

BÖHM, F.: Die Schälmüllerei. Graupenmüllerei und Erbsenschälerei. Leipzig: Schäfer 1934.

BRÜCKNER, G.: Einfluß des Ernteverfahrens auf die Wertmerkmale des Roggens, insbesondere bei der Lagerung. In: Getreidequalität, Trocknung und Lagerung, S. 124—129. Ber. 2. Getreidetag. Detmold: Granum-Verlag 1958.

—, Aufbau und Zusammensetzung des Getreidekornes. In: Brot in unserer Zeit, S. 17—24. Detmold: Schäfer 1966.

—, u. T. SPECHT-SEMERAK: Untersuchungen an Hirse und ihren Vermahlungsprodukten. Jber. Versuchsanst. Getreideverwert., Berlin **1945/47,** 34—59.

Cereal Laboratory Methods. With reference tables compiled by Committee on Revision. 7th Ed. St. Paul, Minn.: Amer. Ass. Cereal Chem. 1962.

Clerck, J. de: Lehrbuch der Brauerei. Bd. 1, Berlin: Versuchs- u. Lehranst. f. Brauerei 1964.

Cook, A.H.: Barley and malt. New York: Academic Press 1962.

Cunningham, D.K.: Comparative studies of the chemical and physical properties of some cereal proteins. Diss. Univ. of Minnesota 1953.

Dallmann, H.: Porentabelle. 2. Aufl. Detmold: Schäfer 1958.

Fischer, K.: Die Reismüllerei. Detmold: Schäfer 1957.

Food and Drug, Dept. of Health, Education, and Welfare, Circ. No. 1. Washington, D.C. 1944.

Geddes, W.F., L.S. Cuendet and C.M. Christensen: Recent researches on grain storage. Kongr.-Ber. III. Intern. Brotkongr. Hamburg **1955**, 136—139.

Gicquel, (zit. bei P. Pelshenke): Untersuchungsmethoden für Getreide, Mehl und Brot, S. 25. Leipzig: Schäfer 1938.

Golik, M. G.: Wissenschaftliche Grundlagen der Lagerung und Behandlung von Mais [russ.]. Moskau 1961.

Hachmann, W.: Mais. Seine Verwendung und Verarbeitung. Stuttgart: Matthaes 1949.

Hanssen, E., u. E.-G. Niemann: Änderungen von Mehleigenschaften durch Windsichtung. Kongr.-Ber. III. Intern. Brotkongr. Hamburg **1955**, 154—157.

Hesse, A.: Enzymatische Technologie der Gärungsindustrien. Leipzig: Thieme 1929.

Hoffmann, J.F., u. K. Mohs: Das Getreidekorn. 1. Bd.: Die Behandlung, Trocknung und Bewertung des Getreides. 2. Aufl. Berlin u. Hamburg: Parey 1931.

Holthöfer, H., A. Juckenack u. K.H. Nüse: Deutsches Lebensmittelrecht. 4. Aufl., Bd. 2, S. 21. Köln: Heymann 1963.

Hopf, L.: Taschenbuch für Müllerei und Mühlenbau. Leipzig: Schäfer 1938.

ICC: ICC-Methoden der Intern. Ges. f. Getreidechem., Wien 1960 u. 1962.

Jacobs, M.B. (Edit.): The chemistry and technology of food and food products. Vol. II. New York: Interscience Publ. 1951.

Kent-Jones, D.W., and A.J. Amos: Modern cereal chemistry. 5th Ed. Liverpool: North. Publ. Co. 1957.

Kerr, R.W. (Edit.): Chemistry and industry of starch. New York: Academic Press 1950.

Lang, K.: Biochemie der Ernährung. Darmstadt: Steinkopff 1957.

Lüers, H.: Die wissenschaftlichen Grundlagen von Mälzerei und Brauerei. Nürnberg: Carl 1950.

Matz, S.A. (Edit.): The chemistry and technology of cereals as food and feed. Westport, Conn.: AVI Publ. Comp. Inc. 1959.

Miller, D.F. (Edit.): Composition of cereal grains and forages. Prepared under the auspices of the Committee on Feed Composition of the Agricultural Board. Washington, D.C.:Nat. Acad. of Science, Publ. Nr. 585, 1958.

Neumann, M.P.: Brotgetreide und Brot. 3. Aufl. Berlin: Parey 1929.

— Brotgetreide und Brot. 5. Aufl. Hrsg. von P.F. Pelshenke. Berlin: Parey 1954.

Øverby, G.: Kvalitetsundersøkelser av grynhavre. [norwegisch]. Oslo: Dahl 1937.

Osborne, Th. B.: The vegetable proteins. 2nd Ed. London: Longmans, Green & Co. 1924.

— The proteins of the wheat kernel. Washington, D.C.: Carnegie Inst. Publ. Nr. 84, 1907.

Oxley, T.A.: The scientific principles of grain storage. Liverpool: North. Publ. Co. 1948.

—, u. M.B. Hyde: Neue Versuche über luftdichte Lagerung von Weizen. Kongr.-Ber. III. Intern. Brotkongr. Hamburg **1955**, 179—182.

Pence, J.W.: New wheat food products. In: Role of wheat in world's food supply, 137—142. Report of Conf. Apr. 30 to May 2, 1962. Albany, Cal.: West. Reg. Res. Laboratory 1962.

Pyler, E.J.: Baking science and technology. I. Basic science. Materials of baking; II. Baking technology. Chicago, Ill.: Siebel 1952.

Quensel, O.: Untersuchungen über die Getreideglobuline. Diss. Upsala 1942.

Rauscher, K.: Untersuchung von Lebensmitteln. Bd. II: Pflanzliche Erzeugnisse. Leipzig: Fachbuchverlag 1956.

Roemer, Th.: Roggen. In: Handbuch der Pflanzenzüchtung, Bd. II. Berlin: Parey 1939.

Rohrlich, M.: Einfluß der Trocknung des Weizens auf die Fermentaktivität und Klebereiweiß. Kongr.-Ber. III. Intern. Brotkongr. Hamburg **1955**, 193—197.

—, u. G. Brückner: Das Getreide. I. Das Getreide und seine Verarbeitung; II. Das Getreide und seine Untersuchung. Berlin: Parey 1966.

Rothe, M.: Die Fette. In Brot in unserer Zeit, S. 45—48. Detmold: Schäfer 1966.

Schäfer, W., u. L. Altrogge: Wissenschaft und Praxis der Getreidekonditionierung. Detmold: Schäfer 1960.

Schiemann, E.: Weizen, Roggen, Gerste. Systematik, Geschichte und Verwendung. Jena: Fischer 1948.

Schlubach, H.H.: Der Kohlenhydratstoffwechsel der Gräser. In: Fortschr. Chemie organ. Naturstoffe. Hrsg. von L. Zechmeister. Bd. 15, S. 1—27. Berlin: Springer 1958.

SCHOLZ, B.: Atmungsverluste bei Weizen in Abhängigkeit von Temperatur, Lagerzeit und Wassergehalt des Getreides. Diss. Univ. Bonn 1960.

SCHULERUD, A.: Das Roggenmehl, 2. Aufl. Detmold: Schäfer 1957.

SCHULTZ, H. W., and A. F. ANGLEMIER (Edit.): Symposium on foods: Proteins and their reactions, S. 315—341. Westport, Conn.: AVI Publ. Co. 1964.

Sortenratgeber für Getreide einschl. Mais. 3. Aufl. Frankfurt/M.: DLG-Verlag 1964.

Standardmethoden für Getreide, Mehl und Brot. Hrsg. von der Arbeitsgemeinschaft Getreideforschung e. V., Detmold, 4. Aufl. Detmold: Schäfer 1964.

Statistisches Jahrbuch über Ernährung, Landwirtschaft und Forsten der Bundesrepublik Deutschland 1963. Berlin: Parey 1964.

STEPP, W., J. KÜHNAU u. H. SCHROEDER: Die Vitamine und ihre klinische Anwendung. 2 Bde. Stuttgart: Enke 1952, 1957.

SWANSON, C. O.: Wheat and wheat flour quality. Minneapolis, Minn.: Burgess 1941.

TÄUFEL, K.: Ernährungsforschung und zukünftige Lebensmittelchemie. Berlin: Akademie-Verlag 1950.

THEIMER, O. F.: Tabelle zur Belüftung von Lagergetreide mit natürlicher Außenluft. Detmold: Schäfer 1964.

THOMAS, B.: Nähr- und Ballaststoffe der Getreidemehle in ihrer Bedeutung für die Broternährung. Stuttgart: Wiss. Verl.-Ges. 1964.

TIMM, E.: Aschebestimmung im Spelzen- und Kernanteil des Hafers. Jber. Versuchsanst. f. Getreideverwert., Berlin: **1945/47**, 23—25.

TUNGER, L.: Wirkstoffverluste im Verlauf der technologischen Bearbeitung des Hafers. Ber. 4. Intern. Getreide- u. Brotkongr. Wien **1966**.

VOGEL, H.: Getreidekeime und Keimöle. Basel: Wepf 1948.

VOGL, A. E.: Die wichtigsten vegetabilen Nahrungs- und Genußmittel, S. 24. Berlin: Urban u. Schwarzenberg 1899.

WALL, J. S.: Proteins and their reactions (III.). In: Symposium on foods. Hrsg. von H. W. SCHULTZ u. A. F. ANGLEMIER. Westpoint, Conn.: AVI Publ. Co. 1964.

WARTH, F. J., and D. B. DARABSETT: Disintegration of rice grains by means of alkali. Res. Inst. Pusa Bull [Indien]. Vol. 38, 1914.

WHISTLER, R. L., and CH. L. SMART: Polysaccharide chemistry, S. 144. New York: Academic Press 1953.

WIENHAUS, H.: Untersuchungen über die Qualitätsminderung des Getreidekornes bei Direktverwendung von Verbrennungsgasen zur Trocknung. Diss. Univ. Bonn 1962.

WOODS, C. D.: Food value of corn products. USDA. Farmer's Bull. No. 298, 1907.

ZACHER, F.: Vorratsschutz gegen Schädlinge. 2. Aufl. Berlin u. Hamburg: P. Parey 1964.

ZELENY, L.: Chemical, physical, and nutritive changes during storage. In: Storage of cereal grains and their products, S. 46—76. Hrsg. von J. A. ANDERSON u. A. A. ALCOCK. St. Paul, Minn.: Amer. Ass. Cereal Chem. 1954.

Zeitschriftenliteratur

ABBOTT, D. C., B. S. MILLER and J. A. JOHNSON: Arch. Biochem. **38**, 85 (1952).

ACKER, L.: Die Phospholipasen des Getreides. Getreide u. Mehl **6**, 109—112 (1956).

—, u. H.-O. BEUTLER: Die Beteiligung enzymatischer und mikrobieller Vorgänge am Anstieg der Acidität in Getreidemahlprodukten. Dtsch. Lebensmittel-Rdsch. **60**, 170—174 (1964).

—, W. DIEMAIR u. E. SAMHAMMER: Über das Lichenin des Hafers. I. Eigenschaften, Darstellung und Zusammensetzung des schleimbildenden Polysaccharides. Z. Lebensmittel-Untersuch. u. -Forsch. **100**, 180—188 (1955).

—, u. G. ERNST: Über das Vorkommen eines phosphatidspaltenden Ferments in Cerealien. Biochem. Z. **325**, 253—257 (1954).

AGATOVA, A. E., u. N. I. PROSKURJAKOV: Über Sulfhydrylgruppen und Disulfidbindungen im Eiweiß des Weizenmehles [russisch]. Biochimija (Moskau) **27**, 88—93 (1962).

ALTROGGE, L.: Neue Erfahrungen zur Roggen-Konditionierung. Getreide, Mehl, Brot **4**, 189—192 (1950).

AMBERGER, K., u. E. WHEELER-HILL: Über die Zusammensetzung des Haferöls. Z. Untersuch. Lebensmittel. **54**, 417—431 (1927).

ANDER, E.: Trockenentkeimung von Mais. Stärke **17**, 295—298 (1965).

ANDERS, E.: Versuche zur Beschleunigung der Besatzbestimmung mit Hilfe einer „Besatzplatte". Mühle **93**, 361—362 (1956).

ANDERSON, R. H., D. H. MORAN, T. E. HUNTLEY and J. L. HOLAHAN: Responses of cereals to antioxidants. Food Technol. **17**, 115—120 (1963).

ANGLADETTE, A.: Reisqualitäten und Verbraucheransprüche in den Importländern der Communauté Française. Getreide u. Mehl **11**, 41—44 (1961).

Aspinall, G.O., and R.J. Ferrier: The constitution of barley husk hemicellulose. J. chem. Soc. 1957, 4188—4194.

Atanazevič, V.: Impulstrocknung von Getreide [russisch]. Piščev. Technol. 3, 126—132 (1963).

Auerman, L. Ja.: Die Beschleunigung der Weizenmehl-Reifung durch Infrarotbestrahlung. Getreide u. Mehl 10, 37—38 (1960).

— Bessere Backeigenschaften des Mehles durch Erwärmung mit Infrarotstrahlen. Getreidemühle 5, 5—6 (1961).

—, E.A. Isakova u. I.I. Markova: Die Anwendung von Infrarotstrahlen für die Beschleunigung des Reifens von Weizenmehl [russisch]. Chlebopek. kondit. Promyšl. 3, 7—10 (1958).

Axford, D.W.E., J.D. Campbell and G.A.H. Elton: Disulfide groups in flour proteins. J. Sci. Food Agric. 13, 73—78 (1962).

Bach, A., u. A. Oparin: Über die Fermentbildung in keimenden Pflanzensamen. Biochem. Z. 134, 183—189 (1923).

— — u. R. Wähner: Untersuchungen über den Fermentgehalt von reifenden, ruhenden und keimenden Weizensamen. Biochem. Z. 180, 363—370 (1927).

Baker, D., M.H. Neustadt and L. Zeleny: Application of the fat acidity test as an index of grain deterioration. Cereal Chem. 34, 226—233 (1957).

Balland, A.: Alternations qu'éprouvent les farines en vieillissant. Ann. Chim. Phys., Sér. 6 1, 533—557 (1884).

Ballschmieter, H.M.B., u. H. Vlietstra: Verwendung von Maismehl in Weizenhefebroten. Brot u. Gebäck 16, 44—52 (1963).

Banasik, O.J., and K.A. Gilles: Test results on an instrument which provides chemists a new protein method. Cereal Chem. 39, 28—30 (1962).

Bartnik, J.: Untersuchungen über den Nährwert der Proteine von Roggenmehlen verschiedenen Ausmahlungsgrades. Nahrung 8, 511—518 (1964).

— Der Nährwert von Roggen und Roggenprodukten [polnisch]. Roczn. państw. Zakł. Hig. 15, 183—199 (1964).

Barton-Wright, E.C.: Studies on the storage of wheaten flour. III. Changes in the flora and the fats and the influence of these changes on gluten character. Cereal Chem. 15, 521 (1938).

—, and T. Moran: The microbiological assay of amino acids. III. Amino acids in the wheat grain. Analyst 71, 278—282 (1946).

Bass, E.J., and W.O.S. Meredith: Enzymes that degrade barley gums. III. Studies of beta-polyglucosidases of green malt. Cereal Chem. 32, 374—381 (1955).

Baumeister, W.: Der Einfluß mineralischer Düngung auf den Ertrag und die Zusammensetzung des Kornes der Sommerweizenpflanze. Bodenkde. u. Pflanzenernähr. 12, 175 (1939).

Bautista, G.M., and P. Linko: Glutamic acid decarboxylase activity as a measure of damage in artificially dried stored corn. Cereal Chem. 39, 455—459 (1962).

Bayfield, E.G., and W.W. O'Donnell: Observations of thiamine content of stored wheat. Food Res. 10, 485—488 (1945).

Beccari, J.B.: De frumento. De Bononiensi Scient. Artium Inst. Acad. Comment. 1745, J. II, P. 1.

Bechtel, W.G., and C.M. Hollenbeck: A revised thiochrome procedure for the determination of thiamine in cereal products. Cereal Chem. 35, 1—14 (1958).

Becker, E., u. H. Hoppe: Die papierchromatographische Erfassung der Ascorbinsäure in Mehlen und mehlähnlichen Lebensmitteln. Z. Lebensmittel-Untersuch. u. -Forsch. 104, 21—23 (1956).

Belderok, B.: Studies on dormancy in wheat. Proc. intern. Seed Test. Assoc. 26, 679—760 (1961).

Bentley, H.R., E.E. McDermott, T. Moran, J. Pace and J.K. Whitehead: Action of nitrogen trichloride on certain proteins. I. Isolation and identification of the toxic factor. Proc. Roy. Soc. Ser. B. (Lond.) 137, 402—417 (1950).

Bequette, R.K., F.F. Barrett, H.E. Arciszewski and M.A. Barmore: The air-classification responses of flours from three Pacific Northwest varieties of white winter wheat. Amer. Miller Process. 92, Nr. 1, S. 10—12, 29 (1964).

Bergner, K.G., u. K. Wagner: Mineralstoffe im Haferkorn und ihre Verteilung bei der Haferflockenherstellung. Getreide u. Mehl 10, 81—84 (1960); 11, 13—17, 61—65 (1961).

Bergström, S., and R.T. Holman: Lipoxidase and the autoxidation of unsaturated fatty-acids. Adv. Enzymol. 8, 425—457 (1948).

Berliner, E.: Nachweis von Weizenmehl in Roggenmehl mit Hilfe der „Tuschemethode". Z. Untersuch. Lebensmitt. 68, 643—645 (1934).

—, u. J. Koopmann: Theorie einer Grobstruktur des Weizenklebers. Z. ges. Mühlenwes. 6, 91—93 (1929/30).

—, u. W. Kranz: Kolorimetrische Messungen als Schnell- und Mikrobestimmungen. Mühlenlab. 7, 89—94 (1937).

Berry, R.A.: Products of oats. Farm Crops 1, 188 (1925).

BERTRAND, G., et W. MUTTERMILCH: Sur l'existance d'une tyrosinase dans le son de froment. C.R. Acad. Sci. (Paris) 144, 1285—1288 (1907).

BHC Panel: Recommended methods of analysis of pesticides residues in foodstuffs. The determination of small amounts of BHC in flour and edible oils. Analyst 87, 220—227 (1962).

BIÉCHY, TH.: Zur sicheren Einstellung heller Weizen- und Roggenmehle auf eine gewünschte diastatische Kraft mittels Malzmehlen. Getreide u. Mehl 5, 47—48 (1955).

—, u. F. SPINDLER: Eine einfache Schnellmethode zur Bestimmung der Qualität von Weizenmehlen ohne Kleberisolierung. Getreide, Mehl u. Brot 3, 17—25 (1949).

BISERTE, G., et R. SCRIBAN: zit. nach A. BOURDET (1956).

BISHOP, L.R.: The composition and quantitative estimation of barley proteins. J. Inst. Brewing 34, 101—118 (1928).

— The nitrogen content and quality of barley. J. Inst. Brewing 36, 352—369 (1930).

BLAGOVESČENSKI, A.V., and M.P. YURGENSON: On the changes of wheat proteins under the action of flour and yeast enzymes. Biochem. J. 29, 805—810 (1935).

BLAIM, K., u. H. MALISZEWSKA-BLAIM: Untersuchungen über die chemische Zusammensetzung der Früchte von Buchweizen (Fagopyrum sagittatum Gibb.) und von Fagopyrum tataricum Gärtner [polnisch/. Roczn. Nauk roln., Ser. A 81, 621—629 (1961).

BLAIN, J.A., and J.P. TODD: Lipoxidase activity by cup-plate techniques. J. Sci. Food Agric. 9, 235—241 (1958).

BLINC, M.: Über neue Erfahrungen mit bestrahlten Mehlen. Brot u. Gebäck 13, 205—209, 238—241 (1959).

BLISH, M.J.: Wheat gluten. Advanc. Protein Chem. 2, 337—359 (1945).

BLOKSMA, A.H.: Die Bedeutung von Thiol- und Disulfid-Gruppen im Kleber für die Backfähigkeit. Getreide u. Mehl 8, 65—69 (1958).

— The role of thiol groups and flour lipids in oxidation-reduction reactions in dough. Bakers Dig. 38, Nr. 2, S. 53—60 (1964).

BOGUSLAWSKI, E. v.: Düngung, Ertrag und Eiweißgehalt bei Weizen. Getreide u. Mehl 15, 13—20 (1965).

BOLLING, H.: Untersuchungen über Substanzverluste bei der Feuchtigkeitsbestimmung von Getreide. Getreide u. Mehl 10, 102—108 (1960).

— Über den Einfluß des Rauchgases auf die Getreidetrocknung. Mühle 101, 759—762 (1964).

—, u. F. SPRINGER: Zur Methode der Bestimmung der Korngrößenverteilung in Mehlen. Getreide u. Mehl 14, 128—132 (1964).

—, u. H. ZWINGELBERG: Vor- und Nachteile beim Einsatz von Zerkleinerungsmühlen im Mühlendiagramm und ihre Auswirkungen auf die Mehlqualität. Dtsch. Müller-Ztg. 61, 542—545, 566—570 (1963).

— — Die automatische Probenahme. II. Mitt. Mühle 101, 254—256 (1964).

BOND, A.B., and R.L. GLASS: The sugars of germinating corn (zea mays). Cereal Chem. 40, 459—466 (1963).

BONNICHSEN, R.K., B. CHANCE and H. THEORELL: Catalase activity. Acta chem. scand. 1, 685—709 (1947).

BORASIO, L.: Die italienischen Reissorten, ihre Qualitäten und Merkmale in bezug auf den In- und Auslandsmarkt. Getreide u. Mehl 11, 17—21 (1961).

BOTTOMLEY, R.A., C.M. CHRISTENSEN and W.F. GEDDES: Grain storage studies. X. The influence of aeration, time, and moisture content on fat acidity, nonreducing sugars, and mold flora of stored yellow corn. Cereal Chem. 29, 53—64 (1952).

BOURDET, A.: Les protides des céréales. Ann. Technol. agric. 5, 181—318 (1956).

BRABENDER, C.W.: Newer conditioning systems. Northw. Miller, Milling Prod. Sect. 237, 21a (1949).

BRATZ, J.: Der moderne Mehlsilo und Tankwagen. Mühle 95, 620—623 (1958).

BRETZKE, W.: Die Entwicklung von Kohlendioxyd bei der Getreidelagerung in Silos und die sich daraus ergebenden Folgerungen. Stärke 13, 375—379 (1961).

BROWN, A.H., and D.R. GODDARD: Cytochrome oxidase in wheat embryo. Amer. J. Bot. 28, 319—324 (1941).

BROWN, F.: The tocopherol content of farm feeding-stuffs. J. Sci. Food Agric. 4, 161—165 (1953).

BRÜCKNER, G.: Vom spezifischen Gewicht des Getreides, seine Ermittlung und seine Eignung als Bewertungsfaktor. Z. ges. Getreide-, Mühlen- u. Bäckereiwes. 20, 113—115 (1933).

— Der Einfluß von Kornkäferbekämpfungsmitteln (DDT, Hexa) auf die Getreide- und Mehlqualität. Müllerei 3, 189—190 (1950).

— Der Einfluß der Lagerung auf den Verarbeitungswert des Weizens. Wiss. Müllerei 1952, 113—119.

— Einfluß der Korneigenschaften auf die Schälung des Hafers. Mühle 90, 434—436 (1953).

— Mühlennachprodukte. Zur Kennzeichnung von Kleie, Bollmehl, Futtermehl, Nachmehl. Kraftfutter 40, 61—62 (1957).

Brückner G.: Weitere Ergebnisse aus Mahlversuchen mit getrocknetem Roggen. Mühle **101**, 762—763; 775—776 (1964).
—, u. A. Angermann: Zur Kennzeichnung der Helligkeit von Mehl und Brot durch photo-elektrische Meßgeräte. Mühle **95**, 137—139, 150—153 (1958).
—, R. Flatow u. M. Rohrlich: Der quantitative chemische Nachweis von DDT in Mahl- und Backprodukten und das Verhalten des DDT im Mahl- und Backprozeß. Getreide u. Mehl **7**, 73—77 (1957).
—, M. Hengst u. M. Rohrlich: Apparate zur Bestimmung der Feuchtigkeit von Getreide und Mahlprodukten. Mühlen-Ztg. **4**, 383—385 (1950).
—, u. E. A. Schmidt: Die Prüfung des Gesundheitszustandes des Getreides. Allg. Dtsch. Mühlen-Ztg. **41**, 53—54; 61—63 (1938).
—, u. B. Thomas: Nachweis von Mais in Weizenmehlen. Z. ges. Getreidewes. **25**, 34—39 (1938).
Bungenberg de Jong, H.L.: Colloid chemistry of gluten (binary protein mixtures). Trans. Faraday Soc. **28**, 798—812 (1932).
— Ein Beitrag zur Kenntnis von Oxydationserscheinungen im Teig. Mühlenlab. **9**, 123—128 (1939).
—, and W.J. Klaar: Colloid chemistry of gliadin separation phenomena. Trans. Farad. Soc. **28**, 27—68 (1932b).
Buré, J.: Wanderung der inneren Feuchtigkeit des Kornes [franz.]. Bull. anc. Elèv. Ecole Franç. Meun. **1950**, 145.
Burley, R.W.: Role of sulfhydral groups in the longrange elasticity of wool. Nature (Lond.) **175**, 510—511 (1955).
Bushuk, W.: Accessible sulfhydryl groups in dough. Cereal Chem. **38**, 438—448 (1961).
Busson, F., P. Lunven, M. Lanza, A. Aquaron, A. Gayte-Sorbier et M. Bobo: Contribution à l'étude chimique des mils et des sorghos. Agron. trop. **17**, 752—764 (1962).
Cairns, A., and C.H. Bailey: A study of the proteoclastic activity of flour. Cereal Chem. **5**, 79—104 (1928).
Calderon, M., and E. Shaaya: Estimation of carbon dioxide in stored grain: an indication of condition. Trop. Sci. **3**, 25—30 (1961).
Campbell, J.A., and O. Pelletier: Determination of niacin in cereals. J. Ass. off. agric. Chem. **44**, 431—436 (1961); **45**, 449—454 (1962).
Cannon, J.A., M. McMasters, M.J. Wolf and C.E. Rist: Chemical composition of the mature corn kernel. Trans. Amer. Ass. Cereal Chem. **10**, 74—97 (1952).
Carr, R.H.: Removal of the bran from cereals. Cereal Chem. **15**, 658—662 (1938).
Carter, H.E., R.A. Hendry, S. Nojima and N.Z. Stanacev: The isolation and structure of cerebrosides from wheat flour. Biochim. biophys. Acta **45**, 402—404 (1960).
Casas, A., S. Barber y P. Castillo: Reisqualitätsfaktoren. X. Fettverteilung im Endosperm [spanisch]. Rev. Agrochim. Technol. Alim. **3**, 241—244 (1963).
Cheng, Yu-Yen, P. Linko and M. Milner: Glutamic acid decarboxylase in wheat grains. Suom. Kemist. Ser. B **31**, 333—335 (1958).
Chick, H.: Biological value of the proteins contained in the wheat flours. Lancet **1942 I**, 405.
Chopin, M.: Determination of baking value of wheat by measure of specific energy of deformation of dough. Cereal Chem. **4**, 1—13 (1927).
Christensen, C.M.: Viability and moldiness of commercial wheat in relation to the incidence of germ damage. Cereal Chem. **32**, 507—518 (1955).
— Lagerschäden durch Pilzbefall bei Getreide. Getreide u. Mehl **12**, 78—81 (1962).
— Influence of small differences in moisture content upon the invasion of hard red winter wheat by Aspergillus restrictus and A. repens. Cereal Chem. **40**, 385—390 (1963).
—, and S.A. Qasem: Detection of Aspergillus restrictus in stored grain. Cereal Chem. **39**, 68—71 (1962).
Clendenning, K.A.: Polarimetric starch determination in cereal products. I.—V. Canad. J. Res., Sect. C **20**, 403—410 (1942); Sect. B **23**, 113—130; 131—138; 239—259 (1945); Sect. F **26**, 185—190 (1948).
Cleve, H.: Versuche zur Maisentkeimung. Getreide, Mehl, Brot **1**, 18—20 (1947).
— Neue Wege bei der Herstellung von Haferflocken. Müllerei **2**, 105—110 (1949).
— Die neuen Vorbereitungsverfahren. Wiss. Müllerei 17—29, 37—44 (1952).
— Analytische Befunde an windgesichteten Mehlen. Getreide u. Mehl **9**, 81—86 (1959).
—, H. Gehle u. W. Schäfer: Die Getreidekonditionierung; bisherige Erfahrungen. Mühle **102**, 935—937, 955—956 (1965).
Cole, E.W., and M. Milner: Colorimetric and fluorometric properties of wheat in relation to germ damage. Cereal Chem. **30**, 378—391 (1953).
Colin, H., et H. Belval: La raffinose dans les grains de céréales. Bull. Soc. Chim. biol. (Paris) **16**, 424 (1934).
Collatz, F.A.: Flour strength as influenced by the addition of diastatic ferments. Amer. Inst. of Baking Bull. **9**, 72 (1922).

COOKSON, M.A., and J.B.M. COPPOCK: The role of glycerides in baking. III. Some bread-making and other properties of defatted flour lipids. J. Sci. Food Agric. 7, 72—87 (1956).

CORNWELL, P.B., and J.O. BULL: Insect control by gamma-irradiation: an appraisal of the potentialities and problems involved. J. Sci. Food Agric. 11, 754—768 (1960).

CUENDET, L.S., E. LARSON, C.G. NORRIS and W.F. GEDDES: The influence of moisture content and other factors on the stability of wheat flours at 37,8° C. Cereal Chem. 31, 362—389 (1954).

CUNNINGHAM, D.K., and J.A. ANDERSON: Preparation of "gluten" from barley and rye. Cereal Chem. 27, 344 (1950).

— — Rapid detection of mercury on cereal grains. Cereal Chem. 31, 513—516 (1954).

DALLMANN, H.: Die neue Porentabelle und die neue Wertzahl für Weizenkastengebäckbeur-teilung. Mühlenlab. 11, 33—38 (1941).

DANIELS, D.G.H., H.G. KING and H.F. MARTIN: Antioxidants in oats: esters of phenolic acids. J. Sci. Food Agric. 14, 385—390 (1963).

DDT Panel: Recommended methods of analysis of pesticides residues in foodstuffs. The determination of small amounts of DDT in flour and other foodstuffs. Analyst 85, 600—605 (1960).

DEGNER, H.: Bestimmung des Schleifgrades von Reis [holländisch]. Pharm. Weekbl. 68, 557 (1931).

DEL PRADO, F.A., and C.M. CHRISTENSEN: Grain storage studies. XII. The fungus flora of stored rice seed. Cereal Chem. 29, 456—462 (1952).

DEMPSTER, C.J., I. HLYNKA and J.A. ANDERSON: Extensograph studies of structural relaxa-tion in bromated and unbromated doughs mixed in nitrogen. Cereal Chem. 30, 492—503 (1953).

— — — Extensograph studies of the improving action of nitrogen in dough. Cereal Chem. 31, 240—249 (1954).

— — and C.A. WINKLER: Quantitative extensograph studies of relaxation of internal stresses in non-fermenting bromated and unbromated doughs. Cereal Chem. 29, 39—53 (1952).

DESCHREIDER, A.R.: Ergebnisse einer systematischen Untersuchung über die Wirkung von Gammastrahlen auf Weizenmehl. Wiss. Müllerei 65—78 (1959).

DIEMAIR, W., u. H. BECKER: Zur Physiologie und Chemie des Phytins. Dtsch. Lebensmittel-Rdsch. 51, 18—23 (1955).

—, H. JANECKE u. I. IDSTEIN: Enzymatische Aktivitätsveränderungen im Hafer. Stärke 2, 243—251 (1950).

DIERCHEN, W.: Der äußere und innere Pilzbefall beim Getreidekorn. Getreide u. Mehl 2, 125—127 (1952).

DIMLER, R.J.: Exploring the structure of proteins in wheat gluten. Bakers Dig. 39, Nr. 5, S. 35—38, 40—42 (1965).

DIRKS, B.M., P.D. BOYER and W.F. GEDDES: Some properties of fungal lipases and their significance in stored grain. Cereal Chem. 32, 356—373 (1955).

DOEKSEN, J.: De tarwegalmuggen Contarinia tritici Kirby en Sitodiplosis mos. Géh. in Neder-land. Versl. Techn. Tarwe Commiss. Groningen 12, 239—296 (1938).

DÖRNER, H.: Neuere Untersuchungen über Veränderungen des Mehles bei der Lagerung. Getreide u. Mehl 2, 109—112 (1952).

DONATH, H.: Differential-Walzenstuhl. Mühle 92, 369—371 (1955).

DREWS, E.: Wasserlösliche, niedrigmolekulare, nichtflüchtige organische Säuren in Mahl-produkten, Teigen und Broten. Brot u. Gebäck 12, 261—264 (1958).

— Über das Schicksal einiger mehleigener organischer Säuren bei der Sauerteiggärung und den Einfluß der Mitverarbeitung von Citronen-, Wein- und Apfelsäure auf den Milch- und Essigsäuregehalt des Sauerteigbrotes. Brot u. Gebäck 15, 105—113 (1961).

— Amylogramm und Fallzahl bei Mehlmischungen. Brot u. Gebäck 19, 110—113 (1965).

DURHAM, R.K.: A measure of maximum potential baking strength of wheat: The sedimen-tation test. Cereal Sci. 7, 13 (1962).

EARLE, F.R., J.J. CURTIS and J.E. HUBBARD: Composition of the component parts of the corn kernel. Cereal Chem. 23, 504—511 (1946).

EBERT, K., u. E. THALMANN: Nasse Veraschung von organischen Substanzen unter Verwen-dung von Infrarotstrahlern. Z. landw. Versuchs- u. Untersuchungswes. 9, 531—548 (1963).

EIDMANN, F.E.: Saatgutprüfung auf biochemischem Wege. Z. Forst- u. Jagdwes. 68, 422 (1936); Ein neuer Weg der Saatgutprüfung. Forschungsdienst 3, 448—455 (1937).

EMMERIE, A., and CH. ENGEL: The tocopherol (vitamin E) content of foods and its chemical determination. Z. Vitaminforsch. 13, 259—266 (1943).

ENGEL, CH.: The tocopherol (vitamin E) content of milling products from wheat, rye, barley and the influence of bleaching. Z. Vitaminforsch. 12, 220—223 (1942).

— The distribution of the enzymes in resting cereals. I. The distribution of the saccharogenic amylase in wheat, rye, and barley. Biochim. biophys. Acta 1, 42—49 (1947).

Engel, Ch.: III. The distribution of esterase in wheat, rye, and barley. Biochim. biophys. Acta 1, 278 bis 279 (1947).

—, and L. H. Bretschneider: IV. A comparative investigation of the distribution of enzymes and mitochondria in wheat grains. Biochim. biophys. Acta 1, 357—363 (1947).

—, and J. Heins: The distribution of the enzymes in resting cereals. II. The distribution of the proteolytic enzymes in wheat, rye, and barley. Biochim. biophys. Acta 1, 190—196 (1947).

Euler, H. v., u. K. Josephson: Über Katalase. I./II. Liebigs Ann. Chem. 452, 158—181; 455, 1—16 (1927).

Ewers, E.: Über die Bestimmung des Stärkegehaltes auf polarimetrischem Wege. Z. öfftl. Chem. 14, 8—19; 150—157 (1908).

Faber, W.: Der Getreidekapuziner, ein Vorratsschädling mit Honiggeruch. Pflanzenarzt 15, 116—117 (1962).

Farn, G., and D. M. Smith: Enzymatic-ultraviolet method for determination of uric acid in flour. J. Ass. off. agric. Chem. 46, 522—523 (1963).

Fellenberg, Th. v.: Untersuchung über die Backfähigkeit der Mehle. Mitt. Lebensmittel-untersuch. Hyg. 10, 229—260 (1919).

Feuersenger, M.: Lebensmittelhygienische Fragen der Kornkäferbekämpfung mit Phosphorwasserstoff. Dtsch. Lebensmittel-Rdsch. 51, 293—296 (1955).

— Die Anwendung von Schädlingsbekämpfungsmitteln in rechtlicher Sicht. Med. u. Ernährung 5, 227—229 (1964).

Fifield, C. C., and D. W. Robertson: Milling, baking, and chemical properties of Marquis and Kanred wheat grown in Colorado and stored 14 to 22 years. J. amer. Soc. Agron. 37, 233—239 (1945).

Fine, M. S., and A. G. Olson: Tallowiness or rancidity in grain products. Industr. Engin. Chem. 20, 652—654 (1928).

Fischer, K.: Neues Verfahren zur maßanalytischen Bestimmung des Wassergehaltes von flüssigen und festen Körpern. Angew. Chem. 48, 394—396 (1935).

Fischnich, O., A. Grahl u. M. Thichbein: Keimfähigkeit des Getreidekornes in Abhängigkeit von Entwicklung und äußeren Einflüssen. Getreide u. Mehl 9, 25—29 (1959).

Fisher, N., and M. E. Broughton: Studies on the lipids of wheat: Fractionation on silic acid. Chem. and Industr. 1960, 869—870.

— — D. J. Peel and R. Bennett: The lipids of wheat. II. Lipids of flours from single wheat varieties of widely varying baking quality. J. Sci. Food Agric. 15, 325—341 (1964).

Foster, G. H., H. A. Kaler and R. L. Whistler: Effects on corn storage in airtight bins. J. agric. Food Chem. 3, 682—686 (1955).

Foster, J. F., Y. T. Yang and H. Yui: Extraction and electrophoretic analysis of the proteins of corn. Cereal Chem. 27, 477—487 (1950).

Fritsch, E.: Die Wassereintrittsöffnungen bei Hülsenfrüchten und im Getreidekorn. Mühlenlab. 10, 97—106 (1940).

— Die Schaleschichten des Getreidekornes und ihre Bedeutung für die Müllerei unter besonderen Berücksichtigung der hyalinen Schicht. Wiss. Müllerei 1951, 49—52, 60—64.

Gassmann, B., J. Janicki u. E. Kaminski: Zur Standardisierung der Vitamin B_1-Bestimmung in Getreide und Getreideprodukten. Int. Z. Vitaminforsch. 33, 1—17 (1963).

—, u. H. Plessing: Über die chemische Bestimmung von Riboflavin in Lebensmitteln. II. Das Analysenverfahren. Z. Lebensmittel-Untersuch. u. -Forsch. 109, 135—145 (1959).

Gellrich, W. H.: Grundlegende Verbesserungen in der Technologie der Weizenvermahlung und Gewinnung von Protein-angereicherten Fraktionen durch Windsichtung. Dtsch. Müller-Ztg. 56, 307—309 (1958).

Gilles, K. A., and L. D. Sibbitt: The sedimentation test as a tool for plant breeders. Northw. Miller 268, 20, 22—24, 26 (1963).

Glass, R. L., and W. F. Geddes: Grain storage studies. XVII. The inorganic phosphorus content of deteriorating wheat. Cereal Chem. 36, 186—190 (1959).

—, J. G. Ponte, C. M. Christensen and W. F. Geddes: The influence of temperature and moisture level on the behavior of wheat stored in air or nitrogen. Cereal Chem. 36, 341—356 (1959).

Gmür, B.: Das moderne Mehlmagazin unter Berücksichtigung spezieller Zellenformen. Mühle 99, 541—543 (1962).

Goddard, D. R.: Cytochrome c and cytochrome oxidase from wheat germ. Amer. J. Bot. 31, 270—276 (1944).

Goldschmid, H. R., and A. S. Perlin: Interbranch sequence in the wheat arabino-xylan. Canad. J. Chem. 41, 2272—2277 (1963).

Golenkov, V. F., E. Z. Jolčinskaja u. T. E. Žilčova: Änderungen der Eigenschaften des Roggenklebers in Abhängigkeit von Sorte und Anbaugebiet [russ.]. Vestn. sel's Kochos. Nauki 1965, Nr. 2, S. 14—17.

GOLUBCHUK, M., L.S. CUENDET and W.F. GEDDES: Grain storage studies. XXX. Chitin content of wheat as an index of mold contamination and wheat deterioration. Cereal Chem. **37**, 405—411 (1960).

—, H. SORGER-DOMENIGG, L.S. CUENDET and F.W. GEDDES: Grain storage studies. XIX. Influence of mold infestation and temperature on the deterioration of wheat during storage of approximately 12% moisture. Cereal Chem. **33**, 45—52 (1956).

GORTNER, R.A., W.F. HOFFMAN u. W.B. SINCLAIR: Zur Kenntnis der Proteine und der lyotropen Reihen. Kolloid-Z. **44**, 97—108 (1928).

—, and R.T. MACDONALD: Studies on the fractionation of zein. Cereal Chem. **21**, 324—332 (1944).

GRAEVES, E.O., and J.E. GRAEVES: Nutritive value of high and low calcium-carrying wheat. J. Nutr. **6**, 113—125 (1933).

GREEN, J., S. MARCIENKIEWICZ and P.R. WATT: The determination of tocopherols by paper chromatography. J. Sci. Food Agric. **1**, 274—282 (1955).

GREENAWAY, W.T., N.S. HURST, M.H. NEUSTADT and L. ZELENY: Micro sedimentation test for wheat. Cereal Sci. **11**, 197—199 (1966).

GROEPLER, P., u. W. SCHÄFER: Die Bestimmung der Fettsäurezahl (Fat acid test) als Nachweis der Gesundheit bei deutschem Weizen. Getreide u. Mehl **8**, 28—30 (1958).

GROSH, G.M., and M. MILNER: Water penetration and cracking in tempered wheat grains. Cereal Chem. **36**, 260—273 (1959).

GROSSFELD, J.: Erfahrungen bei der Untersuchung von fetthaltigen Backwaren. Z. Untersuch. Lebensmitt. **74**, 284—291 (1937).

GROSSKREUTZ, J.C.: The molecular size and shape of some major wheat-protein fractions. Biochim. biophys. Acta **51**, 277—282 (1961a).

— A lipoprotein model of wheat gluten structure. Cereal Chem. **38**, 336—349 (1961b).

GRÜNSTEIDL, E.: Die Luminiszenzmikroskopie im Dienste der Mehlprüfung. Z. Getreidewes. **18**, 224—227 (1931).

GUILBOT, A.: Untersuchung über Sterolester bei Weizen und ihre Eignung für die Differenzierung von Durum- und Vulgareweizen. Getreide u. Mehl **11**, 49—52 (1961).

—, u. J. POISSON: Über die Bestimmung der Lagerfähigkeit von Getreide in Abhängigkeit von den Lagerungsbedingungen. Getreide u. Mehl **14**, 27—32 (1964).

HADORN, H., u. F. DOEVELAAR: Systematische Untersuchungen über titrimetrische, kolorimetrische und polarimetrische Stärkebestimmungen. Mitt. Lebensmitteluntersuch. Hyg. **51**, 1—68 (1960).

HAGBERG, S.: Water soluble nitrogen compounds in wheat and rye, and the influence of sodium chloride, potassium bromate, acidity, yeast etc. Bull. Ecole off. Meun. Belge **12**, 79—88, 93—104 (1950).

— Preparation of gluten from rye. Bull. Ecole off. Meun. Belge **14**, 1—16 (1952).

— Gums in rye and wheat. Rapp, IIe Congr. intern. Indust. Ferment. **1954**, 339—356.

— Note on a simplified rapid method for determining alpha-amylase activity. Cereal Chem. **38**, 202—203 (1961).

HALEY, W.L., and J.W. PENCE: New favor found in bulgor, an ancient wheat food. Cereal Sci. **5**, 203—204, 206—207, 214 (1960).

HALICK, J.V., and V.J. KELLY: Gelatinization and pasting characteristics of rice varieties as related to cooking behavior. Cereal Chem. **36**, 91—98 (1959).

—, and K.K. KENEASTER: The use of a starch-iodine-blue test as a quality indicator of white milled rice. Cereal Chem. **33**, 315—319 (1956).

HALTON, P., G.J. BAKER and C.R. JONES: An examination of the sedimentation test. Milling **137**, 674—676, 678 (1961).

—, and E.A. FISHER: Studies in the storage of wheaten flour. II. The absorption of oxygen by flour when stored under various conditions. Cereal Chem. **14**, 267—292 (1937).

HAMPEL, G.: Über die Bestimmung des Schalenfarbstoffwertes. Getreide u. Mehl **1**, 42—44, 50 (1951).

— Die exakte Bestimmung der Stärkebeschädigung und des Totmahlens. Getreide u. Mehl **2**, 16—19 (1952).

— Geschichte, Anbau und Verarbeitung des Reises. Mühle **91**, 534—535, 597—598 (1954).

— Neue Gesichtspunkte bei der Bewertung von Reis. Getreide u. Mehl **9**, 105—109 (1959).

HANSEN, D.W., B. BRIMHALL and G.F. SPRAGUE: Relationship of zein to the total protein in corn. Cereal Chem. **23**, 329—335 (1946).

HANSSEN, E.: Über den „Filth"-Test. Z. Lebensmittel-Untersuch. u. -Forsch. **98**, 405—411 (1954).

HARRIS, G.: Significance of carbohydrate research in malting and brewing. J. Inst. Brew. **64**, 290—303 (1958).

HAY, J.G.: The distribution of phytic acid in wheat and a preliminary study of some of the calcium salts of this acid. Cereal Chem. **19**, 326—333 (1942).

Hayden, K.J.: Flour fortification and the properties of Master Mix. Milling **142**, 38—40, 45 (1964).

Heidt, H., u. H. Bolling: Körnerkühlung. Mühle **102**, 159—162, 181—183, 196—197 (1965).

Heiss, R.: Über die Qualitätsbeeinflussung von Hafererzeugnissen. I. Über die Geschmacks-veränderungen von Hafererzeugnissen bei der Lagerung und deren Beeinflussung. Dtsch. Lebensmittel-Rdsch. **48**, 129—133, 160—165 (1952).

—, u. A. Purr: Über die Qualitätsbeeinflussung von Hafererzeugnissen. V. Überblick über die Zusammenhänge zwischen den geschmacklichen Lagerveränderungen von Hafererzeug-nissen und den technologischen Versuchsvarianten bei Präparation und Lagern sowie den dabei analytisch feststellbaren chemischen Veränderungen. Dtsch. Lebensmittel-Rdsch. **50**, 186—192, 225—229 (1954).

Herd, C.W., and A.J. Amos: Fat: its estimation in wheaten products. Cereal Chem. **7**, 251 bis 269 (1930).

Hess, K.: Müllerei und Forschung. Mühle **89**, 428—431 (1952a).

— Mehl, Protein und Stärke beim Teigen und Backen. Getreide u. Mehl **2**, 25—31 (1952b).

— Protein, Kleber und Lipoid im Weizenkorn und Mehl. Kolloid-Z. **136**, 84—99 (1954).

—, u. E. Hille: Über das Weizenprotein. Z. Lebensmittel-Untersuch. u. -Forsch. **115**, 211—222 (1961).

—, u. H. Mahl: Elektronenmikroskopische Beobachtungen an Mehl und Mehlpräparaten von Weizen. Mikroskopie **9**, 81—88 (1954).

— — Über Erfahrungen bei der Verwendung von Mikrogeräten für die mechanische Charak-terisierung von Mehlteigen. Mühle **95**, 314—315 (1958).

Hinton, J.J.C.: The chemistry of wheat germ with particular reference to the scutellum. Biochem. J. **38**, 214—217 (1944).

— The distribution of vitamin B₁ and nitrogen in the wheat kernel. Proc. roy. Soc., Ser. B (Lond.) **134**, 418—429 (1947).

— Parboiling treatment of rice. Nature **162**, 913—915 (1948).

— The distribution of protein in the maize kernel in comparison with that in wheat. Cereal Chem. **30**, 441—445 (1953).

— A description of bug-damaged wheat. Res. Ass. Brit. Flour-Mill. Bull. **13**, 16—20 (1962).

Hirsjärvi, V.P., u. L. Andersen: Über die Rohfaserbestimmung. Z. analyt. Chem. **136**, 177—185 (1952); **141**, 348—361 (1954).

Hixon, R.M.: Some recent developments in starch chemistry. Baker's Dig. **37**, Nr. 2, S. 17—21 (1943).

Hlynka, I.: Effect of bisulfide, acetaldehyde, and similar reagents on physical properties of dough and gluten. Cereal Chem. **26**, 307—316 (1949).

— Dough mobility and absorption. Cereal Chem. **36**, 378—385 (1959).

— Intercomparison of farinograph absorption obtained with different instruments and bowls. Cereal Chem. **37**, 67—70 (1960).

—, and F.W. Barth: Chopin alveograph studies. I. Dough resistance at constant sample deformation. II. Structural relaxation in dough. Cereal Chem. **32**, 463—480 (1957).

—, F.D. Kuzina and W.C. Shuey: Conversion of constant-flour farinograph absorption to constant-dough basis. Cereal Chem. **38**, 386—390 (1961).

—, and R.R. Matsuo: Quantitative relation between structural relaxation and bromate in dough. Cereal Chem. **36**, 312—317 (1959).

Hochstrasser, K.: Über die Bindungsart von Kohlenhydraten an Protein in Gerstenalbu-minen. Hoppe-Seylers Z. physiol. Chem. **324**, 250—253 (1961).

— Über die Bindungsart von Kohlenhydraten an Protein in Gerstenalbuminen. II. u. III. Mitt. Hoppe-Seylers Z. physiol. Chem. **328**, 61—64 (1962); **333**, 99—104 (1963).

Hodge, J.E.: Dehydrated foods. Chemistry of browning reactions in model systems. J. agric. Food Chem. **1**, 928—943 (1953).

Höfner, W., u. H. Beringer: Zur Mineralstoffverlagerung in Getreidekörnern als Folge einer hydrothermischen Behandlung. Getreide u. Mehl **12**, 82—84 (1962).

Hoeser, K.: Untersuchungen über Einflüsse steigender N-gaben auf Backeigenschaften des Weizens. Bayer. ldw. Jb. **33**, 17—36 (1956).

Hopf, L.: Das Problem kleinerer Supersichter. Müllerei **15**, 485—486 (1962).

— Kühlung des Getreides innerhalb der Silozellen. Eine neue Entwicklung in der Silolagerung. Müllerei **16**, 767—768 (1963).

Houston, D.F., R.E. Ferrel, I.R. Hunter and E.B. Kester: Preservation of rough rice by cold storage. Cereal Chem. **36**, 103—107 (1959).

—, B.E. Hill, V.H. Garrett and E.B. Kester: Organic acids of rice and some other cereal seeds. J. agric. Food Chem. **11**, 512—517 (1963).

Howe, M.: A rapid method for the determination of potassium bromate in flour. Cereal Chem. **28**, 132—135 (1951).

HUGHES, E.E., and S.F. ACREE: Quantitative estimation of furfural at 0° C with bromine. Ind. Eng. Chem., Anal. Ed. **6**, 123 (1934).

HUMMEL, B.C.W., L.S. CUENDET, C.M. CHRISTENSEN and W.F. GEDDES: Grain storage studies. XIII. Comparative changes in respiration, viability, and chemical composition of mold-free and mold-contaminated wheat upon storage. Cereal Chem. **31**, 143—150 (1954).

HUMPHRIES, A.E.: Some points concerning the treatment of wheaten flour. Milling **57**, 7—22 (1911).

HUNTER, I.R., D.F. HOUSTON and E.B. KESTER: Development of free fatty acids during the storage of brown (husked) rice. Cereal Chem. **28**, 232—239 (1951).

HUTCHINSON, J.B. and H.F. MARTIN: Measurement of lipase activity in oat products. J. Sci. Food Agric. **3**, 312—315 (1952).

Imperial Institute, London: Production and uses of rice. Bull. Imp. Inst. **15**, 198—267 (1917).

IRVINE, G.N.: Effect of temperature on the kinetics of the lipoxidase system of wheat. Cereal Chem. **36**, 146—156 (1959).

—, and J.A. ANDERSON: Kinetic studies of the lipoxidase system of wheat. Cereal Chem. **30**, 247—255 (1953).

ISAKOVA, E.A., u. T.I. FETISOVA: Die Verbesserung der Backeigenschaften des Mehles durch Infrarotbestrahlung [russisch]. Piščev. Technol. **1960**, 49—52.

IWANOFF, N.W.: Die Veränderlichkeit des Fermentgehaltes in Samen und Früchten. Biochem. Z. **254**, 71—87 (1932).

JØRGENSEN, H.: Weitere Studien über die Natur der Bromatwirkung. Mühlenlab. **9**, 109—112 (1939).

JOHNSON, A.H., B.L. HERRING and S.G. SCOTT: Wheat and flour studies. XV. The use of the viscometric method of measuring the proteoclastic activity of flours. Cereal Chem. **6**, 182—196 (1929).

—, and W.O. WHITCOMB: Wheat and flour studies. XIX. Studies of the effect on their bread-making properties of extracting flours with ether, with special reference to the gas retaining powers of doughs prepared from ether extracted flours. Cereal Chem. **8**, 392—403 (1931).

JOHNSON, J.A., and B.S. MILLER: Studies on the role of a-amylase and proteinase in bread-making. Cereal Chem. **26**, 371—383 (1949).

— — The relationship between dough consistency and proteolytic activity. Cereal Chem. **30**, 471—479 (1953).

—, J.A. SHELLENBERGER and C.O. SWANSON: Extensograph studies of commercial flours and their relation to certain other physical dough tests. Cereal Chem. **23**, 400—409 (1946).

JOINER, R.R., F.D. VIDAL and H.C. MARKS: A new powdered agent for flour maturing. Cereal Chem. **40**, 539—553 (1963).

JONES, C.R.: Determination of degree of particle fineness. Milling **139**, 362, 364—366, 388, 390—392, 398 (1962).

—, E.N. GREER, J. THOMLINSON and J. BAKER: Technology of the production of increased starch damage in flour milling. Milling **137**, 58—62, 80, 81, 84, 86 (1961).

JONES, D.B., A. CALDWELL and K. WIDNESS: Comparative growth-promoting values of the proteins of cereal grains. J. Nutr. **35**, 639—649 (1948).

—, and E.F. GERSDORFF: The effect of storage on the protein of wheat, white flour, and whole wheat flour. Cereal Chem. **18**, 417—434 (1941).

JONES, J.W.: The "alkali test" as a quality indicator of milled rice. J. amer. Soc. Agron. **30**, 960—967 (1938).

JUST, F.: Zur Kenntnis der Oxydasen in Gerste, Malz und Würze. Wschr. Brauerei **57**, 13—16, 17—21, 23—25 (1940).

KAČKOVA, M.V.: Lagern feuchter Hirse in einer inerten Gasatmosphäre [russisch]. Piščev. Technol. **3**, 14—17 (1960).

KAMIŃSKI, E.: Study of wheat proteins soluble in water, salt solution, 70% ethanol and dilute acetic acid by starch-gel electrophoresis. J. Sci. Food Agric. **13**, 603—607 (1962).

KARRER, K.: Kontinuierliche Helligkeitsmessung. Müllerei **18**, 253—254 (1965).

KAUFMANN, H.H.: „Sick wheat" und andere Lagerungsprobleme. Getreide u. Mehl **12**, 106 bis 108 (1962).

KAZAKOV, E.D.: Morphologische und Strukturveränderungen der einzelnen Weizenkörner während der hydrothermischen Vorbereitung. Getreidemühle **3**, 56—58 (1959).

— Die Migration der Mineralstoffe im Weizenkorn während der hydrothermischen Behandlung. Getreidemühle **4**, 314—316 (1960).

—, u. I.A. SACHAROVA: Die Änderung der Festigkeit des Weizens bei der hydrothermischen Behandlung [russisch]. Piščev. Technol. **21**, 79—82 (1961).

KEPPEL, G.E.: Urine in grain. J. Ass. off. agric. Chem. **46**, 685—689 (1963).

KIERMEIER, F.: Die Beeinflussung der Haltbarkeit von Nährmitteln: eine Aufgabe der technischen Biochemie. Angew. Chem. (A) **60**, 175—179 (1948).

Kik, M.C.: The nutritive value of the proteins of rice and its byproducts. III. Amino acid content. Cereal Chem. **18**, 349—354 (1941).

Kluge, H., u. A. Pisarzewski: Über den Nachweis von Mutterkorn und Kornrade im Roggenmehl bei größeren Reihenuntersuchungen. Z. Untersuch. Lebensmittel **84**, 320—328 (1942).

Knauff, O.: Das neue Kurzhochmahlverfahren. Mühle **97**, 515—518 (1960).

Knjaginičev, M.I., M.O. Plotnikov u. a.: Der Säuregehalt in auf verschiedene Arten hergestelltem Roggenmehlteig und Roggenbrot [russisch]. Biochimija **19**, 96 (1954).

Koch, R.B., W.F. Geddes and F. Smith: The carbohydrates of gramineae. I. The sugars of the flour of wheat. Cereal Chem. **28**, 424—430 (1951).

Kolesov, V.M.: Der Aminostickstoffgehalt von Roggenprolaminen [russisch]. Biochimija **16**, 346—349 (1951).

Kondo, M., Y. Kasahara and S. Akita: Qualities of unhulled rice stored for fifteen years under hermetically sealed conditions. Rpt. Ohara Inst. agric. Res. **37**, 1—2 (1947).

— — — Low-temperature storage of unhulled rice for eleven years. Rpt. Ohara Inst. agric. Res. **37**, 38—40 (1947).

Košina, I.S.: Trennung und Bestimmung pflanzlicher Kohlenhydrate mittels Papierchromatographie [russisch]. Bot. Ž. **41**, 1309—1314 (1956).

Kosmina, N.P.: The aging of wheat flour and the nature of this process. Cereal Chem. **12**, 165—171 (1935).

— Die Eiweißstoffe des Roggens und der Roggenkleber. Getreidemühle **2**, 122—123 (1958).

Kraan, J.K.P.: Lose Verladung von Nachprodukten. Mühle **96**, 593—594 (1959).

Kündig, W., H. Neukom u. H. Deuel: Untersuchungen über Getreideschleimstoffe. I. Chromatographische Fraktionierung von wasserlöslichen Weizenmehlpentosanen an Diäthyl-Cellulose. Helv. chim. Acta **44**, 823—829 (1961).

Kullen, B.: Über das Verhalten einiger Enzyme bei der Lagerung von Weizen und seiner Mahlprodukte. Vorratspfl. u. Lebensmittelforsch. **4**, 421—447 (1941).

Kummer, H., u. P. v. Polheim: Bewertung und Klassifizierung der Weizen- und Roggennachprodukte im Hinblick auf die Neufassung des Futtermittelgesetzes. Kraftfutter **43**, 428, 430—432, 434—435 (1960).

Kurzepa, H., J. Bartnik, I. Trzebska-Jeske u. M. Wanda: Einfluß des Ausmahlungsgrades auf den Gehalt an essentiellen Aminosäuren der Roggenmahlprodukte (poln.). Roczn. państw. Zakl. Hig. **11**, 82—101 (1960).

Lakon, G.: Die Feststellung der Keimfähigkeit der Samen nach dem Tetrazolium-Verfahren. Getreide, Mehl u. Brot **2**, 107—110 (1948).

Lange, P. de, and H.M.R. Hintzer: Studies on wheat proteins. Cereal Chem. **32**, 307—324 (1955).

Larmour, R.K.: A comparative study of the glutelin of the cereal grains. J. agric. Res. **35**, 1091—1120 (1927).

Larmour, R.K., J.H. Hulse, J.A. Anderson, and C.J. Dempster: Effect of package type on stored flour and farina. Cereal Sci. **6**, 158, 160—164 (1961).

Lee, C.C., and E.R. Samuels: A radiochemical method for estimation of sulfhydryl-to-disulfide ratio in wheat gluten. Canad. J. Chem. **40**, 1040—1042 (1962).

—, and R. Tkachuk: Studies with radioactive tracers. IV. Degrees of reduction of Br[82]-labeled bromate to bromide by some components of flour. Cereal Chem. **37**, 228—233 (1960).

Lemmerzahl, J.: Die Dextrinmethode zur Bestimmung der Höhe der Auswuchsschädigung bei Getreidemehlen. Brot u. Gebäck **9**, 139—141 (1955).

Letzig, E.: Beitrag zur Frage der diätetischen Wirkung von Hafererzeugnissen. Z. Lebensmittel-Unters. u. -Forsch. **92**, 170—178 (1951).

Lindberg, J.E.: Versuche über die Wärmebehandlung von Weizen. Getreide u. Mehl **3**, 17—22 (1953).

Lindemann, E.: Über die Ermittlung der Kennlinien von Mehlen. Getreide, Mehl, Brot **4**, 224—228 (1950).

Lindet, L., et L. Ammann: Sur le pouvoir des protéines extraites des farines de céréales par l'alcool aqueux. Bull. Soc. chim. France **1**, 968—974 (1907).

Linko, P.: Simple and rapid manometric method for determining glutamic acid decarboxylase activity as quality index of wheat. J. agric. Food Chem. **9**, 310—313 (1961).

—, and L. Sogn: Relation of viability and storage deterioration to glutamic acid decarboxylase in wheat. Cereal Chem. **37**, 489—499 (1960).

Linser, H.: Versuche zur Verbesserung der Qualität von Getreide durch Düngung. Qualit. Plant. Mater veget. **1**, 529—549 (1958).

— Einige Arbeiten auf dem Gebiete der Beeinflussung der Weizenqualität durch Düngung. Getreide u. Mehl **10**, 97—101 (1960).

—, u. K. Kühn: Die Wirkung von Chlorcholinchlorid (CCC) auf Halmverkürzung, Ertrag und Stickstoffaufnahme bei verschiedenen Winterweizensorten im Gefäßversuch. Z. Acker- u. Pflanzenbau **120**, 1—16 (1964).

LISCOMBE, E. A. R.: Milling losses caused by insect infestation of wheat. Cereal Chem. **39**, 372—380 (1962).

LOUW, J. B., and G. N. KRYNAUW: The relationship between farinograph mobility and absorption. Cereal Chem. **38**, 1—7 (1961).

LOWIG, E.: Eine neue Methode zur Bestimmung des Schalenanteils bei monokotylen und dikotylen Samen. Z. Getreidewes. **22**, 31—32 (1935).

LÓZSA, A.: Untersuchungen der Proteinfraktionen ungarischer Reissorten [ungarisch]. Agrokem. és Talajtan **2**, 147—160 (1953).

LÜERS, H.: Beiträge zur chemischen Kenntnis des Malzes, besonders der Lipoide. Z. ges. Brauwes. **38**, 97—101, 106—111, 116—120, 123—125 (1915).

—, u. L. MALSCH: Über Phosphatasen im Malz. Wschr. Brauerei **46**, 143—146 (1929).

—, u. F. SPINDLER: Über den Nachweis proteolytischer Enzyme im Weizenmehl. Z. ges. Mühlenwes. **2**, 19—22 (1925/26).

LUSENA, C. V.: Preparation of ribonucleoproteins and ribonucleic acid from wheat germ. Cereal Chem. **28**, 400—408 (1951).

LYNCH, B. T., R. L. GLASS and W. F. GEDDES: Grain storage studies. XXXII. Quantitative changes occurring in the sugars of wheat deteriorating in the presence or absence of molds. Cereal Chem. **39**, 256—262 (1962).

MACKEY, J.: Neutron and X-ray experiments in wheat and a revision of the speltoid problem. Hereditas **40**, 65—180 (1954).

MACLEOD, A. M.: Studies on the free sugars of barley grain. IV. Low-molecular fructosans. J. Inst. Brewing **59**, 462—469 (1953).

—, and I. A. PREECE: Studies on free sugars of the barley grain. V. Comparison of sugar and fructosans with those of other cereals. J. Inst. Brewing **60**, 46—55 (1954).

— —, D. C. TRAVIS and D. G. WREAY: Studies on free sugars of the barley grain. I. Historical survey. II. Distribution of the individual sugar fractions. III. Changes in sugar content during malting. J. Inst. Brewing **58**, 270—276, 363—371; **59**, 154—164 (1953).

MAES, E.: Quelques essais avec le Neo-Laborograph. Bull. Ecole Meun. Belge **20**, 88—107 (1958).

— L'extraction progressive et continue. Fermentation Bull. Ecole off. Meun. Belge **25**, 262 bis 269 (1963).

—, S. v. D. DRIESSCHE et M. BERNAERTS: Etude sur l'origine microbienne des enzymes protéolytiques dans la farine. In: Festschrift IIe Congr. Intern. des Industr. de Fermentat. s. 357—366 (1954).

MALTHA, P. R. A.: Einige Erfahrungen bei der Anwendung von Ascorbinsäure bei den deutschen Handelsmehlen. Getreide u. Mehl **6**, 97—101 (1956).

MANGELSDORF, C., R. S. MACNEISH and W. C. GALINAT: Domestication of corn. Science **143**, 538—545 (1964).

MARTIN, H. F.: Factors in the development of oxidative rancidity in ready-to-eat crisp oatflakes. J. Sci. Food Agric. **9**, 817—824 (1958).

MASON, E. L., and W. L. JONES: The tocopherol contents of some Australian cereals and flour milling products. J. Sci. Food Agric. **9**, 524—527 (1958).

MATVEEF, M.: Détection des farines de blés tendre dans les semoules et pâtes alimentaires. C.R. Acad. Agric. France **39**, 658 (1952).

— Eine neue Methode zur Bestimmung der Schalen und des Keimgehaltes von Weizen. Getreide u. Mehl **16**, 61—65 (1966).

MAYR, H. H., u. S. BARBIER: Halmverkürzende Wirkung und Nachwirkung einiger als Beize oder Düngung verabreichter quaternärer Ammoniumverbindungen (CCC, ATB, CATC). Z. Pflanzenernähr. Düng. Bodenk. **106**, 39—46 (1964).

MCINTYRE, R. T., and K. KYMAL: Extraction of rice proteins. Cereal Chem. **33**, 38—44 (1956).

MECHAM, D. K.: Effects of sulfhydryl-blocking reagents on the mixing characteristics of doughs. Cereal Chem. **36**, 134—145 (1959).

MEIENHOFER, J.: Über das Haferprotein. Z. Lebensmittel-Unters. u. -Forsch. **119**, 310—318 (1963).

MELLANBY, E.: Diet and canine hysteria experimental production by treated flour. Brit. med. J. **2**, 885—887 (1946).

MENGER, A.: Phytin und Phytase im Hafer. Getreide u. Mehl **1**, 9—12 (1951).

— Erfahrungen mit der Verwendung der Ascorbinsäure als Backhilfsmittel und ihre chemische Bestimmung in Mehl. Getreide u. Mehl **4**, 89—92 (1954).

— Über einen einfachen Nachweis von Stechapfelbesatz in Buchweizenerzeugnissen mit Hilfe der Analysenquarzlampe. Dtsch. Lebensmittel-Rdsch. **51**, 187—188 (1955a).

— Untersuchungen zur Klassifizierung von Buchweizenerzeugnissen. Getreide u. Mehl **5**, 5—6 (1955b).

— Richtwerte für den Vitamin B$_1$-Gehalt deutscher Handelsmehle und Brotsorten. Mühle **95**, 663 (1958).

MENGER, A., u. H. STEPHAN: Untersuchungen zur Herstellung des Keimbrotes. Brot u. Gebäck 7, 191—195 (1953).

MERRITT, P.P., and C.H. BAILEY: Preliminary studies with the extensograph. Cereal Chem. 22, 372—391 (1945).

MERTEN, D.: Verfahren zur Bestimmung geringer radioaktiver Substanzen in Getreide und Getreideprodukten. Getreide u. Mehl 13, 136—139 (1963).

—, O. SUSCHNY, P.F. PELSHENKE, H.D. OCKER u. W. SEIBEL: Zur radioaktiven Kontamination von Brotgetreide. Mühle 99, 578—581 (1962).

MERTZ, E.T., and R. BRESSANI: Studies on corn proteins. Electrophoretic analysis of germ and endosperm extracts. Cereal Chem. 35, 146—155 (1958).

MEYER, J.: Détermination des farines hors du blé dénaturé. Ann. Fals. Fraudes 57, 174—175 (1934).

MILLER, B.S., and F.A. KUMMEROW: The disposition of lipase and lipoxidase in baking and the effect of their reaction products on consumer acceptability. Cereal Chem. 25, 391—398 (1948).

MILNER, M., D.L. BARNEY and J.A. SHELLENBERGER: Use of selective fluorescent stains to detect insect egg plugs on grain kernels. Science 112, 791—792 (1950).

—, C.M. CHRISTENSEN and F.W. GEDDES: Grain storage studies. VI. Wheat respiration in relation to moisture content, mold growth, chemical deterioration, and heating. Cereal Chem. 24, 182—199 (1947).

—, M.R. LEE and R. KATZ: Application for X-ray technique to the detection of internal infestation of grain. J. econ. Entomol. 43, 933—935 (1950).

MILOVSKAJA, V.F.: Amylatische Aktivität des von Eurygaster befallenen Weizenkornes (russ.). Pišč. Technol. 1962, Nr. 6, S. 16—17.

MITCHELL, H.H., and J.R. BEADLES: Effect of storage on nutrial qualities of proteins of wheat, corn, and soya beans. J. Nutr. 39, 463—484 (1949).

—, T.S. HAMILTON and J.R. BEADLES: The relationship between the protein content of corn and the nutritive value of the protein. J. Nutr. 48, 461—476 (1952).

MOHR, E., u. K. FRANKE: Eine quantitative Schnellfettbestimmung für Mehle und Fertigmehle. Brot u. Gebäck 16, 58—60 (1962).

MOHR, W.: Über die Qualitätsbeeinflussung von Hafererzeugnissen. Dtsch. Lebensmittel-Rdsch. 49, 127—131 (1953).

MOHS, K.: Methoden zur Erkennung des Gesundheitszustandes des Getreides. Z. ges. Getreidewes. 15, 85—90 (1928).

— Mehlhandel nach Aschegehalt. Z. ges. Getreide-, Mühlen-, Bäckereiwes. 20, 216—220 (1933).

MOIR, H.C.: The nation's food. III. Chemical composition and nutritive value of oat. Chem. and Industr. 61, 17—21 (1942).

MOORE, S., and W.H. STEIN: Procedures for the chromatographic determination of amino acids on four percent cross linked sulfonated polystyrene resins. J. biol. Chem. 211, 893—918 (1954).

MORAN, T.: Lipase in oats. Milling 116, 532—533 (1951).

—, J. PAGE and E.E. MCDERMOTT: Interaction of chlorine dioxide with flour. Nature (Lond.) 171, 103—106 (1953).

MORGAN, A.I., E.J. BARTA, P.W. KILPATRICK and A.D. SHEPHERD: WURLD wheat — a new American wheat product. Amer. Miller Process. 92, Nr. 12, S. 14, 17—19 (1964).

MORRIS, D.L.: Lichenin and araban in oats (Avena sativa). J. biol. Chem. 142, 881—891 (1942).

—, and C.T. MORRIS: Glycogen in the seed of Zea mays (Variety Golden Bantam). J. biol. Chem. 130, 535—544 (1939).

MORTREUIL, M.: Action léthale des rayons X sur Calandra gran. L. C.R. Soc. Biol. (Paris) 153, 393—394 (1959).

MOUCKA, V.: Über den Talkgehalt von Reis und über zwei Methoden zur raschen Erkennung der Talkbehandlung. Z. Untersuch. Lebensmittel 71, 175—180 (1936).

MOUNFIELD, J.D.: The proteolytic enzymes of sprouted wheat. I. II. Biochem. J. 30, 549; 1778—1786 (1936); 32, 1675—1684 (1938).

NAGEL, C.M., and G. SEMENIUK: Some mold- induced changes in shelled corn. Plant Physiol. 22, 20—33 (1947).

NAKAZAWA, T.: Versuche über gelagerten Weizen in luftdichten Behältern, im Silo und in Zinnbehältern. Rept. Ohara agric. Inst. 30, 297 (1938); 36, 188 (1944); ref.: Mehl u. Brot 4, 46 (1950).

NAMEK, M., and M.M. ELGINDY: Minerals in Egyptian cereals. Trans. Amer. Ass. Cereal Chem. 9, 13—16 (1951).

NELSON, J.H., R.L. GLASS and W.F. GEDDES: The triglycerides and fatty acid of wheat. Cereal Chem. 40, 343—351 (1963).

NENNINGER, E.: Windsichtung von Weizenmehlen. Mühle 96, 215—217 (1959).

NERNST, CH.: Vergleichende Fettbestimmung an Hafer. Jber. Versuchsanst. f. Getreideverwert., Berlin 1952/53, 64—72.

NESTLER, A.: Über den Nachweis von Rhinanthin im Mehl. Z. Untersuch. Lebensmittel 39, 41—44 (1920).

NEUKOMM, H., u. W. KÜNDIG: Untersuchungen über Getreideschleimstoffe. V. Spaltung eines Glycoproteins durch Oxydationsmittel. Helv. chim. Acta 45, 1458—1461 (1962).

NEUMANN, A.: Einfache Veraschungsmethode. Z. physiol. Chem. 37, 115—142 (1902/03).

NIELSEN, H.C., G.E. BABCOCK and F.R. SENTI: Molecular weight studies on glutenin before and after disulfide-bond splitting. Arch. Biochem. Biophys. 96, 252—258 (1962).

NIETHAMMER, A.: Beiträge zur Mehlmikroskopie. Z. ges. Getreidewes. 17, 41 (1930).

NOBILE, S., u. H. MOOR: Analysenmethode zur Bestimmung des Vitamins E in Lebens- und Futtermitteln. Mitt. Lebensmitteluntersuch. Hyg. 44, 396—402 (1953).

NYMAN, M.: Untersuchungen über die Verkleisterungstemperatur bei Stärkekörnern. Z. Lebensmittelunters. u. -Forsch. 24, 673—676 (1912).

OCKER, H.-D.: Die Kontamination des Inland-Brotgetreides 1963. Getreide u. Mehl 15, 146—150 (1965).

OLAFSON, J.H., C.M. CHRISTENSEN and W.F. GEDDES: Grain storage studies. XV. Influence of moisture content, commercial grade, and maturity on the respiration and chemical deterioration of corn. Cereal Chem. 31, 333—340 (1954).

OLERED, R.: Eine kinetische Methode zur Bestimmung der a-Amylaseaktivität im Brotgetreide. Getreide u. Mehl 9, 49—52 (1959).

OLSEN, A.G., and M.S. FINE: Influence of temperature on optimum hydrogen ion concentration for the diastatic activity of malt. Cereal Chem. 1, 215—221 (1924).

OSBORNE, TH. B., and G.F. CAMPBELL: The nucleic acid of the embryo of wheat and its protein compounds. J. amer. chem. Soc. 22, 379—413 (1900).

PAGENSTEDT, B.: Die Bestimmung der Backeigenschaften von Weizenmehlen mit Hilfe physikalischer Prüfmethoden. Mühle 91, 633—634, 646—648, 661—662 (1954).

PARTHASARATI, N.V.V., and N. NATH: Cooking and energy requirements. J. Sci. industr. Res. Res. (Delhi) 12, 222—226 (1953).

PAULIG, G.: Über eine Methode zur Schnellbestimmung von DDT und Gammexan in Mehl und Getreide. Dtsch. Lebensmittel-Rdsch. 56, 223—224 (1960).

PEERS, F.G.: The phytase of wheat. Biochem. J. 53, 102—110 (1953).

PELSHENKE, P.F.: Die Gärmethode zur Schnellbestimmung der Kleberqualität von Weizen und Weizenmehlen. Mühlenlab. 1, 1—3 (1931).

— Über den Mahlwert des Weizens. Pflanzenbau 8, 65—74 (1931/32).

— 18 Jahre Schrotgärmethode. Getreide, Mehl u. Brot 2, 119—127 (1948).

—, u. G. HAMPEL: Stärkebeschädigung und Kornhärte. Getreide u. Mehl 4, 9—12 (1954).

—, u. W. SCHÄFER: Die Qualitätsminderungen der niedersächsischen Weizenernte 1953. Mühle 90, 572—573, 587—589 (1953).

—, A. SCHULZ u. H. STEPHAN: Methodische Untersuchungen bei Backprüfungen von kleberstarkem Weizen. Brot u. Gebäck 17, 160—167 (1963).

— — — Weitere Erfahrungen bei der Durchführung von Weizen-Backversuchen. Brot u. Gebäck 19, 200—204 (1965).

PENCE, J.W.: Approximate isoelectric pH's of albumins of wheat flour. Cereal Chem. 30, 328—333 (1953).

—, and A.H. ELDER: The albumin and globulin proteins of wheat. Cereal Chem. 30, 275—287 (1953).

—, A. ELDER and D.K. MECHAM: Some effects of soluble flour components on baking behavior. Cereal Chem. 28, 94—104 (1951).

PERTEN, H.: Über die Amylaseaktivität in Getreide und Mehl. Bestimmung der „Fallzahl". Getreide u. Mehl 12, 37—42 (1962).

PETER, B., H. THALER u. K. TÄUFEL: Zur Analytik von Pentosanen. Z. Unters. Lebensm. 66, 143—157 (1933).

PETT, L.B.: Studies on the distribution of enzymes in dormant and germinating wheat seeds. I. Dipeptidase and protease. II. Lipase. Biochem. J. 29, 1898—1904 (1935).

PFEUFFER, F.: Kontrollen beim Mischen und Vermahlen des Getreides. Mühle 102, 404—406 (1965).

PINCKNEY, A.J.: The biuret test as applied to the estimation of wheat protein. Cereal Chem. 38, 501—506 (1961).

—, W.T. GREENAWAY and L. ZELENY: Further developments in the sedimentation test for wheat quality. Cereal Chem. 34, 16—25 (1957).

PIXTON, S.W.: Detection of insect infestations in cereals by measurement of uric acid. Cereal Chem. 42, 315—322 (1965).

PODRAZKÝ, V.: Some characteristics of cereal gums. Chem. and Industr. 1964, 712—713.

Pomeranz, Y.: Determination of mineral matter and admixed calcium carbonate in flour. Analyst **46**, 2—3 (1957).
— Cereal gums. Qual. Plant. Mater. veget. **8**, 157—200 (1961).
Poppoff, I.D.: Chemische Untersuchungen zur Frage der Bewertung von N-freien und N-haltigen Verbindungen bei der Futtermittelbeurteilung. Bodenkunde u. Pflanzenernähr. **31/76**, 85—117 (1943).
Pratique, J.: Technischer Fortschritt und Rentabilität in der Müllerei. Mühle **97**, 583—589 (1960).
Preece, I.A., R.A. Aitken and I.A. Dirk: Non-starchy polysaccharides of cereal grains. II. Preliminary study of the enzymolysis of barley β-glucosans. J. Inst. Brewing. **60**, 497—507 (1954).
—, and R. Hobkirk: Non-starchy polysaccharides of cereal grains. III. Higher molecular gums of common cereals. J. Inst. Brewing **59**, 385—392 (1953).
Primost, E.: Der Einfluß steigender Stickstoffgaben auf den Ertragsaufbau von Winterweizen; dgl. für Roggen. Z. Acker- u. Pflanzenbau **107**, 99—120, 180—194 (1958).
Prochorova, A.P., u. V.L. Kretovič: Nachernteausreifung als Energiefaktor der Atmung des Getreidekorns (russ.). Dokl. Akad. Nauk SSSR **80**, 77—80 (1951).
—, V. Makarov, B. Gurvic u. A. Pimenov: Einfluß der Bestandteile der Steinkohle auf die Qualität des Weizens beim Trocknen [russisch]. Mukomol'no-elevat. Prom. **25**, 18 (1959).
Provvedi, F.: Sulla ricerca della farina di mais nella farina di frumento. Ann. chim. appl. **31**, 168—176 (1941).
Pšenova, K.V., u. P.A. Kolesnikov: Die Lipoxydase der Weizenkeimlinge [russisch]. Biochimija **26**, 1008—1012 (1961).
Puranen, U.H., u. E.S. Tomula: Ein schnelles Verfahren zur Bestimmung der Rohfaser [finn.]. Suom. Kemist. **3**, 85—89 (1930).
Purr, A.: Zur Bestimmung pflanzlicher Peroxydasen. Biochem. Z. **321**, 1—18 (1950).
— Bestimmung des Säuregrades in Mehlen verschiedener Herkunft. Z. Lebensmittel-Untersuch. u. Forsch. **91**, 393—405 (1950).
Quackenbush, F.W.: Corn carotenoids: effects of temperature and moisture on losses during storage. Cereal Chem. **40**, 266—269 (1963).
Rada, I.T.: Neuerliche Neo-Laborograph-Versuche zwecks Bestimmung der Zähigkeitszahl R und der Wasseraufnahmefähigkeit. Getreide u. Mehl **8**, 9—11 (1958).
Rainey, W.L.: Report on potassium bromate in flour. J. Ass. off. agric. Chem. **37**, 395—405 (1954).
Rajkai, P.: Getreidemüllerei mit der Schnitzelmaschine. Getreidemühle **3**, 130—134 (1959).
Rao, B.S., A.R.V. Murthy and R.S. Subrahmanyan: The amylose and amylopectin content of rice and their influence on the cooking quality of the cereal. Proc. Ind. Acad. Sci., Ser. B **36**, 70—80 (1952).
Rao, M.N., T. Viswanatha, B.P. Mathur, M. Saminathan and V. Subrahmanyan: Effect of storage on the chemical composition of husked, undermilled, and milled rice. J. Sci. Food Agric. **5**, 405—410 (1954).
Rao, S.V., S.K. Majumder and M. Swaminathan: Detection and assessment of insect infestation in stored food stuffs. Food Sci. **8**, 172—176 (1959).
Read, J.W., and L.W. Haas: Studies on the baking quality of flour as affected by certain enzyme actions. V. Cereal Chem. **15**, 59—68 (1938).
Reeves, R.E., and J. Munro: Quantitative determination of pentosan. Industr. Engin. Chem., Anal. Ed. **12**, 551 (1940).
Refai, F.Y., u. S.A. Ahmad: Entwicklung einer Schnellmethode der Bestimmung der Kochqualität von Reis. Getreide u. Mehl **8**, 77—78 (1958).
Ritter, K.: Zur Methodik der Bestimmung der diastatischen Kraft. Z. Getreidewes. **15**, 13—19 (1928).
— Über ein einfaches Verfahren zur Feststellung des Auswuchsgrades. Z. Getreidewes. **29**, 20—26 (1942).
Rohrlich, M.: Vakuum-Trockenapparat für quantitative Wasserbestimmung. Chem.-Ing.-Techn. **21**, 275 (1949).
— Schälen und „Enthülsen" von Weizen und Roggen. Dtsch. Lebensmittel-Rdsch. **52**, 228—233 (1956).
— Über einen Schnelltest (Jodqualitätstest) zur Ermittlung der Qualität von Roggen und Roggenmehl. Mühle **95**, 672—673 (1958).
— Chemie und Mechanik der Proteinverschiebung im Weizen- und Roggenmehl. Dtsch. Lebensmittel-Rdsch. **57**, 291—297 (1961).
—, G. Adler u. O. Kramm: Versuche zur chemischen Differenzierung der Eiweißstoffe des Weizens und Roggens. I. Untersuchungen der Eiweißstoffe mit Natriumhypochlorit. Z. Lebensmittel-Untersuch. u. -Forsch. **102**, 85—97 (1955).

ROHRLICH, M., u. A. ANGERMANN: Stellung der Gerstengraupen in der heutigen Ernährungslage. Mühle **96**, 311—312, 328—330, 342—344, 353—354 (1959).

—, u. H. BENISCHKE: Über die Bestimmung der Lipase in Getreideprodukten. Getreide u. Mehl **1**, 61—65 (1951a).

—, u. H. BENISCHKE: Über Fermentuntersuchungen und Qualitätsbeeinflussung von Haferprodukten. Chemiker-Ztg. **75**, 52—54, 65—69 (1951b).

—, u. G. BRÜCKNER: Die chemische Mehlbehandlung. Z. Lebensmittel-Untersuch. u. -Forsch. **94**, 324—356 (1952).

— — Einfluß der Trocknung des Weizens auf Fermentaktivität, Klebereiweiß und Wasseraufnahmefähigkeit. Mühle **93**, 13—15, 28—29 (1956).

—, u. W. ESSNER: Untersuchungen über den Vitamin E-Gehalt von Hafer und Haferprodukten. Z. Lebensmittel-Unters. u. -Forsch. **109**, 222—227 (1959).

— — Untersuchungen über Mono- und Oligosaccharide im reifenden Korn. Getreide u. Mehl **10**, 121—125 (1960a).

— — Untersuchungen über das Pufferungsvermögen der Roggenmehle. Mühle **97**, 250—252 (1960b).

— — u. I. LICHTENFELS: Versuche zur chemischen Differenzierung der Eiweißstoffe des Weizens und Roggens. VI. Nachweis und Identifizierung eines Glykoproteins in Weizen- und Roggenmehl. Z. Lebensmittel-Unters. u. -Forsch. **119**, 118—123 (1963).

—, u. V. HOPP: Veränderungen der Vitamin- und Mineralstoff-Verteilung im Getreidekorn durch hydrothermisches Behandeln. Z. Lebensmittel-Unters. u. -Forsch. **114**, 269—279 (1961).

—, u. R. LENSCHAU: Untersuchungen über Getreidekatalase. Getreide u. Mehl **10**, 73—75 (1960).

—, u. CH. NERNST: Einfluß steigender Stickstoffgaben auf das Backverhalten des Weizens unter Berücksichtigung der Eiweiß- und Klebereigenschaften. Qual. Plant. Mater. veget. **6**, 327—330 (1960).

—, u. TH. NIEDERAUER: Einfluß der Lipide auf die Abscheidung von Mehlprotein. Naturwiss. **50**, 334 (1963a).

— — Über die Mehlproteintrennung nach HESS. Mühle **100**, 385—387 (1963b).

— — Aminosäurezusammensetzung und N-endständige Aminosäuren der nach HESS abgetrennten Mehlproteine. Z. Lebensmittel-Unters. u. -Forsch. **128**, 228—237 (1965).

—, u. R. RASMUS: Untersuchungen über die Abhängigkeit des diastatischen Abbaus und der Viskosität von der Korngröße der Getreidestärken. Stärke **4**, 295—301 (1952).

— — Zusammensetzung und Eigenschaften des Eiweißes der Aleuronzellen. Wiss. Müllerei **1955**, 89—96.

— — Versuche zur chemischen Differenzierung der Eiweißstoffe des Weizens und Roggens. II. Untersuchungen über die Aminosäurezusammensetzung der Eiweißstoffe aus Aleuronzellen, Endosperm und Keim von Weizen und Roggen. Z. Lebensmittel-Unters. u. -Forsch. **103**, 89—96 (1956a).

— — Untersuchungen über die Glutaminsäuredecarboxylase im Getreide. I. Papierchromatographischer Nachweis der Bildung von γ-Aminobuttersäure. Z. Lebensmittel-Unters. u. -Forsch. **104**, 313—316 (1956b).

—, u. I. SCHOENMANN: Mehllipide und ihre Bedeutung für die Gebäckausbildung. Mühle **99**, 162—164 (1962a).

— — Fette und fettähnliche Stoffe im Weizenmehl. Süßwaren **6**, 956—958 (1962b).

—, u. K. SIEBERT: Glutaminsäuredecarboxylase im keimenden, reifenden und lagernden Getreide. Dtsch. Lebensmittel-Rdsch. **60**, 369—373 (1964).

—, F. TÖDT u. G. ZIEHMANN: Elektrochemische Methode zur Bestimmung der Lipoxydase-Aktivität in Getreide und Getreideprodukten. Fette u. Seifen **58**, 1057—1059 (1956).

— — — Untersuchungen über den Einfluß von Sauerstoff auf die Säurebildung von Milchsäurebakterien. Zbl. Bakteriol. **II/112**, 351—358 (1958/59).

—, u. G. TRAIN: Versuche zur Isolierung und Identifizierung des Haferbitterstoffes. Getreide u. Mehl **3**, 61—64 (1953).

—, G. ZIEHMANN u. R. LENSCHAU: Die Anwendung des elektrochemischen Meßverfahrens nach Tödt zur Bestimmung der Lipoxydase und Katalase in Getreide. Getreide u. Mehl **9**, 14—18 (1959).

ROMENSKIJ, N.V., A.D. ČMYR, A.M. KALJUŽNAJA u. M.F. MUZYKA: Biochemische Eigenschaften und Backfähigkeit von Mehl aus ⁶⁰Co-gammabestrahltem Weizen [russisch]. Piščev. Technol. **1961**, 28—32.

ROTHE, M.: Über das Bitterwerden von Cerealien. I. Lipoide als Reaktionspartner; II. Zusammenhang zwischen Fettautoxydation und Bitterstoffbildung; III. Zur Frage des Reaktionsmechanismus. Fette u. Seifen **55**, 877—880 (1953); **56**, 667—670 (1954); **57**, 425—428 (1955).

— Biochemische Studien an Gramineen-Lipase. Fette u. Seifen **57**, 905—910 (1955).

Rothe, M.: Versuche zur Aufklärung der Bitterstoffbildung in Getreideprodukten. Ernährungsforsch. 1, 315—324 (1956a).
— Die Bitterstoffbildung in Cerealien. Ernährungsforsch. 1, 165—168 (1956b).
— Über die Lipaseaktivität einiger Pflanzensamen. Nahrung 2, 322—337 (1958).
— Enzymatische Fetthydrolyse im Verlaufe der Keimung des Getreides. Getreide u. Mehl 9, 113—116, 122—123 (1959).
— Die Fette. Mühle 100 (1963); Beilage: Probleme und Ergebnisse der Getreideforschung, S. 45—48.
—, K. Fuchs u. E. Böhme: Zur Frage des Phytingehaltes in Vollkorngebäcken. Ernährungsforsch. 7, 201—210 (1962).
—, u. L. Tunger: Nährwertbestimmende Faktoren von Haferflocken. Ernährungsforsch. 9, 287—294 (1964).
Rotsch, A.: Chemische und backtechnische Untersuchungen an künstlichen Teigen. Brot u. Gebäck 8, 129—130 (1954).
Ruch, F., u. W. Saurer: Bestimmung der Wasserverteilung im Weizenkorn mit Hilfe des Interferenzmikroskopes. Dtsch. Müller-Ztg. 63, 13 (1965).
Rumsey, L. A.: The diastatic enzymes of wheat flour and their relation to flour strength. Amer. Inst. Baking Bull. Nr. 8 (1922).
Rusakova, N. N.: Einwirkung von Wärme auf die technologischen Eigenschaften des Roggens [russisch]. Mukomol'no-elevat. Prom. 25, 21—22 (1959).
Sabry, Z. I., and R. I. Tannous: Effect of parboiling on the thiamine, riboflavin, and niacin contents of wheat. Cereal Chem. 38, 536—539 (1961).
Saičev, V. I.: Untersuchung der Frische von Weizenkörnern [russisch]. Piščev. Technol. 3,1 17—22 (1962).
Salun, I., N. Smirnova u. L. Nadežnova: Änderungen der Qualität von Schälprodukten bei der Lagerung [russisch]. Mukomol'no-elevat. Prom. 29, 16—19 (1963).
Sandegren, E., H. S. Suominen and D. Ekström: Polarographic investigation of proteins in the brewing process. Acta chem. scand. 3, 1027—1034 (1949).
Sandstedt, R. M.: The function of starch in the baking of bread. Bakers Dig. 35, 36—44 (1961).
—, E. Kneen and M. J. Blish: A standardized Wohlgemuth procedure for alpha-amylase activity. Cereal Chem. 16, 712—723 (1939).
Sanger, F.: The terminal peptides of insulin. Biochem. J. 45, 463—474 (1949).
Šarunajte, V.: Die Veränderung der physikalisch-chemischen Eigenschaften der Proteine von Buchweizen bei hydrothermischem Behandeln [russ.]. Mukomol'no-elevat. Prom. 31, Nr. 11, S. 19—20, 1965.
Sasaoka, K.: Chromatographic defermination of amiono acids. III. Amino acid Composition of glutinous rice glutelin, Mem. Res. Inst. Food Sci, Kyoto Univ. 1957, Nr. 13, S. 26—31.
Scallet, B. L.: Zein solutions as association-dissociation systems. J. amer. chem. Soc. 69, 1602—1608 (1947).
Schäfer, W.: Untersuchungen über die Reinigungsleistung von Müllereimaschinen. Mühle 88, 453—456 (1951).
— Der Sedimentationstest nach Zeleny. Getreide u. Mehl 5, 57—58 (1955a).
— Spezifische Wärme des Weizens. Mühle 92, 249—250, 269—270, 286—287 (1955b).
— Bulgur. Mühle 99, 498—499 (1962).
—, u. F. Cleven: Herstellung und Verarbeitung von Spezialmehlen. Getreide u. Mehl 9, 119—122 (1959).
—, u. W. Seibel: Problematik und Durchführung der Feuchtigkeitsbestimmung bei Getreide. III. Trocknung und Trocknungsbedingungen. Mühle 94, 663—666 (1957).
—, u. G. Tschiersch: Rationelle Vermahlung durch bessere Sortenkenntnis. Mühle 93, 659 bis 666 (1956).
Scharrer, K., u. K. Kürschner: Biedermanns Zbl., Teil B: Tierernähr. 3, 302—310 (1931).
Schechter, M. S., S. B. Soloway, R. A. Haves and H. L. Haller: Colorimetric determination of DDT. Industr. Engin. Chem., Anal. Ed. 17, 704—709 (1945).
Schiess, F.: Phenomenal growth of pneumatic mills in USA. Northw. Miller 266, Nr. 3, 26, 27, 29 (1962).
Schlesinger, J.: Sedimentation studies 1962 crop. Northw. Miller 268, 41—42, 44, 46—48 (1963).
Schmidt, H.: Die Thiobarbitursäurezahl als Maß für den Oxydationsgrad von Nahrungsfetten. Fette u. Seifen 61, 127—133 (1959).
Schmorl, K.: Das Problem „Backfähigkeit" in Praxis und Wissenschaft. Z. ges. Mühlenwes. 2, 98—102 (1925/26).
Schneider, B. H., H. L. Lucas and K. C. Beeson: Corn in the United States. J. agric. Food Chem. 1, 172—177 (1953).

SCHORMÜLLER, J., W. BRANDENBURG u. H. LANGNER: Organische Säuren in Kaffee-Ersatz-stoffen sowie in Trocken-Extraktpulvern aus Kaffee-Ersatzstoffen und Kaffee. Z. Lebens-mittel-Untersuch. u. -Forsch. 115, 226—235 (1961).

—, u. G. BRESSAU: Phosphate und organische Phosphorverbindungen in Lebensmitteln. IX. Enzymatische Hydrolyse von Inositphosphorsäuren. Z. Lebensmittel-Untersuch. u. -Forsch. 113, 492—501 (1960).

—, u. H. HOFFMANN: Die Phytinbilanz verschiedener Getreidefrüchte in Abhängigkeit von der Phosphordüngung. Nahrung 5, 155—163 (1961).

—, I. STÖRIG u. L. LEICHTER: Über das Verhalten einiger Aminosäuren des Kleberproteins bei der chemischen Mehlbehandlung. Z. Lebensmittel-Untersuch. u. -Forsch. 96, 1—24 (1953).

—, u. G. WÜRDIG: Über das Vorkommen von Phytin, insbesondere in Getreide und Getreide-produkten. Dtsch. Lebensmittel-Rdsch. 53, 1—10 (1957).

SCHROEDER, H.: Vitaminmangelzustände unter den heutigen Ernährungsverhältnissen. Münchn. med. Wschr. 102, 256—260 (1960).

SCHROEDER, H.W., u. D.W. ROSBERG: Reistrocknung mit Infrarotbestrahlung. Rice J. 62, 36—38 (1959).

SCHULERUD, A.: Der Säuregradbegriff. Z. ges. Getreide-, Mühlen- u. Bäckereiwes. 21, 29—32, 68—71, 134—136 (1934).

— Das Phytinproblem in der Brotnahrung [Vortrag, schwedisch]. Getreide u. Mehl 3, 3—5 (1953).

SCHUSCHMAN, A.I.: Zur Erhöhung der Qualität von Maiskleber als Rohstoff für die Herstel-lung von Glutaminsäure. Stärke 16, 1—5 (1964).

SCHWARZ, F., u. O. WEBER: Eosinhaltiges Roggenmehl. Z. Untersuch. Lebensmittel 19, 441 bis 443 (1910).

SEIBEL, W.: Die Mineralstoffe. Mühle 100 (1963); Beilage: Ergebnisse und Probleme der Ge-treideforschung, S. 53—56.

—, u. H. BOLLING: Automatische Wasserbestimmung mit Karl Fischer-Lösung in Getreide-produkten. Getreide u. Mehl 8, 73—76 (1958).

— — Theoretische Grundlagen und praktische Einsatzmöglichkeiten der Formoltitration bei der Proteinbestimmung in Getreideprodukten. Getreide u. Mehl 10, 5—8 (1960).

—, u. A. CROMMENTUYN: Erfahrungen mit dem Maturographen und dem Ofentriebgerät. Mitt. I—IV, Brot u. Gebäck 17, 139, 142—145, 145—150 (1963); 18, 143—161 (1964); Mühle 100, 432—433 (1963).

—, u. H. ZWINGELBERG: Bewertung der Mahlfähigkeit von Weizen mit dem Bühlerautomaten. Getreide u. Mehl 10, 129—132 (1960).

SEIBOLD, R.: Zur Klassifizierung der Mühlennachprodukte. Landwirtsch. Forsch. 15, 160—168 (1962).

SEIDEL, K.: Hilfstabelle zur Belüftung des Getreides. Allg. Dtsch. Mühlen-Ztg. 1936, 241—243.

SEIFERT, A.: Kostensenkung durch automatische Probenahme. Mühle 95, 262—264 (1958).

SELKE, W.: Neue Möglichkeiten einer verstärkten Stickstoffdüngung zu Getreide. Bodenk. u. Pflanzenernähr. 9/10, 506—535 (1938).

SEMENIUK, G., and J.C. GILMAN: Relation of moles to the deterioration of corn storage. J. Iowa Acad. Sci. 51, 265—280 (1944).

SENATORSKIJ, B.V.: Änderung der physikalisch-mechanischen Eigenschaften des Getreides durch hydrothermisches Behandeln [russisch]. Tr. Vsesojnz. naučno-issledov. Inst. Zerna Prod. 1963, 43—70.

SHELLENBERGER, J.A., D. MILLER, E.P. FARREL and M. MILNER: Effect of the wheat age on storage properties of flour. Food Technol. 12, 213—221 (1958).

SHETLAR, M.R., G.T. RANKIN, J.F. LYMAN and W.G. FRANCE: Investigation of the proximate composition of the separate layers of wheat. Cereal Chem. 24, 11—122 (1947).

SIBBITT, L.D., and R.H. HARRIS: Comparisons between some properties of mixograms flour and unsifted whole wheat meal. Cereal Chem. 22, 531—538 (1945).

SIDWELL, C.J., H. SAHRIM and J.H. MITCHELL: Measurement of oxidation in dried milk pro-ducts with thiobarbituric acid. J. Amer. Oil Chem. Soc. 32, 13—16 (1955).

SINCLAIR, A.T., and A.G. McCALLA: The influence of lipoids on the quality and keeping pro-perties of flour. Canad. J. Res. Sect. C 15, 187—203 (1937).

SORGER-DOMENIGG, H., L.S. CUENDET, C.M. CHRISTENSEN and W.F. GEDDES: Grain storage studies. XVII. Effect of mold growing during temporary exposure of wheat to high moisture contents upon the development of germ damage and other indices of deterioration during subsequent storage. Cereal Chem. 32, 270—285 (1955).

SPEIGHT, J.: Bread through the ages. Old methods of milling and baking. Milling 139, 160—162 (1962).

SPICHER, G.: Mikroflora des Roggens der Ernte 1959. Getreide u. Mehl 12, 20—22 (1962).

— Über eine Vereinfachung des „Kulturversuchs nach MOHS" zur Ermittlung des Befalls von Mehlgetreide durch Mikroorganismen. Getreide u. Mehl 14, 4—6 (1964).

Sreenivasan, A.: Storage changes in rice after harvest. Ind. J. agric. Sci. 9, 208—222 (1939).
Stadelmann, W.: Die Entfernung radioaktiver Substanzen aus Brotgetreide. Getreide u. Mehl 13, 139—141 (1963).
Staudt, E.: Die Anwendung der kontinuierlichen Helligkeitsmessung in der Hartmaismüllerei. Mühle 102, 407—408 (1965).
Stermer, R.: Spectral response of certain stored-product insects to electromagnetic radiation. J. econ. Entomol. 52, 888—892 (1959).
Stevens, D.J., E.E. McDermott and J. Pace: Isolation of endosperm protein and aleurone cell contents from wheat, and determination of their amino-acid composition. J. Sci. Food Agric. 14, 284—287 (1963).
Stoll, S., et Y. Bouteville: Tests micrographiques relatifs à la détection de l'ergot de seigle et de quelques plantes satellites des céréales. Chim. analyt. 36, 33—37 (1954).
Stout, A.W., and H.A. Schütte: Rye germ oil. J. Amer. chem. Soc. 54, 3298—3302 (1932).
Strong, R.G., and D.L. Lindgren: Effect of methyl bromide and hydrocyanic acid fumigation on the germination of wheat. J. econ. Entomol. 52, 51—60 (1959).
Sullivan, B.: The inorganic constituents of wheat flour. Cereal Chem. 10, 503—514 (1933).
— The function of the lipids in milling and baking. Cereal Chem. 17, 661—668 (1940).
—, and C.H. Bailey: The lipids of the wheat embryo. I. The fatty acids. II. The unsaponifiable fraction. J. amer. chem. Soc. 58, 383—390, 390—393 (1936).
—, and M.A. Howe: Lipases of wheat. J. amer. chem. Soc. 55, 320—324 (1933).
—, and C. Near: The ash of hard spring wheat and its products. Industr. Engin. Chem. 19, 498—501 (1927).
— — and G.H. Foley: The role of lipids in relation to flour quality. Cereal Chem. 13, 318 bis 331 (1936).
Sullivan, S.O.: Fortification of flour. The addition of master mix and creta praeparata. Milling 138, 334—335 (1962).
Sumner, J.B., and G.F. Somers: Water soluble polysaccharides of sweet corn. Arch. Biochem. 4, 7—9 (1944).
Sumner, J.B., and R.J. Sumner: Lipoid oxidase studies. J. biol. Chem. 134, 531—533 (1940).
Suzuki, H., S. Chibu u. T. Tani: Untersuchungen über Reisarten in frühen und späten Kulturen. I. Physikalische und chemische Eigenschaften von kleberfreien Reissorten und deren Stärke [japanisch]. Nippon Nogei Kagaku Kaishi 33, 275—280; zit. nach Chem. Abstr. 54, 9140 (1960).
Swanson, C.D., and E.B. Working: Testing the quality of flour by the recording dough mixer. Cereal Chem. 10, 1—29 (1933).
Swanson, C.O., and E.L. Teague: A study of certain conditions which affect the activity of proteolytic enzymes in wheat flour. J. amer. chem. Soc. 38, 1098—1109 (1916).
Täufel, K.: Einige grundsätzliche Fragen zur Chemie und Physiologie der Citronensäure. Ernährungsforsch. 2, 233—247 (1957).
—, u. R. Pohloudek-Fabini: Keimfähigkeit und Gehalt an Citronensäure bei gelagerten Pflanzensamen. Biochem. Z. 326, 317—321 (1955).
—, K. Romminger u. W. Hirschfeld: Oligosaccharide von Getreide und Mehl. Z. Lebensmittel-Untersuch. u. -Forsch. 109, 1—12 (1959).
—, u. M. Rothe: Zur Chemie des Verderbens der Fette. XX. Zur Charakteristik des fettantioxygenen Komplexes aus Hafer. Fette u. Seifen 51, 100—102 (1944).
—, u. M. Rusch: Zur Kenntnis des Fettes der Gerste und ihrer Mälzungsprodukte. Z. Untersuch. Lebensmittel 57, 422—431 (1929).
—, K.J. Steinbach u. B. Hartmann: Über die niederen Saccharide des Maises und ihr Verhalten während Lagerung und Keimung. Nahrung 4, 452—465 (1960).
Tagawa, W., and M. Shin: Hemoproteins of wheat germ. I. Crystallization and properties of peroxidase from wheat germ. II. Particulate electron transporting system of wheat germ and the effect of peroxidase on it. J. Biochem. 46, 865—873, 875—881 (1959).
Tarutin, P.P.: Dampfkonditionierung von Weizen [russisch]. Soobšč. i Referaty 1957, Nr. 3, S. 22—23.
Theimer, O.F.: Verdichtung bei der Lagerung von Getreide in Silozellen. Mühle 101, 797—798, 813—815, 830—833 (1964).
Thomas, B.: Zur Methodik der Erkennung des inneren Gesundheitszustandes von Getreide. Z. Getreidewes. 25, 133—139 (1938); 26, 155—159 (1939).
— Möglichkeiten zur Entdumpfung von Getreide insbesondere durch Stäubemittel. Z. Getreidewes. 27, 122—129 (1940).
— Behandlung und Verarbeitung des mit Kontaktinsektiziden (DDT und HCH) bestäubten Getreides. Nachr.-Bl. Dtsch. Pflanzenschutzdienst (Berlin) 5, 170—173 (1951).
— Entfernbarer und nicht entfernbarer (indirekter) Besatz. Mühle 97, 409—410, 428—429 (1960).

THOMAS, B. u. E. ANDERS: Die Standard-Wasserbestimmung — eine Konventionalmethode mit ungenügenden Vereinbarungen. Wiss. Müllerei 1952, 89—95, 101—107.

— — Kritische Beiträge zur Methodik der gravimetrischen Aschebestimmung. Getreide u. Mehl 6, 91—95 (1956).

— — Untersuchungen über den Einfluß einer Feinstvermahlung auf die Qualität von Vollkornmehl. Mühle 94, 185—186 (1957).

—, u. K. FELLER: Untersuchungen über Substanzverluste bei der Getreidetrocknung. Mühle 98, 293—295 (1961).

— — Beiträge zur Prüfung der mechanischen Besatzauslesung. Mühle 99, 23—24 (1962).

—, u. L. TUNGER: Beiträge zur Aufstellung von Richtwerter für den Vitamin- und Mineralstoffgehalt von Brotmehlen als Funkton des Ausmahlungsgrades. Nahrung 10, 86—91, 185—194 (1966).

TILLMANS, J., H. HOLL u. L. JARIWALA: Ein neues Kohlenhydrat in Roggenmehl und ein darauf gebautes Verfahren zum Nachweis von Roggenmehl in Weizenmehl und anderen Mehlarten. Z. Untersuch. Lebensmittel 56, 26—32 (1928).

TIMM, E., u. CH. NERNST: Die Beschaffenheit des inländischen Brotgetreides der Ernte 1963. Mühle 101, 417—418 (1964).

TÖDT, F.: Anwendung der elektrochemischen Sauerstoffmessung. Angew. Chem. 67, 266—270 (1955).

TOMBESI, L.: Der Pflanzenstoffwechsel und die Wasserversorgung. I. (ital.). Ann. Staz. chim.-agrar. sperim. (Roma) Publ. 67, 1—28 (1951).

TORNOW, E.: Nachweis von Giften, insbesondere von Beizmitteln, an Getreide. Z. ges. Getreidewes. 29, 28—31 (1942).

TRAUB, W., J. B. HUTCHINSON and D. G. H. DANIELS: X-ray studies of the wheat protein complex. Nature (Lond.) 179, 769—770 (1957).

TSCHIERSCH, A., u. W. SCHÄFER: Die automatische Probenahme. I. Getreide u. Mehl 8, 31—32 (1958).

TSEN, C. C., and J. A. ANDERSON: Determination of sulfhydryl and disulfide groups in flour and their relation to wheat quality. Cereal Chem. 40, 314—323 (1963).

—, and I. HLYNKA: Flour lipids and oxidation of sulfhydryl groups in dough. Cereal Chem. 40, 145—153 (1963).

UDY, D. C.: Estimation of protein in wheat and flour by ion-binding. Cereal Chem. 33, 190—197 (1956).

UGRIMOFF, A. v.: Einige Versuche über das Eindringen des Wassers in Weizenkörner. Mühle 70, 603—604 (1933).

UKAI, T., and S. MORIKAWA: Hydrolyse des Eiweißstoffes von Buchweizen. J. Pharm. Soc. Japan 516, 14 (1925); zit nach Chem. Zbl. 96, 192 (1925).

UNRAU, A. M., and B. C. JENKINS: Investigations on synthetic cereal species. Cereal Chem. 41, 365—375 (1964).

VALTADOROS, A.: Neuere Untersuchungen über Wanzenweizen. Getreide u. Mehl 15, 25—28 (1965).

VERCOUTEREN, R., et R. LONTIE: La solubilisation du gluten de froment par la diméthylformamide. Arch. intern. Physiol. 62, 579—580 (1954).

VETTEL, F.: Mutationsversuche an Weizen- und Roggenbastarden. Züchter 29, 293—317 (1959); 30, 181—189 (1960).

VIDAL, A. A.: Influencia del tratamiento en autoclavo sobre alqunas propriedades de las proteinas del grano del maiz. Anales Soc. Cienti. Arg. 150, 173—185 (1950).

VINCENT, M. W.: Test results pointing up new technique trends needed for growing production of agglomerated cereal products. Agglomeration of wheat flours. Amer. Mill. Process. 92, 12, 31 (1964); Milling 143, 304—305 (1964); vgl. auch Mühle 101, 699—700 (1964).

WAGGLE, D. H., A. B. WARD and M. M. MACMASTERS: Effects of steam conditioning on milling properties of a hard red winter wheat. Northw. Miller 271, Nr. 8, S. 24—26 (1964).

WALDSCHMIDT-LEITZ, E., u. G. KLOOS: Über die Veränderlichkeit des Komponentenverhältnisses im Hordein. Hoppe-Seylers Z. physiol. Chem. 314, 218—223 (1959).

— — Über den Einfluß von Düngungs- und Standortbedingungen auf die Zusammensetzung des Hordeins. Hoppe-Seylers Z. physiol. Chem. 321, 114—119 (1960).

—, u. P. METZNER: Über die Prolamine aus Weizen, Roggen, Mais und Hirse. Hoppe-Seylers Z. physiol. Chem. 329, 52—61 (1962).

—, u. R. MINDEMANN: Samenproteine. I. Über die Zusammensetzung und Eigenart der Glutenine in Getreidemehlen. II. Über die Zusammensetzung der elektrophoretisch unterscheidbaren Komponenten des Hordeins. Hoppe-Seylers Z. physiol. Chem. 308, 257—262 (1957); 311, 1—5 (1958).

WALL, J. S., L. C. SWANGO, D. TESSARI and R. J. DIMLER: Organic acids of barley grain. Cereal Chem. 38, 407—422 (1961).

WATSON, S.A., and Y. HIRATA: Some wet-milling properties of artificially dried corn. Cereal Chem. **39**, 35—44 (1962).
WELTY, R.E., S.A. QASEM and C.M. CHRISTENSEN: Tests of corn stored four years in a commercial bin. Cereal Chem. **40**, 277—282 (1963).
WERNER, H.: Nachweis und Bestimmung von Getreidekeimen in Vollkornbroten und -schroten. Z. Untersuch. Lebensmittel **81**, 414—418 (1941).
WHITE, L.M., and G.E. SECOR: Occurrence of two similar homologous series of oligosaccharides in wheat flour and wheat. Arch. Biochem. Biophys. **43**, 60—66 (1953).
WHITE, W.E., and A.H. BUSHEY: Aluminum phosphide — Preparation and composition. J. amer. chem. Soc. **66**, 166—172 (1944).
WILLIAMS, K.T., and A. BEVENUE: Notes on the sugars in rice. Cereal Chem. **30**, 267—269 (1953).
WILLIAMS, V.R., WEI-TING WU, HSIU Y. TSAI and H.G. BATES: Varietal differences in amylose content of rice starch. J. agric. Food Chem. **6**, 47—48 (1958).
WILLSTÄTTER, R., u. A. STOLL: Über Peroxydase. Liebigs Ann. Chem. **416**, 21—64 (1918).
WINKLER, C.A., and W.F. GEDDES: The heat hydration of wheat flour and certain starches including wheat, rice, and potato. Cereal Chem. **8**, 455—475 (1931).
WINZOR, D.J., and H. ZENTNER: N-terminal residues of wheat gluten. J. Sci. Food Agric. **13**, 428—432 (1962).
WIRTHS, W.: Ernährungsphysiologische Bedeutung des Getreides. Brot u. Gebäck **17**, 220 bis 222 (1963).
WITSCH, H. v., u. A. FLÜGEL: Untersuchungen über den Aneurinhaushalt höherer Pflanzen. I. Der Einfluß innerer und äußerer Bedingungen auf den Aneuringehalt beim Weizen. Ber. dtsch. bot. Ges. **64**, 107—116 (1951).
WOLFE, M., and L. FOWDEN: Composition of the protein of whole maize seeds. Cereal Chem. **34**, 286—295 (1957).
WOYCHIK, J.H., J.A. BOUNDY and R.J. DIMLER: Chromatographic fractionation of wheat gluten on carboxy-methylcellulose columns. Arch. Biochem. Biophys. **91**, 235—239 (1960).
— — — Amino acid composition of proteins in wheat gluten. J. agric. Food Chem. **9**, 307 bis 310 (1961a).
— — — Starch gel electrophoresis of wheat gluten proteins with concentrated urea. Arch. Biochem. Biophys. **94**, 477—482 (1961b).
WUNDERLICH, E.: Lebensmittelvitaminierung in der Sowjetunion. Mitt.-Bl. GDCh., Fachgr. Lebensmittelchem. **18**, 273—276 (1964).
WYSS, E.: Mais — seine Herkunft und Verwendung. Mühle **102**, 748—749, 775 (1965).
ZALIK, S., and M. OSTAFICHUK: Note on a method of appraising mixogram data. Cereal Chem. **37**, 105—106 (1960).
ZELENY, L.: The distribution of nitrogen in the seed of zea mays at different stages of maturity. Cereal Chem. **12**, 536—542 (1935).
— A simple sedimentation test for estimation the breadbaking and gluten qualities of wheat flour. Cereal Chem. **24**, 465—475 (1947).
—, and D.A. COLEMAN: Acidity in cereals and cereal products; its determination and significance. Cereal Chem. **15**, 580—595 (1938).
—, J.M. DOTY and W. KIBLER: Sedimentation as a measure of wheat quality — 1962 crop. Northw. Miller **268**, Nr. 2, S. 19, 22, 24—25 (1963).
ZEUMER, H., u. K. NEUHAUS: Die Bestimmung von Kontaktinsektiziden. Getreide u. Mehl **3**, 57—61 (1953).
ŽVETZOVA, U.A., et N.I. SOSEDOV: Modifications biochemiques ourvénant au cours de l'ensilage hermétique du blé. Meun. Franç. **1959**, Nr. 152, S. 18—23 (1959).

Patente

BENDER, PH., u. A. PARLOW: D.B.P. 970 141 (1958).
BERLINER, E.: D.R.P. 751 246 (1937).
BRABENDER, C.W.: Verfahren und Vorrichtung zur Verbesserung der Backeigenschaften von Brotgetreidemahlprodukten. D.B.P. 1 002 255 (1957).
Fisher-Flouring Mills, Seattle, Wash.: U.S.P. 2 884 327 (1959).
FRANKENFELD, J.C.: Prüfung von Getreide auf Käferbefall. U.S.P. 2 525 789 (1950).
GATES, C.W.: Puffing method and apparatus. U.S.P. 2 838 401 (1958).
HUBER, L.J.: Process of preparing a puffered cereal product and the resulting product. U.S.P. 2 701 200 (1955).
OZAI-DURRANI, A.K.: U.S.P. 2 438 939 (1948).
Rice Grower's Ass. of California: U.S.P. 2 808 333 (1957).
SCHMID, CH., Stuttgart-F.: D.B.P. 929 450 (1955).
US Dept. of Agriculture, Washington, D.C.: U.S.P. 2 929 725 (1960).
WILLE, K., E. FRITSCH u. H. GEHLE: D.R.P. 730 662 (1938).

Stärke

Von

Dr. GERD GRAEFE, Hamburg

Mit 7 Abbildungen

A. Gewinnung der Stärke

I. Allgemeine Grundlagen der Stärkefabrikation

Für die technische Stärkegewinnung werden besonders solche pflanzlichen Rohstoffe herangezogen, die hohe Stärkeanteile aufweisen und einen wirtschaftlichen Anbau gestatten. Getreidesamen enthalten bis zu 70%, Wurzeln und Knollen bis zu 30% Stärke. Die wichtigsten Rohstoffe für die Stärkegewinnung sind Mais, Weizen, Reis, Sorghum, Kartoffeln und Tapiokawurzeln.

Im Gegensatz zu der Getreidemüllerei erfolgt die Zerkleinerung der Rohstoffe ausschließlich auf dem Wege der Naßvermahlung. Die Stärke wird aus den eingeweichten Getreidekörnern bzw. Knollen oder Wurzeln nach mehr oder weniger feiner Vermahlung mechanisch mit Wasser ausgewaschen und von den übrigen Bestandteilen getrennt. Dabei spielen im wesentlichen Wasch-, Sieb- und Absetzprozesse eine Rolle. Da die Stärke die Eigenschaft hat, in Gegenwart von Wasser bei Temperaturen oberhalb 50° C unter Wasseraufnahme zu quellen, dürfen bei der Gewinnung von nativer, unveränderter Stärke keine höheren Temperaturen angewendet werden.

II. Getreidestärken

1. Maisstärke

Der Mais ist neben der Kartoffel der wichtigste Rohstoff für die Stärkegewinnung. Fast alle Gelb- und Weißmaissorten sind für die Verarbeitung auf Stärke geeignet. Im Maiskorn sind der stärke- und eiweißhaltige Kern, der ölhaltige Keim und die rohfaserreiche Hülle ziemlich fest miteinander verkittet. Der Vermahlung muß deshalb ein Einweich- bzw. Quellprozeß vorhergehen. Früher wurde der gereinigte Mais in Wasser eingequollen, fein vermahlen und die Stärke durch Siebprozesse, Behandlung auf Fluten bzw. Stärketischen zur Abtrennung des Klebers, Waschen in Absetzbehältern, Vorentwässerung und Trocknung auf relativ primitive Weise gewonnen. Dabei gingen wertvolle wasserlösliche Bestandteile und der wertvolle ölhaltige Keim verloren.

Für einen modernen wirtschaftlich arbeitenden Betrieb ist es heute unerläßlich, die gesamte in die Verarbeitung eingebrachte Maistrockensubstanz wiederzugewinnen. Ein derartiges „geschlossenes" System ist in den USA bereits in den zwanziger Jahren entwickelt und heute auch in den meisten europäischen Ländern weitgehend eingeführt worden. Kennzeichnend für dieses Verfahren ist, daß Frischwasser erst in der letzten Phase der Maisverarbeitung, nämlich bei der Stärkewaschung, in den Prozeß gelangt. Von hier aus wird das Wasser im Gegenstrom durch die einzelnen Abschnitte des Prozesses geführt. Das mit löslichen Stoffen angereicherte Wasser wird zum Einquellen von frisch zur Verarbeitung

11*

kommendem Mais verwendet. Auf diese Weise ist es möglich, die eingesetzte
Frischwassermenge auf ein Minimum zu beschränken und jegliches Abwasser zu
vermeiden.

In einer Maisstärkefabrik, die täglich 500 t Mais und mehr verarbeitet, gelangt
der gereinigte Mais auf pneumatischem Wege in große Quelltanks. Hier wird er
40—60 Std mit warmem Wasser, dem etwa 0,1—0,2 % SO_2 zugesetzt werden,
bei etwa 50° C eingequollen. Die schweflige Säure begünstigt den Quellprozeß,
so daß sich die Stärke leichter von den übrigen Bestandteilen des Maiskorns
trennen läßt. Gleichzeitig werden die löslichen Bestandteile des Maiskorns in das
Quellwasser übergeführt. Nach Beendigung des Quellprozesses wird das Quellwasser abgezogen.

Das „leichte" Quellwasser wird im Vakuumverdampfer zu „schwerem", dickflüssigem
Quellwasser konzentriert. Es wird entweder zusammen mit den übrigen Nebenprodukten der
Maisverarbeitung (Ölkuchen, Schalen und Siebmehl, Kleber) auf Futtermittel verarbeitet,
oder es dient als sehr wirksame Nährflüssigkeit für die Erzeugung von Antibiotica, wie
Penicillin, Aureomycin und Tetracyclin.

Die gequollenen Maiskörner werden in Spezialmühlen gebrochen bzw. grob
vorzerkleinert, um den Keim freizulegen, aber möglichst nicht zu beschädigen.
In Keimseparatoren werden die 40—50 % Öl enthaltenden spezifisch leichten
Keime zum Aufschwimmen gebracht, abgetrennt, auf Sieben gewaschen, entwässert und getrocknet.

Aus den Keimen wird durch Schneckenpressen unter hohem Druck oder durch Extraktion
mit Lösungsmitteln das wertvolle *Maiskeimöl* gewonnen, das über 50% Linolsäure enthält.
Auf diese Weise lassen sich etwa 80% des zu 4—5% im Mais enthaltenen Öls gewinnen. Der
Ölkuchen dient als Futtermittel.

Der nach der Abtrennung der Keime aus dem unteren Teil der Keimseparatoren ausfließende grobkörnige Brei wird mit besonders konstruierten Stein-
mühlen oder neuerdings auch mit Prallmühlen (D. W. DOWIE u. H. D. MARTIN
1957) fein zerkleinert, um die Stärkekörner freizulegen und dabei die elastischen
Faserbestandteile möglichst nicht zu fein zu vermahlen. Das so zerkleinerte Gut
wird über ein System von Schüttel- und Schwingsieben gegeben, die mit gröberer
und feinerer Seiden- oder Nylongaze bespannt sind. Dabei kommt es darauf an,
die Schalenbestandteile und Fasern möglichst stärke- und kleberfrei auszuwaschen
und gleichzeitig eine möglichst faserfreie *Stärke-Kleber-Suspension* zu erhalten.
Anstelle der Schüttel- und Schwingsiebe oder in Kombination hiermit können auch
kontinuierlich arbeitende Siebschleudern eingesetzt werden. Eine wesentliche
Neuerung stellen die in Holland entwickelten Bogensiebe dar. Hierbei handelt
es sich um gebogene Spaltsiebe, bei denen die Roststäbe senkrecht zur Strömungs-
richtung angeordnet sind. Eine entsprechende Kombination zum Auswaschen
und Abtrennen der Fasern aus Rohstärkemilch kann aus Bogensieben, Schüttelsieben und Schwingsieben bestehen (W. JANSMA 1959). Eine Weiterentwicklung
der Bogensiebe sind die sog. „Siebpumpen" (M. L. E. VAN TITTELBOOM 1958).

Die abgetrennten *Grob- und Feinfasern* (Siebmehl) werden in Pressen vorentwässert,
getrocknet und dienen zusammen mit dem eingedickten Quellwasser, dem Ölkuchen und dem
Kleber der *Futterherstellung*.
Die faserfreie, stärke- und kleberhaltige Suspension, auch „Mühlenstärke" genannt,
wurde früher auf Stärketischen bzw. Fluten in Stärke und Kleber getrennt.
Bei den Stärketischen handelte es sich um etwa 40 m lange und 0,5—1 m breite Rinnen
mit schwachem Gefälle, auf denen sich die spezifisch schwerere Stärke absetzte, während der
spezifisch leichtere Kleber in Kleberabsetzbottiche geleitet wurde.

In modernen Betrieben erfolgt die *Trennung von Stärke und Kleber* heute in
wirtschaftlicher und raumsparender Weise durch Separatoren, die eine praktisch
kleberfreie Stärke und einen hochprozentigen Kleber liefern. Erreicht wird dies

durch ein System derartiger Separatoren, wobei in der ersten Stufe eine möglichst hochprozentige Kleberfraktion und mit wenig Kleber verunreinigte Stärke-fraktion erhalten und in der zweiten Stufe der restliche Kleber aus der Stärke abgetrennt wird. Seit einigen Jahren stehen mit den Separatoren die in Holland entwickelten Hydrozyklone (P. W. HAGE 1954) in Konkurrenz. Die Bewegung der Flüssigkeit und Erzeugung eines Schwerkraftfeldes wird hierbei durch tangen-tiales Einströmen bewirkt. Als besonders geeignet haben sich die Hydrozyklone für die Feinreinigung der Stärke bzw. die Stärkewaschung erwiesen, während die Separatoren auch in Zukunft ihre Bedeutung für die Stärke-Klebertrennung behalten werden.

Die bei der Stärke-Kleber-Trennung mit Separatoren als Überlauf anfallende Kleber-fraktion kann in einer weiteren Separatorenstufe bis auf einen Proteingehalt von über 70% in der Trockensubstanz angereichert, in Filterpressen vorentwässert und in ähnlicher Weise wie die Maisstärke im Stromtrockner getrocknet werden. Der (bei Verarbeitung von Gelbmais)

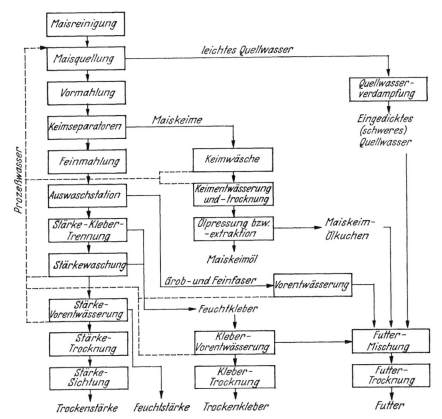

Abb. 1. Vereinfachtes Schema der Maisstärke-Fabrikation

durch Zeaxanthin gelb gefärbte *Maiskleber* ist wasserunlöslich. Er enthält als Hauptbestand-teil das in 90%igem Alkohol lösliche Prolamin *Zein*. Maiskleber ist ein wichtiger Rohstoff für die Suppenwürze- und Glutamat-Herstellung. Die weniger proteinreichen Kleberfrak-tionen werden zusammen mit dem eingedickten Quellwasser, dem Maisölkuchen und den ab-getrennten Grob- und Feinfasern auf *Futtermittel* verarbeitet.

Die vom Kleber befreite *Stärke* wird nochmals gewaschen, bevor sie auf Va-kuumfilter vorentwässert wird. Sie wird entweder direkt als Feuchtstärke mit einem Wassergehalt von etwa 50 % auf *Glucosesirup, Stärkezucker* oder *Dextrose*[1] weiterverarbeitet; oder sie wird in Trommel-, Ringetagen- oder neuerdings in Stromtrocknern (Schnellumlauftrocknern) getrocknet und, falls erforderlich, gemahlen und gesichtet. Der Stromtrockner ist ein Kurzzeittrockner, bei dem der Trocknungsvorgang auf wenige Sekunden reduziert worden ist. Das zu trocknende

Tabelle 1. *Ausbeute an Stärke und Nebenprodukten bei der Maisvermahlung* (K. Heyns 1960)

Aus 1 t Mais mit 15 % Wassergehalt entsprechend 850 kg Maistrockensubstanz werden erhalten:

	kg	%
Stärke	561,0	66,0
Quellwasser	68,0	8,0
Öl	29,8	3,5
Ölkuchen	34,0	4,0
Schalen und Siebmehl	89,2	10,5
Hochprozentiger Kleber . . .	42,5	5,0
Futterkleber	25,5	3,0
	850,0 kg	100,0 %

Gut wird in feinster Verteilung in einem raschströmenden Heißluftstrom mitgeführt und in einem Zyklon wieder abgeschieden. Eine nachträgliche Mahlung der getrockneten Maisstärke wie bei älteren Trocknungsverfahren ist überflüssig (Tab. 1, Abb. 1).

2. Milostärke

In den letzten Jahrzehnten haben bestimmte Sorghumarten (Milocorn, Milomais, Mohrenhirse) insbesondere in den USA und vorübergehend auch in Deutschland Bedeutung für die Stärkegewinnung erlangt. Milocorn ist gegen Trockenheit relativ unempfindlich und kann deshalb auch in klimatisch weniger begünstigten Gebieten angebaut werden. Milostärke ist in Form und Größe der Stärkekörner und in den Eigenschaften der Maisstärke sehr ähnlich.

Vor der Verarbeitung auf Stärke wird die äußere Hülle der Körner, die eine Verfärbung des Öls verursachen würde, auf müllerischem Wege entfernt. Die gereinigten Milokörner werden dann ähnlich wie bei der Maisstärkegewinnung bei etwa 50° C einem Quell- und Weichprozeß in verd. schwefliger Säure unterworfen. Das Quellwasser wird abgezogen, und die gequollenen Körner werden grob gemahlen. Dann werden die spezifisch leichten Keime in Keimseparatoren durch Aufschwimmen abgetrennt, gewaschen, getrocknet und durch Pressen oder Extrahieren auf Keimöl verarbeitet. Der stärke-, kleber- und faserhaltige Brei wird mit Spezialmühlen fein gemahlen und mit Hilfe von Siebeinrichtungen faserfrei gewaschen. Die Trennung der Milostärke von dem spezifisch leichteren Kleber erfolgt in mehreren Stufen mit Hilfe von Separatoren bzw. Zentrifugen. Zentrifugen in ähnlicher Weise wie bei Maisstärke. Der Kleberüberlauf wird durch Zentrifugen konzentriert und kann gemeinsam mit dem eingedickten Quellwasser, dem Ölkuchen und den Fasern zu Futtermitteln verarbeitet werden. Die eiweißfreie Stärke durchläuft noch verschiedene Reinigungsstufen, bevor sie mit Hilfe von Entwässerungszentrifugen vorgetrocknet und in Trocknern verschiedener Bauart getrocknet wird.

Aus den bei der Verarbeitung auf Stärke anfallenden äußeren Hüllen des Milocorns kann ein dem Carnaubawachs ähnliches Erzeugnis extrahiert werden.

3. Weizenstärke

Die technische Gewinnung von Weizenstärke erfolgt heute nur noch aus Weizenmehl. Da der Kleber ein wertvolles Nebenprodukt darstellt und in einigen Ländern, wie England, Australien und in der Bundesrepublik Deutschland, als

---

[1] Unter Dextrose wird hier und im folgenden der Traubenzucker des Handels verstanden.

Haupterzeugnis angesehen wird, hat man hier die älteren Verfahren zur Gewinnung von Stärke aus dem ganzen Weizenkorn fast ganz verlassen.

Nach dem sog. *sauren oder Halle'schen Verfahren* werden die Weizenkörner in Wasser eingequollen und der Gärung überlassen. Dabei treten nacheinander bzw. nebeneinander alkoholische, Essigsäure-, Milchsäure- und Buttersäuregärung ein. Durch die Einwirkung der Säuren und proteolytischen Enzyme geht der Kleber in Lösung und verliert seine gummiähnliche Beschaffenheit. Die Stärke wird freigelegt und läßt sich leicht auswaschen. Da das Verfahren den Kleber entwertet und zu übelriechendem Abwasser führt, das sich nur schwer beseitigen läßt, wird es heute in keinem Kulturland mehr durchgeführt.

Bei den älteren gärungslosen Verfahren wird der ganze Weizen eingeweicht und unmittelbar danach verarbeitet (elsässische Arbeitsweise). Ausbeute und Qualität der so gewonnenen Stärke lassen sehr zu wünschen übrig.

Auch das für Maisstärke beschriebene Verfahren, wonach die Getreidekörner zunächst in warmem SO_2-haltigem Wasser etwa 50 Std eingequollen werden, ist bei Weizen anwendbar und führt zu einer sehr reinen Stärke. Technisch hat dieses Verfahren aber bisher keine Bedeutung erlangt, weil der Kleber durch die saure Reaktion des Quell- und Einweichwassers denaturiert wird.

a) Martin-Verfahren (älteres System)

Nach diesem bereits auf das Jahr 1838 zurückgehenden Verfahren wird Weizenmehl mit etwa 40—50 % Wasser in einer Knetmaschine zu einem Teig verarbeitet. Anschließend wird in Mehlextrakteuren unter Zugabe von Wasser die Stärke ausgewaschen. Es wird eine faser- und kleberhaltige Rohstärkemilch erhalten, während der Kleber als plastische Masse zurückbleibt. Aus der etwa 6—9 kg Feststoff je 100 l enthaltenden Rohstärkemilch werden die Faserteilchen durch fein bespannte Schüttelsiebe oder andere Siebeinrichtungen entfernt. Die Stärkesuspension gelangt dann in Absetzbottiche oder Trennschleudern, um das Waschwasser abzutrennen. Bei Verwendung von Trennschleudern wird eine Feuchtstärke mit etwa 50 % Wasser erhalten. In Vollmantelzentrifugen (Raffinierzentrifugen) erfolgt eine weitere Reinigung der Stärke. Dabei setzt sich an den Trommelwandungen zunächst die reine spezifisch schwerere Stärke und als oberste Schicht eine kleberhaltige Stärke ab. Schließlich wird die Stärke in Entwässerungszentrifugen entwässert und in ähnlicher Weise wie Maisstärke getrocknet und auf Stärkepuder verarbeitet.

Das Martin-Verfahren hat im Laufe der Jahre manche Änderungen erfahren. Nach dem sog. *Batter-Verfahren* wird aus Weizenmehl und der etwa fünffachen Menge Wasser zunächst ein dünner Teig geschlagen. Weiterhin ist vorgeschlagen worden, dem für das Anteigen des Mehls verwendeten Wasser 1% Natriumchlorid oder geringe Mengen Natriumhydroxid zuzusetzen, um den Kleber zunächst bei pH 10—12 in Lösung zu bringen und später wieder auszufällen. Für die technische Gewinnung von Weizenstärke haben diese Verfahren keine Bedeutung erlangt.

b) Martin-Verfahren (neueres System)

Die Verarbeitung des Weizenmehls erfolgt zunächst ähnlich wie bei dem älteren Verfahren durch Anteigen mit Wasser und Auswaschen der Stärke. Die im Anschluß an die Siebung eingesetzte Rohmilchschleuder bzw. Trennschleuder ist jedoch mit Düsen ausgestattet, die es ermöglichen, den feinkörnigen Anteil (Sekundastärke) getrennt von der Hauptmenge der übrigen Feststoffe (Primastärke) abzuführen. Dadurch wird eine Verminderung der Stärkeverluste erreicht. Die aus der Rohmilchschleuder ausgetragene *Primastärke* wird mit Frischwasser verdünnt und in eine Feinmilchschleuder geleitet. Hier erfolgt eine weitere Abtrennung und Reinigung von Sekundastärke. Anschließend wird mit Zentrifugen entwässert (D. MÜLLER-MANGOLD 1954).

Die von den Rohmilch- und Feinmilchschleudern erhaltene *Sekundastärke*-Fraktionen, die noch erhebliche Mengen Kleber und andere Verunreinigungen enthalten, werden einer Eindickzentrifuge zugeleitet und auf Walzentrocknern getrocknet. Der *Kleber* wird ebenfalls auf Walzentrocknern oder im Sprühturm getrocknet. Er ist ein wertvoller Rohstoff für die Suppenwürze- und Glutamatherstellung. *Vitalkleber* d. h. nicht denaturierter Weizenkleber findet als Mehlverbesserungsmittel und Backzutat Verwendung.

Die Ausbeute an Primastärke dürfte bei etwa 55 %, die an Sekundastärke bei etwa 20 % liegen; der Kleberanfall beträgt etwa 10—15 %.

c) Neuere Entwicklungen

Zur Erhöhung der Ausbeute an Primastärke kann man dem Weizenmehl vor seiner Verarbeitung auf Stärke den Feinstkornanteil mit Partikelchen, die kleiner sind als 25—35 μ, entziehen (K. Horbach 1958). Eine weitere Ausbeuteerhöhung an Primastärke ist zu erreichen, wenn die Grobkornanteile vor der Auswaschung einer Prallzerkleinerung unterworfen werden. Weiterhin ist vorgeschlagen worden, die von der Hauptmenge des Klebers befreite rohe Weizenstärke nacheinander einer alkalischen Behandlung bei pH 9—11,5 und sauren Behandlung mit schwefliger Säure bei pH 3,2—3,6 zu unterwerfen (K. M. Gaver u. A. M. Barton 1959).

Über neuere Entwicklungen in der Herstellung der verschiedenen Stärkearten berichtet ausführlich W. Kempf (1961).

4. Reisstärke

Bei der Gewinnung von Reisstärke treten ähnliche Probleme wie bei der Gewinnung von Maisstärke auf, weil der Reiskleber keine zusammenhängende Masse wie der Weizenkleber bildet. Die sehr kleinen Reisstärkekörner sind äußerst fest mit den Protein- und Schleimstoffen verkittet, so daß ein gründliches Einweichen vor der Abtrennung der Stärkekörner erforderlich ist. Auf Grund ihrer geringen Größe setzen sich die Reisstärkekörner nur langsam aus wäßriger Suspension ab.

Als Ausgangsmaterial für die Reisstärkegewinnung dient üblicherweise Bruchreis, der bei der Herstellung von Tafelreis bzw. Vollreis anfällt. Der Quellprozeß wird in Rührbottichen durchgeführt, wobei der Quellflüssigkeit zur Beschleunigung der Lösung des Klebers 0,3—0,6 % Natriumhydroxid zugesetzt werden. Nach einer Quellzeit von 12—24 Std erfolgt eine Naßvermahlung und nochmalige Quellung in alkalischem Medium zur Vervollständigung der Lösung des Proteins. In Absetzbottichen und durch Behandlung mit Zentrifugen werden die Hauptmenge des eiweißhaltigen Quellwassers und der Faserteile entfernt. Durch Neutralisation mit Schwefelsäure werden die in Lösung gegangenen Eiweißstoffe aus dem Quellwasser ausgeflockt und abgetrennt. Die Stärke wird erneut in Wasser angeschlämmt, über Sieben von den Feinfasern befreit, gewaschen, in Zentrifugen vorentwässert und getrocknet.

Zur Herstellung von *Strahlenstärke* werden die vorentwässerten Stärkeblöcke 48 Std bei 50—60° C auf einen Wassergehalt von etwa 30 % vorgetrocknet. Nach Entfernung einer gelblichen Schicht aus Verunreinigungen an der Oberfläche wird langsam bis auf einen Wassergehalt von 12—14 % weitergetrocknet, wobei die Stärkeblöcke strahlenförmig zerfallen. Für die Herstellung von *Brockenstärke* werden die vorgetrockneten Stärkeblöcke gebrochen und schneller nachgetrocknet (J. A. Radley 1953).

5. Weitere Getreidestärken

Neben Mais, Sorghum, Weizen und Reis spielen die übrigen Getreidearten als Rohstoffe für die technische Stärkegewinnung kaum eine Rolle, da ihr Stärkegehalt relativ gering ist. *Gersten-*, *Roggen-* und *Haferstärke* stellen aber durchaus hochwertige Stärkearten dar.

Gerstenstärke kann aus Gerste nach einem ähnlichen alkalischen Aufschlußverfahren unter saurer Nachbehandlung gewonnen werden wie Reisstärke (H. RITTER 1942).

Die Gewinnung von *Roggenstärke* hat in Ermangelung ausreichender Maisimporte während des letzten Krieges vorübergehend in Deutschland technische Bedeutung erlangt. Störend wirken sich hierbei nicht nur die beim Quellprozeß die Stärke abbauenden Amylasen, sondern auch die Schleimstoffe aus, die eine Abtrennung und Reinigung der Stärkekörner auf mechanischem Wege erschweren. Es ist deshalb vorgeschlagen worden, zur Gewinnung von Stärke aus Roggen Roggenmehl mit Wasser unter Zusatz von 0,5 % Milchsäure zu einem Schaum zu schlagen (F. A. V. KLOPPER 1930, 1934).

Vorübergehend technische Bedeutung erlangt haben zwei weitere Verfahren. Das eine Verfahren bedient sich in Anlehnung an die Reisstärkegewinnung des alkalischen Aufschlusses des Rohmaterials, dem zwecks Abtötung der Enzyme eine Behandlung mit Säuren bei pH 2,8 vorausgehen kann (J. BUSCH u. H. RITTER 1941, 1942). Das zweite Verfahren kommt durch eine saure Vorbehandlung von Roggenmehl in wäßriger Suspension bei pH 5,5—6,5 zum Ziel. Anschließend wird die Roggenstärke in üblicher Weise über Sieben ausgewaschen, entwässert und getrocknet (K. HEYNS u. G. GRAEFE 1941).

Obwohl Hafer auf dem Weltmarkt eine der billigsten Getreidearten ist und die *Haferstärke* ihres kleinen Stärkekorns und ihrer sonstigen Eigenschaften der Reisstärke sehr ähnlich ist, gibt es bisher keine technische Haferstärke-Gewinnung, weil der Stärkegehalt des Hafers zu niedrig liegt. Die Gewinnung der Haferstärke kann in ähnlicher Weise wie bei Maisstärke erfolgen.

Auch *Buchweizenstärke* wird bisher nur für wissenschaftliche Zwecke und nicht in technischem Maßstabe hergestellt.

III. Knollen- und Wurzelstärken

1. Kartoffelstärke

Während in den USA Mais der bei weitem wichtigste Rohstoff für die Stärkegewinnung ist, wird in Europa, und zwar insbesondere in Holland, Frankreich, Deutschland, Polen und Rußland, Stärke in großem Umfange auch aus Kartoffeln gewonnen. Im Gegensatz zu den Getreidekörnern ist die Kartoffel auf Grund ihres hohen Wassergehalts nicht unbeschränkt lagerfähig. Die Verarbeitung muß möglichst bald nach der Ernte erfolgen und ist im allgemeinen auf eine dreimonatige Kampagne bis zum Eintreten des Frostes beschränkt.

Die zur Verarbeitung angekauften Fabrikkartoffeln werden nach ihrem Stärkegehalt bewertet, wobei der Stärkegehalt mit einer „Kartoffelwaage" (Reimannsche oder Parowsche Waage) ermittelt wird. Das Prinzip dieser Waagen beruht auf der konstanten Beziehung zwischen dem Stärkegehalt der Kartoffel und ihrem Gewicht unter Wasser.

Da die Kartoffelknollen, insbesondere wenn sie auf schwerem Boden gewachsen sind, eine starke Verschmutzung aufweisen, müssen sie zunächst gründlich gereinigt werden. Dies geschieht unter reichlicher Wasserzufuhr in großen, mit Rührarmen ausgestatteten Waschmulden. Für eine ausreichende Wäsche sind etwa 2—3 cbm Wasser je Tonne Kartoffeln erforderlich. Die gewaschenen Kartoffeln gelangen dann zunächst über eine automatische Waage in einen über der Reibenstation angeordneten Bunker, von hier aus werden sie mittels Transportschnecke in die Reibenstation gefördert. In Vorreiben werden die Kartoffeln dann fein zerrieben, wobei der größte Teil der die Stärke enthaltenden Zellen zerstört wird. Als Vorreiben werden heute fast ausschließlich sog. Sägeblattreiben verwendet. Hierbei handelt es sich um rotierende Eisentrommeln, die mit Sägeblättern ausgestattet sind. Hinter den Vorreiben wird mit der 1—1$^1/_2$fachen Menge SO_2-haltigem Wasser verdünnt, wodurch das *Reibsel* pumpfähig wird.

Um auch außerhalb der Kampagne die Gewinnung von Kartoffelstärke zu ermöglichen, ist schon vor dem letzten Krieg vorgeschlagen worden, das Reibsel auszulagern (C. SCHLIETER 1937). Nach diesem Verfahren werden die geriebenen Kartoffeln durch geeignete Zentrifugen zunächst von der Hauptmenge des Fruchtwassers befreit und nach Zusatz geringer Mengen Natriumhydrogensulfit oder schwefliger Säure bei pH 4,0—4,8 in drainierten Gruben im Freien ausgelagert. Dabei kommt es zu einer schwachen bakteriellen Säuerung, ohne daß die Stärke in der Qualität geschädigt wird. Nach Beendigung der Kampagne kann das Reibsel dann in der üblichen, nachfolgend näher beschriebenen Weise auf Kartoffelstärke verarbeitet werden.

Um die Stärke möglichst vollständig aus dem Reibsel auszuwaschen und das Fruchtwasser zu entfernen, wird es in die Auswasch- bzw. Siebstation gepumpt, wobei Siebeinrichtungen verschiedener Art zur Anwendung kommen. Zwischen den einzelnen Auswasch- bzw. Siebstufen wird das Reibsel nochmals nach-zerkleinert bzw. nachgerieben, um die Freilegung der eingeschlossenen Stärke zu vervollständigen.

Für das Auswaschen der Stärke sind im Laufe der letzten Jahrzehnte zahlreiche Einrichtungen, wie Schüttel- und Schwingsiebe mit mehr oder weniger feiner Bespannung, Bürstenzylindersiebe und Siebschleudern, vorgeschlagen worden (E. PAROW 1928). Heute sind diese Siebeinrichtungen in modernen Betrieben weitgehend durch Strahlauswascher (L. SCHMIEDEL 1955, 1956) und die bereits bei der Gewinnung der Maisstärke erwähnten Bogensiebe ersetzt bzw. ergänzt worden. Man kann das Reibsel in einer ersten Siebstation mit Hilfe von Zentri-fugalsieben bzw. Siebschleudern grob absieben und auswaschen und anschließend in einer zweiten Siebstation auf Bogensieben einer Feinabsiebung unterwerfen (G. J. VAN DER WAAL 1958).

Das im Fruchtwasser enthaltene *Kartoffeleiweiß* läßt sich nur wirtschaftlich gewinnen, wenn das von den Vorreiben kommende Reibsel zunächst nicht mit Wasser verdünnt, sondern mit Hilfe einer Reibselschleuder vom Fruchtwasser befreit wird. Die im Kartoffelfruchtsaft zu über 2% enthaltenen stickstoffhaltigen Substanzen (N×6,25) sind während des letzten Krieges in Deutschland zur Füllung der Eiweißlücke herangezogen worden. Sie bestehen aller-dings nur etwa zur Hälfte aus dem hochmolekularen und fällbaren Protein *Tuberin*, während es sich bei dem übrigen Anteil um niedrigmolekulare Stoffe, wie Aminosäuren, Amide und Betain, handelt.

Für die Gewinnung von Kartoffeleiweiß kommen prinzipiell zwei Möglichkeiten in Be-tracht: Entweder wird das gesamte Fruchtwasser in Vakuumanlagen eingedickt oder es wird nur das koagulierbare Protein durch Wärme und/oder Chemikalien ausgefällt und abgetrennt. Beide Verfahren sind brauchbar und haben vorübergehend technische Bedeutung erlangt. Nach einem kombinierten Eindampf-Koagulations-Verfahren wird der Eindampfprozeß bei einer bestimmten Konzentration unterbrochen, um das Protein auszufällen (K. HEYNS u. G. GRAEFE, 1941). Auf diese Weise läßt sich die Ausbeute an hochwertigem Eiweiß beträcht-lich erhöhen, während das Filtrat weiter konzentriert und für Futtermittelzwecke Verwendung finden kann.

Die Gewinnung von Kartoffeleiweiß wird gegenwärtig nur in einigen osteuropäischen Ländern technisch durchgeführt.

Die beim Auswaschen des Kartoffelreibsels anfallende *Kartoffelpülpe* wird mittels Siebzentrifugen auf einen Trockensubstanzgehalt von etwa 20—25% vor-entwässert und in Trommeltrocknern oder Stromtrocknern (vgl. Maisstärke) ge-trocknet. Die *Trockenpülpe* enthält durchschnittlich 40—50% Stärke und etwa 2—3% Rohprotein (N×6,25). Sie wird für die Herstellung von Mischfutter ver-wendet.

Die nach der Abtrennung der Fasern anfallende *Rohstärkemilch* enthält noch feinste Faserteilchen und Fruchtwasserreste. Sie wurde früher auf Fluten bzw. Stärketischen (vgl. Maisstärke) gereinigt. Heute werden hierfür Separatoren, Hydrozyklone (vgl. Maisstärke) und Rinnenschleudern eingesetzt. Die an-fallende Reinstärkemilch hat eine Dichte von etwa 20—23 Bé (40—47 kg/100 l). Sie wird entweder auf *Glucosesirup, Stärkezucker, Dextrose, Kartoffelsago* oder *Quellstärke* weiterverarbeitet oder mit Hilfe von Zentrifugen oder Vakuumfiltern auf einen Wassergehalt von etwa 35—38% vorentwässert und in Trommel-, Ringetagen- oder Stromtrocknern (Schnellumlauftrocknern) getrocknet. Das von den Zentrifugen oder Vakuumfiltern ablaufende Wasser wird an geeigneter Stelle

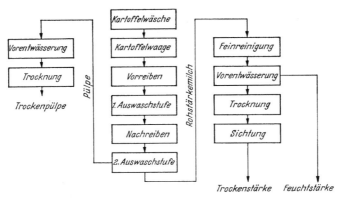

Abb. 2. Vereinfachtes Schema der Kartoffelstärke-Fabrikation

in den Betrieb zurückgenommen. Während die den Stromtrockner verlassende *Kartoffeltrockenstärke* bereits puderförmig ist und nur noch gesichtet zu werden braucht, muß die mit anderen Einrichtungen erhaltene Trockenstärke zur Herstellung von Puderstärke vorher noch gemahlen werden (Tab. 2, Abb. 2).

Tabelle 2. *Ausbeute an Stärke und Nebenprodukten bei der Kartoffelverarbeitung* (K. Heyns 1960)

Aus etwa 25% Gesamt-Trockensubstanz der Kartoffel werden erhalten:

	%	% der T.S.
Stärke	17,4	etwa 70
Pülpe	3,2	etwa 13
Frucht- und Abwasser	4,4	etwa 17
	25,0%	100% T. S.

2. Batatenstärke

Die technische Gewinnung von Stärke aus Bataten bzw. Süßkartoffeln (Ipomea batata) wird in Japan bereits seit mehr als 100 Jahren betrieben. Über 30% der hier erzeugten Stärke stammen aus Süßkartoffeln, die 24—26% Stärke enthalten. Seit den dreißiger Jahren werden auch in einigen Südstaaten der USA Bataten für die Stärkegewinnung angebaut. Da Bataten ebenso wie Kartoffeln schlecht haltbar sind, ist die Verarbeitung auf eine Kampagne von wenigen Monaten beschränkt. Eine Trocknung ist nicht wirtschaftlich.

Die Verarbeitung der Bataten auf Stärke erfolgt in ähnlicher Weise wie bei Kartoffeln, jedoch häufig noch sehr primitiv. Bekannt sind ein alkalischer Prozeß (pH 8,6—9,2) und ein saurer Prozeß (SO_2). Da bestimmte Verunreinigungen im sauren pH-Bereich ausflocken, führt der saure Prozeß zu einem unreineren Produkt.

3. Tapiokastärke

Größere Bedeutung für Europa als die Süßkartoffelstärke hat die auch unter den Bezeichnungen *Maniok-* oder *Cassavastärke* bekannte *Tapiokastärke*, die aus den Wurzeln des Maniokstrauches (Manihot utilissima oder M. palmata) gewonnen wird. Die aus Mittelamerika stammende Pflanze wird heute auch in Brasilien, der Dominikanischen Republik, Florida, Nigeria, Madagaskar, China und Thailand angebaut. Die Zusammensetzung der Maniokwurzeln ähnelt der Zusammensetzung

Tabelle 3. *Zusammensetzung der Maniokwurzeln und Kartoffelknollen* (R.W. Kerr 1950)

	Tapiokawurzeln %	Kartoffelknollen %
Wasser	70,25	75,80
Stärke	21,45	19,90
Zuckerarten	5,13	0,40
Proteine	1,12	2,08
Fette	0,41	0,20
Rohfaser	1,11	1,10
Asche	0,54	0,42

der Kartoffelknollen (Tab. 3). Die Verarbeitung auf Stärke kann ebenfalls in ähnlicher Weise erfolgen. Häufig werden hierfür aber noch veraltete Methoden angewendet.

Da insbesondere die äußeren Teile der Maniokwurzeln ein Glucosid enthalten, aus dem auf enzymatischem Wege Blausäure abgespalten wird (Manihot palmata, eine „süße" Maniokart, enthält geringere Anteile dieses Glucosids als Manihot utilissima, eine „bittere" Maniokart), muß bei der Verarbeitung der Maniokwurzeln die Abspaltung von Blausäure möglichst gehemmt werden. Andernfalls kann sich Hexacyanoferrat (II) bilden, das zu einer blaustichigen Stärke führt. Manihot utilissima enthält in den Außenbezirken 0,01—0,04% und im Innern 0,004—0,015% Blausäure.

Die Maniokwurzeln weisen ein festeres Zellgewebe und eine dickere Schale als die Kartoffeln auf. Auf die Zerkleinerung ist deshalb besondere Sorgfalt zu verwenden, und das Reibsel muß mehrfach nachzerkleinert werden. Moderne, mit Bogensieben und Hydrozyklonen ausgerüstete Betriebe können wechselweise Maniokwurzeln, Kartoffeln und Mais auf Stärke verarbeiten (J. van den Dorpel 1961). Die Stärkeausbeute liegt bei etwa 20%, bezogen auf frische Maniokwurzeln.

Geschälte und getrocknete Maniokwurzeln werden heute in großem Umfange aus den Ursprungsländern exportiert und in Europa und den USA auf Tapiokastärke verarbeitet. Auch in Form von Tapiokamehl und Tapiokastücken („Chips") werden getrocknete Maniokwurzeln exportiert und auf Stärke verarbeitet. In diesem Fall muß der Stärkegewinnung ein längerer Einweichprozeß bei etwa 50° C vorausgehen.

4. Arrowrootstärke

Diese auch als *Marantastärke* bekannte Stärkeart ist der Tapiokastärke in ihren Eigenschaften sehr ähnlich. Sie wird aus den Wurzeln der tropischen Marantapflanze (Maranta arundinacea oder ihrer Abarten M. indicus, M. nobilis und M. ramosisima) gewonnen. Die Marantapflanze stammt aus Mittelamerika, wird heute aber auch in Ost- und Westindien, Australien und Natal kultiviert. Die Wurzeln enthalten 25—30% Stärke. Die Verarbeitung kann in ähnlicher Weise wie bei Kartoffeln und Maniokwurzeln erfolgen. Um die Stärke freizulegen, ist eine noch intensivere Mahlung als bei der Tapiokastärkegewinnung erforderlich. Nur etwa 15% der in den Marantawurzeln enthaltenen Stärke lassen sich gewinnen, was einer Ausbeute von nur 50—60% entspricht.

Unterarten der Arrowrootstärke sind die *Curcumastärke* aus Curcumaarten (ostindisches Arrowroot), *Cannastärke* aus Canaceenarten (afrikanisches oder australisches Arrowroot) und *Taccastärke* aus Tacca pimatifolia (Tahiti-Arrowroot).

IV. Stärken aus anderen Rohstoffen

1. Sagostärke

Diese Stärke wird aus dem Mark verschiedener ostindischer Sagopalmen (Sagus rumphie, S. farinifera, S. laevus) und den als „falsche Sagopalme" ebenfalls in Ostindien beheimateten Cycas-Arten (Cycas circinalis und C. revoluta) gewonnen. Die auf feuchten Böden wachsenden Palmen werden nach 7—8 Jahren gefällt. Die Stämme können bis zu 100 kg Stärke enthalten. Das Mark wird mit Wasser angeteigt und die Stärke über Sieben faserfrei ausgewaschen. Auf Fluten bzw. Stärketischen kann eine Feinreinigung durchgeführt werden. Anschließend wird die Stärke wie üblich vorentwässert und getrocknet.

Zur Herstellung von *Sago* wird die feuchte Sagostärke durch Siebe bestimmter Maschenweite gepreßt und in Tüchern gerollt. Anschließend werden die erhaltenen Körner in Pfannen geröstet, wobei an der Oberfläche eine teilweise Verkleisterung eintritt. Die so erhaltenen zusammenhaftenden großen Körner werden als *Perlsago* oder „echter" Sago bezeichnet.

Sagoähnliche Erzeugnisse lassen sich auch aus Kartoffelstärke (*Kartoffelsago*) und Tapiokastärke (*Tapiokasago*) herstellen. Die angefeuchtete Kartoffel- bzw. Tapiokastärke wird durch ein Sieb gedrückt, auf gleichmäßige Körnung gesichtet, in Dämpftrommeln behandelt und anschließend getrocknet.

2. Sonstige Stärken

Außer den hier behandelten Stärkearten gibt es noch zahlreiche weitere Stärkearten, die bisher keine technische Bedeutung erlangt haben, wie beispielsweise die *Leguminosenstärken*.

Kastanienstärke wird gelegentlich als Nebenprodukt bei der Gewinnung von Saponinen und weiterer Inhaltsstoffe der Kastanie gewonnen. Nach Extraktion der Saponine mit Methanol kann die Stärke mit Hilfe der in der Stärkefabrikation üblichen Einrichtungen (Mahl-, Auswasch-, Sichtprozesse) isoliert werden.

Aus den Früchten der Bananenpalme (Musa paradisiaca) kann *Bananen*- bzw. *Pisangstärke* gewonnen werden.

Die Wurzelstöcke und Stengel bzw. Blätter der in Osteuropa heimischen Typhaceen und anderer Schilfarten können zur Gewinnung von *Typhastärke* herangezogen werden. Die Blätter enthalten etwa 10%, die Wurzelstöcke etwa 47% Stärke. Bei der Verarbeitung sollen sich 60—70% der Stärke gewinnen lassen (W. Meissner 1937).

V. Stärkefraktionen

1. Amylopektin und Amylose

Stärke ist ein aus der Baugruppe D-Glucose aufgebautes Polysaccharid. Sie enthält voneinander trennbare Anteile an *Amylose* und *Amylopektin*. Die beiden Stärkefraktionen sind nicht polymereinheitlich aufgebaut und unterscheiden sich auch im Verzweigungsgrad (vgl. A. Klemer: Kohlenhydrate; Bd. I).

Die physikalisch-chemischen Eigenschaften der Stärkefraktionen sind ausschlaggebend für den Einsatz der Stärke auf dem Lebensmittelsektor, worauf bei der Besprechung der Eigenschaften der Stärke näher eingegangen wird. Im Laufe der letzten Jahrzehnte sind zahlreiche Methoden zur Trennung und Gewinnung der Amylose und des Amylopektins vorgeschlagen worden, wie Extraktion der Stärke mit Wasser, selektive Adsorption, Elektrophorese und selektive Fällung bzw. Kristallisation, die größtenteils nur wissenschaftliches Interesse haben. Hier soll nur auf die bekanntesten und leistungsfähigsten Methoden näher eingegangen werden (Th. J. Schoch 1945; P. Hiemstra u. Mitarb. 1956).

a) Fraktionierung der Stärke nach Schoch

Diese Methode ist für die Fraktionierung von Maisstärke ausgearbeitet worden. Sie kann aber auch für jede andere Stärkeart angewendet werden.

Maisstärke wird durch mehrfaches Extrahieren mit 85%igem Methanol völlig entfettet und in 2—3%iger wäßriger Suspension im Dampfbad bis zur völligen Verquellung erhitzt. Anschließend wird bei einem Druck von 1,4 atü bei 108° C im Autoklaven behandelt. Der pH-Wert soll vor und nach dieser Behandlung zwischen 5,9 und 6,3 liegen. Zur Entfernung von Zellbestandteil-Resten und Verunreinigungen ist es vorteilhaft, die heiße Lösung nach der Autoklavbehandlung durch eine kontinuierlich überfließende Trennschleuder zu geben. Die heiße Lösung wird dann mit 10 Vol.-% Amylalkohol versetzt, und das Gemisch wird langsam auf Raumtemperatur abgekühlt. Zur besseren Vermischung des Stärkesols mit dem Alkohol wird während des Abkühlens laufend gerührt. Eine sich anschließende Kühlung wirkt sich vorteilhaft aus. Die *Amylose* (A-Fraktion) scheidet sich in Form von Rosetten oder Nadelbüscheln ab, die sich mit Hilfe einer Trennschleuder abtrennen lassen. Ausbeute an roher Amylose 28—29%, Jodadsorption 16,3—16,5%.

Das nicht gefällte *Amylopektin* (B-Fraktion) kann aus dem amylosefreien Zentrifugat durch einen Überschuß an Methanol ausgefällt werden. Es wird durch Dekantieren mit frischem Methanol entwässert, abfiltriert und getrocknet. Jodadsorption 0,5—0,8%, entsprechend einer Reinheit von 96—97%. Bei Anwendung von Butylalkohol ist die Reinheit geringer.

Zur Feinreinigung der Amylose wird die feuchte Amylosefraktion, die mit Hilfe der Trennschleuder isoliert worden ist, mit kaltem Wasser gewaschen, das mit Butanol gesättigt ist. Behandlung mit kaltem Wasser allein führt zu unlöslichen Klumpen und Flocken. In kochendem Wasser erfolgt jedoch eine schnelle Auflösung. Die Auflösungen liefern bei Abkühlung auf Raumtemperatur irreversible Gele selbst noch bei Konzentrationen von 1,5%. Beim Trocknen im Trockenschrank retrogradiert die feuchte Amylose, sie verliert ihre Löslichkeit in heißem Wasser. Nach mehrfacher sorgfältiger Entwässerung durch Behandlung mit Methanol und anschließende Trocknung im Vakuum behält sie ihre Kristallform und ihre Löslichkeit in heißem Wasser.

b) Fraktionierung der Stärke nach Hiemstra

Diese von holländischer Seite entwickelte einfache Methode bedient sich zur Fraktionierung der Stärke konzentrierter Salzlösungen. Sie wird seit einigen Jahren zur technischen Gewinnung von Amylose und Amylopektin verwendet. Am wirksamsten haben sich die Sulfate des Magnesiums, Ammoniums und Natriums erwiesen. Das Verfahren wurde für die Fraktionierung von Kartoffelstärke entwickelt, kann aber auch für jede andere Stärkeart benutzt werden.

Eine 8—12%ige Stärkesuspension in einer 10—13%igen Magnesiumsulfatlösung wird nach Zusatz von 0,03—0,08% MgO und 0,01—0,1% Na_2SO_3, zwecks Pufferung, um einen Abbau der Stärke zu vermeiden (Einstellung des pH-Wertes auf 6,5—7,0), 15 min im Druckgefäß auf 160° C erhitzt. Die Lösung wird auf 65—70° C abgekühlt, wodurch die *Amylose* nahezu vollständig abgeschieden wird. Der Niederschlag läßt sich leicht (z. B. in Düsenzentrifugen) abzentrifugieren. Er wird durch Waschen mit Wasser (z. B. in Siebzentrifugen) von anhaftender Amylopektinlösung und Magnesiumsulfat befreit, getrocknet (z. B. auf Walzentrocknern) und gemahlen. Während des Abzentrifugierens der Amylose muß die Temperatur möglichst konstant gehalten werden, damit kein Amylopektin abgeschieden wird und in den Niederschlag gelangt.

Die das *Amylopektin* enthaltende Mutterlauge wird weiter bis auf Raumtemperatur (etwa 15—20° C) abgekühlt und mit konzentrierter Magnesiumsulfatlösung auf eine $MgSO_4$-Konzentration von 14% eingestellt. Das Amylopektin wird nach einiger Zeit quantitativ abgeschieden. Es wird (z. B. auf Vakuumfiltern) abfiltriert, mit kaltem Wasser gewaschen, getrocknet (z. B. auf Walzentrocknern) und gemahlen. Um das Amylopektin wasserlöslich zu machen, wird der Filterkuchen nochmals in Wasser gelöst und die Lösung eingedampft. Man erhält reines Amylopektin. Durch Abkühlung der das Amylopektin enthaltenden Mutterlauge auf 0° C kann die Abscheidung des Amylopektins beschleunigt und in $^1/_2$—1 Std durchgeführt werden. Die zurückbleibende Mutterlauge kann erneut für die Fraktionierung von Stärke benutzt werden.

2. Amylopektinreiche (wachsige) Stärken

Die normalen Stärkearten enthalten außer Amylopektin etwa 15—27% Amylose. Der Amylosegehalt ist bei den Wurzel- und Knollenstärken im allgemeinen niedriger als bei den Getreidestärken. Seit der Jahrhundertwende kennt man verschiedene Varietäten von Mais, Milocorn, Gerste, Hafer und Reis, deren

Stärke fast ausschließlich aus Amylopektin besteht. Man bezeichnet diese Stärken auch als „wachsige" Stärken. Die Bezeichnung geht auf das wachsähnliche Aussehen des Endosperms der entsprechenden Getreidevarietäten zurück (Tab. 4).

Tabelle 4. *Amylosegehalt verschiedener Stärkearten*
(nach C. T. Greenwood 1956)

Stärkeart	% Amylose
Hafer	26,0
Weizen	25,0
Mais	24,0
Gerste	22,0
Kartoffel	22,0
Reis	18,5
Süßkartoffel	17,8
Tapioka	16,7
wachsige Gerste	2,0
wachsiger Mais	0,8
wachsiger Hafer	0,5
Maishybride „Amylomaize"	50,0
Runzlige Gartenerbse, Var. „Perfection"	66,0
Runzlige Gartenerbse, Var. „Steadfast"	80,0

Technische Bedeutung haben seit den dreißiger Jahren insbesondere die *wachsige Mais- und Milostärke* erlangt, und zwar nicht nur für technische Zwecke, sondern auch für Lebensmittelzwecke. Für die Gewinnung können die bei den gewöhnlichen Getreidearten beschriebenen Anlagen verwendet werden. Für bestimmte Zwecke lassen sich die Eigenschaften der wachsigen Stärken durch Überführung in modifizierte Stärken noch verbessern (R. M. Hixon und B. Brimhall 1953).

3. Amylosereiche Stärken

Während Stärkearten, die fast ausschließlich aus Amylopektin bestehen, in Form der wachsigen Stärkearten von der Natur geliefert werden, gibt es keine natürlichen Stärkearten, die fast ausschließlich aus Amylose bestehen. Den höchsten Amylosegehalt mit bis zu 80 % fand man in runzligen Gartenerbsen und mit bis zu 50 % in bestimmten Maisvarietäten (Tab. 4). Die technische Gewinnung der amylosereichen Stärke aus den runzligen Gartenerbsen stößt auf Grund des hohen Proteingehalts auf Schwierigkeiten, sie ist bei einem Gehalt von nur 45 % Gesamtstärke nicht wirtschaftlich und nicht ohne Schädigung der Stärke möglich.

Durch Züchtung von Maissorten mit extrem hohem Amylosegehalt wird seit etwa 15 Jahren insbesondere in den USA versucht, eine möglichst amylopektinfreie Maisstärke zu erhalten. In Peoria (Illinois) ist es in den letzten Jahren auf diese Weise gelungen, eine Maisart zu entwickeln, deren Stärke 82 % Amylose enthält. Dieser Erfolg wurde durch Kreuzung mit zwei Genen erhalten, von denen jedes den Amylosegehalt erhöht. Die Einführung dieser Gene in Maissorten, die gleichzeitig eine hohe Stärkeausbeute ergeben, läuft zur Zeit. Eine Steigerung des Amylosegehaltes auf 90 % oder mehr halten Fachleute aber kaum für möglich (S. Augustat 1960).

B. Eigenschaften der Stärken

I. Zusammensetzung

Reine Stärke enthält in wasserfreiem Zustand etwa 1 % Nichtstärkestoffe. Außer Wasser enthalten alle Stärkearten geringe Mengen Protein und Mineralstoffe. Die Getreidestärken enthalten außerdem geringe Mengen Lipide.

1. Wasser

Native Stärke nimmt aus der Atmosphäre Wasser durch Sorption bis zu einer bestimmten Menge auf, die bei gegebener Temperatur von der relativen Luftfeuchtigkeit und der Stärkeart abhängig ist. Für die Wasseraufnahme ergeben sich Maximalwerte zwischen 20 und 50 %. Bei den Getreidestärken liegen die Sorptionswerte bei normaler Temperatur und Luftfeuchtigkeit niedriger als bei den Knollen- und Wurzelstärken. Lufttrockene Mais-, Milo-, Weizen-, Roggen- und Reisstärke nehmen dann 13—15 %, Tapiokastärke bis zu 18 % und Kartoffelstärke bis zu 20 % Wasser auf. Das von der Stärke aufgenommene bzw. „gebundene" Wasser beeinflußt die physikalischen und chemischen Eigenschaften der Stärke. Wird es ganz oder teilweise entfernt, so werden die Eigenschaften der Stärke verändert. Die Kräfte, die für die Bindung des Wassers verantwortlich sind, lassen entweder eine chemische Natur (Wasserstoffbrücken) oder eine physikalische Natur (Fixierung durch Kapillarkondensation) vermuten.

2. Rohprotein (Stickstoffsubstanz)

Die Getreidestärken enthalten bis zu 0,5 %, Tapioka- und Sagostärke bis zu 0,3 % und Kartoffelstärke bis zu 0,1 % Rohprotein ($N \times 6,25$). Insbesondere bei den Getreidestärken ist es äußerst schwierig, die letzten Spuren stickstoffhaltiger Substanzen auszuwaschen. Man nimmt deshalb an, daß eine mehr oder weniger feste Bindung dieses Proteins an die Stärke vorliegt.

3. Lipide

Die Getreidestärken enthalten bis zu 1 % Lipide, darunter Fettsäuren und Phosphatide. Mit Äther lassen sie sich nur z. T., besser mit alkoholischem Ammoniak, wäßrigem Methanol und Dioxan wenn auch in unterschiedlichen Mengen extrahieren. Ursprünglich hatte man angenommen, daß die Lipide in esterartiger Bindung mit den Glucose-Einheiten der Stärke vorliegen. Offensichtlich handelt es sich aber um keine chemische, sondern um eine molekularkomplexe Bindung.

4. Mineralstoffe

Gereinigte Stärke enthält regelmäßig geringe Mengen anorganischer Anionen und Kationen. Bei Mais-, Milo- und Weizenstärke kann der Aschegehalt bis zu 0,3 %, bei Roggen-, Kartoffel- und Tapiokastärke bis zu 0,5 % und bei Reisstärke (infolge des alkalischen Gewinnungsprozesses) bis zu 1,0 % betragen (Tab. 5).

Tabelle 5. *Gehalt verschiedener Stärkearten an Mineralstoffen*
(nach R. W. Kerr 1950)

%	Kartoffel	Weizen	Mais	Reis	Sago	Tapioka	Arrowroot
P_2O_5	0,176	0,149	0,045	0,015	0,054	0,017	—
SiO_2	0,069	0,019	—	—	—	—	—
SO_3	0,008	0,019	—	—	—	—	—
CaO	0,058	0,042	0,024	0,014	0,025	0,015	0,112
MgO	0,001	0,026	0,014	0,040	0,005	0,005	0,003
K_2O	0,072	0,087	0,028	0,063	0,082	0,024	0,028
Na_2O	0,008	0,032	0,041	0,283	0,032	0,027	0,020

Unter den anorganischen Bestandteilen kommt der *Phosphorsäure* eine besondere Bedeutung zu, da sie insbesondere in Kartoffelstärke mit etwa 0,18 % und in Weizenstärke mit etwa 0,15 % (berechnet als P_2O_5) in erheblicher Menge enthalten ist. In der Kartoffelstärke liegt die Phosphorsäure esterartig an die

OH-Gruppen des Amylopektins gebunden vor, wahrscheinlich an den a-1,6-glucosidischen Verzweigungsstellen. Sie führt bei der Verquellung der Stärke-körner mit Wasser zu einer zusätzlichen Vernetzung unter Bildung eines zügigen Kleisters, der auch bei Abkühlung kein stürz- und schneidbares Gel wie die Ge-treidestärken liefert. In der Weizenstärke und den übrigen Getreidestärken ist die Phosphorsäure dagegen offensichtlich lipidartig gebunden, sie läßt sich im Gegensatz zur Kartoffelstärke mit wäßrigem Dioxan fast vollständig extrahieren.

II. Allgemeine Eigenschaften

Reine, aus den verschiedenen Rohstoffen technisch gewonnene Stärke stellt ein weißes, geruchloses, geschmackloses, neutrales Pulver dar. Je nach Rohstoff kann die Farbe auch leicht gelblich (z. B. bei Maisstärke aus Gelbmais, bei Reis-und Sagostärke) oder leicht graustichig (z. B. bei Milostärke) sein. Auch der Geruch und Geschmack, insbesondere der gelösten Stärke, ist nicht immer ganz neutral, sondern zuweilen charakteristisch für eine Stärkeart aus einem bestimmten Rohstoff.

III. Physikalisches Verhalten

1. Das Stärkekorn

a) Größe, Form und Dichte

Je nach Herkunft der Stärke weisen die Stärkekörner unter dem Mikroskop eine bestimmte Größe und Form auf. Die Größe schwankt zwischen 0,002 und 0,17 mm. Die Körner der Canna-, Kartoffel- und Bananenstärke gehören zu den größten, die der Reis-, Hafer- und Buchweizenstärke zu den kleinsten Stärke-körnern, die wir kennen. Während die Korngröße einiger Getreidestärken, wie

Tabelle 6. *Größe der Stärkekörner* (nach A. Scholl 1914)

Stärkeart	Größe der Körner (in μ)		
	kleinste	mittlere	größte
Gerste	2—10	20—25	30—42
Buchweizen	—	6—12	15
Hafer	2—5	5—8	12
Mais	10	15—25	30
Milo	—	15—20	—
Reis	2	4—6	18
Roggen	3—10	25—35	45—60
Weizen	2—9	30—40	45
Arrowroot	5	25—40	75
Canna	18	60—95	130
Curcuma	15	35—60	85
Kartoffel	2	45—65	110
Süßkartoffel	3	25—35	55
Tacca	15	38—50	85
Tapioka	4	15—20	75
Banane	4—12	20—40	100
Kastanie	15	15—25	30

Hafer-, Mais-, Milo- und Reisstärke, relativ gleichmäßig ist, zeigen die Wurzel-und Knollenstärken in der Größe der kleinsten und größten Körner erhebliche Unterschiede (Tab. 6). (Vgl. auch A. Th. Czaja: Mikroskopische Untersuchung der Getreidemahlprodukte und Stärkemehle; dieser Bd.).

Die Form der Stärkekörner ist je nach Herkunft ebenfalls sehr unterschiedlich und hängt offenbar ebenso wie die Größe der Stärkekörner mit den Wachstumsbedingungen zusammen.

Stärkekörner, die in Gegenwart von viel Feuchtigkeit und in Abwesenheit von hornartigem Kleber entstehen, neigen zur Bildung von rundlichen großen Körnern, wie Canna-, Kartoffel- und Arrowrootstärke. Bei Reis-, Mais- und Milostärke findet man dagegen neben rundlichen auch eckige, scharfkantige Formen.

Größe und Form der Stärkekörner sind von Bedeutung für die *Stärkegewinnung.* Im allgemeinen lassen sich die großen Stärkekörner leichter von den Begleitstoffen trennen als die kleineren. Größe und Form der Stärkekörner sind weiterhin wichtig für die Verwendung als *Wäschestärke* und *Textilstärke.* Die kleinkörnige Reisstärke und die Haferstärke (nach Untersuchungen des Verf.) eignen sich besonders gut zu Kalt- bzw. Rohstärken. Bei Verwendung von Stärke an Stelle von Mehl als *Backzutat* für Fein- und Dauerbackwaren, wobei aus Mangel an wäßrigem Zuguß nur eine begrenzte Quellung der Stärkekörner eintritt, ohne daß die Ausbildung einer eigentlichen Gebäckkrume erfolgt, spielen Form und Größe der Stärkekörner ebenso eine Rolle, wie bei der Verwendung von Stärke als *Formpuder* bei der Herstellung von Süßwaren.

Die *Dichte* der wichtigsten Stärkearten ist je nach der angewendeten Meßmethode stärkeren Schwankungen unterworfen. Sie liegt bei etwa $1{,}5$—$1{,}6\,\mathrm{g\cdot cm^{-3}}$ und gelegentlich, z. B. bei Kartoffelstärke, noch etwas darüber. Die *spezifische Wärme* der Stärke ist vom Wassergehalt abhängig, sie schwankt zwischen $0{,}25$ bis $0{,}31\,\mathrm{cal\cdot g^{-1}\cdot grad^{-1}}$.

b) Optisches Verhalten

Unter dem Mikroskop, *im polarisierten Licht* (bei gekreuzten Nikols), zeigen unbeschädigte Stärkekörner ein dunkles Interferenzkreuz bzw. vier dunkle, vom Kern ausgehende Arme. Die Stärkekörner sind demnach doppelbrechend. Doppelbrechung bzw. Ausbildung des Interferenzkreuzes ist bei den verschiedenen Stärkearten verschieden stark. Bei vollständiger Verquellung geht sie bei allen Stärkearten verloren. Im halbverquollenen Zustand zeigt die Kartoffelstärke noch ein mehr oder weniger starkes Aufleuchten, während die Doppelbrechung bei den Getreidestärken fast ganz verloren geht. Auch durch mechanische Zerkleinerung der Stärkekörner, beispielsweise durch Behandlung in einer Kugelmühle, wird die Doppelbrechung geringer. Gleichzeitig wird die Stärke kaltwasserlöslich. Offensichtlich wird durch die mechanische Zerkleinerung die Kristallstruktur der Stärkekörner zerstört. Beschädigte oder verquollene Stärkekörner lassen sich auf diese Weise erkennen.

Tabelle 7. *Quellungsbereich verschiedener Stärkearten*
(nach J. Seidemann 1963)

Stärkeart	Temperaturbereich der Quellung
Gerste	56—62
Hafer	56—62
Mais	66—75
wachsiger Mais	62—72
Milo	59—69
Reis	68—78
Roggen	52—59
Weizen	55—65
Kartoffel	57—68
Manioka	60—72
Süßkartoffel	58—68
Bananen	69—75

c) Löslichkeit und Quellung

In Alkohol, Äther und den meisten anderen organischen Lösungsmitteln ist Stärke unlöslich. Sie löst sich dagegen unter Verquellung in kaltem Alkali, in flüssigem Ammoniak, in heißem Glycerin und ohne Verquellung in kaltem wasserfreiem Dimethylsulfoxyd.

In kaltem Wasser ist Stärke nicht löslich. Beim Erwärmen mit Wasser beginnen die Stärkekörner sich bei etwa 50° C unter Wasseraufnahme und Quellung irreversibel zu verändern. In Gegenwart einer ausreichenden Wassermenge und bei weiterer Wärmezufuhr wird die Struktur der Stärkekörner völlig zerstört. Sie verlieren ihre Form, fließen zusammen und bilden schließlich eine homogene Masse, den Stärkekleister bzw. die Stärkepaste. Die Verkleisterungstemperatur bzw. der Quellungsbereich ist für jede Stärkeart charakteristisch. Maisstärke quillt relativ langsam, bis zu etwa 90° C bleibt die Form der Stärkekörner deutlicht sichtbar. Im Gegensatz hierzu quillt Kartoffelstärke viel schneller und vollständiger, oberhalb von 75° C sind die Umrisse der Körner kaum noch zu erkennen (Tab. 7).

Bei der Maisstärke verläuft der Quellungsvorgang deutlich in zwei Phasen, was darauf hindeutet, daß das Stärkekorn gemischt micellare und amorphe Bereiche aufweist, während Kartoffelstärke eine gleichförmigere, weniger stabile Struktur zeigt und dementsprechend einer schnelleren und gleichmäßigeren Quellung unterliegt.

Auch im *Röntgendiagramm* lassen sich diese Unterschiede deutlich erkennen (E. G. V. PERCIVAL 1962). Maisstärke gibt wie alle übrigen Getreidestärken den sog. A-Typ, während Kartoffelstärke wie alle anderen Knollen- und Wurzelstärken den B-Typ zeigt. Durch Behandlung mit Feuchtigkeit und Hitze läßt sich Kartoffelstärke in den A-Typ umwandeln. Dieser Vorgang geht mit einer Veränderung des Wasserbindungsvermögens einher, das ursprünglich wesentlich höher als bei den Getreidestärken liegt. Durch Verquellung der Stärke und Ausfällung mit Alkohol wird ein neuer Ordnungszustand erhalten, der sich im Röntgendiagramm als einfacherer V-Typ erkennen läßt.

2. Die Stärkelösung

a) Spezifische Drehung

Für die spezifische Drehung der Stärke in Wasser werden in der Literatur Werte zwischen $[a]_D = +180°$ bis $+220°$ angegeben. Die Schwierigkeit bei der

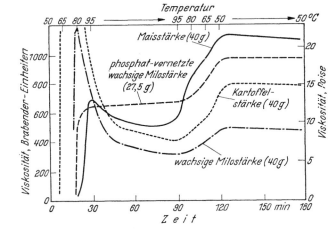

Abb. 3. Viscosität verschiedener Stärkearten (g Stärke/500 ml) (nach T. J. SCHOCH u. Mitarb. 1963)

Messung der Drehung besteht darin, daß native Stärken mehr oder weniger trübe Lösungen ergeben. Nahezu klare Lösungen erhält man in Gegenwart von Alkali oder Calciumchlorid. In siedender Calciumchloridlösung gelöst beträgt die spezifische Drehung der *Maisstärke* $+203°$. Dieser Wert dürfte etwa auch für die übrigen Stärkearten Geltung haben. Für reines *Amylopektin* beträgt $[a]_D$ etwa $+220°$, für reine *Amylose* etwa $+200°$.

b) Viscosität

Nicht nur für die Verwendung auf dem technischen Sektor, sondern auch auf dem Lebensmittelgebiet ist die Viscosität oder Zähigkeit einer Stärkelösung die weitaus wichtigste Eigenschaft. Sie ist die Voraussetzung für die Verwendung der Stärken als Dickungs- und Bindemittel.

Wenn man mit einem Brabender-Amylographen Viscositätsmessungen durchführt (wobei eine Stärkesuspension unter Rühren bei einer bestimmten Aufheizgeschwindigkeit annähernd bis auf 95° C erhitzt, dann 1 Std bei dieser Temperatur

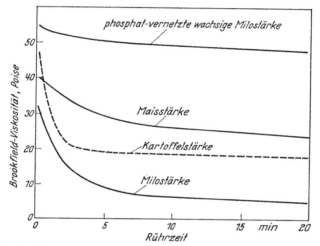

Abb. 4. Abnahme der Viscosität verschiedener Stärkearten beim Rühren (5%ige Stärkepasten/1200 U/min) (nach T. J. SCHOCH u. Mitarb. 1963)

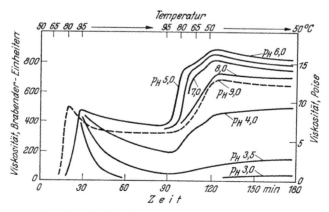

Abb. 5. Einfluß des pH auf die Viscosität von Maisstärke (Stärkekonzentration 35 g/500 ml) (nach T. J. SCHOCH u. Mitarb. 1963)

gehalten, schließlich auf 50° C abgekühlt und 1 Std bei dieser Temperatur gehalten wird), so erhält man eine für jede Stärkeart charakteristische Kurve. Kartoffelstärke und wachsige Milostärke quellen schnell, es werden hohe Viscositätsmaxima durchlaufen, gefolgt von einer erheblichen Abnahme der Viscosität. Im Gegensatz hierzu quellen Mais- und gewöhnliche Milostärke wesentlich langsamer, es werden nicht so hohe Viscositätsmaxima erreicht, die Viscosität bleibt aber bei längerem Erwärmen wesentlich stabiler (Abb. 3).

Von großer Bedeutung für die Verwendung der Stärke als Dickungsmittel auf dem Lebensmittelgebiet ist die *Veränderung der Viscosität durch Rühren* (Scherung), wenn die Stärkepaste bei der Verarbeitung längere Zeit gerührt oder umgepumpt werden muß. Einen relativ geringen Widerstand gegen die Scherung weisen z. B. Kartoffelstärke und wachsige Milostärke auf, während Maisstärke bei nicht zu starker Rührbeanspruchung relativ beständig ist (Abb. 4).

Bei der Verwendung von Stärke als Dickungsmittel für saure Lebensmittel, wie Obstfüllungen und Salattunken, ist weiterhin die *Säurefestigkeit* von Bedeutung. Wenn man bedenkt, daß Stärke durch Säuren bis zur D-Glucose abgebaut

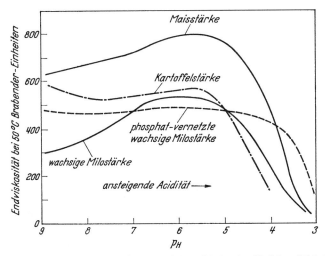

Abb. 6. Einfluß des pH auf die Viscosität verschiedener Stärkearten (Endviscosität bei 50° C)
(nach T. J. SCHOCH u. Mitarb. 1963)

werden kann, muß sie selbstverständlich im sauren Medium früher oder später der Hydrolyse unterliegen. Maisstärke ist im pH-Bereich von 5—7 am beständigsten, bei pH 3—4 findet bereits ein erheblicher Abbau statt. Kartoffelstärke und wachsige Milostärke sind gegenüber Säuren relativ empfindlich, die Viscosität der Pasten nimmt unter pH 5 schnell ab (Abb. 5 u. 6).

c) Gelbildung

Ausreichend konzentrierte Stärkepasten haben die Eigenschaft, beim Abkühlen zu einem Gel zu erstarren („Puddingeffekt"). Besonders ausgeprägt ist diese Eigenschaft bei der Maisstärke, die deshalb eine ideale Grundlage für Pudding- und Cremepulver darstellt. Eine 7 %ige wäßrige Paste aus Kartoffelstärke oder wachsiger Milostärke bleibt fließfähig und zügig, wenn man sie über Nacht im Eisschrank aufbewahrt. Unter den gleichen Bedingungen erstarrt eine gleichkonzentrierte Maisstärkepaste zu einem festen Gel, das sich aus der Form stürzen und mit einem Löffel teilen läßt.

Für den Vorgang der Gelbildung ist hauptsächlich die Amylose verantwortlich, während das Amylopektin einer Stärkepaste, beispielsweise bei Kartoffelstärke, außer den zähflüssigen auch die zügigen Eigenschaften verleiht.

d) Retrogradation

Hierunter versteht man die Eigenschaft einer Stärkepaste oder eines Stärke-gels, den kolloiden Charakter teilweise zu verlieren. Dieser Vorgang beruht auf der Entquellung bzw. dem Unlöslichwerden der Amylose, der bis zu ihrer Aus-scheidung unter gleichzeitiger Abscheidung von Wasser (Synärese) führen kann.

Bei der Verwendung von Stärke auf dem Lebensmittelgebiet ist die Retro-gradation im allgemeinen unerwünscht. Eine völlige Zerstörung des Kolloid-charakters einer Stärkepaste unter Austritt von Wasser kann bei zu kühler Lagerung oder auch beim Sterilisieren von Lebensmitteln in luftdichtverschlos-senen Behältern eintreten. Besonders ungünstig wirkt sich ein langsames Ge-frieren von Stärkepasten aus, da die Bildung von Eiskristallen die Stärkemole-küle zur gegenseitigen Annäherung zwingt. Wachsige Mais- und Milostärke bilden gegen das Gefrieren und Wiederauftauen relativ beständige Pasten. Eine noch bessere Stabilität läßt sich durch Vernetzung der Stärke mit ionisierbaren Phosphatgruppen erreichen (vgl. auch Stärkeester).

IV. Chemisches Verhalten

1. Jod-Reaktion

Mit Jodlösung lassen sich die Stärkekörner blau anfärben. Die Färbung wird von der Amylose bewirkt, während das Amylopektin mit Jod nur eine schwache Rotfärbung gibt. Die Blaufärbung der Amylose mit Jod beruht auf der Bildung eines Amylose-Jod-Komplexes (vgl. Bd. I). Eine wahrnehmbare gelbe Färbung tritt mit Jod bei einem Polymerisationsgrad von mindestens 12 zuerst auf. Bei 20 Kettengliedern geht die Färbung in Rot über, bei 30 in Purpur und erst bei über 45 in Blau.

2. Abbau mit Säuren

Mit katalytisch wirkenden Säuren wird die native Stärke hydrolytisch ab-gebaut. Der fortschreitende Abbau führt über eine Reihe von Zwischenprodukten schließlich zur vollständigen Verzuckerung der Stärke unter Bildung des Mono-saccharids D(+)-*Glucose* als Endprodukt. Als wichtige Zwischenprodukte des säurehydrolytischen Abbaus sind die *dünnkochenden Stärken* und der *Glucose-sirup* zu nennen. Beim Erhitzen von angesäuerter Trockenstärke werden *Röst-dextrine* erhalten.

3. Oxydation

Die Einwirkung von Oxydationsmitteln auf Stärke verläuft je nach ange-wendeten Bedingungen und Oxydationsmitteln nicht immer spezifisch. Mit *Distickstofftetroxid*, N_2O_4, oder *Salpetersäure* lassen sich die freien primären Alkoholgruppen am Kohlenstoffatom 6 der Glucose-Einheiten weitgehend zu Carboxylgruppen oxydieren, wodurch sog. Carboxylstärke mit Glucuronsäure an Stelle der Glucose-Einheiten entsteht (G. Graefe 1953). *Perjodatoxydation* führt unter Spaltung der C—C-Bindung zwischen den C-Atomen 2 und 3 zu einer Dialdehydstärke, weitere Oxydation mit Bromwasser zur entsprechenden Dicar-boxylstärke. Weniger spezifisch angreifende Oxydationsmittel, wie *Hydrogen-peroxid* und *Hypochlorit*, führen zu einem teilweisen hydrolytischen Abbau und daneben in geringerem Umfange zur Bildung von Carboxylgruppen.

4. Veresterung und Verätherung

Die im Stärkemolekül zur Hauptsache vorhandenen drei freien Hydroxyl-gruppen je Glucose-Einheit lassen sich nach den üblichen Methoden mit Säuren verestern („Acylstärken") und veräthern („Alkylstärken"), wobei man von den nativen oder den modifizierten Stärken ausgehen kann. Die vollständig veresterten und verätherten Stärken sind größtenteils in Wasser unlöslich. Durch Einwirkung von Essigsäureanhydrid auf Stärke erhält man *Acetylstärken*, durch Einwirkung von Chloressigsäure auf Alkalistärke *Stärkeglykolate* (R—O—CH$_2$— COOH). Alkylstärken, wie *Hydroxyäthyl-* und *Hydroxypropylstärken*, entstehen bei Behandlung von Stärke mit Äthylenoxid oder Propylenoxid.

V. Biochemisches Verhalten

Stärke wird nicht nur durch Säuren, sondern auch durch *Amylasen* (früher *Diastase* genannt) katalytisch hydrolysiert. Je nach Herkunft und Art der *Amylasen* verläuft der Abbau in unterschiedlicher Weise.

Die wichtigsten Amylasen sind die *a*-Amylase, die sich beim Keimen der Getreidekörner bildet, sich aber auch im Speichel, Blut usw. findet, die *β*-Amylase, die bereits im ruhenden Getreidekorn vorkommt, und die Amyloglucosidase, die für verschiedene Schimmelpilzarten charakteristisch ist (vgl. auch K. MYRBÄCK: Enzyme; Bd. I). Eine gemeinsame Einwirkung von *a*- und *β*-Amylase kann zur praktisch vollständigen Verzuckerung der Stärke führen. (Über den enzymatischen Stärkeabbau vgl. auch H. VIERMANN: Malzextrakt und Malzsirup; dieser Bd.).

Weitere am Stärkeabbau beteiligte Enzyme sind das als Begleiter der *β*-Amylase auftretende *Z-Enzym*, das *D-Enzym* und das aus Kartoffeln und Bohnen isolierbare *R-Enzym*. Die in pflanzlichen und tierischen Zellen vorkommende *a-Glucosidase*, die spezifisch auf die Spaltung der *a*-glucosidischen Bindungen eingestellt ist, hydrolysiert von den Abbauprodukten Maltose zu Glucose.

C. Modifizierte Stärken

Nicht nur für technische Zwecke, sondern auch für Lebensmittelzwecke gewinnen die modifizierten Stärken ständig an Bedeutung. Die Stärkechemiker sind bemüht, die Eigenschaften der nativen Stärken den verschiedenen Verwendungszwecken anzupassen. Unter der Bezeichnung „modifizierte Stärken" werden alle Stärken zusammengefaßt, deren Eigenschaften durch physikalische, chemische oder biochemische Methoden verändert worden sind, sei es durch Änderung der Zustandsform, durch Abbauvorgänge, durch Einführung von funktionellen Gruppen in das Stärkemolekül oder durch Kombination verschiedener Maßnahmen.

Eine größere Anzahl von modifizierten Stärken ist für spezielle technische Zwecke entwickelt worden, so daß sie hier außer Betracht bleiben kann. Zu den für Lebensmittelzwecke wichtigen modifizierten Stärken sind in gewisser Hinsicht auch die amylopektinreichen (wachsigen) und amylosereichen Stärken zu rechnen. Die *wachsigen Stärken*, die von Natur aus keine lineare Amylosefraktion aufweisen, finden in zunehmendem Maße Anwendung, wenn die Vorgänge der Retrogradation oder Gelbildung unerwünscht sind.

I. Quellstärken

Quellstärken sind durch Erhitzen in wäßriger Suspension über den Verkleisterungspunkt hinaus verquollene bzw. gelatinierte und getrocknete native Stärken, die in der Regel nur im physikalischen Sinne eine Veränderung erfahren haben. Die Struktur der Stärkekörner ist weitgehend zerstört. Quellstärken haben die Eigenschaft, bereits in kalten wäßrigen Flüssigkeiten zu quellen und bei entsprechender Konzentration der Ausgangsstärke auch zu gelieren (Puddingeffekt).

Die Herstellung der Quellstärken erfolgt üblicherweise durch Aufbringen einer wäßrigen Stärkesuspension auf Walzentrockner, wobei eine gleichzeitige Verquellung und Trocknung der Stärke stattfindet. Der von der Trockenwalze mit Hilfe eines Messers abgeschabte Quellstärkefilm wird gemahlen und gesichtet. Auch durch Trocknung eines durch Aufkochen mit wäßrigen Flüssigkeiten erhaltenen Stärkekleisters im Sprühverfahren oder in Vakuum-Verdampfanlagen kann Quellstärke hergestellt werden.

Verwendung finden Quellstärken u. a. als Backmittel zur Verbesserung der Brotqualität und als Grundlage für sog. „Instant"-Puddingpulver, -Cremepulver und -Saucenpulver, die sich ohne Kochen zubereiten lassen.

Durch Zusätze von Chemikalien vor oder während der Herstellung der Quellstärken ist es gelungen, die Eigenschaften den speziellen technischen Verwendungszwecken (Tapeten- und Holzleim, Papier- und Textilstärke) anzupassen. Für Lebensmittelzwecke sind derartige Erzeugnisse selbstverständlich nicht geeignet, was auch für die *Alkalistärken* gilt, die durch Kaltverquellung von in Wasser suspendierten nativen Stärken in Gegenwart von Alkali erhalten werden und wegen ihrer hohen Klebkraft für technische Zwecke Verwendung finden.

Auch bei der in der Jodometrie verwendeten „löslichen Stärke nach ZULKOWSKI", die in kaltem Wasser klar löslich und durch Erhitzen von nativer Stärke in Glycerin erhalten wird, handelt es sich um eine Quellstärke.

II. Dünnkochende („lösliche") Stärken

Unter dieser Bezeichnung werden zwei Gruppen von modifizierten Stärken zusammengefaßt, die man früher als „lösliche Stärken" bezeichnet hat. Sie entstehen durch relativ geringfügigen hydrolytischen Abbau der nativen Stärken. Dabei werden nur wenige der makromolekularen Bindungen gespalten, womit ein Viscositätsabfall verbunden ist. Für Lebensmittelzwecke werden *mit Säure abgebaute* und *oxydativ abgebaute Stärken* verwendet. Auch *Kartoffelspeisestärke* ist den dünnkochenden Stärken zuzurechnen.

1. Mit Säure abgebaute Stärken

Die Herstellung erfolgt durch Behandlung von nativen Stärken in wäßriger Suspension bei Temperaturen unterhalb des Verkleisterungspunktes der Stärke mit geringen Mengen Salz-, Schwefel- oder Phosphorsäure. Nach der Behandlung wird mit Natronlauge oder Soda neutralisiert, mit Wasser salzfrei ausgewaschen und getrocknet.

Die erhaltenen Erzeugnisse sind nicht kaltwasserlöslich bzw. -quellbar wie die Quellstärken, außerdem ist die unveränderte Struktur der nativen Stärkekörner mikroskopisch noch zu erkennen. Beim Aufkochen mit wäßrigen Flüssigkeiten werden Lösungen erhalten, die eine je nach Abbaugrad geringere Viscosität als gleichkonzentrierte Lösungen der entsprechenden nativen Ausgangsstärken aufweisen. Daher stammt die früher übliche, aber mißverständliche Bezeichnung „lösliche" Stärken.

Die mit Säure anhydrolysierten dünnkochenden Stärken finden in der Lebensmittelindustrie vielseitige Verwendung als Dickungs- und Bindemittel.

2. Oxydativ abgebaute Stärken

Native Stärken lassen sich nicht nur mit Säuren, sondern auch durch Oxydationsmittel in dünnkochende Stärken überführen.

Die in toxikologischer Hinsicht bedenklichen Oxydationsmittel Hydrogenperoxid und Perjodsäure sollen dabei außer Betracht bleiben, weil die damit erhaltenen Stärkeumwandlungsprodukte nur für technische Zwecke von Interesse sind. Die Behandlung von Stärke mit Perjodsäure oder Perjodaten führt zu der sog. „Dialdehydstärke", in der die Glykolkonfiguration der Glucose-Einheiten des Stärkemoleküls zwischen den benachbarten C-Atomen 2 und 3 eine Aufspaltung unter Bildung endständiger Aldehydgruppen erfahren hat.

Bei der Einwirkung von Chlorlauge bzw. Natriumhypochlorit auf native Stärke in wäßriger Suspension bei Temperaturen unterhalb des Verkleisterungspunktes erfolgt in erster Linie ein hydrolytischer Abbau der Stärke. Nur in geringem Umfange werden endständige CH_2OH-Gruppen oder freigelegte Aldehydgruppen der Glucose-Einheiten zu Carboxylgruppen aufoxydiert. Je nach Reaktionsbedingungen entsteht auf 25—50 Glucose-Einheiten eine Gluconat- bzw. Glucuronat-Baugruppe. Nach der Einwirkung der Chlorlauge wird mit Salz- oder Schwefelsäure neutralisiert, die anorganischen Salze, insbesondere Natriumchlorid bzw. Natriumsulfat, werden durch mehrfaches Auswaschen mit Wasser entfernt, und anschließend wird die Stärke getrocknet.

Die durch oxydativen Abbau mit Chlorlauge erhaltenen dünnkochenden Stärken bilden beim Aufkochen mit wäßrigen Flüssigkeiten Pasten, die im Vergleich zu den mit Säuren abgebauten Stärken keine oder nur geringe Retrogradation zeigen, weniger zur Gelbildung neigen und eine bessere Transparenz aufweisen. Sie finden in der Lebensmittelindustrie vielseitige Verwendung als Dickungs- und Bindemittel.

3. Kartoffelspeisestärke

Durch sehr gelinden Abbau von Kartoffelstärke wird eine Speisestärke erhalten, deren Pasten im Gegensatz zu nativer Kartoffelstärke bei ausreichender Konzentration beim Abkühlen zu einem Gel erstarren („Puddingeffekt"). Bei der Umwandlung von Kartoffelstärke in Kartoffelspeisestärke erfolgt offenbar ein relativ geringfügiger Eingriff in den Verband des Kartoffel-Amylopektins. Die Umwandlung kann beispielsweise durch Einwirkung sehr geringer Mengen Säuren, Alkalien oder Oxydationsmittel auf Kartoffelstärke in wäßriger Suspension bei Temperaturen unterhalb des Verkleisterungspunktes erfolgen. Die so behandelten Stärken werden, nach Neutralisation falls erforderlich, mit Wasser ausgewaschen und getrocknet.

Kartoffelspeisestärke ist während des letzten Krieges in Deutschland weitgehend für Lebensmittelzwecke an Stelle von Maisstärke verwendet worden, die in Ermangelung von Maisimporten nicht zur Verfügung stand. Sie wird in gewissem Umfange auch heute noch in Mitteldeutschland und im östlichen Europa technisch hergestellt.

III. Röstdextrine

Diese modifizierten Stärken werden durch Rösten von nativen angesäuerten und getrockneten Stärken bei Temperaturen über dem Verkleisterungspunkt erhalten. Durch den Röstprozeß werden die Stärken im wesentlichen hydrolytisch abgebaut, der Abbau geht aber weiter als bei den durch Säureabbau erhaltenen dünnkochenden Stärken.

Je nach Abbaugrad und Röstbedingungen werden Weißdextrine oder Gelbdextrine erhalten. In der Regel läßt sich bei den Röstdextrinen das Stärkekorn der Ausgangsstärke noch mikroskopisch erkennen. Weißdextrine bestehen zur Hauptsache aus nur wenig verzweigten, verkürzten Molekülketten, die Kaltwasserlöslichkeit beträgt 30—90 %, der Gehalt an reduzierenden Zuckern (berechnet als D-Glucose) bis zu 10 %. Unter extremen Röstbedingungen, wie sie bei den Gelbdextrinen angewendet werden, treten in geringem Umfange unter intra- und intermolekularer Wasserabspaltung auch 1,6-Kondensationen zwischen Glucose-Einheiten ein, womit eine Abnahme an reduzierenden Zuckern verbunden ist. Gelbdextrine sind bis zu 99 % kaltwasserlöslich, ihr Gehalt an reduzierenden Zuckern (berechnet als D-Glucose) liegt bei etwa 2—5 % (G. GRAEFE 1951). Bei der Herstellung von Gelbdextrinen spielen sich chemisch ähnliche Vorgänge ab, wie sie parallel zur Maillard-Reaktion auch beim Backen von Brot in der Brotkruste ablaufen.

Beim weitgehenden hydrolytischen Stärkeabbau mit Säuren oder Enzymen werden als relativ niedrigmolekulare Spaltstücke der Stärke sog. *Grenzdextrine* bzw. *Amylodextrine* gebildet, die nur aus durchschnittlich 8—12 Glucose-Einheiten bestehen. In diesen Stärkeabbauprodukten sind die insbesondere der enzymatischen Spaltung schwer zugänglichen 1,6-Verzweigungen des Amylopektins angereichert. Da die beispielsweise in Glucosesirupen vorkommenden Stärkeabbauprodukte eine wesentlich niedrigere Molekülgröße aufweisen als die Röstdextrine (E. LINDEMANN 1952), sollten sie zur eindeutigen Unterscheidung von diesen als „höhermolekulare Maltosaccharide" und nicht als Dextrine bezeichnet werden.

Durch Einwirkung von Bacillus macerans auf Stärkelösungen werden ringförmige sog. *Schardinger-Dextrine* erhalten, die aus 5—7 Glucose-Einheiten bestehen.

Für pharmazeutische und technische Zwecke finden Röstdextrine vielseitig Verwendung. Weißdextrine werden außerdem dafür benutzt, um der Brotkruste einen guten Glanz zu verleihen. Zu diesem Zweck wird eine wäßrige Dextrinlösung auf die noch heiße Brotkruste aufgestrichen.

IV. Stärkeester

In den letzten Jahrzehnten sind zahlreiche Stärkeester mit anorganischen und organischen Säuren, wie Phosphorsäure, Schwefelsäure, Salpetersäure, Essigsäure, Propionsäure, höheren Fettsäuren und Benzoesäure, dargestellt worden (G. GRAEFE 1951 und J. A. RADLEY 1953). Ein Teil dieser Stärkeester hat nur rein akademisches Interesse, andere haben in beschränktem Umfange Eingang in die Technik gefunden, so die *Stärkenitrate* als Sprengstoffe und die *Stärkeacetate*, insbesondere die *Amyloseacetate*, für Folien und Filme. Die Löslichkeit der Stärkeester ist abhängig vom Veresterungsgrad, vom Polymerisationsgrad der veresterten Stärke und von der Art des Säuresubstituenten. Stärkeester, in denen die drei freien OH-Gruppen der Glucose-Einheiten vollständig verestert vorliegen, sind in der Regel in Wasser unlöslich.

Wie sich in den letzten Jahren gezeigt hat, sind für Lebensmittelzwecke modifizierte Stärken von besonderem Interesse, bei denen eine Veresterung mit weit weniger als einem Säurerest je Glucose-Einheit erfolgt ist. Diese Erzeugnisse lösen sich ebenso wie die nativen Stärken und dünnkochenden Stärken in kochendem Wasser. Als gegenwärtig wichtigste Gruppe derartig niedrigveresterter Erzeugnisse sind die sog. *Distärkephosphate* anzusehen, die etwa 0,03—0,04 % gebundenes Orthophosphat, berechnet als Phosphor, enthalten. Die Orthophosphat-Reste bilden mit den Ketten und Verzweigungen des Stärkemoleküls ein lockeres Netz.

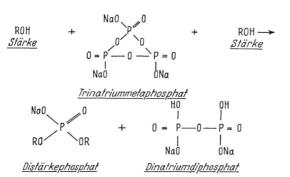

Abb. 7. Bildung von Distärkephosphat (R = 1,4-Glucopyranose-Ketten) (nach R. W. KERR u. FR. C. CLEVELAND 1954)

Distärkephosphate können durch Behandlung von Stärke in wäßriger Suspension mit geringen Mengen Trinatriummetaphosphat bei Temperaturen unterhalb des Verkleisterungspunktes der Stärke erhalten werden. Dabei bildet sich als Nebenprodukt Dinatriumdiphosphat. Das überschüssige Metaphosphat und das gebildete Diphosphat werden mit Wasser ausgewaschen, das erhaltene Distärkephosphat wird getrocknet (Abb. 7).

Die Distärkephosphate sind für die moderne Lebensmittelindustrie unentbehrliche Dickungsmittel für Fertiggerichte, Puddingpulver, Suppen und Saucen. Die Pasten der Distärkephosphate, insbesondere der wachsigen Stärken, neigen weit weniger als die nativen Stärken und die dünnkochenden Stärken zur Retrogradation beim Abkühlen und Lagern (vgl. auch Abb. 3, 5 u. 6). Distärkephosphate sind u. a. sehr brauchbare Dickungsmittel für in luftdichtverschlossenen Behältern sterilisierte und für tiefgekühlte Erzeugnisse.

Ähnliche Eigenschaften wie die Distärkephosphate besitzen auch die nach dem Erfinder als Neukom-Stärken bezeichneten Stärkephosphate (H. Neukom 1953). Hierbei handelt es sich um in kaltem Wasser quellende phosphatmodifizierte Stärken, die durch Behandlung von Stärke mit wäßrigen Lösungen von Alkaliorthophosphaten, Entfernung der flüssigen Phase und längeres Erhitzen auf 130—170° C hergestellt werden. Die so erhaltenen Stärkephosphate enthalten etwa 1% Phosphat, berechnet als Phosphor.

V. Stärkeäther

Stärkeäther werden bisher nicht für Lebensmittelzwecke, sondern nur für technische Zwecke verwendet. Es besteht aber durchaus die Möglichkeit, daß ähnlich wie bei den Stärkeestern in Zukunft bestimmte niedrigverätherte modifizierte Stärken für Lebensmittel interessant werden.

Durch Einwirkung von Äthylenoxid bzw. Propylenoxid auf Stärke erhält man *Hydroxyäthyl-* bzw. *Hydroxypropylstärke*. Ähnliche Umsetzungen lassen sich mit Epichlorhydrin und mit Allylbromid durchführen. Mit Chloressigsäure und Alkali werden *Stärkeglykolate* bzw. *Carboxymethylstärken* erhalten („Ultraamylopektin"), die bereits in sehr geringer Konzentration mit kaltem Wasser hochviscose Lösungen ergeben und für viele technische Zwecke geeignet sind (J. A. Radley 1953).

D. Puddingpulver und verwandte Erzeugnisse
I. Einteilung und Zusammensetzung

Puddingpulver sind Gemische aus nativer Stärke, in der Regel Maisstärke, und geschmackgebenden Zutaten, die durch Kochen mit wäßriger Flüssigkeit, wie Milch oder Wasser, zubereitet werden. Als konsistenzgebende Stoffe können sie auch Grieß von Weizen oder Reis oder Sago enthalten.

Den Puddingpulvern verwandte Erzeugnisse sind Geleespeise-Pulver, Süßspeisepulver, Tortengüsse, Saucenpulver, Süße Suppen und Cremepulver.

Geleespeise-Pulver (Götterspeise-Pulver) enthalten als konsistenzgebende Stoffe wahlweise Gelatine, pflanzliche Gelier- oder Dickungsmittel, wie Pektine, Pektinsäure, Alginsäure und ihre Natrium- und Calciumverbindungen, Johannisbrotkernmehl und Guarmehl sowie Carraghenextrakt, Agar-Agar und Traganth.

Süßspeise-Pulver (Puddingcrempulver, Cremspeisepulver) werden auf der Basis von Stärke, Quellstärke, Gelatine und pflanzlichen Geliermitteln sowie Mischungen dieser Stoffe hergestellt. In diese Gruppe gehören auch die sog. „*Instant*"-*Puddingpulver*, die sich bereits mit kalter Flüssigkeit zubereiten lassen.

Die gleichen konsistenzgebenden Stoffe wie die Süßspeise-Pulver können auch die *Tortengüsse* enthalten, die bei vorschriftsmäßiger Zubereitung einen schnittfesten, mehr oder weniger durchsichtigen Geleeguß, z. B. für Obsttorten, ergeben.

Auch *Saucenpulver* können die gleichen konsistenzgebundenen Stoffe wie Süßspeisepulver enthalten, sie ergeben bei vorschriftsmäßiger Zubereitung süße, sämige Saucen.

Süße Suppen (Kaltschalen) werden auf Basis der gleichen konsistenzgebenden Stoffe hergestellt. Bei vorschriftsmäßiger Zubereitung erhält man damit süße, sämige Suppen. Als konsistenzgebende Stoffe können auch Teigwaren, Grieß, Grütze, Graupen und ähnliche Getreideerzeugnisse, auch in Flockenform und geröstet, zugesetzt werden.

Cremepulver ergeben bei vorschriftsmäßiger Zubereitung standfeste Cremes für Füll- und Garnierzwecke, die konsistenzgebenden Stoffe können Stärke, Quellstärke, Gelatine, pflanzliche Bindemittel oder Mischungen dieser Stoffe sein.

II. Rohstoffe, Herstellung und Haltbarkeit

1. Rohstoffe

Konsistenzgebende Stoffe

Der wichtigste konsistenzgebende Grundstoff für Puddingpulver und verwandte Erzeugnisse ist *Stärke*, die gleichzeitig als Träger für Aroma- und Farbstoffe dient. Den besten „Puddingeffekt" (S. 181) von allen Stärkearten gibt *Maisstärke*. Auch die übrigen Getreidestärken sind mehr oder weniger geeignet. Nicht geeignet sind dagegen Kartoffel- und Tapiokastärke.

In den Kriegs- und Nachkriegsjahren ist in Deutschland und anderen europäischen Ländern in Ermangelung von Maisstärke auch *Kartoffelspeisestärke* für Puddingzwecke herangezogen worden, die durch gelinden Abbau von Kartoffelstärke erhältlich ist. Hierüber gibt es eine umfangreiche Patentliteratur (K. Schiller 1950, 1953). Wirtschaftliches Interesse hat die Herstellung von Kartoffelspeisestärke heute nur noch in einigen osteuropäischen Ländern.

Für die bereits erwähnten „Instant"-Puddingpulver ist als wichtigster konsistenzgebender Grundstoff *Quellstärke* (S. 183) zu nennen. Auch über die Herstellung von Quellstärke als Basis für „Instant"-Puddingpulver gibt es eine umfangreiche Patentliteratur (K. Schiller 1950, 1953), auf die im einzelnen nicht eingegangen werden kann. Hier soll nur auf einige neuere Verfahren hingewiesen werden, soweit sie technische Bedeutung erlangt haben:

Durch Zusatz geringer Mengen Dinatriumdiphosphat (M. Kennedy u. M. P. Castagna 1950) oder von Mischungen von Dinatrium- und Tetranatriumdiphosphat (W. Thies 1950) zu „Instant"-Puddingpulver auf Quellstärkebasis, das mit Milch zubereitet wird, erhält man infolge eines zusätzlichen Dickungseffektes durch Bildung einer Milchgallerte (ohne Säuerung der Milch) sehr lockere puddingähnliche Speisen.

Eine Quellstärke mit geschmacklich verbesserten Eigenschaften, die auch bei längerer Lagerung haltbar ist, kann nach G. Graefe (1957) in folgender Weise hergestellt werden: 1 kg Maisstärke und 1 kg Kartoffelstärke werden in 2 l Wasser suspendiert, mit HCl auf pH 3,5 angesäuert und kurze Zeit auf 45° C erwärmt. Dann werden 40 g Tetranatriumdiphosphat in der Suspension gelöst, und die Suspension wird über einen mit 4,5 atü beheizten Walzentrockner gegeben. Der erhaltene Quellstärkefilm wird gemahlen und gesichtet.

Wenn man die wäßrige Stärkesuspension vor der Überführung in Quellstärke durch Einschlagen von Luft in schaumig-mayonnaiseartige Konsistenz überführt, erhält man eine Quellstärke, die zu einem „Instant"-Pudding von besonders glatter, einem Kochpudding vergleichbaren Konsistenz führt (K. Koch 1957).

Die wichtigsten konsistenzgebenden Stoffe für Puddingpulver und verwandte Erzeugnisse außer Stärke und Quellstärke sind *Gelatine, Agar-Agar, Alginate* und *Carrageenschleim*. Während Gelatine für Götterspeise als alleiniger Grundstoff verwendet wird, kommen Agar-Agar, Alginate und Carrageenschleim meistens in Mischung mit Stärke oder Quellstärke zur Anwendung. In manchen Ländern sind auch ausschließlich auf der Grundlage von Agar-Agar hergestellte kalorienarme Puddingpulver im Handel.

Weitere Zutaten

Als geschmackgebende und weitere Zutaten werden u. a. Samenkerne, Makronen, Krokant, Trockenfrüchte, kandierte Früchte und Fruchtschalen, Kakao- oder Schokoladepulver, Trockenei, natürliche und künstliche Essenzen, Saccharose, Dextrose, Glucosesirup, Lactose, Trockenmilchprodukte, Fruchtsäuren, wie Weinsäure, Citronensäure, Milchsäure und ihre Natrium-, Kalium- und Calciumsalze, ferner die Natrium- und Calciumsalze der Mono- und Diphosphorsäure, Calciumchlorid, färbende Lebensmittel und durch die Farbstoff-VO zugelassene Farbstoffe verwendet.

Fast alle Pudding-, Saucen- und Cremepulver werden gefärbt. In den letzten Jahren sind einige Hersteller dazu übergegangen, ihre Erzeugnisse mit natürlich gefärbten Lebensmitteln oder mit Naturfarbstoffen zu färben. Die Herstellung entsprechender Naturfarbstoffe bzw. Naturstoffe hat ihren Niederschlag in der Patentliteratur gefunden (Deutsche Maizena Werke GmbH. 1957; H. Koch 1957, 1961; H. Koch u. W. Thies 1952; H. Koch u. H. Traut 1953, 1954).

Als Trockenfrüchte finden vorwiegend Sultaninen, Aprikosen, Feigen, Mandeln, Wal- und Haselnüsse Verwendung. Die Trockenfrüchte werden zerkleinert, ggf. unter Zusatz von Stärke, um ein Zusammenkleben zu verhindern. Gehackte Mandeln und Nüsse können zur Verbesserung der Haltbarkeit geröstet und/oder mit Zucker dragiert werden.

2. Herstellung und Haltbarkeit

Die Herstellung der Puddingpulver und ähnlicher Erzeugnisse ist ein relativ einfacher Mischvorgang. Um eine gleichmäßige Verteilung der relativ kleinen Mengen Farb- und Aromastoffe zu erreichen, werden dieselben zunächst mit einer kleinen Menge der konsistenzgebenden Stoffe vorgemischt. Nach Fertigstellung der Hauptmischung empfiehlt es sich, die Puddingmischung vor der Abpackung noch über ein Sieb mit geeigneter Maschenweite laufen zu lassen.

Die Abpackung erfolgt vollautomatisch in Beutel aus Spezialpapier. Die Papierqualität richtet sich nach der Zusammensetzung des Puddingpulvers. Für Erzeugnisse, denen hygroskopische Fruchtsäuren (meistens Weinsäure oder Citronensäure) zugesetzt werden, können nur wenig wasserdampfdurchlässige Papierqualitäten Verwendung finden. Bei Feinkost-Puddingen, die neben der Konsumqualität im Handel sind, wird der gefüllte Beutel noch in eine Faltschachtel eingelegt.

Nach Angaben von K. Schiller (1950) sollen Puddingpulver bei 10—15° C und einer relativen Luftfeuchtigkeit nicht über 50—60% gelagert werden. Die Lagerräume dürfen keinen stärkeren Temperaturschwankungen ausgesetzt sein und müssen gut durchlüftet sein. Durchschnittlich sind Puddingpulver mindestens 1 Jahr haltbar. Gehackte Mandeln und Nüsse setzen durch ihren hohen Fettgehalt die Haltbarkeit herab.

E. Untersuchung
I. Native Stärken

Für die Beurteilung der Qualität der nativen Stärken sind insbesondere ihr Reinheitsgrad und weiterhin ihr physikalisches Verhalten von Interesse. An der Standardisierung von Untersuchungsmethoden zur Prüfung der Stärke auf Reinheit wird z. Z. auf internationaler Ebene im Rahmen der Internationalen Standardisierungs-Organisation (ISO) gearbeitet. Diese Arbeiten sind aber bisher über das Anfangsstadium nicht hinausgekommen. Es können jedoch die von der amerikanischen Corn Industries Research Foundation (CIRF) herausgegebenen Standard Analytical Methods (1963) herangezogen werden, die speziell für Maisstärke entwickelt wurden. Sie sind aber auch für alle übrigen Stärkearten anwendbar. Auf diese CIRF-Methoden wird nachfolgend mehrfach hingewiesen.

1. Sinnenprüfung

Farbe, Geschmack und Geruch können häufig einen Hinweis auf die Qualität und die Herkunft einer Stärke geben. Die *Farbe* der Stärke aus Gelbmais ist durch den Gehalt geringer Mengen Carotinoide (Zeaxanthin, Kryptoxanthin) schwach gelblich, Milo- und Tapiokastärke sind schwach graustichig. Neben einer Vergleichsprobe kann die Farbe zwischen zwei Glasplatten im auffallenden Licht auf einfache Weise ermittelt werden. Auch eine colorimetrische Bestimmung (Weißgehalt) ist möglich. *Geschmack und Geruch*, insbesondere in wäßriger Suspension, können ebenfalls Anhaltspunkte für die Herkunft und den Reinheitsgrad einer Stärke geben.

2. Mikroskopische Prüfung

Die mikroskopische Untersuchung bei 200—500facher Vergrößerung gibt Anhaltspunkte für die Identifizierung der Stärkeart. Führt man die Untersuchung in wäßriger Suspension durch, so erkennt man, ob eine native oder eine in kaltem Wasser lösliche modifizierte Stärke oder Mischungen vorliegen. Durch Anfärbung mit Jodlösung erhält man Hinweise auf einen eventuellen Abbau der Stärke. Verquollene oder beschädigte Stärkekörner lassen sich im polarisierten Licht (geringe oder keine Doppelbrechung) erkennen (vgl. A. Th. Czaja: Mikroskopische Untersuchung der Getreidemahlprodukte und Stärkemehle; dieser Bd.).

3. Wasser

4—5 g Stärke werden bei 120° C im Vakuum 4 Std getrocknet (CIRF-Methode B-38). Auch die Karl-Fischer-Methode (CIRF-Methode B-36) oder die azeotrope Destillation mit Toluol (CIRF-Methode B-34) können herangezogen werden (vgl. auch Bd. II/2).

4. Mineralstoffe (Asche)

5 g Stärke werden in einem Platin-, Quarz- oder Porzellantiegel bei mindestens 525° C 2 Std verascht (CIRF-Methode B-8).

5. Rohprotein

10 g Stärke werden nach Kjeldahl aufgeschlossen (vgl. Bd. II/2 und CIRF-Methode B-48). Rohprotein = Stickstoff $\times$ 6,25.

6. Rohfett

10 g Stärke werden in bekannter Weise mit Äthyläther oder Tetrachlorkohlenstoff 16 Std im Soxhlet-Apparat extrahiert. Bei der Verwendung anderer Lösungsmittel, wie Chloroform, Hexan, Petroläther, werden etwas abweichende Ergebnisse erhalten (CIRF-Methode B-18).

7. Schweflige Säure

In 100 g Stärke wird nach der Methode Monier-Williams der SO_2-Gehalt ermittelt (vgl. auch K. Hermann: Marmeladen usw., dieser Band). Die erhaltene Schwefelsäure kann anschließend gravimetrisch bestimmt werden (CIRF-Methode B-58). Der SO_2-Gehalt sollte max. 50 mg/1000 g Stärke betragen.

8. pH-Wert

20 g Stärke werden in 100 ml dest. Wasser suspendiert, und der pH-Wert wird auf elektrometrischem Wege ermittelt (CIRF-Methode B-44). Der pH-Wert von Maisstärke liegt bei etwa 5. Weizen- und Reisstärke haben einen etwas höheren pH-Wert.

9. Kaltwasserlöslichkeit

20 g Stärke werden 30 min lang mit 200 ml dest. Wasser bei Raumtemperatur unter Rühren extrahiert. Das Filtrat wird auf dem Wasserbad zur Trockne verdampft und 2 Std bei 100° C im Vakuumtrockenschrank getrocknet (CIRF-Methode B-56). Maisstärke enthält etwa 0,1% kaltwasserlösliche Bestandteile. Modifizierte Stärken, z. B. Röstdextrine, können eine Kaltwasserlöslichkeit bis zu 100% aufweisen.

10. Rheologisches Verhalten

Sehr aufschlußreich sind das Verhalten der Stärke bei der Verquellung in Wasser, die Viscosität der erhaltenen Stärkelösung sowie eine eventuelle Gelbildung und Retrogradation. Hierfür wurden spezielle Untersuchungsmethoden entwickelt, auf die im einzelnen nicht eingegangen werden kann.

Für die Ermittlung der *Viscosität* von Stärkepasten und -lösungen eignen sich z. B. das Kugelfallviscosimeter von Höppler, Auslaufviscosimeter, z. B. nach Scott, der Brabender-Amylograph oder das Brookfield-Viscosimeter. Für die Ermittlung der *Gelfestigkeit* wurden ein Gelometer (H. Dörner 1951) und ein Gelograph (L. Dostal 1953) vorgeschlagen.

11. Puddingprobe

Stärke wird mit der elffachen Menge kalter Milch angerührt und unter Rühren aufgekocht. Die Masse muß sich nach dem Erkalten gut aus einer vorher mit kaltem Wasser umgespülten Form stürzen lassen (glatte Oberfläche) und mit einem Löffel gut teilen lassen.

II. Modifizierte Stärken

Die Untersuchung der modifizierten Stärken beginnt mit den gleichen Methoden, die bei den nativen Stärken angegeben sind: Mikroskopische Prüfung, Jod-Reaktion, Kaltwasserlöslichkeit, Prüfung der rheologischen Eigenschaften, insbesondere der Viscosität.

Ist ein Stärkeprodukt in kaltem Wasser löslich, so handelt es sich um eine Quellstärke, eine durch Alkalien oder alkalisch reagierende Salze verquollene Stärke oder um eine Carboxymethylstärke. Auch alle sonstigen modifizierten Stärken können in Quellstärke übergeführt und in kaltem Wasser löslich sein. Erhält man beim Aufkochen mit Wasser keinen Stärkekleister bzw. keine Stärkelösung, so hat man es mit einer in spezieller Weise hydrophobierten Stärke oder einem hochsubstituierten Stärkeester oder -äther zu tun (für Lebensmittelzwecke nicht zugelassen), die häufig in organischen Lösungsmitteln, wie Aceton, löslich sind.

Weiterhin geben die rheologischen Eigenschaften (Viscosität, Retrogradation, Gelbildung) Aufschluß darüber, ob eine mit Säure oder oxydativ abgebaute dünnkochende Stärke, ein Röstdextrin oder ein niedrigsubstituierter Stärkeester oder Stärkeäther vorliegt.

Für den Nachweis und die Bestimmung anorganischer Phosphat-, Sulfat- und Nitratgruppen in Stärkeestern eignen sich die klassischen Methoden der anorganischen Chemie. Hinsichtlich der Untersuchung von Stärkeestern mit organischen Säuren und Stärkeäthern einschließlich spektralphotometrischer und gaschromatographischer Methoden muß auf Spezialliteratur (M. Huchette 1963) verwiesen werden.

III. Puddingpulver und verwandte Erzeugnisse

Sofern die Erzeugnisse als konsistenzgebenden Bestandteil nur Stärke enthalten, können die Untersuchungsmethoden für native Stärken herangezogen werden. Für die Untersuchung puddingpulverähnlicher Erzeugnisse, die neben oder anstelle von Stärke Gelatine oder pflanzliche Geliermittel, wie Pektine, Pektinsäure, Alginsäure und ihre Natrium- und Calciumverbindungen, Carrageenextrakt, Agar-Agar, Traganth, Johannisbrotkernmehl, Guarmehl, enthalten, muß auf Spezialliteratur verwiesen werden (K. Schiller 1950) (vgl. auch K. Hermann: Marmeladen usw., dieser Band sowie Bd. II/2).

F. Hinweise für die lebensmittelrechtliche Beurteilung

Der Bund für Lebensmittelrecht und Lebensmittelkunde hat im Jahre 1963 *Richtlinien für Stärke und Stärkeerzeugnisse* veröffentlicht. Diese Richtlinien sind das Ergebnis eingehender Beratungen der sachverständigen Wirtschaftskreise, insbesondere des Fachverbandes der Stärkeindustrie in Bonn, der Bundesforschungsanstalt für Getreideverarbeitung in Detmold und Berlin und der Stärke verarbeitenden Gewerbezweige. Sie geben die Verkehrsauffassung wieder und enthalten Begriffsbestimmungen und Qualitätsanforderungen für die wichtigsten nativen Stärken und die modifizierten Stärken, insbesondere max. Werte für Wasser, Rohprotein, Rohfett, Asche und schweflige Säure. Die Übernahme der Bestimmungen in das Deutsche Lebensmittelbuch ist vorgesehen.

Native Stärken, durch Säureabbau erhaltene dünnkochende Stärken und *Röstdextrine* sind im Sinne von § 4a, Abs. 2 LMG verdauliche Kohlenhydrate. Auch gegen die Verwendung der durch oxydativen Abbau mit Chlorlauge erhaltenen dünnkochenden Stärken und die Distärkephosphate bestehen in toxikologischer Hinsicht keine Bedenken.

Die in wäßriger Suspension *mit Chlorlauge bzw. Natriumhypochlorit oxydativ abgebauten Stärken* sind völlig verdaulich; die bei der Oxydation gebildeten Gluconat- und Glucuronat-Baugruppen wirken sich nicht nachteilig aus, weil sie normalerweise im Zwischenstoffwechsel auftreten. Von der amerikanischen Food and Drug Administration sind im Jahre 1961 die mit Chlorlauge oxydativ erhaltenen dünnkochenden Stärken für Lebensmittel zugelassen worden, sofern bei der Herstellung nicht mehr als 0,055 Gew. Teile Chlor in Form von Natriumhypochlorit je Gew. Teil Trockenstärke verwendet werden. In Deutschland wird eine ähnliche Regelung angestrebt.

Hinsichtlich der Verdaulichkeit der *Distärkephosphate* besteht gegenüber den nativen Stärken ebenfalls kein Unterschied. Im übrigen enthalten Wurzel- und Knollenstärken, insbesondere Kartoffelstärke, bereits im nativen Zustand Phosphorsäureester-Gruppen in Höhe von 0,05—0,1 %, berechnet als Phosphor. Die US Food and Drug Administration hat im Jahre 1961 die Distärkephosphate für Lebensmittelzwecke zugelassen, sofern die mit Trinatriummetaphosphat erhaltenen Erzeugnisse nicht mehr als 0,04 % Phosphat, berechnet als Phosphor, enthalten. In Deutschland wird eine ähnliche Regelung angestrebt.

Für die modifizierten Stärken kann in Deutschland die allgemeine Richtlinie gelten, daß gegen die Verwendung für Lebensmittelzwecke keine Bedenken bestehen, sofern durch die Modifizierung der Stärke die Verdaulichkeit im Vergleich zu nativer Stärke nicht beeinträchtigt wird und beim Durchgang durch den Magen-Darm-Kanal keine toxischen Stoffe abgespalten werden. Handelt es sich hierbei um geringe Mengen von Stoffen, die Lebensmittel sind oder auf Grund ihrer Unbedenklichkeit durch die Allgemeine Fremdstoff-VO zugelassen sind, so ist eine modifizierte Stärke im Sinne von § 4a, Abs. 2 LMG wegen ihres Gehaltes an verdaulichen Kohlenhydraten Lebensmittel und kein fremder Stoff (vgl. auch Urteil des Verwaltungsgerichts Hamburg vom 26. II. 1963, Aktenz. II VG 66/63). Für die Beurteilung von stärkehaltigen Diabetiker-Lebensmitteln vgl. „Diätische Lebensmittel auf Getreidebasis" S. 437.

Weiterhin hat im Jahre 1962 der Bund für Lebensmittelrecht und Lebensmittelkunde *Richtlinien für Puddingpulver und verwandte Erzeugnisse* veröffentlicht, die für die lebensmittelrechtliche Beurteilung von Puddingpulver, Cremepulver, Saucenpulver usw. herangezogen werden können. Puddingpulver in Packungen oder Behältnissen unterliegen der Verordung über die äußere Kennzeichnung von Lebensmitteln in der Fassung vom 9. September 1966 (BGBl. I S. 590).

Bibliographie

Corn Industries Research Foundation (CIRF): Standard Analytical Methods of the Member Companies of the Corn Industries Research Foundation Inc., 1001 Connecticut Avenue, Washington 6, D.C., 1. Aufl., letztmalig 1963 ergänzt.

GREENWOOD, C.T.: Aspects of Physical Chemistry of Starch. In: Advances in Carbohydrate Chemistry. Hrsg. von M.L. WOLFROM and R.S. TIPSON, Bd. 11, S. 336—385. New York: Aca- demic Press 1956.

HEYNS, K.: Die Technologie der Kohlenhydrate. In: Chemische Technologie. Hrsg. von K. WINNACKER und L. KÜCHLER. Bd. 4, S. 901—957. München: Carl Hanser Verlag 1960.

HIXON, R.M., and B. BRIMHALL: The waxy cereals and starches which stain red with iodine. In: Starch and its Derivates. Hrsg. von J.A. RADLEY, 3. Aufl., Bd. 1, S. 252—290. London: Chapman & Hall 1953.

KERR, R.W.: Chemistry and Industry of Starch. 2. Aufl. New York: Academic Press 1950.

PAROW, E.: Handbuch der Stärkefabrikation. 2. Aufl. Berlin: Paul Parey 1928.

PERCIVAL, E.G.V.: Structural Carbohydrate Chemistry. In: Structure of Starch, Bd. 2, S. 236ff. London: S. Garnet Miller Ltd. 1962.

RADLEY, J.A.: Starch and its Derivates. 3. Aufl., Bd. I u. II. London: Chapman & Hall 1953.

SCHILLER, K.: Back- und Puddingpulver, Vanillinzucker, Kindernährmittel. Stuttgart: Wissenschaftliche Verlagsges. m.b.H. 1950.

SCHOCH, TH.J.: Fractionation of Starch. In: Advances in Carbohydrate Chemistry. Hrsg. von W.W. PIGMAN and M.L. WOLFROM, Bd. 1, S. 247—277. New York: Academic Press 1945.

SCHOLL, A.: Mikroskopische Untersuchungen der Mehle und Stärkemehle. In: Chemie der menschlichen Nahrungs- und Genußmittel. Hrsg. von J. KÖNIG, Bd. III/2. Berlin: Springer 1914.

— Richtlinien für Puddingpulver und verwandte Erzeugnisse, Schriftenreihe des Bundes für Lebensmittelrecht und Lebensmittelkunde, Heft 41. Hamburg: B. Behr's Verlag GmbH. 1962.

— Richtlinien für Stärke und Stärkeerzeugnisse, Schriftenreihe des Bundes für Lebensmittelrecht und Lebensmittelkunde, Heft 45. Hamburg: B. Behr's Verlag GmbH. 1963.

Zeitschriftenliteratur

AUGUSTAT, S.: Stand der züchterischen Erzeugung amylosereicher Maisstärke und der technischen Amylosegewinnung. Stärke **12**, 145—153 (1960).

DÖRNER, H.: Bestimmung der Gelfestigkeit von Stärkekleistern mit dem Gelometer. Getreide u. Mehl **1**, 2, 14 (1951).

DOSTAL, L.: Weitere Erfahrungen über die Gelfestigkeitsbestimmung von Stärken mit dem Brabender Gelographen. Stärke **5**, 4—7 (1953).

GRAEFE, G.: Neuere Erkenntnisse über den thermischen Abbau von Stärke. Stärke **3**, 3—9 (1951).

— Stärkeester mit anorganischen Säuren. Stärke **3**, 99—105 (1951).

— Über D-Glucuronsäure und ihre Darstellung aus Stärke. Stärke **5**, 205—209 (1953).

HIEMSTRA, P., W.C. BUS u. J.M. MUETGEERT: Fraktionierung von Stärke. Stärke **8**, 235—241 (1956).

HUCHETTE, M.: Die Ermittlung der funktionellen Gruppen und des Substitutionsgrades von Stärkederivaten. Stärke **15**, 275—280 (1963).

KEMPF, W.: Verfahrenstechnische Verbesserungen und Neuentwicklungen in der deutschen Stärke-Industrie. Fette u. Seifen **63**, 78—85, 148—153 (1961).

LINDEMANN, E.: Untersuchungen über den durchschnittlichen Polymerisationsgrad von Dextrinen in Stärkesirupen und eine einfache Methode zu seiner Bestimmung. Stärke **4**, 68—73 (1952).

MÜLLER-MANGOLD, D.: Die Verwendung der Trennschleuder bei der Gewinnung von Weizenstärke. Stärke **6**, 159—168 (1954).

SCHILLER, K.: Puddingpulver und ähnliche Erzeugnisse. Stärke **2**, 10—14 (1950).

— Backpulver, Puddingpulver, Kindernährmittel. Stärke **5**, 240—244 (1953).

SCHOCH, T.J., F.E. KITE u. E.C. MAYWALD: Funktionelle Eigenschaften von Lebensmittelstärken. Stärke **15**, 131—138 (1963).

SEIDEMANN, J.: Identifizierung verschiedener Stärkearten durch die mikroskopische Bestimmung des Quellbereiches. Stärke **15**, 291—299 (1963).

VAN DEN DORPEL, J.: Betriebserfahrungen mit Hydrozyklonen und Bogensieben in der Stärkeindustrie. Stärke **13**, 407—412 (1961).

VAN DER WAAL, G.J.: Das Bogensieb und seine Anwendung in der Stärkeindustrie. Stärke **10**, 277—284 (1958).

Patente

Corn Products Company, New York/USA (Erfinder D. W. DOWIE u. H. D. MARTIN):
DAS 1026250 (angem. 1957).
Corn Products Company, New York/USA (Erfinder M. L. E. VAN TITTELBOOM):
DAS 1125281 (angem. 1958).
Corn Products Company, New York/USA (Erfinder R. W. KERR u. Fr. C. CLEVELAND):
USP 2801242 (angem. 1954).
Deutsche Maizena Werke A.G., Hamburg (Erfinder C. SCHLIETER): DRP 705822 (angem. 1937).
Deutsche Maizena Werke A.G., Hamburg (Erfinder K. HEYNS u. G. GRAEFE):
DRP 739530 (angem. 1941).
Deutsche Maizena Werke A.G., Hamburg (Erfinder K. HEYNS, G. GRAEFE u. C. SCHLIETER):
DRP 744976 (angem. 1941).
Deutsche Maizena Werke GmbH., Hamburg: DAS 1096177 (angem. 1956).
Deutsche Maizena Werke GmbH., Hamburg (Erfinder G. GRAEFE): DAS 1109500 (angem. 1957).
Dr. August Oetker, Bielefeld (Erfinder W. THIES): Deutsche Patentanmeldung T 367 IVa/53k
(angem. 1950).
Dr. August Oetker, Bielefeld (Erfinder H. KOCH u. W. THIES): Deutsche Patentanmeldung
0 2130 IVa/53k (angem. 1952).
Dr. August Oetker, Bielefeld (Erfinder H. KOCH u. H. TRAUT): DBP 1013953 (angem. 1953).
Dr. August Oetker, Bielefeld (Erfinder H. KOCH u. H. TRAUT): DBP 1114696 (angem. 1954).
Dr. August Oetker, Bielefeld (Erfinder H. KOCH): DBP 1058350 (angem. 1957).
Dr. August Oetker, Bielefeld (Erfinder H. KOCH): DBP 1173780 (angem. 1961).
International Minerals & Chemical Corporation, New York/USA (Erfinder H. NEUKOM):
USP 2884412 (angem. 1953).
Hoffmann's Stärkefabriken A.G., Bad Salzuflen (Erfinder H. RITTER): DRP 740844 (angem.
1942).
Hoffmann's Stärkefabriken A.G., Bad Salzuflen (Erfinder J. BUSCH u. H. RITTER): DRP 742638
(angem. 1941).
HORBACH, K., Warendorf/Westf.: DBP 1076050 (angem. 1958).
KLOPFER, F. A. V., Dresden: DRP 528109 (angem. 1930) und DRP 639609 (angem. 1934).
MEISSNER, W., Bielefeld: DRP 717876 (angem. 1937).
STAMICARBON, N. V., Heerlen/Niederlande (Erfinder P. W. HAGE): DBP 939140 (angem. 1954).
STAMICARBON, N. V., Heerlen/Niederlande (Erfinder W. JANSMA): DAS 1084660 (angem. 1959).
Standard Brands Inc., New York/USA (Erfinder M. H. KENNEDY u. M. P. CASTAGNA):
USP 2607692 (angem. 1950).
Starcosa Maschinen- u. Apparatebau G.m.b.H., Wunstorf (Erfinder L. SCHMIEDEL):
DBP 963590 (angem. 1955) und DBP 1010920 (angem. 1956).
The Ogilvie Flour Mills Co. Ltd., Montreal, Quebec/Kanada (Erfinder K. M. GAVER u. A. M.
BARTON): DBP 1080040 (angem. 1959).

Mikroskopische Untersuchung der Stärkemehle und Müllerei-Erzeugnisse

Von

Prof. Dr. ALPHONS TH. CZAJA, Aachen

Mit 187 teils farbigen Abbildungen und 7 Tafeln mit 63 Einzelabbildungen

A. Allgemeine und methodische Vorbemerkungen

Der Lebensmittelchemiker kann bei der Identifizierung strukturierten organischen Materials aus dem Pflanzenreich der Mikroskopie nicht entraten. Die dabei allgemein benutzte Cytomorphologie im gewöhnlichen Licht wird ergänzt durch die Mikroskopie im polarisierten Licht mit ihren verschiedenen Möglichkeiten. Dies bedeutet eine Erweiterung der bloßen Betrachtung der mikroskopischen Formen im Bereich des Zellbaues um die in zahlreichen, wenn auch nicht in allen Fällen erfaßbaren, unterschiedlichen submikroskopischen Strukturen der zu identifizierenden Materialien.

Da Stärke, Cellulose und verholzte Cellulose, Cutin und Kork optisch anisotrop, also doppelbrechend sind (Eigendoppelbrechung), ist schon für einen großen Teil pflanzlicher Strukturen die Voraussetzung zur Untersuchung und erfolgreichen Kontrastierung im polarisierten Licht gegeben. Isotrop, also nur einfach brechend, sind Pektin, Chitin und Kieselsäure, welche zwischen gekreuzten Polarisatoren dunkel bleiben. Sind die doppelbrechenden Materialien aber nur in sehr dünner Schicht vorhanden (z. B. Reisstärkepuder, die sehr dünnen Zellwände vieler Parenchymzellen, das parenchymatische Mesokarp vieler Früchte u. a.), so sprechen diese normalerweise nicht an. Trotzdem sind die Zellwände nicht statistisch isotrop, wie A. FREY-WYSSLING (1959) und P. A. ROELOFSEN (1959) daraus folgern. Durch Einlagern von geeigneten Farbstoffen (z. B. Benzoazurin, Kongorot) oder Jod bei der Behandlung mit der gebräuchlichen Jodzinkchloridlösung, d. h. durch gerichtete Einlagerung geeigneter kolloider Partikeln zwischen die Cellulosefibrillen, tritt die vorhandene Anisotropie deutlich hervor (A. TH. CZAJA 1958a, 1963a).

Aber selbst isotrope (nicht doppelbrechende) Substanzen, wie z. B. die Kieselsäure (SiO_2) in den Schalen der Diatomeen oder anderen verkieselten Pflanzenteilen (z. B. Grannen der Getreide u. a.), können doppelbrechend werden, wenn nur ihre räumliche Verteilung entsprechend feine submikroskopische Diskontinuitäten aufweist (Mischkörper). Alsdann tritt sog. Stäbchen- oder Formdoppelbrechung auf.

Der Grundbaustein der pflanzlichen Zellwand, die Cellulose, ist optisch doppelbrechend. Die Cellulose und andere Zellbaustoffe stellen Makromoleküle dar, welche als Mikrofibrillen im Verband der Zellwände in ganz bestimmter Orientierung angeordnet sind. Die Existenz doppelbrechender Makromoleküle in den Zellwänden sowie die Vielfalt der Differenzierungen der Zellwände je nach ihren physiologischen Funktionen und die dadurch bedingte verschiedenartige submikroskopische Orientierung der Makromoleküle nach statischen Prinzipien, bilden die Voraussetzung zur erfolgreichen Anwendung der Polarisationsmikroskopie auf die Untersuchung, Erkennung und Unterscheidung der verschiedenen Zellarten der Pflanzen und Pflanzenprodukte und Bruchstücken von solchen oder auch von Inhaltskörpern der Zellen aufgrund ihrer submikroskopischen Struktureigentümlichkeiten.

Die nachfolgend aufgeführten Zellen, Zellwandanteile und Zellinhaltskörper sind infolge ihrer besonderen submikroskopischen Strukturen in erster Linie für die Untersuchung im polarisierten Licht geeignet und daher für die Erkennung solcher Objekte, welche diese enthalten, besonders wertvoll.

Gefäße verschiedenster Art	Siebröhren	Drüsenorgane, Schleimzellen
Tracheiden	Milchröhren, gegliederte und	Haare und Haarbasen
Kollenchym-Fasern	ungegliederte	Kegelhaare, Papillen
Sklerenchymfasern	Parenchymzellen	Tüpfel und Hoftüpfel
Steinzellen	Korkgewebe	Stärkekörner, Stärkezellen
Holzgewebe	Spaltöffnungen	Kristalle und Sphärite

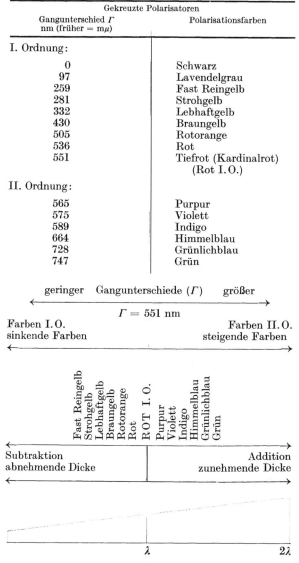

Gekreuzte Polarisatoren	
Gangunterschied Γ nm (früher = mμ)	Polarisationsfarben
I. Ordnung:	
0	Schwarz
97	Lavendelgrau
259	Fast Reingelb
281	Strohgelb
332	Lebhaftgelb
430	Braungelb
505	Rotorange
536	Rot
551	Tiefrot (Kardinalrot) (Rot I. O.)
II. Ordnung:	
565	Purpur
575	Violett
589	Indigo
664	Himmelblau
728	Grünlichblau
747	Grün

geringer   Gangunterschiede (Γ)   größer

$\Gamma = 551$ nm

Farben I. O.   Farben II. O.
sinkende Farben   steigende Farben

Fast Reingelb
Strohgelb
Lebhaftgelb
Braungelb
Rotorange
Rot
R O T I. O.
Purpur
Violett
Indigo
Himmelblau
Grünlichblau
Grün

Subtraktion   Addition
abnehmende Dicke   zunehmende Dicke

λ 2λ

Änderung der Polarisationsfarben mit der Dicke des Objekts bei Untersuchung im allfarbigen („weißen") Licht

Zur Anwendung des polarisierten Lichts in der Lebensmittelmikroskopie sind umfassende Kenntnisse auf jenem Gebiete nicht notwendig. Es ist auch nicht erforderlich, große Polarisationsmikroskope zu verwenden. Für die Erkennung von Struktureigentümlichkeiten zur Identifizierung von pflanzlichen Gewebeanteilen genügen folgende Feststellungen:

1. Nachweis der *Doppelbrechung* zwischen gekreuzten Polarisatoren. Doppelbrechung eines Objektes liegt vor, wenn dieses beim Drehen im mikroskopischen Präparat um 360° viermal aufhellt und viermal auslöscht.

2. Feststellung der *Orientierung der Makromoleküle* bzw. Fibrillen (Cellulose, Stärke).

Parallelstruktur liegt vor, wenn starke (maximale) Aufhellung in den Diagonallagen, völlige Auslöschung in den Orthogonallagen eintritt.

Spiralstruktur liegt vor, wenn stärkere Aufhellung in bestimmten Azimuten, schwächere Aufhellung in den dazwischen gelegenen eintritt. Auslöschung findet nicht statt. Genaue Auskunft über das Vorliegen von Spiralstruktur von Zellwänden ist nur an den angeschnittenen Teilen von solchen zu gewinnen.

Sphäritische Struktur liegt vor z. B. bei Stärkekörnern, Tüpfeln, Zellwänden, konischen Haaren von Umbelliferen und Gramineen u. a., wenn bei gekreuzten Polarisatoren im Objekt in den vier Quadranten Aufhellung, über dem Objekt aber ein schwarzes Kreuz erscheint, dessen Balken sich mit den Schwingungsrichtungen der Polarisatoren decken (Brewstersche oder Polarisationskreuze).

Radiale Anordnung der Fibrillen im Sphäriten (positives Kreuz): Addition der Polarisationsfarben in den positiven Quadranten (Steigen der Farben), z. B. bei Stärkekörnern, manchen Zellwänden (Parenchym-Zellen) und Subtraktion in den negativen Quadranten (Fallen der Farben).

Tangentiale Anordnung der Fibrillen im Sphäriten (negatives Kreuz): Subtraktion der Polarisationsfarben in den positiven Quadranten (Fallen der Farben), Addition in den negativen Quadranten (Steigen der Farben), z. B. Hoftüpfel, Außenwände mancher Epidermiszellen, viele Schleimzellen.

Das *Gipsplättchen Rot I. O.* als Kompensator: Die Untersuchung strukturierter Materialien zwischen gekreuzten Polarisatoren erhält größere Aussagekraft bei Verwendung des Gipsplättchens Rot I. Ordnung als bekanntes optisches Vergleichsobjekt zwischen den beiden Polarisatoren über dem zu untersuchenden Objekt.

Ein Lichtstrahl wird beim Durchgang durch ein doppelbrechendes Objekt in zwei Anteile zerlegt (ordentlicher und außerordentlicher Strahl), deren Schwingungsrichtungen senkrecht aufeinander stehen.

Die beiden Strahlen erhalten im Objekt einen Gangunterschied Γ. Nach Verlassen des Objekts tritt Interferenz auf. Sie ist abhängig von der Stärke der Eigendoppelbrechung und von der Dicke des Objekts. Infolge der Interferenz der beiden Strahlen treten bei größeren Gangunterschieden Polarisations-(Interferenz-)-farben auf, welche in der Reihenfolge mit steigendem Gangunterschied ähnlich wie in der Newtonschen Farbskala aufeinander folgen. Bei biologischen Objekten sind die Gangunterschiede meist nur klein. Um diese überhaupt festzustellen und vor allem die Richtung des Strahles in Richtung der größeren Brechkraft ermitteln zu können, schaltet man den Kompensator Gips Rot I.O. ein mit dem bekannten hohen Gangunterschied $\Gamma = 551$ nm und der bekannten Richtung (Lage) der größeren Brechkraft. Dieser ruft das Rot I.O. hervor (Kardinalrot), die sog. empfindliche Farbe (teinte sensible). Diese reagiert auf geringe Änderungen (Erhöhung oder Erniedrigung) des Γ mit erheblichen Farbänderungen. Ist das Objekt so orientiert, daß die Richtung der größeren Brechkraft mit derjenigen des Kompensators zusammenfällt, dann addieren sich (Additionslage, Farberhöhung) die Gangunterschiede von Objekt und Kompensator und die Polarisationsfarbe steigt, wird höher und geht von Rot I.O. nach Violett oder Blau II.O. über. Umgekehrt, wenn sich die Richtung der geringeren Brechkraft im Objekt mit der größeren im Kompensator deckt, dann subtrahieren sich (Subtraktionslage, Farberniedrigung) die Gangunterschiede und die Polarisationsfarbe fällt, geht in Richtung der niederen Farben nach Orange, Gelb usw. I.O. (fallende Polarisationsfarben).

Interferenzfarben: Wenn in den zu untersuchenden Objekten keine abnormen Dispersionsverhältnisse vorliegen, treten bei Verwendung des Gipsplättchens Rot I.O. Polarisationsfarben in derselben Reihenfolge auf, wie in der sog. Newtonschen Farbskala. Es sind dies die Farben sehr dünner Schichten oder Häutchen z.B. von Seifenblasen, Öl auf Wasser u.a., die durch periodisches Auslöschen einzelner Wellenlängen infolge von Interferenzerscheinungen zustande kommen.

B. Die mikroskopische Unterscheidung der Stärkearten[1]

Die mikroskopische Erkennung eines Stärkemehles oder Mehles fußt auf der Identifizierung der Stärke bzw. der Stärke und der vorhandenen Gewebeanteile einschließlich der evtl. anwesenden Verunreinigungen oder Verfälschungen. Jede derartige Analyse setzt also voraus 1. die Kenntnis der Stärken, 2. die Kenntnis der Gewebe stärkehaltiger Organe oder Teilen von solchen und 3. die möglichen Verunreinigungen bzw. Verfälschungen.

I. Untersuchungs-Methoden

1. Untersuchung im Wasserpräparat

Die Untersuchung der Stärkekörner wird für gewöhnlich im Wasserpräparat vorgenommen. Handelt es sich um stärkehaltige Mehle oder andere stärkehaltige Gemenge, so empfiehlt es sich, die Stärke von den anderen Partikeln durch Absieben abzutrennen oder auf andere Weise eine Anreicherung zu bewirken.

Die Untersuchung der Stärke im gewöhnlichen Durchlicht-Mikroskop gestattet festzustellen: Gestalt, Größe, Vorhandensein, Lage oder Fehlen von Kernspalte, Schichtung, Trockenrisse, Einfachheit oder Zusammensetzung der Körner (Aggregate) aus Teilkörnern, das Vorhandensein von verschiedenen Größenklassen, besondere Zeichnung der Fläche u.a.m. In Bezug auf die Gestalt der Körner werden unterschieden Flachkörner (linsenförmig z.B. Roggen, Weizen, Gerste) und Vollkörner (polyedrisch, z.B. Mais, Sorghum-Hirse u.a.). Die meisten Stärken zeigen Flachkörner, Vollkörner sind weniger häufig. Um über die Gestalt der Körner Klarheit zu gewinnen, kann man im mikroskopischen Präparat durch

---

[1] Herr Dr. J. Seidemann, Potsdam-Rehbrücke, stellte mir den Textteil seines noch unveröffentlichten Manuskriptes „Stärkeatlas" zur Einsichtnahme zur Verfügung.

künstlich hervorgerufene Strömung die Stärkekörner zum Rollen bringen. Bei manchen Stärken richten sich die Flachkörner gelegentlich auf und zeigen dann ihre Profilansicht, z. B. bei den Gramineen-Stärken, Weizen-, Roggen- und Gerstenstärke, ferner bei den Zingiberaceen-Stärken Ingwer, Zitwer und Curcuma.

2. Untersuchung in nichtwäßrigen Einschlußmitteln

Die Körner mancher Stärken quellen in Wasser (Wasserpräparat) und zeigen dann mehr oder weniger umfangreiche Risse oder Kernspalten, z. B. die großen Körner der Roggenstärke und vor allem die großen Körner vieler Leguminosenstärken. Einige andere Stärken z. B. Marantastärke (westindisches Arrowroot), Mais-, Sorghum-Hirse-Stärke u. a., lassen Kernspalten auch in nichtwäßrigen Einschlußmitteln erkennen und bieten dadurch gewisse Anhaltspunkte zur leichteren Erkennung (z. B. Maranta-Stärke). Andere Stärken, z. B. Kartoffelstärke, zeigen in Glycerin nur Volumänderung infolge von Quellung. Um die Rißbildung und das Verquellen zu vermeiden, wird in indifferenten Einschlußmitteln untersucht, z. B. Nelkenöl, Methylbenzoat (Niobeöl), Phenolglycerin u. a. Da der Brechungsexponent lufttrockener Stärken 1,504—1,529 beträgt, derjenige von Nelkenöl 1,53—1,537, von Methylbenzoat 1,517, werden die Stärkekörner im gewöhnlichen Licht unsichtbar, nicht aber bei Untersuchung im polarisierten Licht. Bei Verwendung von Isoamylphthalat mit dem Brechungsexponenten 1,485 sind diese auch im gewöhnlichen Licht noch gut erkennbar.

3. Untersuchung in Jodlösungen

Bei Zugabe von Jodkaliumjodid-Lösung (Lugolsche Lösung) absorbieren die Stärkekörner soviel Jod, daß sehr rasch Schwarzfärbung bei allen Stärken eintritt. Diese Reaktion ist zum Nachweis der Anwesenheit von Stärkekörnern geeignet. Wird diese Lösung verdünnt angewendet, so tritt bei den meisten Stärken tiefe Blaufärbung auf. Die Stärkekörner der Glutinosa-Varietäten (Wachsstärken) der Getreidearten und die Stärken gewisser anderer Pflanzen, welche vorwiegend aus Amylopektin bestehen, zeigen dagegen Rotfärbung. Zum Nachweis geringer Stärkemengen oder sehr kleiner Körner empfiehlt sich die Verwendung von „Chloraljod" (Chloralhydrat 50, Wasser 20, Jod 0,5), oder auch von „Jodphenol" (Phenol verflüssigt 100, Jod 1). Bei Verwendung stark verdünnter Jodlösung (A. Th. Czaja 1954) hat sich gezeigt, daß verschiedene Stärkearten, sowie Stärken nach verschiedener Vorbehandlung in gewissem Umfang unterschieden werden können. Eine gesättigte Lösung von Jod in Wasser (bei 10° C 0,018%) mit geringem Bodenkörper von Jod hat sich als sehr brauchbar erwiesen. In Jodwasser nehmen die Stärkekörner der Kartoffelknolle sowie die Stärken anderer Knollen, Rhizome, Stengel und Wurzeln rötlichblaue Färbung an (indigoblau) (Kartoffelstärke-Gruppe). Die Stärkekörner aus Samen und Früchten wie Getreide, Leguminosen u. a. werden in Jodwasser nur rotviolett gefärbt (Weizenstärke-Gruppe). Die Ursache dieser Differenzierung liegt darin, daß die Knollenstärken das Jod in das ganze Korn einlagern (Durchfärbung), daß sowohl das Amylopektin (rotviolett) wie auch die Amylose (rein blau) gefärbt werden. Die Samenstärken dagegen nehmen das Jod nur in die äußerste Schicht der Körner auf, das Innere bleibt ungefärbt, und lassen dabei nur eine Amylopektinfärbung erkennen. Es konnte nachgewiesen werden, daß bei den Samenstärken Amylopektin und Amylose am Stärkekorn getrennt angefärbt werden können. Bei den Knollenstärken läßt sich aus der Gesamtfärbung aber die Amylose isolieren. Der Nachweis der beiden Stärkegruppen gelingt aber nur bei unverletzten Stärkekörnern, besonders bei der Weizenstärkegruppe (Abb. 1). Sind die Körner verletzt, so zeigen diese mit Jodwasser gleich die Amylosefärbung (blau) bei Durchfärbung.

Werden die Stärkekörner der Weizenstärke-Gruppe mechanisch verletzt, so erfolgt Anfärbung mit Jodwasser im Inneren der Körner und zwar der Amylose mit reinblauer Farbe. Die Amylose quillt dabei schon bei Zimmertemperatur. Man hat es daher in der Hand, bei diesen Stärken entweder das Amylopektin oder die Amylose mit Jod anzufärben. In einem Gemenge verschiedener Stärken differenzieren sich mit Jodwasser daher gleichzeitig und nebeneinander die Knollenstärken infolge der vollen Durchfärbung, die Samenstärken mittels der Amylopektinfärbung. Es tritt in einem solchen Gemenge auch scharfe Konkurrenz dieser verschiedenen Stärken um das Jod auf. Jodwasser (oder zur Hälfte verdünntes) stellt daher auch ein Reagens dar auf verletzte Körner, indem nur die beschädigten Körner mit der Amylose reagieren und zwar augenblicklich. Zur Amylopektinfärbung bei den unverletzten Körnern kommt es in diesem Falle daher nicht.

Kartoffelstärke-Gruppe: Maranta-, Canna-, Bataten-, Curcuma-, Iris- u. a. Stärken, Rhizom- und Knollenstärken.

Weizenstärke-Gruppe: Roggen-, Gerste-, Hafer-, Mais-, Sorghum-, Buchweizen-, Bohnen-, Erbsen-, Linsen-, Bananen-, Roßkastanien-, Pfeffer- u. a. Stärken (A. Th. Czaja 1953, 1954).

4. Nachweis von Amylose und Amylopektin mittels der Jodreaktion

a) Bei Verquellung der Stärke. Beim Erhitzen in Wasser (Verkleisterung) platzen bei einer bestimmten Temperatur die Stärkekörner. Dabei tritt die Amylose aus den aufgetriebenen Körnern in das umgebende Wasser aus, während das Amylopektin zwar verquillt, aber nicht in Lösung geht und dabei die Gestalt des Stärkekorns etwa beibehält (Amylopektin-Balg). Werden z.B. Kartoffelstärkekörner aus einer frischen Knolle in Wasser auf etwa 66° erhitzt, käufliche, geschlämmte Stärke dagegen auf etwa 90° und gibt man davon zu einer kleinen Menge unter Umrühren mehrere Tropfen einer Jodkaliumjodid-Lösung, welche statt in dest. Wasser in gesättigter Kochsalzlösung angesetzt worden ist, so wird die Amylose aus der Lösung ausgesalzen und tritt als rein blauer Niederschlag auf, während sich die gequollenen Amylopektinbälge rotviolett anfärben. Das gilt für alle typischen Stärken (A. TH. CZAJA 1954) (Abb. 2).

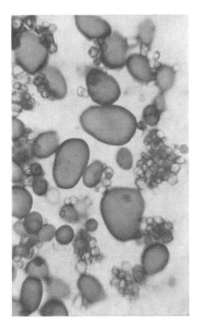

Abb. 1. Kartoffel- und Maisstärke, Jodwasser   Abb. 2. Kartoffelstärke verquollen

b) Am unverquollenen Stärkekorn. Die Stärkekörner der Weizenstärkegruppe ergeben mit Jodwasser im unverletzten Zustand nur die rotviolette Amylopektinfärbung, in gleicher Weise auch bei geringem Angebot von Jodkaliumjodid, z.B. in Gemengen mit Stärken der Kartoffelgruppe. Werden die Stärkekörner aller Gruppen durch geeignetes Verreiben jedoch verletzt, so ergeben diese nur noch die Amylosereaktion rein blau. Sind die Verletzungen der Körner erheblich genug, so tritt die Amylose aus und verquillt bei Zimmertemperatur unter Blaufärbung. Zur Jodreaktion (rotviolett) der Amylopektinbälge kommt es dabei nicht.

5. Nachweis von beschädigten Stärkekörnern

Beim Vermahlen von stärkehaltigen Früchten, Samen, Knollen und Wurzeln können in verschiedenem Umfange Stärkekörner mechanisch beschädigt werden (im Extremfall spricht man von tot gemahlenen Mehlen PELSHENKE 1949). Bei diesen Stärkekörnern ist das Innere des Kornes und damit der Amyloseanteil freigelegt. Es ist für die Praxis wichtig, den Anteil an beschädigten Körnern festzustellen. Bei reinen geschlämmten Stärken hat sich gezeigt, daß sowohl Jod in Form von Jodwasser (bei 10° C 0,018%) wie auch sehr verdünnte Lösungen von basischen Farbstoffen und auch von substantiven (also kolloid gelösten) z.B. Kongorot und andere von dem Korninneren (Amylose) beschädigter Körner momentan und mit großer Begier aufgenommen werden (Liste von Farbstoffen bei M. SAMEC 1927). Mit Hilfe solcher sehr verdünnter Lösungen läßt sich die Anzahl beschädigter Stärkekörner in reinen Stärken sehr rasch und leicht ermitteln (A. TH. CZAJA 1954). In Mehlen sind derartige Bestimmungen nicht ohne weiteres auszuführen, da auch Eiweiß- und Gewebsanteile Farbstoffe stark adsorbieren.

6. Die Schichtung der Stärkekörner

Viele Stärkearten zeigen dauernd deutliche Schichtung der Körner, andere dagegen lassen für gewöhnlich keine Schichtung erkennen.

Stärkekörner mit dauernd deutlicher Schichtung	Stärkekörner mit nicht sichtbarer Schichtung
Kartoffelstärke	Weizenstärke
Marantastärke	Roggenstärke
Bananenstärke	Gerstenstärke
Zingiberaceen-Stärke	Maisstärke
Cannastärke	Milostärke
u. a.	Reisstärke
	u. a.

Durch Einlegen der Stärkekörner mit nicht dauernd sichtbarer Schichtung in 7,5—10% HCl kann die Schichtung bei vielen von diesen freigelegt werden (Abb. 3). Bei 20°C dauert die Freilegung in 7,5% Säure etwa 3—4 Wochen, bei 30—40°C dagegen etwa 2 Tage. Bei Mais- und Milostärke tritt der Erfolg erst bei

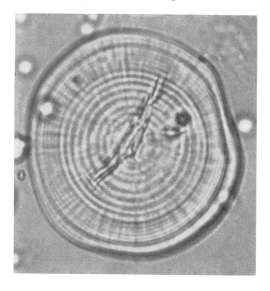

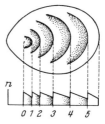

Abb. 3. Roggenstärkekorn nach 4 Wochen Aufenthalt in 7,5% HCl (Vergr. 1050:1)

Abb. 4. Stärkekorn mit Schichtung (schematisch): Höhe der Brechungsindices (nach A. Frey-Wyssling 1953)

35—40° C auf. Durch Einlegen der Stärkekörner in 7,5 und 10% Säure werden diese deutlich dünner. Das gilt auch für die Kartoffelstärke. Bei dieser wird die Schichtung deutlicher und mehr Schichten werden erkennbar (A. Th. Czaja 1956 und 1966a).

Jede Schicht der Stärkekörner besteht aus zwei Anteilen, einem helleren, äußeren an der konvexen Seite und einem dunkleren an der konkaven Seite. Der hellere Anteil jeder Schicht besitzt höhere Brechzahl, dichtere Struktur und geringeren Wassergehalt, der dunklere dagegen niedere Brechzahl, weniger dichte Struktur und höheren Wassergehalt. Quer durch das Stärkekorn verläuft die Brechzahl also mit Abfall in den dunkleren und mit Anstieg an der Grenze des helleren Anteils (Abb. 4, A. Frey-Wyssling 1953). Bei mikroskopischer Untersuchung von Stärken mit permanenter oder freigelegter Schichtung mit parallelem, allfarbigem, engem Strahlenbündel erscheinen die dunkleren Anteile purpurrot, die helleren leuchtend gelbgrün bis blaugrün (A. Th. Czaja 1966a). Das Sekundärspektrum der chromatisch korrigierten Mikroskopobjektive (besonders der Achromate) wird von den verschieden stark brechenden Schichtenanteilen über die sog. BECKEschen Lichtlinien aufgenommen. Diese Farberscheinungen in den Schichtenanteilen stehen mit deren chemischer Zusammensetzung in keinem Zusammenhang.

7. Die Anfärbung mit organischen Farbstoffen

Über die Anfärbung von Stärkekörnern mit synthetischen organischen Farbstoffen liegen zahlreiche Untersuchungen vor. Dabei war die Absicht leitend, solche Farbstoffe zu finden, die verschiedene Stärkearten differentiell anfärben, um damit diese Stärken in Gemengen leicht und sicher unterscheiden zu können.

Im einzelnen soll auf diese sehr zahlreichen Versuche hier nicht eingegangen werden. Die meisten Stärken lassen sich mit basischen und auch mit substantiven Farbstoffen (z. B. Kongorot) dauerhaft anfärben. Die meist echt gelösten basischen Farbstoffe färben rasch, die häufig kolloiden und sogar hochkolloiden substantiven Farbstoffe benötigen bei intakten Stärkekörnern dazu oft Wochen und Monate. Es hat sich herausgestellt, daß in vielen Fällen die angegebenen Färbeerfolge nicht reproduzierbar waren.

Auf das grundsätzlich unterschiedliche Verhalten der Frucht- und Samen-Stärken gegenüber den Knollen-, Rhizom- und Wurzelstärken wurde schon hingewiesen (A. TH. CZAJA 1954). J. SEIDEMANN (1962a) hat neuerdings die verschiedenen Färbeverfahren für Stärkekörner kritisch geprüft mit dem Ergebnis, daß nur wenigen praktische Bedeutung zukommt. Ferner befassen sich die meisten mit dem Nachweis von Kartoffelstärke in Getreidemehlen. Diese läßt sich aber auch ohne Anfärbung mit Sicherheit nachweisen. Hier soll auch noch auf das wenig ermutigende Ergebnis der Nachprüfung von Färbeversuchen von A.P. SCHULZ u. G. STEINHOFF (1932) hingewiesen werden. Etwas günstiger ist das nach L. KARCSONYI (1936) verbesserte und auch auf Gerstenstärke ausgedehnte Färbeverfahren zur Unterscheidung von Weizen-, Roggen- und Kartoffelstärke von E. UNNA (1918) mittels 3% Phenolwasser, Wasserblau-Orceinlösung in Eisessig, Glycerin und Äthanollösung, 1%ige Lösung von Eosin (alkohollöslich), 1%ige Safraninlösung und 0,5%ige Kaliumchromatlösung. In diesen Lösungen sollen sich nach entsprechender Anwendung Kartoffelstärke purpurrot, Weizenstärke schwach rosa, Roggenstärke gelbbraun und Gerstenstärke violett anfärben. Nach J. SEIDEMANN sind allerdings die Farbunterschiede der Stärkekörner nicht erheblich. Außerdem ist das Verfahren für Reihenuntersuchungen zu umständlich. R. GIULIANO u. M.L. STEIN (1955) haben wäßrige Lösungen der Ester von 4-Monomethyl-, 4-Dimethyl- und 4-Diäthyl-aminobenzol-carbonsäuren angewendet. Kartoffel-, Mais- und Haferstärke färben sich orangegelb (diese mit HCl-Dämpfen schwach rosa), während die Stärken anderer Getreide ungefärbt bleiben. Es gibt jedoch rationeller arbeitende Methoden.

8. Quellung und Verkleisterung der Stärkekörner

a) In Wasser durch Temperaturerhöhung. Werden die in Wasser unlöslichen Stärkekörner vorsichtig in Wasser erhitzt, so beginnen diese bei einer für verschiedene Stärkearten verschiedenen Temperatur zu quellen, d.h. sie nehmen unter Volumvergrößerung Wasser auf. Diese Veränderungen beginnen im sog. Kern (Schichtungszentrum) der Stärkekörner. Hier bildet sich ein Hohlraum, hier wird das Stärkekorn sofort isotrop (I. Phase). Die Quellung verbreitet sich von hier aus nach allen Seiten, das Stärkekorn verliert seine charakteristische Gestalt, die Doppelbrechung verschwindet ganz (II. Phase, Abb. 5) (über Rückkehr der Doppelbrechung vgl. S. 386). Bei weiterer Temperaturerhöhung berstet das sackförmig gewordene Stärkekorn, die im Inneren befindliche gelöste Amylose tritt dabei in das umgebende Wasser aus. Die geplatzte Hülle, der Amylopektinbalg, bleibt als kleisterartige Masse zurück (III. Phase). Im allgemeinen verquellen die großen Stärkekörner einer bestimmten Stärke immer früher als die kleineren, so daß sich nicht alle Körner gleich verhalten. Außerdem quellen frisch geschlämmte Stärken früher als schon eine zeitlang getrocknete. Nicht bei allen Stärken ist das Quellungsbild der Körner das gleiche, es können auch Risse und Spalten auftreten. Da die Quellungsphasen bei verschiedenen Temperaturen liegen (welche für verschiedene Stärkearten ebenfalls unterschiedlich sind), läßt sich der Quellungsprozeß an verschiedenen Stellen unterbrechen, woduch verschieden stark verquollene Produkte erhalten werden können (Quellstärken, Quellmehle, vorgequollener Reis u.a.). Wird die Wärmequellung unter mikroskopischer Kontrolle verfolgt (Mikroheiztisch), so lassen sich Stärken mit unterschiedlicher Quellungsempfindlichkeit unterscheiden, wenn nur bestimmte Phasen der Quellung durch genügend Temperaturgrade voneinander getrennt sind (S. 229).

Auf diese Weise hat L. Wittmack schon 1884 Roggenstärke (62,5°) von Weizenstärke (65°) unterschieden, indem je 2 g Stärke oder Mehl mit je 200 ml Wasser in einem Becherglas im Wasserbad zusammen erhitzt und bei 62,5° beide Bechergläser in kaltes Wasser eingestellt wurden. Der Quellungszustand der Stärken wurde dann jeweils mikroskopisch geprüft. E. T. Reichert (1913) hat Verkleisterungstemperaturen vieler Stärken angegeben. Zahlreiche Autoren haben sich um die exakte Bestimmung der Verkleisterungstemperatur bemüht. Neuerdings hat J. Seidemann (1963) den Quellungsbereich definiert und ein exaktes Verfahren zur genauen Bestimmung angegeben (S. 229).

b) Quellung von Stärkekörnern in Laugen. Stärkekörner quellen in geeigneten schwachen Konzentrationen von Laugen schon bei Zimmertemperatur (A. Meyer 1909), dabei verhalten sich verschiedene Stärkearten aber unterschiedlich, so daß damit Unterscheidungen möglich sind.

K. Baumann (1899) versetzte zum Nachweis von Maisstärke in Weizenmehl 0,1 g des Mehles mit 10 ml 1,8%iger Kalilauge, schüttelte öfter 2 min lang, neutralisierte mit konz. HCl und stellte mikroskopisch fest, daß die Weizenstärke bis auf die Kleinkörner verquollen, während die Maisstärke fast unverändert geblieben war.

c) Quellung erfolgt auch in Mineralsäuren, obwohl daneben auch chemische Reaktionen (Hydrolyse) eintreten. Zahlreiche Salze der Mineralsäuren und andere anorganische Verbindungen bewirken Quellung der Stärkekörner. Besonders hingewiesen wird auf das in der Mikroskopie verwendete Kaliumhypochlorit (Eau de Javelle) als Aufhellungsmittel. In Wasserstoffperoxid (30%) quellen Kartoffelstärkekörner langsam. Im Inneren der großen Körner tritt häufig eine Gasblase auf, ein Zeichen dafür, daß hier ein Hohlraum entsteht. In verdünnten Lösungen verquellen die Körner sehr rasch.

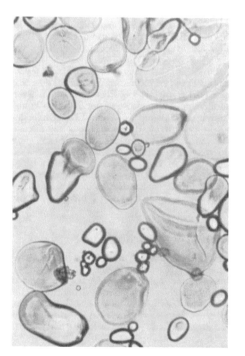

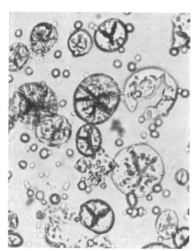

Abb. 5. Kartoffelstärke, teilweise verquollen (Vergr. 50:1)   Abb. 6. Weizenstärke, korrodiert (Vergr. 160:1)

Quellung erfolgt auch in organischen Säuren und organischen Verbindungen. Von den letzteren ist das Chloralhydrat zu nennen, welches viel als chemisches Aufhellungsmittel verwendet wird, ferner Natriumsalicylat.

d) Die Wirkung von Fermenten auf Stärkekörner interessiert hier nur soweit, als diese schon in den sie bildenden Organen von solchen angegriffen werden. Der Angriff erfolgt meist in ganz spezifischer Weise und zwar korrosionsartig: Korrodierte Stärke, z. B. aus ausgewachsenem Getreide oder gekeimten Kartoffeln u. a. (Abb. 6).

Verschiedenen stärkelösenden Fermenten gegenüber verhalten sich verschiedene Stärke-arten nicht gleich. Nach K. AMBERGER (1921) werden Roggen-, Weizen-, Gersten- und Hafer-stärke in einer 0,6%igen Diastaselösung bei 58—59° C in 1 Std abgebaut, während Kartoffel-, Mais-, Reis- und Bohnenstärke kaum angegriffen werden. Im Bedarfsfall kann dieses Verhalten zur Unterscheidung benutzt werden. Bei den Getreidestärkekörnern kommt nach H. MELCHIOR u. H. FEUERBERG (1954) der Medianspalte beim amylolytischen Abbau besondere Bedeutung zu.

9. Nachweis gequollener Stärkekörner durch organische Farbstoffe

Mit Beginn der Quellung wird das dichte Gefüge der Stärkesubstanz des Kornes besonders an dessen Oberfläche (Amylopektin) aufgelockert, so daß der beim intakten Stärkekorn vorhandene natürliche Widerstand gegen das Eindringen gelöster Stoffe, besonders von Farbstoffen, vermindert wird. Mit Beginn der Quellung, welche sowohl thermisch wie auch auf chemischem Wege hervorgerufen werden kann, wird das Eindringen von Farbstoffen in die quellende Stärke wesent-lich erleichtert. In Kongorotlösung färben sich intakte Stärkekörner erst nach Wochen und Monaten, gequollene dagegen momentan. Sowohl basische wie auch

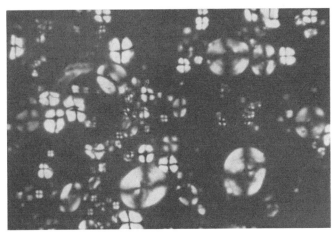

Abb. 7. Weizen-, Mais-, Reisstärke zwischen gekreuzten Polarisatoren (Vergr. 160:1)

substantive Farbstoffe eignen sich zum Nachweis der Stärkequellung. A. P. SCHULTZ u. G. STEINHOFF (1932) benennen Kongorot und Thionin, desgleichen E. HOMBERGER (1940). Auch Toluidinblau, Methylenblau und Anilinblau, Fuchsin und andere basische Farbstoffe färben in gleicher Weise. F. BAKER u. P. HOBSON (1952) verfahren folgendermaßen:

Die zu untersuchende Stärkesubstanz oder das Pulver wird in kleiner Menge auf dem Ob-jektträger mit einem Tropfen einer 1%igen Lösung von Safranin 0 vermischt und mit dem Deckglas bedeckt. Nach etwa 30 min wird dest. Wasser durchgesaugt, um die überflüssige Farblösung auszuwaschen. Darauf ersetzt man das dest. Wasser durch einen Tropfen einer 1%igen Lösung von Niagarablau 4B, bis das Präparat gleichmäßig blau erscheint. J. SEIDE-MANN (1962a) empfiehlt, die Anfärbung mit Safranin 0 im Reagensglas auszuführen, da das Auswaschen leichter durchführbar ist. Als Ergebnis zeigt sich, daß die unbeschädigten Stärke-körner rosa bis rot gefärbt sind, während die verquollenen leuchtend blau geworden sind. Die Anfärbung mit Safranin 0 erfolgt bei Weizen, Roggen, Mais und Hafer nur schwer, so daß die Körner farblos bis schwach rosa erscheinen, während die gequollenen intensiv blau gefärbt sind. Die Safraninfärbung ist also praktisch überflüssig.

10. Die Untersuchung verschiedener Stärken im polarisierten Licht

Die Untersuchung der Stärkekörner zwischen gekreuzten Polarisatoren ergibt wichtige Hinweise zur Unterscheidung und Erkennung verschiedener Stärken.

a) Unterschiedliche Dicke der Stärkekörner kommt in verschieden starker Aufhellung in den vier Quadranten der Stärkekörner zum Ausdruck. Sehr dünne (flache) Stärkekörner wie z. B. vom Weizen oder von Curcuma domestica ergeben

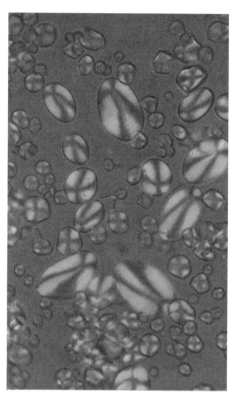

nur schwache Aufhellung, während dicke Stärkekörner z. B. von Kartoffeln, Mais und Roggen u. a. starke Aufhellung erkennen lassen. Voll- und Flachkörner werden hierbei nicht getrennt unterschieden. Abb. 7 zeigt die drei Stärken von Weizen, Mais und Reis im Gemenge. Die Weizenstärkekörner sind rund und heller und dunkler, die vom Mais sind abgerundet eckig, stark aufgehellt mit sehr dünnen Balken im Polarisationskreuz, die Reisstärkekörner sind die kleinsten mit eben noch erkennbarem Kreuz. Die Stärkekörner entsprechen den Einzelabbildungen 10, 13 und 61. In Abb. 8 sind die Kartoffelstärkekörner und solche vom Mais vermengt zwischen gekreuzten Polarisatoren mit dem Gipskompensator Rot I. O. gezeigt. Durch größere Schichtdicke und stärkere Aufhellung treten auch die im mikroskopischen Präparat aufgerichteten Stärkekörner (in Profilstellung) gegenüber den flach liegenden bei manchen Gramineen (Weizen, Roggen, Gerste) und Zingiberaceen (Ingwer, Zitwer, Curcuma) besonders hervor.

Abb. 8 Kartoffel- und Maisstärke zwischen gekreuzten Polarisatoren mit Gips Rot I. O.

b) Unterschiedliche Symmetrie der Stärkekörner wird infolge der sphäritischen Struktur, bei den großen Stärkekörnern durch die Sphäriten-Kreuze hervorgehoben, da der Schnittpunkt der Balken immer im Schichtungszentrum (Kern) gelegen ist. Wesentlich ist die sehr unterschiedliche Ausbildung des Polarisationskreuzes bei verschiedenen Stärken: Breite der Balken, im Randbezirk der Körner und im Zentrum (z. B. Roggenstärke im Gegensatz zu Weizen- und Gerstenstärke) oder Balken, welche gleich breit bleiben oder außen oder am Kreuzungspunkt breiter oder schmaler werden. Bei runden Körnern bleibt beim Drehen des Präparates um 360° der Kreuzungspunkt der Balken erhalten, bei mehr elliptischen Körnern löst sich unter Umständen das Kreuz in den Diagonallagen in zwei bogenförmige Hälften auf. Viele Zingiberaceen- und auch die Bananenstärken mit extrem asymmetrisch gelegenem Schichtungskern (und abweichendem Schichtungsverlauf) lassen zwei Balken ungewöhnlich groß, die beiden anderen völlig rudimentär erscheinen. Bei den Leguminosen treten noch zusätzlich schwarze Balken in den großen nierenförmigen Stärkekörnern hinzu. Bei sehr dicht gelagerten Stärkekörnern, z. B. im Endosperm von Triticum durum und anderen Objekten, mit gegenseitigen Deformierungen zeigen die Balken der Polarisationskreuze mehr oder weniger unregelmäßigen Verlauf. Bei wenig zusammengesetzten Stärkekörnern addieren sich die eng beieinander liegenden aufgehellten Quadranten der einzelnen Teilkörner, so daß das Gesamtkorn als leuchtendes Gebilde erscheint. Mit Abnahme der Größe der Teilkörner und Zunahme der Anzahl der Einzelkörner tritt aber eine immer stärker werdende gegenseitige Störung der Erscheinungen an den Einzelkörnern und damit eine erhöhte Abnahme der Gesamthelligkeit der Stärkeaggregate auf. Dieser Vorgang führt im Extremfall, z. B. bei den hoch zusammengesetzten Stärkeaggregaten aus dem Endosperm der Kornradesamen (Agrostemma githago) von 100 μ Länge, während die Teilkörnchen nur 1 μ $\varnothing$ besitzen, zum Auslöschen dieser Aggregate zwischen gekreuzten Polarisatoren. Bei häufiger Beschäftigung mit der gleichen Stärke lassen sich die genannten und weitere Besonderheiten im Verhalten bestimmter Stärken nutzbringend verwenden. Die genannten Eigentümlichkeiten der Stärkekörner bei Betrachtung zwischen gekreuzten Polarisatoren lassen sich in ihrer Ausdrucksweise noch steigern, wenn zwischen Polarisator und Analysator die Gipsplatte Rot I. O. (Gipskompensator) eingeschaltet wird. Die Dickenunterschiede der Stärkekörner werden dann bei den dünneren durch Farberniedrigung, bei den dickeren durch Farberhöhung hervorgehoben. Gleichzeitig wird auch die verschiedene Richtung in der Anordnung der Fibrillen charakterisiert.

Auf Untersuchung der Stärkekörner im *Phasenkontrast-Mikroskop* soll hier nicht eingegangen werden, da dieses Verfahren keine Anwendung für diagnostische Zwecke findet. Das gleiche gilt für die *Fluorescenz-Mikroskopie*, Stärke selbst besitzt praktisch keine Eigenfluorescenz. Bei Anfärbung mit Fluorochromen kann z. B. mittels Primulin oder Acridinorange der Nachweis von Amylose und Amylopektin geführt werden, für die routinemäßige Anwendung kommt dieses Verfahren aber nicht in Frage (A. Th. Czaja 1960a, 1961).

II. Die verschiedenen Stärkearten

Die Stärkearten werden nach dem mikroskopischen Bild der Körner und nach Struktureigentümlichkeiten in folgende Gruppen geordnet:

Stärken mit vorwiegend Einzelkörnern

a) Stärken der Gramineen und anderer Pflanzen
b) Stärken der Zingiberaceen und Musa
c) Stärken der Leguminosen

Stärken mit vorwiegend zusammengesetzten Körnern.

1. Stärken mit vorwiegend Einzelkörnern

a) Stärken der Gramineen und anderer Pflanzen

α) **Weizenstärke** (Triticum sativum var. vulgare) (Abb. 9). Großkörner in Flächenansicht sind rund bis oval, in Profilstellung schmal oval mit dunkler Längslinie. Kern zentral wie die Schichtung. Diese nur selten erkennbar; Kernspalte in Wasser selten, Durchmesser 30—40, selten 45 μ. Kleinkörner einfach, kugelig oder eiförmig, auch spitz eiförmig, spindelförmig oder abgerundet eckig, polyedrisch. Diese letzteren sind Teilkörner von wenig zusammengesetzten, welche leicht zerfallen. Durchmesser der Kleinkörner 2—9, meist 6 μ, Zwischenformen selten.

Zwischen gekreuzten Polarisatoren (Abb. 10): Die Balken des Kreuzes sind im allgemeinen breit, gelegentlich auch unregelmäßig oder auch nach dem Rande zu verbreitert. Bei großen Körnern sind diese seltener in der Mitte schmal auf dunklerem Feld. Die Quadranten sind mäßig aufgehellt, bei den größten Körnern stärker. In Profilstellung und Diagonallage ist das Kreuz verzerrt, zwei stark aufgehellte Mittelfelder erscheinen (Abb. 11).

Zwischen gekreuzten Polarisatoren mit Gips Rot I.O. zeigen die meisten Körner in den positiven Quadranten Violett bis Indigo II. O., in den negativen Orange I. O.; nur die größeren und dickeren Körner ergeben Blau II. O. und Gelb I. O. Stärkekörner in Profilstellung zeigen immer Blau und Gelb.

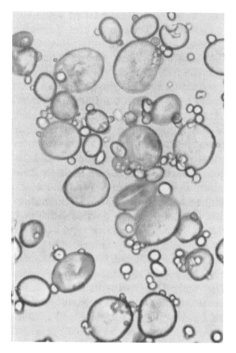

Abb. 9. Weizenstärke (Weichweizen) (Vergr. 160:1)

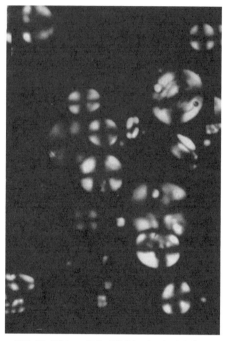

Abb. 10. Weizenstärke (Weichweizen), zwischen gekreuzten Polarisatoren (Vergr. 160:1)

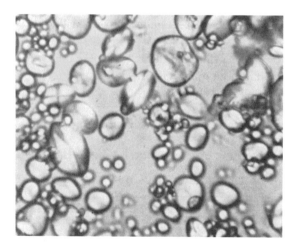

Abb. 11. Weizenstärke (Weichweizen) aufgerichtete Körner, zwischen gekreuzten Polarisatoren
Gips Rot I (Vergr. 160:1)

β) **Hartweizen-Stärke** (Triticum durum Desf.) (Abb. 12). Die Stärkekörner sind sehr ähnlich denen des Saatweizens. Die großen Körner weichen jedoch häufiger von der regelmäßig runden Gestalt ab, sind infolge der sehr gedrängten Packung in den Endospermzellen deformiert. Zwischen gekreuzten Polarisatoren (Abb. 13) kommen die Deformationen der Körner sehr viel augenfälliger zum Vorschein als im gewöhnlichen Licht. Die Polarisationskreuze sind stark gestört, ein gutes Diagnostikum für den Hartweizen. Das gilt auch für die Untersuchung mit dem Gipsplättchen Rot I. O.

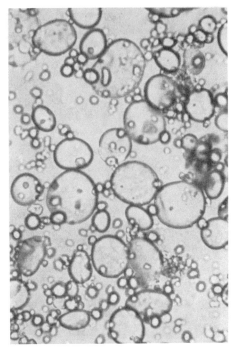

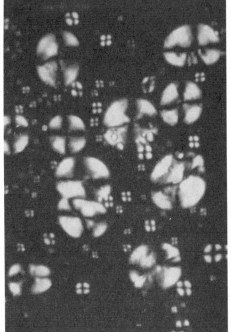

Abb. 12. Weizenstärke (Durumweizen) (Vergr. 160:1)

Abb. 13. Weizenstärke (Durumweizen), zwischen gekreuzten Polarisatoren (Vergr. 160:1)

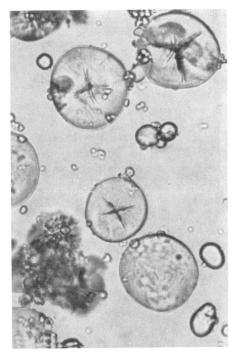

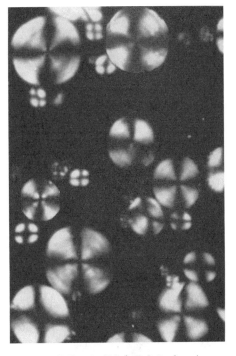

Abb. 14. Roggenstärke (Vergr. 160:1)

Abb. 15. Roggenstärke zwischen gekreuzten Polarisatoren (Vergr. 160:1)

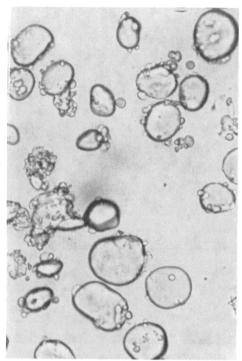

Abb. 16. Gerstenstärke (Vergr. 160:1)

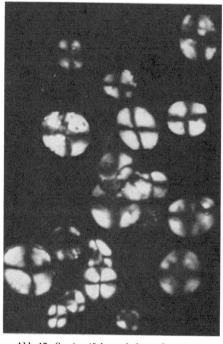

Abb. 17. Gerstenstärke, zwischen gekreuzten
Polarisatoren (Vergr. 160:1)

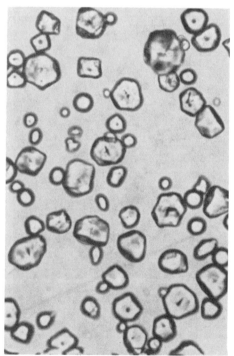

Abb. 18. Maisstärke (Vergr. 160:1)

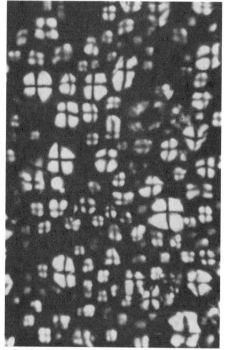

Abb. 19. Maisstärke, zwischen gekreuzten
Polarisatoren (Vergr. 160:1)

γ) **Roggenstärke** (Secale cereale L.) (Abb. 14). Der Weizenstärke ähnlich, Durchmesser der Großkörner (25—35, häufig 45—50 μ, selten bis 60 μ) und Dicke aber größer. Konzentrische Schichtung selten zu erkennen. Die drei- bis fünfarmige Kernspalte größerer Körner allein kann nicht zur Unterscheidung von Weizenstärke dienen, weil diese bei manchen Roggensorten selten ist. Kernspalten treten nur in Wasserpräparaten auf, in nicht wäßrigen Einschlußmitteln fehlen diese. Kleinkörner fast immer rundlich oder gerundet eckig oder unregelmäßig; zusammengesetzte Körner selten. Größe 3—10 μ; Zwischenformen relativ zahlreich. In Profilstellung sind die Körner wie beim Weizen schmal-oval mit länglicher Furche.

Zwischen gekreuzten Polarisatoren zeigen die meisten und besonders die größeren Körner die Balken des Kreuzes von außen nach innen verschmälert. Im Zentrum sind diese dann ganz schmal auf hellem Feld (Abb. 15). Daneben kommen auch Körner mit dickeren Balken vor. Die Quadranten sind meist stark aufgehellt (infolge der größeren Dicke als beim Weizen). Körner in Profilstellung wie beim Weizen. Bei Zwischenschaltung des Gips Rot I. O. zeigen die meisten Körner in den positiven Quadranten Blau II. O., in den negativen Gelb I. O.; kleinere und dünnere Körner entsprechend Violett bis Indigo und Orange. Körner in Profilstellung geben immer Blau bis evtl. Blaugrün und Gelb.

δ) **Gerstenstärke** (Hordeum distichum L.) (Abb. 16). Der Weizen- und Roggenstärke ähnlich. Großkörner rundlich, oft knollen- oder nierenförmig, unregelmäßig. Schichtung oft deutlich, zuweilen auch das Schichtungszentrum, selten einfacher Spalt vorhanden; Durchmesser 15—30, meist 25, selten 35—42 μ; Zwischenformen nur spärlich vorhanden.

Zwischen gekreuzten Polarisatoren (Abb. 17) ist das Verhalten der Stärkekörner demjenigen der Weizenstärke sehr ähnlich. Besonderheiten sind dabei nicht zu verzeichnen. In Profilstellung ergeben sich die entsprechenden Bilder wie bei Weizen- und Roggenstärke. Bei Verwendung von Gips Rot I. O. sind die Erscheinungen wie beim Weizen.

ε) **Maisstärke** (Zea Mays L.). Das Endosperm des Maiskornes enthält eine äußere gelbe hornartige Schicht (Hornendosperm) und einen lockeren weißen Kern (Mehlendosperm).

Hornendosperm: Die Stärkekörner sind dicht gepackt und daher scharfkantig, polyedrisch (Vollkörner); diese zeigen einen zentralen Kern oder strahlige Kernspalte (Abb. 18).

Mehlendosperm: Die Körner sind abgerundet, kugelig oder gestreckt und unregelmäßig, meist mit Kernspalte. Zwischen beiden Endospermanteilen liegt eine schmale Übergangszone, hier auch Übergänge zwischen den Stärkekörnern. Größe zwischen 10 und 25 μ. Bei Untersuchung in nichtwäßrigen Einschlußmitteln bleibt bei den meisten Stärkekörnern in der Kernspalte eine Luftblase eingeschlossen. Es besteht eine gewisse Ähnlichkeit mit der Milostärke (Andropogon Sorghum). Zwischen gekreuzten Polarisatoren hellen die vier Quadranten stark auf infolge der relativen Dicke der Körner (Abb. 19). Die Balken der Kreuze sind schmal, die hellen Felder am Rande oft etwas eingezogen. Mit Gips Rot I. O. zeigen die meisten Körner blaue und gelbe Polarisationsfarben.

ζ) **Hirsestärke** (Milopuder, Andropogon Sorghum L.). Die Stärkekörner der bei uns fast ausschließlich verwendeten Mohren- oder Sorghohirse sind größer als diejenigen von Panicum- und Setaria-Arten. Die Hirsen besitzen Horn- und Mehlendosperm, wobei das erstere an Umfang überwiegt. Die meisten Stärkekörner sind daher kantig-eckig (Vollkörner) und hängen oft noch in Klumpen zusammen, während die Körner des Mehlendosperms rundliche oder kugelige Gestalt besitzen; Übergänge zwischen beiden kommen vor. Der Durchmesser der Stärkekörner erreicht bei den größten bis 30 μ. Sie besitzen Ähnlichkeit mit den Körnern von Mais, aber der geringere Teil ist abgerundet. Kernspalte ist meist deutlich. Werden ganze stärkehaltige Endospermzellen mit kalter Lauge behandelt, so bleibt bei allen Hirsearten nach Auflösen der Stärke ein Eiweißnetz aus geperlten Fäden übrig im Gegensatz zum Mais, bei dem diese Fäden glatt erscheinen (Abb. 20).

Zwischen gekreuzten Polarisatoren hellen die Körner stark auf. Trotzdem Ähnlichkeit mit der Maisstärke besteht, zeigen die meisten Körner des Milopuders den Rand der hellen Quadranten zwischen den Balken des Kreuzes entweder geradlinig begrenzt oder konkav nach innen eingezogen. Nur bei einer geringen Anzahl von Körnern ist dieser konvex. Das ist die Folge der überwiegend polyedrischen, eckigen Körner aus dem Hornendosperm (Abb. 21). Mit Gips Rot I. O. zeigen die meisten Körner die Polarisationsfarben Blau II. O. und Gelb I. O.

η) **Buchweizenstärke** (Fagopyrum esculentum L.) besitzt Horn- und Mehlendosperm. Die Körner des ersteren sind polyedrisch, die des Mehlendosperms rundlich. Kennzeichnend sind stäbchenförmige Aggregate aus zwei oder mehr Körnern, zwischen denen oft keine Trennung zu bestehen scheint (Abb. 22). Nach Behandlung mit verd. kalter Lauge bleibt in noch geschlossenen Endospermzellen ein Netz von homogenen, nicht geperlten Fäden übrig (Buchweizenmehl, vgl. S. 248).

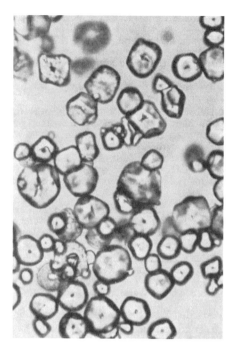
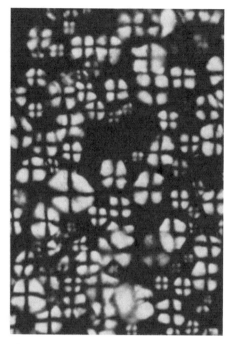

Abb. 20. Sorghum-Hirse-Stärke (Vergr. 160:1)

Abb. 21. Sorghum-Hirse-Stärke, zwischen gekreuzten Polarisatoren (Vergr. 160:1)

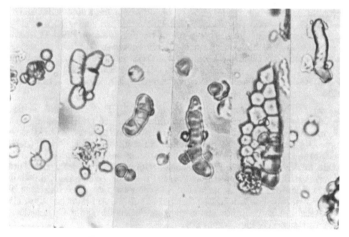

Abb. 22. Buchweizenstärke (Vergr. 160:1)

ϑ) **Kartoffelstärke** (Abb. 23) (Solanum tuberosum L.) besitzt sehr charakteristische Körner, die größten unserer Gebrauchsstärken (bis 100 und mehr μ ⌀). Schichtung meist sehr deutlich. Kern exzentrisch am schmalen Ende, Spalt selten. Die größeren Körner unregelmäßig, muschelförmig oder eirund, die kleinsten (5 μ) mitunter fast kugelig. Alle Zwischengrößen, daneben findet man kleine, rundliche und mittelgroße, auch zu zwei oder drei zusammengesetzte Körner mit weniger deutlicher Schichtung. Es gibt auch solche, bei denen jeder Kern von einer Anzahl eigener Schichten umgeben ist, während die äußeren Schichten gemeinsam sind. Die Schichtung ist bei den größeren Körnern so deutlich wie kaum bei einer anderen Stärkeart. Einzelne Schichten sind meist stärker betont.

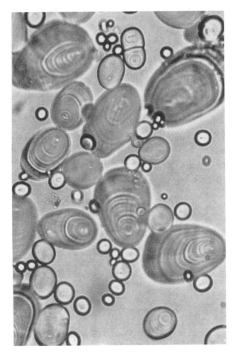

Abb. 23. Kartoffelstärke (Vergr. 160:1)

Abb. 24. Kartoffelstärke, zwischen gekreuzten
Polarisatoren (Vergr. 160:1)

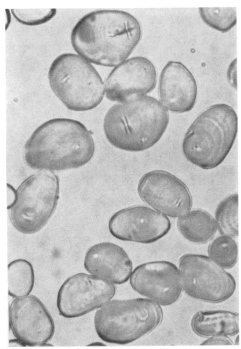

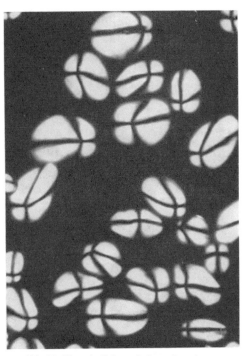

Abb. 25. Marantastärke (Vergr. 160:1)

Abb. 26. Marantastärke, zwischen gekreuzten
Polarisatoren (Vergr. 160:1)

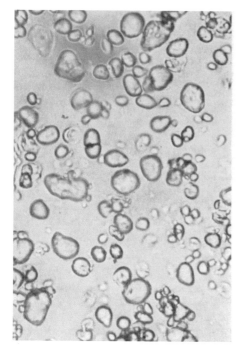

Abb. 27. Kastanienstärke (Vergr. 160:1)

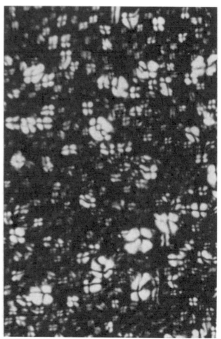

Abb. 28. Kastanienstärke, zwischen gekreuzten
Polarisatoren (Vergr. 160:1)

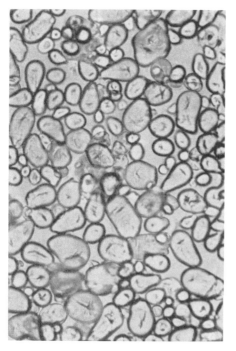

Abb. 29. Roßkastanienstärke (Vergr. 160:1)

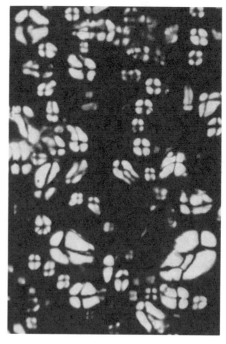

Abb. 30. Roßkastanienstärke, zwischen gekreuzten
Polarisatoren (Vergr. 160:1)

Zwischen gekreuzten Polarisatoren stellen die Körner (Abb. 24) das Schulbeispiel für die Untersuchung im polarisierten Licht dar. Das bei größeren Körnern asymmetrisch gelegene Schichtungszentrum bildet die Kreuzungsstelle für die Balken des Kreuzes. Die Quadranten der großen und dickeren Körner hellen stark auf. Die größten Körner zeigen infolge der erheblichen Dicke oft schon höhere Polarisationsfarben. Die kleineren Körner sind meist rund mit völlig symmetrischen Kreuzen. Bei deformierten Stärkekörnern sind die langen Balken der Kreuze häufig unregelmäßig geknickt oder gebogen. Mit Gips Rot I. O. zeigen die erheblich dicken Flachkörner als Additionsfarben das Blau II. O. und als Subtraktionsfarben das Gelb I. O. Gestalt und Größe der Kartoffelstärkekörner sind derart charakteristisch, daß diese ohne jedes Hilfsmittel immer leicht erkannt werden können.

ι) **Marantastärke** (westindisches, Jamaika-, Bermudas-, St. Vincent-, Natal-Arrowroot) wird aus den Rhizomen mehrerer Pfeilwurzelarten (Maranta arundinacea, M. indica, M. nobilis) gewonnen. Die Körner (Abb. 25) sind sehr verschieden gestaltet, ei-, birn- oder spindelförmig, seltener kugelig. Fast alle zeigen einen deutlichen exzentrischen, seltener fast zentral gelegenen Spalt, der eine eigentümlich gebogene, an einen schwebenden Vogel erinnernde Linie bildet; der Spalt kann auch mehrstrahlig sein. Die Schichtung ist bei den meisten Körnern deutlich, aber viel zarter als bei der Kartoffelstärke, mit der die Marantastärke eine gewisse Ähnlichkeit hat. Die Körner sind meist 30—40 μ, selten über 50 μ groß.

Zwischen gekreuzten Polarisatoren zeigen die asymmetrischen Körner Kreuze mit schmalen Balken, welche sich im Schichtungszentrum überschneiden. Die Balken verbreitern sich meist nach dem Rande zu und sind im dünneren Teil häufig etwas gebogen. Die Quadranten sind entsprechend der Dicke der Körner stark aufgehellt (Abb. 26). Mit Gips Rot I. O. lassen die dicken Körner durchweg das Blau II. O. und das Gelb I. O. erkennen.

κ) **Kastanienstärke** (Castanea vesca GÄRTN.) besteht vorwiegend aus einfachen Körnern (Abb. 27), Zwillinge und Drillinge mit gleich- oder ungleichgroßen Teilkörnern sind selten. Die einfachen Körner zeigen verschiedene Gestalt. Die großen sind in der Fläche häufig drei- oder vierseitig gerundet, zuweilen an einer oder mehreren Seiten eingezogen, auch rundlich, nieren- oder keulenförmig, auch höckerig. Typisch sind einzelne Körner mit warziger oder buckeliger Oberfläche. Die größeren Körner zeigen zuweilen mehrstrahligen Kernspalt, oder auch exzentrischen Kern und undeutliche Schichtung. Länge gewöhnlich 15—25, selten bis 30 μ. Zwischen gekreuzten Polarisatoren sprechen die Stärkekörner noch deutlich an (Abb. 28).

λ) **Roßkastanienstärke** (Aesculus hippocastanum L.). Die Gestalt dieser vorwiegend einfachen Körner (Abb. 29) ist meist birn- oder eiförmig, daneben auch gerundet drei- bis fünfseitig oder nierenförmig, oft mit warzenförmigen Auswüchsen, kleine Körner oval oder rundlich. Kern oder Kernspalte ist bei den meisten Körnern zu erkennen, letztere auch mehrstrahlig. Die Schichtung ist gewöhnlich nicht deutlich. Vereinzelt kommen kleine Zwillinge und Drillinge vor. Die Größe der typisch birnförmigen Körner beträgt 15—25, selten 30 μ. Im ganzen ist die Roßkastanien- der Kastanienstärke ähnlich, aber weniger zierlich. Zwischen gekreuzten Polarisatoren zeigt sich besonders bei den größeren Körnern ein charakteristisches Bild (Abb. 30).

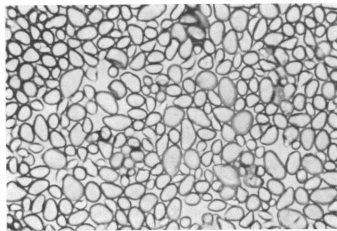

Abb. 31.
Eichelstärke (Vergr. 160:1)

μ) **Eichelstärke** (Quercus robur L.). Meist einfache Körner ohne Schichtung (Abb. 31), mit Kernspalte oder Kernhöhle, länglich eiförmig, häufig einseitig abgeflacht oder eingedrückt; typisch sind die gerundet dreieckigen Formen. Der Kern ist meist deutlich, größere Körner zeigen gestreckte weite Kernhöhle. Länge meist 15—20 (bis 25 μ), kleine Körner 3—15 μ.

b) Die Stärkekörner einiger Zingiberaceen und der Banane (Musa-Arten)

Manche Zingiberaceen und Musa-Arten zeigen in Struktur und Verhalten ihrer Stärkekörner in mancher Hinsicht Abweichungen von den Stärken mit Einzelkörnern der übrigen Pflanzen. Es handelt sich bei diesen auch um Flachkörner, aber z. T. von sehr geringer Dicke. In bezug auf diese besitzen sie aber nur bei Untersuchung zwischen gekreuzten Polarisatoren mit Gips Rot I. O. einige Ähnlichkeit mit den Stärkekörnern von Triticum sativum var. vulgare. Diese sehr dünnen Stärkekörner können gelegentlich zu mehreren flach aufeinander liegen. Einzeln oder in solchen Päckchen zu mehreren können diese Körner in Profilstellung sich darbieten und erscheinen dann als schmale Gebilde, nun aber von erheblicher Dicke, welche sich aber nur im polarisierten Licht bemerkbar macht. Eine Besonderheit dieser Körner besteht in der extrem asymmetrischen Lage des Schichtungszentrums am distalen und meist schmaleren Ende der Körner. Ferner verläuft die Schichtung nicht wie bei den übrigen Flachkörnern parallel zum Rande des gesamten Kornes, so daß die inneren Schichten immer geringeren Durchmesser besitzen. Diese laufen vielmehr parallel zum gebogenen Rande am proximalen, breiteren Ende der Körner und biegen nach der Rückseite um.

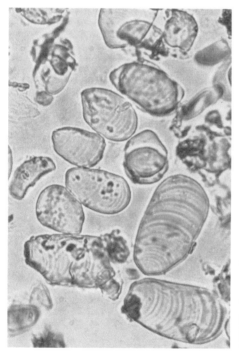

Abb. 32. Curcuma domestica-Stärke (Vergr. 160:1)

Abb. 33. Curcuma domestica-Stärke, zwischen gekreuzten Polarisatoren (Vergr. 160:1)

a) **Curcumastärke.** Unter ostindischem, Bombay-, Malabar-, Tellichery-Arrowroot, Tikmehl, Tikur, Travankora versteht man die Stärke aus den Rhizomen verschiedener Curcuma-Arten (C. domestica, C. angustifolia, C. leucorrhiza, C. rubescens u. a.).

Die stets sehr flachscheibenförmigen Stärkekörner liegen oft dicht aufeinander und können sich daher in Präparation von der Schmalseite zeigen. Die etwas gestreckten Körner zeigen am schmäleren Ende einen kleinen Vorsprung, auf welchem der Kern liegt. Das breitere Ende ist meist gerundet. Die zarte Schichtung verläuft parallel dieser Rundung und schneidet die Längsseiten. Größe der Körner C. angustifolia 35—60 μ (Breite 25—35 μ, Dicke 7—8 μ), vereinzelt 70—85 μ lang; C. leucorrhiza Körner gelegentlich 100—140 μ lang (Abb. 32).

Curcuma-Stärke bietet zwischen gekreuzten Polarisatoren ein sehr charakteristisches, aber ganz anderes Bild als die übrigen Stärken mit Solitärkörnern (Abb. 33). Da das Schichtungszentrum ganz an einem Schmalende (distal) oder auf einem vorragenden Wärzchen gelegen ist und außerdem die Schichtung *nicht* parallel der Kontur des Kornes, sondern parallel dem gebogenen breiteren Rand am proximalen Ende des Kornes verläuft, bieten diese Körner praktisch nur zwei, bei besonderer Lage sogar nur einen Balken des Polarisationskreuzes dem Beschauer dar. Die beiden anderen Balken, in besonderer Lage sogar die drei anderen Balken sind extrem kurz und werden daher leicht übersehen, besonders bei schwächerer Vergrößerung. Die beiden langen Balken nehmen mit geringer Breite am Schichtungszentrum gegen den gebogenen breiteren Rand am proximalen Ende des Kornes ständig an Breite zu. Die Quadranten sind meist nur schwach aufgehellt infolge der geringen Dicke der Körner. Befinden sich diese aber in Profilstellung, so erfahren diese in Diagonallage starke Aufhellung, überstrahlen damit die Körner in Flächenlage.

Mit Gips Rot I. O. kommt die geringe Dicke der Curcuma-Stärkekörner sehr überzeugend zum Ausdruck. Die Quadranten zeigen in Additionslage nur Violett bis Indigo II. O., in Subtraktionslage Orange I. O. Häufig sind diese Farben aber auch sehr blaß. Stärkekörner in Profilstellung und Diagonallage zeigen entweder das Grün II. O. oder Gelb I. O. Überdecken sich zwei Stärkekörner in Flächenlage teilweise, so kann diese doppelte Schicht in Diagonallage das Grün II. O. ergeben.

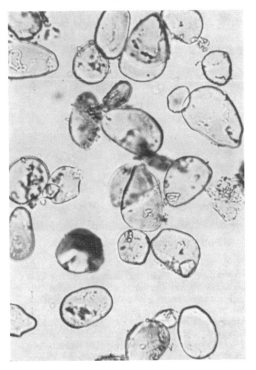

Abb. 34. Ingwerstärke (Vergr. 160:1)

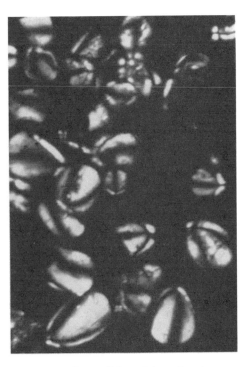

Abb. 35. Ingwerstärke, zwischen gekreuzten Polarisatoren (Vergr. 160:1)

β) **Ingwer-Stärke (Zingiber officinale).** Die Stärkekörner des Ingwer lassen den typischen Bau der Zingiberaceen-Stärke erkennen. Für diese gilt praktisch das gleiche, was für die Curcuma-Stärke schon ausgeführt worden ist.

Im allgemeinen sind die Körner aber etwas gedrungener, d. h. kürzer, als die Stärkekörner von Curcuma domestica (Abb. 34). Auch das Verhalten im polarisierten Licht zwischen gekreuzten Polarisatoren ohne und mit dem Gipskompensator ist ganz entsprechend (Abb. 35). Die Körner sind meist 20—30 μ lang, es kommen wenig kleinere und größere (bis 50 μ) vor.

γ) **Bananen-Stärke.** Die stärkereichen Früchte der Banane (Pisang) Musa paradisiaca (Familie Musaceae), werden auf Bananenstärke (Guayana-Arrowroot) oder zu Bananenmehl verarbeitet.

Die Stärkekörner sind von sehr unterschiedlicher Gestalt und Größe (10—90 μ). Sie sind fast stets einfach, sehr flach (Flachkörner), in Profilstellung länglich-schmal, von der Fläche oval bis muschelartig, auch keulenförmig, immer asymmetrisch. Das Schichtungszentrum liegt extrem weit außen, am schmalen distalen Ende, während das proximale konvex gebogen ist. Die Schichtung verläuft wie bei vielen Stärken der Zingiberaceen (Curcuma, Zingiber u.a.), parallel der proximalen konvexen Seite, aber nicht konzentrisch parallel dem Umriß des Kornes. Die Schichten biegen an den Längsseiten des Kornes nach rückwärts ab. Zwillingskörner sind selten (Abb. 36).

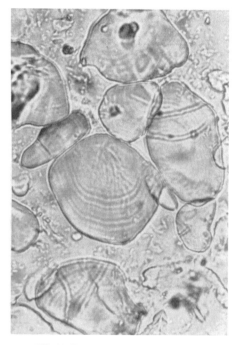

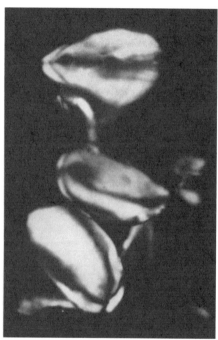

Abb. 36. Bananenstärke (Vergr. 160:1)

Abb. 37. Bananenstärke, zwischen gekreuzten Polarisatoren (Vergr. 160:1)

Zwischen gekreuzten Polarisatoren ist infolgedessen das Verhalten der Bananenstärke entsprechend derjenigen von Curcuma u.a. Die Körner sind infolge der geringen Dicke nur schwach aufgehellt, die Balken der Kreuze sehr ungleich lang. Häufig ist nur ein langer Balken zu erkennen, welcher am Kreuzungspunkt schmal beginnt und sich gegen den proximalen, konvexen Rand erheblich verbreitert, häufig aber unregelmäßig verläuft. Es können auch zwei lange Balken zu sehen sein, je nach der Orientierung der Körner. Die beiden anderen Kreuzbalken sind sehr kurz und schmal, verlaufen aber nicht in einem Vorsprung des Kornes wie häufig bei den Zingiberaceen (Abb. 37). Mit Gips Rot I. O. ergeben die Quadranten meist nur Violett bis Indigo II. O. und Orange I. O. als Additions- und Subtraktionsfarben.

c) Stärken der Leguminosen

Die Stärkekörner der Hülsenfrüchte sind zwar als solche leicht zu erkennen, aber die Unterscheidung der einzelnen Arten ist im gewöhnlichen Durchlicht und in Wasser oft schwierig oder gar unmöglich. Bei Untersuchungen zwischen gekreuzten Polarisatoren und unter Zuhilfenahme von organischen Immersionsmitteln ist in manchen Fällen die Unterscheidung erleichtert. Zuverlässige Diagnosen erfordern aber meist auch die Prüfung der Zellelemente der Samenschale und Kotyledonen (vgl. S. 420). Die Stärkekörner der Leguminosen sind mit seltenen Ausnahmen einfach, in der Regel bohnen- oder nierenförmig, oval oder rundlich. In Wasserpräparaten zeigen diese meist eine längliche, oft stark zerklüftete Kernspalte. In organischen Lösungsmitteln tritt diese im allgemeinen nicht auf. Deutliche konzentrische Schichtung, besonders im äußeren Teil der Körner, ist fast immer zu erkennen.

a) **Gartenbohne** (Phaseolus vulgaris L.). Die Stärkekörner zeigen verschiedene Gestalt und Größe. Neben bohnen- und nierenförmigen finden sich elliptische, auch rundliche, dreieckig gerundete oder ausgebuchtete Formen (Abb. 38). Länge der großen Körner 30—50 μ, einzelne bis 60 μ, kleine Körner bis 8 μ. Der Querdurchmesser beträgt meist 8—30 μ. Im Wasserpräparat tritt die Kernspalte stark hervor mit seitlichen Rissen.

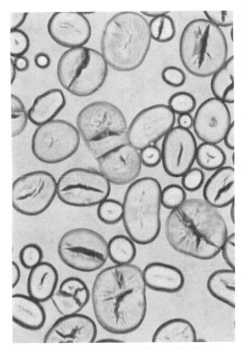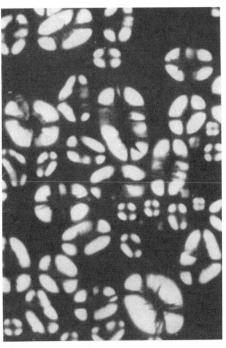

Abb. 38. Bohnenstärke (Vergr. 160:1)   Abb. 39. Bohnenstärke, zwischen gekreuzten
                                              Polarisatoren (Vergr. 160:1)

Zwischen gekreuzten Polarisatoren zeigen die großen Stärkekörner ein isotropes schwarzes Mittelfeld und häufig Verzerrung der Kreuzbalken sowie zusätzliche Balken (Abb. 39). Die kleineren und kleinen Körner sind meist rund mit regelmäßigen Kreuzen und Erweiterung der Überkreuzungsstelle. Die Quadranten sind entsprechend der Dicke der Körner stark aufgehellt. In Nelkenöl findet man nur selten Risse in den Körnern (Abb. 40). Mit *Gips Rot I.O.* treten Blau II und Gelb I in Addition und Subtraktion auf. Das Mittelfeld erscheint im Rot I.

β) **Feuerbohne** (Phaseolus multiflorus, Willd. = Ph. coccineus L.) besitzt ganz ähnliche Stärkekörner wie Ph. vulgaris.

γ) **Glatte Garten-Erbse** (Pisum sativum L.). Neben bohnen-, nieren- oder herzförmigen, auch regelmäßig elliptischen und runden Formen kommen in größerer Anzahl unregelmäßig buckelige, wulstige oder buchtige Körner vor. Die Kernspalte ist bei den verschiedenen Kulturformen im Wasserpräparat verschieden stark ausgeprägt. Die konzentrische Schichtung ist zart, aber meist deutlich erkennbar. Länge der Körner vorwiegend 25—45 μ, auch kleinere rundliche Körner von 5—10 μ sind anzutreffen (Abb. 41).

Zwischen gekreuzten Polarisatoren lassen die großen Stärkekörner meist ein sehr großes schwarzes Mittelfeld erkennen, sonst aber wie Phaseolus. Unregelmäßigkeiten der Balken, der Kreuze und zusätzliche Balken (Abb. 42). Mit Gips Rot I.O. erscheint das Mittelfeld rot, im übrigen treten die Farben Blau II und Gelb I auf.

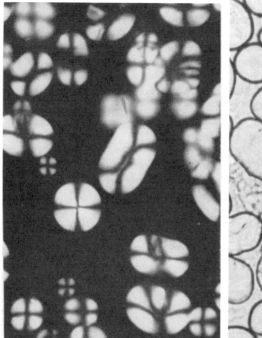

Abb. 40. Bohnenstärke, Nelkenöl,
zwischen gekreuzten Polarisatoren (Vergr. 160:1)

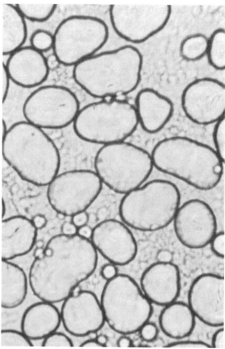

Abb. 41. Erbsenstärke (Gartenerbse, glatt)
(Vergr. 160:1)

Abb. 42. Erbsenstärke (Gartenerbse, glatt),
zwischen gekreuzten Polarisatoren (Vergr. 160:1)

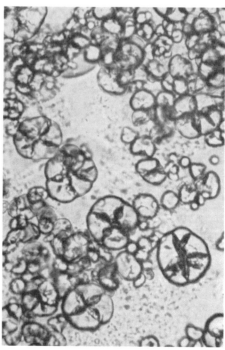

Abb. 43. Erbsenstärke (Gartenerbse, runzelig)
(Vergr. 160:1)

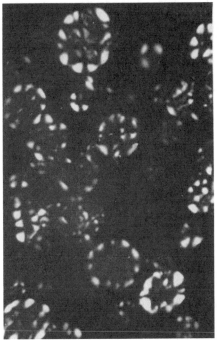

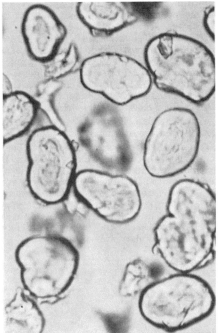

Abb. 44. Erbsenstärke (Gartenerbse, runzelig),
zwischen gekreuzten Polarisatoren (Vergr. 160:1)

Abb. 45. Erbsenstärke (Ackererbse) (Vergr. 160:1)

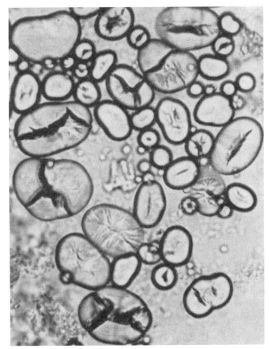

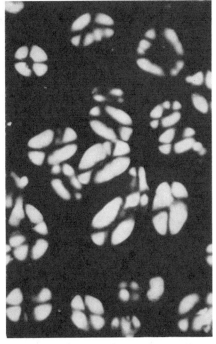

Abb. 46. Linsenstärke (Vergr. 160:1)

Abb. 47. Linsenstärke, in Nelkenöl, zwischen
gekreuzten Polarisatoren (Vergr. 160:1)

ϱ) **Runzelige Garten-Erbse** (Markerbse). Im Wasserpräparat sind die Körner sehr ungleich groß, mehr oder weniger häufig mit weitklaffender kreuzförmiger Spalte durch die ganze Fläche des Kornes, oder auch mit mehrstrahligen, klaffenden Rissen. Viele Körner sind auch in die entsprechenden Teile zerbrochen (Abb. 43). *Zwischen gekreuzten Polarisatoren* lassen die Körner ein großes schwarzes Mittelfeld erkennen. Dieses kann auch noch unterteilt sein (Abb. 44). Um dieses sind wie ein Perlenkranz kleine aufgehellte Anteile angeordnet. Auch im unterteilten Mittelfeld können Anteile schwach aufgehellt sein. Mit Gips Rot I.O. können Teile am Rande Blau II oder Gelb I zeigen, je nach Lage. Alles andere erscheint rot. Mit Jodkaliumjodid-Lösung wird das ganze Korn blau, mit Jodwasser ebenfalls, aber weniger dunkel. Es gibt auch Formen, welche auf polarisiertes Licht nicht ansprechen (C. Griebel 1949).

ε) **Acker-Erbse** (Pisum sativum subspec. arvense). Die Stärkekörner zeigen die gleichen Eigenschaften wie die von P. sat. (Abb. 45).

ζ) **Linse** (Ervum lens L.). Die Gestalt der Stärke-Körner steht etwa zwischen Bohne und Erbse (Abb. 46), doch sind diese meist der Bohnenstärke ähnlicher. Neben rundlichen und bohnenförmigen finden sich auch zahlreiche wulstige Körner. Die Schichtung ist deutlich, im Wasserpräparat häufig auch verzweigte Spalten zu sehen. Die Länge der Körner beträgt selten über 40 μ. *Zwischen gekreuzten Polarisatoren* sind große Stärkekörner mit dunklem Mittelfeld ziemlich selten, dagegen häufig viele mit unregelmäßigem Kreuz und mit zusätzlichen Balken. Runde Körner mit regelmäßigem Kreuz sind selten (Abb. 47). Mit Gips Rot I.O. zeigen die meisten Stärkekörner Blau II und Gelb I. Unter den kleineren sieht man oft solche mit Violett und Orange als Polarisationsfarben.

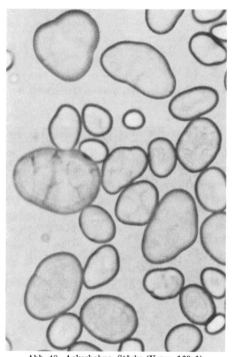 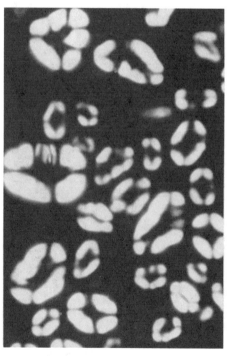

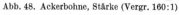
Abb. 48. Ackerbohne, Stärke (Vergr. 160:1)   Abb. 49. Ackerbohne, Stärke, zwischen gekreuzten Polarisatoren (Vergr. 160:1)

η) **Acker-Bohne** (Vicia faba L.). Puff-, Pferde- oder Saubohne und dicke Bohne genannt. Die Form und Größe der Stärkekörner ist bei den einzelnen Kulturformen etwas verschieden. Immer ist der Typus der Leguminosenstärke ausgeprägt. Die Länge der Körner erreicht bis 70 μ. Im Wasserpräparat sind die Spalten mehr oder weniger auffallend (Abb. 48).

Zwischen gekreuzten Polarisatoren zeigen die größeren und kleineren Stärkekörner ein dunkles Mittelfeld, dieses mehr oder weniger unregelmäßig gestaltet (Abb. 49). Die Kreuzbalken liegen häufig abweichend, dazu noch zusätzliche Balken. Rund und kleine runde Stärkekörner wie bei Phaseolus z.B. kommen nicht vor. Mit Gips Rot I.O. ist das Mittelfeld rot; im übrigen treten Blau II und Gelb I auf.

9) **Saat-Wicke** (Vicia sativa L.). Die Stärkekörner ähneln der Gestalt nach mehr der Bohnen- als der Erbsenstärke. Diese sind teils gestreckt oval, bohnenförmig teils gerundet, drei- oder vierseitig oder rundlich. Im Wasserpräparat ist ein Längsspalt meist deutlich sichtbar, oft stark verzweigt. Schichtung ist in der Regel deutlich. Der größte Durchmesser beträgt meist 25—40 μ.

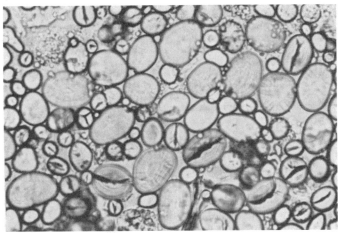

Abb. 50. Kichererbse, Stärke (Vergr. 160:1)

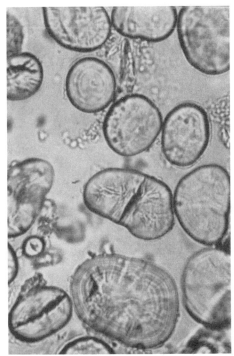

Abb. 51. Platterbse, Stärke (Vergr. 160:1)

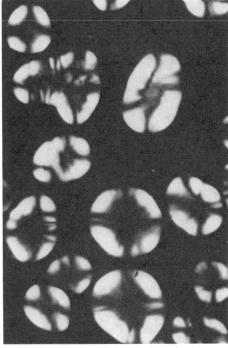

Abb. 52. Platterbse, Stärke, zwischen gekreuzten Polarisatoren (Vergr. 160:1)

l) **Kichererbse** (Cicer arietinum L.). Die Form der Stärkekörner ist denen der Bohnenstärke ähnlich. Vorwiegend sind vierseitig gerundete, breit eiförmige, bohnen- oder nierenförmige, mitunter fast kugelige Körner vorhanden mit deutlicher Schichtung und im Wasserpräparat weniger häufig mit meist schmaler unverzweigter Spalte. Die Länge beträgt meist 20—35 μ (Abb. 50).

κ) **Platterbse** (Lathyrus sativus L.). Die Stärkekörner sind sehr unregelmäßig. Gelappte Formen sind relativ häufig, daneben runde, ovale und nierenförmige. Die Schichtung ist bei manchen sehr gut zu erkennen (Abb. 51); bei einzelnen kommen noch strahlige, lichtbrechende Zonen radial durch die Schichtung hinzu. Bei den ovalen Körnern treten Längsrisse im Wasserpräparat auf, bei den unregelmäßigen oft mehrstrahlige bis an den Rand. Die Größe der Körner schwankt erheblich; sie beträgt bis zu 55 μ.

Zwischen gekreuzten Polarisatoren zeigen viele, besonders die großen und unregelmäßigen Körner meist ein dunkles Mittelfeld (Abb. 52). Die Balken der Kreuze sind besonders bei den länglichen bis nierenförmigen und den runden gelappten häufig unregelmäßig. Außerdem gehen vom Mittelfeld aus oft unregelmäßige und zusätzliche Balken aus, daneben aber auch zahlreiche und feine Linien wie Strahlen nach dem Rand der Körner zu. Die kleinen und runden Stärkekörner erscheinen dagegen meist regelmäßig. Die Quadranten sind meist stark aufgehellt. Mit Gips Rot I. O. sind die Mittelfelder rot, im übrigen treten Blau II und Gelb I als Polarisationsfarben auf. Die Stärkekörner von Lathyrus sativus sind wohl die bemerkenswertesten unter den hier zu besprechenden Leguminosenstärken.

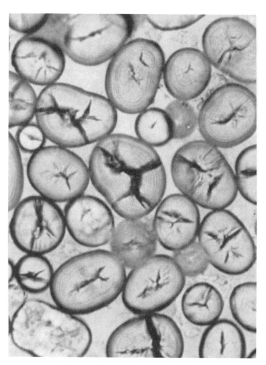
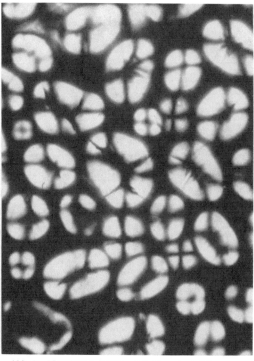

Abb. 53. Mondbohne, Stärke (Vergr. 160:1)   Abb. 54. Mondbohne, Stärke, zwischen gekreuzten Polarisatoren (Vergr. 160:1)

λ) **Mondbohne** (Phaseolus lunatus L.). Die Stärkekörner gleichen denen der Gartenbohne. Die Größe beträgt bis zu 40 μ. Vereinzelt kommen Zwillingskörner vor und solche mit drei bis vier Teilkörnern (Abb. 53). Zwischen gekreuzten Polarisatoren zeigen sie meist nur ein kleines oder gar kein dunkles Mittelfeld. Viele runde Körner sind vorhanden mit sehr regelmäßigen Kreuzen (Abb. 54). Mit Gips Rot I. O. lassen diese Blau II und Gelb I erkennen.

μ) **Mungobohne** (Phaseolus mungo L. = Ph. radiatus L. = Ph. aureus Roxb.). Die Stärkekörner sind selten über 30 μ groß, im allgemeinen länglich rund. Sie zeigen nur schwache Schichtung, in Wasser aber deutliche, meist verzweigte Kernspalten (Abb. 55).

ν) **Adzuki- oder rote Mungobohne** (Phaseolus angularis (Willd.) W. F. Wright). Diese hat bedeutend größere Stärkekörner (bis zu 90 μ), die neben ellipsoidischen und rundlichen auch dreieckige und gelappte Formen aufweisen.

ζ) **Chinabohne** (Dolichos sinensis L.). Die Stärkekörner haben nach C. Griebel (1938) Ähnlichkeit mit denen der Gartenbohne, erreichen jedoch nur Größen bis zu 35 μ.

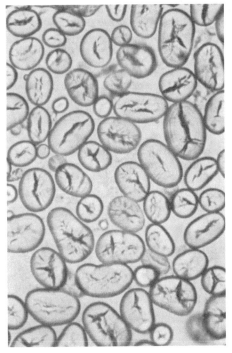

Abb. 55. Mungobohne, Stärke (Vergr. 160:1)

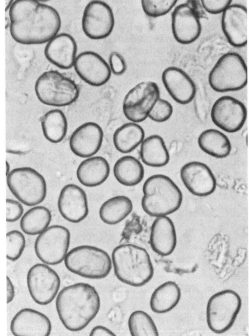

Abb. 56. Lablabbohne, Stärke (Vergr. 160:1)

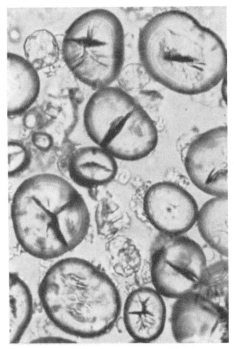

Abb. 57. Jackbohne, Stärke (Vergr. 160:1)

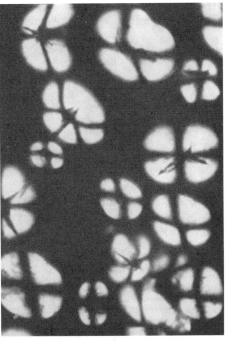

Abb. 58. Jackbohne, Stärke, zwischen gekreuzten
Polarisatoren (Vergr. 160:1)

o) **Lablabbohne** (Dolichos lablab L.). Die Stärkekörner ähneln wie diejenigen von D. sinensis den Körnern der Gartenbohne, erreichen aber nur etwa 35 μ Länge (Abb. 56).

π) **Canavaliabohne** (Canavalia ensiformis DC, Canavalia indica und andere Arten). Obwohl die Stärkekörner äußerlich etwas Ähnlichkeit mit den Leguminosenstärken zeigen, z.B. gelegentlich nierenförmige Gestalt, überwiegt doch die rundliche bis ovale Form. Im Wasserpräparat sind außen vielfach Schichtung und häufig Querrisse zu erkennen, gelegentlich auch Längsrisse. Länge bis zu 55 μ (Abb. 57). Zwischen gekreuzten Polarisatoren tritt zunächst das völlige Fehlen des isotropen Mittelfeldes auf. Das Überwiegen der runden und ovalen Formen zeigt großenteils regelmäßige Polarisationskreuze mit fast gleichmäßigen Balken. Die Quadranten sind stark aufgehellt. Mit Gips Rot I. O. zeigen die relativ dicken Körner Blau II und Gelb I (Abb. 58).

Die Angaben in der Literatur über die Größenverhältnisse der Stärkekörner bei den vorstehend berücksichtigten ausländischen Leguminosen schwanken beträchtlich. Das hängt damit zusammen, daß die Größe der Stärkekörner bei den oft zahlreichen Kulturrassen einer bestimmten Art recht unterschiedlich sein kann. Das Gleiche gilt auch für das Vorhandensein einer Kernspalte im Wasserpräparat.

2. Stärken mit vorwiegend zusammengesetzten Körnern

Die zusammengesetzten Stärken sollen hier aus praktischen Gründen gemeinsam behandelt werden. Es handelt sich dabei um Gebrauchsstärken, aber auch um solche aus beachtenswerten Unkräutern.

a) **Haferstärke** (Avena sativa L.) besteht aus hoch zusammengesetzten, rundlich ovalen Stärkekörnern (60 bis 100 und mehr Teilkörner) und kleinen wenig zusammengesetzten und Einzelkörnern. Die Gestalt der Teilkörner ist unregelmäßig scharfkantig im Inneren oder an einer Seite abgerundet, welche an der Oberfläche der zusammengesetzten Körner liegt. Größe 5—8 μ bis 12 μ. Der Kern ist nicht sichtbar. Die Einzelkörner sind rundlich, eckig oder unregelmäßig; dazwischen kommen als Leitelemente häufig spindelförmige, auch zitronen- oder keulenförmige Körner vor. Einzelkörner 5—15, die länglichen 15—18 μ $\varnothing$. Zur Unterscheidung von anderen ähnlichen Stärken ist wichtig, daß Haferstärke immer nur im Mehl vorkommt, welches die Haare der Fruchtwand von etwa 2 mm Länge enthält (Abb. 59).

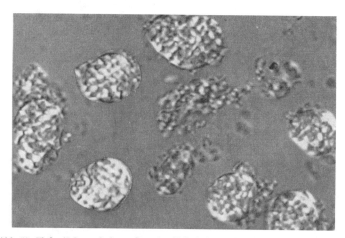

Abb. 59. Haferstärke, zwischen gekreuzten Polarisatoren, Gips Rot I.O. (Vergr. 160:1)

b) **Reisstärke** (Oryza sativa L.). Im Endosperm sind große und kleine, rundliche bis ovale, zusammengesetzte Stärkekörner und Einzelkörner vorhanden. Die Gestalt des Teilkorns ist scharfkantig, polyedrisch, drei- bis sechseckig, selten rund. Im Reispuder liegen nur Teilkörner vor, Größe 2—10, meist 4—6 μ. Geschlämmte Reisstärke (Reispuder) zerfällt in die sehr kleinen Teilkörnchen (Abb. 60). Diese sprechen *zwischen gekreuzten Polarisatoren* kaum auf das polarisierte Licht an infolge ihrer Kleinheit und geringen Schichtdicke (Abb. 61). Bei stärkerer Vergrößerung sind diese nur schwach aufgehellt mit einem winzigen Polarisationskreuz zu erkennen. Wird Gips Rot I. O. zwischengeschaltet, so erkennt man die Körnchen nur als Umrisse auf dem roten Gesichtsfeld, das Innere erscheint ebenfalls rot. Polarisationsfarben treten infolge der geringen Dicke nicht auf. Dieses Verhalten ist ein sehr gutes Diagnostikum für das Vorliegen von Reisstärke bzw. von Reispuder (vgl. auch Reismehl S. 242).

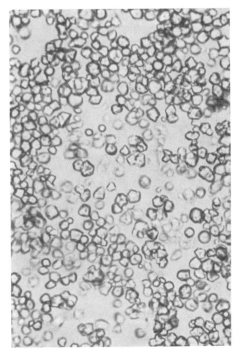 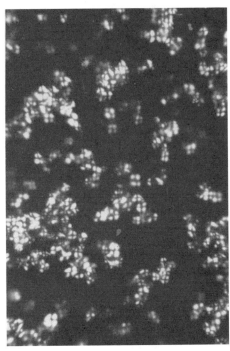

Abb. 60. Reispuder (Vergr. 160:1)   Abb. 61. Reispuder, zwischen gekreuzten
                                       Polarisatoren, Nelkenöl (Vergr. 160:1)

c) Manihotstärke (Maniokstärke, Brasilianisches, Bahia-, Rio-, Para-Arrowroot, Mandioka, Cassava, Tapiokastärke) wird aus den mächtigen Wurzelknollen von Manihot utilissima Pohl (Euphorbiaceae) und anderen Arten gewonnen. Der giftige Milchsaft der Knollen wird vor dem Vermahlen ausgepreßt. Das Mehl der Knollen ist eines der wichtigsten Nahrungsmittel der Tropen.

Die Stärkekörner (Abb. 62) sind ganz überwiegend zusammengesetzt, in der Handelsware aber gewöhnlich in die Teilkörner zerfallen. Zuweilen findet man noch Zwillinge, seltener Drillinge. Die Teilkörner sind gleich oder verschieden groß, von der Seite kesselpaukenähnlich, oder wenn die Stoßfläche auf der abgekehrten Seite liegt, fast genau rund, nur die kleinsten Körner sind einfach kugelig. Die meisten Körner besitzen einen zentralen Kern oder eine sternförmige Spalte. Schichtung ist gewöhnlich nicht erkennbar. Größe der Teilkörner in der Regel 15—20 μ, selten bis 35 μ, Kleinkörner 4—15 μ.

Aus dem Cassavamehl wird die echte Tapioka, eine Art Sago bereitet, indem man die feuchte Stärke durch Siebe preßt (körnt) und die Körner in flachen Schalen über freiem Feuer erhitzt. Die Stärkekörner sind daher z. T. vollständig verquollen. Auch aus Kartoffel- und anderen Stärkemehlen werden ähnliche Erzeugnisse hergestellt.

Zwischen gekreuzten Polarisatoren erscheinen die Körner stark aufgehellt aufgrund ihrer Gestalt als Vollkörner. Fast jedes Stärkekorn läßt ein korrektes Polarisationskreuz erkennen mit schmalen geraden Balken. Bei den meisten Körnern befindet sich am Ende der Balken eine Einkerbung, während die hellen Quadrantenfelder mehr oder weniger stark vorgewölbt sind.

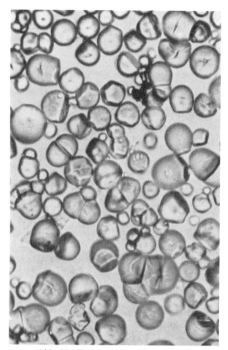

Abb. 62. Tapiokastärke (Vergr. 160:1)

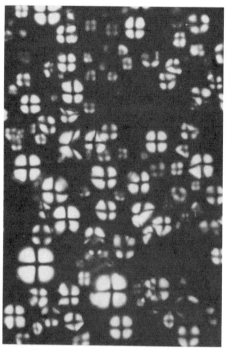

Abb. 63. Tapiokastärke, zwischen gekreuzten
Polarisatoren (Vergr. 160:1)

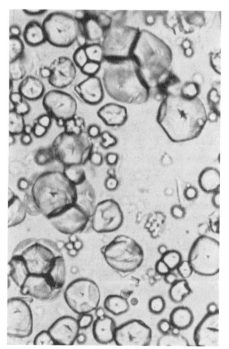

Abb. 64. Batatenstärke (Vergr. 160:1)

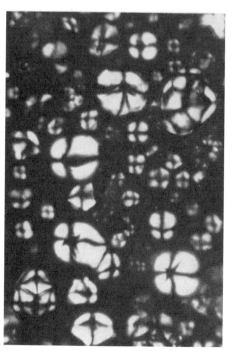

Abb. 65. Batatenstärke, zwischen gekreuzten
Polarisatoren (Vergr. 160:1)

Das ist das Bild der kugeligen Stärkekörner (Abb. 63). Bei denjenigen Körnern, die Teilkörner aus zusammengesetzten darstellen und welche eckige Gestalt mit ebenen Flächen besitzen, sind die hellen Quadrantenfelder entweder sämtlich oder nur vereinzelt zwischen den Balken konkav eingezogen. Handelt es sich um Perlsago, so ist ein Teil der Stärkekörner ganz oder teilweise verquollen. Bei der Quellung erlischt aber die Anisotropie der Körner je nach deren Umfang ganz oder nur teilweise. *Zwischen gekreuzten Polarisatoren* treten dann entweder dunkle Stellen zwischen den doppelbrechenden Körnern auf, oder es finden sich verstümmelte: Ein charakteristisches Bild für Sagostärke. Bei Verwendung von Gips Rot I. O. zeigen die meisten Körner entsprechend der Dicke die Farben Blau II. O. und Gelb I. O.

d) **Batatenstärke** (brasilianisches Arrowroot) wird aus den Knollen der Batatas edulis CHOIS (Convolvulaceae) hergestellt. Sie hat Ähnlichkeit mit der Manihot-Stärke, die ebenfalls als „brasilianisches Arrowroot" bezeichnet wird, und besteht aus zwei- bis sechsfach zusammengesetzten Körnern (meist Zwillingen und Drillingen), die in der Handelsware häufig zerfallen sind (Abb. 64). Die Form der Körner ist sehr mannigfaltig, je nach der Anzahl der Teilkörner eines zusammengesetzten Kornes. Viele sind kegel-, glocken- oder zuckerhutförmig, bei den höher zusammengesetzten polyedrisch mit einer gerundeten Außenfläche. Die meisten Körner zeigen eine mehrstrahlige Kernspalte. Schichtung ist häufig sichtbar. Die Größe der Teilkörner beträgt meist 25—35 μ.

Zwischen gekreuzten Polarisatoren macht sich die Ähnlichkeit mit der Manihot-Stärke bemerkbar, mit dem Unterschied, daß die Körner der Bataten-Stärke viel stärkere Größenunterschiede zeigen. Es sind wiederum runde (kugelige) und eckige Körner vorhanden, welche infolge der Schichtdicke stark aufhellen. Die zwar schmalen Kreuzbalken sind häufiger verbogen

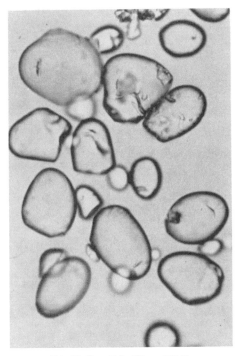
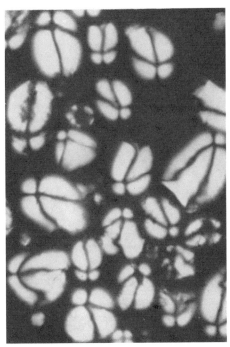

Abb. 66. Sagostärke (Vergr. 160:1)   Abb. 67. Sagostärke, zwischen gekreuzten Polarisatoren (Vergr. 160:1)

und der Umriß der Körner ist oft unregelmäßig. Sind noch zusammengesetzte Stärkekörner vorhanden, so zeigen sich kugelförmige Gebilde, auf deren Oberfläche mehrere kleinere Sphärite liegen, von denen einzelne verzerrt sein können (Abb. 65). Mit Gips Rot I. O. zeigen die meisten Körner die Farben Blau II. O. und Gelb I. O., auch zusammengesetzte.

e) **Sago-Stärke** stammt aus dem Mark verschiedener Sagopalmen, hauptsächlich von Metroxylon Rumphii Martius (Abb. 66) und M. laeve. Sie besteht aus einfachen und zusammengesetzten Körnern. Die ersteren sind meist sehr groß (50—65 μ), oval bis gestreckt oval. Am breiteren Ende befindet sich das Schichtungszentrum, oft mit einer ein- oder mehrstrahligen Spalte. Die zusammengesetzten Körner zeigen an einem größeren Korn von meist 30—70 μ Größe ein oder mehrere kleinere bis 20 μ messende, welche häufig an einer Ausstülpung des Hauptkornes sitzen. Die seitlichen Körner sind meist abgefallen und im Mehl als pauken- oder schüsselförmige Gebilde zu erkennen. An den Hauptkörnern sind die Abbruchstellen der kleineren deutlich festzustellen. Schichtung ist häufig deutlich.

Zwischen gekreuzten Polarisatoren sind die relativ dicken Flachkörner stark aufgehellt. Die Balken der Polarisationskreuze sind infolge der stark exzentrischen Lage des Schichtungszentrums sehr ungleich lang und dabei schmal, nach dem Rande zu häufig gebogen (Abb. 67). Am Rande der Körner befinden sich über den Balken mehr oder weniger starke Einkerbungen. Abgetrennte Körner besitzen am Rande eine Einziehung zwischen den langen Balken. Mit Gips Rot I. O. sind die Additionsfarben Blau II. O. und Subtraktionsfarben Gelb I. O. zu erkennen.

Als Ersatz für Palmsago wird unter der Bezeichnung brasilianischer Sago häufig eine geperlte Tapioka gehandelt, welche leicht an den charakteristischen Manihotstärkekörnern zu erkennen ist (Abb. 68). Deutscher Sago wird aus einheimischen Stärkearten, meist aus Kartoffelstärke (Kartoffelsago) hergestellt.

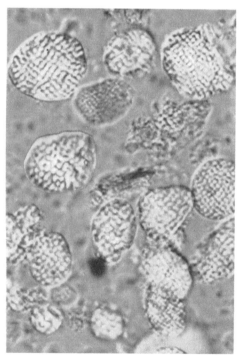

Abb. 68. Taumellolch, Stärke, zwischen gekreuzten
Polarisatoren, Gips Rot I.O. (Vergr. 160:1)

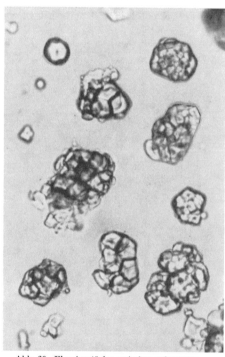

Abb. 69. Eleusinestärke, zwischen gekreuzten
Polarisatoren, Gips Rot I.O. (Vergr. 160:1)

f) Stärke des Taumellolchs (Lolium temulentum L.). Ähnlich wie die Haferstärke enthält die Lolchstärke große zusammengesetzte, meist ovale Körner bis 65 μ lang, daneben auch weniger hoch zusammengesetzte. Die Teilkörner sind eckig 2—5 μ $\varnothing$, die größten bis etwa 8 μ. *Zwischen gekreuzten Polarisatoren* erscheinen die großen zusammengesetzten Körner milchiggrau. An der Oberfläche sind bei Scharfeinstellung einzelne aufgehellte Körner mit Kreuz zu erkennen. Mit Gips Rot I. O. erscheinen die zusammengesetzten Körner etwas aufgehellt, ihre Grundfarbe ist aber Rot (Abb. 68).

g) Eleusinenstärke, Kurrakanstärke. Kurrakan oder Kurokan (Eleusine coracana L. Gärtn.) gilt als Kulturform der indischen Fingerhirse (Eleusine indica Gaertn.), wird in tropischen Gegenden vielfach als Getreide angebaut. Neben hoch zusammengesetzten (15—25 μ)

finden sich auch solche mit wenigen Teilkörnern (zwei, drei oder mehr). Diese letzteren (3—10 μ) sind meist scharfkantig und tragen stärker gewölbte Außenflächen; solche von Zwillingen sind kappenförmig oder halbkugelig. Kernhöhle vorhanden, Spalten fehlen (Abb. 69).

h) **Kornradenstärke** (Agrostemma Githago L. Caryophyllaceae). Die Stärke besteht aus verschieden großen, zusammengesetzten Körnern von keulen-, zylindrischer und z.T. kegelförmiger Gestalt. Die Länge beträgt 20—100 μ (Abb. 70). Die Teilkörner sind außerordentlich klein, etwa 1 μ $\varnothing$. In Präparationen liegen diese in großer Anzahl um die zusammengesetzten herum und zeigen Brownsche Molekularbewegung. Die Teilkörnchen sind auch zu zwei, drei oder mehr in kleinen stabförmigen Gebilden zu erkennen. Zwischen gekreuzten Polarisatoren ergeben die Teilkörnchen wegen der geringen Größe keine charakteristischen Bilder. Die zusammengesetzten Körner erscheinen nur als schwach milchweiße Gebilde. Mit Gips Rot I. O. erkennt man die Umrisse der großen zusammengesetzten Körner; diese selbst erscheinen mehr oder weniger dunkel. Die Teilkörnchen sind rot, im Umriß zu erkennen.

i) **Stärke der Reismelde** (Chenopodium quinoa WILLD.). Die Perispermzellen enthalten in kleine Stärkekörner von etwa 1 μ Größe oder größer eingebettet rundliche bis ovale, keulenoder spindelförmige zusammengesetzte Stärkekörner von 20—50 μ Größe (Abb. 71), welche in Wasser in die Einzelkörner zerfallen.

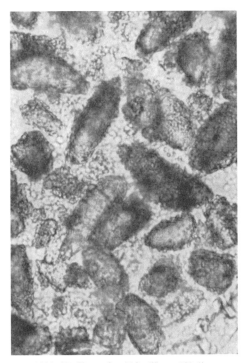
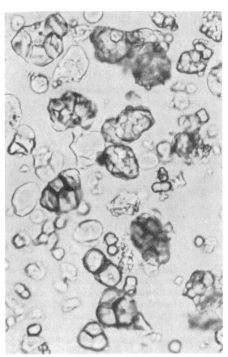

Abb. 70. Kornradenstärke (Vergr. 160:1)   Abb. 71. Reismelde, Stärke (Vergr. 160:1)

III. Nachweis verschiedener Stärken

1. Identifizierung verschiedener Stärken durch mikroskopische Bestimmung des Quellungsbereiches

J. SEIDEMANN (1963) benutzt zur Identifizierung von Stärken die Temperaturgrenzen des Quellungsbereiches bei mikroskopischer Beobachtung vom Beginn der Quellung bis zum Eintritt der Verkleisterung (vgl. S. 202). Als Beginn der Quellung der Stärkekörner wird der Beginn der Formänderung und als Verkleiste-

rung das Platzen der gequollenen Körner definiert. Beide sichtbaren Zustandsänderungen begrenzen den Quellungsbereich. Da nicht alle Stärkekörner einer
Probe gleich reagieren, wird als *Beginn der Quellung* diejenige Temperatur angesehen, bei welcher drei bis fünf Stärkekörner die charakteristische Gestalt verloren haben und auch keine Doppelbrechung mehr zeigen. Als *Endpunkt der
Quellung* wird entsprechend die Temperatur angegeben, bei der drei bis fünf
Stärkekörner noch Doppelbrechung zeigen, d. h. noch ungequollen sind.

Von den zu untersuchenden Stärken wird wie üblich ein Wasserpräparat hergestellt, bei
nicht geschlämmten Stärken ein Schabepräparat. Beschädigte Stärkekörner werden nicht berücksichtigt. Für Temperaturbestimmungen ist der Mikroschmelzpunktapparat nach Boetius
(Temperaturerhöhung 4° C/min) brauchbar. J. Seidemann nahm Mittelwerte von fünf Einzel-
bestimmungen, deren Abweichungen ± 0,5° C für beide Grenzen betrugen. Für den Quellungsbereich ergaben sich im allgemeinen Differenzen von 8—11° C, vereinzelt geringere (5,5° C)
und auch größere (bis 13° C).

In der Tabelle sind einige von J. Seidemann ermittelte Quellungsbereiche vielverwendeter
Stärken gegeben, wozu bemerkt sei, daß Stärken der gleichen Art von verschiedenen Herkünften
keineswegs übereinstimmende Quellungsbereiche ergeben.

	Quellungsbereich	Differenz ° C
Weizen (Triticum sativum Lam.), Mehl Type 405	55,5—63,5	8,0
Spelweizen (Triticum spelta L.)	53,0—64,0	11,0
Hartweizen (Triticum durum Desv.)	52,0—61,0	9,0
Buchweizen (Fagopyrum sagittatum Gilib.)	57,5—68,5	11,0
Roggen (Secale cereale L.)	51,5—59,0	7,5
Mais (Zea mays L.)	66,5—75,0	8,5
Reis (Oryza sativa L.) Reismehl	68,0—77,5	9,5
Hafer (Avena sativa L.)	56,0—62,0	6,0
Kolbenhirse (Setaria italica [L.] P.B.)	57,0—66,0	9,0
Mohrenhirse (Andropogon sorghum L.)	64,5—72,5	8,0
Rispenhirse (Panicum miliaceum L.)	63,0—72,0	9,0

2. Quantitative Bestimmung verschiedener Stärkearten in Gemengen

Sie kann nur in Ausnahmefällen analytisch-chemisch durchgeführt werden. In allen anderen Fällen bietet die mikroskopische Auszählung die einzige Möglichkeit. Da eine einwandfreie differentielle Anfärbung verschiedener Stärken bislang nicht gelungen ist, kann eine
solche nicht herangezogen werden. Die Unterscheidung verschiedener Stärken ist mikromorpho-
logisch und polarisationsmikroskopisch bei vielen Stärken relativ leicht, wenn es sich um mittelgroße bis große Stärkekörner handelt. Diese wird aber mit abnehmender Korngröße immer
schwieriger. Die Schwierigkeiten sind noch größer, wenn z. B. Getreidestärke mit kleinkörnigen
Fraktionen oder mit einer kleinkörnigen Stärkeart vermengt ist. Da verschiedene Stärkearten
unterschiedliche Quellungsbereiche besitzen, besteht die Möglichkeit, die bei niedrigerer Temperatur verquellende Stärke auszuschalten, diejenige mit höher gelegenem Quellungsbereich
auszuzählen und die so gewonnene Anzahl in Beziehung zu setzen zur Gesamtzahl der Stärkekörner im Gemenge. Dazu ist es aber notwendig, daß die Zählungen an ganz bestimmten Ausgangsmengen vorgenommen werden. Auch bei diesem aussichtsreichen Verfahren darf nicht
übersehen werden, daß die mittelgroßen und größten Körner einer Stärkeart immer leichter
und rascher verquellen als die kleinen Körner. Ferner werden die bei manchen Stärken und
besonders bei Mehlen immer vorhandenen verkleisterten und sog. totgemahlenen Stärkekörner
nicht erfaßt. C. Griebel (1938) hat ausführlich auf die bestehenden Schwierigkeiten hingewiesen. Die Korngrößen der einzelnen Stärkearten sind nicht unerheblichen Schwankungen
unterworfen, die von verschiedenen Einflüssen abhängen, so daß Normalisierungen, wie sie
A. Meyer (1901) z. B. versucht hat, nicht eingeführt werden können. Allen durch Zählungen
ausgeführten Bestimmungen haftet infolgedessen eine mehr oder weniger große Unsicherheit
an. Mikroskopische Auszählungen werden mittels der Zählkammern ausgeführt, wie sie auch
für die Zählung der Blutkörperchen benutzt werden.

C. Mikroskopische Untersuchung der in Mehlen und anderen Müllereierzeugnissen vorkommenden Gewebeanteile

I. Untersuchungsmethoden

Zur Unterscheidung verschiedener Mahlprodukte reichen die Stärkekörner allein meist nicht aus. Auch die verschiedenen Gewebsanteile der stärkehaltigen Früchte und Samen müssen mit herangezogen werden. Diese sind für die einzelnen Mehlarten fast ausnahmslos die sichersten Erkennungsmittel. Je nach der Feinheit des Mehles und dem Ausmahlungsgrad sind die Gewebspartikel größer oder kleiner oder auch nur in Auswahl vorhanden. Zur Untersuchung der Gewebsanteile werden Mehlproben auf dem Objektträger in Chloralhydratlösung aufgekocht, bis die Stärke verkleistert ist. Verholzte Anteile lassen sich mit der Phloroglucin-HCl-Reaktion nachweisen. Größere Anteile sind aus der Probe leicht mit einer angefeuchteten Präpariernadel zu isolieren oder auch durch Aussieben zu gewinnen. Durch Ausschütteln in Chloroform lassen sich die Kleberteilchen abtrennen. Um größere Mengen von Gewebsanteilen zu erhalten, sind Schlämmverfahren anzuwenden, z. B. durch Aufschwemmen in Wasser und Absitzenlassen. Am meisten gebräuchlich ist nach C. GRIEBEL (1938) die Bodensatzprobe. 2—3 g Mehl werden mit 100 ml Wasser verrieben und nach Zugabe von 3 ml konz. HCl im Becherglas oder in einer Porzellanschale 10 min gekocht. Nach Erkalten wird zentrifugiert oder dekantiert und der Bodensatz unter Aufhellung mikroskopiert. Zur stärkeren Aufhellung kann Javellesche Lauge, Ammoniak oder Wasserstoffperoxid benutzt werden.

II. Histologische Beschreibung der verschiedenen Getreidefrüchte und einiger Unkräuter

1. Getreide aus der Familie der Gramineen

Als Brotfruchtgewächse werden angebaut: Roggen, Weizen, Gerste, Hafer, Reis, Mais und Hirsearten; auch Eleusine coracana, die seltener verwendete Zizania palustris L. und Glyceria fluitans R. Br. Bei allen werden die in Rispen, Ähren oder Trauben angeordneten Blütenstände von Ährchen gebildet, welche von zwei Hüllspelzen umgeben sind; innerhalb der Hüllspelzen befinden sich eine oder mehrere Blüten, deren jede ebenfalls von zwei Spelzen, einer Vorspelze und einer Deckspelze, umschlossen wird. Der oberständige Fruchtknoten enthält eine Samenanlage. Bei der Reife verwächst die Samenhaut mit der Fruchtknotenwand. Auf diese Weise entsteht eine Schließfrucht (Caryopse), deren Hülle von der Frucht- und Samenhaut gebildet wird.

Diese Frucht ist nach der Reife entweder nackt, oder von den Spelzen umgeben. Nackt sind Roggen, mehrere Weizenarten (Triticum vulgare, T. durum, T. polonicum, T. turgidum), Mais (Zea Mays) und die nackten Varietäten von Hafer und Gerste (Avena nuda und Hordeum nudum). Bei den übrigen Gersten- und Hafer-Arten, beim Spelzweizen, Reis und bei den Hirsearten bleibt die Frucht von den Spelzen eingeschlossen. Teile von Spelzen sind also in den Mehlen von Weizen und Roggen äußerst selten, während diese in den Mahlprodukten von Spelzweizen, Gerste und Hafer häufig, jedoch nicht immer zu beobachten sind. Zur mikroskopischen Unterscheidung müssen daher auch die Zellschichten der Frucht- und Samenschale (Abb. 72), sowie die äußere Schicht des Endosperms (E), die sog. Aleuronschicht (K) herangezogen werden.

Die Fruchtschale besteht im allgemeinen aus vier Schichten, nämlich der die Haare tragenden aus längsgestreckten Zellen gebildeten Epidermis (Epikarp), der Mittelschicht (Hypoderm), den Querzellen und den Schlauchzellen, während die Samenschale aus zartwandigen, meist zusammengedrückten braunen Zellen gebildet wird. Von diesen Gewebsformen sind für die mikroskopische Unterscheidung geeignet die Haare, Längszellen (Epidermis), Mittelschicht (Hypodermfasern), Querzellen, gelegentlich auch die Samenschale und Aleuronzellen.

ı Die Lage der einzelnen Schichten läßt sich am Weizen für nackte und an der Besenhirse (Abb. 97) für bespelzte Körner erkennen.

a) Weizen (Triticum vulgare Vill. = Tr. sativum vulgare.)

Im histologischen Bau stimmen Weizen und Roggen weitgehend überein; trotzdem sind spezifische Unterschiede zwischen einzelnen Geweben und den Stärken vorhanden, welche eine Unterscheidung ermöglichen.

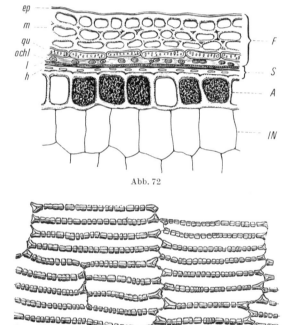

Abb. 72

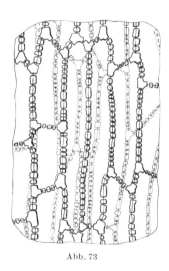

Abb. 73

Abb. 72. Weizenkorn, Querschnitt, *ep* Oberhaut, *m* Mittelschicht, *qu* Querzellen, *sch* Schlauchzellen, *br* Samenhaut, *h* Perisperm, *F* Fruchtschale, *S* Samenschale, *A* Aleuronschicht, *IN* Mehlkern (nach J. Moeller)

Abb. 73. Weizen, Fruchtschale, Oberhautzellen (Vergr. 200:1) (nach A. Scholl)

Abb. 74. Weizen, Querzellen (Vergr. 200:1) (nach A. Scholl)

Abb. 74

Die Oberhautzellen der Fruchtwand (Abb. 73) sind in der Längsachse der Frucht gestreckt, meist rechteckig, in der Flächenansicht nahezu geradwandig. Nur am Scheitel und am Grunde der Frucht sind die Zellen wenig oder nicht gestreckt. Die Längswände, teilweise auch die Querwände, sind mäßig verdickt und getüpfelt. Durch die gleichmäßige Tüpfelung und die rundlich gewölbte Form der Verdickungen erscheinen die Zellwände stellenweise rosenkranzförmig. Das *Hypoderm*, aus 2—3 Lagen bestehend, gleicht in der Zellform der Epidermis. Diese Zellschichten werden gewöhnlich als „Längszellen" bezeichnet zum Unterschied von der folgenden, als „Querzellen" bezeichneten Schicht.

Die Querzellen (Abb. 74), quer zur Längsachse des Kornes gestreckt, sind meist rechteckig, gerade oder schwach gebogen. Die Längs- und Querwände sind stark getüpfelt, die Mittellamellen deutlich zu erkennen. Obwohl diese Zellen dicht zusammenschließen, sind hier und da kleine Zwischenräume zu erkennen. Stellenweise fehlen an den Querwänden die Tüpfel, wodurch eine Ähnlichkeit mit denen des Roggens entsteht. Eindeutig charakterisiert werden diese Zellen in Flächenansicht zwischen gekreuzten Polarisatoren (Abb. 75). In Diagonallage sind die Flächenwände aufgehellt infolge besonderer Dicke, was beim Roggen nicht der Fall ist (Abb. 83).

Die Schlauchzellen bilden in Richtung der Achse gestreckte wurm- oder knüttelförmige Gebilde, die stellenweise einander berühren. Die *Samenhaut* (Abb. 76) besteht aus zwei sich kreuzenden Lagen zarter gestreckter Zellen, während das *Perisperm* eine farblose, strukturlose, mit der Samenhaut verwachsene, nur selten sichtbare Membran darstellt.

Die Aleuronschicht ist bei Weizen einreihig. Die Form der Aleuronzellen ist im allgemeinen gerundet polyedrisch, die Wände sind derb, farblos (Abb. 77), stark lichtbrechend, in Lauge stark quellend. Die bei Weizen, Roggen, Gerste und Hafer auf der Fruchtoberhaut vorhan-

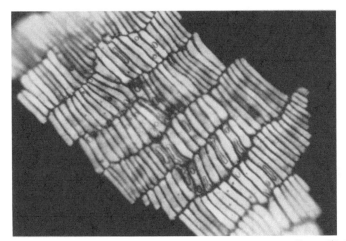

Abb. 75. Weizen, Querzellenschicht, zwischen gekreuzten Polarisatoren (Vergr. 100:1)

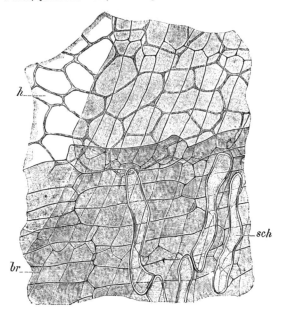

Abb. 76. Weizen, Schlauchzellen. *sch* Schlauchzellen, *br* Samenschale, *h* hyaline Schicht (Perisperm)
(nach J. MOELLER)

denen *Haare* bilden ein wichtiges Unterscheidungsmerkmal, weil sie selbst in den feinsten Mehlen aufzufinden sind. Da die Wandungen der Haare in Lauge leicht quellen, müssen sie stets auch in Wasser oder Chloralhydratpräparaten untersucht werden. An der Spitze des Weizenkorns sitzt ein mit bloßem Auge wahrnehmbarer Haarschopf. Die Haare (Abb. 78) sind immer einzellig, gerade oder etwas säbelförmig gebogen, allmählich von der Basis zur Spitze verjüngt oder an dieser plötzlich scharf zugespitzt. Der Fuß ist abgerundet oder abgestutzt, oft etwas schief, fersen- oder hakenförmig abgebogen, zuweilen fast kolbig aufgetrieben, grob getüpfelt. Die Länge der Haare ist sehr verschieden; die größten messen bis 1 mm. Die Breite des ganzen Haares beträgt in der Mitte bis zu 25 μ, meist 15—18 μ, an der Basis sogar bis 35 μ.

Die Wanddicke ist im Verhältnis zum Lumen sehr beträchtlich. Dieses ist nur im basalen Teil weit, im übrigen erreicht es im allgemeinen höchstens die Wanddicke, größtenteils ist es enger und verliert sich allmählich nach der Spitze. Die Fruchthaare der meisten Triticum-Arten mit

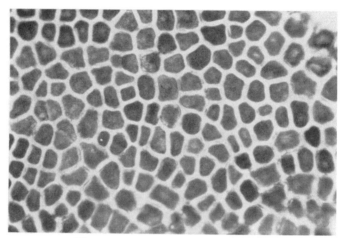

Abb. 77. Weizenkorn, Aleuronschicht (Vergr. 128:1)

Abb. 78. Weizenkorn, Haare (Vergr. 200:1) (nach A. Scholl)

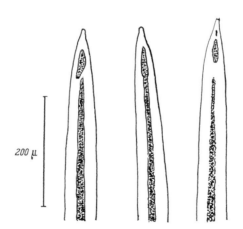

Abb. 79. Zusätzliches Endlumen in der Spitze langer Triticum/Fruchthaare

Ausnahme der kurzen, sind ausgezeichnet durch ein zusätzliches kurzes Lumen unmittelbar hinter der Spitze. Dieses kann isoliert stehen oder auch Verbindung haben mit dem hier endigenden feinen Lumen des Haares. Am geernteten Korn enthält dieses Sonderlumen Luft wie auch das Hauptlumen (Abb. 79). Bei Secale cereale ist dieses Sonderlumen nicht vorhanden, weshalb diese Haare ein weiteres Unterscheidungsmerkmal in den Mehlen beider Getreidearten bilden.

b) Hartweizen (Durumweizen)
Triticum durum Desf. = Triticum sativum var. durum

Der zur Teigwarenherstellung viel verwendete Hartweizen (Durumweizen) stimmt weitgehend mit dem gewöhnlichen Weizen überein. Eine charakteristische Unterscheidung ist in der Struktur der Querzellenschicht gegeben, ferner durch die Stärkekörner (Abb. 10 u. 13). Im polarisierten Licht zwischen gekreuzten Polarisatoren hellen die Flächenwände der Querzellen in Diagonallage etwa ebenso stark auf wie bei Tr. vulgare, erscheinen aber stärker quergetüpfelt (Abb. 80). Abweichend aber hellen auch die Querwände auf, ähnlich wie beim Roggen (Abb. 83), so daß beim Hartweizen gewissermaßen beide Besonderheiten, welche die Querzellen von Roggen und Weizen auszeichnen, hier nebeneinander vorkommen. Die Stärkekörner sind auf S. 206 beschrieben.

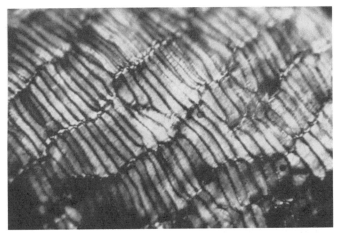

Abb. 80. Hartweizen, Querzellenschicht, zwischen gekreuzten Polarisatoren (Vergr. 128:1)

c) Roggen (Secale cereale L.)

Oberhaut- und Mittelschichtzellen gleichen denen des Weizens in Form und Größe; sie unterscheiden sich von ihnen aber erheblich durch die Art der Wandverdickung (Abb. 81). Die Tüpfelung ist beim Roggen ungleichmäßig und undeutlich, so daß die Zellwände knotig verdickt erscheinen. Ein weiterer Unterschied ergibt sich bei der Behandlung dieser Zellschichten mit Lauge; beim Weizen quellen die Wände gleichmäßig, die Anschwellungen sind gewölbt, rosenkranzartig; beim Roggen quellen die Wände ungleichmäßig, stellenweise, besonders an den Schmalseiten, sehr stark (auf die vier- bis fünffache Dicke).

Die Querzellen (Abb. 82) besitzen verschiedene Form und Größe, sind vorwiegend gestreckt und gerundet vierseitig. Daneben kommen auch kurze, fast isodiametrische, gerundete polygonale Zellen vor, in inselartigen Komplexen zwischen den typischen Zellen. Durch die Form der Verdickungen unterscheiden sie sich von den Querzellen des Weizens. Die Schmalseiten sind auffallend stärker verdickt, nicht getüpfelt und abgerundet, so daß zwischen Nachbarzellen drei- bis vierseitige Intercellularräume entstehen. Die Längsseiten sind ungleichmäßig, oft undeutlich knotig verdickt; Lauge bewirkt starke Quellung der Verdickung. Gelegentlich kommen Gruppen von Querzellen vor, deren Schmalseiten nicht die typische Form zeigen, vielmehr den Weizenquerzellen ähnlich sind, also ohne Interzellularen und ohne stärkere Verdickung. Im polarisierten Licht zwischen gekreuzten Polarisatoren hellen die Flächenwände der Querzellen des Roggens *nicht* oder schwach auf, sind also dünner als diejenigen des Weizens (Abb. 83). Dagegen hellen die verdickten und nicht getüpfelten kurzen Querwände auf, so daß das dunkle Gesichtsfeld von etwa parallelen hellen Streifen (Reihen der kurzen Querwände) durchzogen wird.

Schlauchzellen, Samenhaut und Perisperm sind von denen des Weizens nicht zu unterscheiden. Die *Aleuronschicht* ist einzellig. Die Aleuronzellen sind meist gerundet polyedrisch, die Wände derb, farblos und stark lichtbrechend. Sie quellen in Lauge stark. Die Anzahl der

Haare an der Spitze des Roggenkorns ist erheblich geringer als beim Weizen. Ihre Form (Abb. 84) weicht von der der Weizenhaare etwas ab. Die größeren Haare sind zuweilen über dem Fußteil etwas eingedrückt und von der Mitte zur Spitze sehr allmählich verschmälert. Die Länge beträgt bis etwa 700 μ, die Breite bis etwa 22 μ. Der wichtigste Unterschied gegenüber

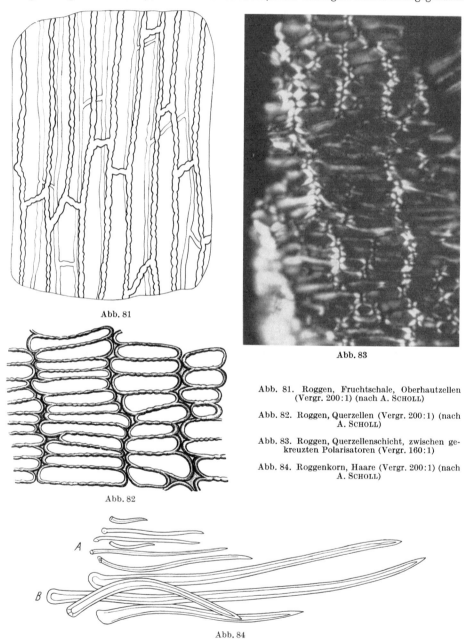

Abb. 81

Abb. 83

Abb. 82

Abb. 81. Roggen, Fruchtschale, Oberhautzellen
(Vergr. 200:1) (nach A. Scholl)

Abb. 82. Roggen, Querzellen (Vergr. 200:1) (nach
A. Scholl)

Abb. 83. Roggen, Querzellenschicht, zwischen gekreuzten Polarisatoren (Vergr. 160:1)

Abb. 84. Roggenkorn, Haare (Vergr. 200:1) (nach
A. Scholl)

Abb. 84

dem Weizenhaar ist das Verhältnis der Wanddicke zum Lumen; dieses mißt 6—15 μ (oder noch mehr), die Wandstärke dagegen nur 2—6 μ. Das Lumen ist bis in die Spitze deutlich zu verfolgen. Neben diesen dünnwandigen, weitlumigen Haaren kommen am gleichen Roggenkorn fast stets einzelne Haare mit dicker Wand und engem Lumen vor, das aber auch bei diesen Haaren am Fußteil und darüber breiter ist als die Wanddicke.

d) Gerste (Hordeum distichum L.)

Die Gerste und die folgenden Getreidearten sind von Spelzen umgeben. Alle *Spelzen* bestehen als Blattgebilde aus der äußeren und inneren Oberhaut und dem dazwischen liegenden Mesophyll. Die äußere Oberhaut wird von welligen in Längsreihen angeordneten Zellen gebildet, welche meist langgestreckt sind und abwechselnd isodiametrische Haar- oder Kiesel- und Zwillingskurzzellen einschließen. Unter der Oberhaut liegen die meist in zwei- bis dreifacher Lage angeordneten, ineinander verkeilten langgestreckten Hypodermfasern. Diese Zellen zeigen in bezug auf Größe und Wandverdickung und Tüpfelung bei verschiedenen

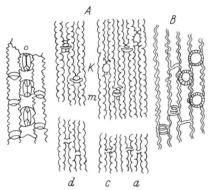

Abb. 85. Gerstenkorn, Oberhaut der Spelze. *A* Deckspelze, *B* Vorspelze, *K* Kurzzellen, *m* Zwillingskurzzellen, *o* Spaltöffnungen (Vergr. 120:1) (nach J. FORMÁNEK)

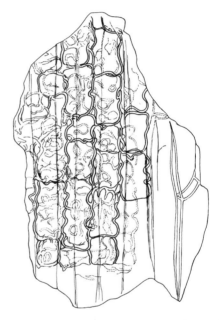

Abb. 86. Gerstenspelze. Schwammparenchym und innere Oberhaut (Vergr. 200:1) (nach A. SCHOLL)

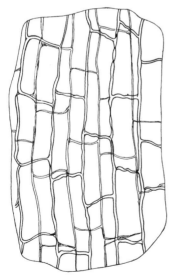

Abb. 87. Gerstenkorn, Oberhautzellen (Vergr. 200:1) (nach A. SCHOLL)

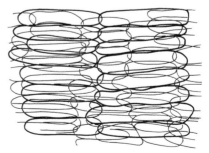

Abb. 88. Gerste, Querzellen (Vergr. 200:1) (nach A. SCHOLL)

Getreiden bemerkenswerte Unterschiede. Diese sind besonders beim Reis sehr charakteristisch. Am Grunde der Spelzen befinden sich vielfach an Stelle der Fasern kurze, steinzellartige Formen. Die innere Oberhaut besteht gewöhnlich aus zartwandigen, oft Haare tragenden Zellen. Das Mesophyll setzt sich meist aus zwei Schichten zusammen. Dazu gehört als äußere das eben genannte Hypoderm und ein nach innen folgendes dünnwandiges Parenchym (Schwammparenchym). Als Blätter sind die Spelzen der Länge nach von einfachen Leitbündeln durchzogen. Nach den Rändern zu werden die Spelzen allmählich dünner, indem die Zellwände weniger stark verdickt, weniger gewellt und zuletzt fast gerade sind.

Die Epidermiszellen der Gerstenspelze (Abb. 85) sind gleichmäßig buchtig gewellt, in der Mitte der Deckspelze sehr dick, an ihren Rändern und bei der Vorspelze (B) dünner. Zur näheren Kennzeichnung der Spelzen dienen nicht nur die Form, sondern auch die Maße der Zellwände und des Zellumens. Wenn a die Breite der ganzen dickwandigen Zelle, c die Breite der Einbuchtungen und d das Lumen der Zelle (Abstand der gegenüberstehenden Vorsprünge der Zellwände) bedeutet, dann ist bei der Gerste (bei den dickwandigen Zellen der Deckspelze) $a = 23\text{—}28\,\mu$, $c = 10\text{—}12\,\mu$ und $d = 3\text{—}4\,\mu$. Die Querwand der Zellen ist gleichmäßig verdickt, zuweilen gewellt. An den dünnwandigen Seitenteilen der Spelzen sieht man reichliche Spaltöffnungen. Die Langzellen wechseln ab mit Kurzzellen (k), halbmondförmigen Zellen und Zwillingskurzzellen (m). Die Kurzzellen sind rundlich. Bei den Zwillingskurzzellen umfaßt die größere halbmondförmige Zelle eine kleinere. Zur Feststellung der Größenverhältnisse empfiehlt sich die Anwendung von 5%iger Salzsäure sowie 1%iger Kalilauge. Länge der Langzellen $80\text{—}100\,\mu$ (vereinzelt $150\,\mu$). In der Granne setzt sich die Gewebsform der Spelze zunächst fort; nach der Spitze zu werden die Zellen allmählich dünnwandiger und es treten sowohl kleine zwiebelförmige wie auch derbe kegelförmige Haare zahlreich auf. Auch Spaltöffnungen sind in großer Zahl vorhanden.

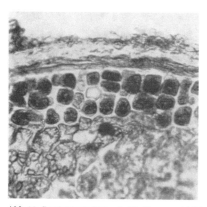

Abb. 89. Gerstenkorn, Querschnitt, Aleuronschicht (Vergr. 160:1)

Das *Schwammparenchym* besteht aus zwei bis drei Lagen gerundet vierseitiger, buchtigfaltiger Zellen mit auffallenden Faltungen der Membran, also welligem Verlauf der Zellwand, wodurch kleinere und größere Intercellularräume entstehen (Abb. 86). Die verhältnismäßig regelmäßige Form und Lagerung der Zellen verursacht in der Flächenansicht den Eindruck einer leiterartigen Anordnung. Auf Grund der Zellen erscheinen die Einbuchtungen der Wände

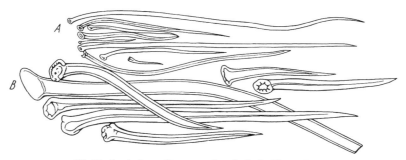

Abb. 90. Gerstenkorn, Haare von einer Lodicula (Vergr. 200:1)

unregelmäßig rundlich oder eiförmig, oft paarweise. Unter dem Schwammparenchym tritt die Innenepidermis, auf der sich zuweilen Haare und Spaltöffnungen finden, in Form langgestreckter, ziemlich dünnwandiger Zellen hervor.

Die *Epidermis* der Frucht (Abb. 87).

Die Oberhautzellen sind ziemlich dünnwandig, die Seitenwände fast gerade. In der Scheitelregion finden sich zwischen den Zellen Haare. Die hypodermatischen Schichten sind in der Zellform der Epidermis ähnlich, zeigen aber häufig Andeutungen von knotigen Verdickungen. Eine ausgeprägte Tüpfelung, wie bei Weizen und Roggen, ist nicht vorhanden.

Die *Querzellenschicht* (Abb. 88) ist bei Gerste im Gegensatz zu Weizen und Roggen mehrreihig (zwei bis drei Reihen). Die Zellen sind dünnwandig und ungetüpfelt, nur in der äußersten Schicht schließen sie lückenlos aneinander, während sie im übrigen zahlreiche Intercellularen bilden. Die beiden Zellschichten der *Samenhaut* überkreuzen sich. Das *Perisperm* ist, ebenso wie *Schlauchzellen, Samenschale* und *Perisperm* des Hafers, meist nicht erkennbar. Bruchstücke von hyalinen Häutchen ohne zellige Struktur, die aus der Gegend von Samenhaut und Perisperm stammen, hat H. HÄRDTL (1935) im Mehl von *Gerste* aufgefunden und näher beschrieben.

Die *Aleuronschicht* ist zwei- bis dreireihig, die Form der Aleuronzellen im allgemeinen gerundet polyedrisch, die Wände sind derb, farblos (Abb. 89), stark lichtbrechend, quellen in Lauge stark. Die an der Spitze des Kornes auf der Fruchtoberhaut befindlichen *Haare* (Abb. 90) sind scharf zugespitzt, am Grunde in der Regel bauchig erweitert, so daß die kürzeren kegelförmig aussehen, während die längeren oft säbelförmig oder S-förmig gebogen sind. Die Länge ist sehr schwankend. Zwischen ganz kurzen (30 μ) und bis zu 500 μ langen finden sich alle Zwischenstufen; die Mehrzahl mißt um 200 μ. Die Breite beträgt 10—20 (25) μ, an der Basis bis 40 μ. Die meisten dieser Haare sind derbwandig (Wanddicke 4—8 μ), daneben finden sich aber auch dünnwandige Haare mit weitem Lumen.

e) **Hafer** (Avena sativa Tr.)

Die Zellwände der Oberhaut (Abb. 91) der *Deckspelze* sind in der Flächenansicht ungleich verdickt; die Verdickungen erscheinen zickzackförmig mit rundlich ausgestülpten Zacken. In der Mitte der Spelzen ist die Verdickung stark, sie verschwindet allmählich nach den Rändern zu sowie an der Vorspelze, so daß die Zellwände hier dünn und wellenförmig sind. Die Querwände (W) der Zellen haben knotenartige Anschwellungen, sie stehen zuweilen schief zur Längsrichtung der Zellen (S). Wie bei Gerste wechseln die Langzellen mit runden Kurzzellen (K) oder Zwillingskurzzellen (m) ab. Letztere sind aber umgekehrt wie bei der Gerste gebaut, indem die rundliche Zelle die halbmondförmige an Größe übertrifft. An den Rändern finden sich Spaltöffnungen. Breite der dickwandigen Zellen (a) 32—40 μ, Breite der Einbuchtungen (c) 14—16 μ, Lumen (d) 4—8 μ. Besonders eigentümlich für Hafer sind zwei an der Vorspelze befindliche Leisten (Abb. 92), die dicht mit mehreren Reihen von kurzen derben Haaren besetzt sind. Die Hafergranne ist ähnlich gebaut wie die Gerstengranne.

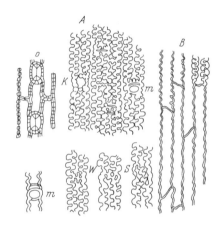

Abb. 91. Hafer, Spelzenoberhaut. *A* Deckspelze, *B* Vorspelze, *K* Kurzzellen, *m* Zwillingskurzzellen, *o* Spaltöffnungen, *W* und *S* Querwände (Vergr. 120:1) (nach J. FORMÁNEK)

Das *Schwammparenchym* (Abb. 93) ist ebenfalls mehrreihig ausgebildet. Die Zellen sind aber viel regelmäßiger als bei der Gerste geformt und angeordnet, mehr sternförmig, so daß zahlreiche Lücken zwischen ihnen entstehen, die in der Flächenansicht häufig paarweise nebeneinander (brillenartig) erscheinen. Unter dem Parenchym sind die langgestreckten Zellen der inneren Oberhaut zu erkennen.

Die *Fruchthaut* (Abb. 94) besteht nur aus wenigen zusammengedrückten Zellschichten. Deutlich erkennbar sind meist nur die Oberhautzellen, langgestreckte, vier- bis sechsseitige Tafelzellen, oft mit geschweiften und getüpfelten Seitenwänden. Diese sind häufig gruppen-

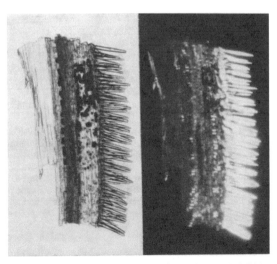

Abb. 92. Hafer, Haarleiste der Vorspelze, links gewöhnl. Licht, rechts zwischen gekreuzten Polarisatoren (Vergr. 52:1)

weise zusammengezogen zu den Ansatzstellen der oft paarweise entspringenden langen Haare, welche über die gesamte Fruchtoberfläche verteilt sind. Die Mittelschicht erscheint unter der Oberhaut meist nur als Gewirr zarter Fäden. Die *Querzellen* sind wenig widerstandsfähig und daher selten aufzufinden. Bruchstücke von hyalinen Häutchen aus der Gegend von Samenhaut und Perisperm hat H. Härdtl (1935) im Hafermehl aufgefunden und näher beschrieben.

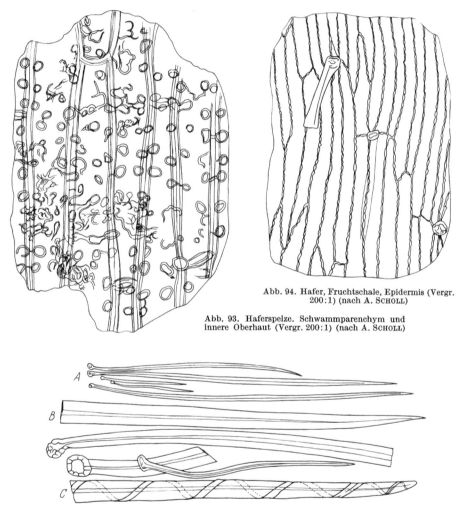

Abb. 94. Hafer, Fruchtschale, Epidermis (Vergr. 200:1) (nach A. Scholl)

Abb. 93. Haferspelze. Schwammparenchym und innere Oberhaut (Vergr. 200:1) (nach A. Scholl)

Abb. 95. Haferkorn, Haare (Vergr. 200:1) C nach Behandlung mit Säure (nach A. Scholl)

Die *Aleuronschicht* ist einreihig. Die Form der Aleuronzellen ist im allgemeinen gerundet polyedrisch, die Wände sind derb, farblos, lichtbrechend und quellen stark in Lauge. Die *Haare* der Fruchtoberhaut (Abb. 95) sind über dem meist in stumpfem Winkel abgebogenen Fußteil etwas eingezogen, werden allmählich nach der Mitte zu breiter und lang zugespitzt. Die Länge ist sehr verschieden, meist ist ein langes Haar (bis über 2 mm) mit einem oder mehreren kurzen (bis etwa 200 μ) vereinigt. Die Breite beträgt bei den langen in der Mitte bis 35 μ, die Wanddicke bis 15 μ, das Lumen bis 10 μ; im allgemeinen sind Wanddicke und Lumen in der Mitte annähernd gleich. Diese langen Haare sind diagnostisch wichtig für Hafer.

f) Spelzweizen

Spelt oder Dinkel, Emmer, Einkorn (Triticum Spelta L., Tr. dicoccum Schrank, Tr. monococcum L.). Die Zellen der äußeren Epidermis der Vorspelze des Dinkels (Abb. 96) haben die am meisten kennzeichnende Form. Die Epidermis besteht wie bei der Gerste aus

Lang- und Kurzzellen, die in Längsreihen parallel der Fruchtachse angeordnet sind. Die Wände dieser Zellen sind stark verdickt, buchtig hin und her gebogen und zeigen bei starker Vergrößerung in der Flächenansicht ein an Darmwindungen erinnerndes Aussehen (daher als Gekrösezellen bezeichnet). In Lauge verquellen die Zellwände stark, so daß die Windungen nicht mehr deutlich zu erkennen sind. Die Kurzzellen sind entweder rundlich und tragen bisweilen ein kurzes, stumpfkegelförmiges Haar oder sie sind zu Zwillingszellen vereinigt, von denen die eine halbmondförmige, die kleinere flach segmentförmige Lumen umfaßt.

Die *Haare* der Spelzweizenarten sind verschieden; diejenigen des Emmers gleichen, was Länge und Dickenverhältnisse anlangt, am meisten denen des Roggens, die Haare des Einkorns denen des Weizens, während die Haare des Dinkels die Mitte zwischen beiden halten. Im übrigen bestehen gegen die Vulgareweizen nur geringe Unterschiede.

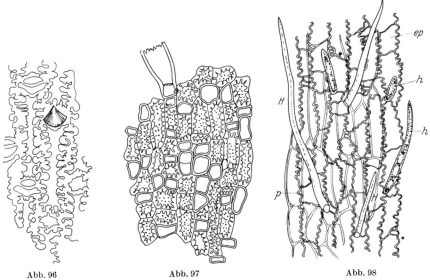

Abb. 96   Abb. 97   Abb. 98

Abb. 96. Spelzweizen, Oberhaut der Vorspelze (Vergr. 200:1) (nach HAUPTFLEISCH)
Abb. 97. Mais, Hüllspelze, Oberhaut (Vergr. 200:1) (nach A. L. WINTON)
Abb. 98. Mais, Deckspelze. *p* Grundgewebe, *ep* Oberhaut, *H* und *h* 1—3zellige Haare, * Haarspuren
(nach J. MOELLER)

g) Mais (Zea Mays L.)

Die Fruchthüllen des Maiskornes bestehen aus zwei hornigen, mit der Maiskolbenspindel verwachsenen äußeren Hüllspelzen, der seidenpapierähnlichen Deck- und Vorspelze und zwei ebensolchen, einer rudimentären Blüte angehörenden Spelzen. Auch die äußeren Hüllspelzen sind im oberen Teil papierdünn und den anderen Spelzen ähnlich. Die Oberhaut des hornigen Teiles der Hüllspelzen (Abb. 97) besteht aus zweierlei Zellformen, nämlich unregelmäßig geformten, dickwandigen, reich getüpfelten und aus gerundet rechteckigen, dünnwandigen, porenfreien Zellen; diese liegen oft in regelmäßigen Abständen zu mehreren zusammen. Die dünnen Teile der Hüllspelzen und die übrigen Spelzen (Abb. 98) bestehen nur aus zwei Zelllagen, weil das Mesophyll nicht ausgebildet ist. Es bleibt also nur die aus ungleich wellig-buchtigen Zellen mit geschlängelten Längsseiten bestehende Oberhaut und das darunter liegende Parenchym mit zartwandigen Zellen. Auf der Oberhaut sitzen einzellige, ziemlich dickwandige, bis 1 mm lange Haare, deren Lumen bis in die Spitze geht, sowie auch kurze dünnwandige, ein- bis dreizellige Haare. Das *Mesophyll* im hornigen Teil der Spelzen ist größtenteils sklerotisiert, im häutigen Teil fehlt es vollständig. Die innere Epidermis ist dünnwandig. Bei der Reife sind die Früchte außerhalb der Spelzen.

Die *Oberhaut der Frucht* besteht aus gestreckten Zellen, welche denen des Weizens ähnlich, aber dickwandiger sind. Die *Mittelschicht* (Abb. 99) darunter setzt sich aus sechs oder mehr Zellagen zusammen, welche der Epidermis ähnlich, aber wesentlich stärker verdickte Zellwände besitzen. Darunter liegt ein *Schwammparenchym*, welches zugleich die Querzellen vertritt.

Die Schlauchzellen (Abb. 99) sind länger und dünner als beim Weizen. Sie erscheinen mycel-artig, hin und her gebogen. Die *Samenschale* zeigt wieder zwei sich kreuzende Lagen zarter, gestreckter Zellen, unter denen sich das Perisperm (is) befindet, dessen Zellen denen der Kleber-schicht ähneln, aber viel dünnwandiger und oft gestreckt sind. Die *Aleuronschicht* ist einreihig; sie besteht aus relativ dünnwandigen, rundlich polyedrischen Zellen. Der schildförmige Teil des Embryos, das *Scutellum*, besteht aus fein getüpfelten Zellen.

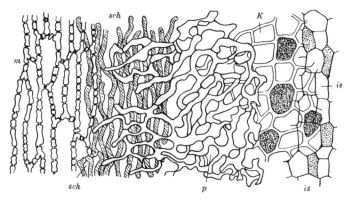

Abb. 99. Schichten der Maisschale in Flächenansicht. *m* Mittelschicht, *p* Schwammparenchym, *sch* Schlauchzellen, *K* Aleuronschicht, *is* Perisperm (nach J. Moeller)

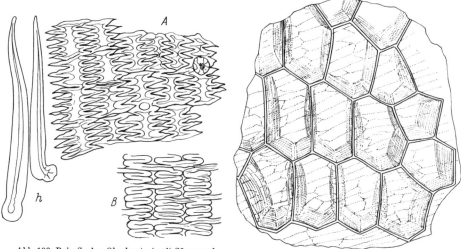

Abb. 100. Reis, Spelze, Oberhaut. *A* mit Säure und Lauge, *B* mit Chloralhydrat behandelt, *h* Haare (Vergr. 120:1) (nach A. Scholl)

Abb. 101. Reis, Spelze, Schwammparenchym und innere Oberhaut (Vergr. 200:1) (nach A. Scholl)

h) Reis (Oryza sativa L.)

Die Zellen der äußeren Epidermis der Spelze zeichnen sich durch Größe und starke Wand-verdickung aus. Diese sind kurz; Längswände meist mit zwei bis vier Windungen. Dazwischen stehen häufig kurze dicke Haare. Diese hinterlassen beim Abfallen runde Abbruchstellen. In Wasser oder Chloralhydrat zeigen die Faltungen der Längswände glattrandige, runde Form (Abb. 100), während die Wände nach Behandlung mit Lauge zerklüftet oder knotig aussehen. Infolge der Zerstörung der Mittellamelle treten dann die äußeren Umrißlinien scharf zahnartig hervor. Die Ansatzstellen der Haare erscheinen im Laugenpräparat als dickwandige Kurzzellen. Breite der dickwandigen Zellen beträgt 110—185 μ, Breite der Einbuchtungen 40—85 μ, Lumen 8—15 μ.

Das *Schwammparenchym* (Abb. 101) tritt nur wenig deutlich hervor; es besteht aus zwei bis mehr Lagen rechteckiger, dünnwandiger Zellen. Die *innere Epidermis* ist charakteristisch.

Die Zellen sind in der Flächenansicht etwa isodiametrisch, meist sechsseitig, zuweilen etwas gestreckt. Die dünnen radialen Membranen sind faltig zusammengedrückt und erscheinen infolgedessen zart gestreift. Die *Oberhaut der Fruchtwand* (Abb. 102) besteht zum Unterschied von anderen Getreiden aus quergestreckten, an den Kurzseiten gewellten Zellen. Die Zellen der *Mittelschicht* sind zusammengedrückt. Die äußeren Lagen (mes) sind den Querzellen der Gerste ähnlich. Die Mittelschicht geht allmählich in die Querzellen über, die in den inneren Lagen denen von Mais, Mohrenhirse und Rispenhirse ähneln. Die *Aleuronschicht* ist einzellig, die Form der Aleuronzellen im allgemeinen gerundet polyedrisch. Die Zellwände sind relativ dünn.

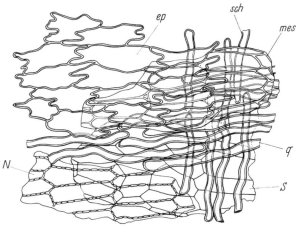

Abb. 102. Reis, Frucht- und Samenhaut (sog. „Silberhäutchen") in Flächenansicht. *ep* Oberhaut, *mes* Mittelschicht, *q* Querzellen, *sch* Schlauchzellen, *S* Samenhaut, *N* Perisperm (nach A. L. WINTON)

i) Mohrenhirse

(Andropogon sorghum [L.] Brot.); Besenhirse (A. sorghum var. technicus Koern.) (Abb. 103)

Das Korn der Mohrenhirse (Milocorn) wird umschlossen von zwei glänzenden, dicken *Hüllspelzen* und drei häutigen behaarten Spelzen, nämlich der Deckspelze, der Vorspelze und der Spelze einer unvollständigen Blüte. Die *Deckspelze* ist begrannt, die Granne fällt aber beim Dreschen und Reinigen meist ab. Die Hüllspelzen sind von weichen Haaren bedeckt, die beim Dreschen und Reinigen abfallen, so daß die Spelzen glatt und glänzend erscheinen. Die *äußere Oberhaut* der Hüllspelzen (Abb. 104) besteht aus Langzellen mit wellenförmigen, stark ver-

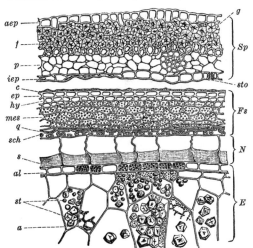

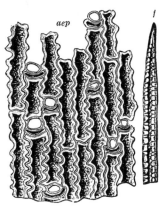

Abb. 104. Besenhirse, Hüllspelze, Oberhaut. Flächenansicht. *aep* Oberhaut, *f* Bruchstück einer Faser (nach A. L. WINTON)

Abb. 103. Mohrenhirse, Querschnitt. *Sp* Spelze mit den Oberhäuten *aep* und *iep*, Hypoderm *f*, Parenchym *p*, Leitbündel *g*, Spaltöffnung *sto*; *Fs* Fruchtschale, Oberhaut *ep*, Cuticula *c*, Hypoderm *hy*, Mittelschicht *mes*, Querzellen *q*, Schlauchzellen *sch*; *N* Perisperm mit gequollener Schicht *s*; *E* Endosperm, Aleuronschicht *al*, Stärke *st* und Proteinnetz *a* (Vergr. 160:1) (nach A. L. WINTON)

dickten Längswänden. Zwischen diesen Langzellen erkennt man die Ansatzstellen der abge-
fallenen Haare als isodiametrische Kurzzellen, die stets von einer halbmondförmigen Zelle mit
korkartigem Inhalt begleitet sind. Die Haare sind oft 1 mm lang, in der Mitte 12 μ breit, beider-
seits verjüngt. Das Lumen ist viel breiter als die Wand. Die Deck- und Vorspelzen (Abb. 106)
zeigen in der äußeren Oberhaut Zellen, die denen der Hüllspelzen in der Form ähnlich, jedoch
enger und dünnwandiger sind. Die Haare sind sehr dünnwandig, einzellig, bis 500 μ lang oder
zwei- bis dreizellig, kurz und stumpf.

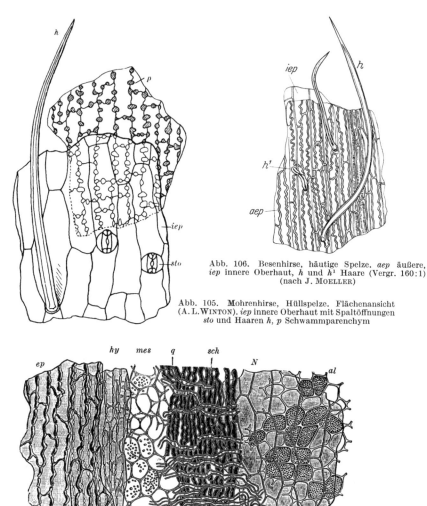

Abb. 106. Besenhirse, häutige Spelze. *aep* äußere,
iep innere Oberhaut, *h* und *h¹* Haare (Vergr. 160:1)
(nach J. MOELLER)

Abb. 105. Mohrenhirse, Hüllspelze. Flächenansicht
(A. L. WINTON). *iep* innere Oberhaut mit Spaltöffnungen
sto und Haaren *h, p* Schwammparenchym

Abb. 107. Mohrenhirse, Fruchtschale, Oberhaut. Flächenansicht. *ep* Oberhaut, *hy* Hypoderm, *mes* Mesokarp,
q Querzellen, *sch* Schlauchzellen, *N* Perisperm, *al* Aleuronschicht (nach A. L. WINTON)

Das *Parenchym* läßt zum Unterschied von anderen Hirsearten zwischen den rechteckigen
Zellen mehr oder weniger runde Interzellularräume erkennen (Abb. 105). Die innere Epidermis
ist dünnwandig. Die *Oberhaut* der Fruchtschale (Abb. 107) (ep) wird aus gestreckten, dickwandigen, gewellten, mehr oder weniger getüpfelten Zellen gebildet. Darunter liegt ein Hypoderm aus mehreren Lagen dünnwandiger Zellen, darauf folgt das Mesokarp, welches meist,
jedoch nicht immer, kleine runde Stärkekörner enthält. Die *Querzellen* (Abb. 107) sind lang
und schmal, von den Schlauchzellen nur durch die quere Lage zu unterscheiden. Die *Aleuronschicht* ist wie bei den übrigen Hirsen.

k) Rispen- oder gemeine Hirse (Panicum miliaceum L.)

Die Frucht ist von der kahlen, glänzenden *Hüllspelze* und der *Vorspelze* umschlossen. Die äußeren Epidermiszellen dieser Spelzen (Abb. 108) gleichen denjenigen der Gerstenspelze, jedoch fehlen die Kurzzellen. Die langgestreckten Zellen besitzen stark verdickte, gleichmäßig wellig-buchtige Längswände, auch die Querwände sind teilweise gewellt. Nach dem Spelzenrand zu wird die Wandverdickung geringer und der Verlauf der Zellwand deutlicher wellenförmig. Das Parenchym besteht aus regelmäßigen, fast prismatischen dünnwandigen und feingetüpfelten Zellen, deren Wände meist geschweift sind. Die *innere Epidermis* ist ebenfalls dünnwandig.

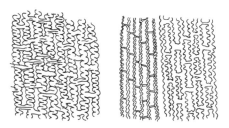
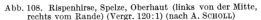
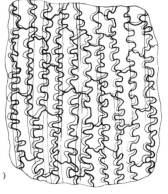

Abb. 108. Rispenhirse, Spelze, Oberhaut (links von der Mitte, rechts vom Rande) (Vergr. 120:1) (nach A. SCHOLL)

Abb. 109. Rispenhirse, Oberhaut der Frucht (Vergr. 200:1) (nach A. SCHOLL)

Die *Oberhaut der Frucht* (Abb. 109) wird von vorwiegend gestreckten tafelförmigen Zellen gebildet, deren Seitenwände in der Flächenansicht tief gebuchtet und ungleichmäßig gewellt erscheinen, während die Wände der Schmalseiten fast gerade oder nur wenig gebogen sind. Unter der Epidermis befinden sich im größten Teil der Frucht Reste eines Gewebes aus dünnwandigen, schlauchartigen Zellen, die größtenteils schräg zur Längsachse verlaufen, sowie rundliche Parenchymzellen. Die *Querzellen* sind den Schlauchzellen sehr ähnlich. Die einzellige *Aleuronschicht* besteht wie bei den anderen Hirsen aus dünnwandigen Zellen.

l) Kolbenhirse (Setaria italica Beauv.)

Die Spelzen ähneln denen des Borstengrases (Abb. 110 und 111). Die äußeren Epidermiszellen sind sehr verschieden groß, die Zähne ihrer Seiten in der Flächenansicht viel mannigfaltiger gestaltet als bei der Rispenhirse, bald spitz oder zugespitzt und scharf vorgezogen, bald stumpf, oft gelappt. Das *Parenchym* besteht aus regelmäßigen, dünnwandigen und fein getüpfelten Zellen ähnlich wie bei Panicum miliaceum, ebenso die innere Epidermis. Die *Oberhaut der Fruchtschale* (Abb. 112) wird wie bei Setaria aus vorwiegend gestreckten tafelförmigen

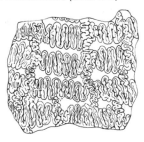
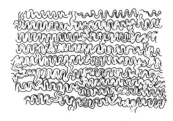

Abb. 110. Borstengras, Vorspelze, Mitte, Oberhaut (Vergr. 200:1) (nach A.L. WINTON)

Abb. 111. Borstengras. Oberhaut, Rand der Vorspelze (Vergr. 200:1) (nach A.L. WINTON)

Zellen gebildet, deren Seitenwände von der Fläche gesehen tief gebuchtet sind, die Wände der Schmalseiten dagegen gerade erscheinen. Unter der Oberhaut verlaufen im größten Teil der Frucht schlauchförmige Zellen, häufig schräg zur Längsachse, ferner runde Parenchymzellen. Die *Querzellen* sind den Schlauchzellen sehr ähnlich. Die innere Epidermis zeigt ebenfalls nur dünnwandige Zellen. Die *Perispermzellen* der Setaria-Arten besitzen getüpfelte Wände. Die *Aleuronschicht* ist einreihig und wie bei allen Hirsearten besteht diese aus dünnwandigen Zellen.

2. Einige als Unkräuter im Getreide vorkommende Gramineenfrüchte

a) Borstengras (Setaria viridis L.)

Die die reife Frucht umschließenden Spelzen, namentlich die Deck- und Vorspelze, sind lederig, verkieselt und mit zahlreichen Querfalten versehen. Die äußere Oberhaut der Deckspelze und des mittleren Teiles der Vorspelze (Abb. 110) besteht aus mäßig gestreckten Zellen, die nicht nur in Längsreihen, sondern auch in unregelmäßigen Querreihen angeordnet sind, wodurch die Querfalten hervorgerufen werden. An der einen Seite tragen die Zellen häufig Cuticularwarzen mit einer Gruppe von Grübchen. An den Seiten der Vorspelze (Abb. 111) sind die Zellen länger, schmaler und einfacher gebaut.

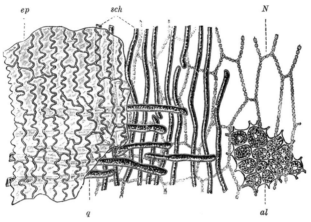

Abb. 112. Borstengras, Fruchtschale. *ep* Oberhaut, *q* Querzellen, *sch* Schlauchzellen, *N* Perisperm, *al* Aleuronschicht (nach A. L. WINTON)

Die *Schlauchzellen* der Hirsearten sind den Querzellen meist sehr ähnlich und unterscheiden sich von diesen nur durch die Verschiedenheit der Lagen in bezug auf die Orientierung zur Längsachse der Frucht. Das gilt auch für das Borstengras. Die Zellen der *Mittelschicht* gehen in die des Parenchyms über (Abb. 112).

b) Hühnerfennich (Panicum crus galli L.)

Die Oberhautzellen der Spelzen (Abb. 113) sind denen der Rispenhirsen- und Reisspelze teilweise ähnlich. Von den ersteren unterscheiden sie sich durch ihre Breite und durch sehr dichte, tiefgefaltete Biegungen. An den Rändern der Spelze sind die Zellwände schwächer verdickt, die Querwände deutlich gewellt. Die Breite der Zellen a) beträgt nach FORMANEK 56—96 μ, die Länge b) 40—88 μ, die Breite der Einbuchtungen c) 24—44 μ und die innere Entfernung der Einbuchtungen d) durchschnittlich 8 μ. Es gibt aber auch Zellen, bei denen a) 88—128 μ, b) 56—88 μ, c) 40—56 μ und d) 8—16 μ beträgt; diese Zellen sind also breiter als lang. Von der Reisspelze ist die Hühnerfennichspelze durch die angegebenen Maße zu unterscheiden; auch fehlen Ansatzstellen von Haaren.

c) Quecke (Triticum repens L.)

Die Oberhautzellen der Spelze (Abb. 114) gleichen denen der Gerstenspelze. Die Zellwände sind gleichmäßig buchtig gewellt, jedoch dünner als bei Gerste, auch ist das Zellumen breiter. Die Breite der ganzen dickwandigen Zelle beträgt 22—24 μ, die Breite der Einbuchtungen 7—8 μ, die Entfernung der Einbuchtungen 8 μ. Die Zellenquerwände, die Kurzzellen und die Zwillingskurzzellen sind denen der Gerstenspelze ähnlich, doch ist der Unterschied in der Größe bei den zu Zwillingen vereinigten Kurzzellen geringer als bei Gerste und die umfassenden Zellen sind nicht konisch, sondern mehr viereckig.

d) Flughafer (Avena fatua L.)

Die Form der Zellen der äußeren Epidermis (Abb. 115) gleicht im allgemeinen derjenigen beim Hafer, insbesondere auch hinsichtlich der Verdickung. Einen geringen Unterschied beobachtet man bei den halbmondförmigen Kurzzellen, die eine hufeisenartige Gestalt annehmen.

Der wichtigste Unterschied zwischen Flughafer- und Haferspelze scheint in den Größenverhältnissen der dickwandigen Zellen zu liegen. Diese sind beim Flughafer breiter als beim Hafer, und zwar beträgt die Breite der ganzen Zelle beim Flughafer 40—60 μ, die Breite der Einbuchtungen 5—8 μ. An den Seiten der Spelze finden sich auch Spaltöffnungen und kurze, konische Haare.

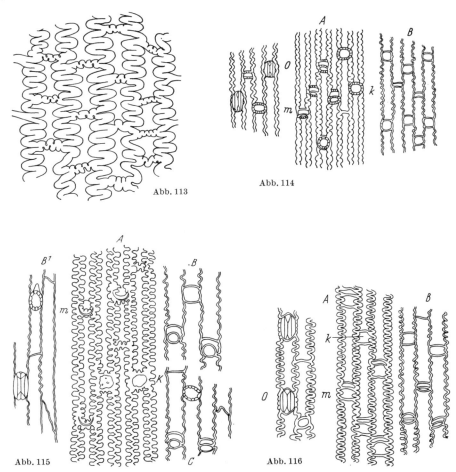

Abb. 113. Hühnerfennich, Deckspelze, Oberhautzellen (Vergr. 120:1) (nach J. FORMÁNEK)

Abb. 114. Quecke. *A* Deckspelze, *B* Vorspelze, *k* Kurzzellen, *m* Zwillingskurzzellen, *o* Spaltöffnungen (Vergr. 120:1) (nach J. FORMÁNEK)

Abb. 115. Flughafer. *A* Deckspelze, *B* Vorspelze, *B¹* Seitenteil, *C* Hüllspelze, *K* Kurzzellen, *m* Zwillingskurzzellen (Vergr. 120:1) (nach J. FORMÁNEK)

Abb. 116. Roggentrespe. *A* Deckspelze, *B* Vorspelze, *k* Kurzzellen, *m* Zwillingskurzzellen, *o* Spaltöffnungen (Vergr. 120:1) (nach J. FORMÁNEK)

e) Roggentrespe (Bromus secalinus L.)

Die Zellen der Außenoberhaut der Spelzen (Abb. 116) zeigen gleichmäßig wellige, dickwandige Längsseiten, die Einbuchtungen sind scharf ausgeprägt und rund. Die Breite der dickwandigen Zellen beträgt durchschnittlich 32—44 μ, die der Einbuchtungen 14—16 μ, die innere Entfernung der Einbuchtungen 3—13 μ. Wie bei anderen Gräserarten liegen zwischen den Langzellen einzelne Kurzzellen und Zwillingskurzzellen. Die Kurzzellen sind oval und zum Unterschied von denen des Lolches, an den Seiten gezähnt, indem die Wellenlinie der Langzellen in den Kurzzellen fortläuft. Die Zahl der Kurzzellen beträgt acht bis zwölf auf 1 mm Länge. Die kleinere Zelle der Zwillingskurzzellen ist größer als beim Lolch.

f) Taumellolch (Lolium temulentum L.)

Die äußere Epidermis der Deckspelze des Lolches (Abb. 117) wird von gestreckten, an den verschiedenen Teilen der Spelze und der Vorspelze ungleich dickwandigen Zellen mit unregelmäßig gewellten Längswänden gebildet. Bei den dünnwandigen Zellen sind die Biegungen mehr zackig. Die Breite der dickwandigen Zellen beträgt 40—56 μ, die Breite der Einbuchtungen 12—20 μ und der innere Abstand zwischen den gegenüberliegenden Einbuchtungen im Durchschnitt 16 μ. Zwischen den Langzellen finden sich rundliche, am inneren Teil der Wand gezähnte Kurzzellen und Zwillingszellen, deren größere konisch gebogen ist und die kleinere umfaßt. Auf 1 mm Länge sind 12—17 Kurzzellen vorhanden. Auch Spaltöffnungen und kurze, konisch-dickwandige Haare kommen vor (A. Th. Czaja 1963) (S. 270).

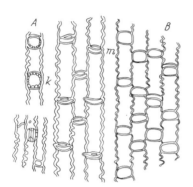

Abb. 117. Taumellolch. A Deckspelze, B Vorspelze, k Kurzzellen, m Zwillingskurzzellen (Vergr. 120:1) (nach J. Formánek)

3. Getreidearten aus anderen Pflanzenfamilien

a) Buchweizen (Fagopyrum esculentum Moench. — Polygonaceae)

Für den Genuß bestimmte Mahlprodukte des Buchweizens (Grütze und Mehl) sind in der Regel aus vollständig von der harten Fruchtschale befreiten Samen hergestellt. Vereinzelte Bruchstücke sind im Mehl meist vorhanden als winzige dunkle Partikel. Die bei der Schälung abfallende Fruchtwand wird nach der Zerkleinerung gelgentlich als Füllmittel anderen Zubereitungen zugesetzt. Ihre Zellelemente sind aus Abb. 118 ersichtlich.

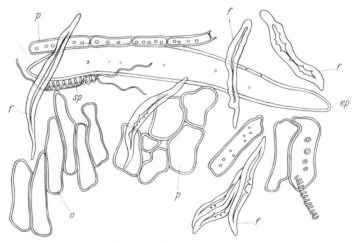

Abb. 118. Buchweizen, Fruchtschale. o Oberhaut, f Hypodermfasern, p Parenchym, sp Spiralgefäße, ep innere Epidermis (nach J. Moeller)

Die Oberhaut (o) besteht aus gestreckten, derbwandigen Zellen mit spiraliger Wandverdickung, welche sich bei Durchsicht an Innen- und Außenwand fast rechtwinklig kreuzen, wodurch ein gitterartiges Aussehen entsteht. Das Hypoderm setzt sich aus kurzen, spindelförmigen, stellenweise knotigen, stark verdickten Fasern (f) zusammen, die nur spärliche Tüpfel aufweisen. Braunes Parenchym (p) aus derbwandigen Zellen findet sich in mehrfacher Lage an den Kanten der Samenschale, sonst nur in einfacher Schicht. Die Zellen der inneren Epidermis (ep) sind vorwiegend gestreckt (bis 700 μ lang), die schwach verdickten Wände spärlich getüpfelt.

Die Samenschale des Buchweizens (Abb. 119), deren Elemente sich regelmäßig im Mehl vorfinden, da sie beim Mahlprozeß nicht vollständig beseitigt werden können, bildet eine dünne Membran, an der drei Schichten zu unterscheiden sind. Deutlich erkennbar ist die äußere Oberhaut (o) aus größtenteils wellig- oder unregelmäßig buchtigen, gestreckten oder isodiametrischen Zellen und das Schwammparenchym (m), das sich aus dünnwandigen, sternförmigen oder unregelmäßig buchtigen Zellen mit grünlich- oder bräunlichgelbem Inhalt und zahlreichen

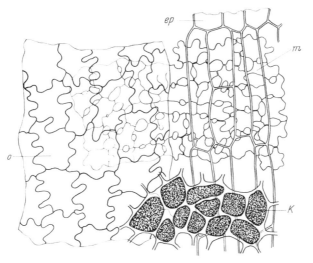

Abb. 119. Buchweizen, Samenhaut. Flächenansicht. *o* äußere, *ep* innere Oberhaut, *m* Schwammparenchym, *K* Aleuronschicht (nach J. MOELLER)

rundlichen Intercellularen zusammensetzt. Am unteren Teil des Samens geht das Schwammparenchym allmählich in eine einfache Lage glattwandiger, quergestreifter Zellen über. Die weniger deutliche innere Oberhaut (ep) besteht aus langgestreckten, dünnwandigen Zellen. Das Endosperm zeigt außen eine einreihige Aleuronschicht (k). Über den Inhalt des Stärkeparenchyms vgl. S. 209; S. 210 Abb. 22.

Abb. 120. Reismelde, Epidermis der Samenschale, zwischen gekreuzten Polarisatoren (Vergr. 160:1)

b) Reismelde (Chenopodium Quinoa Wild. — Chenopodiaceae)

wird namentlich in Chile und Peru als Brotfrucht angebaut. Die bei uns angestellten Kulturversuche hatten nur z. T. Erfolg. Die gelblich-weißen, etwa mohnkorngroßen Früchtchen sind scheibenförmig, die Samen ungefärbt.

Zwischen den Samen finden sich stets noch Teilchen der leicht abschilfernden, häutigen Fruchtschale, mit großzelliger Epidermis und Schwammparenchym aus verzweigten schlauchförmigen Zellen. Die Samenschale ist farblos und der von Chenopodium album (S. 273) im übrigen sehr ähnlich. Die dicke Außenwand der im Umriß polygonalen Epidermiszellen zeigt dichtstehende, zapfenartige Cuticulareinlagerungen, die in der Flächenansicht nur undeutlich sichtbar sind und zuweilen den Eindruck von Poren machen. Man findet die Epidermisteilchen am besten im polarisierten Licht auf, wobei sie das in Abb. 120 wiedergegebene Bild zeigen. Die Leisten erscheinen hierbei hell, während die Grundmasse der Zellwände in zahlreichen hellen, kurzen Strichen und Punkten aufleuchtet. Über die Stärke des Perisperms vgl. S. 229. Für den Nachweis der Reismelde in Mehlen sind die Epidermiszellen der Testa von besonderer Bedeutung.

III. Mikroskopische Unterscheidung von Mehlarten in Gemengen

1. Mikroskopische Unterscheidung von Roggen- und Weizenmehl

Sie gründet sich auf die hervorstechendsten Merkmale:

a) **Stärkekörner:** Roggenstärkekörner sind im allgemeinen größer (bis 50 μ $\varnothing$) und dicker als Weizenstärkekörner (30—40 μ, selten 45 μ). Im Wasserpräparat zeigen die größten Roggen-Stärkekörner häufig drei- bis fünfstrahlige Risse. Der Dickenunterschied der Körner wird deutlich zwischen gekreuzten Polarisatoren. Die Aufhellung der Roggenstärkekörner ist stärker als diejenige des Weizens (Abb. 15). Die Polarisationskreuze sind bei Weizenstärke plumper (die Balken meist dicker) als bei Roggenstärke. Mit Vorschaltung von Gips Rot I.O. zeigen die meisten Weizenstärkekörner die Farben Violett-Indigo und Orange, die Roggenstärkekörner dagegen die Farben Blau und Gelb. Stärkere Aufhellung zwischen gekreuzten Polarisatoren und höhere und tiefere Polarisationsfarben mit Gips Rot I.O. bedeutet größere Dicke der doppelbrechenden Schicht.

b) **Querzellenschicht:** Zwischen gekreuzten Polarisatoren in Diagonallage zeigen die Zellen in der Fläche beim Weizen Aufhellung, beim Roggen dagegen nicht oder nur wenig. Die Wände der Schmalseiten sind beim Weizen unauffällig, weniger getüpfelt als diejenigen der Längsseiten. Beim Roggen dagegen sind die Wände der Schmalseiten verdickt und hellen in der Gesamtheit in Diagonallage auf. In den Orthogonallagen erscheinen an den Querwänden zwischen zwei Zellen helle Kreuze (Abb. 75 und 83).

2. Unterscheidung von Roggen-, Weizen- und Gerstenmehl

Mit der in der Bakteriologie verwendeten Burritusche zum Nachweis von Schleim ist auf Grund der unterschiedlichen Löslichkeit der Interzellularensubstanz der Endospermzellen von Weizen und Roggen die Unterscheidung ihrer Mehle bzw. die Erkennung der beiden in Gemengen leicht möglich. Nach E. Berliner und J. Koopmann (1928) verfährt man wie folgt:

Die zu untersuchende Mehlprobe wird in einem Tropfen Burritusche auf dem Objektträger verrührt und luftblasenfrei mit dem Deckglas bedeckt. Bei kurzzeitiger Beobachtung ist zu erkennen, daß die Mehlpartikel vom Weizen von der Tusche direkt umgeben werden, da sich die Interzellularensubstanz nur schwer löst. Die Teilchen des Roggenmehles dagegen sind infolge der leichten Löslichkeit der Interzellularenstoffe sehr rasch von einem tuschefreien hellen Hof umgeben, welcher sich bei Strömungen im Präparat zu langen hellen Strängen auszieht. Bei einem Gemenge von Weizen- und Roggenmehl sieht man zwischen den Schleimhöfen der Roggenpartikel, die ohne solche direkt in der Tusche liegenden Weizenpartikel. In den Präparaten verwischen sich beim Liegen die Unterschiede, daher sind nur frische Präparate zu verwenden. In diesen läßt sich durch Auszählen der Roggen- und Weizenpartikel das Mischungsverhältnis annähernd bestimmen (Abb. 121 und 122).

Eine Mittelstellung zwischen beiden nimmt das Gerstenmehl ein. Die Partikel des Endosperms zeigen in der Tuschesuspension zunächst am Rande kleine tröpfchenförmige (perlschnurartig) helle Quellungen, aus denen sich dann rings um diese eine schmale tuschefreie Zone bildet. Zu stärkeren Schleimbildungen kommt es dabei nicht (Abb. 123).

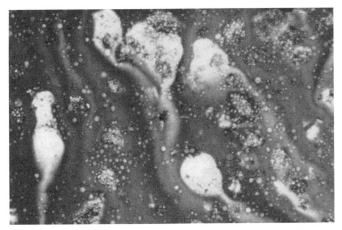

Abb. 121. Roggen- und Weizenmehl in Burritusche (Vergr. 52:1)

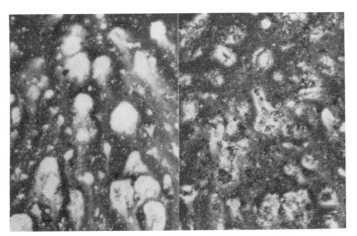

Abb. 122. Links Roggenmehl, rechts Weizenmehl in Burritusche (Vergr. 16:1)

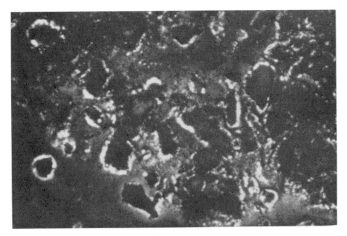

Abb. 123. Gerstenmehl in Burritusche (Vergr. 16:1)

3. Unterscheidung von Weizen-, Roggen- und Gerstenmehl
mittels basischer Fuchsinlösung

Zur Verwendung gelangt eine 0,2%ige wäßrige Lösung von basischem Fuchsin. Von dieser setzt man zum Wassertropfen auf dem Objektträger ein bis zwei kleine Tropfen zu, so daß eine rote Lösung entsteht. In diese wird von dem betreffenden Mehl eine kleine Menge eingestreut, ohne diese zu verreiben. Die Mehlpartikel versinken meist rasch in dem Tropfen. Unmittelbar darauf wird das Deckglas luftblasenfrei aufgelegt, ohne dieses weiter zu bewegen. Der Lösungstropfen soll möglichst nur so groß sein, daß der Raum unter dem Deckglas gerade davon erfüllt wird, um Strömungen zu vermeiden. Die Beobachtungen über das Verhalten der Mehlpartikel in der Fuchsinlösung beginnt mit dem Auflegen des Deckglases.

a) **Roggenmehl:** Unmittelbar nach der Berührung der Fuchsinlösung mit den Mehlpartikeln umgeben sich die Endospermanteile mit einem sich vergrößernden Hof, in welchem sich blaugefärbte kleine Partikel (diese in lebhafter Brownscher Molekularbewegung) ansammeln. Der Hof vergrößert sich eine Zeitlang. Sind Strömungen im Präparat vorhanden, so werden die blauen Partikel zu langen Strängen ausgezogen. Nach einiger Zeit kommt die Hofbildung zum Stillstand. Die Stärkekörner färben sich rot.

b) **Weizenmehl:** An den Mehlpartikeln in der Farblösung ist eine Zeitlang keine Veränderung wahrzunehmen. Nach einiger Zeit sieht man an einzelnen Endospermteilchen einen engen Hof von blauen Partikeln, so daß diese rund erscheinen. Der Umfang dieser Höfe bleibt sehr begrenzt. Weitere Veränderungen treten nicht ein. Die Stärkekörner färben sich wie bei den anderen Mehlen rot.

c) **Gerstenmehl:** Unmittelbar nach der Bedeckung mit dem Deckglas ist die Bildung eines Hofes von blaugefärbten Partikeln um die Endospermanteile zu beobachten. Zum Unterschied vom Roggenmehl erweitern sich die Höfe sehr erheblich in der roten Farbstofflösung. Nach einiger Zeit tritt in nächster Umgebung der Endospermpartikel ein farbloser Hof auf, der Innenrand des blauen Hofes färbt sich nun rot. Die Farbhöfe um die Partikel halten sich sehr lange. Inzwischen haben sich die Gewebeanteile des Mehles, die Stärkekörner und die Spelzenstücke intensiv rot gefärbt, so daß im Inneren des Mehlpräparates der Farbstoff völlig adsorbiert worden ist.

4. Mikroskopische Unterscheidung
von Durum- und Vulgare-Weizenmehl

Die mikroskopische Unterscheidung der nahe verwandten Arten gründet sich auf die Stärkekörner und die Querzellenschicht.

a) **Stärkekörner:** In den Endospermzellen des Durumweizens sind die Stärkekörner gepreßt gelagert, diese Zellen erscheinen glasig. Die isolierten Körner zeigen häufig Abweichungen von der runden Gestalt, welche für die Weizenstärkekörner sonst üblich ist. Im gewöhnlichen Durchlicht sind diese häufig auch nur geringfügig auftretenden Deformationen und solche, welche sich nicht am Umfang, sondern auf den Flächen äußern, noch dazu im Mehl, nur schwer zu erkennen. Werden diese Prüfungen aber zwischen gekreuzten Polarisatoren durchgeführt, so kommen alle derartigen Deformierungen in der Gestalt und dem Verlauf der Balken des schwarzen Polarisationskreuzes sehr sinnfällig zum Ausdruck und können noch durch Vorschalten des Gipskompensators Rot I. O. verdeutlicht werden (Abb. 13, S. 207).

b) **Querzellenschicht:** Zwischen gekreuzten Polarisatoren zeigt die Querzellenschicht in Diagonallage der Zellen Aufhellung der Zellwände in der Fläche, wie beim Vulgare-Weizen, dazu aber Aufhellung der verdickten Wände der Schmalseiten der Querzellen ganz ähnlich wie beim Roggen (Abb. 80, S. 235).

5. Nachweis von Reismehl in Weizenmehl

Die von R. Tuffi und E. Borghetti (1935) zur färberischen Unterscheidung von Reismehl neben Weizenmehl angegebene Anfärbung des Gemisches mit Methylenblau und Eosin halten H. Ludwig (1960) und J. Seidemann (1962a) nicht für ausreichend zum sicheren Nachweis. J. Seidemann (1962b) schlägt für die Identifizierung von Reis- und Weizenstärke die Bestimmung des Quellungsbereiches vor (vgl. S. 229). Sämtliche Großkörner der Weizenstärke waren bei Erhitzung auf 57—60° C gequollen und teilweise schon verkleistert. Bei 65° sind dann auch sämtliche Kleinkörner gequollen, obwohl sie die äußere Form als Körner noch nicht vollständig verloren haben. Bei der Reisstärke dagegen beginnen die ersten Körner bei 67,5 bis 68° C zu quellen. Der Quellungsvorgang der Reisstärke ist bei 78° C beendet.

H. Ludwig (1960) empfiehlt Untersuchung des Gemenges in der üblichen Lösung von Chloralhydrat (Chloralhydrat 80, Wasser 50). Die Weizenstärkekörner werden rascher angegriffen als die zusammengesetzten des Reismehles. Die letzteren werden aber soweit aufgehellt, daß die Teilkörner deutlich hervortreten. Die Untersuchung muß unmittelbar nach Herstellung des Präparates vorgenommen werden, da nach einiger Zeit auch die Reisstärke angegriffen und aufgelöst wird.

Der einfachste und sicherste Nachweis des Reismehls erfolgt polarisationsoptisch. Die fragliche Probe wird luftblasenfrei auf dem Objektträger in einen Tropfen Nelkenöl eingetragen, verteilt und mit Deckglas bedeckt. Zwischen gekreuzten Polarisatoren und mit dem Gipskompensator Rot I. O. wird das Präparat bei der Vergrößerung 100—120:1 untersucht. Durch die stark aufhellende Wirkung des Nelkenöls erscheinen die isolierten zusammengesetzten Stärkekörner sowie auch größere Endospermbruchstücke vom Reis feinkörnig (Abb. 124), indem jedes einzelne Stärkekorn zwei gelbe und zwei blaue Quadranten zeigt. Bei der Kleinheit

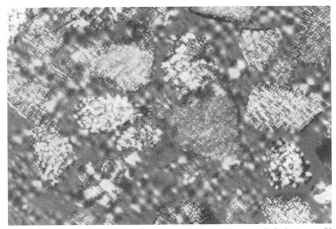

Abb. 124. Reismehl in Weizenmehl, in Nelkenöl, zwischen gekreuzten Polarisatoren, Gips Rot I (Vergr. 160:1) (Scharfeinstellung auf die Mehlpartikel)

der Körner (4—6 μ $\varnothing$) treten praktisch die blauen Quadranten als Punkte auf gelbem Grund hervor (das Gesichtsfeld ist karminrot: $\Gamma = 551$ nm). Die dagegen relativ großen isolierten Weizenstärkekörner (20—30 μ $\varnothing$) mit gelben und blauen Quadranten heben sich sehr kontrastreich ab, ganz besonders die Endospermbruchstücke, welche zahlreiche derartige Stärkekörner enthalten. Die sehr charakteristischen Gewebselemente des Weizens brauchen hier nicht weiter erwähnt zu werden. Mit dieser Methode wird jedes einzelne Stärkekorn und jedes stärkegefüllte Endospermbruchstück vom Reis und vom Weizen so eindeutig gekennzeichnet, daß diese quantitativ ausgezählt werden können. Hierbei wird optisch das erreicht, was durch die Färbeversuche angestrebt, aber nicht erfüllt worden ist (A. Th. Czaja 1964a).

6. Bestimmung von Maismehl in Weizenmehl nach G. Claus (1938)

durch Auszählen der Endospermpartikel. Zur Entfernung störender Fett-Tröpfchen wird die Probe zuvor mit Chloroform kalt entfettet. Zur Erkennung der Mais-Endospermteilchen dient das zarte Netz von körneligen Eiweißfäden, welches nach Auflösen der Stärkekörner in den Horn-Endospermpartikeln des Maises (Kochen mit 1%iger Salzsäure) zurückbleibt. Im Chloralhydrat-Aufschluß (Aufkochen) der von einer bestimmten Menge Mehl ausgeht, wird in 0,2 ml die Auszählung der auf die beschriebene Weise erkannten Mais-Endospermteilchen in einer Deckglasbreite vorgenommen. Es muß der Faktor ermittelt werden, welcher angibt, wieviele Endospermpartikel auf einer Deckglasbreite 1% zugemischtem Maismehl entsprechen.

7. Nachweis von Maismehl in Gemengen mit anderen Mehlen

Die Erkennung von Maismehl in anderen Mehlen basiert auf den optischen Eigenschaften des Horn-Endosperms (A. Th. Czaja 1964b). Etwa drei Fünftel des Mais-Endosperms bestehen aus Zellen, in denen die Stärkekörner fest aufeinander gepreßt sind und lückenlos in den Zellen liegen (glasiges Aussehen im gewöhnlichen Durchlicht). Diese Stärkekörner sind polyedrisch (Vollkörner). Im Mehl-Endosperm sind die Stärkekörner abgerundet und liegen lockerer mit

Zwischenräumen in den Zellen. Wird das Horn-Endosperm in Bruchstücken allein im polarisierten Licht zwischen gekreuzten Polarisatoren untersucht (Abb. 125), so sieht man kantigeckige Partikel stark aufgehellt. Diese verändern ihre Helligkeit *nicht* beim Drehen auf dem Objekttisch um 360°. Das Mehl-Endosperm dagegen erscheint bei der gleichen Untersuchungsweise als graue bis milchig trübe Partikel, ähnlich wie diejenigen von Weizen- und Roggenmehl. Die Bruchstücke der Hülle des Maiskornes (Epidermis und Hypoderm) hellen zwischen gekreuzten Polarisatoren zwar ebenfalls stark auf, beim Drehen auf dem Objekttisch um 360° löschen diese aber viermal aus und hellen viermal wieder auf aufgrund der Parallelstruktur ihrer Zellwände. Mit Gips Rot I.O. zeigen diese in den Additionslagen das Blau II.O., in den Subtraktionslagen das Gelb I.O.

Die Partikel anderer Mehle wie Roggen- und Weizenmehl verhalten sich wie die Partikel des Mehl-Endosperms vom Mais (Weizenmehl) (Abb. 127). Für Gersten- und Hafermehl gilt das gleiche. Diese können auch Bruchstücke der Spelzen enthalten, welche aber zwischen gekreuzten Polarisatoren ähnliches Verhalten zeigen wie die Schalenanteile vom Mais (viermaliges

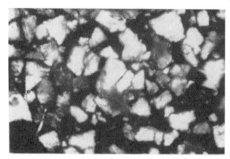

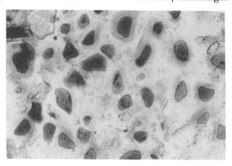

Abb. 125. Maismehl, Horn-Endosperm-Partikel, Wasser, zwischen gekreuzten Polarisatoren (Vergr. 10:1)

Abb. 126. Maismehl, Horn-Endosperm-Partikel, Chloralhydrat, mehrfach aufgekocht, im Inneren ungelöste Stärke (Vergr. 10:1)

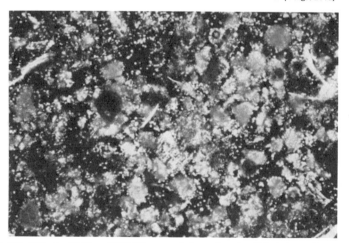

Abb. 127. Weizenmehl (Type 1948), Wasser, zwischen gekreuzten Polarisatoren (Vergr. 10:1)

Aufhellen und Wiederauslöschen und Polarisationsfarben mit Gips Rot I. O.). Beim Hafermehl kommen noch die langen Haare (bis 2 mm) von der Fruchtwand hinzu, welche ebenfalls stark auf polarisiertes Licht ansprechen. Buchweizenmehl enthält kleine und größere Partikel von Horn-Endosperm, welche kleiner sind als die vom Mais; außerdem sind beim Buchweizen die Endospermzellen mit kleinkörniger Stärke gefüllt und im Mehl immer einzelne braune Bruchstücke der faserigen Fruchtschale enthalten.

Ferner: Wird ein Maismehl enthaltendes Mehlgemenge auf dem Objektträger mit Chloralhydratlösung mehrfach aufgekocht, dann wird in den Bruchstücken des Horn-Endosperms die Stärke in den Randzellen gelöst, im Inneren bleibt diese jedoch unverändert erhalten (Abb. 126). Diese Bruchstücke zeigen im gewöhnlichen Durchlicht im Inneren dunkle Stärkeballen und stellen diagnostisch wichtige Anteile für Maismehl dar.

8. Nachweis von Kartoffelwalzmehl in Handelsmehlen

Aufgrund der Tatsache, daß die neueren Walzmehle schalenfrei sind, ist der Nachweis mit der Amylosereaktion (A. TH. CZAJA 1953) der gedämpften Kartoffelzellen mit der verkleisterten Stärke zu führen. Diese zeigen bei Zugabe von Jodwasser (Ansetzen der mikroskopischen Präparate mit diesem) an der Oberfläche rein blaue Amylosereaktion, während die übrigen Mehlbestandteile (native Stärken) auf die geringe Jodmenge überhaupt nicht reagieren, so daß nur die Walzmehlanteile eine Reaktion erkennen lassen.

9. Bestimmung von Kartoffelmehl (Kartoffelstärke) in Weizenmehl

nach W. NEUWOHNER (1939) durch Jodfärbung der Kartoffelstärke und Auszählen der Körner: 10 g der Mehlprobe werden mit Wasser zu klumpenfreiem Brei verrührt und allmählich auf 1 l aufgefüllt und durch Durchblasen von Luft und Zugießen von 6—7 ml 1 %ig. Jod-Kaliumjodid-Lösung zur gleichmäßigen Durchmischung gebracht. Mit Pipette werden 0,05 ml der Suspension auf Objektträger gebracht, der Tropfen gleichmäßig verteilt und mit Deckglas (24 × 32 mm) ohne Luftblasen bedeckt. Mittels Kreuztisches werden alle Stärkekörner (Vergr. 250:1) unter dem Deckglas gezählt. Die Kartoffel-Stärkekörner sind stahlblau, die vom Weizen praktisch ungefärbt, bis auf die beschädigten Körner, welche leicht blau erscheinen. Mittels selbst hergestellter Mischungen von etwa 4, 7 und 10 % wird ein Faktor bestimmt, der angibt, wieviel Stärkekörner in einer Deckglasbreite bei 1 % Beimischung gezählt werden. Es ergab sich z. B. bei den angegebenen Mischungen der Faktor 6,25. Bei Bestimmung unbekannter Mischungen muß durch diesen Faktor dividiert werden. Der Quotient ergibt die Beimischung von Kartoffelstärke in Prozent. — Der Nachweis soll sich auch in Roggen-, Gersten-, Erbsen- und Bohnenmehl auf diese Weise führen lassen. Im Brot gelingt dieser Nachweis nur qualitativ.

10. Zum Nachweis von Aleuronzellen in Getreidemehlen

gibt man die Mehlproben in verdünnte Lösung von kolloidem Eisenhydroxid (Ferrum oxydatum dialysatum liquidum MERCK) im mikroskopischen Präparat, so entstehen um die Aleuronpartikel Reaktionen in Liesegangschen Ringen. Die stark aleuronhaltigen Leguminosenmehle reagieren ebenso, ferner den Getreidemehlen beigemischte Sulfate, Phosphate, Bromate und Jodate (P. PELSHENKE 1938).

11. Nachweis von Keimlingsanteilen im Mehl

Zum Nachweis der embryonalen Gewebe der Keimlingspartikel wird dem mikroskopischen Präparat verdünnte (1:10) Lösung von Mucicarmin zugesetzt. Der Farbstoff färbt die Zellkerne in den Keimlingsgeweben intensiv rot, so daß diese deutlicher hervorgehoben werden. E. BERLINER u. R. RÜTER (1930) benutzen die Mucicarminlösung in Verbindung mit Chloralhydratlösung (3:2), wodurch die Präparate noch übersichtlicher werden.

12. Nachweis von Kleie- und Keimlingsbestandteilen und Insektenfragmenten im Mehl

Die Mehlprobe wird in 0,6 n-NaOH suspendiert, wobei Stärke und Eiweiß weitgehend gelöst werden. Darauf wird mit HCl neutralisiert und auf ein Drahtsieb gegeben. Nach dem Abspülen des Siebes wird der feste Rückstand 15 min mit Kristallviolett (wäßrige Lösung, 0,025 %ig) gefärbt und abgespült mit Wasser. Bei Mikroskopie im Durchlicht sind Kleie- und Keimteilchen tief violett gefärbt, Insekten- und Larvenfragmente hell orangerot. Auch die kleinsten Partikel der Insektenleiber werden durch diese Färbung erkennbar (R.A.M. Larkin u. Mitarb. 1953).

IV. Verunreinigungen des Getreides

1. Pilzparasitäre Verunreinigungen

Die in den Mehlen vorkommenden Mikroorganismen stammen zum großen Teil aus dem Getreide selbst, zum geringeren Teil werden sie erst bei der Verarbeitung bzw. Lagerung eingeschleppt. Dazu gehören parasitische und saprophytische Pilze (Sporen), Bakterienkeime und Aktinomyceten. Besonders wichtig sind die toxisch wirkenden (Mutterkorn und Taumellolch) oder infektiös wirkenden Arten von Schimmelpilzen und Aktinomyceten. Diese letzteren werden durch

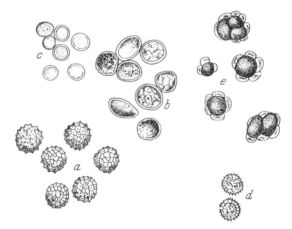

Abb. 128. Brandsporen (Vergr. 300:1). *a* Tilletia tritici, *b* T. levis, *c* Ustilago hordei, *d* U. maydis, *e* Sporenknäuel von Urocystis occulta, in denen nur die dunkleren Sporen keimfähig sind

Spelzen oder Grannen übertragen, welche sich in die Mundschleimhaut einstechen und die Aktinomykosen hervorrufen. Lungenmykosen können auch durch die in den Mahlprodukten vorkommenden Sporen von Aspergillusarten (A. flavus, A. fumigatus u. a.) entstehen bei Arbeitern, welche dem Mehlstaub ausgesetzt sind.

a) Brandpilze[1]: Von den Brandpilzen kommen in Mahlprodukten der Cerealien vorwiegend die Sporen der sog. „gedeckten" Brandarten des Weizens (Tilletia caries und T. laevis), der Gerste (Ustilago segetum var. segetum) und des Hafers (Ustilago segetum var. avenae), des Schwarzbrandes der Gerste (U. nigra), seltener die der Flugbrandarten (Ustilago tritici und U. segetum var. avenae), des Maisbrandes (U. maidys) und des Roggenstengelbrandes (Urocystis occulta) vor. Das seltenere Vorkommen der Sporen der Flugbrandarten hängt damit zusammen, daß diese schon im Sommer verstäuben oder vom Regen abgespült werden, während die Sporen der gedeckten Brandarten erst beim Dreschen über die Körner verbreitet werden. Die Brandsporen sind kugelige Zellen mit derber glatter oder

---

[1] Die Angaben über Brand- und Rostpilze verdanke ich Herrn Prof. Dr. Hassebrauk, Braunschweig.

Tab. 1. *Eigenschaften der auf Getreide vorkommenden Brand-Arten*

Getreide	Brand	botanischer Name	Sporen	Größe μ	Sporenkeimung
Weizen	Flugbrand	Ustilago tritici (Pers.) Rostr.	kugelig, feinwarzig, hellbraun	6,5—7,0	verzweigtes Promycel (ohne Sporidien)
	Steinbrand	a) Tilletia caries (DC) Tul.	a) kugelig, gefeldert mit Leisten (0,5—1,2 μ hoch; fünf- bis sechseckige Maschen; gelb- bis dunkelbraun	16—24	mit Promycel und 8—16 Sporidien am Scheitel
		b) Tilletia laevis Kirchn.	b) unregelmäßig kugelig, glatt, hellgelb	16—24	mit Promycel und 8—16 Sporidien am Scheitel
	Zwergstein-brand	c) Tilletia controversa Kühn	mit gelatinöser Hülle von 1,5—3,5 μ Dicke (schrumpft)	17—22 Mitt. 18,2	
Roggen	Zwergstein-brand	Tilletia controversa Kühn	mit gelatinöser Hülle von 1,5—3,5 μ Dicke (schrumpft)	17—22 Mitt. 18,2	
	Stengelbrand auch in den Ähren	Urocystis occulta (Wallr.) Rabh.	ein bis zwei, selten drei in rundl. Ballen 12—30 μ ⌀; rundl. gegenseitig abgepl. glatt, dunkelgrün bis braun	12—18	Promycel mit 2—6 (4 und 6) Sporidien am Scheitel
Gerste	Flugbrand	Ustilago tritici (Pers.) Rostr.	kugelig, feinwarzig, hellbraun	5—9	verzweigtes Promycel (ohne Sporidien)
	Schwarzbrand	Ustilago nigra Tapke	unregelmäßig kugelig, schwach feinwarzig, gelb- bis dunkelbraun	5—7×6—9	mit Promycel und Sporidien
	Hartbrand	Ustilago hordei (Pers.) Lgh. non Bref.	kugelig, glatt	5—9 (—11)	mit Promycel und Sporidien
Hafer	Flugbrand	Ustilago segetum (Pers.) Rouss. var. avenae (Pers.)	kugelig, feinstachelig, gelb- bis olivbraun	5—9 oder 5—7×6—9(—11)	mit Promycel und Sporidien
	Gedeckter Haferbrand	Ustilago segetum (Pers.) Rouss. var. segetum	unregelmäßig kugelig, glatt, hellbraun	5—9 (—11)	mit Promycel und Sporidien

feinwarziger brauner, seltener farbloser Membran (Abb. 128). Nach ihrer Größe und dem Bau der Membran, auch nach der Art der Keimung lassen sich die einzelnen Arten unterscheiden. Aus der Zusammenstellung sind die Eigenschaften der auf Weizen, Gerste und Hafer vorkommenden Brandarten ersichtlich.

Bemerkt sei, daß die Sporen des Maisbrandes (U. maidys (DC.) Corda) rund, hellolivbraun, feinstachelig (9—12 μ ⌀) sind und daß beim Roggenstengelbrand (Urocystis occulta (Wallr.) Rabh. (Abb. 128) ein bis zwei, selten drei Sporen zu Ballen von 12—30 μ Dicke vereinigt sind, die von einer Hüllschicht von kleineren heller gefärbten, sterilen Nebenzellen umgeben werden. Auf Rispen-, Kolben- und Mohrenhirse kommen Ustilagoarten mit braunen, kugeligen, glatten oder auch stacheligen Sporen vor, ferner mehrere Arten der Gattung Sphacelotheca de Bary.

Zur *Feststellung von Brandsporen* im unzerkleinerten Getreide werden 100 g Körner in einem Rundkolben mit Wasser geschüttelt. Nach Zentrifugieren wird der Bodensatz auf Sporen untersucht. Auf diese Weise lassen sich bei geringer Sporengröße (z. B. Ustilago avenae, Sporen 6—11 μ ⌀) noch 0,1 mg Brandsporen in 1000 g Getreide nachweisen. Bei den Arten mit größeren Sporen (z. B. Tilletia tritici, Sporen 16—22 μ ⌀) werden etwa 1 mg Brandsporen je 1000 g Getreide noch nachweisbar sein.

Zum Nachweis von Brandsporen im Mehl werden dünne Präparate auf dem Objektträger mit Natronlauge aufgehellt und streifenweise abgesucht. Sind reichlich Sporen vorhanden, so ist eine solche Vorbereitung nicht notwendig. Gröbere Mehle werden durch ein 0,25—0,5 mm Sieb getrieben. Das Durchfallende wird wie oben auf Sporen untersucht. Zur quantitativen Bestimmung der Brandsporen in Mehlerzeugnissen und Getreide hat W. Bredemann (1911) ein Verfahren angegeben. R. Johnson (1960) hat fünf verschiedene Methoden zur Feststellung von Brandsporen an Weizen erprobt.

b) Rostpilze: Die auf Getreide parasitierenden Rostarten befallen vor allem Blätter und Halme. Der auf Weizen und Gerste, seltener auf Roggen auftretende Gelbrost (Puccinia striiformis West) bildet, bevorzugt bei bestimmten Sorten, auch gern auf den Spelzen seine Sporenlager aus. Sie öffnen sich meist nach der Innenseite, so daß oft Sporen in den Barthaaren der Körner haften bleiben. Selten befällt er die Körner selbst im oberen Teil der Karyopsen. Schwarzrost (P. graminis Pers.), der auf allen Getreidearten vorkommt, verhält sich ähnlich wie Gelbrost, während von dem Braunrost (P. recondita Rob. et Desm.) auf Weizen und Roggen, dem Zwergrost (P. hordei Otth.) auf Gerste und dem Kronenrost (P. coronata Cda.) auf Hafer zwar gelegentlich ein Befall der Spelzen, aber nicht der Körner bekannt ist.

Die Rostpilze bilden während ihrer Entwicklung auf dem Getreide Uredosporen (Abb. 129), die zu Tausenden in gelben, braunen, rötlichen oder schwarzen Soris entstehen. Diese der Verbreitung dienenden Uredo-Sporen sind einzellig, ungestielt und haben schwach gelbe oder braune, entfernt stachelwarzige Membran. Mikroskopisch können mit einiger Sicherheit nur die Uredosporen des Schwarzrostes identifiziert werden, weil sie als einzige nicht rund, sondern länglich oval sind. Die gegen Ende der Vegetationszeit ausgebildeten Teleutosporen (Abb. 130) dienen der Überwinterung. Sie sitzen fest auf dem Wirtsgewebe, sind gestielt, zweizellig (nur beim Zwergrost überwiegend einzellig) und haben eine schwarzbraune glatte Membran, die nur beim Haferkronenrost am Sporenscheitel kronenartige Auswüchse aufweist. Mais und die Hirsearten werden von anderen Rostarten befallen.

c) Der Getreidemehltau, Erysiphe graminis DC. (Plectascales bzw. Perisporiales) entwickelt sich außer auf den Blättern und Stengeln zuweilen auch auf den Spelzen der Getreidearten und kann daher beim Dreschen auch in die Körner gelangen.

In Betracht kommen farblose, eiförmige Conidiosporen, welche auf kurzen, dünnen Trägerhyphen in Reihen abgeschnürt werden (Abb. 131) und kugelige schwärzliche, mit zahlreichen Anhängseln versehene Perithecien (Schlauchfrüchte) (Abb. 131). Die Conidiosporen dienen der Verbreitung des Pilzes im Sommer, die ascusführenden Perithecien überwintern. Bei der Reife enthalten diese mehrere Asci mit je vier bis acht ovalen, einzelligen farblosen Sporen. Diese können gelegentlich in Mehlen und Kleie vorkommen.

d) Mutterkorn (Claviceps purpurea Tul.) des Getreides sind die Sklerotien dieses Pilzes, welche sich anstelle der Körner in den Ähren entwickeln. Es sind schwarzviolette, etwas bereifte, bis über 3 cm lange harte Körper (Abb. 132)

aus dicht verflochtenen weißen (farblosen) Pilzhyphen (Plectenchym) mit schwarz-
violetter Randzone (Abb. 133). Mutterkorn findet sich vorwiegend auf Roggen,

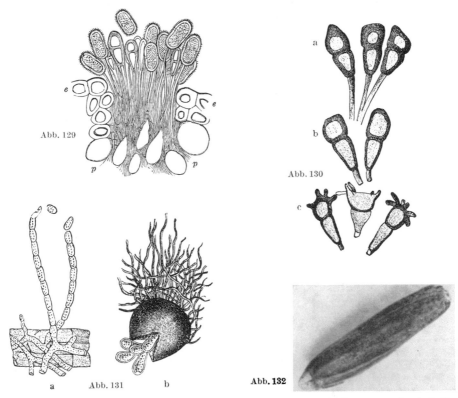

Abb. 129. Uredolager von Puccinia graminis mit Uredo-[und einigen Teleutospuren (Vergr. 200:1). Durchschnitt. *e*
Epidermiszellen des Halmes, *p* zwischen den Zellen vegetierendes Pilzmycel (nach FRANK)

Abb. 130. Teleutosporen von Puccinia graminis *a*, Puccinia dispersa *b*, Puccinia coronifera *c* (Vergr. 320:1)
(nach FRANK)

Abb. 131. Erysiphe graminis. *a* Mycel mit Conidienträgern auf einem Weizenblatt (Vergr. 60:1); *b* aufgedrücktes
Perithecium mit unreifen Schläuchen (Vergr. 100:1) (nach FRANK)

Abb. 132. Mutterkorn, total (Vergr. 5:1)

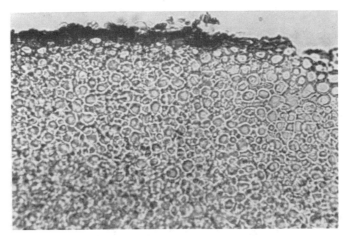

Abb. 133. Mutterkorn, Querschnitt (Vergr. 400:1)

17*

weniger auf Weizen und Gerste. Die fettreichen Sklerotien enthalten die sehr giftigen Mutterkornalkaloide. Im Mehl fallen die Pilzpartikel mit Rindenzone durch die dunkle Färbung auf. Die farblosen Anteile sind mit der Raspailschen Eiweißreaktion leicht nachzuweisen (A.Th. Czaja 1963).

Die trockene Mehlprobe verrührt man auf dem Objektträger mit einem Tropfen konz. H_2SO_4 und legt das Deckglas auf. Durch Hydrolyse wird aus der Stärke etwas Zucker gebildet, der mit der Säure die bekannte Reaktion, leichte Rotfärbung des Getreideeiweißes, bewirkt. Unter der Einwirkung der Schwefelsäure sind aus dem Pilzgewebe zahlreiche Öltropfen ausgetreten, welche den roten Farbstoff der Raspailschen Reaktion begierig aufnehmen und intensiv rot werden (Abb. 134). Jedes Pilzteilchen erscheint infolgedessen auffällig rot gefärbt.

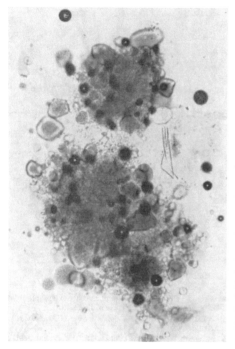 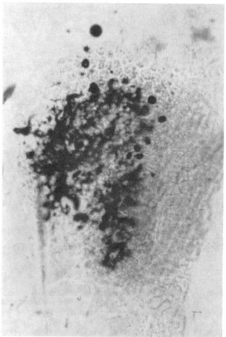

Abb. 134. Claviceps-Sklerotien: zwei Pilzpartikel in Roggenmehl. Mit zahlreichen ausgetretenen rotgefärbten Öltropfen, daran einige Gasblasen (Vergr. 40:1)

Abb. 135. Lolium temulentum. Bruchstück der Aleuronschichte, darauf Pilzmycel mit eingeschlossenen schwarzen Luftblasen (Vergr. 40:1)

Die Pilzpartikeln färben sich infolge des hohen Fettgehaltes (25—35%) auch mit Fettfarbstoffen, z.B. mit Sudan III (0,01 g Sudan III in 5 g 66%igem Äthanol und 5 g Glycerin) orangerot. Die Öltropfen treten dabei nicht aus den Hyphen aus. Die Mehlpartikeln bleiben praktisch ungefärbt.

Der *Nachweis von Mutterkorn im Brot* ist wesentlich schwieriger, da durch den Backprozeß Veränderungen der Pilzpartikeln auftreten. Allerdings soll auch die toxische Wirkung verringert werden. Nach Thieme (1930) muß das Brot 24 Std in Wasser aufgeweicht werden. Dann wird die Krume längere Zeit in 5%iger Salzsäure gekocht, die Kochflüssigkeit öfter erneuert. Schließlich läßt man absetzen oder zentrifugiert und mikroskopiert den Satz in Glycerin oder in 1%iger Lauge. Die Grenze der gesundheitlich unbedenklichen Menge von Mutterkorn ist mit 0,1% anzunehmen.

e) Taumellolch (Lolium temulentum L.). Für den Nachweis des Pilzgewebes in Partikeln zwischen Aleuronschicht und Perisperm-Rest, im Mehl eignet sich die von A. Th. Czaja (1963 b) angegebene Methode. Die Mehlprobe wird auf dem Objektträger mit der üblichen Chloralhydrat-Lösung versetzt und nur erhitzt (nicht gekocht!). Die zwischen den Pilzhyphen festgehaltene Luft in zahlreichen unregelmäßig geformten Blasen erscheint infolge der totalen Reflexion schwarz und macht dadurch diese Partikel häufig schon makroskopisch (Abb. 135) kenntlich. Wegen der übrigen Kennzeichen vgl. S. 228 und 270.

f) Schwärzepilze: Als solche werden hauptsächlich Arten der Gattung Cladosporium Link bezeichnet, die auf Getreide, auch auf Hülsenfrüchten gelegentlich als Schwächeparasiten, meist aber als Saprophyten auftreten; auch Vertreter der Gattung Sporodesmium Link ex Fr., Epicoccum Link ex Wallr. und Alternaria Nees ex Wallr. kommen in Betracht. Sie werden zur Gruppe der Fungi imperfecti gestellt.

Das Luftmycel dieser Pilze ist braun oder olivgrün. Cladosporium bildet kleine, meist einzellige olivgrüne Sporen, die an der Spitze von Trägerhyphen in Reihen abgeschnürt werden (Abb. 136). Die Sporen der Gattungen Alternaria (Abb. 136 und 137), Epicoccum und Sporodesmium sind keulen-, kugel- oder flaschenförmig, mauerartig geteilt und oft durch schmale Zwischenstücke zu Ketten verbunden. In feuchten Jahren treten die Pilze an Blättern, Halmen und Spelzen, aber auch an den Körnern der Cerealien auf, meist als oberflächlicher Anflug, teils bei bespelzten Cerealien zwischen Fruchthaut und Spelze, selten auch parasitär innerhalb der ersten Zellreihen des Kornes oder in seiner ganzen Masse. Die befallenen Körner zeigen schwärzliche Punkte, Streifen oder bräunliche Verfärbungen. In Mehlen werden in feuchten Jahren nicht selten Sporen und zuweilen auch Mycelstücke von Schwärzepilzen gefunden. Für ihren Nachweis gelten die bei den Brandpilzen angegebenen Verfahren.

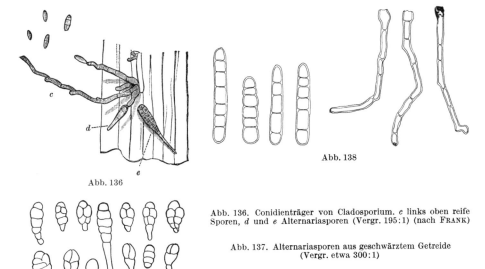

Abb. 138

Abb. 136

Abb. 137

Abb. 136. Conidienträger von Cladosporium. *c* links oben reife Sporen, *d* und *e* Alternariasporen (Vergr. 195:1) (nach FRANK)

Abb. 137. Alternariasporen aus geschwärztem Getreide (Vergr. etwa 300:1)

Abb. 138. Helminthosporium teres. Sporen und Conidienträger (Vergr. 200:1) (nach RAVN)

G. J. BAKER u. Mitarb. (1958) berichten von einer Massenentwicklung einer Art des Pilzes Cladosporium auf Weizenkörnern infolge nasser Witterung während der Ernte, die zu starker Verfärbung des Mehles führte.

g) Weitere parasitäre Pilze der Getreide, welche durch das Saatgut als Krankheitserreger übertragen werden, sind Arten der Gattungen Helminthosporium (Abb. 138), Fusarium und Septoria. Ihre Sporen haften frei am Korn oder sind in Fruchtkörpern eingeschlossen. Im Mehlkörper finden sich zuweilen Myzelien.

2. Samen und Früchte häufiger bzw. giftiger Getreideunkräuter

Familie	Nr.	Gattung und Art		
Ranunculaceae	1	Adonis aestivalis L.	Sommer-Adonisröschen	*Tafel I*
	2	Delphinium consolida L.	Feld-Rittersporn	
	3	Nigella arvensis L.	Acker-Schwarzkümmel	
	4	Ranunculus arvensis L.	Acker-Hahnenfuß	

Familie	Nr.	Gattung und Art		
Papilionaceae	5	Coronilla varia L.	Bunte Kronwicke	
	6	Melilotus officinalis Desr.	Gebräuchlicher Honigklee	
	7	Vicia hirsuta L.	Rauhaarige Wicke	
Papaveraceae	8	Fumaria officinalis L.	Gemeiner Erdrauch	
	9	Papaver rhoeas L.	Großer Klatschmohn	
	10	Papaver somniferum L.	Schlafmohn	*Tafel II*
Cruciferae	11	Brassica napus L.	Rapskohl	
	12	Brassica rapa L.	Rübenkohl, Rübsen	
	13	Camelina sativa (L.) Crantz	Gebauter Leindotter	
	14	Conringia orientalis Andrz.	Morgenländische Konringie	
	15	Diplotaxis tenuifolia (L.) DC.	Schmalblättrige Rempe	
	16	Eruca sativa Lmk.	Gebaute Rauke	
	17	Lepidium sativum L.	Gartenkresse	
	18	Raphanus raphanistrum L.	Ackerrettich	
	19	Sinapis arvensis L.	Ackersenf, Hederich	*Tafel III*
	20	Sisymbrium officinale Scop.	Gebräuchlicher Raukensenf	
	21	Thlaspi arvense L.	Feld-Täschelkraut	
Umbelliferae	22	Aethusa cynapium L.	Hundspetersilie	
	23	Bifora radians M.B.	Strahlender Hohlsame	
	24	Conium maculatum L.	Gefleckter Schierling	
Euphorbiaceae	25	Euphorbia helioscopia L.	Sonnenwendige Wolfsmilch	
Polygonaceae	26	Polygonum aviculare L.	Vogelknöterich	
	27	Polygonum convolvulus L.	Windenknöterich	
Caryophyllaceae	28	Agrostemma githago L.	Kornrade	*Tafel IV*
	29	Melandrium album Garcke	Weiße Lichtnelke	
	30	Saponaria officinalis L.	Gebräuchliches Seifenkraut	
	31	Scleranthus annuus L.	Einjähriger Knäuel	
	32	Spergula arvensis L.	Acker-Spörgel	
	33	Stellaria media (L.) Cyrillo	Gemeine Sternmiere	
	34	Vaccaria pyramidata Med.	Gemeines Kuhkraut	
Chenopodiaceae	35	Chenopodium album L.	Weißer Gänsefuß	
	36	Chenopodium polyspermum L.	Vielsamiger Gänsefuß	
Convolvulaceae	37	Convolvulus arvensis L.	Ackerwinde	*Tafel V*
Boraginaceae	38	Echium vulgare L.	Gemeiner Natternkopf	
Labiatae	39	Galeopsis tetrahit L.	Gemeiner Hohlzahn	
Solanaceae	40	Atropa belladonna L.	Gemeine Tollkirsche	
	41	Datura stramonium L.	Gemeiner Stechapfel	
	42	Hyoscyamus niger L.	Schwarzes Bilsenkraut	
	43	Nicotiana rustica L.	Bauern-Tabak	
	44	Nicotiana tabacum L.	Gemeiner Tabak	
Scrophulariaceae	45	Alectorolophus minor Ehrh.	Kleiner Klappertopf	
	46	Digitalis purpurea L.	Roter Fingerhut	*Tafel VI*
	47	Melampyrum arvense L.	Acker-Wachtelweizen	
Plantaginaceae	48	Plantago lanceolata L.	Spitzwegerich	
	49	Plantago major L.	Großer Wegerich	
	50	Plantago media L.	Mittlerer Wegerich	
Rubiaceae	51	Galium aparine L.	Kletten-Labkraut	
	52	Sherardia arvensis L.	Ackerröte	
Dipsacaceae	53	Cephalaria syriaca (L.) Schrad.	Syrischer Schuppenkopf	
Compositae	54	Anthemis arvensis L.	Feld-Hundskamille	
	55	Chrysanthemum segetum L.	Saat-Wucherblume	*Tafel VII*
	56	Centaurea cyanus L.	Blaue Kornblume	
	57	Cirsium arvense (L.) Scop.	Ackerdistel	
Liliaceae	58	Colchicum autumnale L.	Herbstzeitlose	
Gramineae	59	Bromus secalinus L.	Roggentrespe	
	60	Eleusine coracana (L.) Gaertn.	Korakan	
	61	Lolium temulentum L.	Taumellolch	
	62	Panicum crus galli L.	Hühnerfennich	
	63	Phleum pratense L.	Wiesen-Lieschgras	

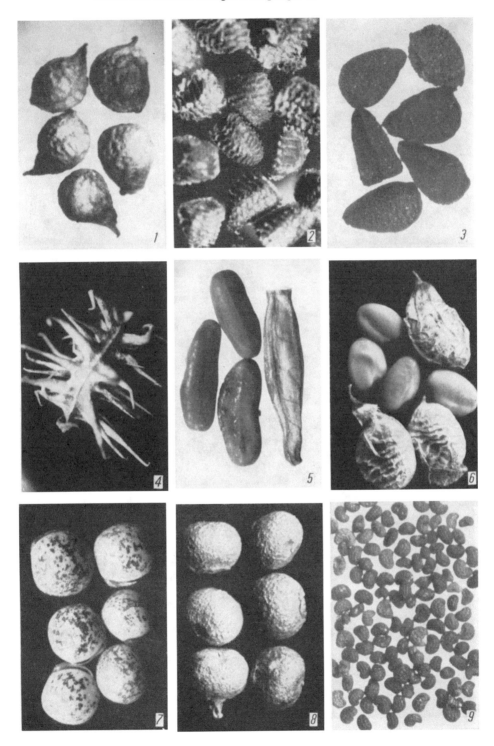

Tafel I, Nr. 1—9

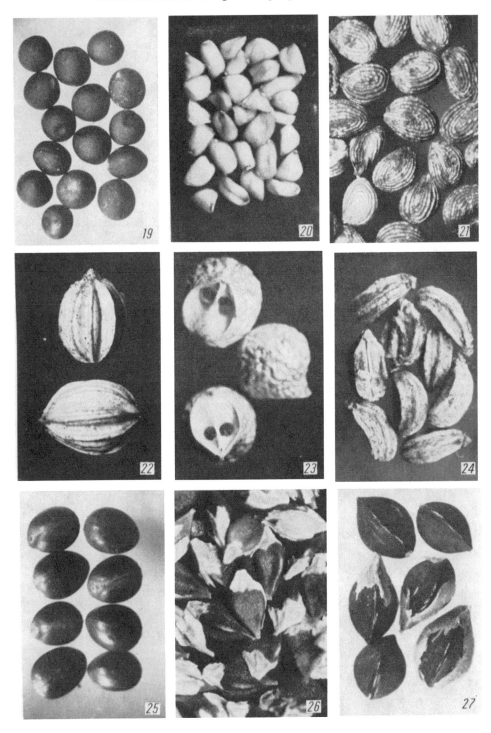

Tafel III, Nr. 19—27

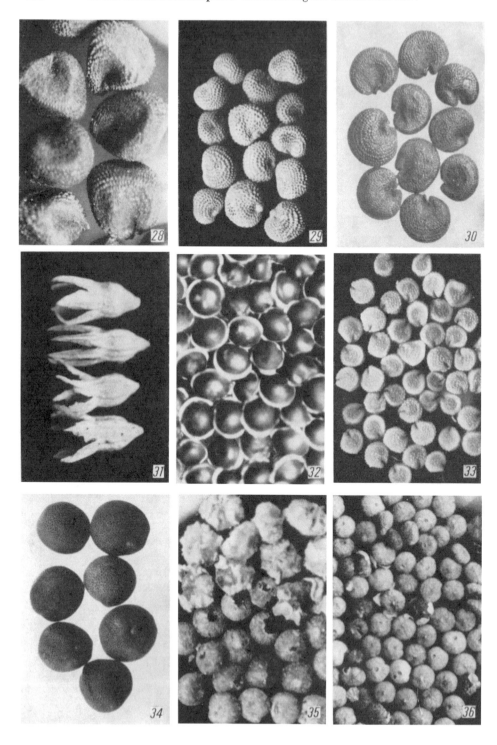

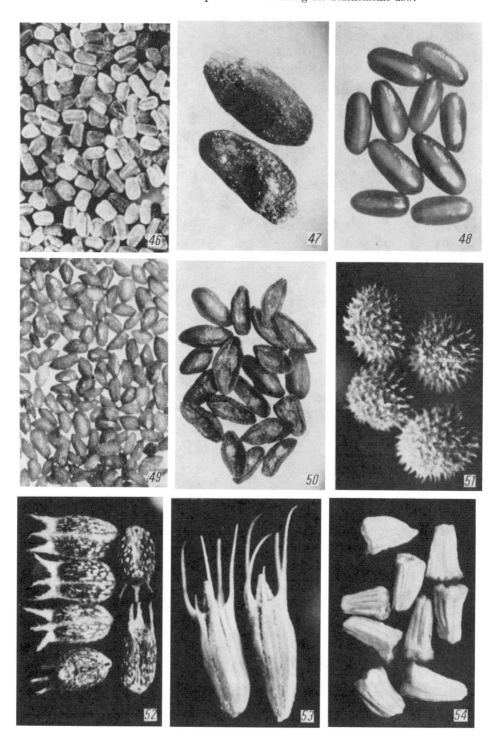

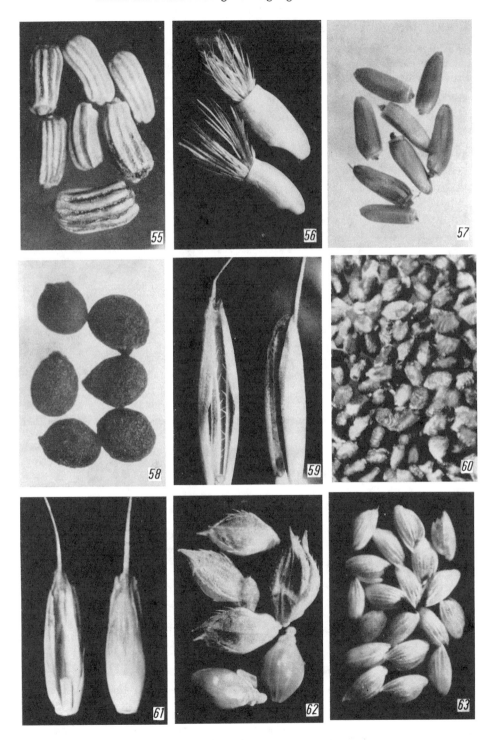

3. Getreideunkräuter in Mehlen (Anteile der Früchte und Samen)

Einige der häufigeren Unkrautfrüchte und -Samen werden nachfolgend noch näher beschrieben, da bei Mehluntersuchungen meist mit dem Auftreten von Bruchstücken von solchen gerechnet werden muß.

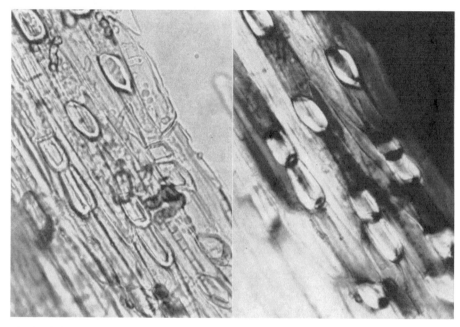

Abb. 139. Lolium temulentum: Deckspelze mit den charakteristischen Haaren. Links im gewöhnlichen Licht, rechts zwischen gekreuzten Polarisatoren (Vergr. 160:1)

Abb. 140. Lolium temulentum: Deckspelze mit zahlreichen Rundzellen über dem Polarisator (Vergr. 160:1)

a) Taumellolch (Lolium temulentum L.-Gramineae) (vgl. S. 260). Zum Nachweis in Mahlprodukten dient besonders die Pilzschicht zwischen Perisperm und Aleuronschicht der Frucht. Partikel mit dieser Pilzschicht behalten im mikroskopischen Präparat die Luft zwischen den Hyphen in Chloralhydrat-Lösung fest in Form zahlreicher, schwarz erscheinender Bläschen (nicht kochen!), die nur langsam verschwinden. Diese schwarzen Teilchen im Mehlpräparat sind sehr auffällig (Abb. 135, S. 260). Bruchstücke der Deckspelze zwischen gekreuzten Polarisatoren lassen die charakteristischen kurzen Haare und die zahlreichen stark getüpfelten Rundzellen erkennen (A. TH. CZAJA 1963 b) (Abb. 139 und 140).

b) Roggentrespe (Bromus secalinus L.-Gramineae). Die Früchte werden häufig im Ausputz angetroffen. Die Spelzen (Abb. 59, S. 269) zeigen die ovalen Kurzzellen an den Seiten gezähnt, feiner als die Epidermiszellen (Unterschied vom Lolch). Als besonders charakteristisches Merkmal hat die Querzellenschicht zu gelten, deren Zellen zum großen Teil wie ein liegendes H gestaltet sind (Abb. 141), mit Intercellularen, dazu die ungewöhnlich großen polygonalen Perispermzellen und die mehr gestreckten, ungetüpfelten Zellen der Samenschale. Der Rand der Vorspelze ist z.T. grob, z.T. fein gezähnt (Abb. 142).

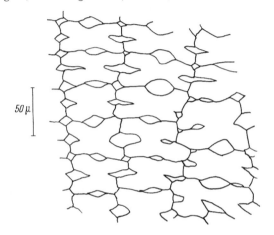

50 μ

Abb. 141. Querzellenschicht der Roggentrespe

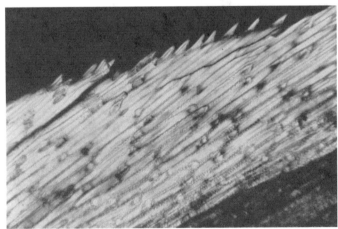

Abb. 142. Bromus secalinus, Rand der Vorspelze, zwischen gekreuzten Polarisatoren (Vergr. 100:1)

c) Windenknöterich (Polygonum convolvulus L.-Polygonaceae). Die schwarzen dreikantigen Früchte (etwa 3 mm lang) sind häufig noch vom graugrünen Perianth fest umgeben. Bruchstücke davon enthalten einfache Leitbündel. Die äußeren Oberhautzellen sind z.T. papillenförmig, evtl. in Reihen angeordnet. Zwischen gekreuzten Polarisatoren zeigen diese feine Längsfalten der Cuticula und sphäritische Struktur (Polarisationskreuze, Schnittpunkt der Balken auf dem Scheitel der Papillen) (Abb. 143). Die Fruchtwand ist aufgehellt dunkel- oder hellbraun. Die Oberhautzellen besitzen von der Fläche gesehen stark welligen Umfang (Abb. 144), sind etwa 80 μ hoch, an den Kanten der Frucht bis 120 μ! Die Seitenwände sind wellenförmig verdickt, braun (sichtbar im Querschnitt durch die Nuß). Diese Verdickungen werden nach innen zu schwächer und verlaufen in eine Spitze. Die Früchte anderer Polygonumarten sind ähnlich gebaut. Die glatten Früchte von P. dumetorum L. sind ohne Papillen. Bei P. persicaria L. und P. tomentosum Schrank. haben die Epikarpzellen runden Umriß, im Querschnitt sind diese prismatisch (60—80 μ). P. aviculare L. besitzt dagegen Papillen. Die Epikarpzellen sind 50—70 μ hoch, bis 60 μ breit.

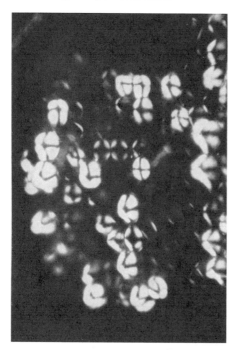 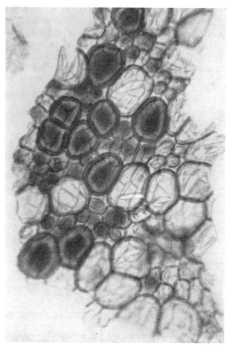

Abb. 143. Windenknöterich, Kelch, Epidermis mit Papillen, zwischen gekreuzten Polarisatoren (Vergr. 100:1)

Abb. 144. Windenknöterich, Epidermis der Samenschale (Vergr. 100:1)

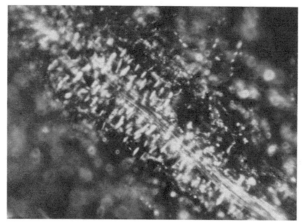

Abb. 145. Gänsefuß, Perianthzipfel, Mittelnerv, zwischen gekreuzten Polarisatoren (Vergr. 100:1)

d) Sauerampfer (Rumex acetosa L.-Polygonaceae) und andere Ampferarten zeigen in den Oberhautzellen der Fruchtwand stark verdickte Außen- und Seitenwände. Die Verdickungen sind farblos, geschichtet, das Lumen sehr klein. Das folgende Parenchym enthält dunkelbraunen Farbstoff. Die dünnwandige Epidermis der Testa besteht aus welligen bis fast geradwandigen Zellen mit gelbem Inhalt. Die Stärkekörner sind polyedrisch, mit Kernhöhle denen des Buchweizens ähnlich.

e) Melden, verschiedene Arten der Gattungen Chenopodium und Atriplex — (Chenopodiaceae) kommen als Ruderalpflanzen auch im Getreide nicht selten vor. Im Aussehen und mikroskopischen Bau sind ihre Früchte und Samen sehr ähnlich. Häufig ist der Gänsefuß (Ch. album L.).

Die Früchte (Nüßchen) sind meist noch fest umschlossen von den fünf Perianthblättern. Diese können daher in die Diagnose mit einbezogen werden. Die abgestorbenen Blättchen, am Rücken gerundet oder scharf gekielt, zeigen über dem unteren Teil des Mittelnervs auf der Außenseite meist ein Gewebe aus rechteckigen Zellen, deren Querwände quer zum Verlauf des Nervs meist verdickt sind und zwischen gekreuzten Polarisatoren in den Diagonallagen stark aufhellen. Auf diese Weise entsteht der Eindruck einer Fiederung des Nervs (Abb. 145). Das Mesophyll enthält Oxalatkristalle in Mengen. Außerdem stehen auf der Außenseite der Perianthblätter große kugelige Blasenhaare mit kleiner Fußzelle (mehliger Überzug). Die schwarzen glänzenden, fast glatten Samen, sind von einer zerbrechlichen, matten, im trocknen Zustand gekörnten Fruchtwand bedeckt.

f) Kornrade (Agrostemma githago L.-Caryophyllaceae). Die Samen sind häufig als Verunreinigungen des europäischen Weizens und Roggens zu finden. Wegen der nur im Embryo enthaltenen giftigen Saponine (Githaginglykosid [5—6%] und Githagin) ist der Nachweis im Mehl besonders wichtig.

Die etwa 3 mm großen, schwarzen Samen tragen in Reihen angeordnete warzenförmige Papillen. Diese stehen auf den großen (100—500 μ $\varnothing$) dunkelbraunen stark verzahnten Epidermiszellen. Die Cuticula ist von zahlreichen Wärzchen bedeckt. Zellumen und Zellwand enthalten ein in heißer Lauge unlösliches dunkles Pigment. Der Embryo ist stärkefrei, aber saponinhaltig. Für den Nachweis im Mehl charakteristisch sind die Epidermisbruchstücke mit

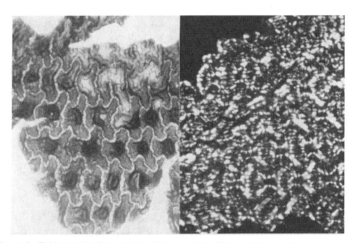

Abb. 146. Kornrade, Epidermis der Samenschale, links gewöhnl. Licht, rechts zwischen gekreuzten Polarisatoren
(Vergr. 40:1)

Papillen (Abb. 146), oft schon makroskopisch zu erkennen. Die auslöschenden Stärkeballen (S. 229) sind nur beweisend, wenn 70 μ $\varnothing$, da auch bei anderen Arten (z. B. Spergula) vorhanden. Diese sind am besten in verd. Glycerin zu beobachten, da in Wasser Zerfall eintritt. Beim Fehlen dieser Kennzeichen bleibt bei Verdacht auf Kornrade noch die sehr empfindliche Saponinprobe durch Hämolyse.

g) Kuhkraut (Vaccaria parviflora MOENCH – Caryophyllaceae). Die schwarzen Samen (1,5—2 mm) sind kugelig. Sie wirken giftig infolge des Saponingehaltes. Die Epidermiszellen (100—170 μ lang, 85—120 μ breit) sind regelmäßig sternförmig mit flachem Höcker in der Mitte. Die Verzahnung ist flach, die Spitzen der Zähne sind abgerundet. Zwischen gekreuzten Polarisatoren erkennt man die Dicke der Seitenwände (Abb. 147). Diese bestehen aus dickwandigen Fasern. Die aufgehellten Zellen sind hell- bis dunkelbraun. Die innerste Schicht der Samenschale zeigt netzig verdickte Wände. Die Stärke ist zusammengesetzt, Teilkörner bis 2 μ.

h) **Vogelmiere** (Stellaraia media L.-Caryphyllaceae). Die Samen sind rundlich abgeplattet (⌀ bis 1,2 mm), hell- bis dunkelbraun, mit seitlichem Einschnitt. Die Oberfläche ist mit Höckern besetzt, welche in Reihen angeordnet sind. Diese entsprechen den Vorwölbungen in der Mitte der tiefbuchtig umrandeten Epidermiszellen der Testa. Die flachen Teile der Außenwand tragen zahlreiche kleine Papillen (Abb. 148). Die Länge der Zellen beträgt bis 280 μ, die Breite bis 140 μ. Das darunterliegende Parenchym, zuweilen mit Oxalatkristallen, ist wenig charakteristisch. Das Endosperm enthält zusammengesetzte Stärkekörner, Teilkörner bis 5 μ ⌀.

i) **Der Feldrittersporn** (Delphinium consolida L.-Ranunculaceae) hat 2 mm lange schwarzbraune, kantige, häutig geschuppte Samen, die ein giftiges Alkaloid (Delzolin, Delcosin 1%) enthalten. Die Oberhautzellen sind stellenweise zu fächerförmigen bis 150 μ langen Platten ausgewachsen, wodurch die Schuppenbildung entsteht (Abb. 149 und 150), die innerste braune Schicht der Samenschale ist netzartig verdickt.

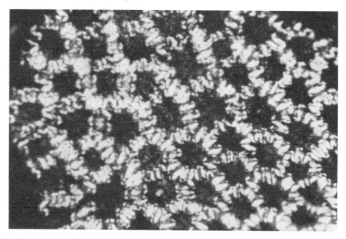

Abb. 147. Kuhkraut, Epidermis der Samenschale, zwischen gekreuzten Polarisatoren (Vergr. 100:1)

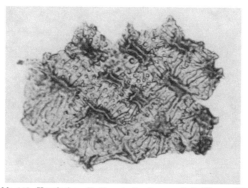

Abb. 148. Vogelmiere, Epidermis der Samenschale (Vergr. 100:1)

k) **Ackerhahnenfuß** (Ranunculus arvensis L.-Ranunculaceae). Die bestachelten Früchtchen sind abgeflacht, an beiden Enden zugespitzt, etwa 6 mm lang, gelblich bis braun. Sie enthalten das giftige Protoanemonin. Beim Vermahlen werden vor allem die Stacheln abgetrennt und finden sich in den Mahlprodukten (Abb. 151). Diese bestehen aus dickwandigen Fasern. Auf den Früchten sitzen häufig Schwärzepilze. Die Epidermiszellen der Fruchtwand sind kuppenartig vorgewölbt. Darunter folgen Parenchymzellen mit rotbraunem Inhalt, weiter nach innen eine kristallführende Zellschicht und endlich mehrere Lagen derber Fasern in kreuzweiser Anordnung.

l) **Schwarzkümmel** (Nigella arvensis L.-Ranunculaceae). Die schwarzen Samen sind giftig (1,5% Saponin = Melanthin, Bitterstoff Nigellin). Sie sind unregelmäßig dreikantig, fein gekörnt, 2—3 mm lang, 1—2 mm breit. Die Epidermis der Samenschale besteht aus größeren buckelig gewölbten und kleineren stark papillösen Zellen (Abb. 152). Die Papillen sind sphärisch und zeigen Polarisationskreuze, welche infolge der starken Braunfärbung nur schwer zu erkennen sind. Die innere Epidermis, schwächer braun gefärbt, läßt feine Querstreifung der meist rechteckigen Zellen erkennen (Abb. 153).

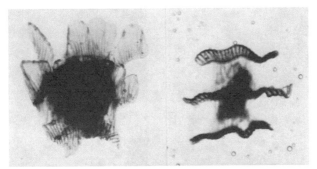

Abb. 149. Feldrittersporn, Samenschale, Bruchstücke mit Schuppen (Vergr. 25:1)

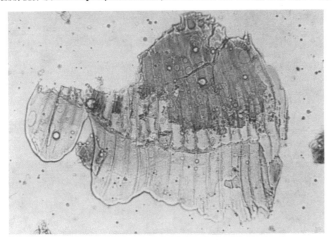

Abb. 150. Feldrittersporn, Samenschale, einzelne Schuppe (Vergr. 100:1)

Abb. 151. Ackerhahnenfuß, einzelne Stacheln der Frucht (Vergr. 10:1)

m) Wachtelweizen. Die 5–6 mm langen, braunen Samen von Melampyrum arvense L. (Scrophulariaceae) zeigen an der Ansatzstelle einen kleinen Auswuchs (Eleiosom). Sie enthalten das anscheinend nicht giftige Glykosid Rhinanthin (= Aucubin), das ein das Brot violett

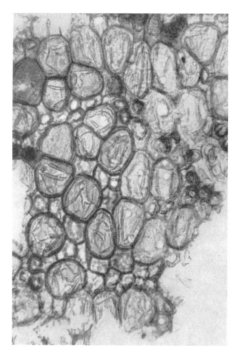

Abb. 152. Schwarzkümmel, Samenschale, äußere
Epidermis (Vergr. 100:1)

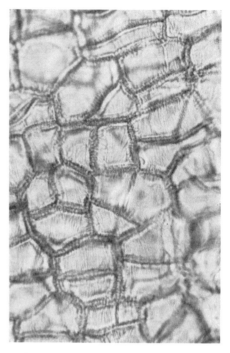

Abb. 153. Schwarzkümmel, Samenschale, innere
Epidermis (Vergr. 250:1)

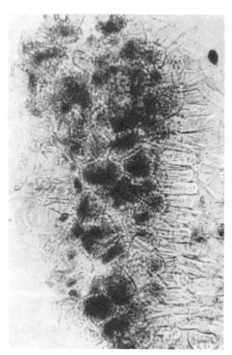

Abb. 154. Wachtelweizen, Endospermbruchstück
(Vergr. 100:1)

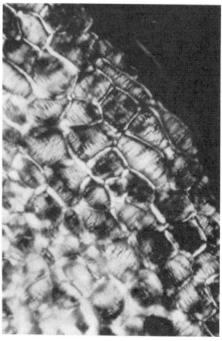

Abb. 155. Klappertopf, Zellen des Samenflügels,
zwischen gekreuzten Polarisatoren (Vergr. 40:1)

färbendes Spaltprodukt liefert (s. auch Klappertopf). Die Samenschale besteht aus einem dünnen, erst nach der Behandlung mit Lauge wahrnehmbaren Häutchen. Das Endosperm wird aus dickwandigen, reich getüpfelten Zellen gebildet, die in den Außenschichten radial gestreckt, sonst isodiametrisch sind (Abb. 154). Ihr Inhalt besteht aus Fett und körnigen Massen.

n) Klappertopf oder Ackerrodel (Alectorolophus hirsutus All.; Scrophulariaceae) hat scheibenförmige, 2,5—5 mm große, dunkelblaugrüne oder schwarzbraune Samen, die mit einem schwielig verdickten Flügel umsäumt sind. Sie enthalten, wie die Samen von Melampyrum, das Glykosid Rhinanthin (= Aucubin), das dem Brot violette oder schwärzliche Farbe und

Abb. 156. Ackerwinde, Samenschale, Epidermis mit Gruppen von Papillen (Vergr. 32:1)

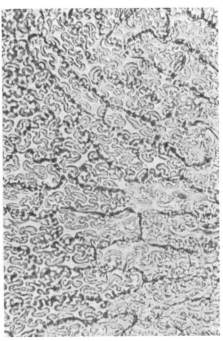

Abb. 157. Erdrauch, Exokarp mit sphäritischen Zellen, zwischen gekreuzten Polarisatoren (Vergr. 128:1)

Abb. 158. Erdrauch, Endokarp (Vergr. 100:1)

widerlichen Geschmack gibt. Epidermiszellen der Samenschale sind dünn. Die sich leicht ablösenden Flügel oder Bruchstücke davon zeigen sehr charakteristische verdickte und getüpfelte Zellen im Inneren; Epidermiszellen bis 180 μ $\varnothing$ (Abb. 155).

o) Ackerwinde (Convolvulus arvensis L.-Convolvulaceae). Die Samen sind schwarzbraun, kantig, feinwarzig, 3 mm lang, etwa 2 mm breit, der Rücken ist gewölbt, Seitenflächen gerade.

An Bruchstücken der Samen ist folgendes zu erkennen: Die braunen Epidermiszellen sind als ungleich hohe Papillen ausgebildet. Bruchstücke der Samenschale sind auch nach Aufhellung innen dunkel. Ringsum stehen die ungleich hohen Papillen über (Abb. 156). Die innere Epidermis der sich meist als Ganzes ablösenden Samenschale besteht aus schmalen parkettierten Zellen. Unter der aus papillösen Zellen gebildeten Epidermis liegt eine Schicht Parenchymzellen, darunter eine Palisadenschicht aus schmalen, farblosen oder gelblich braunen, dickwandigen und leicht gebogenen bis 75 μ langen Zellen mit Lichtlinie. Endosperm-Bruchstücke mit verschleimten Zellwänden, hellen zwischen gekreuzten Polarisatoren stark auf und zeigen an den Rändern feine Schleimfäden in großer Anzahl.

Abb. 159. Leindotter, Samenschale, links Bruchstück mit Schleimfäden in Wasser, zwischen gekreuzten Polarisatoren (Vergr. 128:1), rechts Schleim-Epidermis, zwischen gekreuzten Polarisatoren (Vergr. 160:1)

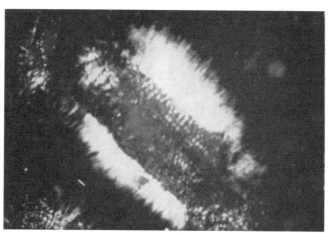

Abb. 160. Kresse, Samenschale, Bruchstück mit Schleimfäden in Wasser, zwischen gekreuzten Polarisatoren (Vergr. 25:1)

p) Erdrauch (Fumaria officinalis L.-Papaveraceae). Die graugrünen rundlichen, seitlich flachgedrückten Früchte (Nüßchen) sind etwa 2,5 mm breit. Das Exokarp löst sich in Chloralhydratlösung von Bruchstücken auf Druck leicht ab. Es besteht aus tafelförmigen, etwa rechteckigen Zellen, welche zwischen gekreuzten Polarisatoren in den Diagonallagen aufhellen. Zwischen diesen eingestreut sind kurze, aber papillenförmige Zellen, welche in Aufsicht sphärisch erscheinen (Abb. 157). Das Endokarp zeigt Zellen mit sehr stark welligem Umriß und verdickten Wänden (Abb. 158). Exo- und Endokarp lösen sich leicht in Bruchstücken ab und sind für die Diagnose wichtig. Unter der dünnen Epidermis der Samenschale befindet sich eine Zellschicht mit rotbraunen Inhaltskörpern.

q) Leindotter (Camelina sativa (L.) Cranth Cruciferae). Die gelblichbraunen Samen (1,5—2 mm lang) zeigen in Bruchstücken hauptsächlich die Epidermis der Testa, welche aus

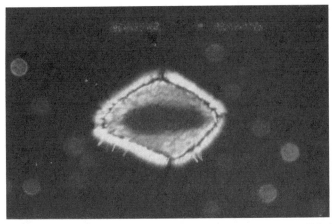

Abb. 161. Plantago major, Same in Wasser mit Schleimhof, zwischen gekreuzten Polarisatoren
(Vergr. 40:1)

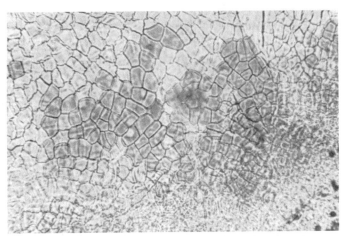

Abb. 162. Plantago media, Samenschale, Epidermis (Vergr. 128:1)

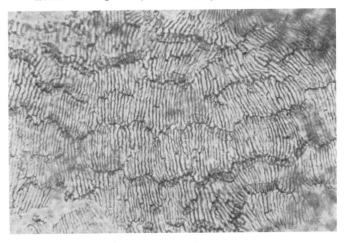

Abb. 163. Plantago major, Samenschale, Epidermis (Vergr. 128:1)

Schleimzellen besteht. In Wasser quillt der Schleim in langen Fäden aus den Zellen, in Chloral-hydratlösung zeigen die Zellen in Aufsicht zwischen gekreuzten Polarisatoren regelmäßige Polarisationskreuze, da der Schleim geschichtet ist, aber nicht aus den Zellen austritt (Abb. 159).

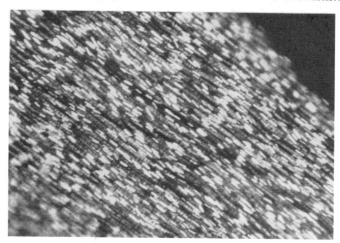

Abb. 164. Kornblume, Fruchtwand, Epidermis, zwischen gekreuzten Polarisatoren (Vergr. 160:1)

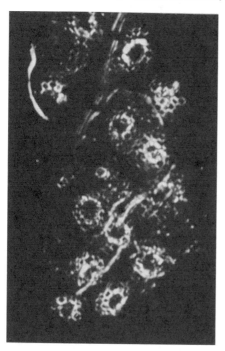

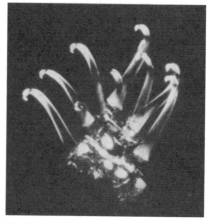

Abb. 166. Klebkraut, Hakenhaare der Frucht, zwischen gekreuzten Polarisatoren (Vergr. 40:1)

Abb. 165. Klebkraut, Frucht, Epidermis mit Haar-basen, zwischen gekreuzten Polarisatoren (Vergr. 128:1)

r) Kresse (Lepidium sativum L.-Cruciferae). Die 2–3 mm langen abgeflachten bräunlichen Samen sind durch die Samenschale eindeutig gekennzeichnet. Bruchstücke lassen in Wasser aus den dünnwandigen Epidermiszellen den Schleim in dichtstehenden radialen Fäden aus-treten (Abb. 160). Darunter folgt eine Schicht von dickwandigen Palisadenzellen. Der weitere Sameninhalt ist ohne Bedeutung.

s) Wegerich (Plantago lanceolata L., Pl. media L.; Pl. major L.-Plantaginaceae). Die sehr kleinen und meist sehr zähen Samen der beiden ersten Arten werden dem Mahlprozeß wider-stehen. Alle drei Arten besitzen Schleimepidermen. Beim Befeuchten mit Wasser tritt der

Schleim aus den Zellen und umgibt die Samen ringsum mit einer radialstrukturierten Schicht von doppelbrechendem Schleim (Abb. 161). Die Samenschalen besitzen Hartschichten, welche bei Pl. lanceolata aus dickwandigen, etwa isodiametrischen Zellen bestehen, bei Pl. media aus eckigen Zellen mit braunem Inhalt (Abb. 162), bei Pl. major aus dünnwandigen parkettierten Zellen (Abb. 163). Der Inhalt des Nährgewebes besteht aus Aleuronkörnern und fettem Öl.

t) Kornblume (Centaurea cyanus L.-Compositae). Die Früchte (Achaenen) sind hellgrau, 4 mm lang, mit bräunlichem Pappus aus schmalen faserartigen Zellen, deren Enden z.T. seitlich abstehen. Bruchstücke der Fruchtwand lassen die Epidermis aus gestreckten Zellen erkennen, darauf einzelne abstehende Haare. Darunter liegen mehrere Schichten von Sklerenchymfasern. Die innerste dünnwandige Schicht enthält prismatische Kristalle in großer Anzahl. Diese Bruchstücke mit relativ seltenen Oxalatprismen sind äußerst charakteristisch (Abb. 164). Nach innen zu folgt eine Schicht aus Palisadenzellen (75 μ hoch). Die inneren Zellschichten an der Samenschale sind zusammengedrückt.

u) Klebkraut (Galium aparine L.-Rubiaceae). Die graugrünen Früchte sind abgeflacht kugelig (2—3 mm $\varnothing$). Bruchstücke des Exokarps, welche die dickwandigen Hakenhaare tragen, zeigen häufig auch die Basen von abgebrochenen Haaren als Narben, ringförmig umgeben von Epidermiszellen (Abb. 165). Dazwischen befinden sich Epidermiszellen, welche in der Mitte je eine Papille tragen, die zwischen gekreuzten Polarisatoren sphäritisch erscheint. In der Fruchtwand befinden sich einfache Leitbündel und Raphidenzellen. Die derben Haare können auch isoliert vorkommen (Abb. 166). Die Endospermzellen sind dickwandig, davon nur die inneren mit deutlichen Tüpfeln.

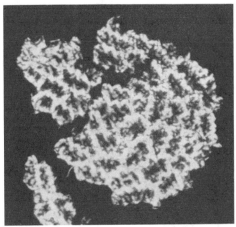

Abb. 168. Bilsenkraut, Samenschale, Epidermis, zwischen gekreuzten Polarisatoren (Vergr. 128:1)

Abb. 167. Stechapfel, Samenschale, Epidermis, zwischen gekreuzten Polarisatoren (Vergr. 100:1)

v) Stechapfel (Datura stramonium L.-Solanaceae). Die alkaloidhaltigen und daher giftigen Samen sind in südafrikanischem Buchweizen beobachtet worden. Diese sind schwarz, rundlich, flach und feingrubig (3—4 mm). Die Epidermis der Samenschale ist diagnostisch wichtig. Ihre Zellen besitzen tiefgewundenen Umriß (Verzahnung). Die Zellwände sind gelblich, leuchten zwischen gekreuzten Polarisatoren stark auf, mit braunem Inhalt. Die regelmäßigen Endospermzellen enthalten fettes Öl und Aleuronkörner, besitzen dicke Wände, welche ebenfalls in den Diagonallagen aufhellen (Abb. 167).

w) Bilsenkraut (Hyoscyamus niger L.-Solanaceae). Die Samen sind gelegentlich in russischem und ungarischem Mohn beobachtet worden. Da diese alkaloidhaltig sind, ist Vorsicht geboten. Diese besitzen etwas Ähnlichkeit mit jenen Samen. Die gelblichen, leicht wellig umrandeten Epidermiszellen sind besonders zwischen gekreuzten Polarisatoren ganz eindeutig zu erkennen und von den Anteilen des Mohns zu unterscheiden (Abb. 168).

x) Hohlsame (Bifora radians M. Bieb.-Umbelliferae). Häufiges Ackerunkraut in Südeuropa mit fast kugeligen (3 mm ∅), an der Fugenseite hohlen Spaltfrüchten (hier zwei Löcher) ohne Ölgänge. Die Exokarpzellen polygonal mit braunem Inhalt, gelegentlich Spaltöffnungen. Die Fruchtwand enthält mehrere sich überkreuzende Faserschichten. Der Hauptanteil der Bruchstücke besteht aus solchen. Die nach innen folgende Hartschicht enthält stark knorrige, verzweigte, teils faserartige Steinzellen, welche unregelmäßig durcheinander gewachsen sind. Das Parenchym der Fruchtwand zeigt in der innersten Schicht netzartige Wandverdickungen. Das Endokarp besteht aus langen, schmalen, parkettierten Zellen. In den dickwandigen Endospermzellen fallen regelmäßig Oxalat-Rosetten auf (Abb. 169).

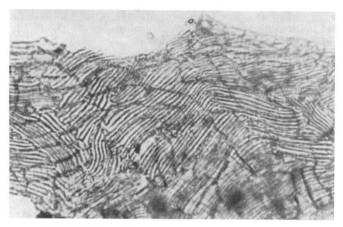

Abb. 169. Hohlsame, Fruchtwand, Querzellenschicht (Vergr. 160:1)

Abb. 170. Weinberglauch, Brutzwiebeln total (Vergr. 10:1)

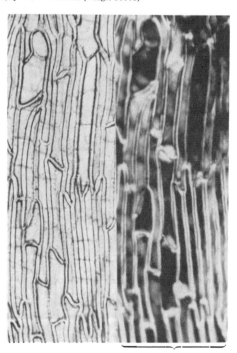

Abb. 171. Weinberglauch, Brutzwiebel, Hüllblatt, rechts zwischen gekreuzten Polarisatoren (Vergr. 40:1)

y) Weinbergslauch (Allium vineale L.-Liliaceae). Die bis 5 mm langen Brutzwiebelchen (Abb. 170), welche meist statt der Blüten in den kopfförmigen Blütenständen entwickelt werden, sind wegen des unangenehmen Geschmackes und

Geruches (wilder Knoblauch!), den sie dem Brot verleihen, gefürchtet, lassen sich aber nur schwer aus dem Getreide entfernen.

Die Hüllblätter besitzen eine aus gestreckten, dickwandigen Zellen bestehende Epidermis, die zwischen gekreuzten Polarisatoren stark aufleuchtet (Abb. 171). Im Parenchym der Schuppen raphidenartige Oxalat-Kriställchen.

z) Syrischer Schuppenkopf (Cephalaria syriaca (L.) Schrad.-Dipsacaceae), Pelemir (Müllersprache: Scabiose) (G. HAMPEL 1958). Die graubraunen Scheinfrüchte sind häufig Besatz des syrischen und türkischen Getreides (Länge 4—7 mm ohne, bis 9 mm mit Kelchzähnen, $\varnothing$ bis 2,5 mm). Mehl und Teig zeigen schon bei 0,25 % Pelemir geringen, bei 0,5 % deutlich bitteren Geschmack, welcher sich beim Backen z. T. verlieren soll, über 1 % aber widerlich bitteren Geschmack und Kratzen im Hals. Das Brot nimmt mehr und mehr grünliche Färbung an.

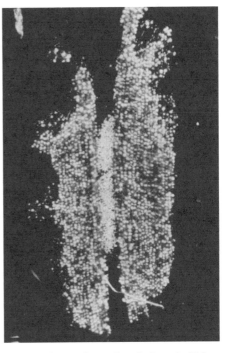

Abb. 172. Syrischer Schuppenkopf, Hüllkelch, Epidermis, Kristalle, zwischen gekreuzten Polarisatoren (Vergr. 400:1)

→

Abb. 173. Syrischer Schuppenkopf, Hüllkelchstück mit Mittelnerv, zwischen gekreuzten Polarisatoren (Vergr. 40:1)

Die Frucht zeigt am Außenkelch vier Haupttrippen mit den größeren, dazwischen vier Nebenrippen mit den kürzeren Kelchzähnen. Die Epidermis des Kelches ist die diagnostisch wichtige Schicht. Fast in jeder Zelle befindet sich ein großer Oxalatkristall, welcher zwischen gekreuzten Polarisatoren sehr auffällige Farberscheinungen zeigt (Abb. 172). Ferner befinden sich in den Epidermiszellen der schmalen Furchen zwischen Haupt- und Nebenrippen in allen Zellen wesentlich kleinere Kristalle (Abb. 173), welche die gleichen Erscheinungen erkennen lassen. Diese Merkmale sind für Pelemir eindeutig. Das Endosperm ist grünlich-bläulich gefärbt, der Embryo mehr gelblich-bläulich.

Verschiedene andere Samen. Außer den oben beschriebenen können auch noch die Samen oder Früchte vieler anderer Unkräuter im Getreide und damit auch in den Mahlprodukten vorkommen. Ihre Bestimmung wird im zerkleinerten Zustand meist große Schwierigkeiten bereiten, sofern es sich nicht um Arten handelt, die den oben beschriebenen verwandt und daher im Bau ähnlich sind. Es empfiehlt sich hierbei jedenfalls, ein Spezialwerk zu Hilfe zu nehmen. Unkräuter ausländischer Herkunft, die in eingeführtem Getreide vorkommen, sind im allgemeinen nur zu bestimmen, wenn Vergleichsmaterial zur Verfügung steht.

4. Weitere pflanzliche Verunreinigungen

Bei der mikroskopischen Untersuchung von Getreidemehlen und anderen Mahlprodukten werden häufig Verunreinigungen angetroffen, welche aus Verpackungs- und Aufbewahrungs-Material oder von Geräten stammen. Diese können Auskunft geben über Herkunft, Aufbereitungsweise oder Lagerung. Es kann sich aber auch um absichtliche Beimengungen, also um Verfälschungen handeln. Abgesehen von fremden Stärken können auftreten: Holzsplitter (Streumehl), Spelzmehl, Strohmehl oder andere gemahlene Substanzen, Haare fremder

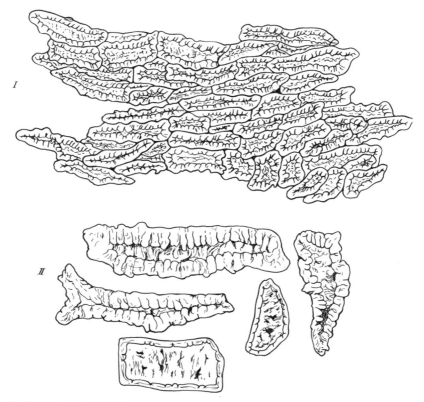

Abb. 174. Maiskolbenspindelmehl. Holziges Gewebe der Maisspindel. *I* Zellverband, *II* einzelne Elemente (Vergr. 200:1) (nach A. Scholl)

Pflanzen, Pollen von Nadelbäumen (Anflug), tierische Bestandteile wie Nagetierhaare, Insektenfühler und Glieder, Milben und Kotballen, Pilzsporen und Pilzmycelien.

a) Maiskolbenspindelmehl. Das fast weiße Mehl kann als Fälschungsmittel für gröbere Mehle, aber auch als Streumehl verwendet werden. Die Spindel des Maiskolbens besteht aus holzigem Gewebe mit Markzylinder, auf dessen Außenseite die von den Spelzen umgebenen Maiskörner sitzen. Beim Entkernen bleiben die Spelzen in Vertiefungen haften und werden mit der Spindel zerkleinert.

Im Spindelmehl finden sich die unregelmäßigen, dickwandigen gestreckten und verholzten Zellen und dünnwandige, wenig getüpfelte, regelmäßige (Abb. 174). Sehr bezeichnend sind die sklerotisierten, wellig-buchtigen Zellen der hornigen Hüllspelzen, neben mehr regelmäßigen Zellen.

b) Spelzspreumehl besteht vorwiegend aus den gemahlenen beim Dreschen anfallenden Spelzen. Dieses kann als Streumehl beim Backen Verwendung finden, dient aber gelegentlich auch zur Verfälschung des Mehles.

Am auffälligsten sind die in Flächenansicht zu beobachtenden Teile der äußeren Epidermis der verschiedenen Spelzen oft mit Hypodermtrümmern. Im mittleren Teil der Spelzen sind die Epidermiszellen dickwandig (Abb. 175 A), nach den Seiten zu werden sie dünnwandig (Abb. 175 B). Der häutige Spelzenrand besteht nur aus einer Lage zartwandiger Zellen und trägt kleine Haare (Abb. 175 C). Die Reste des Hypoderms bestehen aus unregelmäßigen Bündeln verdickter Faserstücke. Gewöhnlich sind noch Teile der übrigen Schichten anwesend, Spiral- und Netzgefäße, Teile der inneren Epidermis, während das Schwammgewebe im Pulver vollständig zurücktritt. Die meisten Zellwände ergeben die Holzreaktion.

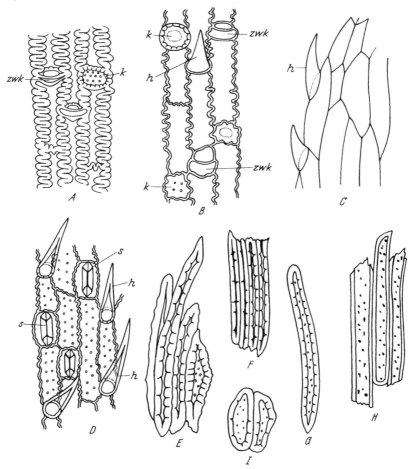

Abb. 175. Spelzspreumehl. *A* äußere Epidermis aus dem mittleren Teil der Spelze, *k* Kurzzelle, *zwk* Zwillings-kurzzellen; *B* äußere Epidermis aus dem seitlichen Teil der Spelze, *k* Kurzzellen, *zwk* Zwillingskurzzellen, *h* Haar; *C* häutiger Spelzenrand, *h* Haar; *D* innere Epidermis der Vorspelze (Weizen), *h* Haare, *s* Spaltöffnungen; *E, F, G, H* Zellen aus dem Faserhypoderm; *J* verdickte Zellen aus der Basis der Spelze (Vergr. 200:1) (nach C. GRIEBEL)

c) Strohmehl besitzt Ähnlichkeit mit dem Spelzspreumehl und wird wie dieses verwendet.

Die welligen Epidermiszellen sind aber fast durchweg dünnwandig oder nur wenig verdickt. Typische Kurzzellen fehlen. Faserartige Zellverbände treten auch hierbei stark hervor, dazu noch die Trümmer des dünnwandigen, langzelligen Stengelparenchyms. Teile von Ring- und Spiralgefäßen sind häufig, auch Netzgefäße kommen vor. Die meisten Zellwände geben die Holzreaktion.

d) Holzmehl wird als Streumehl, gelegentlich auch zur Verfälschung benutzt.

Nadelholzmehl läßt praktisch nur zwei Sorten von Zellelementen erkennen: weite und enge Tracheiden, beide glattwandig, getüpfelt, selten mit Spiralleisten (Douglasfichte). In den weiten Tracheiden befinden sich häufig große runde Hoftüpfel, meist nur in einer Längsreihe angeordnet und zwar in den Radialwänden. Bei einzelnen Nadelhölzern, z. B. der Kiefer, können große und kleine Hoftüpfel vorhanden sein, dazu noch größere zwei- bis rechteckige, bei Fichte und Tanne dagegen nur große und kleine Hoftüpfel. Ferner können quer zu den langen (bis 2 mm) Fasertracheiden auch kleine rechteckige, evtl. getüpfelte Markstrahlzellen verlaufen. Harzkanäle können angedeutet sein (Abb. 176).

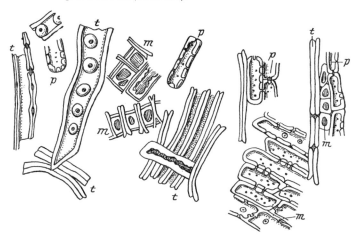

Abb. 176. Sägemehl eines Nadelholzes. *t* Tracheiden, *m* Markstrahlzellen, *p* Parenchymzellen (nach J. Moeller)

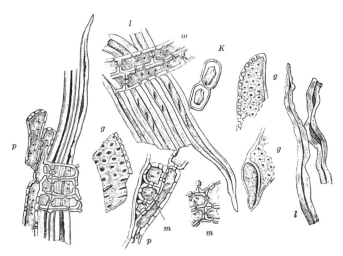

Abb. 177. Sägemehl eines Laubholzes. *p* Holzparenchym, *l* Holzfasern, *g* Gefäßfragmente, *m* Markstrahlen in radialer und tangentialer Ansicht, *K* Kristallzellen (nach J. Moeller)

e) Laubholzmehl enthält verschiedenartige Zellelemente. Auffällig sind besonders die Gefäße (Tracheen) mit vielen kleinen Hoftüpfeln, oft auch außerdem mit spiraligen Verdikkungsleisten, zwischen denen dann die Tüpfel angeordnet sind. Der Durchmesser solcher Gefäße kann bis 600 μ betragen (Eiche), bis 200 μ (Buche). Daneben treten viel engere Tracheiden auf mit gleicher Wandstruktur, aber an den freien Enden zugespitzt und glatte weitere und engere Holzfasern, Holzparenchymzellen und quer angeordnete, meist rechteckige Markstrahlzellen mit Inhalt. Elemente des Holzes können als Splitter auch einzeln auftreten (Abb. 177).

f) Steinnußmehl. Die bei der Knopfherstellung aus sog. vegetabilischem Elfenbein (den Samen von Phytelephas macrocarpa) abfallenden Drehspäne finden als Steinnußmehl, aber nur als Streumehl in der Bäckerei Verwendung.

Der Nachweis ist leicht, weil die außerordentlich stark verdickten Endospermzellen, aus denen das Mehl fast allein besteht, sehr charakteristisch sind (Abb. 178).

g) Palmkernmehl, die gemahlenen Preßrückstände der Ölgewinnung aus den Samen der Ölpalme, Elaeis guineensis, welches als Futtermittel verwendet wird, wird gelegentlich auch zu Verfälschungen benutzt.

Dieses ist an den auffällig getüpfelten und verdickten Zellwänden (Abb. 179) leicht zu erkennen (A. TH. CZAJA 1962).

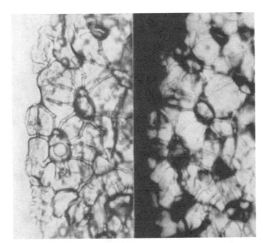

Abb. 178

Abb. 180

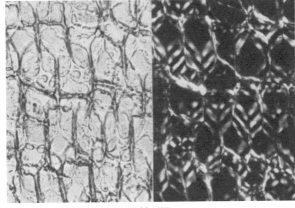

Abb. 179

Abb. 178. Steinnußmehl, links gewöhnl. Licht, rechts zwischen gekreuzten Polarisatoren (Vergr. 100:1)

Abb. 179. Palmkernmehl, Endospermpartikel, links gewöhnl. Licht, rechts zwischen gekreuzten Polarisatoren (Vergr. 128:1)

Abb. 180. Flachsfasern, zwischen gekreuzten Polarisatoren (Vergr. 160:1

h) Flachsfasern stellen feinere und gröbere (Breite 15—20μ) Sklerenchym-(Bast-) fasern dar, ungefärbt und nicht verholzt. Als Verunreinigungen liegen meist nur Bruchstücke der 2—4 cm langen Fasern vor, deren Enden an sich spitz sind. Zwischen Polarisatoren erscheinen diese Fasern in den Orthogonallagen dunkel mit hellen, meist etwas schrägen Querstrichen, den sog. Verschiebungen (Abb. 180). Trocken färben sich die Flachsfasern mit Jod-Zinkchlorid-Lösung wie Baumwollfasern violett. Zwischen Polarisatoren können dickere Fasern auch verschiedene Polarisationsfarben zeigen.

i) **Hanffasern** können aus Sack- und Bindfadenmaterial herrühren. Diese zeigen große Ähnlichkeit mit den Flachsfasern und sind in Bruchstücken kaum davon zu unterscheiden. Häufig geben diese mit Jod-Zinkchlorid-Lösung Violettfärbung, oder auch leicht grünliche Färbung infolge von schwacher Verholzung. Breite der Faser etwa 10—15 μ. Verschiebungen sind wie bei Flachs nachweisbar.

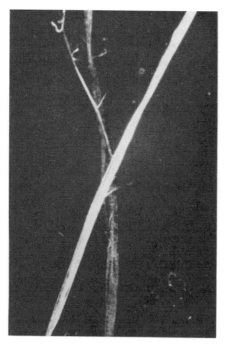

Abb. 181. Jutefasern, orthogonal und diagonal, zwischen gekreuzten Polarisatoren (Vergr. 25:1)

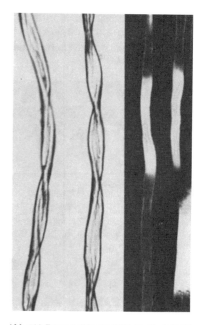

Abb. 182. Baumwollfasern, links gewöhnl. Licht, rechts Jod-Zinkchlorid-Lösung, zwischen gekreuzten Polarisatoren (Vergr. 160:1)

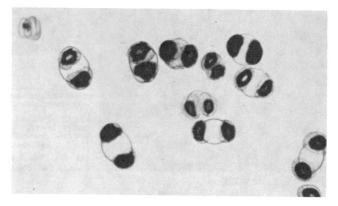

Abb. 183. Pollenkörner (Kiefer) (Vergr. 60:1)

k) **Jutefasern** können aus Packmaterial (nicht aus Säcken, da solche für Lebensmittel nicht geeignet sind) stammen. Die Einzelfaser zeichnet sich durch unregelmäßige Breite des Zellumens aus. Dieses kann stellenweise strichförmig und kurz darauf wieder breiter sein. Die Zellwand der Jutefaser ist verholzt und gibt mit Phloroglucin-HCl Rotfärbung. Die Breite der Faser beträgt etwa 20 μ, Verschiebungen treten nicht auf. Zwischen gekreuzten Polarisatoren löschen die Jutefasern in den Orthogonallagen fast völlig aus und hellen in den Diagonallagen auf (Abb. 181).

l) **Baumwollfasern** (auch als Sackstoffe benutzt) sind farblose, flache, langgestreckte Zellen mit Cellulosewand, welche an einem Ende von der Oberfläche der Samen abgerissen werden, am anderen aber in eine lange Spitze endigen. Die Haare sind unregelmäßig spiralig gedreht (Abb. 182) und lassen häufig schräge (spiralige) Streifung der Wand erkennen. Breite der Fasern 12—25 μ. Zwischen Polarisatoren mit Gips Rot I.O. lassen diese in den Orthogonallagen abwechselnd ungleich lange, gelbe und blaue Abschnitte erkennen, welche durch schmale rote Streifen getrennt sind. Mit Jodzinkchlorid-Lösung werden die Fasern (möglichst wasserfrei) violett gefärbt und zeigen dann zwischen gekreuzten Polarisatoren abwechselnd helle und dunkle Abschnitte, welche beim Drehen auf dem Objekttisch jeweils in das Gegenteil umschlagen.

m) **Pollenkörner** von Nadelhölzern, z. B. Kiefer, Fichte und Tanne, besitzen außer der etwa kugeligen Pollenzelle mit plasmatischem Inhalt und Kern zwei einseitig ansitzende, mit Luft gefüllte (und daher dunkel erscheinende) Luftsäcke. Falls die Luft durch Kochen der Präparate ausgetrieben worden ist, sind die Säcke durchscheinend. Solche Pollenkörner können durch Anflug verbreitet werden. Pollenkörner anderer Pflanzen sind kugelig bis oval, glatt oder besitzen Stacheln oder auch Keimporen (Abb. 183).

5. Tierische Verunreinigungen

a) **Die Mehlmilbe** (Aleurobius farinae L.) (Abb. 184) befällt bevorzugt stärkehaltige Mehle der Gramineen und Leguminosen, aber auch andere Mahlprodukte wie Grieß, Graupen, Grütze, Kleie, Haferflocken, sogar Getreidekörner. Bei Massenentwicklung wird das Mehl durch die abgestreiften Bälge (Häutungen) und den kugeligen Kot ($\varnothing$ 12, häufig auch 30—60 μ) allmählich dunkel gefärbt. In den Kotballen (Abb. 185) ist Stärke nachweisbar.

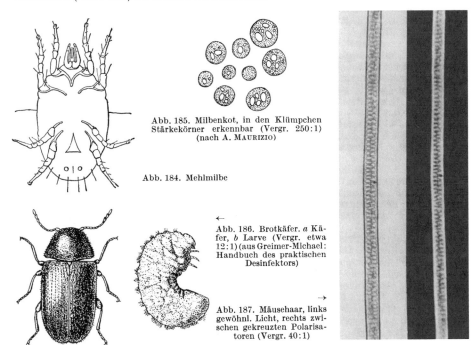

Abb. 185. Milbenkot, in den Klümpchen Stärkekörner erkennbar (Vergr. 250:1) (nach A. MAURIZIO)

Abb. 184. Mehlmilbe

←
Abb. 186. Brotkäfer. a Käfer, b Larve (Vergr. etwa 12:1) (aus Greimer-Michael: Handbuch des praktischen Desinfektors)

→
Abb. 187. Mäusehaar, links gewöhnl. Licht, rechts zwischen gekreuzten Polarisatoren (Vergr. 40:1)

Bei Milbenbefall schüttelt man zur Anreicherung etwas Mehl mit viel Wasser im Reagensglas und läßt absitzen. Die etwa vorhandenen Milben und die leeren Bälge sammeln sich an der Oberfläche des Wassers an und können von dort zur mikroskopischen Untersuchung entnommen werden. Auch die Kotkügelchen sammeln sich an der Wasseroberfläche an und können beim zufälligen Fehlen von Milben und Bälgen Befall anzeigen. Bäcker-Asthma und Bäcker-Ekzem werden durch Milben und Bälge verursacht (O. ROOS 1949).

b) Der Brotkäfer (Sidotrepa panicea L.), ein 2—3 mm langer rostbrauner Käfer (Abb. 186) gehört zu den schlimmsten Speicher- und Haushaltsschädlingen. Er befällt harte Backwaren aller Art, auch Mehl, Grieß, Graupen, Teigwaren, Erbswürste und auch Gewürze. Die Käfer sind gerundet walzenförmig, sehr fein doppelt behaart (teils anliegend, teils abstehend), Halsschild scharfrandig, flach gewölbt, Flügeldecken fein punktiert gestreift. Die weißen Larven fressen in dem befallenen Material.

c) Nagetierhaare, besonders Mäusehaare, sind gelegentlich in Mehl- und anderen Mahlprodukten anzutreffen. Bei Betrachtung im gewöhnlichen, auffälliger aber in Diagonallage zwischen gekreuzten Polarisatoren, tritt die besondere Struktur dieser Haare (Abb. 187) hervor zum Unterschied von den üblichen Wollhaaren (Schafwolle).

Zum Nachweis tierischer Verunreinigungen (Nagetierhaare, Insektenfragmente) — Filth-Test — in Mehlprodukten und Backwaren vgl. auch G. Hampel (1956 a).

Bibliographie

Ambronn, H., u. A. Frey: Das Polarisationsmikroskop. Leipzig: Akademische Verlagsges. 1926.

Brouwer, W., u. A. Stählin: Handbuch der Samenkunde für Landwirtschaft, Gartenbau und Forstwirtschaft. Frankfurt/Main: DLG-Verlags-Ges. 1955.

Eggebrecht, H.: Gefährliche Unkräuter und Schädlinge im Saatgut. Radebeul und Berlin: Neumann 1953.

Frey-Wyssling, A.: Die pflanzliche Zellwand. Berlin-Heidelberg-New York: Springer 1959.

Frickhinger, H.W.: Leitfaden der Schädlingsbekämpfung, 3. Aufl. Stuttgart: Wissenschaftl. Verlagsges. 1955.

Gilman, J.C.: A manual of soil fungi. Ames, I.: The Iowa State Coll. Press 1957.

Griebel, C.: Mikroskopische Untersuchung der Stärkemehle und Müllereierzeugnisse einschließlich der mykologischen und biologischen Prüfung. In: Handbuch der Lebensmittelchemie. Hrsg. v. Juckenack, A., E. Bames, B. Bleyer u. J. Grossfeld. Bd. V, S. 117—209. Berlin: Springer 1938.

Heinisch, O.: Samenatlas der wichtigsten Futterpflanzen und ihrer Unkräuter. Berlin: Dtsch. Akademie der Landwirtschaftswiss. 1955.

Köhler, A.: Die Verwendung des Polarisationsmikroskopes für biologische Untersuchungen. In: Handbuch der biologischen Arbeitsmethoden. Hrsg. von E. Abderhalden. Abt. II, Physikalische Methoden. Berlin u. Wien: Urban u. Schwarzenberg 1926.

Korsmo, E.: Unkräuter im Ackerbau der Neuzeit. Berlin: Springer 1930.

Möller, J. u. C. Griebel: Mikroskopie der Nahrungs- und Genußmittel aus dem Pflanzenreich. 4. Aufl. Berlin: Springer 1938.

Netolitzky, F.: Anatomie der Angiospermen-Samen. In: Handbuch der Pflanzenanatomie, Bd. X. Berlin: Borntraeger 1926.

Pelshenke, P.: Untersuchungsmethoden für Brotgetreide, Mehl und Brot. Leipzig: Moritz Schäfer 1938.

Reichert, E.T.: The differentiation and specifity of starches in relation to genera, species etc. Teil I. Washington, D.C.: Carnegie Inst. 1913.

Roelofsen, P.A.: The plant cell wall. In: Handbuch der Pflanzenanatomie, Bd. III, Teil 4, Abt. Cytologie. Berlin-Nikolassee: Gebr. Borntraeger 1959.

Rohrlich, M., u. G. Brückner: Das Getreide. II. Teil: Das Getreide und seine Untersuchung. Berlin: A.W. Hayn's Erben 1957.

Samec, M.: Kolloidchemie der Stärke. Leipzig: Theodor Steinkopff 1927.

Schmidt, W.J.: Polarisationsoptische Analyse des submikroskopischen Baues von Zellen und Geweben. In: Handbuch der biologischen Arbeitsmethoden. Hrsg. von E. Abderhalden, Abt.V, Teil 10. Berlin u. Wien: Urban u. Schwarzenberg 1934.

Seidemann, J.: Stärke-Atlas. Berlin u. Hamburg: P. Parey 1966.

Sorauer, P.: Handbuch der Pflanzenkrankheiten: Ustilaginales. 6. Aufl., Bd. III, 4. Lfg., S. 276—526. Berlin u. Hamburg: P. Parey 1962.

Tornow, E.: Nachweis von Gift und Unkraut im Getreide und Mehl. München: Selbstverlag 1952.

Wollenweber, H.W., u. O.A. Reinking: Die Fusarien, ihre Beschreibung und Bekämpfung. Berlin: P. Parey 1935.

Zeitschriftenliteratur

AMBERGER, K.: Nachweis fremder Stärke im Getreidemehl. Z. Untersuch. Nahrungs- u. Genußmittel **42**, 181—192 (1921).

BAKER, G.J., E.N. GREER, J.J.C. HINTON, C.R. JONES and D.J. STEVENS: The effect on flour color of Cladosporium growth on wheat. Cereal Chem. **35**, 260—274 (1958).

BAKER, F., and P. HOBSON: Selective staining of intact and damaged starch granules by safranin 0 and niagara blue. J. Sci. Food Agric. **3**, 608—612 (1952).

BAUMANN, K.: Nachweis von Maisstärke in Weizenmehl. Z. Untersuch. Nahrungs- u. Genußmittel **2**, 27—29 (1899).

BERLINER, E.: Nachweis von Weizenmehl mit Hilfe der Tuschemethode. Z. Untersuch. Lebensmittel **68**, 643—645 (1934).

—, u. J. KOOPMANN: Mehlmikroskopie. II. Eine neue Methode zur schnellen mikroskopischen Erkennung von Roggen- und Weizenmehlen und ihres Gemisches. Z. ges. Mühlenwesen **5**, 21—24 (1928).

—, u. R. RÜTER: Über die Erkennung und Auszählung von Keimlingsteilen in Getreidemehlen. Z. ges. Mühlenwesen **7**, 36—38 (1930).

BREDEMANN, G.: Nachweis der Sporen von Rostpilzen. Landwirtsch. Versuchstat. **75**, 135 (1911).

CLAUS, G.: Die Bestimmung von Maisbackmehl in Weizenmehlen. Vorratspfl. u. Lebensmittelforsch. **1**, 430—433 (1938).

CHRISTENSEN, C.M.: Fungi at and in wheat kernels. Cereal Chem. **28**, 408—415 (1951).

CZAJA, A.TH.: Der Nachweis von Kartoffelwalzmehl in Mehl- und Gewürzmischungen. Dtsch. Lebensmittel-Rdsch. **49**, 231—236 (1953).

— Mikroskopischer Nachweis von Amylose und Amylopektin am Stärkekorn und die Unterscheidung zweier Sorten von Stärkekörnern. Planta (Berlin) **43**, 379—392 (1954).

— Farbphotographische Stärkestudien. Photographie u. Forschung **6**, 123—126 (1954).

— Untersuchungen über die submikroskopische Struktur der Zellwände von Parenchymzellen in Stengelorganen und Wurzeln. Planta (Berlin) **51**, 329—377 (1958a).

— Polarisationsmikroskopischer Nachweis von Stechapfel-Samen im Buchweizenmehl. Z. Lebensmittel-Untersuch. u. -Forsch. **107**, 217—220 (1958b).

— Polarisationsmikroskopischer Nachweis der Früchte von Conium maculatum L. in Anispulver und anderen Mischungen. Z. Lebensmittel-Untersuch. u. -Forsch. **113**, 52—57 (1960). Polarisations- und fluoreszenzmikroskopische Untersuchungen an Stärkekörnern. Photographie u. Forschung **8**, 110—118 (1960a).

— Untersuchungen an Stärkekörnern im gewöhnlichen, polarisierten und Fluoreszenzlicht. Stärke **13**, 357—363 (1961).

— Polarisationsoptischer Nachweis von Palmkernmehl in Gewürzmischungen. Z. Lebensmittel-Untersuch. u. -Forsch. **118**, 32—35 (1962).

— Untersuchungen über die Textur der Zellwände des Parenchyms saftiger Früchte (Mesokarp). Protoplasma (Wien) **57**, 203—219 (1963a).

— Nachweis von Mutterkorn und Taumellolch im Mehl im gewöhnlichen Licht- und im Polarisationsmikroskop. Z. Lebensmittel-Untersuch. u. -Forsch. **123**, 9—15 (1963b).

— Polarisationsmikroskopischer Nachweis von Maismehl in anderen Getreidemehlen. Z. Lebensmittel-Untersuch. u. -Forsch. **124**, 189—194 (1964a).

— Die Bedeutung der Stärken für die Erkennung von Mehlen in Gemengen mit Reismehl. Stärke **16**, 276—279 (1964b).

— Neue Methoden in der Getreide-Mikroskopie. Getreide u. Mehl **14**, 97—101 (1964).

— Neuere Untersuchungen an Stärkekörnern. Stärke **17**, 211—218 (1965).

— Neue Methoden der Getreide-Mikroskopie. Nachweis von Verunreinigungen. Umschau **65**, 443 (1965).

— Mikroskopischer Feinbau pflanzlicher Objekte und chromatische Korrektion optischer Systeme. ZEISS Mitteilungen **4**, 110—125 (1966).

— Stärkekörner als Phasenobjekte. Stärke **18**, 165—171 (1966a).

DIERCHEN, W.: Der äußere und innere Pilzbefall beim Getreidekorn. Getreide u. Mehl **2**, 125 bis 127 (1952).

DREES, H.: Giftige Unkrautsamen im Getreide. Gesunde Pflanzen **5**, 199 (1953).

FISCHER, R., u. E. RIEDL: Zum Nachweis von Kornrade in Mehl und Brot. Z. Untersuch. Lebensmittel **59**, 595—598 (1930).

GRIEBEL, C.: Erbsenmehle mit auffallend geformten Stärkekörnern. Z. Lebensmittel-Untersuch. u. -Forsch. **88**, 269—272 (1948).

— Über abweichend geformte Erbsenstärke (II. Mitt.). Z. Lebensmittel-Untersuch. u. -Forsch. **89**, 404—411 (1949).

— Verwechslung von Tabaksamen (Nicotiana rustica L.) mit Mohn. Z. Lebensmittel-Untersuch. u. -Forsch. **90**, 109—112 (1950).

Giuliano, R., e M. L. Stein: Identificatione di alcuni amidi per colorazione selettiva. Ann. Chim. (Rome) **45**, 236—240 (1955).

Härdtl, H.: Zur Mikroskopie der Fruchthülle unserer wichtigsten Getreidearten. Z. Untersuch. Lebensmittel **69**, 113—127 (1935).

Hampel, G.: Neue Methoden zum Nachweis von Verunreinigungen tierischer Herkunft in Getreideerzeugnissen. Getreide u. Mehl **2**, 117—123 (1952).

— Beobachtungen beim Nachweis von Filth in Mehl und Gebäck. Getreide u. Mehl **6**, 5—6 (1956a).

— Über die anatomischen Merkmale von Getreide-Unkrautsamen. I. Mitt. Lolium temulentum L. Z. Lebensmittel-Untersuch. u. -Forsch. **103**, 423—430 (1956b).

— II. Mitt.: Acker-Schwarzkümmel und Acker-Wachtelweizen. Z. Lebensmittel-Untersuch. u. -Forsch. **105**, 373—378 (1957).

— III. Mitt.: Kornrade und Syrischer Schuppenkopf. Z. Lebensmittel-Untersuch. u. -Forsch. **107**, 523—529 (1958).

Homberger, E.: L'identification de l'amidon par la méthode de coloration et par les temperatures de gonflement. Diss. Univ. Genève 1940.

Huss, W.: Beiträge zur mikroskopischen Untersuchung verschiedener Stärkearten im polarisierten Licht. ZEISS Mitt. Fortschr. techn. Optik **2**, 92—102 (1960).

Johnson, R. M.: Five proposed methods for determining smut content in wheat. Cereal Chem. **37**, 289—308 (1960).

Karacsonyi, L.: Nachweis von Gerstenmehl in Gegenwart von Weizen- und Roggenmehl nach Unna. Mitt. landw. Versuchsstat. Ungarns **39**, 99 (1936).

Klimmer, O. R.: Zur Toxikologie von Unkrautsamen im Getreide. Getreide u. Mehl **4**, 73—77 (1954).

— Experimentelle Untersuchungen zur Frage der Giftigkeit der Samen von Cephalaria syriaca Schrad. am Warmblüter. Getreide u. Mehl **5**, 1—2 (1955).

Kluge, H., u. A. Picarzewski: Über den Nachweis von Mutterkorn und Kornrade in Roggenmehl bei größeren Reihenuntersuchungen. Z. Untersuch. Lebensmittel **84**, 320—328 (1942).

Larkin, R. A. M., MacMasters and C. E. Rist: A new color method for differentiating bran and germ from insect fragments in flour. Cereal Chem. **30**, 54—58 (1953).

Lindeberg, B., and J. A. Nannfeldt: Ustilaginales of Sweden. Symbolae Botan. Upsalienses **16**, 1—175 (1959).

Ludwig, H.: Beitrag zum Reismehlnachweis in Weizenmehlen. Dtsch. Lebensmittel-Rdsch. **56**, 353—354 (1960).

Melchior, H., u. H. Feuerberg: Beitrag zur Kenntnis der Struktur der Getreidestärkekörner. Ber. dtsch. botan. Ges. **67**, 395—406 (1954).

Meyer, A.: Quantitative Bestimmung der Stärke. Z. Unters. Nahrungs- u. Genußmittel **17**, 497—504 (1909).

Mitteilungen der Gesellschaft für Vorratsschutz. Berlin: Selbstverlag, Bd. 1—5, 1925—1929.

Neuwohner, W.: Die Bestimmung von Kartoffelmehl in Weizenmehl. Z. Tierernähr. Futtermittelk. **3**, 1—5 (1939).

Pelshenke, P., u. G. Hampel: Über „totgemahlene" Mehle. Auftreten und Einfluß gepreßter und beschädigter Stärkekörner beim Mahlprozeß. Getreide, Mehl, Brot **3**, 145—149 (1949).

Roos, O.: Gesundheitsschädlichkeit der in den Getreideerzeugnissen verbleibenden toten Schädlinge und Exkremente. Getreide, Mehl, Brot **3**, 152—153 (1949).

Schmidt, H.: Cephalaria syriaca Schrad. als Verunreinigung von Brotgetreide. Getreide u. Mehl **3**, 1—3 (1953).

Schmidt, H. H.: Giftige Unkrautsamen in Futtermitteln. Kraftfutter **38**, Heft 7 (1955).

Schulz, A. P., u. G. Steinhoff: Beiträge zur mikroskopischen Untersuchung der Stärke mittels Färbungen. Z. Spirituosen-Ind. **55**, 162 (1932).

Seidemann, J.: Über die Brauchbarkeit von Farbstoffen in der Stärkemikroskopie. Stärke **14**, 348—355 (1962).

— Über den Nachweis von Reismehl in Weizenmehl. Dtsch. Lebensmittel-Rdsch. **58**, 168—169 (1962).

— Identifizierung verschiedener Stärkearten durch die mikroskopische Bestimmung des Quellungsbereiches. Stärke **15**, 291—299 (1963).

Thieme, P.: Mutterkorn im Brot. Veröffentl. Med. verw. **33**, 44 (1930).

Tuffi, R., e E. Borghetti: Differenziazione di riso dall'avena nella farina di frumento sofisticata. Ann. Chim. (Rome) **25**, 643—646 (1935).

— — Il riconoscimento del riso nella farina di frumento. Ann. Chim. (Rome) **25**, 351—354 (1935).

Unna, E.: Mikroskopisch-färberischer Nachweis von Weizen-, Roggen- und Kartoffelstärke nebeneinander. Z. Untersuch. Nahrungs- u. Genußmittel **36**, 49—53 (1918).

Wittmack, L.: Anleitung zur Erkennung organischer und anorganischer Beimischungen im Roggen- und Weizenmehl. Leipzig: M. Schäfer 1884.

Brot, Backwaren und Hilfsmittel für die Bäckerei

A. Brot

Von

Dipl.-Br.-Ing. **ADOLF SCHULZ**, Detmold

Mit 1 Abbildung

I. Allgemeines, Verbrauch

Über die Geschichte des Brotes ist viel geforscht worden, wobei vielfach den Ägyptern die eigentliche Kunst der Brotherstellung zugeschrieben wird. W. VON STOKAR (1956) ist jedoch der Ansicht, daß die Austrocknung eines flach ausgestrichenen Breies, also die Fladenbrot-Herstellung, allein noch nicht zu einem Brot im europäischen Sinne führt, und kommt aufgrund seiner Literaturstudien schließlich zu der Feststellung, daß das Hausbrot, also das eigentliche Laibbrot, erst seit etwa 2000 Jahren existiert.

Unter Brot ist ein aus Mahlprodukten des Weizens oder Roggens, Wasser und Salz unter Verwendung von Lockerungsmitteln — Hefe und/oder Sauerteig — hergestelltes Gebäck zu verstehen. Zur Verbesserung bestimmter Eigenschaften können Backmittel, mitunter auch geringe Mengen Fett, Zucker, Magermilch zugesetzt werden. Bei Spezialbroten ist auch die Verwendung anderer Getreidearten und Rohstoffe, die im allgemeinen nicht üblich sind, zulässig.

Die Vorstufe der Brotbereitung ist der Teig; durch Erhitzen wird er aus der plastischen Beschaffenheit in eine zwar elastische, aber stabile und haltbare Form übergeführt. Die hierbei auftretenden chemischen Umwandlungen der Bestandteile des Kornes werden noch näher beschrieben. Der Backprozeß ist also die entscheidende Phase der Brotherstellung.

Der Brotverbrauch zeigt eine absinkende Tendenz, nicht nur in Deutschland, sondern in allen Ländern mit hohem Lebensstandard. Über die deutschen Verhältnisse berichtet W. WIRTHS (1962) (Tab. 1).

Tabelle 1. *Brotverbrauch bei Arbeitnehmern in Deutschland* (in g pro Tag und Kopf)

	1952	1960
Roggen-, Grau- und Schwarzbrot	187	139
Weißbrot und Weizenkleingebäck	36	38

Daraus kann man einen starken Rückgang im Verbrauch der dunklen Brotsorten und einen leichten Anstieg bei Weißbrot und Weizenkleingebäck erkennen. Der durchschnittliche Brotverbrauch lag 1962 bei 185 g pro Tag und Kopf; er dürfte in den nächsten Jahren noch weiter abfallen.

Der deutsche Brotmarkt zeichnet sich durch eine Vielseitigkeit aus, die man in Europa und vielleicht sogar in der ganzen Welt nicht wiederfindet. Neben den ortsüblichen, in ihrer Eigenart stark variierenden Brotsorten gibt es ein großes Angebot an Spezialbroten. Die Hauptbrotsorte ist ein Mischbrot mit unterschiedlichem Roggen- bzw. Weizenmehlanteil. Überwiegt eines dieser Mehle in der Zusammensetzung des Brotes, dann bezeichnet man dieses entweder als Weizen- oder Roggenmischbrot.

Insgesamt gesehen liegt nach H. DÖRNER (1956) der Weizenmehlanteil im deutschen Brot mit etwa 60% höher als der Roggenmehlanteil. Reines Weizenbrot wird im Bundesgebiet nur etwa bis zu 5% — auf Gesamtbrotverbrauch berechnet — verzehrt. Brote, die nur aus Roggenmehl hergestellt werden, stehen nur zu 7% im Verbrauch. Aus diesen Zahlen geht eindeutig der hohe Anteil an Mischbroten hervor. Es ist übrigens nicht übertrieben, wenn behauptet wird, daß in Deutschland etwa 200 verschiedenartige Brotsorten auf dem Markt sind. Hinzu kommt, daß die immer stärker in Erscheinung tretende Tendenz, verpacktes Brot zu verkaufen, den Brotmarkt zwar schwierig, aber auch abwechslungsreich gestaltet. In den Großstädten liegt der Anteil an verpacktem Brot z. T. bei 90%. Damit werden die hygienischen Anforderungen an den Brotverkauf voll erfüllt.

II. Teigbereitung

Der Brotteig im eigentlichen Sinne besteht aus Mehl, Wasser und einem Lockerungsmittel, sei es chemischer oder biologischer Natur. Die plastische, dehnbare Teigbeschaffenheit ist durch die in Mehl, und zwar sowohl in Weizen- als auch Roggenmehl, vorkommenden wasseraufnehmenden Stoffe bedingt, die eine innige Verbindung der Mehlpartikel mit dem Wasser ermöglichen. Bei der Teigbildung vollziehen sich teils physikalisch-chemische, teils aber auch enzymatisch-chemische Vorgänge.

1. Physikalisch-chemische Vorgänge

Das zur Teigbereitung erforderliche Wasser wird in das Mehl hineingeknetet. Die Wasseraufnahmefähigkeit hängt im wesentlichen vom Anteil wasserbindender Stoffe, auf die noch näher eingegangen wird, ab, und kann mit Hilfe teigphysikalischer Geräte ermittelt werden. Die Teigausbeute ist die aus 100 g Mehl von 15%

Wasser gewinnbare Teigmenge, berechnet sich also zu $\dfrac{\text{Teiggewicht} \cdot 100}{\text{Mehlgewicht}}$

Die optimalen Teigausbeuten schwanken und hängen nicht nur von der Kornbeschaffenheit, sondern auch von der Ausmahlung des Kornes ab, können aber im Mittel für Weizenmehle mit etwa 160 und für Roggenmehl mit etwa 163 angegeben werden. Es gibt verschiedenartige Möglichkeiten, die Teigausbeuten zu beeinflussen. Nach P. F. PELSHENKE (1950) sind die in Tab. 2 zusammengestellten Faktoren ausschlaggebend.

Tabelle 2. *Faktoren, welche die Teigausbeute beeinflussen*

Erhöhend wirken:	*Senkend wirken:*
Salz	Zucker
Ablagerung und Behandlung des Mehles	Fett
dunklere Mehltypen	Hefe
trockene Mehle	frisches Mehl
hoher Eiweißgehalt	niedrige Ausmahlung
gute Eiweißqualität	feuchte Mehle
direkte Führung	geringer Eiweißgehalt
Kastenbrot	schlechte Eiweißqualität
kleines Gebäck	hoher Enzymgehalt
optimale Teigentwicklung beim Kneten	indirekte Führung
Säuerung des Teiges	frei abgebackenes Brot
Ausbeute erhöhende Backmittel	steigendes Brotgewicht
geringer Enzymgehalt	zu schwaches oder zu starkes Kneten
calcium- und magnesiumreiches Wasser	nasse Erntejahre
Milch (Frisch- und Trockenmilch)	weiches Wasser
trockene Erntejahre	
Sieben des Mehles	
Konditionierung des Getreides	

a) Knetprozeß

Das Kneten der Teige erfolgt maschinell, wobei in Deutschland Dreharm-
maschinen, welche die Handknetung nachahmen, üblich sind. Im Gegensatz zu
den Hochgeschwindigkeits-Knetmaschinen in den USA und z. T. auch in England
sind die deutschen Knetmaschinen auf eine gelinde mechanische Wirkung eingestellt. Das hängt mit der vorwiegenden Verarbeitung von Weizenmehlen mittlerer Qualität und der Herstellung von Mischteigen aus Weizen- und Roggenmehlen zusammen. In den USA liegen dagegen kleberstarke Weizenmehle vor, die
zur vollen backtechnischen Auswirkung intensiver im Teig bearbeitet werden
müssen. Die sog. Intensivknetung wird neuerdings in Deutschland insofern aktuell,
als ein hoher Auslandsweizenanteil nur dann backtechnisch wirkungsvoll ist, wenn
die Teige stärker bearbeitet werden, als das bei der normalen Knetung der Fall ist.
Der Einsatz von Mixgeräten bei der Weizenteigbereitung ist nach P. F. PELSHENKE
u. Mitarb. (1963) daher besonders aktuell.

In diesem Zusammenhang sei aber auch auf die Entwicklung kontinuierlich
arbeitender Knetsysteme hingewiesen, die im allgemeinen auch als Intensivkneter
angesehen werden müssen. Hierbei ist aber zu unterscheiden zwischen Mixern und
Knetern. Technologisch bestehen nach M. P. MOLLENHAUER (1963) beide Möglichkeiten. Der Einsatz ist aber nicht nur im Rahmen der Intensivknetung interessant,
sondern vor allen Dingen dann erforderlich, wenn der Betriebsablauf vollautomatisch eingerichtet werden soll. Hierbei ergeben sich bei der Mischbrotherstellung
größere Schwierigkeiten als bei der Weizenbrotherstellung, weil im ersten Fall —
wie A. SCHULZ u. H. STEPHAN (1958) berichteten — Sauerteige gleichen Reife-
grades kontinuierlich anfallen müssen.

b) Teigbildung

Beim Weizenmehl spielen als Quellstoffe bei der Teigbereitung die kleberbildenden Eiweißstoffe die entscheidende Rolle, beim Roggenmehl sind es Schleim-
und Gummistoffe, die vorwiegend aus Pentosanen, teilweise auch aus Hexosanen,
bestehen. Es sind Substanzen mit starkem Quellvermögen. J. BAKER u. Mitarb.
(1943) untersuchten besonders die Gummistoffe des Weizens hinsichtlich der backtechnischen Wirkung. Die Schleimstoffe des Roggens sind vor allem von E. BER-
LINER u. R. RÜTER (1930) in ihrem Einfluß auf die Backfähigkeit untersucht
worden. Die Untersuchungen von A. ROTSCH (1941), die später von H. DÖRNER
(1950) ergänzt wurden, brachten eine weitgehende Aufklärung nicht nur über die
Zusammensetzung dieser Substanzen, sondern auch über ihre backtechnische Wirkung. Danach enthalten die Schleimstoffe als Bausteine hauptsächlich Arabinose,
Xylose und in geringen Mengen auch eine noch nicht näher identifizierte Methyl-
pentose. Die Untersuchungen von A. ROTSCH haben gezeigt, daß dem Roggenschleim eine wichtige backtechnische Funktion als Regulator des Wasserhaushaltes im Teig zuzuschreiben ist.

In diesem Zusammenhang sei auch auf die Möglichkeit der Brotherstellung aus
„künstlichen" Teigen hingewiesen, die besonders die Bedeutung der Stärke beim
Backprozeß herausstellen. R. SANDSTEDT u. Mitarb. (1939) wie auch R. HARRIS
u. L. D. SIBITT (1941) haben aus Stärke und Quellstoffen einwandfreie Brote herstellen können. Die Backergebnisse waren denen, die mit natürlichem Mehl erzielt
wurden, sehr ähnlich. Während die amerikanischen Autoren als wasserbindenden
Stoff noch Kleber verwendeten, wurden später — von W. MELNIKOW u. E. G.
PAWLOWSKAJA (1950) — auch Weizenbrote ohne die Verwendung von Kleber-
substanz hergestellt. Die russischen Forscher gelangten zu der Ansicht, daß nicht
nur die Eiweißstoffe und deren plastische Eigenschaften, sondern auch der Kohlen-
hydratkomplex die Backqualität einer Weizensorte maßgeblich bestimmt. Im Zu-

sammenhang mit einem ungarischen Patent („Tres" 1933) wurden von A. Rotsch auch Versuche zur Herstellung eines Weizenbrotes unter Verwendung von Johannisbrotkernmehl als Teigbindemittel unternommen. Hierbei ließen sich nicht nur aus Weizenstärke, sondern später auch aus Reis- und Kartoffelstärke einwandfreie Brote herstellen. Auch Tragant, Alginat, Gummi arabicum und andere Quellstoffe ergaben in Verbindung mit den verschiedenartigen Stärken einwandfreie Brote. Solche Brote können allerdings nur in Kastenform gebacken werden. Sie sind im übrigen kein Brot im Sinne des Brotgesetzes. Für diätetische Zwecke hat jedoch die Herstellung eiweißfreier Stärkebrote eine gewisse Bedeutung erlangt, da auf diesem Wege brotartige Erzeugnisse für Kinder, die an Zöliakie leiden, gebacken werden können.

Künstliche Teige, die mit kohlenhydratartigen Quellstoffen als Teigbindemittel hergestellt werden, neigen häufig, im Gegensatz zu guten Weizenmehlteigen, zu einem Nachlassen der Teigfestigkeit, wodurch die Wölbung der Gebäcke beeinträchtigt wird. Sieht man von diesem Mangel ab, so könnte Kleber für den Vorgang der Krumenbildung durch andere Quellstoffe ersetzt werden. Stärke kann dagegen durch keine andere Substanz vertreten werden, da der Verkleisterungsvorgang für die Krumenbildung von Brot und brotähnlichen, wasserreichen Backwaren unbedingt notwendig ist, wie A. Rotsch (1958) eindeutig nachweisen konnte.

c) Physikalische Teiguntersuchung

Bei der Ermittlung der Backfähigkeit von Weizen- und Roggenmehlen werden mit Erfolg physikalische Geräte eingesetzt. Das Farinogramm gibt nach C.W. Brabender u. B. Pagenstedt (1957) nicht nur Aufschluß über die Wasseraufnahmefähigkeit von Weizenmehlen, sondern darüber hinaus auch über die Teigentwicklungszeit (Knetdauer). Schließlich können aufgrund des Teigkonsistenzabfalles während der Messung Schlüsse auf das backtechnische Verhalten des zu untersuchenden Mehles gezogen werden. Der Extensograph (Brabender) erfaßt dagegen Dehnbarkeit und Dehnwiderstand des Weizenteiges, so daß im Extensogramm vor allem die mechanischen Klebereigenschaften herausgestellt werden. Zur Beurteilung von Roggenmehlen kann der Amylograph (Brabender) herangezogen werden. Hiermit werden die Verkleisterungseigenschaften der Stärke, die beim Roggenmehl von besonderer Bedeutung sind, erfaßt (vgl. zur physikalischen Teiguntersuchung auch S. 134 ff.).

2. Enzymchemische Vorgänge

Neben den physikalisch-chemischen Vorgängen sind bei der Teigbereitung die enzymchemischen von großer Bedeutung. Hierbei spielen nicht nur die mehleigenen Enzyme — vorwiegend die stärke- und eiweißspaltenden — eine Rolle, sondern auch die Gärungsenzyme der Hefe.

Die Backfähigkeit des Weizens hängt im wesentlichen von zwei Faktoren, den Klebereigenschaften und dem amylatischen Zustand des Kornes, ab. Der erste Faktor beeinflußt, wenn man die Teiglockerung im Auge behält, das Gashaltevermögen, der zweite die Gasbildung, also den Teigtrieb.

Mehle mit höherer Amylaseaktivität und damit höherem Maltosewert zeigen bei der Teiggärung bei sonst gleichen Bedingungen die stärkere Triebleistung, was sich mit fortschreitender Gärzeit immer stärker auswirkt. Je nach dem Ausmahlungsgrad der Mehle ist die Kohlensäurebildung in den daraus hergestellten Teigen sehr unterschiedlich. Die dunkleren, höher ausgemahlenen Mehle sind wesentlich enzymreicher als die hellen. Helle Mehle benötigen daher zur ausreichenden Triebleistung höhere Hefegaben als Mehle mit höherem Ausmahlungsgrad. Teigstücke aus dunkleren Mehlen haben kürzere Gärzeiten. Die Triebleistung der Hefen im Teig hängt also im wesentlichen von dem amylatischen Zustand der Mehle ab.

Es ist eine bekannte Tatsache, daß die Gebäckvolumen umso größer werden, je heller die Mehle sind. Das Gebäckvolumen ist nicht nur von den Triebeigenschaften abhängig, sondern in erster Linie von den Faktoren, die die Teigbildung bedingen. Hellere Mehle enthalten zwar weniger Gesamteiweiß, aber prozentual mehr kleberbildendes Eiweiß, das wiederum auf die Quellungserscheinungen und das Gashaltevermögen einen wesentlichen Einfluß hat und somit zur besseren Backfähigkeit der Weizenmehle führt. Es ergibt sich demnach, daß bei den hellen Weizenmehlen zwar die Triebleistung mit steigenden Abstehzeiten des Teiges schwächer ist, daß aber bei ihnen infolge des besseren Gashaltevermögens die Volumenausbeute höher ist. Damit in Zusammenhang steht die feinere und wolligere Struktur des Teiges aus hellen Mehlen und die höhere Porenzahl. Mit der Erhöhung des Gashaltevermögens der hellen Mehle tritt aber eine wesentliche Verbesserung der Gebäckqualität ein. Das Gashaltevermögen kann durch geringe Fettzusätze gesteigert werden.

Um das schlechtere Gashaltevermögen der dunkleren Mehltypen auszugleichen, verwendet man in Deutschland vor allem bei der Kleingebäck-Herstellung in immer stärkerem Maße Backmittel oder geringe Fettzusätze. Man erreicht durch diese Maßnahme eine wesentliche Vergrößerung des Gebäckvolumens und darüber hinaus eine ausgesprochene Verfeinerung der Krumenporung. Dagegen wird das geringere Kohlensäurebildungsvermögen der helleren Mehle vielfach durch Zusätze von Zucker oder amylasehaltigen Backmitteln ausgeglichen (vgl. auch Abschnitt „Backmittel" S. 336ff.).

3. Die Verarbeitung enzymreicher Mehle

Der enzymatische Einfluß muß allerdings in bestimmten Grenzen bleiben, um einwandfreie Brotqualitäten zu gewährleisten. Es sei daher besonders auf die ungünstigen Auswirkungen bei der Verarbeitung auswuchsgeschädigter Mehle hingewiesen. Die durch die Keimung bedingte Aktivierung der a-Amylase führt zu einem derartig intensiven Stärkeabbau, daß dem Teig die Gerüststoffe verlorengehen und ein Teigfließen bzw. während des Backens ein Zusammenbruch der Krume eintritt, was sich in unelastischen oder gar klitschigen Brotkrumen bemerkbar macht. Die Vorgänge, die mit der Verarbeitung enzymreicher Mehle in Zusammenhang stehen, sind für die Bäckereipraxis von entscheidender Bedeutung und gerade in der letzten Zeit häufig Gegenstand der Arbeiten von A. SCHULZ u. H. STEPHAN (1960, 1961a, 1962), A. SCHULZ (1962) gewesen.

Für die Verarbeitung auswuchsgeschädigter Mehle ergeben sich dabei folgende Richtlinien:

1. Da niedrig ausgemahlene Mehle geringere Enzymmengen als hoch ausgemahlene Mehle enthalten, ist zu empfehlen, niedrige Typen einzusetzen, wenn Auswuchsmehle verarbeitet werden müssen.

2. Gut backfähige Weizenmehle verbessern die Backfähigkeit auswuchsgeschädigter Roggenmehle, wenn ihr Anteil bei mindestens 20% liegt.

3. Höhere Saueranteile wirken sich auf alle Fälle vorteilhaft aus.

4. Stärkemehle können mit Erfolg eingesetzt werden. Die Zusatzhöhe muß aber bei etwa 5—10% liegen. Die Teigausbeuten sind möglichst niedrig zu halten.

5. Teigsäuerungsmittel müssen möglichst kombiniert mit Sauerführungen eingesetzt werden. Der Zusatz soll zum Teig und nicht zum Sauerteig erfolgen. Kräftigere Versäuerungen, verursacht durch die Erhöhung des Saueranteiles oder den Zusatz von Teigsäuerungsmitteln, wirken sich weniger in einer Enzymhemmung

als vielmehr in der günstigen Beeinflussung der Quelleigenschaften der Eiweiß-
und Schleimstoffe des Roggens aus. Eine Inaktivierung der stärkespaltenden
Enzyme tritt nämlich praktisch erst mit einem pH-Wert von 4,0 und damit mit
einem Säuregrad von 11,0 ein.

6. Kochsalz hemmt dagegen, unabhängig vom pH-Wert, die Enzymtätigkeit;
erhöhte Zusätze verbessern die Krumenelastizität.

7. Das Temperaturoptimum der stärkespaltenden Enzyme liegt zwischen 45
und 70° C. Dieser Bereich kann beim Backprozeß rascher überwunden werden,
wenn Brote mit geringerem Gewicht hergestellt werden.

III. Teiglockerung

1. Hefegärung

Der Mensch hat sich schon sehr frühzeitig der Hefen zur Lockerung des Brotes bedient, und
diese hat sich bis zum heutigen Tag in der Bäckerei trotz der Liebigschen Vorschläge zur rein
chemischen Teiglockerung und trotz des in den letzten Jahrzehnten in stärkerem Maße bekannt gewordenen Einsatzes von Schimmelpilzgärungen gehalten. Seit der Jahrhundertwende
hat die Preßhefe-Fabrikation so entscheidende Verbesserungen der Verfahrenstechnik aufzuweisen, daß man heute von einer vollendeten Qualität sprechen kann. Auch im Sauerteig
spielen heute die Hefen für die Teiglockerung neben den milchsäurebildenden Bakterien die
Hauptrolle.

Man stützt sich bei der Roggenteigbereitung vorwiegend auf die Sauerteigführung, bei der Weizenteigbereitung auf die Hefeführung, und zwar auf die direkte
oder indirekte Führung.

Von direkter Führung spricht man, wenn die zur Lockerung des Teiges erforderliche Hefemenge dem Teig unmittelbar zugesetzt wird, von indirekter Führung,
wenn von einer unzureichenden Hefemenge ausgegangen und in einem Vorteig
dann die Vermehrung auf die notwendige Höhe angestrebt wird.

Für die Wahl der geeignetsten Führungsweise sind die Eigenschaften des Mehles
maßgebend: kleberschwache Mehle müssen möglichst kurz geführt werden. Bei
längerer Gärung neigen die aus derartigen Mehlen hergestellten Teige zum Breit-
laufen. Da diese Mehle außerdem ein schlechtes Gashaltevermögen haben, muß
der Trieb so reguliert werden, daß sich in kürzester Zeit möglichst viel Gas bildet.
Man wird daher derartige Mehle in direkter Teigführung verarbeiten. Die indirekte
Führung bewirkt bei kleberstarken Mehlen einen stärkeren enzymatischen Abbau,
so daß die Teige kürzer werden, sich besser verarbeiten lassen und darüber hinaus
auch bessere Backergebnisse bringen. Zweifellos hat die indirekte Führung auch
einen Vorteil in geschmacklicher Hinsicht, da die auf diese Weise hergestellten
Brote und Gebäcke aromatischer schmecken.

Über die Weizenteigführungen ist in den letzten Jahren viel diskutiert worden.
Im Hinblick auf den geringeren Arbeitsaufwand und die Zeitersparnis hat sich die
direkte Teigführung im Laufe der Zeit immer mehr durchgesetzt. Dazu beigetragen
haben eine Reihe von wissenschaftlichen Erkenntnissen, die vor allen Dingen die
Geschmacksfragen bei Weizenbrot und Weizenkleingebäck betrafen (H. Stephan
1953). Die bereits erwähnte Auffassung, daß mit Vorteigführungen in geschmacklicher Hinsicht bessere Erfolge als mit der direkten Führungsweise zu erzielen sind,
trifft nur dann zu, wenn man den direkten Teig ohne Verwendung von Backmitteln
bei Temperaturen um 30° C, niedrigem Hefeanteil und kurzer Knetzeit bereitet.

Neuere Untersuchungen von H. Stephan (1958) über die direkte Führung
haben aber gezeigt, daß veränderte Bedingungen Vorteile hinsichtlich des Geschmackes und der Frischhaltung bringen. Man führt den direkten Teig heute bei
Temperaturen unter 25° C, arbeitet mit verhältnismäßig hohem Hefeanteil — bis
zu 6% —, knetet wesentlich länger als früher, beschleunigt die Gärung darüber

hinaus durch Zuckeranteile bis zu 2 % und fördert das Gashaltevermögen schließlich durch Fettzusätze bis zu 1 % oder die Verwendung lecithinhaltiger Backmittel. Schließlich konnte von A. SCHULZ (1954a) nachgewiesen werden, daß durch die im Teig bei indirekter Führung herangezüchteten Hefemengen zwar eine ausreichende Kohlensäurebildung, in keinem Fall aber eine den Anforderungen des Gärverlaufes im Teig und vor allen Dingen im Teigstück entsprechende sichere Regulierung der Triebleistung gewährleistet ist. Die unter den Bedingungen der Praxis auftretenden Zuchtbedingungen für die Hefe sind bei indirekter Führungsweise zu variabel, um eine dem Gärverlauf im Teig entsprechende gleichmäßige bzw. den Ansprüchen angepaßte Kohlensäurebildung zu garantieren. Stückgaren von bestimmter Dauer können bei sonst gleichen Bedingungen nur durch eine bestimmte, genau abgewogene Hefemenge eingestellt werden. Insofern kommt der direkten Führungsweise des Teiges eine hervorragende Bedeutung zu.

a) Direkte Hefeführung

Bei der direkten Hefeführung werden Wasser, Salz und Hefe unmittelbar zum Teig verarbeitet. Das Verfahren ist einfach und ist, weil es in kürzester Zeit abläuft, zur Zeit in Deutschland am weitesten verbreitet. Durch die mengenmäßige Abstimmung des Hefezusatzes hat man den zeitlichen Ablauf der direkten Führung sicher in der Hand. Je nachdem, ob Brot oder Kleingebäck hergestellt wird, liegt der Hefeanteil in verschiedener Höhe. Der durchschnittliche Hefeverbrauch bei verschiedenen Brot- und Gebäcksorten wird in Tab. 3 aufgeführt.

Aus dieser Aufstellung geht hervor, daß die zur Zeit verwendeten Hefemengen zwar verhältnismäßig hoch liegen, doch wird durch diese Maßnahme die Teigreife beschleunigt, so daß sich damit wesentliche Vorteile in der Brot- und Gebäckqualität ergeben.

Tabelle 3

Hefeverbrauch bei verschiedenen Brot- und Gebäcksorten

Brot- und Gebäckart	Hefeverbrauch in %	
	Mittelwert	Schwankungsbreite
Roggenbrot.	1	0,5— 1,5
Roggenmischbrot . . .	1,5	1,0— 2,0
Weizenbrot.	2	1,5— 2,5
Weizenmischbrot . . .	3	2,0— 4,0
Schnittbrötchen. . . .	4	3,0— 5,0
Rundstück	4	3,0— 5,0
Stuten.	5	4,0— 6,0
Berliner Ballen	7	6,0— 8,0
Zwieback.	8	6,0—10,0

Im Gegensatz zu der kurzen, direkten Führung gibt es auch sog. Nachtführungen, die dadurch gekennzeichnet sind, daß der direkt geführte Teig mindestens 8 Std absteht. Man hat hierbei den Vorteil, bei Betriebsbeginn am Morgen sofort für die Kleingebäckherstellung einen Teig aufarbeiten zu können. Diese Führungsmöglichkeit verlangt allerdings besonders gute Mehlqualitäten.

b) Indirekte Hefeführung

Die indirekte Hefeführung ist dadurch charakterisiert, daß zunächst eine Vorstufe zum Teig, der Vorteig, mit geringen Hefezusätzen, die sich nach der Dauer der Vorteigführung richten, hergestellt wird, der dann bei der Teigbereitung für die Lockerung Verwendung findet. Dadurch erübrigt sich in der Regel ein Zusatz von Hefe zum Teig. Über Hefeanteile im Vorteig, Abstehzeit des Vorteiges und seine Größe (Mehlanteil auf Gesamtmehlverarbeitung bezogen) und die Temperatureinstellung bei den einzelnen Führungsarten gibt die nachstehende Aufstellung nach P. SONNEN (1949) (Tab. 4) einen Überblick.

Aus Tab. 4 ist zu entnehmen, daß bei der kurzen Führung der Hefezusatz zur Vorteigbereitung verhältnismäßig groß ist und etwa dem normalen Zusatz bei direkter Führungsweise entspricht, wenn man Weizenbrot herstellen will. Bei der

Kleingebäck-Herstellung wird in diesem Falle eine weitere Hefezugabe zum Teig für erforderlich gehalten, wenn man eine flotte Stückgare erhalten will. Die kurze Abstehzeit soll eine bessere Verquellung des Mehles, eine gleichmäßigere Verteilung

Tabelle 4. *Hefevorteigführung*
(100 kg Gesamtmehlverbrauch)

	kurz	halblang	lang
Mehl (kg)	30	25	25
Wasser (l)	24	25	18
Hefe (kg)	2	0,75	0,125
Temperatur (° C).	25—30	25—30	18—25
Abstehzeit (Std)	$^1/_2$—1	2—3	8—12

der Hefe und eine stärkere Gärkraft im Teig im Vergleich zu einer direkten Führungsweise bewirken. Zugleich läßt die Tabelle die Hefeeinsparung bei indirekter Führungsweise erkennen.

Die halblange Führungsweise, auch als „Wiener-Führung" bekannt geworden, ist für die Kleingebäck-Herstellung besonders gut geeignet. Die in Deutschland üblichen Vorteigführungen unterscheiden sich von den Hefeführungen, die z. B. in Frankreich, wo ja überwiegend Weizenbrot gegessen wird, angewendet werden. Die sog. „Französische Führung", die etwa unserer Sauerteigführung ähnelt, nur mit dem Unterschied, daß hierbei nicht bewußt Bakterien, sondern Hefen gezüchtet werden, beruht auf einem Zweistufen-Verfahren.

2. Sauerteiggärung

Unter einem Sauerteig versteht man im allgemeinen einen auf biologischer Basis gesäuerten und gärenden Teig, den man durch Zusatz von Mehl und Wasser weiterführen und in fortlaufender Säuerung und Gärung halten kann.

Ein aus Mehl und Wasser bereiteter Teig fällt bereits nach kurzer Zeit einer spontanen Säuerung anheim. Dieser Vorgang wird durch mehleigene und fremde Bakterien, die durch Luftinfektion ins Mehl gelangen, verursacht. Führt man einen derartig in Gärung geratenen Teig unter häufigem Anfrischen über mehrere Tage fort, so bemerkt man, daß der angefrischte Teig ständig an Gärintensität und Säuerung zunimmt. Man kann mit einem auf diese Weise herangeführten Teig nach einigen Tagen bereits einen normalen Sauerteig herstellen.

Unter den mehleigenen Bakterien, auf die im weiteren noch näher eingegangen wird, befinden sich auch die eigentlichen Säurebildner des Sauerteiges, die aber anfangs mit wilden Säureerregern im Kampf liegen, der erst bei geeigneten Entwicklungsbedingungen nach einigen Tagen zugunsten der Säurebildner des Sauerteiges entschieden wird. Als Abwehrstoff gegen die Sauerteigschädlinge ist die von den eigentlichen Milchsäurebakterien des Sauerteiges gebildete Milchsäure anzusehen. Durch diese werden die Fremdgärungen mit ihren unangenehmen Geruchs- und Geschmacksstoffen allmählich unterbunden, so daß in der Regel nach einigen Tagen eine Sauerteigflora durch das stetige Anfrischen von Mehl und Wasser erreicht wird, die den Anforderungen an die Sauerteigführung genügt.

Der Sauerteig dient in erster Linie der Geschmacksbildung. Gerade der kernige und säuerliche Geschmack des Roggenbrotes wird in vielen Gegenden Deutschlands bevorzugt. Hinzu kommt, daß Roggenmehlerzeugnisse erst durch den Zusatz von Säure backfähig gemacht werden. Erfahrungsgemäß bedürfen hoch ausgemahlene Mehle einer wesentlich intensiveren Säuerung als die helleren Mehltypen. Mit der Milchsäurebildung geht auch die Bildung von Aromastoffen im Sauerteig einher. Die Zwischenprodukte der Milch- und Essigsäurebildung durch die Kleinlebewesen des Sauerteiges tragen dazu wesentlich bei.

Die Lockerung des Sauerteiges wird neben den in diesem reichlich vorhandenen Hefen auch zum geringen Teil durch gasbildende Säurebildner, die neben Milch- und Essigsäure auch Kohlendioxid liefern, hervorgerufen. Ursprünglich hat der Sauerteig nur den Zweck der Teiglockerung gehabt. Mangels geeigneter Hefen haben unsere Vorfahren daher den Sauerteig nur zur Teiglockerung benutzt.

a) Sauerteigbakteriologie

Die Sauerteigbakteriologie hat in den letzten 50 Jahren erhebliche Fortschritte zu verzeichnen. E. BECCARD (1921) und S. KNUDSEN (1924) haben entscheidenden Anteil an der Aufklärung der bakteriologischen Vorgänge im Sauerteig gehabt. Insbesondere konnten sie klarstellen, daß neben der Milchsäure auch Essigsäure von gleichen Bakterienarten gebildet wird. Zu der gleichen Auffassung kommt später A. SCHULZ (1941), der aber darüber hinaus auch eine klare Differenzierung zwischen den eigentlichen Säurebildnern und den Sauerteigschädlingen vorschlägt.

Bei der Identifizierung werden in diesen Arbeiten ältere Nomenklaturen herangezogen. Erst M. ROHRLICH u. H. STEGEMANN (1958) und vor allen Dingen G. SPICHER (1958, 1959a,b, 1960) wie auch H. WUTZEL (1954) verwenden den modernen amerikanischen Klassifizierungsschlüssel von D. BERGEY (1948). Ohne auf Einzelheiten der einzelnen Arbeiten einzugehen, steht beim derzeitigen Stand der Forschung fest, daß unter den von G. SPICHER u. H. STEPHAN (1960) eingeteilten acht Gruppen der Milchsäurebakterien — 1. *Lactobacillus delbrückii*, 2. *L. leichmanni*, 3. *L. plantarum*, 4. *L. casei*, 5. *L. brevis*, 6. *L. fermenti*, 7. *L. pastorianus*, 8. *L. buchneri* — drei Bakterienarten, nämlich der Lactobacillus plantarum, der L. brevis und der L. fermenti die ausschlaggebende Bedeutung bei der Sauerteiggärung haben. Sicher sind hierbei die heterofermentativen Milchsäurebildner als die wichtigsten im Vergleich zu den homofermentativen anzusehen. Die reinen Milchsäurebildner (homofermentativ) sind in der Regel thermophile Bakterien, deren Temperaturoptimum bei der Sauerteiggärung nicht eingehalten werden kann. Andererseits verläuft die reine Essigsäurebildung oxydativ, so daß reine Essigsäurebildner im kohlensäurehaltigen Substrat des Sauerteiges auch keine angemessenen Lebensbedingungen vorfinden. Die Milch- und Essigsäurebildung im Sauerteig erfolgt also vorwiegend durch heterofermentative Bakterien.

Neben den Bakterien sind im Sauerteig aber auch Hefen enthalten, die wesentlich zur Lockerung beitragen. Die eigentlichen Sauerteighefen sind nach A. SCHULZ (1944) und P. F. PELSHENKE u. A. SCHULZ (1942) säurefester als die im Handel befindlichen Preßhefen. Die sog. wilden Hefen, wie Toruloarten und Kahmhefen, die durch Luftinfektion in den Teig gelangen, sind gärtechnisch unbedeutend.

b) Sauerteigführungen

Die Sauerteigführungen sind im wesentlichen darauf abgestellt, eine für die Backfähigkeit der Roggenmehle ausreichende Säuerung (pH 4,3) zu erreichen, darüber hinaus das Verhältnis von Milch- zu Essigsäure zu regulieren und schließlich die Teiglockerung durch Hefezucht in den Sauerstufen des Teiges zu bewirken. Letztere Aufgabe wird mitunter durch Zugaben von Hefen zum Teig unterstützt.

M. ROHRLICH u. H. STEGEMANN (1958) stellten den kritischen pH-Wert von 4,0 für die Bakterienentwicklung in den Vordergrund. M. ROHRLICH (1960) und M. ROHRLICH u. Mitarb. (1961a) stellten eine Abhängigkeit des Säuerungsverlaufes von der Mehlpufferung fest. Offenbar spielt hierbei die Phytinkomponente des Roggens eine Rolle. Über den Einfluß des Milch- und Essigsäureverhältnisses auf den Brotgeschmack berichtet eingehend A. SCHULZ (1943). Danach ist die Essigsäure in gewissen Grenzen als Aromaträger unentbehrlich. Mehrstufige Sauerfüh-

rungen enthalten Hefen in so ausreichender Menge, daß eine einwandfreie Lockerung des Teiges gewährleistet ist. Der sog. Berliner Kurzsauer enthält dagegen
praktisch keine Hefen.

Die Säuerung einschließlich der Milch- und Essigsäurebildung und die Hefezahl
können durch Temperatur, Festigkeit und Dauer der Sauerstufen beeinflußt werden. Praktisch ist es möglich, durch derartige Maßnahmen nicht nur jede Geschmacksrichtung, sondern auch jeden Lockerungsgrad im Brot zu erreichen. Die
Extreme liegen einmal in der Mehrstufenführung und zum anderen in der Berliner
Kurzsauerführung.

α) Mehrstufensauer

Zu den in Deutschland vorwiegend angewendeten Sauerteigverfahren gehört
zweifelsohne der sog. Mehrstufensauer (J. Lemmerzahl 1939). Der Mehrstufensauer ist dadurch gekennzeichnet, daß mehrere Sauerteigstufen bis zur Teigbereitung herangeführt werden müssen. Ausschlaggebend für die Verbreitung und vor
allen Dingen für die Durchführung der Mehrstufenführung in größeren Betrieben
ist das Verlegen des eigentlichen Säuerungsprozesses auf die Nachtstunden. Man
spricht in diesem Falle von der sog. Grundsauerführung über Nacht. Diese Füh-
rungsart kann zweifelsohne als die klassische bezeichnet werden.

Die mehrstufige Sauerteigführung bezweckt neben der eigentlichen Säurebildung und damit dem Einfluß auf die Backfähigkeit des Roggens weiterhin die
Gärfähigkeit des Sauerteiges ohne Zusatz von Hefen. Säurebildung und Gärleistung
müssen aber durch getrennte Maßnahmen gesondert gefördert werden, da die
Säurebildner und die Hefen verschiedene Lebensbedingungen in bezug auf ihre

Tabelle 5. *Grundsauerführung über Nacht für Roggenmischbrot*
(70% Roggen, Type 1150 und 30% Weizen, Type 1050)

Stufe	Zeit von bis	Zugabe			Gesamte Mehl-menge kg	Gesamt-ge-wicht kg	Temperatur des Sauers bzw. Teiges		Teig-aus-beute	Ver-meh-rung
		Sauer kg	Mehl kg	Wasser l			Anfang	Ende		
Anstellgut	—	0,4[1]	—	—	—	—	—	—	—	—
Anfrischsauer	14—20	0,4	1	1,2	1	2,2	25°	26°	220	5fach
Grundsauer	20—4	2,2	10	6,3	11	18,5	24°	26°	168	11fach
Vollsauer	4—7	18,5	24	22,5	35	65	29°	31°	185,7	3,2f.
Teig	7—7,15	65	35 Rg 30 Wz	etwa 29	100	etwa 159	28°	—	etwa 159	—

Bemerkungen:
    Vollsaueranteil (auf Mehl berechnet): 35%
    Salzzusatz (auf Mehl berechnet): 1,7%
    Backzutaten: Zum Teig 0,5 kg Hefe = 0,5% auf Mehl berechnet

[1] Die Anstellgutmenge wurde im Schema nicht verrechnet, da sie vom reifen Vollsauer wieder abgenommen wird.

Entwicklungstemperatur haben. So vermehren sich die Hefen vorwiegend bei einer
Temperatur von 26° C, das Entwicklungsoptimum der Säurebildner liegt dagegen
bei Temperaturen von 37—40° C. Darüber hinaus wird die Säurebildung durch die
Teigfestigkeit reguliert. Weich gehaltene Sauerteige säuern stärker als feste Sauerteige. Aus diesem Grunde hat der Wechsel von Temperatur, Festigkeit und Dauer
der einzelnen Stufen bei einer mehrstufigen Sauerteigführung eine besondere Bedeutung. Einzelheiten über die Durchführung einer Grundsauerführung über Nacht
gibt die Tab. 5. Diese ist auf die Herstellung eines Roggenmischbrotes mit einem
30%igen Weizenmehlanteil abgestimmt.

β) Einstufensauer

Als typische einstufige Sauerteigführung kann das sog. Berliner Kurzsauer-
verfahren bezeichnet werden. Dieses Verfahren ist bewußt — nach P. F. Pelshenke (1941) — auf die Trennung der Säurebildung von der Hefevermehrung eingestellt. Kann bei der mehrstufigen Sauerteigführung den Entwicklungsbedingungen der einzelnen Kleinlebewesen, Säurebakterien und Hefen, durch den Wechsel von Temperatur und Teigfestigkeit Rechnung getragen werden, so strebt die
Berliner Kurzsauerführung in einer einzigen Stufe nur die Säuerung, gekoppelt mit
einer kräftigen Aromabildung an. Durch diese Maßnahme können die in der Praxis
gefürchteten Sauerteigfehler, die von J. Lemmerzahl (1948) bearbeitet wurden,
weitgehend vermieden werden. Im Betriebsablauf treten durch die Einführung
des Kurzsauerverfahrens zeitlich beachtliche Erleichterungen ein. Benötigt eine
mehrstufige Sauerteigführung etwa 24 Std zur genügenden Durchsäuerung des
Mehles, so kann der gleiche Säuerungseffekt bei der Anwendung des Kurzsauerverfahrens in etwa 3 Std erreicht werden. Das ist im wesentlichen auf die Temperaturerhöhung auf 35° C beim Kurzsauerverfahren zurückzuführen. Ein weiteres

Tabelle 6. *Berliner Kurzsauerführung für Roggenmischbrot*
(70% Roggen, Type 1150 und 30% Weizen, Type 1050)

| Stufe | Zeit von bis | Zugabe | | | Gesamte Mehlmenge | Gesamtgewicht | Temperatur des Sauers bzw. Teiges | | Teigausbeute |
		Sauer kg	Mehl kg	Wasser l	kg	kg	Anfang	Ende	
Anstellgut	—	7[1]	—	—	—	—	—	—	—
Kurzsauer	4—7	7	35	31,5	35	66,5	35°	35°	190
Teig	7—7,15	66,5	35 Rg 30 Wz	etwa 27,5	100	etwa 159	27°	28°	etwa 159

Bemerkungen:
Vollsaueranteil (auf Mehl berechnet): 35%
Salzzusatz (auf Mehl berechnet): 1,7%
Backzutaten: Zum Teig 1,2 kg Hefe = 1,2% auf Mehl berechnet

[1] Die Anstellgutmenge wurde im Schema nicht verrechnet, da sie vom reifen Kurzsauer
wieder abgenommen wird.

Merkmal des Kurzsauerverfahrens ist die weiche Führung des Sauers. Die verhältnismäßig hohe Teigausbeute von 190 ist gewählt worden, um dem Kurzsauerbrot
auch bei hohem Säuregrad eine milde Geschmacksrichtung zu geben. Als ein charakteristisches Merkmal des Kurzsauerverfahrens ist der Zusatz von Preßhefe zum
Teig anzusehen. Denn durch die verhältnismäßig hohe Temperatur des Kurz-
sauers wird die Hefevermehrung praktisch unterbunden. Einzelheiten über die
Durchführung des Kurzsauerverfahrens können wieder aus der Tab. 6 entnommen
werden, die für die Herstellung eines Roggenmischbrotes mit einem 30%igen
Weizenmehlanteil entwickelt wurde.

Für Betriebe, die die Temperatur von 35° C bei der Durchführung des Kurzsauerverfahrens
nicht einhalten können, ist der sog. Zweistufensauer nach H. Stephan (1956) entwickelt worden. Die Zweistufenführung setzt sich nur aus einer Grund- und einer Vollsauerstufe zusammen.
Auch die Detmolder Einstufenführung nach H. Stephan (1958) hat sich in der Praxis gut bewährt.

γ) Kombinierte Verfahren

Wechselnde Backergebnisse, abweichende Bakterien- und Hefezahlen im
Sauerteig haben vor 20 Jahren zu Bestrebungen geführt, im Sauerteig nur Bakterien zu züchten, die Hefen in Form der Preßhefe aber bei der Teigbereitung zu-

zusetzen (Berliner Kurzsauer-Verfahren). Dadurch konnte man Gärfehler in der Teigführung umgehen. Das ist nur bei Verwendung einer abgewogenen Menge Hefe, nicht aber bei der Vermehrung der Hefen im Sauer möglich. Unter diesem Gesichtspunkt betrachtet, spielt die Trennung von Hefen und Säurebakterien in der Sauerführung eine große Rolle, vor allen Dingen dann, wenn man zur kontinuierlichen Teigbereitung in Großbetrieben übergeht.

Nun hat sich allerdings ein völlig neuartiges Problem dadurch ergeben, daß es österreichischen Forschern (Mautner 1951a, b sowie H. Wutzel 1954) gelungen ist, Hefen und Säurebakterien im Gemisch als Pfundstück in den Handel zu bringen. Dadurch läßt sich nicht nur die Hefezahl, sondern auch die Bakterienzahl bei genauer Dosierung des Gemisches festlegen. Teiglockerung und -säuerung können somit durch den Zusatz eines Mittels in die Wege geleitet werden. Aufgrund zahlreicher Untersuchungen läßt sich das Bakterien-Hefe-Gemisch nicht nur bei der Weißbrot-Herstellung, sondern nach A. Schulz u. H. Stephan (1962b) auch bei der Mischbrot-Herstellung mit Erfolg einsetzen.

Schließlich muß erwähnt werden, daß bei den kombinierten Sauerteigführungen vielfach Teigsäuerungsmittel eingesetzt werden. Es handelt sich dabei vorwiegend um Gemische chemischer Substanzen, die neben Milchsäure oder Essig-, Propion- und Weinsäure neuerdings auch Citronensäure oder deren saure Salze enthalten. Man kann damit direkte Teige ohne die Verwendung von Sauerteig herstellen. Im allgemeinen wird von den Herstellerbetrieben, wie von J. Lemmerzahl u. L. Wassermann (1961) berichtet wird, aber eine Kombination von Sauerteig und Teigsäuerungsmitteln empfohlen, wobei in den meisten Fällen der Vollsauer durch das Teigsäuerungsmittel ersetzt wird. (Näheres darüber im Abschnitt „Backmittel".)

c) Untersuchung des Sauerteiges

Die Säuerung des Sauerteiges wird mittels der Säuregradbestimmung erfaßt, wobei die modifizierte Neumannsche Methode nach E. Drews u. Mitarb. (1962a) angewendet werden sollte. Die Backfähigkeit des Roggenmehles wird hinsichtlich des Säurebildungsvermögens aber sicherer mit dem pH-Wert ermittelt, da nach A. Schulz (1962c) Säuregradmessungen erheblichen Schwankungen unterliegen, wie aus Abb. 1 zu entnehmen ist. Entscheidend für den Säuerungsverlauf ist die Bakterienzahl im Sauerteig. Die Ermittlung erfolgt in der Regel auch unter der Erfassung der Hefezahl durch ein mikroskopisches Auszählverfahren mittels der Zählkammer nach Schreck. Die Triebleistung des Sauerteiges kann nach der von W. Hofmann u. U. Hanke (1938) entwickelten Methode bestimmt werden

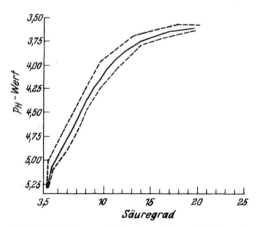

Abb. 1. Verhältnis vom pH-Wert zum Säuregrad bei normaler Sauerführung (Grenz- u. Mittelwerte)

IV. Aufarbeitung des Teiges

Der frisch bereitete Teig ist meist feucht und klebrig und wird erst nach einer Abstehzeit — auch als Teigruhe bezeichnet — trocken und elastisch. Danach wird

er entweder mit der Hand, heute jedoch fast nur noch mit der Maschine in einzelne
Stücke geteilt, die so bemessen werden, daß das ausgebackene Brot oder Gebäck
das vorgeschriebene Gewicht erhält.

Der Teig für Großbrot wird mit ein oder zwei gegeneinanderwirkenden Schnek-
ken durch ein Mundstück zu einem gleichmäßigen runden oder kantigen Strang
gepreßt, der durch ein verschieden einstellbares Messer geteilt wird. Bei Kleingebäck teilt man Teigstücke, die entweder 30 oder 50 Kleingebäckstücken entsprechen, in Pressen ab.

Unmittelbar an die Teigteilung schließt sich das Wirken an, ein Durcharbeiten
der Teigstücke, wodurch die Gärblasen beseitigt werden und das Teigstück vor-
geformt wird. Das Wirken kann unter Anwendung besonderer Griffe mit der Hand
vorgenommen werden, wird aber in größeren Betrieben maschinell ausgeführt.
Bei der Verarbeitung von Weizenteigen wird meistens zwischen Teigteilung und
Wirken eine Ruhepause, die Zwischengare, eingeschaltet. Auf das Wirken folgt die
Formung. Bei Kleingebäcken nimmt man aber oft die Formung erst nach einer
Angare vor. Auch hierfür sind heute die verschiedenartigsten Maschinen vorhan-
den. Voraussetzung für die maschinelle Aufarbeitung ist jedoch die Einhaltung
bestimmter Teigfestigkeit und Teigbeschaffenheit und die genaue Abstimmung der
Gärreife.

In den Gärräumen muß je nach Brot- oder Gebäckart eine unterschiedliche
Luftfeuchtigkeit herrschen. Bei freigeschobenen Broten erwies sich eine relative
Luftfeuchtigkeit von 60—70% während der Stückgare als zweckmäßig. Kastenbrote verlangen dagegen höhere Luftfeuchtigkeiten bis zu 80%. Bei der Herstellung von Schnittbrötchen soll die Feuchte bei 50—60% liegen. Von der richtigen
Beurteilung der Gärreife hängt sehr stark die Qualität der Backware ab. Zu knappe
oder zu volle Gare führt meistens zu Formfehlern beim Brot.

V. Backvorgang

1. Technologie

Beim Backen handelt es sich um einen Erhitzungsprozeß in einer mehr oder
weniger feuchten Atmosphäre. Die Backtemperatur liegt je nach Brot- oder Gebäckart in der Regel zwischen 200 und 250° C. Es gibt aber auch Brotsorten, die
mit höher liegenden Temperaturen ausgebacken werden, andererseits aber auch
solche, die mit wesentlich niedriger liegenden Temperaturen hergestellt werden.
Nach der altdeutschen Backweise werden in Steinbacköfen Backtemperaturen
zwischen 350 und 180° C angewendet. Entscheidend ist hierbei das Backen mit
einem Temperaturgefälle. Beim sog. ,,Dampfkammer-Backverfahren" werden dagegen nur Temperaturen bis zu 100° C eingehalten.

Bei Kleinbetrieben verwendet man in älteren Bäckereien vorwiegend Dampfbacköfen, bei denen die Wärmeübertragung über wassergefüllte Rohrsysteme, also
indirekt, erfolgt. Diese Öfen liegen bezüglich des Energieverbrauches recht unren-
tabel. Dampfbacköfen verbrauchen im Durchschnitt in gemischt eingerichteten
Betrieben etwa 30—40 kg Kohle pro 100 kg Mehl. Die modernen Backöfen, vorwiegend in Stahlbauweise hergestellt, benötigen dagegen nur noch eine Kohlen-
menge von 12—15 kg pro 100 kg Mehl. Das bezieht sich vor allen Dingen auf die
neueren Entwicklungen im Backofenbau bei der Herstellung von Etagenback-
öfen, über die E. BONGARTZ (1953) berichtet. Die wesentlichen Merkmale des
Etagenbackofens liegen in dem geringen Raumbedarf, der rationellen Verarbeitung
des Heizmaterials und der stark mechanisierten Beschickungsmöglichkeit.

Großbetriebe arbeiten heute vorwiegend mit automatischen Ofenanlagen, bei denen ein sich fortbewegendes, endloses Netzband durch den Ofenraum geführt wird. Die Teigstücke werden auf dieses Netzband gesetzt und auf der entgegengesetzten Seite wieder dem Ofen entnommen. Je nachdem, ob Klein- oder Großgebäck abgebacken werden soll, muß die Durchlaufzeit verschiedenartig eingestellt werden. Während man bei Kleingebäck mit Durchlaufzeiten von etwa 30 min rechnet, beansprucht Großgebäck 60—100 min. Die Backzeit wird durch die Bewegungsgeschwindigkeit des laufenden Netzbandes reguliert. Da andererseits zum Durchbacken des Gebäckes eine bestimmte Zeit erforderlich ist, muß die Ofenlänge entsprechend angepaßt sein. Für Kleingebäck ist das Band in der Regel 10—12 m lang, bei der Herstellung von Großbrot ist dagegen eine Bandlänge von etwa 20—25 m erforderlich. Netzbandöfen, die speziell für die Kleingebäck-Herstellung erstellt sind, haben eine Stundenleistung von 20000—30000 Stück. Dagegen ist die Leistung eines Ofens für Großgebäck auf etwa 2000 Brote von 1 kg Gewicht pro Std eingestellt. Bei den modernen Backöfen, sei es Etagenbackofen oder Netzbandofen, werden alle Heizungsarten wie Kohle-, Gas-, elektrische oder Ölbeheizung angewendet. Die Hochfrequenz- und Infrarot-Heizung hat sich noch nicht durchgesetzt, ist aber in Betrieben, die vorwiegend Flachgebäck herstellen, bereits zur Anwendung gekommen. Neuerdings ist es aber auch gelungen, wie W. JUBITZ (1956) berichtet, mit Infrarotwärme allein Großbrot zu backen.

2. Vorgänge während des Backens

Durch das Erhitzen des Teigstückes erfahren die Bestandteile des Mehles bzw. des Teiges gewisse Umwandlungen, die besonders in den Außenschichten des Teigstückes durch die Bildung einer Kruste deutlich wahrnehmbar werden. Weniger tiefgreifende stoffliche Veränderungen vollziehen sich im Innern des Teigstückes, wo es zur Krumenbildung kommt. Die auffallendste Veränderung des Teigstückes liegt im Bereich der Kohlenhydrate und des Eiweißes. So verkleistert Stärke in der Hitze und wird weiterhin in der Kruste unter der Einwirkung der Ofenhitze dextriniert und schließlich zu karamelartigen Stoffen abgebaut. Zugleich kommt es in diesem Bereich zu Umsetzungen zwischen Aminogruppen enthaltenden Inhaltsstoffen (Aminosäuren, Eiweiß) und reduzierenden Zuckern (Maillard-Reaktion). Die Abbau- und Umsetzungsprodukte sind für die Krustenfarbe und den Geschmack von entscheidender Bedeutung. Bei zu hohen Backtemperaturen kommt es zur Schwarzfärbung der Kruste.

Im Inneren des Teigstückes steigt die Temperatur nicht über 98° C bei den meisten Gebäcken an, erreicht aber in der Kruste etwa 160—180° C.

Die Trockensubstanz des Brotes weist weniger Stärke als die Mehltrockensubstanz auf. Dafür liegt der Gehalt an löslichen Kohlenhydraten beim Brot höher als im Mehl. Der Gesamtkohlenhydratgehalt fällt jedoch infolge der Gärverluste gegenüber der Mehl-Trockensubstanz ab, und zwar liegen die Gärverluste in der Regel zwischen 1—4 %. Dagegen bleiben Eiweißstoffe, Fett und auch Rohfaser nahezu unverändert und scheinen in der Brot-Trockensubstanz infolge der Abnahme der Gesamtkohlenhydrate sogar etwas erhöht.

Die Eiweißstoffe werden durch den Backprozeß in ihrer kolloidchemischen Struktur wesentlich verändert. Je nach dem Grad der Erhitzung kommt es bei ihnen zur Denaturierung, verbunden mit einer stärkeren oder schwächeren Entquellung, wobei die kleberbildenden Proteine ihre elastischen Eigenschaften verlieren und starr und zäh werden. In der Kruste bilden sich durch Reaktion mit reduzierenden Zuckern hellbraun bis dunkelbraun gefärbte Verbindungen, die als Melanoidine bezeichnet werden.

Da die Ofenhitze nur langsam durch die Kruste in das Innere des Teigstückes vordringt, sind die enzymatischen Vorgänge im Anfangsstadium des Backprozesses noch voll wirksam. So läuft auch der Gärprozeß im Anfangsstadium des Backens noch eine Zeitlang weiter, und zwar solange, wie im Teiginneren die Temperatur unter 45° C liegt. Die stärkeabbauenden Enzyme erlangen bei 60—70° C ihre optimale Wirksamkeit. In diesem Bereich bilden sich reichliche Mengen von reduzierenden Zuckern, wie Maltose und Glucose, die nicht mehr vergoren werden, darüber hinaus auch Dextrine, die ebenfalls zur Geschmacksbildung des Brotes beitragen.

Da verkleisterte Stärke von Amylasen leichter als rohe Stärke abgebaut wird und die Maltose- und Dextrinbildung durch die Amylasen besonders in jenem Temperaturbereich am stärksten verläuft, in dem das Temperaturoptimum der Verkleisterung liegt, also bei 60—70° C, wird der Gehalt des Brotes an diesen löslichen Kohlenhydraten um so größer, je länger während des Backprozesses diese Temperaturspanne im Inneren des Brotes vorherrscht. Daher weisen Brotsorten mit längerer Backdauer und verhältnismäßig niedriger Ausbacktemperatur, wie z. B. Pumpernickel, einen bemerkenswert hohen Zuckergehalt auf, der mitunter 20 % und mehr betragen kann. Bei diesen Broten kommt es auch im Inneren zur Bildung von Melanoidinen, worauf die dunkle Krumenfarbe des Pumpernickels zurückzuführen ist.

Die Krumenbildung erfolgt im wesentlichen durch die Verkleisterung der Stärkekörner und ihre sich dabei vollziehende Vergrößerung durch die Wassereinlagerung. Die Stärkekörner verquellen dabei mehr oder weniger zu einem gelartigen Gebilde, das von zahlreichen größeren und kleineren Hohlräumen, den Poren, durchsetzt ist.

Beim Backprozeß spielt der Wasserhaushalt des Teiges eine große Rolle. Bei einer zu niedrigen Wassermenge wird die Brotkrume rissig, trocken und hart, bei zu viel Teigflüssigkeit wiederum feucht und unelastisch. Der Wasserverlust der inneren Brotkrume während des Ausbackens ist gering. Dagegen entweichen die flüchtigen Gärprodukte, wie Kohlensäure und Alkohol, zum größten Teil durch Diffusion aus Krume und Kruste. Der Alkohol findet sich zum überwiegenden Teil in dem Backschwaden. Beim Backen verliert das Teigstück einen Anteil des Wassers, der je nach Größe des Teigstückes, der Backdauer und der Backtemperatur verschieden hoch ist. Der Wasserverlust ist im wesentlichen auf die Austrocknung der Kruste zurückzuführen. Dieser Ausbackverlust liegt bei angeschobenem Brot etwa zwischen 8—12 %, bei freigeschobenem Brot zwischen 10—14 %, beim Kastenbrot zwischen 7—11 % und beim Kleingebäck zwischen 17—23 %.

Der Backprozeß hat einen wesentlichen Einfluß auf die Brot- und Gebäckqualität (A. SCHULZ u. Mitarb. 1955a). Bei gleicher Teigeinlage, aber verschiedenen Ausbackzeiten fallen infolge des zeitlich unterschiedlichen Backprozesses die Brotvolumina mit zunehmender Ausbackzeit ab. Bei freigeschobenen Broten, mit einem Soll-Gewicht von 1500 g, nimmt z. B. das Brotvolumen bis zu einem Ausbackverlust von 15 % zu. Wird der Ausbackverlust jedoch höher, dann kann das Brotvolumen abfallen. Mit zunehmendem Ausbackverlust wird die Krumenbeschaffenheit gröber. Darüber hinaus konnte festgestellt werden, daß hierbei auch der Säuregrad des Brotes absinkt. Die einwandfreie Beschaffenheit des Brotes setzt auf alle Fälle eine ausreichende Teigeinlage bei einem Mindestausbackverlust voraus. Im allgemeinen liegt die Teigeinlage um etwas über 10 % höher als das Soll-Gewicht des Brotes.

Bei Großbrot schwankt der Wassergehalt des ganzen Brotes zwischen 34 und 41 %, der der Krume zwischen 34 und 47 %.

VI. Brotsorten

1. Hauptsorten

Hauptbrotsorte ist in Deutschland das Mischbrot mit unterschiedlichem Roggen- bzw. Weizenmehlanteil. Für die Brotherstellung kommen praktisch nur die Roggenmehltypen 997, 1150 und 1370 und die Weizenmehltypen 812, 1050 und 1600 in Frage. Die helleren Mehle erhöhen das Brotvolumen. Je nach dem Verhältnis von Weizen- zu Roggenmehlen bei der Brotherstellung ergeben sich allein schon hieraus die verschiedenartigsten Brotsorten.

Weitere Variationsmöglichkeiten liefert die Backweise. Hier gibt es vier Möglichkeiten:

die freigeschobene Backweise (die einzelnen Teigstücke sitzen frei), die angeschobene Backweise (die Teigstücke sind aneinandergesetzt), die Kastenbackweise, das Ausbacken in Backröhren.

Der Urtyp des Brotes ist das freigeschobene Brot, ein Brotlaib also, der ringsum von einer Kruste umgeben ist. Dabei ist die Längsform am häufigsten anzutreffen.

Bei Land- und Bauernbroten wird nach H. Stephan (1959) die freigeschobene Backweise bevorzugt, wobei die Kruste durch ein leichtes Bemehlen der Teigstücke vor dem Ausbacken die den Bauernbroten eigenartige Maserung erhält. Bei den angeschobenen Broten sind die Seitenflächen krustenlos. Diese Brotform entspricht dem früheren Kommißbrot. Stuten sind typische Kastenbrote. Darüber hinaus werden auch die Schrotbrote vorwiegend in Backkästen ausgebacken. Schließlich werden Brote mit nur geringen Krustenanteilen, teilweise sogar ohne eigentliche Kruste, in sog. Backröhren hergestellt. Diese Brote werden vorwiegend als Schnittbrot in geeigneter Verpackung in den Handel gebracht.

Nicht unerwähnt bleiben darf das aus Schweden stammende Knäckebrot, ein Flachbrot, teils aus Roggen, teils aus Weizen hergestellt, bei dem durch den um 10% liegenden Wassergehalt eine gute Haltbarkeit vorausgesetzt werden kann.

Schrotbrote werden sowohl auf Weizen- als auch Roggenbasis hergestellt. Auch sog. Schrotmischbrote sind im Handel. Bei Schrotbroten ist ein Zusatz von helleren Mehlen bis zu 10% zulässig. Ein typisches Weizenschrotbrot ist nach A. Schulz u. H. Stephan (1954b) das Grahambrot. Zu den Roggenschrotbroten gehört unter anderem der Pumpernickel, der infolge langer Backzeit bis zu 24 Std, wie O. Doose (1948) beschreibt, eine dunkelbraune, ja fast schwarze Krumenfarbe aufweist und infolge des hohen Anteiles an löslichen Kohlenhydraten besonders schmackhaft ist. Schrotbrote, mit Ausnahme von Pumpernickel, sind vitaminreich, weil fast die gesamte Kornsubstanz hierzu verwendet wird. Aus ernährungsphysiologischen Gründen wird daher gerade die Schrotbrotkost empfohlen.

Bei der Vollkornbrot-Herstellung sind Mahlerzeugnisse aus Weizen und Roggen, die nach sorgfältiger Reinigung des Kornes voll ausgemahlen werden, zu verwenden. Eine Ausnahme liegt nur beim Steinmetzbrot vor, bei dem mit einer Naßschälung die Kornschale und ein geringer Teil des Keimlings entfernt werden.

Roggenmehle geben dem Brot vor allem eine herzhafte Geschmacksrichtung, die auf die Versäuerung des Roggenmehles zurückgeführt werden muß. Das ist bei den Heseführungen, die zur Verarbeitung von Weizenmehlen angewendet werden, nicht in diesem Maße der Fall. Der Aromafülle des Roggenbrotes steht somit die fade Geschmacksrichtung des Weizenbrotes gegenüber. In mehr oder weniger starkem Maße kommen diese Geschmacksbeeinflussungen auch bei der Mischbrotherstellung zum Durchbruch, so daß Weizenmischbrote fader als Roggenmischbrote empfunden werden.

Das unterschiedliche Weizen-Roggen-Verhältnis im Brot hat nicht nur geschmackliche Auswirkungen, sondern berührt auch die Frischhaltung. Die Frischhaltung des Brotes hängt aber auch vom jeweiligen Wassergehalt des Brotes, der mit der Austrocknung bei der Brotlagerung im Zusammenhang steht, ab und vor allen Dingen von der Retrogradation der Stärke, die das Altbackenwerden des Brotes verursacht. Darauf wird später noch näher eingegangen. Da die Weizenstärke im Vergleich zur Roggenstärke zum rascheren Altbackenwerden neigt, halten sich Roggenbrote länger frisch als Weizenbrote. Dafür sorgt im übrigen auch die höhere Wasserbindung der Roggenteige.

2. Spezialbrote

Es ist bekannt, daß die Schale des Kornes einerseits unverdaulich für den menschlichen Organismus ist, andererseits aber auch als Ballaststoff eine verdauungsfördernde Wirkung hat. Die Vielzahl der Spezialbrote stützt sich auf die Ganzkornausnutzung, wie es nach P. F. Pelshenke (1950) z. B. bei dem Simons-Verfahren der Fall ist. Hierbei wird das Roggenkorn eingeweicht, in einer fleischwolfähnlichen Maschine gequetscht und der dadurch entstandene Brei mit Hefe gelockert, aber ohne Sauerteigansatz mit einer spontanen Säuerung verarbeitet und abgebacken. Andererseits gibt es auch Vorschläge, nach einer Naßschälung des Kornes nur den verdaulichen Restkörper des Kornes bei der Brotherstellung zu berücksichtigen. Damit hat das von St. Steinmetz (1918) vorgeschlagene Verfahren seine Bedeutung gewonnen. Ein andersartiges Verfahren wurde von T. H. Schlüter (1907) entwickelt, wobei die Kleie aufgeschlossen und nutzbar gemacht wird. Weitere Vorschläge für Spezialbrote sind von Winkler, Klopfer, Loos, Friese und Franke (vgl. M.P. Neumann u. P.F. Pelshenke 1954) gemacht worden. Über die Verwendung von Milcherzeugnissen als Eiweißträger in Spezialbroten berichten A. Schulz u. H. Stephan (1955a). Neben der Magermilch und der Molke ist in den letzten Jahren auch die Buttermilch (H. Stephan u. E. A. Göttsche 1955) berücksichtigt worden. Da auch der Getreidekeim wertvolle Wirkstoffe enthält, fehlen nicht Vorschläge, Getreidekeime bei der Spezialbrot-Herstellung zu empfehlen. Neben Kalkbeimengungen hat man auch versucht, durch den Zusatz von phosphorsauren Salzen, Kieselsäure und auch eisenhaltigen Präparaten dem Brot Stoffe einzuverleiben, die für den menschlichen Organismus wertvoll sind. Diese Bestrebungen sind wohl anerkennenswert, dürften jedoch zu weit gehen, zumal der Absatz derartiger Brote immer beschränkt bleiben wird und nicht dem Ziel der eigentlichen Brotherstellung entspricht.

Wenigstens eine der folgenden Voraussetzungen muß erfüllt sein, damit ein Brot als Spezialbrot gelten kann:

1. Verarbeitung von Mahlerzeugnissen, die nach besonderen Verfahren hergestellt werden (z. B. Steinmetz-Brot).

2. Verwendung von Rohstoffen, die im allgemeinen nicht üblich sind (Buttermilch-Brot).

3. Die Herstellung der Brote aus Mahlerzeugnissen, die nicht dem Brotgetreide entstammen.

4. Andere Backverfahren (z. B. Dampfkammerbrot).

Gegerstelte Brote können nicht als Spezialbrot angesehen werden, da diese besondere Herstellungsweise — das teilweise aufgegangene Teigstück bei offener Flamme vorzubräunen und erst nach voller Gare in den Ofen zu bringen — in einigen Gegenden, wie z. B. Niedersachsen, durchaus allgemein angewendet wird.

Auch Bauernbrote sind keine Spezialbrote und werden heute nicht mehr in ländlichen Betrieben, sondern vielfach in Groß- und Kleinbäckereien hergestellt. Drei Grundbedingungen sollten hierbei aber eingehalten werden:

1. Ein Bauernbrot soll vorwiegend aus dunklen Roggenmehltypen hergestellt werden.

2. Es sollte nur eine biologische Sauerteigführung angewendet werden.

3. Das Bauernbrot soll möglichst im Steinbackofen gebacken werden.

Sicherlich handelt es sich nach den heutigen Auffassungen beim Bauernbrot um eine Gattungsbezeichnung und nicht um eine Herkunftsbezeichnung.

3. Kleingebäck

In Deutschland werden die verschiedenartigsten Kleingebäcke, die sich durch die Art der Aufarbeitung der Teigstücke unterscheiden, hergestellt.

In Norddeutschland findet man nach A. Schulz (1958) am häufigsten das sog. Rundstück. Die Oberfläche des Rundstückes ist im allgemeinen glatt und nicht durch einen Schnitt unterbrochen. In ganz Deutschland ist, wie H. Stephan (1951a) berichtet, das Schnittbrötchen vertreten. Ein besonderer Wert wird hierbei auf einen lebhaften Ausbund gelegt. Eine gute Rösche, die beim Schnittbrötchen stark in Erscheinung tritt, verbessert den aromatischen Geschmack des Brötchens. Bei dem durch Drücken geteilten Kleingebäck ist ein wesentlich schwächerer Ausbund zu bemerken.

Das Drücken des Teigstückes kann auf vielseitige Art vor sich gehen. Die meist übliche und einfachste Arbeitsweise ist dadurch gekennzeichnet, daß man mit den zusammengelegten Fingerspitzen das Teigstück in der Mitte eindrückt. Auch das Drücken mit der Handkante ist üblich. Schließlich verwendet man hierzu auch einen Holzstab oder arbeitet maschinell.

Ein Gebäck, bei dem die Aufarbeitung des Teigstückes durch einen Wickelprozeß erfolgt, ist das Hörnchen (Frühstücks-, Kuchen- und Butterhörnchen). Für die Formung des Teiges sind besondere Maschinen entwickelt worden (H. Stephan 1951c). Aufgrund seiner ansprechenden Form und einer vorzüglichen Schmackhaftigkeit hat sich der Berliner Knüppel in deutschen Gebieten gut eingeführt. Infolge der eigenartigen Teigzusammensetzung ist die Kruste besonders mürbe. Durch Fett- und Zuckerzusätze bei der Herstellung wird die Frischhaltung dieses Gebäckes besonders gefördert.

Die Kaisersemmel ist vorwiegend im österreichischen Raum zu finden. Zweifelsohne ist dieses Kleingebäck ein Spitzenerzeugnis des Backgewerbes. Der durch die eigenartige Formung bedingte hohe Krustenanteil fördert die Schmackhaftigkeit außerordentlich. Darüber hinaus wird durch die besondere Formung ein großes Gebäckvolumen erreicht (H. Stephan 1951b).

Da die Formung der Teigstücke bei der Herstellung der verschiedenartigsten Kleingebäck-Sorten äußerst schwierig ist und bei dem heutigen Mangel an Arbeitskräften kaum noch mit der Hand durchgeführt werden kann, gibt es für alle aufgeführten Kleingebäck-Sorten sog. Stüpfel- oder Formungsmaschinen, die sich durch eine verhältnismäßig hohe Leistung auszeichnen.

Auch die in Süddeutschland nach F. Schrempf (1952) vorwiegend anzutreffende Laugenbrezel kann heute schon maschinell geformt werden. Die geformten Teigstücke werden vor dem Backen kurz in 2,5—3%ige Natronlauge getaucht. In den östlichen Gebieten Deutschlands gab es früher auch aneinandergesetztes Kleingebäck. Die sog. Zeilen- oder Reihensemmeln wurden in Sachsen vorwiegend hergestellt. In Schlesien war der sog. Doppelweck oder die sog. schlesische Schlußsemmel stark verbreitet (H. Stephan 1952). Auch auf die Herstellung des sog. Salzkuchens (im Volksmund auch als Schusterjunge bezeichnet, H. Stephan 1962), sowie des Kölner Röggelchens, des Ulmer Spatzen, der Hameler Ratten, der Kieler Semmel (G. A. Göttsche 1955) kann in diesem Zusammenhang nur hingewiesen werden.

a) Technologische Hinweise

Die Kleingebäck-Herstellung ist nicht mehr zutatenfrei. Fett, Zucker und Backmittel haben einen Einfluß auf Triebleistung und Gashaltevermögen des Teiges. Bei der Kleingebäck-Herstellung werden mit steigenden Hefezusätzen die Teig- und Gebäckausbeuten erhöht. Darüber hinaus ist hierbei mit hohem Gebäckvolumen zu rechnen. Schließlich treten auch Vorteile in der Krumenbeschaffenheit auf, wenn der Hefeanteil erhöht wird. Es ist bemerkenswert, daß das Herstellungsverfahren von Kleingebäck mit hohen Hefezusätzen infolge kürzerer Teigruhezeiten und rascherer Endgaren verkürzt wird. Arbeitstechnisch besteht infolge einer Verkürzung der Stückgare die Gefahr, daß mit hohen Hefezusätzen backtechnische Fehler infolge eines plötzlichen Triebnachlasses zu erwarten sind. Die gärfähigen Substanzen des Mehles reichen oft nicht aus, um bei Hefeanteilen über 6 % eine verstärkte Triebleistung hervorzurufen. Das ist nur der Fall, wenn vergärbare Substanzen in Form von Zucker oder Malzpräparaten dem Teig zugesetzt werden. Bei reiner Mehl-Wasser-Ware sollte der Höchstzusatz an Hefe bei 6 % liegen, weil mit höheren Zusätzen geschmackliche Nachteile eintreten.

In der deutschen Bäckerei wurde in früheren Jahren nicht immer die hellste Mehltype zur Kleingebäck-Herstellung verwendet. Früher galt eine Mehltype mit dem Aschegehalt von etwa 0,63 als die günstigste für die Kleingebäck-Herstellung, heute verwendet man dagegen hierfür vorwiegend die hellere Mehltype mit einem Aschegehalt von etwa 0,55. Das ist vorwiegend darauf zurückzuführen, daß die Verbraucher großvolumiges und feinporiges Kleingebäck mit heller Krumenfarbe vorziehen.

VII. Lagerung, Verpackung, Tiefkühllagerung

1. Lagerung

Für die Frischhaltung des Brotes ist die Brotlagerung von besonderer Bedeutung. Die Auffassung, daß die Lagerung in der Kälte länger frisch hält, ist von J. KATZ (1934) aufgrund seiner Untersuchungen über das Altbackenwerden widerlegt worden. Brote und Gebäcke, die bei Temperaturen zwischen 60—70° C gelagert werden, halten sich viel länger frisch als solche, die bei Temperaturen von 0 bis + 10° C aufbewahrt werden. Bei der Brotlagerung müssen die Maßnahmen für die Frischhaltung im Haushalt von den Maßnahmen unterschieden werden, die im allgemeinen im Herstellerbetrieb durchgeführt werden. Im Haushalt ist die Lagerung bei einer durchschnittlichen Temperatur von 18° C in den meisten Fällen angebracht. Darüber hinaus ist hierbei besonders darauf zu achten, daß das Brot trocken und nicht feucht gelagert wird. Ein Einschlagen in nasse Tücher hat zwangsläufig Schimmelbefall zur Folge. In den Herstellerbetrieben ist auf Vorschlag von H. STEPHAN (1961a) die Zeitspanne zwischen Brotherstellung und dem Versand bzw. Verkauf durch geeignete Lagertemperaturen zu überbrücken. Hierbei spielt die Lagertemperatur über 30° C die entscheidende Rolle. Temperaturen unter 20° C beschleunigen nicht nur die Brotalterung, sondern fördern auch das Straffwerden der Krume. Der letzte Faktor spielt für die Schneidbarkeit des Brotes eine gewisse Rolle. Dieser Faktor muß besonders dann berücksichtigt werden, wenn in Großbetrieben Brote hergestellt werden, die später in Schnittbrotpackungen aufgeteilt und verpackt werden.

H. STEPHAN (1961b) hat Richtlinien für die Lagerung von Roggenmischbrot zur Erreichung einer guten Schneidbarkeit gegeben. Danach müssen mit zunehmender Krustenstärke höhere Temperaturen und höhere Feuchten eingehalten werden. Aber auch die Dauer der Luftbewegung bzw. Frischluftzufuhr während des Auskühlens spielen eine entscheidende Rolle für die Schneidbarkeit der Brote. Im allgemeinen ist das Einhalten der Lagerungsbedingungen nur mit Hilfe von Klimaanlagen möglich. Da es aber in vielen Schnittbrot herstellenden Betrieben an derartigen technischen Ausrüstungen fehlt, helfen sich sowohl Groß- als auch Mittelbetriebe dadurch, daß sie die Brote in Brotwagen oder Regalen lagern, die mit einem Folienüberhang versehen werden. Auf diese Weise kann das Entweichen der Verdunstungsfeuchte verhindert werden, wodurch eine genügend hohe relative Luftfeuchte gewährleistet wird. Schließlich wird durch diese Maßnahme auch die Infektionsmöglichkeit mit Schimmelpilzen vermindert.

2. Verpackung

Für die Frischhaltung des Brotes spielt die Verpackung insofern eine Rolle, als dadurch die Austrocknung des Brotes verzögert wird. Die Verminderung des Wassergehaltes im Brot führt zwangsläufig zu Brotfehlern, die sich vor allen Dingen in Krumenrissen bemerkbar machen. Je nach der voraussichtlichen Lagerdauer müssen nach A. SCHULZ (1958b) die verschiedenartigsten Verpackungsmaterialien eingesetzt werden. Die einzelnen Verpackungsmaterialien unterscheiden sich aber nicht nur hinsichtlich der Wasserdampfdurchlässigkeit, sondern auch in der Reiß- und Korrosionsfestigkeit, Kniffstabilität, Siegelfähigkeit, Bedruckungsmöglichkeit und neuerdings Durchsichtigkeit. Wasserdampfdichte Folien verhindern die Ausdunstung des Brotes, verzögern den Gewichtsverlust und fördern damit die äußerlich wahrnehmbare Frischhaltung, beschleunigen auf der anderen Seite aber erhebliche Geschmacksveränderungen, die mit dem Altbackenwerden in Zusammenhang stehen. Man muß daher bei kurz zu bemessender Lagerdauer Brote, die dem Altbackenwerden rasch anheim fallen, in möglichst wasserdampfdurchlässiger Folie verpacken. Mischbrote oder Schnittbrot-Packungen dieser Brotsorten sollten auf keinen Fall für eine längere Haltbarkeitsdauer als 7 Tage hergestellt werden. Andererseits eignen sich für die Dauerbrot-Herstellung nur Brotsorten, die weniger rasch altbacken werden, wie z. B. Schrotbrote, Pumpernickel und Brote aus dunklen Roggenmehltypen. Für deren Verpackung muß aber wegen längerer Lagerzeit unbedingt wasserdampfdichtes Material verwendet werden.

Für Beutelpackungen verwendet man als Klarsichtpackung vorwiegend Polyäthylenbeutel, neuerdings auch Polypropylenbeutel, die dem einzupackenden Brot angepaßt werden. Derartige Verpackungen gewährleisten eine sehr gute Frischhaltung. Neben der Verwendung bei Schnittbrot wird der Polyäthylen- bzw. Polypropylenbeutel auch mit Erfolg bei der Ganzbrot-Verpackung eingesetzt. Der Verschluß erfolgt in diesem Falle meistens durch einen Clip.

Da sich Brote mit hohem Weizenanteil nicht für die Sterilisation eignen, und Calciumpropionat-Mittel sich schon bei etwas überhöhter Dosierung in geschmacklicher Hinsicht nachteilig auswirken, ist es sicher am zweckmäßigsten, die ortsüblichen Brotsorten, wenn diese als Schnittbrot in den Handel gebracht werden, nur für Lagerzeiten von einer Woche vorzusehen. Will man Brot in Packungen bis zu einem Zeitraum von 14 Tagen haltbar machen, dann ist die Verwendung von Schimmelverhütungsmitteln zu empfehlen.

Sollen Brote länger als 14 Tage haltbar bleiben, dann muß neben der geeigneten Verpackung auch eine Sterilisation durchgeführt werden. Es handelt sich hierbei im wesentlichen schon um die Herstellung ausgesprochener Dauerbrote, vor allen Dingen Spezialbrote. Hierfür sind praktisch nur Brote, die auf Schrotbasis hergestellt werden, geeignet. Man verwendet zu deren Verpackung Zellglas, Aluminiumfolie und Doppelwachspapiere in der Regel als Kombination miteinander. In den letzten Jahren gewinnen aber die Kunststoff-Folien eine immer größere Bedeutung bei der Dauerbrotherstellung. Neben Polyäthylen und Polypropylen werden auch Schrumpffolien für diesen Zweck verwendet.

Während Ganzbrote, wenn diese warm verpackt werden, nur einer Oberflächensterilisation ausgesetzt werden müssen, die in der Regel bei 90—100° C während einer Zeitdauer von 30 min erfolgt, ist bei Schnittbrot der Sterilisationseffekt von dem Erreichen und dem halbstündigen Einhalten einer Temperatur von 90° C im Inneren der Packung abhängig. Das ist meistens bei einer Sterilisationstemperatur von 100° C nach $2^1/_2$stündiger Erhitzungsdauer der Fall. Das Problem bei der Brotverpackung besteht darin, die beiden Forderungen: geringe Wasserdampfdurchlässigkeit (und damit verbunden gute Frischhaltung) und ein Minimum an geschmacklichen Veränderungen während der Lagerung miteinander in Einklang zu bringen.

Durch die industrielle Herstellung von Kleingebäck im Zuge einer kontinuierlichen Herstellung auf den sog. „Brötchenstraßen" ist auch die Verpackung von Kleingebäck besonders aktuell geworden. Nach eingehenden Untersuchungen von H. STEPHAN (1962) eignet sich bei dem augenblicklichen Stand der Forschung auf dem Verpackungsgebiet die nicht lackierte Zellglasfolie am besten für die Herstellung von Beuteln, die zur Kleingebäck-Verpackung dienen sollen.

3. Tiefkühllagerung

Die Tiefkühlung bei mindestens —18° C hat sich bei Kleingebäck und vor allen Dingen aber bei Feinbackwaren in Deutschland gut eingeführt. Die Vorteile dieses Verfahrens liegen, wie W. NEUMANN (1958) beschreibt, in erster Linie auf arbeitstechnischer Basis, weil man Höchstbelastungen im Betrieb damit ausgleichen kann. So kann man die Tagesproduktion von Kleingebäck kontinuierlich ohne Unterbrechung zu einer bestimmten Tageszeit durchführen, um während der ganzen Verkaufszeit einwandfreie Gebäcke zur Verfügung zu haben. Man kann also damit die Produktionsspitzen, die zwangsläufig in allen Betrieben vorkommen, umgehen. Das Tiefkühlverfahren kann nach E.A. GÖTTSCHE (1958) im Gegensatz zur Gärunterbrechung durch Kälte nicht nur bei Feingebäcken, sondern auch bei Brot und brotartigem Kleingebäck angewendet werden. Allerdings ergeben sich bei dem letzteren eine Reihe von Schwierigkeiten, da bei fettfreien Brot- und Gebäcksorten das Tiefgefrieren häufig zu einem Abblättern der Kruste führt, wenn diese länger als 1—2 Tage tiefgekühlt gelagert werden. Das ist ganz besonders beim Rundstück der Fall.

Das Tiefkühlen von Hefeteigen bringt keinen Zeitgewinn, da diese nach dem Herausnehmen aus dem Kühlraum erst allmählich in der Backstubenwärme oder im Gärschrank wieder erwärmt werden müssen.

Das Entfrosten kann entweder durch loses Lagern im warmen Raum oder Erwärmen im Ofen vorgenommen werden. Backwaren, die vom Verbraucher rösch verlangt werden, sind am einfachsten durch ein kurzes Nachbacken aufzutauen. Auch die Verwendung klimatisierter Wärmekammern kann empfohlen werden. Es handelt sich in diesem Falle aber nicht um ein Wiederaufbacken von altbackenem Gebäck.

VIII. Veränderungen während der Lagerung

1. Altbackenwerden

Das Altbackenwerden ist nicht in erster Linie ein Problem der Wasserbindung und des Wasseraustritts aus der Krume während der Lagerung, sondern hängt vielmehr mit physikalisch-chemischen Zustandsänderungen der Stärke zusammen. Dieses Gebiet hat vor allen Dingen J. KATZ (1912, 1921, 1934, 1935) bearbeitet. Er hat das Altbackenwerden auf die Retrogradierung der Stärke zurückgeführt. Das Altbackenwerden wird bei Temperaturen über + 60° C und unter —30° C unterbunden. Nach J.R. KATZ (1934) kann eine Krume mit weniger als 16 % und mehr als 38 % Feuchtigkeit während unbeschränkter Zeit im frischen Zustand erhalten werden, falls mikrobielle Zerstörungen ausgeschlossen sind. Diese Ergebnisse wurden durch die Arbeiten von W. GEDDES u. C.W. BICE (1946) im wesentlichen bestätigt. Nach T. SCHOCH u. D. FRENCH (1945, 1947) ist allerdings für das Altbackenwerden nicht die Amylose, wie KATZ noch meinte, sondern das Amylopektin verantwortlich. T. SCHOCH u. D. FRENCH stellten fest, daß bei der Retrogradation von Stärkegelen die verzweigten Amylopektinketten Querverbindungen bilden, wobei z. T. Wasser abgegeben wird. Beim Amylopektin ist die Retrogradierung im Gegensatz zur Amylose durch Erwärmen umkehrbar. H. HINTZER (1952) weist darauf hin, daß es erforderlich ist, auch den Kleber in die Untersuchungen über die Ursache des Altbackenwerdens von Brot einzubeziehen. Auf diesem Gebiet hat neuerdings L. AUERMANN (1957) gearbeitet. Danach spielen zwar die spezifischen Veränderungen der Stärke die Hauptrolle beim Altbackenwerden des Brotes, aber auch die eine ununterbrochene Phase bildenden Eiweißstoffe der Krume unterliegen beim Altbackenwerden strukturellen Veränderungen.

Hinsichtlich der Verzögerung des Altbackenwerdens liegen eine Reihe von Vorschlägen von W. GEDDES u. C.W. BICE (1946) sowie von H. FAVOR u. N.F. JOHNSTON (1947, 1948) vor. In diesen amerikanischen Arbeiten wird die Wirkung hochpolymerer Stoffe (z. B. Polyoxy-äthylen-monostearat) auf die Frischhaltung des Brotes beschrieben. H. HINTZER (1952) weist aber darauf hin, daß der Retrogradierungsprozeß unter dem Einfluß der oberflächenaktiven Stoffe nicht verzögert bzw. verhindert werden kann. Nach S. SZÖKE u. P. KEKEDYN (1956) wird das Altern des Brotes verzögert, wenn folgende Zusätze bei der Teigbereitung verarbeitet werden: Sojamehl, Pflanzenöl, Glycerinmonostearat, Kartoffelstärkesirup. J.A. JOHNSON u. B.W. MILLER (1949) weisen darauf hin, daß die α-Amylase in der Regel das Amylopektin angreift und so die Verzuckerung fördert, die einen erheblichen Einfluß auf die Brotfrischhaltung ausübt. Nach R. HARRIS u. Mitarb. (1952) verbessert Kartoffelwalzmehl im allgemeinen die Wasserabsorption und das Brotvolumen, verschlechtert aber bis zu einem gewissen Grad das Gefüge und die Struktur des Teiges. Nach M. BLINC (1956) soll der Zusatz von β-Amylase die Frischhaltung des Brotes erhöhen. Als Ursache wird der Abbau der äußeren Zweige der Amylopektinmoleküle herausgestellt. Dadurch soll die Vernetzung der Amylopektinmoleküle bei der Retrogradation erschwert, bzw. verhindert werden. Weizenmehl enthält nach J.A. JOHNSON normalerweise aber genügend β-Amylase. Die Wirkung auf den Amylopektinanteil bricht an den Verzweigungsstellen der Glucoseketten ab. Nach den neuesten Untersuchungen von J.A. JOHNSON (1953) reduziert die α-Amylase beim Backen die durchschnittliche Größe der Stärkemoleküle. Die Bildung kleinerer Stärkemoleküle scheint die Kristallisation, Unlöslichkeit oder Retrogradation beim Altbackenwerden zu verhindern. Schließlich berichten P.F. PELSHENKE u. G. HAMPEL (1961) über das Altbackenwerden von Brot und Gebäck und geben Hinweise über die Möglichkeiten der Verzögerung.

2. Schimmelbildung

Zum frühzeitigen Verderb von Brot durch Schimmelbefall kommt es besonders während feuchter und warmer Witterungsperioden. Die Bildung von Brotschimmel kann durch folgende Faktoren bedingt sein: Backweise des Brotes, Verpackung des Brotes, Schnittbrot-Herstellung, Lagerungsbedingungen und Infektion.

Es ist bekannt, daß die auf Brot vorwiegend in unseren Gebieten auftretenden Schimmelpilze die normale Backtemperatur nicht überstehen. Die Brote sind unmittelbar nach dem Backprozeß schimmelsteril. Schimmelpilze auf Brot können frühestens nach 3tägiger Lagerzeit auftreten. Besonders anfällig sind weiche und damit auch feuchte Stellen des Brotes. Ein von risseloser Kruste eingehüllter Brotlaib verschimmelt selten, da die trockene Kruste den Schimmelpilzen keine Entwicklungsmöglichkeiten bietet.

Die Schimmelsporen können von der Brotoberfläche durch die Verpackung abgehalten werden. Je rascher die Verpackung dem Backprozeß folgt, um so geringer ist der Schimmelbefall. Die Schimmelanfälligkeit ist weitgehend von den Lagerungsbedingungen abhängig. Schimmelpilze benötigen zur Entwicklung zunächst Luftsauerstoff. Liegt weiterhin die relative Luftfeuchtigkeit des Raumes über 70%, dann ist bei warmer Lagerung die Schimmelpilzentwicklung kaum aufzuhalten.

Der Schimmelbefall wird durch Luftinfektion übertragen. Räume, die äußerlich wahrnehmbar an Wänden und Decken Schimmelspuren aufweisen, sind sowohl für die Brotlagerung als auch für die Verpackung ungeeignet. Ventilierte Kellerräume sind für die Brotlagerung besser geeignet als lichte, weitgefensterte Etagenräume, die in unmittelbarer Nähe von Gärten liegen. Hermetisch abgeschlossene, mit gefilterter oder ultraviolett bestrahlter Frischluft beschickte Räume hemmen den Schimmelbefall. Bei der Herstellung von Schnittbrot ist die Infektionsgefahr besonders groß.

Der sicherste Schutz gegen den Brotschimmel ist die Hitzesterilisation. Diese hat aber nur einen Sinn, wenn geeignetes Verpackungsmaterial eine ausreichende Schimmelabwehr gewährleistet. Die Verpackung muß sterilisationsfest sein, das heißt, sie darf sich bei der Erhitzung bis auf 100° C nicht verändern und muß schimmelundurchlässig sein.

Darüber hinaus können Mittel zur Schimmelverhütung eingesetzt werden. In Deutschland ist das Calciumpropionat deklarationsfrei zugelassen. Die Zusatzhöhe soll 0,5 % — auf Mehl berechnet — möglichst aus gärtechnischen Gründen nicht überschreiten. Bei helleren Brotsorten treten dabei geschmackliche Veränderungen auf. Auch die Verwendung von Reinzuchtsauern, die Propionsäure-Bakterien enthalten, wird von A. Schulz (1959) empfohlen.

3. Fadenziehen

Das Fadenziehen wird durch den *Bacillus mesentericus* verursacht. Die Sporen dieser Fadenzieher überdauern den Backprozeß. Sie finden im feuchten Brot bei erhöhter Temperatur die günstigsten Bedingungen zur Entwicklung. Aus diesem Grunde tritt das Fadenziehen vorwiegend während der warmen Jahreszeit auf.

Unter diesen Bedingungen beginnen die Mikroorganismen 2—3 Tage nach dem Backprozeß die Brotkrume zu zersetzen. Das mit einem Fadenziehererreger befallene Brot weist zunächst einen obstartigen, aber widerlich-süßen Geruch auf. Danach machen sich in der Krume dunkle Stellen bemerkbar, die sich rasch vergrößern, um schließlich am 3. bzw. 4. Tage nach dem Backprozeß das gesamte Gebäckinnere in eine klitschige, rötlich-violette bzw. gelbbraune Masse mit widerlichem Geruch zu verwandeln. Dieser Umwandlungsprozeß ist auf die Tätigkeit von stärke- und eiweißspaltenden Enzymen zurückzuführen, die vom Bacillus mesentericus in die Umgebung abgeschieden werden.

Das Fadenziehen ist eine Brotkrankheit, die durch eine bakterielle Infektion des Mehles ausgelöst wird. Die Frage, ob es nicht möglich ist, Mehle herzustellen, die frei von diesen Infektionen sind, muß verneint werden. Trotz sorgfältigster Wäsche und Schälung des Kornes gelingt es nicht, die Keime des Bacillus mesentericus, die das Getreide schon vom Felde her einschleppt, aus dem Mehl im Zuge des Vermahlungsprozesses zu entfernen. Folgende Maßnahmen eignen sich zur Bekämpfung dieser Brotkrankheit:

1. Säuerung des Teiges durch Sauerteig oder organische Säuren wie Milchsäure.

2. Kräftiges Ausbacken und damit geringerer Wassergehalt. Kleingebäck bietet daher dem Fadenzieher keine Entwicklungsmöglichkeit.

3. Festere Teige bieten wegen des niedrigeren Wassergehaltes ungünstigere Entwicklungsmöglichkeiten.

4. Verwendung chemischer Mittel. Wirksam kann das Fadenziehen auch bei ungünstigen Lagerungsbedingungen durch das Calciumsalz der Essigsäure unterdrückt werden. Dieses verhindert bereits bei Zusätzen von 0,4 % — auf Mehl berechnet — die Erscheinung des Fadenziehens mit Sicherheit.

IX. Zusammensetzung und Eigenschaften des Brotes

1. Zusammensetzung

Die Zusammensetzung des Brotes ist in erster Linie vom Ausmahlungsgrad des bei der Herstellung verwendeten Mehles abhängig. Korn und Mehl weisen dabei gewisse Unterschiede auf, da die Randschichten des Kornes in der Kleie abgeschieden werden und diese bei der Brotherstellung keine Verwendung findet. Aber auch beim Backprozeß unterliegen die Mehlbestandteile einigen Veränderungen.

Der Wassergehalt des Brotteiges beträgt etwa 50 %. Beim Backen verliert die Kruste Wasser bis auf etwa 15—20 %. Der Wassergehalt der Krume liegt dagegen bei 40—50 %, wobei in der Krume unterschiedliche Wassermengen an den verschiedenen Stellen, wie E. Drews (1962b) berichtet, ermittelt werden können.

Da der Wassergehalt des Brotes nicht nur vom Backverfahren, sondern vor allem von der Wasseraufnahmefähigkeit des Mehles abhängt, kann eine Begrenzung, wie sie K. Bergner (1947) vorschlägt, nur dann und zwar jeweils nur für bestimmte Brotarten vorgenommen werden, wenn eine gewisse Toleranz eingehalten wird. Zu einem guten Aufschluß der Stärke gehören ausreichende Wassermengen. Damit wird die Verdaulichkeit der Brotkrume beeinflußt. Während der Lagerung sinkt der Wassergehalt des Brotes. Deshalb muß auch das Alter des Brotes bei Gewichtsnachprüfungen berücksichtigt werden. In den ersten 24 Std nach dem Backprozeß ist der Gewichtsverlust am höchsten und kann mit 2,5 % angegeben werden.

Das Brotgesetz in der Fassung vom 9. 6. 1931 (RGBl. I, S. 335), das nach wie vor Rechtsgültigkeit hat, beschränkt den Vertrieb von Brot auf bestimmte Gewichtseinheiten, die bei Ganzbrot ab 500 g durch 250 und bei Schnittbrot durch 125 teilbar sein müssen. Schnittbrotpackungen dürfen aber nur 125 g, 250 g und 500 g wiegen.

Im Brot findet man einen höheren Aschegehalt als im verbackenen Mehl vor. Das ist einerseits auf den Kochsalzzusatz beim Teigbereiten, andererseits aber auch auf den Gärverlust, der eine Verminderung des Kohlenhydratanteiles zur Folge hat, zurückzuführen. Aus dem gleichen Grunde liegt auch der Eiweißanteil im Brot höher als im Mehl. Hinzu kommt, daß durch den Hefezusatz eine geringe Eiweißanreicherung erfolgt. Die Kohlenhydrate nehmen dagegen merklich ab. Der Fettanteil und der Rohfaseranteil werden durch die Abnahme der Kohlenhydrate geringfügig erhöht.

Brot enthält bekanntlich lebenswichtige Vitamine des B-Komplexes. Durch das Backen wird der Vitaminanteil nach P. Pelshenke u. A. Schulz (1951) vermindert, bei langem und intensivem Backen stärker als bei gelindem Backverfahren. Der Säuregrad unterliegt je nach Brotsorte gewissen Schwankungen. Richtzahlen sind aus Tab. 7 zu entnehmen.

Tabelle 7

Säuregrade verschiedener Brotsorten

Weizenbrot	unter 5
Weizenmischbrot	5—7
Roggenmischbrot	6—8
Roggenbrot	7—9
Roggenschrotbrot	6—12
Pumpernickel	über 12 nicht zu beanstanden
Weizenschrotbrot	unter 5

2. Beschaffenheit des Brotes

Der Krustenanteil des Brotes soll nicht zu gering sein, da mit der Krustenbildung Geschmacks- und Aromastoffe, die A. Rotsch u. H. Dörner (1957) ermittelt haben, in die Krume übergehen. Der Krustenanteil des Brotes liegt bei 10—20 % und hängt nach A. Schulz u. H. Stephan (1955a) im wesentlichen von der Backweise ab. Freigeschobene Brote sind krustenreicher als angeschobene Brote. Der Verbraucher legt im allgemeinen Wert auf ein großvolumiges Brot. Die Volumenausbeute (d. h. das auf 100 g Mehl bezogene Volumen in ml) beträgt im Durchschnitt bei Weizenbrot 400, bei hellem Roggenbrot 350, bei dunklem Roggenbrot 250, bei Schrotbrot 200.

Die Ausbildung der Krume ist in vielen Fällen eine Eigenart bestimmter Brotsorten. Weizenbrote sind feinporig, Roggenbrote und insbesondere Landbrot sind nicht nur grobporiger, sondern darüber hinaus auch ungleichmäßiger in der Krumenstruktur. Schrotbrotkrumen sind in der Regel nur schwach gelockert.

Eine für die Verdaulichkeit entscheidende Krumeneigenschaft ist die Elastizität, wie von O. Doose (1949) hervorgehoben wird. Unelastische Krumen neigen zum Ballen beim Kauen. Die Elastizitätseigenschaften sind von der Mehlqualität und dem Backprozeß abhängig. Auswuchsmehle und ein schwaches Ausbacken führen zu unelastischen Krumen. Weizenbrotkrumen sind von wolliger und zarterer Beschaffenheit als Roggenbrotkrumen, die wesentlich straffer erscheinen. Die Beschaffenheit der Roggenbrotkrume hängt im starken Maße von der Versäuerung des Mehles ab. Die Elastizitätseigenschaften sind, wie G. HAMPEL (1957) beschreibt, meßbar, werden im übrigen aber bei der üblichen Brotbeurteilung mittels Daumendruck ermittelt. Hierbei muß die Daumeneindruckstelle bei guter Elastizität die alte Zustandsform beim Nachlassen des Druckes erreichen.

3. Brotfehler

Brotfehler treten sehr häufig und in vielfältiger Art auf. Im Rahmen eines Brotbeurteilungsschemas wurde von P. PELSHENKE u. A. SCHULZ (1956) eine Brotfehlertabelle entwickelt. Danach können die Brotfehler folgendermaßen unterteilt werden:

1. äußerlich auftretende Brotfehler,
2. Krustenfehler,
3. Krumenfehler,
4. Geschmacksfehler,
5. Fehler hinsichtlich der Schnittfestigkeit bei Ganzbrot.

Es ist nicht möglich, hier auf die Brotfehler im einzelnen einzugehen. Es sei daher auf entsprechende Nachschlagewerke (H. STEPHAN 1963 und K. FUCHS 1963) hingewiesen. Die häufigsten Fehlermöglichkeiten bei Brot sollen aber im folgenden kurz gestreift werden.

So ist es teilweise schwierig, Formfehler, wie die zu runde oder die zu flache Form, zu vermeiden, da diese in überwiegendem Maße von der richtigen Beurteilung der Stückgare abhängen. Es werden daher immer wieder gärstabile Mehle gefordert, wodurch derartige Mängel leichter umgangen werden können.

Die Krustenausbildung läßt Rückschlüsse auf die Ausrichtung des Backprozesses zu. So haben Brotuntersuchungen die Vermutung aufkommen lassen, daß in Deutschland die Brote zu schwach ausgebacken werden. Eine zu schwache Bräunung und die damit im Zusammenhang stehende zu schwache Kruste konnte vor allen Dingen beim Roggenbrot festgestellt werden. Mit zunehmendem Weizenanteil im Brot wird vielfach eine ungleichmäßige Krustenbildung beobachtet. Dagegen wurden Süßblasen in auffallendem Maße nur beim Weizenmischbrot und beim Weizenbrot festgestellt. Süßblasen entstehen häufig bei zu junger Führung. Auch abgefressener Sauerteig führt häufig zu diesem Fehler. In solchen Fällen muß die Gärleistung durch wärmeren Zuguß erhöht werden. Knappe Garen sind möglichst zu vermeiden. Infolge zu starken Abbaues der Mehlsubstanz entstehen leicht Hohlräume in der Krume, vor allem unter der Kruste. Bei zu weicher Teigführung bilden sich leicht Hohlräume, da der Teig den Gärgasen gegenüber nur geringen Widerstand leistet und nebeneinander liegende Poren sich leicht zu großen Hohlräumen vereinigen können. Auch zu hohe Ofentemperaturen tragen leicht zu diesem Brotfehler bei.

Der am häufigsten auftretende Krumenfehler konnte in der ungleichmäßigen Porung ermittelt werden. Es handelt sich hierbei um keinen schwerwiegenden Fehler, vielmehr besagt die Häufigkeit, daß es sehr schwierig ist, eine völlige Gleichmäßigkeit des Krumenbildes zu erreichen. In diesem Zusammenhang ist weiterhin aber auch zu berücksichtigen, daß beim Landbrot vielfach die ungleichmäßige, grobe Porung angestrebt wird. Auch eine zu dichte Krume wird vielfach vom Verbraucher beanstandet. Dieser Fehler hängt in den meisten Fällen mit einer zu festen Teigführung zusammen. Bei Schrotbroten ist die zu dichte Krume auch vielfach ein Zeichen zu geringerer Lockerung. Man kann bei dieser Brotsorte die Lockerungsfähigkeit der Teige durch weichere Teigführung und ausreichenden Trieb fördern.

Wenn bei gesäuerten Broten Schwächen in der Krumenelastizität beobachtet werden, dann braucht das nicht an einem zu schwachen Ausbacken, sondern kann vielmehr an unzulänglicher Sauerführung liegen. Bei Weißbrot ist geschwächte Elastizität der Krume bei direkter Führungsweise stärker als bei Vorteigführungen zu beobachten. Klitschige Krumen konnten in den letzten Jahren nur in geringem Maße bei Vollkornbrot ermittelt werden. Hierbei ist zu beachten, daß in diesem Falle häufig zu hohe Backtemperaturen bei zu kurzer Backzeit die Fehlerursache sind.

Ein typischer Krumenfehler ist die ungleichmäßige Krumenfarbe. Auffällig ist, daß dieser Fehler mit ansteigendem Weizenanteil bei den Mischbroten zunimmt. Es ist bekannt, daß kleberstarke und hoch ausgemahlene Weizenmehle diesen Fehler verursachen, wenn zu reife Teige, vor allen Dingen Vorteige, verarbeitet werden.

Auch Mehlklumpen sind hin und wieder in der Brotkrume enthalten. Dieser Fehler kann an sich nicht vorkommen, wenn grundsätzlich in der Bäckerei die zu verarbeitenden Mehle gesiebt werden. In diesem Zusammenhang sei darauf hingewiesen, daß das Sieben des Mehles auch aus hygienischen Gründen unbedingt erforderlich ist. Darüber hinaus kann eine ungenügende Knetzeit bei zu geringem Trieb des Teiges die Bildung von Mehlklumpen verursachen.

Nach einer neueren Untersuchung weisen in Deutschland über 50 % der Brote Geschmacksfehler auf. In diesem Zusammenhang sei darauf hingewiesen, daß in immer stärkerem Maße mildgesäuerte Brote verlangt werden. Bei zu starker Erniedrigung des Essigsäureanteiles leidet aber das Brotaroma und damit der Geschmack. Die Sauerstufen vor dem Teig dürfen nicht zu weich und zu warm gehalten werden, auch sind bei den Mischbroten nicht zu geringe Saueranteile zu verwenden. Das Einhalten kurzer Teigruhen bis zu 20 min ist in diesen Fällen zu empfehlen. Ein zu saurer Geschmack trat in stärkerem Maße nur beim Schrotbrot auf, so daß bei den Mischbroten zweifelsohne mit kräftigerer Säuerung die erwähnten Fehler abgestellt werden können.

Auch die Schnittfestigkeit des Brotes läßt vielfach zu wünschen übrig. Am stärksten trat hierbei das Trockenkrümeln hervor. Dieser Fehler wurde besonders bei Vollkornbrot und den Spezialbroten angetroffen. Das Feuchtkrümeln trat eigenartigerweise nur beim Roggenschrotbrot in stärkerem Maße auf. Das Trockenkrümeln muß in erster Linie auf eine zu feste Teigführung zurückgeführt werden, während die Ursache des Feuchtkrümelns im ungenügenden Ausbacken zu finden ist.

X. Anreicherung von Vitaminen und Mineralstoffen

Die Frage der Vitaminierung von Brot ist durch den verhältnismäßig hohen Verlust an Vitaminen der B-Gruppe bei der Ausmahlung und beim Backprozeß aufgeworfen worden. Helle Weizenmehle enthalten, nach A. Menger (1952), teilweise nur noch $1/_{10}$ des ursprünglich im Korn befindlichen Vitaminanteiles. Das Problem der Mehlanreicherung durch synthetisch hergestellte Vitamine ist in den USA dadurch gelöst, daß man zu den niedrig ausgemahlenen Mehlen mindestens — auf 100 g Mehl berechnet — 0,44 mg Thiamin, 3,60 mg Nicotinsäure und darüber hinaus auch 2,90 mg Eisen zusetzt. In Deutschland wird die Anreicherung des Mehles mit synthetisch hergestellten Vitaminen nicht durchgeführt. Man versucht hier vielmehr durch natürliche Maßnahmen den Vitamingehalt des Brotes zu steigern. Im übrigen ist bei dem bevorzugten Verzehr von dunkleren Broten in Deutschland die Situation anders als in USA.

Um die vitaminreicheren Schichten des Kornes (Scutellum) für die helleren Mehle besser auszunutzen, sind von G. Brückner (1955) Vorschläge zur entsprechenden Einstellung des Mühlendiagrammes gemacht worden. Darüber hinaus versucht man, durch Zusatz von Hefe, Milcherzeugnissen und Getreidekeimen zum Teig eine natürliche Vitaminanreicherung durchzuführen. Schließlich berichten M. Rohrlich u. V. Hopp (1961) über ein Verfahren, durch eine hydrothermisch bewirkte Diffusion die Vitamine aus den Randpartien des Kornes in das Korninnere zu überführen.

Durch dieses bei Reis als „parboiling" bekannte Verfahren wird auch eine bessere Verteilung der Mineralstoffe erreicht. Da bei der Wärmebehandlung des Kornes jedoch eine Schädigung der Backfähigkeit eintritt, hat dieser Vorschlag nur theoretischen Wert. Die Mineralstoffanreicherung des Brotes war ursprünglich nur auf eine ausreichende Kalkversorgung abgestellt, später wurden auch eisenhaltige Präparate dem Mehl zugesetzt (vgl. auch S. 96). Als natürliche Mineralstoffspender kommen nur Milcherzeugnisse in Frage.

In diesem Zusammenhang sind auch die Bemühungen, das Brot mit Spurenelementen anzureichern, zu erwähnen. Es sei nur auf die Empfehlung, Meersalz bei der Brotherstellung zu verwenden, hingewiesen. Von K. Lang (1952) wird aber eine gewisse Gefahr bei Zusätzen an spurenelementreichen Präparaten gesehen, da auch für den menschlichen Organismus schädliche Bestandteile enthalten sein können.

Bibliographie

Bergey, D.: Manual of determinative bacteriology. 6. Aufl. Baltimore: The Williams and Wilkins Company 1948.

Doose, O.: Pumpernickel und seine neuzeitliche Herstellung. Alfeld: Gilde-Verlag 1948.

Fuchs, K.: Brotfehler. Leipzig: VEB Fachbuch-Verlag 1963.

Geddes, W.F.: Study on the physical and chemical changes occurring in bread during storage. Project Report. Committee on Food Research, Office of the Quartermaster General. Project BS-3, Report 2 and 3 (Nov. 1945 to April 1946).

Johnson, J.: Starch modification during bread baking. Vortrag: American Society of Bakery Engineers. Annual Meeting 1953.

Katz, J.R.: Gelatinization and retrogradation of starch in relation to the problem of bread staling. In: A comprehensive survey of starch chemistry. Hrsg. von R.P. Walton. New York 1928.

Knudsen, S.: Über die Milchsäurebakterien des Sauerteiges. Kgl. Veteriner- og Landbrohojskole Aarskr. 1924.

Lang, K.: Die Ernährung. Physiologie, Pathologie, Therapie. Berlin-Göttingen-Heidelberg: Springer 1952.

Lemmerzahl, J.: Roggenbrotfehler. Berlin: Neuer Bäcker-Verlag 1948.

Neumann, M.P., u. P.F. Pelshenke: Brotgetreide und Brot. Berlin u. Hamburg: P. Parey 1954.

Neumann, W.: Die Frischhaltung von Backwaren durch Kälteanwendung. Karlsruhe: C.F. Müller 1958.

Pelshenke, P.: Fortschrittliche Bäckerei. Berlin: Bäcker-Verlag 1941.

Pelshenke, P.F.: Handbuch der neuzeitlichen Bäckerei. Stuttgart: Hugo Matthaes 1950.

Rotsch, A., u. A. Schulz: Taschenbuch für die Bäckerei und Dauerbackwaren-Herstellung. Stuttgart: Wissenschaftl. Verlagsgesellschaft 1958.

Schoch, T.J., and D. French: Fundamental studies on starch retrogradation. Project Report. Committee on Food Research, Office of the Quartermaster General. Project BS-1, Report 1—5, 1945.

Schrempf, F.: Die Laugenbrezel. Stuttgart: Hugo Matthaes 1952.

Schulz, A.: Biologische Sauerteigstudien. Stuttgart: Hugo Matthaes 1948.

Sonnen, P.: Die Weißbrot-Bäckerei. Stuttgart: Hugo Matthaes 1949.

Stephan, H.: Brotfehler. München: Institut für Film und Bild 1963.

Zeitschriftenliteratur

AUERMANN, L.J.: Über die Bedeutung der Eiweißstoffe beim Altbackenwerden des Brotes. Brot und Gebäck **11**, 177—181 (1957).

BAKER, J.C., H.K. PARKER and M.D. MIZE: The pentosane of wheat flour. Cereal Chem. **20**, 267—280 (1943).

BECCARD, E.: Beiträge zur Kenntnis der Sauerteiggärung. Zbl. Bakt. II, **54**, 465—471 (1921).

BERGNER, K.G.: Über den Mehlgehalt des Brotes und seine Bestimmung. Getreide, Mehl, Brot **1**, 50—52 (1947).

BERLINER, E., u. R. RÜTER: Über den Roggenschleim. Z. ges. Mühlenwesen **7**, 52—57 (1930).

BLINC, M.: Einige Beobachtungen über die Einwirkung von Beta-Amylase auf das Altbackenwerden von Brot. Brot u. Gebäck **10**, 249—252 (1956).

BONGARTZ, E.: Praktische Erfahrungen mit einem Backofen-Typ. Brot u. Gebäck **7**, 185—188 (1953).

BRABENDER, C.W., u. B. PAGENSTEDT: Auswertung der Forschungsergebnisse der physikalischen Mehlprüfung. Industriebackmeister **5**, 7—10 (1957).

BRÜCKNER, G.: Über den Einfluß der Vermahlung auf den Vitamin B_1-Gehalt. Mühle **92**, 303—304 (1955).

DÖRNER, H.: Über die Bedeutung der Schleimstoffe. Getreide, Mehl, Brot **4**, 170—172 (1950).

— Über die Entwicklung des Mehl- und Brotverbrauches in den letzten Jahren. Brot u. Gebäck **10**, 8—11 (1956).

DOOSE, O.: Feuchte Brotkrume — ein Brotfehler der Gegenwart. Bäcker-Ztg. **4**, 3 (1949).

DREWS, E.: Veränderungen des Feuchtigkeitsgehaltes in einzelnen Bereichen der Brotkrume. Brot u. Gebäck **16**, 221—229 (1962).

—, H. BOLLING u. G. SPICHER: Die Säuregradbestimmung im wäßrigen Milieu. Brot u. Gebäck **16**, 144—153 (1962).

FAVOR, H.H., and N.F. JOHNSTON: The effect of polyoxyethylenestearate on the crumb softness of bread. Cereal Chem. **24**, 346—355 (1947).

— — Additional data on effect of polyoxyethylenestearate on the crumb softness of bread. Cereal Chem. **25**, 424—425 (1948).

GEDDES, W.F., and C.W. BICE: The role of starch in bread staling. Quartermaster Corps Report QMC 17-10. War Department, Office of the Quartermaster General, Washington DC 1946.

GÖTTSCHE, E.A.: Eine Spezialität unter den Kleingebäcken. Brot u. Gebäck **9**, 89—90 (1955).

— Tiefkühlprobleme bei Kleingebäck. Brot u. Gebäck **12**, 230—233 (1958).

HAMPEL, G.: Bestimmung der Krumencharakteristik mit Hilfe des Panimeters. Brot u. Gebäck **11**, 45—49 (1957).

HARRIS, R.H., and L.D. SIBITT: The comparative baking qualities of starches prepared from different wheat varieties. Cereal Chem. **18**, 585—604 (1941).

— — and O.I. BANASIK: Effect of potato flour on bread quality and changes with age. Cereal Chem. **29**, 123—131 (1952).

HINTZER, H.M.R.: Das Altbackenwerden von Brot. Getreide u. Mehl **2**, 67—71 (1952).

HOFMANN, W., u. U. HANKE: Die Messung des Triebes in Teigen. Mühlenlabor **8**, 57—60 (1938).

JOHNSON, J.A., and B.W. MILLER: Studies on the role of alpha-amylase and proteinase in breadmaking. Cereal Chem. **26**, 371—383 (1949).

JUBITZ, W.: Erfahrungen über das Backen mit Infrarot. Wissenschaftl. Z. d. Karl-Marx-Universität Leipzig **6**, 1—4 (1956).

KATZ, J.R.: Die Ursachen des Altbackenwerdens von Brot. Chem. Weekbl. **9**, 1023—1058 (1912) [holländisch].

— Frischhaltung von Brot. Chem. Weekbl. **18**, 317—339 (1921) [holländisch].

— Abhandlungen zur physikalischen Chemie der Stärke und der Brotbereitung. Z. physik. Chem. A **169**, 321—338 (1934).

— The influence of heat on the staling of bread crumb. Baker's Weekly **87**, 36 (1935).

LEMMERZAHL, J.: Grundsätzliche Fragen der Sauerteiggärung. Mehl u. Brot **38**, 273, 309, 325, 342 (1939).

—, u. L. WASSERMANN: Roggenauswuchsmehl und Säure. Brot u. Gebäck **15**, 166—168 (1961).

MELNIKOW, N.J., u. E.G. PAWLOWSKAJA: Die Abhängigkeit der Backfähigkeit des Mehles von den Kohlenhydraten in Weizensorten. Selekt. u. Samenzucht **10**, 33—36 (1950) [russisch], MENGER, A.: Fragen der Vitaminisierung von Mehl und Brot. Mühle **89**, 448—449 (1952).

—, u. H. STEPHAN: Untersuchungen über die Herstellung des Keimbrotes. Brot u. Gebäck **7**, 191—195 (1953).

MOLLENHAUER, H.P.: Kontinuierliche Teig- und Brotherstellung. Brotindustr. **6**, 178—185, 407—414 (1963).

PELSHENKE, P., u. A. ROTSCH: Über die neue Kalkbeimischung bei Mehl und Brot. Getreide, Mehl u. Brot **1**, 1—4 (1947).

PELSHENKE, P., u. A. SCHULZ: Untersuchungen über Sauerteighefe. Vorratspfl. u. Lebensmittelforsch. **5**, 154—163 (1942).

PELSHENKE, P.F., u. G. HAMPEL: Über das Altbackenwerden von Brot und Gebäck. Brot u. Gebäck **15**, 180—186 (1961).

—, u. A. SCHULZ: Vitamin B$_1$-Untersuchungen an Brotgetreide, Mehl und Brot. Brot u. Gebäck **5**, 185—187 (1951).

— — Ein Beitrag zur Frage der Brotbeurteilung. Brot u. Gebäck **10**, 72—76 (1956).

— — u. H. STEPHAN: Methodische Untersuchungen bei Backprüfungen von kleberstarken Weizen. Brot u. Gebäck **17**, 160—167 (1963).

ROHRLICH, M.: Phytin als Pufferungssubstanz im Sauerteig. Brot u. Gebäck **14**, 127—130 (1960).

—, u. V. HOPP: Über das Eintreten einer Diffusion der Vitamine und Mineralstoffe im Getreidekorn. Getreide u. Mehl **11**, 93—96 (1961).

—, A. SCHULZ u. H. STEPHAN: Untersuchungen über die puffernde Wirkung von Phytin. Brot u. Gebäck **15**, 85—88 (1961).

—, u. H. STEGEMANN: Über Vermehrung der Sauerteigorganismen und die Säurebildung. Brot u. Gebäck **12**, 41—56 (1958).

ROTSCH, A.: Untersuchungen über Roggengummi. Mühlenlabor **11**, 1—8 (1941).

— Die backtechnische Rolle der Kohlenhydrate in Teig und Brot. Dtsch. Lebensmittel-Rdsch. **6**, 134—139 (1958).

—, u. H. DÖRNER: Neue experimentelle Erkenntnisse über das Backaroma. Brot u. Gebäck **11**, 173—177 (1957).

SANDSTEDT, R.M., C.E. JOLITZ and M.J. BLISH: Starch in relation to some baking proporties of flour. Cereal Chem. **16**, 780—792 (1939).

SCHLÜTER, TH.: Verfahren zur Herstellung von Brot. Mühle **44**, 23, 443 (1907).

SCHOCH, T.J., and D. FRENCH: Studies on bread staling. I. The role of starch. Cereal Chem. **24**, 231—249 (1947).

SCHULZ, A.: Die Bakterienflora des Vollkornbrot-Sauerteiges. Vorratspfl. u. Lebensmittelforsch. **4**, 74—100 (1941).

— Die neuesten Erkenntnisse wissenschaftlicher Forschungsarbeiten auf dem Gebiet der Sauerteigbakteriologie. Z. Getreidewes. **29**, 42—44 (1942).

— Untersuchungen über die Hefeflora des Sauerteiges. Z. Getreidewes. **31**, 51—55 (1944).

— Neuere Untersuchungen über die Weizenteig-Führung. Brot u. Gebäck **8**, 93—96 (1954).

— Untersuchungen über die zweckmäßige Brotverpackung. Brotindustr. **1**, 62—64 (1958).

— Untersuchungen über die antibiotische Wirkung von Propionsäure-Bakterien. Brot u. Gebäck **13**, 141—144 (1959).

— Die Beeinflussung stärkeabbauender Enzyme durch Chlorid-Einwirkung. Brot u. Gebäck **16**, 141—143 (1962a).

— Die Erfassung der Säuerung von Sauerteigen mittels Säuregrad-Bestimmung und pH-Wert-Messung. Industriebackmeister **10**, 5—6 (1962b).

—, u. H. STEPHAN: Über die Weizenschrotbrot-Herstellung. Bäcker-Ztg. **8**, 7—8 (1954).

— — Der Einfluß von Backzeit und Backtemperatur auf die Brotqualität. Brot u. Gebäck **9**, 186—189 (1955a).

— — Untersuchungen über die Verwendung von Trockenmilch in der Bäckerei. Brot u. Gebäck **9**, 77—81 (1955b).

— Untersuchungen über die kontinuierliche Sauerteigführung. Brot u. Gebäck **12**, 22—27 (1958).

— — Untersuchungen über eine zweckmäßige Verarbeitung auswuchsgeschädigter Roggenmehle. Brot u. Gebäck **14**, 240—245 (1960).

— — Ein Beitrag zur Verarbeitung auswuchsgeschädigter Roggenmehle. Brot u. Gebäck **15**, 162—165 (1961a).

— — Hinweise zur Verarbeitung auswuchsgeschädigter Weizenmehle. Brot u. Gebäck **15**, 64—68 (1961b).

— — Untersuchungen über die Möglichkeiten zur Verbesserung der Qualität und des Geschmackes von Weizen- und Weizenmischbroten. Brot u. Gebäck **16**, 203—209 (1962).

SPICHER, G.: Die Erreger der Sauerteiggärung. Brot u. Gebäck **12**, 56—63 (1958).

— Neuere Erkenntnisse auf dem Gebiet der Sauerteigflora. Brot u. Gebäck **13**, 32—38 (1959a).

— Die Erreger der Sauerteiggärung. Brot u. Gebäck **13**, 125—132 (1959b).

— Die Erreger der Sauerteiggärung. Brot u. Gebäck **14**, 27—34 (1960).

—, u. H. STEPHAN: Die Erreger der Sauerteiggärung. Brot u. Gebäck **14**, 47—52 (1960).

STEINMETZ, ST.: Das Naßschälverfahren. Z. Getreidewes. **108**, 117—119 (1918).

STEPHAN, H.: Zweckmäßige Teigführung bei Kleingebäck. Brot u. Gebäck **5**, 100—102 (1951a).

— Die Kaisersemmel. Brot u. Gebäck **5**, 69—71 (1951b).

— Welche Kleingebäcksorten sind gegenwärtig empfehlenswert? Brot u. Gebäck **5**, 139—141 (1951c).

Stephan, H.: Welche Kleingebäcksorten sind gegenwärtig empfehlenswert ? Brot u. Gebäck **6**, 6—8 (1952).
— Teigtemperaturen. Bäcker-Ztg. **7**, 15—16 (1953).
— Zweistufen-Sauer. Weckruf **43**, 703—705 (1956).
— Richtlinien für eine einstufige Sauerteig-Führung. Bäcker-Ztg. **12**, 7—9 (1958).
— Maserung des Landbrotes. Brot u. Gebäck **13**, 112—113 (1959).
— Frischhaltung des Mischbrotes in Abhängigkeit von der Lagerungstemperatur. Brot u. Gebäck **15**, 38—40 (1961a).
— Einfluß der Lagerungsbedingungen auf die Schnittfähigkeit gelagerter Roggenmischbrote. Brot u. Gebäck **15**, 227—231 (1961b).
— Das Roggenbrötchen. Brot u. Gebäck **16**, 39—40 (1962).
—, u. E. A. Göttsche: Brot unter Zusatz von Buttermilch. Brot u. Gebäck **9**, 204—206 (1955).
Stockar, W. von: Der Ursprung unseres Hausbrotes. Brot u. Gebäck **10**, 11—13 (1956).
Szöke, S., u. P. Kekedyn: Haltbares Brot. Elelmezési Ipar **8**, 295—300 (1954) [ungarisch]; ref. Z. Lebensmittel-Untersuch. u. -Forsch. **103**, 244 (1956).
Tres: Verfahrensverbesserung der Backfähigkeit von Mehlen aller Art; zit. nach Z. Getreidewes. **20**, 306 (1933).
Wirths, W.: Konsumgewohnheiten in städtischen und bäuerlichen Haushalten. Brot u. Gebäck **16**, 121—124 (1962).
Wutzel, H.: Gärtechnische Fragen bei der Brot-Herstellung. Brot u. Gebäck **8**, 198—202 (1954).

Patente

Mautner: Wien, D.B.P. 933441 (ausg. 1951a).
— Wien, Öst.P. 170625 (ausg. 1951b).
Tres: D.R.P. 614709, Kl. 53c, Gruppe 602 (ausg. 1935).

B. Backwaren

Von

Dr. **A. Rotsch**, Detmold

I. Frischbackwaren (Kuchen, Feingebäck)

Backwaren können eine sehr unterschiedliche Zusammensetzung aufweisen. Soweit sie nicht wie z. B. Brötchen, Semmeln, Knüppel und ähnliche Kleingebäcke zum Weizenbrot zu rechnen sind, sind sie als *Feinbackwaren* durch einen mehr oder weniger hohen Gehalt an nicht mehlartigen Backzutaten, wie z. B. Zucker, Honig, Fett, Eiern, Milchprodukten, Obsterzeugnissen, Früchten, Mandeln, Nüssen, Schokolade bzw. Kakao, Gewürzen, Aromastoffen gekennzeichnet. Ihre Struktur ist teils durch die Art und Menge der verwendeten Rohstoffe, teils durch die Art der Teigbereitung, Lockerung, Teigformung und Backweise, nicht zuletzt auch durch die Herrichtung nach dem Backen (Füllen, Glasieren, Überziehen, Bestreuen mit Zucker, Mandeln oder Nüssen bzw. Garnieren) so verschieden, daß die Vielfalt dieser Bäckerei- und Konditoreierzeugnisse kaum zu überblicken ist. Ihre systematische Einordnung in bestimmte Gruppen stößt wegen zahlreicher Überschneidungen auf große Schwierigkeiten und ist in voll befriedigender Weise noch nicht gelungen. Auch die Grenze zwischen *Frisch- und Dauerbackwaren* ist fließend. Christstollen und Panettoni z. B. gelten nicht als Dauerbackwaren, obwohl sie in der Regel eine mehrmonatige Lagerung ohne Minderung des Genußwertes aushalten.

Durch Fortschritte der Herstellungstechnik und Verpackung können kuchenartige, früher nur zum Frischverzehr bestimmte Gebäcke (Sandkuchen, Biscuitböden, Stollen) heute über mehrere Wochen ihren Frischezustand bewahren. Durch Tiefgefrieren lassen sich viele sonst rasch alternde Backwaren über viele Tage und Wochen frischhalten. Die moderne Herstellungstechnik hat schließlich dazu geführt, daß heute die als Dauerbackwaren im engeren Sinn anzusprechenden Backerzeugnisse vorwiegend in industriellen Betrieben der Süßwarenwirtschaft, die eigentlichen Feinbackwaren für den sofortigen Verzehr dagegen mehr in Bäckereien, Konditoreien und Brotfabriken hergestellt werden.

Zum Unterschied vom brotartigen Kleingebäck können Feinbackwaren auf verschiedene Art gelockert werden, z. B. auf *mechanische* Weise durch Einschlagen von Luft in Form eines Schaumes aus Hühnereiweiß oder frischem Vollei (Biscuitmassen), ferner durch *Wasserdampf*, der sich beim Backen aus der Teigfeuchtigkeit bildet und durch Fettschichten (Blätterteig, Plunder) zurückgehalten wird, wobei das Teigstück hochgetrieben wird; bei nicht zu hohem Fettgehalt kann die Lockerung durch *Hefe*, in einigen seltenen Fällen teilweise auch mit Hilfe von *Sauerteig* (z. B. bei manchen dicken Lebkuchen, Panettoni) erfolgen; häufiger aber wird hierzu *Backpulver* benutzt. Andere chemische Triebmittel wie *Ammoniumhydrogencarbonat, Natriumhydrogencarbonat* (allein) und *Pottasche* werden nur in flachen, trockenen Gebäcken, z. B. in manchen Dauerbackwaren, eingesetzt.

Die Lockerung von Feingebäckteigen durch Hefegärung ist oft erschwert durch den hohen Fett- und Zuckergehalt, der die Gärtätigkeit hemmt. Man trägt diesem Umstand durch besondere Maßnahmen (erhöhte Hefemengen, Vorteigführung, längere Stückgare) Rechnung. Mitunter werden auch Kombinationen

mehrerer Lockerungsarten, z. B. chemische bzw. auch biologische und mechanische Teiglockerung oder Hefe- und Wasserdampflockerung (Plunder) erfolgreich angewendet und führen dann zu besonderen charakteristischen Gebäck-
strukturen.

Diese werden außerdem durch die Art der Teigbereitung und -bearbeitung
(Kneten, Schlagen, Rühren, Abrösten bzw. Ziehen, Wickeln, Drücken, Flechten)
oder durch die Art des Backens bedingt, das außer in verschiedenen Öfen auch in
sonst sehr unterschiedlicher Weise — freigeschoben, angeschoben oder in Formen —
auch in heißem Fett (Berliner Pfannkuchen, Krapfen, Doughnuts) erfolgen oder
auf rotierenden Walzen (Baumkuchen) oder zwischen heißen Platten sog. Zangen
(Waffeln), vorgenommen werden kann. Dadurch entstehen zahlreiche Gebäck-
arten mit vielerlei von Ort zu Ort wechselnden Bezeichnungen, die außer im Aussehen auch im Geschmack meistens besondere charakteristische Merkmale aufweisen.

1. Zusammensetzung, Begriffsbestimmungen, Herstellung

a) Hefeteig-Feinbackwaren

Man unterscheidet: einfache (Kuchenbrot, Blechkuchen, Zwieback, Kaffee-
gebäck), gezogene (Plunder), gerührte (Napfkuchen, Panettoni), in Fett gebackene (Berliner Pfannkuchen, Krapfen) und schwere (Stollen, Klaben) Hefefein-
backwaren.

Die Herstellung von Hefefeingebäcken erfolgt im wesentlichen nach den
gleichen Grundsätzen, die in der Brotbäckerei gelten, doch ergeben sich gewisse
Besonderheiten durch das Hinzutreten der verschiedenen Backzutaten wie Fett,
Zucker, Eier, Früchte und durch die mannigfache Art der Teigzubereitung und
-formung.

So wird z. B. *Plunder* aus einem festen Hefeteig durch Ausrollen zu einem großen Rechteck hergestellt, in das eine aus Butter oder Ziehmargarine, die mit etwas Mehl angewirkt
wurde, bereitete halb so große Platte eingeschlagen wird. Dieses Teigstück wird bis zur annähernd ursprünglichen Größe ausgerollt, zusammengeklappt und abermals ausgerollt.
Nach einer Teigruhe, während der der Teig kühl gestellt wird, erfolgt das als „Ziehen" bezeichnete Übereinanderlegen und Wiederausrollen abermals. Auf diese Weise erhält der Teig
eine Struktur, bei der Teig- und Fettschichten abwechseln. Zu dem durch die Hefegärung
gebildeten Kohlendioxid tritt noch die lockernde Wirkung des in der Backhitze entstehenden
Wasser- und Alkoholdampfes hinzu, der durch die Fettschichten am schnellen Entweichen
gehindert wird und dem Teig das charakteristische zartblättrige Gefüge erteilt.

Beim gerührten Hefeteig wird der Hefeteig mit einer aus Butter (oder anderem Fett),
Zucker und Eiern bereiteten Rührmasse vermengt und in einer gefetteten Form (als Napfkuchen) gebacken.

Hefeteig für Berliner Pfannkuchen und ähnliche Fettgebäcke soll viel Eier enthalten,
während der Fettgehalt niedrig sein kann, da das Gebäck beim Backen noch Fett aufnimmt.
Der Teig ist sehr weich und wird vor der Aufarbeitung tüchtig geschlagen, dann wiederholt
kräftig durchgestoßen. Er wird dadurch trocken, wollig und luftig.

Der *schwerste*, d. h. fettreichste Hefeteig ist der *Stollenteig*. Er enthält bis zu 50% Fett
(bezogen auf den Mehlanteil), verhältnismäßig wenig Zucker (15—20%) und keine Eier,
dagegen reichlich Früchte (Rosinen, Mandeln, Citronat, Orangeat) und verschiedene Gewürze.

b) Blätterteig

Er wird zum Unterschied vom Plunderteig ausschließlich durch eingezogene
Butter oder Ziehmargarine gelockert. Er besteht nur aus Mehl, Wasser, Fett,
Eigelb und Salz, enthält keinen Zucker und keine Lockerungsmittel. Die Süße
wird durch Glasuren, Frucht- oder Marmeladenauflagen oder durch süße Füllungen
bewirkt; zum Teil kommen auch andere Geschmacksrichtungen vor, wie z. B.
bei Käsegebäck, Fleisch- und Fischpasteten.

Man kennt drei verschiedene Arten der Herstellung:

das deutsche Verfahren, bei dem die Butter bzw. Ziehmargarine in den Teig eingeschlagen, dieser dann in mehreren „Touren" ausgerollt wird.

das französische Verfahren, bei dem der Teig in die Butter bzw. Ziehmargarine eingeschlagen und dann ebenfalls in mehreren „Touren" ausgerollt wird.

das holländische Verfahren, bei dem das Fett in kleine Stücke geschnitten und mit dem Mehl zu einem lockeren Teig vermischt wird, der dann in mehreren „Touren" gezogen wird.

Aus Blätterteig werden Schweineohren, Taschen, Schnitten, Schillerlocken, ferner Pasteten hergestellt.

c) Mürbteig

Mürbteig besteht hauptsächlich aus Zucker, Fett und Mehl, deren Mengen nach dem Standardrezept im Verhältnis 1:2:3 zueinander stehen. Oft sind daneben noch Eigelb, Mandeln, Nüsse, Kuchenbrösel, Milchpulver, Kakao, auch Malz, mitunter auch etwas Backpulver enthalten, während feine Mürbteige ohne Triebmittel hergestellt sind. Mürbteig wird zu Teegebäck und zu Böden, Decken und Gittern für Obsttorten bzw. -kuchen verarbeitet.

Auch die sog. „Amerikaner' werden aus einem Mürbteig, der allerdings verhältnismäßig wenig Fett und Ei enthält, hergestellt. Die bei ihnen früher allgemein übliche Lockerung mit Ammoniumhydrogencarbonat wurde in manchen Bundesländern für nicht mehr zulässig erklärt, da es bei diesen Gebäcken strittig war, ob sie als trockene Flachgebäcke im Sinne der allgemeinen Fremdstoff-Verordnung anzusehen sind. Eine in Vorbereitung befindliche Änderung der Fremdstoff-Verordnung wird die Verwendung von Ammoniumhydrogencarbonat bei diesem Gebäck wieder gestatten, allerdings eine Höchstgrenze für den Gehalt an Restammoniak festsetzen.

d) Brüh- und Brandmasse

Sie besteht aus Fett, Milch, Mehl und Eiern, enthält kein Lockerungsmittel und wird durch „Abrösten", das ist Verrühren von Fett, Mehl und Wasser bzw. Milch unter Erhitzen bis zum Ballen der Masse, und allmähliches Vermischen mit den Eiern während des Abkühlens hergestellt. Die fertige Brandmasse wird zu Windbeuteln, Ringen, Eclairs u. a. Backwaren, die erst durch die Cremefüllung oder einen Überzug ihren Süßgeschmack erhalten, verarbeitet. Auch Spritzkuchen werden aus Brandmasse hergestellt, jedoch ähnlich wie Berliner Pfannkuchen in siedendem Fett gebacken.

e) Volleimassen

Sie werden auf mechanische Weise durch Schlagen oder Rühren gelockert. Man unterscheidet:

α) Biskuitmassen

Sie enthalten relativ hohe Eimengen, Zucker und Mehl bzw. auch Stärkepuder. Sie werden durch kaltes oder auch warmes Schlagen der Eier mit dem Zucker und Unterrühren des Mehles bzw. Stärkepuders hergestellt. Man verarbeitet sie zu Löffelbiskuits, Plätzchen und Mohrenköpfen.

β) Wiener Massen

Sie unterscheidet sich von der Biskuitmasse durch den Zusatz von Butter oder Margarine, die in flüssigem Zustand am Ende des Mischvorganges „untergezogen" wird. Man stellt daraus Tortenböden und Kapseln (flache, rechteckige Böden, aus denen Teile für Dessertstücke geschnitten werden) her.

γ) Sandmassen

Sie werden mit hohem Fettanteil nach verschiedenen Rührverfahren hergestellt. Sie erhalten häufig zur Verstärkung der Lockerung kleine Backpulverzusätze. Man bereitet aus ihnen Sandkuchen oder Sandtorten durch Backen in kranzförmigen oder länglich-rechteckigen Backformen. Die sandig-mürbe Struktur

wird dadurch bedingt, daß durch den hohen Ei- und z. T. auch Fettgehalt bei
niedriger Wasserzugabe die vollständige Verkleisterung der Stärke verhindert
wird.

δ) Baumkuchenmasse

ist eine Volleimasse mit viel Butter, die ähnlich wie eine Biskuitmasse an-
geschlagen wird, dann einen hohen Zusatz schaumig gerührter Butter erhält und
vor dem Backen mit Sahne verdünnt wird. Sie wird auf einer rotierenden gas-
beheizten, mit Papier umhüllten, konischen Hartholz- oder Blechwalze zu dem als
Zierde von Festtafeln beliebten Baumkuchen durch wiederholtes Aufgießen gebacken.

f) Eiweißmassen

Sie bestehen entweder nur aus geschlagenem Eiweiß und Zucker (für Baisers,
Merinken oder Schaummasse für Gitter und Decken von Obsttorten) oder daneben noch aus darunter gezogenem Mehl (Russisch Brot, Patience) oder auch aus
feingeriebenen Mandeln bzw. Marzipan, Milch und etwas Mehl (Hippenmasse).

g) Creme, Gelee und Füllmassen

Wichtige Bestandteile vieler Frischbackwaren bilden Creme, Gelee und
Füllmassen. Die wichtigsten Cremearten sind Vanillecreme, die in der Zusammensetzung an Pudding erinnert, ferner Buttercreme bzw. Fettcreme (wenn anstelle
von Butter ein anderes Fett verarbeitet wurde).

Gelees werden aus Agar-Agar, Gelatine, Pektin, Zucker und Früchten hergestellt. Sie dienen zum Abdecken von Obsttorten, Fruchtdesserts und zum
Füllen, z. B. von Dominosteinen.

II. Dauerbackwaren

1. Allgemeines

Als Dauerbackwaren werden eine Reihe vorwiegend kleinerer Gebäcke bezeichnet, die im Vergleich zu Frischbackwaren ihren Genußwert selbst bei einer
mehrmonatigen Lagerung nicht verlieren und sich dadurch besonders gut für
Versand und industrielle Herstellung eignen. Die meisten Dauerbackwaren verdanken ihre gute Haltbarkeit ihrem niedrigen Wassergehalt, der sowohl die Entwicklung von Bakterien und Schimmelpilzen hemmt, als auch ein Altbackenwerden durch Retrogradation der Stärke, wie es sich in Brot und Frischbackwaren vollzieht, ausschließt. Mit Ausnahme der Laugengebäcke sind die meisten
Dauerbackwaren durch ihren Fett-, z. T. auch Zuckergehalt gleichzeitig Feinbackwaren und unterscheiden sich von wasserarmen Brotsorten wie z. B. Knäckebrot, Waffelbrot und ähnlichen Flachbrotarten durch Zusätze, die den Nährwert
erhöhen oder einen besonderen geschmacklichen Anreiz bedingen, so daß sie
häufig ohne Aufstrich oder Belag verzehrt werden. Sie sind wegen ihrer mürben
Beschaffenheit gut kaubar, in den meisten Fällen auch leicht verdaulich, z. T.
auch nährstoffreich und deshalb als Aufbaunahrung in der Ernährung von
Kindern, Kranken und Genesenden, ferner für die Verpflegung von Touristen,
Truppen, Expeditionen, Schiffs- und Flugzeugbesatzungen und für die Not-
bevorratung in Katastrophenfällen von großer Bedeutung.

Eine scharfe Abgrenzung der Dauerbackwaren gegen Frischbackwaren ist schwer zu
finden, da unter gewissen Bedingungen, insbesondere bei geeigneter Verpackung, auch manche
sonst zu den Frischbackwaren zählenden Feingebäcke wie z. B. Sandkuchen, Christstollen,
Panettoni u. a. lange Haltbarkeit aufweisen können. Man rechnet jedoch im allgemeinen zu
den eigentlichen Dauerbackwaren nur eine Gruppe von Backwaren, für die 1961 vom Bund

für Lebensmittelrecht und Lebensmittelkunde e.V. in Zusammenarbeit mit dem Bundesverband der deutschen Süßwarenindustrie e.V. Begriffsbestimmungen und Verkehrsregeln
ausgearbeitet wurden, die als Grundlage zur Aufstellung von Leitsätzen für das Deutsche
Lebensmittelbuch dienten.

2. Allgemeine Beurteilungsmerkmale[1]

Nach den Leitsätzen werden Dauerbackwaren aus einem unter Verwendung
von Getreidekorn und/oder -schrot oder daraus gewonnenen Mehlen oder Mehl-
bestandteilen bereiteten Teig durch Backen, Rösten oder Trocknen verzehrs-
fertig hergestellt. Andere stärke- oder eiweißreiche pflanzliche Mehle oder Mehlbestandteile werden nur verwendet, soweit dies technisch oder geschmacklich
erforderlich ist. Die Verwendung von Leguminosenmehlen, ausgenommen Sojamehl und Sojaeiweiß, ist nicht üblich.

Dauerbackwaren können Füllungen enthalten oder Überzüge aufweisen, die
das Gewicht des eigentlichen, zuweilen sehr lockeren Gebäckes überschreiten.

Bei Mitverwendung des Wortes „Schokolade" in zusammengesetzten Benennungen wird
ein Überzug und/oder eine andere Mitverarbeitung von Schokolade erwartet. Zu schokoladen-
artigen Überzügen finden Schokolade und ihre Zubereitungen Verwendung, Fettglasuren
dagegen nur, soweit nicht in der Bezeichnung auf besondere Güte hingewiesen wird und soweit nicht die Qualität der Erzeugnisse nach diesen Richtlinien nur Schokolade erwarten läßt,
unter entsprechender Kenntlichmachung. Zuweilen werden nicht mit Schokolade verwechselbare, braune Zuckerglasuren aus Kakaopulver oder Schokolade, Puderzucker, Wasser und
Bindemittel verwendet.

Zutaten, die in der Bezeichnung oder Aufmachung einer Dauerbackware zum Ausdruck
kommen, müssen — soweit nicht Mindestgehalte üblich sind — darin in geschmacklich her-
vortretender Menge enthalten sein. Hiervon sind Bezeichnungen ausgenommen, die nur auf
einen besonderen Gebrauchszweck hindeuten, wie Eiswaffeln oder Teegebäck.

Erzeugnisse, die nach Mandeln, Haselnuß- oder Walnußkernen benannt sind, enthalten
diese Samenarten überwiegend, soweit in den Leitsätzen nichts anderes gesagt ist. Eine
Benennung nach anderen Samenarten hat der Art der zugesetzten Samen zu entsprechen.

Für Dauerbackwaren, die nach bestimmten Zutaten benannt sind, sind
folgende Mindestzusätze üblich:

a) Bei Butter-Dauerbackwaren werden auf 100 kg Mehl mindestens 10 kg Butter, jedoch
kein anderes Fett und keine Mono- und Diglyceride, sowie keine Geruchs- und Geschmacksstoffe, die einen Buttergehalt vortäuschen können, zugesetzt.

b) Zum Anteigen von Milch-Dauerbackwaren dienen auf 100 kg Mehl mindestens 20 l
Trinkmilch oder eine entsprechende Menge Milchdauerware.

Milch-Butter-Dauerbackwaren entsprechen den Anforderungen sowohl für Milch- als
auch für Butter-Dauerbackwaren. Zum Anteigen von Sahne-Dauerbackwaren (Rahm-
Dauerbackwaren) dienen auf 100 kg Mehl mindestens 20 l Sahne (Rahm 10% Milchfett)
oder eine entsprechende Menge Sahnedauerware mit einem dieser Sahnemenge entsprechenden
Milchfettgehalt. Erfolgt ein Fettzusatz, wird Butter verwendet.

c) Dauerbackwaren, bei deren Bezeichnung und/oder Aufmachung auf Eier hingewiesen
wird, enthalten auf 1 kg Mehl mindestens 135 g Ei-Inhalt oder 64 g Eigelb, Weißei-Dauerback-
waren mindestens 174 g Weißei, auch in Form von flüssigen, gefrorenen oder entsprechenden
Mengen getrockneter Eiprodukte. Diese Mindestgehaltsmengen gelten nicht für die als
„Biskuit" bezeichneten Gebäcke, bei denen ein höherer Eigehalt üblich ist.

d) Bei Honig-Dauerbackwaren stammt mindestens eine Hälfte der verwendeten Zuckerarten aus Honig, die andere Hälfte kann auch Kunsthonig enthalten.

Als Geruchs- und Geschmacksstoffe werden außer Gewürzen und Vanillin ätherische Öle
und Essenzen verwendet.

Die Verwendung von Ölsamen, deren Ölgehalt in der Trockenmasse 35% unterschreitet
und die Verwendung teilweise entölter Samen ist nicht üblich.

Bisweilen werden Mono- und Diglyceride der mittleren und höheren Fettsäuren als Emulgatoren oder Frischhaltemittel verwendet.

Bei Dauerbackwaren sind vielfach Füllungen üblich. Die Leitsätze sehen bei der Hervorhebung dieser Füllungen in der Kennzeichnung z. B. „mit Marzipanfüllung" oder „mit
Fruchtfüllung" bestimmte Anforderungen vor.

---

[1] Die folgenden Ausführungen lehnen sich stark an die Leitsätze für das Deutsche Lebensmittelbuch an (veröffentl. in Beilage z. Bundesanzeiger Nr. 101 v. 2. Juni 1965).

3. Begriffsbestimmungen, Zusammensetzung

a) Kekse

Kekse sind aus kleinen oder mäßig großen Stücken bestehende, nicht süße oder mehr oder minder süße Gebäcke aus meist fetthaltigem Teig, der ausgewalzt, ausgeformt, gespritzt („Dressiergebäck") oder geschnitten („Schnittgebäck") wird. Mürbkeks enthält mindestens 20 kg Fett auf 100 kg, Albertkeks mindestens 12 kg Fett auf 100 kg Mehl, Butterkeks mindestens 10 kg Butter auf 100 kg Mehl. Spekulatius ist eine gewürzte oder nicht gewürzte Gebildbackware.

b) Kräcker

Kräcker sind ein flaches, kleinstückiges oder mäßig großes, fetthaltiges, infolge von Walz- und Faltvorgängen meist blättriges Gebäck, das zuweilen gesalzen oder mit Salz bestreut wird.

c) Laugendauergebäck

Laugendauergebäcke sind knusprige Backwaren mit einem Feuchtigkeitsgehalt bis zu 12 %. Die Außenseite des geformten Teiges wird vor dem Backen mit wäßriger Natronlauge (Konzentration höchstens 4 %) behandelt. Dies verleiht den Gebäcken ihre charakteristischen Eigenschaften wie Beschaffenheit der Außenschicht (Farbe, Konsistenz der Kruste) und Geschmack. Die Gebäcke besitzen meist Brezel- oder Stangenform. Sie können mit Salz, Kümmel oder anderen Gewürzen bestreut sein.

d) Lebkuchen und lebkuchenartige Gebäcke

Lebkuchen, auch Pfefferkuchen genannt, sind gewürzte Gebäcke, die auf 100 Teile Mehl mindestens 50 Teile Zucker (auch als Rohzucker oder Farin) oder Trockenmasse von Honig, Kunsthonig, Invertzucker, Zuckersirup, Maltosesirup, Dextrose, Stärkezucker, Stärkesirup oder eine Mischung solcher Zuckerarten, dagegen keine Zuckerrübenmelasse enthalten. Als weitere Zusätze können neben Gewürzen oder daraus hergestellten Essenzen Mandeln und andere Ölsamen (oder die entsprechenden Rohmassen) oder Ei-, Milch und Milcheiweißprodukte und Fruchtzubereitungen, zuweilen bei Braunen Lebkuchen auch geringe Mengen Fett verwendet werden. Cocosraspeln und Erdnußkerne finden für Lebkuchen keine Verwendung.

α) Lebkuchen besonderer Art

Lebkuchen besonderer Art sind Elisen-, Mandel-, Marzipan-, Makronen- und weiße Lebkuchen, deren Teigmassen auf Oblaten oder Waffelblätter aufgestrichen werden oder mit solchen unterlegt sind. Sie enthalten kein zugesetztes Fett. Mit Schokoladenüberzugsmasse verwechselbare Überzüge werden nicht verwendet.

Alle anderen auf Oblaten gebackenen Lebkuchen enthalten in der Teigmasse mindestens 7 % Mandeln oder Hasel- oder Walnußkerne oder andere eiweißreiche Ölsamen, jedoch keine Erdnußkerne und keine Cocosraspel. Mit Schokoladenüberzugsmasse verwechselbare Überzüge werden nicht verwendet. Hervorhebende Qualitätshinweise wie z. B. fein, extrafein u. a. setzen auch für diese Lebkuchen stets eine Zusammensetzung wie bei Elisenlebkuchen voraus.

Elisenlebkuchen: Diese Bezeichnung ist nur üblich für Oblatenlebkuchen, die in der Teigmasse nicht weniger als 25 % Mandeln und/oder Haselnuß- oder Walnußkerne oder eine Mischung davon enthalten. Andere Ölsamen dürfen nicht mitverwendet werden. Die Teigmasse enthält an Mehlen höchstens 10 % Getreidemehl oder 7,5 % Getreidestärke oder eine entsprechende Mischung aus diesen Stoffen.

Mandellebkuchen, Marzipanlebkuchen, Makronenlebkuchen: Diese Bezeichnungen für Lebkuchen besonderer Art erfordern einen Gehalt von nicht weniger als 20 % Hasel- oder Walnußkernen oder Mandeln in der Teigmasse, wobei der Nußkernanteil gegenüber dem Mandelanteil überwiegt. Eine Mitverwendung anderer Ölsamen findet nicht statt. Der Gehalt der Teigmasse an Getreideerzeugnissen ist wie bei Elisenlebkuchen begrenzt.

Weiße Lebkuchen: Unter der Bezeichnung „Weiße Lebkuchen" werden Oblatenlebkuchen verstanden, die in der Teigmasse Eier oder Ei-, Milch- oder Milcheiweißprodukte und nicht mehr als 40 % Getreidemehl enthalten. Der Zusatz anderer als bei Elisenlebkuchen genannter eiweißreicher Ölsamen ist nur dann üblich, wenn keine Hervorhebung der Güte der Ware erfolgt.

β) Braune Lebkuchen

Braune Lebkuchen werden mit und ohne Oblatenunterlage gebacken.

Honigkuchen, auch *Honiglebkuchen:* Mindestens eine Hälfte des Gehalts an Zuckerarten stammt aus Honig, die andere Hälfte kann auch Kunsthonig enthalten.

Braune Mandellebkuchen, Braune Nußlebkuchen und mit hervorhebenden Qualitätshinweisen wie „fein", „extrafein" oder „hausgemacht" versehene *Braune Lebkuchen* enthalten einen Zusatz von mindestens 20 % zerkleinerten Mandeln, Hasel- oder Walnußkernen in der Teigmasse und/oder zum Garnieren, jedoch keine anderen Ölsamen. Bei Braunen Nußlebkuchen überwiegt der Nußkernanteil. Bei Verwendung von kakaohaltiger Fettglasur werden hervorhebende Qualitätshinweise nicht gebraucht.

Alle anderen Braunen Lebkuchen werden teils ohne Ölsamen, teils mit Zusatz von Mandeln, Hasel- oder Walnußkernen oder anderen für einzelne Lebkuchenarten üblichen eiweißreichen Ölsamen hergestellt.

γ) Lebkuchenartige Backwaren

Lebkuchenartige Backwaren (z. B. Plätzchen, Sterne, Brezeln) entsprechen den an die einzelnen Lebkuchensorten gestellten Anforderungen, wenn sie unter Mitverwendung des Wortes „Lebkuchen" ,„Pfefferkuchen" oder „Honigkuchen" bezeichnet werden. Lebkuchengebäcke, die unter Mitverwendung des Wortteils „Elisen" bezeichnet sind, entsprechen den Anforderungen an Elisenlebkuchen. Lebkuchenartige Backwaren sind insbesondere:

Dominosteine: Diese sind mit Schokolade oder zuweilen mit Fettglasur überzogene, etwa bissengroße Würfel aus einer Schicht oder mehreren Schichten gebackenen braunen Lebkuchenteiges und einer oder mehreren Lagen von Zubereitungen z. B. aus Fruchtmark, Marzipan oder Persipan oder von Fondantcreme. Werden solche Erzeugnisse unter Mitverwendung des Wortteils „Dessert" bezeichnet, so ist die Verwendung eines Schokoladenüberzuges üblich und die Verwendung einer Fondantcremfüllung ausgeschlossen.

Printen: Diese sind ein knusprig-hartes oder auch saftig-weiches lebkuchenartiges Gebäck. Außer ihrer meist rechteckigen, seltener platten- oder gebildartigen Form ist für sie die Mitverwendung fester bzw. flüssiger Kandiszuckererzeugnisse kennzeichnend. Auf 100 kg Getreidemehl enthalten sie mindestens 80 kg Zuckertrockenmasse, teilweise in Form ungelöst gebliebener Kandiskrümel, jedoch unter Ausschluß der Verwendung von Rohzucker, Rübensirup und Rübenmelasse. Als Ölsamen im Teig und/oder in Überzügen kommen nur Mandeln, Hasel- und Walnußkerne in Betracht. Nur bei „Gewürzprinten" wird zuweilen bis 15 % des Zuckeranteiles in Form von Rübensirup verwendet.

Spitzkuchen: Diese sind dreieckige und trapezförmige, etwa bissengroße, mit Schokolade überzogene, gefüllte und ungefüllte Stücke aus gebackenem braunem Lebkuchenteig.

Schokoladenartige Überzüge bei Printen und Spitzkuchen sind Schokolade und ihre Zubereitungen.

e) Makronendauergebäcke

Makronen sind Gebäcke aus zerkleinerten Mandeln oder anderen eiweißreichen Ölsamen (ausgenommen Erdnußkerne) oder den entsprechenden Rohmassen sowie aus Zucker und Weißei (bisweilen außerdem Eigelb). Ein Zusatz von Mehlen oder Stärke ist außer bei Cocosmakronen nicht üblich. Nur Mandelmakronen tragen auch die einfache Bezeichnung „Makronen", alle anderen Makronenarten werden entsprechend der Art der verwendeten Ölsamen oder Rohmassen bezeichnet.

Zur Herstellung von Makronen, Mandelmakronen, Marzipanmakronen dienen Marzipanmasse, Marzipanmakronenmasse oder zerkleinerte süße Mandeln.

Zur Herstellung von Nußmakronen (Hasel- bzw. Walnußmakronen) dienen Nußmakronenmasse oder zerkleinerte Hasel- oder Walnußkerne.

Schokoladenartige Überzüge bei diesen Gebäcken sind Schokolade und ihre Zubereitungen.

Zur Herstellung von Persipan-Makronen dienen Persipanmasse, Persipanmakronenmasse oder zerkleinerte, entbitterte bittere Mandeln oder süße oder entbitterte Aprikosen- oder Pfirsichkerne.

Zur Herstellung von Cocosmakronen dienen Cocosraspeln. Ein etwaiger Getreidemehl- und Stärkezusatz beträgt höchstens 3% der Teigmasse.

f) Backoblaten

Backoblaten, auch Oblaten genannt, sind dünne, meist blattartige weiße Gebäcke; sie werden aus einem dünnen Teig mit Getreidemehl und/oder Getreidestärke und Wasser zwischen erhitzten Flächen hergestellt.

g) Waffeldauergebäck

Waffelblätter werden aus einer meist flüssigen, dünn aufgetragenen Teigmasse zwischen erhitzten Flächen gebacken. Abhängig von der Zusammensetzung des Teiges können die Waffelblätter in heißem Zustand biegsam sein. Für die Weiterverarbeitung werden sie meist zerschnitten oder ausgestanzt. Hinsichtlich ihrer Gestalt unterscheidet man zwischen Flach- und Formwaffeln, auch in Gebildform. Sie gelangen ungefüllt oder gefüllt in den Verkehr.

1. Ungefüllte Waffeln sind teils zum unmittelbaren Genuß, teils zum späteren Füllen, z. B. mit Speiseeis bestimmt.

2. Gefüllte Waffeln sind Waffeln mit dazwischenliegenden Füllungen. — Eiswaffeln werden zumeist mit verschiedenartigen Füllungen, überwiegend mit einer durch Trocknen zum Erstarren gebrachten Schaumzuckerfüllung, hergestellt. Für besondere Arten gefüllter Waffeln ist auch die Bezeichnung „Oblaten", insbesondere in Verbindung mit einer Ortsangabe üblich.

h) Zwieback

Zwieback ist ein durch zweimaliges Erhitzen (Backen im Stück und Rösten der daraus abgeteilten Scheiben) meist unter Verwendung von Hefe hergestelltes knuspriges Gebäck. Nährzwieback enthält auf 100 kg Getreidemehl 10 kg Butter und 10 kg Eier oder die entsprechende Menge — mindestens 3,5 kg Eigelb und als Anteigflüssigkeit nur Trinkmilch. Es kann auch eine der Trinkmilch entsprechende Menge Milchdauerware nebst einer entsprechenden Menge Wasser verwendet werden.

i) Dauerbackwaren besonderer Art

α) Biskuit

Zartes Gebäck, dessen Teigmasse aus Weizenmehl niederen Ausmahlungsgrades und/oder Stärke, Zucker und Vollei besteht. Der Volleianteil beträgt mindestens $^2/_3$ des Mehlgewichts. Biskuit enthält kein zugesetztes Fett.

β) Russisch Brot (Patience-Gebäck)

Ein zu Buchstaben, Zahlen oder ähnlichen Gebilden geformtes knuspriges Gebäck. Es wird aus einer schaumigen, dickflüssigen Teigmasse mit Eiweiß ohne Zusatz von Fett hergestellt. Ein Zusatz von Getreidemehl und/oder Stärke ist üblich.

4. Technologie der Dauerbackwarenherstellung

a) Allgemeines

Die Teige oder Massen für die verschiedenen Arten von Dauerbackwaren werden je nach der erforderlichen Festigkeit in Knet-, Misch-, Rühr- oder Schlagmaschinen bereitet. Die Teigformung erfolgt entsprechend der jeweiligen Teigbeschaffenheit nach vier verschiedenen Prinzipien; nämlich Auspressen, Auswalzen mit anschließendem Ausstechen, Eindrücken in Formen, Backen in Formen (H. FROBEEN 1949).

An die Stelle der Handarbeit, mit der diese vier Verfahren früher vorgenommen wurden, sind in der industriellen Fertigung heute Maschinen getreten, die teils chargenweise, teils auch vollkontinuierlich arbeiten und eine außerordentlich hohe Stundenleistung ermöglichen.

Das Backen von Dauerbackwaren erfolgt in modernen Backbetrieben heute überwiegend auf Durchlauföfen (Netz- oder Stahlbandöfen), die mit Öl- oder Gasfeuerung, seltener mit Elektrowärme beheizt werden. In begrenztem Umfang wird in der Keks- und Kräckerfabrikation auch Hochfrequenzwärme, kombiniert mit Infrarotstrahlung, angewendet. Die letztere Beheizungsart wird in einigen Keksfabriken auch für sich allein, bzw. unter Ausnützung der Abstrahlung als Speicherwärme eingesetzt.

Mitunter wird dem normalen Backvorgang eine Hochfrequenzerhitzung nachgeschaltet; sie führt zu einer Verkürzung der Backzeit und zu einer relativ gleichmäßigen Endfeuchte der einzelnen Gebäckstücke.

Da die meisten Dauerbackwaren mit einem sehr niedrigen Feuchtigkeitsgehalt den Ofen verlassen und anschließend zur Vermeidung der Aufnahme von Luftfeuchtigkeit sofort verpackt werden, ist häufig hinter dem Ofen eine Kühlzone eingeschaltet, in der die ofenfrischen Gebäcke durch einen Luftstrom mit geregelter Luftfeuchtigkeit auf Normaltemperatur gekühlt werden.

Zur möglichst langen Erhaltung ihres Genußwertes, der bei manchen Dauerbackwaren (Keks, Zwieback, Waffeln, Laugengebäck) durch die Rösche bzw. Knusprigkeit, bei anderen (z. B. Makronen, Lebkuchen) durch eine saftige Weichheit bedingt wird, muß während der Lagerung der Dauerbackwaren eine Wechselwirkung mit der Luftfeuchtigkeit des Lagerraumes soweit als möglich ausgeschaltet werden. Zwischen dem Feuchtigkeitsgehalt der Backwaren und der sie umgebenden Luft stellt sich ein Gleichgewichtszustand ein, für den für jede Gebäckart bestimmte Grenzwerte existieren, bei denen wasserarme Dauerbackwaren noch rösch bleiben bzw. ursprünglich saftig-weiche durch zu starke Austrocknung noch nicht hart geworden sind. Die Tab. 1 erläutert dieses Verhältnis für einige Dauergebäcke (A. MENGER 1955).

Mit den optimalen Lagerungsbedingungen für Dauerbackwaren hat sich auch E. Hanssen (1962) beschäftigt (Tab. 2).

In gleicher Weise wie bei Brot hat an der Lagerfestigkeit und Qualitätserhaltung der Dauerbackwaren die Verpackung hohen Anteil, für die im wesentlichen das im Abschnitt Brot Gesagte gilt. Größere Bedeutung als bei Brot besitzt

Tabelle 1. *Gleichgewichtsfeuchtigkeit von Dauerbackwaren*

	Normalwert		Grenzwert	
	% Wasser	% relative Luftfeuchtigkeit	% Wasser	% relative Luftfeuchtigkeit
Waffeln	4— 6	25—45	ca. 7	ca. 50
Hartkeks	4— 6	25—45	7	50—55
Zwieback	5— 7	25—40	12	70—75
Lebkuchen	12—14	60—70	10 H*/16 W**	55 H*/75 W**

H* = wird hart
W** = wird weich bei dem angegebenen Wassergehalt bzw. relat. Luftfeuchtigkeit

Tabelle 2. *Obere und untere Grenzwerte sowie Optimum der relativen Luftfeuchtigkeit bei der Lagerung von Dauerbackwaren bei 20° C (nach E. Hanssen 1962)*

Dauerbackware	Relative Gleichgewichtsfeuchte in %		
	Untere Grenze	Obere Grenze	Optimum
Biskuit	—	50	unter 40
Keks			
a) Flachkeks.	—	65	—
b) Mürbkeks	—	43	unter 43
Kräcker (Cream Cracker)	20	42	unter 42
Lebkuchen			
a) Leb- und Honigkuchen	30	75	40
b) Elisenlebkuchen	—	75	70—75
Makronen	75	80	75
Russisch-Brot	—	55	25
Zwieback	25	50	30—40
Waffeln	—	25	—

bei gewissen Dauerbackwaren (Lebkuchen, Oblaten) die Dosenverpackung, die sich auch für einen Versand in tropische und subtropische Überseegebiete gut bewährt hat. Daneben gibt es auch ein Verfahren, bei dem die Backwaren (Sandkuchen, Fruchtkuchen, Nuß- oder Mohnkuchen) bereits in der Dose gebacken werden (G. F. Norman 1964, A. Rotsch u. E. Tessmer 1965).

b) Lebkuchenherstellung

In technologischer Hinsicht lassen sich die aufgeführten Lebkuchen und lebkuchenartigen Gebäcke in zwei große Gruppen gliedern:

1. Lebkuchen, die aus Grundteigen bereitet werden, die aus Honig, Kunsthonig, Sirup, Zucker oder Stärkezucker und Weizenmehl, z. T. auch Roggenmehl bestehen und durch Auflösen bzw. Erhitzen der gelösten Süßungsmittel in dampfbeheizten Kesseln und anschließendem Verkneten und mit mehlartigen Rohstoffen hergestellt werden. Die Grundteige lagern zur Weiterverarbeitung meist mehrere Tage oder Wochen, mitunter sogar Monate. Man lockert mit Natriumhydrogenkarbonat, oft in Kombination mit Weinsäure, Weinstein oder Citronensäure, daneben auch mit Ammoniumhydrogenkarbonat, das die Eigenschaft hat, die Gebäcke in die Höhe zu treiben. Auch Pottasche wird häufig mitverwendet, doch wirkt sie bei Abwesenheit von Säuren oder sauer reagierenden Zutaten eigent-

lich nicht als Triebmittel, sondern beeinflußt durch ihre alkalische Reaktion die Teigbeschaffenheit. Die Teige werden plastischer und fließen besser. Triebmittel, Gewürze, Essenzen, Früchte und Fruchtzubereitungen werden erst bei der Bereitung des Endteiges zugegeben. Die Aufarbeitung der Teige erfolgt je nach Konsistenz durch Ausrollen und Ausstechen mit Prägewalzen oder mit der Schnitt- und Dossiergebäckmaschine. Dicke Lebkuchen nach Art der holländischen Frühstückskuchen werden als Platten in großen Blechpfannen oder in Holz- und Aluminiumblechrahmen auf Blechen gebacken.

2. Lebkuchen mit überwiegendem Anteil an Mandeln und Nüssen. Sie werden als Oblatenlebkuchen aus weichen Massen hergestellt, die auf Oblaten, seltener auf Waffelblätter gestrichen werden. Zu ihrer Herstellung wird flüssiges Weißei, Vollei oder Eigelb mit dem Zucker aufgeschlagen oder schaumig gerührt, die übrigen Rohstoffe werden dann untergezogen. Vor dem Backen werden die aufgestrichenen Teigstücke bei 50—60° C getrocknet, bis sich ein nicht mehr klebendes Häutchen an der Oberfläche gebildet hat. Man verhindert dadurch ein Reißen beim Backen und erzielt gleichzeitig einen besseren Glanz.

III. Diätetische Backwaren

Obzwar vielen Broten und Backwaren gewisse diätetische Wirkungen zukommen, ist die Bezeichnung „diätetisch" nach der Verordnung über diätetische Lebensmittel vom 31. 5. 1963 nur jenen Erzeugnissen vorbehalten, die sich von anderen Brot- und Gebäcksorten vergleichbarer Art durch ihre Zusammensetzung oder ihre Eigenschaften unterscheiden. Lebensmittel, die nicht ausschließlich zu diätetischen Zwecken hergestellt worden sind oder keine ausschließlich diätetischen Zwecken dienende Bearbeitung erfahren haben, zählen nicht zu den diätetischen Lebensmitteln. Darunter fallen alle handelsüblichen gewöhnlichen Brot- und Gebäcksorten, auch wenn sie Zusätze von Rohstoffen enthalten, denen eine diätetische Wirkung nachgesagt wird, wie Buttermilch, Joghurt, Weizenkeime, Honig, Spurenelemente, Meersalz usw. oder aus Vollkornschrot bzw. besonderen Mahlerzeugnissen unter Verwendung rein biologischer Lockerung hergestellt wurden.

Die oben genannte Verordnung läßt nur drei Arten von Diätbackwaren zu, nämlich

1. Diabetikerbackwaren,
2. Kleber- (Gluten-) freie Backwaren für Patienten, die an Coeliakie, Sprue oder Meteorismus leiden,
3. Natriumarme Backwaren.

Hinzu kommen als besondere Gruppe noch Erzeugnisse für Säuglings- und Kindernahrung, die aus Backwaren oder unter Verwendung von Backwaren hergestellt werden.

1. Diabetikerbackwaren

Diabetikerbackwaren sind heute praktisch nur diätetische *Feinbackwaren*, da die früher üblichen Diabetikerbrote, in denen der Kohlenhydratgehalt durch Erhöhung des Eiweißes, meist auch des Fettes, stark erniedrigt war, nach der Auffassung moderner Diabetologen (H. MEHNERT 1962) überflüssig sind. Für die Brotkost werden stattdessen von den gewöhnlichen Brotsorten im Rahmen der vorgeschriebenen täglichen Kalorienmenge hauptsächlich jene empfohlen, die im Darm verhältnismäßig langsam abgebaut werden wie z. B. Schwarzbrot und Vollkornbrot. Dem Verlangen des Zuckerkranken nach süßen Backwaren wird durch besondere süße Diabetikerbackwaren Rechnung getragen, in denen der Gehalt an D-Glucose, Invertzucker, Disaccharide, Stärke und Stärkeabbau-

produkte insgesamt um mindestens ein Drittel geringer und der Gehalt an Fett
nicht größer ist als in vergleichbaren, nicht für Diabetiker bestimmten Erzeugnissen. Als Süßungsmittel dürfen solche Diabetikerfeinbackwaren nur Fructose
oder die Zuckeraustauschstoffe Mannit, Sorbit und Xylit, sowie die zugelassenen
Süßstoffe (Saccharin und Cyclamat) enthalten.

Der Ersatz der gebräuchlichen Zuckersorten und Süßungsmittel (Honig, Kunsthonig,
Stärkesirup u. a.) ist häufig mit erheblichen backtechnischen Schwierigkeiten verbunden.
Sie werden besonders durch das starke Bräunungsvermögen und durch die hohe Hygroskopizität der Fructose hervorgerufen, Eigenschaften, die das vollständige Ausbacken sehr erschweren. Die Gebäcke werden an der Oberfläche schnell dunkelbraun, während das Innere
fast noch teigig ist. Auf diese Weise wird nicht nur das Aussehen der Gebäcke, sondern auch
ihre Lockerung und Krumenstruktur beinträchtigt.

Sorbit bräunt zwar viel schwächer, erschwert jedoch ebenfalls durch seine starke Hygroskopizität den Backvorgang. Wegen seiner abführenden Wirkung kann er nur in begrenzten
Mengen (tägliche Zufuhr höchstens 40 g) eingesetzt werden.

2. Kleber-(Gluten-)freie Backwaren

In diesen Backwaren darf weder Weizen- noch Roggenmehl wegen des Gliadin-
gehaltes, der den Fettstoffwechsel der an Coeliakie und Sprue leidenden Patienten
stört, enthalten sein. Als mehlartige Rohstoffe dienen Stärkemehle (Weizen-,
Mais-, Kartoffel- oder Tapiokastärke) unter Verwendung geeigneter Quellstoffe
wie Johannisbrotkernmehl, Alginate, Isländischmoos, Ultraamylopektin (A.
ROTSCH 1953) oder Emulgatoren (Lecithin, Glycerinmonostearat) als Teigbindemittel (G. JONGH 1961).

3. Natriumarme Backwaren

Diese oft auch als „kochsalzarm" bzw. „streng kochsalzarm" bezeichneten
Backwaren müssen ohne Verwendung von Kochsalz hergestellt sein und werden
in der Diätkost bei vielen Krankheiten, wie z. B. Nierenleiden, Wasser- und Fettsucht, Magenleiden, Haut- und Schleimhautentzündungen usw. eingesetzt. Salz-
lose Brote und Backwaren haben nicht nur einen faden, abstoßenden Geschmack,
sondern meistens auch mangelhafte backtechnische Beschaffenheit, da der
günstige Einfluß des Kochsalzes auf die Teigbeschaffenheit und den Vorgang der
Krumenbildung fehlt. Von den in der Diätfremdstoffverordnung als Kochsalz-
ersatz zugelassenen Verbindungen kommt im geschmacklichen und backtechnischen Effekt das Kaliumsalz der Adipinsäure dem Natriumchlorid am nächsten.

4. Kindernahrung

auf Getreidebasis besteht häufig aus feingemahlenem Hartkeks oder Zwieback,
deren Teigen manchmal noch Malzprodukte zugesetzt wurden. Nach der VO über
diätetische Lebensmittel darf der Gehalt an wasserlöslichen Kohlenhydraten,
die durch Stärkeabbau im Back- und Röstprozeß sowie durch enzymatischen
Abbau entstanden sind (3. Änd.-VO zur VO über diätetische Lebensmittel vom
22. Dezember 1965 — BGBl. I S. 2140), nicht weniger als 12,0 % und nicht mehr
als 30,0 % der Trockenmasse betragen. Weitere Angaben über diätetische Erzeugnisse findet man bei R. FRANCK: „Diätetische Lebensmittel auf Getreidebasis" in diesem Band S. 437.

IV. Aus Backwaren hergestellte sonstige Erzeugnisse

1. Paniermehl, Semmelbrösel, Weckmehl

Zum Bedecken (Panieren) von Fleisch- und Fischspeisen, wie auch zum Bestreuen von Klößen, Makkaroni, Blumenkohl und anderen Gerichten dienen aus
Backwaren hergestellte Erzeugnisse, die als Paniermehl, Semmelbrösel oder auch

Weckmehl bezeichnet werden. Semmelbrösel und Weckmehl werden in der handwerklichen Bäckerei vorwiegend aus altbackenen, hartgewordenen Semmeln oder auch aus Weißbrot, mitunter auch aus Schnittabfällen von fett- und zuckerarmem Zwieback als Nebenprodukt gewonnen, während in industriellen Betrieben *Paniermehl* in der Regel aus besonderen, ohne Fett, Zucker oder Ei bereiteten Hefeteigen durch Gärlockerung und Backen mit anschließendem Rösten oder Trocknen und Mahlen hergestellt werden. Da das Ausgangsmaterial für Paniermehl, Semmelbrösel und Weckmehl in der Regel Backwaren aus helleren, aschearmen Weizenmehlen sind, haben die gemahlenen Erzeugnisse gewöhnlich ebenfalls eine entsprechend niedrige (kochsalzfreie) Asche. Als wesentlich für die Bezeichnung Paniermehl, Semmelmehl oder Weckmehl wird eine weitgehende Verkleisterung der Stärke, wie sie nur in einem echten Backvorgang erzielt wird, angesehen.

Es gibt auch Produkte aus Durummehl 1600, die nach dem Einteigen ohne besondere Lockerung bei höheren Temperaturen getrocknet, danach zerkleinert werden und seit Jahren von mehreren Teigwarenfabriken für Panierzwecke auf den Markt gebracht werden. Die Bezeichnung „Paniermehl" unter Angabe der verwendeten Mahlprodukte ist bei ihnen vertretbar, nicht jedoch der Ausdruck „Weckmehl".

2. Mutschelmehl

ist ein vornehmlich in Württemberg übliches aus einem etwas Zucker enthaltenden Spezialgebäck in ähnlicher Weise wie Paniermehl hergestelltes Mahlerzeugnis, das zur Bereitung von Kinderbrei und ähnlichen Zwecken dient.

Literatur vgl. S. 350.

C. Hilfsmittel und backtechnisch wirksame Zusätze für die Herstellung von Brot und Backwaren

Von

Dr. **A. Rotsch**, Detmold

I. Lockerungsmittel

1. Hefe

Der Sauerteig, das älteste biologische Teiglockerungsmittel, ist heute mit geringen Ausnahmen (z. B. bei Panettoni und manchen Lebkuchenarten) auf die Brotherstellung und insbesondere auf die Bereitung von Roggen- und Mischbroten beschränkt. Weißbrot-, Kleingebäck- und auch viele Feingebäckteige werden durch *Hefegärung* gelockert. Man benutzt dazu in den westlichen Kulturländern nahezu ausschließlich *Backhefe* (A. Schulz 1962), eine vorwiegend auf Melasse gezüchtete obergärige Hefe, die als Preßhefe mit etwa 75 % Wassergehalt in Pfundpackungen in den Handel kommt. Über Herstellung, Zusammensetzung und Untersuchung vgl. Kapitel „Backhefe" am Schluß dieses Bandes.

Zur Qualitätsprüfung der Hefe unter den praktischen Bedingungen der Bäckerei dient der Weizenbackversuch, der in den einzelnen Ländern nach jeweils verschiedenen Methoden standardisiert ist. In Westdeutschland wird er als Kasten- und Rundgebäck-, daneben auch als Kleingebäckversuch nach Verfahren, die von der Arbeitsgemeinschaft Getreideforschung als Standardmethoden vorgeschlagen und in einer Broschüre zusammengestellt wurden, ausgeführt.

2. Backpulver

In fett- und zuckerreichen Teigen, in denen die Hefegärung stark gehemmt wird und nur noch einen mangelhaften, z. T. ungenügenden Lockerungseffekt ausüben kann, ferner auch in Backwaren, die möglichst schnell unter Umgehung langer Gärzeiten hergestellt werden sollen, wird mit Erfolg das als Lockerungsgas dienende Kohlendioxid durch kohlensäurehaltige Chemikalien erzeugt. Man glaubte früher (vgl. M. P. Neumann u. P. Pelshenke 1954), auf diese Weise die Gärverluste an Mehl- bzw. Teigtrockensubstanz, die bei der Hefegärung entstehen und je nach Führung etwa 1,5—4 % betragen können, einsparen zu können. Volkswirtschaftlich bringt jedoch für gewöhnliches Brot die Anwendung der chemischen Lockerung keinen Nutzen, da dem zutatenarmen Brot und Gebäck wichtige Geschmacks- und Geruchsstoffe fehlen und die Kosten der Chemikalienverwendung wesentlich höher als der Wert der bei der Gärung verbrauchten Mehltrockenmasse sind. Nur unter gewissen Umständen, wie z. B. bei beschleunigter Brotversorgung in der Truppenverpflegung oder auch bei der Herstellung gewisser Diätbrote, kann der Ersatz der Hefegärung durch die Lockerung mit Chemikalien angebracht sein. In der Hauptsache ist ihre Anwendung auf die Feinbäckerei und Konditorei beschränkt.

Ihr Ursprung liegt in den frühesten Anfängen der Kulturgeschichte. Man benutzte damals Soda, die aus der Asche von Seepflanzen, und Pottasche, die aus der Asche von Landpflanzen gewonnen wurde, in Verbindung mit Sauerteig, saurer Milch oder sauren Fruchtsäften zur Entwicklung von Lockerungsgas (E. B. BENNION u. J. STEWART 1958). Die eigentliche Backpulverlockerung kam jedoch erst vor etwa 130 Jahren mit der Anwendung des Natriumhydrogencarbonats als Kohlensäurequelle auf. Es verdankt seine seither unbestrittene Rolle in der Backpulverproduktion der ganzen Welt mehreren Vorzügen vor anderen chemischen Substanzen: gesundheitliche Unbedenklichkeit, niedrige Herstellungskosten, hoher Reinheitsgrad des handelsüblichen Produktes, leichte Handhabung, geringere Alkalität als Soda und Pottasche. Es spaltet zwar schon für sich allein beim Erhitzen Kohlendioxid ab nach folgender Reaktion

$$4\,NaHCO_3 = Na_2CO_3 \cdot 2\,NaHCO_3 + CO_2 + H_2O$$

doch wird dabei nur $^1/_4$ seines Kohlendioxidgehaltes frei. Nur bei längerem Kochen seiner Lösung wird es vollständig in Carbonat umgewandelt.

$$2\,NaHCO_3 = Na_2CO_3 + CO_2 + H_2O$$

Der alkalische Rückstand verursacht einen unangenehmen laugigen Geschmack und unerwünschte Krumenverfärbungen.

Diese Nachteile werden vermieden, wenn gleichzeitig eine Säure oder eine sauer reagierende Verbindung im Teig enthalten ist. Eine große Zahl chemischer Substanzen ist im Laufe der Zeit für diese Zwecke vorgeschlagen worden, unter ihnen als eine der ersten Salzsäure, die 1838 von WHITING (England) und später auch von J. v. LIEBIG zur Teiglockerung empfohlen wurde. Sie hat den Vorteil, daß bei der Umsetzung mit Natriumhydrogencarbonat: $NaHCO_3 + HCl = CO_2 + H_2O$ nur Kochsalz als Rückstand entsteht, das ohnehin ein normaler und unentbehrlicher Bestandteil des Teiges ist.

Ohne Zugabe einer Säure oder sauer reagierenden Substanz wird Natriumhydrogencarbonat in verhältnismäßig kleinen Mengen nur bei einigen Flachgebäcken, z. B. Keks und Waffeln, verwendet (mitunter neben dem weiter unten besprochenen Hirschhornsalz). Eine leichte Alkalität stört bei diesen Gebäcken nicht, sondern fördert eine gefällige Bräunung und backtechnische Ausbildung dieser Gebäcke; auch wird ein Teil des Natriumhydrogencarbonats durch die im Mehl, z. T. auch in den übrigen Rohstoffen, enthaltenen sauer reagierenden Substanzen neutralisiert, so daß kein laugiger Geschmack entsteht.

Salzsäure konnte sich wegen ihrer stark ätzenden Wirkung in der Bäckerei nicht durchsetzen, wurde aber in der Fabrikation von Hartkeks verwendet, wo man sie gleichzeitig zur Schwächung des Klebers bei Verarbeitung zu starker Mehle lange Zeit mit Vorliebe benutzte. Seit Erlaß der Fremdstoffverordnung ist in der Bundesrepublik ihre Verwendung nicht mehr gestattet.

Auch Ammoniumchlorid, das von PUSCHER (1874) als Backtriebsäure vorgeschlagen wurde und das sich mit Natriumhydrogencarbonat ebenfalls zu Kochsalz nach folgender Reaktion umsetzt:

$$NH_4Cl + NaHCO_3 = NaCl + NH_3 + CO_2 + H_2O$$

war kein bleibender Erfolg beschieden, da die Mischung mit Natriumhydrogencarbonat wenig haltbar war und das bei der Umsetzung freiwerdende Ammoniak aus der Krume dickerer Gebäcke nicht restlos ausgetrieben wird und den Geschmack und Geruch solcher Backwaren beeinträchtigt.

Erst die Verwendung saurer Phosphate und einiger organischer Säuren (Weinsäure, Citronensäure) und ihrer sauren Salze ermöglichte die Entwicklung der industriellen Backpulverproduktion, die besonders J. v. LIEBIG stark förderte.

Während in England und in den USA saure Phosphate, unter ihnen das Calciummonophosphat, als Backpulversäuren üblich waren, benutzte man in Deutschland lange Zeit hauptsächlich Weinstein (cremor tartari), der eine besonders günstige Triebwirkung aufweist. Sie beruht auf seiner schweren Löslichkeit in kaltem Wasser, die im Vergleich zu den freien Säuren (Weinsäure, Citronensäure) eine langsamere Umsetzung mit Hydrogencarbonat bedingt. Die letzteren reagieren mit kohlensauren Salzen bereits in der Kälte sehr stürmisch und setzen den größten Teil des Kohlendioxids noch vor dem eigentlichen Backvorgang in Freiheit (Vortrieb). Es entweicht dabei aus dem Teig, bevor er dem Gas durch die beim Backen sich vollziehende Eiweißgerinnung und Stärkeverkleisterung genügend Halt bieten kann. Weinstein, Calciummonophosphat und das saure Natriumdiphosphat ($Na_2H_2P_2O_7$), heute als Backtriebsäure am gebräuchlichsten, reagieren, z. T. auch in Abhängigkeit von der Granulation und der dadurch bedingten Löslichkeit, langsamer, so daß ein beträchtlicher Teil des Kohlendioxids als Nachtrieb erst im Ofen frei wird. Dadurch hebt sich der Kuchen gefällig aus der Form heraus und erlangt außerdem eine gleichmäßige feine und zarte Porung.

Die zur restlosen Zersetzung des Natriumhydrogencarbonats erforderlichen Mengen saurer Verbindungen sind je nach deren Zusammensetzung verschieden und richten sich nach den Reaktionsgleichungen. Die lauten z. B. für Weinstein und saures Natriumdiphosphat wie folgt:

Weinstein:

$$KHC_4H_4O_6 + NaHCO_3 = KNaC_4H_4O_6 + H_2O + CO_2$$
$$\quad 188 \qquad\quad 84 \qquad\qquad 210 \qquad\quad 18 \quad\; 44$$

saures Natriumdiphosphat:

$$Na_2H_2P_2O_7 + 2\,NaHCO_3 = Na_4P_2O_7 + 2\,H_2O + 2\,CO_2$$
$$\quad 222 \qquad\qquad 168 \qquad\qquad 266 \qquad\; 36 \qquad 88$$

Auch Aluminiumsalze, wie z. B. Kalialaun $K\,Al\,(SO_4)_2 \cdot 12\,H_2O$ setzen sich mit Natriumhydrogencarbonat in der Hitze unter CO_2-Abspaltung um, obzwar sie nicht sauer reagieren. Dabei bildet sich Aluminiumhydroxid und Natrium- und Kaliumsulfat. Die Alkalisulfate erteilen dem Gebäck einen bitteren Beigeschmack. Lebensmittelrechtlich sind Aluminiumbackpulver in der deutschen Bundesrepublik und auch in einigen anderen Ländern nicht erlaubt, in den USA dagegen zugelassen. Als Backpulversäuren wurden Malonsäure, Fumar- und Adipinsäure, ferner auch die sauren Natrium-, Kalium- und Calciumsalze mehrbasischer organischer Säuren (z. B. Citronensäure) vorgeschlagen, konnten sich aber aus kalkulatorischen Gründen nicht durchsetzen. Abgesehen davon scheiden einige, wie z. B. die Adipinsäure, als unzulässige fremde Stoffe in der Bundesrepublik von vornherein aus.

Ein gewisses praktisches Interesse kommt dagegen nach Ch. Feldberg (1959) einer neuartigen Backtriebsäure, dem *Gluconsäure-δ-lacton* ($C_6H_{10}O_6$) zu. Es dient in den USA zur Bereitung des „instant bread", eines in kürzester Zeit herstellbaren chemisch gelockerten Heeresbrotes, daneben auch zur beschleunigten Fertigung verschiedener Feinbackwaren.

Eigenartig ist das Verhalten der Substanz gegenüber Natriumhydrogencarbonat; sie entwickelt in wäßriger Lösung oder Aufschlämmung nur sehr langsam und erst beim Erwärmen Kohlendioxid, während in Teigen — anscheinend als Folge kapillaraktiver Vorgänge — sofort eine lebhafte, dabei sehr gleichmäßige Gasentwicklung einsetzt, die dem Teig und auch der Gebäckkrume ein ähnliches Aussehen, wie es durch Hefegärung hervorgerufen wird, erteilt.

Im Vergleich mit saurem Natriumdiphosphat und Weinstein besitzt Glucon-säure-δ-lacton einen etwas starken Vortrieb (A. ROTSCH 1961).

Die Triebkraft von Backpulver wird meist mit dem Apparat nach Tillmans-Strohecker und Heublein als wirksame Kohlensäure aus der Differenz von Gesamtkohlensäure und un-wirksamer Kohlensäure ermittelt. Das Verhalten einer Backpulvermischung im Teig weicht jedoch nach A. ROTSCH (1961) mitunter erheblich von der in wäßrigen oder salzsauren Lö-sungen ab.

3. Triebmittel anderer Art

Wichtige chemische Teiglockerungsmittel sind ferner Hirschhornsalz und Ammoniumhydrogencarbonat. Das erste ist in seiner Handelsform eine Mischung von Ammoniumhydrogencarbonat (NH_4HCO_3) und Ammoniumcarbamat ($NH_4 \cdot CO_2 \cdot NH_2$), die in der Backhitze nach folgenden Reaktionsgleichungen zerfällt:

$$NH_4HCO_3 \rightarrow NH_3 + CO_2 + H_2O$$
$$NH_4 \cdot CO_2 \cdot NH_2 \rightarrow 2\,NH_3 + CO_2$$

Anstelle von Hirschhornsalz wird heute vorwiegend Ammoniumhydrogen-carbonat in reiner Form unter der Bezeichnung ,,ABC-Trieb" (von Ammonium-bi-carbonat) als Backtriebmittel verwendet.

Theoretisch wären die Ammoniumverbindungen ideale Backpulver, da sie keine Säuren zur Zersetzung benötigen und keine festen Rückstände im Gebäck hinterlassen. Hinzu kommt noch, daß ihre Gasentwicklung in der Kälte sehr gering ist und erst bei etwa 60° C kräftig einsetzt. Sie übertreffen im Ofentrieb alle sonst üblichen chemischen Teiglockerungsmittel. Ihr Anwendungsbereich ist jedoch in der Praxis auf scharf auszubackende Teige, die in dünner Schicht zu Flachgebäcken (Keks, Plätzchen, flache Lebkuchen u. a.) verarbeitet werden, beschränkt, da dicke Backwaren mit hoher Krumenfeuchtigkeit das entstehende Ammoniakgas zurückhalten und infolgedessen besonders im frischen Zustand einen scharfen Geruch und Geschmack aufweisen. Die allgemeine Fremdstoff-VO läßt die Ammoniumsalze daher nur als Backtriebmittel für trockenes Flachgebäck zu, gibt allerdings für das letztere keine Begriffsbestimmung, was gelegentlich zu Meinungsverschiedenheiten über die Zulässigkeit der Ammoniumlockerung bei gewissen Backwaren (Amerikaner, Springerle, Pfeffernüsse) geführt hat.

Pottasche (Kaliumcarbonat, K_2CO_3) spaltet nur bei Anwesenheit saurer Substanzen Kohlendioxid ab und eignet sich deshalb als Triebmittel nur für langgelagerte Lebkuchenteige, in denen sich geringe Mengen Gärungssäuren bilden. Meist bezweckt ihre Anwendung weniger das Hochtreiben als vielmehr ein ge-fälliges Breittreiben der Gebäcke, das durch die alkalische Reaktion bedingt wird. Zur Teiglockerung war auch das Einkneten von *gasförmiger Kohlensäure* unter Druck (7—10 atü) in den Teig vorgeschlagen worden (aerated bread), wird jedoch heute nicht mehr angewendet.

Erwähnt sei auch die wiederholt vorgeschlagene, nach deutschem Lebens-mittelrecht jedoch unzulässige Verwendung von *Sauerstoff* zur Teiglockerung, der entweder durch Zugabe von pulverförmigem Carbamidperoxid oder durch Zusatz von Wasserstoffperoxid zur Zugußflüssigkeit im Teig erzeugt werden kann (A. ROTSCH 1954). Als Begleiterscheinung der kräftigen Lockerung tritt eine deutliche Bleichwirkung auf, die eine unerwünschte Aufhellung der Krumen-farbe von eihaltigen Backwaren, gleichzeitig auch erhöhte Vitaminverluste zur Folge hat. Hinzu kommt noch ein leicht brennendes, an peroxidhaltiges Gurgel-wasser erinnernder Nachgeschmack der Backwaren.

Wichtiger ist dagegen die mechanische Teiglockerung durch Einschlagen oder Einrühren von Luft. Sie verlangt im allgemeinen eine flüssig-weiche, viscose Teigbeschaffenheit, die oft durch Ei- und/oder Fettzugabe, neuerdings durch besondere Emulgier- und Stabilisierungsmittel gefördert wird. Beispiele dafür sind die Lockerung mit Eiweißschnee oder schaumig geschlagenem Vollei, die bei der Herstellung von Biskuitmassen angewendet wird, oder das Einrühren von Luft in Form kleiner Bläschen in die Fettphase von Sandmassen oder das Schlagen flüssig-weicher Waffelteige und des mit pulverisiertem Eis bereiteten Teiges für Delikateß-Knäckebrot.

Als zusätzliche mechanische Lockerung kann auch das Schlagen des ziemlich weichen Teiges für Berliner Pfannkuchen angesehen werden, wie überhaupt in vielen Fällen in der Feinbäckerei Kombinationen verschiedener Lockerungsarten zur Erreichung einer bestimmten Gebäckstruktur beliebt sind.

Hier ist als besondere physikalische Lockerung noch die Ausnutzung des Wasserdampfes zu erwähnen, der durch dünne Fettschichten, die man durch Ausrollen („Ziehen") des Teiges erzielt, zurückgehalten wird und das Teigstück in der Backhitze hochtreibt. Auf diese Weise entsteht das blättrig-zarte Gefüge von Blätter- und Plunderteiggebäcken und die charakteristische mürbe Schichtstruktur von Kräcker und Hartkeks.

II. Backmittel (Backhilfsmittel)

1. Allgemeine Anforderungen

Die Forderung weiter Verbraucherkreise, das Grundnahrungsmittel Brot in höchster Reinheit ohne jede artfremden Zusätze nur aus Weizen- oder Roggenmehl, Wasser, Salz, Hefe und/oder Sauerteig herzustellen, führt gelegentlich zur Frage nach der Notwendigkeit einer künstlichen Backverbesserung der Mehle, die teils schon in der Mühle, teils erst in der Backstube erfolgen kann.

Solange Weizen- und Roggenmehle mit guten Backeigenschaften zur Verfügung stehen und das Brot in der früher üblichen Weise vorwiegend mit Handarbeit hergestellt wird, läßt sich gutes Brot auch ohne jedes Hilfsmittel bereiten. Berücksichtigt man jedoch den modernen Stand der Bäckereitechnik, die unter dem Mangel an Arbeitskräften und der Forderung des Arbeitspersonals nach besseren Arbeitsbedingungen, höheren Löhnen und kürzeren Arbeitszeiten auch in kleineren und mittleren Bäckereien zu einer weit fortgeschrittenen Mechanisierung und Automation geführt hat, so ergeben sich nur noch in engbegrenztem Umfang Möglichkeiten, schwankende Mehleigenschaften durch Anpassung der Teigführung und -bearbeitung sowie durch entsprechende Abstimmung der Backzeit und Backtemperatur auszugleichen.

Teigteil-, Wirk- und Formmaschinen, automatische Gärschränke und Durchlauföfen verlangen weitgehende Gleichmäßigkeit der Teige hinsichtlich Festigkeit, Teigausbeute, Plastizität und Triebkraft. Unterschiede in den Backeigenschaften der Mehle müssen ausgeglichen werden, ohne daß die Herstellungstechnik geändert wird. Dies kann in den meisten Fällen nur durch backverbessernde Maßnahmen in der Backstube geschehen, da die Möglichkeiten, die Backfähigkeit der Mehle schon in der Mühle anzuheben, in der deutschen Bundesrepublik durch das Verbot der chemischen Mehlbehandlung eng begrenzt sind. Um besonders die Backeigenschaften der meist schwachen inländischen Weichweizenmehle für die Brot- und Brötchenherstellung zu verbessern, sind seit etwa 100 Jahren industrielle Hilfsmittel entwickelt worden, die früher Backhilfsmittel genannt wurden, heute allgemein als Backmittel bezeichnet werden.

Sie bestehen zum Großteil aus natürlichen Rohstoffen, die entweder selbst Nahrungsmittel sind oder in anderen enthalten sind und deren besonderen Nährwert bedingen, wie z. B. Malzextrakt, Traubenzucker, Lecithin, Milcherzeugnisse usw. Selbst die mineralischen Bestandteile mancher Backmittel sind oft Substanzen von wichtiger biologischer Bedeutung, wie z. B. kohlensaure, phosphorsaure oder schwefelsaure Calciumverbindungen oder Calcium- bzw. Natriumsalze organischer Genußsäuren (Milch-, Essig-, Wein- und Citronensäure).

Häufig handelt es sich bei der Verarbeitung von Backmitteln nur um neuzeitliche Anwendungsformen althergebrachter Maßnahmen der Bäckerei, die schon in früheren Jahrhunderten bekannt waren, wie z. B. die Verarbeitung von gebrühtem Mehl oder gekochten Kartoffeln zur längeren Frischhaltung, Verwendung von Essig bei Auswuchsmehlen, hartem Wasser zur Verbesserung der Teigeigenschaften usw. Die modernen Backhilfsstoffe gewähren größere Sicherheit, peinliche Sauberkeit und geringeren Zeit- und Arbeitsaufwand als die alten primitiven Verfahren. Aber nicht nur bei ausgesprochen schlecht backfähigen Mehlen ist ihre Anwendung von Vorteil, auch bei normalen Backeigenschaften läßt sich durch ihren Einsatz häufig eine weitere Steigerung der Teig- und Brotausbeute und schließlich auch der Brot- und Gebäckqualität erreichen.

Backmittel sind oft eng verwandt mit manchen Backzutaten und bestehen nicht selten aus den gleichen Rohstoffen. Mitunter ist es nur der mengenmäßige Anteil, der entscheidet, ob das Produkt als Backmittel oder als Backzutat aufzufassen ist. Die Grenze ist fließend. Doch kann bei den Backzutaten der mengenmäßige Anteil sehr hoch sein und mitunter sogar den des Mehles übertreffen. Sie bedingen weitgehend die Eigenart und Struktur des Gebäckes und bestimmen gleichzeitig die Geschmacksbildung.

Backmittel dagegen dienen lediglich einem backtechnischen Zweck und werden in verhältnismäßig geringen Mengen (von etwa 0,1 % bis maximal 4 % des Mehles) angewendet. Sie sollen weder die stoffliche Zusammensetzung des fertigen Gebäckes, noch seinen Geschmack wesentlich beeinflussen. Sie werden vorwiegend bei biologisch gelockerten Teigen in der Brot- und Brötchenherstellung eingesetzt. Sie dienen hier der Förderung der Gärung, der Verbesserung der Teigbeschaffenheit wie auch der Krumen- und Krusteneigenschaft. In Feingebäckteigen ist besonders die emulgierende und stabilisierende Wirkung wie auch der Frischhaltungseffekt von Bedeutung, während eine Gärförderung z. B. bei chemisch und mechanisch gelockerten Massen nicht in Betracht kommt oder in Hefefeingebäckteigen wegen der meist reichlichen Anwesenheit von gärfähigem Zucker (Saccharose, Invertzucker) nur von untergeordneter Bedeutung ist.

Wegen der großen Vielfalt der erwünschten backtechnischen Effekte kann es ein Allzweckmittel streng genommen nicht geben. Backmittel sollten daher stets planvoll, niemals rein schablonenmäßig angewendet werden.

Der Verkehr mit Backmitteln war vor 1945 durch Bestimmungen der früheren Hauptvereinigung der deutschen Kartoffelwirtschaft geregelt. Sie wurden bei Kriegsende außer Kraft gesetzt.

Der Bund für Lebensmittelrecht und Lebensmittelkunde e.V. stellte 1960 im Verein mit interessierten Kreisen der Backwirtschaft Richtlinien für diese Erzeugnisse auf, in denen Backmittel im engeren Sinn gegenüber Backzutaten, Backtriebmittel, Backhefe, Gewürz, Aroma usw. durch die Hervorhebung ihrer besonderen backtechnischen Wirkungen scharf abgegrenzt werden. Als solche werden genannt:

Verbesserung der Teigbeschaffenheit, Förderung der Gärung, Beeinflussung der Teigsäuerung, Verbesserung der Gebäckbeschaffenheit (u. a. Bräunung, Rösche, Volumen, Porung, Krumenelastizität, Genußwert), Verbesserung der Frischhaltung, Verhütung von Brotfehlern, Verhütung von Brotkrankheiten (Fadenziehen, Schimmel).

2. Begriffsbestimmungen, Zusammensetzung

a) Enzymatische Backmittel (Malzmehle und -extrakte) (vgl. H. Viermann, dieser Band), ferner mit Hilfe von Mikroben gewonnene Enzympräparate, die Amylasen, Proteasen und Pentosanasen enthalten. Enzymatische Backmittel beschleunigen die Gärung, verbessern die Bräunung und Rösche, beeinflussen auch die Teigbeschaffenheit und die Krumenstruktur (W.W. Bryee 1963, A. Rotsch 1965).

Backmalzmehle sollen nicht mehr als 12 % Wasser, Backmalzextrakte mindestens 75 % Trockenmasse enthalten.

b) Quellmehle, Quellstärken und andere gelbildende Stoffe pflanzlicher Herkunft. Sie beeinflussen die Teigkonsistenz und fördern beim Backen die Stärkeverkleisterung. Ihr Wassergehalt soll 14 % nicht übersteigen. Sie quellen mit kaltem Wasser um das Mehrfache ihres Gewichtes.

c) Teigsäuerungsmittel. Diese Backmittel besitzen einen verschieden hohen Gehalt an Milchsäure, Essigsäure, Weinsäure oder Citronensäure oder ihrer sauren Na- und Calciumsalze oder auch an sauren Natrium- und Calciumsalzen der Ortho- und Pyrophosphorsäure. Sie werden z. T. für sich allein, z. T. in Mischung, auch mit anderen Stoffen, z. B. Quellmehlen verwendet. Sie vereinfachen die Sauerführung und regulieren Teigkonsistenz und Krumenbeschaffenheit. Ihr Säuregrad soll mindestens 50 % betragen.

d) Verdauliche Erzeugnisse der Umwandlung von Stärke und anderen Kohlenhydraten. Darunter fallen Stärke- und Maltosesirup, Stärkezucker, Dextrose, Sorbit. Die zuckerhaltigen Produkte beschleunigen besonders die Gärung, erhöhen meist das Gebäckvolumen und fördern die Bräunung. Sorbit dient zur Frischhaltung von Feingebäcken.

e) Backtechnisch wirksame Milcherzeugnisse wie Magermilch, Buttermilch, Joghurt und Molke in flüssiger, pastenförmiger oder trockener Form. Sie verbessern die Bräunung und Porung. Sie bestehen aus mindestens 30 % Milch und/oder der vorgenannten Milcherzeugnisse oder Casein, berechnet auf Trockenmasse. Der Wassergehalt mehlförmiger Produkte übersteigt nicht 12 %.

f) Lecithinbackmittel. Sie wirken oberflächenaktiv und emulgierend, verfeinern die Porung und erhöhen die Gärstabilität des Teiges und das Gebäckvolumen, z. T. auch die Frischhaltung. Lecithinbackmittel für Weizengebäcke enthalten mindestens 5 %, solche für Mischbrote mindestens 2 % Lecithin (berechnet als Handelslecithin mit 60 % Phosphatiden).

g) Soja-Backmittel. Vollsojaerzeugnisse werden als Fettstabilisatoren bei Feinbackwaren, entöltes Sojamehl als Regulator des Wasserhaushaltes des Teiges verwendet. Sie enthalten mindestens 35 % Voll- bzw. entölte Sojamahlerzeugnisse und nicht mehr als 12 % Wasser.

h) Backcremes. Sie sind Gemische von pflanzlichen oder tierischen Fetten mit verschiedenen Siruparten, auch festem Zucker (insbesondere Puderzucker), z. T. auch mit Zusätzen von Lecithin, Dickungsmitteln, Mono- und Diglyceriden, Milcherzeugnissen und ähnlichen Stoffen. Sie bewirken insbesondere eine gleichmäßig geporte, wollige Krume und eine längere Rösche der Kruste, verbessern die Frischhaltung oder erhöhen die Mürbigkeit (z. B. bei Zwieback). Sie werden vorwiegend bei der Herstellung von Kleingebäck und Feinbackwaren verwendet und dienen bei den letzteren oft auch als süßende und mürbe machende Zutat anstelle von Fett und Zucker. Ihr Wassergehalt übersteigt nicht 20 %. Sie enthalten in der Trockenmasse mindestens 65 % Fettstoffe (einschließlich fettähnlichen Emulgatoren und/oder Zucker bzw. zuckerhaltige Stoffe (Stärke- bzw. Maltosesirup, Malzextrakt u. a.).

i) Mittel zur Verhütung von Brotkrankheiten. Sie enthalten Calcium- oder Natriumpropionat, soweit sie zur Schimmelbekämpfung dienen. Zur Verhütung von Fadenziehen wird Calciumacetat, saures Natriumacetat oder Calciumpropionat verwendet.

Die vorgenannten Backmittel werden auch in Mischungen miteinander sowie als Gemische mit anderen back- oder verarbeitungstechnisch wirksamen Stoffen, wie z. B. Ascorbinsäure, Hefe-Nährstoffen, die Wasserhärte günstig beeinflussenden oder die klümpchenfreie Vermischung mit dem Mehl fördernden mineralischen Substanzen verwendet.

Die Richtlinien beruhen auf früheren Bestimmungen und Handelsbräuchen, berücksichtigen aber auch die neuere Entwicklung und drücken die derzeitige Verkehrsauffassung aus. Ihre Aufzählung von Stoffen und Stoffgemischen ist keineswegs erschöpfend und läßt auch die Einbeziehung weiterer Stoffe und Stoffgemische zu, so weit sie der in § 1 der Richtlinien enthaltenen Begriffsbestimmung für Backmittel und den allgemeinen Anforderungen des Lebensmittelgesetzes entsprechen.

3. Wirkungsweise der einzelnen Backmittel

Der Ausmahlungsgrad der Mehle ist von großer Bedeutung für den backtechnischen Effekt, der mit Backmitteln zu erzielen ist. Er ist am deutlichsten bei hellen, aschearmen Mehlen erkennbar. Höhere Typen, insbesondere Weizenmehle mit über 1 % Asche i. Tr., sprechen dagegen auf Backmittelzusätze nur wenig an. Es hängt dies einerseits mit dem erhöhten Enzym- und Zuckergehalt, andererseits mit der größeren Wasseraufnahme der dunkleren Mehltypen als Folge ihres Gehaltes an Schalenteilchen zusammen. Ihre Backfähigkeit liegt auf einem Niveau, das praktisch unempfindlich gegen Backmitteleffekte ist. (Zur Wirkungsweise der Backmittel vgl. auch A. ROTSCH und H. DÖRNER 1954.)

a) Enzymatische Backmittel

Zu den wichtigsten Backmitteln gehören amylasehaltige Produkte wie *Malzmehle*, *Malzextrakte* und andere enzymatische, aus Mikroorganismen gewonnene, mehr oder weniger konzentrierte *Enzympräparate*, die Amylasen, Proteasen, neuerdings auch Pentosanasen und dgl. enthalten. Zwischen Malzmehl und Malzextrakt bestehen bemerkenswerte Unterschiede in der Wirkung. Da in dem letzteren bereits ein gewisser Vorrat an leicht vergärbaren Zuckern vorhanden ist, tritt die gärfördernde Wirkung sofort ein, während Malzmehle erst eine Zeitlang einwirken müssen, bis sich durch ihren Stärkeabbau genügende Mengen Maltose und Glucose gebildet haben. Malzprodukte wirken im allgemeinen gärbeschleunigend und verkürzen die Gärzeit. Gewöhnlich steigern sie das Gebäckvolumen, fördern die Krustenbräunung und verbessern bei Brötchen und anderen Kleingebäcken zugleich auch Rösche und Ausbund. Die Zusatzhöhe liegt gewöhnlich bei 1—2 %, wobei kleberstarke Mehle höhere Dosierungen vertragen als schwache.

Bei den letzteren tritt leicht ein Nachlassen und Schmierigwerden der Teige, eine Schwächung der Krumenelastizität und eine Vergröberung der Porung ein. Sie hängt offensichtlich damit zusammen, daß Malzprodukte neben Amylasen auch eiweißabbauende Enzyme (Proteasen) enthalten. Bei schwachen Mehlen ist die rasche Bräunung, die durch Zugabe von Malzpräparaten hervorgerufen wird, mitunter von Nachteil, da sie ein gutes Durchbacken erschwert. Unzweckmäßig ist ferner auch der Einsatz von Malzbackmitteln bei Auswuchsmehlen, bei denen der Enzymgehalt ohnedies schon übermäßig hoch ist.

Die proteolytische Wirkung der Malzprodukte kann vorteilhaft zur Verringerung der übermäßig hohen Zähigkeit von Teigen aus sehr kleberreichen starken Mehlen ausgenützt werden. Zu diesem Zweck kann in der Hartkeks- und Lebkuchenherstellung durch einen Malzzusatz die Teigbeschaffenheit so beeinflußt werden, daß sich die Teige besser ausrollen und ausstechen lassen. Bis zu einem gewissen Grad kann auch die Neigung zur Haarrißbildung bei Keks auf diese Weise vermindert werden.

Die gärfördernde Wirkung der Malzbackmittel erstreckt sich nicht allein auf die Teiggare, sondern auch auf den Ofentrieb, indem sie eine gesteigerte Zuckerbildung bei Temperaturen bis über 70° C hinaus verursachen. Da bei so hohen Temperaturen die Hefe bereits abgetötet ist, werden die gebildeten Zucker nicht mehr vergoren, wirken sich jedoch noch günstig auf Geschmack, Aroma und Krustenfarbe aus und verbessern zusammen mit den gleichzeitig gebildeten Dextrinen die Frischhaltung.

Während die Malzprodukte sowohl α- als auch β-Amylasen enthalten, beruht die backtechnische Wirkung der sog. *Pilzamylasen*, die aus Schimmelpilzen, insbesondere *Aspergillus oryzae* und *Aspergillus niger* gewonnen werden, auf ihren Gehalt an α-Amylase. Dieses stärkeabbauende Enzym liefert vorwiegend Dextrine.

Die Wirkung der Pilzamylasen im Teig ist anderer Art als die der Malzamylasen (E.A. VAUPEL 1957). Die Teige werden nicht schmierig und lassen auf Gare nicht nach, bleiben vielmehr trocken und lassen sich gut mit Maschinen aufarbeiten. Pilzamylase wird meist von einer Amyloglucosidase begleitet, die aus Stärke Glucose abspaltet. Dieses Enzym fördert neben der Erhöhung der Triebkraft die Ausbildung einer gut und gleichmäßig geporten elastischen Krume (Y. POMERANZ u. Mitarb. 1964).

Bakterien-α-Amylase (aus *Bac. subtilis*) ist weniger empfindlich gegen höhere Temperaturen und vermag noch in geringem Grad nach dem Backprozeß weiter zu wirken, was eine längere Frischhaltung zur Folge hat. Auch eine stark wirksame proteolytische Komponente ist in solchen Enzympräparaten enthalten; sie kann zur Kleberschwächung bei übermäßig zähen Teigen aus sehr starken Mehlen ausgenutzt werden.

b) Backmittel zur Verbesserung der Krumenbeschaffenheit und der Porung

sind in erster Linie die *Lecithinbackmittel*. Sie werden hauptsächlich in der Weizenbäckerei und zwar bei Weizengroßbrot, -kleingebäck und auch bei Zwieback mit gutem Erfolg eingesetzt. Ihre backtechnische Wirkung beruht auf der Oberflächenaktivität des Lecithins und seiner Quellbarkeit in der Teigflüssigkeit, die eine Erhöhung der Teigviskosität und im Zusammenhang damit eine Steigerung des Gashaltevermögens bewirkt. Mit der früher als Erklärung der Backwirkung angenommenen Funktion eines Schmiermittels für das Klebernetzwerk des Teiges steht die Erfahrungstatsache in Widerspruch, daß Lecithin bei kleberschwachen Mehlen eine bessere Wirkung zeigt als bei kleberstarken. Der backtechnische Effekt besteht neben einer Erhöhung der Teig- und Brotausbeute in einer günstigen Beeinflussung der Teigbeschaffenheit, die geschmeidiger und plastischer wird, in der Verkürzung der Gärzeit, Erhöhung des Brotvolumens und der Ausbildung einer gleichmäßigen, zart geporten Krume, die sehr mürbe ist. Die mürbe machende Wirkung bedingt auch den erfolgreichen Einsatz von Lecithin bei Zwieback, Keks und Waffeln. Es kommt dem Wunschbild eines Universalbackmittels recht nahe, ist jedoch in seiner Anwendung durch den unangenehmen Geschmack des reinen Lecithins begrenzt. Der Zusatz kann praktisch 0,3 % nicht übersteigen. Eine deutliche Backwirkung ist jedoch schon bei 0,1 % Zusatz an Reinlecithin gegeben. Wegen seiner schmierigen oder wachsartigen Beschaffenheit läßt sich reines Lecithin in der Bäckerei nur schwer verarbeiten, desgleichen die handelsüblichen Pflanzenlecithine, die etwa 60 % Phosphatide enthalten. Die

Backmittelindustrie brachte daher durch innige Vermischung mit festen Trägerstoffen (Mehl, Stärke, Milchpulver, Zucker) pulverförmige Lecithinbackmittel in den Handel.

Lecithin ist auch ein wichtiger Bestandteil der meisten *Mischbackmittel*. Es wird mitunter in begrenzten Mengen gewissen Spezialbackfetten, sogenannten *shortenings*, die in der Feinbäckerei, insbesondere bei der Herstellung von Sand- und Rührkuchen, verwendet werden, zugesetzt.

Ähnliche Backeffekte lassen sich auch mit Mono- und Diglyceriden verschiedener Fettsäuren und ähnlichen Emulgatoren erzielen. Diese Produkte enthalten außer α-Monoglyceriden auch wesentliche Anteile an β-Monoglyceriden. Der Monoglyceridgehalt ist der backtechnisch wirksame Bestandteil der Gemische.

In den letzten Jahren fanden noch weitere Emulgatoren ähnlichen Typs, z. B. gemischte Glycerinester von Fettsäuren und Milchsäure, Stearinsäuremonoester der Polyalkohole Sorbit, Mannit oder des Polyoxyaethylen in der Bäckerei mancher Länder, besonders der USA, Verwendung. In der Bundesrepublik sind diese Verbindungen jedoch nach den gegenwärtigen Bestimmungen nicht für Lebensmittel zugelassen.

In der deutschen Bäckerei sind, zum Unterschied von einigen anderen EWG-Ländern, nur Lecithin und einfache Mono- und Diglyceride von Fettsäuren als Backmittel gestattet. Ein neuer Emulgator, der Diacetylweinsäureester von Mono- oder Diglyceriden, der bemerkenswerte backtechnische Verbesserungen im Volumen und in der Lockerung bei Brötchen bewirkt, ist zunächst nur versuchsweise zugelassen.

Der Einsatz einiger Emulgatoren ist am erfolgreichsten bei der Herstellung von gerührten und geschlagenen Eimassen. Sie erleichtern das Aufschlagen und stabilisieren die aufgeschlagenen Massen, verlängern z. T. auch die Frischhaltung. Zu diesem Zweck werden einige dieser Produkte, die unter verschiedenen Handelsnamen auf dem Markt sind, in den USA dem handelsüblichen Weizenbrot zugesetzt, um seine Weichheit, die beim verpackten Brot als Kennzeichen der Frische angesehen wird, zu verlängern. In Deutschland haben bisher derartige „Brotweichmacher" noch keine Verbreitung gefunden, da sich in deutschen Brotsorten, insbesondere im Roggenbrot und in Mischbroten, infolge der Abwesenheit von Zutaten wie Zucker, Milch, Fett usw., fremdartige Zusätze mit einem deutlichen unangenehmen wachsig-ranzigen Nachgeschmack bemerkbar machen.

c) Mittel zur Beeinflussung des Wasserhaushalts

Zur ausreichenden Verkleisterung der Stärke im Backprozeß ist eine optimale Wassermenge erforderlich, wenn eine elastische, gut kaubare und schnittfeste Krume erzielt werden soll. Infolge unterschiedlichen Gehaltes an teigbildenden Kolloiden (Eiweiß- und Schleimstoffen) und auch deren unterschiedlicher Beschaffenheit, kann das Wasseraufnahmevermögen der Mehle in beträchtlichen Grenzen schwanken. Es kann sich auch während der Gare und der Verarbeitung des Teiges ändern, was entweder zum „Nachsteifen" oder „Nachlassen" führt. Beide Arten von Änderungen der Teigbeschaffenheit sind jedoch für die moderne, weitgehend mechanisierte bzw. automatisierte Bäckereitechnik äußerst nachteilig. Häufig ist bei Mehlen die Wasseraufnahme zu gering, bei anderen wieder anfangs normal, läßt aber später nach (z. B. bei Auswuchs), wodurch feuchte, schmierige Teige entstehen, die zu Brotfehlern führen. Eine zu niedrige Wasseraufnahme läßt sich oft durch Zusatz von Altbrot oder gekochten Kartoffeln oder auch durch Abbrühen eines Teiles des Mehles mit kochendheißem Wasser ausgleichen. Man macht sich dabei das erhöhte Wasserbindungsvermögen der verkleisterten Mehlstärke zu Nutze. Diese Maßnahme, derer sich besonders die handwerkliche Bäckerei früherer Jahrzehnte gern bediente, ist jedoch oft wenig verläßlich, da man den Anteil der verkleisterten Stärke (z. B. beim Abbrühen des Mehles), nur ungenau kennt. Eine bessere Abstimmung läßt sich durch Verarbeitung aufgeschlossener Mehle, z. B. der Quellmehle und Kartoffelwalzmehle, und anderer gelbildender Pflanzenmehle, z. B. Johannisbrotkernmehl, Alginate, Guargummi, Pektine, Tragant usw. erreichen. Quellmehle sind nach der Verkehrsauffassung mehlartige Trockenerzeugnisse, die einen Mindestgehalt von 70 % Stärke in der Trockenmasse, und zwar in verkleisterter Form, aufweisen.

Zur Quellmehlherstellung können nicht nur Mehle und Stärkearten aus Brotgetreide, sondern auch aus Mais, Reis, Milo (Hirse) usw. dienen. Hierzu werden die wäßrigen Aufschlämmungen der Mehle bzw. Stärken durch Kochen verkleistert, der Kleisterbrei auf Walzen getrocknet und dann vermahlen.

Der Zusatz von Quellmehlen bewegt sich zwischen 2 und 3 %. Er kann besonders bei hellen Roggenbroten, mitunter auch bei Weizenschrotbrot, angezeigt sein. Häufig verbessern Quellmehlzusätze auch die Frischhaltung des Brotes und wirken sich bei richtiger Dosierung günstig auf Elastizität, Kaubarkeit, Porung und Schnittfestigkeit der Krume aus.

Zur Auftrocknung feuchter Krumen durch Bindung überschüssiger Feuchtigkeit und Vermeidung von Wasserstreifen, klitschiger Krume und abgebackener Kruste eignen sich besonders gut unverkleisterte Stärkemehle (Weizen-, Mais-, Milo- oder Kartoffelstärke).

Kartoffelwalzmehl wird ähnlich wie die Getreidequellmehle aus gedämpften und anschließend auf Walzen getrockneten Kartoffeln durch Mahlen der Kartoffelflocken hergestellt. Es besteht somit ebenfalls hauptsächlich aus verkleisterter Stärke und besitzt ähnliche Backeffekte wie die Getreidequellmehle, erreicht diese jedoch nicht ganz hinsichtlich der Verbesserung der Teig- und Krumenbeschaffenheit. Sie sind heute nur noch von zweitrangiger Bedeutung.

Quellmehle werden auch besonders in Kombination mit Teigsäuerungsmitteln und Lecithin erfolgreich zu Mischbackmitteln verarbeitet.

d) Teigsäuerungsmittel

Die Vermehrung der Zugußmenge, die sich aus dem Zusatz aufgeschlossener Mehle ergibt, hat im allgemeinen eine backtechnisch ungünstige Erniedrigung des Säuregrades zur Folge. Der Praktiker könnte ihr zwar durch entsprechende Erhöhung des Saueranteiles begegnen, muß dann aber von der normalen Rezeptur und Führung abweichen und gegebenenfalls geschmackliche Veränderungen des Brotes in Kauf nehmen.

Die Backmittelindustrie hat der Abneigung vieler Kreise des Backgewerbes, in den oben genannten Fällen höhere Saueranteile zu verarbeiten, durch die Entwicklung künstlicher Teigsäuerungsmittel Rechnung getragen, die den Quellmehlen beigemischt werden, um den Säuregrad bzw. pH-Wert des Teiges auf das Optimum einzustellen. Es handelt sich dabei teils um biologisch gesäuerte Substanzen, teils um freie organische Genußsäuren (Milch-, Essig-, Wein-, Citronensäure), teils um saure Salze (saure Phosphate, Citrate, Tartrate). Da die in Betracht kommenden Säuren und sauren Salze verschieden „stark" sauer sind und infolgedessen in ihren Anwendungsmengen beträchtliche Unterschiede aufweisen, diese auch von der Art der damit herzustellenden Brote abhängen, dient als Maßstab für die anzuwendenden Mengen nicht die Säuremenge, sondern der Mindestsäuregrad (Säuregrad = Anzahl ml n-Lauge pro 100 g Backmittel). Die sauren Quellmehle leiten ohne scharfe Abgrenzung zu den *Trocken-* oder *Fertigsauern* über.

Man ist bestrebt, mit diesen Backmitteln die von vielen äußeren Einflüssen abhängende, z. T. sehr zeitraubende und umständliche Sauerteigführung zu vereinfachen, abzukürzen oder auch ganz zu umgehen. Allerdings muß dabei häufig eine Qualitätsminderung des Brotes in Kauf genommen werden, die sich besonders im Schwinden des kräftigen, würzigen Brotaromas, mitunter auch in backtechnischen Mängeln bemerkbar macht. Die Säure der Trockensauer kann von einer biologischen Säuerung eines später wieder schonend getrockneten Sauerteiges oder von Zusätzen der oben erwähnten Säuren und sauren Salze herrühren. Der prägnanteste Unterschied der Trockensauer von einem natürlichen Sauerteig ist die Abwesenheit lebender säurebildender Mikroben.

Bei aller Problematik einer regelmäßigen Anwendung von Teigsäuerungsmitteln kann ihr Einsatz besonders dort Vorteile bieten, wo in möglichst kurzer Zeit Roggen- oder Roggenmischbrot hergestellt werden soll. Auch bei der Behebung von Auswuchsschäden können Teigsäuerungsmittel gute Dienste leisten; unter Umständen kann hier eine Kombination mit der natürlichen Sauerteigführung angezeigt sein. Bei alleiniger Verarbeitung werden die Teigsäuerungsmittel je nach Säuregrad in einer Höhe von 1—2,5 % (auf Mehl berechnet) bei Kombination mit natürlicher Sauerführung je nach dem Saueranteil in einer Zusatzhöhe von 0,5—1 % angewendet.

Als wichtigste Säure der Sauerteiggärung neben Essigsäure kommt der *Milchsäure* eine besondere Bedeutung zu. Sie verhindert die Entwicklung unerwünschter Gärungserreger, verbessert eine Aufhellung der Krumenfarbe, die bei manchen Mischbroten mitunter vom Verbraucher möglichst hell gewünscht wird. Man verwendet je l Zugußflüssigkeit 4—6 g einer 80 %igen industriell hergestellten Genußmilchsäure. Als Nachteil derartiger Milchsäurezugaben tritt in kombinierten Führungen ein Zurückdrängen der natürlichen Säurebildung und eine Einbuße des Brotaromas auf. Für gewisse Zwecke, z. B. bei Verarbeitung von Mehlen mit mangelhaftem Säuerungsvermögen und auch bei Sauerstufen, die über das Wochenende geführt werden müssen, können Milchsäurezusätze immerhin vertretbar sein.

Teigsäuerungsmittel, die freie Essig- oder Milchsäure enthalten, wirken auch gegen das Fadenziehen von Brot und können deshalb mit Vorteil auch bei Weizen- und Weizenmischbrot verarbeitet werden.

e) Stärkehydrolysate und andere Kohlenhydrate

In diese Gruppe werden Stoffe und Stoffgemische eingereiht, die, wie z. B. Stärkesirup, Maltosesirup, Stärkezucker, Dextrose, durch Verzuckerung von Pflanzenstärken oder -mehlen gewonnen werden, ferner Sorbit, der durch katalytische Hydrierung von Glucose unter hohem Druck (70 atü) hergestellt wird. In den Stärkeabbauprodukten ist am wichtigsten der Gehalt an Glucose und Maltose. Stärkezucker wird sowohl als gärförderndes Backmittel, wie auch in reinster kristallisierter Form als Süßungsmittel mit kühlem Schmelz für Waffelfüllungen verwendet. Auch in den weniger gereinigten, mit Säurehydrolyse hergestellten Stärkeabbauerzeugnissen herrscht Glucose als Hauptbestandteil vor. Maltosesirup enthält überwiegend Maltose und wird durch enzymatischen Abbau von Maisstärke oder Maismehl mit Malzmehl gewonnen. Die Stärkeabbauerzeugnisse sind selbst nicht enzymatisch wirksam, beschleunigen jedoch durch ihren Gehalt an leicht vergärbaren Zuckerarten (Glucose und Maltose) die Gärung besonders am Anfang und bewirken dadurch eine Volumensteigerung, eine kräftige Bräunung und schnellere Krustenbildung. Dies kommt bei Kleingebäck der Rösche und dem Ausbund zugute. Infolge der Abwesenheit von Amylasen und Proteasen beeinflussen Stärkeabbauprodukte zum Unterschied von den Malzbackmitteln nicht die Teigbeschaffenheit. Da Maltose von der gewöhnlichen Bäckerhefe erst nach einer gewissen Anlaufzeit, also in den späteren Gärstadien, vergoren wird, bietet die Kombination von Maltosesirup und Stärkesirup bzw. Stärkezucker gute Möglichkeiten, den Gärverlauf gleichmäßig zu gestalten. Maltose und Stärkesirup werden auch als Pulver durch Sprühtrocknung hergestellt und in dieser Form als Backmittel verwendet. Sie dienen u. a. auch als Backzutaten in der Feinbäckerei und Dauerbackwarenfabrikation. Ihr Zusatz liegt dann jedoch gewöhnlich höher als bei Verwendung als Backmittel, bei der sie in Mengen von 1—2% eingesetzt werden. Sie erteilen den Backwaren auch eine längere Frischhaltung, werden in diesem Effekt jedoch von Sorbit übertroffen.

f) Backtechnisch wirksame Milcherzeugnisse

Der wichtigste Vertreter der hier zu nennenden Milcherzeugnisse ist das Magermilchpulver. Es zeigt jedoch sehr schwankende Backeigenschaften. Am deutlichsten ist die bräunende Wirkung, die mitunter zu stark sein kann. Der Einfluß auf die Teigbeschaffenheit ist häufig ungünstig, der Ofentrieb gering; im Zusammenhang damit wird oft das Gebäckvolumen verringert, während die Porung ungleichmäßig, mitunter aber auch verfeinert wird. Reine Milchbackmittel werden daher heute kaum noch verarbeitet. Meist kombiniert man sie mit Lecithin, Zucker, enzymatischen Backmitteln usw. Gesäuerte Milch- und Molkenpulver wurden auch als Teigsäuerungsmittel, z. T. mit gutem Erfolg angewendet.

g) Misch-Backmittel

Die meisten der heute im Handel befindlichen Backmittel sind Mischbackmittel. Man sucht durch Kombination der einzelnen Backmittelarten miteinander ein Höchstmaß an Wirkung und Wirtschaftlichkeit ihrer Anwendung für bestimmte Backwaren, z. B. Brötchen oder Mischbrote, zu erzielen. Da jedoch die bloße Kombination von Backmitteln hierzu nicht immer ausreicht, werden oft noch andere Stoffe, die sich auf die Teigbeschaffenheit oder den Backvorgang günstig auswirken, wie z. B. Ascorbinsäure zur Verbesserung der Kleberegenschaften, Hefe-Nährstoffe, Stoffe zur Beeinflussung der Härte des Teigwassers und schließlich noch Stoffe zur Verbesserung der Fließfähigkeit pulverförmiger Backmittel, beigemischt.

Unter den hier in Betracht kommenden Mineralstoffen verdient besonders Calciumsulfat (Gips) erwähnt zu werden. Sein Zusatz bedeutet in der in Betracht kommenden Dosierung (0,06—0,1%) keine Verfälschung des Mehles, sondern bezweckt eine Verbesserung des Standes des Teiges auf Gare und eine zartere und feine Porung der Gebäckkrume.

Eine ähnliche Wirkung kann mitunter auch mit saurem Calciumphosphat bzw. Calciumdiphosphat erreicht werden.

Die Calciumsalze der Essig- und Propionsäure dienen der *Bekämpfung von Brotkrankheiten* und zwar das erstgenannte in Zusätzen bis 0,4% gegen Fadenziehen, das zweite in Mengen von etwa 0,5% gegen Schimmelbildung und gleichzeitig auch gegen Fadenziehen. Gegen die letztere Brotkrankheit kann auch saures Natriumacetat angewendet werden.

Die Verwendung der genannten Salze braucht nicht deklariert zu werden.

h) Back-Cremes

Eine besondere Form der kombinierten Backmittel sind die Backcremes, die ursprünglich hauptsächlich als fett- und zuckersparende Backzutaten dienten, heute aber mehr backverbessernde Funktionen ausüben. Dies gilt besonders für die Zwieback-Cremes, die eine zarte, gut gelockerte und mürbe Zwiebackbeschaffenheit bedingen sollen. Backcremes enthalten Zuckerstoffe, tierische oder pflanzliche Speisefette und -öle, Mono- und Diglyceride, Lecithin, Milcherzeugnisse, Dickungsmittel und ähnliche Stoffe. Sie bewirken eine wollige, gleichmäßig geporte Krume, eine längere Rösche der Kruste und verbessern oft, auch die Frischhaltung.

Durch die Backcremes wurde Fett als ein in den ursprünglichen Backhilfsmitteln nicht als primärer Hauptbestandteil enthaltener Rohstoff in die Reihe der Backmittel eingeführt. Die in der Bäckerei seit langem bekannte Erfahrung, daß mit kleinen Fettzusätzen gewisse Verbesserungen der Teigbeschaffenheit, Erhöhung der Gärstabilität, Volumensteigerung bei Weißbrot und Brötchen, Verfeinerung der Porung und eine zartwollige Krumenbeschaffenheit erzielt werden kann, führte schließlich auch zur Verwendung von Fett und Fettzubereitungen, u. a. auch von Spezialmargarinen als Backmittel. Damit wird die Grenze zwischen echten Backmitteln und Backzutaten fließend.

Hier sind auch die in den USA entwickelten „shortenings", die in jüngster Zeit auch im deutschen Backgewerbe Eingang gefunden haben, zu nennen. Es handelt sich (H.J. HOMMERS 1964) um gemischte Backfette, bei denen durch gelenkte schnelle Kristallisation die festen Triglyceride in Form feinster Kristalle abgeschieden werden, die mit ihrer großen Oberfläche die flüssigen Anteile fest an sich binden und dadurch die Konsistenz des Fettes weich, plastisch und „kurz" machen. Außer von diesen rein physikalischen Bedingungen hängt die Qualität eines Shortenings auch von der Art der verarbeiteten Fette und ihren Anteilen an fester und flüssiger Phase, sowie von gewissen mechanischen Bearbeitungsmaßnahmen ab. Shortenings werden hauptsächlich in der industriellen Dauerbackwarenherstellung verwendet und erleichtern durch ihre gute Emulgierbarkeit die Teigbereitung und -formung, verbessern die Gebäckstruktur und die Lagerfestigkeit der Backwaren.

4. Trennmittel (Trennöle, Trennemulsion, Streumehl)

Zum Trennen der fertigen Brote von Kasten, Formen und Blechen oder auch angeschobener Brote voneinander werden verschiedenartige Trennmittel verwendet. Neben wasserfreien Fetten oder pflanzlichen Ölen, Bienenwachs, Spermöl und Lecithin sind auch Emulsionen unter Verwendung lebensmittelrechtlich zugelassener Emulgatoren (Mono- und Diglyceride, Lecithin) in Gebrauch. Ihr Fettgehalt (einschließlich des Emulgators) soll mindestens 10 % betragen, liegt meist aber bei 25 %. Im Hinblick auf die bessere Streichbarkeit und auf das bessere Haften an den Trennflächen, insbesondere an den Seitenflächen der Teigstücke von angeschobenen Broten ist die Trennwirkung von Trennemulsionen mitunter besser als die von wasserfreien Fetten bzw. fetten Ölen.

Für gewisse Backwaren, z. B. Lebkuchen, wird Bienenwachs als Trennmittel verwendet. In Fällen wo früher flüssiges Paraffin z. B. bei manchen Dauerbackwaren (Russisch Brot), wegen seiner Stabilität gegen Ranzig- oder Seifigwerden gebräuchlich war, ist nach dem Verbot der Verwendung von Paraffinöl als Trennmittel Spermöl vorgeschlagen.

Die Verbrauchsmenge an Fett bzw. Trennemulsion bei den verschiedenen Brotsorten kann je kg zwischen 1 und 10 g, bei Feinbackwaren zwischen 2 und 20 g je kg Gebäck schwanken. Bei manchen Brotsorten sind auch Streumehle aus Holz, das nicht stark riecht, oder aus Schalenteilen von Pflanzen als Trennmittel in Gebrauch. Holzstreumehl gilt als technischer Hilfsstoff (vgl. Bayr. St. Min. d. I. v. 29. 7. 1960).

In der Nachkriegszeit sind als Neuerung auf dem Gebiet der Backtrennmittel die *Silikone* aufgetaucht (P. WEYLAND 1952), hitzebeständige, nicht brennbare hydrophobe Kunststoffe auf der Basis organischer Siliciumverbindungen. Sie können als eingebrannter Überzug von Backkästen und Backformen oder auch als einseitige oder doppelseitige Beschichtung von Backblechpapieren dienen. Mit Silikonharz überzogene Backformen für Brot benötigen kein Ausstreichen mit Fett oder Trennemulsion und gestatten eine etwa 200fache Benutzung, bevor der Überzug erneuert werden muß. Zuckerreiche Backwaren verlangen jedoch zu einer einwandfreien Trennung zusätzliches leichtes Fetten.

Bei flachen Feingebäcken können mit Vorteil silikonisierte Backblechpapiere eingesetzt werden, die zum Unterschied von gewöhnlichem Pergamentpapier mehrere Male verwendet werden können. Silikonisierte Backformen sind leichter und mit geringerem Kostenaufwand zu reinigen.

Bibliographie

Bennion, E.P., and J. Stewart: Cake Making. London: Leonard Hill (Books) Ltd. 1958.

Bohn, R.M.: Biscuit and Cracker Production. New York/Chicago: American Trade Publ. Co. 1957.

Bund für Lebensmittelrecht und Lebensmittelkunde e.V.: Richtlinien für Backmittel. Schriftenreihe des Bundes für Lebensmittelrecht und Lebensmittelkunde, Heft 34. Hamburg: B. Behr 1960.

— Begriffsbestimmungen und Verkehrsregeln für Dauerbackwaren. Schriftenreihe des Bundes für Lebensmittelrecht und Lebensmittelkunde, Heft 36. Hamburg: B. Behr 1961.

Frobeen, H.: Teigformung bei Dauerbackwaren. Vortrag auf der Dauerbackwarentagung 1949 in Detmold (unveröffentl.); zit. nach A. Rotsch u. A. Schulz (1958).

Hanssen, E.: Optimale Lagerungsbedingungen für Dauerbackwaren. In: Ergebnisse und Stand der vom Bundesverband erteilten Forschungsaufträge für die Fachsparten der Süßwarenindustrie in den Jahren 1960—1962. Hrsg. vom Bundesverband der Deutschen Süßwarenindustrie, Bonn, Bd. 7, S. 17—18. Hamburg: Benecke 1962.

Matz, S.A.: Bakery technology and engineering. Westpart, Conn.: The AVI publ. Co. Inc. 1960.

Menger, A.: Erfahrungen bei der Verpackung und Lagerung von Dauerbackwaren, S. 261 bis 265. 3. Internationaler Brotkongreß, Hamburg 1955. Arbeitsgemeinschaft Getreideforschung e.V., Detmold.

Neumann, M.P., u. P. Pelshenke: Brotgetreide und Brot, 5. Aufl. Berlin: P. Parey 1954.

Rotsch, A., u. A. Schulz: Taschenbuch für die Bäckerei und Dauerbackwarenherstellung. Stuttgart: Wiss. Verlagsgesellschaft 1958.

Schulz, A.: Backhefe und Bäckerei. In: Handbuch „Die Hefen", Bd. II, S. 695—728. Nürnberg: Hans Carl 1962.

Zeitschriftenliteratur

Feldberg, C.H.: The use of glucone-delta-lactone in bakery products. Baker's Digest **33** (5), 46—61 (1959).

Hommers, H.J.: Die Wirkung von shortenings bei der Herstellung von Gebäcken und ihre Erklärung. Brot u. Gebäck **18**, 208—209 (1964).

Jongh, G.: The formation of dough and bread structure. Cereal Chem. **38**, 140—152 (1961).

Mehnert, H.: Zur Behandlung der diabetischen Stoffwechselstörung mit Diät. Brot u. Gebäck **16**, 154—157 (1962).

Norman, G.F.: The canning of cake. Biscuit Maker **15**, 976—978 (1964).

Pomeranz, Y., G.L. Rubenthaler and K.F. Finney: Use of amyloglucosidase in breadmaking. Food Technol. **18**, 138—140 (1964).

Rotsch, A.: Über die Bedeutung der Stärke für die Krumenbildung. Brot u. Gebäck **7**, 121—123 (1953).

— Über ein neues Teiglockerungsverfahren. Brot u. Gebäck **8**, 114—115 (1954).

— Über die Triebwirkung des Gluconsäure-delta-Laktons, einer neuartigen Backpulversäure. Brot u. Gebäck **15**, 217—220 (1961).

— Neuartige enzymatische Backmittel. Brot u. Gebäck **19**, 227—230 (1965).

—, u. H. Dörner: Über den Einsatz von Backhilfsmitteln. Weckruf **41**, 867—872 (1954).

—, u. E. Tessmer: Über die Herstellung von Diätzwieback. Brot u. Gebäck **15**, 149—151 (1961).

— — Herstellung von Dosenkuchen. Brot u. Gebäck **19**, 21—24 (1965).

Vaupel, E.A.: Some observations on fungal enzymes in baking. Baker's Digest **31**, 35—36 (1957).

Weyland, P.: Die Silikone in der Bäckerei. Brot u. Gebäck **6**, 131—132 (1952).

D. Untersuchung und Beurteilung von Brot, Backwaren und Hilfsmitteln der Bäckerei

Von

Dr. A. ROTSCH und Dr. ANITA MENGER, Detmold

Mit 3 Abbildungen

Die Untersuchung von Brot, Backwaren und Hilfsmitteln der Bäckerei richtet sich in Art und Umfang nach dem zu erreichenden Zweck. Sie kann sich auf das gesamte Erzeugnis erstrecken oder aber auf einzelne Teile, z.B. Krume, Kruste, Füllung oder Überzug, beschränken. Bei der Ermittlung des Nährstoff-, Kalorien- oder Vitamingehaltes wird nicht selten eine andere Art der Zerkleinerung oder Vorbehandlung angewendet als beim Nachweis gewisser ,,fremder Stoffe'' oder bei der Bestimmung einzelner Bestandteile.

I. Allgemeine Qualitätsbeurteilung

Für die *Qualitätsbeurteilung* hat die chemische Untersuchung im allgemeinen nur untergeordnete Bedeutung; sie erfolgt in der Hauptsache nach *backtechnischen und organoleptischen Gesichtspunkten* (Aussehen, Struktur, Geschmack), wobei man sich zweckmäßig solcher Prüfungsschemata für Punktbewertungen bedient, wie sie bei den alljährlich von der Deutschen Landwirtschaftsgesellschaft durchgeführten Qualitätsprüfungen für Brot und Backwaren benutzt werden. Sie gestatten eine weitgehend objektivierte Erfassung und Bewertung backtechnischer und geschmacklicher Mängel, wobei einzelne chemische Untersuchungen, wie z.B. die Bestimmung des Wassergehaltes, des Säuregrades, des Salzgehaltes, zur Unterstützung des organoleptischen Befundes herangezogen werden können. Die Ermittlung des Brot- und Gebäckgewichtes wird mitunter dort erforderlich, wo besondere Verkehrsvorschriften (Brot, Zwieback) bestehen, außerdem bei Untersuchungen über die Brotausbeute. Dabei ist meist auch die erzielte Volumenausbeute (Volumen des aus 100 Teilen Mehl hergestellten Brotes) von Interesse, da sie mit dem Lockerungsgrad und der Krumenstruktur zusammenhängt und ein für den Käufer besonders wichtiges äußeres Merkmal darstellt.

Zur *Volumenbestimmung* benutzt man ein zylindrisches Glasgefäß (z.B. ⌀ 22 cm, Höhe 21 cm) mit plangeschliffenem Rand, das mit Rübsamen (evtl. auch Mohn) bis zum Rand gefüllt wird. Mit einem Lineal wird die Oberfläche eben gestrichen. Das Volumen der zur Füllung des leeren Zylinders benötigten Samenmenge wird in einem großen Meßzylinder ermittelt. Bei einer zweiten Messung wird zunächst der Boden des Glasgefäßes mit Rübsen bedeckt, dann das Brot bzw. Gebäck in das Gefäß gegeben und dieses wiederum mit Rübsamen bis zum Rand gefüllt. Die Differenz zwischen beiden Messungen ergibt das Brot- und Gebäckvolumen. Als Meßergebnis wird der Mittelwert aus zwei oder mehreren Bestimmungen genommen. Genauere Werte werden durch Wasserverdrängung erhalten, doch muß zu diesem Zweck das Brot oder das Gebäck mit einer dünnen Paraffinschicht überzogen werden, um das Eindringen von Wasser und ein dadurch bedingtes Aufquellen zu verhindern.

II. Nachweis und Bestimmung von Inhaltsbestandteilen, Zutaten und Zusätzen

1. Wasser

Da der Wassergehalt in den verschiedenen Partien eines Brotes oder größeren, saftigen Gebäckstückes recht unterschiedlich sein kann, ist es zur Ermittlung von Durchschnittswerten für die Gesamtmasse notwendig, eine größere Menge (250—500 g) aufzuarbeiten. Schnitte sind so zu wählen, daß Krusten- und Krumenanteil von dem Segment im gleichen Verhältnis erfaßt werden, wie sie bei dem ganzen Gebäckstück vorliegen. Wenn die Krume mehr als 20% Feuchtigkeit enthält, ist in der Regel eine genügend feine, homogene Zerkleinerung der Probenmenge erst nach Vortrocknen möglich. Die abgeteilte Substanz wird gewogen, verlustlos kleingeschnitten und über Nacht — in Trockenschränken mit Luftumwälzung innerhalb weniger Stunden — je nach Empfindlichkeit bei 30—60°C vorgetrocknet. Man läßt das Material zum Angleichen an die Raumluftfeuchtigkeit 2—3 Std offen stehen, stellt den Gewichtsverlust (W_1) fest und zerkleinert es dann in Starmix, Reibschale oder anderem geeignetem Gerät. Nach gründlichem Durchmischen wird in Teilproben der etwa 5 g der Restwassergehalt (W_2) in bekannter Weise im Trockenschrank bei 105°C (über Nacht oder 4—5 Std) — fettarme Backwaren auch $1^1/_2$ Std bei 130°C — bestimmt. Den ursprünglichen Gesamtwassergehalt (W) des Gebäckes errechnet man nach folgender Formel:

$$W = W_1 + W_2 - \frac{W_1 \cdot W_2}{100}$$

(W, W_1 und W_2 in Prozent einsetzen) (vgl. auch E. Bohm 1948).

Der Gesamtwassergehalt von saftigen, kleinen Gebäckstückchen oder eng umschriebenen Krumenteilen läßt sich so bestimmen, daß das Material in fein zerzupftem oder zerdrücktem Zustand, evtl. zur Oberflächenvergrößerung unter Zugabe von etwas Aceton mit Seesand verrieben, nach Abdunsten des Acetons etwa 4 Std bei 98°C im Vakuum getrocknet wird.

Bei allen Restwasserbestimmungen ist durch etwa $^1/_4$stündiges Nachtrocknen das Erreichen der Gewichtskonstanz zu kontrollieren. Mit Sand verriebene Proben sind vor dem Nachtrocknen vorsichtig aufzulockern.

Die Anwendung des Karl-Fischer-Verfahrens ist bei wasserarmen oder bereits vorgetrockneten Backwaren möglich, jedoch in Anbetracht der sehr kleinen Einwaagen wegen der häufig unzureichenden Homogenität des Untersuchungsmaterials für den Normalfall wenig anzuraten. Bei sirupösem Material oder bei Proben, die leicht karamellisieren, kann diese Methode allerdings zuweilen einen Vorteil bieten.

2. Asche

In Brot, Backwaren, Backmitteln und Fertigmehlen kann wegen des in diesen Materialien häufig enthaltenen Kochsalzes die Aschebestimmung nicht in gleicher Weise wie in Mahlerzeugnissen durch direktes Veraschen und Weißglühen im Muffelofen ausgeführt werden, vor allem nicht, wenn aus der Asche auf die verarbeitete Mehltype geschlossen werden soll.

Zur Bestimmung der „kochsalzfreien Asche" benutzt man dann die von A. R. Deschreider (1949) bzw. B. Thomas (1952) ausgearbeiteten Verfahren. Für Brote, die Milchbestandteile enthalten, gibt Deschreider eine besondere Berechnungsweise an, mit einem vom Lactosegehalt ausgehenden Korrekturfaktor.

a) Kochsalzfreie Asche nach Deschreider

Arbeitsvorschrift: Brot wird wie üblich zerkleinert und vorgetrocknet; in der vermahlenen, vorgetrockneten Substanz wird der Restwassergehalt bestimmt.

3 g des feinvermahlenen Brotes werden in eine bei 600°C ausgeglühte Ascheschale eingewogen, auf kleiner Flamme vorverascht und bei genau 600°C über Nacht im Muffelofen geglüht. Nach Abkühlen im Exsiccator wird gewogen und aus dem Glührückstand die Gesamtasche berechnet.

Der Inhalt der Ascheschale wird mit heißem Wasser quantitativ in ein 250 ml-Becherglas übergespült. Nach sorgfältigem Nachwaschen der Ascheschale sollte die Flüssigkeitsmenge etwa 50 ml betragen. Die Lösung wird zum leichten Sieden erhitzt und 15 min darin erhalten, anschließend durch Einstellen des Becherglases in kaltes Wasser abgekühlt.

Dann setzt man 10 Tropfen einer 10%igen Kaliumchromatlösung zu und titriert mit 0,1 n-AgNO₃ bis zur ersten schwachen Rötung durch Silberchromat. Das Titrationsergebnis wird auf Prozent NaCl in der Trockensubstanz umgerechnet.

Anmerkung: Statt vorzuveraschen, kann man die Ascheschalen in den noch kalten Muffelofen stellen und langsam mit aufheizen. — Die Asche läßt sich bequemer so lösen, daß die Ascheschale in einem Becherglas liegend mit 50 ml Wasser ausgekocht, dann vorsichtig hochgenommen und abgespült wird. — An die Stelle der Chloridbestimmung mit AgNO₃ in neutraler Lösung kann nach Ansäuern mit Salpetersäure (evtl. etwas getrübte Aschelösung klärt sich) auch die Titration nach Votoček mit Hg(NO₃)₂ und Nitroprussidnatrium als Trübungsindicator treten. (Arbeitsweise der Bundesforschungsanstalt für Getreideverarbeitung, Detmold.)

Berechnung der kochsalzfreien Typenasche:

(% Gesamtasche [600°C] i.Tr. — % NaCl i.Tr.) · 0,7 = % Typenasche i.Tr.

oder bei Milchbrot

[(% Asche i.Tr. — % NaCl i.Tr.) — (% Lactose i.Tr. — 0,7) · 0,105] · 0,7 = % Typenasche i.Tr.

Der Lactosegehalt wird im wäßrigen Brotextrakt nach Beseitigen aller vergärbaren Zucker mit Hefe bestimmt. Von dem erhaltenen Wert zieht man 0,7% für unvergärbare Mehlanteile ab. Zur Lactosebestimmung wird die Arbeitsweise nach H. Ruttloff u. Mitarb. (1961) empfohlen (vgl. Bd. II/2).

b) Kochsalzfreie Asche nach Thomas

Arbeitsvorschrift: In der vorgetrockneten, fein vermahlenen Brotsubstanz (unter 0,8 mm, sieben!) wird zunächst der Kochsalzgehalt ermittelt. Zur Typenaschenbestimmung werden etwa 5 g des zerkleinerten Materials genau gewogen, mit wäßrigem Methanol in einer dem Kochsalzgehalt angepaßten Verdünnung (dem Diagramm in Abb. 1 zu entnehmen) 1 Std unter öfterem Umrühren stehen gelassen (z.B. bei 1% NaCl: 50 ml 99,5%iges Methanol + 10,9 ml H₂O). Die überstehende Flüssigkeit wird auf ein aschefreies Filter dekantiert. Hierauf wiederholt man die Behandlung mit der Hälfte des Methanol-Wasser-Gemisches nochmals 1 Std und bringt dann die Brotkrume quantitativ auf das Filter. Dieses wird getrocknet und bei 900°C im gewogenen Porzellantiegel verascht. Der so erhaltene Wert entspricht dem Aschegehalt des Ausgangsmehles.

Die kochsalzfreie Asche gibt bei Brot und Brötchen Anhaltspunkte für die Höhe des Aschegehaltes in den verarbeiteten Getreiderohstoffen, d.h. die Mehltype. Man muß jedoch damit rechnen, daß mineralstoffhaltige Backhilfsmittel zur Brotbereitung mit verwendet werden, die den Aschegehalt erhöhen und das Bild verschleiern. Der Vergleich von Krumenfarbe und Aschewert kann hier manchmal einen warnenden Finger-

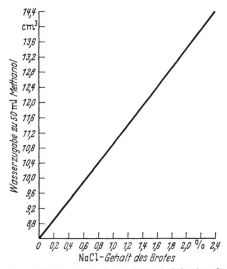

Abb. 1. Konzentration des zur Brotextraktion (zwecks Aschebestimmung im Brot) verwendeten Methanols in Abhängigkeit vom Kochsalzgehalt des Brotes

zeig geben. Schließlich dient häufig eine Mischung mehrerer Mehltypen und nicht eine einzelne als Rohstoff, was ebenfalls bei der Auswertung zu beachten ist.

Bei Brot und Brötchen mit Fett und/oder Milch ist nur die Methode nach Deschreider anwendbar. Insgesamt sind die Erfahrungen mit Erzeugnissen aus helleren, ascheärmeren Mehlen besser als die mit hochausgemahlenen bzw. Vollkorn-Produkten. Bei Feinbackwaren werden Rückschlüsse auf die Typenasche des Mehlanteiles in dem Maß problematischer bzw. unmöglich, in dem die Rezeptur außer Mehl weitere Zutaten umfaßt, die zusätzliche Ascherückstände liefern.

Weiterhin macht die Berechnung des Mehlanteiles die quantitative Erfassung dieser Zutaten erforderlich.

Für kuchenfertige Mehle gibt G. A. Shuey (1935) ein auf Sedimentieren beruhendes Verfahren zum Abtrennen zugesetzter Mineralstoffe vor dem Veraschen an.

Zur Bestimmung des neben Kochsalz vorliegenden Mineralstoffgehaltes z. B. in Diätbackwaren, kann man im übrigen auch das bekannte Verfahren des Verkohlens, Auslaugens usw. anwenden (vgl. W. Sturm u. E. Hanssen 1966). Auf keinen Fall dürfen bei Gegenwart von Kochsalz wegen dessen Umsetzung mit anderen Aschebestandteilen, vor allem Phosphaten, und teilweisem Flüchtigwerden des Chlorids über 550—600°C hinausgehende Glühtemperaturen angewendet werden. Vgl. hierzu die ausführliche Darstellung von B. F. Lutter u. G. Bot (1947) sowie R. Deschreider (1949).

3. Kochsalz

Kochsalz allein ist nach dem Prinzip von Votoček (A. Rotsch 1953) ohne Veraschen sehr schnell und genau im wäßrigen, geklärten Auszug von Backwaren nach Ansäuern mit Salpetersäure mit Quecksilber(II)-nitrat und Nitroprussidnatrium als Trübungsindicator titrimetrisch bestimmbar. (Vgl. auch Standardmethoden für Getreide, Mehl und Brot 1964).

Arbeitsvorschrift: 5—10 g des feingemahlenen oder zerriebenen Materials werden genau abgewogen, in einer Reibschale mit 100 ml Wasser sorgfältig verrieben und 10—15 min lang ausgezogen. Man überführt dann die Suspension quantitativ in einen 200 ml-Meßkolben, spült die Reibschale mehrmals mit Wasser bis zu etwa 170—180 ml Gesamtflüssigkeit nach. Hiernach wird durch Zugabe von 10 ml 10%iger Tanninlösung, 7 ml Bleiessig (Liquor pl. subacetici) und Auffüllen mit gesättigter Natriumsulfatlösung unter jeweils gründlichem Umschütteln geklärt und schließlich filtriert. Die Klärung kann auch mit *Carrez*-Reagens (I: 150 g K$_4$ [Fe (CN)$_6$], II: 230 g Zinkacetat, jeweils zu 1 l lösen) erfolgen. Alle Reagentien sind auf Chloridfreiheit zu prüfen.

50 ml klares Filtrat werden in einem 400 ml-Becherglas mit 150 ml dest. Wasser verdünnt, mit 10 Tropfen konz. Salpetersäure angesäuert und einer Messerspitze feingepulvertem Nitroprussidnatrium versetzt. Die Lösung darf nur gerade leicht rötlich scheinen. Man titriert auf schwarzer Unterlage bis zum Auftreten einer schwachen weißlichen Trübung. Als Korrektur für die Indicatortrübung kann man 0,025 ml vom Verbrauch an Quecksilberlösung abziehen. Die Abweichung ist aber so gering, daß sie in den meisten Fällen vernachlässigt werden darf. 1 ml 0,1 n-Hg (NO$_3$)$_2$ = 3,5457 mg Chlorid bzw. 5,8448 mg Kochsalz. Parallelbestimmungen sollten um nicht mehr als 0,03% differieren.

4. Stickstoffhaltige Substanzen

a) Rohprotein

Rohprotein wird in bekannter Weise nach Kjeldahl bestimmt (vgl. Bd. II/2). Faktor N · 6,25, für reine Weizenprodukte je nach den Umständen auch N · 5,7, entsprechend der aufgrund neuer Eiweiß-Analysen für Rohweizen und Weizenprodukte getroffenen internationalen Vereinbarungen (Intern. Ges. f. Getreidechemie, Wien [ICC], EWG; vgl. auch Beschluß der Arbeitsgemeinschaft Getreideforschung e. V., 1963).

Bei Gegenwart von Ammoniumstickstoff muß dieser vom Gesamtstickstoffwert nach Kjeldahl abgezogen werden, bevor man auf Protein umrechnet. Dasselbe gilt für den Theobrominstickstoff in kakaohaltigen Backwaren.

b) Ammoniak; Rückstände von Triebmitteln

Nach Destillation eines mit Magnesiumoxid schwach alkalisierten (um Ammoniakabspaltung aus Eiweiß zu verhüten), wäßrigen Backwarenauszuges wird der Restgehalt an Ammoniak titrimetrisch analog der Stickstoffbestimmung nach KJELDAHL ermittelt (vgl. Bd. II/2). Unter Berücksichtigung der teilweise nicht unerheblichen, aus den Rohstoffen stammenden natürlichen Gehalte an Ammoniumverbindungen kann die Höhe des Wertes über eine etwaige Verwendung von Ammoniumhydrogencarbonat oder Hirschhornsalz als Lockerungsmittel Aufschluß geben. (Vgl. auch A. ROTSCH 1959; W. STURM u. E. HANSSEN 1962; E. HANSSEN u. Mitarb. 1964; E. HANSSEN 1965.) STURM u. HANSSEN (1962, 1964) fanden in Gebäck aus Mehl, Fett und Zucker „Blindwerte" von 3—5 mg/100 g i. Tr. Backwaren, die außerdem Hühnereiweiß, Milch, Käse, Kakao oder Schokolade, Sultaninen und Nüsse enthielten, oder die durch Maillard-Reaktion stärker gebräunt waren, lieferten z. T. wesentlich höhere Blindwerte im Bereich von 8—43 mg/100 g Tr. Honig und Sukkade störten dagegen nur wenig.

In jüngster Zeit haben H. THALER u. W. STURM (1966) zur Bestimmung kleiner Ammoniakmengen ein colorimetrisches Verfahren vorgeschlagen, das auf der spezifischen Reaktion von Ammoniumionen mit Phenol und Hypochlorit-Lösung unter Bildung eines intensiv blauen Farbstoffes beruht.

5. Gesamtfett

Durch direkte Extraktion mit nichtpolaren Lösungsmitteln kann Fett nebst Fettbegleitstoffen aus Brot, Backwaren, manchen Backhilfsmitteln und anderen Bäckereirohstoffen wegen einer gewissen Bindung an Eiweiß und Einschluß durch Stärke und Dextrin nur unvollständig erfaßt werden. Man überwindet diese Schwierigkeit durch „Säureaufschluß" oder Extraktion mit Gemischen aus polaren und nichtpolaren Lösungsmitteln (z. B. Äthanol/Benzol [1:1]), auf die eine Lipidextraktion mit Äther oder Petroläther folgt. Bei dieser Behandlung werden allerdings empfindliche Lipide, wie Phosphatide, aufgespalten.

a) Aufschluß des vorgetrockneten, zerkleinerten Materials mit 4 n-Salzsäure nach dem Prinzip des Internationalen Einheitsverfahrens zur Fettbestimmung in Kakao- und Schokoladeerzeugnissen (vgl. Bd. VI sowie Standardmethoden für Getreide, Mehl und Brot 1964).

b) Für sehr fette, inhomogene Frischbackwaren (mit Fettfüllungen, Garnierungen, Sahneanteil) empfiehlt sich dagegen die Fettbestimmung nach WEIBULL-STOLDT (W. STOLDT 1949, 1951; vgl. auch Standardmethoden für Getreide, Mehl und Brot 1964).

Arbeitsvorschrift: 20—30 g grob zerkrümelte oder zerschnittene Backwaren bzw. ganze Stücke werden in einem größeren Becherglas (400—600 ml) mit einer Mischung von 100 ml Wasser und 60 ml Salzsäure ($\delta = 1,19$) nach Zugabe von einigen Bimssteinstückchen kurze Zeit (etwa 15 min) auf dem Wasserbad erwärmt. Dann wird unter Umrühren auf einem Asbestdrahtnetz bei direkter, kleiner Flamme und mit aufgelegtem Uhrglas zum Sieden erhitzt. Man hält die Flüssigkeit ca. 20 min lang im Kochen, filtriert noch heiß durch ein angefeuchtetes Faltenfilter von 27 cm ⌀ (Uhrglas abspülen) und wäscht den Rückstand dreimal mit heißem Wasser aus dem vorher benutzten Becherglas gründlich aus. Nach gutem Abtropfen der Flüssigkeit wird das Filter mit dem Fett bald zusammengefaltet und auf einem Uhrglas bei 105°C im Trockenschrank getrocknet. Die Trockenzeit beträgt je nach Art und Menge des Materials 2—4 Std. Dann wird das Filter direkt, also ohne Extraktionshülse, wobei vor den Heberansatz etwas Watte gelegt wird, in den Soxhlet-Apparat gegeben (Uhrglas mit Petroläther bzw. Äther nachspülen) und bei guter Durchlaufgeschwindigkeit 4—6 Std mit Petroläther bzw. Äther extrahiert. Anschließend wird der in dem gewogenen Kolben gesammelte Extrakt vom Lösungsmittel befreit und das Fett 1 Std lang bei 105°C getrocknet und gewogen. Bei mehr als 2 g Fettausbeute wird der Kolben nochmals 30 min lang getrocknet und wiederum gewogen.

c) Extraktion mit Alkohol/Benzol (1:1) mit anschließender Reinigung des Extraktrückstandes durch Aufnehmen mit Äther oder Petroläther nach dem von H. HADORN u. R. JUNGKUNZ (1952) angegebenen und auch von L. ACKER u. W. DIEMAIR (1957) auf Teigwaren angewandten Verfahren (vgl. diesen Bd. S. 468).

6. Butter- bzw. Milchfett

Der Butter- bzw. Milchfettgehalt wird aus dem im Aufschlußverfahren bestimmten Gesamtfettanteil und der darin ermittelten Buttersäurezahl (BsZ) errechnet. Zur Feststellung des Milchanteiles in fettarmen Backwaren wie Milchbrötchen kann außerdem die Refraktion (40°C) des isolierten Fettes herangezogen werden. Die Durcharbeitung und Anwendung dieser Methoden gehen auf J. Grossfeld, J. Kuhlmann u. F. Wissemann zurück (1926, 1927). In jüngerer Zeit haben sich vor allem E. Hoffmann (1950, 1955) sowie E. Hanssen u. Mitarb. (1958, 1964) mit der Problematik der Buttersäurezahl bei der Backwarenuntersuchung befaßt.

In dem isolierten, trockenen Gebäckfett wird die Buttersäurezahl nach dem bewährten Prinzip des Großfeldschen Halbmikroverfahrens bestimmt (J. Grossfeld 1932; vgl. auch H. Hadorn u. H. Suter 1956 und DGF-Einheitsmethoden, sowie Bd. IV). Der Butterfett- oder Milchfettgehalt des Gebäckfettes bzw. der gesamten Gebäckmasse wird wie folgt berechnet:

a) $\dfrac{\text{ermittelte BsZ}}{\text{BsZ-Bezugswert}} \cdot 100 = \%$ Butterfett (Milchfett) im Gebäckfett

b) $\dfrac{\text{ermittelte BsZ}}{\text{BsZ-Bezugswert}} \cdot \%$ Gebäckfett i. Tr. $= \dfrac{\% \text{ Butterfett (Milchfett) in der}}{\text{Gebäcktrockenmasse}}$

Als BsZ-Bezugswert dient die bereits von Grossfeld für reines Butterfett festgestellte mittlere Buttersäurezahl von 20. Umfangreiche neuere Untersuchungen haben diesen mittleren Wert voll bestätigt, zugleich aber auch die starken, von Herkunft und Jahreszeit (wechselnder Fütterungsgrundlage!) abhängigen Schwankungen im Bereich von 17—23 für reines Butterfett hervortreten lassen.

Nach E. Hanssen u. W. Wendt (1958, 1964) bringt im Jahresmittel die Rechenbasis BsZ = 20 in der Hälfte der Fälle ein zutreffendes oder günstiges Ergebnis, während im Frühjahr, Sommer und Winter die Rechenbasis BsZ = 18 etwa 95% aller Fälle gerecht wird. Im Herbst können allerdings 16% der Butterproben Buttersäurewerte unter 18 aufweisen. Um diesen natürlichen Schwankungen Rechnung zu tragen und damit ungerechtfertigte Beanstandungen zu vermeiden, ist bei der Beurteilung des Butterfettgehaltes eine relative Schwankungsbreite von wenigstens 10% zu berücksichtigen.

Zur Bestimmung von Butterfett neben Cocosfett, das eine geringe scheinbare BsZ liefert, vgl. Abschn. 7a.

Über die *Untersuchung und Beurteilung von Milchbrötchen* berichtete ausführlich H. Müller (1938). Der von ihm angezeigte Arbeitsgang hat im großen und ganzen auch heute noch Gültigkeit. Zu beachten sind als Ergänzung die Befunde von A. Schloemer u. F. Arft (1940) über den Einfluß des Mehlfettes bei der Ermittlung des Butterfettgehaltes fettarmer Backwaren, sowie die Erfahrungen von E. Hoffmann (1955) mit dem Einfluß der Aufschlußverfahren auf die Höhe von Buttersäurezahl und Refraktion des isolierten Gebäckfettes.

Um zuverlässige Werte zu erhalten, ist es notwendig, nicht weniger als etwa 100 g frische Milchbrötchen (2—3 Stück) oder etwa 50 g vorgetrocknetes Material für den Säureaufschluß einzusetzen, und weiterhin anstelle von 4 n-Salzsäure schwächere, 1,5%ige, Salzsäure zu verwenden. Diese Aufschlüsse filtrieren erfahrungsgemäß nur dann gut, wenn sie zuvor mit Alkali auf einen pH-Wert (um 4) abgestumpft worden sind, bei dem sich die Substanz flockig absetzt und der je nach Probenmaterial etwas variieren kann. Zugabe von einigen Tropfen Kongorot erspart häufiges Tüpfeln (J. Grossfeld 1937, vgl. auch H. Hadorn u. R. Jungkunz 1952).

Aus der Buttersäurezahl und dem Gesamtfettgehalt wird der Milchfettanteil berechnet und hieraus, unter Berücksichtigung des jeweiligen amtlich festgesetzten Fettgehaltes der Trinkmilch, auf die verarbeitete Milchmenge geschlossen.

Hilfsweise ergibt sich aus der Höhe des um den mittleren Mehlfettanteil (ca. 1,5% i.Tr.) verminderten Gesamtfettwertes und der Fett-Refraktion bei 40°C ein Hinweis auf das Vorliegen von Milchware oder Wasserware, sofern das Gebäck kein Fremdfett enthält. Gesamtfettwerte unter 2% i.Tr. und Refraktionswerte über 53 (Butterrefraktometer) sind verdächtig.

Auch der Gehalt an Calciumoxid kann aufschlußreich sein, da helles Weizenmehl nur etwa 0,02% CaO enthält, fettfreie Milchtrockensubstanz aber im Mittel 1,8% CaO (vgl. H. Müller 1938, H. Hadorn u. R. Jungkunz 1954 b). Voraussetzung ist jedoch, daß in dem Gebäck daneben keine aus Backhilfsmitteln oder anderen Rezepturbestandteilen herrührenden Calciumsalze vorliegen. Bei Trinkwasser hoher Härtegrade ist außerdem der Calciumgehalt der Anteigflüssigkeit zu berücksichtigen. In Zweifelsfällen ist eine ergänzende Lactosebestimmung nach dem Vergärungsverfahren (vgl. Bd. II/2, sowie H. Hadorn 1954 b und H. Rutloff u. Mitarb. 1961) nützlich, die es ermöglicht, den Milchanteil auf der Basis des mittleren Lactosegehaltes von Trinkmilch zu ermitteln.

7. Andere Fettarten

a) Cocosfett

Als Maß für den Cocosfettgehalt dient die Restzahl, d.h. die Differenz aus der Gesamtzahl der niederen Fettsäuren und der Buttersäurezahl. Bezüglich der Methodik vgl. Bd. IV, sowie DGF-Einheitsmethoden.

Auf dem Backwarengebiet haben der Nachweis und die Bestimmung von Cocosfett in erster Linie bei der Untersuchung von Füllmassen Bedeutung, wo es gleichzeitig auf die Abgrenzung gegenüber Butter- bzw. Milchfett ankommt. Hier darf man auf die ausführliche, kritische Würdigung zahlreicher zu diesem Fragenkreis erschienener Arbeiten verweisen, die H. Hadorn u. H. Suter (1956) veröffentlicht haben. Aufgrund ihrer experimentellen Erfahrungen stellen diese Autoren die Ermittlung des Cocos- und Butterfettanteiles in Mischungen mit Hilfe der Restzahl (RZ) und der Halbmikrobuttersäurezahl (HBsZ) nach Grossfeld als zuverlässigste Methode heraus (Restzahl = Gesamtzahl der niederen Fettsäuren [GZ]—BsZ). Die auf J. Grossfeld (1938) zurückgehenden Berechnungsformeln, die von den mittleren Kennzahlen für reines Butter- und Cocosfett ausgehen, gaben jedoch nur bei Fettmischungen mit weniger als 30% Cocosfett und weniger als 10% Butterfett richtige Butterfettwerte.

$$\% \text{ Cocosfett} = 5,09 \cdot \text{HBsZ} - 0,12 \cdot \text{RZ}$$
$$\% \text{ Butterfett} = 2,76 \cdot \text{RZ} - 2,07 \cdot \text{HBsZ}$$

Für Fettmischungen mit höherem Cocosfettanteil wird daher folgende abgeänderte empirische Formel empfohlen:

$$\% \text{ Butterfett} = 5 \cdot \text{HBsZ} - (\text{RZ} - 0,75 \cdot \text{HBsZ}) \cdot \text{f}$$

Darin ist f ein empirischer, vom Butterfettgehalt abhängiger Korrekturfaktor, den man der nachstehenden Tabelle entnimmt.

Über Abweichungen der Gesamt- und Restzahlen von den Großfeldschen Daten bei Cocosfetten, die nach neuzeitlichen Fraktionier- und Härtungsverfahren gewonnen werden, berichtet R. Illies (1956).

Den früher angegebenen Werten (GZ = 38 bzw. RZ = 37) entsprechen nach Illies heute nur noch unbearbeitete Erzeugnisse, während die Mehrzahl der handelsüblichen, fraktionierten Cocosfette niedrigere Kennzahlen aufweisen

(Raffinaden:RZ etwa 34, Hartfette:RZ etwa 31—32). Die quantitative Bestimmung des Cocosfettanteiles in einem Gemisch anhand des Großfeldschen Berechnungsprinzips wird daher nur dann exakt ausfallen, wenn eine Probe des fraglichen Cocosfettes zur Verfügung steht.

Tabelle 1. *Korrekturfaktoren zur Berechnung des Butterfett-gehaltes* (nach H. Hadorn 1956)

Butterfettgehalt HBsZ · 5 (unkorr.)	Faktor f	Butterfettgehalt HBsZ · 5 (unkorr.)	Faktor f
0—10	0,09	26—29	0,04
10—13	0,08	30—33	0,03
14—17	0,07	34—37	0,02
18—21	0,06	38—40	0,01
22—25	0,05	über 40	0

Überhaupt ist, wie bereits Grossfeld selbst betonte, bei der Auswertung derartiger Mischungsanalysen stets zu bedenken, daß man von Mittelwerten ausgeht, von denen der Einzelfall mehr oder weniger stark abweichen kann. Dies gilt im verstärkten Maß, wenn überhitzte, oxydierte oder sonst geschädigte Fette mit anomalen Gesamtzahlen vorliegen.

b) Laurinsäure enthaltende Fette

Laurinsäure, die — meistens in Gesellschaft von etwas Myristinsäure — in erheblicher Menge in Speisefetten aus Palmensamen (Cocosfett, Palmöl, Palmsamenfett) und schwächer in Butter vorkommt, besitzt — wie auch andere niedere Fettsäuren — einen stark seifenartigen Geschmack. Infolgedessen ist ihr Nachweis in Backmargarine oder ähnlichen Backfetten wichtig, wenn Rohstoffe auszuwählen sind, die nicht zum Seifigwerden neigen, z.B. zur Herstellung von kaltlagernden Mürbteigvorräten. Bereits minimale Lipolyse (Säurezahl unter 1) durch rohstoffeigene Enzyme oder Mikroorganismen reicht nämlich aus, laurinsäurehaltige Erzeugnisse ungenießbar zu machen. Auch das „Verseifen" von Waffelfüllungen auf Cocosfettbasis oder von Nahrungskomprimaten, die Vollmilchpulver enthalten, hat diese Ursache.

Zum Nachweis hat sich das Verfahren nach J. Grossfeld u. A. Miermeister (1928 a, b) in der Praxis bewährt. Es beruht auf der Fällung der Laurinsäure mit Magnesiumsulfat aus einer wäßrigen, mit Glycerin versetzten Lösung der verseiften Fettprobe. In der von H. Sacher (1960) abgewandelten Form, die nachstehend wiedergegeben wird, lassen sich mit Hilfe einer papierchromatographischen Fettsäuretrennung noch 0,1% Laurinsäure nachweisen.

Arbeitsvorschrift: 1.Vorbereitung der Probe:

Reagentien: 0,5 n-methanolische Kalilauge
15%ige Magnesiumsulfatlösung
10%ige Weinsäure
Dioxan (Merck)
Chloroform (Merck)

Etwa 30—50 mg Fett werden in einem 25 ml-Erlenmeyer-Kölbchen mit 2 ml 0,5 n-methanolischer Kalilauge 5—10 min auf einem Wasserbad am Rückfluß gekocht. Anschließend dampft man den Alkohol auf einem Wasserbad ab, löst die erhaltenen Seifen in 4 ml Wasser und fügt 2 ml Dioxan hinzu. Man fällt dann in der Siedehitze mit 2 ml 15%iger Magnesiumsulfatlösung den größten Teil der gesättigten höheren Fettsäuren aus und filtriert sofort durch einen 1 G 4-Glasfiltertiegel in ein Zentrifugenspitzglas von 15 ml Inhalt. Das Kölbchen und der Glasfiltertiegel werden mit 3 ml siedendem Wasser ausgespült.

Das Filtrat wird nun mit 0,2 ml Weinsäure und 0,1 ml Chloroform versetzt und 2 min kräftig durchgeschüttelt. Man zentrifugiert in einer Handzentrifuge, bis sich die Chloroformphase abgeschieden hat und setzt diese mittels einer Kapillare auf das Papier.

2. Papierchromatographischer Nachweis:

Papier: Schleicher und Schüll 2043 b Mgl
Imprägnierungsmittel: Undecan, mit 95%iger Essigsäure gesättigt
Fließmittel: 95%ige Essigsäure

Reagentien zur Sichtbarmachung:
  a) 10 ml einer gesättigten wäßrigen Kupferacetatlösung in 500 ml Wasser
  b) gesättigte Lösung von Rubeanwasserstoff (Merck) in Äthanol.
Man imprägniert das Papier durch Eintauchen in Undecan (Sdp 180—220°C) und halb-
stündiges Abpressen zwischen Filterpapier bei einer Belastung von 4 kg.
Zum Sichtbarmachen der getrennten Fettsäuren wird das Chromatogramm 1 Std bei 120°C
getrocknet und anschließend 45 min in das Kupferacetatreagens gelegt. Man wäscht nun 1 Std
lang in fließendem Wasser und besprüht nach dem Trocknen bei 100°C mit äthanolischer
Rubeanwasserstofflösung. Die auftretenden Flecke werden nach dem Einhängen in eine
Ammoniak-Atmosphäre verstärkt und sind dann gut sichtbar. Wegen arbeitstechnischer Einzelheiten vgl. H.P. KAUFMANN u. E. MOHR (1958).

c) Tierisches neben pflanzlichem Fett

In manchen Fällen, beispielsweise bei der Untersuchung von Diätbackwaren,
kann es notwendig sein, auf das Vorhandensein von tierischem neben pflanzlichem
Fett zu prüfen. Die Farbreaktion nach S.H. BERTRAM (vgl. Bd. IV) ist nicht unbedingt zuverlässig und spricht zudem auf Schmalz nicht an. Leistungsfähiger ist
der mit Hilfe der Papier-, Dünnschicht- oder Gaschromatographie zu führende
Nachweis von Cholesterin neben pflanzlichen Phytosterinen. In diesem Zusammenhang sei u.a. verwiesen auf die Arbeiten von H. SULSER u. O. HÖGL (1957),
H.P. HARKE u. P. VOGEL (1963) sowie von J.H. RECOURT u. R.K. BEERTHUIS
(1963). HARKE u. VOGEL bedienen sich der präparativen Dünnschichtchromatographie und trennen die isolierten Sterine auf Papier. Etwa 5% tierisches Fett im
Gemisch sind auf diese Weise erfaßbar. Das in Rüböl neben Sitosterin vorkommende
Brassicasterin stört, wenn die fragliche Fettmischung mehr als 20% Rüböl ent-
hält. Mit der gaschromatographischen Arbeitsweise von RECOURT und BEERTHUIS
sind noch 2—5% tierische Fette im Gemisch zu erkennen. Mit Ausnahme des
Palmöles wurden von diesen Autoren in pflanzlichen Fetten und Ölen keine
Sterinkomponenten mit einer dem Cholesterin ähnlichen Retentionszeit festgestellt.
Für den umgekehrten Nachweis von pflanzlichem in tierischem Fett sind diese
Methoden nicht brauchbar, wenn es sich um die Untersuchung von Gebäckfett
handelt, weil die Phytosterine der Getreiderohstoffe miterfaßt werden. Dieser
Vorbehalt gilt ebenso für die Phytosterinacetatprobe nach A. BÖMER (1901) und
deren Überarbeitung durch H. HADORN u. R. JUNGKUNZ (1954c).

d) Seetieröle

Bezüglich des Nachweises von Seetierölen, die in gehärteter, desodorierter
Form vielfach in Speisemischfetten von Konsumqualität enthalten sind, sei vor
allem auf die kritisch zusammenfassende Arbeit von Cl. FRANZKE u. Mitarb. (1965)
hingewiesen. Spezifisch sind die Bromadditionsverfahren und die spektralanaly-
tische Methode (Messen der Lichtabsorption bei 315 nm nach Alkali-Isomeri-
sierung), die jedoch auf stärker hydrierte Produkte nicht ansprechen. Nur die nicht
spezifische dünnschichtchromatographische Analyse läßt auch durchhydrierte
Fischöle erkennen mit der Einschränkung, daß sie bei gleichzeitiger Anwesenheit
von Erdnuß-, Soja- oder Rüböl versagt (vgl. Bd. IV).

e) Andere tierische und pflanzliche Fette oder Öle

Bezüglich des Nachweises der Verwendung von Rindertalg, Schweineschmalz,
verschiedenartigen pflanzlichen Fetten und Ölen vgl. Bd. IV.

f) Gehärtete Fette

Der Nachweis und die Bestimmung gehärteter Fette bei der Untersuchung von
Schokoladeüberzügen auf Backwaren stützt sich wie üblich auf die sog. Isoöl-
säurezahl, die ein Maß für die vorhandenen trans-Fettsäuren ist (J. GROSSFELD u.
J. PETER 1934, 1938).

Dabei ist jedoch zu beachten, daß evtl. in der Gebäck- oder Füllmasse vorhandene „Isoölsäuren" rasch in den Überzug einwandern und so die Verwendung von Hartfett enthaltender Schokoladenmasse oder von Fettglasur mit Kakao vortäuschen können. Der Fettaustausch erfolgt umso schneller und stärker, je fetter und strukturoffener das Gebäck ist und je wärmer es aufbewahrt wird. E. Hanssen u. W. Sturm (1962) befaßten sich eingehend mit diesem Problem und fanden bei Mürbkeks mit 25% Fett schon gleich nach dem Überziehen einen erhöhten Isoölsäuregehalt, nach 6 Std bereits einen das zulässige Maximum von 0,3% (Kakaobutterblindwert) überschreitenden Wert. Überzüge von Hartkeks mit 12% Fett erreichten diese Höchstgrenze bei Raumtemperatur nach 24 Std, im Kühlschrank erst nach mehreren Tagen. Der Anstieg des Gebäckfettgehaltes im Überzug erfolgt nicht linear, sondern in Abhängigkeit von Zeit und Temperatur in einer Exponentialkurve. Umgekehrt wandert auch etwas Kakaobutter in das Gebäck, doch in wesentlich geringerem Ausmaß. Bei Überzügen aus Milchschokolade ist der natürliche Isoölsäuregehalt des Butterfettes zu berücksichtigen (W. Sturm 1961).

Auf der anderen Seite kann das Phänomen der Fettwanderung aber auch dazu führen, daß beispielsweise der Gehalt an Butterfett in überzogenem Buttergebäck (G. Hess u. W. Sturm 1961) oder der Gehalt an Milchfett in überzogenen Milchkremwaffeln (H. Dähne 1964) zu niedrig gefunden wird.

Die chemische Methodik der Isoölsäurezahlbestimmung wurde von Hanssen u. Sturm (1962) aufgrund der Verbesserungsvorschläge von L. Acker u. M. Lenz (1957b), W. Pelz (1958) und A. Finke (1958) nochmals überarbeitet. Die Verwendung von Potterat-Eschmann-Kolben mit 30 mm-Filterplatten G 3/17 und NS 26/29 wird empfohlen. Nitrose Gase und halogenhaltige Laboratoriumsluft erwiesen sich als störend.

Außerdem haben H. Lück, A. Fincke, A. Purr u. R. Kohn (1960) ein infrarotspektrophotometrisches Verfahren erprobt, das ebenso wie die chemische Methode noch 1—2% partiell hydriertes Hartfett in Kakaobutter nachzuweisen gestattet. Die quantitative Auswertung der Ergebnisse, d.h. der Rückschluß auf die Höhe des Hartfettzusatzes, ist mit Vorsicht vorzunehmen, besonders bei den chemisch ermittelten Isoölsäuredaten, da durch sie die vorhandenen trans-Fettsäuren nicht vollständig erfaßt werden und außerdem der Gehalt an trans-Verbindungen in den gehärteten Fetten unterschiedlich hoch ist.

Bezüglich der Reinheitsprüfung von Kakaobutter und des Nachweises von Speisefettglasur vgl. Bd. VI.

8. Kohlenhydrate

a) Stärke, Dextrine, Zuckerarten, Pentosane

werden wie in Bd. II/2 näher beschrieben, bestimmt.

Der Stärkegehalt kann vorteilhaft auch auf enzymatische Weise nach H. Ruttloff u. Mitarb. (1966) ermittelt werden. Backwaren mit höherem, über 10% liegendem Fettgehalt müssen durch Extraktion mit Petroläther vorher von Fett befreit und zu diesem Zweck evtl. vorgetrocknet werden. Sehr heterogene Backwaren mit reichlichem Anteil an Mandeln, Nüssen, Früchten u. dgl. werden mit Hilfe von flüssiger Luft, Trockeneis oder Kohlensäureschnee zunächst hart gefroren, dann im Starmix zerkleinert.

b) Trifructosan

kann nach R. Strohecker (1932) zum Nachweis und zur annähernden mengenmäßigen Ermittlung des Roggenanteils bei Brot und Backwaren herangezogen werden. Hierzu hat G. Hampel (1952) eine vereinfachte Modifikation unter

Benutzung der Permanganat-Titration angegeben. Infolge natürlicher Schwankungen des Trifructosangehaltes in Abhängigkeit vom Ausmahlungsgrad der Mehle ist eine einigermaßen verläßliche Feststellung des Roggenanteiles in Brot und Backwaren (Genauigkeit ± 10 %) nur bei Kenntnis des Ausmahlungsgrades der verarbeiteten Mehle möglich. Durch Aufspaltung des Trifructosans während des Backvorganges können weiterhin Abweichungen von ± 20 % in Brot und Backwaren vorkommen.

c) Sorbit

Zur quantitativen Bestimmung dieses als Frischhaltemittel in Feingebäcken und als Zuckeraustauschstoff in Diabetikerbackwaren viel verwendeten Zuckeralkohols eignet sich das polarimetrische Verfahren nach A. Rotsch u. G. Freise (1964), (vgl. diesen Bd. S. 441).

9. Rohfaser

Für Backwarenrohstoffe, vor allem solche mit niedrigem Rohfasergehalt, ist das Verfahren nach K. Scharrer u. K. Kürschner (1932) in der Ausführungsform von J. H. van de Kamer u. L. van Ginkel (1952) zu empfehlen. Das Weender-Verfahren ist jedoch ebenfalls anwendbar (vgl. S. 128 sowie Standardmethoden für Getreide, Mehl und Brot 1964).

Bei Brot und Backwaren erhält man nach dem Scharrer-Kürschner-Verfahren häufig zu hohe Werte. Die Weender-Methode ist daher vorzuziehen. Bei Fettgehalten über 3 % muß vorher entfettet werden.

10. Vitamine

Bei Backwaren konzentriert sich das ernährungsphysiologische Interesse auf die Vitamine der B-Gruppe (in erster Linie Thiamin, Riboflavin, Nicotinsäure und Nicotinsäureamid) sowie Vitamin E. L-Ascorbinsäure ist als zulässiges Mittel zur Verbesserung der Backfähigkeit von Weißbrot- und Brötchenmehl verbreitet, liegt jedoch im fertigen Gebäck nur zum geringen Teil in ernährungsphysiologisch wirksamer Form vor.

Aus pulverförmigen Anreicherungsgemischen oder dgl. lassen sich die wasserlöslichen B-Vitamine ohne besondere Vorbehandlung mit verdünnter Säure leicht extrahieren. Bei der Untersuchung von Backwaren sind jedoch besondere Aufschlußverfahren mit Anwendung von Enzymen notwendig, um biochemisch gebundene Vitamine freizusetzen. Vitamin B_1-Extrakte muß man außerdem über Kationenaustauscher (Zeolith, Decalso, Permutit T oder Permutit-Folin) von fluorescenzstörenden Begleitstoffen abtrennen, sofern nach der Thiochrommethode gearbeitet wird.

Bei der Bestimmung von Vitamin E (als Gesamttokopherol oder in Form der chromatographisch aufgetrennten Homologen) bildet die vollständige und gleichzeitig für die Tokopherole verlustlose Extraktion und Verseifung der im Gebäck meist weitgehend komplex gebundenen Lipide den kritischen Arbeitsabschnitt. Eine in jeder Hinsicht befriedigende Lösung steht hier noch aus. Säureaufschluß ist anzuraten und Oxydationsschutz durch Ascorbinate, Pyrogallol, Stickstoff- oder Kohlendioxidbegasung unerläßlich, beide bieten aber keine unbedingte Gewähr für unbeeinträchtigte Ergebnisse. Zugesetztes, synthetisches a-Tokopherol wird vielfach im Analysengang stärker angegriffen als die natürlich vorhandenen Tokopherole, was bei Auswertung mit innerem Standard zu beachten ist.

Zur Bestimmung von L-Ascorbinsäure in pulverförmigen Mischbackhilfsmitteln wird wenige Minuten mit Metaphosphorsäure extrahiert und nach Zentrifugieren oder Filtrieren mit 2,6-Dichlorphenolindophenollösung bei pH 3,5—3,8 titriert. Fettreiche Erzeugnisse sind zuvor schonend (kalt) mit niedrigsiedendem Petroläther zu entfetten. Störende reduzierende Stoffe, sofern es sich nicht um Carbonylgruppen enthaltende Erhitzungsprodukte handelt, werden nach Blockieren der Ascorbinsäure mit Formaldehyd erfaßt. Mit der Gegenwart von Dehydroascorbinsäure (DHA) ist normalerweise in Backhilfsmitteln nicht zu rechnen, so daß sich auf die Reduktion von DHA gerichtete Arbeitsgänge erübrigen (vgl. Standardmethoden für Getreide, Mehl und Brot 1964).

Für die Ermittlung von L-Ascorbinsäure und Dehydroascorbinsäure in *Backwaren* sind dagegen nur solche Methoden geeignet, die eine bessere Abgrenzung gegen reduzierend wirkende Röst- und Erhitzungsprodukte gestatten und auch bei nicht farblosen Extrakten anwendbar sind, wie beispielsweise die Kupplungsreaktion mit 4-Methoxy-2-nitranilin nach zweckentsprechender Vorreinigung der metaphosphorsauren Extrakte (vgl. H. Moor 1956). H. Zonnefeld (1963) beschreibt eine modifizierte Technik der Bestimmung von Formalinblindwerten in Verbindung mit der 2,6-Dichlorphenolindophenol-Titration, die ebenfalls das Erfassen von Reduktonen neben L-Ascorbinsäure ermöglichen soll. Außerdem gibt dieser Autor einen Arbeitsgang zum Ausschalten von Cystein und Glutathion an.

Einzelheiten zur Methodik der Bestimmung von Thiamin, Riboflavin, Nicotinsäure und Nicotinsäureamid, Tokopherol und L-Ascorbinsäure bringt Bd. II/2.

11. Enzyme

In Brot und fertigen Backwaren ist normalerweise durch die Backhitze die Wirksamkeit der meisten Enzyme zerstört, der Zusatz enzymatischer Backmittel daher auf direktem Wege nicht mehr nachweisbar. In unverarbeiteten Rohstoffen, z. B. Backmitteln und Fertigmehlen, können Amylasen und Proteasen durch die Bestimmung der „diastatischen" und „proteolytischen" Kraft festgestellt werden.

a) Für die *Bestimmung der stärkeabbauenden Wirksamkeit* von Backmalzmehlen kann außer dem im Kapitel „Malzextrakt" (S. 695) beschriebenen Verfahren nach Pollak-Egloffstein die *Methode nach* Windisch-Kolbach (1925) dienen:

Erforderliche Lösungen:

1. 2%ige Stärkelösung: Man wägt so viel lösliche Stärke (p.a.) ab, wie 10 g Trockensubstanz entsprechen, bringt in einem Becherglas 400 ml Wasser zum Sieden, gießt die in etwas kaltem Wasser in einer Reibschale aufgeschlämmte Stärke unter Umrühren zu, so daß die Flüssigkeit nicht aus dem Sieden kommt, spült die Reibschale mit wenig Wasser nach, kocht noch 5 min und kühlt dann durch Einstellen in kaltes Wasser ab. Damit sich kein Häutchen bildet, ist ständig umzurühren. Hierauf spült man in einen 500 ml-Meßkolben und füllt mit Wasser zur Marke auf.

2. Acetatpufferlösung: 1 l 0,5 n-Essigsäure (30 g chemisch reiner Eisessig, 99—100%ig, zu 1 l mit Wasser verdünnt) wird mit 0,5 l 0,5 n-Natriumacetatlösung (34 g kristallisiertes Natriumacetat p.a., in Wasser zu 0,5 l gelöst) vermischt. Die Lösung hat einen pH-Wert von $4,3 \pm 0,1$.

3. 1 n-NaOH.

4. 1 n-H_2SO_4.

5. 0,1 n-Jodlösung (genau eingestellt).

6. 0,1 n-Natriumthiosulfat (genau eingestellt).

7. 0,5%ige alkoholische Thymolphthaleinlösung.

8. Substanzlösung: 20 g (bei dunklen Malzen 40 g, bei Mehl 100 g) werden in einem tarierten Becherglas mit 480 ml kaltem Wasser versetzt und unter beständigem Rühren mit einem Glasrührer 1 Std lang in einen Thermostaten von 40°C gestellt. Nach dem Abkühlen wird so viel Wasser zugegeben, bis die Aufschlämmung ein Gewicht von 520 g hat. Nimmt man andere Ausgangsmengen als 20 g Substanz, gibt man soviel Wasser zu, daß dann insgesamt 500 g Wasser vorhanden sind. Dann wird filtriert (Faltenfilter Schleicher & Schüll, Nr. 560, 32 cm ∅, oder ein gleichwertiges). Die ersten 200 ml des Filtrats werden verworfen und die folgenden 50 ml sofort zur Analyse verwendet. Der Versuch wird zweimal angesetzt.

Arbeitsvorschrift: Inzwischen hatte man in vier 200 ml-Meßkolben je 100 ml der 2%igen Stärkelösung und außerdem in Kolben (1) und (2) (Hauptversuch) je 5 ml Pufferlösung gegeben. Alle 4 Kolben wurden im Thermostaten auf 20°C temperiert.

Nun gibt man in Kolben (1) und (2) mit einer Pipette im Abstand von 1 min je 5 ml obiger Substanzlösung, schüttelt gut durch und hält sie genau 30 min — vom Beginn des Zufließens an gerechnet — bei 20°C im Thermostaten. Sofort nach Ablauf der 30 min wird die Diastasewirkung durch Zusatz von je 4 ml 1 n-NaOH in Kolben (1) und (2) aufgehoben.

Zur Bestimmung des Zuckers in der Substanz und in der Stärke wird in Kolben (3) und (4) ein Blindversuch durchgeführt. Hierzu werden die Kolben nur mit je 0,65 ml 1 n-NaOH beschickt, da sie keine saure Pufferlösung enthalten. Nun erst setzt man nach kräftigem Umschütteln je 5 ml Substanzlösung zu. Sämtliche Kolben werden mit Wasser zur Marke aufgefüllt. Die Lösungen müssen mit Thymolphthalein blau werden. Zur Zuckerbestimmung gibt man je 50 ml aus den 4 Kolben in 200 ml-Jodzahlkolben, versetzt sie mit je 3 ml 1 n-NaOH und je 25 ml 0,1 n-Jodlösung und verschließt die Kolben mit den Schliffstopfen, säuert nach 15 min mit 4,5 ml 1 n-Schwefelsäure an und titriert das nicht reduzierte Jod mit 0,1 n-Thiosulfat zurück (Zusatz von Stärkelösung), bis die Blaufärbung eben verschwindet. Der Jodverbrauch soll zwischen 6 und 12 ml liegen, andernfalls ist der Versuch mit mehr bzw. weniger Substanz zu wiederholen.

Berechnung   Gegeben:

  a) vorgelegte   ml 0,1 n-Jodlösung (Kolben (1) ... (4))
  b) verbrauchte ml 0,1 n-Na$_2$S$_2$O$_3$ für Hauptversuch (Kolben (1) und (2))
  c) verbrauchte ml 0,1 n-Jodlösung für Gesamtzucker (a—b)
  d) verbrauchte ml 0,1 n-Na$_2$S$_2$O$_3$ für Blindversuch (Kolben (3) und (4))
  e) verbrauchte ml 0,1 n-Jodlösung für Blindversuch (a—d)
  f) verbrauchte ml 0,1 n-Jodlösung für durch Diastase erzeugte Maltose (c—e).

1 ml 0,1 n-Jodlösung entspricht 0,0171 g Maltose.

$$\text{Diastatische Kraft i. Tr. (ausgedrückt in g Maltose, bezogen auf 100 g Tr. S.)} = \frac{f \cdot 0,0171 \cdot 4 \cdot 100 \cdot 100 \cdot 100}{\text{Einwaage} \cdot (100 - \% \text{ Wasser})}$$

Die diastatische Kraft von Malzmehlen, die zur Backverbesserung von Weizenmehlen dienen, soll 200—250 und darüber betragen.

Mit dieser Bestimmung wird die Wirksamkeit der β-Amylase, des maltosebildenden Enzyms, erfaßt.

Für die Bestimmung der a-Amylase kann das Verfahren nach WOHLGEMUTH (1908), das auch die Grundlage zur Ermittlung des Gelbzeitwertes (vgl. Kapitel Getreide und Getreidemahlprodukte in diesem Band) bildet, herangezogen werden.

b) Die *proteolytische Aktivität von Backmitteln* wird in der Praxis am zutreffendsten durch physikalische Messungen an Mehlen und Teigen ermittelt (W. W. BRYCE 1963). Hierzu eignen sich speziell der Farinograph und Extensograph von BRABENDER sowie ausländische Geräte ähnlicher Konstruktion. Man kann die backtechnische Wirksamkeit proteolytischer Enzyme nicht standardisieren, da weder Mehl noch Kleber (Gluten) als Substrate genormt werden können. Die Messung der proteolytischen Aktivität mit chemischen Methoden, die Hämoglobin oder Casein als Substrat benützen, gibt für die Beurteilung der Backwirkung keine zuverlässigen Vergleichswerte.

c) *Pentosanasen* lassen sich ebenfalls nur auf physikalischem Weg mit Hilfe von Viscositätsmessungen, wozu der Amylograph von BRABENDER herangezogen werden kann, nachweisen (A. ROTSCH 1965).

12. Phosphatide („Lecithin")

Handelsübliche Soja „lecithine", wie sie in der Bäckerei, zumeist als Bestandteil von Mischbackhilfsmitteln, verwendet werden, enthalten neben etwa 40 % Sojaöl, Fettsäuren und Sterinen rund 60 % eines Gemisches verschiedener Phosphatide (nach Feststellungen von H. PARDUN 1964, etwa 30—35 % Lipide und rund 65—70 % Phosphatide). Das Acetonunlösliche gilt in der Praxis als ungefähres Maß für den Phosphatidgehalt. Etwas genauer läßt sich der Phosphatidgehalt aus dem Gehalt an alkohollöslicher Phosphorsäure abschätzen. Die Lecithinfraktion allein ist nur über den Cholinanteil zu erfassen.

Grundsätzlich sind zur Phosphatidbestimmung in Backhilfsmitteln und Backwaren die im Kapitel Teigwaren, S. 475, behandelten Methoden anwendbar. Erfahrungsgemäß bleibt jedoch die Extraktion mit absolutem Äthanol auch bei mehrfacher Wiederholung in vielen Fällen unvollständig. G. A. van Stijgeren (1964) empfiehlt daher die Verwendung von 96%igem Alkohol, nachdem er festgestellt hatte, daß die damit erzielten höheren Werte nicht von der Mitextraktion von anorganischem Phosphat oder Phosphoprotein herrührten, sondern auf eine vollständigere Extraktion der Phosphatide zurückgingen.

H. Hadorn u. R. Jungkunz (1949) geben für diätetische Kräftigungspräparate eine Vorbehandlung mit warmem Wasser und Fehlingscher Kupferlösung an, die den Zweck hat, Zucker und anorganische Salze weitgehend aus der Probe zu entfernen. Erst nach Trocknen und Verreiben mit wasserfreiem Na_2SO_4 wird mit absolutem Äthanol extrahiert.

Bezüglich der Analyse von unvermischten Phosphatidpräparaten (handelsübliche Sojalecithine) vgl. auch H. Pardun (1964) und die von A. Seher (1966a, b) vorgelegte Neubearbeitung des Kapitels Phosphatide im Rahmen der DGF-Einheitsmethoden.

Für die Umrechnung von Phosphor auf Lecithin gilt nach letzteren weiterhin der von Stearo-oleo-lecithin ausgehende Faktor 25,44. Dagegen wird für handelsübliche Sojalecithine (Sojaphosphatide) aufgrund neuerer Untersuchungsergebnisse (vgl. H. Pardun 1964) ein Faktor von 30,0 vorgeschlagen. Auf andere Phosphatidgemische sind empirisch aus dem jeweiligen Phosphorgehalt des ölfreien Anteiles zu ermittelnde Faktoren anzuwenden.

Da viele Bäckereirohstoffe, u.a. Mehl, Hefe, Fette, Ei- und Milchprodukte einen natürlichen Phosphatidgehalt besitzen, kann auf die Höhe oder die Gegenwart von Phosphatid-(„Lecithin"-)Zusätzen in Backwaren erst nach Abzug entsprechender Korrekturen vom Gesamtphosphatidwert geschlossen werden. Hierüber macht E. Benk (1953, 1956a, b) nähere Angaben. Nach Lage der Dinge sind hinreichend gesicherte Aussagen nur möglich, wenn die Rezepturbestandteile, mindestens aber Vergleichsgebäcke, zur Kontrolle mituntersucht werden.

13. Emulgatoren

Wegen der Vielfältigkeit der in Backwaren und Backmitteln vorkommenden Emulgatoren gibt es keinen systematischen Untersuchungsgang. Die Prüfung auf die wichtigsten in Betracht kommenden Typen wie Mono- und Diglyceride von unverzweigten Fettsäuren, Mono- und Diglyceride mit angeesterten, an weitere Gruppen gebundene Säuren, Polyglycerinester von Fettsäuren, Saccharoseester von Fettsäuren, Fettsäureester von mehrwertigen Alkoholen (Sorbit, Mannit) u.a. erfolgt nach den in Bd. II/2 näher beschriebenen Verfahren.

14. Antioxydantien

Antioxydantien spielen vorwiegend bei solchen trockenen Dauerbackwaren eine Rolle, die für den Export nach Übersee oder für Sonderverpflegung mit mehrjähriger Haltbarkeit hergestellt werden. Die Neigung zum oxydativ ranzigen Verderb steigt mit dem Grad der Trockenheit. Außer Mischpräparaten aus natürlichen Antioxydantien und Synergisten (Ascorbylpalmitat, Tokopherole, Citronensäure, Phosphatide usw.) ist in solchen Fällen auch mit der Verwendung von Gallaten, Butylhydroxyanisol und Butylhydroxytoluol, seltener auch Nordihydroguajaretsäure zu rechnen. Bezüglich des Nachweises von Antioxydantien vgl. Bd. II/2.

15. Farbstoffe

In Backwaren sind fast ausschließlich gelbe, rote oder braune Farbstoffe zu erwarten. Nur bei Füllungen, Glasuren, buntem Zuckerstreusel spielen zuweilen auch andere Farbtöne eine Rolle. Im Inland wird vielfach von *Farbstoffen natürlicher Herkunft* Gebrauch gemacht (Carotin und Carotinoide, Riboflavin, Curcuma, färbende Stoffe aus roten Rüben, Spinat, Kakao, Zuckercouleur u. dgl.). Über den Nachweis derartiger Färbemittel vgl. Kapitel Teigwaren, sowie E. BENK (1961, 1964).

Für den *Nachweis wasserlöslicher künstlicher Farbstoffe* bewährt sich das papierchromatographische Verfahren von H. THALER u. G. SOMMER (1953). Da jedoch die Farbstoffe teilweise von Klebereiweiß und verkleisterter Stärke festgehalten werden, ist vor allem bei schwächeren Farbzusätzen die Isolierung nach enzymatischem Abbau von Stärke und evtl. auch Protein (L. ACKER 1959) oder aber durch Extraktion mit Chinolin entsprechend der zuerst von M. MOTTIER u. M. POTTERAT (1953) angegebenen Methode durchzuführen (vgl. auch L. ACKER 1959). J. DAVIDEK u. E. DAVIDKOVA (1966) empfehlen zur Abtrennung der üblichen künstlichen Farbstoffe aus den Extrakten anstelle des Umfärbens auf Wollfäden die Anwendung von Polyamidpulver. Über die Technik der Isolierung synthetischer Farbstoffe aus Lebensmitteln und Trennungsgänge zu ihrem Nachweis berichtet weiter ausführlich I. SAENZ-LASCANO RUIZ (1966) (vgl. auch M. PINCHON 1964).

Bezüglich der Dünnschicht- bzw. Papierchromatographie künstlicher und natürlicher fettlöslicher Farbstoffe sei verwiesen auf A. MONTAG (1962) sowie H. SPERLICH (1963), bezüglich der dünnschichtchromatographischen Analyse hydrophiler künstlicher Farbstoffe auf H. P. PIETSCH u. R. MEYER (1965).

16. Milchprodukte

Der *Nachweis von Milchprodukten* wird ganz allgemein papier- oder dünnschichtchromatographisch anhand des Vorkommens von Lactose geführt.

Der *Gehalt an Trinkmilch, Sahne oder Trockenprodukten mit Milchfettgehalt* läßt sich aus der Buttersäurezahl und dem Gesamtfettgehalt berechnen wie unter 6 angegeben. Liegt Milch neben Butter vor, so ist zusätzlich der Lactosegehalt zu bestimmen (vgl. unter 2 und 6), und zunächst vom Lactosewert ausgehend der Milchanteil angenähert zu errechnen. Der insgesamt ermittelte Butterfettgehalt wird um das auf den Milchanteil entfallende Milchfett vermindert und erst dann auf Butter bezogen. Der erreichbaren Genauigkeit sind durch die nicht unerheblichen natürlichen Schwankungen im Gehalt der Rohstoffe an den analytisch bedeutsamen Inhaltstoffen Grenzen gezogen.

Magermilch und Magermilchkonserven sind mit Hilfe einer Lactosebestimmung erfaßbar. Zur Unterscheidung von Molkeprodukten ist gegebenenfalls auf Casein zu prüfen.

Der *Nachweis und die Bestimmung von Casein* können vor allem bei Backhilfsmitteln und diätetischen Erzeugnissen von Interesse sein, sind jedoch vielfach mit großen Unsicherheiten belastet, die sich aus der Gegenwart anderer löslicher Eiweißstoffe oder aus Lösungsbehinderungen ergeben.

Ein von H. DÖRNER (1951) für die Untersuchung von Brot ausgearbeitetes quantitatives Verfahren beruht auf dem Lösen des in der Krume gequollen vorliegenden Caseins mit 0,1 n-Natronlauge, Trübungsreaktion mit Papayotin bei pH 5,3—5,5 und nephelometrischer Auswertung mit Hilfe einer Eichkurve.

Hühnereiweiß, Trockenkleber oder Molke stören nicht. Die Methode eignet sich auch für den qualitativen Milch- bzw. Caseinnachweis.

Weiter hat H. Hadorn (1949, 1954b) die auf E. Baier u. P. Neumann (1909) zurückgehende, von F. Härtel u. F. Jaeger (1922) modifizierte und nochmals von Chr. Arragon (1938), abgewandelte Methode zur Caseinbestimmung in Milchschokolade auch bei diätetischen Nährmitteln, Kindernährmitteln und Backwaren erprobt und verbessert.

Das Casein wird kalt mit 1%iger Natriumoxalatlösung aus dem fein vermahlenen Untersuchungsgut herausgelöst, nach Ansäuern mit Phosphorwolframsäure gefällt; in dem Niederschlag wird der Stickstoffgehalt nach Kjeldahl bestimmt. Zur Umrechnung auf Roh-Casein benutzt man den Faktor 6,3. Präparate mit beträchtlichem Eigehalt liefern zu hohe Werte. Für jedes Prozent Trockenei sind 0,32% von dem gefundenen Roh-Casein abzuziehen. Der so ermittelte Rein-Caseingehalt, dividiert durch 0,325, ergibt den Gehalt an fettfreier Milchtrockensubstanz. Je nach Rezeptur täuschen aber auch die in Getreidemahlprodukten vorhandenen, meist geringen Mengen an löslichem Protein etwas Casein vor (z. B. in Petit-Beurre ohne Ei und Milch 0,48% Casein oder 1,63% fettfreie Milchtrockensubstanz). Andererseits findet man in dextrinierten Erzeugnissen in der Regel viel zu niedrige Werte. Bei den meisten Backwaren bleibt daher die Caseinbestimmung äußerst problematisch.

Die modernen serologischen Nachweisverfahren sind nur anwendbar, wenn das Protein des Untersuchungsmaterials einer nennenswerten Hitzedenaturierung nicht ausgesetzt war. Folglich kommen sie für Backwaren nicht in Betracht, sondern allenfalls für Mischungen von unerhitzten Backroh- oder -hilfsstoffen.

17. Eiprodukte

Der Eigehalt von Backwaren wird ebenso wie bei Teigwaren indirekt über ihren Gehalt an Cholesterin ermittelt. Hinsichtlich der Methodik der Sterinbestimmung vgl. Kapitel Teigwaren, S. 470 ff.

Bei der Umrechnung der Sterinmenge auf Ei sind Korrekturen für die im Mehlfett sowie in evtl. mitverarbeiteten pflanzlichen oder tierischen Fetten enthaltenen Sterine vorzunehmen. Nach H. Hadorn u. R. Jungkunz (1954a, b, d; vgl. A. Menger 1955) werden für jedes Prozent (i. Tr.) Butter- bzw. Milchfett 3 mg Sterine, für jedes Prozent Cocos- oder tierisches Fett 1 mg, für andere pflanzliche Fette als Cocosfett ein Mischwert von 2 mg Sterinen abgezogen. Auf den Mehlanteil, der aus dem nach Baumann-Grossfeld polarimetrisch ermittelten Stärkegehalt berechnet wird (Rechenbasis 78% i. Tr. Stärke in Weizenmehl mittleren Ausmahlungsgrades), entfallen nach H. Hadorn u. R. Jungkunz (1954b) im Mittel 35 mg Sterine für je 75% wasserfreies Mehl in Zwieback. Das heißt, für jedes Prozent Mehl-Trockensubstanz sind rund 0,465 mg Sterine vom Gesamtsterinwert abzuziehen. Wenn neben dem Gebäck auch die Rohstoffe vorliegen, aus denen es hergestellt ist, so empfiehlt es sich, im Interesse größerer Genauigkeit die Steringehalte der Rohstoffe gesondert zu bestimmen und dann anstelle der Richtwerte in die Korrekturrechnung einzusetzen.

18. Honig

Bei Honigdauerbackwaren muß mindestens die Hälfte der verwendeten Zuckerarten aus Bienenhonig stammen. Daneben dürfen bis zu 50% Kunsthonig mitverarbeitet werden. Die Gegenwart von Bienenhonig ist qualitativ anhand einer Pollenanalyse nachweisbar. Die verfeinerte Methode der Pollenisolierung und Anfärbung nach W. Sturm u. E. Hanssen (1961) gestattet es, auch bei Vorliegen pollenarmer Honige einen Zusatz von 10% noch zu erkennen. Eine quantitative Bestimmung des Anteiles an Honig und/oder Kunsthonig im Gebäck ist dagegen vorerst nicht möglich.

19. Kakaobestandteile

Zur Ermittlung von Kakaobestandteilen in Backwaren steht die Methode der Theobromin-Bestimmung von J. PRITZKER u. R. JUNGKUNZ (1943) in der Modifikation von H. HADORN (1964) zur Verfügung (vgl. auch die von W. STURM verbesserte Arbeitsvorschrift in der Methoden-Sammlung des Verbandes für Diätetische Lebensmittelindustrie e. V.).

Für die Berechnung eines Anteiles an fettfreier Kakao-Trockenmasse gibt HADORN als Mittelwert 3,2 % Gesamt-Alkaloide (berechnet als Theobromin) bei einem Streubereich von 2,77—3,65 % an.

Auf die Berücksichtigung des Theobromin-Stickstoffs bei der Gesamtstickstoff- bzw. Proteinbestimmung sei hingewiesen (vgl. Abschn. 4).

20. Verdickungsmittel

Als Bestandteile von Backmitteln und Konditoreihilfsmitteln (z. B. als Stabilisatoren von Aufschlagmitteln) werden Gelatine, Pektin, Agar-Agar, Traganth, Johannisbrotkernmehl, Alginate, Isländisch-Moos, Guar-Gummi verwandt. Eine Zeitlang waren auch die heute nicht mehr erlaubten Cellulosederivate wie Tylose (Cellulosemethyläther) und Fondin (Celluloseglykoläther) in Gebrauch. Der Nachweis dieser Quellstoffe erfolgt nach den bei Marmelade, Speiseeis und Fruchtsaftgetränken angegebenen Methoden (vgl. dieser Bd.).

21. Fremdmehle

Der Nachweis von Maismehl in Weizen- oder Roggenbrot ist verhältnismäßig leicht durch mikroskopische Untersuchung der Krume (Wasserpräparat) zu führen. Da in Brotteigen die Maisstärke beim Backprozeß nur unvollständig verkleistert, sind die Maisstärkekörner an ihrer charakteristischen, kantigen, polygonalen Gestalt deutlich zu erkennen. Der mengenmäßige Anteil läßt sich nur schätzungsweise durch Auszählen ermitteln. Chemische Nachweise, die sich auf die Löslichkeit eines Teiles des Maisproteins in 96 %igem Alkohol bzw. in schwacher Alkalilauge oder Amylalkohol stützen, sind unsicher. Auch Zusätze von Sojamehl, Reismehl, Kartoffelmehl- oder -stärke werden durch die mikroskopische Untersuchung (vgl. auch A. TH. CZAJA „Mikroskopische Untersuchung der Stärkemehle und Müllereierzeugnisse" in diesem Band) erkannt.

22. Nachweis des Teiglockerungsverfahrens

a) *Hefeführung* in Brot und Backwaren wird durch mikroskopische Untersuchung der Brot- und Gebäckkrume auf Hefezellen nachgewiesen. Bei mit Hefe gelockerten Backwaren ist die Saccharose in der Regel invertiert. Zur Unterscheidung von Sauerteigführung kann der Säuregrad, der bei reiner Hefeführung äußerst niedrig (etwa bei 2,5) liegt, gegebenenfalls auch der Gehalt an flüchtiger Säure (als Essigsäure berechnet) herangezogen werden. Er ist bei Hefebrot (nach E. DREWS 1961) ebenfalls sehr niedrig (0,04 % i. Tr.).

b) *Sauerteiglockerung* ist bereits von 10 % Saueranteil an am erhöhten Säuregrad (4,2) und an dem höheren Gehalt an Essigsäure (0,12 % i. Tr.) und Milchsäure (0,35 % i. Tr.) zu erkennen.

c) Die *Verwendung von Trockensauern* äußert sich im Vergleich zur reinen Hefeführung durch einen höheren Säuregrad (3,8—4,7) und gegenüber einer reinen Sauerteigführung durch äußerst geringen Gehalt an flüchtigen Säuren. Da handelsübliche Teigsäuerungsmittel (Trockensauer) häufig an Stelle der im Sauerteig vorherrschenden Säuren (Milch- und Essigsäure) Citronen- und Weinsäure bzw.

deren saure Natrium- oder Calciumsalze enthalten, deutet das Vorkommen dieser organischen Säuren oder Salze, meistens bei gleichzeitig niedrigem Milchsäuregehalt, auf die Verwendung von Teigsäuerungsmitteln (E. Drews 1961).

d) *Chemische Lockerung* in Backwaren kann bei Verwendung von Ammoniumtriebmitteln durch Nachweis und Bestimmung des Restammoniaks (vgl. S. 354) oder bei Lockerung mit Backpulver durch den papier- oder dünnschichtchromatographischen Nachweis der Triebsäure erkannt werden.

Hierzu muß die vorgetrocknete Substanz in den meisten Fällen entfettet (Extraktion mit Petroläther und anschließend der Hydrolyse mit verdünnter Salzsäure unterworfen werden. Nötigenfalls werden die Zuckerstoffe durch Vergärung mit Backhefe beseitigt. Lockerung mit Natriumhydrogencarbonat (ohne Mitwirkung einer sauren Substanz) ist an der alkalischen Reaktion des Gebäcks (pH über 8), der Alkalität der Asche, an der tiefen Bräunung und dunklen Krumenfarbe und meistens auch am Geschmack zu erkennen. Ähnlich wirken sich auch Pottasche-Zusätze (über den Kaliumnachweis erkennbar) aus, sofern sie nicht durch Säurezusätze neutralisiert wurden. Der Nachweis von chemischen Lockerungsmitteln kann durch gleichzeitige Anwesenheit kombinierter Backmittel, die Mineralstoffe und organische Säuren enthalten, erschwert sein.

23. Untersuchung auf organische Säuren
(J. M. Brümmer 1967)

a) Flüchtige Säuren

Man geht von 20—50 g Untersuchungsmaterial aus. Es ist ratsam, Kruste und Krume zu trennen und gegebenenfalls separat zu analysieren.

Die *Isolierung* der flüchtigen Säuren wird durch Wasserdampfdestillation erreicht, wie sie auch E. Drews (1955a) beschrieben hat. Um auch die in Salzform vorliegenden Säuren zu erfassen, müssen die Proben mit Wein- oder Schwefelsäure angesäuert werden. Der Zusatz von Weinsäure ist bei der weiteren Aufarbeitung des Destillationsrückstandes auf nichtflüchtige Säuren zu berücksichtigen.

Als Vorlage für die Wasserdampfdestillation dient eine Aufschwemmung von 2 g Bariumcarbonat in Wasser, die die übergehenden sauren Bestandteile bindet. Nach Abschluß der Destillation wird die Vorlage heiß filtriert und das Filtrat, das die Bariumsalze der organischen Säuren enthält, bis zur Trockne eingeengt. Nach erneutem Ansäuern mit Schwefelsäure wird mit etwa 1 ml Butanol extrahiert und die Lösung zur *Trennung und Identifizierung* der Komponenten papier- und dünnschichtchromatographisch untersucht.

α) Papierchromatographie

Als Fließmittel auf Chromatographiepapieren (z. B. Schleicher & Schüll 2043 b Mgl, Macherey u. Nagel Nr. 212, Binzer Nr. 208 oder Whatman 1) bewährt sich wassergesättigtes Butanol (E. Drews 1955b; H. Schweppe 1959).

Die Kammeratmosphäre muß ausreichend mit Ammoniak gesättigt sein. Es empfiehlt sich, auch die Butanolextrakte über Ammoniakdämpfen auf das Papier aufzutragen. Neben Ammoniumsalzen können nach entsprechender Präparation auch die Natriumsalze der flüchtigen Säuren chromatographiert werden.

β) Dünnschichtchromatographie

Über die dünnschichtchromatographische Trennung flüchtiger Säuren auf Kieselgel G-Schichten vgl. E. Becker (1964) und J.M. Brümmer (1965). Nach Brümmer werden mit dem Fließmittelsystem Aceton: 25%iges Ammoniak : Wasser : Chloroform (20:4:2:2) gute Trennungen erhalten.

Zur Identifizierung der nach a) oder β) getrennten Säuren dienen folgende Sprühmittel:

Bromkresolgrün: 0,04 g werden in 100 ml Äthanol gelöst und mit 0,1 n-Natronlauge bis zur eben auftretenden Blaufärbung versetzt.

Bromkresolgrün: 0,25 g werden in 50 ml Äthanol gelöst und mit 50 ml Butanol versetzt.

Reagens auf reduzierende Stoffe, z. B. Ameisensäure: Mischung gleicher Teile von 0,1 n-Ammoniak- und 0,1 n-Silbernitratlösungen. Das Reagens ist stets frisch zu bereiten, da bei Aufbewahrung explosives Silberazid entsteht.

Soll die *Gesamtkonzentration* an flüchtigen Säuren in Backwaren ermittelt werden, so wird zweckmäßigerweise nach E. Drews (1955c) gearbeitet.

Die Isolierung flüchtiger Säuren kann auch durch Extraktion erfolgen, wie sie ähnlich für die nichtflüchtigen Säuren beschrieben wird.

b) Nichtflüchtige Säuren

Die Identifizierung der nichtflüchtigen Säuren kann im Rückstand der Wasserdampfdestillation, einfacher aber in frischem Probenmaterial vorgenommen werden.

Nach der Wasserdampfdestillation wird der *Rückstand* des Kochkolbens filtriert, eingeengt und die Säuren anschließend extrahiert. Im allgemeinen wendet man hierzu mit Wasser schwer mischbare Lösungsmittel, wie z. B. Äther, Äther-Pentan-Gemische oder Choroform-Butanol (1:1) an.

Frisches Material pulverisiert man nach F. Pohloudek-Fabini u. H. Wollmann (1961) am besten in gefrorenem Zustand und säuert vor der Extraktion an. Nach Zugabe der Lösungsmittel liefern aber auch Homogenisiergeräte befriedigende Suspensionen, die dann ebenfalls zur Extraktion anzusäuern sind. Für die Extraktion selbst sind Perforatoren oder ähnliche Apparate zu empfehlen. Sie liefert bei zucker-, polysaccharid-, fett- und eiweißarmen Proben meist Lösungen, von denen nach entsprechendem Einengen in der anschließenden chromatographischen Trennung gute Ergebnisse zu erhalten sind. Bei zuckerreichem Ausgangsmaterial (Feingebäck, Konditoreiwaren) werden aber die Extrakte so viscos, daß die chromatographische Aufarbeitung meistens unmöglich ist. Die chemische Abtrennung der Zuckerstoffe bringt durch die mögliche Bildung von Artefakten zusätzliche Schwierigkeiten. In solchen Fällen ist es ratsam, die Säuren durch Ionenaustauscher zu binden, die störenden Begleitstoffe auszuwaschen und die Säuren mit geeigneten Lösungsmitteln zu eluieren (E. Drews 1958a; H. Schweppe 1959). Wegen der Fehlermöglichkeiten durch irreversible Adsorption und desmolytische Zersetzung von Zuckern an basischen Ionenaustauschern sind schwach basische Austauschharze bzw. die Carbonatformen zu verwenden (vgl. Cl. Franzke u. Mitarb. 1966).

Folgender Analysengang sollte dabei eingehalten werden:

Arbeitsvorschrift: 40 g Krume werden in 250 ml Wasser homogenisiert und anschließend zentrifugiert. Die überstehende Lösung passiert einen Kationenaustauscher in der H^+-Form (z. B. Amberlite IRA 120) und anschließend einen Anionenaustauscher in der Carbonatform (z. B. Amberlite IRA 400).

Als Säulenform eignen sich ca. 30 cm lange Glasröhren von 15—20 mm ∅, die unten mit einem Hahn versehen sind. Eine Erweiterung des oberen Endes gestattet die Aufnahme größerer Flüssigkeitsvolumen. Es sind geeignete Maßnahmen bekannt, um ein Trockenlaufen der Säulen zu verhindern (H. Kinzel 1962). Die Säulen werden zu etwa $5/6$ mit Austauschermaterial beschickt. Mit etwa 100—200 ml Wasser wird der Anionenaustauscher gründlich nachgewaschen, wobei der Säuleninhalt wiederholt aufgerührt werden sollte. Die Elution erfolgt abschließend mit etwa 150 ml 2 n-Ammoniumcarbonat- oder Natriumhydrogencarbonat-Lösung. Die Tropfgeschwindigkeit soll bei Adsorption und Elution etwa 1 Tropfen pro Sekunde betragen.

Aus dem Eluat werden die Säuren nach dem Einengen und Ansäuern wieder herausgelöst und dann chromatographisch identifiziert (E. Drews 1958a, 1958b, 1961b; L.N. Kasanskaja 1963; J.-M. Brümmer 1966). Als Sprühmittel kommen außer den bereits genannten noch zur Anwendung:

Methylrot-Natriumborat-Puffer: 0,3 g Methylrot werden in 250 ml 0,2 n-Natriumborat-Puffer (pH 5,6) gelöst und mit Wasser auf 1 l aufgefüllt.

Bromphenolblau-Methylrot: 0,3 g Bromphenolblau und 0,1 g Methylrot werden in 100 ml Äthanol gelöst.

Jodat-Jodid-Reagens: 4 ml 1%iger Stärkelösung werden mit 10 ml wäßriger, gesättigter Kaliumjodat-Lösung und 1 ml 5%iger Kaliumjodid-Lösung versetzt. Wenige Tropfen Schwefelsäure liefern eine schwache Blaufärbung, die mit 0,005 n-Natriumthiosulfatlösung eben wieder zu beseitigen ist.

Reagens auf Citronensäure: 7 ml Pyridin werden mit 3 ml Essigsäureanhydrid gemischt.
Reagens auf Weinsäure: gesättigte, wäßrige Ammoniumvanadat-Lösung.
Nach dem Besprühen empfiehlt sich eine kurze Wärmebehandlung der Chromatogramme.

Liegen flüchtige wie nichtflüchtige Säuren in klaren Lösungen vor, besteht auch die Möglichkeit, sie durch Fällung abzuscheiden. Die besten Erfolge erzielt man mit Bleisalzen in wäßrigen, mit Bariumsalzen in Alkohol- oder Aceton-Lösungen. Im übrigen verfährt man wie mit den Austauschereluaten.

Sind im Säuremolekül weitere funktionelle Gruppen wie z. B. die Carbonylgruppe in den Ketosäuren vorhanden, so wird die Abtrennung durch Umsetzung mit geeigneten Reagenzien, z. B. mit 2,4-Dinitrophenylhydrazon (H. KATSUKI 1961; C. C. LIANG 1962; P. RONKAINEN 1963; M. RINK 1964) erleichtert. Reduzierende Zucker stören hierbei.

Wertvolle Angaben zur Methodik der Isolierung und Bestimmung von organischen Säuren finden sich bei J. SCHORMÜLLER u. Mitarb. (1961).

Neben der Papier- und Dünnschichtchromatographie wird neuerdings auch verstärkt die Gaschromatographie eingesetzt (W. DIEMAIR u. E. SCHAMS 1960).

Für die Auftrennung und Bestimmung einzelner Säuren gibt es in der Literatur zahlreiche Hinweise. Neben kolorimetrischen (H. A. MONTGOMERY 1964), polarographischen (M. L. RICHARDSON 1966) und neuerdings enzymatischen Methoden (A. SCHWEIGER u. D. H. GÜNTHER 1964), werden auch quantitative Bestimmungen durch die Papier-, Dünnschicht- und Gaschromatographie mit anschließender IR- (F. E. BENTLEY 1964; K. H. KUBECZKA 1965; R. KOHN u. S. LAUFER-HEYDENREICH 1966) und Massenspektrometrie (T. H. SHUTTLEWORTH 1966) zur Identifizierung benutzt.

III. Untersuchung von Backpulver

1. Nachweis der Bestandteile

Die Untersuchung erstreckt sich zunächst auf die qualitative Ermittlung der Kationen, von denen besonders Na^+, K^+, NH_4^+, Ca^{2+}, Mg^{2+} und Al^{3+}, aber auch Schwermetalle als Verunreinigung der Rohstoffe in Betracht kommen, ferner auf den Nachweis der als Triebsäuren vorhandenen Anionen, unter ihnen besonders Phosphat, Sulfat, Tartrat, Citrat, Lactat, neuerdings auch Gluconat, während Carbonat in der Regel als CO_2-Quelle vorliegt, mitunter auch als Bestandteil des Trennmittels (als $CaCO_3$) enthalten sein kann.

Die Feststellung des *Trennmittels* erfolgt mikroskopisch nach Abtrennung des Trennmittels durch Filtrieren der wäßrigen Lösung, gegebenenfalls nach Aufschlämmen mit Tetrachlorkohlenstoff und Abzentrifugieren. Dabei schwimmt die Stärke oben auf, unmittelbar darunter Citronensäure und Adipinsäure (heute als Backtriebsäure verboten und nicht mehr gebräuchlich). *Schwermetalle* werden im weitgehend neutralisiertem, filtriertem HCl-Auszug durch Zusatz von 1—2 Tropfen 10 %iger Natriumsulfidlösung ($Na_2S \cdot 10 H_2O$) zu 10 ml des Filtrates nachgewiesen (Dunkelfärbung bzw. Fällung oder Trübung). Eine Trübung kann auch aus Schwefel bestehen, wenn zuviel Na_2S-Lösung zugesetzt wurde. Welches Metall vorliegt, muß in bekannter Weise durch nähere Untersuchung festgestellt werden. Kalium und Natrium weist man (K. SCHILLER 1950) durch Flammenfärbung nach, Calcium wird als Oxalat gefällt und mit 0,1 n $KMnO_4$-Lösung titriert oder durch Glühen in Calciumoxid übergeführt und gewogen.

NH_3 wird durch Kochen des Backpulvers mit Natronlauge am Geruch und an der Blaufärbung von Lakmuspapier durch die Dämpfe erkannt, gegebenenfalls auch quantitativ durch Destillation mit MgO bestimmt.

Zum *Nachweis von Aluminium* behandelt man bei Abwesenheit von Phosphorsäure 1 g Backpulver mit verdünnter Essigsäure und versetzt das Filtrat mit einer Morinlösung (0,1 g Morin in 100 ml Alkohol) Spuren von Aluminium erzeugen eine grüne Fluorescenz. Bei Anwesenheit von Phosphorsäure wird 1 g Backpulver mit 25%iger Salzsäure behandelt, die Phosphorsäure mit Calciumchlorid und Natronlauge oder Bariumhydroxid und Natronlauge ausgefällt. Dabei geht das Aluminium als Aluminat in Lösung. Das Filtrat wird mit Essigsäure angesäuert und mit Morinlösung versetzt.

Carbonat wird in bekannter Weise durch Ansäuern der wäßrigen Lösung und Prüfung des sich entwickelnden Gases mit Calcium- oder Bariumhydroxid nachgewiesen.

Zur Prüfung auf *Phosphat* wird die wäßrige Lösung mit konz. Salpetersäure angesäuert, mit Ammoniummolybdatlösung versetzt und dann zum Sieden erhitzt. Ein zitronengelber Niederschlag von Ammoniummolybdatophosphat deutet auf Phosphorsäure. Durch Ansäuern mit Essigsäure und Zugabe von Silbernitratlösung kann aus der Farbe des Niederschlages erkannt werden ob Ortho- oder Diphosphorsäure (gelb bzw. weiß) zugegen ist.

Zum Nachweis anderer Anionen versetzt man einen Teil des wäßrigen Filtrates mit einem Überschuß an Sodalösung, kocht und filtriert. Dadurch werden störende Kationen als Carbonate, Hydroxide oder basische Salze entfernt.

Auf *Chloride* prüft man nach Ansäuern mit HNO_3 in üblicher Weise mit Silbernitratlösung.

Sulfate werden nach Ansäuern mit HCl durch Zusatz von $BaCl_2$-Lösung nachgewiesen.

Organische Säuren, die früher mit verschiedenen Einzelreaktionen (z. B. Weinstein mit Resorcin-Schwefelsäure, Citronensäure als Acetondicarbonsäure oder Pentabromaceton, Milchsäure mit alkoholischer Guajakol- oder Codeinlösung) nachgewiesen wurden, werden heute einfacher und sicherer mit Hilfe papier- oder dünnschicht-chromatographischer Methoden festgestellt (E. Drews 1955; J.M. Brümmer 1965; E. Becker 1964).

2. Bestimmung der Triebkraft

Zur Bestimmung der Triebkraft wird in Deutschland allgemein die Apparatur nach Tillmans u. Mitarb. (1919) verwendet. Sie wurde von K. Rauscher (1956) verbessert.

Die Apparatur nach Tillmans u. Mitarb. besteht aus einem Unterteil mit einem um seine Achse drehbaren Glasschiffchen und einem mit einem Auslaufhahn und Steigrohr versehenem Oberteil, das mit gesättigter Kochsalzlösung so weit gefüllt wird, daß das Flüssigkeitsniveau 3—4 cm unter der Oberkante des Steigrohrs steht; die Schliffteile müssen gut gefettet sein (Abb. 2).

Man ermittelt

a) *Gesamtkohlensäure:* Man beschickt den Unterteil des Apparates mit 20 ml Salzsäure (1,124) und bringt dann 0,5 g des Backpulvers oder, wie in der Praxis häufig üblich, 5% des Beutelinhalts in das trockne Glasschiffchen. Noch einfacher ist es, die für die Untersuchung bestimmte Menge in ein Porzellanschiffchen einzuwägen und dieses in das Glasschiffchen zu legen. Durch Öffnen des Hahns am Ablaufrohr stellt man das Gleichgewicht mit dem äußeren Luftdruck her. Sind einige ml ausgelaufen und hört das Tropfen auf, so setzt man ein leeres, trockenes Becherglas unter und dreht das Schiffchen um, das Schiffchen darf sich nicht lockern. Das sich bei der Zersetzung des Backpulvers entwickelnde Kohlendioxid verdrängt die entsprechende Flüssigkeitsmenge. Wenn nur noch einige Tropfen kommen, schließt

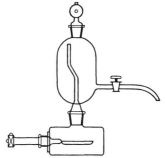

Abb. 2. Apparat zur Bestimmung des CO_2 im Backpulver nach Tillmans, Strohecker und Heublein

man den Hahn und schüttelt vorsichtig um, ein Übertreten der Zersetzungsflüssigkeit in das Steigrohr ist zu vermeiden. Der Endzustand ist erreicht, wenn nach zweimaligem kräftigem Schütteln nach dem Öffnen des Hahns kein Tropfen mehr ausfließt. Man bringt die Flüssigkeitsmenge aus dem Becherglas in einen nachgeeichten Meßzylinder, mißt und gibt die Kochsalzlösung in den Oberteil zurück. Zur Umrechnung auf Milligramme multipliziert man die Zahl der ml Kohlensäure mit 1,977.

b) *Unwirksame Kohlensäure:* 0,5 g Backpulver bzw. 5% des Beutelinhalts übergießt man in einem Becherglas mit 50 ml dest. Wasser, erhitzt auf einem Drahtnetz zum Sieden und kocht, vom Beginn des Siedens an gerechnet, 15 min lang. Dann spült man in eine Porzellanschale über und dampft auf dem Wasserbad zur Trockne ein. Der Rückstand wird mit 5 ml 10%igem Ammoniak durchfeuchtet, wieder zur Trockne eingedampft und darauf $^1/_2$ Std bei 120°C getrocknet. Man spült den Rückstand mit 20—25 ml Wasser in den Backpulverapparat über, füllt das Schiffchen mit Salzsäure und bestimmt wie bei a) die noch im Rückstand verbliebene unwirksame Kohlensäure.

c) Der *Gesamttrieb* oder die *wirksame Kohlensäure* wird aus der Differenz von Gesamtkohlensäure und unwirksamer Kohlensäure berechnet.

d) *Vor- und Nachtrieb:* In den unteren Teil des Apparates gibt man 20 ml Wasser. Die zur Bestimmung erforderliche Menge Backpulver (0,5 g bzw. 5% des Beutelinhalts) fügt man durch das Schiffchen bei und ermittelt wie unter a) den Teil der Kohlensäure, der schon in der Kälte durch Wasser entbunden wird. Bei der Bestimmung des Vortriebs hört das Tropfen nur selten völlig auf, insbesondere bei hohen Hydrogencarbonatüberschüssen. Die Bestimmung ist beendet, wenn bei wiederholtem Umschwenken nur noch 2—3 Tropfen austreten.

Nun füllt man das Schiffchen mit Salzsäure, bringt es in den Apparat, stellt das Gleichgewicht wieder ein und läßt die Säure durch Umdrehen des Schiffchens zufließen. Die so bestimmte Rest-Kohlensäure ergibt nach Addition mit dem Vortrieb die Gesamt-Kohlensäure, die mit dem nach a) ermittelten Wert übereinstimmen muß.

Mitunter reicht das Fassungsvermögen des Schiffchens für die erforderliche Salzsäuremenge nicht aus. Man fügt deshalb vor Zusatz der Salzsäure einen Tropfen Methylorangelösung zu. Schlägt die Farbe nicht nach Rot um, so ist eine erneute Beigabe erforderlich. Nachdem die Kohlensäure entwickelt ist, füllt man das Schiffchen nochmals mit Salzsäure, stellt das Gleichgewicht ein und läßt die Salzsäure in den Apparat fließen.

d) *Überschüssiges Hydrogencarbonat:* Der Inhalt eines ganzen Päckchens wird in 100—200 ml Wasser aufgeschwemmt und genau wie bei der Bestimmung der unwirksamen Kohlensäure nach b) behandelt. Der bei 120°C getrocknete Rückstand wird mit Wasser restlos in ein 100 ml

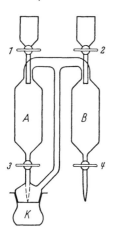

Meßkölbchen gespült, gemischt und filtriert. 25 ml des klaren Filtrats bringt man in den Apparat und setzt einen Tropfen Methylorange zu. Dann füllt man das Schiffchen mit Salzsäure, stellt das Gleichgewicht ein und bestimmt in üblicher Weise die Kohlensäure. Ist der Hydrogencarbonatüberschuß so groß, daß die Säure zur völligen Zersetzung nicht ausreicht, der Indicator also nicht umschlägt, so füllt man das Schiffchen nochmals mit Salzsäure, stellt das Gleichgewicht ein und führt die Bestimmung zu Ende.

Bei der verbesserten Apparatur nach K. Rauscher (1956) wird das Backpulver direkt in den Unterteil, der kein Schiffchen besitzt, eingewogen. Die Konstruktion des Gerätes erläutert Abb. 3.

Das Verfahren hat den Vorteil, daß die Salzsäure allmählich zur Substanz zugetropft wird, wodurch ein plötzlich auftretender großer CO_2-Überdruck vermieden wird, wie er in der Apparatur von Tillmans u. Mitarb. entsteht.

Arbeitsvorschrift: Der Apparat nach Rauscher wird mit Klammern an einem Stativ befestigt. Die Hähne (3) und (4) werden geschlossen. Durch Hahn (1) werden das Säuregefäß (A) mit 20%iger Salzsäure etwa zu $^1/_3$ und Gefäß (B) durch Hahn (2) mit kalt gesättigter Kochsalzlösung etwa zu $^2/_3$ gefüllt. Nun schließt man auch diese beiden Hähne.

Abb. 3.
Apparat zur Bestimmung
des CO_2 im Backpulver
nach Rauscher

Das trockene Kölbchen (K) (Inhalt etwa 30 ml) wird mit der Substanz beschickt (Einwaage 0,5 g), an den Apparat angeschlossen (Schliff leicht fetten) und mit 2 Spiralfedern gesichert. Unter Hahn (4) wird ein Auffanggefäß gestellt und der Hahn geöffnet. Es läuft so viel Kochsalzlösung aus, bis Druckausgleich erfolgt ist. Nun stellt man ein genau graduiertes Meßgefäß von 50 ml Inhalt, das mindestens 0,5 ml-Teilung besitzt, unter Hahn (4). Man öffnet vorsichtig Hahn (3) so, daß die Säure tropfenweise zur Einwaage fließen kann. Der Druck des entwickelten CO_2 treibt Kochsalzlösung in das Meßgefäß. Das Volumen der austretenden Lösung ist gleich dem Volumen des entwickelten CO_2-Gases. Es muß darauf geachtet werden, daß möglichst wenig Säure zur Zersetzung verbraucht wird, damit die Salzsäure keine spürbare CO_2-Menge absorbiert. Im allgemeinen genügen 5 ml Säure.

Da die Bestimmung des Triebvermögens in wäßrigen Lösungen mitunter zu Ergebnissen führt, die nicht im Einklang mit dem Verhalten des Backpulvers in Teigen steht (z. B. Gluconsäure-δ-lacton-Pulver), kann es angezeigt sein, an Stelle der wäßrigen Aufschlämmung einen zur Kugel geformten Teig aus 5 g Weizen-

mehl, 0,5 g Backpulver und 2 ml dest. Wasser im Triebbestimmungsapparat nach
TILLMANS oder RAUSCHER zu prüfen (A. ROTSCH 1961). Das Anteigen dauert
2 min, nach 3 min wird die Apparatur angeschlossen, nach 5 min zum ersten Mal
abgelesen.

IV. Untersuchung von Trennemulsionen

Der Rohfettgehalt von Trennemulsion (einschließlich des Emulgatoranteiles)
wird nach Aufschluß mit 4 n-HCl durch Extraktion mit Äther bestimmt, da sich
manche Emulgatoren in Äther besser lösen als in Petroläther. Die Säurehydrolyse
macht lipophile Komponenten aus emulgierend wirkenden Sulfoestern (z.B.
Lanette-E) erfaßbar, spaltet allerdings auch evtl. vorhandene Phosphatide. In
Trennemulsionen, die derartige Emulgatoren nicht enthalten, läßt sich der Rohfettgehalt auch durch Extrahieren des bei der Wasserbestimmung verbleibenden
Rückstandes bestimmen.

Zur Gegenkontrolle wird der Wassergehalt ermittelt, indem mit Sand verriebene Proben auf dem Wasserbad vom größten Teil der Feuchtigkeit befreit und
dann bei 98°C im Vakuum konstant getrocknet werden. Wenn die Summe aus
Rohfett und Wasser merklich von 100 abweicht, ist mit der Gegenwart von sog.
Stabilisierungsmitteln wie Stärke, Gelstoffen, Mineralsalzen zu rechnen. Evtl.
haben sich auch hochschmelzende Triglyceride, Phosphatide oder Emulgator-
bestandteile bei der Ätherextraktion nicht restlos ausziehen lassen.

Das zur Bestimmung des Unverseifbaren benötigte Rohfett wird nach dem
von A. STOY (1950b) für die Fettbestimmung in W/Ö-Emulsionen angewendeten
Verfahren isoliert. Werden mehr als 2 % Unverseifbares gefunden, so ist mit Hilfe
der Löslichkeitsprobe in siedendem Äthanol bzw. der Acetylierungsprobe zunächst
auf Mineralöl zu prüfen. Löst sich das Unverseifbare, so liegen mit großer Wahrscheinlichkeit höhere Wachsalkohole (beispielsweise aus Lanette-Emulgatoren)
vor. Die weitere Identifizierung müßte chromatographisch erfolgen. Zum Nachweis von polymerisierten Fettbestandteilen wie sie für Emulgatoren nach Art des
Paalsgardöles charakteristisch sind, bewährt sich der in den DGF-Einheitsmethoden [C—VI (53)] angegebene papierchromatographische Test. Verseifbare
Emulgatoren dieses Typs ergeben besonders stabile W/Ö-Emulsionen.

Der Emulsionstyp (Ö/W oder W/Ö) läßt sich grobsinnlich aufgrund des Mi-
schungsverhaltens gegen Wasser feststellen, oder aber durch mikroskopische
Diagnose nach Anfärben der Fettphase mit Sudanrot.

Mängel wie die Verwendung von geschmacklich ungeeigneten Fetten oder
Ölen, ungenügende Phasenstabilität sowie Verderbserscheinungen (Säuerung,
Ranzidität, Gärung, Schimmel), die sich grobsinnlich zu erkennen geben, sind
nötigenfalls mit Hilfe der einschlägigen speziellen Untersuchungstechniken zu
bestätigen.

Einzelheiten über Analyse und Beurteilung enthalten die 1963 neu formulierten
Güterichtlinien für Trennemulsionen des Verbandes der Backmittelhersteller e.V.
in Bonn. Vgl. hierzu auch A. ROTSCH (1949) und A. STOY (1950a, 1951).

V. Sonstiges

1. Filth-Test

Bei Brot und Backwaren, die für den Export nach den USA bestimmt sind,
wird in der Regel der Nachweis der Reinheit in Form des sog. „Filth-Testes"
gefordert. Man versteht unter „Filth" die Verunreinigung von Nahrungsmitteln
durch Fremdkörper tierischer Herkunft wie Exkremente und Haare von Nage-

tieren, Insekteneier, Exkremente und Körperteile von Insekten. Die Verunreinigung (Kontamination) durch solche Fremdkörper kann über die verschiedenen Back-rohstoffe erfolgen und z. B. beim Getreide schon auf dem Feld, dann bei der Lagerung und der Vermahlung, auch während des Mehltransportes und schließ-lich in der Backstube vorsichgehen. Auch Gewürze und in geringerem Grad Kakao, Eipulver und Trockenfrüchte sind eine häufige Quelle der Kontamination von Backwaren.

Die Ermittlung ihrer Natur und ihres Grades stützt sich auf die AOAC-Methoden. Das Verfahren besteht im Prinzip im Auflösen des Materials durch enzymatischen Abbau oder auch Säurehydrolyse, Flotation der Verunreinigung in Mineralöl oder Gasolin, Abtrennen der nichtwäßrigen Schicht, Abfiltrieren der Verunreinigungen und mikroskopischer Untersuchung des Filterrückstandes (G. Hampel 1965).

Arbeitsvorschrift: 100 g der Probe werden in Stücke gebrochen, Kruste und Überzug werden abgesondert, etwa vorhandener Überzug wird abgelöst und Kruste und Überzug fein zer-stückelt. Man gibt das Material in ein 1 l Becherglas, fügt 760 ml warmes Wasser (ungefähr 40° C) hinzu und läßt 1—2 Std unter gelegentlichem Umrühren stehen, bis keine Klümpchen mehr vorhanden sind. Man gibt 40 ml konz. HCl und 40 ml Paraffinöl hinzu und erhitzt den Becherglasinhalt unter Vermeiden des Abtrennens vorsichtig. Man hält die Flüssigkeit 15 min am Kochen, hierauf wird nach dem Abkühlen die Ölschicht in einem Scheidetrichter abgetrennt, durch ein Papierfilter filtriert und weiter wie bei der Untersuchung von Mahlerzeugnissen verfahren.

Nach der Vorschrift der Food and Drug Administration (USA) dürfen in 227 g ($^1/_2$ engl. Pfund) höchstens 2—3 Nagetierhaare und 20 Insektenfragmente enthalten sein.

2. Mineralöl, Paraffin

Geringe Mengen von Mineralöl können in erster Linie durch den Gebrauch mineralölhaltiger Trennmittel oder die Verwendung paraffinierter Rosinen in Backwaren gelangen. Der *Nachweis* läßt sich in dem durch Aufschluß und Ex-traktion isolierten Gebäckfett nach F. G. Sietz (1966) dünnschichtchromato-graphisch auf Kieselgel G mit Heptan als Fließmittel führen, wobei durch Be-sprühen mit alkoholischer Phosphormolybdänsäurelösung und Erhitzen bei 150° C sichtbar gemacht wird. Die Nachweisgrenze beträgt im Dünnschichtchromato-gramm bei 5 mg Fettauftrag 0,01% Paraffinöl ($R_f = 0,7$), im Spot-Test bei 1 mg Fettauftrag 0,1—0,15% Paraffinöl. Fettsäuren, Glyceride, Sterine, unge-sättigte Kohlenwasserstoffe, Carotine, Cetylalkohol (auch Walrat, Spermöl, Lanettewachs) bleiben am Start oder in dessen Nähe und stören nicht. Dagegen können natürliche gesättigte Kohlenwasserstoffe aus dem Unverseifbaren von Speisefetten (oder Bienenwachs) schwach sichtbar werden. Vergleichsproben sind daher anzuraten.

Sietz gibt zwei Ausführungsformen an:

a) *Dünnschichtchromatogramm:* Auf der mit Kieselgel G belegten Platte werden das zu untersuchende Fett und das Vergleichsmuster (unverdächtiges Fett sowie Modellmuster) in einer Menge bis zu 5 mg Fett als 10%ige Lösungen aufgetragen. Das Chromatogramm wird dann mit Heptan als Fließmittel entwickelt. Anschließend wird 30 min bei 150° C getrocknet. Nach dem Besprühen mit Phosphormolybdänsäure (10% in Alkohol) wird 20—30 min bei 150° C erhitzt. Die Nachweisgrenze beträgt 0,01% Paraffinöl bei einer Auftragsmenge von 5 mg Fett.

b) *Spot-Test:* Auf einen markierten Punkt der mit Kieselgel G belegten Platte gibt man aus einer Mikropipette tropfenweise 0,2 ml Petroläther. Dies wird einmal wiederholt. Dann wird auf den Mittelpunkt 1 mg Fett als 10%ige Lösung in Petroläther aufgesetzt (=0,01 ml). Man entwickelt jetzt, indem man auf den Mittelpunkt langsam 0,1 ml Petroläther auftropft. Anschließend wird Phosphormolybdänsäure aufgesprüht und einige Minuten erhitzt. Wenn Mineralöl im Fett vorliegt, zeigt sich zwischen dem Kern (Startpunkt mit Fett) und dem äußeren Waschring ein innerer Ring, nämlich die Frontlinie des Fließmittels mit dem mit-gewanderten gesättigten Kohlenwasserstoff. Die Nachweisgrenze beträgt 0,1—0,15% Paraffinöl in Fett.

Zum Nachweis der Paraffinbehandlung unverarbeiteter Rosinen und zur *quantitativen Ermittlung* ihres Paraffingehaltes hat G. KRUMMEL (1962) ein Verfahren beschrieben, bei dem die unzerkleinerten Rosinen mit Petroläther extrahiert werden und die Extrakte eine Kieselgelsäule durchlaufen, die das Paraffin ungehindert passieren läßt, andere Substanzen dagegen quantitativ adsorbiert. Nach A. ROTSCH (1963) ist bei der Untersuchung verbackener Rosinen die Verseifung des Petrolätherauszuges unumgänglich notwendig, da das beim Extrahieren der aus der Krume isolierten Rosinen miterfaßte Gebäckfett die analytischen Unterschiede zwischen paraffinierten und unbehandelten Früchten völlig verdeckt. Sie kommen erst im Unverseifbaren wieder zum Vorschein. Wegen der großen Zunahme des Feuchtigkeitsgehaltes der Rosinen beim Verbacken ist es erforderlich, die Paraffinwerte auf Trockensubstanz umzurechnen. Eine Paraffinbehandlung von verarbeiteten Rosinen ist auf diesem Wege jedoch nur dann sicher erkennbar, wenn die Paraffinmengen annähernd die in der Fruchtbehandlungsverordnung *vor* ihrer Änderung vom 16. VII. 1965 vorgesehene Höchstgrenze von 6 g Paraffin/kg Rosinen erreichen. Zu beachten ist ferner, daß gewisse unverseifbare Bestandteile aus natürlichem Rosinenwachs oder Bienenwachs (mit dessen Vorkommen in dem Gebäck anhaftenden Trennwachsresten evtl. zu rechnen ist) ebenfalls nicht an Kieselgel adsorbiert werden und gegebenenfalls den Paraffinwert erhöhen bzw. Mineralöl vortäuschen können.

Weiterhin haben H. WERNER u. Mitarb. (1964) die Leistungsfähigkeit der quantitativen Säulenchromatographie nach KRUMMEL eingehend überprüft und ein dünnschichtchromatographisches Verfahren zum raschen Nachweis einer Paraffinierung von Rosinen ausgearbeitet. Auch die Reinheitsprüfung des verwendeten Paraffines erfolgt mit Hilfe der Dünnschichtchromatographie.

Zur allgemeinen Prüfung von Gebäckfett auf Kohlenwasserstoffe eignet sich die Prüfung der Verseifbarkeit und die Behandlung des Unverseifbaren mit Essigsäureanhydrid. Werden mehr als 2%, höchstens 3% unverseifbare Bestandteile gefunden, ist ein Verdachtsmoment gegeben. Da aber auch Wachsalkohole in das Unverseifbare übergehen, die aus natürlichem Fruchtwachs oder aus Bienenwachs, Spermöl, Walrat oder ähnliches enthaltenden Trennmitteln herrühren können, ist erst aufgrund der Acetylierungsprobe (Paraffine bleiben ölig ungelöst, während die veresternden Wachsalkohole in Lösung gehen) eine Unterscheidung dieser beiden Stoffgruppen möglich. Auch die Löslichkeit von Wachsalkoholen in siedendem Äthanol, das Paraffine ungelöst läßt, wird als Vorprobe herangezogen.

3. Konservierungsmittel

Als eigentliche Konservierungsmittel kommen für Backwaren nur Sorbinsäure und ihre Natrium-, Kalium- oder Calciumsalze in Betracht. Sie sind zwar in der Deutschen Bundesrepublik vorläufig für Backwaren noch nicht zugelassen, jedoch in einer zu erwartenden Änderung der Konservierungsstoff-Verordnung unter Deklarationspflicht hierfür vorgesehen. Gegenwärtig spielen sie bei der Backwarenuntersuchung in erlaubter Weise nur als Konservierungsmittel für Marzipan und Marzipanersatzmassen, wasser- oder fetthaltige Füllungen sowie Gebäckauflagen eine Rolle.

Zum qualitativen Nachweis und zur quantitativen Bestimmung von Sorbinsäure eignet sich die colorimetrische Methode von H. SCHMIDT (1960). Außerdem sei verwiesen auf das von E. LÜCK u. W. COURTIAL (1965) mitgeteilte Verfahren zur dünnschichtchromatographischen Trennung und Identifizierung von Benzoesäure und Sorbinsäure.

4. Säuregrad von Brot

Die Höhe des Säuregrades läßt gewisse Rückschlüsse auf die Art des Teiglockerungsverfahrens zu (Hefe oder Sauerteig, vgl. D-II-22) und steht auch in Beziehung zum Brotgeschmack, soweit er vom Gesamtsäuregehalt abhängt.

Zur Säuregradbestimmung wird eine Probe möglichst aus der Krumenmitte des zu untersuchenden Brotes entnommen. Den Standardmethoden der Arbeitsgemeinschaft Getreideforschung e. V. (1964) zufolge verreibt man 10 g des Materials zunächst mit 5 ml Aceton und fügt nach und nach 95 ml dest. Wasser zu. Die klumpenfreie Suspension wird unter ständigem Rühren (Magnetrührer) potentiometrisch mit 0,1 n-Natronlauge auf pH 8,5 titriert. Danach wird weitere 5 min gerührt und der abgefallene pH-Wert erneut mit 0,1 n-Natronlauge auf pH 8,5 eingestellt. Dieser Wert soll innerhalb 1 min um nicht mehr als 0,1 pH zurückgehen, andernfalls ist die Operation zu wiederholen. Der Gesamtverbrauch an 0,1 n-Natronlauge in ml entspricht dem Säuregrad des Brotes. Er beträgt im Durchschnitt für Weizenmischbrot 6—8, Roggenmischbrot 7—9, Roggenbrot 8—10, Roggenschrotbrot und Vollkornbrot 8—14. (Vgl. hierzu E. Drews u. Mitarb. 1962, sowie G. Spicher u. Mitarb. 1963.)

VI. Hinweise für die lebensmittelrechtliche Beurteilung

Für den Verkehr mit Brot und Backwaren sind mit Ausnahme einiger weniger Bestimmungen des alten Brotgesetzes in der Fassung vom 10. Okt. 1938 und der Mehlbleichverordnung vom 27. Dez. 1956, die ergänzt, bzw. der später erlassenen Novelle zum Lebensmittelgesetz angepaßt wurde, keine amtlichen Vorschriften erlassen worden. Für Dauerbackwaren lassen sich in vielen Fällen die Leitsätze des Deutschen Lebensmittelbuches heranziehen; die in der nach Kriegsende außer Kraft gesetzten Backwarenmarktordnung enthaltenen Bestimmungen werden mangels neuer Richtlinien auch heute noch als Verkehrsauffassung, bzw. als Mindestmaß der Verbrauchererwartung angesehen.

Der Bund für Lebensmittelrecht und Lebensmittelkunde hat im Rahmen seiner Schriftenreihe Richtlinien für Backmittel (1960, Heft 34), ferner für Backtriebmittel, Backpulver, Hirschhornsalz und Pottasche (1962, Heft 41) aufgestellt, die als heutige Verkehrsanschauung der Lebensmittelwirtschaft gelten. In zahlreichen Fragen des Verkehrs für Brot und Backwaren fehlen jedoch noch jegliche objektive, verbindliche Hinweise für eine eindeutige Rechtsauffassung.

Lebensmittelrechtliche Streitfragen bei Brot ergeben sich nicht selten bei der Bezeichnung von Brotsorten mit geographischen Namen oder mit Bezeichnungen wie ,,Bauernbrot'', ,,Steinofenbrot'', ,,Holzofenbrot'' u. ähnl.

Über die *Verwendung von geographischen Hinweisen* bei Brotbezeichnungen veröffentlichte der Bund für Lebensmittelrecht 1966 Richtlinien (Heft 58 der Schriftenreihe). Zuvor hatten sich L. Acker (1960) und H. Nergert (1963) zu diesem Problem geäußert.

Nach den Richtlinien des Bundes für Lebensmittelrecht wurden Brotbezeichnungen mit geographischen Hinweisen grundsätzlich als Herkunftsbezeichnungen angesehen, doch können sich solche Bezeichnungen zu Gattungsbezeichnungen entwickeln. Solche Brote weisen bestimmte Merkmale auf.

Geographische Hinweise mit zusätzlichen Angaben wie ,,echt'', ,,original'' kennzeichnen eine Brotbezeichnung stets als ,,Herkunftsbezeichnung''.

Die *Bezeichnung ,,Bauernbrot''* wird in einem von H. Nergert (1963) zitierten Urteil des Landgerichts Tübingen vom 29. V. 1962 als reine Art- und Gattungsbezeichnung erklärt. Sie kann nicht als irreführend angesehen werden, da kein Verbraucher heute der Auffassung ist, daß dieses Brot wirklich vom Bauern gebacken wurde. Das Gericht bezog sich in seinem Urteil auf eine ähnliche Entscheidung des Bundesgerichtshofes vom 15. V. 1956 (T ZR 148/54).

Über sonstige häufig vorkommende lebensmittelrechtliche Fragen der Brotbewertung äußert sich A. Menger (1961) und setzt sich u. a. mit der Zulässigkeit von Bezeichnungen wie „*Vollkornbrot*", „*naturrein*", „*leicht verdaulich*", „*Weizen-keimbrot*", „*Buttermilchbrot*", „*Brot mit Meersalz*" und „*Steinofenbrot*" auseinander. Die hinsichtlich der Rezeptur zu stellenden Mindestanforderungen an „*Kuchen-brot*" und „*Baumkuchen*" behandelt A. Zeisset (1956). In Anlehnung an eine frühere, heute außer Kraft gesetzte Berliner Anordnung über die Herstellung von Brot und Backwaren vom 4. XII. 1950 (VOBl. f. Blu 1951, S. 22) empfiehlt er für die *Bezeichnung* „*Kuchen*" einen Mindestgehalt von 25 Teilen Fett oder ebensoviel Zucker, bzw. 25 Teilen beider Rohstoffe zusammen, bezogen auf 100 Teile stärke-haltige Rohstoffe. Baumkuchen soll auf je 500 g Mehl, Zucker und Butter 100 g Vollei enthalten.

Der gleiche Autor (A. Zeisset 1960) behandelt später die Auswirkung des neuen Lebensmittelgesetzes vom 21. XII. 1958 auf die Herstellung und das Inver-kehrbringen von Bäckerei- und Konditoreierzeugnissen.

Bei Fragen, ob die Gewichtsvorschriften für Brot auch auf Toastbrot anzu-wenden sind, ist die Höhe des Fett- bzw. Zuckergehaltes des Erzeugnisses von Wichtigkeit. Beträgt der Gehalt an Fett und/oder Zuckerstoffen, bzw. diesen gleichzustellenden Austauschstoffen mindestens 10 Teile auf 90 Teile mehlartige Rohstoffe, ist das Erzeugnis als Feingebäck anzusehen und unterliegt daher nicht den Gewichtsvorschriften für Brot (Mitteilungen aus dem Bundesgesundheitsamt 1964.)

Bei *Dresdner Christstollen* ist nach Ansicht des Bezirkshygiene-Instituts Dresden (Leiter: Prof. Dr. Letzig), mitgeteilt im Jahresbericht 1965 des Städti-schen Untersuchungsamtes Bielefeld, ein Mindestfettgehalt von 30%, davon mindestens $^3/_4$ als Butterfett zu fordern.

Bezüglich der Anforderung an Dresdner Stollen kommt A. Menger (1965) auf Grund von Rezeptangaben in mittel- und westdeutschen Fachbüchern zur An-sicht, daß unter Dresdner Stollen oder Stollen nach Dresdner Art schwere, fett-reiche Stollen mit entsprechender backtechnischer Eigenart zu verstehen sind, die aber nicht unbedingt Butterstollen sein müssen. Bei Spitzenqualitäten, die zum Frischverzehr im Inland bestimmt sind, wird man nur Butter als Teigbestandteil und Aufstrichfett erwarten können, während bei Stollen, die für den Export bestimmt sind, wegen der geringen Geschmacksstabilität der Butter und Rück-sicht auf die Qualitätserhaltung der Ware eine abweichende Auslegung des Be-griffes Spitzenqualität gerechtfertigt erscheint.

Die Bezeichnung *Früchtekuchen* oder Englisch-Kuchen ist nach L. Bertling (1962) nur zulässig, wenn der Fruchtanteil des Kuchens mindestens 20% beträgt und wenigstens aus 3 Fruchtarten besteht. Ein Kuchen, der nur Rosinen und etwas Zitronat enthält, darf nicht als Früchtekuchen gehandelt werden.

Die Zulässigkeit der Mehl- oder Stärkeverarbeitung bei „*Florentinern*" unterzog G. Nagel (1965) einer kritischen Prüfung. Er schließt aus Rezepten der Fach-literatur des Konditoreihandwerks und aus Untersuchungsergebnissen, daß mit Mehlteig hergestellte und mit Fettglasur überzogene Florentiner als nicht zulässig zu beurteilen sind und schlägt folgende Begriffsbestimmung vor: Florentiner sind ein knuspriges, flaches Mandel- oder Nußgebäck mit meist braunem (dunklem) Rand und lichtem Innern. Zuweilen werden auch Früchte und Fruchtbestandteile zugesetzt. Bei der Herstellung wird Milchfett in Form von Butter oder Sahne verwendet. Der Mehlanteil beträgt nicht mehr als 10%, bezogen auf kuvertüre-freie Masse. Zum Überziehen dienen die in der Kakao-Verordnung genannten Schokoladearten. R. Schrepfer (1966) schließt zwar aus dem Ergebnis neuerer Verbraucherumfragen auf eine von dieser Begriffsbestimmung abweichende Ver-kehrsauffassung, derzufolge an Florentiner bescheidenere Ansprüche gestellt wer-den, sofern es sich um Konsumware handelt. G. Nagel (1966) bringt jedoch gegen die Art der Durchführung der Befragungen Bedenken vor und bleibt bei seinem Standpunkt.

Derselbe Autor (G. Nagel 1960) äußert sich zur Verwendung von *Fettglasur* bei Backwaren und Konditoreierzeugnissen und weist auf die bei der Verarbeitung von Fettglasur häufig vorkommenden Verstöße gegen § 8 Abs. 2 der Kakao-Verordnung durch Unterlassung einer ausreichenden Kenntlichmachung hin.

Umstritten ist ferner die zulässige *Höhe des Altbrotzusatzes* bei Pumpernickel, Schrotbrot und Vollkornbrot. Nach den Sondervorschriften der alten Backwaren-marktordnung war bei den genannten Brotsorten ein Zusatz von 10 % an frischen, im Betrieb anfallenden Brotsorten für die Herstellung der gleichen Brotsorte zulässig, für andere Brotsorten nur ein Zusatz von 3 % einwandfreien Altbrotes, bezogen auf Mehl oder diesen gleichgestellten mehlartigen Rohstoffen gestattet.

Ein Zusatz von 3 % Altbrot war bereits in einem Erlaß der RMdI vom 18. Mai 1937 (MiBliV S. 794 vgl. auch Z. Beil. 1938 30, 15) im Hinblick auf die derzeitige Wirtschaftslage zugelassen worden.

Nach Außerkrafttreten der Backwarenmarktordnung vertreten manche Kreise der Lebens-mittelüberwachung die Auffassung, daß auch bei den oben genannten Brotsorten nur noch ein 3 %iger Altbrotzusatz erlaubt sei. Demgegenüber hält das Backgewerbe einen 10 %igen Alt-brotzusatz bei diesen Brotsorten für notwendig, da andernfalls diese Brote nicht die vom Verbraucher erwartete Qualität hinsichtlich Lockerung, Frischhaltung und Schneidbarkeit erlangen. Es handle sich bei dem höheren Altbrotzusatz nicht um eine durch Rohstoffmangel bedingte Brotstreckung, sondern um eine backtechnisch begründete Maßnahme. Eine end-gültige Klärung muß der Neuregelung der gesetzlichen Bestimmungen vorbehalten bleiben.

Der Mangel eindeutiger Verkehrsbestimmungen führte ferner hin und wieder zu Streitfällen bei *Zimtsternen* (F. W. Schmidt 1966), einem besonders im südlichen Raum beliebten Weihnachtsgebäck mit hohem Anteil an Mandeln oder Hasel-bzw. Walnüssen. Es wird ohne Fettglasur hergestellt und soll auch keinen oder höchstens einen geringfügigen Mehlgehalt aufweisen. Das Amtsgericht Münchberg vertrat in seinem Urteil vom 8. VI. 1966 (Az. Cs 291/66) die Auffassung, daß nach der Verbrauchererwartung Zimtsterne höchstens 10 % Mehl enthalten dürfen und ohne Zusatz fremden Fettes hergestellt sein müssen.

Zur Überwachung des Verkehrs der bei der Backwarenherstellung Verwendung findenden Roh- und Hilfsstoffe können in einigen Fällen weitere Richtlinien des Bundes für Lebensmittelrecht herangezogen werden. Dazu gehören die 1960 in Heft 34 der Schriftenreihe veröffentlichten Richtlinien für Backmittel. Sie ent-halten u. a. auch *Gütebestimmungen für Backkrems*, in denen ein Mindestgehalt von 65 % (berechnet als Trockenmasse) an Fettstoffen und/oder Zucker und zucker-haltigen Stoffen gefordert und gleichzeitig der Wassergehalt auf maximal 20 % beschränkt wird. Als Fettstoffe gelten auch fettartige Emulgatoren, als zucker-haltige Stoffe Stärkesirup, Maltosesirup und Backmalzextrakt in handelsüblicher Beschaffenheit.

Weitere Richtlinien veröffentlichte der Bund für Lebensmittelrecht 1962 in Heft 41 seiner Schriftenreihe über die *Backtriebmittel Backpulver, Hirschhornsalz und Pottasche*. Die Backpulver-Richtlinien lehnen sich weitgehend an frühere Verkehrsvorschriften an. Sie beschränken die eventuelle Verwendung von Calcium-carbonat als Trennmittel auf 20 % der gesamten Backpulvermenge und fordern mindestens 2,35 g und höchstens 3,0 g wirksames Kohlendioxid (entsprechend 1200 bzw. 1500 ml Kohlendioxid, bezogen auf 0°C und Normaldruck) in der für 500 g Mehl bestimmten Menge Backpulver (unmittelbar nach der Herstellung und Abfüllung). Nach der Umsetzung dürfen in dieser Backpulvermenge nicht mehr lösliche Carbonate enthalten sein, als 0,8 g Natriumhydrogencarbonat entspricht.

Backpulver, das nicht mindestens 2,0 g wirksames Kohlendioxid enthält, ist nicht mehr verkehrsfähig.

Bibliographie

BRÜMMER, J.-M.: Qualitative und quantitative Analytik der Getreide-, Mehl- und Brotinhaltsstoffe. Jahresbericht der Bundesforschungsanstalt für Getreideverarbeitung in Berlin und Detmold 1966 (im Druck).

Bund für Lebensmittelrecht und Lebensmittelkunde: Richtlinien über die Verwendung von geographischen Hinweisen bei Brotbezeichnungen. Schriftenreihe des Bundes für Lebensmittelrecht und Lebensmittelkunde, Heft 58. Hamburg: B. Behr 1966.

— Richtlinien für Puddingpulver und verwandte Erzeugnisse. Richtlinien für Vanille-Zucker. Richtlinien für die Backtriebmittel Backpulver, Hirschhornsalz und Pottasche. Schriftenreihe des Bundes für Lebensmittelrecht und Lebensmittelkunde, Heft 41. Hamburg: B. Behr 1962.

DGF-Einheitsmethoden. Hrsg. v. Deutsche Gesellschaft für Fettwissenschaft e.V. Stuttgart: Wissenschaftliche Verlagsgesellschaft 1950 ff.

RAUSCHER, K.: Untersuchung von Lebensmitteln, Bd. II, Pflanzliche Erzeugnisse. Leipzig: Fachbuchverlag 1956.

ROTSCH, A.: Untersuchungen über die Triebkraft verschiedener chemischer Teiglockerungsmittel. Jahresbericht 1961 der Bundesforschungsanstalt für Getreideverarbeitung in Berlin und Detmold, S. 127—129.

SCHILLER, K.: Back- und Puddingpulver, Vanillezucker, Kindernährmittel. Stuttgart: Wissenschaftliche Verlagsgesellschaft 1950.

SCHWEPPE, H.: Organische Säuren. In: Papierchromatographie in der Botanik. Hrsg. von H.F. LINSKENS. 2. Aufl., S. 110—121. Berlin-Göttingen-Heidelberg: Springer 1959.

Standardmethoden für Getreide, Mehl und Brot. Hrsg. v. Arbeitsgemeinschaft Getreideforschung e.V. 4. Aufl. Detmold: Moritz Schäfer 1964.

Zeitschriftenliteratur

ACKER, L., u. W. DIEMAIR: Über die Bestimmung des Eigehaltes in Teigwaren. Z. Lebensmittel-Untersuch. u. -Forsch. **105**, 437—445 (1957a).

—, u. M. LENZ: Über den Wert der Kennzahlen für den Fremdfettnachweis in Schokoladen und über eine Verbesserung der Isoölsäurebestimmung. Mitt.-Bl. GDCh., Fachgr. Lebensmittelchem. **11**, 29—31 (1957b).

— Zur Isolierung künstlicher Farbstoffe aus Backwaren. Mitt.-Bl. GDCh., Fachgr. Lebensmittelchem. **13**, 145—146 (1959).

— Herkunfts- und Gattungsbezeichnungen bei Brot und Backwaren. Brot u. Gebäck **14**, 182—183 (1960).

Arbeitsgemeinschaft Getreideforschung e.V.: Beschlüsse zur Anwendung des Eiweißfaktors 5,7 für Weizen. Die Mühle **100**, 296 (1963).

ARRAGON, CH.: Standardisierung von Analysenmethoden für Kakaopulver, Kakaobutter und Schokoladen. Pharmac. Acta Helv. **13**, 141—157 (1938).

BAIER, E., u. P. NEUMANN: Die Untersuchung und Beurteilung von Milch- und Rahmschokolade. Z. Untersuch. Nahrungs- u. Genußmittel **18**, 13—29 (1909).

BECKER, E.: Über Dünnschichtchromatographie. Getreide u. Mehl **14**, 103—105 (1964).

BENK, E.: Über den natürlichen Lecithingehalt von Malzextrakten. Zucker- u. Süßwaren-Wirtsch. **6**, 127—128 (1953).

— Zur Beurteilung neuartiger und besonders bezeichneter Zwiebacksorten. Gordian **55**, Heft Nr. 1327, 40—41 (1956a).

— Über den Gehalt der Preßhefe (Backhefe) an alkohollöslicher Phosphorsäure. Zucker- u. Süßwaren-Wirtsch. **9**, 414—415 (1956b).

— Zur Kenntnis des färbenden Lebensmittels Rote-Rüben-Saft. Süßwaren **5**, 787—788 (1961).

— Zur Grünfärbung von Lebensmitteln mit Gemüsesäften. Süßwaren **5**, 809—810 (1961).

— Über den Nachweis einiger nichtfremder färbender Stoffe in Zuckerwaren (Safran, Curcuma, Zuckerkulör, Rote-Rüben-Saft, Riboflavin). Süßwaren **8**, 1437—1439 (1964).

BENTLEY, F.E.: IR-Spectra of some aliphatic monocarboxylic acids in the 700—300 cm^{-1} region. Spectrochim. Acta **20**, 685—693 (1964).

BERTLING, L.: Beitrag zur Frage: Was ist ein Früchtekuchen? Mitt.-Bl. GDCh., Fachgr. Lebensmittelchem. **16**, 197—199 (1962).

BÖMER, A.: Beiträge zur Analyse der Fette. VII. Über den Nachweis von Pflanzenfetten in Tierfetten mittels der Phytosterinacetat-Probe. Z. Untersuch. Nahrungs- u. Genußmittel **4**, 1070—1095 (1901).

Bohm, E.: Beitrag zur Bestimmung der für Brot verwendeten Mehlmenge. Dtsch. Lebensmittel-Rdsch. **44**, 81 (1948).

Brümmer, J.-M.: Dünnschichtchromatographie von backtechnologisch wichtigen organischen Säuren. Brot u. Gebäck **19**, 238—240 (1965).

— unveröff. Mitt. (1967).

Bryce, W.W.: Proteolytic enzymes for processing biscuit flours. Biscuit Maker and Plant Baker **14**, 426 und 428—430 (1963).

Dähne, H.: Fehlermöglichkeiten bei der Begutachtung überzogener Spitzkuchen und Milchkremwaffeln. Mitt.-Bl. GDCh., Fachgr. Lebensmittelchem. **18**, 68—69 (1964).

Davidek, J., u. E. Davidkova: Verwendung von Polyamid bei der Untersuchung wasserlöslicher Farbstoffe. II. Mitt. Isolierung von Farbstoffen aus Lebensmitteln für deren papierchromatographische Trennung. Z. Lebensmittel-Untersuch. u. -Forsch. **131**, 99—101 (1966).

Deschreider, A.R.: Bestimmung der kochsalzfreien Asche in Brot mit Hilfe des van-Walle-Faktors. Bull. Ecole Off. Meun. Belge **11**, 73—84 (1949).

Diemair, W., u. E. Schams: Gaschromatographie in der Lebensmittelanalytik. I. Bestimmung der niederen, flüchtigen Fettsäuren in Lebensmitteln. Z. Lebensmittel-Untersuch. u. -Forsch. **112**, 457—463 (1960).

Dörner, H.: Über Milcheiweißbestimmungen in Brot. Brot u. Gebäck **5**, 108—110 (1951).

Drews, E.: Papierchromatographische Untersuchungen an Brot und Backwaren. 2. Mitt. Nachweis flüchtiger Säuren. Brot u. Gebäck **9**, 45—47 (1955a).

— Papierchromatographische Untersuchungen an Brot und Backwaren. Brot u. Gebäck **9**, 81—84 (1955b).

— Versuche zur Bestimmung von Propionsäure und propionsauren Salzen im Brot. Brot u. Gebäck **9**, 209—211 (1955c).

— Versuche zur Isolierung und Trennung wasserlöslicher, nichtflüchtiger organischer Säuren aus Teig und Brot durch Ionenaustausch. Brot u. Gebäck **12**, 140—141 (1958a).

— Wasserlösliche, niedrig molekulare, nichtflüchtige organische Säuren in Mahlprodukten, Teigen und Broten. Brot u. Gebäck **12**, 261—264 (1958b).

— Analytische Untersuchungen von unterschiedlich gesäuerten Broten. Brot u. Gebäck **15**, 33—35 (1961a).

— Analytische Möglichkeiten zur Ermittlung der Säuerungsart am fertigen Brot. Brot u. Gebäck **15**, 41—44 (1961b).

— Über das Schicksal einiger mehleigener organischer Säuren bei der Sauerteiggärung und den Einfluß der Mitverarbeitung von Citronen-, Wein- und Äpfelsäure auf den Milch- und Essigsäuregehalt des Sauerteigbrotes. Brot u. Gebäck **15**, 105—113 (1961c).

—, G. Spicher u. H. Bolling: Die Säuregradbestimmung im wäßrigen Milieu; Möglichkeiten der Standardisierung bei Teig und Brot. Brot u. Gebäck **16**, 144—153 (1962).

Fincke, A.: Über den Nachweis hydrierter Fette in Kakaobutter mittels der Isoölsäurebestimmung. Gordian **58**, Heft Nr. 1340, 17—21 (1958).

Franzke, Cl., K.S. Grunert u. E. Ullrich: Zur Adsorption und Desmolyse von Sacchariden durch basische Ionenaustauschharze. Nahrung **10**, 557—570 (1966).

—, K.O. Heims, W. Sitzki u. S. Spernau: Über den Nachweis von Seetierölen in Nahrungsfetten. Nahrung **9**, 691—700 (1965).

Grossfeld, J., u. F. Wissemann: Über Milchfettbestimmungen in kleinen Fettmengen. Z. Untersuch. Lebensmittel **54**, 352—356 (1927).

—, u. A. Miermeister: Vorkommen, Nachweis und Bestimmung von Laurinsäure in alkoholischen Getränken. Z. Untersuch. Lebensmittel **56**, 167—187 (1928a).

— — Nachweis von Cocosfett und Palmkernfett durch Prüfung auf Laurinsäure. Z. Untersuch. Lebensmittel **56**, 423—437 (1928b).

— Halbmikro-Kennzahlen für Butterfett und Cocosfett. Z. Untersuch. Lebensmittel **64**, 433—460 (1932).

— Einige Backversuche mit Zwiebäcken. Z. Untersuch. Lebensmittel **65**, 315—325 (1933).

—, u. J. Peter: Nachweis von Margarine und gehärteten Ölen in Lebensmitteln. Z. Untersuch. Lebensmittel **68**, 345—358 (1934).

— Erfahrungen bei der Untersuchung von fetthaltigen Backwaren. Z. Untersuch. Lebensmittel **74**, 284—291 (1937).

— Zur praktischen Untersuchung der Speisefette. Z. Untersuch. Lebensmittel **76**, 340—350 (1938).

HADORN, H., u. R. JUNGKUNZ: Zur Untersuchung und Beurteilung diätetischer Nährmittel. Mitt. Lebensmitteluntersuch. Hyg. **40**, 416—469 (1949).

— — Beitrag zur Bestimmung des Eigehaltes von Eierteigwaren. Mitt. Lebensmitteluntersuch. Hyg. **43**, 1—49 (1952 a).

— — Zur Bestimmung des Gesamtfettes, Milchfettes und Eigehaltes in Backwaren und diätetischen Nährmitteln. Mitt. Lebensmitteluntersuch. Hyg. **43**, 197—210 (1952 b).

— — Nachweis und Bestimmung des Eigehaltes in Backwaren. Brot u. Gebäck 8, 81—83 (1954 a).

— — Über einheimischen Zwieback und seine Analyse. Mitt. Lebensmitteluntersuch. Hyg. **45**, 93—103 (1954 b).

— — Beitrag zum Nachweis von pflanzlichen Fetten und Ölen mittels der Phytosterinacetatprobe. Mitt. Lebensmitteluntersuch. Hyg. **45**, 389—396 (1954 c).

— — Über den Gehalt an Unverseifbarem und Gesamtsterinen in Speisefetten und Speiseölen. Mitt. Lebensmitteluntersuch. Hyg. **45**, 397—401 (1954 d).

— Vergleichende Untersuchungen an Kindernährmitteln. Mitt. Lebensmitteluntersuch. Hyg. **45**, 402—411 (1954 e).

—, u. H. SUTER: Kritische Betrachtungen verschiedener Methoden zur Bestimmung von Butterfett neben Kokosfett. Mitt. Lebensmitteluntersuch. Hyg. **47**, 512—535 (1956).

— Über die Theobrominbestimmung und die Berechnung der fettfreien Kakaomasse in Schokoladen. Mitt. Lebensmitteluntersuch. Hyg. **55**, 217—242 (1964).

HÄRTEL, F., u. F. JAEGER: Die Untersuchung und Begutachtung von Milchschokolade. Z. Untersuch. Nahrungs- u. Genußmittel 44, 291—317 (1922).

HAMPEL, G.: Über die Bestimmung des Roggenanteils mit Hilfe der Trifruktosanmethode. Getreide u. Mehl **2**, 99—102 (1952).

— Nachweis von tierischen Verunreinigungen. Dtsch. Müller-Ztg. **63**, 73—74 (1965).

HANSSEN, E.: Über Buttersäurezahlen. Dtsch. Lebensmittel-Rdsch. **54**, 252—254 (1958).

—, u. W. STURM: Fettaustausch bei Gebäcken mit Schokoladeüberzug. Z. Lebensmittel-Untersuch. u. -Forsch. **119**, 483—491 (1962/63).

— — u. CHR. GLASER: Ammoniakbefunde in Bäckereirohstoffen sowie in Backwaren ohne Hirschhornsalzzusätze. Dtsch. Lebensmittel-Rdsch. **60**, 178—180 (1964).

—, u. W. WENDT: Großzahluntersuchungen von Butter und Buttergebäck. Z. Lebensmittel-Untersuch. u. -Forsch. **125**, 351—356 (1964).

— Zur Bestimmung von Hirschhornsalz in Backwaren. Mitt.-Bl. GDCh., Fachgr. Lebensmittelchem. **19**, 101 (1965).

HARKE, H.P., u. P. VOGEL: Beitrag zum Nachweis von tierischen Fetten in Pflanzenfetten. Fette u. Seifen **65**, 806—809 (1963).

HOFFMANN, E.: Über die Bestimmung der Buttersäurezahl bei Dauerbackwaren. Getreide, Mehl, Brot **4**, 149—152 (1950).

— Grundsätzliches zur Bestimmung von Gesamtfett und Milchfett in fettarmen Backwaren (z. B. Milchbrötchen, Milchteebrot). Dtsch. Lebensmittel-Rdsch. **51**, 158—161 (1955).

ILLIES, R.: Gesamt- und Restzahl nach GROSSFELD als Kennzahl für Kokosfett. Zucker- u. Süßwaren-Wirtsch. **9**, 680—683 (1956).

KASANSKAJA, L.N.: Identifizierung von nichtflüchtigen organischen Säuren in Bäckereierzeugnissen nach der Methode der Chromatographie. Brot- u. Konditoreiindustrie der UdSSR 7, Heft Nr. 7, 10—14 und 7, Heft Nr. 9, 1—5 (1963, russ.).

KATSUKI, H.: Die Bestimmung von Brenztraubensäure mit 2,4-Dinitrophenylhydrazon. Analyt. Biochem. N.Y. **4**, 433—448 (1961).

KAUFMANN, H.P., u. E. MOHR: Die Papier-Chromatographie auf dem Fettgebiet XXIV; Weitere Untersuchungen über die Papier-Chromatographie der Fettsäuren (u.a. Laurinsäure). Fette u. Seifen **60**, 165—177 (1958).

KINZEL, H.: Zur Methodik der Analyse von pflanzlichen Zellsaftstoffen mit besonderer Berücksichtigung der organischen Säuren. J. Chromatograph. **7**, 493—506 (1962).

KOHN, R., u. S. LAUFER-HEYDENREICH: Anwendung der IR-Spektroskopie in der Lebensmittelanalytik. Z. Lebensmittel-Untersuch. u. -Forsch. **129**, 28—40 (1965) u. **129**, 92—97 (1966).

KRUMMEL, G.: Ein Beitrag zur Bestimmung von Paraffin auf Weinbeeren. Dtsch. Lebensmittel-Rdsch. **58**, 36—37 (1962).

Kubeczka, K. H.: Einfache Anordnung zum Auffangen kleinster, gaschromatographisch getrennter Substanzmengen für die IR-Spektroskopie. Naturwiss. **52**, 429—430 (1965).

Kuhlmann, J., u. J. Grossfeld: Eine neue Kennzahl für Milchfett. Z. Untersuch. Lebensmittel **51**, 31—42 (1926).

Liang, C. C.: R_f-values of 2,4-Dinitrophenylhydrazones of ketones and ketoacids. Biochem. J. **82**, 429—430 (1962).

Lück, E., u. W. Courtial: Die dünnschichtchromatographische Trennung der Konservierungsstoffe Benzoesäure und Sorbinsäure. Dtsch. Lebensmittel-Rdsch. **61**, 78—79 (1965).

—, A. Fincke, A. Purr u. R. Kohn: Vergleich der infrarotspektrophotometrischen Methode mit der chemischen Bestimmungsmethode der Isoölsäure zum Nachweis geringer Zusätze von hydrierten Fetten in Kakaobutter. Süßwaren **4**, 672—680 (1960).

Lutter, B. F., and G. Bot: Effect of phosphates on sodium chloride during the ashing of salted cereal products. Cereal Chem. **24**, 485—492 (1947).

Menger, A.: Zur Frage des Eigehaltes von Eierzwieback. Brot u. Gebäck **9**, 88—89 (1955).

— Lebensmittelrechtliche Fragen bei der Brotwerbung. Brot u. Gebäck **15**, 189—192 (1961).

— Anforderungen an Dresdner Stollen. Mitt.-Bl. GDCh., Fachgr. Lebensmittelchem. **19**, 226—227 (1965).

Montag, A.: Dünnschichtchromatographischer Nachweis einiger fettlöslicher, synthetischer und natürlicher Farbstoffe in Lebensmitteln. Z. Lebensmittel-Untersuch. u. -Forsch. **116**, 413—420 (1961).

Montgomery, H. A.: Eine kolorimetrische Schnellmethode zur Bestimmung organischer Säuren und ihrer Salze im Abwasserschlamm. Z. analyt. Chem. **201**, 378 (1964).

Moor, H.: Bestimmung der Ascorbinsäure in Lebensmitteln und biologischem Material. Mitt. Lebensmitteluntersuch. Hyg. **47**, 20—27 (1956).

Mottier, M., u. M. Potterat: Note sur l'extraction de divers colorants hydrosolubles. Mitt. Lebensmitteluntersuch. Hyg. **44**, 293—302 (1953).

Müller, H.: Über die Untersuchung und Beurteilung von Milchbrötchen. Z. Untersuch. Lebensmittel **75**, 150—156 (1938).

Nagel, G.: Fettglasur bei Backwaren. Mitt.-Bl. GDCh., Fachgr. Lebensmittelchem. **14**, 92—93 (1960).

— Was sind Florentiner? Dtsch. Lebensmittel-Rdsch. **61**, 374—377 (1965).

— Handelsbrauch und Verbrauchererwartung (Florentiner). Ernährungswirtsch. **13**, 742 (1966).

Nergert, H.: Geographische Bezeichnungen bei Brot zulässig. Brot u. Gebäck **17**, 19—20 (1963).

Pardun, H.: Analytische Methoden zur Qualitätsbeurteilung von Sojalecithin. Fette u. Seifen **66**, 467—476 (1964).

Pelz, W.: Beitrag zur Beurteilung des Isoölsäuregehaltes in Kakaobutter. Dtsch. Lebensmittel-Rdsch. **54**, 228—230 (1958).

Pietsch, H. P., u. R. Meyer: Dünnschichtchromatographische Trennung von künstlichen organischen Lebensmittelfarbstoffen an Kieselgel D. Nahrung **9**, 154 (1965).

Pinchon, M.: Extraction et identification des colorants synthetiques incorporés aux biscuits et produits de patisseries. Centre Technique de L'Union des Fabricants de Biscuits etc., Paris, Bulletin No. 2/1964.

Pohloudek-Fabini, R., u. H. Wollmann: Zur Bestimmung von organischen Säuren in Pflanzenmaterial. Pharmazie **16**, 442—454 u. 548—558 (1961).

Pritzker, J., u. R. Jungkunz: Über die Bestimmung des Theobromins in Kakao und Schokoladen. Mitt. Lebensmitteluntersuch. Hyg. **34**, 185—191 und 192—210 (1943).

Recourt, J. H., u. R. K. Beerthuis: Der Nachweis von tierischen Fetten in pflanzlichen Ölen und Fetten mit Hilfe der Gaschromatographie. Fette u. Seifen **65**, 619—623 (1963).

Richardson, M. L.: Some aspects of the polarography of unsuturated aliphatic acids. Proc. Soc. Analyt. Chem. **3**, Heft Nr. 12, 180—181 (1966).

Rink, M.: Dünnschichtchromatographische Trennung von Ketosäuren. J. Chromatograph. **14**, 523—524 (1964).

Ronkainen, P.: Dünnschichtchromatographie der Ketosäuren. J. Chromatograph. **11**, 228—237 (1963).

Rotsch, A.: Untersuchungen über Trennemulsionen. Getreide, Mehl, Brot **3**, 173—175 (1949).

— Über die Kochsalzbestimmung in Brot und Backwaren. Brot u. Gebäck **7**, 39—40 (1953).

— Untersuchungen über den Ammoniakgehalt von Feinbackwaren bei Lockerung mit Hirschhornsalz. Jahresbericht Bundesforschungsanstalt f. Getreideverarbtg. 1959/60, 117—118 (1960).

— Über den Nachweis der Paraffinbehandlung von Rosinen in Backwaren. Brot u. Gebäck **17**, 129—131 (1963).

—, u. G. Freise: Über die quantitative Bestimmung von Sorbit in Backwaren. Dtsch. Lebensmittel-Rdsch. **60**, 343—344 (1964).

— Neuartige enzymatische Backmittel. Brot u. Gebäck **19**, 227—230 (1965).

Ruttloff, H., R. Friese u. K. Täufel: Zur biochemischen Differenzierung von Saccharidgemischen unter Einsatz von Preßhefe. IV. Mitt. Laktosebestimmung in Backwaren. Z. Lebensmittel-Untersuch. u. -Forsch. **115**, 105—113 (1961).

—, M. Rothe, R. Friese u. F. Schierbaum: Zur enzymatischen Stärkebestimmung in diätetischen Lebensmitteln. Z. Lebensmittel-Untersuch. u. -Forsch. **130**, 201—212 (1966).

Sacher, H.: Zum papierchromatographischen Nachweis geringer Mengen laurinsäurehaltiger Fremdfette in Kakaobutter. Mitt.-Bl. GDCh., Fachgr. Lebensmittelchem. **14**, 257—258 (1960).

Saenz-Lascano Ruiz, I.: Nouvelle technique permettant d'isoler les colorants synthetiques incorporés aux denrées alimentaires complexes. Ann. Falsif. Expert. chim. **59**, 123—144 (1966).

Scharrer, K., u. K. Kürschner: Ein neues, rasch durchführbares Verfahren zur Bestimmung der Rohfaser in Futtermitteln. Biedermanns Zentr. Bl. Agrikulturchemie B **3**, 302—310 (1932).

Schloemer, A., u. F. Arft: Einfluß des Mehlfettes bei der Ermittlung des Butterfettgehaltes fettarmer Backwaren. Z. Untersuch. Lebensmittel **79**, 250—253 (1940).

Schmidt, F.W.: Zimtsterne. Die Konditorei **21**, 579—581 (1966).

Schmidt, H.: Eine spezifische colorimetrische Methode zur Bestimmung der Sorbinsäure. Z. analyt. Chem. **178**, 173—184 (1960).

Schormüller, J., W. Brandenburger u. H. Langner: Organische Säuren in Kaffee-Ersatzstoffen sowie in Trocken-Extraktpulver aus Kaffee-Ersatzstoffen und Kaffee. Z. Lebensmittel-Untersuch. u. -Forsch. **115**, 226—235 (1961).

Schrepfer, R.: Handelsbrauch und Verbrauchererwartung (Florentiner). Ernährungswirtsch. **13**, 545—547 (1966).

Schweiger, A., u. D.H. Günther: Chemische und enzymatische Milchsäurebestimmung im Fleisch. Mitt.-Bl. GDCh., Fachgr. Lebensmittelchem. **18**, 140—143 (1964).

Seher, A.: Gemeinschaftsarbeiten der DGF, 49. Mitt. Neubearbeitung der „Einheitlichen Untersuchungsmethoden für die Fett- und Wachsindustrie". XXXV. Analyse von Fettbegleitstoffen I (Phosphatide). Fette u. Seifen **68**, 525—530 (1966a).

— Gemeinschaftsarbeiten der DGF, 50. Mitt. Neubearbeitung der „Einheitlichen Untersuchungsmethoden für die Fett- und Wachsindustrie". XXXVI. Analyse von Fettbegleitstoffen II (Phosphatide). Fette u. Seifen **68**, 595—600 (1966b).

Shuey, G.A.: A modified method for the removal of added ingredients from phosphated and self-rising flours in order to determine the ash content of the original flour. Cereal Chem. **12**, 289—294 (1935).

Shuttleworth, T.H.: Mass spectrometric identification of fatty acids. Proc. Soc. analyt. chem. **3**, Heft Nr. 12, 181—182 (1966).

Sietz, F.G.: Nachweis geringer Mengen von Mineralölen in Fetten. Fette u. Seifen **68**, 314—316 (1966).

Sperlich, H.: Isolierung fettlöslicher, künstlicher Farbstoffe aus Fetten und fetthaltigen Lebensmitteln. Mitt.-Bl. GDCh., Fachgr. Lebensmittelchem. **17**, 197—198 (1963).

Spicher, G., E. Drews u. H. Bolling: Säuregradgrenzzahlen für die Beurteilung von Brot bei Einsatz der Standardmethode. Brot u. Gebäck **17**, 198—201 (1963).

Stijgeren van, G.A.: Der Faktor zur Berechnung des Eidottergehaltes in Nahrungsmitteln aus dem Lecithin-P_2O_5-Gehalt. Dtsch. Lebensmittel-Rdsch. **60**, 277—279 (1964).

Stoldt, W.: Fettbestimmung in Lebensmitteln. Dtsch. Lebensmittel-Rdsch. **45**, 41—46 (1949); **47**, 13—15 und 35—36 (1951).

Stoy, A.: Beitrag zur Herstellung und Verwendung von Trennemulsionen. Getreide, Mehl, Brot 4, 241—244 (1950a).
— Fettbestimmung in Trennemulsionen vom Typ Wasser in Öl. Dtsch. Lebensmittel-Rdsch. 46, 261 (1950b).
— Trennemulsionen und ihre Untersuchungsmethoden. Brot u. Gebäck 5, 58—60 (1951).
Strohecker, R.: Die Bestimmung des Roggenmehlgehaltes in Mahlprodukten und Backwaren. Z. Untersuch. Lebensmittel 63, 514—522 (1932).
Sturm, W.: Analytische Probleme in einem Laboratorium der Süßwarenindustrie. Mitt.-Bl. GDCh., Fachgr. Lebensmittelchem. 15, 281—283 (1961a).
—, u. E. Hanssen: Über die Entwicklung der Begriffe Leb- und Honigkuchen sowie den Nachweis von Honig in Lebensmitteln. Dtsch. Lebensmittel-Rdsch. 57, 261—270 (1961b).
— — Über Hirschhornsalz als Triebmittel für Backwaren. Dtsch. Lebensmittel-Rdsch. 58, 164—168 (1962).
— — Natriumbestimmungen in Lebensmitteln ohne Flammenphotometer. Dtsch. Lebensmittel-Rdsch. 62, 261—266 (1966).
Sulzer, H., u. O. Högl: Die Unterscheidung von Tier- und Pflanzenfetten. Mitt. Lebensmitteluntersuch. Hyg. 48, 248—258 (1957).
Thaler, H., u. G. Sommer: Studien zur Farbstoffanalytik. IV. Mitt. Die papierchromatographische Trennung wasserlöslicher Teerfarbstoffe. Z. Lebensmittel-Untersuch. u. -Forsch. 97, 345—365 (1953).
—, u. W. Sturm: Eine empfindliche Methode zur direkten photometrischen Bestimmung geringer Ammoniak-Mengen. Dtsch. Lebensmittel-Rdsch. 62, 35—40 (1966).
Thomas, B.: Zur Methode der Kontrolle des Ausmahlungsgrades im Brot. Z. Lebensmittel-Untersuch. u. -Forsch. 94, 182—190 (1952).
Tillmans, J., R. Strohecker u. O. Heublein: Die Backpulveruntersuchung gemäß den „Richtlinien". Z. Untersuch. Nahrungs- u. Genußmittel 37, 377—407 (1919).
van de Kamer, J.H., and L. van Ginkel: Rapid determination of crude fiber in cereals. Cereal Chem. 29, 239—251 (1952).
Werner, H., J. Wurziger u. R. Ristow: Über Nachweis, Bestimmung und Reinheitsprüfung von Paraffin auf Rosinen. Dtsch. Lebensmittel-Rdsch. 60, 133—139 (1964).
Windisch, W., u. P. Kolbach: Über die Bestimmung der diastatischen Kraft in Malz und Malzextrakten. Wschr. Brauerei 42, 139—141 (1925).
Zeisset, A.: Bezeichnung, Kenntlichmachung und Kennzeichnung von Erzeugnissen der Bäckerei und Konditorei. Brot u. Gebäck 10, 121—126 (1956).
— Auswirkungen des Änderungsgesetzes zum Lebensmittelgesetz. Brot u. Gebäck 14, 81—86 (1960).
Zonnefeld, H.: Bestimmung von Vitamin C in Früchten, Fruchtsäften, Gemüse und Konserven nach der Methode nach Tillmans unter Ausschalten reduzierender Stoffe. Z. Lebensmittel-Untersuch. u. -Forsch. 119, 319—333 (1963).

Mikroskopische Untersuchung von Brot, Backwaren und Hilfsmitteln der Bäckerei

Prof. Dr. **Alphons Th. Czaja**, Aachen

Mit 9 Abbildungen

I. Die mikroskopische Prüfung der Backwaren

Die Backwaren enthalten Mehl oder Mehlgemenge sowie Zusätze zur Verbesserung der Backeigenschaften (Backhilfsmittel), die zu einem Teil ebenfalls mikroskopisch erfaßbar sind. Von den Triebmitteln ist die Hefe zu berücksichtigen. Außer diesen typischen Teigbestandteilen enthalten Backwaren häufig noch verschiedene Gewürze, je nach der Art des Gebäckes: Kümmel, Anis, Sternanis, Zimt, Nelken, Muskatnuß, Macis, Cardamon (Lebkuchen), fettreiche Samen (Mohn, Nüsse, Mandeln u. a.), Obstfrüchte, ganz oder zerkleinert, getrocknete Früchte (Korinthen, Rosinen, Birnen, Feigen u. a., z. B. in Früchtebrot). Über die Identifizierung der Gewürze und der anderen Zusätze geben die entsprechenden Kapitel in diesem Handbuch Auskunft.

1. Weizengebäck

(Feingebäck und Weißbrot)

Die Krume wird zerpflückt und auf dem Objektträger mit Wasser verrieben. Unmittelbar nach der Herstellung sind zahllose verquollene Stärkekörner festzustellen. Außerdem fallen wabig strukturierte, farblose Eiweißkomplexe auf mit anhaftenden Stärkekörnern. Es sind

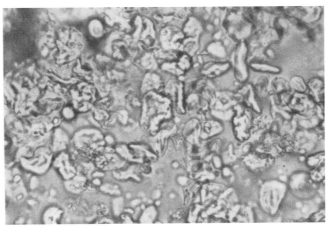

Abb. 1. Weizengebäck, Stärke (Vergr. 250:1)

zahlreiche noch runde und ovale Stärkekörner zu beobachten, während die meisten stärker verquollen und unregelmäßig konturiert sind (Abb. 1). Einzelne der noch runden Körner zeigen deutlich enge Schichtung, besonders im äußeren Teil. Zwischen gekreuzten Polarisatoren sind alle Körner praktisch dunkel. Läßt man die Weißgebäck-Präparation 24 Std mit Wasser stehen, so zeigt eine Anzahl der runden Körner zwischen gekreuzten Polarisatoren Doppelbrechung, einzelne stärker, viele dagegen nur schwach. Offenbar sind diese Körner beim Backprozeß nicht völlig verquollen und sind nachträglich wieder kristallin geworden. Außerdem beobachtet man, daß bei Zugabe von etwas Jodwasser zum Wasserpräparat, bei manchen der verquollenen Stärkekörnern die wieder aufgetretene Doppelbrechung deutlicher wird infolge der Jodeinlagerung zwischen die Stärkekristallite. M.M. Macmasters (1953) berichtet über ähnliche Beobachtungen. In sehr dünnen Cellulosezellwänden tritt nach Jod-Zinkchlorid-Behandlung Doppelbrechung auf, welche ohne diese nicht zu beobachten ist (A. Th. Czaja 1958, 1963). Nach Aufhellung mit Chloralhydrat werden die Gewebsfragmente des Weizens deutlich.

Weißbrotkrumen, auf dem Objektträger fein verteilt und unter dem Deckglas mit konz. Schwefelsäure versetzt, zeigen das durch die gesamte Krume fein verteilte wabige Eiweißnetz in hellroter Färbung (Raspailsche Eiweißreaktion, H. Molisch 1923).

2. Roggenbrot

(Graubrot)

Die Krume wird in Wasser aufgeschwemmt und verrieben. Diese Vorbereitung genügt schon, um zahlreiche Stärkekörner erkennen zu können. Diese sind z. T. verquollen. Die Untersuchung zwischen gekreuzten Polarisatoren zeigt jedoch bei einer großen Anzahl deutliche Reaktion. Sie lassen zwar auffällige radiale Zerklüftungen erkennen, zeigen aber trotzdem deutliche Aufhellung und das schwarze Kreuz. Eine Anzahl ist weniger stark verquollen

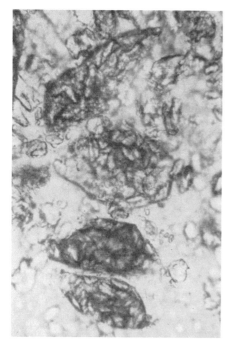
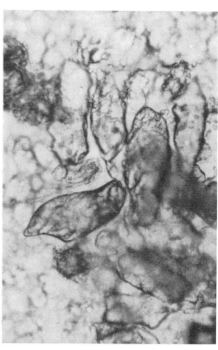

Abb. 2. Mischbrot, Roggenstärkezellen (Vergr. 160:1)   Abb. 3. Mischbrot, Weizenstärkezellen (Vergr. 160:1)

und daher noch deutlicher zu erkennen. Durch Faltenbildung zeigten einzelne Körner auch stärker aufgehellte radiale Streifen. Nach 24 Std sind die Stärkekörner zwischen gekreuzten Polarisatoren wesentlich besser zu erkennen, offenbar aus dem gleichen Grunde wie die Weizenkörner. Bei Zugabe von Jodwasser wird die Doppelbrechung vieler Stärkekörner stärker. Die Roggenstärke läßt deutlichen Unterschied im Verhalten gegenüber der Weizenstärke erkennen. Jene bleiben besser erhalten. Nach Aufhellung mit Chloralhydrat werden die Gewebsfragmente sichtbar.

3. Mischbrot aus Vollkornmehl

In der mit Wasser aufgeweichten Krume isolieren sich im mikroskopischen Präparat zweierlei Stärkekörner: große schwach doppelbrechende und vielfach radial zerklüftete (Roggenstärke) und nicht oder nach längerem Liegen in Wasser nur schwach doppelbrechende (Weizenstärke). Nach längerem Liegen in Wasser und bei Zugabe von wenig Jodwasser zum Wasserpräparat verstärkt sich die Doppelbrechung. Außerdem sind größere Anteile zu erkennen, an denen häufig die einzelnen Stärkezellen unterscheidbar sind, sowie isolierte Stärkezellen. In manchen von diesen sind die Stärkekörner noch locker und leicht doppelbrechend zu erkennen (Roggen) (Abb. 2). In anderen Partikeln sind die Stärkezellen deutlicher abgegrenzt, und in den isolierten sind die Körner noch dicht gepackt in den Zellen zu erkennen (harter Weizen) (Abb. 3). Diese geben mit Jodwasser noch rotviolette Färbung. Schon im Wasserpräparat, deutlicher noch im aufgehellten, sind die Gewebsanteile beider Getreidearten zu erkennen.

4. Roggenschrotbrot

Verkrümeln, Aufschwemmen in Wasser auf dem Objektträger und Verreiben genügen schon, um die Anteile des Brotes mikroskopisch zu analysieren. Die relativ derbe Roggenstärke spricht im isolierten Zustand noch deutlich zwischen gekreuzten Polarisatoren an, die Körner sind jedoch vielfach radial zerklüftet, manche völlig verquollen. Daneben fallen sackförmige Zellen auf, isolierte Stärkezellen, mit stark aufhellenden Körnern prall gefüllt. Diese treten in Massen auf, wenn Schrotpartikel im Präparat zerdrückt werden. Schon im nicht aufgehellten Präparat sind die meisten Gewebsanteile des Roggens zu erkennen, mit völliger Sicherheit nach Aufhellung.

II. Nachweis von Hefe und anderen Zusätzen in Brot und Teigwaren

1. Nachweis von Hefe in Weizengebäck

(Feingebäck, Weißbrot)

Einige Gebäckkrumen werden mit wenig dest. Wasser, welchem einige Tropfen einer 0,2%igen Lösung von Thionin oder Fuchsin (basisch) zugesetzt worden sind, verrieben. Je eine kleine gefärbte Flocke wird auf dem Objektträger nochmals verrieben und mit dem Deck-

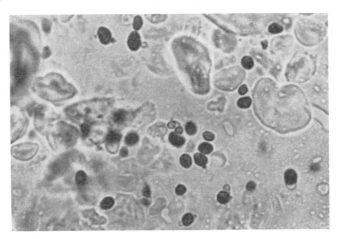

Abb. 4. Hefenachweis in Weizengebäck (Fuchsin bas.) (Vergr. 800:1)

glas bedeckt. Bei einer Vergrößerung von 300:1 sieht man auf den Gebäckflöckchen, leichter noch auf der Masse der freigewordenen, verquollenen Stärkekörner zahlreiche blau bzw. rot gefärbte Hefezellen (Abb. 4), welche von der Flüssigkeits-Strömung im Präparat leicht verschwemmt werden. Basische Farbstoffe werden von den toten Zellen stark adsorbiert.

2. Nachweis von Kartoffelwalzmehl im Brot

Die heutigen Kartoffelwalzmehle sind schalenfrei im Gegensatz zu den früheren. Daher fehlen charakteristische Anteile von Kork und Steinzellen und vielfach auch von Gefäßbruchstücken. Der Nachweis muß sich daher fast ausschließlich auf die Zellen mit der verkleisterten Stärke und deren Reaktion stützen.

Zu diesem Nachweis leistet Jodwasser (dest. Wasser löst bei 10° C 0,018% Jod) sehr gute Dienste (Abb. 5). Die verkleisterte Kartoffelstärke nimmt Jod aus Jodwasser in rein blauer Farbe auf (Mikroskopie bei Tageslicht). Die im Backprozeß verkleisterten Stärken (Roggen und Weizen) dagegen färben sich mit Jodwasser mehr graublau, häufig mit leicht

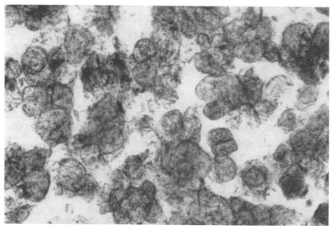

Abb. 5. Kartoffelwalzmehl, schalenfrei, nicht dunkelnd, Jodwasser (Vergr. 40:1)

rötlichem Unterton, so daß Roggen- und Weizenstärke neben Kartoffelstärke verbacken in der Krume leicht durch die verschiedene Jodfärbung zu unterscheiden sind (Tageslicht). Bei künstlichem Licht und den Einbauleuchten der Mikroskope ist der Farbgegensatz nicht mehr ganz so groß wie bei Tageslicht. Die Getreidestärken wirken dann mehr rötlichgrau. Vorschalten eines Grünfilters für Mikrophotographie läßt den Farbgegensatz noch gut erkennen (A. Th. Czaja 1953).

3. Nachweis von Kartoffeln im Brot

In Wasser aufgeweichte Brotkrume etwas verrieben wird auf dem Objektträger mit einigen Tropfen Thioninlösung versetzt und durchgemengt. Nach kurzer Zeit wird abgesaugt und mehrmals mit Wasser nachgewaschen. Bei der mikroskopischen Prüfung können Getreidestärkekörner farblos, gequollene Kartoffelstärkekörner violett, Kartoffelzellen mit verkleisterter Stärke rot, Kartoffelparenchym und Getreide rotviolett, Schalenanteile der Getreide, Kork- und andere Zellelemente der Kartoffel blau gefärbt sein. C. Griebel (1949) weist durch Anreicherung aus Brot Kartoffel-, Kork-, Steinzellen und Leitbündel nach (vgl. Bd. V/2).

4. Nachweis und Bestimmung von Getreidekeimen in Vollkornbrot und -Schrot

H. Gütter (1953) empfiehlt die folgende verbesserte Methode: 5 g Brot werden zerkleinert, mit 1 ml Aceton in einer Reibschale leicht verrieben. Die Masse wird in 40 ml 5%ige CaCl₂-Lösung zur Lösung der Stärke aufgenommen. Zur Abtrennung von dieser werden Schalen und Keimlinge abgeschlämmt. Die Masse wird flach auf Filter ausgebreitet, die Keimlinge lassen sich darin auszählen.

Zur besseren Sichtbarmachung der Keime wird wie folgt verfahren: Die geschlämmte Masse wird in 35 ml Wasser und 5 ml einer Lösung von 10% Alaun, 3% Weinstein und 2% Oxalsäure 5 min gekocht, dann mehrfach dekantiert, oder abgeschlämmt, weiter mit 40 ml einer Lösung von 1% Alizarin, 1% Tannin, 1% Calciumacetat 5 min schwach gekocht. Es tritt dunkelblaue Färbung auf. Das Ganze wird filtriert. Auf dem Filter bleiben auf dunkelblauem Untergrund von Reststärke die Schalenanteile und Keimlinge. Unter der Quarzlampe erscheinen Stärke dunkelblau, Schalenteile bräunlich; die Keimlinge leuchten bläulich-weiß oder hellgelb, da diese infolge des Fettgehaltes nur schwach angefärbt sind.

5. Nachweis von Sojamehl in Back- und Teigwaren

Zum Nachweis von Sojamehl mittels der isolierten Trägerzellen und der sehr zahlreichen Kotyledonarzellen ist ganz entsprechend zu verfahren wie bei der Mehluntersuchung (vgl. S. 433), nachdem die Krume aufgeweicht und verrieben worden ist. K. BRAUNSDORF (1960) empfiehlt, zur mikroskopischen Untersuchung die gepulverte Teigware mit Kalilauge aufzulockern.

6. Nachweis von Fremdmehl in Brot und Teigwaren

Die in Back- und Teigwaren verwendeten Mehlarten sind in erster Linie auf Grund der Schalenanteile mikroskopisch nachzuweisen. Die Stärkekörner sind durch den Backprozeß meist stark deformiert, so daß die Identifizierung in Backwaren sehr schwierig ist, wenn nicht irgendwelche Besonderheiten (z. B. Größe) Aufschluß geben. Zur Untersuchung der Stärkekörner wird ein Anteil der Brotkrume mit Wasser ausgeknetet, das Waschwasser abzentrifugiert und der Rückstand auf Stärkekörner untersucht.

Zur Untersuchung auf Schalenanteile werden nach M. ROHRLICH und G. BRÜCKNER (1957) etwa 5 g des Brotes (Teigware) fein zerbröckelt, in 50 ml 1%iger H_2SO_4 etwa 30 min eingeweicht und in der Reibschale möglichst fein zerrieben. Nach Zugabe weiterer 150 ml 1%iger H_2SO_4 wird mindestens 5 min gekocht. Nach Absetzen der Suspension wird der dekantierte Bodensatz mikroskopiert.

7. Nachweis von Reismehl in Teigwaren

100 g der fein zerkleinerten Teigware werden im Zentrifugenglas mit 1 ml Farblösung (0,5 g Fuchsin S, 25 g Eisessig, 25 g Methanol) gemischt und 2—5 min leicht geschüttelt. Nach Abgießen und Durchschütteln mit Wasser wird nochmals zentrifugiert. Dieser Vorgang wird mehrmals wiederholt. Schließlich wird der Rückstand im Zentrifugenglas mit 15 g Glycerin vermischt (Glasstab). Zum qualitativen Nachweis von Reismehl wird die Probe mikroskopiert. Reismehlteilchen zeigen das feine Eiweißnetz zwischen den Stärkekörnern rot gefärbt (M. ROHRLICH u. G. BRÜCKNER 1957) (Abb. 7).

III. Nachweis von Mikroorganismen auf und in Backwaren

1. Untersuchungen von Schimmelbildung auf Brot

Diese tritt gewöhnlich auf der Oberfläche ganzer Brote oder auf geschnittenem Brot auf, selten im Inneren. Die Infektion erfolgt von außen durch Sporen. Nach P. F. PELSHENKE (1954) sind die wichtigsten Schimmelpilze auf Brot: Penicillium glaucum, Aspergillus glaucus Link, A. niger van Tigham, Mucor mucedo L., M. plumbeus Bonorden, Rhizopus nigricans Ehrenb., Oospora lupuli (Matth. et Lott) = Monilia sitophila (Montagne) Saccardo, Hopfenschimmel, Monilia variabilis Lindn. = Trichosporon variabile (Delitsch) Kreideschimmel.

Nach HERTER (1917) kommen auf Brot auch folgende Schimmelpilze vor: Penicillium olivaceum Wehner, Aspergillus fumigatus Fresen, A. flavus Link, A. nidulans Winter, A. candidus (Pers.) Link.

Die blaugrüne Konidienrasen bildenden P. glaucum und A. glaucus sind die häufigsten Schimmelpilze auf Sauerteiggebäck bei Temperaturen bis 25°, während auf Hefegebäck Rhizopus nigricans und Monilia variabilis auftreten. Je nach der Art der Schimmelpilze sind die Pilzrasen weiß, grau, gelb oder rot gefärbt. Trichosporon variabile findet sich häufig auf Schwarzbrot. Sachsia suaveolens auf Sauerteig, Oidium lactis auf Hefe.

2. Klumpenbildung im Mehl

Temperaturerhöhung und Steigerung des Wassergehaltes von gelagertem Mehl auf 16 % ruft Entwicklung der in diesem vorhandenen Sporen von Schimmelpilzen hervor und zwar an der Oberfläche oder nahe darunter. Nach A. Schulz (1949) sind bei mikroskopischer Untersuchung Aspergillus glaucus Link, Trichosporon variabile (Delitsch) und Botrytis cineraria Persoon und andere festzustellen.

3. Untersuchung mikrobiell veränderter Backwaren

a) **Schleimigwerden** oder **Fadenziehen** von Backwaren ist als häufigste Erscheinung zu nennen. Diese wird verursacht durch Bakterien aus der Gruppe im Boden lebender Heu- und Kartoffelbazillen (Bacillus mesentericus Flügge). Zum mikroskopischen Nachweis der großen stäbchenförmigen Bakterien in fadenziehendem Brot wird eine kleine Krumenprobe unter sterilen Bedingungen dem Brot entnommen und in sterilem Wasser durch Schütteln aufgeschwemmt. In Ausstrichpräparaten, welche mit alkalischem Methylenblau angefärbt werden, sind Stäbchen und auch häufig ovale Sporen zu beobachten.

b) **Rote Flecken auf Backwaren** werden hervorgerufen durch den Hostienspaltpilz (Bacterium prodigiosum (Ehrenb.) L. et N.). Dieser läßt sich in Ausstrichpräparaten leicht nachweisen. Diese roten Flecken sind nicht zu verwechseln mit den staubartigen roten Rasen von Oospora lupuli (A. Schulz 1948).

c) **Seifigwerden von Mürbeteigen und Gebäck** beobachtet man bei Verwendung von Kokosfett oder kokosfetthaltiger Margarine und dunkleren Mehlen (G. Spicher und E. Tessmer 1957). Die dunkleren, stärker ausgemahlenen Mehle mit höherem Anteil an Schalen bzw. an äußeren Schichten zeigen bei längerer Lagerung (etwa 25° C und 80—90 % rel. Feuchtigkeit) Anreicherung an lipasereichen, fettspaltenden Mikroorganismen. Kokosfett und Palmkernöl sind z. T. aus niedermolekularen Fettsäuren (Capryl-, Caprin-, Laurin- und Myristinsäure) aufgebaut, welche leicht durch Lipasen abgespalten werden und schon in geringer Menge das Seifigwerden von Teig und Gebäck bewirken. Die Anwesenheit fettspaltender Mikroorganismen im Mehl läßt sich durch Suspendieren von Mehlproben in Nilblau-Indikator-Nährböden durch die auftretende Blaufärbung nachweisen.

IV. Untersuchung von Backhilfsmitteln

1. Quellungsfördernde Backhilfsmittel

a) **Quellstärken** (Stärkequellmehle). Die verquollenen, getrockneten und wieder gemahlenen Stärken (Mais-, Reis-, Weizen- und Kartoffelstärke) zeigen mikroskopisch nur unregelmäßige, kleine, durchscheinende Partikel, welche sich mit Jodwasser rein blau anfärben (Amylose-Reaktion). Irgendwelche Strukturen sind nicht zu erkennen. Nach Aufkochen mit Chloralhydrat-Lösung auf dem Objektträger bleiben im allgemeinen keine Rückstände.

b) **Weizenquellmehl.** Das trockene Quellmehl zeigt eckige bis rundliche Splitter, teils durchsichtig, teils körnelig trüb, welche in Wasser aufquellen. In Jodwasser färben sich die Partikel von außen her rein blau (Abb. 6), später dunkelblau, im Inneren rötlich. Nach Aufkochen mit Chloralhydrat bleiben Zellfragmente in Mengen zurück, unter denen Längs- und Querzellen, Aleuronzellen und Haare mit Sicherheit zu erkennen sind.

c) **Reisquellmehl.** Das trockene Mehl besteht aus kleineren und größeren durchscheinenden Partikeln. In Jodwasser nehmen diese das Jod mit rein blauer Farbe auf, die größeren nur außen, während das Innere graugelblich erscheint, z. T. rotviolett angelaufen. In Chloralhydrat aufgekocht, bleiben kleinere und größere Zellwandfragmente zurück. Beim Einrühren von Reisquellmehl in verd. Methylenblaulösung färben sich die Zellwände der Stärkezellen rötlichblau an (Farbbase). Dabei tritt das körnelige Plasma-Netz zwischen den verquollenen Stärkezellen oft sehr deutlich hervor (Abb. 7).

d) **Tapiokawurzel-Quellmehl.** (G. Hampel 1958) reagiert wie andere Quellmehle auf Jodwasser mit der typischen blauen Amylosefärbung. Im Wasserpräparat sind unregelmäßige

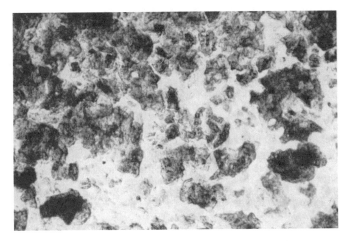

Abb. 6. Weizenstärkequellmehl, Jodwasser (Vergr. 40:1)

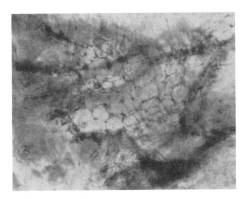

Abb. 7. Reisquellmehl, Methylenblau, Plasmanetz in den Stärkezellen (Vergr. 330:1)

Abb. 8. Tapiokawurzel-Quellmehl, Gefäße, zwischen gekreuzten Polarisatoren (Vergr. 160:1)

kantige bis rundliche Partikel und körnelig-faserige und gröber strukturierte Gewebsanteile mit luftgefüllten Intercellularen zu erkennen. Mit Methylenblaulösung färben sich bei entsprechender Durchmischung Gefäßbruchstücke (Abb. 8) und Fasern leuchtend reinblau (Farbsalz). Auf den größeren Gewebe-Bruchstücken und auch in der gesamten Masse nehmen viele kleine und kleinste Partikel (Zellwandbruchstücke) den Farbstoff begierig auf, so daß allenthalben kleine rötlichblaue Flecke zu erkennen sind. Die Parenchymanteile zeigen sich ebenfalls deutlich rötlichblau gefärbt (Farbbase) zum Unterschied von den verholzten Anteilen und den übrigen Quellmehlen. Im aufgehellten Präparat erscheinen die Gewebestücke deutlich. Die gequollene Stärke bleibt ungefärbt. Mit Kongorot wird umgekehrt die Stärke intensiv rot gefärbt, welche wie ein Wabennetz die nicht gefärbten Gewebestücke umgibt. In Methylbenzoat hellt das Quellmehl völlig auf, so daß zwischen gekreuzten Polarisatoren mit Gips Rot I. die Gewebeanteile klar erkennbar sind.

e) **Kartoffelwalzmehl.** Die jetzt üblichen Kartoffelwalzmehle sind schalenfrei und nicht bräunend. Diese bestehen nur aus einzelnen Kartoffelstärkezellen und Gruppen von solchen mit verkleisterter Stärke und Bruchstücken von solchen. Diese ergeben mit Jodwasser Blaufärbung (Abb. 5). Gefäße und einzelne Sklereiden, sowie Reste der Parenchymzellen bleiben im aufgehellten Präparat nach Aufkochen übrig. Typischer Kartoffelkork (vgl. Bd. V/2) darf nicht vorkommen.

2. Weitere Backhilfsmittel

a) **Malzbackmehle** (Weizen- und Gerstenmalzmehle) bis zu 80% ausgemahlen, sind mikroskopisch zu erkennen an der Korrosion eines Teiles der Stärkekörner. Im kurzdauernden Keimprozeß der Getreidekörner werden die Stärkekörner korrosionsartig von den Amylasen angegriffen. Dabei wird häufig die Schichtung deutlich, welche sonst nicht zu erkennen ist.

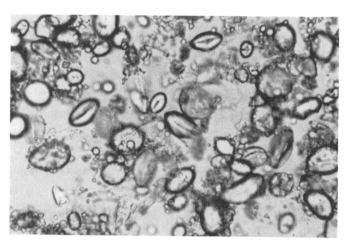

Abb. 9. Weizenmalzmehl, Wasser (Vergr. 160:1)

Viele Körner lassen tiefe Spalten erkennen. Es sind auch viele Bruchstücke von Stärkekörnern zu finden. Auffällig groß ist die Anzahl von Körnern, die aufgerichtet sind und die Schmalseite mit einem klaffenden Riß zwischen den beiden schalenartigen Hälften zeigen (Abb. 9). An den flach liegenden Körnern treten vielfach auch radiale Kanälchen auf. Die meisten Körner sind jedoch noch völlig intakt.

b) **Klebermehle** (Glutenmehl vital, Glutenmehl denaturiert, Aleuronat, Weizensüßkleber). Im mikroskopischen Bild zeigen die genannten Klebermehle unregelmäßige kleinere und größere helle Splitter. Die Biuret-Reaktion und die Millonsche Eiweißreaktion fallen positiv aus, ebenso die Jodreaktion mit Lugolscher Lösung. Bei dieser letzteren ergeben aber viele Partikel außer der gelbbraunen Eiweißreaktion auch die blaue Amylosefärbung infolge der Anwesenheit von gequollener Stärke. Aleuronat enthält noch Mengen von nativen Stärkekörnern, welche auf den Partikeln haften. Infolge des Gehaltes an Stärke bzw. Amylose ergeben die Klebermehle auch die Raspailsche Eiweißreaktion (Rotfärbung) schon bei Zugabe von konz. H_2SO_4 allein ohne Rohrzuckerzusatz.

Bibliographie

MOLISCH, H.: Mikrochemie der Pflanze. 3. Aufl. Jena: Gustav Fischer 1923.

PELSHENKE, P.: Die Backhilfsmittel. Berlin: P. Parey 1941.

ROHRLICH, M., u. G. BRÜCKNER: Das Getreide. II. Teil. Das Getreide und seine Untersuchung. Berlin: A.W. Hayn's Erben 1957.

Zeitschriftenliteratur

BRAUNSDORF, K.: Über die Untersuchung und Beurteilung von „Soja-Teigwaren". Nahrung **4**, 913—922 (1960).

CZAJA, A.TH.: Der Nachweis von Kartoffelwalzmehl in Mehl- und Gewürzmischungen. Dtsch. Lebensmittel-Rdsch. **49**, 231—234 (1953).

— Untersuchungen über die mikroskopische Struktur der Zellwände von Parenchymzellen in Stengelorganen und Wurzeln. Planta (Berlin) **51**, 329—377 (1958).

— Untersuchungen über die Textur der Zellwände des Parenchyms saftiger Früchte (Mesokarp). Protoplasma (Wien) **57**, 203—219 (1963).

GRIEBEL, C.: Nachweis von Patentwalzmehl in Brot. Z. Lebensmittel-Untersuch. u. -Forsch. **17**, 657 (1949).

GÜTTER, H.: Ein Beitrag zum Nachweis und der Bestimmung von Getreidekeimen in Vollkornbrot und Schrot. Dtsch. Lebensmittel-Rdsch. **49**, 39—40 (1953).

HAMPEL, G.: Bedeutung und mikroskopischer Nachweis von Tapiokawurzelmehl. Z. Lebensmittel-Untersuch. u. -Forsch. **108**, 48—53 (1958).

HANSEN, E.: Über den natürlichen Zustand der Stärke im Mehl und die Veränderung des Mehles beim Teigen und Backen. Getreide u. Mehl **2**, 31—36 (1952).

HERTER: Z. Getreidewes. **9**, 286 (1917). Zit. nach C. GRIEBEL: Mikroskopische und mykologische Untersuchung der Backwaren einschließlich der Bäckereihefe. In: Handbuch der Lebensmittelchemie, Bd. V, S. 252—260. Hrsg. von A. JUCKENACK, E. BAMES, B. BLEYER u. J. GROSSFELD. Berlin: Springer 1938.

MacMASTERS, M.M.: The return of birefringens to gelatinized starch granules. Cereal Chem. **30**, 63—65 (1953).

PELSHENKE, P.F.: Wissenschaftliche und technische Fortschritte bei der Bekämpfung von Brotkrankheiten. Brot u. Gebäck **8**, 27—32 (1954).

SCHULZ, A.: Über neue Brotkrankheiten durch Kreide- und Hopfenschimmel. Getreide, Mehl, Brot **2**, 153—157 (1948).

— Neuere Untersuchungsergebnisse über die Klumpenbildung bei Mehl. Getreide, Mehl, Brot **3**, 149—151 (1949).

SPICHER, G.: Vergleichende Untersuchungen über die Mikroflora des Getreides. Zbl. Bakt., II. Abt. **109**, 589—610 (1956).

— Vergleichende Untersuchungen über die Mikroflora der handelsüblichen Stärken. Zbl. Bakt., II. Abt. **10**, 153—171 (1957).

— Neuere Untersuchungen über die Mikroflora des Getreides. Getreide u. Mehl **8**, 57—63 (1958).

—, u. E. TESSMER: Über die Ursachen des Seifigwerdens von Mürbeteigen. Brot u. Gebäck **11**, 211—214 (1957).

Hülsenfrüchte

Von

Dr. LUDWIG WASSERMANN, Gerlenhofen, Krs. Neu-Ulm

A. Allgemeines

Unter Hülsenfrüchten versteht man die für die menschliche Ernährung geeigneten reifen bzw. halbreifen Samen der Schmetterlingsblütler (*Papilionaceae*), die zur Ordnung der Leguminosae gehören. Die wichtigsten Hülsenfrüchte sind Sojabohnen, Erdnüsse, Bohnen, Erbsen und Linsen.

Nicht zu den Hülsenfrüchten in diesem Sinne gehören die unreifen Hülsen (fälschlich Schoten genannt) von Bohnen und Erbsen (A. KLOESEL 1964). Sie werden zum Gemüse gerechnet und dort abgehandelt (vgl. Kapitel „Frisches Gemüse").

Die Bedeutung der Hülsenfrüchte in landwirtschaftlicher Hinsicht liegt in ihrer Fähigkeit, in bakterienhaltigen Wurzelknöllchen den Luftstickstoff zu binden und ihn in Eiweiß umzuwandeln. Der hohe Eiweißgehalt ihrer Samen macht sie zu wertvollen Nahrungs- und Futtermittelpflanzen.

Obwohl die Hülsenfrüchte neben dem Getreide zu den ältesten Nahrungspflanzen gehören und gebietsweise das Hauptnahrungsmittel darstellten, ist in den letzten Jahrzehnten ihr Verzehr immer weiter gesunken, wie Tab. 1 zeigt.

Tabelle 1. *Verbrauch an Hülsenfrüchten in der Bundesrepublik Deutschland pro Kopf der Bevölkerung in kg/Jahr* (H. HIX 1965)

1935/36 1938/39	1950/51	1960/61	1962/63	1963/64
2,3	1,7	1,5	1,6	1,4

Dieser Abnahme des Hülsenfruchtverzehrs in einem wirtschaftlich hochstehenden Land steht ein wachsendes Interesse an den Hülsenfrüchten im weltweiten Rahmen gegenüber. Der Mangel an Eiweiß in großen Teilen der Welt hat gerade in den letzten Jahren den Blick wieder auf die Hülsenfrüchte gelenkt. Gemessen an anderen eiweißhaltigen Nahrungsmitteln ist nämlich der Hektarertrag an essentiellen Aminosäuren bei den Hülsenfrüchten am größten (Tab. 2).

Tabelle 2. *Mittlerer Ertrag verschiedener Nahrungsmittel an den acht essentiellen Aminosäuren in kg/ha* (J.H. MACQILLIVRAY u. J.B. BOSLEY 1962)

Sojabohne	18,7	Erdnuß	5,0
Erbsen (trocken)	14,0	Milch	1,7
Bohnen (trocken)	9,9	Schweinefleisch	1,1
Weizenmehl	5,5		

Der Hülsenfruchtsame besteht aus zwei großen Keimblättern (Kotyledonen), die die Hauptmasse des Samens ausmachen, dem Embryo (Primärblätter mit Sproß- und Wurzelanlage) und der Samenschale. Der trockene Same ist fast unverdaulich. Sein Genuß kann unter Umständen sogar schädlich sein. Erst die küchenmäßige oder industrielle Bearbeitung führt zu einem genußfähigen Produkt.

Nur ein Teil der Hülsenfrüchte wird ohne Vorbearbeitung lediglich gekocht verzehrt. Große Mengen der Sojabohne und Erdnuß werden in mehr oder weniger komplizierten Verfahren zu in Geschmack, Geruch und Aussehen charakteristischen Nahrungsmitteln weiterverarbeitet. Als Zusatzmittel mit vorwiegend technischen Aufgaben (Verhinderung des Ranzigwerdens, Erhöhung der Quellfähigkeit) werden Hülsenfruchtmehle bei der Herstellung von anderen Lebensmitteln verwendet. Als Bestandteil zahlreicher Spezialnahrungsmittel für Länder, in denen Eiweißmangel herrscht, sind Hülsenfruchtmehle Hauptlieferanten der essentiellen Aminosäuren.

B. Die einzelnen Hülsenfrüchte

I. Sojabohne

1. Anbau, Botanik, Sorten

Die Heimat der Sojabohne ist China. Dort war die Sojakultur schon vor 4800 Jahren verbreitet. Nach Nordjapan kam die Sojabohne über Korea, nach Südjapan über Formosa. Nach Indien gelangte sie über Indochina (CHR. O. LEHMANN 1962). Heute sind die beiden Hauptanbauländer China und die USA. Versuche, die Sojabohne auch in unseren Breiten anzubauen (W. ZIEGELMAYER 1947), sind fehlgeschlagen. Über Anbauflächen und Erträge gibt Tab. 3 Auskunft.

Die Sojabohne (*Glycine max Merr.*) ist eine aufrechte, verzweigte Staude mit unpaarig gefiederten Blättern. Die 2—7 cm langen, behaarten Hülsen enthalten ein bis fünf Samen. 100 Samen wiegen 10—20 g. Die Farbe der Samenschale kann gelb, grün, braun oder schwarz sein.

Zum guten Gedeihen verlangt die Sojabohne warmes Sommer- und Herbstklima. Während der Keimung ist eine gewisse Feuchtigkeitsmenge notwendig. In späteren Wachstumsphasen wird Trockenheit gut vertragen. Lockere Ton- oder sandige Lehmböden eignen sich für den Anbau gut. Je nach geographischer Lage müssen an die Tageslänge angepaßte Sorten angebaut werden. Die Bohnenerträge liegen bei 16 dz/ha.

Tabelle 3. *Anbauflächen und Erträge der Sojabohne 1963 (nach Statistisches Jahrbuch für die Bundesrepublik Deutschland 1965)*

	Anbaufläche in 1000 ha	Erträge in 100 t
UdSSR	—	300
USA	11585	19091
China	12171 (1962)	10210 (1962)
Japan	233	318
Kanada	92	136
Welt	27300	31400

2. Zusammensetzung

Die Sojabohne besteht aus 6—8 % Schale, 90—92 % Kotyledonen und 1,5—2 % Keimlingsgewebe. Die chemische Zusammensetzung der einzelnen Teile zeigt Tab. 4.

Tabelle 4. *Chemische Zusammensetzung der Hauptbestandteile der Sojabohne in %* (W. J. MORSE 1950)

	Wasser	Eiweiß	Kohlenhydrate	Fett	Asche
Kotyledonen . . .	10,6	41,3	14,6	20,7	4,4
Embryo.	12,0	36,9	17,3	10,5	4,1
Samenschale . . .	12,5	7,0	21,0	0,6	3,8

Je nach Anbauort, Bodenbeschaffenheit und Düngung schwankt die chemische Zusammensetzung der Samen beträchtlich. Einen Überblick über die Schwankungsbreite der chemischen Zusammensetzung von mehreren hundert Sojaproben gibt Tab. 5.

Tabelle 5. *Schwankungsbreite der chemischen Zusammensetzung der Sojabohne* (W.J. MORSE 1950)

	Schwankungsbreite in %	Mittelwert in %
Wasser	5,0— 9,2	8,0
Asche.	3,3— 6,4	4,6
Fett	13,5—24,2	18,0
Rohfaser . . .	2,8— 6,3	3,5
Eiweiß	29,6—50,3	40,0
Pentosane. . .	3,8— 5,5	4,4
Zucker	5,7— 9,5	7,0
Stärkeähnliche Substanzen. .	4,7— 9,0	5,6

Tabelle 6. *Aminosäurezusammensetzung des Gesamteiweißes der Sojabohne und von isoliertem Sojaeiweiß in g/16 g N* (nach S.R. SHURPALEKAR u. Mitarb. 1961)

	Sojabohne Gesamteiweiß	isoliertes Sojaeiweiß
Arginin	7,2	8,2
Histidin	2,4	2,6
Lysin	6,3	6,0
Tryptophan . .	1,4	1,1
Phenylalanin . .	4,9	5,8
Cystin	1,8	0,7
Methionin . . .	1,3	1,4
Threonin. . . .	3,9	4,0
Leucin.	7,7	8,4
Isoleucin . . .	5,4	5,8
Valin	5,2	5,8

Eiweiß: Mit einem durchschnittlichen Eiweißgehalt von 40% steht die Sojabohne an der Spitze aller eiweißhaltigen Pflanzen. Das wasserlösliche Eiweiß besteht aus 84% Globulin, 5,4% Albumin und 4,4% Proteosen. Die Hauptmenge des Globulineiweißes entfällt auf das Glycinin (78%); das Phaseolin macht 22% des Globulins aus. Die Aminosäurezusammensetzung des Gesamteiweißes der Sojabohne und eines aus der Sojabohne isolierten Eiweißes ist aus Tab. 6 zu ersehen.

Vergleicht man den Gehalt an essentiellen Aminosäuren des Sojaeiweißes mit dem der Eiproteine, so erkennt man, daß Sojaeiweiß lediglich durch einen geringeren Gehalt an schwefelhaltigen Aminosäuren ausgezeichnet ist. Setzt man dagegen als Vergleichssubstanz das Eiweiß der Muttermilch (E. SCHWERDTFEGER 1965), so ist kein Unterschied in der Aminosäurezusammensetzung festzustellen.

Kohlenhydrate: Sojabohnen enthalten ca. 20% Kohlenhydrate. Pentosane (2,5—4,9%), Galaktane (1,1—5,2%) und Hemicellulosen (0,04—5,95%) sind Bestandteile der Zellwände und kommen deshalb vorwiegend in der Samenschale vor (B.F. DAUBERT 1950). Der Stärkegehalt schwankt je nach Sorte und Reifegrad zwischen 0 und 5,6%. Mikroskopisch ist die Stärke vor allem in den Zellen unter der inneren Epidermis der Kotyledonen nachgewiesen worden (W. BALLY 1962). Gelbe Samen enthalten mehr Stärke als dunkle Samen.

Der Saccharosegehalt schwankt zwischen 3,3 und 6,3%. Die von einigen Untersuchern nachgewiesenen reduzierenden Zucker und Dextrine sind sicher Artefakte. Sie kommen in ungekeimten und reifen Samen nur in Spuren vor. An weiteren Zuckern ist der Gehalt an Stachyose (3,5%) und Raffinose (0,8—1,1%) zu erwähnen. Verbascose ist nur in Spuren vorhanden (K. TÄUFEL u. Mitarb. 1960). Über die Veränderung des Zuckergehaltes bei der Lagerung von Sojabohnen vgl. S. 413.

Fett: Der Gehalt an Fett ist von der Sorte und von den Wachstumsbedingungen abhängig und schwankt zwischen 13 und 24%. Das Sojaöl wird wegen des relativ geringen Gehaltes der Bohnen fast ausschließlich durch Extraktion mit Lösungsmitteln gewonnen. Die Extraktion erfolgt mit Benzin bei 50—70° C. Das rohe Sojaöl ist ein halbtrocknendes Öl.

Tabelle 7. *Fettsäurezusammensetzung des Sojaöls in %* (nach T.P. HILDITCH u. P.N. WILLIAMS 1964)

Palmitinsäure.	11,5
Stearinsäure	3,9
Ölsäure	24,6
Linolsäure	52,0
Linolensäure	8,0

Nach Mensier (nach W. Bally 1962) hat es folgende Kennzahlen:

Spez. Gewicht bei 15 °C . . .	0,922 —0,965
Refraktion bei 13 °C	1,4765—1,4755
Verseifungszahl	184 — 195
Jodzahl	103 — 152
Acetylzahl	16 — 18
Rhodanzahl	77 — 85
Hehnerzahl	95 — 96
Reichert-Meissl-Zahl . . .	0,2 — 0,6
Polenskezahl	0,2 — 0,6

Zum überwiegenden Teil ist das Sojaöl aus ungesättigten Fettsäuren zusammengesetzt. Die mittlere Fettsäurezusammensetzung des Sojaöls zeigt Tab. 7.

Entsprechend dem weiten Schwankungsbereich der Jodzahl kann die Fettsäurezusammensetzung beträchtliche Abweichungen von diesen Werten aufweisen (Tab. 8).

Tabelle 8. *Fettsäurezusammensetzung von Sojaöl mit unterschiedlicher Jodzahl*
(abgeändert nach W.J. Morse 1950)

Jodzahl	ges. Fettsäuren	Ölsäure	Linolsäure	Linolensäure
103	12,0	60,0	25,0	2,9
127	13,1	34,8	46,0	6,0
138	12,4	24,4	56,2	7,3
151	13,5	11,5	63,1	12,1

Phosphatide: Wirtschaftlich von großer Bedeutung sind die in der Sojabohne in einer Menge von 0,1—0,2 % enthaltenen Phosphatide (Rohlecithin). Die im rohen Sojaöl enthaltenen Phosphatide (1,8—3,2 %) werden aus diesem durch Hydratation gewonnen und weisen die in Tab. 9 angegebene Zusammensetzung auf.

Mineralstoffe: Der Mineralstoffgehalt der Sojabohne ist im Verhältnis zu dem von Getreide relativ hoch (Tab. 10). Der größte Teil des Phosphors liegt in Form von Phytin vor.

Tabelle 10. *Mineralstoffzusammensetzung der Sojabohne* (nach W. J. Morse 1950)

Kalium	1,67 % i. Tr.
Natrium . . .	0,343 %
Calcium	0,275 % i. Tr.
Magnesium . .	0,223 %
Phosphor . . .	0,659 % i. Tr.
Schwefel . . .	0,406 %
Chlor	0,024 %
Eisen	0,0097 %
Kupfer	0,0012 %
Mangan . . .	0,0028 %
Zink	0,0022 %
Aluminium . .	0,0007 %
Jod	53,6 μg/100 g i. Tr.

i. Tr. = Werte in Trockensubstanz, alle anderen Werte sind auf lufttrockene Bohnen bezogen.

Tabelle 9. *Zusammensetzung von Soja-Phosphatiden (Rohlecithin) in %* (nach G. Steinkopf 1960)

Cholinphosphatide	21
Colaminphosphatide . . .	8
Serinphosphatide	20
Inositphosphatide	11
Sojaöl	33
Sterine, Tokopherole . . .	2
freie Kohlenhydrate . . .	5

Vitamine: Die Sojabohne ist eine gute Quelle für B-Vitamine. Tab. 11 verzeichnet den mittleren Vitamingehalt von trockenen Sojabohnensamen.

Tabelle 11. *Vitamine der Sojabohne in μg/g i. Tr.* (W.J. Morse 1950)

Thiamin	17,5	Inosit	2291
Riboflavin	3,6	Biotin	0,8
Pyridoxin	11,8	Carotin	0,18—2,43
Niacin	21,4	Folsäure	1,9
Pantothensäure	21,5	Vitamin E	127

Sojabohnen enthalten nach K. Täufel (1957) 1,4 % Citronensäure berechnet auf Trockensubstanz.

Substanzen, die den Nährwert der Sojabohne beeinflussen: Es ist schon lange bekannt, daß rohe Sojabohnen einen wesentlich geringeren Nährwert besitzen als erhitzte Bohnen. Durch feuchtes Erhitzen (Toastung) der Soja werden verschiedene Stoffe zerstört, die die Verdaulichkeit negativ beeinflussen.

a) Trypsinhemmstoff.

Der Trypsinhemmstoff der Sojabohne ist ein Protein vom Globulintyp mit einem Molekulargewicht von ca. 24000 und einem isoelektrischen Punkt bei pH 4,5. Der von Kunitz kristallisiert erhaltene Hemmstoff bildet mit Trypsin einen stabilen Komplex und hemmt dadurch die proteolytische Aktivität des Trypsins. Es sind allerdings immer wieder Zweifel laut geworden, ob der Trypsinhemmstoff auch in vivo wirkt.

b) Hämagglutinin.

Das von E. Liener (1964) aus der Sojabohne isolierte Hämagglutinin[1] zeigt ebenfalls eine deutliche Wirkung auf die Verwertbarkeit der Soja. Es handelt sich um ein Mucoproteid mit einem Gehalt von ca. 10 % Glucosamin. Es besteht aus zwei Polypeptidketten und enthält zwei N-terminale Alaninreste und je einen C-terminalen Alanin- und Serinrest. Das Molekulargewicht des Sojahämagglutinins beträgt 105000. Nach E. Liener (1964) ist das Hämagglutinin zur Hälfte für die bei der Verfütterung roher Sojabohnen auftretende Wachstumshemmung verantwortlich.

c) Saponine (Bitterstoffe).

A. Bondi u. Mitarb. (1962) zeigten, daß auch die Saponine der Sojabohne die Chymotrypsin- und Trypsin-Aktivität hemmen. Nach H. Weiss (1949) ist der typische Leguminosengeschmack auf die Anwesenheit von Saponinen zurückzuführen.

Enzyme: Die wichtigsten Enzyme der Sojabohne sind β-Amylase, Lipase, Lipoxydase, Protease und Urease. Letztere besitzt Bedeutung für den Nachweis einer stattgehabten Erhitzung von Sojaprodukten. Seine Hitzeempfindlichkeit entspricht fast der des Trypsin-Hemmstoffes. Geringe Urease-Aktivität läßt deshalb den Schluß zu, daß das betreffende Sojaprodukt auch frei von wachstumshemmenden Substanzen ist.

3. Sojaprodukte

a) Sojamehle

Sojabohnen werden im allgemeinen nicht direkt als Nahrungsmittel verwendet. In Asien ist die Herstellung zahlreicher Sojaprodukte seit langem üblich. Die herstellungstechnisch einfachsten Sojaprodukte sind die verschiedenen Sojamehle, die als Zusatzstoffe mit technischen oder ernährungsphysiologischen Effekten bei der Herstellung zahlreicher Lebensmittel verwendet werden (H. Weiss 1963).

Sojamehle: Man unterscheidet je nach Zusammensetzung:

Entfettetes Sojamehl, bei dem durch Hexan das Öl fast vollständig entfernt ist. Der Fettgehalt (Ätherextrakt) beträgt maximal 1%.

Fettarmes Sojamehl. Es wird aus Preßkuchen hergestellt, dem durch mechanisches Pressen der größte Teil des Öles entzogen worden ist, oder durch Beimischen von Sojaöl zu entfettetem Sojamehl.

Fettreiches Sojamehl. Es wird durch Zugabe von Sojaöl zu entfettetem Sojamehl gewonnen. Sein Ölgehalt beträgt ca. 15%.

Vollfettes Sojamehl. Es enthält das gesamte Fett der Sojabohne (18—22%). Ein kontinuierliches Verfahren zur Herstellung von vollfettem Sojamehl geben G.C. Mustakas u. D.H. Mayberry (1964) an.

---

[1] Hämagglutinine = Phytagglutinine, Phasine, Lectine, Phytohämagglutinine sind in Pflanzen vorkommende Stoffe, die die Fähigkeit besitzen, rote Blutkörperchen (Erythrocyten) von Menschen oder verschiedenen Tieren auf spezifische oder nicht spezifische Weise zusammenzuballen d. h. zu agglutinieren (J. Tobiska 1963).

Zur Herstellung von fettfreiem Sojamehl werden die auf Riffelwalzen zu Schilfern (fingernagelgroße Plättchen) vermahlenen Sojabohnen nach der Extraktion des Öles getoastet (30—40 min Dampfbehandlung bei 110°C) und nach dem Kühlen vermahlen (K. W. FANGAUF 1965).

Tabelle 12. *Chemische Zusammensetzung von vollfettem Sojamehl (Nurupan) in %* (nach W. LINTZEL 1953)

Wasser	6,4
Protein	42,8
Fett	22,6
Zucker	21,8
Rohfaser	1,5
Stärke	keine
Mineralstoffe	4,6

Ein in Deutschland häufig verwendetes vollfettes Sojamehl ist unter dem Namen Nurupan bekannt geworden (W. LINTZEL 1953). Es wird aus reifen gelben Sojabohnen hergestellt. Seine Zusammensetzung ist in Tab. 12 angegeben.

Da vollfettes Sojamehl natürliche Antioxydantien enthält, kann es z. B. bei der Dauerbackwarenherstellung zur Verhinderung des Ranzigwerdens eingesetzt werden (K. TÄUFEL u. Mitarb. 1957).

Sojaeiweiß: Isoliertes Sojaeiweiß mit einem Eiweißgehalt von ca. 90 % wird durch Extraktion von entfetteten Sojaflocken mit Alkali, nachfolgender Fällung mit Säure, Wiederauflösen in Alkali und anschließender Sprühtrocknung gewonnen.

Zur Einsatzmöglichkeit und lebensmittelrechtlichen Beurteilung von Sojaerzeugnissen vgl. H. WEISS (1963).

b) Asiatische Sojaprodukte

Die in China und Japan seit langem bekannten Nahrungsmittel aus Sojabohnen sind in letzter Zeit vor allem von amerikanischen Forschern mit dem Ziel untersucht worden, diese Produkte technisch einwandfrei herstellen zu können (F. R. SENTI 1963).

α) Tempeh

Eines der wichtigsten Nahrungsmittel in Indonesien ist das aus Sojabohnen durch Gärung gewonnene Tempeh. Schwarze oder gelbe Bohnen werden über Nacht eingeweicht, damit die Schalen leichter entfernt werden können. Die Bohnen werden anschließend gekocht und dann zum Abkühlen und Abtrocknen der Oberfläche ausgelegt. Kleine Stücke des Tempeh aus der vorhergegangenen Produktion werden als Starterkultur beigemischt. Die so beimpften Sojabohnen werden gewöhnlich in kleinen Portionen in Bananenblätter eingewickelt und 1—2 Tage bei Raumtemperatur gehalten. Während dieser Zeit bildet der Pilz (Rhizopus) ein dichtes Mycel, welches die Bohnen zu einen festen Kuchen verbindet. Tempeh wird vor dem Verzehr aufgeschnitten und in Fett gebacken oder als Suppeneinlage benutzt. A. MARTINELLI u. Mitarb. (1964) haben eine genaue Herstellungsanleitung angegeben. Sie verwenden Holz- oder Metallrahmen mit perforierten Böden und Deckeln als Fermentationsbehälter. Als Ausgangsmaterial können sowohl ganze Sojabohnen als auch Sojagrieß verwendet werden. Als Impfmaterial dient ein aus Tempeh isolierter *Rhizopus oligosporus*-Stamm. Die Fermentation ist auch in perforierten Plastikbeuteln möglich. Die Fermentationstemperatur beträgt dann 31°C. Tempeh läßt sich auch trocknen, wie K. H. STEINKRAUS u. Mitarb. (1965) mitteilen. Nach P. A. ROELOFSEN u. Mitarb. (1964) nimmt der Thiamingehalt im Tempeh gegenüber der Sojabohne ab, während der Riboflavin- und Niacingehalt ansteigt.

β) Sojamilch

Sojamilch wird in Asien anstelle von Kuhmilch verwendet. Sie wird in China aus gelben oder gelblichgrünen Sojabohnen hergestellt. Nach gründlichem Waschen und Einweichen werden die Bohnen zwischen Steinen fein gemahlen und das Mahlgut durch ein Käsetuch abfiltriert. Nach Verdünnen mit ungefähr der dreifachen Menge Wasser wird die Milch gekocht und nochmals filtriert. Eine solche Milch besteht aus ca. 90 % Wasser, 4 % Eiweiß, 2,5 % Fett, 0—3 % Kohlenhydraten und 0,4 % Asche (R.S. BURNETT 1950). In Indien sind milchartige Emulsionen aus Sojabohnen entwickelt worden, die mit Vitaminen und Mineralstoffen angereichert sind und dann in ihrer Zusammensetzung der Kuhmilch entsprechen (S.R. SHURPALEKAR u. Mitarb. 1961). Für Säuglinge und Kinder, die gegen Kuhmilch allergisch sind, wurde in den USA sprühgetrocknete Sojamilch hergestellt (D.B. HAND u. Mitarb. 1964). Die chemische Zusammensetzung verschiedener Sojamilchtrockenprodukte ist in Tab. 13 wiedergegeben.

Tabelle 13. *Chemische Zusammensetzung verschiedener Sojamilchtrockenprodukte in %* (S.R. SHURPALEKAR u. Mitarb. 1961)

	Sojamilchpulver	Soyalac	Mull-soy
Wasser	3,5	2,9	3,5
Eiweiß	24,8	22,8	24,0
Fett	18,4	25,7	30,0
Kohlenhydrate.	48,1	44,3	37,1
Asche.	5,2	3,9	5,4
Calcium	1,08	0,72	1,0
Phosphor	1,11	0,33	0,9
Eisen (mg/100 g)	8,2	17,0	3,0

γ) Tofu

Aus Sojamilch wird in China Sojaquark (Tofu) hergestellt. Die Sojamilch wird mit Säure oder Salz evtl. bei gleichzeitigem Erhitzen bzw. Kochen versetzt. Nach dem Absetzen wird das Wasser abgegossen und dem Sojaquark schließlich durch Pressen weiteres Wasser entzogen. Frischer Tofu enthält 84—90 % Wasser, 5—8 % Eiweiß, 3—4 % Fett und 2—4 % Kohlenhydrate, sowie 0,6 % Asche. Frischer Tofu wird zusammen mit Sojasoße (Shoyu) und in Suppen verwendet. Gekocht oder in Fett gebacken wird er zu Fleisch, Fisch oder Gemüse gegessen. Ein chinesisches Sprichwort charakterisiert den Wert des Tofus: ,,Tofu ist Fleisch ohne Knochen'' (A.K. SMITH u. Mitarb. 1960).

δ) Natto

Natto heißt der in Japan hergestellte Sojakäse. Sojabohnen werden 5 Std gekocht. Noch heiß werden die Bohnen in kleinen Mengen in Reisstroh eingewickelt und während 24 Std bei 35—40° C fermentiert. Das fertige Produkt stellt eine dick-viscose Masse dar, welche folgende Zusammensetzung aufweist: 64% Wasser, 19% Eiweiß, 8% Fett. Tofu wird als Beigericht mit Sojasoße verzehrt.

ε) Hamanatto

Hamanatto wird aus gekochten Sojabohnen unter Zusatz von Weizenmehl im Verhältnis 10:6 hergestellt. Die Masse wird 3 Tage der Sonne ausgesetzt und anschließend 12 Tage fermentiert, dann mit Salz und Ingwer versetzt und weitere 30 Tage unter Druck aufbewahrt. Hamanatto hat folgende Zusammensetzung: 22,5% Eiweiß, 3,4% Fett, 6,9% Rohfaser, 8,4% Kohlenhydrate, 18,5% Asche (einschließlich des zugesetzten Salzes) und 45% Wasser.

ζ) Miso

Miso ist das wichtigste Sojaprodukt in Japan. Der Pro-Kopf-Verbrauch liegt dort bei 28 g pro Tag (K. SHIBASAKI u. C.W. HESSELTINE 1962). Ausgangsprodukte zur Herstellung von Miso sind Sojabohnen und Reis, die zunächst getrennt aufbereitet werden. Polierter Reis wird gewaschen, geweicht und gekocht, mit *Aspergillus oryzae* beimpft und 50 Std bei 27—28° C bebrütet. Das erhaltene Produkt heißt Koji (Pilzreis). Die gewaschenen Sojabohnen werden gekocht und nach dem Abkühlen werden 10 kg davon mit 4 kg Koji, 2 kg Salz und (als Inokulum) 0,25 kg Miso und 0,75 kg Wasser vermischt und anschließend 7 Tage bei 28° C und 2 Monate bei 35° C fermentiert. Nach einer weiteren Reifezeit von 2 Wochen bei Raumtemperatur gewinnt man nach Zerkleinern 17 kg Miso (K. SHIBASAKI u. C.W. HESSELTINE 1962).

Je nach Farbe der eingesetzten Sojabohnen oder Herkunft des Miso erhält man verschiedene Miso-Arten, die sich in ihrer Zusammensetzung beträchtlich unterscheiden können, wie Tab. 14 zeigt.

Tabelle 14. *Chemische Zusammensetzung verschiedener Miso-Arten in %*
(K. SHIBASAKI u. C. W. HESSELTINE 1962)

	Weißer Miso	Gelber Miso	Mama Miso
Wasser	52,3	49,5	41,2
Eiweiß	8,3	13,2	23,5
Fett	1,6	3,5	10,5
Zucker	20,1	17,8	3,2
Stärke, Dextrine	10,0	4,8	3,2
Salz	4,0	4,5	10,5
Mineralstoffe	0,9	1,6	2,9
Rohfaser	1,6	2,5	4,0
Aminosäure-N	0,2	0,3	0,8
Gesamtsäure.	0,6	1,4	2,5

η) Soja-Soße (Shoyu)

Sojasoßen werden heute in der ganzen Welt verbraucht. R. S. BURNETT (1950) beschreibt seine Herstellung wie folgt:

Es werden drei getrennte Kulturen bereitet und zwar 1. Koji, 2. eine Hefekultur (*Zygosaccharomyces soiae* oder *Hansenula*), als Nährboden dienen über Nacht eingeweichte und gekochte Sojabohnen. Die Hefen läßt man 1—4 Tage bei 30—35°C heranwachsen. Milchsäurebakterien (*Lactobacillus delbruecki*) bilden die 3. Kultur, ebenfalls auf Sojabohnen als Nährboden gezogen.

Der Nährboden für die endgültige Soßenherstellung besteht aus Sojabohnen, die unter Druck bei 120°C 3 Std gekocht werden. Nach dem Kochen werden gestampfte, geröstete Weizenkörner zugefügt und die gut vermengte Masse in einer 5 cm dicken Schicht in hölzernen oder metallenen Schalen ausgebreitet. Die drei oben beschriebenen Kulturen werden dann mit dem Nährboden gut vermischt und bei 30°C bebrütet. Nach 4—5 Tagen hat sich eine grüne Schimmelpilzdecke gebildet, dann wird die Masse in einem tiefen Gefäß mit Salzwasser übergossen und 30—90 Tage bei 35—38°C aufbewahrt und anschließend filtriert und ausgepreßt. Die erhaltene Flüssigkeit wird 20 min gekocht und mit Alaun oder Kaolin geklärt. Nach Filtration erhält man eine Sojasoße erster Qualität. Eine zweite Qualität läßt sich durch Zusatz von Wasser zum Filtrationsrückstand gewinnen. In manchen Fabriken rechnet man für die Salzgärung eine Zeit von einem Jahr.

Um den sehr langwierigen Prozeß der biochemischen Herstellung der Sojasoße abzukürzen, werden Sojasoßen heute z. T. auch durch Säurehydrolyse hergestellt. Als Ausgangsmaterial dient dabei entfettetes Sojamehl, das mit Salzsäure unter Rückfluß oder Druck gekocht wird. Die Säure wird anschließend mit NaOH oder Na_2CO_3 neutralisiert. Bei der Säurehydrolyse werden jedoch einige Aminosäuren, vor allem Tryptophan, zerstört. Auch im Aroma und Geschmack stehen die durch Säurehydrolyse hergestellten Sojasoßen den fermentierten Produkten nach. Reine säurehydrolysierte Sojasoßen werden aus diesen Gründen kaum hergestellt; man verbindet vielmehr beide Verfahren, indem die Soja zunächst durch Säure teilweise hydrolysiert und anschließend fermentiert wird, oder es werden beide Verfahren getrennt angewendet und die erhaltenen Produkte schließlich vor der endgültigen Abfüllung zusammengegeben. Nach T. YOKOTSUKA (1960) enthalten die meisten der in Japan hergestellten Sojasoßen 50 % und mehr Säurehydrolysate entfetteter Sojabohnen. Nur einige Großbetriebe stellen in Japan ein hochwertiges Produkt her, für dessen Fermentation über 1 Jahr nötig ist.

D. M. ONAGA u. Mitarb. (1957) untersuchten mehrere auf dem amerikanischen Markt angebotene Sojasoßen. Sie fanden deutliche Beziehungen zwischen der chemischen Zusammensetzung der Sojasoßen und deren Geschmack und Aroma. Der günstigste Kochsalzgehalt liegt zwischen 18 und 21 %. Höhere Kochsalzmengen beeinträchtigen den Geschmack. Ein zu niedriger Gehalt an Kochsalz kann bei der Lagerung der Sojasoßen deren Verschimmeln begünstigen. Sojasoßen mit hohem Säuregehalt besitzen ein besseres Aroma als solche mit niedrigem Gehalt an Säure. Tab. 15 gibt die von D. M. Onaga u. Mitarb. (1957) gefundene Zusammensetzung von sieben verschiedenen Sojasoßen sowie deren geschmackliche Beurteilung wieder.

Tabelle 15. *Zusammensetzung amerikanischer Sojasoßen* (nach D. M. Onaga u. Mitarb. 1957)

Spez. Gewicht	% Trokkensubstanz	pH	Gesamtsäure mval/100 ml	NaCl g/100 ml	Gesamt-N g/100 ml	Aminosäure-N		Geschmacksbewertung[1]
						g/100 ml	% des Gesamt-N	
1,1841	31,17	4,80	16,15	18,7	1,40	0,44	31,4	1,33
1,1836	32,62	4,57	19,95	19,1	1,35	0,44	32,6	1,33
1,1699	28,68	4,81	10,64	20,4	1,25	0,51	40,8	1,46
1,1323	25,12	4,80	6,13	13,4	1,09	0,52	47,7	2,17
1,2228	38,58	5,00	7,36	20,2	1,18	0,54	45,7	2,33
1,1956	34,43	4,70	10,52	19,2	1,05	0,38	36,2	2,54
1,2698	45,17	4,52	10,22	27,2	0,50	0,13	26,0	2,84

[1] 1 = bester Geschmack, 3 = schlechtester Geschmack.

Nach T. Yokotsuka (1960) besitzt eine qualitativ hochwertige fermentierte Sojasoße folgende Zusammensetzung:

Gesamt-N	1,51 g/100 ml	Extrakt	38,13 g/100 ml
Aminosäure-N	0,70 g/100 ml	Protein-N	0,09 g/100 ml
Dextrin	1,06 g/100 ml	Reduzierende Zucker . .	5,99 g/100 ml
Gesamtsäure	0,48 g/100 ml	Kochsalz	18,02 g/100 ml
(als Milchsäure)		Glycerin	1,00 g/100 ml
Alkohol	2,00%	Flüchtige Säure	0,17 g/100 ml
Anorganische Salze . . .	19,70%	pH	4,62 g/100 ml

Die Unterscheidung zwischen Sojasoßen, die durch Säurehydrolyse gewonnen wurden, und fermentierten Produkten ist nach K. Ichikawa (1950) durch Maltosenachweis möglich. Säurehydrolyseprodukte enthalten keine Maltose. Ein hoher Gehalt an Aminosäurestickstoff deutet ebenfalls auf Säurehydrolyse hin. Auch im Säuregehalt unterscheiden sich beide Arten von Sojasoße beträchtlich. Fermentierte Sojasoße enthält erhebliche Mengen an Milchsäure (1100—1200 mg/100 ml), säurehydrolysierte Sojasoße nur sehr wenig (30 mg/100 ml). Auch im Gehalt an Propionsäure, Ameisensäure und Laevulinsäure bestehen große Unterschiede (T. Yokotsuka 1960).

Bezüglich der Vielzahl an Aromastoffen von Sojasoßen sei auf die Zusammenfassung von T. Yokotsuka (1960) verwiesen.

II. Erdnuß

1. Anbau, Botanik, Sorten

Die Erdnuß (*Arachis hypogaea L.*) wird auch Erdmandel, Erdeichel, Erdpistazie, Mandubibohne oder Aschantinuß genannt.

Der Name rührt von der Eigenart seiner Frucht her, die nach der Bestäubung, infolge starken Wachstums eines Teiles des Fruchtknotens (Gynophor), in die Erde geschoben wird und dort heranreift. Die Heimat der Erdnuß ist Brasilien.

Je nach Samengröße werden drei Formen unterschieden:

1. *Arachis hypogaea forma communis.*
   Hülsen 2,5—4,5 cm lang, 1,2—1,6 cm breit.

2. *Arachis hypogaea forma microcarpa.*
    Hülsen 2—2,5 cm lang, 1—1,3 cm breit.
    Samen 0,9—1,2 cm lang, 0,6—0,9 cm breit.
3. *Arachis hypogaea forma macrocarpa.*
    Samen 1,5—2,5 cm lang.

Die amerikanischen Varietäten *Virginia bunch* und *Virginia runner* gehören zur *forma macrocarpa,* die Varietät *spanish* zu *microcarpa.*

Als tropische Pflanze benötigt die Erdnuß während der 4—5 Monate dauernden Wachstumsperiode recht hohe Lufttemperaturen und genügende Luftfeuchtigkeit. Während der Ernte soll trockenes Wetter herrschen. Die günstigste Niederschlagsmenge während der Wachstumsperiode liegt bei 500 mm. Für den Anbau ist die Bodenbeschaffenheit wichtig. Leichte, nicht zu hart werdende Böden sind nötig, damit die Keimung gut vonstatten gehen kann, die Gynophore gut in den Boden eindringen, die Hülsen leicht geerntet werden können und keine Mißbildungen an den Hülsen auftreten. Die Ernte erfolgt mit Untergrundhakenpflügen oder neuerdings mit speziellen Erdnußpflügen. Während der Ernte weisen die Erdnüsse einen Wassergehalt von ca. 40% auf. Zur Abtrocknung läßt man die ausgezogenen Pflanzen entweder in Schwaden liegen oder bringt sie auf hölzerne Gestelle. Die Trocknungszeit beträgt 4—6 Wochen. Die Abtrennung der Früchte erfolgt mittels Dreschmaschinen. In den USA schwanken die Erträge zwischen 6 und 18 dz/ha.

Die wichtigsten Anbaugebiete und Erzeugungsmengen sind in Tab. 16 angegeben.

Tabelle 16. *Erdnußanbaugebiete und Erdnußerzeugung (Hülsen) in Mio t 1963/64* (aus Fischer Weltalmanach 1966)

Indische Bundesrepublik	5,79
Chinesische Volksrepublik	2,29
Nigerien	1,63
USA.	0,98
Welterzeugung	14,00

2. Zusammensetzung

Die chemische Zusammensetzung von enthülsten Erdnüssen zeigt Tab. 17. Die Hülsen machen ca. 25% des Gewichtes der Früchte aus.

Nach L. F. RABARI u. Mitarb. (1961) können Erdnüsse bis zu 12% Stärke aufweisen.

Eiweiß: Die Haupteiweiße der Erdnuß sind die Globuline Arachin und Conarachin. 75% des Eiweißes liegt in Proteinkörpern von $1—10\ \mu\ \varnothing$ in den Zellen der Keimblätter vor. Eine Proteinkörperfraktion enthält fast die gesamte Menge an Phytinsäure (A. M. ALTSCHUL 1962, 1964).

Das Erdnußeiweiß ist durch einen relativ niedrigen Lysingehalt ausgezeichnet, auch Threonin und Methionin sind in geringerer Menge als im Sojaeiweiß enthalten (Tab. 18).

Tabelle 17. *Chemische Zusammensetzung enthülster Erdnüsse in %* (nach W. BALLY 1962)

Wasser	4—7
Fett	48—52
Eiweiß	24—35
N-freier Extrakt	6—21
Rohfaser	2—4
red. Zucker	0,06—0,28
Saccharose	2,3—5,2
Stärke	0,9—3,2
Pentosane	2,2—2,7
Asche	1,6 —3

Tabelle 18. *Aminosäurezusammensetzung von fettarmen Erdnußmehl in g/16 N* (M. RAO u. Mitarb. 1963)

Arginin	11,3	Threonin.	2,7
Histidin.	2,1	Phenylalanin	5,1
Lysin	3,6	Leucin	6,9
Tryptophan	1,0	Isoleucin	4,6
Methionin	1,0	Valin	4,4
Cystin	1,6		

Fett: Mit einem Fettgehalt von 45—50 % ist die Erdnuß die fettreichste Hülsenfrucht. Das Erdnußöl wird durch Pressen und/oder Extraktion gewonnen. Es läßt sich leicht raffinieren, da es wenig unerwünschte Begleitstoffe enthält. Das schwach gelbliche Öl besitzt einen milden Geschmack. Seine Jodzahl ist relativ niedrig (90—98), das Öl zeigt deshalb eine gute Oxydationsstabilität (W. Wachs 1964). Charakteristisch für das Erdnußöl ist sein Gehalt an Arachin-, Behen- und Lignocerinsäure.

T. P. Hilditch u. P. N. Williams (1964) geben folgende Fettsäurezusammensetzung an: Ölsäure 50—65 %, Linolsäure 18—30 % Palmitinsäure 8—10 % und Stearin-, Arachin-, Behen- und Lignocerinsäure zusammen 10—12 %.

Erdnußöl wird teilhydriert, als Back- und Bratfett, sowie als Margarinegrundstoff verwendet.

Die Phosphatide der Erdnuß bestehen zu 36 % aus Lecithin und zu 64 % aus Kephalin. In den Phosphatiden überwiegen die ungesättigten Fettsäuren (T. P. Hilditch u. P. N. Williams 1964).

Antihämophilie-Faktor: 1957 entdeckte H. B. Boudreaux, daß nach Verzehr von Erdnüssen bei an Hämophilie leidenden Personen eine blutgerinnende Wirkung auftritt. Wie sich bei näherer Untersuchung herausstellte, sind nicht nur rohe Erdnüsse, sondern auch Erdnußbutter, geröstete Erdnüsse und mit Hexan entfettetes Erdnußmehl wirksam. Der Antihämophilie-Faktor läßt sich mit 90 %igem Äthanol aus Erdnüssen extrahieren, über seine Natur ist noch nichts bekannt (H. B. Boudreaux u. V. L. Frampton 1960; V. L. Frampton u. H. B. Boudreaux 1963).

Vitamine: Nach S. W. Souci u. Mitarb. (1962) enthalten 1000 g geröstete, geschälte Erdnüsse folgende Vitamine: 1,3 mg Carotin, 6 mg Vitamin B_1, 1 mg Vitamin B_2, 164 mg Niacin, 21,4 mg Pantothensäure. G. Lambertsen u. Mitarb. (1962) geben einen α-Tokopherolgehalt von 65 μg/g und einen β-Tokopherolgehalt von 110 μg/g an.

Die **Mineralstoff**zusammensetzung beträgt nach S. W. Souci u. Mitarb. (1962): (in 1000 g gerösteten, geschälten Erdnüssen) 50 mg Natrium, 6,74 g Kalium, 670 mg Calcium, 15,7 mg Mangan, 20 mg Eisen und 4,11 g Phosphor.

3. Erdnußprodukte

Zur Aufbereitung der Erdnußfrüchte muß zunächst die ca. 25 % des Gewichtes ausmachende Hülse in Schälmaschinen entfernt werden. Geschälte Erdnüsse werden in den USA in Kühlräumen bei 4—5°C und 50 % rel. Luftfeuchtigkeit mehrere Monate gelagert.

Geröstete Erdnüsse: Die von der Hülse befreiten Samen werden 15 min geröstet. Die Samenschale wird beim Durchgang durch gegenläufige Gummiwalzen entfernt. Die Samen werden dann 8—20 min in 170°C heißes Öl gebracht, danach gekühlt und mit Salz (1,5 %) versehen. Geröstete Erdnüsse werden in evakuierten oder mit Stickstoff gefüllten Verpackungen in den Handel gebracht (R. Heiss 1950). Geröstete Erdnüsse weisen die gleiche Zusammensetzung auf wie ungeröstete, auch der Röstgrad beeinfußt die Zusammensetzung nicht (H. Smith u. Mitarb. 1962).

Erdnußbutter: Die enthülsten und bei 160°C gerösteten Samen werden durch Bürstmaschinen von den Samenschalen befreit. Die Keimlinge werden abgesiebt, die Schalen im Luftstrom entfernt. Die Kernhälften (Keimblätter) werden mit 1,5—3,0 % Salz vermischt und gemahlen. Damit das Öl nicht austritt, ist die Einhaltung einer bestimmten Feinheit erforderlich. Zur Stabilisierung der Emulsion wird ein Zusatz von molekulardestilliertem Monoglycerid und gehärtetem Erdnußöl empfohlen (H. Smith u. Mitarb. 1962). Erdnußbutter wird auch zuweilen mit anderen Zutaten versehen, wie Stärkesirup, Saccharose, Glucose, Malz, Hafermehl, Sojamehl, Käse, Honig oder Gelee. Das in den USA als peanut snack bezeichnete Erdnußbutterprodukt enthält Trockenmilch.

W. BALLY (1962) gibt folgende Zusammensetzung der Erdnußbutter an: 23 % Eiweiß, 43 % Fett, 19 % Kohlenhydrate. 100 g enthalten 0,11 mg Thiamin, 0,12 mg Riboflavin und 15 mg Niacin.

Erdnußmehl: Ähnlich wie aus der Sojabohne, so kann man auch aus Erdnüssen Mehle herstellen. Die Herstellung von fettarmen Erdnußmehl beschreiben M. RAO u. Mitarb. (1963) folgendermaßen: Die Samen werden 5 min bei 90—100°C geröstet. Nach Entfernung der Samenschale und Auslesen von geschrumpften und pilzinfizierten Körnern (vgl. Aflatoxin S. 414) wird das Öl abgepreßt. Der erhaltene Kuchen wird in einer Hammermühle zerkleinert. Erdnußmehl besitzt eine cremeartige Farbe und nußartigen Geschmack. Es enthält 53 % Eiweiß (N·6,25), 8,9 % Fett und 21,8 % Kohlenhydrate. 100 g enthalten folgende Vitamine: 0,95 mg Thiamin, 0,2 mg Riboflavin und 19,5 mg Niacin.

Entfettete Erdnüsse: Als Nahrungsmittel mit niedrigem Caloriengehalt scheinen neuerdings entfettete Erdnüsse an Bedeutung zu gewinnen. J. POMINSKI u. Mitarb. (1964) beschreiben ein Verfahren zur Herstellung solcher Nüsse, die wegen ihres geringen Ölgehaltes (80 % des Öles werden entfernt) eine wesentlich verbesserte Haltbarkeit besitzen. Nach dem Rösten wird das Öl bei Zimmertemperatur mit Hexan entzogen. Die so entfetteten Erdnüsse sind in Vakuumbeuteln verpackt 1 Jahr genußfähig. Ein noch einfacheres Verfahren geben H.L.E. VIX u. Mitarb. (1965) an. Sie entfernen das Öl durch Pressen. Beim anschließenden Rösten erhalten die Erdnüsse ihre alte Form wieder.

Auch aus Erdnüssen kann eine vegetabilische Milch ähnlich der Sojamilch hergestellt werden. Auch käseähnliche Produkte aus Erdnüssen wurden beschrieben (K. RAMAMURTI u. Mitarb. 1964). Isoliertes Erdnußeiweiß mit 95 % Protein wird zur Eiweißanreicherung eiweißarmer Nahrungsmittel empfohlen.

III. Bohne

1. Anbau, Botanik, Sorten

Die weiße, in seltenen Fällen braunrote, trockene Bohne ist der reife Samen der Gartenbohne (*Phaseolus vulgaris L.*), die auch Schmink-, Vits- oder Speckbohne, im Englischen kidney bean, haricot oder navy bean genannt wird.

Die Gattung Phaseolus stammt aus Südamerika, wo H. BRÜCHER (1954) die Stammpflanze *Phaseolus aborigineus* entdeckte, deren Samen dort heute noch als Nahrungsmittel dienen.

Die einjährige, gestauchtwüchsige Pflanze mit dreiteiligen gefiederten Blättern besitzt eine flachovale bis runde Hülse mit 3—8 nierenförmigen Samen. Je nach Farbe unterscheidet man weiße und bunte Bohnen. Obwohl es auch bei der Gartenbohne kletternde (Stangen-) Bohnen gibt, sind doch alle feldmäßig angebauten Bohnen niedrigwachsende Buschbohnen, deren Höhe 60 cm nicht überschreitet. Zum Wachstum benötigt die Bohne reichlich Wärme. Die Pflanzen sind sehr frostempfindlich. Die Erträge schwanken zwischen 14 und 24 dz/ha.

Hauptanbaugebiete sind Brasilien, USA, Mexiko, Frankreich, der Balkan und die Mittelmeerländer, sowie Chile und einige afrikanische Staaten. Die Welternte beträgt über 4 Mio t. Die in die Bundesrepublik Deutschland eingeführten Bohnen kommen aus Afrika, dem Balkan und aus Chile.

Sorten. Von den zahlreichen Sorten sind bei uns folgende von Bedeutung. (Reihenfolge der Angaben: Sortenbezeichnung, Aussehen, Benennung im Sprachgebrauch.)

Weiße Bohnen: Bulgarische Bohnen, flach, länglich, Grobbohne.
Chile Cristales, grob, eiförmig, Klötzelbohne.
Argentinische Alubia, lang nierenförmig bis gerade, Schmalzbohne.
Italienische Canallini, lang, nierenförmig bis gerade, Schmalzbohne.
USA Great Northern, flach, länglich, mittelgrob, Grobbohne.
USA Michigan Pea Bean, rund, erbsengroß, Perlbohne.
Äthiopische Bohne medium, mittelgroß bis klein, länglich, Mittelbohne.
Sudanbohne, mittelgroß, etwas länglich, Mittelbohne.
Japanische Othenashi, mittelgroß, eiförmig, besonders regelmäßig, Mittelbohne.
Ungarische Perlbohne, besonders klein und gleichförmig, Perlbohne.
Argentinische Bolita, eiförmig, mittelgroß bis grob, Grobbohne.
Ungar./rumänische Zuckerbohne, rund, mittelgroß bis groß, Rund-, Kugel- oder Zuckerbohne.
Südafrikanische Kidney Beans, dick, groß, nierenförmig, Wollbohne.
Iranbohne, flach, groß, rhombisch, Flach- oder Salatbohne.

Bunte Bohnen: Wachtelbohne, länglich, lila- bis braunrot mit dunklen länglichen Flecken.

2. Zusammensetzung

Nach S. W. Souci u. Mitarb. (1962) haben Bohnensamen (weiß) folgende Zusammensetzung (Tab. 19).

Nach W. D. Powrie u. Mitarb. (1960) entfallen bei navy beans 7,7 % des Gesamtgewichtes der Bohnen auf die Samenschale, 90,5 % auf die Kotyledonen und 1,8 % auf den Embryo.

Tabelle 19. *Chemische Zusammensetzung von weißen Bohnen in % (käufliche Rohware)*

Wasser	11,5	(11,1 —11,9)
Eiweiß	21,1	(19,8 —23,5)
Fett	1,58	(1,29— 1,98)
Kohlenhydrate. . . .	57,0	(46,5 —57,5)
Rohfaser	3,69	(3,84— 3,96)
Mineralstoffe	3,86	

Eiweiß: Das Hauptprotein der Bohne ist das Globulin Phaseolin. Nach Untersuchungen von St. Stoikoff u. M. Sweschtarowa - Dinewa (1959) enthält Bohnenmehl 3,53 % Globulin-Stickstoff, aber nur 0,21 % Albumin-Stickstoff. Ein Teil des Proteins liegt in einer festen Bindung mit Kohlenhydraten vor. Darauf soll die große Wasserlöslichkeit des Bohneneiweißes beruhen.

Die Aminosäurezusammensetzung des Bohneneiweißes ist wie bei den anderen Hülsenfrüchten durch einen niedrigen Gehalt an Methionin gekennzeichnet. Der Lysingehalt liegt besonders bei den braunen Bohnen hoch (A. P. de Groot u. P. Slump 1963). Die Aminosäurezusammensetzung von weißen und braunen gekochten Bohnen, bei denen die ins Kochwasser übergegangenen Mengen an Aminosäuren getrennt bestimmt wurden, gibt die Tab. 20 wieder.

Tabelle 20. *Aminosäurezusammensetzung von gekochten Bohnen in g/16 g N (A. P. de Groot u. P. Slump 1963)*

	rumänische weiße Bohnen	braune Bohnen
Alanin	4,23	4,31
Arginin	5,52	5,54
Asparaginsäure . . .	11,82	12,22
Cystin+Cystein . . .	1,13	0,98
Phenylalanin	6,25	6,41
Glutaminsäure . . .	13,47	13,77
Glycin	3,70	4,04
Histidin.	2,40	2,84
Isoleucin	4,70	5,34
Leucin	8,10	9,50
Lysin.	6,05	7,43
Methionin	0,94	0,62
Prolin	3,06	3,08
Serin	5,69	6,49
Threonin	4,40	4,85
Tryptophan	1,46	1,45
Tyrosin	3,60	4,30
Valin	5,33	6,00

W. Schuphan (1963) stellte starke Sortenunterschiede im Methioningehalt afrikanischer *Phaseolus vulgaris*-Samen fest. Er glaubt, daß durch Züchtung der Methioningehalt methioninarmer Sorten erhöht werden kann.

Zu den Eiweißkörpern gehört auch das in den reifen Samen der Bohnen vorkommende Hämagglutinin Phaseolotoxin (E. Liener 1964). Phaseolotoxin ist ein Mucoproteid mit einem Kohlenhydratanteil von 50 %. W. G. Jaffé (1962) isolierte aus schwarzen Bohnen (*Phaseolus vulgaris*) durch fraktionierte Fällung mit Ammonsulfat ein Protein, welches sich elektrophoretisch und in der Ultrazentrifuge einheitlich verhielt, und ein Molekulargewicht von 12 600 besaß. Er bezeichnet dieses Protein als Phaseolotoxin A. Seine Toxicität beträgt 50 mg/kg Maus (DL$_{50}$). Durch Hitzebehandlung wird die hämagglutinierende Wirkung und die Toxicität zerstört. Der größte Teil der Giftwirkung roh genossener Bohnen ist auf die Anwesenheit der Hämagglutinine zurückzuführen. In Tierversuchen wurde festgestellt, daß bereits 0,5 % rohe Bohnen im Futter zu deutlichen Wachstumsverzögerungen führten. Anscheinend wird die Eiweiß- und Fettverwertung im Darm durch die Hämagglutinine gestört (E. LIENER 1964).

Fett: Das Fett der Bohne ist durch einen hohen Gehalt an Linolensäure ausgezeichnet. Nach W. KORYTNYK u. E. A. METZLER (1963) enthält das Fett folgende Mengen an Fettsäuren: Palmitinsäure 13,4 %, Stearinsäure 0,7 %, Ölsäure 8,3 %, Linolsäure 26,9 %, Linolensäure 50,6 %. Der Phosphatidgehalt beträgt ca. 1 % (K. K. TAKAYAMA u. Mitarb. 1965).

Kohlenhydrate: Von den Kohlenhydraten entfällt die größte Menge auf die Stärke, die 30—35 % Amylose enthält (N. P. BADENHUISEN 1959). Monosaccharide (Fructose, Glucose) kommen in reifen Samen nur in Spuren vor. K. TÄUFEL u. Mitarb. (1960) stellten einen Saccharosegehalt von 1,58 %, einen Raffinosegehalt von 0,32 % und einen Stachyosegehalt von 3,24 % fest.

Mineralstoffe: Die Mineralstoffe der weißen Bohne setzen sich wie folgt zusammen (S. W. SOUCI u. Mitarb. 1962): Natrium 0,002 %, Kalium 0,3 %, Magnesium 0,131 %, Calcium 0,105 %, Mangan 0,00198 %, Eisen 0,006 %, Phosphor 0,425 %.

Vitamine: 1000 g weiße Bohnen enthalten folgende Mengen an Vitaminen: 2,96 mg Carotin, 4,55 mg Vitamin B$_1$, 1,55 mg Vitamin B$_2$, 20,8 mg Niacin, 9,72 mg Pantothensäure, 2,81 mg Vitamin B$_6$ und 24,8 mg Vitamin C.

Kochfähigkeit: Gut kochende Bohnen sind nach Einweichen über Nacht nach einer Kochzeit von 2—3 Std gar. Die Kochfähigkeit hält bei sachgemäßer Lagerung 1—2 Jahre an. Gleichmäßige Kochfähigkeit wird durch Verwendung von Samen gleicher Größe und Form erreicht. Ein Verfahren zur Herstellung von Bohnen, die ohne vorheriges Einweichen bereits nach 30 min Kochen verzehrsfähig sind, beschreiben K. H. STEINKRAUS u. Mitarb. (1964). Rohe, trockene Bohnen werden über Nacht eingeweicht, danach 15 min bei 100°C mit Dampf behandelt und anschließend 90 min bei 120°C gekocht. Zur Verhinderung des Abplatzens der Samenschale werden die Samen anschließend mit einer Lösung, die 20 % Zucker (Saccharose, Glucose oder Lactose), 0,5 % Alginat (oder 5 % Quellstärke) enthält, durch 5 min Tauchen überzogen. Danach werden die Bohnen auf einen Wassergehalt von 11—12 % getrocknet.

3. Weitere zu Genußzwecken verwendete Phaseolus-Arten

Phaseolus multiflorus Willd. (*Ph. coccineus* L.), Feuerbohne. Sie wird fast ausschließlich unreif als Gemüse verwendet.

Phaseolus lunatus L. (*Ph. limensis* Macf.), Lima-, Birma-, Rangoon-, Mond-, Duffin-, Java-, Paigya- oder Sienabohne. Sie ist zuweilen als weiße Bohne in den Handel gekommen und hat zu Vergiftungen Anlaß gegeben. Sie enthält in beträchtlichen Mengen Phaseolunatin, welches in wäßriger Lösung durch das Ferment Emulsin in Glucose, Aceton und Blausäure gespalten wird. Limabohnen können zwischen 60 und 70 mg HCN pro kg enthalten. Beim Kochen in offenen Gefäßen kann die Blausäure entweichen, nicht jedoch beim Garmachen der Bohnen im Dampftopf. Die ursprünglich als unbedenklich angesehene Grenze von 400 mg HCN/kg soll jetzt auf 30 mg/kg begrenzt werden (J. SCHORMÜLLER 1961).

Phaseolus mungo L. (*Ph. aureus* Roxb.), Mungobohne. Sie besitzt 3,5—4,5 mm lange, 3—4 mm dicke rundlich, walzenförmige Samen von grüner bis brauner Farbe. Die Samen werden seit alters her in Indien als Nahrungsmittel verzehrt. Nach C. GRIEBEL (1950) kamen sie in Deutschland kurz nach dem 2. Weltkrieg als Linsen in den Handel. Die von C. GRIEBEL untersuchten Samen enthielten keine Blausäure.

Phaseolus angularis Wright (Adzukibohne) wird vorwiegend in Ostasien kultiviert. Ihre hellweinrot bis rotbraunen Samen sind typisch bohnenförmig und etwa 7—8 mm lang. Auch diese Bohnen sind zuweilen als Linsen gehandelt worden (C. GRIEBEL 1950). Auch sie enthalten keine Blausäure.

$$
\begin{array}{c}
\text{CN} \\
| \\
\text{CH}_3\text{—C—O—C} \\
| \qquad\quad | \\
\text{CH}_3 \quad \text{CHOH} \\
\text{HOCH} \qquad \text{O} \\
| \\
\text{CHOH} \\
| \\
\text{CH} \\
| \\
\text{CH}_2\text{OH}
\end{array}
$$

Phaseolunatin

Vicia faba L., Acker-, Puff-, Sau- oder Pferdebohne genannt, ist im botanischen Sinne keine Bohne, sondern eine Wicke. Sie ist früher als Nahrungsmittel verwendet worden. Das Mehl der reifen Samen (Castormehl) wird zuweilen heute noch (in Belgien) bei der Herstellung von Brot, Torten und Biskuits verwendet (L. DIELS 1918).

IV. Erbse

1. Anbau, Botanik, Sorten

Lieferant der trockenen Speiseerbse ist *Pisum sativum* L., die Gartenerbse, deren Stammpflanze *Pisum elatius* von Vorderasien bis Tibet und Indien verbreitet war. Je nach Sorte kann die Pflanze unterschiedliche Höhe aufweisen (100 bis 200 cm). Die Fiederblätter tragen drei bis vier Fiederpaare, von denen die obersten als Ranken ausgebildet sind. Die Hülsen enthalten drei bis acht runde Samen.

Die Hauptanbaugebiete sind Indien, USA, UdSSR, Holland, Belgien, Frankreich, Dänemark, Kanada, Argentinien und Australien. In der Bundesrepublik Deutschland ist der Erbsenanbau bedeutungslos. Die Erträge liegen in Holland bei 3—5 t/ha, in den USA zwischen 1,2—1,3 t/ha. Die Einfuhr in die Bundesrepublik Deutschland betrug 1962 ca. 50000 t, von denen die Hälfte aus Holland, ein Viertel aus USA, der Rest aus Dänemark, Belgien und Holland kam.

Sorten. Man unterscheidet je nach Farbe grüne und gelbe Erbsen.

Grüne Erbsen:

Rondo (Holland) glatt, rund, tiefgrün, großkörnig, breiig kochend.

Alaska (USA) unregelmäßige Form, blaßgrün, kleinkörnig, nicht sehr breiig kochend, guter Geschmack.

Gelbe Erbsen:

First and Best (USA) unregelmäßig, blaßgrünlich gelb, kleinkörnig, nicht sehr breiig kochend sehr guter Geschmack.

Arthur (Kanada) mittelgroß, sehr hart, nur als Schäl- und Industrieerbse verwendbar.

Dashaway (Kanada) sehr klein und hart, nur als Industrieerbse verwendbar.

Flavo (Dänemark) groß bis mittelgroß, grünlich, nicht immer weichkochend.

Als Viktoriaerbsen werden alle großkörnigen gelben Erbsen mit einem Durchmesser über 7 mm bezeichnet.

Kapuziner-Erbsen sind länglich-eckig und unregelmäßig geformt, ihre Farbe ist grau bis braungrün.

Je nach Durchmesser unterscheidet man kleine (5—6 mm), mittelgroße (6—7 mm), große (7—8 mm) und Riesenerbsen (über 8 mm).

2. Zusammensetzung

Nach S. W. SOUCI u. Mitarb. (1962) haben reife, geschälte Erbsen folgende Zusammensetzung (Tab. 21).

Die Haupteiweißarten der Erbse sind die Globuline Legumin und Vicillin. Legumin koaguliert beim Erhitzen auf 100° C nicht, es besitzt ein Mol.-Gew. von 33 000. Vicillin koaguliert bei 95—100° C und ist in verd. Salzlösungen löslich, sein Mol.-Gew. beträgt 58 000. Die Struktur beider Globuline ist teilweise aufgeklärt (I. A. Vain-traub u. X. Y. Gofman 1961). Der Gehalt beider Globuline hängt vom Reifegrad ab. Während der Milchreife der Erbsen ist der Vicillingehalt höher als der Legumingehalt. Im weiteren Verlauf der Reife wird immer mehr Legumin gebildet (V. B. Klimenko u. R. I. Pinegina 1964). Außerdem ist in geringer Menge das Albumin Legumelin vorhanden.

Tabelle 21. *Chemische Zusammensetzung von reifen, geschälten Erbsen in %*

	Mittelwert	Schwankungsbreite
Wasser	10,6	8,74—12,1
Eiweiß	22,2	20,2 —24,0
Fett	1,36	0,96— 2,07
Kohlenhydrate .	58,9	54,3 —60,5
Rohfaser . . .	1,37	1,15— 1,79
Mineralstoffe .	2,59	2,32— 2,74

Die biologische Qualität des Eiweißes der vollreifen Trockenerbse ist wesentlich höher als die der unreifen Erbsen, wie W. Schuphan u. W. Postel (1960) zeigen konnten. Tab. 22 zeigt die Aminosäurezusammensetzung unreifer und reifer Erbsen. Man erkennt deutlich den höheren Gehalt einiger essentieller Aminosäuren im Eiweiß der reifen Erbsen.

Tabelle 22. *Aminosäurezusammensetzung des Erbseneiweißes von unreifen und reifen Samen in g/100 g Rohprotein* (W. Schuphan u. W. Postel 1960)

	Unreife Pflückerbsen		Vollreife Trockenerbsen
	kleine	große	
Valin	4,4	4,3	5,5
Leucin	4,1	5,6	7,0
Isoleucin	4,6	5,5	6,7
Threonin	5,0	3,8	4,4
Arginin	9,5	14,0	8,8
Histidin	1,7	1,9	2,5
Lysin	4,3	5,7	9,3
Phenylalanin	2,3	3,3	5,2
Tryptophan	0,7	0,7	0,7
Methionin	0,8	0,7	0,8

Das Fett der Erbse ist ein hellgelbes Öl, dessen Hauptfettsäure die Ölsäure ist. S. Adhikari u. Mitarb. (1961) ermittelten in den von ihnen untersuchten Erbsensamen 4,8% Gesamtlipid in Trockensubstanz, 1,8% acetonlösliches Lipid und 0,4% nicht dialysierbare Lipide, die die gesamten Galaktolipide enthalten.

Das Hauptkohlenhydrat der Erbse ist die Stärke, die zu 34—37% aus Amylose besteht (N. P. Badenhuisen 1959). Nach S. W. Souci u. Mitarb. (1962) beträgt der mittlere Stärkegehalt 53%, außerdem sind noch 1,8% Invertzucker vorhanden.

K. Täufel u. Mitarb. (1960) fanden in Erbsen 2,47% Saccharose, 0,45% Raffinose, 1,48% Stachyose und 0,92% Verbascose.

In 1000 g Erbsen sind folgende Mineralstoffe enthalten: 288 mg Natrium, 9,16 g Kalium, 1,21 g Magnesium, 435 mg Calcium, 50,4 mg Eisen, 9,6 mg Kupfer, 2,92 g Phosphor, 543 mg Chlorid, 134 μg Jodid.

S. W. Souci u. Mitarb. (1962) geben folgende Vitamingehalte der Erbse an: 1000 g enthalten 1,07 mg Carotin, 6,87 mg Vitamin B_1, 2,04 mg Vitamin B_2, 28,9 mg Niacin, 23,9 mg Pantothensäure, 0,73 mg Vitamin B_6, 175 μg Biotin, 0,27 mg Folsäure, 13 mg Vitamin C. H. Kubin u. H. Fink (1961) ermittelten in einer gelben Erbse den Tokopherolgehalt zu 7,1 mg/100 g Trockensubstanz. Es liegt lediglich β- und γ-Tokopherol vor.

Der Citronensäuregehalt von Erbsensamen beträgt nach K. Täufel (1957) 0,803 % berechnet auf Trockensubstanz.

Kochfähigkeit: Gut kochende Erbsen sollten nach Einweichen über Nacht innerhalb 2—3 Std Kochen gar sein. Einweichen in 2 %ige Kochsalzlösung bewirkt bessere Kochfähigkeit, bei allerdings beträchtlichem Nährstoffverlust durch Abgießen des Weichwassers. Die Zugabe von 0,5 % Kochsalz zum Weichwasser, welches nicht abgegossen werden braucht, verbessert ebenfalls die Kochfähigkeit. Eine Verbesserung der Kochfähigkeit wird auch durch Zusatz von Di- und Trinatriumphosphat bewirkt, es verschlechtert sich dadurch allerdings der Geschmack (A. Veenbaas 1956). Durch Hitzebehandlung gelingt es, Erbsen herzustellen, die nur eine Kochfähigkeit von 10 min benötigen. Solche Erbsen zeigen infolge der kurzen Kochzeit deutlich verbesserte Eiweißqualität (D. Hötzel u. H.D. Cremer 1958).

Durch Calcium- und Magnesium-Ionen im Kochwasser wird das Weichwerden der Erbsen beim Kochen durch Bildung von unlöslichen Pektinaten der Mittellamelle verzögert. Dabei wirken auch gewebeeigene Ionen mit. Während des Kochvorganges diffundieren nämlich die in der Peripherie der Kotyledonen befindlichen Calcium-Ionen in das Innere der Kotyledonen ein (D.E.C. Crean u. D.R. Haisman 1964). Die Kochfähigkeit wird auch deutlich beeinflußt durch den Gehalt der Erbsen an Phytin, das durch Calciumbindung das Pektin der Mittellamelle schützt (H.D. Fowler 1956).

Bei sachgemäßer Lagerung bleibt die Kochfähigkeit 1 Jahr, bei manchen Sorten sogar 3 Jahre erhalten.

3. Erbsenprodukte

Schälerbsen: Die Entfernung der Samenschale bewirkt gegenüber ungeschälten Erbsen eine deutlich verringerte Kochzeit. Allerdings ist die Haltbarkeit von Schälerbsen nicht sehr groß. Sie sollten innerhalb von 3—4 Monaten verbraucht werden.

Für die Herstellung von Schälerbsen kommen vorwiegend gelbe Erbsen in Frage. Nach der Reinigung werden kleine, halbe und Erbsenteile in einem Rundsichter entfernt. Käfererbsen können nur in einem Paddyausleser ausgeschieden werden. Zur Lockerung der Samenschale gelangen die Erbsen in eine Dampf-Riesel-Darre (60—90° C, Trocknung auf 8—10 % Wasser), anschließend werden sie gekühlt. Die Schälung erfolgt im Schälgang, der aus einem Schälstein (Schmirgeltrommel oder Naturstein) und aus einem aus geschlitzten Stahlblechen zusammengesetzten Mantel besteht. Durch die Schlitze werden die beim Schälen entstehenden Abfälle gedrückt. Wesentlich ist, daß nur die äußere Schale abgerollt wird. Danach erfolgt die Sichtung in ganze Erbsen, halbe Erbsen, Bruch und Schleifmehl. Es fallen ca. 30—50 % halbe Erbsen an, die als Spalterbsen oder Spliterbsen in den Handel kommen (R. Heiss 1950).

Zur Herstellung von *Erbsmehl* werden gekochte Erbsen nach dem Darren mittels Riffelwalzen und Mahlgang zerkleinert.

Zum Nährwert von industriell hergestellten Erbsensuppen vgl. A.P. de Groot u. P. Slump (1960), zur Steigerung der Eiweißqualität von Erbsenprodukten durch geeignete industrielle Vorbehandlung vgl. D. Hötzel u. H.D. Cremer (1958).

4. Kichererbsen

Die Kichererbse (*Cicer arietinum* L.) engl. chic pea, ist eine Hülsenfrucht, die in Deutschland unbekannt ist, in Indien und Südamerika aber verbreitet angebaut wird. Ihre Samen haben tropfenförmige Form und rauhe Oberfläche. Der Anteil der Samenschale macht etwa 15 % der Samen aus. Chemische Zusammensetzung: 21 % Eiweiß (N·6,25), 4,7 % Fett, 2,7 % Asche, 8,9 % Rohfaser, 62,6 % Kohlenhydrate (B.M. Lal u. Mitarb. 1963). Das Eiweiß des Kichererbsenmehles ist relativ reich an Lysin. Tryptophan und Methionin sind dagegen in geringen Mengen enthalten. Es ist reich an B-Vitaminen (M. Rao u. Mitarb. 1963).

V. Linse

1. Anbau, Botanik, Sorten

Die Linse (*Ervum lens* L., *Lens culinaris* Medikus, *Lens esculenta* Moench.) ist eine einjährige Pflanze mit einem bis zu 50 cm hohen Stengel. Die rautenförmigen

Hülsen sind 8—15 mm lang und 4—8 mm breit und enthalten ein bis zwei (seltener drei) kreisrunde, stark abgeflachte Samen mit einem Durchmesser von 2—8 mm. Die Samen sind meist olivgrün bis gelbgrün gefärbt. Es kommen aber auch lila gefärbte (rote Linsen) und schwarzgrün gesprenkelte (Puylinsen) vor.

Die Linse ist eine sehr alte Kulturpflanze. Die kleinsamige Kulturlinse stammt aus Ostasien. Sie stellte bereits 2000 v. Chr. die Hauptnahrung der ägyptischen Bevölkerung dar. Die großsamige Linse ist anscheinend im westlichen Mittelmeerraum entstanden, wo sie auch heute noch angebaut wird (K. u. F. BERTSCH 1947).

Der Name leitet sich von der lateinischen Bezeichnung für die ägyptische Stadt Phacusa gleich Lentulus ab. Die Linse bevorzugt warme und trockene Lagen. Sie ist nicht kälte-, aber nässeempfindlich. Die Erträge liegen bei ca. 10 dz/ha. Nachteilig für die Ernte ist die sehr lang anhaltende Blütezeit und die dadurch bedingte ungleichmäßige Reife der Samen.

Hauptanbaugebiete sind Vorderasien, Indien, die Mittelmeerländer, Chile, USA, Argentinien und Frankreich. Die Bundesrepublik Deutschland hat 1962 28 709 t Linsen eingeführt, vorwiegend aus den USA und Chile. Damit ist sie der größte Linsenimporteur der Welt.

Im Handel unterscheidet man folgende Klassen:

Zuckerlinsen ca. 4 mm Durchmesser, dick, bauchig
kleine Linsen 4—5 mm Durchmesser
Mittellinsen 5—6 mm Durchmesser
Große Linsen 6—7 mm Durchmesser, Heller- oder Tellerlinsen, Chilelinsen extra large.
Riesenlinsen über 7 mm Durchmesser (Chilelinsen fancy large).

Die verschiedenen Größenklassen werden durch maschinelle Siebung gewonnen. Es gibt aber auch sortenbedingte Größenunterschiede.

2. Zusammensetzung

Nach S.W. SOUCI u. Mitarb. (1962) haben Linsensamen folgende Zusammensetzung (Tab. 23).

Die Hauptkomponente des Eiweißes ist das Globulin Legumin. Die Aminosäurezusammensetzung des Linseneiweißes gibt N.G. BAPTIST (1952) wie folgt an (Tab. 24).

Die Werte zeigen, daß der Lysingehalt recht beachtlich ist, während der Methioningehalt relativ gering ist.

Das Fett der Linse ist durch einen hohen Ölsäuregehalt ausgezeichnet, während der Linolensäuregehalt relativ gering ist. T. P. HILDITCH u. P. N. WILLIAMS (1964)

Tabelle 23. *Chemische Zusammensetzung von Linsen-Samen in %*

	Mittelwert	Schwankungsbreite
Wasser	11,8	11,2—12,3
Eiweiß	23,5	21,5—26,0
Fett	1,4	1,0— 1,9
Kohlenhydrate.	56,2	47,0—59,5
Rohfaser . . .	3,9	3,7— 3,3
Mineralstoffe .	3,2	3,04—3,3

Tabelle 24. *Aminosäurezusammensetzung des Linseneiweißes in g/16 g N*

Lysin	7,9
Threonin	2,7
Methionin	0,4
Isoleucin	3,2
Leucin	4,6
Valin	4,1
Phenylalanin	2,6

geben folgende Fettsäurezusammensetzung an: Palmitinsäure 23,2%, Stearinsäure 4,6%, Arachinsäure 2,3%, Behensäure 2,7%, Lignocerinsäure 1,7%, Ölsäure 36%, Linolsäure 20,6% und Linolensäure 1,6%.

1000 g Linsen enthalten folgende Mineralstoffe (S.W. SOUCI u. Mitarb. 1962): 40 mg Natrium, 8,1 g Kalium, 740 mg Calcium, 69 mg Eisen, 0,35 mg Kobalt und 4,12 g Phosphor.

An Vitaminen sind in 1000 g Linsensamen enthalten: 1 mg Carotin, 4,3 mg Vitamin B_1, 2,6 mg Vitamin B_2, 22 mg Niacin.

Kochfähigkeit: Die Kochzeit bei Linsen beträgt je nach Größe, Sorte und Alter zwischen 30 und 120 min. Ein Einweichen ist nicht erforderlich. Die Kochfähigkeit wird bei Linsen über 4—5

Jahre erhalten. Selbst alte Linsen sind nach 2 Std Kochzeit weich. Während der Lagerung wandelt sich unter Lichteinfluß die ursprünglich grüne Farbe der Samenschale in braun um. Dies hat keinen Einfluß auf den Geschmack der Linsen.

VI. Süßlupine

1. Botanik, Sorten

Von den Lupinen kommen für die menschliche Ernährung nur die von E. Bauer u. R. von Sengbusch (1927) aufgefundenen alkaloidarmen Süßlupinen in Frage.

Es handelt sich dabei um die bitterstofffreien Varietäten der gelben Lupine (*Lupinus luteus*), blauen Lupine (*Lupinus angustifolius*) und weißen Lupine (*Lupinus albus*). Die Lupinen sind krautige Pflanzen mit handförmig geteilten Blättern. Die Blütenstände sind endständige große Trauben. Die flachen Hülsen enthalten vier bis sieben rundliche bis nierenförmige, etwas abgeflachte Samen. Die Erträge schwanken zwischen 10 und 29 dz/ha.

Tabelle 25. *Chemische Zusammensetzung der verschiedenen Süßlupinen (in %)*

	Süßlupine		
	gelbe	blaue	weiße
Wasser	11,1	11,3	10,3
Rohprotein	39,8	31,3	36,7
Rohfett	4,9	4,3	8,7
Rohfaser . . .	14,0	15,3	9,4
N-freie Extraktstoffe	25,7	34,2	31,0

Tabelle 26. *Aminosäurezusammensetzung des Lupineneiweißes in %* (nach M. Becker u. K. Nehring 1965)

	Süßlupine		
	gelbe	blaue	weiße
Arginin	6,2	13,2	12,1
Histidin	1,9	3,1	3,4
Leucin+Isoleucin .	11,2	11,1	10,4
Lysin	3,8	3,8	3,0
Methionin+Cystin	1,7	1,1	2,6
Phenylalanin . . .	3,9	3,3	4,1
Threonin	2,0	3,1	—
Valin	4,6	5,0	2,0
Asparaginsäure . .	23,0	24,4	31,7
Glutaminsäure . .	5,9	12,7	5,9
Glycin	2,0	5,7	1,0
Serin	2,7	6,1	—

Tabelle 27. *Fettsäurezusammensetzung des Lupinenfettes in %* (nach M. Becker u. K. Nehring 1965)

	L. luteus	*L. albus*
Ölsäure	39,1	60,6
Linolsäure . . .	45,0	19,9
Linolensäure . .	0,9	2,5
Erucasäure . .	6,0	6,8
gesättigte Fettsäuren .	10,0	10,0

2. Zusammensetzung

Tab. 25 zeigt die chemische Zusammensetzung der Samen verschiedener Süßlupinenarten (nach M. Becker u. K. Nehring 1965).

Das Eiweiß besteht zum größten Teil aus dem Globulin Conglutin, das sich vom Legumin durch eine größere Löslichkeit in Säuren und Alkalien und eine gewisse Löslichkeit in Wasser unterscheidet. Die Aminosäurezusammensetzung zeigt einen relativ niedrigen Lysin- und Methioningehalt (Tab. 26).

Der Fettgehalt der verschiedenen Lupinenarten ist unterschiedlich, den höchsten Fettgehalt besitzt die weiße Lupine. Die Verseifungszahl des Lupinenfettes beträgt ca. 185, die Jodzahl ca. 110. Die Fettsäurezusammensetzung ist gekennzeichnet durch einen hohen Gehalt an Ölsäure bzw. Linolsäure (Tab. 27).

Beachtlich ist der Phosphatidgehalt, der bei *L. luteus* 1,3 %, bei *L. albus* 2,8 % im Öl beträgt.

Der Kohlenhydratanteil liegt vorwiegend als Stärke vor, daneben kommt Saccharose vor.

Der Alkaloidgehalt der Süßlupinen ist verglichen mit dem der bitteren Varietäten sehr gering. Die gelbe Süßlupine enthält 0,02 % Spartein und 0,04 % Lupinin, die blaue Süßlupine 0,016 % Lupanin, 0,029 % Hydroxylupanin und 0,004 % Angustifolin; etwa die gleichen Alkaloidmengen enthält die weiße Süßlupine, nämlich 0,014 % Lupanin, 0,029 % Hydroxylupanin und 0,003 % Angustifolin. Einige Beobachtungen an Tieren deuten allerdings darauf hin, daß auch bei den alkaloidarmen Varietäten noch andere Giftstoffe enthalten sind (Iktrogen), die z. B. bei Tieren zu Lupinoseerkrankungen führen können.

Trotz vielfältiger Bemühungen ist es, abgesehen vom Einsatz der Süßlupinen während des Krieges in Form von Lupinenmehl, als Zusatz zu Backwaren anstelle von Eiern und als Pudding- und Soßenpulver, nicht gelungen, die alkaloidarmen Süßlupinen für die menschliche Ernährung nutzbar zu machen. Der Alkaloidgehalt der Süßlupinen ist auch heute noch zu hoch, um diese Lupinen als Nahrungsmittel für den Menschen einzusetzen (J. HACKBARTH u. H. J. TROLL 1960).

C. Lagerung, Schädlinge

1. Lagerung und Trocknung von Hülsenfruchtsamen

Beste Lagerbedingungen für Erbsen, Bohnen und Linsen sind nach CH. BERGEL (1959) Temperaturen zwischen 5 und 10°C und eine rel. Luftfeuchtigkeit von ca. 70 %. Bei siebenmonatiger Lagerung schwankten unter diesen Bedingungen die Wassergehalte der in Jutesäcken gelagerten Erbsen zwischen 14,7 und 15,6 %, bei Bohnen zwischen 13,1 und 14,6 % und bei Linsen zwischen 12,3 und 13,5 %. K. TÄUFEL u. Mitarb. (1960) stellten· bei mehrmonatiger Lagerung von Erbsen, Bohnen und Sojabohnen bei Temperaturen über 24°C (rel. Luftfeuchtigkeit 50 bis 70 %) stoffliche Veränderungen in den Samen fest. Und zwar erfolgte eine deutliche Abnahme der Mengen an Stachyose und Verbascose infolge teilweiser Hydrolyse. Gleichzeitig stieg der Raffinose- und Saccharosegehalt an.

Die Haltbarkeit von geschälten und polierten Erbsen gibt J. HERRMANN (1963) mit 5—6 Monaten im Winter und 2—3 Monaten im Sommer an. Nach L. E. HOLMAN u. D. G. CARTER (1952) können Sojabohnen bis zu 4 Jahren gelagert werden, wenn ihr Wassergehalt 10 % beträgt und bis zu 3 Jahren, wenn der Wassergehalt 12 % beträgt. W. SCHUPHAN (1963) berichtet, daß bei Lagerung reifer Erbsen auf einem luftigen Speicher der Rohproteingehalt nach 2 Jahren Lagerung abfiel. Doch bereits nach einem Jahr machte sich ein starker Rückgang im Methionin- und Lysingehalt bemerkbar. Erbsen sollten deshalb nicht länger als 1 Jahr aufbewahrt werden. N. D. DAVIS (1961) stellte bei der Untersuchung der Lagerfähigkeit von enthülsten Erdnüssen fest, daß innerhalb von $3^1/_2$ Monaten Lagerung mit steigendem Wassergehalt (4,8—11 %) ein Anstieg der freien Fettsäuren und der Peroxidzahl erfolgt. Öl-, Tokopherol- und Zuckergehalt sowie Jodzahl blieben bei der Lagerung unverändert.

Die Trocknung feuchter Hülsenfruchtsamen muß wesentlich vorsichtiger erfolgen als die des Getreides. Bei zu rascher Temperatursteigerung beim Trocknen trocknet die Samenschale zu stark aus. Sie schrumpft dadurch beträchtlich und reißt. Es besteht dann die Gefahr, daß die Samen in die beiden Keimblätter zerfallen. Nach N. P. KOSMINA (1956) sollen Bohnen und Sojabohnen bei der Trocknung eine Temperatur von 25°C nicht überschreiten. Die maximal zulässige Innentemperatur bei der Trocknung von Hülsenfrüchten, außer bei der Sojabohne, liegt nach J. HERRMANN (1963) bei 30°C.

2. Tierische Schädlinge

Von den tierischen Schädlingen sind es vor allem die Samenkäfer, die bei den eingeführten trockenen Hülsenfruchtsamen als gefährliche Lagerschädlinge anzusehen sind.

Das Weibchen des Erbsenkäfers (*Bruchus pisorum* L.) legt im Juli seine 1,5 mm langen gelben Eier einzeln an junge Erbsenhülsen. Die weiße Larve bohrt sich durch die Hülsenwand und befällt die Samen, die sie während ihres Wachstums aushöhlt, z. T. bis unter die Samenschale, wodurch das sog. Fenster entsteht, an dem man den Befall leicht erkennen kann. Die Verpuppung erfolgt im Samen. Teilweise schlüpfen die Käfer bereits auf dem Feld, z. T. gelangen sie mit den geernteten Samen in die Speicher.

Die Entwicklung des Linsenkäfers (*Bruchus lentis* Froel.) verläuft ähnlich der des Erbsenkäfers.

Aus Südamerika stammt der Speisebohnenkäfer (*Acanthoscelides obtectus* Say.). Das Weibchen legt die Eier zwischen die geernteten Bohnen oder reifenden Hülsen. Die Larve bohrt sich in die Samen ein. Außer Speisebohnen werden auch Erbsen, Sojabohnen und Linsen befallen.

Der Reismehlkäfer (*Tribolium navale*) befällt zwar vorwiegend Getreide und Getreidemehle, kommt aber auch häufig an Erdnüssen vor.

Der Erdnußplattkäfer (*Oryzaephilus mercator* Faur.) befällt vorwiegend Ölkuchen und ölhaltige Produkte, aber auch beschädigte Erdnüsse. Unverletzte Erdnüsse werden dagegen nicht befallen. Die Mehlmotte (*Ephestia kuehniella* Zell.) kann auch Erbsmehl und Sojamehl befallen.

Die Dörrobstmotte (*Plodia interpunctella* Hbn.) stellt einen primären Vorratsschädling schlimmster Sorte bei Erdnüssen dar. Bei Erdnüssen verursachen neuartige Erntemethoden (Auspflügen der Staude und Trocknung in Hocken) mechanische Beschädigungen der Hülsen, die überdies bei der Trocknung allen Witterungsbedingungen ausgesetzt sind und dadurch von Schädlingen in starkem Maße befallen werden können. Außer den oben erwähnten Erdnußschädlingen gibt C. PONDER (1962) noch den schwarzen Getreidenager (*Tenebroides mauretinicus* L.) an.

Bezüglich der Bestimmung von Vorratsschädlingen sei auf das Werk von H. WEIDNER (1953) verwiesen. Fragen der Bekämpfung behandelt das Buch von F. ZACHER u. B. LANGE (1964).

3. Pilzliche Schädlinge

Pilze können die Hülsenfruchtsamen bereits während der Ernte befallen. Ihre Entwicklung auf den geernteten Hülsenfrüchten hängt in erster Linie von deren Wassergehalt ab. Besonders bei der Erdnuß, die mit einem Wassergehalt von 40 % geerntet wird, kann der Schimmelpilzbefall beträchtlich sein. In letzter Zeit ist die Aufmerksamkeit auf Schimmelpilze an Hülsenfruchtsamen durch die Beobachtung des toxisch wirkenden *Aspergillus flavus* an Erdnüssen gelenkt worden. 1960 beobachtete man in England eine bis dahin unbekannte Krankheit bei Truthühnern (Turkey x-Krankheit), der über 100000 Truthühner zum Opfer fielen (M.C. LANCASTER u. Mitarb. 1961). Als Ursache wurde die Verfütterung von toxisch wirkenden Erdnußmehl erkannt (H. WOOLDRIDGE 1962; K. SARGENT u. Mitarb. 1961). Produzent des Aflatoxin genannten Giftstoffes ist der Schimmelpilz,*Aspergillus flavus*, der im Boden vorkommt (P.C. SPENSLEY 1963). Dieser Schimmelpilz wächst auf Erdnüssen besonders gut, wenn deren Wassergehalt zwischen 24 und 36 % beträgt, er bildet dabei gleichzeitig Aflatoxin. Die Infektion der Erdnüsse erfolgt bereits im Erdboden. Bevorzugt werden beschädigte Hülsen befallen. Während der Lagerung erfolgt dann die Aflatoxinbildung. Gleichzeitig vorhandene andere Schimmelpilze können durch Wachstumskonkurrenz und Aflatoxinabbau den Toxingehalt erniedrigen (L.J. ASHWORTH u. Mitarb. 1965). Aflatoxin ist kein einheitlicher Stoff. Es wurden vier Substanzen mit Aflatoxinwirkung isoliert und in ihrer Struktur aufgeklärt. Deren Toxicität ist unterschiedlich. Aflatoxin B_2 und G_2 sind weniger toxisch als B_1 und G_1 (R.D. HARTLEY u. Mitarb. 1963; J.M. BARNES u. W.H. BUTLER 1964).

Aflatoxin B$_1$

Aflatoxin G$_1$

Für den menschlichen Genuß sollten nur handverlesene Erdnüsse verwendet werden, alle geschrumpften, verfärbten und sichtbar mit Schimmelpilzen befallenen Hülsen und Samen müssen entfernt werden. Außer Erdnüssen können auch andere Samen und deren Mahlprodukte von *Aspergillus flavus* befallen werden und Aflatoxin enthalten (Mais, Erbsen, Sojabohnen, Baumwollsaat). Eine von J.A. ROBERTSON u. Mitarb. (1965) beschriebene Methode zur Bestimmung von Aflatoxin beruht auf dessen Löslichkeit in dem Lösungsmittelgemisch Aceton-Hexan-Wasser (50:48,5:1,5 v/v) und dünnschichtchromatographischer Auftrennung und Identifizierung im langwelligen UV.

D. Untersuchung und Beurteilung

Die Untersuchung und Beurteilung der Hülsenfruchtsamen erfolgt unter ähnlichen Gesichtspunkten wie beim Getreide.

1. Äußere Merkmale

a) Farbe: Einfarbige Hülsenfruchtsamen sollen von gleichmäßiger Farbe sein. Bei Sojabohnen werden 10% andersfarbene Bohnen zugelassen (amerikanische Qualitätsnormen). Künstliche Färbung ist abzulehnen.

b) Größe: Die einzelnen Samen sollen gleichmäßige Größe besitzen. Dies ist küchentechnisch von Bedeutung, da Samen ungleicher Größe unterschiedliche Kochfähigkeit aufweisen.

c) Geruch: Hülsenfruchtsamen sollen frei von dumpfem, muffigem und schimmeligem Geruch sein.

d) Alter: Es sollen, im Hinblick auf das Garkochen, nur Samen *einer* Ernte in den Verkehr kommen. Die Prüfung darauf kann mittels des Keimversuches erfolgen.

e) Besatz: Man unterscheidet Fremdbesatz (Getreide, Unkrautsamen, Steine und Erdklumpen, Staub, Stengel und Hülsen), Eigenbesatz (von der Norm abweichende Körner, wie angefressene, gebrochene, verrottete, verkümmerte, verschrumpelte Körner) und Käferbesatz (Samen mit toten oder lebenden Käfern bzw. Larven). Maschinengereinigte Erbsen haben einen Fremdbesatz von 0,5 bis 1%. Handverlesene Erbsen sind frei von Fremd- und Eigenbesatz. Linsen sollen praktisch käferfrei sein (0,01—0,1% Käferlinsen lassen sich meist nicht entfernen). Bei einem Gehalt von über 5 Zählprozenten Käferbesatz ist die Ware als verdorben zu bezeichnen. Als verdorben gelten auch Erzeugnisse, die verschimmelt sind, muffig oder fremdartig riechen.

2. Kochprobe

Etwa 250 g der zu prüfenden Samen werden, unter Umständen nach Einweichen über Nacht, mit Leitungswasser zum Sieden erhitzt. Man ermittelt entweder die Zeit, nach der die Gare eingetreten ist, oder stellt die Zahl der hartgebliebenen Samen fest.

3. Wassergehalt

Etwa 5 g der grob zerkleinerten Samen werden 2 Std bei 50—60° C vorgetrocknet und anschließend bei 105 °C bis zur Gewichtskonstanz (2 Std) getrocknet.

4. Blausäure in Bohnen

Qualitativer Nachweis: 10—20 g feingemahlenes Gut werden in einem Kolben mit der gleichen Menge Wasser vermischt. Der Kolbenhals wird mit einem Korkstopfen verschlossen, der in einem Schlitz eingeklemmt einen Streifen Guajak-Kupfersulfatpapier trägt (in frisch bereitete alkoholische Guajakharzlösung [1:10] wird ein Filtrierpapierstreifen getaucht und dann mit Kupfersulfatlösung [1:1000] befeuchtet). Bei Anwesenheit von Blausäure zeigt sich nach einiger Zeit direkt oder nach gelindem Erwärmen Blaufärbung.

Anstelle Guajak-Kupfersulfatpapier kann auch Natriumpikrat- oder Benzidinpapier verwendet werden (A. Beythien u. W. Diemair 1963).

Quantitative Bestimmung: 25 g gemahlene Bohnen werden 24 Std lang in 100 ml 1%ige Weinsäurelösung eingeweicht. Danach gibt man 100 ml dest. Wasser zu und destilliert im Wasserdampfstrom 250 ml in eine Vorlage über, die 40 ml Wasser und 2 ml 10%ige Natronlauge enthält. Titriert wird mit 0,1 n-Silbernitratlösung, bis die auftretende Trübung nicht mehr verschwindet. Das erhaltene Wasserdampfdestillat ist milchig trüb, so daß die Erkennung des Titrationsendpunktes etwas schwierig sein kann. Es empfiehlt sich deshalb, das Destillat in zwei Teile zu teilen und diese nacheinander auszutitrieren.

5. Aflatoxin

Die Aflatoxinbestimmung in Erdnüssen und Erdnußprodukten erfolgt am besten nach der Methode von J. A. Robertson u. Mitarb. (1965), die im Prinzip auf der Extraktion des Aflatoxins mittels eines Aceton-Hexan-Wasser-Gemisches und anschließender Dünnschichtchromatographie des gereinigten Extraktes und Identifizierung der Aflatoxine im langwelligen UV-Licht beruht.

Bibliographie

Altschul, A.M.: Seed proteins. In: Proteins and their reactions. S. 295—313. Hrsg. von H.W. Schultz and A.F. Anglemier. Westport, Conn.: Avi Publ. Comp. 1964.

Badenhuisen, N.P.: Chemistry and biology of the starch granule. Wien: Springer 1959.

Bally, W.: Ölpflanzen. In: Tropische und subtropische Weltwirtschaftspflanzen. Hrsg. von A. Sprecher von Bernegg. 2. Aufl. II. Teil. Stuttgart: Ferdinand Enke 1962.

Becker, M., u. K. Nehring: Handbuch der Futtermittel. 2. Bd. Hamburg-Berlin: P. Parey 1965.

Becker-Dillingen, J.: Handbuch des Hülsenfruchtanbaus und Futterbaues. Berlin: P. Parey 1929.

Bertsch, K., u. F. Bertsch: Geschichte unserer Kulturpflanzen. Stuttgart: Wissenschaftliche Verlagsgesellschaft 1947.

Beythien, A., u. W. Diemair: Laboratoriumsbuch f. d. Lebensmittelchemiker. 8. Aufl. Dresden u. Leipzig: Th. Steinkopff 1963.

Burnett, R.S.: Soybean protein food products. S. 949—1002. Hrsg. K.S. Markley 1950/51.

Daubert, B.F.: Other constituents of the soybean. S. 371—382. Hrsg. von K.S. Markley 1950/51.

Diels, L.: Ersatzstoffe aus dem Pflanzenreich. Stuttgart: Schweizerbartsche Verlagsbuchhandlung 1918.

Fangauf, K.W.: Soja und Sojaprodukte. In: Ullmanns Encyklopädie der technischen Chemie. 3. Aufl. Bd. 16, S. 1—4. München-Berlin: Urban u. Schwarzenberg 1965.

Hackbarth, J., u. H.J. Troll: Anbau und Verwertung von Süßlupinen. Frankfurt/Main: DLG-Verlagsg. 1960.

Harris, R.S., and H. van Loesecke: Nutritional evaluation of food processing. New York-London: J. Wiley & Sons 1960.

Heiss, R.: Lebensmitteltechnologie. Einführung in die Verfahrenstechnik der Lebensmittelverarbeitung. München: J.F. Bergmann 1950.

HERRMANN, J.: Lehrbuch der Vorratspflege. Haltbarmachen, Frischhalten und Lagern von Lebens- und Futtermitteln. Berlin: VEB Deutscher Landwirtschaftsverlag 1963.

HILDITCH, T.P., and P.N. WILLIAMS: The chemical constitution of natural fats. London: Chapman and Hall 1964.

KOSMINA, N.P.: Organisation und Technik der Getreidelagerung. Berlin: Deutscher Bauernverlag 1956.

MARKLEY, K.S.: Soybeans and soybean products. 2 Vol. New York-London: Interscience Publ. 1950 u. 1951.

MOJE, A., B.P. BORGERS, G. KLEIN u. J.A. KEUNE: Das Warenlexikon 1, Teil A. Hamburg: Keune 1963/64.

MORSE, W.J.: Chemical composition of soybean seed. S. 135—156. Hrsg. von K.S. MARKLEY. New York-London: Intersciences Publ. 1950 u. 1951.

NORMAN, A.G.: The Soybean. New York-London: Academic Press 1963.

SCHORMÜLLER, J.: Lehrbuch der Lebensmittelchemie. Berlin-Göttingen-Heidelberg: Springer 1961.

SCHUPHAN, W.: Zur Qualität der Nahrungspflanzen. München-Bonn-Wien: BLV Verlagsges. 1961.

SOUCI, S.W., W. FACHMANN u. H. KRAUT: Die Zusammensetzung der Lebensmittel. Stuttgart: Wissenschaftliche Verlagsgesellschaft m.b.H. 1962.

Soybean Council of America: Amerikanische Qualitätsnormen für Sojabohnen und Sojaprodukte. Hamburg: 1962.

STEINKOPF, G.: Lecithin und andere Phosphatide. In: Ullmanns Encyklopädie der technischen Chemie, Bd. 11, S. 546—550. München-Berlin: Urban u. Schwarzenberg 1960.

SWERN, D.: Bailey's Industrial oil and fat products. 3. Aufl. New York: Interscience Pbl. 1964.

TÄUFEL, K.: Hülsenfrüchte. In: Handbuch der Lebensmittelchemie. 5. Bd. Berlin: Springer 1938.

TOBISKA, J.: Phytagglutine. In: Moderne Methoden der Pflanzenanalyse. 6. Bd. S. 244—267. Hrsg. von K. PAECH u. M.V. TRACEY. Berlin-Göttingen-Heidelberg: Springer 1963.

UPHOF, J.C. TH.: Dictionary of economic plants. Weinheim: H.F. Engelmann 1963.

WACHS, W.: Öle u. Fette, II. Teil. Gewinnung und Verarbeitung von Nahrungsfetten. Grundlagen u. Fortschritte der Lebensmitteluntersuchung. Bd. 8. Berlin-Hamburg: P. Parey 1964.

WEIDNER, H.: Bestimmungstabelle der Vorratsschädlinge und des Hausungeziefers Mitteleuropas. Jena: G. Fischer 1953.

WEISS, H.: Lebensmittelrechtliche Beurteilung des Zusatzes von bestimmten Sojaerzeugnissen zu einigen Lebensmitteln. Düsseldorf: Deutsche Soja-Vereinigung 1963.

ZACHER, F., u. B. LANGE: Vorratsschutz gegen Schädlinge. Berlin: P. Parey 1964.

ZIEGELMAYER, W.: Neue Nahrungsquellen. Berlin: A. Nauck u. Co. 1947.

Zeitschriftenliteratur

ADHIKARI, S., F.B. SHORLAND and R.O. WEENINK: Lipids of the common pea (pisum sativum L.) with special reference to the occurence of galactolipids. Nature (Lond.) **191**, 1301—1302 (1961).

ALTSCHUL, A.M.: Seed protein and world food problems. Economic Botany **16**, 2—13 (1962).

ASHWORTH jr., L.J., H.W. SCHROEDER and B.C. LANGLEY: Aflatoxin: Environmental factors governing occurence in spanish peanuts. Science (Washington) **148**, 1228—1229 (1965).

BAPTIST, N.G.: Amino acids in legumes. Nature (Lond.) **170**, 76—77 (1952).

BARNES, J.M., and W.H. BUTLER: Carcinogenic activity of aflatoxin to rats. Nature (Lond.) **202**, 1016 (1964).

BERGEL, CH.: Über Einflüsse der Lagerung auf Wassergehalt und Gewichte bei abgepackten Hülsenfrüchten. Dtsch. Lebensmittel-Rdsch. **35**, 197—200 (1959).

BONDI, A., Y. BIRK, B. GESTETNER and I. ISHAAYA: On soybean saponins. The Bull. Res. Council Israel **11 A**, 55—56 (1962).

BOUDREAUX, H.B., and V.L. FRAMPTON: A peanut factor for haemostasis in haemophilia. Nature (Lond.) **185**, 469 (1960).

BRÜCHER, H.: Argentinien, Urheimat unserer Bohnen. Umschau **54**, 14—15 (1954).

CREAN, D.E.C., and D.R. HAISMAN: The cytological distribution of calcium in raw and cooked seed peas. J. Food Sci. **29**, 768—773 (1964).

DAVIS, N.D.: Peanut storage studies. Effect of storage moisture on three varieties of runner peanuts. J. amer. Oil Chem. Soc. **38**, 515—517 (1961).

FOWLER, H.D.: The characterization of phytin in peas. J. Sci. Food Agric. **7**, 381—386 (1956).

FRAMPTON, V.L., and H.B. BOUDREAUX: Peanuts and hemostasis in hemophilia. Economic Botany **17**, 312—316 (1963).

Griebel, C.: Zur Kenntnis der Mungobohne. Z. Lebensmittel-Untersuch. u. -Forsch. **91**, 414—418 (1951).

de Groot, A.P., u. P. Slump: Der Nährwert von Hülsenfruchteiweiß. Getreide u. Mehl **13**, 74—80 (1963).

— — Voedingswaarde von peulvruchteneiwit II. Onderzoek van erwtensoepen. Voeding **21**, 598—605 (1960).

Hand, D.B., K.H. Steinkraus, J.P. van Buren, L.R. Hackler, J. el Rawi and H.R. Pallesen: Pilot plant studies on soymilk. Food Technol. **18**, 1963—1966 (1964).

Hartley, R.D., B.F. Nesbitt and J. O'Kelley: Toxic metabolites of Aspergillus flavus. Nature (Lond.) **198**, 1056—1058 (1963).

Hayward, J.W., u. G.M. Diser: Sojaeiweiß, die Verwendung in der menschlichen Ernährung. Soybean Digest **21**, Nr. 10 (1961).

Hix, H.: Wandlungen in der Ernährung. Ernährungswirtsch. **12**, 118—122 (1965).

Hötzel, D., u. H.D. Cremer: Der Einfluß industrieller Vorbehandlung auf den Nährwert. I. Mitt. Die Eiweißqualität von vorbehandelten und getrockneten Erbsen. Z. Lebensmittel-Untersuch. u. -Forsch. **107**, 469—474 (1958).

Holman, L.E., and D.G. Carter: Soybean storage in farm type bins. Research Bull. 553 Univ. of Illinois 1952. Zit. nach L. Acker: Enzymatic reactions in foods of low moisture content. Advanc. Food Res. **11**, 263—330 (1962).

Ichikawa, K.: zitiert nach D.M. Onaga u. Mitarb. 1957.

Jaffé, W.G.: Blutagglutinierende und toxische Eiweißfraktionen aus Bohnen. Experientia (Basel) **18**, 76 (1962).

Klimenko, V.B., u. R.I. Pinegina: Die Veränderlichkeit von Erbsensamenproteinen bei der Reifung. Biochimija (Moskau) **29**, 377—385 (1964) [russisch]. Lit. über Nahrung u. Ernährung. **1965**, 46.

Kloesel, A.: Sind Hülsenfrüchte kennzeichnungspflichtig? Dtsch. Lebensmittel-Rdsch. **60**, 282—283 (1964).

Korytnyk, W., u. E.A. Metzler: Composition of lipids of Lima beans and certain other beans. J. Sci. Food Agric. **14**, 841—844 (1963).

Kubin, H., u. H. Fink: Beiträge zur Bestimmung des gesamten Vitamin E und einzelner Tocopherole in einigen tierischen und pflanzlichen Eiweißträgern (Erbse, Algen, Hecht, Eigelb, Steinpilz, Champignon, Lorchel, Pfifferling, Morchel). Fette u. Seifen **63**, 280—286 (1961).

Lal, B.M., V. Prakash and S.C. Verma: The distribution of nutrients in the seed of Bengal gram. Experientia (Basel) **19**, 154 (1963).

Lambertsen, G., H. Myklestad and O.R. Broekkan: Tocopherols in nuts. J. Sci. Food Agric. **13**, 617—620 (1962).

Lancaster, M.C., F.P. Jenkins and J. Mc. L. Philp: Toxicity associated with certain sample of groundnuts. Nature (Lond.) **192**, 1085 (1961).

Lehmann, Chr. O.: Ein Beitrag zur Systematik der Sojabohnen (Glycine max [L] Merr.). Züchter **32**, 229—249 (1962).

Liener, E.: Seed hemagglutinins. Economic Botany **18**, 27—33 (1964).

Lintzel, W.: Nurupan, ein neues Sojaerzeugnis für die Nahrungsmittelindustrie. Int. Fachschr. Schokolade-Industr. **8**, 149—152 (1953).

Macquillivray, J.H., and J.B. Bosley: Amino acid production per acre by plants and animals. Economic Botany **16**, 25—30 (1962).

Martinelli, A., Filho and C.W. Hesseltine: Tempeh fermentation: Package and tray fermentations. Food Technol. **18**, 761—765 (1964).

Mustakas, G.C., and D.H. Mayberry: Simplifies full-fat soy flour process. Food. Engin. **36**, Nr. 10, 52—53 (1964).

Onaga, D.M., B.S. Luh and S.J. Leonard: Quality evaluation and chemical composition of soy sauce. Food Res. **22**, 83—88 (1957).

Pominski, J., E.L. Patton and J.J. Spadaro: Pilot plant preparation of defatted peanuts. J. amer. Oil Chem. Soc. **41**, 66—68 (1964).

Ponder, C.: Filth and decomposition in peanuts and peanut products. J. Ass. off. agric. Chem. **45**, 664—666 (1962).

Powrie, W.D., M.W. Adams and I.J. Pflug: Chemical, anatomical and histochemical studies on the navy seed. Agron. J. **52**, 163—157 (1960); ref. Ber. Wiss. Biol. (A), **154**, 20 (1961).

Rabari, L.F., R.D. Patel and J.G. Chohan: Studies on germinating peanut seeds. J. amer. Oil Chem. Soc. **38**, 4—5 (1961).

Ramamurti, K., V. Sreenivasamurthy and D.S. Johar: Preparation of cheese-like products from peanut and the biochemical changes that take place during their ripening. Food Technol. **18**, 888—890 (1964).

RAO, M., M. SWAMINATHAN, A. SREENIVASAN and V. SUBRAHMANYAN: Development and evaluation of processed foods bases on legumes, oilseeds, oilseed meals and protein isolates thereof. Qualitas Plantarum Mater. Vegetabiles 10, 133—167 (1963).

ROBERTSON jr., J.A., L.S. LEE, A.F. CUCULLU and L.A. GOLDBLATT: Assay of aflatoxin in peanuts and peanut products using acetone-hexane-water for extraction. J. amer. Oil Chem. Soc. 42, 467—471 (1965).

ROELOFSEN, P.A., and A. TALENS: Changes in some B vitamins during molding of soybeans by Rhizopus oryzae in the production of Tempeh Kedelee. J. Food Sci. 29, 224—225 (1964).

SARGENT, K., A. SHERIDAN, J. O'KELLEY and R.B. A. CARNAGHAN: Toxicity associated with certain samples of groundnuts. Nature (Lond.) 192, 1096 (1961).

SCHWERDTFEGER, E.: Aminosäuregehalt der Muttermilch. Naturwiss. 52, 162 (1965).

SCHUPHAN, W.: Essentielle Aminosäuren und B-Vitamine als Qualitätskriterien bei Nahrungspflanzen unter besonderer Berücksichtigung tropischer Leguminosen. Qualitas Plantarum Mater. Vegetabiles 10, 187—203 (1963).

—, u. W. POSTEL: Samenreife und essentielle Aminosäuren bei Pisum sativum L. Naturwiss. 47, 323—324 (1960).

SENTI, F.R.: Current status of soybean utilization research under P. L. 480. Soybean Digest 23, May, 28, 30—34 (1963).

SHIBASAKI, K., and C.W. HESSELTINE: Miso fermentation. Economic Botany 16, 180—195 (1962).

SHURPALEKAR, S.R., M.R. CHANDRASEKHARA, M. SWAMINATHAN and V. SUBRAHMANYAN: Chemische Zusammensetzung und Nährwert von Sojabohnen und Sojaprodukten. Food Science (Mysore) 11, Nr. 2 (1961).

SMITH, A.K., T. WATANATA and A.M. NASH: Tofu, from Japanese and United States soybeans. Food Technol. 14, 332—335 (1960).

SMITH, H., H. HORWITZ and W. WEISS: The composition of roasted peanuts and peanut butter. J. Ass. off. agric. Chem. 45, 734—739 (1962).

SPENSLEY, P.C.: Aspergillus flavus and groundnut toxicity. Nature (Lond.) 197, 31 (1963).

STEINKRAUS, K.H., J.P. VAN BUREN, R.L. LA BELLE and D.B. HAND: Some studies on the production of precooked dehydrated beans. Food Technol. 18, 1945—1950 (1964).

— —, L.R. HACKLER and D.B. HAND: A pilot-plant process for the production of dehydrated Tempeh. Food Technol. 19, 63—68 (1965).

STOIKOFF, ST., u. M. SWESCHTAROWA-DINEWA: Über Bohnenprotein. Nahrung 3, 193—199 (1959).

TÄUFEL, K.: Einige grundsätzliche Fragen zur Chemie und Physiologie der Citronensäure. Ernährungsforsch. 2, 233—247 (1957).

—, u. R. SERZISKO: Zur Frischhaltung von Dauergebäck mittels Sojapräparaten. Ernährungsforsch. 2, 454—459 (1957).

—, K.J. STEINBACH u. E. VOGEL: Mono- u. Oligosaccharide einiger Leguminosensamen sowie ihr Verhalten bei Lagerung und Keimung. Z. Lebensmittel-Untersuch. u. -Forsch. 112, 31—40 (1960).

TAKAYAMA, K.K., P. MUNETA and A.C. WIESE: Lipid composition of dry beans and its correlation with cooking time. J. agric. Food Chem. 13, 268—272 (1965).

VAINTRAUB, I.A., and X.Y. GOFMAN: N-Terminal amino acids of pea legumin and vicillin. Biochimija (Moskau) 26, 13—17 (1961) [russisch].

VEENBAAS, A.: Die Anwendung von Kochsalz und Phosphaten bei der Zubereitung von Erbsen. Voeding 17, 85—92 (1956).

VIX, H.L.E., J.J. SPADARO, J. POMINSKI and H.M. PEARCE: Low-calorie peanuts. Food Proc. 26, Nr. 9, 80—83 (1965).

WEISS, H.: Neuere praktische Erfahrungen bei der Verarbeitung von Hülsenfrüchten. Getreide u. Mehl 3, 134—135 (1949).

WOOLDRIDGE, H. (Hsg.): Toxicity associated with certain batches of groundnuts. Report of the interdepartmental working party on groundnut toxicity research. London: Agricultual Research Council 1962.

YOKOTSUKA, T.: Aroma and flavor of japanese soy sauce. Advanc. Food Res. 10, 75—134 (1960).

Mikroskopische Untersuchung der Hülsenfrüchte

Von

Prof. Dr. ALPHONS TH. CZAJA, Aachen

Mit 34 Abbildungen

Als „*Hülsenfrüchte*" werden die reifen bzw. halbreifen Samen der als Lebensmittel verwendeten Leguminosen (Papilionaceen) bezeichnet. Die Hülse (fälschlich oft als Schote bezeichnet) besteht aus einem Fruchtblatt, welches sich mit zwei Klappen öffnet. Für die menschliche Ernährung kommen Bohnen, Erbsen, Linsen, Sojabohnen, Lupinen und Erdnüsse in Betracht. Wicken, Lupinen — außer Süßlupinen — und Felderbsen dienen zu Futterzwecken.

Einige im Mittelmeergebiet und in Ostasien angebaute Leguminosenarten gelangen gelegentlich zu uns. Die meisten Arten sind stärkehaltig, Lupine und Sojabohnen meist nur im unreifen Zustand. Den Leguminosen-Samen fehlt das Endosperm fast völlig (Nährschicht). Die nährstoffreichen Kotyledonen enthalten unter der Epidermis häufig eine Aleuronschicht.

Zur Erkennung und Unterscheidung der Gattungen und Arten ist die *Samenschale* wichtig. Diese ist trocken, spröde; gequollen löst sie sich leicht als dicke Hülle ab. Auf die äußere, aus schmalen, hohen Zellen gebildete *Palisadenschicht* (Epidermis), im oberen Teil meist dickwandig, folgen die *Trägerzellen* (Hypodermzellen), welche häufig sanduhrförmig gestaltet sind. Unterhalb der Cuticula verläuft eine etwas stärker lichtbrechende Zone parallel zu dieser, aber quer über die verdickten Zellwände der Palisaden (Lichtlinie), deren Breite und Lage diagnostisch wichtig ist. Bei der Sojabohne sind die Trägerzellen wichtig, bei anderen auch die Wände der Kotyledonarzellen. Nach innen schließen sich Parenchymschichten als interzellularenreiches Schwammgewebe mit verschiedenartig gestalteten Zellen an. Am Nabel (Hilum) ist die Palisadenschicht meist doppelt. Hier befindet sich häufig eine Tracheideninsel, welche die Wasseraufnahme bei der Quellung erleichtert.

Die Stärke der Leguminosen ist im Zusammenhang mit den Getreidestärken behandelt worden (vgl. S. 216).

I. Leguminosen-Samen

1. Gartenbohne

(Phaseolus vulgaris L.)

Größe und Farbe der etwa nierenförmigen Samen sind bei den einzelnen Kulturformen sehr verschieden. Die Färbung ist hauptsächlich durch den Zellinhalt der Palisaden verursacht (Abb. 1).

Palisaden 30—60 μ lang mit schmaler Lichtlinie in der Nähe der Cuticula, Lumen an der Basis weit, nach außen kegelförmig verengt. *Trägerzellen* kurz prismatisch ohne Intercellularen aneinanderschließend, mäßig verdickt, quellen stark in Wasser und Alkalien. Jede Zelle enthält einen, selten zwei das Lumen fast ausfüllende monokline Oxalatkristalle (Unterschied von anderen Leguminosensamen). Die *Schwammparenchymzellen* (Abb. 2) sind nach innen zu sternförmig. Keimblattgewebe: Oberhautzellen an der Außenseite polygonal, an der Innenseite etwas gestreckt mit zart perlschnurartig verdickten Wänden. Mesophyllzellen sind groß (oft 100 μ), durch dicke, deutlich getüpfelte Wände ausgezeichnet. Stärkekörner (Abb. 38 bis 40, S. 217) meist 30—50 μ, ausnahmsweise gegen 60 μ.

Für die Erkennung von Bohnenmehl, welches praktisch nur aus geschälten Samen hergestellt wird, und für die Unterscheidung von Erbsen- und Linsenmehl genügen die Stärkekörner allein nicht. G. GASSNER (1955) empfiehlt zur Diagnose die Epidermis der gewölbten und der flachen Seite der Kotyledonen, welche bei den drei Leguminosen verschieden sind. Diese Epidermen sind jedoch im Mehl schwer auffindbar. Die stark getüpfelten und verdickten

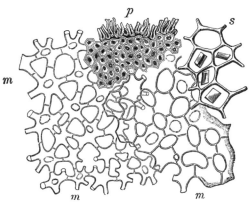

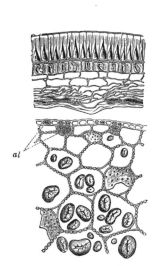

Abb. 1. Phaseolus vulgaris, Samenschale und Kotyledo Querschnitt. *al* Randzellen des Keimblattes mit Aleuron (nach A. L. WINTON)

Abb. 2. Phaseolus vulgaris Samenschale, Fläche

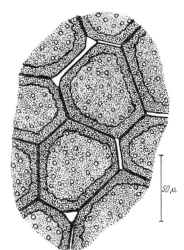

Abb. 3. Phaseolus vulgaris Zellwände des Kotyledo

Zellwände der stärkehaltigen Kotyledonarzellen beider Bohnenarten (Ph. vulgaris und Ph. multiflorus) ergeben mit Jod-Kaliumjodid-Lösung im Überschuß oder mit verstärkter Lösung dieses Reagenses (KJ:J$_2$:H$_2$O = 2:1:30) Blaufärbung dieser Zellwände, die Amyloid-Reaktion (A. TH. CZAJA 1959), während andere Leguminosen nur leichte Graufärbung erkennen lassen. Bohnenmehl kann von Erbsen- und Linsenmehl leicht durch Anfärben der Wände der Kotyledonarzellen mittels wäßriger Lösung der basischen Farbstoffe Thionin- oder Toluidinblau unterschieden werden (A. TH. CZAJA 1963). Überschüssige Farblösung wird mit Wasser wieder ausgewaschen. Die ziemlich dicken Wände dieser Zellen nehmen die Farblösung begierig auf. Bei den Bohnen zeigen sich auch die Tüpfelfelder zwischen benachbarten Zellen intensiv blauviolett gefärbt (Abb. 3). Bei Erbse und Linse bleiben die viel dünneren Tüpfelfelder ungefärbt (Abb. 6 u. 9).

2. Feuerbohne

(Phaseolus multiflorus Willd. = Ph. coccineus L.)

Am bekanntesten sind die Formen mit scharlachroten Blüten und gefleckten Samen, sowie mit weißen Blüten und weißen Samen. Im Bau sind sie der Gartenbohne sehr ähnlich. Die *Palisadenzellen* sind länger (bis 75 μ), die prismatischen *Trägerzellen* in der Mitte der Seitenwände stark verdickt, das Zellumen daher dort verengt und im Umriß sanduhrförmig oder nur spaltenförmig. Meist sind ein bis zwei sehr kleine Kristalle vorhanden, zuweilen fehlen sie vollständig.

3. Erbse

Gartenerbse (Pisum sativum L.), (Abb. 4) und Ackererbse oder Peluschke (Pisum arvense L. = P. sativum var. arvense) stimmen im anatomischen Bau überein, die letztere hat aber eine dunkle Samenschale (Schalerbse: rund und glatt, Markerbse: runzelig).

Die *Palisadenzellen* sind 70—100 μ hoch, etwa 15 μ breit, außen flach. Die Lichtlinie liegt unmittelbar unter der Cuticula. Das Lumen ist im basalen oft gebogenen Teil weit, darüber verengert; bei der Peluschke ist der Inhalt der Zellen dunkel. Die Trägerzellen sind sanduhrförmig, ziemlich derbwandig, in der Fläche fünf- bis sechsseitig gerundet, meist mit strahlig

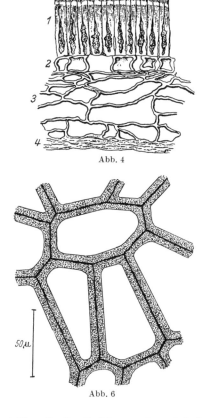

Abb. 4

50 μ

Abb. 6

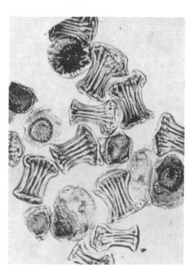

Abb. 5

Abb. 4. Pisum sativum, Samenschale, Querschnitt (Vergr. 200:1). *1* Palisadenzellen, *a* Cuticula; *2* Trägerzellen; *3* Parenchymzellen; *4* Innenoberhaut (nach C. Böhmer)

Abb. 5. Pisum sativum, Trägerzellen (gekochtes Laugepräparat) (Vergr. 325:1) (Phot. D. Striluciuc)

Abb. 6. Pisum sativum, Zellwände des Kotyledo

gestellten Spaltentüpfeln versehen, bei der Ackererbse gewöhnlich etwas gerippt, bei der Gartenerbse erst nach Laugebehandlung gerippt (Abb. 5), 20—30 μ hoch, 30—40 μ breit. Das außen großzellige *Schwammparenchym* wird nach innen kleinzellig. Die zartwandigen Oberhautzellen der Keimblätter sind tangential gestreckt und gruppenweise nach verschiedenen Richtungen angeordnet (parkettiert). Das großzellige Mesophyll ist stärkereich. Die Zellwände sind relativ dünn, aber nur zart getüpfelt. Stärkekörner vgl. Abb. 41 u. 42, S. 218.

Zur Erkennung von Erbsenmehl können die Stärkekörner nur bedingt herangezogen werden (Abb. 41 u. 42, S. 218). Da die Erbsen nur geschält vermahlen werden, fehlen Anteile der Samenschale ganz. Die Epidermiszellen der gewölbten Seite der Keimblätter sind besonders schmal und parkettiert angeordnet, was bei Bohne und Linse nicht der Fall ist. Epidermisstücke sind in Mehlen allerdings nur schwer aufzufinden. Die Zellwände der Kotyledonarzellen färben sich mit Jod-Kaliumjodid im Gegensatz zu den von Phaseolus vulgaris und Ph. multiflorus nur leicht grau (A. Th. Czaja 1949). Mit den basischen Farbstoffen Thionin- oder Toluidinblau in wäßriger Lösung bleiben nach Auswaschen der überschüssigen Farblösung aus dem Präparat mit Wasser in den Gewebestücken die Tüpfelfelder zwischen benachbarten Zellen praktisch ungefärbt, nur die Ränder sind gefärbt, so daß die Zellwände wie Maschen eines violetten Netzes erscheinen (Abb. 6). Durch Reiben des Deckglases über dem Inhalt des Mehlpräparates isolieren sich mehr oder weniger große Zellwandanteile von den Bruchstücken

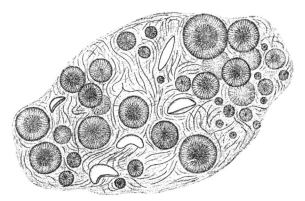

Abb. 7. Pisum sativum, Insektenexkremente. Es sind noch Reste von Stärkekörnern erkennbar (Vergr. 525:1) (nach C. Griebel)

der Kotyledonen. Diese sind stark unterschieden von denen der Bohnen (Abb. 3). Im Erbsenmehl findet man nach C. Griebel (1938), außer den normalen Ballen des Zellinhaltes, bestehend aus Plasma, Aleuron und Stärkekörnern, gelegentlich auch ähnlich geformte Ballen, die mehr oder weniger stark von dunklen, kugelförmigen Gebilden mit radial strahliger Struktur durchsetzt sind. Es handelt sich hierbei um die Exkremente des Erbsenkäfers (Bruchus pisi L.), die sich von dem normalen Inhalt der Kotyledonarzellen außerdem durch das Fehlen der Proteinkörner unterscheiden. Das Legumin ist durch den Verdauungsprozeß des Insektes zu Tyrosin abgebaut worden, welches sich in Sphärokristallen (dunkle Kugeln) von meist 15—20 μ Durchmesser abgeschieden hat (Abb. 7). Stärkekörner sind in solchen Exkrementen oft nur noch in kleinen Resten vorhanden. — Übrigens enthalten auch die Exkremente anderer Samenkäfer (Larideae), die Bohne, Saubohne, Linse usw. befallen, Tyrosinsphärite.

4. Linse
(Lens esculenta Moench = Ervum lens L.)

Die *Samen* sind flach, bikonvex, gelblich-grünlich bis rotbraun oder sogar schwarz, 4—7 mm breit. Die *Palisaden* der Samenschale (Abb. 8) sind nur selten über 45 μ hoch, 8 μ breit, an der Außenseite etwas vorgewölbt, so daß jede Zelle kurz bespitzt erscheint. Die durch Inhaltsstoffe verursachte Färbung ist meist gelblichbraun. Unmittelbar unter der Cuticula liegt die fast 10 μ breite *Lichtlinie*. Die Trägerzellen sind sanduhrförmig, meist breiter als hoch (18—35 μ breit, 12—22 μ hoch), die Seitenwände verdickt. Auch diese enthalten braune Inhaltsstoffe. Die Oberhautzellen der Keimblätter sind zum Unterschied von der Erbse in gleicher Richtung gestreckt; das innere Gewebe besteht aus schwach verdickten, nur wenig und fein getüpfelten Zellen. Die Größe der Stärkekörner beträgt 40 μ (Abb. 46 u. 47, S. 219). Linsenmehl unterscheidet sich von den übrigen Leguminosenmehlen durch die schmalen, höchstens 8 μ breiten Palisadenzellen, wenn die Samenschale mitvermahlen ist.

Die Oberhautzellen der Keimblätter sind im Mehl nur schwer aufzufinden. Wie Bohne und Erbse sind die Zellwände der Kotyledonarzellen zur Erkennung sehr geeignet. Mit wäßriger Lösung von Thionin- oder Toluidinblau färben sich auch diese leicht an. Wie bei der Erbse bleiben aber die Tüpfelfelder zwischen benachbarten Zellen ungefärbt. Durch Reiben des Deckglases auf dem Pulver im Präparat lassen sich zusammenhängende Wandstücke mehrerer Zellen leicht isolieren. Auch hier erscheinen diese wie ein violettes Maschenwerk. Zum Unterschied von der Erbse sind aber hier die Maschen von etwa doppelter Größe (Abb. 9) (A. Th. Czaja 1963).

5. Ackerbohne

(Vicia faba L.)

auch Feld-, Sau- oder Puffbohne genannt. Die Samen variieren in Form, Farbe und Größe erheblich. etwas abgeflacht, 8—12 mm lang, der Nabel endständig. Die Palisadenzellen (Abb. 10) sind 150—175 μ lang, 12—35 μ breit, mit etwa 20 μ breiter Lichtlinie in der Nähe der

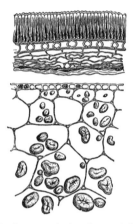

Abb. 8. Lens esculenta, Samenschale und Kotyledo. Querschnitt (nach A.L. Winton)

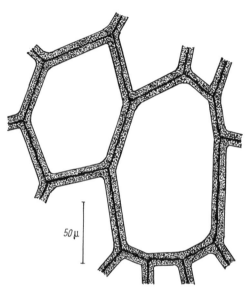

Abb. 9. Lens esculenta, Zellwände des Kotyledo

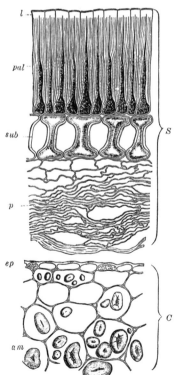

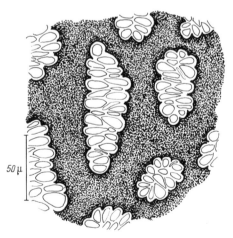

Abb. 11. Vicia faba, Zellwände des Kotyledo

← Abb. 10. Vicia faba, Samenschale, Querschnitt. S Samenschale, bestehend aus den Palisaden *pal* mit der Lichtlinie *1*, den Trägerzellen *sub*, dem Parenchym *p*; C Keimblatt mit der Oberhaut *ep* und dem stärkereichen Parenchym *am* (nach A.L. Winton)

Cuticula. Das Lumen ist innen weit, nach außen spitz verengt. Trägerzellen: hantelförmig, derbwandig, 35—60 μ hoch, etwa ebenso breit. Die Kotyledonarzellen besitzen im Gegensatz zu Bohne, Erbse und Linse feinbuchtig umrandete Tüpfelfelder mit zahlreichen quergestellten, schmal- bis rundovalen Tüpfeln. Mit wäßriger Lösung von Thionin- oder Toluidinblau färben sich die verdickten Anteile der Zellwände rotviolett. Die buchtigen Tüpfelfelder sind dunkel umrandet, während die Spangen zwischen den Tüpfeln leicht hellrot gefärbt sind (Abb. 11). Stärkekörner bis 70 μ (vgl. S. 220). Das Mehl der nichtgeschälten Ackerbohne (Castormehl) zeigt auffallend große Palisadenzellen mit breiter Lichtlinie und große spulenförmige Trägerzellen, dazu die Bruchstücke der Kotyledonarzellen.

6. Bockshornklee-Samen

(Trigonella foenum graecum L.)

Die aromatisch riechenden und schmeckenden Samen des Bockshornklees werden vielfach zu Soßen und Gewürzen (Paste ajouta, Curry Powder u. a.) verwendet. Die sehr harten getrockneten Samen (Abb. 12)

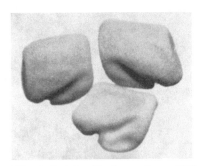

Abb. 12. Bockshornklee-Samen, Samen total (Vergr. 10:1)

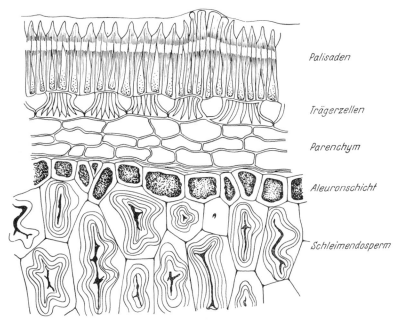

Palisaden

Trägerzellen

Parenchym

Aleuronschicht

Schleimendosperm

Abb. 13. Bockshornklee-Samen, Samenschale, Querschnitt (nach MOELLER-GRIEBEL)

sind gelblich bis braun, 3—5 mm lang, bis 2 mm dick, eigenartige rautenförmig mit scharf äußerlich abgegrenzten Würzelchen und Kotyledonen. Die Samen werden ungeschält vermahlen.

Sehr charakteristisch sind die Bruchstücke der Samenschale im Pulver (Abb. 13). Diese bestehen aus der *Palisadenschicht* mit der Lichtlinie (3—6 μ breit) im Abstand von 25—35 μ von der Oberfläche. Die *Palisaden* sind 60—75 μ hoch, 8—20 μ breit. Das Lumen verbreitert sich nach innen. Die äußeren Enden der Palisaden (Wandung) sind verschleimt. In Wasser verquellen die Außenwände und die spitzen Enden der Lumina ragen in den eben noch sichtbaren Schleim. Die stumpf kegelförmigen *Trägerzellen* (15—20 μ hoch) sind auffällig gerippt und schließen mit den breiten inneren Enden lückenlos zusammen. Diese isolieren sich relativ leicht in zusammenhängenden Schichtstücken und stellen zwischen gekreuzten Polarisatoren einen diagnostisch wichtigen Bestandteil dar (Abb. 14). Unter der Nährschicht folgt die das Endosperm nach außen abschließende einreihige *Aleuronschicht*. Das *Endosperm* ist großzellig mit dünnen Cellulosemembranen, denen dicke geschichtete Schleimschichten auf-

Abb. 14. Bockshornklee-Samen, Trägerzellen-Querschnitt, Aufsicht, zwischen gekreuzten Polarisatoren (Vergr. 400:1)

gelagert sind. Diese quellen in Wasser auf und hellen beim Drehen des Präparates *zwischen gekreuzten Polarisatoren* viermal auf und löschen viermal aus. Stärke fehlt, nur in den Zellen des Keimlings finden sich neben fettem Öl und Aleuronkörnern gelegentlich auch geringe Mengen kleiner Stärkekörner.

7. Wicke

Verschiedene Formen der Futterwicke (Vicia sativa L.) — insbesondere subsp. angustifolia, die sog. Trieurwicke — finden sich im Getreideausputz.

Die Samen sind dunkelbraun bis schwarz, bei der Trieurwicke kibitzeiartig gefleckt. Außerdem sind zu nennen Vicia villosa Roth., die Winterwicke und Vicia hirsuta Koch, die weichhaarige Wicke, deren 2,5 mm große Samen ebenfalls schwarzfleckig auf lichterem Grunde.

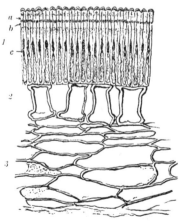

Abb. 15. Wicke, Vicia villosa, Samenschale, Querschnitt. *1* Palisaden mit Lichtlinien *a*, *b* und Farbstoffband *c*; *2* Trägerzellen, *3* Schwammparenchym (nach C. Böhmer)

Mikroskopisch zeigen diese Arten weitgehende Übereinstimmung. Die Palisadenzellen (Abb. 15) sind wie bei der Linse stumpf bespitzt, etwa $50\,\mu$ lang, $6{-}8\,\mu$ breit; die $10{-}15\,\mu$ breite Lichtlinie oft doppelt. Die Zellen führen im unteren erweiterten Teil dunklen Inhalt. Die $15{-}25\,\mu$ hohen Trägerzellen sind spulenförmig und enthalten z. T. braune Inhaltsstoffe. Das Keimblattgewebe ist ähnlich wie bei der Linse. Die Stärkekörner sind denen anderer Leguminosen sehr ähnlich (vgl. S. 219/220).

Einige Wickenarten (z. B. Vicia angustifolia) enthalten ein Blausäure abspaltendes Glykosid, worauf bei Futtermitteluntersuchungen zu achten ist. Vicia ervilia (L.) Willd., die Linsenwicke, welche keine Blausäure enthält, wird von Rindern, Schafen und Tauben ohne Schädigung gefressen, soll aber für Menschen, Pferde und Schweine gefährlich sein. Die $35{-}40\,\mu$ hohen Palisadenzellen haben infolge von Wandverdickungen sanduhrförmiges Lumen, wogegen die nur 7 μ hohen Trägerzellen ganz flach und nur oberwärts durch Intercellularen getrennt sind.

8. Platterbse

Die Gemüse- oder Saatplatterbse (Lathyrus sativus L.) wird in Deutschland nur selten, häufiger in Südeuropa, überwiegend als Futtermittel angebaut.

Die gerundet vierseitigen Samen sind auf einer Schmalseite keilartig zugeschärft und daher mehr oder weniger beilförmig. Die Färbung variiert stark. Die Palisaden (Abb. 16) sind 70 bis 100 μ hoch, 12—18 μ breit. Im mittleren. weniger verdickten Teil zeigt die Wand quergestellte

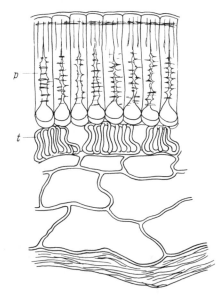

Abb. 16. Platterbse, Samenschale, Querschnitt

Abb. 17. Platterbse, Trägerzellen, Flächenansicht
(Vergr. 250:1) (nach C. GRIEBEL)

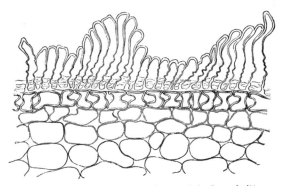

Abb. 18. Kichererbse, äußere Samenschale, Querschnitt
(nach J. MOELLER)

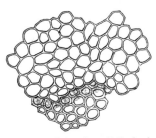

Abb. 19. Kichererbsen, Palisaden in
der Aufsicht (nach J. MOELLER)

Spaltentüpfel. Der unterste Teil ist weitlumig. Die Trägerzellen sind meist an der Basis breiter als an der Oberseite, bis 26 μ hoch und bis 45 μ breit. Die Radialwände sind rippenförmig verdickt (Flächenansichten Abb. 17). Die Verdickungsleisten sind nicht bei allen Formen deutlich. Das Keimblattgewebe ist wenig kennzeichnend. Die bis 55 μ großen, ovalen oder rundlichen Stärkekörner sind häufig unregelmäßig wulstig aufgetrieben, am Rande oft geschichtet, selten mit Spalt (Abb. 51, S. 221).

9. Kichererbse

Die hellfrüchtige Kichererbse (Cicer arietinum L.) und eine braune Abart (Cicer arietinum fuscum L.) dienen in Südeuropa als Nahrungsmittel.

Die unregelmäßig rundlichen bis 12 mm großen Samen erinnern in der Form an einen Widderkopf. Die Palisaden (Abb. 18) sind gruppenweise ungleich lang (35—125 μ), bei der hell- und dunkelsamigen Form verschieden ausgebildet, bei der gewöhnlichen Kichererbse nur außen mäßig verdickt, die Seitenwände wellig gebogen. In der Flächenansicht bieten sie daher ein von den anderen Leguminosen abweichendes Bild (Abb. 19). Bei der braunen indischen Kichererbse ähneln die Palisaden mehr denen der Platterbse. Sie sind im äußeren Teil dickwandig, im mittleren quergetüpfelt und im unteren dünnwandig. Die Trägerzellen sind unregelmäßig sanduhrförmig, dünnwandig, die zwischen ihnen befindlichen Intercellularen verhältnismäßig klein. Das Kotyledonargewebe gleicht dem der Erbse. Die Stärkekörner sind breit eiförmig, mitunter kugelig, bis 35 μ groß (vgl. S. 221). Bekannt ist die lange Kochdauer (2 Std ungeschält, geschält etwas weniger) bis zum Weichwerden.

10. Sojabohne

Die in China heimische und bisher in großen Mengen eingeführte Sojabohne (Glycine hispida Maxim.; Soja hispida Moench.) wird jetzt in den klimatisch bevorzugten Gegenden Deutschlands bereits in beschränktem Maße angebaut.

Die Samen der verschiedenen Spielarten sind 5—10 mm groß, etwas abgeflacht oder oval bis fast rund, gelblich bis braun oder schwarz. Im reifen Zustande enthalten sie gewöhnlich keine Stärke, doch scheint bei schwarzen japanischen Sojabohnen kleinkörnige Stärke vorzukommen. Die Palisadenzellen (Abb. 20) sind 40—60 μ hoch, bis 15 μ breit, farblos oder mit einem der Farbe der Bohnen entsprechenden Farbstoff versehen. Der bei den schwarzen Bohnen vorhandene Farbstoff wird mit Säure oder Chloralhydrat kirschrot. Die Lichtlinie liegt in der Nähe der Cuticula. In der Flächenansicht sind die Palisaden elliptisch. Die Träger-

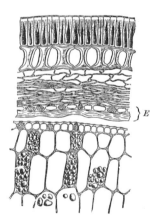

Abb. 20. Sojabohne, Samenschale und Kotyledo, Querschnitt. E Nährgewebe (nach A. L. Winton)

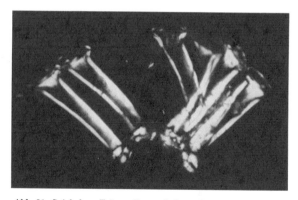

Abb. 21. Sojabohne, Trägerzellen, zwischen gekreuzten Polarisatoren (Vergr. 160:1)

zellen sind ebenso hoch, teilweise noch höher als die Palisaden, meist 35—50, um den Nabel oft 150 μ, sanduhrförmig. Da sie sich leicht abtrennen, findet man sie im zerkleinerten Material oft isoliert. Das Kotyledonargewebe besteht aus dünnwandigen, in den äußeren Reihen radial gestreckten Zellen, die fettes Öl und Aleuronkörner (bis 25 μ ⌀), im inneren Teil mitunter auch kleinkörnige Stärke enthalten. Sojabohnenmehl aus ungeschälten Samen ist an den großen Trägerzellen, dem dünnwandigen, eiweißreichen Kotyledonargewebe und dem Fehlen der Stärke oder wenigstens größerer Stärkekörner erkennbar. Für die Erkennung des Sojabohnenmehles sind die sich von der Palisadenschicht leicht ablösenden Trägerzellen wichtig. Sie finden sich immer im Mehl (auch aus geschälten Samen). Diese etwas gestreckten dickwandigen Zellen besitzen parallele Wandtextur. Zwischen gekreuzten Polarisatoren hellen diese in den Diagonallagen auf und löschen in den Orthogonallagen aus. Mit Gips Rot I. werden diese

Zellen unter $+45°$ blau, unter $-45°$ gelb (Abb. 21). In den Kotyledonarzellen und in kurzen Zellen zwischen diesen befinden sich häufig besonders gestaltete Oxalatkristalle (Abb. 22). Diese treten zwischen gekreuzten Polarisatoren auffällig hervor (Abb. 34). Bruchstücke der Samenschale zeigen auf der Innenseite die Abbruchstellen der Trägerzellen als Sphäritenscheibchen (Abb. 23).

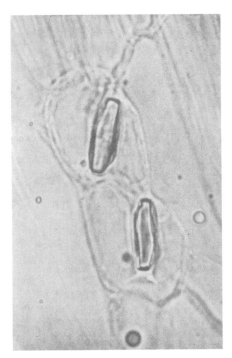

Abb. 22. Sojabohne, Oxalatkristalle in den Kotyledonarzellen (Vergr. 400:1)

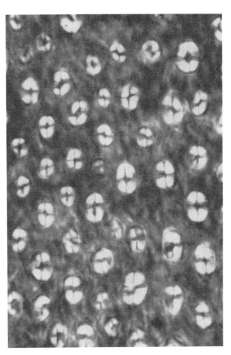

Abb. 23. Sojabohne, Samenschale von innen, Abbruchstellen der Trägerzellen, zwischen gekreuzten Polarisatoren (Vergr. 400:1)

11. Lupine

Die Samen verschiedener Lupinenarten (besonders Lupinus angustifolius L., luteus L. usw.) finden als Kaffee-Ersatzmittel Verwendung und werden nach der Entbitterung zuweilen auch gegessen; unmittelbar genießbar, wenigstens in Form von Zubereitungen, sind die Samen der neuerdings gezogenen süßen Lupine.

Die Samen der meisten Lupinen sind etwa 5—7 mm lang, rundlich nierenförmig, dunkel gefleckt (Lupinus albus hat helle Samen). Die Palisadenzellen sind sehr hoch (etwa 150 μ) und weisen im unteren Teil doppelte Krümmung auf (Abb. 24), an der die Lupinensamen leicht zu erkennen sind. Bei der blauen Lupine (Lupinus angustifolius L.) zeigen die Palisaden ungefähr in der Mitte einen dunklen, bandförmigen Streifen. Das Lumen ist im äußeren Teil strichförmig, innen erweitert; der die Fleckigkeit der Samen verursachende dunkle Farbstoff befindet sich hauptsächlich im unteren Teil des Lumens. Die Trägerzellen sind derbwandig spulenförmig, in der Mitte stark verengt; Höhe bis 75, Breite bis 50 μ. Das Kotyledonargewebe ist dickwandig und getüpfelt, stark durchlüftet. Der Inhalt der Zellen besteht aus ziemlich großen Aleuronkörnern und meist einem kleinen tafelförmigen Oxalatkristall. Stärke fehlt, nicht ganz reife Samen enthalten gelegentlich geringe Mengen kleinkörniger Stärke. Da Lupinenmehl, namentlich solches aus süßen Lupinen, jetzt zumeist aus geschälten Samen hergestellt wird, findet man die charakteristischen geknieten Palisaden, desgleichen die kräftigen Trägerzellen, nur ganz vereinzelt auf. Als Erkennungsmerkmal kommen daher in erster Linie die dickwandigen getüpfelten Kotyledonarzellen in Betracht. Bei genauer Untersuchung findet man auch den fast in jeder Zelle enthaltenen Oxalatkristall, der oft schmal prismatisch oder wetzsteinförmig erscheint, weil man ihn häufig von der Kante sieht; seltener sind Zwillingskristalle. Bemerkenswert sind die großen Intercellularen und Gewebe, welche, solange die Luft nicht durch Erwärmen oder mit Alkohol verdrängt ist, bei der Untersuchung schwarz erscheinen (Abb. 25). Wo die Zellwände an Intercellularen stoßen, sind sie stark verdickt, an den gegenseitigen Berührungsflächen getüpfelt (Abb. 26). Die bitteren Lupinen geben mit Jodkaliumjodid-Lösung starke rotbraune Fällungen infolge des Gehaltes an dem Alkaloid Lupinin. Bei den Süßlupinen bleiben diese Fällungen aus.

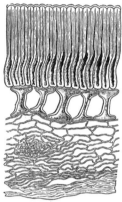

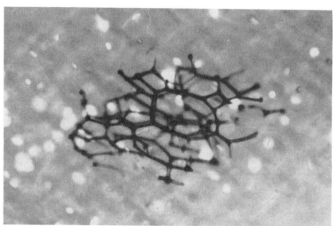

Abb. 25. Süßlupine, Bruchstück des Kotyledo mit Interzellularen und Kristallen, zwischen $1/2$ gekreuzten Polarisatoren, Gips Rot I.O. (Vergr. 160:1)

Abb. 24. Lupine, Samenschale und Kotyledo, Querschnitt (nach A. L. Winton)

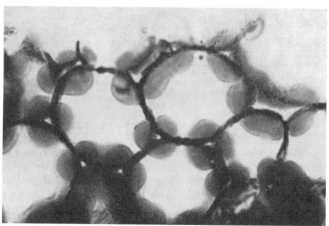

Abb. 26. Lupinus angustifolius, kollenchymat. Verdickungen der Zellwände des Kotyledo, Toluidinblau (Vergr. 400:1)

Einige weitere ausländische Leguminosen-Samen, die gelegentlich zu uns gelangen, seien hier angeschlossen.

12. Mondbohne

(Phaseolus lunatus L.)

Auch Rangoon-, Lima- oder Indische Bohne genannt, wird in fast allen tropischen Ländern kultiviert und auch nach Europa ausgeführt. Je nach der Kulturform variieren die Samen in Gestalt, Größe und Färbung sehr stark.

Sie sind 0,8—2,5 cm lang, im allgemeinen sehr flach; die bei uns in der Nachkriegszeit in großen Mengen eingeführten kleinen weißen Sorten waren nicht abgeflacht und in der Form von unseren kleinen weißen Bohnen nicht verschieden. Als Unterscheidungsmerkmal ist die zarte Streifung zu nennen, die vom Nabel radial nach dem Rücken zu verläuft, sowie die gelblichen durchscheinenden Zwillingshöcker (bei der weißen Gartenbohne sind diese weiß). Der Nabel der weißen Mondbohne färbt sich beim Übergießen der Samen mit verd. Lauge nach kurzer Zeit zitronengelb. Mikroskopisch ist die Unterscheidung leicht möglich. Die Palisaden sind 50—80 μ hoch, die Trägerzellen (25—40 μ) nicht prismatisch, sondern trichterförmig oder kelchförmig. Mit dem breiteren Ende liegen sie der Palisadenschicht an und verschmälern sich nach innen (Abb. 27), Kristalleinschlüsse fehlen. Kotyledonarzellen und Stärkekörner sind denen der Gartenbohne ähnlich, zusammengesetzte Körner (zwei oder drei bis vier Teilkörner) vereinzelt. Solche mit einem aufgesetzten Körnchen sind besonders charakteristisch. Bei Mehlen sind die Trägerzellen diagnostisch wichtig.

13. Mungobohne

Unter der Bezeichnung Mungobohne werden verschiedene in Ostasien gebaute Formen zusammengefaßt. Die Samen der eigentlichen Mungobohne (Phaseolus mungo var. radiatus L.) sind 4—5 mm groß, tonnen- oder walzenförmig, matt graugrün bis bräunlich-grün.

Der Nabel ist weiß, die Palisaden (Abb. 28) 40—50 μ hoch, nur nach außen verdickt. G. Gassner (1955) beobachtete eine vielfach gefaltete Cuticula, die in der Flächenansicht als grobes, dunkles, fein gekörntes Maschennetz in Erscheinung trat. C. Griebel (1950) konnte an chinesischen Mungobohnen (Provinz Shensi) Cuticularfalten nur an einzelnen feststellen. Die niedrigen Trägerzellen sind etwa 12 μ hoch und 20 μ breit, zartwandig. Die Stärkekörner (etwa 30 μ) weisen den Typus der Leguminosenstärke auf (vgl. S. 219/220).

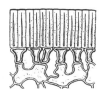

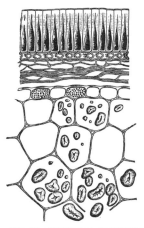

Abb. 27. Mondbohne, äußere Samenschale, Querschnitt (Vergr. 200:1) (nach G. Gassner)

Abb. 28. Mungobohne, äußere Samenschale, Querschnitt (Vergr. 200:1) (nach G. Gassner)

Abb. 29. Chinabohne, Samenschale und Kotyledo, Querschnitt (nach A. L. Winton)

Abb. 30. Lablabbohne, Samenschale und Kotyledo, Querschnitt (nach G. Gassner)

14. Adzukibohne

(Phaseolus angularis W. F. Wright)

oder rote Mungobohne hat gewöhnlich größere Samen (etwa 8 mm) mit rötlichbrauner bis weinroter, glänzender Oberfläche. Die Samenschale weist den gleichen Bau auf, die Palisaden sind höher (bis 60 μ), die Stärkekörner größer.

15. Chinabohne

Die Samen der chinesischen Lang- oder Katjangbohne (Vigna Catjang Endl. = V. sinensis = Dolichos sinensis L.) variieren in der Farbe sehr erheblich. Sie sind etwa 8 mm lang, etwas abgeflacht. Der keilförmige Nabel liegt in der Nähe der einen Schmalseite (Abb. 29).

Die Palisaden sind bis 75 μ hoch, bis 18 μ breit, in der Flächenansicht elliptisch, die Trägerzellen 10—24 μ hoch, etwa ebenso breit, sanduhrförmig, dünnwandig. Die Kotyledonarzellen sind wenig verdickt, die Stärkekörner (bis 35 μ) ähneln denen der Bohne.

16. Schwarzäugige Langbohne

Die Samen von Dolichos melanophthalmus DC. sind denen der Chinabohne in der Form sehr ähnlich. Der keilförmige Nabel ist schwarz oder rötlichbraun umrandet. Die Palisadenzellen sind 35—40 μ hoch, 12—16 μ breit, die Verdickungsleisten der Außenseite erscheinen teilweise zapfenförmig. Die Trägerzellen sind wie bei der vorigen Art niedrig, 14 μ hoch und 19—24 μ breit. Das Kotyledonargewebe ist derbwandig und getüpfelt, die Stärkekörner sind bis 35 μ groß.

17. Die Lablabbohne

oder ägyptische Bohne (Dolichos lablab L.) hat etwa 1 cm große, meist dunkle, oval gerundete, mit großem Nabelpolster versehene Samen (Abb. 30). Die Palisaden sind über 150 μ hoch, 10—20 μ breit, nach außen nur wenig verengt, von einer derben Cuticula bedeckt. Die Lichtlinie liegt 19—24 μ unter der Oberfläche. Die Trägerzellen sind sanduhrförmig, meist breiter als hoch, am Nabel bis zu sechs Reihen übereinander. Die Kotyledonarzellen sind dünnwandig, sehr fein getüpfelt. Die Stärkekörner sind der Bohnenstärke ähnlich, aber kleiner (20—40 μ).

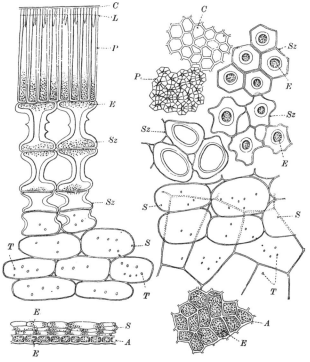

Abb. 31. Jackbohne, Samenschale. Querschnitt. C Cuticula, L Lichtlinie, P Palisaden, Sz Trägerzellen, E Protein, S Schwammparenchym, T Tüpfel, A Endospermrest (Vergr. 165:1) (nach M. Kondo)

18. Jackbohne

Die Samen mancher Canavaliaarten werden gegessen und finden auch als Kaffeesurrogat Verwendung. Canavalia unterscheidet sich von anderen Bohnen durch die mehrreihige Trägerzellenschicht. Nach innen finden sich gewöhnlich Übergänge zu verzweigten Formen und zum Parenchym. Die Samen der Jackbohne (Canavalia ensiformis D. C.) sind oval, bis 2 cm lang, mit langem, braunem bis rotbraunem Nabel. In der Nachkriegszeit kamen sie auch bei uns gelegentlich auf den Markt (Abb. 31).

Die Palisadenzellen sind gegen 150 μ hoch, 12—24 μ breit. Die Trägerzellen sind zwei- bis dreireihig, in der obersten Reihe bis 60 μ hoch, sanduhrförmig, die inneren oft unregelmäßig. Unter dem Nabel sind sie bis sechsreihig mit braunem Farbstoff. Das Schwammparenchym ist stark entwickelt und getüpfelt. Die Kotyledonarzellen sind dickwandig und stark porös. Die Stärkekörner (bis 55 μ) sind denen der gewöhnlichen Bohne ähnlich, doch fehlen die nierenförmigen Körner.

II. Leguminosen-Mehle

1. Bohnenmehl

Für die Kennzeichnung verschiedener Leguminosenmehle sind die Stärkekörner wenig geeignet. G. GASSNER (1955) zieht die Epidermen der inneren und äußeren Keimblattseiten heran. Für Bohnenmehl aus geschälten Samen sind im Wasserpräparat die Stärkekörner mit den verzweigten Rissen, besonders bei den großen Körnern, bezeichnend, aber nicht eindeutig gegen andere Leguminosen. Die Epidermiszellen der gewölbten Seite sind relativ klein und polygonal. Wie bei den anderen Vertretern sind diese aber relativ schwer aufzufinden, besonders in Gemengen.

Die Wände der in großen Mengen vorhandenen Kotyledonarzellen färben sich bei den beiden Phaseolus-Arten schon mit Jod-Kaliumjodid-Lösung (oder verstärkter Lösung: übliche Menge J$_2$ und KJ in 30 statt in 100 ml Wasser gelöst) bei mehrfachem Durchsaugen rein blau (Amyloid-Reaktion) im Gegensatz zu anderen Leguminosen. Ferner färben sich die dicken Wände der Kotyledonarzellen in mäßig verd. Lösung der basischen Farbstoffe Thionin oder Toluidinblau in der ganzen Fläche blauviolett und lassen die Tüpfel als helle Punkte erkennen (Abb. 3) (A. TH. CZAJA 1949, 1960).

2. Erbsenmehl

Das Mehl aus geschälten Erbsen ist wie Bohnenmehl an den Stärkekörnern nicht mit Sicherheit zu erkennen. Nach G. GASSNER (1955) sind die Epidermiszellen der konvexen Seite der Keimblätter schmal und parkettiert. Bruchstücke davon sind auch hier nur schwer aufzufinden.

Die Zellwände der Kotyledonarzellen geben *nicht* die Amyloidreaktion wie diejenigen der Bohne. Die Zellen sind größer als bei der Bohne, die Zellwände aber dünner, besonders im ziemlich großen Tüpfelfeld. Bei entsprechender Anfärbung mit Thionin oder Toluidinblau färbt sich nur der die Tüpfelfelder umgebende schmale Teil der Zellwände blauviolett, während das Tüpfelfeld nur schwach oder ganz ungefärbt bleibt. Mehrere nebeneinander liegende Zellen geben dann das Bild von Netzmaschen im Gegensatz zu den Bohnenarten (Abb. 6) (A. TH. CZAJA 1963).

3. Linsenmehl

Das bei uns wohl seltenere Linsenmehl ist ebenfalls nicht an den Stärkekörnern eindeutig zu erkennen. Die Oberhautzellen der konvexen Außenfläche der Kotyledonen sind relativ schmal, gelegentlich quergeteilt und reihenweise angeordnet.

Ganz wie bei der Erbse färben sich die Zellwände der Kotyledonarzellen intensiv nur am dickeren Randteil um das Tüpfelfeld herum blauviolett an, während dieses kaum oder nicht gefärbt ist. Zum Unterschied von der Erbse sind die Zellen jedoch wesentlich größer. Da Linsenmehl regelmäßig auch Schalenteile enthält, können diese zur Diagnose mit benutzt werden (Abb. 9).

4. Sojamehl

Sojamehl ist gekennzeichnet durch das Fehlen oder nur spurenweise Vorkommen von Stärkekörnern. Ein weiteres Kennzeichen sind die häufig isolierten läng-

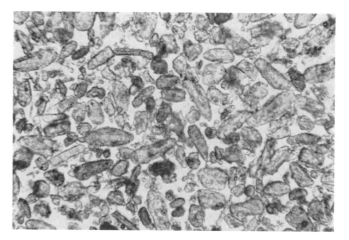

Abb. 32. Sojamehl, Kotyledonarzellen (Vergr. 100:1)

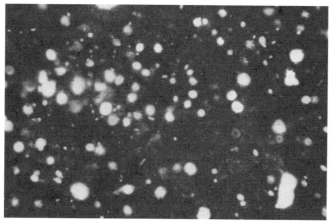

Abb. 33. Süßlupinenmehl in Methylbenzoat, zwischen gekreuzten Polarisatoren (Vergr. 160:1)

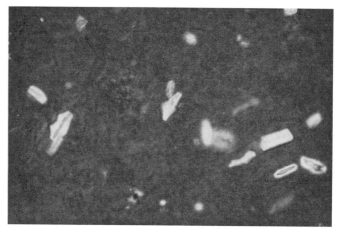

Abb. 34. Sojamehl in Methylbenzoat, zwischen gekreuzten Polarisatoren (Vergr. 160:1)

lichen Zellen der Kotyledonen, welche sich infolge des Gehaltes an Aleuronkörnern mit Jod-Kaliumjodid-Lösung gelb bis braungelb färben (Abb. 32). Weiter sind vereinzelte Trägerzellen, welche beim Schälen leicht abbrechen und ins Mehl gelangen, als stumpfkegelförmige, dickwandige, in den Diagonallagen aufleuchtende Gebilde zu erkennen. Bei Verwendung von Gips Rot I. werden diese blau oder gelb. In den Kotyledonarzellen sind häufig gestreckte Kristalle von Calciumoxalat vorhanden. Bei Vorkommen vereinzelter Schalenteilchen sind die auf der Innenseite vorhandenen Abbruchstellen der Trägerzellen charakteristisch (Abb. 23).

Ein spezifischer Nachweis von Sojamehl erfolgt durch mikroskopische Untersuchung in Methylbenzoat als Einschlußmittel. Zwischen gekreuzten Polarisatoren leuchten dann nur die zahlreichen gestreckten Kristalle in den Kotyledonarzellen auf (Abb. 34) (A. Th. Czaja 1964).

5. Lupinenmehl, Süßlupinenmehl

Ein sicheres Kennzeichen für alle Lupinenmehle, soweit es sich nicht um entbitterte Samen handelt, ist das Auftreten eines tiefroten Niederschlags auf Zugabe von Jodkaliumjodid-Lösung infolge des Alkaloidgehaltes (Spartein, Lupinin, Lupanin, Bitterstoffglykosid). Dieser Niederschlag tritt bei der Süßlupine nicht auf. Die Kotyledonarzellen enthalten große Aleuronkörner. In reifen Samen fehlt die Stärke völlig. Lupinus luteus und die Süßlupine besitzen in jeder Kotyledonarzelle einen großen Kristall von Calciumoxalat, während L. polyphyllus, L. angustifolius, L. albus, L. digitatus keinen derartigen Kristall enthalten.

Zwischen den Kotyledonarzellen verlaufen breite Intercellularen, in denen die Luft zäh festgehalten wird (Abb. 25), so daß diese als Kennzeichen dienen können. Zwischen den Zellen befinden sich breite schlitzförmige Tüpfel, welche bei Jod-Zinkchlorid-Lösung in Diagonalstellung aufhellen (Abb. 24). Zum spezifischen Nachweis des Mehles von Lupinus luteus und der aus dieser gezüchteten Süßlupine (Weiße des Handels) untersucht man in Methylbenzoat. Zwischen gekreuzten Polarisatoren leuchten nur die zahlreichen großen Oxalatkristalle der Kotyledonarzellen auf (Abb. 33) (A. Th. Czaja 1964).

6. Bockshornklee-Samenmehl

Die auffallendsten Bestandteile des Samenmehles sind in Wasser- und aufgehellten Präparaten die unregelmäßigen, lichtbrechenden Stücke des Schleim-Endosperms. Zwischen gekreuzten Polarisatoren leuchten diese stark auf.

Kleinere Stücke zeigen oft ein schwarzes Polarisationskreuz infolge der Quellung, größere Stücke unregelmäßige Polarisationsfiguren. Charakteristisch sind ferner die Trägerzellen mit gestreiften Wänden (Abb. 14). In Aufsicht erscheinen diese bei Isolierung sternförmig, besonders zwischen gekreuzten Polarisatoren. Kennzeichnend sind auch Bruchstücke der Palisadenschicht. In Wasser verquillt die an der Oberfläche verschleimte Zellwand sehr rasch, so daß die Palisaden oberhalb der Lichtlinie spitz enden. Die Aufsicht auf die Samenschale ist ebenfalls charakteristisch.

Bibliographie

GASSNER, G.: Mikroskopische Untersuchung pflanzlicher Nahrungs- und Genußmittel. 3. Aufl. Stuttgart: Gustav Fischer 1955.

MOELLER, J., u. C. GRIEBEL: Mikroskopie der Nahrungs- und Genußmittel aus dem Pflanzenreiche. 3. Aufl. Berlin: Springer 1928.

Zeitschriftenliteratur

BRAUNSDORF, K.: Über die Untersuchung und Beurteilung von „Soja-Teigwaren". Nahrung 4, 912—922 (1960).

Czaja, A.Th.: Praktische Anwendung der Polarisationsmikroskopie in der Pflanzenanalyse (Pulveranalyse). Ber. Oberhess. Ges. Natur- u. Heilk. **27**, 147—166 (1954), Taf. XXI—XXII.

— Die Amyloidreaktion zum Nachweis von Bohnenmehl. Dtsch. Lebensmittel-Rdsch. **45**, 249—250 (1949).

— Ein neuer Nachweis zur Unterscheidung von Bohnen- und Erbsenmehl. Z. Lebensmittel-Untersuch. u. -Forsch. **123**, 15—17 (1963).

— Polarisationsoptischer Nachweis von Soja- und Süßlupinenmehl. Z. Lebensmittel-Untersuch. u. -Forsch. **127**, 17—21 (1965).

Griebel, C.: Zur Kenntnis der Mungobohne. Z. Lebensmittel-Untersuch. u. -Forsch. **91**, 414—418 (1950).

Griebel, E.: Gesundheitsschädliche Leguminosensamen. Z. Lebensmittel-Untersuch. u. -Forsch. **88**, 290—293 (1948).

Kooiman, P.: Vorkommen von Amyloid in Kotyledonzellwänden von stärkehaltigen Leguminosen und Brauchbarkeit der Amyloidreaktion für Identifizierungen. Z. Lebensmittel-Untersuch. u. -Forsch. **124**, 35—37 (1963).

La Wall, C.H., and J.W.E. Harrison: Evidence of soja in flours of commerce. J. Ass. off. agric. Chem. **17**, 329—334 (1934).

Diätetische Lebensmittel auf Getreidebasis

Von

Prof. Dr. **R. Franck**, Berlin

Unter „Diätetik" versteht man heute in Europa die spezielle, auf die Bedürfnisse des erkrankten Menschen abgestellte Ernährungslehre (E.-G. Schenck 1964). Entsprechend ist „Diät" eine besonders ausgesuchte und zusammengesetzte Kost, die den besonderen Bedürfnissen solcher Menschen gerecht wird, deren Anpassungsbreite eingeschränkt ist oder bei denen durch eine gerichtete Ernährung heilsame Wirkungen erzielt werden sollen (K. Mellinghoff 1952). Einer solchen speziellen Ernährung, die durch bestimmte Umstände auch bei Gesunden notwendig sein kann, können sowohl gewöhnliche Lebensmittel als auch für solche Zwecke besonders hergestellte Lebensmittel dienen. Seit altersher werden Getreideerzeugnisse, vor allem Hafer-, Reis- und Gersteerzeugnisse, bei Magen- und Darmstörungen gegeben, während aufgeschlossene Mehle als Säuglings- und Kindernahrungen verwendet werden.

I. Einfache Getreideerzeugnisse

Von den nicht eigens zu diätetischen Zwecken hergestellten Getreideerzeugnissen haben in der Diätküche Haferflocken und Stärkemehle ihre Bedeutung behalten. Haferflocken werden wegen ihrer schleimbildenden Eigenschaften und wegen ihrer geringen Reizwirkung auf die Schleimhäute des Verdauungsapparats vorwiegend als Schleimsuppen verwendet, sie dienen aber auch wie Stärkemehle als „zweites Kohlenhydrat" in der Säuglingsernährung. Dabei gelten in der Säuglingsdiät als 1. Kohlenhydrat Mono- und Disaccharide (insbesondere Glucose), als 2. Kohlenhydrat Stärkemehle und Getreideerzeugnisse. Der Diabetiker verwendet Haferflocken an sog. Hafertagen, die infolge reichlicher Kohlenhydratzufuhr antiketogen sind und zur Bekämpfung der Azidose eingelegt werden.

Die für Magen und Darm günstige Schleimwirkung der Hafererzeugnisse wird auf das Lichenin zurückgeführt (E. Letzig 1951). Da der menschliche Organismus über keine körpereigene Cellulase bzw. Lichenase verfügt, ist anzunehmen, daß üblich zubereitete Hafererzeugnisse infolge ihres Gehaltes an Lichenin eine nennenswerte Schutzwirkung in Magen und Dünndarm entfalten, auch wenn im Körper durch die körpereigenen Enzyme der beim Kochen entstandene Stärkeschleim abgebaut ist. Das Lichenin wird dann im unteren Teil des Verdauungsapparates enzymatisch durch die Darmflora, die auch Cellulasen enthält, zumindestens teilweise abgebaut. Auch in erhitzten, gedarrten oder gerösteten Hafererzeugnissen ist das Lichenin und damit das Schleimbildevermögen trotz der geringeren Quellfähigkeit der dextrinierten Stärke erhalten.

Die zur Krankenernährung verwendeten Haferflocken oder Stärkemehle und entsprechenden Getreideerzeugnisse dienen zwar diätetischen Zwecken, sie sind aber selbst keine echten diätetischen Lebensmittel, weil sie sich nicht von gebräuchlichen Lebensmitteln maßgeblich unterscheiden (vgl. auch Hinweise für die lebensmittelrechtliche Beurteilung S. 442); zur Technologie der Gewinnung von Haferflocken und Stärkemehlen vgl. die entsprechenden Kapitel dieses Handbuches.

II. Aufgeschlossene Getreideerzeugnisse

Die meisten Getreideerzeugnisse, die heute in der Diät verwendet werden, sind verarbeitet oder durch Hitze, Feuchtigkeit oder müllereitechnische Behandlung aufgeschlossen. So erhalten Stärkemehle, Grieß und Haferflocken ihre besondere diätetische Bedeutung häufig durch Zusätze von Vitaminen des B-Komplexes. In den so weiterverarbeiteten Erzeugnissen wird der Vitaminmangel ausgeglichen, der einerseits durch die notwendige Aufbereitung der Getreideprodukte, andererseits durch Wandlung in den Verbrauchergewohnheiten bedingt ist. Übliche Vitaminmengen sind z. B. in *Kindergrieß* (Grüne Liste 1963):

	Vitamin B_1	Vitamin B_2	Vitamin B_6	Niacin
Aponti (mg/100 g)	1,2	—	—	—
Heintz (mg/100 g)	1,6	2,4	3,2	19,2
Pomps (mg/100 g)	1,6	0,8	—	—

Neben dem Schleim, den der Verbraucher z. B. aus Haferflocken, Mehl oder Stärke selbst zubereitet, gibt es eine Reihe von Schleimpräparaten, die zu den aufgeschlossenen Getreideerzeugnissen gehören. Ausgehend von dem nach Vorschriften der Diätküche frisch zubereiteten Haferschleim aus Produkten der Hafermühle gewinnt man daraus durch schonendes, die Schleimnatur erhaltendes Trocknen *Hafertrockenschleim*. Nach dem am 21. VIII. 1958 erteilten Patent Nr. 970 141 können solche Trockenhaferschleime z. B. in folgender Weise gewonnen werden: Hafer oder Haferprodukte werden vorgetrocknet, dann auf 102—112° C erhitzt und rasch auf Raumtemperatur abgekühlt. Das so behandelte Gut wird von Schalensubstanzen befreit und das Mehl mit Wasser oder Milch im Verhältnis 1:1 bis 1:3 angeteigt, wobei der Anteigflüssigkeit je nach Härtegrad der Flüssigkeit bis zu 2 % Alkalisalze, z. B. Kochsalz oder Kaliumchlorid, zugegeben werden. Das angeteigte Gut wird dann bei 60—80° C aufgeschlossen und anschließend in die Gebrauchsform, z. B. Mehl, Flocken oder Stücke, gebracht.

Daneben sind Erzeugnisse bekannt, die als Halberzeugnisse zur Herstellung von Haferschleim angesehen werden können, weil sie durch besondere Vorbereitung die Herstellung von Haferschleim erleichtern. Nach Herstellerangaben (1963) haben die verschiedenen Schleimpräparate nachstehende Zusammensetzung:

	Eiweiß %	Fett %	Kohlen-hydrate %	Mineral-stoffe %	Kalorien in 100 g
Reis-Schleime . . .	8,7—8,8	3,2—3,4	85,1—85,78	0,9—1,0	370
Hafer-Schleime . .	13,5	6,9	69,6	1,7	405
Weizen-Schleime .	10,2	1,9	79,9	2,1	391
Gemischte Schleime	10,7—12,0	4,8—5,4	79,8—81,3	1,0—1,3	415—432

Eine weitere Gruppe der aufgeschlossenen diätetischen Getreideerzeugnisse sind die *Zwiebackmehle*, zu deren Herstellung Gebäcke verwendet werden, die einem doppelten Backprozeß unterworfen sein müssen. Sie zeichnen sich, wenn sie für Säuglinge oder Kleinkinder bestimmt sind, durch ihren verhältnismäßig hohen Gehalt an verdaulichen Kohlenhydraten von mindestens 12 % aus, der durch fermentativen Abbau erreicht wird; meist werden sie vitaminiert. *Haferzwiebackmehle* werden aus Haferzwieback gewonnen, der nach den Leitsätzen für Dauerbackwaren des Deutschen Lebensmittelbuches vom 27. I. 1965 (GMBl. S. 162) mindestens 25 % des Getreideanteils an Hafermahlerzeugnissen enthält. Unterschreitet der Zusatz an Hafermahlerzeugnissen 50 % des Getreideanteils, wird sein Gehalt angegeben, um Verwechslungen durch den Verbraucher zu vermeiden.

Neben den für die speziellen Zwecke unterschiedlich zusammengestellten *Kindernährpräparaten* aus Getreideerzeugnissen sind weiter *Backwaren* wie Zwieback und Spezialgebäcke für besondere Diätformen im Handel. Auch sie enthalten als wertbestimmende Anteile mindestens 12 % wasserlösliche Kohlenhydrate, wenn sie für Säuglinge oder Kleinkinder bestimmt sind. Ein als *Nährzwieback* bezeichnetes Erzeugnis enthält nach den Leitsätzen für Dauerbackwaren des Deutschen Lebensmittelbuches vom 27. I. 1965 (GMBl. S. 162) auf 100 kg Getreidemehl 10 kg Butter und 10 kg Eier oder die entsprechende Menge — mindestens 3,5 kg — Eigelb und als Anteigflüssigkeit nur Trinkmilch. An Stelle von Trinkmilch kann eine entsprechende Menge einer Milchdauerware verwendet werden.

Zu diätetischen Zwecken wird schließlich auch *Malzextrakt*, vornehmlich mit Zusätzen von Eisen- und Calciumsalzen, von Lecithin oder Vitaminen, verwendet. Er unterscheidet sich in Herstellung und Zusammensetzung nicht von den allgemein gebräuchlichen Erzeugnissen (vgl. H. Viermann, Kap. Malzextrakt, dieser Band).

III. Diabetiker-Lebensmittel

Das Wesentliche der Zuckerkrankheit besteht in einer Störung des Kohlenhydratstoffwechsels, die durch die Unfähigkeit der Körperzellen zur physiologischen Dissimilation der Kohlenhydrate bedingt ist. Daher ist die Voraussetzung jeder Diabetesbehandlung eine sorgfältig festgelegte Diät, die häufig allein genügt, daß ausreichende Kohlenhydratmengen für die normalen Lebensvorgänge verbrannt werden. Da die richtig zusammengesetzte Ernährung des Zuckerkranken die Voraussetzung für seine Leistungsfähigkeit und Lebenserwartung ist, muß das dem Einzelfall angepaßte Verhältnis der Hauptnährstoffe Kohlenhydrate, Fett und Eiweiß und der lebensnotwendigen Wirkstoffe eingehalten werden. Dabei wird heute der exakten Berechnung der zulässigerweise verzehrten Menge an Kohlenhydraten größere Bedeutung beigemessen als dem Bestreben, sie besonders niedrig zu halten (K. Mellinghoff 1952).

Um dem Zuckerkranken die Berechnung der von ihm täglich zu verzehrenden Lebensmittelmengen unter Berücksichtigung der erlaubten Kohlenhydratzufuhr zu erleichtern, hat man in Deutschland und Österreich eine besondere Maßeinheit eingeführt, die sog. Broteinheit (BE) oder „Zulage". Darunter wird die Kohlenhydratmenge verstanden, die im Stoffwechsel 12 g D-Glucose entspricht. Durch diese weithin übliche Einheit soll der Austausch der verschiedenen Kohlenhydrate bzw. kohlenhydrathaltigen Lebensmittel untereinander erleichtert werden.

Die Getreideerzeugnisse zählen als Kohlenhydratträger und Kalorienspender für den Gesunden zu den wichtigsten Lebensmitteln. Sie bilden daher auch die Grundlage der Diabetikerkost. Dabei gilt dem Brot als einem der ältesten zubereiteten Nahrungsmittel der Menschheit besondere Aufmerksamkeit. Früher bevorzugte man besondere *Diabetikerbrote*, in denen der Kohlenhydratgehalt durch Erhöhung des Eiweißanteils und oft auch des Fettgehaltes stark gesenkt ist. Kohlenhydratarme Brotsorten werden durch Verbacken von Soja- und Erdnußmehl oder von eiweißreichen Teilen des Getreidekorns — des Klebers und der Aleuronschicht — erhalten. Ein solches mit Kleber angereichertes Brot ist *Luftbrot*, ein halbes, großporiges Dauergebäck mit geringem Wassergehalt, von dem ein Stück 30 g wiegt und mit $3/4$ BE (Broteinheit) anzusetzen ist, während *Aleuronatbrot* ein Diabetiker-Weißbrot ist, dessen Mehl mit pflanzlichem Eiweiß angereichert wird (R. Wenger 1963). Die Verordnung über diätetische Lebensmittel in der Fassung vom 22. XII. 1965 (BGBl. I S. 2140) verlangt vom Diätbrot für Diabetiker, daß es um mindestens drei Zehntel weniger an den Insulin-Stoffwechsel belastende Kohlenhydrate enthält als vergleichbare übliche Brotsorten. Belastende Kohlenhydrate sind D-Glucose, Invertzucker, Disaccharide, Stärke und Stärkeabbauprodukte.

Die moderne Diabetologie hält neben der Kohlenhydratmenge, die der Zuckerkranke täglich zu sich nimmt, die Geschwindigkeit für besonders bedeutungsvoll,
mit der einzelne Speisen bei der Verdauung die aus ihnen gebildeten Zucker an den
Körper abgeben. Je langsamer der Zucker aus den verzehrten Lebensmitteln frei
wird, um so besser wird er vertragen (K. MELLINGHOFF 1952). Daher werden Diabetikerbrote heute für überflüssig gehalten. Statt dessen werden Vollkornbrote
empfohlen, die im Darm verhältnismäßig langsam abgebaut werden (A. ROTSCH
1964). Im Rahmen der vorgeschriebenen täglichen Kalorienmenge und des zulässigen Kohlenhydratanteils seiner Nahrung wird dem Diabetiker auch erlaubt,
gebräuchliche Brotsorten in mehreren Haupt- und Zwischenmahlzeiten zu sich zu
nehmen, um den Verdauungsorganen Zeit zur Resorption zu lassen. Deshalb ist es
für den Diabetiker wichtiger, über die Zusammensetzung des verzehrten Brotes
unterrichtet zu werden, als besondere, auf seine Stoffwechsellage eingestellte Brotsorten zu erhalten, die möglicherweise wenig schmackhaft sind.

Wichtiger als Diabetikerbrote sind die für Diabetiker bestimmten Feinback-
waren, die ebenso wie Brot um 30% weniger an den Stoffwechsel belastende
Kohlenhydrate enthalten müssen als vergleichbare übliche Backwaren. An Stelle
der Zucker dürfen dabei als Austauschstoffe Fruchtzucker oder die Zuckeralkohole
Sorbit, Mannit und Xylit verwendet werden. Diese physiologisch bedingte Vor-
schrift stellt an den Hersteller besondere Anforderungen, weil die zugelassenen
Zuckeraustauschstoffe teils wegen ihrer Hygroskopizität — z. B. Fructose oder
Sorbit —, teils wegen ihrer nachteiligen geschmacklichen Auswirkung — z. B.
Saccharin — backtechnische Schwierigkeiten mit sich bringen (vgl. auch A.
ROTSCH, Kap. Backwaren, dieser Band). In Backwaren werden die Kohlenhydrate
häufig durch Mandeln, Nüsse und Sojaprodukte ersetzt. Diese eiweißreichen
Samen sind jedoch wegen ihres Fettgehaltes ernährungsphysiologisch unerwünscht.
Entölte Produkte sind für die menschliche Ernährung nur aus Sojabohnen bekannt,
so daß hier z. Z. noch ein Engpaß vorliegt. Als Austauschstoffe für die den Insulin-
Stoffwechsel belastenden Kohlenhydrate kommt weiter Inulin in Betracht, ein
Kohlenhydrat, das bei der hydrolytischen Spaltung durch Säure oder Fermente
in Fructose zerfällt. Fructose belastet in gewissen Grenzen den gestörten Stoff-
wechsel des Diabetikers nicht.

Für Gebäcksorten, die den Anforderungen an Diabetikerbackwaren entsprechen, ist nachstehende Zusammensetzung mitgeteilt worden (A. ROTSCH 1964):

	Christstollen 1		Christstollen 2		Sandkuchen	
	Vergleich %	Diabetiker-stollen %	Vergleich %	Diabetiker-stollen %	Vergleich %	Diabetiker-gebäck %
Wasser	8,9	21,5	21,6	21,7	14,0	20,2
Asche	0,89	1,15	0,91	1,16	0,41	1,14
Protein	7,8	16,3	10,7	16,5	7,29	12,0
Fett	18,4	28,4	25,6	26,5	23,4	32,7
Rohfaser	0,9	2,9	2,4	3,2	0,32	1,40
Ges.-Kohlenhydrate (Differenzmethode) . .	63,1	29,8	38,8	30,9	54,6	32,6
Stärke (pol.)	27,8	25,2	31,8	23,0	26,9	17,3
red. Zucker	30,0	1,6	6,3	2,0	0,6	0,3
davon Fructose	15,3	1,7	3,3	1,6	—	—
Saccharose	2,1	0,3	0,8	—	29,2	1,1
Sorbit	—	4,5	—	4,3	—	13,9
Kalorien (in 100 g) . . .	462	453	441	441	471	487
Gebäckmenge (in g) entspr. 1 BE	19	47	31	45	22	64

IV. Chemische Untersuchung

1. Allgemeines

Während in der Diätetik bis etwa zur Jahrhundertwende die energetische Betrachtungsweise — wie Kalorienbedarf, Brennwert der Nährstoffe und ihre Ausnutzbarkeit — im Vordergrund stand, stellen die neueren Erkenntnisse der Ernährungslehre qualitative und quantitative Gesichtspunkte in den Vordergrund. Die zur Beurteilung diätetischer Getreideerzeugnisse erforderliche chemische Untersuchung muß sich daher auf Nachweis und quantitative Ermittlung der Anteile erstrecken, die für die Beurteilung der diätetischen Eigenschaften bedeutsam sind. Die Untersuchungsverfahren entsprechen dabei weitgehend den bei gebräuchlichen Getreideerzeugnissen üblichen (vgl. die entspr. Kap. ,,Getreide und Getreidemahlprodukte", ,,Stärkemehle", ,,Brot und Backwaren" dieses Bandes). Das gilt insbesondere für die Bestimmung einzelner Nährstoffe, der Stärke und einzelner Zuckerarten.

Der Gesamtkohlenhydratgehalt wird meist mit hinreichender Genauigkeit als N-freier Extrakt aus der Differenz der Summe von Wasser, Asche, Fett, Protein und Rohfaser gegen 100 berechnet. Die direkte Bestimmung der Kohlenhydrate durch Hydrolyse mit verd. Salzsäure und reduktometrische Bestimmung der gebildeten Glucose ist wegen der entstehenden uneinheitlichen Spaltstücke unzuverlässig.

2. Sorbit-Bestimmung

Zur Bestimmung des Zuckeraustauschstoffes Sorbit neben Zucker — insbesondere auch in Getreideerzeugnissen — ist ein polarimetrisches Verfahren empfohlen worden (A. Rotsch u. G. Freise 1964), das die Eigenschaft der Polyalkohole ausnutzt, mit Ammoniummolybdat optisch aktive Komplexverbindungen zu bilden, die ein deutlich stärkeres Drehungsvermögen als die freien Alkohole besitzen.

Es werden 20 g der zerkleinerten, gegebenenfalls bei 60° C getrockneten Probe in einem 200 ml fassenden Meßkolben mit 150 ml Wasser geschüttelt, durch Zugabe von je 10 ml Carrez I- und -II-Lösung geklärt und zur Marke ergänzt. 50 ml des Filtrats werden mit 50 ml Wasser verdünnt. Weitere 50 ml des Filtrats werden in einem 100 ml fassenden Meßkolben mit 1 ml 2,5%iger Natriumnitritlösung, 4 g Ammoniummolybdat und 25 ml n-Schwefelsäure versetzt, mit Wasser zur Marke ergänzt. Beide Lösungen werden im 2 dm-Rohr bei 20° C polarimetriert. Aus der Differenz kann der prozentuale Sorbitgehalt mit Hilfe des Faktors 9,416 berechnet werden. Mannit und Xylit stören die polarimetrische Bestimmung; doch werden diese Zuckeraustauschstoffe z. Z. für Backwaren nicht verwendet.

3. Eisen-Bestimmung

Als spezielle Untersuchungsverfahren für diätetische Lebensmittel haben sich folgende, vom Verband der diätetischen Lebensmittelindustrie e.V. in Ringversuchen erprobte Methoden zur Eisen- und Natriumbestimmung bewährt, die insbesondere auch für diätetische Lebensmittel auf Getreidebasis geeignet sind.

Die Bestimmung von Eisen beruht auf der Bildung eines orangeroten Komplexes des Phenanthrolins mit Eisenionen bei pH von 2,5. Die Farbintensität ist proportional dem Eisengehalt und kann photometrisch ermittelt werden (H. Hänni 1952 sowie O.G. Koch u. G.A. Koch-Dedic 1964). Zur Bestimmung wird das Lebensmittel bei höchstens 600° C unter Zusatz von Magnesiumacetat im Muffelofen mineralisiert. Die weißgebrannte Asche wird in verd. Schwefelsäure gelöst, dreiwertiges Eisen mit Ascorbinsäure, Hydrochinon oder Hydroxylamin zu zweiwertigem reduziert und bei pH 2,5 mit 1,10-Phenanthrolin (o-Phenanthrolin) der rote Farbkomplex gebildet. Die photometrische Bestimmung erfolgt bei 508 nm.

4. Natrium-Bestimmung

Seit man erkannt hat, daß das Wesentliche der kochsalzarmen Diät in aller Regel auf einem Entzug der Natriumionen beruht und man etwa seit 1955 die natriumarme Kost als therapeutische Maßnahme eingeführt hat (F.A. Petzold 1964), ist eine laufende Natrium-Kontrolle der hier verwendeten Lebensmittel besonders wichtig. Die in der Lebensmittelanalytik üblichen flammenphotometrischen Methoden (vgl. Kap. „Flammenphotometrie" von W. Diemair u. K. Pfeilsticker in Bd. II/1 S. 361 ff.) werden auch für diätetische Lebensmittel empfohlen (W. Becker u. G. Zausch 1960). Dennoch wurde in Ringversuchen ein weniger aufwendiges, gewichtsanalytisches Verfahren in eingehenden Versuchsreihen als zuverlässig bestätigt.

Die Methode beruht auf der Fällung der Natriumionen mittels Magnesium-Uranylacetat (R. Fresenius 1940). Dazu werden die Lebensmittel vorsichtig verascht und aus der in Salzsäure gelösten Asche die störenden Phosphationen mit stark basischem Anionen-Austauscher abgetrennt. Sofern im Filtrat nicht mehr als 70 mg Kaliumionen vorliegen, wird das Natrium-Magnesium-Uranylacetat gefällt und nach dem Trocknen gewogen. Größere Kaliummengen müssen vorher entfernt werden (E. Hanssen u. W. Sturm 1966).

V. Hinweise für die lebensmittelrechtliche Beurteilung

Die besondere Bedeutung einer vom Arzt verordneten Diät für die Erhaltung oder Wiederherstellung der Gesundheit läßt zugleich den Wert der eigens als „diätetische Lebensmittel" vertriebenen Erzeugnisse für den Verbraucher erkennen. Es ist die wesentliche Aufgabe der am 22. XII. 1965 ergänzten (BGBl. I S. 2140) Verordnung über diätetische Lebensmittel vom 20. VI. 1963 (BGBl. I S. 415), die die Grundlage für die Beurteilung dieser Erzeugnisse bildet, nur solche Erzeugnisse zuzulassen, die es auf Grund ihrer qualitativen und quantitativen Beschaffenheit gestatten, jeweils die einer Abweichung von der körperlichen Norm angemessenen Ernährungsmaßnahmen zu treffen (K.H. Nüse 1966). Wenn in früheren Jahren das Einhalten der vom Arzt verordneten Diät an einer ausreichenden Kenntlichmachung der diätetisch bedeutsamen Bestandteile und an der Tatsache scheiterte, daß die Zusammensetzung der Erzeugnisse sich häufig änderte, erleichtert nunmehr die Standardisierung, die die Diät-Verordnung für Diabetiker-Lebensmittel, für Lebensmittel für Natriumempfindliche und für Säuglinge und Kleinkinder eingeführt hat, das Einhalten der Diätvorschriften des Arztes.

Die Diät-Verordnung definiert diätetische Lebensmittel als Erzeugnisse, die dazu bestimmt sind, einem diätetischen Zweck dadurch zu dienen, daß sie die Zufuhr bestimmter Nährstoffe oder anderer ernährungsphysiologisch wirkender Stoffe in einem bestimmten Mischungsverhältnis oder in bestimmter Beschaffenheit bewirken. Weitere Voraussetzung eines diätetischen Lebensmittels ist, daß es sich maßgeblich von anderen Lebensmitteln vergleichbarer Art unterscheidet und daß es ausschließlich für diätetische Zwecke hergestellt oder bearbeitet ist. Außerdem wird den diätetischen Lebensmitteln eine Sonderstellung eingeräumt, indem das Wort „Diät" den echten diätetischen Lebensmitteln vorbehalten bleibt und in Bezeichnungen, Aufmachungen oder sonstigen Angaben gewöhnlicher Lebensmittel auch in Wortverbindungen verboten ist. Die Diät-VO läßt weiter die zur Herstellung diätetischer Lebensmittel erforderlichen fremden Stoffe — jedoch keine künstlichen Farbstoffe oder Konservierungsstoffe — zu. So sind für diätetische Lebensmittel, die für Diabetiker und für die kalorienarme Diät bestimmt sind, neben dem Zuckeraustauschstoff Xylit die Süßstoffe Saccharin und die Cyclamate (Cyclohexylsulfaminsäure sowie Natrium- und Calciumcyclamat) zugelassen. Als Zuckeraustauschstoffe dürfen auch Fructose, Mannit, Sorbit und Xylit für Diätetika für Zuckerkranke verwendet werden, jedoch keine den Stoffwechsel belastenden Kohlenhydrate d-Glucose, Invertzucker, Disaccharide und Stärkesirup.

Diabetikerlebensmittel müssen außerdem in backfertigen Mischungen von Getreideerzeugnissen, in Brot, Backwaren und in Teigwaren um mindestens drei Zehntel, die sonstigen Lebensmittel (Bier vgl. Kap.) um mindestens die Hälfte weniger an belastenden Kohlenhydraten enthalten als vergleichbare Lebensmittel. Bei Lebensmitteln, die für Natriumempfindliche bestimmt sind, ist schließlich vorgeschrieben, daß sie im genußfertigen Zustand nicht mehr als 120 mg/100 g Natrium enthalten dürfen, wenn sie als „natriumarm" bezeichnet werden. Als „streng natriumarm" bezeichnete Lebensmittel dürfen nicht mehr als 40 mg/100 g Natrium enthalten.

Besondere Anforderungen sind in der Diät-Verordnung auch für die für Säuglinge bestimmten Lebensmittel sowie für diätetische Lebensmittel für Säuglinge und Kleinkinder vorgeschrieben. Sie dürfen keine Rückstände an Pflanzenschutz-, Schädlingsbekämpfungs- oder Vorratsschutzmitteln enthalten. Die in ihnen enthaltenen Getreideanteile müssen frei von Rückständen an Schleif- und Poliermitteln sowie von groben Spelzenanteilen sein. An in Salzsäure unlöslichen mineralischen Bestandteilen dürfen sie nicht mehr als 0,1 % enthalten. Von Backwaren für Säuglinge und Kleinkinder wird verlangt, daß sie nach dem Backprozeß an wasserlöslichen Kohlenhydraten, die durch den Stärkeabbau im Back- und Röstprozeß sowie durch enzymatischen Abbau entstanden sind, nicht weniger als 12 % enthalten. Säuglings- und Kleinkindernahrungen, die unter Verwendung von Milch, Milcherzeugnissen oder Milchbestandteilen hergestellt sind, müssen zusätzlich bestimmten bakteriologischen Anforderungen genügen.

Die in der Verordnung über diätetische Lebensmittel niedergelegten Anforderungen beruhen weitgehend auf Beurteilungsrichtlinien, die von Herstellerseite zusammen mit Vertretern der amtlichen Lebensmittelüberwachung 1957 vereinbart waren. In diesen Richtlinien wurde zur Beurteilung von Kindernährmitteln aus Getreide außer den in die Verordnung übernommenen Anforderungen verlangt, daß Grieß sowie Hafer-, Gerste- und Reiserzeugnisse als Kindernährmittel durch eine zusätzliche müllereitechnische Behandlung sorgfältig gereinigt sowie durch eine besondere Nachbehandlung *ohne* chemische Mittel von Schädlingen befreit sein müssen (z. B. Entoleter, Kälte- oder Hitzesterilisation). Ein für Zwiebackmehl verwendetes Gebäck muß einem doppelten Backvorgang unterworfen sein, während eine besondere Lockerung für dieses Gebäck nicht erforderlich ist. Diese Anforderungen dürften als redlicher Handelsbrauch auch heute noch beachtenswert sein.

Weitere Einzelheiten zur lebensmittelrechtlichen Beurteilung diätetischer Getreideerzeugnisse, insbesondere über Packungszwang und Kennzeichnungsvorschriften, müssen dem Wortlaut der Verordnung und den bekannten lebensmittelrechtlichen Kommentaren entnommen werden.

Bibliographie

FRESENIUS, R., u. G. JANDER: Handbuch der Analytischen Chemie. Teil 3, Bd. Ia, S. 25 u. 68. Berlin-Göttingen-Heidelberg: Springer 1940.

Grüne Liste, Verzeichnis diätetischer und diätgeeigneter Lebensmittel. Hrsg. vom Verband der Diätetischen Lebensmittelindustrie e.V., Aulendorf: Editio Cantor 1963.

HEUPKE, W.: Diätetik. Die Ernährung des Gesunden und des Kranken, S. 137 ff. Dresden-Leipzig: Theodor Steinkopff 1950.

KOCH, O.G., u. G.A. KOCH-DEDIC: Handbuch der Spurenanalyse, S. 544—547. Berlin-Göttingen-Heidelberg: Springer 1964.

MELLINGHOFF, K.: Diätetik. In: Die Ernährung, S. 269. Hrsg. von K. LANG u. R. SCHOEN. Berlin-Göttingen-Heidelberg: Springer 1952.

NÜSE, K.H., u. R. FRANCK: Diätetische Lebensmittel. In: Deutsches Lebensmittelrecht, Bd. III, S. 422 ff. Hrsg. von HOLTHÖFER-JUCKENACK-NÜSE. Berlin-Köln-Bonn-München: C. Heymanns Verlag 1966.

Petzold, F. A.: Natriumarme Kost. In: Lehrbuch der Krankenernährung, S. 234 ff. Hrsg. von C. R. Schlayer u. J. Prüfer. München-Berlin: Urban & Schwarzenberg 1964.
Schenck, E. G.: Ernährungs- und Verpflegungslehre. In: Lehrbuch der Krankenernährung, S. 3 ff. Hrsg. von C. R. Schlayer u. J. Prüfer. München-Berlin: Urban & Schwarzenberg 1964.

Zeitschriftenliteratur

Becker, W., u. G. Zausch: Natrium-, Kalium- und Calcium-Tabellen von Lebensmitteln. Dtsch. med. J. **11**, 552—560 (1960).
Hänni, H.: Eine allgemein anwendbare Methode zur Bestimmung von Kupfer und Eisen in Milch und Milchprodukten. Mitt. Lebensmitteluntersuch. Hyg. **43**, 357—369 (1952).
Hanssen, E., u. W. Sturm: Bestimmung von Natrium in Lebensmitteln. Dtsch. Lebensmittel-Rdsch. **62**, 261—266 (1966).
Letzig, E.: Beitrag zur Frage der diätetischen Wirkung von Hafererzeugnissen. Z. Untersuch. Lebensmittel **92**, 170—178 (1951).
Rotsch, A.: Untersuchung und Beurteilung von Diabetikerfeinbackwaren. Brot u. Gebäck **18**, 61—65 (1964).
—, u. G. Freise: Über die quantitative Bestimmung von Sorbit in Backwaren. Dtsch. Lebensmittel-Rdsch. **60**, 343—344 (1964).
Wenger, R.: Zur Verwendung von Brot in Ernährung und Diätetik. Brot u. Gebäck **17**, 56—60 (1963).

Teigwaren

A. Rohstoffe, Herstellung, Veränderungen

Von

Dr. ANITA MENGER, Detmold

I. Allgemeines

1. Begriffsbestimmungen

Ganz allgemein versteht man unter Teigwaren kochfertige, gut lagerfähige Erzeugnisse aus stärkereichen, proteinhaltigen Pflanzenmahlprodukten, die nach Anteigen mit Wasser (evtl. unter Zugabe von Ei, Kochsalz, Milch, Casein, Trockenkleber, würzenden oder färbenden Stoffen usw.) durch Walzen oder Pressen verschiedenartig geformt und dann getrocknet werden, ohne die Masse einem Gär- oder Backprozeß zu unterwerfen.

Im Gegensatz zu Europa und Überseegebieten mit überwiegend europäischer Einwanderertradition, wo Teigwaren fast ausschließlich aus Weizen hergestellt werden, verwendet man in Süd- und Ostasien vielfach Reis, in Japan außerdem Buchweizen, in weiteren Ländern u. a. Maniokwurzeln, Kastanien, Gerste, Hirsearten oder Mais. In einigen Entwicklungsländern werden entfettetes Erdnußmehl, entfettetes Sojamehl und Kichererbsenmehl als proteinreiche Mischungsbestandteile mitverarbeitet.

Historisch ist es interessant, daß der Ursprung der Teigwarenherstellung entgegen der landläufigen Meinung nicht in Italien, sondern in asiatischen Ländern zu suchen ist. Dort läßt sie sich mehrere tausend Jahre zurückverfolgen, bis auf die primitiven Anfänge der Bereitung von getrocknetem Brei oder Teig als Dauernahrung. Teigwaren im weitesten Sinn sind demnach der Menschheit schon länger bekannt als gelockertes Brot. Als erste sollen deutsche Handelsleute im Mittelalter das Prinzip der Nudelmacherkunst, besonders in der Form der Eierwarenherstellung, von ihren Reisen zu östlichen Völkern nach Europa mitgebracht haben. Jedoch nicht sie gelangten dadurch zu Ruhm, sondern Marco Polo, der in China Geschmack an Teigwarengerichten gefunden hatte und mit seinen Berichten den Anstoß zur weiteren Verbreitung dieser Spezialität in Italien gab; zu dieser Zeit (um 1300) verstand man sich nördlich der Alpen über die häusliche Zubereitung hinaus bereits auf das handwerkliche Nudelmachen. Die deutsche Vorliebe für Eierteigwaren entspricht also alter Tradition. Erst gegen Ende des 18. Jahrhunderts, mit dem Aufkommen größerer ,,Manufakturen'', begannen die (eifreien) italienischen Teigwaren ihren durch die vorteilhaften Klima- und Rohstoffverhältnisse Italiens begünstigten Siegeszug. Aus einem Luxusgut für Wohlhabende wandelten sie sich in dieser Zeit zur täglichen Kost der kleinen Leute, wobei zu bemerken ist, daß Teigwaren die teuren Gemüse und nicht etwa das Brot zu ersetzen bestimmt waren. Die anspruchsvollere Eierware gewinnt in Italien erst neuerdings mehr Anhänger, und zwar vor allem in den wirtschaftlich am besten entwickelten nördlichen Landesteilen. Zur geschichtlichen Entwicklung vgl. D. MALOUIN (1769), A. MAURIZIO (1926), CH. RENAUDIN (1951), CH. HUMMEL (1951), G. PORTESI (1957), G. GALLO (1962), V. AGNESI (1963), A. MENGER (1963b).

Nach der Teigwaren-Verordnung vom 12. November 1934 sind Teigwaren ,,kochfertige Erzeugnisse, die aus Weizengrieß oder Weizenmehl von nicht höherer Ausmahlung als 70 Hundertteile, mit oder ohne Verwendung von Ei, durch Einteigen ohne Anwendung eines Gärungs- oder Backverfahrens sowie durch Formen und Trocknen bei gewöhnlicher Temperatur oder bei mäßiger Wärme hergestellt werden. Den Teigen wird bisweilen auch Speisesalz (Steinsalz, Siedesalz) zugesetzt."

Zu den Teigwaren gehören auch Teigwaren besonderer Art wie Milch-Teigwaren, Gemüse- und Kräuter-Teigwaren, Kleberteigwaren, Lecithin-Teigwaren, Vollkorn-Teigwaren u. a. Die Anforderungen an diese heute bedeutungslosen Arten finden sich in § 2 der Teigwaren-VO.

Nach der Teigwaren-VO werden weiter unterschieden je nach der Verwendung von Ei: Eier-Teigwaren und eifreie Teigwaren, nach der Art des verwendeten Weizenrohstoffes: Grieß-Teigwaren, Hartgrieß-Teigwaren und Mehl-Teigwaren, nach der äußeren Form z. B. Nudeln (Band-, Schnitt- und Fadennudeln), Spätzle, Makkaroni, Spaghetti.

2. Wirtschaftliches

Der Teigwarenverbrauch hält sich in der Bundesrepublik Deutschland seit längerem mit geringen Schwankungen bei rund 3—3,5 kg pro Kopf und Jahr (Italien 30 kg, Frankreich 6,1 kg, Benelux 2,1 kg). 1961 betrug die Inlandproduktion 186 290 t, von denen 2044 t exportiert wurden. Dem stand ein Import von 5447 t gegenüber, vorwiegend aus Italien und Frankreich. Im Rahmen der zunehmenden Handelsverflechtung im EWG-Raum ist mit weiterhin steigender Importtendenz und entsprechend erhöhter Bedeutung aller lebensmittelrechtlichen Überprüfungsmaßnahmen zu rechnen.

Obwohl die Teigwaren-VO vom 12. November 1934 die Verwendung von Weichweizen (*Triticum vulgare, Triticum aestivum*) oder Hartweizen im Sinne von Durumweizen (*Triticum durum*) rein oder in Mischung ausdrücklich zur Wahl stellt und nur die jeweilige Kenntlichmachung genau regelt, einigte sich die Teigwarenindustrie der Bundesrepublik Deutschland im Jahre 1958 darauf, für den Inlandmarkt bis auf weiteres allein Durummahlprodukte zu verarbeiten. Zahlreiche handwerkliche Betriebe in Süddeutschland stellen aber noch Weichweizenteigwaren her und zwar vielfach als Frischeiware.

Der Anreiz, „Durumteigwaren" mit Weichweizenrohstoffen zu verfälschen, steht und fällt mit der Preisrelation der beiden Weizenarten. Unter dem Subventionssystem der Bundesrepublik Deutschland sind solche Fälle nach dem 2. Weltkrieg bezeichnenderweise nicht mehr bekannt geworden, während sie in Frankreich und Italien nach wie vor eine große Rolle spielen. Wenn jedoch unsere Durumsubventionierung im Zuge der EWG-Vereinbarungen einmal aufgehoben wird und der Durumpreis nennenswert über den Preis von Weichweizen ansteigt, ist mit Verfälschungen erneut zu rechnen.
In der Bundesrepublik Deutschland entfallen 80—85% der Gesamtproduktion auf Eierteigwaren, die überwiegend mit Trockeneigelb hergestellt werden. Daneben wird auch Gefriereigelb in wechselnden Mengen verwendet. Der mitunter sprunghafte Wechsel in der Rohstoffwahl — Hühnerei/Entenei, Trockenei/Gefrierei, USA-Ware/China-Ware usw. — hängt meist mit Schwierigkeiten der Marktlage zusammen. Dies wiederum mag das Auftreten oder Verschwinden von Unregelmäßigkeiten mit sich bringen, wie das Einschleppen von synthetischem β-Carotin, das Verfälschen von Trockeneigelb und das Strecken von Gefriereigelb mit Weißei, was zu analytischen Abweichungen bei der Eigehaltsermittlung führen kann.

II. Rohstoffe

1. Getreidegrundlage

In unseren Breiten bilden Weizenmahlprodukte, und zwar überwiegend Grieß und Dunst, den Hauptrohstoff für die Teigwarenherstellung. Weizenmehl wird bei normaler Wirtschafts- und Versorgungslage nur wenig verwendet. Technologisch günstig sind harte, glasige, proteinreiche Weizen mit hohem Gehalt an gelben Pigmenten und geringer bis mittlerer Kleberqualität. Die müllerisch erzielbare Grießausbeute steigt mit der Kornhärte bzw. der Glasigkeit an und diese stehen ihrerseits zu dem Proteingehalt in positiver Beziehung. Aber auch für die Teigwarenproduktion ist ein höherer Proteingehalt in den Rohstoffen erwünscht, da er die Teigbildung erleichtert, das Verhalten in der Presse und während der Trocknung vorteilhaft beeinflußt und die Kocheigenschaften der Fertigware entscheidend mitbestimmt. Für die Bewertung der Weizenmahlprodukte ist darüber hinaus ihr Pigmentgehalt und die Pigmentstabilität sowie die Zahl dunkler Stippen bei sonst gleichen Bedingungen ausschlaggebend.

Diesen Qualitätsanforderungen entsprechen in erster Linie die wärmebedürftigen Weizen der Art *Triticum durum*, die sog. Durumweizen. Doch können manche Sorten bzw. Herkünfte der Art *Triticum aestivum*, beispielsweise die nordamerikanischen „hard red winter"-Weizen, dem Durummaßstab recht nahe kommen, während andererseits nicht jeder genetisch echte Durumweizen als Teigwarenrohstoff geeignet ist. Die deutschen Inlandweizen (*Triticum aestivum*) bilden allerdings schon aus klimatischen Gründen — durchschnittlich zu kühle und feuchte Sommer — nur in den seltensten Fällen eine die Grießmüllerei befriedigende Kornstruktur aus. Auch im Pigmentgehalt bleiben sie weit zurück.

a) Durumrohstoffe

α) Kornmaterial

Rein äußerlich zeichnen sich Durumweizen im allgemeinen durch ein langgestrecktes Korn mit fast dreieckigem Querschnitt und offener Furche aus. Die Farbe ist bernsteingelb (Amber Durum) bis rötlich (Red Durum), der Glasigkeitsgrad hoch. Roter Durum ist als Teigwarenrohstoff nicht erwünscht, ebenso Amber Durum mit zu hohem Anteil an mehligen Körnern oder unbefriedigendem Pigmentgehalt.

Von Weizen der Art *Triticum aestivum* läßt sich Durumweizen eindeutig nur an der Chromosomenzahl unterscheiden, wobei allerdings zu beachten ist, daß in Durumkreuzungen zumeist die Chromosomenzahl des Durumelters dominiert. In Italien gewinnen solche Kreuzungen wegen ihrer höheren Ertragsleistung zunehmend an Bedeutung. *Triticum durum* besitzt 14 Chromosomenpaare ($2n = 28$), *Triticum aestivum* 21 ($2n = 42$). Alle morphologischen und biochemischen Verschiedenheiten sind mehr oder weniger graduell und daher zur sicheren Klassifizierung wenig geeignet. Auch der z. Z. am aussichtsreichsten erscheinende Weg, nämlich die Identifizierung der beiden Weizenarten anhand gewisser Besonderheiten der Lipid- bzw. Sterinfraktion, ist nicht frei von Unsicherheiten. Hellschalige Aestivumweizen-Körner in Durumpartien sind im allgemeinen aufgrund ihrer Dunkelfärbung mit Phenollösung nachweisbar (M. MATVEEF 1964).

Durumweizen benötigt warmes, verhältnismäßig trockenes Klima und eine gute Stickstoffversorgung aus dem Boden, wenn sich die genetischen Anlagen im Erntegut optimal manifestieren sollen. Ungünstige Wachstumsbedingungen können seinen Wert als Teigwarenrohstoff entscheidend beeinträchtigen.

Die wichtigsten Durumanbaugebiete liegen in Nordamerika (Kanada, USA), Südamerika (Argentinien), Südeuropa (u. a. Südrußland, Griechenland, Ungarn, Italien, Spanien), sowie in den südlichen und östlichen Randgebieten des Mittelmeeres (Marokko, Algerien, Tunesien, Israel, Syrien, Cypern, Türkei). Auch in Südfrankreich wird etwa seit der Loslösung der früheren Territorien in Nordafrika Durumweizen mit steigendem Erfolg angebaut. Österreich bemüht sich neuerdings im pannonischen Gebiet um eine einheimische Durumerzeugung. Von der Weltweizenproduktion entfallen aber alles in allem nur 5—10 % auf Durumweizen.

Da in Deutschland kein Durumweizen gedeiht, muß der gesamte Bedarf der Teigwarenindustrie durch Einfuhren gedeckt werden. Sie kommen zum größeren Teil aus Kanada, USA und Argentinien, ergänzt durch Partien aus dem Mittelmeerraum; russischer Durumweizen gelangt im Gegensatz zu früher nur noch selten auf unseren Markt. Die einzelnen Herkünfte haben ihre charakteristischen Eigenheiten:

Kanada-Durum zeichnet sich in der Regel durch große Körner, sehr hohen Protein- und Pigmentgehalt und gute Pigmentstabilität (d. h. geringe Lipoxydaseaktivität) aus. Der Kleber ist sehr weich und dehnbar. USA-Durum ist mit Kanada-Durum der Abstammung nach eng verwandt und besitzt daher vielfach ähnliche Eigenschaften. Das Angebot ist jedoch weniger einheitlich. Argentinischer „Teigwarenweizen", sog. Taganrock und Candeal, umfaßt außer

Triticum durum auch den ihm genetisch nahestehenden *Triticum polonicum* (ebenfalls 2 n = 28). Diese Sorten enthalten Erbgut aus russischen und italienischen Durumweizen. Ihr Kleber ist im allgemeinen deutlich kürzer, die Pigmentierung nicht so klargelb wie bei den nordamerikanischen Herkünften, sondern schwach braunstichig. Im Mittelmeerraum ist dagegen eine Vielzahl von Typen nebeneinander anzutreffen. Die bekanntesten italienischen Sorten, die z. T. auch in anderen Mittelmeerländern nachgebaut oder eingekreuzt werden, besitzen beispielsweise eher kurzen bis kurz-elastischen Kleber und einen vergleichsweise niedrigen gelben Pigmentgehalt. Außer allen möglichen Zwischenformen finden sich in diesem Gebiet aber auch einheimische Land- oder Zuchtsorten, die in ihren Eigenschaften weitgehend dem nordamerikanischen Typ ähneln (J. Svenson 1955; C. Maliani u. Mitarb. 1964, EWG-Studie 1965).

β) Mahlprodukte

Beim Vermahlen von Durumweizen in den maschinell dafür besonders eingerichteten „Hartgrießmühlen" fallen grobe, mittlere und feine Grieße in einer Gesamtausbeute von rund 65 % an.

Sie werden in der Mühle üblicherweise je nach dem Feinheitsgrad mit Buchstaben bezeichnet, und zwar in der Reihenfolge abnehmender Korngrößen und im Prinzip auch abnehmender Endospermreinheit mit GG, MG, SSSE, SSS, SS, S und Dunst (in Frankreich „semoule fine")·

Diese Bezeichnungsweise der Grieße ist französischen Ursprungs und symbolisiert mit der Größenabstufung zugleich auch eine im Reinheitsgrad begründete Wertabstufung. So steht beispielsweise S für semoule = gewöhnlicher Grieß, SS für semoule superieure = Grieß besserer Qualität, SSSE für semoule double superieure extra = Grieß besonders guter Qualität. Die Teigwarenindustrie, die früher grobe Grieße bevorzugte, nimmt als Folge der Umstellung auf die modernen kontinuierlichen Produktionsverfahren heute nur noch mittlere bis feine Grieße ab.

Die mittleren Durumgrieße laufen unter der Sammelbezeichnung SSSE, während die Feingrieße, etwa SS bis S entsprechend, in der Bundesrepublik Deutschland bis 1966 als Hartdunst oder Durumdunst bezeichnet worden sind. Feinere, nicht körnige sondern „griffige" Dunste aus Durumweizen werden in der deutschen Teigwarenindustrie nicht geschätzt. In der Praxis hat sich in den letzten Jahren für SSSE-Grieße ein Körnungsbereich von 0,225—0,624 mm eingespielt, während Feingrieße zwischen 0,150 und 0,473 mm liegen. Falls zur Überprüfung der Granulation ein Einheitssiebverfahren eingeführt werden sollte, müßten anstelle der jetzt in den Betriebslaboratorien üblichen Naturseide- oder Kunstfaserbespannungen auf den Analysensieben Drahtgewebe für Prüfsiebungen nach DIN 4188 Verwendung finden, die nur mit wenigen, ausgewählten lichten Maschenweiten erhältlich sind. Als obere und untere Körnungsgrenzen bieten sich nach DIN 4188 für Grieß SSSE 0,630 mm und 0,200 mm, für Feingrieß 0,500 mm und 0,160 mm an. Der Feingutanteil („Mehlgehalt") sollte bei Grieß SSSE nicht mehr als 1 %, bei Feingrieß nicht mehr als 2—3 % betragen, wenn 50 oder 100 g 3 min lang von Hand auf 200 mm-Rundrahmen nach der Vorschrift für Kontrollsiebungen in den VDI-Richtlinien 2031 vom Oktober 1962 gesiebt werden. Die EWG-Normen werden hiervon z. T. abweichen (A. Menger 1965 b, 1966 a).

Die Teigwarenhersteller legen auf die Begrenzung des Mehlanteiles besonderen Wert. Zwar hat sich die Ansicht, daß das Feingut die Qualität der Fertigware nach Aussehen und Kochverhalten ernstlich beeinträchtigt, bei exakten Versuchen mit Zusätzen bis zu 10 % nicht bestätigt (A. Menger 1963 a), doch können die feinsten Fraktionen im Verarbeitungsgang anderweitig stören, z. B. durch Ablagerung am Siloauslauf oder im pneumatischen Rohstoffverteilersystem und bei der Teighydratation. Daneben spielen wirtschaftliche Überlegungen eine Rolle, denn der Preis von Durummahlprodukten steigt mit der Körnungsgröße von den als Nebenerzeugnis anfallenden Durummehlen über Dunst zu Grieß nicht unerheblich an.

Gefordert werden von Grieß und Dunst eine möglichst harmonische und von Lieferung zu Lieferung gleichbleibende Granulation (Korngrößenverteilung), hoher Proteingehalt, hoher Gehalt an gelbem Pigment und gute Pigmentstabilität bei gleichzeitig geringer Neigung zu grau-bräunlichen Verfärbungen, niedrige Zahl dunkler und weißer Stippen (d. h. dunkler Korn-, Unkrautsamen- oder Fremdteilchen bzw. mehlig-weißer Endospermteilchen) sowie minimaler Gehalt an harten, scharfen Fremdteilchen anorganischer Art, sogenanntem Grit. Der Aschegehalt deutscher SSSE-Grieße hält sich in dem Bereich von 0,60—0,76 % i. Tr., der deutscher Feingrieße in dem Bereich von 0,75—ca. 1,0 % i. Tr. Er hängt nicht allein vom Ausmahlungsgrad, sondern auch vom Mineralstoffgehalt des Rohdurums ab. Der Gehalt an extrahierbarem Gelbpigment und Protein nimmt mit dem Ausmahlungsgrad zu und liegt daher bei Verbundvermahlung in den aschereicheren Durumdunsten im Durchschnitt etwas höher als in den ascheärmeren Mittel- und Feingrießen. Als gut gelten Grieße mit weniger als 14,5% Feuchtigkeit, etwa 14—16% (N · 6,25) oder 12,5—14,5% (N · 5,7) Rohprotein i. Tr., mehr als 0,4 mg/100 g Gelbpigment berechnet als β-Carotin i. Tr., und weniger als drei deutlichen dunklen Stippen pro dm². Zur Gewinnung und Beurteilung von Durummahlprodukten vgl. L. HOPF (1938), CH. RENAUDIN (1951), J. BURÉ u. J. CAUSERET (1962), M. MATVEEF (1963b, 1963c, 1963d), A. MENGER (1963a und b).

b) Weichweizenrohstoffe

α) Kornmaterial

Weizen der Art *Triticum aestivum* (Triticum vulgare) bilden in ihrer Mehrzahl gedrungene, bauchige bis eiförmige Körner mit gerundetem Querschnitt und ausgeprägter Furche aus. Die Kornfarbe ist je nach Sorte und Herkunft weißgelb bis bräunlich-rot, das Endosperm in der Regel mehlig. Nur wenige, vor allem nordamerikanische, Sortengruppen aus Kontinentalklimazonen werden bei meist hohem Proteingehalt auch glasig. Derartige Qualitäten liefern bei der Vermahlung zwar recht gute Grießausbeuten, doch sind die Eigenschaften dieser Grieße nicht mit denen von Durumgrieß identisch. Aus den mehligen, weicheren Aestivumweizen lassen sich gröbere Mahlprodukte nur in verhältnismäßig geringer Menge gewinnen. Zur Herstellung von Dunst und Feingrieß sind sie besser geeignet. Die Ausbeuten bleiben aber auf jeden Fall hinter denen harter, glasiger Weizen zurück.

β) Mahlprodukte

Rechtsverbindliche Vorschriften über die Beschaffenheit von Grieß und Dunst aus Weichweizen (Anforderungen bei Siebanalysen) finden sich in der 17. Durchführungs-VO zum Getreidegesetz (vom 24. November 1951) vom 21. Juli 1961 (Bundesgesetzblatt I, S. 1039, 1961).

Der Aschegehalt von Weichweizengrieß oder -dunst darf nach Handelsbrauch und in Übereinstimmung mit ihrer Definition als „weitestgehend von Schalen- und Keimgewebe befreiten Endospermprodukten" den der Weizenmehltype 550 (70% Ausmahlung entsprechend, Asche-Höchstwert 0,580% i. Tr.) nicht überschreiten.

Diese Aschegrenze war in den ersten beiden Fassungen der Durchführungs-VO zum Getreidegesetz noch enthalten. Sie wurde als bei normaler Wirtschaftslage selbstverständlich mit der 1. Änderung vom 23. April 1951 fallen gelassen, zur Vermeidung von Unzuträglichkeiten im Außenhandel jedoch in die Verordnung zu Änderung der Erstattungs-VO Getreide und Reis vom 19. März 1965 (Bundes-Anzeiger Nr. 55 vom 20. März 1965) in Artikel 1 wieder aufgenommen.

Grieße und Dunste aus Weichweizen sehen mit wenigen Ausnahmen weißlich bis hell kremfarben, aber nicht gelb aus, lassen wegen der meist dunkleren Kornfarben mehr Schalenstippen erkennen, sind ärmer an gelbem Pigment und an Rohprotein als Erzeugnisse aus Durumweizen — um nur die augenfälligsten Merkmale zu nennen. Als Teigwarenrohstoff sollten sie aus technologischen Gründen mindestens 10% (N · 5,7) bzw. 11% (N · 6,25), besser aber 11 bzw. 12% Protein i. Tr. enthalten.

Obwohl sich bei der derzeitigen Situation für deutsche Grieße aus Weichweizen einerseits und Durumweizen andererseits auf dem Papier ein „Aschegraben" bei 0,580—0,600% i. Tr. ergibt, ist hierauf eine analytische Unterscheidung nicht zu gründen. Mischungen aus aschereichen Durum- und aschearmen Weichweizenprodukten sind nämlich unschwer so abzustimmen, daß selbst 50% Weichweizenanteil den Aschewert nicht unter 0,600% i. Tr. drücken, Verfälschungen der wertvolleren Durumrohstoffe also an diesem Merkmal nicht erkennbar sind.

Weichweizenmehle werden zwar immer noch zur handwerklichen Herstellung von sogenannten Bäckernudeln mit Ei verwendet, aber nur in Ausnahmefällen und in Mangelzeiten zur industriellen Teigwarenproduktion herangezogen. Mehle sind auf Großanlagen mit kontinuierlichem Betrieb insgesamt schwieriger zu verarbeiten als Grieß oder Dunst. Infolge ihrer geringeren Fließ- bzw. Rieselfähigkeit neigen sie zur Brückenbildung und Ablagerung im Rohstofftransportsystem, wodurch Unregelmäßigkeiten in der Speisung der Mischtröge auftreten können. Bei der Teigbereitung nehmen Mehle wohl rasch und begierig Wasser auf. Gerade deshalb wird jedoch die Mischung anfänglich ungleich stark durchfeuchtet und die Zugußflüssigkeit verteilt sich auch im weiteren Verlauf des Mischens und Knetens nur zögernd mit befriedigender Gleichmäßigkeit in der Teigmasse.

Der Feuchtigkeitsbedarf zum Herstellen eines plastisch-geschmeidigen Teiges ist um so größer und die Verteilungszeit um so länger, je weniger Protein das Mehl enthält und je geringer die Hydratationsbereitschaft des Klebers ist. Das gilt sinngemäß auch für Dunst und Grieß und erklärt, warum Weichweizenteige im allgemeinen mehr Zugußflüssigkeit benötigen als Durumteige.

Alle Teigwarenrohstoffe aus Weichweizen sollten bei normaler Wirtschaftslage zu nicht mehr als etwa 70% ausgemahlen sein, d. h. höchstens der Type 550 entsprechen, und reichlich Protein enthalten. Mit stärker ansteigendem Ausmahlungsgrad verschlechtern sich die technologischen Eigenschaften, die Fertigware wird unansehnlich und ihre Verzehrseigenschaften leiden. Die äußerste Eignungsgrenze von Weichweizenmehl liegt für gepreßte Ware bei Type 630, für gewalzte Ware bei Type 1050, während Grieß und Dunst aus Weichweizen wegen der sonst zu hoch werdenden Zahl an Schalen- und Keimstippen bereits mit Type 550 am Rand der Verwendbarkeit stehen. Die besten Sorten, wie sie in niedriger Ausbeute neben Backmehl gewonnen werden, enthalten weniger als 0,4% i. Tr. Asche, bleiben also noch unter der Type 405.

Mit wenigen Ausnahmen ergeben Weichweizenrohstoffe Teigwaren, die selbst mit Eizusatz nach Aussehen, Kochbeständigkeit und Verzehrseigenschaften nicht an Durumware heranreichen.

Literatur über Weichweizen als Teigwarenrohstoff: G. Fabriani u. Mitarb. (1957); S. Visco u. Mitarb. (1958); J. Dauphin (1963); M. Matveef (1963a), EWG-Studie (1965), A. Menger (unveröffentlichte Arbeiten 1959—1965).

2. Eier und Eiprodukte

Die *Zugabe von Ei* verleiht den Teigwaren nicht nur eine ansprechendere Farbe, sie verfeinert auch das Aroma und den Geschmack, verbessert die Koch- und Verzehrseigenschaften und erhöht den Nährwert. Außerdem wirken sich Eibestandteile günstig auf die Beschaffenheit der Teige und ihr Verhalten im Produktionsprozeß aus. Der Zusatz kann in Form von Schalei (Frischei, Kühlhausei) oder von Eikonserven (konserviertes Ei, Gefrierei, Trockenei) erfolgen und aus Vollei- oder Eigelbmasse bestehen. Die Eimenge richtet sich nach der Kategorie der Teigwaren — mit normalem, hohem oder sehr hohem Eigehalt — und wird nach der Stückzahl an Eiern oder Dottern pro kg Getreiderohstoff (mit 14—15% Feuchtigkeitsgehalt) berechnet. Die Teigwaren-VO vom 12. November 1934 geht dabei von Hühnereiern mit mindestens 45 g Inhalt oder Dottern zu 16 g Gewicht aus.

Auf der Grundlage der als am zuverlässigsten geltenden *Umrechnungssätze* nach Viollier: 1 kg Volleipulver mit 5% Feuchtigkeit = 80 Eier zu 45 g Einhalt, 1 kg Trockeneigelb mit 5% Feuchtigkeit = 115 Eidotter zu 16 g (vgl. R. Viollier 1937; L. Acker u. W. Diemair 1957) sind von Trockenvollei je Stück 12,5 g, von Trockeneigelb je Dotter 8,7 g pro kg Getreiderohstoff zu verwenden. Anstelle von Hühnereiern dürfen entsprechende Mengen von pasteurisierten Enten- oder Gänseeiern verarbeitet werden. Bei Verwendung von Flüssigeigelb ist der Anteil an Weißei zu beachten, der bis zu 30% betragen kann (vgl. H. Viermann 1966).

Bei den an Eiprodukte als Teigwarenrohstoff zu stellenden *Qualitätsanforderungen* stehen neben Salmonellenfreiheit und einwandfreiem Geruch und Geschmack ein intensiv gelber, von Lieferung zu Lieferung nur wenig schwankender Farbton, sowie bei pasteurisierten Erzeugnissen ein möglichst geringer Denaturierungsgrad des Proteins obenan. Durch Fütterung der Legehennen mit carotinoidreichen Rohstoffen, wobei es vor allem auf das Xanthophyll in Grünmehlen und das Zeaxanthin in Gelb- und Rotmais ankommt, außerdem durch Zufütterung von Carotinoidkonzentraten, gelingt es die Dotterfarbe zu verstärken. Carotin selbst wird vom Tierkörper nicht in das Ei eingelagert.

Eine Standardisierung beispielsweise der Eipulverfarbe durch nachträglichen Carotinzusatz, wie sie in USA für manche Zwecke befürwortet wird, ist in der Bundesrepublik Deutschland unzulässig. Mit derartigen Eierzeugnissen hergestellte Teigwaren gelten als verfälscht.

a) Schalei

Schaleier, wozu neben frischen Eiern auch Kühlhauseier und konservierte Eier zählen, sind gegenwärtig nur für die in Süddeutschland noch verbreitete handwerkliche Teigwarenherstellung mit Vollei sowie für die industrielle Produktion von Spitzensorten „nach Hausmacher Art" von Bedeutung.

Wenn derartige Qualitäten als Frischeiteigwaren bezeichnet werden, dürfen nur Eier Verwendung finden, die die Voraussetzungen zur Führung der Handelsklassenbezeichnung „Deutsches Standardei" erfüllen, nicht aber Kühlhauseier oder konservierte Eier. Die Begriffe sind definiert in Anlage 1 zu § 1, Abs. 2 der Verordnung über Deutsches Standardei vom 1. September 1958.

Falsche Begriffsvorstellungen, vielleicht durch örtlichen Sprachgebrauch gestützt, auch das Wissen um andersartige Regelungen in Nachbarländern, haben jedoch in der Praxis bisweilen zu dem Irrtum geführt, daß Schalei und Frischei (im Sinn von Deutschem Standardei) einander gleichzusetzen seien. In der Schweiz wird beispielsweise die Herstellung von Frischeiteigwaren auch mit Gefrierei geduldet. Offenbar versteht man dort unter „Frischeiware" zunächst einmal mit flüssiger Eimasse bereitete Produkte, denen die Trockenvollei enthaltenden „Konserveneierteigwaren" gegenüberstehen. Vom Qualitätsstandpunkt aus hat die Einteilung in Flüssigei- und Trockeneiware insofern eine gewisse Berechtigung, als die erste Gruppe zumeist etwas günstigere Verzehrseigenschaften besitzt. Andererseits wird echte Frischeiware zu Recht höher bewertet als Kühlhaus- oder Gefriereiware, weil sie sich erfahrungsgemäß durch besonders volles und angenehmes Eiaroma auszeichnet.

b) Eidauerwaren

Gefrierei und Trockenei, seltener konserviertes Flüssigei, werden in der Teigwarenindustrie überwiegend als Gelbeiprodukte eingesetzt, obwohl sich die Eiklarkomponente des Volleies technologisch günstig auswirkt und offenbar auch den Geschmack vorteilhaft beeinflußt. Da aber die Teigwaren-VO das Verwenden von Vollei oder Dotter freistellt, gibt die Preiskalkulation den Ausschlag.

Das Argument, in Vollei seien die gelben Pigmente durch den Eiklaranteil prozentual vermindert, ist insofern nicht stichhaltig, als die Dosierung aller Eiprodukte nach Stückzahl vorgenommen wird. Es trifft jedoch zu, daß in manchen Partien das Verhältnis von Dotter- zu Eiklaranteil von Natur aus zuungunsten der Dottermenge verschoben ist, und hierauf mag das Vorurteil mancher Praktiker beruhen.

Andererseits enthalten die angebotenen Gelbeiprodukte nennenswerte Mengen von Weißei, da eine restlose Trennung der beiden Komponenten technisch schwer zu verwirklichen ist. Während man jedoch vor einigen Jahren mit nicht mehr als 15% Eiklar in handelsüblichem Eigelb rechnete, wurden neuerdings Partien mit weit höherem, bis zu etwa 30%igem Weißeigehalt auf dem Markt beobachtet (vgl. H. VIERMANN 1966). Bei der Dosierung des vorgeschriebenen Gelbeizusatzes ist dies zu beachten. Es empfiehlt sich daher, in Flüssigeigelb zur Kontrolle auch noch den Gehalt an löslichem Protein zu bestimmen (vgl. u. a. H. HADORN u. K. ZÜRCHER 1965).

Weitere Angaben über Eiprodukte findet man bei W. RAUCH „Eier" in Bd. III dieses Handbuches.

3. Sonstige Rohstoffe

a) Wasser

Das Anteigwasser muß die an Trinkwasser zu stellenden Anforderungen erfüllen und sollte mit Rücksicht auf die Kesselsteinbildung im Leitungssystem nicht hart sein oder eine Enthärtungsanlage durchlaufen. Vom technologischen Standpunkt aus bedeutet hartes Wasser dagegen keinen Nachteil.

b) Kochsalz

Bis zu 1% Kochsalz (natürlicher NaCl-Gehalt der Rohstoffe plus evtl. Zusatz) sind nach § 1, Abs. 1 und § 4, Abs. 3 der Teigwaren-VO in Teigwaren zulässig. Das Einarbeiten von 0,3—0,5% Speisesalz, im Zugußwasser bzw. in der Eisuppe gelöst, verbessert vielfach die rheologischen Eigenschaften des Teiges, macht die frisch ausgepreßten Teigwaren lederiger und weniger zum Kleben neigend, hält die Farbe klarer gelb, hebt den Geschmack und hat einen günstigen Einfluß auf das Kochverhalten der Fertigware. Kochen in Salzwasser ist gegenüber der Verwendung von Salz bei der Teigbereitung von sehr viel geringerer Wirkung auf die Koch- und Verzehrseigenschaften.

c) Andere Teigwarenzusätze

Außer diesen Grundbestandteilen gestattet die Teigwaren-VO je nach der Zweckbestimmung und den besonderen Produktionsbedingungen bei entsprechender Kenntlichmachung eine ganze Reihe weiterer Zusätze bei der Teigwarenherstellung, die jedoch alle nur begrenzte Bedeutung haben: Milch, Trockenkleber, Lecithin und Gemüse oder Küchenkräuter. Echte Diätprodukte, wie beispielsweise kohlenhydratarme Diabetikerteigwaren oder gliadinfreie Erzeugnisse für Zöliakie- und Spruekranke, dürfen bei Kenntlichmachung aber auch eine vom Üblichen ganz abweichende Rohstoffgrundlage besitzen und u. a. Sojamehl, entfettetes Erdnußmehl, Sojaprotein, Casein, Blutplasma, Maisprodukte, Reismehl, Kartoffelstärke, Tapiokamehl, stärkereiche Quellmehle, Fruchtkernmehl, Guar-Gum oder Carrageen (Irisch Moos-Extrakt) enthalten.

Da native Proteine, Quellstoffe aus der Klasse der Kohlenhydrate, Phosphatide, Monoglyceride sowie andere Verbindungen mit emulgierender und/oder auf die Bildung von Stärkekomplexen gerichteter Wirkung, weiterhin Stoffe, die die Wasseraufnahmefähigkeit und damit die Festigkeit des Weizenklebers verändern, sowohl das Verhalten der Teige im Herstellungsgang wie auch die Eigenschaften der Fertigware je nach den Umständen auf verschiedene Weise günstig zu beeinflussen vermögen, kommen Vertreter dieser Gruppe zuweilen in importierten Teigwaren vor. Vor allem ungewöhnliche Kochresistenz dünner Formate und begrenztes Nachquellen von Teigwaren in Dosenkonserven mit Soße legen die Vermutung nahe, daß spezielle — in der Bundesrepublik Deutschland evtl. unzulässige — Zusätze verwendet wurden. Ihr Nachweis stößt jedoch vielfach auf Schwierigkeiten, weil eine analytische Abgrenzung gegen strukturverwandte Getreide- oder Eibestandteile nicht immer möglich ist und die eingesetzten Mengen gering sind.

Die Mitverwendung von Spinat, Tomaten, Karotten oder rotem Paprika soll Abwechslung in der Farbe und im Geschmack bieten. Darüber hinaus werden reine, synthetische Carotinoide, β-Carotin und Riboflavin zum Gelbfärben herangezogen. In Holland (und nur dort) ist — nur für das Färben von Fadennudeln (Vermicelli), die als Suppeneinlage dienen — Tartrazin gestattet. Künstliche Farbstoffe sind sonst in keinem der EWG-Länder zulässig.

III. Herstellung

1. Allgemeines

Zur Herstellung von Teigwaren werden aus den Getreiderohstoffen — Grieß oder Dunst, meist in Mischung miteinander, bei ungünstiger Versorgungslage auch Mehl — unter Zugabe von etwa 26—32% Wasser, evtl. Salz, Ei, für Diätteigwaren auch Kleber und anderen Proteinpräparaten, recht feste Teige bereitet, durch Pressen oder Walzen und Schneiden geformt und schließlich getrocknet. Wassermenge, Wassertemperatur, Misch- oder Knetzeit sowie die Trocknungsführung richten sich nach der Art der Rohstoffgemische, dem Fabrikationsprinzip und den Besonderheiten des Maschinenparks. Die frischgeformte Teigware enthält durchschnittlich etwa 31% Feuchtigkeit, die fertig getrocknete und abgepackte Ware nur noch 11—13%. Schärferes Austrocknen ist unerwünscht, weil es die Bruchempfindlichkeit steigert.

Grundsätzlich sind zwei Verfahrensweisen zu unterscheiden: a) *das ältere Chargenverfahren* mit der Herstellung homogener, plastischer Teige in Vorkneter und Kollergang (Gramola) und Formung in hydraulischen Pressen, und b) *das moderne kontinuierliche Verfahren* mit sogenannten Schneckenpressen, bei dem im ersten Abschnitt kein homogener Teig geknetet, sondern in Trögen mit Mischpaddelwerken zunächst nur eine Teigkrümelmasse gebildet wird, die Transportschnecken dann langsam weiterleiten und dem Pressenkopf zuführen. Erst die Scherkräfte in der Auspreßschnecke sowie die hohen Drücke von etwa 150 atü, die in der Pressenkammer und während des Durchganges durch die Matrize selbst herrschen, bewirken das notwendige Homogenkneten und „Verleimen" des Teiges.

Die Steuerung des Trocknungsverlaufes fußt im Prinzip auch heute noch auf den Erfahrungen, die ursprünglich einmal am Golf von Neapel beim Trocknen im Freien unter den dort naturgegebenen rhythmischen Veränderungen von Luftbewegung, -temperatur und -feuchtigkeit gewonnen worden sind. Vor Einführung der modernen Durchlauftrockner erfolgte die Trocknung stationär auf Horden, oder, bei ungeschnittener langer Ware, auch auf Stäben hängend, in Trockenschränken und Trockenkammern mit Warmluftzufuhr und Ventilation. Kurze Ware, vor allem kleine Suppeneinlagen, wurden vielfach in beheizten, belüfteten, langsam rotierenden Trommeln getrocknet. Kammern wie Trommeln sind in der Industrie innerhalb weniger Jahre fast vollständig durch Umlauftrockner ersetzt worden. Horden finden sich nur noch in handwerklichen Kleinbetrieben oder da, wo Spezialitäten in kleiner Menge neben der Hauptproduktion gefertigt werden. Trommeln werden zuweilen noch als Vortrockner für kurze Ware benutzt. Im Umlauftrockner durchwandern die geformten, oberflächlich abgetrockneten Teigwaren auf endlosen Bändern oder auf Stäben hängend verschiedene Klimazonen, und damit periodisch wechselnd Abschnitte mit stärkerem und schwächerem Feuchtigkeitsentzug (sog. Ruhe- oder Schwitzperioden). Luftfeuchtigkeit und Temperatur sind in diesen geschlossenen Trocknungssystemen exakt regelbar. Die verbesserten technischen Einrichtungen ermöglichen es, mit höheren Trocknungstemperaturen zu arbeiten und die Trocknungszeiten ganz erheblich abzukürzen.

Das mit hydraulischen Pressen arbeitende Chargenverfahren ist in der Zeit nach dem 2. Weltkrieg praktisch ganz außer Übung gekommen. Selbst für die Herstellung sehr kleiner Teigwarenmengen stehen heute sog. Automaten zur Verfügung, die Mischtrog und Auspreßaggregat nach dem Prinzip der Schneckenpressen in sich vereinen. Von einer näheren Beschreibung der alten Verfahrensweise wird daher hier abgesehen (Literatur über ältere Verfahren: A. MAURIZIO 1926; CH. HUMMEL 1950; S. SPÄGELE 1950; CH. RENAUDIN 1951).

2. Das kontinuierliche Verfahren mit Schneckenpressen

a) Rohstoffzufuhr und Teigbereitung

Die trockenen Rohstoffe, im allgemeinen nur die verschiedenen Sorten von Grieß und Dunst, bei Spezialteigwaren aber auch andere Ausgangsprodukte von mehlig-pulvriger Beschaffenheit, werden in geschlossenen Behältern vorgemischt und gelangen von dort über automatische Dosiereinrichtungen — kontinuierlich über Förderbänder mit regelbarem Zulauf, oder portionsweise über Dosier-Kippwaagen oder Dosierklappen — in die Mischtröge.

Eipulver wird dem Grieß nur selten trocken beigemischt. In der Regel erfolgt jeglicher Eizusatz in Form von Eisuppen, die man durch beweglich angebrachte, transparente Kunststoffleitungen in genau auf die Grießzufuhr abgestimmter Menge pro Zeiteinheit in den Mischtrog pumpt. Diese Eisuppen bestehen entweder aus frisch aufgeschlagenem, mit einem Teil des Zugußwassers homogenisiertem Schalei, aus aufgetautem und ebenso behandeltem Gefrierei oder aus mit Wasser suspendiertem Trockenei. Das Einhalten einer während der gesamten Produktionszeit gleichbleibenden Konzentration des Eizulaufes erfordert wegen der Neigung der Eibestandteile, sich in den Eisuppenbehältern und in den Leitungen abzusetzen, besondere technische Maßnahmen.

Wasser wird über ein zweites, vom Eizulauf unabhängiges Leitungssystem zugeführt. Bei eifreier Ware besteht die gesamte zum Einstellen der richtigen Teigkonsistenz benötigte Flüssigkeitsmenge aus Wasser, das manchmal vortemperiert wird. Bei Eierware hält man zumeist die Eisuppenzugabe konstant und paßt die Gesamtzugußmenge nur durch Nachregulieren des Wasserzuflusses dem Feuchtigkeitsbedürfnis der trockenen Rohstoffe an.

Kochsalz wird, sofern man es überhaupt verwendet, bevorzugt in der Eisuppe gelöst zugegeben, keinesfalls aber trocken eingearbeitet.

Das Vermengen der festen und flüssigen Rohstoffe bewirken die an einer oder zwei horizontalen Achsen im langgestreckten Mischtrog rotierenden Stäbe oder Paddel. Mit fortschreitender Verteilung und Absorption der Feuchtigkeit entsteht aus dem Rohstoffgemisch, das von dem Mischwerk, oft unterstützt durch eine unten im Trog eingebaute Transportschnecke, langsam nach dem Eingang des Pressentunnels hin voranbewegt wird, eine Krümelmasse. Die Größe, die die Krümel bis zum Ende des Mischvorganges erreichen, hängt vom Grad der Feuchtigkeitsaufnahme ab, der seinerseits wieder von den Eigenschaften der Getreiderohstoffe (vor allem Feinheitsgrad, Proteingehalt und Hydratationsverhalten des Klebers), dem Flüssigkeitsangebot, der Gegenwart quellungsfördernder oder quellungshemmender Zusätze, der Temperatur, der Mischerkonstruktion und der Durchsatzgeschwindigkeit bestimmt wird. Als günstig erwiesen sich für die meisten Pressentypen Krümeldurchmesser von etwa 1—3 cm. Kleinere Krümel sind erfahrungsgemäß zu trocken, dickere zu feucht.

b) Pressen und Formen

Mit der Krümelbildung ist die Teigbereitung jedoch noch nicht abgeschlossen. Der eigentliche Knetprozeß findet vielmehr erst in dem zum Pressenkopf führenden Schneckengang statt. Dieser mündet in eine kleine Vorkammer, wo sich der homogen geknetete, plastische Teig aufstaut, bis der Druck hoch genug wird (150—200 atü), um die Masse durch Schutzsiebe in die Matrize zu pressen. Auf deren Gegenseite tritt sie dann in stetigem Strom als fertig geformte und in der Struktur stark verdichtete Teigware wieder hervor. Ein eingebautes Gebläse trocknet die austretenden Teigstränge sofort oberflächlich ab, um ihnen die Klebrigkeit zu nehmen. Direkt unterhalb der Matrize können rotierende Messer angebracht sein, die es ermöglichen, die vorgeformten Stränge je nach Drehgeschwindigkeit und Messerzahl in Stücke von kaum Millimeter-Dicke bis zu mehreren Zentimetern Länge zu schneiden. Auf diese Weise werden kurze Teigwaren wie Suppensternchen, Buchstaben, Hörnchen, Zöpfli oder Ellenbogenmakkaroni hergestellt. Für Fadennudeln und „Vogelnester" gibt es besondere Wickellegemaschinen.

Die als *Matrizen* bezeichneten Formen bestehen aus 3—5 cm dicken, runden oder rechteckigen Bronzekörpern mit einer großen Anzahl regelmäßig angeordneter Bohrungen von etwa 1—3 cm $\varnothing$. In diese Bohrungen sind nach der Teigaustrittseite zu die oft sehr kompliziert konstruierten, formgebenden Bauelemente eingepaßt, deren Durchlaßöffnungen man seit neuerem gern mit *Tefloneinsätzen* versieht. Die besonders glatte innere Oberfläche der Teflonformen vermindert den Reibungswiderstand und damit die mechanisch-thermische Beanspruchung der Teige beim Auspressen. Das kommt dem Aussehen der Fertigware zugute und erlaubt es, die Zugußmengen niedriger zu halten. Andererseits besteht eine gewisse Gefahr, zu trockene und feste Teige zu verarbeiten, mit allen technologischen Nachteilen, die hieraus folgen.

Der *Pressenkopf* mit der Matrize besitzt zur Temperaturregelung einen Wassermantel und kann je nach Bedarf gekühlt oder angewärmt werden. Den Auspreßdruck, der sich während eines Produktionsabschnittes möglichst wenig ändern soll, überwacht man anhand von Manometern, oder indirekt über die Stromaufnahme der Presse mit Hilfe von Ampère- oder Wattmetern.

Nahezu allgemein eingeführt ist das Arbeiten unter *Vakuum*, das den Zweck hat, durch Luftentzug die oxydativen Pigmentverluste zu vermindern und bläschenarme, besonders transparent und farbkräftig wirkende Teigwaren mit dichtem Gefüge zu erzielen. Je nach System wird entweder der Mischer oder die Knet- und Auspreßschnecke evakuiert. Die Druckreduktion soll, um wirksam zu sein, mehr als 50 % betragen. Durch Ausrüstung mit Vakuum und Teflonformen kann allerdings ein Grad von Gefügedichte und Oberflächenglätte erreicht werden, der vor allem bei dickwandigen Teigwaren den Vorteil verbesserter Kochfestigkeit in den Nachteil erhöhter Neigung zur Oberflächen-„Verschleimung" übergehen läßt.

Literatur über Teigwarenherstellung: J. A. LECLERC (1933), R. L. CUNNINGHAM u. Mitarb. (1943), CH. HUMMEL (1950), CH. RENAUDIN (1951), G. PORTESI (1957), CH. M. u. W. G. HOSKINS (1959), *Anonym* (1961) sowie A. MENGER, unveröffentlichte Arbeiten.

c) Trocknung

Das Trocknen des geformten Teiges ist der letzte und technisch problemreichste Abschnitt der Teigwarenherstellung. Es kommt im Prinzip darauf an, den Wasserentzug so zu steuern, daß „von innen nach außen" getrocknet wird, d. h. die Oberfläche nicht vor dem Kern erhärtet, und das Feuchtigkeitsgefälle zwischen den Schichten begrenzt bleibt. Die Verdampfungsneigung des Wassers und damit die Trocknungsrate nehmen mit steigender Temperatur und sinkender relativer Luftfeuchtigkeit zu. Zu scharfes Trocknen bei hoher Temperatur, niedriger rel. Luftfeuchtigkeit und starker Luftumwälzung verursacht Schwindungsspannungen, die sofort oder auch erst — evtl. Wochen — später Risse und Sprünge hervorrufen, und die Teigwaren schließlich trocken oder beim Kochen in Stücke zerfallen lassen. Zu langsames Trocknen bei mittlerer Temperatur, hoher rel. Luftfeuchtigkeit und schwacher Luftumwälzung führt zum Zerdehnen der auf Stäben hängenden langen Ware, kann allgemeine Mürbigkeit, Säuerung und Schimmelmuffigkeit zur Folge haben. Dazwischen liegt der Spielraum für einen spannungsfreien und doch, vor allem im ersten Trocknungsabschnitt, stark beschleunigten Trocknungsverlauf. Der Temperaturbereich wird neuerdings mit etwa 45—60°C recht hoch gewählt, in extrem angelegten Diagrammen sogar auf 80—85°C ausgedehnt, und in zweckentsprechender Weise mit Werten für die rel. Luftfeuchtigkeit von über 90 % bis herab zu 50—60% kombiniert. In den Einzelheiten bestehen vielfältige Abwandlungen, da die Trocknungsdiagramme der Trocknerkonstruktion sowie dem Format und der Rohstoffbasis der Teigwaren angepaßt sein müssen. Unter optimalen Bedingungen gelingt es heute, selbst lange Ware in wenig mehr als einem halben Tag fehlerfrei zu trocknen, während noch vor einigen Jahren die doppelte bis dreifache Trocknungsdauer für Makkaroni und Spaghetti unabdingbar erschien. Zum Trocknen von kurzer Ware genügen je nach Form und System 5—10 Std, in günstigen Fällen auch weniger.

Der frischgeformte Teig enthält rund 31 % Feuchtigkeit. Beim Verlassen der Presse wird er durch Warmluftgebläse oder Infrarotstrahler oberflächlich abgetrocknet, damit die Stränge oder Stücke nicht aneinanderkleben. Dabei geht kaum 1 % Wasser verloren. Lange Waren werden sofort automatisch auf Stäbe gehängt, kurze Waren auf Bänder gefördert und durchlaufen dann in sinnreicher Mäanderführung kontinuierlich den Vortrockner. In dieser Phase sinkt der Wassergehalt innerhalb von 1—3 Std recht steil auf 20—24 % ab, in den kritischen Bereich des Überganges der Teigwaren vom plastischen in den festen Zustand. An dieser Grenze wird eine mehrstündige Schwitzperiode eingeschaltet, während der das Gut Trocknerzonen ohne Feuchtigkeitsentzug durchwandert. So hat das Restwasser Gelegenheit, sich vom Kern her wieder gleichmäßig über den gesamten Querschnitt der einzelnen Formstücke zu verteilen. Die nun anschließende Endtrocknung erfolgt langsamer und schonender als die Vortrocknung bis zu einem Feuchtigkeitsgehalt von etwa 11—13 %. Größere Betriebe lassen die noch warme, trockene Ware in Vorrats-Silos laufen (lange Ware auf Stäben), wo sie mehrere Stunden, evtl. über Nacht verbleibt, und im Feuchtigkeitsgleichgewicht mit etwa 55—65 % rel. Luftfeuchtigkeit bei Raumtemperatur oder wenig darüber Restspannungen abbauen kann. Erst die so „stabilisierte", d. h. weniger bruchgefährdete Fertigware wird den Verpackungsmaschinen zugeführt. Betriebe ohne Silo steuern die Trocknung derart, daß die Ware bereits beim Auslauf dem äußeren Raumklima annähernd angepaßt ist.

Bündel von Fadennudeln oder „Vogelnester" aus Bandnudeln trocknet man auf Horden in Schränken oder Kammern, bei großer Produktion jedoch ebenfalls kontinuierlich in besonderen Horden-Umlauftrocknern.

Literatur zur Trocknung: CH. RENAUDIN (1951), CH. HUMMEL (1950, 1960), H. BEUSCHEL (1956), G. PORTESI (1957), CH.M. u. W.F. HOSKINS (1959), P. GÖRLING (1960), L. LIRICI (1962).

3. Walz-, Schnitt- und Stanzwaren

Eine Sonderstellung nimmt die Fertigung von gewalzten und geschnittenen Bandnudeln sowie von sogenannten Bologna-Waren ein, die mit Hilfe komplizierter Spezialmaschinen durch Stanzen und Falzen aus breiten, dünnen Teigbahnen geformt werden. Die einfachste Form dieses Typs sind die bekannten „Schleifchen". Ursprünglich wurden die benötigten Teigbahnen aus vorgeknetetem Teig (Kollergang, in neuerer Zeit auch Z-Kneter) chargenweise zwischen verstellbaren Glattwalzenpaaren in mehreren Durchgängen homogengearbeitet und auf die gewünschte Stärke gebracht, dann mit Schneidwalzen in gleichmäßige Streifen, d. h. zu Nudeln geschnitten oder aber den Bologneser-Stanzen zugeführt. Seitdem es jedoch technisch möglich geworden ist, auch breite Teigbänder durch Schlitzmatrizen kontinuierlich auszupressen, sind die großen Betriebe von dem umständlicheren und mehr Geschick erfordernden Walzverfahren abgegangen, um Schnitt- und Stanzware nun ebenfalls in Verbindung mit Schneckenpressen herzustellen. Die nachzuschaltenden Schneid- oder Stanzapparaturen wurden der Verarbeitung von endlosen Teigbändern angepaßt.

Allerdings hat sich in der Folge gezeigt, daß die aus gepreßten Teigbändern geschnittenen Nudeln nach Koch- und Verzehrseigenschaften eher den ohne Schneidvorgang unmittelbar durch Schlitzmatrizen geformten Preß-Bandnudeln entsprechen als Schnittnudeln aus gewalzten Teigbahnen.

Die Erklärung für das an Walz-Schnittnudeln so besonders geschätzte, leichte und gleichmäßige Durchquellen beim Garmachen, ihre mit gutem Schüttvolumen einhergehende Elastizität und „Lockerheit", sowie ihren kernig-glatten Biß, ist unter sonst gleichen Vorbedingungen in der gegenüber Preßware geringeren Gefügedichte von Walzteigen zu suchen, die ohne Vakuum und hohe Drücke hergestellt werden. Das Kochwasser kann infolgedessen etwas rascher als bei Preßware ins Zentrum des Nudelquerschnittes vordringen, wodurch der Kern volle Gare erreicht, bevor die Oberfläche anfängt, zu weich zu werden.

4. Teigwaren besonderer Art

Außer den bisher beschriebenen Teigwarenarten gibt es eine Reihe von Spezialerzeugnissen, zu denen als wichtigste zählen:

„Frische Teigwaren", die ungetrocknet gleich nach der Herstellung verkauft und zubereitet werden. Diese in Italien vor allem für gefüllte Erzeugnisse wie Ravioli immer noch beliebte Verfahrensweise hat in Süddeutschland ein Gegenstück bei den sogenannten Bäckernudeln, die von Handwerksbetrieben zumeist aus Weichweizendunst und frischen Eiern hergestellt werden.

Gefüllte Teigwaren, wie z. B. Ravioli, die man heute auch industriell erzeugt, und zwar nach ähnlichem Prinzip wie die Bologna-Stanzwaren. Die Füllung der aus normalem Wasser- oder Eierteig geformten Teighüllen besteht aus Fleischfarce, Gemüse oder Käse. Wegen des leichtverderblichen Inhaltes muß man diese Spezialitäten frisch verwenden oder zu Dosenkonserven verarbeiten.

Teigwarenkonserven, unter denen nicht nur Ravioli, sondern auch ungefüllte Arten in Kombination mit kräftig gewürzten Soßen und Fleischbeigaben anzutreffen sind.

Der Doseninhalt wird beim Vorrichten und Sterilisieren bereits gar gemacht und neigt im ständigen Kontakt mit der Aufgußflüssigkeit zum Nachquellen während des Lagerns. Da der Verbraucher das Gericht noch einmal erhitzen muß, nimmt es schließlich nicht selten eine zu weiche Beschaffenheit an. Dem läßt sich entgegenwirken durch Verarbeiten proteinreicher Grieße, Zugabe von Hühnereiweiß (Vollei), Weizenkleber, evtl. auch Quellstoffen wie Carrageen oder Fruchtkernmehl, von Monogylceriden oder anderen emulgierenden bzw. strukturvernetzenden Stoffen, durch dickwandige Formate oder Reduktion des Flüssigkeitsanteiles in der Dose.

„Instant-Teigwaren", die nur durch Übergießen mit heißem Wasser in wenigen Minuten genußfertig zu machen sind.

Derartige Erzeugnisse werden in Dampf oder kochendem Wasser gegart und entweder mit Infrarotstrahlen bei Temperaturen über 70°C getrocknet, oder einem Gefriertrocknungsverfahren unterworfen. Sie sind für leichtgewichtige, kochfreie Einsatzrationen militärischer und ziviler Art entwickelt worden, finden heute aber auch in manchen Schnellkochsuppen des offenen Marktes Verwendung. Hiervon abgesehen haben sie für Haushalt und Großküchen bisher wenig Bedeutung erlangt.

Diät-Teigwaren, als Erzeugnisse mit herabgesetztem Kohlenhydratgehalt für Diabetiker oder mit gliadinfreier Rohstoffgrundlage für Zöliakiekranke. Zur Verminderung des Kohlenhydratgehaltes dienen vorwiegend Soja- und Milchprodukte, sowie Trockenkleber. Gliadinfreie Teigwaren lassen sich unter Zuhilfenahme von Quellstoffen, Vollei und/oder Milch aus Mehl oder Grieß von Mais, Reis, Buchweizen, auch Kartoffelstärke, herstellen. Gliadinfreie Teige sind schwierig zu verarbeiten und ergeben mürbe, brüchige Ware. Sie eignen sich daher nur für gewalzte Schnittnudeln oder kurze Preßware einfachster Form.

Vitaminierte Teigwaren, die Zusätze an synthetischem Thiamin (B_1), Riboflavin (B_2) und Nicotinsäure enthalten, in den für vitaminierte Weißmehle üblichen Mengen. Das Aufwerten von Teigwaren auf „Vollkornstandard" mit den leicht wasserlöslichen B-Vitaminen wird vom Bundesgesundheitsamt nicht befürwortet (vgl. Rdschr. d. BMdI. vom 2. März 1953, GuV 97 [1953], 62). Einmal gehen beim Garkochen bis zu 40 oder 50% der zugesetzten Vitamine durch Auslaugen ver-

loren. Zum anderen kann bei dem geringen Teigwarenverbrauch in der Bundesrepublik Deutschland eine derartige Maßnahme nicht wirksam zur Verbesserung
der Vitaminbilanz in der Ernährung beitragen.

„*Glasnudeln*" *nach chinesischer Art*, die vorwiegend aus Reismehl, z. T. mit
Beimischung von Mehl aus Süßkartoffeln oder Kaoliang (einer Sorghum-Hirse),
aber auch aus Mungobohnen oder Weizenmehl hergestellt werden und im Verlauf
des Verarbeitungsganges einen Verkleisterungsprozeß durchmachen (J. A. LECLERC
1933; V. SUBRAHMANYAN u. Mitarb. 1961).

IV. Eigenschaften und Veränderungen von Teigwaren

1. Auswirkung von Rohstoffeigenschaften und Herstellungsbedingungen

Die Mehrzahl der rohstoff- und herstellungsbedingten Merkmale von prakti-
scher Bedeutung hat mit dem *Aussehen der Rohware* zu tun: Farbton, Oberflächenbeschaffenheit, Transparenz, weiße und dunkle Stippen. Mängel in dieser Gruppe
sind einzeln für sich genommen Schönheitsfehler. Sie beeinträchtigen jedoch den
Verkaufswert der Teigwaren und können, wenn sie in bestimmten Kombinationen
vorliegen, zusammen mit chemischen Analysendaten dem Kundigen bereits Hinweise auf voraussichtliche Nachteile küchentechnischer Art geben. Für die
mechanische Widerstandsfähigkeit und damit die Transportstabilität sind das
spannungsbedingte Bruch- und Biegeverhalten, gegebenenfalls auch Risse und
Sprünge entscheidend. Die eigentliche *Verbrauchseignung* wird dagegen vorwiegend
von den Kocheigenschaften (Bißfestigkeit, Glätte und elastische Lockerheit der
garen Teigwaren, Beständigkeit gegenüber verlängerten Kochzeiten), sowie von
Geruch und Geschmack bestimmt. Die Farbe fällt bei der gekochten Ware als
Bewertungsfaktor nur dann ins Gewicht, wenn deutliche graue bis braune Verfärbungen, die vielfach erst im Garzustand sichtbar werden, das Kochgut unansehnlich machen.

a) Einflüsse auf das Aussehen

Der *Farbton* der Fertigware unterliegt von der biochemischen Seite her den sich
mehr oder weniger überkreuzenden Einflüssen des Gehaltes der Getreiderohstoffe
an Carotinoiden einerseits und pigmentabbauender Lipoxydase andererseits, der
tatsächlich gegebenen Wirkungsmöglichkeit für Lipoxydase und andere Fermente
im Herstellungsgang, und der nichtenzymatischen Bildung graubrauner oder rötlicher Melanoidinkörper. Darüber hinaus sind aber auch physikalisch-optische
Phänomene, nämlich die vom Grad der *Transparenz und Oberflächenglätte* abhängige
Lichtabsorption bzw. -reflexion, entscheidend am Zustandekommen des Gesamt-
farbeindruckes beteiligt.

Die große Bedeutung der *Carotinoidoxydation* unter Mitwirkung des Fermentes
Lipoxydase für die Gelbtönung der Fertigware wurde zuerst von G. N. IRVINE
u. Mitarb. (1950, 1953, 1955 a, b) erkannt und eingehend studiert. Die
gelben Pigmente der Rohstoffe, vorwiegend Xanthophyll, werden hauptsächlich
während des Teigmischens angegriffen; die Oxydation erfolgt nicht durch das
Enzym selbst, sondern durch die primär gebildeten Fettsäurehydroperoxyde.
Beim Pressen tritt nur noch ein geringer zusätzlicher Verlust ein bis zu einem
Gesamtabbau von etwa 20—60%. Unter sonst einheitlichen Voraussetzungen
besteht eine statistisch gesicherte Beziehung zwischen der Lipoxydaseaktivität
der Rohstoffe, die sortenabhängig ist und mit dem Anteil an Randschichten- und
Keimpartikeln in den Mahlprodukten steigt, und der Pigmentstabilität im Ver-

arbeitungsgang. Darüber hinaus spielen die Grießfeinheit, die Mischdauer und die Teigtemperatur insofern eine Rolle, als sie die Wirkungsmöglichkeit der vorhandenen Lipoxydase beeinflussen. Die Einführung des Vakuumverfahrens in die Teigwarenfabrikation hat an der Anwendbarkeit der Irvineschen Formel zur Vorausberechnung des Pigmentwertes von Fertigprodukten aus dem Pigmentgehalt und der Lipoxydaseaktivität kleiner Rohstoffmuster nichts geändert.

In der Praxis wurden allerdings immer wieder Abweichungen von der Vorhersage beobachtet, die einerseits mit den Produktionsbedingungen, andererseits mit der von L. DAHLE (1965) untersuchten Mitwirkung von Tokopherolen und freien Fettsäuren an der enzymatischen Carotinoidoxydation, ferner auch mit der Neubildung extrahierbarer Pigmente in Zusammenhang gebracht werden.

Bei gleicher Lipoxydaseaktivität nehmen die Carotinoidverluste mit steigendem Gehalt an freien Fettsäuren und/oder sinkendem Tokopherolgehalt im Teig zu. Da die Lipoxydase im Verlauf des Fertigungsprozesses inaktiviert wird, ist sie an eventuellen Pigmentveränderungen in lagernden Teigwaren nicht mehr beteiligt. Mit den Ursachen *nichtenzymatischer Farbveränderungen* bei der Teigwarenherstellung hat sich A. MENGER (1961, 1964) befaßt und zunächst festgestellt, daß Bräunungsreaktionen zwischen reduzierenden Zuckern und Aminosäuren hier offenbar geringe Bedeutung besitzen. Vielmehr sind die verschiedenartigen, grau/braun/rötlichen Verfärbungen hauptsächlich auf das Entstehen von Melanoidinkörpern aus Carbonyl- und Aminoverbindungen anderer Art, vor allem unter Mitwirkung von Phosphatiden, oxydierten Lipiden und wasserlöslichen Proteinen zurückzuführen. Kochsalz vermindert die Verfärbungsneigung, Monoglyceride, Lecithin, Ascorbinsäure, Kupferspuren verstärken sie. Speziell mit Ascorbinsäure bilden sich neben nicht extrahierbaren grau-braunen Pigmenten charakteristische orange-rötliche Komponenten, die in wassergesättigtem n-Butanol teilweise löslich sind und daher in gewissem Umfang bei der üblichen Gelbpigmentbestimmung miterfaßt werden. R. R. MATSUO (1965) hat unabhängig davon nachgewiesen, daß der bräunliche Farbton von Teigwaren aus bestimmten Durumweizensorten (wie sie u. a. in den argentinischen Handelsklassen Candeal-Taganrock enthalten sind) durch Komplexbildung aus einem basischen Protein, Kupfer und einer reduzierenden Substanz, z. B. Hydrochinon, zustandekommt.

Die Erkenntnis, in welchem Grad die Intensität des visuell wahrnehmbaren Gelbtones von Teigwaren durch ihre *Transparenz und Oberflächenglätte* mitbedingt wird, geht auf Arbeiten von C. C. FIFIELD u. Mitarb. (1937), R. L. CUNNINGHAM u. J. A. ANDERSON (1943), G. S. SMITH u. Mitarb. (1946) sowie G. N. IRVINE u. J. A. ANDERSON (1951) zurück. Sie finden eine Ergänzung in neueren technischen Berichten über die praktischen Auswirkungen des industriellen Vakuumverfahrens und der Verwendung von Teflonmatrizen. Je transparenter das Gefüge der Rohware ist und je glatter die Oberfläche, desto weniger Licht wird reflektiert und desto kräftiger und klarer wirkt die gelbe Farbe. Die Transparenz wiederum erscheint umso besser, je kleiner die Zahl der im Teig eingeschlossenen Luftbläschen ist. Formung unter hohem Druck und nicht zu kurze Druckdauer führen zum Zusammenschluß vieler kleiner Bläschen, wodurch sich wohl das Volumen der einzelnen Lufteinschlüsse vergrößert, gleichzeitig aber ihre Zahl unverhältnismäßig stärker vermindert. Ein weiteres Mittel zur Reduktion der Bläschenzahl ist das Evakuieren des Teiges vor dem Auspressen. Teflonauskleidung der Matrizenausgänge sorgt für besonders glatte Teigoberflächen und trägt damit ebenfalls zur visuellen Farbvertiefung bei. Die oxydativen Pigmentverluste werden jedoch entgegen der ursprünglichen Erwartung durch das Vakuumverfahren nicht nennenswert herabgesetzt (V. GAZZI 1955). Alle diese Versuchsergebnisse wurden mit eifreien Teigen erarbeitet. Sie gelten im Prinzip auch für Eierteigwaren mit der

Einschränkung, daß unter vergleichbaren technologischen Bedingungen die Transparenz mit steigendem Eigehalt abnimmt.

Eine im ganzen *weißlich-rauhe Oberfläche* ist vorwiegend auf die Verarbeitung zu trockener oder zäher Teige und Überhitzung beim Auspressen zurückzuführen. Sie beeinträchtigt den Farbeindruck, wirkt sich beim Garkochen gefügedichter Teigwaren aber eher zum Vorteil als zum Nachteil aus, sofern sie das gleichmäßige Eindringen des Wassers erleichtert.

Weiße Stippen oder Streifen rühren von unvollständig oder ungleichmäßig durchgequollenen Grießteilchen her. Sind sie nicht vereinzelt sondern zahlreich vorhanden, so zeigen sie an, daß der Teig zu trocken oder nach einer für die Umstände zu kurzen Mischzeit verarbeitet wurde. Im Zuge der Wasseraufnahme beim Garkochen verschwinden die weißen Stellen. Die Kocheigenschaften derartiger Erzeugnisse bleiben jedoch in der Regel unter dem Optimum — nicht wegen der Stippen an sich, sondern wegen der Rohstoff- und/oder Verarbeitungsmängel, die sie verursachen.

b) Einflüsse auf die mechanische Widerstandsfähigkeit

Teigwaren sollen sich möglichst abfallfrei mit Maschinen verpacken lassen und den Belastungen von Transport und Stapelung ohne Bruch standhalten. Herstellung aus proteinreichen, gut durchquollenen und nicht zu trockenen Teigen zählt zu den wesentlichen Voraussetzungen. Geringe Zusätze an Quellstoffen wie Carrageen oder Johannisbrotkernmehl können sich günstig auswirken. Erzeugnisse aus proteinarmen Rohstoffen, wie z. B. Chinesische Fadennudeln aus Reis, erhalten die notwendige mechanische Festigkeit auch dadurch, daß sie in bereits verkleistertem Zustand getrocknet werden. Im übrigen sind homogenes und dichtes Gefüge, ganz besonders aber ein spannungsfreier Trockenzustand wichtig. Sichtbare Risse und Sprünge, Luftblasen, größere Stippen aus Schalen- oder Fremdmaterial zeigen auf jeden Fall schwächere, bruchempfindliche Stellen an. Nicht weniger schädlich sind jedoch unsichtbar zurückbleibende Trocknungsspannungen. Das Bestreben, sie vor dem Verpacken abzubauen, um die Fertigware zu „stabilisieren", hat zweifellos zur raschen Einführung der modernen Vorratssilos beigetragen (D.S. BINNINGTON u. Mitarb. 1939; H. HOLLIGER 1965).

c) Einflüsse auf den Verbrauchswert

Durch verzögertes Trocknen und die dadurch begünstigte Entwicklung von Mikroorganismen werden *nachteilige Geschmacksveränderungen*, in erster Linie Säuerung und Muffigkeit, ausgelöst und schließlich von offener Schimmelbildung begleitet. Je nach der Enzymausstattung der beteiligten Kleinlebewesen können dabei freie Fettsäuren, Aminosäuren, Phosphorsäure abgespalten werden, oder auch als Produkte des Kohlenhydratstoffwechsels z. T. erhebliche Mengen an Milchsäure, evtl. Äpfelsäure, Citronensäure und weiteren derartigen Säuren entstehen. Die Bildung von sauren Phosphaten und freien Fettsäuren kann allerdings auch durch Getreideenzyme allein bewirkt werden, besonders bei der Verarbeitung randschichtenreicherer Dunste. Insgesamt ist jedoch für Teigwarenrohstoffe und Teigwaren, verglichen mit dem Säuerungsverlauf in lagerndem Getreide, die Entwicklung der Fettacidität von untergeordneter Bedeutung. Auch die Proteolyse erlangt im allgemeinen kein größeres Gewicht (A. MENGER 1959; L. ACKER u. H.-O. BEUTLER 1964).

Daß mikrobieller Verderb zu Ketonranzigkeit, „Phenolgeruch", deutlicher Gärung oder fauliger Eiweißzersetzung führt, kommt daneben nur selten vor. Aber ein leichter „haut-goût" gilt als charakteristischer geschmacklicher Vorzug von langsam luftgetrockneten, etwas fermentierten, italienischen Erzeugnissen alter Art.

Die Güte der *Koch- und Kaueigenschaften* von Teigwaren in normalem Garezustand (nach deutschem Geschmack etwas länger als bis zum Verschwinden des weißlichen, unverkleisterten Kernes gekocht, d. h. etwas weicher als „al dente") hängt in hohem Maß von dem Gehalt an koagulierbarem Eiweiß ab. Das Verhalten der Stärke, insbesondere ihre Kohärenz in verkleistertem Zustand, ihre Neigung zur Komplexbildung mit oberflächenaktiven Stoffen wie z. B. Monoglyceriden oder Lecithin, Reaktionen mit Carbonylverbindungen, evtl. auch Anlagerung an Proteine, ist jedoch für die Beschaffenheit der gekochten Erzeugnisse mitentscheidend. Durch Komplexbildung verminderte Kleisterkohärenz wirkt offenbar der Oberflächenschleimigkeit entgegen. Davon abgesehen handelt es sich um vielschichtige Zusammenhänge, die im einzelnen erst wenig erforscht sind. Auch über die Rolle der Pentosane herrscht noch keine Klarheit. Gute Qualitäten sollen locker, elastisch und voluminös in der Schüssel liegen, weder aneinander kleben noch schleimig sein und sich kernig-glatt durchbeißen lassen. Proteinarme oder sonst minderwertige Ware kocht rasch schleimig-weich oder teigig-pappig, extrem proteinreiche Ware bleibt zäh im Biß. Beides ist unerwünscht. In der Regel stehen Bißfestigkeit und Schüttvolumen in guter Beziehung zum Quellungsgrad, der als Wasseraufnahme pro 100 g oder 100 ml Rohware angegeben wird. 200—300 % Gewichtszunahme bzw. 300—400 % Volumenvergrößerung sind erfahrungsgemäß für eifreie Teigwaren normal. Die Werte für Eierteigwaren liegen etwas niedriger und zwar umso mehr, je höher der Eigehalt ist. Ganz allgemein geht mit steigendem Proteingehalt die Quellungsbereitschaft, d. h. die Wasserabsorption zurück, während Elastizität und Bißfestigkeit zunehmen, volle Koagulierfähigkeit der in den rohen Teigwaren enthaltenen Eiweißstoffe vorausgesetzt. Hitzeschädigung des Weizenklebers in der Presse oder beim Trocknen wirkt sich in dieser Hinsicht äußerst nachteilig aus. Von Denaturierung abgesehen hat die Kleberqualität jedoch wenig Einfluß.

Günstig beeinflußt wird das Kochverhalten weiterhin durch Zugabe von Kochsalz bei der Teigbereitung, weniger ausgeprägt durch Zusatz zum Kochwasser; durch Monoglyceride und verschiedene andere oberflächenaktive Stoffe; Quellmittel wie Carrageen oder Johannisbrotkernmehl; in gewissem Grad auch durch Lecithin, Ascorbinsäure, quellungshemmende Salze.

Bei der Verarbeitung von proteinarmen Weizenrohstoffen und für Rezepturen von Diätteigwaren bieten sich zur Anhebung des Eiweißniveaus auf wenigstens 14 % i. Tr. (N · 5,7) u. a. Vitalkleber, kristallisiertes Hühnereiweiß, Sojaprodukte, Ochsenblutplasma oder Milchprodukte an. Verfälschungen auf dieser Basis kommen bei normaler Rohstoffversorgungslage im Inland kaum vor.

Die Bedeutung der Gefügedichte und Oberflächenglätte der Rohware für die Wasseraufnahme während des Garkochens wurde bereits im Zusammenhang mit dem Herstellungsprozeß erläutert (vgl. Abschnitt „Pressen und Formen, S. 454). Nicht zu vergessen ist schließlich, daß bei gleicher Zusammensetzung und Herstellungsweise Formate mit großer spezifischer Oberfläche rascher gar- und zerkochen als derbwandige Sorten.

Literatur: E.F. Glabe u. Mitarb. (1957), R. Cuneo (1959), B. Thomas u. E. Anders (1959), C.C. Fifield u. A.J. Pinkney (1960), J.J. Winston (1947, 1955, 1961), G. Jongh (1961), E.M. Osman u. Mitarb. (1961), T.M. Paulsen (1961), H.P. Mollenhauer (1963), A. Holliger (1963, 1965).

2. Veränderungen beim Lagern

Unter den Veränderungen, die in der Zeitspanne zwischen Herstellung und Verbrauch von Teigwaren auftreten können, sind einige bereits grobsinnlich wahrnehmbar:

Das *Entstehen von Rissen und Sprüngen* als Spätfolge nicht abgebauter Trocknungsspannungen, ausgelöst durch Schwankungen im Raumklima. Jedoch nicht die in solchen Fällen häufig registrierten steilen Temperaturveränderungen an sich verursachen den Schaden, sondern damit zusammenhängende Verschiebungen im Feuchtigkeits- bzw. Dampfdruckgefälle. Dies gilt gerade auch für geschlossene Behältnisse jeder Größe, in denen es unter Umständen sogar zu partieller Kondensatbildung kommt.

Das *Verblassen des gelben Farbtones* durch oxidativen Pigmentverlust, wenn Teigwaren in Zellglas- oder Foliensichtpackung direkter Belichtung ausgesetzt und

warm gelagert werden. Der analytisch nachweisbare Rückgang im Carotinoid-
gehalt bleibt jedoch im allgemeinen gering (D.S. BINNINGTON u. W.F. GEDDES
1937).

Weit stärker ist der mit dem *Verlust der Transparenz*, dem sogenannten Absterben verknüpfte Aufhellungseffekt, der rein physikalisch bedingt ist und auf
erhöhter Lichtreflexion beruht. Dieser Übergang zu einer unansehnlichen, oft
ungleichmäßigen und fleckigen opaken Beschaffenheit im Verlauf langer Lagerung
steht wahrscheinlich mit der Stärkeretrogradation und mit einer allgemeinen Um-
orientierung der Bindung und Verteilung von Wasser und Lufteinschlüssen bei
ungünstigem Raumklima in Zusammenhang.

Bei *Befall mit tierischen Schädlingen* werden insbesondere Korn- und Reiskäfer, aber auch
Brotkäfer, Diebkäfer, Mehlmotten, Mehlmilben, Leistenplattkopfkäfer und Dörrobstmotten
beobachtet. Die alte Streitfrage, ob die Entwicklung von Käfern oder Larven, die man in
Teigwaren eingegraben findet, auf mit Rohstoffen bzw. im Verarbeitungsgang eingeschleppte
Vorstufen oder aber auf sekundären Befall bei Transport und Lagerung zurückzuführen ist,
wurde für den Kornkäfer (*Sitophilus granarius* L., *Calandra granaria* L.) und den Reiskäfer
(*Sitophilus oryzae* L., *Calandra oryzae* L.) eindeutig zugunsten der Lagerinfektion entschieden
(G. DAL MONTE 1965). In exakten Versuchen gelang es nachzuweisen, daß diese beiden Käfer-
arten in keiner ihrer Entwicklungsstufen bei den Temperatur- und Druckverhältnissen der
modernen Teigwarenfabrikation zu überleben vermögen. Aus den biologischen Besonderheiten
der als Testorganismen gewählten Species wird darüber hinaus für die übrigen bekannten
Teigwarenschädlinge auf ebenso geringe Überlebenschancen geschlossen.

Von Mikroorganismen hervorgerufene *Säuerung und Muffigkeit*, schließlich
auch die *Bildung von Schimmelrasen*, werden durch anhaltend feuchte Lagerung
verursacht und durch gleichzeitige Temperaturanhebung weiter gefördert. Es
handelt sich um ernstliche Verderbserscheinungen, die auf dem Transport ver-
regnete oder in ungeeigneter Atmosphäre (Keller; mehr als ca. 70 % rel. Luftfeuchtigkeit) untergebrachte Teigwaren gegebenenfalls recht schnell verwendungs-
unfähig machen können. Teigwaren, deren Feuchtigkeitsgehalt für längere Zeit
über 13 % ansteigt, gelten als gefährdet.

Das *Auftreten von ranzigem Geruch und Geschmack* als Folge oxydativer Fett-
veränderungen wird dagegen durch trockenes Milieu, Licht und Wärme begünstigt.
In welchem Maß sich unter vorgegebenen Bedingungen unangenehme Aromakomponenten bilden, hängt nicht so sehr vom Gesamtfettgehalt des Lagergutes ab
als vielmehr von der Art der Fettsäuren und der Fettbegleitstoffe, auch von der
Gegenwart natürlich vorhandener oder zugesetzter Antioxydantien. Dies erklärt,
warum sich Eierteigwaren in Sichtpackungen nicht unbedingt als anfälliger für
ranzigen Verderb erweisen als Wasserware.

Für die Beurteilung der Verwendungsfähigkeit lagergeschädigter Teigwaren
bedeuten zweckentsprechende analytische Untersuchungen zwar eine Stütze, doch
gibt der organoleptische Befund letztlich den Ausschlag. Bei Bezug auf Säuregrad-
Grenzwerte ist zu beachten, daß deren Höhe und Gültigkeit an das jeweils vorgeschriebene Bestimmungsverfahren gebunden ist (A. MENGER 1959; D. CORBI 1961).

An sinnesphysiologisch und ohne chemische Untersuchungen nicht wahrnehm-
baren Lagerveränderungen von Teigwaren spielen vorwiegend die Anpassung des
Feuchtigkeitsgehaltes an wechselndes Raumklima und der enzymatisch bedingte
Lecithinabbau eine Rolle.

Teigwaren sind hygroskopisch und reagieren daher, ihren Sorptionsisothermen
entsprechend, auf Schwankungen des Raumklimas mit *Veränderungen im Feuchtigkeitsgehalt*. Je nach der stofflichen Zusammensetzung, der Gefügedichte, dem
Format (Verhältnis von Masse zu Oberfläche), der Schütthöhe und -dichte, der
Verpackungsart der Teigwaren sowie auch der Luftzirkulation, erfolgt diese
Feuchtigkeitsanpassung mit mehr oder weniger ausgeprägter zeitlicher Verzögerung. Im übrigen stellt sich bei einer bestimmten rel. Luftfeuchtigkeit die Guts-

feuchtigkeit umso höher ein, je niedriger die Lagertemperatur und damit der Dampfdruck des Wassers ist oder umgekehrt.

Die Zu- und Abnahmen im Wassergehalt pro Zeiteinheit sind bei offener Lagerung dünnwandiger Formate am größten, bei derben Formaten in Folien- oder Zellglasbeuteln mit Umkarton am geringsten. Unter kontrollierten Bedingungen wurden im zuletztgenannten Fall bei rund 12% Ausgangsfeuchtigkeit und 20°C/90% rel. Luftfeuchtigkeit bzw. 10°C/80—85% rel. Luftfeuchtigkeit in 3 Tagen pro 24 Std von der Ware nicht mehr als 0,1—0,3% Wasser aufgenommen. Die Lage der Einzelpackung, an einer Außenwand oder im Innern des Umkartons, wirkte sich auf das Ergebnis aus. Experimentelle Nachprüfungen dieser Art sind zur Aufklärung der Ursache von Grenzwertüberschreitungen in Großlieferungen nach spezifizierten Kontrakten unerläßlich (G. Brückner u. F. Schulz 1952/53; L. Acker u. E. Lück 1958 b; A. Menger 1966 b).

Die Tatsache, daß während des Lagerns von Teigwaren ein *Rückgang im Lecithingehalt* stattfindet, ist schon lange bekannt. Diese Veränderung wirkt sich zwar nach den bisherigen Beobachtungen auf den Geschmack der Erzeugnisse nicht merkbar aus. Sie bringt jedoch in die vor Einführung der Cholesterin-Methoden ausschließlich praktizierte Eigehaltsbestimmung über den Gehalt an sogenannter Lecithinphosphorsäure (d. h. mit absolutem Äthanol extrahierbarer Phosphorsäure) einen entscheidenden Unsicherheitsfaktor. In neuerer Zeit ist dieser Fragenkreis vor allem von L. Acker u. Mitarb. (1953; 1954a, b; 1958a, b) sowie von H. Hadorn u. R. Jungkunz (1952, 1953) intensiv bearbeitet worden.

Die Beobachtung, daß der Gehalt an alkohollöslichen Phosphorverbindungen in lagernden Eierteigwaren abnimmt und die Gutsfeuchtigkeit wie -temperatur dabei von Einfluß sind, war schon von früheren Autoren (Literaturübersicht bei L. Acker u. Mitarb. 1953) mitgeteilt worden. Über die Ursache des Rückganges herrschte jedoch lange keine einheitliche Auffassung. Eine mikrobielle Einwirkung schied bei dem niedrigen Wassergehalt aus. Verschiedene Untersucher nahmen daher einen biochemischen Abbau an, während anderen eine zunehmende Bindung des Lecithins an Weizenprotein mit daraus entstehender Extraktionsbehinderung als Erklärung diente. Für die Bildung von Lipoproteiden schien auch zu sprechen, daß man nach Anfeuchten der Teigwaren mehr alkohollösliche Phosphorsäure findet. Dies gilt allerdings für eifreie Ware ebenso wie für Wasserware. Gegen die Annahme einer enzymatischen Aufspaltung des Lecithins, die man sich zunächst als völlige Zerlegung in Fettsäuren, Glycerin, Phosphorsäure und Cholin dachte, war andererseits geltend zu machen, daß ein Ansteigen der freien Fettsäuren im Ätherextrakt gelagerter Teigwaren nie nachgewiesen wurde.

Nachdem aber L. Acker u. Mitarb. im Getreide eine Phospholipase-D-Aktivität festgestellt hatten, vermuteten sie den Grund für die Abnahme des Gehaltes an Lecithinphosphorsäure in einer enzymatisch bedingten zweistufigen Phosphorsäureabspaltung und es gelang ihnen auch, den Beweis hierfür zu erbringen. In Eierteigwaren mit deutlichem Lecithinrückgang war eine entsprechende Menge an freiem Cholin nachweisbar. Außerdem wurde eine Verschiebung des Verhältnisses Phosphor:Cholin im Alkoholextrakt ermittelt, wie sie bei einer Lösungsbehinderung nicht hätte auftreten dürfen. Schließlich zeigten Eierteigwaren aus hitzeinaktivierten Rohstoffen und solche, bei denen die Enzymtätigkeit durch Hg-Ionen inhibiert wurde, keine Veränderung während längerer Lagerzeiten. Auf der anderen Seite ließen bereits einfache Gemische aus Durumweizendunst und Trockeneigelb nach einiger Zeit eine Lecithinabnahme erkennen. Danach besteht kein Zweifel mehr, daß Kneten unter Druck und Symplexbildung an Eiweiß für diese Veränderung nicht verantwortlich zu machen sind. Die Abhängigkeit der Enzymreaktion von der rel. Luftfeuchtigkeit bzw. der Gleichgewichtsfeuchtigkeit derart, daß erst im Bereich der capillaren Kondensation eine nennenswerte Aktivität einsetzt, wurde in Einzelheiten geklärt.

Bibliographie

BEUSCHEL, H.: Untersuchungen über Ursachen und Beeinflussungsmöglichkeiten der Schwindungsspannungen bei der Trocknung pastenartiger Stoffe, insbesondere von Teigwaren. Dissert. Universität München 1956.

BRÜCKNER, G., u. F. SCHULZ: Lagerversuche mit Teigwaren unter wechselnder Temperatur und Feuchtigkeit im Lagerraum. S. 57—63. Jahresbericht d. Vers.-Anst. f. Getreideverwertung Berlin 1952/1953.

DAL MONTE, G.: Untersuchungen über das Überleben von Getreideinsekten beim Herstellen von Teigwaren (auch Literatursammlung) [ital.] Rom: Ministero Dell'Agricoltura e Delle Foreste, Dir. Gen. Dell'Alimentazione März 1966.

EWG-Studie: Erzeugung, Verarbeitung und Verbrauch von Durumweizen in der EWG (Biologische, technologische und ökonomische Auskünfte, auch über Weichweizenrohstoffe). Brüssel: Sammlung Studien, Reihe Landwirtschaft Nr. 18. Veröffentlichungsstellen der EWG 1965.

HOLLIGER, A.: Die physikalischen Eigenschaften von Teigwaren. In: Bericht über die II. Internationale Tagung der Teigwarenhersteller, S. 187—204. Mailand: Ass. Ital. Ind. Pastificatori 1965.

HOPF, L.: Hartgrießmüllerei. In: Taschenbuch für Müllerei und Mühlenbau. 2. Aufl., S. 481 bis 489. Leipzig: Moritz Schäfer 1938.

HOSKINS, CH. M., and W. G.: Macaroni production. In: The chemistry and technology of cereals as food and feed. Hrsg. von S. A. MATZ. S. 274—320. Westport/Conn. (USA): The AVI Publishing Company, Inc. 1959.

HUMMEL, CH.: Macaroni products. London: Food Trade Press Ltd. 1950.

MALIANI, C., G. BREVEDAN u. L. ARMELLINI: Die durch genetische Verbesserungen eröffneten Aussichten für den Anbau von Durumweizen (Kreuzungen mit Weichweizen) [ital.] Parma: Centro Docum. Barilla 1964.

MALOUIN, D.: Ausführliche Beschreibung der Müller-, Nudelmacher- u. Beckerkunst (1767), aus d. Franz. übersetzt v. D. G. SCHREBER, S. 223—252. Leipzig 1769.

MAURIZIO, A.: Die Nahrungsmittel aus Getreide Bd. II, S. 144—169. Berlin: Paul Parey 1926.

MENGER, A.: Untersuchungen über die Möglichkeit einer Beziehung zwischen den löslichen Kohlenhydraten in Durumweizen und nichtenzymatischen Bräunungserscheinungen. In: Bericht „Getreidechemiker-Tagung 1961", S. 101—114. Detmold: Arbeitsgemeinschaft Getreideforschung e. V. 1961.

PORTESI, G.: L'industria della pasta alimentare. Rom: Molini d'Italia, Edit. 1957.

RENAUDIN, CH.: La fabrication industrielle des pâtes alimentaires. 2. Aufl. Paris: Dunod 1951.

SPÄGELE, S.: Neuzeitliche Teigwarenherstellung im handwerklichen Klein- und Mittelbetrieb. Stuttgart: H. Matthaes 1950.

SVENSON, J.: Über die Beurteilung des Durumweizens in der Hartgrießmüllerei. In: Bericht „3. Internationaler Brotkongreß, Hamburg 1955", S. 233—237. Detmold: Arbeitsgemeinschaft Getreideforschung e. V. 1955.

Zeitschriftenliteratur

ACKER, L., W. DIEMAIR u. R. JÄGER: Die biochemischen Ursachen des Lecithinrückganges in Eierteigwaren. I. Mitt. Neue Versuche und der Nachweis eines lecithinspaltenden Ferments in Eidauerwaren. Z. Lebensmittel-Untersuch. u. -Forsch. 97, 373—381 (1953).

—, u. G. ERNST: Über das Vorkommen eines phosphatidspaltenden Ferments in Cerealien. Biochem. Z. 325, 253—257 (1954a).

—, u. R. JÄGER: Die biochemischen Ursachen des Lecithinrückganges in Eierteigwaren. II. Mitt. Der Nachweis des lecithinspaltenden Ferments und des abgespaltenen Cholins. Z. Lebensmittel-Untersuch. u. -Forsch. 99, 13—22 (1954b).

—, u. E. LÜCK: Die biochemischen Ursachen des Lecithinrückganges in Eierteigwaren. III. Mitt. Z. Lebensmittel-Untersuch. u. -Forsch. 107, 143—152 (1958a).

— — Über den Einfluß der Feuchtigkeit auf den Ablauf enzymatischer Reaktionen in wasserarmen Lebensmitteln. Z. Lebensmittel-Untersuch. u. -Forsch. 108, 256—269 (1958b).

—, u. H.-O. BEUTLER: Die Beteiligung enzymatischer und mikrobieller Vorgänge am Anstieg der Acidität in Getreidemahlprodukten. Dtsch. Lebensmittel-Rdsch. 60, 170—174 (1964).

AGNESI, V.: Die Teigwaren in der Geschichte [ital.] Molini d'Italia XIV, 62—63 (1963).

Anonym: Teflon dies. Macaroni J. 42, Nr. 12, 36 und 60 (1961).

BINNINGTON, D.S., and W.F. GEDDES: The relative loss in pigment content of durum wheat, semolina and spaghetti stored under various conditions. Cereal Chem. 14, 239—244 (1937).

—, H. JOHANSSON, and W.F. GEDDES: Quantitative methods for evaluating the quality of macaroni products. Cereal Chem. 16, 149—167 (1939).

BURÉ, J., et J. CAUSERET: Pâtes alimentaires, semoules, blés durs. Industr. agric. aliment. 79, 389—400 u. 79, 509—515 (1962).

CORBI, D.: Vorschlag zur Modifizierung der offiziellen Methode der Säuregradbestimmung in Teigwaren [ital.]. Molini d'Italia XII, 98—100 (1961).

CUNEO, R.: Probleme des Kochversuches bei Teigwaren. Getreide u. Mehl **9**, 54—57 (1959).

CUNNINGHAM, R. L., and J. A. ANDERSON: Micro tests of alimentary pastes. II. Effects of processing conditions on paste properties. Cereal Chem. **20**, 482—506 (1943).

DAHLE, L.: Factors affecting oxidative stability of carotenoid pigments of durum milled products. J. agric. Food Chem. **13**, 12—15 (1965).

DAUPHIN, J.: La fabrication des semoules de blé tendre. Bull. Ecole Franç. Meun. Heft Nr. **193**, 35—36 (1963).

FABRIANI, G., M. FIORENTINI u. M. A. SPADONI: Experimenteller Beitrag zur Kenntnis der physikalisch-chemischen, chemischen und biologischen Charakterisierung von Weichweizen und Durumweizen (auch Nährwertvergleich in Rattenfütterungsversuchen) [ital.]. Molini d'Italia VIII, Nr. 10/11 (1957).

FIFIELD, C. C., G. S. SMITH, and J. F. HAYES: Quality in durum wheats and a method for testing small samples. Cereal Chem. **14**, 661—673 (1937).

—, and A. J. PINKNEY: Durum wheat study by the United States Department of Agriculture. Macaroni J. **42**, Nr. 2, 16, 26 und 28 (1960).

GALLO, G.: Le vicende della pasta asciutta. Technica Molitoria XIII, Nr. 3 (6), 93—97 (1962).

GAZZI, V.: Amélioration de la couleur des pâtes par le travail sous vide et teneur en carotine béta des semoules et des pâtes italiennes. Pâtes aliment. Heft Nr. **44**, 2 (1955).

GLABE, E. F., P. F. GOLDMANN and P. W. ANDERSON: Effect of irish moss extractive (Carrageenan) on wheat-flour products. Cereal Sci. Today **2**, 159—162 (1957).

GÖRLING, P.: Verhütung von Schwindungsrissen bei der Makkaronitrocknung. Getreide u. Mehl **10**, 39—43 (1960).

HADORN, H., u. R. JUNGKUNZ: Beitrag zur Bestimmung des Eigehaltes von Eierteigwaren. Mitt. Lebensmittel-Untersuch. Hyg. **43**, 1—49 (1952).

— — Beitrag zur Bestimmung des Eigehaltes in Eierteigwaren. II. Mitt. Sind Lecithinphosphorsäure und Cholin zur Ermittlung des Eigehaltes von Eierteigwaren geeignet? Mitt. Lebensmitteluntersuch. Hyg. **44**, 1—13 (1953).

—, u. K. ZÜRCHER: Beitrag zur Bestimmung des Eigehaltes in Teigwaren: Berechnung von Eiklar und Eigelb. — Welcher Faktor soll zur Berechnung des Eiklar verwendet werden? Mitt. Lebensmittel-Untersuch. Hyg. **56**, 71—86 (1965).

HOLLIGER, A.: Einfluß der Klebermenge auf die Kocheigenschaften von Teigwaren. Brot u. Gebäck **17**, 206—212 (1963).

HUMMEL, CH.: Berechnung eines Teigwaren-Diagrammes. Getreide u. Mehl **10**, 93—94 (1960).

IRVINE, G. N., and C. A. WINKLER: Factors affecting the color of macaroni. II. Kinetic studies of pigment destruction during mixing. Cereal Chem. **27**, 205—218 (1950).

— — and J. A. ANDERSON: Factors affecting the color of macaroni. III. Varietal differences in the rate of pigment destruction during mixing. Cereal Chem. **27**, 367—374 (1950).

—, and J. A. ANDERSON: Air bubbles in macaroni doughs. Cereal Chem. **28**, 240—246 (1951).

— — Variation in principal quality factors of durum wheats with a quality prediction test for wheat or semolina (pigment/lipoxidase). Cereal Chem. **30**, 334—342 (1953) u. **32**, 88 (1955a).

— Some effects of semolina lipoxidase activity on macaroni quality. J. amer. Oil Chem. Soc. **32**, 558—561 (1955b).

JONGH, G.: The formation of dough and bread structures. I. The ability of starch to form structures, and the improving effect of glyceryl monostearate. Cereal Chem. **38**, 140—152 (1961).

LECLERC, J. A.: Macaroni products. Cereal Chem. **10**, 383—419 u. 643 (1933).

LIRICI, L.: Das Vortrocknen, eine wichtige Phase der Teigwarenbereitung. Gordian L XIII, 935—937 (1963), zit. nach: L'essicazione della pasta: incartamento [ital.]. Technica Molitoria XIII, Nr. 9 (18), 77—81 (1962).

MATSUO, R. R.: Characterization of the component causing brownness in macaroni. In: Abstracts, Annual AACC-Meeting 1965, Beilage zu Cereal Sci. Today **10**, Nr. 4 (1965).

MATVEEF, M.: Recherches sur l'utilisation des blés tendres pour la fabrication des pâtes alimentaires. Bull. Ecole Franç. Meun. Heft Nr. **193**, 37—40 (1963a).

— Les matières minérales des semoules, critère de leur pureté. Bull. Ecole Franç. Meun. Heft Nr. **196**, 187—193 (1963b).

— Recherche sur les blés durs germés au point de vue de leur utilisation dans l'industrie. Bull. Ecole Franç. Meun. Heft Nr. **198**, 307—311 (1963c).

— Le mitadinage des blés durs et son influence sur le rendement et la valeur des semoules. Bull. Ecole Franç. Meun. Heft Nr. **198**, 299—306 (1963d).

— Betrachtungen über die Anwendbarkeit der Palmitatprobe zur Untersuchung von Durum- und Weichweizen [ital.]. Technica Molitoria XV, Nr. 11 (22), 163—165 (1964).

Menger, A.: Zur Bestimmung des Säuregrades in Teigwarenrohstoffen und Teigwaren. Getreide u. Mehl 9, 37—40 (1959a).
— Der Beitrag der wissenschaftlichen Forschung zur Aufklärung der Verfärbung von Teigwaren. Getreide u. Mehl 9, 57—59 (1959b).
— Beziehungen zwischen dem Feinheitsgrad und anderen Qualitätsfaktoren von Durummahlprodukten. Getreide u. Mehl 13, 128—132 (1963a).
— Durumweizen und Durummahlprodukte als Teigwarenrohstoffe. Mühle 100, Beilage „Ergebnisse und Probleme der Getreideforschung", S. 157—160 (1963b).
— Über die Beeinflussung der Teigwarenfarbe durch Verlust und Neubildung von Pigmenten während der Herstellung. Getreide u. Mehl 14, 85—89 (1964a).
— Versuche mit dem Zusatz von Monoglyceridpräparaten zu Teigwaren. Getreide u. Mehl 14, 59 (1964b).
— Versuche zur Herstellung von Diätteigwaren. Getreide u. Mehl 15, 61 (1965a).
— Untersuchungen zur Vereinheitlichung der Siebanalyse bei Durumgrieß und Durumdunst. Getreide u. Mehl 15, 137—141 (1965b).
— Versuche zur Vereinheitlichung der Siebanalyse und der Stippenzählung bei Durumgrieß und -dunst. Mühle 103, 442—443, 456, 475—476, 497—498 (1966a).
— Feuchtigkeitsveränderungen in verpackt lagernden Teigwaren. Jahresbericht 1966 der Bundesforschungsanstalt für Getreideverarbeitung in Berlin und Detmold (im Druck, 1966b).
Mollenhauer, H.P.: Über die Messung der Kochfestigkeit von Teigwaren. Brot u. Gebäck 17, 185—189 (1963).
Osman, E.M., S.J. Leith and M. Fes: Complexes of amylose with surfactants. Cereal Chem. 38, 449—463 (1961).
Paulsen, T.M.: A study of macaroni products containing soy flour. Food Technol. 15, 118—121 (1961).
Rohrlich, M., G. Ziehmann u. R. Lenschau: Die Anwendung des elektrochemischen Meßverfahrens nach Tödt zur Bestimmung der Lipoxydase und Katalase. Getreide u. Mehl 9, 13—18 (1959).
Rothe, M., u. H. Kleinbaum: Zum Einsatz gliadinfreier Austauschlebensmittel innerhalb der Zöliakiediät. Dtsch. Gesundh. Wes. 20, 2239—2241 (1965).
Smith, G.S., R.H. Harris, E. Jesperson and D.L. Sibbitt: The effect of pressure on macaroni discs: size and number of air bubbles in relation to light transmission. Cereal Chem. 23, 471—483 (1946).
Subrahmanyan, V., N.G. Roa, S.V. Roa, G.S. Bains, D.S. Bhatia, M. Swaminathan and A. Sreenivasan: Studies on enriched tapioca macaroni products. I. Development of new formulations and pilot plant studies. Food Sci. (Mysore) 10, 379—381 (1961).
Thomas, B., u. E. Anders: Untersuchungen über die Teigbildung in Abhängigkeit vom Rohstoff. Brot u. Gebäck 13, 65—69 (1959).
Viermann, H.: Über Gefriereigelb als Handelsprodukt. Dtsch. Lebensmittel-Rdsch. 62, 141—145 (1966).
Visco, S., G. Fabriani, E. Figliuzzi u. A. Fratoni: Untersuchungen über die Eigenschaften der Weizenarten: Hard Red Winter (Trit. aest.) [ital.]. Molini d'Italia IX, Nr. 3 (1958).
Winston, J.J.: Better macaroni products with gum gluten. Food Engin. 27, Nr. 5, 73 und 187 (1955).
— The use of distilled monoglycerides in macaroni products (Myverol/Kodak). Macaroni J. 43, Nr. 1, 14, 22, 24 (1961).
—, and B.R. Jacobs: Using soybean lecithin in the macaroni industry. Food Industries 19, I. 166—169 (1947); II. 327—329 (1947).

B. Untersuchung und Beurteilung von Teigwaren und deren Rohstoffen

Von

Prof. Dr. LUDWIG ACKER, Münster/Westf.

Mit 2 Abbildungen

I. Teigwaren

1. Vorbereitung der Probe

Eine Durchschnittsprobe der Teigware wird zu mehlfeinem Pulver vermahlen und gut durchgemischt. Für alle Bestimmungen, denen eine Extraktion mit organischen Lösungsmitteln vorausgeht (Gesamtfett, alkohollösliche Phosphorsäure, Sterine), ist auf eine Korngröße unter 0,3 mm einzustellen; die Probe muß *vollständig* durch ein Sieb der Maschenweite 0,3 mm fallen. Auf vollständige Zerkleinerung der Probe ist zu achten, da die bei partieller Zerkleinerung erhaltenen Siebfraktionen unterschiedlich zusammengesetzt sind (A. SCHLOEMER u. Mitarb. 1942; A. MENGER 1963; L. ACKER u. H. GREVE 1964 a). (Vorsicht daher bei Zerkleinerung in Mixgeräten, bei denen die gewünschte Mahlfeinheit vielleicht nicht im ersten Anlauf zu erhalten ist, so daß man versucht ist, die mehlfeine Fraktion durch Absieben abzutrennen.)

Kommt es für die Beurteilung der Teigwaren entscheidend auf den Wassergehalt an, so sollte die Zerkleinerung nur in Geräten mit Mahlwalzen oder Mahlkränzen ausgeführt werden. Bei der Vermahlung in Mühlen von der Art der Schlagkreuzmühlen oder beim Schroten in Mixgeräten sind Wasserverluste nicht zu vermeiden.

2. Wasser

Man bestimmt den Wassergehalt durch zweistündiges Trocknen bei 130°C im Trockenschrank oder Trocknen im Vakuumtrockenschrank bei 70°C bis zur Gewichtskonstanz. Auch die Titration nach K. FISCHER ist gut geeignet (P.F. PELSHENKE u. Mitarb. 1960).

3. Asche

Man verfährt wie bei Mehlen (vgl. Mineralstoffe). Bei eifreien Teigwaren kann der Aschegehalt zur Ermittlung der verwendeten Typen dienen, falls kein Kochsalz zugesetzt wurde. Es ist allerdings zu beachten, daß bei Mahlprodukten aus Durumweizen die Mosssche Ascheskala zur Umrechnung von Asche auf Ausmahlungsgrad nicht gilt, da bei diesen Erzeugnissen die Aschegehalte höher liegen als bei Weichweizenerzeugnissen gleicher Ausbeute.

4. Kochsalz

Zur Bestimmung des Kochsalzgehaltes ist es nicht empfehlenswert, von der bei niedriger Temperatur und unter Ausziehen mit Wasser gewonnenen Asche auszugehen, da auch bei vorsichtigem Arbeiten Verluste an Cl⁻ nicht zu vermeiden sind (vgl. bei Brot). Zweckmäßiger ist es, in einem wäßrigen, bei Raumtemperatur bereiteten Auszug das Chlorid potentiometrisch oder mercurometrisch nach Votoček zu bestimmen (vgl. S. 354).

5. Gesamtfett

Die Ausbeute an Lipiden hängt von der Art des verwendeten Lösungsmittels ab. Die Soxhlet-Extraktion mit Äther liefert die niedrigsten und die am stärksten schwankenden Werte. Die höchsten Gehalte werden bei Ausziehen mit Alkohol-Benzol im Heißextraktionsrohr (vgl. S. 472) erzielt. Der eingedampfte Extrakt muß dann allerdings noch durch Aufnehmen mit Äther gereinigt werden (H. Hadorn u. R. Jungkunz 1952; L. Acker u. W. Diemair 1957). Trotzdem verbleibt auch bei dieser Extraktion noch ein kleiner Rest an Lipiden in der Probe in Höhe von etwa 0,4 %. Bei diesem Rest handelt es sich um die im Weizenrohstoff (an die Stärke) fest gebundenen Lipide; die mit dem Eizusatz eingebrachten Lipide werden aber mit Alkohol-Benzol mit Sicherheit quantitativ extrahiert (L. Acker u. H. Greve 1964a).

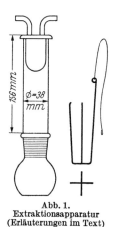

Abb. 1.
Extraktionsapparatur
(Erläuterungen im Text)

Um auch die fester gebundenen Lipide zu erfassen, wird bei solchen Erzeugnissen vielfach die Extraktion mit Äther oder Petroläther nach Aufschluß mit Säure angewendet (K. Braunsdorf 1960). Bei Weizenrohstoffen liegen die auf diese Weise gewonnenen Werte etwa in der gleichen Höhe wie die aus der Alkohol-Benzol-Extraktion erhaltenen. Die Übereinstimmung der nach den beiden verschiedenen Verfahren ermittelten Werte ist allerdings rein zufällig. Der bei der Säurebehandlung auftretende Verlust (durch Spaltung von Phosphatiden) wird aufgewogen durch den Zuwachs an fester gebundenen Lipiden (L. Acker u. H. Greve 1964a).

Bei Eierteigwaren liegen die nach Säureaufschluß erhaltenen Lipidgehalte jedoch etwas niedriger als die durch Alkohol-Benzol-Extraktion gewonnenen, da ein Teil der Lipide (offenbar Phosphatide) beim Aufschluß zerstört wird. Das Verfahren der Alkohol-Benzol-Extraktion ist Bestandteil der Methode zur Cholesterinbestimmung (vgl. S. 472) und ist dort eingehend beschrieben.

Für die Bestimmung der Gesamtlipide haben sich H. Hadorn u. H. Mostertman (1965) einer einfachen Apparatur (Abb. 1) bedient.

Sie besteht aus einem 100 ml-Schliffkölbchen, einem Extraktionsrohr mit 40 mm-Normalschliff, einem Metallkühler und einem Gestell aus rostfreiem Stahldraht (Fahrradspeichen). Letzteres wird aus zwei U-förmig gebogenen Drähten durch Verlöten der kreuzweise aufeinander gelegten Stücke hergestellt. Ein Schenkel von etwas größerer Länge erhält eine Öse, an der ein Bindfaden befestigt wird. Damit ist es möglich, dem Gestell jede gewünschte Lage im Rohr oder Kolben zu geben.

6. Säuregrad

Bei Teigwaren spielt der Säuregrad für die Beurteilung der Verdorbenheit eine wichtige Rolle. Ein Säuregrad von 8, wobei das Verfahren von Kreis u. Arragon anzuwenden ist, gilt als obere Grenze.

Arbeitsvorschrift: 10 g Teigwarenpulver werden mit 100 ml dest. Wasser 30 min auf dem siedenden Wasserbad erhitzt. Die heiße Suspension wird mit 0,1 n-Natronlauge bis zur bleibenden Rotfärbung gegen Phenolphthalein titriert.

Dieses Verfahren hat erhebliche Nachteile. Der Endpunkt der Titration ist schwer zu erkennen und kann sich durch hydrolytische Abspaltung saurer Phosphate aus Phytin laufend erhöhen (A. Menger 1959). Außerdem werden bei dieser

Titration saure Gruppen erfaßt, die sich in ihrer Menge auch bei längerer Lagerung nicht merklich verändern, z. B. saure Gruppen im Eiweiß. Die neben sauren Phosphaten vorwiegend an der Erhöhung der Acidität solcher Teigwaren beteiligten Verbindungen, wie freie Fettsäuren, organische Säuren von der Art der Milchsäure, Citronensäure, Äpfelsäure, Bernsteinsäure werden zuverlässiger durch Titration im wäßrig-alkoholischen Auszug ermittelt.

A. MENGER (1959) hat die bisher für eine genauere Ermittlung des Säuregrades empfohlenen Methoden sorgfältig studiert und empfiehlt ein Verfahren, das sich an eine italienische Arbeitsweise (F. MUNTONI 1951) weitgehend anschließt, bei dem die zerkleinerten Teigwaren mit 50 %igem Alkohol extrahiert werden und dieser Extrakt mit 0,02 n-Natronlauge gegen Phenolphthalein titriert wird. Neuerdings gehen die Bestrebungen dahin, die Methode nach SCHULERUD (Extraktion mit 67 %igem Alkohol), die sich bei Getreidemahlprodukten (vgl. dort) bewährt hat, als verbindlich zu empfehlen.

Die nach den verschiedenen Verfahren ermittelten Säuregrade können nicht miteinander verglichen werden, auch Umrechnungsfaktoren lassen sich nicht angeben (vgl. A. MENGER 1959).

7. Nachweis und Bestimmung eines Eizusatzes

a) Qualitativer Nachweis

Der *qualitative* Nachweis eines Eizusatzes spielt kaum eine Rolle, da es meist einfacher und überzeugender ist, mit Hilfe der quantitativen Methoden eine Entscheidung herbeizuführen. Die früher gelegentlich für diesen Nachweis angegebene Luteinprobe im Ätherauszug kann keine Beweiskraft beanspruchen, da die heute für die Herstellung der Eierteigwaren verwendeten Hartweizenmahlprodukte Xanthophyll (= Lutein) in nennenswerter Menge enthalten. Außerdem ist mit einer Färbung durch Carotinoide zu rechnen. Dagegen kann der Nachweis von Cholesterin für einen solchen Eizusatz herangezogen werden. Man kann dabei ähnlich verfahren wie bei der Unterscheidung von tierischen und pflanzlichen Ölen (vgl. Bd. IV). Es gibt aber auch papierchromatographische Verfahren, die Cholesterin neben den Phytosterinen zu erkennen erlauben. Auf die Auswahl eines geeigneten Fließmittels ist dabei besonders zu achten, da die R_f-Werte von Cholesterin und β-Sitosterin, dem hauptsächlich in Getreide vorkommenden Sterin, nur geringe Unterschiede aufweisen (J. W. C. PEEREBOOM 1963; H. P. HARKE u. P. VOGEL 1963). Neuerdings ist auch die Gaschromatographie für den Nachweis von Cholesterin neben pflanzlichen Sterinen vorgeschlagen worden (J. H. RECOURT u. R. K. BEERTHUIS 1963; J. EISNER u. D. FIRESTONE 1963).

b) Bestimmung des Eigehaltes

α) Allgemeines

Der Eigehalt in Eierteigwaren — wie auch in anderen eihaltigen Lebensmitteln — ist nur auf indirekte Weise zu ermitteln, weil keine Methode bekannt und auch nicht zu erwarten ist, welche die Eisubstanz als Ganzes zu bestimmen erlaubt. Man muß sich daher zur Ermittlung der zugesetzten Menge an Ei bestimmter Inhaltsbestandteile des Eies, die für das Ei charakteristisch sind und im Weizenrohstoff nicht oder nur in geringer Menge vorkommen, bedienen. Früher hat man sich vorzugsweise auf den Lecithingehalt gestützt, doch hat die Tatsache, daß bei der Lagerung von Eierteigwaren der Lecithingehalt je nach den Lagerbedingungen mehr oder weniger rasch zurückgeht (vgl. S. 463), die Berechnungsgrundlage sehr unsicher gemacht. Trotzdem wird dieses Verfahren auch heute noch in USA empfohlen (J. E. Despaul u. Mitarb. 1953), allerdings nur für die Kontrolle von frisch hergestellten Eierteigwaren. Es ist jedoch dabei zu beachten, daß manche Erzeugnisse (z. B. Makkaroni), bei denen eine längere Trocknungsdauer bei erhöhter Feuchtigkeit einzuhalten ist, bereits eine erhebliche Abnahme des Lecithingehaltes während des Trocknungsvorganges zeigen können (L. Acker u. E. Lück 1958).

Der Cholesteringehalt gilt heute als die verläßlichste Grundlage für die Berechnung des Eigehaltes. Leider lassen sich mit den üblichen Methoden Cholesterin und Phytosterine nicht getrennt nebeneinander bestimmen, so daß die Phytosterine der Weizenrohstoffe in Rechnung gestellt werden müssen. Das Verhältnis der Steringehalte von Eigelb (2,9 % i. Tr.) und von Durumweizen (0,04 % i. Tr.) beträgt etwa 70 : 1, so daß auch kleine Eigehalte noch erfaßt werden können. Daneben ist auch der Gesamtcholingehalt mehrfach als Berechnungsgrundlage empfohlen worden (zuletzt von K. Schwarz 1961). In diesem Falle ist es jedoch von Nachteil, daß die Gesamtcholingehalte von Eigelb und Durumgrieß sich wie 10 : 1 verhalten, so daß, wenn nicht die verwendeten Rohstoffe zur Verfügung stehen, die Berechnung des Eigehaltes wegen der biologischen Schwankungen des Cholingehalts in den Rohstoffen sehr unsicher wird. Günstiger liegen die Verhältnisse, wenn man den Cholingehalt der mit Lipoidlösungsmitteln extrahierbaren Substanzen heranzieht. In diesen Extrakten überwiegt bei weitem die Cholinfraktion aus den Eirohstoffen, weil die cholinhaltigen Phosphatide der Stärke unter diesen Bedingungen nicht erfaßt werden. Allerdings kann die Menge der aus dem Weizen stammenden Cholinverbindungen stark streuen, so daß damit eine ziemliche Unsicherheit in die Berechnung hineinkommt (H. Hadorn u. R. Jungkunz 1953).

Auch die Menge des Gesamtfettes wird zur Ermittlung des Eigehaltes herangezogen, doch hat diese Methode mehr orientierenden Charakter. Bei Verwendung von frischen Eiern (Volleiern) kann auch die Bestimmung der löslichen Proteine nützlich sein. Bei Verwendung von Trockenvollei versagt dieses Verfahren, da die Löslichkeitseigenschaften der Albumine beim Trocknen sich etwas verändern. Auf Einzelheiten wird bei den einzelnen Verfahren eingegangen.

Die Genauigkeit der indirekten Methoden zur Eibestimmung wird weniger durch die analytische Streuung des angewendeten Verfahrens als vielmehr durch die biologische Streuung der der Berechnung zugrunde gelegten Werte bestimmt. Wenn dem Analytiker nicht die zur Verwendung gelangten Rohstoffe zur Verfügung stehen, kann er sich bei der Umrechnung der ermittelten analytischen Größe auf den Eigehalt immer nur auf einen Mittelwert stützen. Er muß dann allerdings bei der Beurteilung des Eigehaltes dieser biologischen Streuung Rechnung tragen.

β) Sterine

Für die Bestimmung der Sterine haben im wesentlichen bisher zwei Verfahren Bedeutung erhalten, ein photometrisches und ein gravimetrisches. Die photometrische Methode gründet sich auf die Farbreaktion nach Liebermann-Burchard. Sie leidet unter dem Nachteil, daß die Sterinester eine andere und zwar eine höhere Extinktion liefern als die freien Sterine (C. H. Brieskorn u. H. Herrig 1959; L. Acker u. H. Greve 1964 c). Weiterhin unterscheiden sich auch die einzelnen Sterine untereinander in der Tiefe der bei dieser Reaktion erhaltenen Färbung. Den ersten Nachteil kann man durch vorheriges Verseifen beheben; der zweite Nachteil muß in Kauf genommen werden. Dies ist bei Eierteigwaren, die sowohl Cholesterin als auch Phytosterine (sowie beider Ester) enthalten, zu beachten. Weiterhin ist die Reproduzierbarkeit der Farbreaktion nicht ganz befriedigend. L. ACKER u. H. GREVE (1964 c) haben unter Verwendung von Cholesterinlösungen eine Schwankungsbreite von 4,9 % ermittelt. Trotzdem hat dieses von H. RIFFART u. H. KELLER (1934) stammende Verfahren in der von L. ACKER u. W. DIEMAIR (1957) angegebenen Form meist brauchbare Werte geliefert. Doch war die Übereinstimmung der so erhaltenen Werte mit dem tatsächlichen Gehalt mehr zufällig, da sich zwei gegenläufige Effekte die Waage hielten (vgl. L. ACKER u. H. GREVE 1964 c). Das Verfahren neigte allerdings dazu, etwas zu hohe Werte zu liefern.

Zuverlässiger ist das gravimetrische Verfahren, das auf der Tatsache beruht, daß Cholesterin und die Phytosterine des Weizens mit Digitonin in stöchiometrischem Verhältnis eine Additionsverbindung liefern. Da Sterinester nicht gefällt werden, ist eine vorherige Verseifung erforderlich. Cholesterin und Phytosterin unterscheiden sich in ihrem Molekulargewicht. Die Berechnung erfolgt bei Teigwaren in jedem Falle als Cholesterin. Der Umrechnungsfaktor von 0,243, der sich in den meisten Arbeitsvorschriften findet, stimmt nach J.W. COPIUS-PEEREBOOM (1963) nicht mehr streng; er basiert auf der alten Summenformel des Digitonins, die inzwischen eine Korrektur erfahren hat (früher $C_{55}H_{94}O_{28}$, jetzt $C_{56}H_{92}O_{29}$). Im Hinblick auf die Tatsache, daß es sich bei Teigwaren sowieso um ein Gemisch mehrerer Sterine handelt, und um die Vergleichbarkeit mit den nach dem alten Umrechnungsfaktor gewonnenen Ergebnissen aufrecht zu erhalten, wird vorgeschlagen, weiterhin den Faktor 0,243 zu benützen.

Der Cholesterinbestimmung geht eine Extraktion der Lipide voraus, für die sich die Alkohol-Benzol-Extraktion am besten eignet. Das Ausschütteln der Sterine aus der alkalischen Lösung im Anschluß an die Verseifung ist meist schwierig und vielfach nicht ohne Verlust möglich, so daß es einfacher und zuverlässiger ist, die Sterine aus saurer Lösung zusammen mit den freien Fettsäuren auszuziehen und sie in deren Gegenwart auszufällen.

Eine andere Möglichkeit zur Isolierung der Lipide geht von einem Säureaufschluß des Materials aus. Die Lipide werden aus dem wäßrigen Aufschluß mit Petroläther extrahiert. Die früher empfohlene Verwendung von Äther ist unzweckmäßig, da Zersetzungsprodukte mitextrahiert werden, welche insbesondere die photometrische Bestimmung stören, aber auch das Digitonid etwas beeinflussen.

Nach den Untersuchungen von L. ACKER u. H. GREVE (1964 b) enthält der Durumweizen auch Phytosteringlykoside, die sich bei dem von der Alkohol-Benzol-Extraktion ausgehenden Verfahren der Bestimmung entziehen, bei Anwendung eines Säureaufschlusses aber miterfaßt werden. Die nach diesem letzteren Verfahren gewonnenen Werte erhöhen sich also um diesen Betrag an Phytosteringlykosiden; er liegt bei etwa 7 mg/100 g, als Sitosterin gerechnet.

Die AOAC-Methoden (1960) stützen sich ebenfalls auf die gravimetrische Bestimmung (Ziff. 13128). Man geht dabei von einem Säureaufschluß aus und nimmt die Verseifung in dem alkalisch gemachten Aufschluß vor. Die Sterine werden anschließend mit Petroläther ausgeschüttelt. Für die Fällung der Sterine mit Digitonin wird nach dem Verfahren von H. HADORN u. R. JUNGKUNZ (1951, 1952) vorgegangen, das sich bei der gravimetrischen Bestimmung sehr bewährt hat und dafür auch meist herangezogen wird (V.E. MUNSEY 1954; F. CUSTOT u. H. LASNE 1960). Es ist allerdings etwas umständlich, so daß sich L. ACKER u. H. GREVE (1964a) für eine Fällung in wasserhaltigem Aceton entschieden haben.

AOAC-Methode (Ziff. 13128): Das Verfahren ist rasch durchführbar — jedenfalls in seinem ersten Teil — und liefert nach eigenen Untersuchungen gute Ergebnisse. Zu beachten ist dabei jedoch, daß wegen der Aufspaltung der Phytosteringlykoside im sauren Milieu die Werte etwas höher ausfallen (vgl. oben).

Arbeitsvorschrift: Man wiegt 5 g der gut gemahlenen Probe in einen 300 ml-Erlenmeyer-Kolben und fügt unter Umschütteln 15 ml Salzsäure (1 + 1) so zu, daß nach Möglichkeit keine Partikelchen an der Glaswand des Becherglases haften bleiben. Man erhitzt auf dem siedenden Wasserbad 30 min lang und schüttelt dabei häufig um, um etwaige Verklumpungen aufzulösen und die vollständige Hydrolyse sicherzustellen. Während man darauf den Kolben unter der Wasserleitung abkühlt, fügt man vorsichtig unter Umrühren 15 g KOH zu. Die Flüssigkeit soll dabei zum Kochen kommen; heftiges Sieden ist allerdings wegen der Gefahr von Verlusten zu vermeiden. Nach dem Abkühlen fügt man 20 ml Alkohol zu, den man über die Wand in den Kolben einlaufen läßt, und erhitzt auf dem Wasserbad 45 min am Steigrohr unter häufigem Umschütteln. Man fügt dann 25 ml Wasser längs der Kolbenwand zu, mischt durch und kühlt ab. Nach Zugabe von 50 ml Äther wird die Mischung 1 min lang kräftig geschüttelt und in einen 500 ml-Scheidetrichter übergeführt. Man wäscht den Kolben nacheinander mit 25 und 10 ml Äther und mit 50 ml 1%iger Kalilauge, wobei man die Waschflüssigkeiten langsam in den Scheidetrichter eingießt und dann vorsichtig 10—15 sec lang umschüttelt. Man läßt die Phasen sich trennen und zieht langsam die Seifenlösung in einen 250 ml-Scheidetrichter ab, hält aber irgendwelche Emulsionen oder unlösliche Stoffe an der Grenzfläche im Scheidetrichter zurück. Die Wand des 500 ml-Scheidetrichters spült man mit 5 ml 1%iger Kalilauge nach und führt die Waschflüssigkeit in den kleineren Scheidetrichter über. Dann fügt man 25 ml Äther zum kleineren Scheidetrichter und schüttelt 1 min lang heftig. Nach Trennung der Phasen verwirft man die untere Schicht. Die Ätherschicht fügt man zur Flüssigkeit im größeren Scheidetrichter und spült den 250 ml-Scheidetrichter mit 10 ml Äther nach. Die Ätherlösung wird — wie oben — dreimal mit 50 ml 1%iger Kalilauge gewaschen, wobei man etwaiges unlösliches Material oder Emulsionen im Scheidetrichter zurückhält. Man wäscht die Ätherlösung zweimal mit 50 ml Wasser. Schließlich zieht man die wäßrige Schicht möglichst vollständig ab ohne Verlust an Ätherphase. Man fügt Siedesteinchen in einen 300 ml-Erlenmeyer-Kolben, gibt die Ätherphase hinzu, spült den Scheidetrichter dreimal mit 5 ml Äther aus und spült den Auslauf des Scheidetrichters mit Äther nach. Man fügt die Waschflüssigkeit zum Kolben hinzu und dampft den Äther auf dem Wasserbad ab.

Man löst den Rückstand in 5 ml Aceton, filtriert durch eine Glasfritte mittlerer Porosität in ein 100 ml-Zentrifugenglas in einem Wittschen Topf. Man wäscht Kolben und Filter dreimal mit je 4 ml Aceton (Gesamtvolumen etwa 20 ml). Man gibt dann 5 ml frisch bereitete Digitoninlösung in 80%igem Alkohol hinzu 40 mg Digitonin enthaltend. Man löst das Digitonin unter Erwärmen auf 40—50° C. (Produkte, die mehr als 6% Trockeneigelb enthalten, erfordern einen höheren Anteil an Digitoninlösung.) Man mischt unter Umschwenken. Man stellt nach Zugabe von Siedesteinchen das Zentrifugenglas in ein Wasserbad, dampft fast zur Trockne ein, setzt 50 ml kochend heißes Wasser zu und rührt mit einem Glasstab um, um den Niederschlag zu dispergieren und überschüssiges Digitonin zu lösen. Man stellt das Glas in ein siedendes Wasserbad und hält es darauf mehrere Minuten unter häufigem Rühren. Nach Abkühlen auf etwa 60° C gibt man 25 ml Aceton zu, mischt gut durch unter Rühren und kühlt auf Raumtemperatur in kaltem Wasser ab.

Wenn der Niederschlag sich fast ganz abgesetzt hat (nach 15 min), entfernt man den Glasstab, wobei man den anhaftenden Niederschlag mit Aceton abspült. Man dekantiert in einen vorher getrockneten und gewogenen Goochtiegel, der mit einer Asbestschicht und mit 1 g geglühtem Sand bedeckt ist. Man wäscht das Zentrifugenglas mehrere Male mit wenig ml Aceton, um den ganzen Niederschlag zu überführen (Vorsicht: Siedesteinchen nicht mit über-

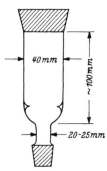

führen). Schließlich wäscht man den Filtertiegel mit Aceton, um fettartiges Material zu lösen, spült mit 5 ml Äther nach, trocknet 30 min bei 100° C und wiegt. Man prüft das Gewicht nach weiteren 30 min Trocknen.

Nach Multiplizieren mit 0,243 erhält man die Menge an Sterinen.

Digitoninmethode nach der Arbeitsweise von L. Acker u. H. Greve (*1964 a*):

Arbeitsvorschrift: 10 g der fein gemahlenen Teigwaren (Teilchengröße unter 0,3 mm) werden in einem Heißextraktionsrohr (Abb. 2) (100 mm Höhe, 40 mm ⌀) unter Benützung einer Filterhülse (etwa 33 × 60 mm) mit Alkohol-Benzol (1 : 1) 4 Std lang extrahiert. Für die Extraktion sind im allgemeinen 60 ml ausreichend, wenn man als Kolben einen 200 ml-Schliff-Erlenmeyer-Kolben benützt. Um ein Zusammenbacken während der Extraktion zu vermeiden, verreibt man das Teigwarenpulver mit geglühtem Seesand etwa im Verhältnis 1 : 1. Weiterhin ist für eine quantitative Erfassung aller Lipide wesentlich, daß man mit einem Teil des Lösungsmittelgemisches *vor* Beginn des Extrahierens die Filterhülse samt Inhalt befeuchtet, indem man etwa die Hälfte der zur Extraktion vorgesehenen Flüssigkeitsmenge durch das Rohr

Abb. 2. Heißextraktions-rohr (nach L. Acker u. W. Diemair 1957)

40 mm

~100 mm

20—25 mm

auf die bereits eingesetzte Hülse gießt. Unterläßt man diese Maßnahme, so wird bei beginnender Extraktion die Filterhülse von unten her befeuchtet, die löslichen Anteile werden capillar hochgezogen und lassen sich dann nur schwer vom Hülsenrand wieder herabwaschen. Der Extrakt wird im Wasserbad in geschlossener Apparatur eingedampft (Benzol darf wegen seiner Toxicität nicht an der Luft abgedampft werden), in etwa 25 ml Äther aufgenommen und zum Abscheiden ätherunlöslicher Stoffe einige Stunden — am besten über Nacht — stehen gelassen. Man filtriert dann die ätherische Lösung durch ein möglichst kleines, mit Äther vorher befeuchtetes Filter in einen gewogenen Kolben, wäscht mit Äther nach und engt anschließend ein. Vor dem Rückwiegen wird eine halbe Stunde lang bei 105°C getrocknet (Kolben zur leichteren Entfernung der Ätherdämpfe flach legen) und dann im Exsiccator unter Vakuum erkalten gelassen.

Zur Verseifung der Gesamtlipide kocht man den Rückstand mit 20 ml 0,5 n-alkoholischer Kalilauge 30 min lang am Rückflußkühler. Man löst die Seife in etwa 20 ml heißem Wasser und überführt quantitativ unter Nachspülen mit 20 ml Wasser in einen 100 ml fassenden Scheidetrichter. Nach Abkühlen auf Zimmertemperatur wird die Seifenlösung mit Phosphorsäure oder auch Salzsäure angesäuert und dann dreimal mit je 25 ml Petroläther (Sdp. bis 40°C) ausgeschüttelt. Die vereinigten Petrolätherlösungen werden mit Wasser gewaschen und in einem Kolben zur Trockne eingedampft. Der Rückstand, der neben den Fettsäuren die Sterine enthält, wird in 5 ml Aceton gelöst und, falls die Lösung trübe ist, durch ein kleines Faltenfilter in ein 50 ml-Becherglas filtriert. Man spült und wäscht mit 10 ml Aceton sorgfältig nach. Zu dieser Acetonlösung (insgesamt 15 ml) fügt man 3 ml Wasser (= 20% des Gesamtvolumens der Acetonlösung).

Zur Fällung der Sterine als Digitonide werden für eine Teigware mit hohem Eigehalt (4 Eier/kg) 60 mg Digitonin (bei normalen Eierteigwaren mit $2^1/_4$ Eier/kg genügen 40 mg) in 5 ml 80%igem Äthanol auf dem Wasserbad vollständig gelöst und noch heiß mit der Acetonlösung von Fettsäuren + Unverseifbarem vereinigt. Mit einem Uhrglas bedeckt, stellt man das Becherglas 15 min lang auf ein 60—70°C warmes Wasserbad. Nach Abkühlen auf Zimmertemperatur (2 Std. stehen lassen) filtriert man durch einen gewogenen, mit Asbest beschickten Goochtiegel. (Es hat sich gezeigt, daß auch Glasfiltertiegel G 4 hierfür geeignet sind.) Hierbei ist zu beachten, daß bei schwachem Saugen die Filtration schneller verläuft als bei starkem Vakuum. Man sorge dafür, daß das Filter immer mit Flüssigkeit bedeckt ist, um ein Festsaugen des Niederschlages zu vermeiden. Becherglas und Tiegel werden mit insgesamt 10—20 ml Aceton sorgfältig nachgewaschen. Man achte besonders darauf, daß sich an der Unterseite des Tiegels keine Fettsäuren abscheiden, was bei starkem Saugen leicht eintritt. Etwa abgeschiedene Fettsäuren entferne man durch Abspülen mit Aceton. Der Tiegel wird bei 105°C 15 min lang getrocknet und dann im Exsiccator abkühlen gelassen. Zur Umrechnung der Menge des Digitonidniederschlags auf Sterine multipliziert man mit 0,243. Der Steringehalt wird in mg/100 g Trockensubstanz angegeben.

Zur Berechnung des Eigehaltes aus dem Steringehalt bediene man sich der Tab. 1 (nach L. Acker u. W. Diemair 1957).

Will man die Fettsäuren vor der Fällung der Sterine als Digitonid abtrennen, so überführt man die alkoholische Seifenlösung unter Nachspülen mit 20 ml Wasser in einen 150 ml fassenden Scheidetrichter und schüttelt dreimal mit je 20 ml Petroläther (Sdp. bis 40°C) aus. Um eine schnelle Trennung der alkoholischen und petrolätherhaltigen Phase zu erzielen, läßt man 1—2 ml 96%iges Äthanol am Rande des Trichters in die Flüssigkeit laufen. Nach Schichtentrennung wird der Petroläther vorsichtig in ein Becherglas oder ein Erlenmeyer-Kölbchen geeigneter Größe abgegossen. Das bei der Bestimmung des Unverseifbaren unerläßliche Waschen der vereinigten Petrolätherauszüge mit wäßrigem Alkohol erübrigt sich, da einmal bei sorgfältiger Trennung der Phasen kaum Seifenlösung in die Petrolätherauszüge gelangt und zum anderen, weil kleine Mengen mitgerissener Seifenlösung die Fällung nicht stören. Nach Abdestillieren des Lösungsmittels wird der verbleibende Rückstand, der das Unverseifbare enthält, in 5 ml Aceton gelöst; darin fällt man die Sterine nach der vorstehenden angegebenen Vorschrift mit Digitonin.

Tabelle 1. *Berechnung des Eigehaltes von Eierteigwaren aus dem Steringehalt*

Eigehalt in Eiern pro kg Grieß	Steringehalt i. Tr. bei Verwendung von	
	Hartweizen mg/100 g	Weichweizen mg/100 g
0	38,0	28,0
1	65,0	55,1
2	91,2	81,5
3	116,8	107,2
4	141,7	132,2
5	166,0	156,7
6	189,7	180,5

Die für die Berechnung des Eigehaltes aus dem Steringehalt angegebene Tab. 1 (L. Acker u. W. Diemair 1957) basiert auf einem Steringehalt des Weizengrießes von 38 mg/100 g i. Tr. und einem Cholesteringehalt im Trockeneigelb von 2,93%.

Dies entspricht ziemlich genau einem Cholesteringehalt von 240 mg pro Eidotter von 16 g Frischgewicht und einer Trockensubstanz von 8,24 g.

Man muß sich darüber im klaren sein, daß aus den oben (vgl. S. 470) angeführten Gründen nur der Bereich angegeben werden kann, innerhalb dessen der tatsächliche Wert zu finden ist. Dieser Bereich ist nach L. Acker u. H. Greve (1964 c) — bei Vorliegen eines einzigen Wertes — mit $\pm$ 0,5 Ei/kg Grieß anzusetzen. Die durch die biologischen Streuungen der Sterinwerte der Rohstoffe begründete Unsicherheit kann eingeschränkt werden, wenn man die verwendeten Rohstoffe zur Verfügung hat. In diesem Fall kann die tatsächlich zugesetzte Eimenge aus folgender Formel berechnet werden:

Trockeneigelb (von der Trockensubstanz T_E) in g pro kg Grieß (von der Trockensubstanz

$$T_G) = 1000 \cdot \frac{T_G}{T_E} \cdot \frac{St_T - St_G}{St_E - St_T},$$

darin: T_G = Trockensubstanz des verwendeten Weizen-Rohstoffs in g/100 g
T_E = Trockensubstanz des verwendeten Ei-Rohstoffs in g/100 g
St_G = Steringehalt des verwendeten Weizen-Rohstoffs in mg/100 g Trockensubstanz
St_E = Steringehalt des verwendeten Ei-Rohstoffs in mg/100 g Trockensubstanz
St_T = Steringehalt der Eierteigware in mg/100 g i. Tr.

Die Formel ergibt sich aus folgendem Ansatz:

$$x \cdot \frac{T_E}{100} \cdot \frac{St_E}{100} + 1000 \cdot \frac{T_G}{100} \cdot \frac{St_G}{100} = \left(1000 \cdot \frac{T_G}{100} + x \frac{T_E}{100}\right) \cdot \frac{St_T}{100},$$

wobei x = Menge des Trockeneigelb in g von der Trockensubstanz T_E für 1 kg Grieß von der Trockensubstanz T_G.

Zur Umrechnung von x auf die Zahl der Eidotter von 16 g Frischgewicht ist davon auszugehen, daß 1 kg Trockeneigelb bei 5% Wassergehalt 115 Eidottern der angegebenen Größe entspricht. x ist also — nach Umrechnen auf eine Trockensubstanz von 95% — mit 0,115 zu multiplizieren. Wegen der Grundlagen für die Umrechnungszahl von 115 sei auf L. Acker u. W. Diemair (1957) verwiesen. Die Umrechnungszahl von 115 kann bei Trockeneigelb selbstverständlich nur dann Anwendung finden, wenn es sich um normal hergestellte Produkte handelt, bei denen der Anteil an Weißei die technisch nicht abtrennbare Menge (3—4%) nicht übersteigt.

Die Zuverlässigkeit der Methode zur Bestimmung des Eigehaltes aus dem Steringehalt ist erst kürzlich von H. Hadorn u. K. Zürcher (1965) wieder betont worden. Wo daher signifikante Abweichungen vom Sollwert gefunden werden, sind diese auf zu niedrige Dosierung des Eizusatzes, auf Fabrikationsfehler zurückzuführen.

Eine Reihe von Methoden zur Sterinbestimmung, die für biologisches Material ausgearbeitet worden sind, sind auf ihre Anwendung für Eierteigwaren noch nicht untersucht worden. Zu denken ist dabei an die Digitonin-Anthron-Methode (J. R. Goodman u. Mitarb. 1963), bei der das gefällte Digitonid mit Anthron-Reagens versetzt und die Farbreaktion mit dem im Digitonin glykosidisch gebundenen Zucker ausgewertet wird. Die in der 8. Aufl. der AOAC-Methoden noch angegebene Bromierungsmethode (Fällung des Cholesterins als Dibromid) (vgl. E. O. Hänni 1941) ist inzwischen zugunsten der gravimetrischen Methode verlassen worden. Die im biologischen Material viel benützte Methode von A. Zlatkis u. Mitarb. (1953) — Umsetzung mit $FeCl_3$ in Eisessig — ist von V. Chioffi (1960) auch auf Eierteigwaren übertragen worden. J. F. Weiss u. Mitarb. (1964) haben gezeigt, daß man nach dieser Methode bei Eigelb höhere Werte erhält, wenn man von den nicht verseiften Lipiden ausgeht, als wenn man die Bestimmung im Unverseifbaren ausführt. Die Zunahme führen sie auf die Anwesenheit polyungesättigter Fettsäuren zurück; die Störungen durch Carotinoide dagegen sind zu vernachlässigen. Neuerdings ist von F. Muntoni u. Mitarb. (1966) die gaschromatographische Bestimmung der Sterine vorgeschlagen worden.

γ) Alkohollösliche Phosphorsäure (Phosphatidphosphorsäure, „Lecithinphosphorsäure")

Die mit Alkohol extrahierbare Phosphorsäure wurde früher allgemein als Lecithinphosphorsäure bezeichnet in der Annahme, daß sich mit Alkohol lediglich Lecithin, nicht aber andere Phosphatide herauslösen lassen. Diese Auffassung ist allerdings heute nicht mehr vertretbar, so daß man die Bezeichnung Lecithinphosphorsäure ersetzen sollte durch alkohollösliche Phosphorsäure oder noch besser durch Phosphatidphosphorsäure.

Die Tatsache, daß das Lecithin einen Rückgang bei der Lagerung erfährt (vgl. S. 463) macht diese analytische Größe für die Berechnung des Eigehaltes ungeeignet. J. E. DESPAUL u. Mitarb. (1953) benützen trotzdem dieses Verfahren zur Bestimmung des Eigehaltes in frisch hergestellten Teigwaren. Für den Verlust während der Herstellung stellen sie 10 % in Rechnung. Bei Makkaroni kann dieser Verlust aber nach L. ACKER u. E. LÜCK (1958) viel höher liegen. Eine Beweiskraft kann daher den auf diese Weise ermittelten Eigehalten nicht zukommen.

Erschwerend kommt hinzu, daß schon die Ausbeute an alkohollöslicher Phosphorsäure aus den Weizenrohstoffen je nach deren Wassergehalt und dem des Lösungsmittels stark schwanken kann. Das hängt damit zusammen, daß die Phosphatide des Weizens zum großen Teil an andere Inhaltsbestandteile mehr oder weniger stark gebunden sind und es daher stark polarer Lösungsmittel zum Herauslösen bedarf. H. HADORN u. R. JUNGKUNZ (1953) haben die Abhängigkeit des Gehaltes an alkohollöslicher Phosphorsäure vom Wassergehalt in Weizenrohstoffen und Eierteigwaren studiert. Sie kommen ebenfalls zu dem Ergebnis, daß die Lecithinphosphorsäure zur Ermittlung des Eigehaltes nicht geeignet ist.

Für Serienanalyse empfiehlt sich die photometrische Arbeitsweise (z. B. nach O. WINKLER 1955 oder J. E. DESPAUL u. Mitarb. 1953), während für gelegentliche Bestimmung die Strychnin-Molybdat-Methode von J. TILLMANS u. Mitarb. (1930) sehr gute Ergebnisse liefert. Sie erfordert keine besondere Einarbeitung und erlaubt, bereits geringe Mengen zuverlässig zu ermitteln. Sehr verläßlich ist auch nach eigenen Erfahrungen die Chinolin-Molybdat-Methode, die mit der Strychnin-Molybdat-Methode sehr verwandt ist, aber den Vorteil hat, daß man das giftige Strychnin durch das harmlosere Chinolin ersetzen kann (W. M. HOFFMAN 1964).

H. HADORN u. R JUNGKUNZ (1952) extrahieren mit Alkohol-Benzol (1:1) und schließen die Bestimmung der Phosphatidphosphorsäure direkt an diejenige des Cholesterins an. Sie ermitteln dazu die Phosphorsäure in der nach Extraktion des Cholesterins verbleibenden wäßrigen Phase.

Es ist zu beachten, daß je nach Extraktionsverfahren unterschiedliche Werte für die Phosphatidphosphorsäure erhalten werden. H. HADORN u. R. JUNGKUNZ (1952) finden für Hartweizenmahlprodukte nach ihrer Methode Werte zwischen 22 und 27 mg/100 g. Es empfiehlt sich, die Extraktion mit 96 %igem Alkohol vorzunehmen. G. A. VAN STIJGEREN (1964) hat in Übereinstimmung mit anderen Autoren festgestellt, daß die gegenüber der Verwendung von *absolutem* Alkohol erzielte höhere Ausbeute an P_2O_5 nicht auf die Mitextraktion von anorganischem Phosphat zurückzuführen ist, sondern mit der unvollständigen Extraktion der Phosphatide durch abs. Alkohol zusammenhängt. Zur Berechnung des Eidottergehaltes schlägt er den Faktor 107 vor.

δ) Cholin

Beim Lecithinrückgang verringert sich zwar der alkohollösliche Anteil an Phosphorsäure, die Cholinfraktionen (auch das enzymatisch freigelegte Cholin) bleiben aber in Alkohol löslich. Es lag daher nahe, die alkohollösliche Cholinfraktion (nach Hydrolyse) für die Eigehaltsbestimmung heranzuziehen. Das schien insofern vielversprechend, als die Menge des alkohollöslichen Cholins im Weizenrohstoff an sich gering ist (nach Untersuchungen von L. Acker u. E. Lück (1958) etwa 0,020 %). Auf diesen Gedanken haben H. Salwin u. Mitarb. (1958) ihr Verfahren aufgebaut. Allerdings haben früher schon H. Hadorn u. R. Jungkunz (1953) gezeigt, daß die Werte für das alkohollösliche Cholin zu stark schwanken, als daß man darauf ein Verfahren zur Eigehaltsbestimmung gründen könnte. Auch V. E. Munsey (1953) berichtet über schwankende Ergebnisse bei einem ähnlichen Verfahren.

Weiterhin haben L. Acker u. E. Lück (1958) festgestellt, daß während der Lagerung von Eierteigwaren der Cholinwert im alkohollöslichen Extrakt sich erhöhen kann, so daß damit die Berechnungsgrundlage unsicher wird. Diesen Nachteil kann auch das Verfahren von C. B. Casson u. F. J. Griffin (1959) nicht ausschließen, das sich zur Hydrolyse der mit Alkohol extrahierbaren Phosphatide eines Phospholipase D-Präparates aus Kohl oder Karotten bedient.

Von K. Schwarz (1961) ist ein Verfahren vorgeschlagen worden, für die Bestimmung des Eigehaltes den Gesamtcholingehalt heranzuziehen. Nachteilig für dieses Verfahren ist, daß sich der Gesamtcholingehalt von Durumweizen zu dem des Eigelbs nur wie etwa 1 : 10 verhält, so daß niedrige Eigehalte nicht sicher zu erkennen sind, da man ja die biologischen Schwankungen des Gesamtcholingehaltes noch in Rechnung stellen muß. (Zur Kritik vgl. L. Acker u. H.-J. Schmitz 1963.) Dieser Umstand ist bedauerlich, da die Bestimmung des Gesamtcholins besonders in der von L. Acker u. G. Ernst entwickelten Arbeitsweise (mitgeteilt von L. Acker u. E. Lück 1958) sehr einfach in der Durchführung ist. Bei diesem Verfahren bedient man sich für den Aufschluß des Materials der bereits von G. Ducet u. E. Kahane (1946) vorgeschlagenen Behandlung mit 20 %iger Salpetersäure, bei der nicht nur die Cholinverbindungen hydrolysiert, sondern auch die störenden Stoffe in eine lösliche Form übergeführt werden.

ε) Lösliche Proteine —
Nachweis eines Zusatzes an Frischei bzw. Schalei (Vollei)

Die Frage, ob zur Herstellung von Frischei-Teigwaren Eigelb oder Vollei verwendet worden ist, läßt sich an Hand des Gehaltes an löslichen Proteinen (Albuminen) entscheiden. Das Verfahren macht von der Tatsache Gebrauch, daß die Albumine des Weizens in $MgSO_4$-Lösung fällbar sind, diejenigen des Eiklars dagegen nicht, so daß eine Abtrennung und damit auch eine quantitative Bestimmung dieser Eialbumine möglich ist. Die Folgerung, daß tatsächlich Vollei (Frischei) zur Herstellung verwendet worden ist, ist erlaubt, wenn der an Hand der Menge der löslichen Proteine berechnete Eigehalt — unter Berücksichtigung der hier einzuhaltenden Toleranzen — mit dem nach der Sterinmethode ermittelten Eigehalt übereinstimmt. Ist der Gehalt an löslichen Proteinen praktisch Null, so ist bei entsprechend hohem Sterinwert ein Zusatz nur von Eigelb erfolgt. Ergeben sich Zwischenwerte, so kann dies bedeuten, daß nur ein Teil des Eigehaltes auf einem Zusatz an Vollei beruht; es kann aber auch bedeuten, daß die Eimasse in Form von Trockenvollei zugesetzt worden ist. Bei der Trocknung von Vollei werden nämlich die Löslichkeitseigenschaften der Albumine beeinträchtigt, so daß die in handelsüblich getrocknetem Vollei vorliegenden Albumine nach dieser Methode nicht quantitativ erfaßt werden. In diesem Fall ist eine sichere Entscheidung zwischen diesen beiden Möglichkeiten nicht zu treffen. Andererseits kann dieses Verfahren aber dazu dienen, Anhaltspunkte dafür zu gewinnen, ob eine als Frischei-Teigware bezeichnete Probe tatsächlich aus frischen Eiern oder aus Trockeneiprodukten hergestellt worden ist.

Für die praktische Ausführung empfiehlt sich die von H. HADORN u. R. JUNG-KUNZ (1952) verbesserte Form des von TH. v. FELLENBERG (1930) angegebenen Verfahrens.

Arbeitsvorschrift: 8 g gemahlene Teigwaren werden in ein Zentrifugenrohr mit eingeschliffenem Stopfen oder in ein dickwandiges Reagensglas von ca. 60 ml Inhalt eingewogen, mit 40,0 ml dest. Wasser versetzt und während 5 min kräftig geschüttelt. Anschließend wird 10 min lang in einer Gerberzentrifuge (oder einer anderen Zentrifuge) zentrifugiert. Die überstehende, meist schwach getrübte Lösung wird in ein anderes Reagensglas abgegossen. Man pipettiert davon 25 ml in ein 100 ml-Erlenmeyer-Kölbchen, welches mit 25 g Magnesiumsulfat ($MgSO_4 \cdot 7 H_2O$) beschickt ist. Dann stellt man das Kölbchen etwa 2 min in ein Wasserbad von 35° C und schwenkt um, bis der Kolbeninhalt 30—32° C angenommen hat. Dabei geht der größte Teil des Magnesiumsulfats in Lösung, und die Weizenproteine werden ausgefällt. Man filtriert durch ein Faltenfilter von 15 cm ∅, welches die Gesamtmenge der Flüssigkeit aufnimmt.

25 ml dieses vollständig klaren Filtrates pipettiert man in ein großes Reagensglas (40—50 ml Inhalt) ab und erhitzt in einem siedenden Wasserbad ungefähr 5 min lang, wobei das Eiweiß koaguliert. Dann fügt man 2 ml Fehlingsche Kupfersulfatlösung zu, rührt mit einem Glasstab gut um und erhitzt weitere 5—10 min lang. Schließlich filtriert man durch ein Rundfilter von 9 cm ∅, bringt etwa anhaftende Eiweißreste mittels einer Gummifahne auf das Filter und wäscht 4mal mit heißem Wasser aus. Das Filter mit Inhalt wird in einem 100 ml-Kjeldahl-Kölbchen mit 5 ml konz. Schwefelsäure unter Zusatz von 1 g Katalysator (100 g K_2SO_4, 3 g HgO, 0,3 g Selen) verbrannt. Nach dem Hellwerden soll noch ca. 10 min lang weiter erhitzt werden. Man destilliert in üblicher Weise nach Kjeldahl in eine Vorlage mit 5 ml 0,1 n-Säure und titriert mit 0,1 n- oder besser mit 0,05 n-Natronlauge unter Verwendung von Kongorot oder dem Indicator nach TASHIRO zurück.

Ein Blindversuch wird mit 6 ml konz. Schwefelsäure, 1 g Katalysator und einem Rundfilter ausgeführt und der Blindwert (ca. 0,1 ml 0,1 n-Säure) abgezogen[1].

Zur Berechnung empfahl TH. v. FELLENBERG folgende Formel:

$$\% \text{ lösliche Proteine} = a \cdot 0{,}272, \text{ wo } a = \text{Verbrauch an ml } 0{,}1 \text{ n } H_2SO_4.$$

Die löslichen Eiproteine erhält man nach Abzug der in eifreien Teigwaren im Mittel vorhandenen 0,1% löslichen Weizenproteine. In der von TH. v. FELLENBERG angegebenen Formel ist berücksichtigt, daß man von den zugesetzten Proteinen des Eiklars, wenn man das Ei in flüssiger Form zusetzt, nur ca. 64% wiederfindet. Der Eigehalt (angegeben als flüssiges Vollei pro kg Grieß) errechnet sich dann zu

$$x = (\text{lösliche Proteine} - 0{,}1) \cdot 173.$$

E. PHILIPPE u. M. HENZI (1936) haben geltend gemacht, daß bei der Verarbeitung von Schaleneiern ein Teil des Eiklars verloren geht. Um diesen Verlust bei der Umrechnung auf den zugesetzten Eigehalt zu berücksichtigen, empfehlen E. PHILIPPE u. M. HENZI den Faktor 192 anstelle von 173. H. HADORN u. R. JUNGKUNZ (1952) haben damals den höheren Faktor übernommen. In neueren Untersuchungen an Modell-Frischei-Teigwaren kommen H. HADORN u. K. ZÜRCHER (1965a) aber zu dem Ergebnis, daß der Faktor 173 heute zutreffendere Werte liefert. Danach errechnet sich der

$$\text{Eigehalt pro kg Grieß} = (\text{lösliche Proteine} - 0{,}1) \cdot 173.$$

Durch Division durch die Zahl 45 erhält man daraus die Anzahl Eier (von 45 g Gewicht ohne Schale) pro kg Grieß.

ζ) Methoden zur orientierenden Bestimmung des Eigehaltes (Schnellmethoden)

Zur Auswahl verdächtiger Proben werden vielfach auch heute noch Schnellmethoden angewendet. Von R. STROHECKER u. Mitarb. (1938) ist ein Titrationsverfahren angegeben worden, bei dem man eine bestimmte Menge der gemahlenen Teigware mit alkoholischer Thiosalicylsäurelösung behandelt und den filtrierten Auszug mit Natronlauge titriert. Mit steigendem Anteil an Eigelb wird der Verbrauch an Natronlauge geringer. Die Autoren haben diese Tatsache auf die mit steigendem Eigehalt zunehmende Bindung der Thiosalicylsäure an das Eiweiß zurückgeführt. E. HELLBERG (1949) hat allerdings zeigen können, daß es gar nicht auf die Thiosalicylsäure ankommt und daß man die Natronlauge durch dest. Wasser ersetzen kann. Der Endpunkt der Titration, der sich durch eine bleibende

---

[1] Nach eigenen Untersuchungen empfiehlt es sich, die hier angeführte Blindprobe gleich mit 8 g Durumgrieß anzusetzen. Dadurch erübrigt sich dann bei der Berechnung die Berücksichtigung der löslichen Weizenproteine.

Opalescenz zu erkennen gibt, wird von E. Hellberg auf die Änderung der Alkohol-konzentration und damit der Löslichkeit von Lipoiden in diesem Milieu durch die Zugabe von Wasser zurückgeführt.

K. Braunsdorf (1959) hat dieses Ergebnis bestätigt. Er behält allerdings die Thiosalicylsäurelösung bei, weil sie nach seinen Erfahrungen klarere Filtrate als Alkohol allein liefert. Die Titrationswerte verändern sich übrigens nach K. Braunsdorf (1959) bei längerer Lagerung und zwar in dem Sinne, daß niedrigere Ei-gehalte errechnet werden. Den Einfluß der Korngröße und der Extraktionstem-peratur hat E. Bohm (1942) studiert.

Die beiden genannten Verfahren haben nur orientierenden Charakter. Die nach diesen Verfahren errechneten Eigehalte können nicht beweiskräftig sein. Das gleiche gilt für alle Verfahren, die sich auf den Gehalt an Ätherextrakt mit oder ohne vorhergehenden Säureaufschluß stützen. Auch der durch Extraktion mit Alkohol-Benzol ermittelte Gesamtextrakt fällt in diese Kategorie von orientieren-den Methoden. Das letztere Verfahren kann allerdings in der Betriebskontrolle nützliche Dienste leisten, wenn die Alkohol-Benzol-Extrakte der verwendeten Rohstoffe in die Berechnung einbezogen werden.

Schnellmethode nach R. Strohecker u. Mitarb. (1938): 5,0 g fein gemahlene Teigwaren werden in einem kleinen Erlenmeyer-Kolben mit 50 ml einer 0,1 m alkoholischen Lösung von Thiosalicylsäure (25,4 g in 96 %igen Alkohol) versetzt. Unter häufigem Schütteln läßt man eine halbe Stunde stehen, filtriert dann und titriert nunmehr 20 ml des klaren Filtrats ohne Indi-cator mit wäßr. 0,1 n-Natronlauge. Der Endpunkt der Titration wird durch das Auftreten einer ganz schwachen Opalescenz angezeigt. Der Eigehalt errechnet sich dann aus folgender Tabelle:

2 Eigelb auf 1 kg Grieß   2,1 ml 0,1 n-NaOH

4 Eigelb auf 1 kg Grieß   1,4 ml 0,1 n-NaOH

6 Eigelb auf 1 kg Grieß   0,7 ml 0,1 n-NaOH

η) Sonstige Methoden

αα) Bestimmung des Eigehaltes aus der *Zusammensetzung der Fettsäuren* (insbesondere aus dem Linolsäuregehalt): Wie schon die unterschiedlichen Jod-zahlen von Eieröl und Weizenöl erkennen lassen, bestehen in der Zusammen-setzung ihrer Fettsäuren erhebliche Unterschiede. So enthält Eieröl nach J. Spiteri u. Mitarb. (1963) 4—6 % Palmitölsäure, Extrakte aus Durumgrieß dagegen nur Spuren. Im Alkohol-Benzol-Extrakt aus Durumgrieß ist das Verhältnis Ölsäure + Stearinsäure : Linolsäure im Mittel 0,313, für Eieröl dagegen 2,865. In Hart-weizengrieß wurde ein mittlerer Gehalt an Linolsäure von 55,6 % (55,2—59,0 %), in Eieröl ein solcher von 17,1 % gefunden. Diese Mittelwerte dienten als Grund-lage für die Berechnung des Eigehaltes. P. Armandola (1964) hat diese Ergebnisse bestätigt und gefunden, daß die von ihm untersuchten Eier des Handels keine wesentlichen Schwankungen erkennen lassen. Die gaschromatographisch er-mittelte Fettsäurezusammensetzung ist daher nach der Auffassung beider Arbeits-kreise gut geeignet, den Eigehalt in Eierteigwaren zu berechnen.

ββ) Bestimmung des Eigehaltes aus der *Jodzahl* des extrahierten Öles: Die Unterschiede in den Jodzahlen der Lipide aus Weizen und Hühnerei sind schon früher zur Ermittlung des Eigehaltes vorgeschlagen worden (vgl. R. Strohecker u. R. Vaubel 1938). Allerdings sind die Schwankungen bei den einzelnen Pro-venienzen nicht unerheblich, so daß ein solches Verfahren nur bei Vorliegen der verwendeten Rohstoffe zuverlässige Werte liefert. Für die Betriebskontrolle, wo diese Voraussetzungen gegeben sind, ist das Verfahren daher durchaus geeignet.

8. Nachweis von Pflanzenlecithin

Seit der Gehalt an alkohollöslicher Phosphorsäure („Lecithinphosphorsäure") nicht mehr als Grundlage für die Berechnung des Eigehaltes dient, ist mit Verfälschungen durch Verwendung von pflanzlichen Lecithinpräparaten anstelle von Eigelb wohl kaum noch zu rechnen. Von den früher zum Nachweis des Zusatzes pflanzlicher Lecithine angegebenen Methoden ist lediglich das Verfahren der vergleichenden Bestimmung des Eigehaltes einmal mit Hilfe der Sterinbestimmung und zum anderen mit Hilfe der Lecithinphosphorsäure nach H. KLUGE (1935) brauchbar. Bei Zusatz von solchen Lecithinpräparaten wird aber auch die Menge der Gesamtlipide geringer sein, als nach dem Gehalt an alkohollöslicher Phosphorsäure bei Eizusatz zu erwarten wäre, so daß auch diese analytische Größe zur Beurteilung herangezogen werden kann.

Die Tatsache, daß im Eigelb das Verhältnis von Phosphatidphosphorsäure zu Cholin ein anderes ist als in Pflanzenlecithin, wird man mit Erfolg nur bei Kenntnis der verwendeten Weizenrohstoffe heranziehen können, da in diesen je nach Alter und Provenienz die Mengen an P_2O_5 und Cholin im Alkohol-Benzol-Extrakt sehr unterschiedlich sein können.

J. H. WINSTON u. B. R. JACOBS (1945) geben eine Methode an, die sich auf die Fluorescenz der Sojabohnenlecithine bzw. ihrer Begleitstoffe gründet.

J. GROSSFELD (1940) hat ein Verfahren ausgearbeitet, bei dem die unterschiedliche Menge des Unverseifbaren in Ei und in Grieß zur Erkennung eines Anteils an pflanzlichen Lecithinen benützt wird. Zwar enthalten die Ätherextrakte aus Eidotter und Grieß etwa die gleichen Anteile (etwa 5 %) an Unverseifbarem, aber die Werte, auf Grieß bzw. Ei bezogen, sind dann doch sehr voneinander verschieden.

9. Künstliche Farbstoffe

Zum Nachweis von künstlichen Farbstoffen ist das papierchromatographische Verfahren von H. THALER u. G. SOMMER (1953) zu empfehlen. Schwierigkeiten bereitet allerdings mitunter die Isolierung der Farbstoffe, da in den Auszug mit ammoniakalischem wäßrigem Alkohol immer etwas Gliadin mit übergeht, das nach Ansäuern des Extrakts ausflockt und dann den Farbstoff wieder bindet. Man verfährt daher am besten wie bei Backwaren, indem man zunächst die hochmolekularen Bestandteile (Stärke und Eiweiß) (nach Verkleisterung der Stärke) abbaut (vgl. L. ACKER 1959). Kleine Mengen an künstlichen Farbstoffen lassen sich mit Sicherheit durch Extraktion mit Chinolin erfassen, ein Verfahren, das zuerst von M. MOTTIER u. M. POTTERAT (1953) angegeben worden ist (vgl. auch L. ACKER 1959).

Der Nachweis von natürlichen Farbstoffen (β-Carotin oder Carotinoide) ist nicht leicht zu führen, nicht nur weil er eine säulenchromatographische Trennung der natürlichen Farbstoffe nach geeigneter Extraktion voraussetzt, sondern weil die Menge der vom Grieß von Natur aus eingebrachten Carotine und Carotinoide schwanken kann.

Nach R. CASILLO u. A. POLITO (1963) soll das Verhältnis von Gesamtcarotinoiden zu β-Carotin in ungefärbten Teigwaren einen bestimmten Wert nicht überschreiten (10—15), so daß aus stärkeren Abweichungen auf einen Zusatz von färbenden Pigmenten geschlossen werden kann. Der Anteil an β-Carotin im Ei ist gering und übersteigt nach eigenen Untersuchungen sowie den Befunden anderer Autoren 5 mg/kg Trockeneigelb nicht.

Nach R. CASILLO u. A. POLITO werden die Gesamtcarotinoide 12 Std in der Kälte mit Benzol extrahiert. Die Gesamtextinktion wird bei 465 nm gemessen. Der Extrakt wird über eine Al_2O_3-Säule gegeben. Die Carotinoide werden auf der Säule festgehalten, im benzolischen Eluat findet sich das gesamte β-Carotin (Messung bei 465 nm). Die adsorbierten Carotinoide (Xanthophyll, Zeaxanthin) werden mit Petroläther-Aceton (1:1) eluiert. Ihre Extinktion wird bei 442 nm gemessen und auf Xanthophyll umgerechnet.

Kommt es nur auf die Menge der Gesamtcarotinoide an, so genügt auch ein Auszug mit wassergesättigtem Butanol in der Kälte (G. N. Irvine 1955). Zur Problematik der Carotinoidanalyse vgl. S. Allavena (1959).

Zum Nachweis des Zusatzes von Carotinoiden wie β-Apo-8'-carotinal, Canthaxanthin usw. eignet sich sehr gut die Dünnschichtchromatographie. Dazu kann die von E. Benk (Tl. 2 dieses Werkes) angegebene Arbeitsweise empfohlen werden.

Zum Nachweis von Riboflavin kann nach F. Muntoni u. M. G. di Carlo-Malagodi (1962) vorgegangen werden:

Die Teigware (z. B. Makkaroni) wird zunächst mit 80%igem Aceton (60 ml auf 25 g fein zerkleinerte Teigware) 30 min lang bei Raumtemperatur unter gelegentlichem Umschütteln extrahiert; das Filtrat (nach Prüfung auf Fluorescenz) wird auf dem Wasserbad eingedampft, der Rückstand mit 20 ml dest. Wasser aufgenommen, die Lösung filtriert und zur Entfernung von störenden Begleitstoffen mit 20 ml Petroläther versetzt. Die wieder abgetrennte wäßr. Lösung (Riboflavin ist in Petroläther unlöslich) wird so weit auf dem Wasserbad eingedampft, daß nur wenige Tropfen verbleiben, die zur aufsteigenden Papierchromatographie (Isobutanol-Pyridin-Essigsäure-Wasser [33:33:1:33]; Whatmanpapier Nr. 1; 20° C) dienen. Zum Vergleich dient reines Riboflavin ($R_f = 0,665$).

10. Nachweis von Weichweizen in Teigwaren aus Durumweizen

Der Nachweis von Weichweizen in Durumware, noch mehr aber die Bestimmung der Höhe eines Weichweizenzusatzes, ist ein schwieriges analytisches Problem. Die Verfahren, mit denen sich z. Z. das Vorliegen einer Vermischung noch am besten mit einiger Wahrscheinlichkeit feststellen läßt, bauen auf qualitativen und quantitativen Unterschieden in der Zusammensetzung der Lipidfraktion, in erster Linie der unverseifbaren Bestandteile, auf. Bei dem in Frankreich offiziellen Matweef-Test werden die mit Aceton extrahierbaren, bei —5° C ausfallenden Sterole und Sterolester gravimetrisch oder photometrisch bestimmt. In Italien stützt man sich dagegen auf die von M. Brogioni u. U. Franconi (1963) ausgearbeitete und in der Folge (1964) weiterentwickelte Infrarotspektrometrie der mit Aceton extrahierten, in Tetrachlorkohlenstoff gelösten Lipide, weil einige wichtige italienische Weichweizensorten auf den Matweef-Test wie Durumweizen ansprechen.

Von A. W. Walde u. C. E. Mangels (1930) war beobachtet worden, daß man aus Acetonextrakten aus Weichweizenmehl bei 0° C eine Substanz in kristalliner Form isolieren kann, aus Durummahlprodukten dagegen nicht oder nur in einem geringen Umfang. Die von ihnen als Sitosterinester angesprochene Substanz wurde von D. Dangoumau (1933) als Sitosterylpalmitat identifiziert. M. Matweef (1952) hat auf diese Befunde ein Verfahren zur Unterscheidung von Mahlprodukten aus Durum- und Weichweizen gegründet.

Dabei digeriert man 150 g Mehl 24 Std lang bei 38° C mit 300 ml Aceton, das unter Berücksichtigung der Mehlfeuchtigkeit 9% Wasser enthält. Nach Filtrieren wird der Extrakt 2 Std bei —5° C gehalten. Nachdem sich ein Niederschlag gebildet hat, wird auf +5° C eingestellt. Man filtriert bei +5 bis +10° C und wäscht mit Aceton, das 5% Wasser enthält, nach. Der Niederschlag wird gravimetrisch oder photometrisch bestimmt.

A. Guilbot (1961), dem man eine kritische Studie dieses Verfahrens verdankt, hat mit einer modifizierten Methodik bei Weichweizen je nach Sorte 1,6—16 mg/100 g, bei Durumweizen Werte um 2—3 mg, in zwei Fällen aber auch 15—20 mg/100 g erhalten.

A. Guilbot kommt unter Berücksichtigung auch der Erfahrungen anderer Autoren zu dem Ergebnis, „daß es beim gegenwärtigen Stand unserer Kenntnisse über die Sterolfraktion der Getreidelipide und ihre Eigenschaften nicht möglich erscheint, mit der Matweef-Methode Durum- und Weichweizen sicher zu unterscheiden und ihr Mengenverhältnis in einer Mischung auch nur annähernd richtig zu bestimmen." Ähnlich kritisch äußert sich das Schweizerische Lebensmittelbuch (1965).

M. Brogioni u. U. Franconi (1963, 1964) haben in den IR-Spektrogrammen der Lipide aus Weichweizen und aus Hartweizen Unterschiede gefunden, die sie für den Nachweis von Weichweizen in Teigwaren empfehlen.

Die Lipide werden aus 30 g des fein gemahlenen Produkts durch Extraktion mit 150 ml reinem Aceton (für die Spektrometrie über Na_2SO_4 getrocknet) gewonnen (24stündiges Stehenlassen bei Zimmertemperatur). Der sorgfältig eingedampfte und von Aceton befreite Extrakt wird als 2%ige Lösung in CCl_4 der IR-Spektrographie unterworfen.

Die IR-Spektrogramme von Weich- und Durumweizen zeigen folgende charakteristische Unterschiede: Hartweizenprodukte haben eine dreieckige, kurze Absorptionsbande bei 1098 cm^{-1} (9,10 μ), Weichweizenprodukte eine breite Bande von mehr parabolischer Form bei 1075 cm^{-1} (9,30 μ). Weiterhin findet man bei Hartweizenerzeugnissen bei 1117 cm^{-1} (8,945 μ) eine kleine Absorptionsbande, die bei Weichweizen fehlt. Mit steigendem Zusatz an Weichweizen ändert die Absorptionsbande bei 1098 cm^{-1} ihre dreieckige Form und verschiebt sich unter Vergrößern nach 1075 cm^{-1}. Durch Ausmessen der Fläche unter dieser Bande soll es möglich sein, den Anteil an Weichweizen in Teigwaren zu bestimmen.

Nach M. Milone u. E. Borello (1965) liefern nach diesem Verfahren manche reine Durumsorten Ergebnisse, die denen aus Mischungen anderer Durumsorten mit Vulgareweizen entsprechen. Außerdem haben diese Autoren Unterschiede zwischen den IR-Spektren von Lipidextrakten aus den Rohstoffen und von Extrakten aus den zugehörigen Teigwaren beobachtet. R. G. Faure (1965) fand bei spanischen Durum- und Vulgaresorten Anomalien, die seiner Ansicht nach eine quantitative Auswertung der IR-Spektren erschweren. F. Custot u. Mitarb. (1966) wägen aufgrund eigener Versuche die Vor- und Nachteile der Verfahren nach Matweef und nach Brogioni kritisch gegeneinander ab. Danach kann die IR-spektrographische Methode für den Nachweis der Anwesenheit von Vulgareweizen in Durumprodukten gute — wenn auch nicht absolut sichere — Dienste leisten, zur Bestimmung der Anteile in Mischungen beider jedoch noch nicht empfohlen werden. Die Schwierigkeiten liegen besonders in der Feststellung geringer Beimischungen von Vulgareweizen.

Wenn man die Aussichten für das Auffinden einer zuverlässigen Methode zur Bestimmung von Weichweizen in Durumware nüchtern beurteilt, kommt man zu dem Ergebnis, daß dieses analytische Problem wegen der natürlichen Variationsbreite aller bisher bekannten Unterscheidungsmerkmale, dem Vorkommen von Übergangsformen zwischen den beiden Weizenarten und von atypisch reagierenden Durum- und Weichweizensorten aller Voraussicht nach nicht restlos zu lösen sein wird (A. Menger 1966).

Bei Eierteigwaren versagen im übrigen die bisher entwickelten Methoden, da die durch den Eizusatz eingebrachten Lipide die Bestimmung stören.

11. Kochverhalten

Zur Beurteilung der kochtechnischen Eigenschaften von Teigwaren werden in der Regel Garzeit, Quellvermögen und der Abkochverlust bestimmt. Dieses Vorgehen ist sinnvoll beim Vergleich von Teigwaren unterschiedlichen Formats oder unterschiedlicher Zusammensetzung und Rohstoffgrundlage. Um allerdings feinere Unterschiede innerhalb einer engen Gruppe von Teigwarensorten erkennen zu können, reichen diese Daten nicht aus. Auch ist es nicht möglich, aus der Höhe des Abkochverlustes oder dem Trübungsgrad des Kochwassers auf den Grad der Schleimigkeit oder Klebrigkeit der gekochten Teigware zu schließen (A. Menger 1964; vgl. auch R. Cuneo 1959). Zur Bestimmung der Kochfestigkeit ist wohl zuerst von L. Borasio (1936) ein Verfahren angegeben worden, bei dem man die Kochdauer, die Wasseraufnahme, den Quellungsgrad und den Zersetzungswiderstand (womit der Substanzverlust beim Kochen gemeint ist) ermittelt. Dieses Verfahren ist verschiedentlich modifiziert worden (z. B. von A. Rotsch u. H.J. Koeber 1940 sowie H. Behmenburg 1949). Besonders eingeführt hat sich für Serienuntersuchungen die Arbeitsweise der Bundesforschungsanstalt für Getreideverarbeitung Detmold, nach der folgendermaßen verfahren wird:

Im Kochversuch werden der Quellungsgrad und die Kochfestigkeit von Teigwaren bestimmt und außerdem ihre äußere Beschaffenheit, ihre Elastizität und ihre Kaueigenschaften im gargekochten Zustand geprüft.

Als gargekocht („al dente") gelten Teigwaren, wenn sie beim Durchschneiden keinen hellen Kern aus unverkleistertem Material mehr aufweisen. Je nach Format sind hierzu Kochzeiten zwischen 5 und 25 min notwendig. Auch die vom Luftdruck abhängige Siedetemperatur des Kochwassers beeinflußt die zum Garen notwendige Kochdauer. Die Kaueigenschaften der gekochten Ware entsprechen dem deutschen Verbrauchergeschmack jedoch im allgemeinen besser, wenn die Kochzeit um einige Minuten (innerhalb einer Versuchsreihe einheitlich) über den „Garpunkt" hinaus verlängert wird.

Vergleichbar sind nur die Kochergebnisse von Teigwaren gleichen Formats (Dicke, Krümmung, Breite usw.). Je nach der Zielsetzung der Versuche kann man entweder alle Muster einer Serie garkochen, wozu in der Regel unterschiedliche Kochzeiten erforderlich sind, oder aber für die ganze Reihe eine einheitliche Kochzeit wählen, was meist zu unterschiedlichem Garzustand führt. Bei der Auswertung ist dies entsprechend zu berücksichtigen (Kochzeit notieren).

Kochvorschrift: In einem 400 ml-Becherglas (breite Form) werden 250 ml dest. Wasser mit eingestelltem Löffel unter Bedecken mit einem durchlochten Uhrglas zum Sieden erhitzt (der Löffelstiel ragt durch das Uhrglasloch). Nach Zurückziehen des Brenners werden 25 g Teigwaren (lange Ware in gleichlange Stücke zerbrechen) locker eingelegt und der Inhalt des wieder bedeckten Becherglases unter Umrühren mit dem durch das Uhrglas ragenden Löffel erneut rasch zum Sieden gebracht. Dann setzt man den Ansatz, mit einem Bleiring beschwert, in ein lebhaft siedendes Wasserbad, dessen Wasservorrat nicht unter den Flüssigkeitsspiegel im Becherglas absinken darf. Vor allem in den ersten Minuten muß in der beschriebenen Weise öfter umgerührt werden, damit die garenden Teigwaren nicht miteinander verkleben und als Folge davon schlecht quellen. Das Uhrglas soll tunlichst selten abgehoben werden, um das Dampfkissen über dem Kochgut zu erhalten und dadurch einen gleichmäßigen Siedeverlauf zu sichern.

Man kontrolliert in der Nähe des vermutlichen Garpunktes in Abständen von 1, dann $1/2$ min den Garzustand, indem man einzelne Stücke mit der Pinzette herausnimmt, durchschneidet und auf das Verschwinden des hellen Kerns prüft. Nach Begutachtung gibt man sie wieder in das Kochgefäß zurück.

Ist der Garpunkt erreicht, gießt man das Kochwasser über einen breiten Büchner-Trichter (Nutsche) in einen 500 ml-Meßzylinder ab, läßt 5 min zugedeckt abtropfen und prüft dann die Beschaffenheit der auf der Siebplatte zurückbleibenden Teigwaren (klebrig, schleimig, pappig, glatt, elastisch, zu fest, zu weich).

Anschließend werden die Teigwaren mit 90 ml kaltem dest. Wasser aus dem Kochgefäß heraus nachgespült und dabei mit der Hand leicht durchgegriffen, um gleichmäßiges Abspülen zu erreichen. Die Beschaffenheit der abgespülten Teigwaren wird erneut beurteilt. Man läßt 5 min lang zugedeckt abtropfen und bestimmt dann das Gewicht (bzw. das Volumen) der gekochten Teigwaren.

Bestimmung des Quellungsgrades: Unter dem Quellungsgrad versteht man die Gewichtszunahme pro 100 g des Ausgangsmaterials. (Beim Vergleich von Teigwaren unterschiedlichen Wassergehaltes ist es notwendig, auf gleiche Feuchtigkeit zu beziehen oder aber die Gewichtszunahme auf Trockensubstanz zu berechnen.)

$$Q = \frac{G_2 - G_1}{G_1} \cdot 100$$

G_1 = Gewicht der ungekochten Teigwaren.
G_2 = Gewicht der   gekochten Teigwaren.

Mitunter wird auch als Quellungsgrad die prozentuale Volumenzunahme der gekochten Probe angegeben. In diesen Fällen werden die Volumina durch Wasserverdrängung in einem 250 ml-Meßzylinder ermittelt.

Bestimmung der Kochfestigkeit: Als Maß für die Kochfestigkeit (den Zersetzungswiderstand) von Teigwaren gilt der Anteil an Teigwarensubstanz (in %), der beim Garkochen ins Kochwasser übergeht. Eventuell ist auf Trockensubstanz umzurechnen.

Das vereinigte Koch- und Spülwasser (im Mixgerät homogenisiert) wird mit dest. Wasser auf 350 ml ergänzt und gut durchgemischt. Davon werden 50 ml in einer gewogenen

Porzellanschale auf dem Wasserbad zur Trockne eingedampft. Nach Trocknen bei 100° C und Erkalten im Exsiccator wird gewogen. Bei kochsalzhaltigen Teigwaren ist der Gehalt an NaCl im Kochwasser gesondert zu bestimmen und von dem Rückstand abzuziehen.

Abgekochte Substanz in % = Rückstand von 50 ml mal 28 oder auf Teigwarentrockensubstanz bezogen

$$= \frac{\text{Rückstand von 50 ml} \cdot 28}{\text{Trockensubstanzgehalt der Teigwaren}} \cdot 100$$

Der Kochverlust sollte bei derbwandiger Eierware aus Durumweizen (Spaghetti, Makkaroni, derbe Kurzware wie Zöpfli usw.) höchstens 6% betragen.

Allerdings werden damit die unterschiedlichen physikalischen Eigenschaften der gekochten Teigwaren, die in einem mehr oder weniger kernigen Biß zum Ausdruck kommen, nicht recht erfaßt. Am ehesten noch wird diese Eigenschaft, die auf einer begrenzten Quellbarkeit bei längerer Kochdauer beruht, durch die Bestimmung der Wasseraufnahme nach verschiedenen Kochzeiten ermittelt. Die bessere Teigware wird sich dabei durch eine geringere Zunahme im Wassergehalt bei ansteigender Kochdauer zu erkennen geben.

Es sind daher von verschiedenen Seiten Geräte entwickelt worden, um die Kochfestigkeit mit physikalischen Verfahren reproduzierbar testen zu können. So hat A. HOLLIGER (1963a) eine Apparatur beschrieben, mit der Spaghetti im ungekochten und im gekochten Zustand untersucht werden können. Es werden dabei unter der Einwirkung einer gleichmäßig ansteigenden Kraft bei ungekochten Spaghetti die Krümmung, bei gekochten Teigwaren die Streckung bis zum Bruch registriert. Mit diesem Gerät hat A. HOLLIGER (1963b) den Einfluß von Kleberzusätzen auf die Kocheigenschaften studieren können. Zu den verschiedenen analytischen Möglichkeiten, das Kochverhalten von Teigwaren zu bestimmen, hat A. HOLLIGER später (1966) kritisch Stellung genommen.

Weitere physikalische Verfahren für die Qualitätsbestimmung von Teigwaren sind von D. S. BINNINGTON u. Mitarb. (1939) sowie von T. SHIMIZU u. Mitarb. (1958) angegeben worden. Schließlich hat noch H. P. MOLLENHAUER (1963) ein Gerät zur Messung der Kochfestigkeit entwickelt.

II. Eirohstoffe

Unter den Eirohstoffen macht das Trockeneigelb den Hauptanteil aus. Für die Untersuchung auf Unverfälschtheit reicht die Bestimmung des Gesamtfetts oder des Cholesterins nicht aus. Die Erkennung überhöhter Anteile an Weißei gelingt über die löslichen Proteine. Der Zusatz pflanzlicher Öle und Phosphatide ist über deren Gehalt an Phytosterinen bzw. deren Ester und Glykosiden nachzuweisen, außerdem über das Verhältnis Phosphatidphosphorsäure zu Cholin und dessen Beziehung zum Cholesterin. Für den Nachweis an Carotinoidzusätzen ist die dünnschichtchromatographische Technik, für die quantitative Bestimmung die säulenchromatographische Methode zu empfehlen (vgl. L. ACKER u. Mitarb. 1963).

1. Wasser

Titration nach K. FISCHER oder Trocknung im Vakuumtrockenschrank bei 70° C bis zur Gewichtskonstanz. Weniger genau ist die Trocknung im Trockenschrank 3 Std bei 105° C.

2. Gesamtprotein

Nach KJELDAHL (vgl. Bd. II/2). Berechnung: N · 6,25.

3. Lösliche Proteine

In Eierteigwaren läßt sich der Anteil an Eialbuminen (Weißei) durch die bereits früher (S. 476) beschriebene Methode ermitteln. Überträgt man dieses Verfahren auf Trockenei, so erhält man schlecht reproduzierbare Werte, außerdem filtriert die nach Sättigung mit $MgSO_4$ erhaltene trübe Lösung schlecht. Erst durch die gleichzeitige Fällung der Getreideproteine gewinnt man eine klare, gut filtrierbare Lösung. L. ACKER u. Mitarb. (1963) haben daher zur Bestimmung der wasserlöslichen Eiproteine das Trockeneiprodukt mit Weizengrieß vermischt und zwar in einem Verhältnis, wie es bei Eierteigwaren vorliegen kann.

Arbeitsvorschrift: Man vermischt 350—400 mg Trockeneiprodukt mit 7,6 g Weizenmehl (am besten durch Vermahlen von Durumgrieß gewonnen) und verfährt damit genau wie mit 8 g gemahlener Teigware (S. 477).

Berechnung: Lösliche Proteine in % = 0,272 · a, wobei a = ml verbrauchte 0,1 n-Säure. Die löslichen Eiproteine erhält man daraus nach Abzug des Blindwertes (aus 8 g Weizenmehl allein in gleicher Weise ermittelt; in der Regel etwa 0,1%).

Daraus errechnet man die in der Gesamteinwaage (also Mehl und Trockeneiprodukt) enthaltene Menge an löslichen Eiproteinen in mg. Diese Zahl bezieht man auf die Einwaage an Trockeneiprodukt (also 350—400 mg) und erhält so die löslichen Proteine in % des Trockeneiprodukts.

Beispiel: Einwaage an Trockeneigelb: 0,350 g
Verbrauch an 0,1 n-Säure: 1,50 ml
Lösliche Proteine in % des Gemisches: 0,272 · 1,50 = 0,408%.
Lösliche Eiproteine nach Abzug des Blindwertes (0,1%): 0,308%.
Lösliche Eiproteine in 8 g des Gemisches (entsprechend 0,350 g Trockeneigelb): 24,6 mg.
Lösliche Eiproteine in % des Trockeneigelbs:

$$= \frac{24,6 \cdot 100}{350} = 7,0\%$$

Nach diesem Verfahren, das gut reproduzierbar ist, findet man in der Regel zu niedrige Werte, da durch die Trocknung die Löslichkeit der Eialbumine beeinträchtigt ist. Die erhaltenen Zahlen sind also Mindestwerte. Bei normaler Abtrennung des Eiklars (wenn also noch 10—15% an Weißei in der flüssigen Dottermasse verbleiben) findet man 3—4% an löslichen Proteinen im getrockneten Produkt.

4. Gesamtfett (Lipide)

1—2 g des Trockeneiproduktes werden, mit etwas Sand vermischt, in der bereits bei Teigwaren beschriebenen Weise mit Alkohol-Benzol extrahiert. Bei Flüssigkeit trocknet man die entsprechende Menge vorher mit Sand zweckmäßig im Vakuumtrockenschrank. Mit diesem Gemisch werden die höchsten Ausbeuten an Lipiden erhalten, da Alkohol die Phosphatid-Eiweiß-Symplexe trennt und damit auch die gebundenen Lipide der Extraktion zugänglich macht (vgl. H. HADORN u. R. JUNGKUNZ 1952; H. HADORN u. K. ZÜRCHER 1965). Im Mittel liegen die Werte für Gesamtfett bei 68%.

5. Cholesterin

Man extrahiert 0,5 g Trockeneigelb nach Vermischen mit etwas Sand wie bei der Bestimmung des Gesamtfetts und verfährt weiter wie bei Teigwaren. Flüssigprodukte sind vor der Extraktion, mit Sand vermischt, zu trocknen; oder man verreibt mit soviel wasserfreiem Na_2SO_4, daß man eine trockene, krümelige Masse erhält.

6. Phosphatidphosphorsäure (Lecithinphosphorsäure)

In etwa 0,5 g des Trockeneiprodukts bestimmt man die alkohollösliche Phosphorsäure nach J. TILLMANS u. Mitarb. (1930) oder nach den auf S. 475 angeführten Methoden. Bei Flüssigei ist das elegante Verfahren von G. A. VAN STIJGEREN (1964) — Extraktion der flüssigen Probe mit 95%igem Alkohol in der Kälte — zu empfehlen.

7. Gesamtcholin

Mit einer Einwaage von 0,5—1,0 g des Trockeneierzeugnisses (bei Flüssigei kann die entsprechende Menge unmittelbar verwendet werden) verfährt man wie auf S. 475 beschrieben.

8. Phytosterine, Phytosterinester und -glykoside

Zur Erkennung von Verfälschungen durch pflanzliche Öle eignet sich der Nachweis von Phytosterin neben Cholesterin in der in der Fettanalyse üblichen Weise. Die papierchromatographische Technik ist wegen der sehr ähnlichen R_f-Werte weniger eindeutig. Besonders einfach und dabei für die Beurteilung zweifelsfrei ist der dünnschichtchromatographische Nachweis der Phytosterinester und -glykoside. Man beobachtet bei Anwendung der später beschriebenen Arbeitsweise in der Nähe des Startfleckens zwei Flecken: Der untere Flecken mit seinem rotvioletten Saum am oberen Rand wird durch Phytosteringlykoside hervorgerufen, der obere durch Phytosterinester (L. ACKER u. Mitarb. 1963; L. ACKER u. H. GREVE 1964b). Die gleichen Flecken erhält man aus Extrakten aus Sojabohnen, Erdnüssen usw. In hochraffinierten Pflanzenölen werden diese Phytosterinderivate nicht mehr oder nur in geringer Menge gefunden.

Arbeitsvorschrift: Etwa 1 g Eipulver wird mit 10 ml des Gemisches Alkohol-Benzol (1:1) 10 min geschüttelt. Man filtriert und engt den Extrakt auf dem Wasserbad auf ein Drittel ein. Von diesem konzentrierten Extrakt werden 5, 10, 15 μl auf eine mit Kieselgel G (Merck) bestrichene Platte strichförmig aufgetragen. Als Laufmittel dient ein Gemisch von Benzol-Aceton (80:20). Nach dem Chromatographieren läßt man das Fließmittel an der Luft verdunsten und besprüht mit Antimon(III)-chloridlösung (25 g SbCl$_3$ in 75 g wasserfreiem und alkoholfreiem Chloroform lösen). Die besprühte Platte wird 10 min lang auf 100° C erwärmt. Dabei erhält man bei den Sterinen und Sterinderivaten folgende Färbungen:

Sterine: anfangs rote, dann rotviolette, schließlich blaue Flecken;

Phytosterinester: rotviolette, später graue Flecken;

Phytosteringlykoside: rotvioletter Saum oberhalb des Startfleckens.

9. β-Carotin

In eigenen Untersuchungen hat sich ein eng an die Methode des Verbandes der landwirtschaftlichen Versuchs- und Forschungsanstalten anlehnendes Verfahren bewährt.

Reagentien: Benzol-Petroläther-Gemisch (3:2).
Adsorbens: Al$_2$O$_3$, neutral (act. nach Merck).

100 g dieses Al$_2$O$_3$ werden 1—2 Std bei 600° C geglüht. Nach Abkühlen versetzt man 100 g dieses getrockneten Materials mit 2 ml dest. Wasser in einer Pulverflasche, schüttelt um und läßt über Nacht stehen. (In verschlossener Flasche etwa 14 Tage haltbar.)

Arbeitsvorschrift: Man versetzt 1 g Eipulver mit 25 ml des Benzol-Petroläther-Gemisches, schüttelt gelegentlich um und läßt im Dunkeln über Nacht stehen. Man bereitet sich eine Säule aus dem nach obiger Vorschrift behandelten Al$_2$O$_3$ (Durchmesser der Säule 8—10 mm, Höhe 5—6 cm) und befeuchtet mit dem Lösungsmittelgemisch die Säule gleichmäßig. Dann gibt man den Extrakt nach Filtrieren auf diese Säule und stellt auf eine Tropfgeschwindigkeit von etwa 2—3 Tropfen pro Sekunde ein. Erforderlichenfalls ist Vakuum anzulegen (Wittscher Topf). Nach Auftragen des Extraktes wäscht man mit dem reinen Lösungsmittelgemisch nach und eluiert damit auch die Säule.

Die Carotinoide (Xanthophyll usw.) werden auf der Säule oben festgehalten, während die Carotine (a-, β- und γ-) im Eluat erscheinen. Man sammelt das Eluat in einem 50 ml-Meßkolben und füllt, wenn das Eluat farblos abzulaufen beginnt, den Meßkolben mit dem Lösungsmittelgemisch zur Marke auf. Die Extinktion der Lösung wird im ELCO II bei Filter S 47 gemessen.

Bei der Berechnung geht man davon aus, daß

$$E_{1\%}^{1\,cm} = 2220$$

Bei Anwesenheit von Carotinal oder Carotinsäureestern reicht diese Schnellmethode zur Trennung nicht mehr aus.

III. Weizenrohstoffe

1. Wasser, N-Substanz, Feuchtkleber wie bei Weizenmehl (S. 128 ff)

Zur Feuchtigkeitsbestimmung in Getreide findet sich in Anlage 1 zur EWG-VO Nr. 61 vom 25. Juni 1962 eine Vorschrift, die ein 2stündiges Trocknen der zerkleinerten Substanz (wenigstens 50% sollen eine Korngröße unter 0,500 mm haben) bei 130—133° C vorsieht.

2. Asche wie bei Getreidemahlprodukten (S. 64, 128)

Zu beachten ist, daß auf Hartweizen(Durumweizen)mahlprodukte die für Weichweizen gültigen Beziehungen zwischen Aschegehalt und Ausmahlungsgrad nicht übertragen werden können.

3. Gesamtcarotinoide

Man verfährt am einfachsten nach G. N. Irvine (1955): Man extrahiert 8 g des gemahlenen Materials mit 40 ml wassergesättigtem n-Butanol durch Stehenlassen über Nacht. Man filtriert anschließend und mißt die Extinktion bei 440 nm. Der Gehalt an Gesamtcarotinoiden wird angegeben in mg/kg β-Carotin.

Für die Bestimmung der Farbtiefe der Rohstoffe kommen auch Remissionsmessungen in Betracht.

4. Lipoxydaseaktivität

Auf die Farberhaltung während der Verarbeitung hat die Aktivität der Lipoxydase erheblichen Einfluß (vgl. G.N. Irvine 1955). Ihre Bestimmung kann manometrisch in der Warburg-Apparatur oder durch Messung des Sauerstoffverbrauchs nach Tödt erfolgen (M. Rohrlich u. Mitarb. 1959).

5. Unterscheidung zwischen Weichweizen und Hartweizen

(vgl. S. 480)

6. Untersuchungen im Farinograph, Extensograph, Amylograph

(vgl. S. 134 ff)

Eine Vorhersage der Kochfestigkeit aus den Eigenschaften der Rohstoffe wie sie in den Meßwerten dieser Geräte zum Ausdruck kommen, ist schwer möglich, weil im Kochverhalten sich auch noch andere Einflüsse (z. B. die Führung des Trocknungsprozesses) geltend machen (A. Menger 1962). Jedoch sei auf die Versuche von W.C. Shuey u. K.A. Gilles (1964) verwiesen, mit Hilfe einer besonderen Amylographtechnik aus dem Verhalten des gargekochten Grießes auf die voraussichtlichen Eigenschaften der Fertigware zu schließen.

IV. Hinweise für die lebensmittelrechtliche Beurteilung

Die an Teigwaren zu stellenden Anforderungen sind in der Teigwaren-VO vom 12. November 1934 (RGBl. I S. 1181) festgelegt. Eifreie Teigwaren dürfen nach der Farbstoff-VO vom 19. Dezember 1959 mit künstlichen Farbstoffen nicht mehr gefärbt werden. Für eine Färbung — unter entsprechender Kenntlichmachung — kommen nur natürliche Farbstoffe, die nicht Fremdstoffe sind, wie z. B. Carotin, in Betracht. Die in der Teigwaren-VO für Eierteigwaren festgelegten Eianteile sind durch den heute noch gültigen Runderlaß des RMdI vom 26. Juni 1939 (MiBliV S. 1379) reduziert und zwar werden für Eierteigwaren auf 100 kg Weizenrohstoff 225 Hühnereier (im Gewicht von 45 g Eiinhalt) oder Hühnereidotter (im Gewicht von 16 g) gefordert. Eierteigwaren, bei denen auf hohen Eigehalt hingewiesen wird oder die als Hausmachereiernudel oder ähnlich bezeichnet sind, müssen wenigstens 400 Eier auf 100 kg Weizenrohstoff enthalten. Bei einer Regelung auf

EWG-Ebene dürften Änderungen in der Eidosierung zu erwarten sein. Aus den Begriffsbestimmungen der Teigwaren-VO geht hervor, welche Zusätze zulässig sind. Andere als dort angeführte Zusätze sind nicht gestattet.

Zu beachten sind ferner die Lebensmittel-Kennzeichnungs-VO vom 8. Mai 1935 (RGBl. I S. 590) i. d. Fassung vom 9. September 1966 (BGBl. I S. 590) sowie für Teigwaren zu diätetischen Zwecken die VO über diätetische Lebensmittel vom 20. Juni 1963 (BGBl. I S. 415) i. d. Fassung vom 22. Dezember 1965 (BGBl. I S. 2140) (insbesondere § 12, Lebensmittel für Diabetiker).

Für die Beschaffenheit von Grieß und Dunst aus Durumweizen gibt es vorerst keine Rechtsvorschriften. Die in der Durchführungs-VO zum Getreidegesetz vom 24. November 1951 enthaltenen Bestimmungen beziehen sich nur auf Erzeugnisse aus Weichweizen (Triticum aestivum). Ein Entwurf des Verbandes der Deutschen Teigwarenindustrie e. V. aus den Jahren 1956/1957, der die Durchführungs-VO entsprechend ergänzen sollte, ist über das Diskussionsstadium nicht hinausgelangt. Da aber in Frankreich und Italien seit langem Qualitätsnormen für Teigwarenrohstoffe aus Durumweizen bestehen, ist früher oder später mit der Einführung gewisser Regelungen im ganzen EWG-Bereich zu rechnen. Im übrigen gilt die allgemeine Definition für Grieße aus Getreide als „Mahlprodukte aus weitestgehend von Schalen- und Keimgewebe befreiten Endospermteilchen mittlerer Körnungsgrade", vorwiegend im Größenbereich von 0,2—0,5 mm.

Bibliographie

AOAC-Methoden: Official methods of analysis of the Association of official agricultural Chemists, 9th Ed. Edit. by W. HORWITZ. Washington, D.C.: Assoc. off. agric. Chemists 1960.
Schweizerisches Lebensmittelbuch, 2. Bd. Provisorisches Ringbuch (im Handel noch nicht erhältlich) 1965.
STROHECKER, R., u. R. VAUBEL: Teigwaren. In: Handbuch der Lebensmittelchemie. Hrsg. v. A. JUCKENACK, E. BAMES, B. BLEYER u. J. GROSSFELD, Bd. V, S. 261—297. Berlin: Springer 1938.

Zeitschriftenliteratur

ACKER, L.: Zur Isolierung künstlicher Farbstoffe aus Backwaren. Mitt.-Bl. GDCh., Fachgr. Lebensmittelchem. 13, 145—146 (1959).
—, u. W. DIEMAIR: Über die Bestimmung des Eigehaltes in Eierteigwaren. Z. Lebensmittel-Untersuch. u. -Forsch. 105, 437—445 (1957).
—, u. H. GREVE: Untersuchungen über Sterine in Eierteigwaren und ihre quantitative Bestimmung. I. Mitt. Die gravimetrische Bestimmung der Sterine. Z. Lebensmittel-Untersuch. u. -Forsch. 124, 257—265 (1964a).
— — II. Mitt. Die Bestimmung der Sterine nach Säureaufschluß des Untersuchungsmaterials. Z. Lebensmittel-Untersuch. u. -Forsch. 125, 179—184 (1964b).
— — III. Mitt. Überprüfung der photometrischen Sterinbestimmung. Z. Lebensmittel-Untersuch. u. -Forsch. 125, 356—363 (1964c).
— — H.O. BEUTLER: Über Verfälschungen von Trockeneigelb und die Möglichkeiten ihres Nachweises. Dtsch. Lebensmittel-Rdsch. 59, 231—234 (1963).
—, u. E. LÜCK: Die biochemischen Ursachen des Lecithinrückgangs in Eierteigwaren. III. Mitt. Z. Lebensmittel-Untersuch. u. -Forsch. 107, 143—152 (1958).
—, u. H.-J. SCHMITZ: Der Cholingehalt als Grundlage für die Beurteilung des Eigehaltes in Eierteigwaren. Dtsch. Lebensmittel-Rdsch. 59, 329—330 (1963).
ALLAVENA, S.: Methoden und Problematik der Carotin-Analyse. Getreide u. Mehl 9, 41 (1959).
ARMANDOLA, P.: Die Bestimmung des Eigehaltes in Teigwaren. Tecn. molit. 15, 102 (1964).
BEHMENBURG, H.: Methoden der Teigwarenprüfung. Getreide, Mehl, Brot 3, 156 (1949).
BINNINGTON, D.S., H. JOHANNSON and W.F. GEDDES: Quantitative methods for evaluating the quality of macaroni products. Cereal Chem. 16, 149—167 (1939).
BOHM, E.: Einige Bemerkungen zur titrimetrischen Bestimmung des Eigehaltes von Teigwaren mittels der Säure-Bindungsmethode von Strohecker-Heuser. Z. Untersuch. Lebensmittel 84, 438—439 (1942).
BORASIO, L.: Das Kochen der Teigwaren (Makkaroni). Charakteristische Merkmale und Versuchsmethoden. Mühlenlabor (Sonderbeilage der Mühle 1936, Nr. 35) 6, 113—116 (1936).
BRAUNSDORF, K.: Studien auf dem Gebiete der Teigwarenuntersuchung. 2. Mitt. Nahrung 3, 1086—1102 (1959) u. 3. Mitt. Nahrung 4, 619—649 (1960).
BRIESKORN, C.H., u. H. HERRIG: Einfluß der Esterbindung auf das Ergebnis der Cholesterinbestimmung nach RIFFART und KELLER. Z. Lebensmittel-Untersuch. u. -Forsch. 110, 15—18 (1959).

BROGIONI, M., e U. FRANCONI: Indagni spettrofotometriche nell' infrarosso sugli sfarinati di frumento e sulle paste alimentari. Nota II. Differenziazione dei lipidi estratti da sfarinati di frumento tenero e duro e da paste alimentari confezionate con l'uno o l'altro degli sfarinati o con miscele di essi. Molini d'Italia 14, 91—97 (1963).
— — Nota III: Ulteriori modalità di applicazione del metodo per il riconoscimento degli sfarinati di frumento tenero aggiunti nelle paste alimentari. Boll. Lab. Chim. Prov. 15, 557—577 (1964).
CASILLO, R., u. A. POLITO: Über den Zusatz von β-Carotin und Xanthophyll zu Teigwaren (Analytik). Tecn. molit. 14, Nr. 22, 108—113 (1963).
CASSON, C.B., and F.J. GRIFFIN: Determination of egg in certain foods by enzymic hydrolysis of the phospholipids. Analyst 84, 281—285 (1959).
CHIOFFI, V.: Schnellbestimmung des Eigehaltes von Teigwaren. Boll. Lab. chim. provinciali 11, 60—66 (1960); zit. nach Z. Lebensmittel-Untersuch. u. -Forsch. 115, 189 (1961).
COPIUS-PEEREBOOM, J.W.: Chromatographic sterol analysis as applied to the investigation of milk fat and other oils and fats. Centrum voor Landbouwpublikaties en Landbowduco-mentatie Wageningen 1963.
CUNEO, R.: Probleme des Kochversuches bei Teigwaren. Getreide u. Mehl 9, 54—57 (1959).
CUSTOT, F., et H. LASNE: La teneur en oeufs des pâtes aux oeufs de commerce. Quelques résul-tats analytiques. Ann. Falsif. Expert. chim. 53, 400—403 (1960).
—, R. MEZONNET e M. CALEY: Differenziazione di prodotti di grano duro e di grano tenero, semole e pasta. L'Industria Pastaria 5, (8), 3—13 (1966).
DANGOUMAU, D.: Identification du palmitate de sitostéryle dans l'extrait éthéré des farines de froment. Bull. Soc. Chim. biol. (Paris) 15, 1083—1093 (1933).
DESPAUL, J.E., A. WEINSTOCK and C.H. COLEMAN: Colorimetric method for lipide phosphoric acid in eggs and noodles. J. agric. Food Chem. 1, 621—626 (1953).
DUCET, G., et E. KAHANE: Bull. Soc. Chim. biol. (Paris) 28, 799 (1946); zit. nach L. ACKER u. E. LÜCK (1958).
EISNER, J., and FIRESTONE: Gas chromatography of unsaponifiable matter. 2. Identification of vegetable oils by their sterols. J. Ass. off. agric. Chem. 46, 542—550 (1963).
FAURE, R.G.: Metodos analiticos para determinar la presencia de productos de triticum aestivum (trigo blando) en las pastas alimenticias. In: Atti del II. Congresso internationale dell' Industria della Pastificazione. S. 137—167. Hrsg. von Assoc. Ital. Industr. Pastifica-tori, Mailand 1965.
FELLENBERG, TH. v.: Zur Analyse der Eierteigwaren. Mitt. Lebensmitteluntersuch. Hyg. 21, 205—223 (1930).
GOODMAN, J.R., L.P. JARNAGIN, T.M. MEIER and I.A. SHONLEY: Determination of free and esterified cholesterol by a modified digitonin-anthrone method. Analytic. Chem. 35, 760 to 763 (1963).
GROSSFELD, J.: Ermittlung des Eigehaltes von Eierteigwaren und ihre Unterscheidung von Zubereitungen mit Pflanzenphosphatiden. Z. Untersuch. Lebensmittel 79, 113—128 (1940).
GUILBOT, A.: Untersuchungen über Sterolester im Getreide und ihre Bedeutung für die Unter-scheidung von Durum- und Vulgare-Weizen. Getreide u. Mehl 11, 49—53 (1961).
HADORN, H., u. R. JUNGKUNZ: Zur gravimetrischen Bestimmung der Sterine in Eierkonserven und Teigwaren. Mitt. Lebensmitteluntersuch. Hyg. 42, 452—458 (1951).
— — Beitrag zur Bestimmung des Eigehaltes von Eierteigwaren. Mitt. Lebensmittelunter-such. Hyg. 43, 1—49 (1952).
— — Beitrag zur Bestimmung des Eigehaltes in Eierteigwaren. II. Mitt. Sind Lecithinphos-phorsäure und Cholin zur Ermittlung des Eigehaltes von Eierteigwaren geeignet? Mitt. Lebensmitteluntersuch. Hyg. 44, 1—13 (1953).
—, u. H. MOSTERTMAN: Eine einfache Apparatur zur Extraktion der Gesamtlipoide in Teig-waren und Eipulvern. Mitt. Lebensmitteluntersuch. Hyg. 56, 95—100 (1965).
—, u. K. Zürcher: Beitrag zur Bestimmung des Eigehaltes in Teigwaren: Berechnung von Eiklar und Eigelb. Welcher Faktor soll zur Berechnung des Eiklars verwendet werden? Mitt. Lebensmitteluntersuch. Hyg. 56, 71—86 (1965a).
— — Beitrag zu Bestimmung des Eigehaltes von Teigwaren: Überwachung einer Fabrikation im technischen Betrieb sowie Analyse der Rohmaterialien und Fertigprodukte. Dtsch. Lebensmittel-Rdsch. 61, 269—273 (1965b).
HAENNI, E.O.: A new method for the determination of cholesterol and its application to the estimation of the egg content of alimentary pastes. J. Ass. off. agric. Chem. 24, 119—147 (1941).
HARKE, H.P., u. P. VOGEL: Beitrag zum Nachweis von tierischen Fetten in Pflanzenfetten. Fette u. Seifen 65, 806—809 (1963).
HELLBERG, E.: Zur Bestimmung des Eigehaltes in Teigwaren. Mitt. Lebensmitteluntersuch. Hyg. 40, 125—142 (1949).

HOFFMAN, W.M.: AOAC-methods for the determination of phosphorus in fertilizers. J. Ass. off. agric. Chem. **47**, 420—428 (1964).

HOLLIGER, A.: Improved method for testing macaroni products. Cereal Chem. **40**, 231—240 (1963a).

— Der Einfluß der Klebermenge auf die Kocheigenschaften von Teigwaren. Brot u. Gebäck **17**, 206—212 (1963b).

— Das Kochverhalten von Teigwaren. Getreide u. Mehl **16**, 121—126 (1966).

IRVINE, G.N.: Some effects of semolina lipoxydase activity on macaroni quality. J. amer. Oil Chem. Soc. **32**, 558—561 (1955).

KLUGE, H.: Zur Unterscheidung von Eidotter und Pflanzenlecithin in Teigwaren. Z. Untersuch. Lebensmittel **69**, 9—13 (1935).

MATWEEF, M.: Détection des farines de blé tendre dans les semoules et pâtes alimentaires. C. R. Acad. agric. France **39**, 658—662 (1952).

MENGER, A.: Zur Bestimmung des Säuregrades in Teigwarenrohstoffen und Teigwaren. Getreide u. Mehl **9**, 37—41 (1959).

— Erfahrungen bei der Qualitätsbeurteilung von Teigwarenrohstoffen mit physikalischen und chemischen Methoden. Getreide u. Mehl **12**, 111—118 (1962).

— Beziehungen zwischen dem Feinheitsgrad und anderen Qualitätsfaktoren von Durummahlprodukten. Getreide u. Mehl **13**, 128—132 (1963).

— Bemerkungen zur Bewertung gekochter Teigwaren. Getreide u. Mehl **14**, 20 (1964).

— Persönliche Mitteilung (1966).

MILONE, M., e E. BORELLO: Il metodo spettrofotometrico all infrarosso per la classificazione degli sfarinati e delle paste alimentari. Molini d'Italia **16**, 448—452 (1965).

MOLLENHAUER, H.P.: Über die Messung der Kochfestigkeit von Teigwaren. Brot u. Gebäck **17**, 185—189 (1963).

MOTTIER, M., et M. POTTERAT: Note sur l'extraction de divers colorants hydrosolubles. Mitt. Lebensmitteluntersuch. Hyg. **44**, 293—302 (1953).

MUNSEY, V.E.: Report on choline in egg noodles. J. Ass. off. agric. Chem. **36**, 766—769 (1953).

— Egg content of noodles. J. Ass. off. agric. Chem. **37**, 408—413 (1954).

MUNTONI, F.: Determination of acids in macaroni. Molini d'Italia **2**, 466—468 (1951); zit. nach Chem. Abstr. **47**, 4002d (1953).

—, u. M.G. DI CARLO-MALAGODI: Direkter chromatographischer Nachweis von als Farbstoff in Teigwaren verwendetem Riboflavin. R. C. Ist. sup. Sanità **25**, 563—566 (1962) [ital.]; zit. nach Z. Lebensmittel-Untersuch. u. -Forsch. **123**, 238 (1963).

—, E. TISCORNIA e C. TASSI-MICCO: La gas chromatografia nella chimica dei cereali. Nota IV: Il dosaggio delle uova nelle paste alimentari. Rassegna di diritto e technica della alimentazione **1**, 29—36 (1966).

PELSHENKE, P.F., W. SEIBEL u. H. BOLLING: Die Kontrolle des Wassergehaltes bei Teigwaren und Teigen durch automatische Titration mit Karl Fischer-Lösung. Dtsch. Lebensmittel-Rdsch. **56**, 293—296 (1960).

PHILIPPE, E., u. M. HENZI: Beiträge zur Frage der Untersuchung und Beurteilung von Eierteigwaren. Mitt. Lebensmitteluntersuch. Hyg. **27**, 262—291 (1936).

RECOURT, J.H., u. R.K. BEERTHUIS: Der Nachweis von tierischen Fetten in pflanzlichen Ölen und Fetten mit Hilfe der Gaschromatographie. Fette u. Seifen **65**, 619—623 (1963).

RIFFART, H., u. H. KELLER: Colorimetrische Bestimmung mit dem Stufenphotometer von Zeiss bei der Untersuchung von Lebensmitteln. Z. Untersuch. Lebensmittel **68**, 113—138 (1934).

ROHRLICH, M., G. ZIEHMANN u. R. LENSCHAU: Die Anwendung des elektrochemischen Meßverfahrens nach Tödt zur Bestimmung der Lipoxydase und Katalase im Getreide. Getreide u. Mehl **9**, 13—18 (1959).

ROTSCH, A., u. H.J. KOEBER: Die Prüfung von Teigwaren. Mühlenlab. **10**, 141—144 (1940).

SALWIN, H., M.D. DEVINE and J.H. MITCHELL JR.: Determination of choline in egg products, flour and noodles. J. agric. Food Chem. **6**, 475—479 (1958).

SCHLOEMER, A., M. SCHINK u. K. RAUCH: Einfluß der Korngröße auf die Ergebnisse der Untersuchung von Teigwaren auf Färbung und Eigehalt durch Bestimmung des Gehaltes an Fett und Phosphatidphosphorsäure sowie des Säurebindungsvermögens. Z. Untersuch. Lebensmittel **83**, 316—322 (1942).

SCHWARZ, K.: Zur Bestimmung des Eigehaltes von Nahrungsmitteln auf Cholin-Basis. Dtsch. Lebensmittel-Rdsch. **57**, 201—204; 232—238 (1961).

SHIMIZU, T., H. FUKAWA and A. ICHIBA: Physical properties of noodles. Cereal Chem. **35**, 34—36 (1958).

SHUEY, W.C., and K.A. GILLES: Evaluation of durum wheat and durum products. I. Studies on semolina and macaroni with the amylograph. Cereal Chem. **41**, 32—38 (1964).

SPITERI, J., J. CASTANG et M. SOLERE: Dosage des oeufs dans les pâtes alimentaires. Ann. Falsif. Expert. chim. **56**, 93—98 (1963).

Van Stijgeren, G.A.: Der Faktor zur Berechnung des Eidottergehaltes in Nahrungsmitteln aus dem Lecithin-P_2O_5-Gehalt. Dtsch. Lebensmittel-Rdsch. **60**, 277—279 (1964).

Strohecker, R., R. Vaubel u. O. Heuser: Z. Vorratspflege u. Lebensmittelforsch. **1**, 248 (1938); zit. nach R. Strohecker u. R. Vaubel (1938).

Thaler, H., u. G. Sommer: Studien zur Farbstoffanalytik. IV. Mitt. Die papierchromatographische Trennung wasserlöslicher Teerfarbstoffe, Z. Lebensmittel-Untersuch. u. Forsch. **97**, 345—365 (1953).

Tillmans, J., H. Riffart u. A. Kühn: Neue quantitative Bestimmung von Cholesterin und Lecithin und ihre Anwendung in der Lebensmittelchemie, insbesondere zur Beurteilung eihaltiger Erzeugnisse. Z. Untersuch. Lebensmittel **60**, 361—389 (1930).

Walde, A.W., and C.E. Mangels: Variations in properties of acetone extracts of common and durum wheat flours. Cereal Chem. **7**, 480—486 (1930).

Weiss, J.F., E.C. Naber u. R.M. Johnson: Effect of dietary fat and other factors on egg yolk cholesterol. I. The "cholesterol" content of egg yolk as influenced by dietary unsaturated fat and the method of determination. Arch. Biochem. Biophys. **105**, 521—526 (1964).

Winkler, O.: Über die photometrische Bestimmung der Phosphorsäure bei der Ermittlung des Eigehaltes. Z. Lebensmittel-Untersuch. u. -Forsch. **100**, 111—114 (1955).

Winston, J.H., and B.R. Jacobs: Method for differentiating between egg lecithin and soybean lecithin in macaroni and noodle products. J. Ass. off. agric. Chem. **28**, 607—616 (1945).

Zlatkis, A., B. Zak u. A.J. Boyle: J. Lab. clin. Med. **41**, 486 (1953); zit. nach V. Chioffi (1960).

Honig und Kunsthonig

Von

Dr. HERWARTH DUISBERG, Bremen

Mit 17 Abbildungen

A. Honig

Begriffsbestimmung

Honig ist der süße Stoff, den die Bienen erzeugen, indem sie Nektariensäfte, oder auch andere, an lebenden Pflanzenteilen sich vorfindende süße Säfte aufnehmen, durch körpereigene Stoffe bereichern, in ihrem Körper verändern, in Waben aufspeichern und dort reifen lassen.

Auch andere Insekten, wie Hummeln, Hornissen, Wespen, sammeln süße pflanzliche Säfte. Jedoch ist die Sammeltätigkeit praktisch ohne Bedeutung. Ergänzend sei bemerkt, daß ausschließlich das Sammelgut der Honigbiene *apis melifica* als Honig bezeichnet werden darf.

I. Honigbereitung

1. Rohstoffe

a) Nektar

Zur Erzeugung von Honig sammelt die Biene süße, an lebenden Pflanzenteilen sich vorfindende Säfte. Hiermit ist in erster Linie der Zuckersaft gemeint, der in bestimmten Pflanzenteilen floral oder außerhalb der Blüte — extrafloral — abgesondert wird und die Bezeichnung Nektar trägt. Diese Säfte enthalten — wie A. MAURIZIO (1959) bei einer großen Reihe von Pflanzen untersucht hat — je nach Pflanzenart Rohrzucker, aber auch Traubenzucker oder Fruchtzucker in unterschiedlicher Mischung. Auch für Bienen unverträgliche Zuckerarten, wie Galaktose oder Mannose, kommen vor, die dann zu Bienensterben führen, wie es öfter bei Lindenhonigtracht beobachtet und das früher der hierbei vorkommenden Melezitose zugeschrieben wurde. Die Konzentration der Zuckerlösung ist oft sogar bei den gleichen Pflanzensorten — bedingt durch Boden- und Klimafaktoren — recht unterschiedlich (Tab. 1) (A. MAURIZIO 1960). Nektar mit weniger als 5 % Zucker wird nicht eingetragen. Zuckerarm z. B. sind die Nektare von Äpfeln, Aprikosen, Birnen, Sauerkirschen. Einen mittleren Zuckergehalt von 25—40 % findet man in den Blüten von Heidekraut, Himbeeren, Kleesorten, Kornblumen, Winterlinden. Auch sehr hoch konzentrierte Nektare mit über 50—60 % kommen häufiger vor, wie in Buchweizen, Borretsch, Esparsette, Raps, Rosmarin, Sonnenblumen, Weidenröschen. Diese Blütenarten werden gern beflogen. Neben dem Zuckergehalt weist der Nektar auch andere Bestandteile des Phloems auf, z. B. gewisse Mineralbestandteile, die auf diese Weise in den Honig gelangen. An Fermenten des Nektars scheint bisher Invertase nachgewiesen zu sein (R. BEUTLER 1953). Ein integrierender Bestandteil des Nektars ist auch der Gehalt an Aromastoffen, bzw. deren Vorstufen, die sich in vielen Fällen später im Honig vorfinden und sehr deutlich an das Aroma der beflogenen Blütensorten anklingen.

b) Honigtau

In manchen Gegenden stammt der Honigertrag ganz oder teilweise von süßen Säften, die sich an Nadelbäumen oder auch Laubbäumen als Abscheidung, teils auch in Form glänzender, lackartiger Überzüge bilden, die von gewissen Insekten, z. B. den Lachniden (Übersicht über die wichtigsten Arten von Honigtauerzeugern, vgl. W. Kloft 1960, W. Kloft u. Mitarb. 1965) stammen. Sie bilden den Rohstoff für die Tannen-, Fichten- und Waldhonige, die als Honigtauhonig bezeichnet werden. Das Zuckerspektrum dieser Rohstoffe ist von dem der Nektare etwas verschieden, vor allem aber fällt der höhere Eiweiß- und Mineralstoffgehalt ins Gewicht, sowie der Gehalt an höheren Zuckern (Honigdextrine), welche unter dem Einfluß der Verdauungsfermente der Insekten gebildet werden (F. Duspiva 1954).

c) Sonstige und künstliche Rohstoffe

Gelegentlich sammeln die Bienen auch andere süße Pflanzensäfte, z. B. von abgeerntetem Zuckerrohr oder von süßen Früchten. Nicht zu vergessen ist die Tatsache, daß vor Bienenbeflug nicht genügend geschützte, zuckerhaltige Produkte oder Rückstände, wie sie in Zuckerfabriken, Marmeladen- oder Konservenfabriken usw. vorkommen, als „Trachtquelle" dienen können. Der hieraus entstehende Honig erfüllt jedoch die in der Bundesrepublik Deutschland geltenden gesetzlichen Anforderungen an Honig nicht. Die Imker mancher klimatisch benachteiligter Länder bedienen sich auch des Speisezuckers, um ihre Bienenvölker im Winter, im Zusammenspiel mit anderen Nährstoffen, zu ernähren, um auf diese Weise den von der Biene als Wintervorrat gesammelten Honig verfügbar zu haben. Wird diese Zufütterung auch während der Trachtzeit fortgesetzt, so entsteht ein sowohl aromatisch wie auch sonst nicht vollwertiges Produkt, welches als Zuckerfütterungshonig bezeichnet wird. Zuckerfütterungshonig entspricht in Deutschland und einer Reihe anderer Länder nicht den gesetzlichen Anforderungen an Honig. Er gilt als verfälscht.

2. Bearbeitung durch die Biene

a) Sammeltätigkeit

Die Sammeltätigkeit der Biene ist weitgehend geklärt. Etwa die zweite Hälfte ihres Lebens verbringt sie mit dem Sammeln von Blütenpollen, Nektar, Honigtau. Blütenpollen enthalten die Eiweißkomponenten und Vitaminfaktoren der Bienennahrung.

Eine eingehende Gesamtdarstellung über die Orientierung der Biene, die Organisation der Sammeltätigkeit, den Einfluß der Witterung (Wärme, Feuchtigkeit, Licht usw. auf die Nektarbildung) findet sich in folgenden Übersichten: K. v. Frisch (1927), E. Zander (1947), A. Büdel u. E. Herold (1960).

Besonders zu erwähnen ist die Tatsache, daß die Bienen „Blumenstetigkeit" (Trachtstetigkeit) zeigen, d. h. — soweit wie der Blütenvorrat reicht — nur eine Blütenart befliegen, um dort den Nektar zu sammeln. Diesem Umstand ist es zu verdanken, daß bei ausgedehnten Blütenbeständen Honige entstehen können, die zum großen Teil oder ausschließlich einer einzigen Blütenart entstammen, sog. „Trachthonige". Indessen reichen meistens hierfür die Blütenbestände nicht aus, so daß auch andere Blüten beflogen werden, zumal die Blumenstetigkeit nur für das Einzeltier bzw. die Gruppe, nicht aber für das ganze Volk besteht.

Mit ihrem langen Rüssel entnimmt die Biene den Nektar den floralen oder extrafloralen Nektarien, saugt ihn in eine kleine Blase, die „Honigblase", ein und kehrt nach deren Füllung zum Bienenstock zurück. Das Fassungsvermögen der Honigblase beträgt etwa 50—60 μl gleich 50—60 mg Nektar, dessen Wassergehalt häufig etwa 70—75 % beträgt. Obere Grenzwerte für Wasser sind 90 bis vereinzelt 95 %, untere Grenzwerte 30—20, vereinzelt bis 10 %. Die Zuckerausscheidung pro Blüte und Tag schwankt sehr stark je nach der Pflanzenart. Sie

Tabelle 1. *Nektarkonzentration und Zuckermenge verschiedener Blütenarten*
(nach A. MAURIZIO 1960, Auszug)

Pflanzenart	Zuckergehalt in %	Zuckerwert in mg Zucker pro Blüte in 24 Std
Akazie, falsche (*Robinia Pseudacacia*)	55	1,00
Apfel (*Pirus Malus*)	9—59	0,03—1,94
Aprikose (*Prunus armeniaca*)	5—22	0,31—0,84
Birne (*Pirus communis*)	5—48	0,05—0,16
Buchweizen (*Fagopyrum esculentum*)	46	0,10
Heidekraut (*Calluna vulgaris*)	24	0,12
Himbeere (*Rubus Idaeus*)	41—70	0,18—1,13
Kirsche, Sauer (*Prunus Cerasus*)	9,7—72	0,15—1,31
Linde, Sommer (*Tilia platyphyllos*)	25—94	0,16—7,70
Lavendel (*Lavendula spica*)	21	0,26
Pflaume (*Prunus insititia*)	12—72	0,13—1,47
Raps (*Brassica Napus*)	46	0,79
Rosmarin (*Rosmarinus officinalis*)	62	0,50
Roßkastanie (*Aesculus Hippocastanum*)	59	2,08
Rotklee (*Trifolium pratense*)	35	0,192
Salbei, Wiesen (*Salvia pratensis*)	52	0,60
Sonnenblume (*Helianthus annuus*)	60	0,12
Weidenröschen (*Epilobium angustifolium*) . . .	58	0,62
Weißklee (*Trifolium repens*)	44	0,14

liegt zwischen 0,1 und 1 mg pro Blüte und Tag (Grenzwert 0,01 mg—3,8 mg) (Tab. 1). Aus diesen Angaben ist leicht zu errechnen, wieviel Flüge zum Sammeln von 1 kg Honig erforderlich sind, dessen Wassergehalt bei der Umwandlung auf etwa 16—19 % gesunken ist.

Der Flugbereich der Biene ist nach verschiedenen Untersuchungen etwa bis zu 3 km vom Stock anzunehmen. Jedoch sind auch weitere Flugwege beobachtet worden. Zur Erzielung guter Sammelergebnisse werden daher reiche Trachtgebiete gern von Imkern mit ihren Bienenstöcken aufgesucht.

b) Bearbeitung im Bienenstock (Umwandlung von Nektar in Honig)

Die Bienen geben den Inhalt ihrer Honigblasen bei der Heimkehr in den Stock an andere Bienen ab, die ihn zu den einzelnen Wabenzellen bringen und dort entleeren.

Aber auch der bereits in Wabenzellen eingelagerte Honigblaseninhalt wird von Mitgliedern des Bienenvolkes rhythmisch eingesaugt und wieder ausgestoßen und in andere Wabenzellen eingelagert. Im Bienenstock herrscht eine Temperatur von etwa 33°C; durch rhythmische Flügelschläge ganzer Gruppen von Arbeiterinnen wird ein Luftstrom erzeugt; auch hierdurch werden die Umwandlungsvorgänge von Nektar in Honig stark beeinflußt.

Die Veränderung des Nektars beginnt bereits beim Heimflug der Bienen von der Trachtquelle zum Stock durch Zugabe von Kopfdrüsensekret, das u. a. Eiweißkomponenten z. B. Fermente, wie Glucoseoxydase, Amylasen und Invertase enthält. Beim „Umtragen" des Nektars durch die Stockbienen erhöht sich der Zusatz von Kopfdrüsensaft.

α) Zuckerumwandlung

Die Umwandlungen, denen der Nektar bei der Honigbildung unterworfen ist, sind vielfältiger Art. Vorherrschend ist die *Spaltung des Rohrzuckers* in seine Komponenten Frucht- und Traubenzucker, welche die bei weitem überwiegenden Bestandteile des Bienenhonigs darstellen. Gleichzeitig entsteht indessen, wie J.W. White jr. u. N. Hoban (1959) bestätigt haben, Maltose (und andere Disaccharide und Oligosaccharide), die im Honig oft bis zur Größenordnung von 5%, ja bis zu 10% enthalten ist.

β) Säurebildung

Zu den Vorgängen, die bei der Honigbildung bisher weniger beachtet wurden, gehört auch die Säurebildung. Frischer Nektar besitzt ein unterschiedliches pH, während der Honig meistens ein pH von 3,7—4,5 aufweist. A. Thomson u. Mitarb. (1954), E. E. Stinson u. Mitarb. (1960) und S. Maeda u. Mitarb. (1962) haben gezeigt, daß etwa die Hälfte (z. T. auch mehr) des Säuregehaltes des Honigs aus Gluconsäure besteht, welche aus dem — aus Glucose durch ein Ferment der Kopfdrüse der Biene (Glucose-oxydase) gebildeten — Gluconolacton durch Wasseraufnahme entsteht. Nach J.W. White jr. (1962) besteht eine signifikante Beziehung zwischen dem pH und der Asche, jedoch keine solche Beziehung zwischen dem pH und der gesamttitrierbaren Säure. Das pH ist demnach ein Ergebnis der natürlichen Pufferwirkung der Mineralbestandteile auf die Säuren.

γ) Aromastoffe

Über Bildung und Veränderungen der Aromastoffe bei der Honigentstehung ist bisher wenig bekannt. E. Cremer u. M. Riedmann (1965) konnten durch gaschromatographische Analysen zeigen, daß beim Lagern des Honigs signifikante Verschiebungen des Gehaltes einzelner flüchtiger Komponenten des Honigs stattfinden.

δ) Eindickung

Der Wassergehalt des Nektars nimmt bei der Honigbildung dauernd ab. Das Eintrocknen wird sehr stark durch das Umtragen des Sammelgutes im Bienenstock (bis zu einem Wassergehalt von ca. 30%) gefördert und dann passiv durch den durch Flügelschlag erzeugten Luftstrom zu Ende geführt, wobei die Temperatur von 33°C im Bienenstock die Verdunstung des Wassers beschleunigt.

ε) Reifung

Sobald der Wassergehalt auf etwa 16—19% (bei sehr feuchtem Klima können auch höhere Wassergehalte bis 21% gelegentlich vorkommen) gesunken ist, besitzt der Honig die erforderliche Haltbarkeit, um den Bienen als vollwertige Winternahrungskonserve dienen zu können. Die Bienen verschließen dann die Waben durch luftdichte Wachsdeckel. Der Imker bezeichnet solchen Honig als reif. Dieses besagt jedoch nicht, daß die verschiedenen Umwandlungen im Honig bereits abgeschlossen sind. So kann man z. B. beobachten, daß der Rohrzuckergehalt beim längeren Lagern noch weiter abnimmt. Im Verlauf dieser „Nachreifung" vergrößert sich auch das Zuckerspektrum, da durch fermentative Anlagerung von Glucose an Rohrzucker verschiedene Oligosaccharide gebildet werden. Dabei verschiebt sich das Verhältnis Glucose zu Fructose nach und nach etwas. Beim langen Lagern von festem kristallisiertem Honig tritt dadurch häufig eine Erweichung der Struktur auf, auch ohne daß eine Wasseraufnahme stattgefunden hat.

ζ) Konservierung

Beim reifen Honig übersteigt die Zuckerkonzentration, wie auch neuerdings von J. W. WHITE jr. u. Mitarb. (1962) an 500 Honigen bestätigt wurde, 72%, so daß die Konservierung im wesentlichen bereits durch den Zuckergehalt gesichert ist. Es kommen möglicherweise noch andere Faktoren hinzu (pH und vielleicht auch Spuren von Wasserstoffperoxid). Bisher ist jedoch noch kein Beweis dafür erbracht, daß eine Konservierung durch von den Bienen zugegebene Ameisensäure bewirkt wird.

II. Honiggewinnung

1. Waben- und Scheibenhonig

Sobald durch Verdeckelung der Waben erkennbar wird, daß der Inhalt zum reifen Honig umgewandelt ist, wird der Honig geerntet. Rasch kristallisierende, z. B. melezitosereiche Honige müssen bereits vorher entnommen werden.

Da Honig ein sehr hochwertiges, aber auch empfindliches Nahrungsmittel ist, müssen Imker und Handel ihn so sorgfältig gewinnen, behandeln, kühl und dunkel und unter gutem Luftabschluß lagern, daß keine wesentliche Veränderung seiner Bestandteile eintritt. Bequem und sicher ist diese Forderung erfüllt, wenn der Honig als Wabenhonig, bei Heidewaben als „Scheibenhonig", verkauft wird.

Zur Erzeugung von *Wabenhonig* werden auch im Ausland, z. B. in USA Kanada und Mexico, besonders vorbereitete Rähmchen passender Größe in die Bienenstöcke eingesetzt, damit die Bienen ihre Waben in diesen Rähmchen bauen, Honig dort ablagern und nach dem Reifen verdeckeln. Die Rähmchen werden sodann dem Stock entnommen und in geeigneter Verpackung zum Verkauf gebracht. (Beachte Honig-VO vom 31. III. 1930, Amtl. Begr. zu § 1, Abs. 3)

Unter *Scheibenhonig* wird Heidewabenhonig verstanden, welcher infolge seiner besonderen Beschaffenheit (geleeartig), auch im unkandierten Zustand beim Anschneiden der Waben nicht ausläuft. Er kann daher auch in Form einzelner Stücke gehandelt werden.

2. Gewinnungsverfahren

Das Prinzip der Honiggewinnung besteht darin, daß der möglichst leichtflüssige Inhalt nach Öffnen den Waben entnommen wird, von anhaftenden Wachspartikelchen oder durch Erntemaßnahmen hineingekommenen Fremdbestandteilen, wie Bienenhaaren, Flügeln u. dgl., sowie von Luft befreit und dann auf Vorratsgefäße abgefüllt wird.

Zunächst wird durch geeignete Maßnahmen dafür Sorge getragen, daß Waben mit Bienenbrut, oder auch solche mit Pollenvorräten nicht zur Ernte kommen.

Die Honiggewinnung ist im Laufe der Entwicklung auf recht verschiedene Weise durchgeführt worden, wobei die einzelnen Verfahren manchmal unverkennbare „Spuren" im Honig hinterlassen, so daß die Gewinnungsart dann an dem Endprodukt selbst erkannt werden kann.

a) Primitivverfahren

Die Primitivverfahren beruhen im wesentlichen darauf, daß man die reife (verdeckelte) Honigwabe dem Bienenstock entnimmt und sie entdeckelt in der Wärme (Nähe des Zimmerofens oder im Sonnenschein) auslaufen läßt und den abtropfenden Honig siebt. Diese Methode erfordert viel Zeitaufwand und ist unrationell, da wechselnde Mengen Honig in der Wabe verbleiben. Das gewonnene Produkt ist biologisch ungeschädigt. Die Ausbeute dürfte in den meisten Fällen

50—70% nicht weit übersteigen. (Zur Erzielung einigermaßen tragbarer Ausbeuten benutzt man die starke Viscositätsverminderung, die Honig bei einer Temperaturerhöhung um 10—20°C erfährt.)

b) Pressen

Auch durch Auspressen der stockwarmen, brutfreien Waben läßt sich Honig gewinnen (Preßhonig). Preßtücher aus Wolle sind vorteilhaft. Der so gewonnene Honig ist meist etwas trübe und besitzt (beim Zentrifugieren) etwas mehr Sediment, da er wesentlich pollenreicher ist. Ohne Anwendung von Wärme ist er als Speisehonig brauchbar, während heißgepreßter Honig nur als Backhonig verwandt wird. Das Auspressen von Honig ist in Gebieten mit Korbimkerei (beim Heidehonig wegen seiner besonderen zähen Beschaffenheit) und in wenigen, primitiv arbeitenden Erzeugungsgebieten dann und wann noch gebräuchlich.

c) Schleudern

Heute wird in fast allen Honigerzeugungsgebieten die zweite Möglichkeit, den Honig aus den Waben zu gewinnen, angewandt, das Schleudern der stockwarmen Waben. Voraussetzung hierfür ist im allgemeinen, daß die Honiggewinnung von Waben ausgehen kann, welche sich in festen Rähmchen befinden.

Bei zähen Wald- und Heidehonigen muß der Honig nach dem Entdeckeln, vor dem Schleudern, in den Waben erst gelockert werden.

Die Bienen, welche bei Herausnahme des Rahmens mit der gefüllten, reifen Honigwabe aus der Beute noch z. T. auf den Waben sitzen, werden durch Rauch betäubt und fallen dann beim leichten Abklopfen des Rahmens zu Boden. Nun wird die Wabe durch „Entdeckelungsgabeln", welche die Wabendeckel abheben oder durch geheizte Messer, entdeckelt. Hierbei bleibt ein kleiner Teil des Honigs an den Wabendeckeln haften.

In vielen Erzeugungsgebieten werden die Deckelrückstände gesammelt und der Honig durch hohes Erhitzen der Masse zurückgewonnen, wobei das Wachs als flüssige Oberschicht abgenommen werden kann. Dies führt dazu, daß der zurückgewonnene Honig in seiner Zusammensetzung verändert ist und eine starke Wärmeschädigung (Hydroxymethylfurfurol-Bildung) aufweist. Die Fermente sind meistens vollständig, zumindestens teilweise inaktiviert. Dieser „Wabendeckelhonig" sollte als Backhonig verwandt werden und nicht dem Speisehonig zugemischt werden (vgl. § 2, Ziff. 7 der Honig-VO).

Inzwischen sind neuere Verfahren bekannt, bei denen die Entdeckelungsrückstände durch schnell laufende kleine Trommelzentrifugen in honigdurchlässigen Beuteln schon bei gelinder Wärme (20—30° C) vom Honig getrennt werden können. Der so gewonnene Honig steht dem übrigen Schleuderhonig in seiner Qualität nicht nach.

Die nunmehr offenen Waben werden in einer mit Motorantrieb versehenen Schleuder (bei kleinem Imkerbetrieb mit Handschleuder) ausgeschleudert. Hierbei begünstigt gelinde Wärme bis 40°C das vollständige Auslaufen. In großen ausländischen Imkereien findet man gelegentlich Schleudern, welche mit Warmwassermänteln ausgerüstet sind. Sofern das Wasser in diesen Mänteln zirkuliert und nicht wärmer als 45°C gehalten wird, dürften diese für den Honig keine nachteiligen Wirkungen besitzen. Höher beheizte Böden sind indessen weniger vorteilhaft, da diese beim längeren Stehen die Honigreste ungünstig verändern.

3. Reinigung

a) Sieben

Zur Abtrennung kleiner mitgerissener Verunreinigungen, wie Wachspartikelchen, Staubteilchen, Bienenhaaren oder sonstiger Bienenbestandteile passiert der ablaufende Honig anschließend mehrere immer feiner werdende, nichtrostende V2A-Stahlsiebe (40, 60, 80 Maschen pro Zoll).

Die Berührung mit Kupfer- oder Bronzesieben sollte vermieden werden, während mit Vorteil für Lebensmittel geeignete Kunststoffasergewebe Verwendung finden können (vgl. S. 499).

b) Selbstreinigung durch Stehen

Beim Schleudern hat der Honig eine beträchtliche Menge Luft aufgenommen, welche mit Vorteil zur Klärung des Honigs ausgenutzt wird. Im allgemeinen läßt man den Honig bei Raumtemperatur etwa 8—14 Tage stehen. Hierbei steigt die im Honig enthaltene Luft in Form kleinster Bläschen nach oben und bildet eine Schaumschicht, welche sämtliche feinen Verunreinigungen enthält, soweit diese nicht schon vorher durch die Siebe entfernt worden sind. Der unter der Schaumschicht befindliche Honig wird (evtl. nach Abschäumen) von unten her, etwas über dem Boden, abgelassen und kann zur Abfüllung kommen.

c) Sonstige Reinigungsverfahren

In der wissenschaftlichen Literatur lassen sich zahlreiche Bemühungen erkennen, die äußeren Eigenschaften des Honigs in gewünschter Richtung zu verändern. Mitunter wird die — je nach der Tracht — dem Honig anhaftende dunkle Färbung als Störung empfunden, oder das Aroma bestimmter von den Bienen beflogener Blütenarten oder Kombinationen findet beim Verbraucher nicht den gewünschten Anklang.

Den meisten Verfahren, welche hierfür speziell in der ausländischen Literatur und Patent-Literatur veröffentlicht sind, ist gemeinsam, daß die biologische Struktur und meistens auch die chemische Zusammensetzung dieses Naturprodukts verändert wird. Für den deutschen Konsum besitzen sie wenig Bedeutung, weil die erzielten Produkte den deutschen gesetzlichen Bestimmungen nicht mehr entsprechen. Da indessen bei der Beurteilung eines Honigs die Vorgeschichte eine Rolle spielen kann, sei nachstehend auf einige solcher „Veredelungsverfahren" hingewiesen.

G. u. R. ALPHANDERY (1956) entfernen Aromabestandteile durch Wasserdampf-Destillationen der verdünnten Honiglösung mit nachfolgender Behandlung mit 3% Aktivkohle und 3% Bleicherde. Der Zusatz wird durch eine Ultrazentrifuge entfernt, sodann wird über Ionen-austauscher filtriert und zuletzt die verdünnte Lösung auf Honigkonsistenz eingedampft. Auch H.P.T. IBARRA u. J. DE CASTRO (1943) und T.C. HELVEY (1953b) empfehlen in einigen Teilen abgewandelte Verfahren. J.W. WHITE jr. u. G.P. WALTON (1950) verfeinern, in dem sie die im Honig befindlichen färbenden Kolloide durch pH-Einstellung ausflocken und den Honig dann einer Bentonitbehandlung unterziehen.

Auch die Wärmebehandlung mit Aktivkohle wird im Ausland z. T. durchgeführt. Das Ergebnis aller dieser „Schönungen" ist eine teilweise Entfernung oder Veränderung wesentlicher Bestandteile des Bienenhonigs, so daß die daraus entstehenden „Zuckersirupe" — trotz oft verbesserter äußerer Eigenschaften — nicht mehr der gesetzlichen Definition für Bienenhonig entsprechen und daher im Handel auch nicht die Bezeichnung Honig führen dürfen.

4. Wiederverflüssigung

Für alle Verbrauchergebiete, in welchen — außer der eigenen Produktion — auch Honige konsumiert werden, die aus entfernt liegenden Erzeugungsgebieten — speziell aus Übersee — importiert werden, tritt neben die Gewinnungsverfahren eine weitere, technische Aufgabe hinzu. Die verschieden gelagerten Erntezeiten, die Vorratshaltung und vor allem die oft lange Zeit in Anspruch nehmende Seereise, bringen es mit sich, daß der von den überseeischen Imkern frisch und *flüssig* in die Kanister oder Fässer eingefüllte Honig in der Zwischenzeit kristallisiert oder fest geworden ist.

Um solche Gebinde entleeren und den Honig in die für den Verbraucher bestimmten Gläser oder Eimer abfüllen zu können, muß dieser Honig wieder verflüssigt werden. In kleinen Mengen ist dies leicht zu bewerkstelligen, indem man den Honig in nicht über 45° C warmes Wasser hineinsetzt. Nach einigen Stunden ist der flüssige Zustand wieder erreicht, ohne daß im biologischen oder chemischen Gefüge des Honigs nachteilige Veränderungen eingetreten sind (vgl. auch A. BÜDEL u. J. GRZIWA 1959a, b).

a) Wärmkammerverfahren

Zur Verflüssigung großer Honigmengen in Kanistern oder Fässern sind seit Jahrzehnten hoch beheizte Kammern (60, 70, ja 80° C Lufttemperatur) verwandt worden. Bei diesen Temperaturen ist eine mehr oder weniger große Schädigung der Fermente nicht zu vermeiden. Heute sind zweckmäßig konstruierte und gut erprobte Wärmkammern bekannt, in welcher die Wiederverflüssigung des Honigs bei Temperaturen von 38—40° C mit tragbarem Aufwand an Zeit durchgeführt werden kann und andererseits, bei sachgemäßer Benutzung, Schädigungen aller bisher bekannten (auch der wärmeempfindlichsten) biologischen Begleitstoffe nicht eintreten.

Eine bewährte Konstruktion wird z. B. von der Firma Canzler, Düren, Distelrath/Rhld. geliefert.

Nach H. Duisberg u. B. Kranz (1959) und H. Gontarski (1962) werden Honigblöcke bei 40° C warmer Luft auf einem erwärmten Rost geschmolzen, wobei der verflüssigte Honig ohne Wärmeschädigung nach unten abläuft. H. Hadorn u. K. Zürcher (1962a) haben den Einfluß der Wärmkammertemperatur bei 43 und 48° C näher untersucht (vgl. auch J. Louveau u. E. Trubert 1958).

b) Schmelzkesselverfahren

Ein anderes, häufig angewandtes Schmelzverfahren, ist weniger empfehlenswert, genügt jedoch, wenn keine *besonders* sorgfältige Gewinnung oder *besonders* gute Beschaffenheit verlangt wird. Hierbei werden die Großgebinde von den Deckeln befreit, nachdem sie kurz in Wasser von etwa 80°C gestellt worden sind. Durch Kippen wird der in einer dünnen Randzone geschmolzene Honig in einen Kessel übergeführt, welcher von einem Heizmantel umgeben ist. Heizmanteltemperaturen von 55—60° C werden häufig angewandt. Durch langsames Rühren wird der Schmelzprozeß beschleunigt. Obwohl der Honig häufig nur bis zu einer Temperatur von 45° C erwärmt wird, werden Fermentverluste, speziell der sehr wärmeempfindlichen Invertase, aber auch anderer Fermente, häufig beobachtet, während die diastatischen Fermente in dem so behandelten Honig meistens zum großen Teil erhalten bleiben.

Auch mehr oder weniger merkliche Erhöhungen des Hydroxymethylfurfurol-Gehaltes können eintreten, wenn die Wassermanteltemperatur erhöht oder die Verweildauer über einige Stunden verlängert wird.

c) Mechanische Vorrichtungen

zum kontinuierlichen Schmelzen, wie beheizte Roste (Schnecken oder Walzen) haben bisher keinerlei Bedeutung erlangt.

Kaltverflüssigung durch Zerkleinern der Honigblöcke und nachfolgendes Zerreiben zwischen Walzen oder einem Fleischwolf, ergibt pastös fließende, abfüllfähige, biologisch meist ungeschädigte Honige, welche jedoch im Glase ein manchmal nicht ganz gleichmäßiges Aussehen besitzen und beim Lagern gelegentlich sich etwas absetzen.

d) Nachbehandlung

Die Nachbehandlung der in verflüssigte Form übergeführten Honige soll einerseits das vom Verbraucher oft geforderte lange Flüssigbleiben, andererseits ein möglichst leuchtendes, klares Aussehen, Schaumfreiheit u. dgl. ergeben. Auch die Inaktivierung der normalerweise im Honig enthaltenen Hefezellen wird häufig angestrebt.

In Frankreich wurde von P. Lavie (1961), M. Gonnet u. Mitarb. (1964) (vgl. auch H.R. Pallesen 1952) der Honig hierfür zwischen heißen Platten rasch hoch erhitzt und dann in einem Plattenkühler rasch heruntergekühlt.

Die Diastaseverluste betragen etwa 10%. Verluste an anderen Enzymen sind zum Teil sehr erheblich. In besonderem Maße durchgearbeitet ist auch das Verfahren von G.F. Townsend (1961). Hier wird der vorgeschmolzene Honig durch enge geheizte Rohre durchgeleitet und sofort heruntergekühlt. Bei beiden Verfahren ist ein langes Flüssigbleiben und die Sterilisation des Honigs das erstrebte Ziel. Jedoch treten Verluste an hoch wärmeempfindlichen Wirkstoffen auf.

Ein deutsches Nachbehandlungsverfahren (C. Canzler 1964) erfordert einen höheren maschinellen Aufwand, erzielt unter geeigneten Bedingungen jedoch neben den gleichen äußeren Eigenschaften des Honigs die vollkommene Erhaltung auch der wärmeempfindlichsten, bis heute bekannten biologischen Begleitstoffe.

Allen Behandlungsverfahren gemeinsam ist das Streben, den Honig dem Verbraucher in der Form anzubieten, in der der Imker ihn sofort nach der Ernte ins Glas einfüllt.

Ein Teil der Verbraucherschaft bevorzugt indessen den Honig in versteifter (kristallisierter) Form, so, wie er beim längeren Lagern mehr oder weniger schnell entstehen kann. Der Imker sucht durch tägliches Rühren des Honigs (in der Zeit der Klärung) den Honig vor der Abfüllung zu einer möglichst schnellen, gleichmäßigen Kristallisation zu bringen. E. DYCE (1931) hat die Kristallisationsbedingungen näher untersucht.

5. Trockenhonig

Für besondere Verwendungszwecke kann es erwünscht sein, den Honig in Trockenform überzuführen. Durch Zerstäuben nach dem Krause-Verfahren oder verwandten Verfahren lassen sich pulverförmige Produkte erzielen, welche jedoch sehr hygroskopisch sind. Zur Beseitigung dieser störenden Eigenschaft werden Zusätze von Milchzucker oder auch anderer Komponenten gemacht (gesetzliche Bestimmungen beachten).

Zur industriellen Verwendung ist von A. TURKOT u. Mitarb. (1960) Honig zunächst in Dünnschichtverdampfern in Vakuum entwässert worden. Die heiße Masse wird gekühlt, zu einer feinen Lamelle ausgewalzt und dann zerbrochen. Das Produkt hat für die Backwaren- und Bonbonindustrie besonders erwünschte Eigenschaften.

6. Abfüllung

Für Kleinstbetriebe (Einzelimker) sind die Abfüllvorrichtungen ausführlich von J. EVENIUS (1964) beschrieben. Die großtechnische Abfüllung erfolgt meist mit Abfüllmaschinen, die nach dem Kolbenprinzip arbeiten, weil hierdurch gleichzeitig eine zuverlässige Dosierung erfolgt. Um evtl. langsame, durch Vibration oder sonstige Umstände gelegentlich einmal vorkommende Veränderung der Dosiereinstellvorrichtung auszuschließen, sollte in kurzen Zeitabständen der Füllungsinhalt der Gläser nachgeprüft werden. Daher ist die Aufstellung geeichter Waagen neben den Abfüllmaschinen vorgeschrieben. Auch die plötzliche Änderung der Abfülltemperatur, die zweckmäßig auf 30–33° C gehalten werden kann, dürfte zu Änderungen im Füllgewicht Anlaß geben.

Zur Vermeidung von Beanstandungen ist es erforderlich, den Betrieben gewisse Gewichtstoleranzen einzuräumen. Eine bestehende Unsicherheit hierüber wurde durch eine Verordnung des Berliner Senats (1961) (vgl. Literatur-Verzeichnis unter „Verordnung") — dem heutigen Stand der Technik entsprechend — behoben.

7. Gefäße

Im Zusammenhang mit der Beschreibung der Umfüllung des Honigs in Verkaufspackungen bedarf es auch kurzer Erläuterungen über den Einfluß verschiedener Metalle auf den Honig. Bei Fässern, Kanistern, Eimern, Apparaten zum Schmelzen von Honig, bei Lagerbehältern, Füllmaschinen usw. spielt auch die Materialfrage eine nicht unerhebliche Rolle. Während der Wärmeübergang bei Verwendung von Kupfer am besten ist, übt dieses Metall z. B. auf das Vitamin C eine stark zerstörende Wirkung aus. Auch die Aufnahme geringer Mengen Metall im Honig durch seine organischen Säuren ist nachteilig. Sehr gut geeignet sind nichtrostende Stahllegierungen, wie V2A-Stahl und ähnliche, da die Eisenaufnahme von Honig in solchen Gefäßen äußerst gering ist und Vitamine kaum beeinflußt werden, während eiserne (Schwarzblech-)Behälter und Kessel zur Dunkelfärbung von Honig beim langen Lagern oder bei der Verwendung eines solchen Honigs zum Süßen von Tee zu dessen Dunkelfärbung führen können (Aufnahme von Eisen im Honig).

Zum Transport von Übersee wird der Honig in den dortigen Imkereien in Fässer bis zu etwa 300 kg, oder Blechkanistern von etwa 27–28 kg Inhalt abgefüllt. Dieses wird von Erzeugungsland zu Erzeugungsland verschieden gehandhabt. Die Fässer werden innen teilweise mit einem Paraffinüberzug versehen. Auch andere Überzüge, z. B. eine Innenlackierung mit bestimmten zugelassenen Lacken ist gebräuchlich. In neuester Zeit sind auch Kunststoffauskleidungen angewandt worden. Hierbei, wie auch bei der Innenlackierung von Metallbehältern, welche zur Verarbeitung, zum Versand oder zur Aufbewahrung von Lebensmitteln dienen sollen, sind in der Bundesrepublik Deutschland an die verwendeten Kunststoffe auf Grund lebensmittelrechtlicher Bestimmungen bestimmte Anforderungen zu stellen (vgl. Bundesgesundheitsblatt 1962).

Der Transport in Holzfässern ist wegen der bei starkem Seegang drohenden Leckgefahr und gewisser Nachteile für die Abfüllbetriebe unvorteilhaft und daher zurückgegangen, obwohl die angewandten Holzarten einen für Honig neutralen Werkstoff darstellen und in gewissen Erzeugungsländern gerne verwandt wurden. Sehr beliebt — infolge guter Handlichkeit und geringem Eigengewicht — ist der Transport von Honig in Weißblechkanistern oder innen mit Lacküberzug versehenen Schwarzblechkanistern. Da der Handel auch daran interessiert ist, daß der Honig keinerlei Verfärbungen, z. B. in Tee, ergibt, ist ein über die von Natur aus vorhandene Menge hinausgehender Eisengehalt des Honigs unerwünscht. Dieser kann gelegentlich auch auf eine zu dünne Verzinnung der Kanister oder porösen Lack zurückzuführen sein. Zum Kleinverkauf von Honig werden Glasgefäße, Metalleimerchen aus Aluminium oder Eisen (Weißblech oder innen goldlackierte, außen häufig farbige Eimer), auch Konservendosen oder Tuben, haltbare pergamentartige Papierbeutel mit Paraffin- oder Polyäthylen-Auskleidung und Plastikeimer benutzt. Gläser werden wegen der Klarsicht bevorzugt, haben aber den Nachteil des großen Eigengewichtes (Transportkosten), der Zerbrechlichkeit und der Durchlässigkeit für Sonnenlicht, dessen Einwirkung bei Honig nach Möglichkeit gering gehalten werden soll (näheres vgl. Inhibine). B. Warnecke u. H. Duisberg (1964) haben farblose Klarlacküberzüge der Gläser zur Vermeidung der ultravioletten Lichteinwirkungen für wirksam befunden.

Bei längerer Lagerung muß der Feuchtigkeitsaustausch zwischen Honig und Umwelt vermieden werden (daher dichter Verschluß). Beanstandungen wegen Untergewicht einerseits, oder schlechter Haltbarkeit — infolge Feuchtigkeitsaufnahme aus der Luft — andererseits, haben gelegentlich ihren Grund in solchen Nebenumständen.

8. Verwendung von Honig

Die Verwendung von Honig beschränkt sich keineswegs auf den unmittelbaren Genuß als Nahrungsmittel, obwohl diese Art des Gebrauchs den größeren Anteil der Weltproduktion für sich in Anspruch nimmt. Als Brotaufstrich, zum Süßen von Getränken, aber auch als Zusatz zu Speisen, insbesondere zu Cremes und Obstzubereitungen, verleiht er häufig den Gerichten eine beliebte Abrundung des Aromas. Daneben verbinden weite Verbraucherkreise auch die Vorstellung besonders günstiger Wirkungen auf die Gesundheit. Diese treten zurück, wenn Honig z. B. in Gebäck oder in Likörzubereitungen (Lebkuchen, Honigkuchen, Bärenfang und wohl auch bei Honigwein und Met) verarbeitet wird, wenigstens soweit die Erzeugnisse im Laufe ihrer Herstellung gekocht oder gebacken werden. In zurückliegender Zeit, besonders im Mittelalter, war der Bienenhonig ein sehr begehrtes Süßungsmittel, das zudem noch den Vorteil besaß, die hergestellten Backwaren, z. B. Lebkuchen, durch die wasseranziehende Eigenschaft des Invertzuckers lange Zeit frisch zu halten, während diese Eigenschaft heute durch den künstlichen Invertzucker oder invertierende Zusätze, wie Invertase zu Rohrzuckerzubereitungen, wie z. B. dem Fondant oder Pralinenfüllungen u. dgl. ebenfalls erreicht werden kann.

Auch bei der Ernährung von Kleinkindern wird Honig gern angewandt. Man findet ihn in Kombination mit Milch und evtl. Getreidezusätzen in Kindernährmitteln. Tabake werden mitunter durch Honigzusatz im Aroma verfeinert.

Zur Pflege der Haut findet man Honig in Luxusseifen, Cremes und Salben, da er den Duft solcher Erzeugnisse steigert und zur Feuchthaltung der Haut beiträgt. In der pharmazeutischen Industrie wird Honig zu Spezialpräparaten verarbeitet (vgl. Hagers Handbuch der pharmazeutischen Praxis). Die im Deutschen Arzneibuch angeführte Droge „mel depuratum" ist als Geschmackskorrigens für Arzneimittel geeignet, erfüllt jedoch nicht mehr die gesetzlichen Anforderungen für Speisehonig als Nahrungsmittel. In Verbindung mit bestimmten Alkaloiden soll er diesen eine besonders gute Verträglichkeit sichern. In Deutschland, in besonderem Maße aber vermutlich in der UdSSR, werden zur Erzielung von Heilmitteln Bienenvölker mit Honig oder Zuckerlösungen gefüttert, welche die verschiedenartigsten Vitamine, auch Hormone und andere Arzneistoffe enthalten und die von den Bienen dann zu entsprechenden „Arzneihonigen" verarbeitet werden, die der Arzneimittel-Gesetzgebung unterstehen.

III. Eigenschaften des Honigs

1. Äußere Merkmale

a) Konsistenz

α) Viscosität und Thixotropie

Da die Konsistenz eines Honigs durch seine Viscosität und evtl. Thixotropie bestimmt ist und andererseits eng mit dem für die Praxis wichtigen Problemen des lange Flüssigbleibens und einer fein-salbenartigen Kristallisation zusammenhängt, sollen diese Eigenschaften gemeinsam bei den „äußeren" Merkmalen besprochen werden.

Frisch aus der stockwarmen Wabe (33°C) entnommener Honig ist, abgesehen von wenigen Ausnahmen anormaler Beschaffenheit, verhältnismäßig leicht flüssig. J. A. MUNRO (1943) hat die Viscosität in Abhängigkeit von der Temperatur, Wassergehalt, Tracht und anderen Faktoren bestimmt. Für Kleehonig sind die Ergebnisse aus Abb. 1 ersichtlich.

Man ersieht, daß unter 10°C die Viscosität hoch ist, zwischen 10—20°C bereits steil abfällt und bei 30°C für Honige mit Wassergehalten über 16% sich bereits (unter 50 Poise) im Bereich bequemer Handhabung befindet (vgl. auch G. F. TOWNSEND 1961).

Bei der technischen Bearbeitung spielt die Viscosität eine erhebliche Rolle. (Kraftbedarf, Dimensionierung der Apparate und Leitungen, Abfülleistung.) Wünscht man (in Abfüllmaschinen) eine möglichst gleichmäßige Viscosität, so kann als Faustregel dienen, daß die Temperatur mit steigendem Wassergehalt von je 1% um etwa 3,5°C gesenkt werden kann. Die Tracht des Honigs hat (mit Ausnahme des Heidehonigs) keinen sehr bedeutenden Einfluß.

Umgekehrt ist zur Einhaltung einer beim Verbraucher beliebten Konsistenz (z. B. für Zimmertemperaturen 20°C) der Wassergehalt des Honigs eine entscheidende Größe.

Einige Honigarten zeigen im Verhältnis zum Wassergehalt eine etwas erhöhte Viscosität. Insbesondere die dextrinreichen Honigtauhonige, auch der Buchweizen- und der Heidehonig, die zähflüssig sind. Die Erhöhung ist durch den Kolloidgehalt bedingt (Abb. 2).

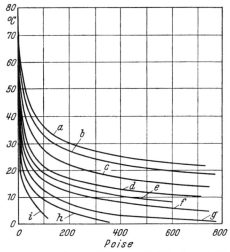

$a = 13,7\%,\quad b = 14,2\%,\quad c = 15,5\%,\quad d = 17,1\%,$
$e = 18,2\%,\quad f = 19,1\%,\quad g = 20,2\%,\quad h = 21,5\%,$
$i = 24,0\%$ Wasser

Abb. 1. Zusammenhang zwischen Viscosität, Wassergehalt und Temperatur eines Weißkleehonigs (J. A. MUNRO 1943)

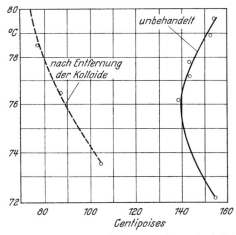

Abb. 2. Viscositätsverhalten von Buchweizenhonig bei Erwärmung (J. A. MUNRO 1943)

Zu der normalen Viscosität kommt hier die Thixotropie hinzu [reversible Sol-Gel-Bildung, H. W. DE BOER (1932), G. W. SCOTT BLAIR (1935), J. A. MUNRO

(1943). Weitere Literatur siehe dort]. Das Verhalten solcher Honige bei Erwärmung weicht von der Norm ab (Abb. 2). — Die Thixotropie ist sehr eingehend untersucht. Sie kann durch Wärmeausfällung der Kolloide aufgehoben werden (J. A. Munro 1943). Bestimmungsmethoden und Apparate vgl. G. W. Scott Blair (1940) und Zusammenstellung vgl. H. Umstätter (1952).

β) Die Kristallisation und ihre Beeinflussung

Flüssigbleibende Honige: Flüssiger Honig wird auf die Dauer fest, er kristallisiert.

Der Zustand des Honigs spielt beim Verkauf an den Verbraucher eine wesentliche Rolle. Teilweise wird der flüssige Honig bevorzugt wegen seines etwas stärker hervortretenden Geschmacks und des sparsameren Gebrauchs, andere Konsumentenkreise lieben fein streichbare, auf der Zunge vergehende, feste Honige. Anlaß zur Zurückhaltung gibt den meisten Verbrauchern indessen eine allmähliche Veränderung der gekauften Ware: entweder ein Festwerden des flüssigen oder aber ein Erweichen oder gar ein Sich-Absetzen des festen kristallisierten Honigs.

Aus diesem Grunde haben sich zahlreiche wissenschaftliche Arbeiten mit dem Kristallisationsvorgang, seiner Abhängigkeit von der Honigzusammensetzung und mit seiner Verzögerung oder Beschleunigung auseinandergesetzt. Die Kristallisation bezeichnen die Imker als Kandeln. Die Kristallisationszeit ist von Honigsorte zu Honigsorte außerordentlich verschieden. Während z. B. Rapshonig schon nach Tagen zu kristallisieren beginnt, bleiben andere Honige z. B. Robinienhonig (falsche Akazie), Eukalyptushonig, Tupelohonig und auch die Honigtauhonige sehr lange flüssig. Im allgemeinen findet die Kristallisation in etwa 4—8 Wochen statt.

Die Art der Kristallisation ist unterschiedlich:

Schmalzartig: Hederich, Götterbaum, Rosmarin, Wusperkraut;
Feinkörnig: Löwenzahn, Linde, Orange, Klee, Esparsette, Alpenrose, Mesquite, Luzerne, Fenchel, Heide (fein- bis grobkörnig);
Grobkörnig: Kirsche, Kastanie, Lärche, Buchweizen, Heide;
Flockig: Blatthonig.

Die Beeinflussung der Kristallisation durch die einzelnen Zuckerkomponenten ist von R. F. Jackson u. C. G. Silsbee (1924) und J. F. Zelikmann (1955) untersucht worden. Zunehmendes Überwiegen der Fructose gegenüber der Glucose ist einer der Faktoren, die die Kristallisation hemmen. Bei einer Serie von Mustern mit Glucose-Fructose-Verhältnissen von 1 : 1,06 bis 1 : 1,55 stieg die Kristallisationszeit von 1 auf 27 Monate (unbeimpft) an; wenn der Honig mit Glucose beimpft wurde, von 10 Tagen auf 5 Monate C. A. Jamieson (1958). Von den Honigbestandteilen kristallisiert die Glucose am leichtesten. Sie scheidet sich z. B. auch als weißer Bodensatz aus, wenn Honige zu kristallisieren beginnen oder beim längeren Lagern sich entmischen. Die Fructose, welche wesentlich schwerer kristallisiert, reichert sich dann in der dunkleren, flüssigen Oberschicht an.

Auch bei fest kristallisierten Honigen befinden sich zwischen den Glucosekristallen Einlagerungen von an Fructose stark angereichertem, sirupösem Honig. Hierdurch erklärt sich der beim Abschneiden von festem Honig häufig beobachtete Übergang in eine pastös zähfließende Masse. Wird kristallisierter Honig auf mechanischem Weg, z. B. durch Rühren oder Walzen in eine breiige Form übergeführt, so wird er nur schwer wieder fest. Durch längeres Erwärmen auf höhere Temperaturen geht dem Honig die Kristallisationstendenz mehr und mehr verloren. Z. B. verliert er nach H.W. de Boer (1931) sein Kristallisationsvermögen durch Erwärmen auf 60° C (4 Std) oder 65° C (2 Std). Bei 56° C wird in der Praxis eine wesentlich längere Zeit hierfür gebraucht (24—48 Std). Bei diesem Verfahren verändert der Honig sein biologisches Gefüge durch Verlust eines Teiles der Enzymaktivität.

Einen gewissen Einfluß auf das Kristallisationsvermögen besitzen auch Pollen und andere feste Bestandteile, die als Kristallisationspunkte wirken können, sowie Staub und möglicherweise auch Luftbläschen.

Ein anderer Umstand, der die Verzögerung der Kristallisation stark zu begünstigen scheint, dürfte im steigenden Kolloid- oder Dextringehalt liegen. H.W. DE BOER (1931) gelangte bei der Untersuchung von rasch kristallisierendem Rapshonig, weniger rasch kristallisierendem Kleehonig, langsam kristallisierendem Heidehonig und zwei nicht kristallisierenden Honigen zu folgenden Ergebnissen (Tab. 2).

Tabelle 2. *Zusammensetzung einiger unterschiedlich kristallisierender Honige* (H.W. DE BOER 1931)

	Saccharose %	Glucose %	Fructose %	$\dfrac{\text{Fructose}}{\text{Glucose}} \cdot 100$	Nicht-zucker %	$\dfrac{\text{Glucose}}{\text{Nichtzucker}} =$ Kristallis.-vermögen
Rapshonig . . .	3,5	36,78	38,78	105,4	1,64	22,4
Weißkleehonig	1,2	35,97	40,66	113,0	3,38	10,6
Heidehonig. . .	1,7	30,83	41,17	133,5	5,18	5,9
Nichtkristall. Honige . . .	3,8	33,25	39,80	119,7	6,68	4,9
	2,6	26,19	44,94	171,6	6,77	3,9

In der letzten Spalte hat H.W. DE BOER (1931) eine neue Größe, das Verhältnis Glucose:Nichtzuckersubstanzen = Kristallisationsvermögen (KV) eingeführt. Honige mit KV = 22 kristallisieren sehr schnell, Honige mit KV = 5 und darunter nicht oder nur sehr langsam. Die von H.W. DE BOER angegebene Zahl für das Kristallisationsvermögen gestattet orientierende Voraussagen über die natürliche Kristallisationshemmung bei Honigen.

Neue Gesichtspunkte für die Ermittlung der Beziehungen der Zucker und des Wassergehaltes zur Kristallisationstendenz ergaben sich aus der Verbesserung der Analysenmöglichkeiten für die Zucker im Honig durch J.W. WHITE jr. u. Mitarb. (1962). Dieser zeigte, daß die früher angenommenen Werte für Glucose nicht den

Tabelle 3. *Zusammenhang zwischen der Kristallisationstendenz und dem Verhältnis „wahre" Glucose/Wasser im Honig* (J.W. WHITE jr. u. Mitarb. 1962)

	Verhältnis Glucose/Wasser
Flüssig bleibende Honige	1,58
Wenige vereinzelte Kristalle	1,76
1,5—3,0 mm Bodenschichtkristalle	1,79
Einige Kristalldrusen	1,86
6—12 mm hohe Bodenkristallschicht	1,83
$1/4$ der Honigschichthöhe kristallisiert.	1,99
$1/2$ der Honigschichthöhe kristallisiert.	1,98
$3/4$ der Honigschichthöhe kristallisiert.	2,06
Vollkommen weich durchkristallisiert	2,16
Vollkommen hart durchkristallisiert	2,24

wirklichen Glucosegehalt wiedergeben, sondern jeweils den Gehalt an Maltose mit ausweisen. G.H. AUSTIN (1958) hat vorgeschlagen, das Verhältnis wahre Glucose: Wasser zur Beurteilung des Kristallisationsvermögens heranzuziehen. J.W. WHITE jr. (1962) hat den Vorschlag von G.H. AUSTIN aufgegriffen und die von ihm eingehend begründete Beziehung aufgestellt, daß ein Verhältnis von wirklichem Glucosegehalt:Wasser von 1,7 oder geringer für nicht kristallisierende Honige erforderlich ist, während höhere Verhältniszahlen (1,76—2,24) steigende Kristallisationstendenz ergeben (Tab. 3).

Sehr häufig ist der unerwünscht schnelle Beginn der Kristallisation klar geschmolzener Honige auch dadurch mit bedingt, daß noch feinste mit dem Auge nicht wahrnehmbare Kristallkerne darin enthalten sind. Diese sind im polarisierten Licht (unter einem Mikroskop mit Polarisationsfiltern) leicht zu erkennen. J. W. White jr. (1962) hat einen einfachen, für die Praxis genügend empfindlichen Kristalldetektor beschrieben. In der Praxis ist zur Vermeidung von Kristallkeimbildung darauf zu achten, daß die verwendeten Apparate und Rohrleitungen bei Nichtgebrauch dauernd frei von Honigresten gehalten werden. Auch die Gläser, Eimerchen oder sonstigen Handelspackungen sollten staubfrei und völlig trocken beim Einfüllen des Honigs sein. Ein nicht sichtbarer Hauch von Feuchtigkeit soll „Eisblumenbildung" verursachen (J. Evenius 1964).

Nach S. A. Kaloyereas (1955) soll sich die Kristallisation durch Ultraschall oder durch Zugabe von 0,3% Isobuttersäure (S. A. Kaloyereas u. E. Oertel 1958) oder Sorbinsäure zum Honig oder Bienenfutter über eine Anzahl von Monaten verhindern lassen. J. Codounis (1963) findet diese Wirkung jedoch nur bei Sorbinsäure oder Pektin. (Der Zusatz von Fremdstoffen wird indessen in Deutschland als Honigfälschung angesehen.)

Feinkristallisierende Honige: Honig wird indessen nicht nur in flüssiger Form vom Verbraucher gewünscht, sondern auch in fester, feinkristallisierter Form. Die Feinheit der Kristallisation hängt von zwei Umständen ab,

a) von der Menge und Feinheit der vorhandenen Kristallkeime (ein Zusatz von über 5—10% an Kristallisat bringt keine Vorteile mehr),

b) von der Geschwindigkeit der Kristallisation.

Die Art der Kristallisation ist zuerst von A. Gubin (1926) studiert worden. H. W. de Boer (1931) fand, daß die Keimbildung am schnellsten bei 5—7° C einsetzt und bei höheren und tieferen Temperaturen abnimmt, bei 30° C etwa so schnell, wie bei 12° C, und das Wachstum der Kristalle bei etwa 15° C ein Optimum zeigt.

H. W. de Boer (1931) erklärt das oft unliebsame schnelle Wiederfestwerden von verflüssigten Honigen durch den Einfluß der Temperaturschwankungen. (Z. B. bei Gläsern mit flüssigem Honig bei Temperaturschwankungen zwischen 5 und 20° C.)

E. J. Dyce (1931) hat im einzelnen die Bedingungen für die technische Gewinnung feinstkristallisierter Honige erarbeitet. Die von ihm gegebene Vorschrift ist auf amerikanische Verhältnisse abgestimmt. In den USA werden solche Produkte als „creamed honey" sehr geschätzt. In anderen Ländern, z. B. Deutschland, muß indessen auf die Erhaltung der biologischen Beistoffe, z. B. auf das Ferment Diastase, geachtet werden. Bei Honigen, deren Gewinnung als besonders sorgfältig oder deren Eigenschaften als besonders gut angesehen werden sollen, dürfte auch die Erhaltung sehr empfindlicher Enzyme, z. B. der Invertase oder der Glucoseoxydase in Betracht zu ziehen sein, da Teile der Verbraucherschaft Wert darauf legen, daß das biologische Gefüge voll erhalten ist.

b) Honigfarbe

Die Farbe des Honigs ist nach Herkunft und Erntezeit der Rohstoffe, Verarbeitung derselben durch die Bienen, Gewinnungsart (Pressen oder Schleudern) und den Zustand (fest oder flüssig) des Honigs sehr verschieden und wechselt zwischen weiß, farblos, hell- bis dunkelgelb, grünlichgelb, braun und fast schwarz (Lagereinflüsse vgl. Tab. 4 a u. b). Auch klimatische Einflüsse sind von Bedeutung. Mit der Beeinflussung der Honigfarbe durch Klima und Bienenrasse hat sich E. Zander u. A. Koch (1927) verschiedentlich beschäftigt. Koniferenhonige, die rotbraun bis grauschwarz erscheinen, können in hohen Gebirgslagen unter Umständen ein völlig helles Aussehen erlangen. Er zeigte auch, daß die Bienenrasse die Farbe ein und derselben Honigtracht völlig verändern kann. Kaukasische Bienen bereiteten einen wasserhellen, fast farblosen Honig, während der Honig der heimatlichen Bienen goldgelb bis grünlich schillernd war.

In Deutschland sind die Frühjahrshonige heller, die späten Sommertrachten häufig dunkler. W. Bartels (1938) führt dies darauf zurück, daß die Bienen im Frühjahr keinen Honigtau vorfinden. — Im allgemeinen sind deutsche Honige Mischtrachten. Indessen werden z. B. Rapshonig, Heidehonig, Kleehonig, Tannenhonig und gelegentlich auch Lindenhonig als Trachtenhonige gewonnen. Aus nachstehender Zusammenstellung der Farben verschiedener Honigtrachten ist zu entnehmen, daß die Farbe in einem gewissen Zusammenhang mit der jeweils beflogenen Blütenart steht. H. A. Schuette u. D. J. Huenink (1937) haben die Zusammenhänge zwischen Farbe und anorganischen Honigbestandteilen untersucht. Beziehungen zwischen Farbe und Mineralstoffen haben H. A. Schuette u. K. Remy (1932) studiert, R. H. Anderson (1958) zwischen Farbe und Stickstoffgehalt, R. E. Lothrop u. H. S. Paine (1931a) zwischen Färbung und Kolloidgehalt, J. E. Eckert u. H. W. Allinger (1939) zwischen Farbe und Aschegehalt kalifornischer Honige,

Tabelle 4a. *Farbe bestimmter Trachthonige* (R. Jacoby 1949)

Farbe deutscher Honige	Pflanzenart
Wasserhell bis hellgelb	Kastanie und Robinie (Akazie)
Hellgelb bis weißlich	Raps, Hederich, Weißklee und Himbeere
Zitronengelb	Ahorn, Stachelbeere, Johannisbeere
Gelb bis gelblich-braun	Obstblüten
Goldgelb	Esparsette, Luzerne
Rötlich gelb	Weiden, Rotklee, Eberesche
Grünlich gelb	Linde, Riesenhonigklee, Steinklee
Dunkelgelb	Löwenzahn, Eiche, Anemone, Hahnenfuß
Gelb bis dunkelbraun	Wiesenblüten
Rötlich	Heidelbeere
Hellbraun bis dunkelbraun	Buchweizen
Rötlich braun	Heide
Grünlich braun	Fenchel, Kornblume
Hellbraun oder braun	Pappel, Lärche, Ulme, Erle und Blatthonig
Dunkelbraun, dunkelgrün bis schwärzlich	Tannen und Birke, Buche und Esche

Tabelle 4b

Farbe ausländischer Honige (H. Duisberg)	Erzeugungsland
Weiß — sehr hell — hell	Hawaii, Neuseeland
Hell- bis dunkelgold — goldbraun, grünlich gelb	Kalifornien
Weißgelb bis braungelb	Chile
Gelb bis braun	Australien
Gelb bis gelbbraun, z. T. heller	Jamaika, Haïti
Hellgelb bis rotbraun	Santo Domingo
Goldgelb bis braun	Mexiko

H. A. Schuette u. P. du Brow (1945) zwischen Farbe und Invertasegehalt. Man ersieht, daß zahlreiche Honigbestandteile Beziehungen zur Honigfarbe aufweisen. Es kommt hinzu, daß nachträgliche Veränderungen häufig ebenfalls eine Rolle spielen, so daß es durchaus sinnvoll erscheint, daß J. W. White jr. u. Mitarb. (1962) statistische Methoden zur Beleuchtung der verschiedenartigen Einflüsse der einzelnen Honigbestandteile heranzieht. Er unterscheidet Faktoren steigender und fallender Signifikanz beim Übergang von hellen zu dunklen Honigen und kommt zu dem Ergebnis, daß

helle Honige	dunkle Honige

signifikant

| mehr einfache Zucker (Glucose, Fructose und Saccharose) ein großes Kristallisationsvermögen niedriges pH größeres Verhältnis Lacton/freier Säure besitzen. | mehr titrierbare Säure, mehr Stickstoff, mehr Asche, |

Honig, der längere Zeit in alten Waben aufgespeichert ist, ist vielfach dunkler als der aus Jungfernwaben gewonnene Scheibenhonig. — Schleuderhonig wirkt meist etwas heller als Preßhonig, der häufig eine leichte Trübung zeigt. Durch Einflüsse bei der Bearbeitung (vgl. S. 533) und durch die Lagerung des Honigs kann ein Nachdunkeln erfolgen. Auch bei Erhitzung dunkeln Honige nach. Auskristallisierter, meist fester Honig ist immer heller als der klar flüssige Honig. L. Armbruster (1928) beschreibt eine einfache Vergleichsmethode, mit der man bei flüssigem Honig die Farbe, die er nach der Kristallisation haben wird, näherungsweise ermitteln kann. Die Farbaufhellung im kristallisierten Zustand ist eine Folge der an den Kristallflächen erfolgenden Lichtreflexion.

Über die Natur der Farbstoffe ist nicht viel bekannt. Mit Äther läßt sich einer Reihe von Honigen ein gelber Farbstoff entziehen, der in den verschiedenen Honigen jedoch in sehr verschiedener Menge gefunden wird. Phillipps (1929) berichtet von fünf Honigfarbstoffen: Chlorophyllderivat, Carotin, Xanthophyll, einem dunkelgelben und einem dunkelgrünen Farbstoff. Es ist zu erwarten, daß chromatographische Trennmethoden weitere Einblicke in die Chemie der Honigfarbstoffe bringen werden.

Das Dunklerwerden des Honigs, z. B. bei der Lagerung oder auch Erhitzung des Honigs, dürfte nach H. S. Paine u. Mitarb. (1934), V. G. Milum (1948) auf verschiedene Umstände zurückzuführen sein.

Die Braunfärbung, wie sie bei zahlreichen Lebensmitteln auftritt, welche Kohlenhydrate und Proteine oder deren Bestandteile enthalten, ist als Maillardsche Reaktion bekannt. Einzelheiten des Reaktionsmechanismus können der Übersicht von K. Heyns u. H. Paulsen (1959) entnommen werden.

Als weitere Ursache einer Farbveränderung kommt in Handelspackungen — beim längeren Lagern — gelegentlich auch die Bildung dunkel gefärbter Metallverbindungen hinzu, da die organischen Säuren des Honigs aus dem Verpackungsmaterial (Blecheimer, Metalldeckel der Gläser) im Laufe der Zeit etwas Eisen herauslösen, welches mit Honigbestandteilen dunkelgefärbte Verbindungen bildet.

c) Geruch und Geschmack

Kennzeichnender für einen Honig als seine Farbe sind häufig Geruch und Geschmack, die auch für den Verbraucher die wichtigsten äußeren Merkmale sind. Die Aromastoffe stammen zum wesentlichen Teil aus den Pflanzen und zwar aus Bestandteilen der Blüte oder des Nektars. Reine, einwandfrei gewonnene unverdorbene und unverfälschte Blütenhonige haben ein an die Stammpflanzen erinnerndes Aroma. Von den Aromen deutscher Honige sind besonders charakteristisch und für den geübten Verbraucher gut zu unterscheiden: Heide-, Klee-, Tannen- und Lindenhonig. Andere Trachthonige besitzen zwar auch einen kennzeichnenden Geschmack, sind aber als solche bei den Verbrauchern weniger bekannt. Da Honige meist als Mischhonige oder Mischtrachthonige vorliegen, treten die Aromen nicht so spezifisch hervor. In neuester Zeit macht sich in den Verbraucherkreisen der Wunsch nach Honigen bestimmter Blütentrachten wieder stark bemerkbar.

Von den ausländischen Honigen sind ebenfalls verschiedene Aromanuancen kräftig entwickelt. Neben Heide- und Kleehonigen, Wildbuchweizen- (oder Wollampferhonigen) die in den USA als Sage (Salbei) gehandelt werden, kommen vor allem Orangenblütenhonige, Obstblütenhonige, Eukalyptushonig, seltener auch Minze, Lavendel, Thymian, Akazie (Robinie) und Myrte, Rosmarin, Kastanie und Buchweizen als definierte Trachtaromen zur Geltung.

Die aus wärmeren Gebieten stammenden Honige zeichnen sich, soweit die Trachtquellen von den deutschen abweichen, durch ein kräftigeres Aroma aus. Dieses zeigt sich schon bei europäischen nicht-deutschen Honigen. Übersee-Honige, besonders wenn sie nicht von landwirtschaftlichen Kulturpflanzen gewonnen sind, haben noch stärkeren Geruch und Geschmack. Dieses gilt vor allem für die in den

Tropen von Wildpflanzen gewonnenen Honige. Zuweilen haben diese ein der deutschen Zunge und Nase fremdartiges Honigaroma. Mittelamerikanische Honige riechen und schmecken mitunter nach Erdbeeren, Cumarin, Anis, Vanille u. a. Zu erwähnen ist auch der schwach salzige Geschmack einiger Hawaiihonige. Australischer Eukalyptushonig riecht und schmeckt sehr kräftig, gelegentlich etwas fremdartig mit leichtem Unterton nach Threonin. Ein würziges, manchmal ungewohntes Aroma haben die Nadelhonige. Tannenhonig hat nicht selten einen harzigen Beigeschmack. Durch Beimischungen von Honigtauhonig zu Blütenhonig wird das Aroma des letzteren beeinträchtigt.

Der Geschmack von Blütenhonigen kann — allerdings selten — auch so abartig und unangenehm werden, daß die Honige genußuntauglich werden. So kommt in Sardinien ein bitterschmeckender Honig vor (A. SANNA 1932) der Arbutin bzw. Derivate enthält. In Südafrika wird gelegentlich ein nachhaltend brennend schmeckender Honig eingetragen — der Noors-Honig (C. F. JURITZ 1925) — der von einer Wolfsmilchart stammt.

Diese Honige sind in den Erzeugungsgebieten genau bekannt und sind ebenso wie in Kleinasien oder Japan vorkommende Andromedatoxin enthaltende, giftige Honige gewisser Rhododendronarten vom Import und von der Verwendung als Speisehonig ausgeschlossen (J. W. WHITE jr. u. M. L. RIETHOF 1959).

Um für den Verbraucher die speziellen Blütentrachten entsprechenden Geschmacks- und Geruchswerte zu sichern, sind in Deutschland an die Trachtbezeichnungen bestimmte Bedingungen geknüpft, die bisher ausschließlich durch die u. a. von E. ZANDER, C. GRIEBEL, J. EVENIUS und A. MAURIZIO (vgl. A. BÜDEL u. E. HEROLD 1960) geförderte Pollenanalyse geprüft wurden. Es ist indessen nicht zu verkennen, daß eine schematische Beurteilung des Honigs aufgrund der Pollenanalyse in gewissen Fällen zu Fehlschlüssen führen kann, weil Nektarreichtum und Pollenzahl bei verschiedenen Gewächsen sehr divergieren können. Dieses kann zu einem scheinbaren Übergewicht oder einem zu kleinen Anteil einer Pollenart führen (Z. DEMIANOWICZ 1962), der nicht dem Anteil des eingetragenen Nektars entspricht. Es besteht also gelegentlich die Möglichkeit, daß das Aroma mit dem gefundenen Pollenbild nicht voll übereinstimmt. Auch die Auszählungsmethoden schließen erhebliche Schwankungsmöglichkeiten ein (PH. VERGERON 1964).

Andererseits ist auch bei der Bewertung eines bestimmten Aromas eine gewisse Vorsicht geboten. A. HANSSON (1951) setzte einem Rapshonig 0,1, 2, 3, 4, 5, 7,5, 10 und 15% Heidehonig zu und ließ von 56 Geschmacksprüfern den Geschmack bestimmen. 36% der Proben als Kleehonig bezeichnet (keine der Proben enthielt Kleehonig), 25% der Proben mit 2—7% Heidehonigzusatz und 70% der Proben mit 15% Heidehonigzusatz wurden als Heidehonig beurteilt.

Sehr interessante Aufschlüsse über das Aroma und die Duftstoffe hat die inzwischen durchgeführte gaschromatographische Analyse ergeben (E. CREMER u. M. RIEDMANN 1964; W. DÖRRSCHEIDT u. K. FRIEDRICH 1962). Es hat sich gezeigt, daß in den Gaschromatogrammen von Honigen eine Anzahl von Komponenten regelmäßig wiederkehren, während andere nur in bestimmten Honigsorten zu finden sind. Das Aroma und der Duft von Honig sind sehr komplexer Natur. Man muß damit rechnen, daß eine ganze Anzahl — gelegentlich weit über 20 Komponenten — an der Aromabildung beteiligt sind bzw. sein können, die von E. CREMER u. M. RIEDMANN (1964, 1965) zum großen Teil identifiziert worden sind (vgl. Aromastoffe).

2. Physikalische Eigenschaften

a) Dichte (Gewichtsverhältnis 20/20° C)

Die Dichte des Honigs als einer konzentrierten Lösung natürlicher Monosaccharide ist im wesentlichen eine Funktion von deren Konzentration, jedoch besitzen die sonstigen Bestandteile ebenfalls einen gewissen Einfluß. Sie schwankt bei Honigen aus feuchteren, kühleren Ländern zwischen 1,40 und 1,43 entsprechend einer Trockensubstanz von 78—82%, bei Honigen aus wärmeren, speziell trockenen Ländern dürfte meistens eine Trockensubstanz von 80—84% vorliegen. Niedrigere Werte (speziell bei Heidehonig). Auch höhere Werte, die vereinzelt bis zu 86% Trockensubstanz ansteigen, sind bekannt.

b) Oberflächenspannung

E. Elser (1923—1925) bestimmte mit dem Stalagmometer nach Traube die Oberflächenspannung. H. S. Paine u. Mitarb. (1934) führten Messungen an amerikanischen Honigen aus, um den erniedrigenden Einfluß kolloidaler Substanzen zu zeigen. Er wandte sowohl eine statische als auch eine dynamische Methode an. Vor der Entfernung der Kolloide lagen die Werte statisch gemessen zwischen 45—50 Dyn/cm bei 20° ± 0,5° C für Honiglösungen, die auf 25% Trockensubstanz verdünnt waren, dynamisch gemessen zwischen 53,5—62,6. Nach dem Entfernen der Kolloide stiegen die Werte dynamisch auf 62,0—73,2 und statisch auf 54,8—62,6 (zum Vergleich: Wasser: 73, Seifenlösung: 25 Dyn/cm bei 20° ± 0,5° C).

c) Spezifische Wärme

Um den Honig verarbeitenden Betrieben die erforderlichen Unterlagen für die Planung und Berechnung neuer Anlagen zu geben, hat T. C. Helvey (1954) einige wichtige physikalische Eigenschaften bei einer Anzahl von Honigen gemessen. Die spezifische Wärme kann bei 20° C und 17% Wasser zu 0,54 cal/g/° C angenommen werden. Zum Lösen fester kristallisierter Honige wird Wärme verbraucht, während beim Verdünnen eines klarflüssigen Honigs Wärme frei wird (vgl. auch G. F. Townsend 1961).

d) Wärmeleitfähigkeit

Die Wärmeleitfähigkeit wurde in Abhängigkeit vom Wassergehalt bei Temperaturen zwischen +2° und +74° C untersucht. Bei 20° C kann als Durchschnittswert $129 \cdot 10^{-6}$ cal · cm^{-1} · sec^{-1} · grad^{-1} für fein kristallisierten Honig angenommen werden (T. C. Helvey 1954), für flüssige Honige fand G. F. Townsend (1961) bei 20° C $12 \cdot 10^{-4}$ cal · cm^{-1} · sec^{-1} · grad^{-1}, bei 71° C $14 \cdot 10^{-4}$ cal · cm^{-1} · sec^{-1} · grad^{-1}.

e) Lichtbrechung

Die Brechungszahl des unverdünnten Honigs bestimmten F. Auerbach u. G. Borries (1924a) im Abbeschen Refraktometer bei 40° C. Sie fanden für Blütenhonige Brechungszahlen von 1,4811—1,4957, für Honigtauhonige von 1,4882 bis 1,5017. Zwischen der Brechungszahl n echter Honige bei 40° C und der Dichte d_4^{20} ihrer wäßrigen Lösungen (20 g in 100 ml) besteht die einfache Beziehung $d = 0,61517 + 0,29993 \, n$. Sie wird ebenso wie die Dichte zur Trockensubstanzbestimmung herangezogen (vgl. auch H. D. Chataway 1932).

f) Verhalten im polarisierten Licht

Frisch bereitete Honiglösungen drehen, wie R. Frühling (1898), C. A. Browne (1908), L. Rosenthaler (1911) und S. Mihaéloff (1938) feststellten, stärker als nach 24 stündigem Stehen oder nach Kochen oder nach Zusatz einiger Tropfen Ammoniak. Diese Mutarotation beträgt nach L. Rosenthaler (1911) 0,12—2,93°. Die großen Unterschiede werden hauptsächlich dadurch hervorgerufen, daß in den Honigen kristallisierte Glucose in verschieden großen Mengen vorkommt. Alle Honige, die reichlich Kristalle aufweisen, haben eine hohe Mutarotation. L. Rosenthaler schließt daraus, daß die Glucose beim Erstarren des Honigs aus der schwachdrehenden β-Form in die stark drehende α-Form übergeht.

g) Verhalten im ultravioletten Licht

Das Verhalten der Honige bei der Bestrahlung mit UV-Licht ist noch nicht völlig geklärt (G. Popp 1926; G. Orban u. J. Stitz 1928). Eingehende Erfahrungen, welche die Verwendung bei der Honiganalyse gestatten könnten, fehlen bisher (E. Lippert 1961).

Bezüglich der *U V-Absorption* des Honigs stellte J. STITZ u. J. KOCZKAS (1930) bei sechs Honigen fest, daß die Absorptionskurven trotz verschiedener Zusammensetzung sehr nahe beieinander lagen. Das Maximum der Absorption lag nahezu bei derselben Wellenlänge. Die UV-Absorption zeigt sich gegen jeden künstlichen Eingriff empfindlich. Dieses gilt besonders für hohe Wassergehalte und Rohrzuckerzusätze, welche die Absorption erheblich herabsetzen. Die Absorption der Glucose ist wesentlich geringer, als die der Fructose, so daß das Mengenverhältnis der beiden Zucker die Absorption in hohem Maße beeinflußt. Dextrin hat eine im Vergleich zu Honig recht hohe Absorption. Nach A. SCHOU u. J. ABILDGAARD (1931) zeigt bereits bei sehr kleinen Gehalten an Hydroxymethylfurfurol (HMF) die Absorptionskurve eine charakteristische Bande bei etwa 284 mμ, die zur Abschätzung des HMF-Gehaltes von ihnen herangezogen und von O. WINKLER (1955) zu einer quantitativen Bestimmungsmethode für HMF benützt wurde.

h) Radioaktivität

W. HERBST (1960) hat die Radioaktivität bei einer Anzahl Honigen bestimmt. Er fand sie relativ gering. (In den von ihm mitgeteilten Werten [Tab. 5] ist die

Tabelle 5. *Natürliche Radioaktivität verschiedener Honige*

Probe	in μc/g Asche	in μc/100 g Frischgewicht
1. China	$0,21 \cdot 10^{-3}$	$2,95 \cdot 10^{-5}$
2. Mexiko-West.	$0,17 \cdot 10^{-3}$	$0,87 \cdot 10^{-5}$
3. Kalifornien (Orangen). . .	$0,12 \cdot 10^{-3}$	$0,80 \cdot 10^{-5}$
4. Mexiko-Yucatan	$0,04 \cdot 10^{-3}$	$0,75 \cdot 10^{-5}$
5. Japan (Linden).	$0,25 \cdot 10^{-3}$	$3,76 \cdot 10^{-5}$
6. Australien	$0,15 \cdot 10^{-3}$	$2,25 \cdot 10^{-5}$

natürliche Radioaktivität infolge des Gehaltes an Kaliumsalzen mitenthalten. Mitteleuropäische Honigtauhonige hatten etwas höhere Werte.) In den Proben wurde vor der Zählung Kalium weder bestimmt noch entfernt.

i) Elektrische Leitfähigkeit

Durch die in jedem Honig enthaltenen Kationen und Anionen besitzt der Honig elektrische Leitfähigkeit. Sie ist von J. STITZ u. B. SZIGVÁRT (1931) für 50%ige Lösungen bei 25°C mit 0,868—3,615 Mikro-Siemens (mS) · cm^{-1} angegeben worden. Auch der Wassergehalt besitzt Einfluß. Honigtauhonige haben eine größere Leitfähigkeit, die von G. VORWOHL (1964a, b) zur Unterscheidung von Honigtauhonigen und Blütenhonigen herangezogen worden ist.

Blütenhonige ergaben Werte unter 0,5 mS · cm^{-1}, Heidehonige um 0,6, während Honigtauhonige 1 mS · cm^{-1} und darüber zeigten. Bei Honigen, bei denen nur eine einzige Blütensorte (unter Käfigen) beflogen war (experimentelle Einartenhonige) zeigte sich deutliche Beziehung zwischen Tracht und Leitfähigkeit. Diese lag zwischen 0,08—0,3, einzelne Blütenarten reichen bis 0,8.

Indessen ist bei normalen Honigen auch der Anteil an Honigtau zu berücksichtigen, der durch die Leitfähigkeit ungefähr abgeschätzt werden kann.

IV. Chemische Zusammensetzung

1. Wasser

Der Wassergehalt des reifen Bienenhonigs hängt von verschiedenen Faktoren ab. In Gegenden mit warmen und eher trockenem Klima erreicht reifer Honig normalerweise Wassergehalte zwischen 16 und 19%. Auch wesentlich niedrigere Wassergehalte kommen vor. In kühlen, speziell regenreichen Gebieten liegt er zwischen 17 und 20%, gelegentlich auch höher. Bei dauernder hoher Luftfeuchtigkeit, wie sie in manchen Jahren in Nordeuropa, z. B. in der Lüneburger Heide vorkommt, kann der Wassergehalt bis auf 23% und mehr ansteigen. (Die Honig-VO läßt für Blütenhonige 22% und für den Heidehonig 25% Wasser zu.) Der Hauptumstand, der den Wassergehalt eines Honigs bestimmt, ist die Reife. Diese ist im allgemeinen kenntlich an der Verdeckelung der Waben und muß vom Imker abgewartet werden. Heidehonig mit niedrigem Wassergehalt läßt sich infolge seiner gelatinösen Beschaffenheit in kleinen Handschleudern, wie sie z. T. noch benutzt werden, nur schwer schleudern. (Daher und wegen seines manchmal von Natur aus höheren Wassergehaltes sind nach der Honig-VO bis 25 % Wasser zugelassen.)

Unreifer Honig hat einen höheren Wassergehalt. Er ist schlecht haltbar und kann leicht in Gärung übergehen. Über die Verteilung des Wassergehaltes in 500 Honigen aus dem gesamten Gebiet der Vereinigten Staaten unterrichtet Abb. 3 (J. W. White jr. u. Mitarb. 1962).

2. Mineralstoffe

Blütenhonige liefern großenteils unter 0,1 % Asche. Bei 490 untersuchten Proben aus allen Teilen der USA fanden J. W. White jr. u. Mitarb. (1962) nur in 287 Fällen einen Aschengehalt höher als 0,1 (statistische Verteilung des Aschegehaltes vgl. Abb. 4). Diesen Untersuchungen stehen ältere europäische Angaben zwischen 0,1 und 0,35 % gegenüber, jedoch wurde auch hier bei einer großen Reihe von Blütentrachten, vor allem bei Luzerne, Klee, Esparsette, Orange, Salbei, Rosmarin, Buchweizen, Raps, Obstblüte, Robinie (falsche Akazie) und Linde ein sehr niedriger Aschengehalt gefunden, der unter 0,1 % lag. Umgekehrt zeigen Heidehonige und besonders Honigtauhonige einen hohen Aschengehalt, welcher bei Honigtau zwischen 0,4 bis hinauf zu 1 % betrug.

Bei mittleren Aschengehalten ist daran zu denken, daß auch in Blütenhonigen häufig mehr oder weniger große Anteile an Honigtau gefunden werden.

H. A. Schuette u. K. Remy (1932) wiesen darauf hin, daß dunkle Honige häufig einen hohen, helle Honige einen niedrigen Aschengehalt besitzen. Sie stellen lockere Korrelationen zwischen einzelnen Aschenbestandteilen und der Farbe fest, worauf bei den einzelnen Bestandteilen noch zurückzukommen ist.

Tabelle 6. *Mineralbestandteile der Honigasche* (nach W. Bartels 1938)

Pflanzliche Herkunft	Geographische Herkunft	g in 100 g Asche			
		K$_2$O	Na$_2$O	CaO	MgO
Tulpenbaum	USA	—	—	—	—
Buchweizen	USA	—	—	—	—
Luzerne	USA	—	—	—	—
Klee	Schweden	43,03—50,97	2,51—9,89	4,05—6,41	1,46—2,05
Klee	USA	—	—	—	—
Klee, Honigtau	Schweden	49,84	5,17	2,18	2,04
Klee, Heide	Schweden		—	4,57	0,61
Mesquite	Hawaii	50,78—57,85	5,54	2,91—2,98	0,86—2,04
Heide	Deutschland	48,70	6,97	3,45	1,81
Heide	Schweden	55,35—56,10	2,41—3,58	2,46—3,25	1,11—1,32
Zweizahn	USA	—	—	—	—
Blütenhonig	Deutschland	38,19	10,03	8,00	2,17
Blütenhonig	Ungarn	38,75	9,00	2,12	1,50
Blütenhonig	Italien	30,50	7,08	4,33	1,67
Blütenhonig	Hawaii	57,85		2,91	0,86
Blütenhonig	—	39,13	12,00—21,20	1,70—6,90	
Waldhonig	Deutschland	57,16	3,16	0,70	2,31
Waldhonig	Schweiz	54,7—60,08	4,02	0,47—1,30	—
Honigtau	Deutschland	48,23	2,79	—	—
Honigtau	Türkei	52,59	4,31	1,30	1,44
Honigtau	USA	—	—	—	—
Honigtau	Hawaii	56,30—70,31	4,07—4,59	0,52—0,71	0,71

Über die einzelnen Aschenbestandteile gibt Tab. 6 Auskunft. Hauptbestandteile der Honigasche bilden Kaliumsalze, denen in weitem Abstand die Natrium-
verbindungen folgen. Bemerkenswert ist die Tatsache, daß der Gehalt an Calciumverbindungen bei Blütenhonigen durchschnittlich höher als bei Honigtauhonigen

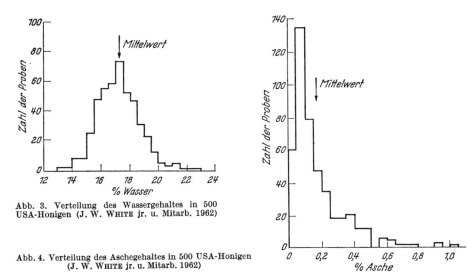

Abb. 3. Verteilung des Wassergehaltes in 500
USA-Honigen (J. W. WHITE jr. u. Mitarb. 1962)

Abb. 4. Verteilung des Aschegehaltes in 500 USA-Honigen
(J. W. WHITE jr. u. Mitarb. 1962)

liegt (was möglicherweise mit der Tierpassage der Honigtauhonige zusammenhängt). F. E. NOTTBOHM (1926/27) weist darauf hin, daß der Gehalt an diesen Mineralstoffen zur Abgrenzung zwischen Blüten- und Honigtauhonigen dienen kann. Indessen dürfte das Zuckerspektrum und die mikroskopische Analyse zunächst zur

Tabelle 6 (Fortsetzung)

			g in 100 g Asche			
Fe	Mn	Cu	P_2O_5	SiO_2	SO_3	Cl
0,50	0,38	0,58	—	0,83	—	—
0,33—2,59	0,06—1,00	0,05—0,06	—	0,66—1,73	—	—
0,29—0,36	0,04	0,05—0,08	16,52—22,10	1,67—1,71	—	—
0,22—0,36	0—Spur	—	10,40—12,36	0,56—0,92	—	9,22—21,35
0,23—0,68	0,03—0,10	0,02—0,08	14,05—18,80	0,58—2,23	—	—
0,37	0,12	—	7,96	2,01	—	5,17
0,08	0,56	—	2,68	5,19	—	2,93
0,11	Spur	—	1,34—1,79	0,20	0,59	17,37
0,05	0,19	—	1,90	5,13	3,58	4,52
0,08—0,15	0,31—0,52	—	2,75—4,02	3,04—5,11	—	2,51—4,61
0,04—0,06	0,03—0,05	0,02	—	1,15—1,79	—	—
—	—	—	9,94	0,42	2,26	4,44
—	—	—	10,62—15,10	3,00	2,00	0,88
—	—	—	4,26—19,28	4,67	2,50	1,16
—	0,01—0,24	—	3,00—26,54	0,52—4,57	0,59—4,48	0,32—9,61
—	—	—	6,81	1,76	3,01	5,33
—	—	—	—	—	—	—
—	—	—	6,3—7,3	—	—	—
—	—	—	6,64	2,70	1,67	7,88
—	0,03	—	—	0,61	—	—
0,67	0,03	0,01	6,05—12,44	1,41—1,97	1,33	14,37

Beurteilung heranzuziehen sein. Calcium kommt, worauf H. Witte (1912) aufmerksam macht, manchmal in Verbindung mit Oxalsäure vor.

Eisen und Mangan wird in dunklen Honigen häufiger gefunden, als in hellen. Auch Kupfer wird von H. A. Schuette u. K. Remy (1932) in Zusammenhang mit der dunklen Färbung gebracht. Der Eisengehalt von Honigtauhonigen liegt häufig höher als bei Blütenhonigen (E. Elser 1926).

Der Eisengehalt von Honigen, speziell solchen, die in Weißblechkanistern oder Eisenfässern lagerten, kann erheblich ansteigen, da trotz der Verzinnung oder sonstiger innerer Schutzüberzüge der Honig nach und nach etwas Eisen aufnimmt. Auch die manchmal in Honigeimern bei langem Stehen beobachteten dunklen Stellen an der Oberfläche sind, auch bei Innengoldlackierung, auf eine Eisenaufnahme aus der Verpackung zurückzuführen.

Der Magnesium- und Phosphatgehalt ist von H. A. Schuette u. K. Remy (1932) und H. A. Schuette u. D. J. Huenink (1937) in Beziehung zur Farbtiefe gesetzt worden. Der Phosphorsäuregehalt schwankt sehr, wie aus Tab. 6 ersichtlich ist.

Zu erwähnen ist noch der Chloridgehalt gewisser ausländischer (Hawaii-) Honige, der in Zusammenhang mit dem Natriumgehalt gebracht worden ist. Insbesondere fanden K. Lendrich u. F. E. Nottbohm (1911) bei Algaroba-Honigen aus Hawaii 0,35—0,42% NaCl, während bei Honigen aus Italien, Kalifornien, Jamaika, Santo Domingo u. a. nur in einzelnen Fällen Natriumchlorid in Höhe von 0,02—0,25% vorlag. Es ist indessen nicht sicher, ob es sich hierbei nicht auch zum großen Teil um Kaliumchlorid gehandelt hat, wie J. Svoboda (1930) bei seinen Untersuchungen fand. — Auch der Sulfatgehalt ist von H. A. Schuette u. R. E. Triller (1938) im Honig analysiert worden.

Neben diesen, schon seit Jahrzehnten bekannten Mineralbestandteilen finden sich eine Reihe anderer mineralischer Substanzen im Honig, deren Konzentration jedoch so gering ist, daß sie in die Gruppe der „Spurenstoffe" gehören.

3. Säuregehalt und pH-Wert

Bienenhonig ist im allgemeinen durch geringe Mengen verschiedener organischer Säuren und saurer Salze schwach sauer. Das pH liegt meistens zwischen 3,7—4,5 (Grenzwert etwa 3,2—5,4), wobei die Honigtauhonige im pH etwas höher als die Blütenhonige liegen. J. W. White jr. u. Mitarb. (1962) haben für USA-Honige die statistische Verteilung des Gehaltes an titrierbarer Säure, des damit zusammenhängenden Lactongehaltes und des pH ermittelt (Abb. 5—8).

pH und titrierbare Säure des Honigs sind nicht abhängig von der Tracht, der Erntezeit und der geographischen Herkunft. Im Gegensatz dazu steht eine Beobachtung von V. C. Chistov (1954), nach der der pH-Wert bei der gleichen Pflanzenart Jahr für Jahr gleich war. Ein signifikanter Zusammenhang besteht indessen (H. A. Schuette u. Mitarb. 1940; V. C. Chistov 1954; J. W. White jr. u. Mitarb. 1962) mit den Aschenbestandteilen, deren Pufferkapazität bei Honigtauhonigen 3,3mal größer als bei Blütenhonigen ist (V. C. Chistov 1954). Daher ist das pH von Honigtauhonigen trotz eines größeren Gehaltes an titrierbarer Säure höher als in Blütenhonigen (J. W. White jr. u. Mitarb. 1962). W. Bartels (1938) weist auf die in der Honig-VO niedergelegte Tatsache hin, daß der Säuregehalt durch Essig- oder Milchsäuregärung erheblich ansteigen kann und bei unreifen Honigen häufig niedrig ist. Über die Herkunft der Säuren im Honig bestand lange Zeit keine klare Vorstellung. A. Gauhe (1942), L. Cocker (1951) und H. Gontarski (1948) wiesen nach, daß im Honig ein säureproduzierendes Enzymsystem — die Glucose-oxydase — vorhanden ist. Dieses bildet aus Glucose über das Glucono-δ-lacton Gluconsäure, die nach E. E. Stinson (1960) der vorwiegende Säurebestandteil (nach S. Maeda 1962 70—90%) des Honigs ist. Auch das Lacton wird allgemein, wenn auch in wechselnder Menge, im Honig gefunden. Eine direkte Beziehung zwischen pH und Gluconsäuregehalt besteht nicht. Bei Blütenhonigen ist das pH niedriger und das Verhältnis Lacton/freie Säure höher (0,36) als bei Honigtauhonigen, deren pH

höher, deren Lacton/freie Säure-Verhältnis niedriger (0,13) gefunden wurde (J. W.
WHITE jr. u. Mitarb. 1962). — In der Honig-VO ist der zugelassene Säuregehalt auf
einen Verbrauch von „nicht wesentlich über 4 ml n-KOH für 100 g Honig" begrenzt
worden. Die normale Titration mit Lauge zeigt ein Gleiten des Endpunktes, da der

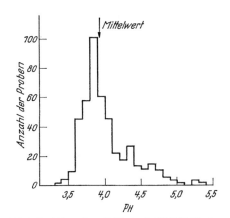

Abb. 5. Verteilung des pH-Wertes in 500 USA-Honigen
(J. W. WHITE jr. u. Mitarb. 1962)

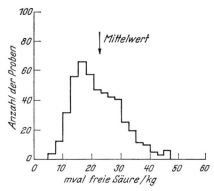

Abb. 6. Verteilung der freien Säure in 500 USA-Honigen
(J. W. WHITE jr. u. Mitarb. 1962)

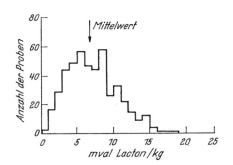

Abb. 7. Verteilung des Gehaltes an Lacton in 500 USA-
Honigen (J. W. WHITE jr. u. Mitarb. 1962)

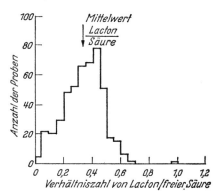

Abb. 8. Verteilung des Verhältnisses von Lacton/freier
Säure in 500 USA-Honigen (J. W. WHITE jr. u. Mitarb.
1962)

Lactongehalt bei dieser Form der Säurebestimmung nicht berücksichtigt ist (vgl.
auch C. PANGAUD 1959). Der Gesamtsäuregehalt (einschl. Lacton) ist also wesentlich höher und kann nach dem von J. W. WHITE jr. u. Mitarb. (1962) zitierten Verfahren (vgl. Kapitel Untersuchung) ermittelt werden.
    Neben der Gluconsäure finden sich in geringer Menge auch andere aliphatische
Säuren im Honig (im Heidehonig nach H. W. KRUIJFF (1932) auch Benzoësäure).
Der Gehalt an Aminosäuren wird bei den Stickstoffverbindungen besprochen, weitere in Spuren vorkommende organische Säuren im Kapitel Aromastoffe. Wie aus
der Arbeit von E. E. STINSON u. Mitarb. (1960) hervorgeht, gelangten eine
Reihe früherer Untersucher je nach Honig und den angewandten Arbeitsmethoden zu teils gleichen, teils unterschiedlichen Säuren. E. E. STINSON u.
Mitarb. (1960) haben die Säurezusammensetzung bei einem *Kleehonig* überprüft, wobei die Säuren zunächst durch Ionenaustauscher von den übrigen Honigbestandteilen abgetrennt und dann an Kieselsäure- und Ionenaustauschersäulen chromatographiert wurden. Die verschiedenen Säuren wurden
durch Papierchromatographie mit sechs verschiedenen Lösungsmitteln und durch

IR-Spektren ihrer Natriumsalze oder Derivate identifiziert. Folgende Säuren konnten mit Sicherheit nachgewiesen werden: Ameisensäure, Essigsäure, Milchsäure, Buttersäure, Bernsteinsäure, Malonsäure, Citronensäure, Gluconsäure, Pyrrolidon-

Tabelle 7. *Aromakomponenten von Honigen* (E. Cremer u. M. Riedmann, pers. Mitt.)

Alkohole	Ketone	Aldehyde	Säuren	Ester
Methanol	—	Formaldehyd	Ameisensäure	Ameisensäure-methylester – äthylester
Äthanol	—	Acetaldehyd	Essigsäure	Essigsäure-methylester – äthylester – propylester – isopropylester
Propanol	—	Propionaldehyd	Propionsäure	Propionsäure-äthylester
Isopropanol	Dimethylketon	—	—	—
Butanol	—	Butyraldehyd	Buttersäure	Buttersäure-methylester – äthylester – iso-amylester
Isobutanol	—	Isobutyraldehyd	—	—
Butanol-2	Methyl-äthylketon	—	—	—
Pentanol	—	Valeraldehyd	Valeriansäure	Valeriansäure-methylester – äthylester
Pentanol-2	—	—	—	—
3-Methyl-butanol-1	—	—	—	—
2-Methyl-butanol-1	—	Isovaleraldehyd	Isovaleriansäure	Isovaleriansäure-methylester
—	—	Capronaldehyd	—	—
—	—	—	Brenztraubensäure	Brenztrauben-säuremethylester
—	Diacetyl	—	—	—
—	Acetoin	—	—	—
Benzylalkohol	—	Benzaldehyd	Benzoësäure	Benzoësäure-methylester – äthylester
β-Phenyläthyl-alkohol	—	—	Phenylessigsäure	Phenylessigsäure-methylester – äthylester
γ-Phenylpropyl-alkohol	—	—	—	—
δ-Phenylbutyl-alkohol	—	—	—	—
Furfurylalkohol	—	Furfurol	—	—

carbonsäure. Oxalsäure ließ sich nicht mit Sicherheit feststellen. Einige Säuren sind noch nicht identifiziert worden. (Ausführliches Literatur-Verzeichnis, sowie Einzelheiten des Arbeitsganges und der Charakterisierung der gefundenen Säuren vgl. bei E. E. Stinson u. Mitarb. 1960.) Die Acidität des Honigs wird, außer durch die

Säuren und Mineralbestandteile, auch durch Eiweißbruchstücke (Aminosäuren und Peptide) und schließlich durch Kohlensäure beeinflußt, die sich nach J. STITZ u. J. SZONNTAG (1932) je nach Alter und Lagerung in wechselnder Menge im Honig befinden. Ob die von G. BUETTNER (1912) angegebene Borsäure als regelmäßiger Bestandteil des Honigs zu gelten hat, ist fraglich, da sie in den Arbeiten der folgenden 50 Jahre nicht wieder auftauchte.

4. Aromastoffe

Dieses Gebiet der Honiganalyse ist nur sehr schwer zugänglich, weil die meisten in Betracht kommenden Komponenten in so kleiner Konzentration vorliegen, daß sie unter der Nachweisgrenze organisch-chemischer Methoden lagen. H. SCHMALFUSS u. H. BARTHMEYER (1929) zeigten, daß häufig Diacetyl (mit charakteristisch für Karamelgeschmack) in Lebensmitteln gefunden wird. Im Honig fanden sie Mengen von 0,1 mg/kg Honig. Phenylessigsäure wurde aus Bienenwachs mit starkem Honiggeruch isoliert. Methylanthranilat wurde in Orangenblütenhonig, aber auch in Orangen selbst gefunden. E.K. NELSON (1930) und R.E. LOTHROP (1932) haben eine Nachweismethode entwickelt, die noch bei 10% Orangenblütenhonig in Gemischen einen positiven Befund ergab.

Erst die Gaschromatographie mit der um Zehnerpotenzen gesteigerten Empfindlichkeit erlaubte das Gebiet der Aromen des Bienenhonigs erfolgreich zu bearbeiten. W. DÖRRSCHEIDT u. K. FRIEDRICH (1962) führten die ersten gaschromatographischen Trennungen durch und zeigten für sieben verschiedene Honige, daß jeder Honigsorte ein typisches Gaschromatogramm entspricht. H. J. G. TEN HOOPEN (1963) identifizierte aus Wasserdampfdestillaten Formaldehyd, Acetaldehyd, Aceton, Isobutyraldehyd und Diacetyl. Von E. CREMER u. M. RIEDMANN (1964) wurde die Anreicherung und die Trennmethodik so verfeinert, daß fast alle Komponenten getrennt werden konnten. Durch Untersuchung selektiver Eigenschaften war es ihnen möglich, von den insgesamt 120 Einzelkomponenten 85 zu identifizieren. In Tab. 7 sind 58 Substanzen aufgeführt, deren Identität durch einen Kontrollwert mit einer zweiten stationären Phase gesichert werden konnte.

Die Ergebnisse sind besonders bemerkenswert, weil sie einerseits schon sehr weitgehenden Aufschluß über die sehr komplexe Zusammensetzung der Aromen von Honig geben, andererseits auch über die Aromabildung bereits wesentliche Anhaltspunkte bringen. E. CREMER u. M. RIEDMANN (1964, 1965) unterscheiden auf Grund ihrer Versuche zwischen dem artspezifischen Typengeruch und dem trachtspezifischen Spitzengeruch. Für den Typengeruch scheinen neben Estern als Hauptträger Alkohole mitzuentscheiden (Phenyläthylalkohol, Benzylalkohol sowie Ester der Phenylessigsäure und der Benzoësäure). Das Gesamtaroma wird durch Ester, Aldehyde, Ketone, Alkohole und vielleicht auch durch freie Säuren abgerundet. Nach einjähriger Lagerung waren neue Aromakomponenten im Honig hinzugetreten (Abb. 9 a/b), Propanol-1, 3-Methylbutanol-1, 2-Methylbutanol-1 und Pentanol-1. Diese Stoffe entstehen beim Aminosäureabbau, und es ist daher wahrscheinlich, daß die Aminosäuren im Honig Vorstufen für diese Alkohole und deren weitere Oxydationsprodukte wie Aldehyde, Ketone, Säuren und deren Ester sind. Diese Auffassung wird gestützt durch die Tatsache, daß Leucin, Isoleucin, Threonin (bzw. α-Aminobuttersäure), Phenylalanin bereits von AT. KOMAMINE (1960) sowie von S. MAEDA u. Mitarb. (1962) im Honig durch Papierchromatographie nachgewiesen und quantitativ bestimmt worden sind.

Analog wird auch die Entstehung des Phenyläthylalkohols in vielen Honigen aus Phenylalanin angenommen. Dieser und der Benzylalkohol sind Ausgangsstoffe für den Methyl- und Äthylester der Phenylessigsäure und der Benzoësäure, deren Ester schon seit langem als künstliche Honigaromen verwendet werden. Von 22 Honigen enthielten 16 Phenyläthylalkohol und davon 14 auch Benzylalkohol.

Tabelle 8. *Identifizierte Aromastoffe in Einblütenhonigen* (r = relativer Retentionswert)[1]

Aromastoff	r	1	2	3	4	5	6	7	8	9	10	11	12	13	14	15	16	17	18	19	20	21	22	23	24	25	26	27	28	29
Essigsäurepropylester	2,6																		·+			□			·+					
Diacetyl	2,7	·+	·+	·+	·+	·+	·+	·+		·+		·+		·+				·+							·+			·+	·+	·+
Methylpropylketon	3,0	·+						·+																				·+		
n-Valeraldehyd	3,15	·+	·+	·+	·+					·+			·+	·+				·+							·+		·+			
Ameisensäurebutylester	2,3		·+		·+	·+		·+	·+	·+	·+				·+										·+				·+	
Isovaleriansäuremethylester	3,4		·+	·+																				·+				·+		
Buttersäureäthylester	3,7	·+	·+	·+		·+		·+																						
Isobuttersäurepropylester	4,15	·+			·+	·+		·+		·+	·+	·+	·+	·+	·+	·+		·+						·+			·+	·+		·+
Butanol-2	4,5		·+	·+		·+		·+	·+	·+	·+	·+	·+	·+	·+	·+				·+	·+		·+			·+	·+		·+	
Propanol-1	4,75	·+				·+	·+	·+	·+	·+			·+					·+												
Propionsäureisobutylester	4,9							·+	·+		·+		·+											·+			·+			
Ameisensäureamylester	5,9							·+	·+		·+		·+		·+									·+						
Isobutanol	6,5	·+										·+														·+				
Pentanol-2	7,7	·+						·+		·+								·+			·+		·+							
Essigsäureamylester	8,1		·+	·+	·+	·+	·+	·+	+	·+	·+	·+	·+		·+	·+	·+								·+				·+	
Buttersäureisobutylester	8,1	·+	·+	·+	·+	·+	+	·+	+		+		+		+	+	+	+	+	+	+		+	+	+	+	+	+	+	+
Isobuttersäureisoamylester	8,5	·+						·+																		·+				
Capronsäuremethylester	8,7							·+																						
Propionsäureisobutylester	9,8	+																												
Methylamylketon	9,2	·+	·+	·+	·+	·+	·+	·+	+	·+	·+	·+	·+		+	·+	·+												·+	
Butanol-1	9,7	·+				·+	+	·+	+		+	+	+	+	+	+	+	+	+	+	+	□	+	+	+	+	+	+	+	+
Capronsäureäthylester	10,5	+	·+	·+	·+			·+					+			+		+	+							+			·+	
Amylalkohol	11,5	+		+				·+					+		+	+			+								+		+	
2-Methylbutanol-1	14,0		+					+	+		+		·+		+	+								·+		·+	·+		·+	·+

Aromastoff	r	Vorkommen (Honig-Nr. 1–29)
3-Methylbutanol-1	14,5	·+ ·+ □
Crotylalkohol	15,0	·+ + + +
Brenztraubensäuremethylester	16,0	+ + + + + + + +
Pentanol-1	18,5	·+ ·+ +
Heptanol-2	24,0	·+
Acetoin	26,0	+ +
Furfurol	1,0	+ + + + + + +
Benzaldehyd	1,40	+ + + + + + +
2-Acetoxyäthanol	1,50	+ + + + +
Benzoësäuremethylester	2,00	+ + + +
Benzoësäureäthylester	2,20	+ + + +
Furfuralkohol	2,50	□
Phenylessigsäuremethylester	4,0	·+ + + +
Phenylessigsäureäthylester	4,2	+ + + + + +
Benzylalkohol	7,0	+ + + + + + +
β-Phenyläthyl-Alkohol	9,0	·+ +
γ-Phenylpropyl-Alkohol	10,0	·+ + + + +

¹ Die Zahlen in Zeile 1 geben die in der folgenden Tab. 8 aufgeführten Trachten der Einblütenhonige an. Diese wurden von Z. DEMIANOWICZ, Polen, zur Verfügung gestellt

Die relativen Retentionswerte bis Acetoin r = 26,0 sind bezogen auf Aceton = 1,0; die weiter folgenden Retentionswerte beziehen sich auf Furfurol = 1,0.

Versuchs- und Arbeitsbedingungen vgl. Literaturverzeichnis unter CREMER u. RIEDMANN.

□ Honig in diesem Bereich nicht chromatographiert.

¹ Den Zahlen 1—29 entsprechen folgende Einblüten-Honige

1 = Solidago serotina 1963
2 = Lythrum salicaria 1962
3 = Geranium pratense 1963
4 = Marrubium vulgare 1961
5 = Salvia officinalis 1961
6 = Melilotus albus 1958
7 = Fagopyrum sagittatum 1959
8 = Anchusa officinalis L. 1963
9 = Trifolium repens 1963
10 = Polemonium coeruleum 1961

11 = Myosotis silvatica 1959
12 = Reseda lutea et Reseda luteola 1959
13 = Cynoglossum officinale 1963
14 = Onobrychis viciaefolia 1957
15 = Helenium autumnale 1963
16 = Echium vulgare 1957
17 = Chamaenerion angustifolium 1963
18 = Lotus corniculatus 1963
19 = Centaurea cyanus 1958
20 = Scrophularia nodosa 1960

21 = Dracocephalum moldavica 1959
22 = Asclepias syriacum 1962
23 = Echinops commutatus 1963
24 = Ruta graveolens 1963
25 = Trifolium incarnatum
26 = Salix
27 = Digitalis purpurea 1959
28 = Coriandrum sativum 1959
29 = Lamium album L. 1963

(Benzoësäure ist von H.W. KRUIJFF (1932) in Heidehonigen nachgewiesen worden.) In den übrigen sechs Honigen war weder Phenyläthylalkohol noch Benzylalkohol nachweisbar und nur in einigen Fällen einer der aliphatischen Alkohole Propanol-1, Isobutanol, 3-Methylbutanol und 2-Methylbutanol-1, Pentanol-1 festzustellen. Diese Honige waren organoleptisch nicht als „Honige" zu bezeichnen und im Gesamtaroma äußerst flach.

Um die Beziehungen zwischen Aroma und Blütentracht zu ermitteln wurden von M. RIEDMANN 29 Honige gaschromatographisch untersucht, die von Z. DEMIANOWICZ unter Käfigen durch Bienenbeflug von nur einer einzigen Blütenart gewonnen waren (M. RIEDMANN u. Z. DEMIANOWICZ 1966). Die Ergebnisse dieser Untersuchungen sind in Tabellen festgelegt (Auszug vgl. Tab. 8). Die Komponenten-kombination ist bei jedem dieser Honige unterschiedlich und für jede Blütensorte charakteristisch. Dieses stützt die Auffassung, daß deren Aromavorläufer (Aminosäuren) nicht von der Bienen gebildet, sondern mit der Tracht eingebracht werden. Solche Chromatogramme können in Fällen, in denen die Pollenanalyse schwierig ist, auch bei der Trachtbestimmung Hilfe leisten.

Der Geschmack des Honigs wird im Zusammenhang mit dem Duft empfunden. Als eigentliche geschmacksreizgebende Grundsubstanzen dürften indessen vorwiegend nach S. MAEDA (1962) die Zucker Glucose und Fructose, sodann die Gluconsäure — welche 70—80 % des Säuregehaltes ausmacht — und das Prolin sein, welches 50—60 % des Aminosäuregehaltes repräsentiert.

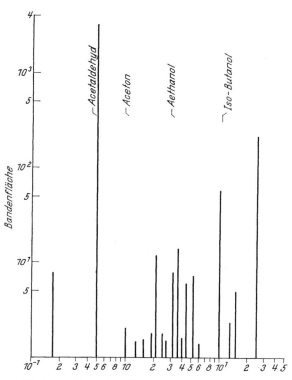

Abb. 9a. Spektrum der leicht siedenden Aromastoffe des Honigs *vor* der Lagerung (E. CREMER u. M. RIEDMANN 1965)

5. Stickstoffverbindungen

Die Stickstoffverbindungen des Honigs sind gegenüber den Zuckern lange Zeit etwas in den Hintergrund getreten. Man empfand sie eher als störend, weil hoher Stickstoffgehalt häufig mit dunkler Farbe einhergeht, weiterhin, weil sie z. T. in Kolloidform auftreten, dem Honig beim Erwärmen eine höhere Karamellisierungstendenz verleihen und auch durch die Erniedrigung der Oberflächenspannung die leichte Schaumbildung des Honigs bewirken. Demgegenüber wird zu wenig beachtet, daß diese Gruppe von Stoffen für den biologischen Wert des Honigs grundsätzliche

Bedeutung hat. Honig kann ohne „Stickstoffverbindungen" von der Biene nicht produziert werden, da sie die hierfür notwendigen Fermente liefern. Auch einige der geschätzten gesundheitlichen Wirkungen des Honigs, wie z. B. die günstige Wirkung bei Erkältung und wohl auch die günstige Wirkung auf die Verdauung, dürften im engen Zusammenhang mit den Stickstoffverbindungen stehen. Zum weit überwiegenden Teil handelt es sich um Eiweißstoffe und deren Bausteine, die Aminosäuren. Die Eiweißbestandteile stammen vorwiegend aus den Sekreten, die die Biene dem Honig zusetzt, wie J. LANGER (1910, 1915, 1929) durch serodiagnostische Untersuchungen feststellte. Besonders im Preßhonig stammt ein gewisser weiterer Anteil aus den sehr reichlich vorhandenen Pollenkörnern. Der mittlere Gehalt an Stickstoffverbindungen beträgt im Honig 0,3— 0,4% (jedoch mit sehr großen Schwankungen), in Robinien-Honig (falsche Akazie) 0,04%, in griechischem Rosenhonig 0,05%, in deutschem Heidehonig 1,62%. T. J. MITCHELL u. Mitarb. (1955) fanden im schottischen Heidehonig 0,8— 3,9% Kolloide mit durchschnittlich 64% Proteinanteil. Österreichischer Nadelhonig enthielt 2,06%, belgischer Honigtauhonig 2,98% Proteine. Neben den stickstoffhaltigen Eiweißen oder Eiweißbestandteilen, kommen auch andere Stickstoffverbindungen im Honig vor, z. B. in geringer, jedoch stark schwankender Menge Cholin und Acetylcholin.

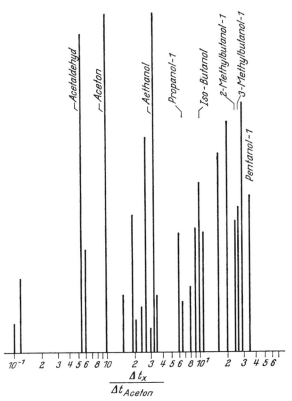

Abb. 9b. Spektrum der leicht siedenden Aromastoffe des Honigs *nach* der Lagerung (E. CREMER u. M. RIEDMANN 1965)

Der Anteil an Proteinen steigt, wenn auch unregelmäßig, mit der Farbtiefe des Honigs an. Er ist weiterhin in Honigtauhonigen wesentlich höher als in reinen Blütenhonigen, wobei daran zu denken ist, daß Blütenhonige häufiger mehr oder weniger große Anteile an Honigtauhonig enthalten.

In diesem Zusammenhang erscheint auch die Beobachtung von H. A. SCHUETTE u. P. DU BROW (1945) verständlich, daß zwischen Farbtiefe und Invertaseaktivität eine deutliche, wenn auch lose Korrelation besteht. E. MOREAU (1911) berichtete über Albumin, Globuline und Peptone. R. E. LOTHROP u. H. S. PAINE (1931a) zeigten, daß in amerikanischen Honigen 0,08—0,8% Kolloide mit einem Anteil von 54% Protein und einem isoelektrischen Punkt von pH 4,3 sich befinden. Auch ein Teil der färbenden Kolloide des Honigs gehört zu den Stickstoffverbindungen.

T. C. Helvey (1953a) trennte die Kolloidsubstanz von dunklem Buchweizenhonig durch Elektrophorese und Ultrazentrifugieren in drei Hauptfraktionen. Zwei waren einheitlich gefärbte Proteine vom Mol.-Gew. 73 000 bzw. 146 000. Die dritte Fraktion war wahrscheinlich ein Polysaccharid vom Mol.-Gew. 9000.

Tabelle 9a. *Aminosäurespektrum in 14 Honigen* (F. Baumgarten 1955/1957)

	B1.	B2.	B3.	B4.	B5.	B6.	B7.	Ba1.	Ba2.	Ba3.	Ba4.	Ba5.	Ba6.	Ba7.	Ba8.
Glykokoll	⊗	+	+	+	+	+	+	+	+	+	+	+	+	+	⊗
Alanin	+	+	+	+	+	+	+	+	+	+	+	+	+	+	+
Aminobuttersäure	⊗	⊗	⊗	⊗	⊗	⊗	⊗	⊗	⊗	⊗	⊗	⊗	⊗	⊗	⊗
Valin	+	⊗	⊗	⊗	⊗	+	+	+	+	+	+	+	⊗	⊗	⊗
Leucin	×	⊗	⊗	?	+	⊗	+	⊗	+	+	+	+	+	+	+
Isoleucin	⊗	⊗	⊗	⊗	⊗	⊗	⊗	⊗	⊗	⊗	⊗	⊗	⊗	⊗	⊗
Serin	+	+	⊗	+	⊗	+	⊗	+	+	+	+	⊗	+	⊗	⊗
Threonin	+	+	+	⊗	+	+	⊗	?	+	+	+	⊗	⊗	⊗	⊗
Prolin	+	+	⊗	+	⊗	+	+	+	+	+	+	+	+	+	+
Hydroxyprolin	⊗	⊗	⊗	⊗	⊗	⊗	⊗	⊗	⊗	⊗	⊗	⊗	⊗	⊗	⊗
Methionin	+	⊗	?	⊗	⊗	⊗	+	⊗	⊗	+	+	+	+	+	⊗
Cystin	+	⊗	+	⊗	⊗	⊗	⊗	⊗	⊗	⊗	⊗	⊗	⊗	⊗	⊗
Phenylalanin	+	⊗	⊗	?	+	+	+	⊗	+	+	+	+	+	+	+
Tyrosin	+	⊗	+	⊗	+	⊗	⊗	+	⊗	+	+	+	⊗	⊗	⊗
Tryptophan	⊗	⊗	⊗	⊗	⊗	⊗	⊗	⊗	+	⊗	+	+	⊗	+	⊗
Glutaminsäure	+	+	+	+	+	+	+	+	+	+	+	+	+	+	+
Asparaginsäure	+	+	+	+	+	+	+	+	+	+	+	+	+	+	+
Lysin	?	+	⊗	⊗	+	⊗	⊗	⊗	⊗	+	+	+	+	+	⊗
Arginin	+	+	⊗	+	+	⊗	⊗	+	⊗	⊗	⊗	+	+	⊗	⊗
Histidin	+	+	⊗	+	+	+	+	+	⊗	+	⊗	+	+	+	+

Zeichenerklärung:
+ = positiver Befund, ⊗ = negativer Befund, ? = fraglich positiver Befund

Tabelle 9b. *Erläuterungen zu Tab. 9a*

Kenn-nummer	Provenienz	Pollenanalyse
B 1	Inland	überwiegend Blatttracht, Klee, Kornblumen.
B 2	Inland	Obst-, Wiesen-, Blattracht.
B 3	Inland	Obst, Raps, Compositenpollen.
B 4	Inland	Honigtauhonig, Ericaceen, Kornblume, Rotklee, Rosaceen.
B 6	Inland	Honigtauhonig, Ahorn, Himbeere, Rotklee, Cruciferen.
B 7	Inland	Honigtauhonig, Weißtanne, Himbeere, Klee, Kornblumen, Umbelliferen.
Ba 1	Übersee	Einfaltpollen, Myrtaceen, Mimosen, Buchweizen, Mais, Polemoniumarten, Liliaceen, Labiaten, Orchideen.
Ba 2	Ungarn	Klee, Myrtaceen, große Centaurea, Mimosen, ComposExamine.
Ba 3	Übersee	Myrtaceen (Eukalyptus), Magnolien, Manihot, Composita.
Ba 4	Übersee	Myrtaceen, Magnolien, Acanthaceen, Manihot, Epilobium, Ericaceen, Caryophyllaceen, Labiaten, Klee.
Ba 5	Übersee	Myrtaceen, Gramineen.
Ba 6	Übersee	Labiaten, Caryophyllaceen, Myrtaceen, Honigtau.
Ba 7	Mischhonig	Übersee + heimische Rosaceen, Labiaten, Cruciferen, Rotklee, Weißklee, Mais, Myrtaceen, Honigtau.
Ba 8	Übersee	Myrtaceen, Mimosen.

a) Aminosäuren

Die Anwesenheit von Aminosäuren ist durch mehrere Untersucher sichergestellt. R. E. Lothrop u. S. J. Gertler (1933) sowie H. A. Schuette u. C. L. Baldwin jr. (1944) fanden bei 37 Honigen im Durchschnitt 48—50 mg Aminosäuren pro kg Honig. H.W. DE BOER (1947) zeigt bei 319 Honigen — an Hand der Formoltitration — daß der niedrigste Wert nur 3mal höher als bei Kunsthonig lag. Von F. BAUMGARTEN u. I. MÖCKESCH (1955) wurden sie chromatographisch getrennt und durch Vergleich mit reinen Aminosäuren identifiziert. In allen untersuchten Honigen wurde Alanin, Glutaminsäure und Asparaginsäure gefunden. Über die Verteilung der übrigen Aminosäuren gibt die Tab. 9a, b Auskunft.

Eine Bestimmung durch Chromatographie an Amberlite IR 120 und Papierchromatographie führten AT. KOMAMINE (1960) und S. MAEDA u. Mitarb. (1962) durch. Vorherrschend war in allen untersuchten Honigen der Prolingehalt, alle anderen Aminosäuren variierten sowohl bezüglich der Menge als auch bezüglich des Aminosäurespektrums von Sorte zu Sorte. In der Honiganalyse wird der Aminosäuregehalt des Honigs durch die Formoltitration (J. TILLMANS u. J. KIESGEN 1927 und H. HADORN u. K. ZÜRCHER 1963) bestimmt. Etwa 25—27 % des N-Gehaltes des Honigs entfallen auf Aminosäuren.

b) Cholin, Acetylcholin

Acetylcholin wurde von P. MARQUARDT u. Mitarb. (1952, 1953, 1956) aus Honig isoliert und damit der pharmakologische Nachweis von E. KOCH (1949) und W. NEUMANN u. E. HABERMANN (1950) bestätigt. Der Gehalt in einzelnen Honigsorten ist außerordentlich verschieden: 0,06 mg—5 mg/kg Honig (P. MARQUARDT u. Mitarb. 1953). Er stammt weder aus den Pollen, noch aus dem Nektar (W. NEUMANN 1950). Auch Cholin wurde im Verhältnis 5:1 zu Acetylcholin im Honig nachgewiesen.

Pharmakologische Literatur, Blutzuckersenkung, Erweiterung der Herzkranzarterien, Blutdrucksenkungen usw., vgl. P. MARQUARDT u. Mitarb. (1953), E. KOCH (1949), W. NEUMANN u. E. HABERMANN (1950), klinische Literatur vgl. G. SCHIMERT u. R. KRAEMER (1949), W. BLECHSCHMIDT (1950), G. SCHIMERT (1950), perlinguale Resorption B. KERN (1935).

6. Fermente

a) Diastase (Amylasen)

Honig enthält eine Reihe von Fermenten; unter ihnen hat die Diastase über Jahrzehnte die ausführlichste und vielseitigste Bearbeitung gefunden, nachdem A. AUZINGER (1910) in diesem Stoff der analytischen Lebensmittelchemie ein eindeutiges Unterscheidungsmerkmal zwischen künstlichen, honigähnlichen Zuckerzubereitungen und dem Bienenhonig in die Hand gegeben hatte. Dem Einwand, daß Diastase auch künstlich zugesetzt werden könne, konnten J. LANGER (1910) und weitere Autoren (W. CARL 1910, J. THOENI 1913) wirkungsvoll begegnen, als es gelang, durch serologische Methoden eine Differenzierung des artspezifischen Bieneneiweißes von anderen zugesetzten Eiweißarten zu finden (vgl. auch H. KREIS 1915). Die Honigdiastase hat den Vorzug, nicht sehr wärmeempfindlich zu sein und konnte daher auch bei den technischen Behandlungsformen der letzten 50 Jahre weitgehenden Wärmeeinwirkungen widerstehen, so daß ein adäquater Maßstab zur Beurteilung des Honigs in der Verbraucherpackung gegeben war. Trotz des sehr verschiedenen Gehaltes der verschiedenen Honige hat die Honig-VO dieses Ferment zum Nachweis unerlaubter Überhitzung mit herangezogen. Der Diastasegehalt für sich allein stellt indessen kein eindeutiges Kriterium dar.

Im Zusammenhang mit den gesetzlichen Anforderungen an Honig wird auch häufiger die Frage nach dem ernährungsphysiologischen Wert der Fermente gestellt. Diese Frage bedarf einer eingehenden fermentchemischen und physiologischen Nachprüfung von Ferment zu Ferment. Eine generelle Ablehnung, wie sie auf Grund von in vitro-Inaktivierungsversuchen mit Säure ausgesprochen wurde, hat sich bereits in verschiedenen Fällen nicht aufrecht erhalten lassen (R. AMMON 1958). Auch bei den amylolytischen Fermenten ist der physiologische Nachweis lückenhaft.

Die diastasischen Fermente des Honigs stammen in der Hauptsache aus dem Bienenspeichel, worauf bereits ERLENMEYER u. VON PLANTA (1874) hingewiesen haben. Von späteren Bearbeitern ist wiederholt die Frage aufgeworfen worden, ob die Diastase z. T. auch anderer Herkunft sein könne, also z. B. aus den Pollen des Honigs stammen könne. J. EVENIUS (1930) sowie W. BARTELS (1933) konnten keinen Zusammenhang zwischen Diastase und Pollengehalt finden, so daß die Herkunft ins Gewicht fallender Anteile dieses Fermentes aus den Pollen vernachlässigt werden kann. Auch wäßrige Auszüge zerriebener Pollen hatten nur schwache Wirksamkeit. Im Nektar fehlt die Diastase — soweit man es bis heute übersehen kann — im Gegensatz zur Invertase. B. GEINITZ (1930) hat im Honigtau etwa die gleiche Diastaseaktivität wie in daraus entstandenem Tannenhonig festgestellt.

Die vorhandene Fermentmenge ist sehr verschieden und hängt von einer Reihe von Faktoren ab. A. MAURIZIO (1962) hat gezeigt, daß Mangel an Polleneiweiß und anderen in Pollen befindlichen Stoffen Fermentmangel hervorrufen kann, der durch Pollengabe behoben werden kann. E. SIPOS (1960) findet eine Korrelation zwischen Eiweißgehalt und Fermentreichtum eines Honigs. Auch die jeweils beflogene Blütenart beeinflußt den Diastasegehalt, z. B. haben Orangenblütenhonige häufig niedrige Diastasegehalte. Beim Robinienhonig geht verhältnismäßig niedriger Gehalt an β-Amylase mit niedrigem Eiweißgehalt parallel.

Bei sehr reichlicher Tracht beobachtete W. PARK (1924), daß ein „Umtragen" des Honigs im Bienenkorb nur vermindert stattfand oder unterblieb. Das Sammelgut wurde daher weniger mit körpereigenen Säften der Biene angereichert. Umgekehrt läßt sich zeigen, daß der Fermentgehalt während der Zeit des Umtragens im Bienenkorb steigt. In Jahren mit kleiner Honigernte sind daher gelegentlich die gefundenen Werte für die Diastase des Honigs etwas höher. Indessen kann dieser Umstand keine ausschlaggebende Bedeutung besitzen, da z. B. bei Mexikohonigen bei sehr reichen Ernten regelmäßig sehr hohe Diastasewerte beobachtet werden.

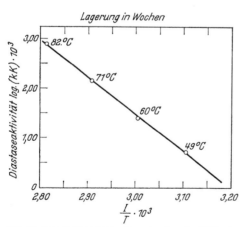

Abb. 10. Inaktivierungsrate der α-Amylase in Abhängigkeit von Lagerzeit und Temperatur. (Alfalfahonig, pH 3,5) Arrheniuskurve: Reaktion 1. Ordnung. (T = Erhitzungszeit in Std). (Nach J. E. SCHADE u. Mitarb. 1956)

Auch die Bearbeitung des Honigs bei der Ernte und der Umfüllung sowie die Lagerung kann einen Einfluß auf den Fermentgehalt ausüben. Nach Untersuchungen von L. H. LAMPITT u. Mitarb. (1930) geht die diastatische Wirkung im Honig auf zwei verschiedene Enzymkomponenten zurück. Auf eine, welche die Stärke zu Dextrinen abbaut (α-Amylase) und eine zweite, die aus Stärke Maltose abtrennt (β-Amylase). G. GORBACH u. K. BARLE (1937) haben das Temperatur-Optimum beider Enzyme bei 40° C festgestellt. Bei 50° C war jedoch die β-Amylase bereits vollständig gehemmt, während die α-Amylase erst bei 70° C inaktiviert wurde (vgl. auch F. KIERMEIER u. W. KÖBERLEIN 1954).

Beim Erwärmen von Honig steht die Inaktivierung der α-Amylase in gesetzmäßigem Zusammenhang mit der Temperatur und Erwärmungszeit (Abb. 10). Für die Praxis beginnt sie bei 58—60° C stärkeren Einfluß zu gewinnen. Über das pH-Optimum der diastatischen Wirkung in 58 Honigen berichtet H. GONTARSKI (1954b). Die Aktivitätskurve hat einen abgeplatteten Gipfel zwischen pH 4,7 und

5,2 bei steil abfallenden Ästen nach jeder Seite, so daß kleine pH-Abweichungen vom Optimum keine allzugroßen Bestimmungsfehler verursachen. Das pH-Optimum kann zwischen 4,6 und 5,6 liegen, meistens zwischen 4,8 und 5,2. Die Aktivierung der diastatischen Wirksamkeit durch kleine Mengen Natriumchlorid ist von A. Auzinger (1910), F. Gothe (1914a, b), J. Fiehe u. W. Kordatzki (1928) und anderen festgestellt worden. Von H. Gontarski (1954b) wurde sie zunächst angezweifelt. Bemerkenswert ist, daß der Natriumchloridzusatz *nicht vor* Zusatz der Pufferlösungen erfolgen darf.

Das Verhalten des Enzyms bei stärkerer Erwärmung und in Abhängigkeit vom pH ist von J. E. Schade u. Mitarb. (1958a) sowie von H. Duisberg u. H. Gebelein (1958) überprüft worden. Dabei wurde festgestellt, daß die Inaktivierungsrate sich für jeden Honig durch die Arrheniusgleichung exakt wiedergeben läßt und als Reaktion erster Ordnung aufzufassen ist (vgl. Abb. 10).

Die Bestimmung der Diastaseaktivität erfolgt durch visuelle (F. Gothe 1914b, A. Koch 1926, H. Weishaar 1933, J. E. Schade u. Mitarb. 1958a) oder weit besser photometrische Messung der Abnahme des Substrats mittels der Jodstärke-Reaktion. Dabei treten, je nach der verwandten Stärkesorte, deren Abbaugrad und ihrem Verhältnis von Amylose zu Amylopektin erhebliche Färbungsunterschiede auf, die durch Einstellung des Blauwertes (H. Hadorn 1961), besser jedoch durch genaue konventionelle Festlegung des verwandten Stärkepräparates weitgehend ausgeschaltet werden können.

Man kann auch die Wirkung der β-Amylase bestimmen (G. Gorbach u. K. Barle 1937) (modifiziert von F. Kiermeier u. W. Köberlein 1954) unter Benutzung der Umsatz-Zeit-Kurven), indem man den Zuwachs an Maltose nach Willstädter und Schudel mißt (vgl. Bd. II/2 dieses Handbuches). Dem Vorteil eines definierten Spaltproduktes für die Messung steht der Nachteil eines nur sehr kleinen Reduktionszuwachses im Verhältnis zu dem durch die Honigzucker bedingten Leerwert gegenüber. — In der Praxis wird diese Methode — des größeren Zeitaufwandes wegen — nur selten angewandt.

b) Invertase (Saccharase)

Während die physiologische Bedeutung der von der Biene sezernierten Diastase bis heute noch nicht völlig geklärt werden konnte, ist die Rolle der Invertase bei der Honigbildung offenkundig. Sie ist das Ferment, welches die Umwandlung der Saccharose im aufgenommenen Nektar zu Invertzucker (Honig) bewerkstelligt.

Erlenmeyer u. von Planta (1874) hatten bereits Stärke und Zucker spaltende Stoffe im Honig gefunden und ihre Herkunft aus dem Bienenspeichel vermutet. J. Langer (1903) trennte das Ferment durch Fällung, D. Axenfeld (1903) durch Dialyse von den Zuckern. Durch Vergleich mit dem Zuckerinversionsvermögen des Bienendarmes kam er zu der irrtümlichen Auffassung, daß die Honiginvertase dort entstehe. Durch Kochen fand er die Fermentwirksamkeit vernichtet. L. Michaelis u. M. Menten (1913) und H. Gontarski (1954a) stellten die Fermenthemmung durch Fructose fest. E. Sarin (1923) zeigte, daß der Fermentgehalt des Bienenspeichels im Winter absinkt (vgl. auch A. Maurizio 1961). B. Geinitz (1933) und vor allem F. Duspiva (1954) hat bei eingehenden Studien über das Ferment und das Zuckerspektrum des Honigtaues auch die Rolle der Invertase und ihre Herkunft im Honigtau bearbeitet.

Die praktische Bedeutung der Saccharase für die Beurteilung des Honigs ist indessen erst 1953 hervorgetreten, als F. Kiermeier und W. Köberlein bei der kritischen Überprüfung der Eignung der Diastase zum Nachweis eines Wärmeschadens im Honig auf die statistisch gesicherte Korrelation Invertase zu Diastase in unerhitzten Honigen hinwiesen und damit die Saccharase in die Beurteilung des Honigs einführten. Die Saccharase ist ebenso wie die Amylasen in sehr verschiedener Aktivität im Honig enthalten. Die eingehenden Untersuchungen von A. Maurizio (1961, 1962, 1965a, 1965b) haben bis ins einzelne gehende Informationen über die verschiedenen Faktoren gebracht, welche die Aktivität der Invertase des Honigs beeinflussen können: Bienenrasse, Ernährung und Alter der Biene, sowie Jahreszeit usw. Bei 21—31tägigen Bienen ist sie am stärksten, später sinkt sie etwas ab. (Die Sammeltätigkeit der Bienen wird vom 21. Lebenstag bis gegen

Lebensende angenommen.) Bezüglich der Ernährung ist die Pollennahrung für die Bildung großen Fermentreichtums entscheidend, so daß der Einwand, daß der Nektarüberfluß bei Massentrachten für eine schlechtere Ausstattung des Honigs mit Fermenten verantwortlich sei (H. Gontarski 1961), damit widerlegt ist.

Die Charakterisierung der Invertase des Honigs und der Bienen wurde systematisch von H. Gontarski (1954a) durchgeführt. Dabei ergab sich, daß sowohl die Honig-Invertase wie auch die Pharynxdrüsen-Invertase der Bienen ein pH-Optimum von 5,9—6,4 aufwiesen, während dieses bei der Invertase des Bienendarmes bei etwa 4,7—5,0 liegt. Das Temperatur-Optimum liegt bei 40° C. (Eine Steigerung der Meßtemperatur um 5° C ergibt bereits einen Aktivitätsverlust von ca. 25%.) H. Gontarski ermittelte weiterhin, daß die Fermentaktivität bei Nektaren von 27—35% Saccharosegehalt optimal ist. Die Hitzeschädigung des Fermentes ist irreversibel. Wiederholtes Filtrieren von Honig oder Drüsenferment durch Papierfilter bewirkt Fermentverluste. Durch Versuche an verschiedenen Spaltsubstraten ergab sich, daß die Invertase des Honigs (Drüsenferment) den Charakter einer α-Glucosidase besitzt. Sie ist wesentlich wärmeempfindlicher als die Diastase, so daß die Inaktivierungsrate sowohl beim Lagern als auch bei der Erwärmung höher gefunden wird. Diese Einzelheiten verdienen besondere Beachtung, weil Honig in vielen — auch warmen — Teilen der Welt gewonnen und gelagert wird.

Invertase — möglicherweise auch Diastase — dürften auch an den gesundheitlichen Wirkungen des Honigs beteiligt sein, auf die schon Hippokrates hinwies. Hinweise auf die Zerstörung dieser Enzyme durch die Magensäure lassen unberücksichtigt, daß diese in manchen Fällen bei gewissen Krankheiten oder im Altern stark abgesunken sein kann. Genaue Erhebungen hierüber fehlen noch. Über das Fehlen disaccharidgespaltener Enzyme im Darm und hierdurch bedingte Verdauungsstörungen vgl. H.A. Weijers u. J.H. van de Kamer (1962 u. 1963) und G. Fanconi (1962).

Maltase ist im Honig ebenfalls anzutreffen. E. Elser (1924) hat schon aus dem beobachteten Maltosegehalt darauf geschlossen. J.W. White jr. u. N. Hoban (1959) haben durch Trennung der Mono- und Disaccharidfraktionen wechselnde Mengen an Maltose in jedem Honig gefunden, J.W. White jr. u. Mitarb. (1963) haben die Maltaseaktivität in Honigen gemessen.

c) Glucose-oxydase

Ein Ferment, welches schon aus Gründen der gesundheitlichen Wirkungen des Honigs erhöhtes Interesse beansprucht, ist die Glucose-oxydase. Ihre Wirkung — als bakteriostatische Eigenschaft des Honigs beobachtet — war schon seit Jahrhunderten bekannt, aber man schrieb sie anderen Stoffen im Honig zu, zunächst den Zuckern, die sicherlich auch nicht ganz unbeteiligt sein werden, den Säuren oder auch den Aromastoffen (R. Schuler u. R. Vogel 1957). H. Dold u. Mitarb. (1937) wiesen als erste die vom Zuckergehalt unabhängigen bakteriostatischen Wirkungen nach, deren Trägerstoffe sie Inhibine nannten. Als geeignetes Testobjekt benutzten sie Staphylococcus aureus. H. Dold u. R. Witzenhausen (1955) zeigten, daß man den Gehalt an „Inhibinen" auch nahezu quantitativ ermitteln kann. Das Verfahren wurde von J.E. Schade u. Mitarb. (1958b) etwas modifiziert. Die Natur der Stoffe blieb indessen unbekannt. A. Gauhe (1942) fand im Pharynxdrüsensaft der Biene ein glucose-oxydierendes Ferment, welches Gluconolacton und Wasserstoffperoxid bildet. H. Gontarski (1948) wies es im Honig nach, L. Cocker (1951) bestätigte die Säurebildung im Honig, die durch Lactonspaltung zu erklären ist, worauf G.P. Walton (1944) schon hingewiesen hatte. H. Duisberg u. B. Warnecke (1959) haben die Licht- und Wärmeempfindlichkeit untersucht. J.W. White jr. u. Mitarb. (1962) erkannte die Bedeutung für die Entstehung der bakteriostatischen Wirkung und wies nach, daß diese durch das H_2O_2 zu erklären ist, daß also die Inhibinwirkung auf die Tätigkeit des Fermentes Glucose-oxydase in verdünnten Honiglösungen bei Anwesenheit von Luft zurückgeht.

Das Ferment wurde von A.J. SCHEPARTZ u. M.H. SUBERS (1964, 1965a, b) aus Honig abgetrennt; pH-Optimum $= 6,1$; Na$^+$ aktiviert; optimale Substrat-Konzentration 2,7 m; Michaeliskonstante $= 1,55$. Die Reaktion ist von nullter Ordnung und verläuft stöchiometrisch. Das Temperatur-Optimum liegt bei 40° C. Die Eigenschaften sind sehr ähnlich denjenigen des Pharynxdrüsenfermentes der Honigbiene. Das isolierte Enzym erleidet bereits bei 50° C einen schnellen Aktivitätsverlust.

J.W. WHITE jr. u. Mitarb. (1963) zieht einen Vergleich mit der aus Penicillium notatum gewonnenen und kommerziell bereits angewandten Glucose-oxydase (vgl. H.U. BERGMEYER 1962). D. ADCOCK (1962) zeigte, daß die Inhibinwirkung wie das Wasserstoffperoxid durch Katalase zerstört wird. Ein von ihm gemessener „Peroxid-Wert" zeigte indessen keine Parallelität mit dem Inhibingehalt. Dieses deutet auf die von P. Lavie (1963) (dort weitere Literatur) beschriebene Anwesenheit weiterer bakteriostatisch wirksamer Substanzen hin (vgl. auch V.G. CHRISTOV u. ST. MLADENOV 1961).

Glucose-oxydase ist der wesentlichste Träger der bakteriostatischen Wirkung wärmeschadensfreier Honige, die bei der Behandlung verschmutzter Wundflächen, bei Erkältungskrankheiten wirksam ist und durch anwesende Zucker noch ergänzt werden kann. (Literatur über *bakteriologische* Prüfung: H. DOLD u. Mitarb. 1937, H. DOLD u. TH. KNAPP 1947 u. 1949, F.J. POTHMANN 1950, V.G. CHRISTOV u. ST. MLADENOV 1961, J. STOMFAY-STITZ u. S.D. KOMINOS 1960; *klinische* Literatur: K. STOLTE 1947, H. DOLD 1947, H. DOLD u. TH. KNAPP 1948, 1949.)

d) Katalase

Dieses Enzym fehlt in den Speicheldrüsen und der Honigblase der Biene (J. EVENIUS 1926). Da in vielen Honigen auf Zusatz von H_2O_2 zu neutralisierten Lösungen mehr oder weniger Sauerstoffentwicklung beobachtet werden kann, nahm man lange Zeit an, daß im Honig auch das Ferment Katalase enthalten sei. Unklar blieb indessen, woher sie stammen sollte.

F. KIERMEIER u. W. KÖBERLEIN (1954) wiesen darauf hin, daß die mehr qualitative Art der Bestimmungsmethode wesentliche Fehlerquellen enthält: die autokatalytische Zersetzung des H_2O_2 durch Staubpartikelchen usw., die Ausführung der Reaktion bei Zimmertemperatur (20°C); auch ist die Konzentration des zugesetzten Wasserstoffperoxid zu hoch. Sie bestimmten die Katalaseaktivität durch Titration mit entsprechend eingestellter KMnO$_4$-Lösung unter wesentlich verfeinerten Versuchsbedingungen. Dabei ergab sich, daß in 12 von 13 Honigen keine Katalasewirksamkeit vorlag und nur in *einem* Honig eine geringfügige Spaltung sich einstellte. Diese Befunde finden eine Stütze in der von D. ADCOCK (1962) beobachteten Inaktivierung der Inhibinwirkung durch Katalase. Diese Wirkung fehlt in wärmeschadenfrei geernteten frischen Honigen, welche regelmäßig Inhibinwirkung zeigen. Der Katalasegehalt dieser Honige dürfte daher wenn überhaupt vorhanden, nur sehr geringfügig sein.

Der in der Literatur häufiger erwähnte Katalasegehalt dürfte daher in der Hauptsache auf Gärungserreger zurückzuführen sein. Für eine Katalasewirkung von Pollen gibt es bis jetzt keinen eindeutigen Beweis.

e) Vitamin C-oxydierendes Ferment

Dieses von H. GONTARSKI vermutete Enzym konnte F. KIERMEIER u. W. KÖBERLEIN (1954) nicht bestätigen, da eine oxydierende Wirkung auf Vitamin C im Honig zwar vorhanden ist, aber vermutlich nicht durch ein Ferment ausgelöst wird. Sie ist kochbeständig.

f) Phosphatase

K.V. GIRI (1938) hat das Vorkommen von Phosphatase im indischen Honig nachgewiesen (pH-Optimum 5,2, Temperatur-Optimum 35°C). Magnesiumsalze begünstigen die Fermentwirkung. Die Bestimmung des Fermentes erfolgte durch Spaltung von Natriumglycerophosphat.

g) Andere Fermente

Gelegentlich finden sich im Schrifttum auch Angaben über das Vorkommen von Reduktasen, Oxydasen und Peroxydasen (J. Grüss 1932), sowie Inulinase (F. Gothe 1914a). Diese Angaben scheinen jedoch noch weiterer Nachprüfung zu bedürfen, während F. Gothe (1914a) Lipasen und Proteasen nicht aufzufinden vermochte. Ob die von E. Cremer u. M. Riedmann (1965) aus der Bildung gewisser Aromastoffe vermutete Aminosäuregärung und „alkoholische" Gärung auf Fermente des Honigs zurückzuführen ist, bleibt abzuwarten.

7. Vitamine

Die Vitamine im Honig sind von zahlreichen Autoren sowohl mit chemischen und biochemischen Methoden als auch im Tierversuch überprüft worden (Übersicht über die Literatur vgl. W. Bartels 1938). Dabei hat sich ergeben, daß nur kleine Mengen von Riboflavin, Panthothensäure, Nicotinsäure, Thiamin und Pyridoxin gefunden wurden. Der Gehalt an den einzelnen Vitaminen ist z. T. starken Schwankungen — je nach der Honigtracht — unterworfen. Eine orientierende Übersicht der B-Faktoren geben G. Kitzes u. Mitarb. (1943). Darnach muß — in Übereinstimmung mit früheren Autoren — Honig als vitaminarmes Naturprodukt angesehen werden. Auch der häufiger beobachtete Gehalt an Vitamin C macht hiervon keine Ausnahme, obwohl für einzelne Trachten gelegentlich über hohen Vitamin C-Gehalt berichtet worden ist. So hat C. Griebel (1938, 1939) bei Thymian- und Minthonig, vermittels chemischer Bestimmungsmethoden, hohe Werte gefunden. E. R. Becker u. R. F. Kardos (1939) haben jedoch ihre durch chemische Analyse gefundenen hohen Vitamin C-Werte im Tierversuch nicht bestätigen können.

Tabelle 10. *Vitamingehalt des Honigs in mg/100 g* (nach S. W. Souci u. Mitarb. 1962)

Vitamine	Mittelwert	Schwankungsbreite
Vitamin A . . .	0	0
Carotin	0	0
Vitamin B_1 . .	0,003 mg	0,002—0,004 mg
Vitamin B_2 . .	0,050 mg	0,020—0,10 mg
Nicotinamid . .	0,13 mg	0,10—0,20 mg
Vitamin C . . .	2,4 mg	1,0—4,0 mg

Die von S. W. Souci u. Mitarb. (1962) in Honigen ermittelten Vitamingehalte sind in Tab. 10 wiedergegeben.

8. Kohlenhydrate

a) Monosaccharide

Th. von Fellenberg u. J. Ruffy (1933) fanden in einem schweizer Blütenhonig keine, in einem schweizer Waldhonig dagegen 0,37% Pentosen. An Zuckeralkoholen hat F. Duspiva (1954) im Honigtau der Aphiden Sorbit und Inosit nachgewiesen.

Während der beiden letzten Jahrzehnte ist die Kenntnis der Honigzucker durch die Papierchromatographie, aber auch durch weitere spezifische Analysenmethoden sehr erweitert worden. Während man bis dahin im Honig nur Glucose, Fructose, Saccharose und (vorwiegend in Honigtauhonigen) die Melezitose kannte und gelegentliche Hinweise auf das Vorkommen von Maltose vorlagen, wurden die übrigen Kohlenhydrate unter der Sammelbezeichnung „Honigdextrin" zusammengefaßt. Inzwischen ist eine ganze Gruppe weiterer Zucker gefunden und identifiziert worden, darunter speziell die reduzierenden Disaccharide, die bisher als Glucose mitbestimmt worden sind. Diese machen einen nicht unerheblichen Anteil an der Zuckerzusammensetzung des Honigs aus.

Im Zusammenhang mit dem Studium dieser Zucker ließ sich eine Reihe bisher unbefriedigend gedeuteter Phänomene, z. B. das schnelle Kristallisieren oder umgekehrt das lange Flüssigbleiben besser voraussagen. Auch das oft störend empfundene Erweichen oder gar „Sich-Absetzen" kristallisierten Honigs, welches auf einer Änderung der Zuckerzusammensetzung des Honigs beim langen Lagern beruht, konnte aufgeklärt werden.

Der Invertzucker ist das mengenmäßig führende Zuckergemisch von Frucht- und Traubenzucker im Honig. Im frischen, unverfälschten, reifen Bienenhonig liegt der Anteil für Fructose zwischen 34—41%, für Glucose zwischen 28—35% (Ausnahmen nach oben wie nach unten kommen vor). Die Werte für Glucose sind wesentlich kleiner als bisher angegeben, weil bei den bisherigen Glucosebestimmungsverfahren die Gruppe der reduzierenden Disaccharide miterfaßt worden ist.

Über die Verteilung des Anteils an Glucose und Fructose unterrichten die Abb. 11 u. 12. Der Einfluß der Tracht auf das Verhältnis der Zucker zueinander, aber auch der anderen Eigenschaften von Honigen ist aus den Untersuchungen von J. W. WHITE jr. u. Mitarb. (1962) ersichtlich, während der Einfluß des Jahrgangs für die gleiche Tracht aus dem gleichen Erzeugungsgebiet beim Vergleich von

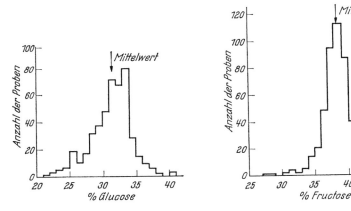

Abb. 11 u. 12. Verteilung des Glucose- und Fructosegehaltes in 500 USA-Honigen (J. W. WHITE jr. u. Mitarb. 1962)

zwei hintereinander liegenden Jahren unbedeutend war. (Auch V. CHISTOV u. N. SILITSKAYA (1952) beurteilten für gewisse russische Honigtrachten den Einfluß des Jahrgangs auf die Zusammensetzung als verhältnismäßig gering.) Z. B. schwankte bei Süßklee-Alfalfa der Glucosegehalt von Jahr zu Jahr etwas, sonst aber fand J. W. WHITE jr. u. Mitarb. (1962) die Zusammensetzung nicht wesentlich verschieden.

Da sog. Trachthonige nur vorwiegend, nicht aber ausschließlich *einer* Blütenart entstammen, konnte eine endgültige Aussage über den Einfluß der Tracht auf das Zuckerspektrum und das Verhältnis der Zucker zueinander erst erarbeitet werden, nachdem von Z. DEMIANOWICZ (1966) eine bedeutende Anzahl (45) Honige zur Verfügung gestellt wurden, die aus unter Käfigen blühenden, sortenreinen Blüten gewonnen waren. Die Arbeiten von A. MAURIZIO (1964) zeigten, daß das Zuckerspektrum der Einblütenhonige sich im allgemeinen mit dem der „Trachthonige" gleicher Blütensorte (vgl. J. W. WHITE jr. u. Mitarb. 1962) deckt. Es wird vor allem durch die Bienenfermente geprägt. Nur in wenigen Fällen war der Einfluß des Nektars zu erkennen: *Labiaten* und *Epilobium* hatten sehr hohe Fructosewerte; *Brassica Napus, Myosotis* und *Tilia-cordata* zeigten ein Vorherrschen der Glucose.

Wesentlich sind die Lagerzeit und die Lagerbedingungen für das Verhältnis von Glucose zu Fructose, welches sich in Richtung einer Anreicherung der Fructose langsam verschieben kann (Einzelheiten vgl. S. 533). Durch äußere Umstände kann eine Glucoseanreicherung, sowohl am Boden des Gefäßes (kristallisierte Glucoseschicht von im übrigen flüssigem Honig), wie auch an der Oberschicht des Lagergefäßes (Hochsteigen von Glucosekristallen zusammen mit Luftbläschen bei der Schaumbildung) erfolgen. Aus diesem Grunde ist bei flüssigen Honigen stets für gute Durchmischung zu sorgen.

Neben der Glucose und Fructose sind bisher — trotz erheblich verfeinerter Analysenmethodik — andere Monosaccharide nicht gefunden worden. Die bisherige Ansicht, daß Blütenhonige 70—80 % Invertzuckerbestandteile und Honigtau im allgemeinen 50—65 % Invertzuckerbestandteile enthalten, bezieht sich nach den Ergebnissen der Honigzuckeranalyse von J.W. White jr. u. Mitarb. (1962) nunmehr auf „reduzierende Saccharide". Blütenhonige, welche weniger als 70 % reduzierende Saccharide aufweisen, dürften Honigtauanteile enthalten.

b) Reduzierende Disaccharide

Reduzierende Disaccharide mit einem Anteil von 4—15 % befinden sich als integrierender Bestandteil in allen Honigen (J.W. White jr. u. Mitarb. 1962). E. Elser hatte bereits 1924 durch Vergleich der Osazone und deren Drehung Hinweise für die Anwesenheit von Maltose im Honig gegeben, F. Th. van Voorst (1942) wies durch biologische Analysenverfahren und C.D. Hurd u. Mitarb. (1944) durch Destillation der Propionate die Maltose im Honig nach. Damit war klar, daß die übliche Bestimmung der Glucose im Honig zu fehlerhaften Ergebnissen führen kann. Nach Einführung der Papierchromatographie erwies es sich schon bald, daß die gesamte bisherige Zuckeranalytik des Honigs der wahren Zusammensetzung des Zuckergemisches nicht gerecht wurde. H. Hadorn (1952) sowie K. Täufel

Tabelle 11. *Bestandteile der Honig-Disaccharid-Fraktion*
(J. W. White jr. u. N. Hoban 1959)

Rf-Werte	Ausbeute in mg	Zuckerart	Farbreaktion mit Anilin-diphenylamin-Reagens	
0,57	107	Isomaltose	grau	red. Aldose
0,73	30	—	gelb-braun	red. Ketose
0,86	51	Maltulose	purpur	red. Ketose
1,00	52	Turanose	rosarot	red. Ketose
1,22	20	—	gelb-braun	red. Ketose
0,62	17	—	grau	red. Aldose
0,70	75	Maltose	blau	red. Aldose
0,87	77	Nigerose	grau	red. Aldose

u. R. Reiss (1952) zeigten durch papierchromatographische Analyse, daß neben der Maltose noch andere Zucker anwesend sind, und führten sie als Bestandteile des Nektars auf die jeweilige Tracht zurück. J.W. White jr. u. J. Maher (1954 a,b) fanden, daß neben Maltose, mehrere reduzierende Disaccharide im Honig vorkommen. St. Goldschmidt u. H. Burkert (1955) konnte bereits durch vergleichende papierchromatographische Reaktionen die Anwesenheit von Maltose, Isomaltose und eine Reihe von Tri- und z. T. sogar Tetrasacchariden wahrscheinlich machen. J.W. White jr. u. N. Hoban (1959) haben nach Abtrennung der Disaccharidfraktion durch Gradientenelution der an Kohlesäulen adsorbierten Zucker vier verschiedene reduzierende Disaccharide trennen und identifizieren können: Maltulose, Turanose, Nigerose, Isomaltose (Tab. 11). Indessen dürfte damit das Spektrum der reduzierenden Disaccharide noch nicht vollständig erfaßt sein, da einige der Disaccharidfraktion angehörende Bestandteile noch nicht aufgeklärt wurden. (Über die Frage der Entstehung der reduzierenden Disaccharide vgl. Oligosaccharide und Lagerveränderung.) J. W. WHITE jr. u. Mitarb. (1962) heben hervor, daß alle von ihnen untersuchten Honige sämtliche Disaccharide im Papierchromatogramm enthielten, aber in jeweils sehr verschiedenen Mengen.

c) Nichtreduzierende Disaccharide

Zu der Gruppe der nichtreduzierenden Disaccharide gehört zunächst der Rohrzucker (Saccharose), der schon früh zur analytischen Beurteilung von Honig herangezogen wurde. Man bediente sich zur annähernden Bestimmung entweder des Zuwachses an Reduktionsvermögen oder der Drehungsänderung nach schwacher Säurehydrolyse. Indessen ist nunmehr klar, daß die so gefundenen Werte nur konventionellen Charakter besitzen, nicht aber den wahren Rohrzuckergehalt wiedergeben, da höhere Zucker (auch Melezitose) mitgespalten werden. Auch die chemische Bestimmung der Glucose in der invertierten Lösung wird davon betroffen. Die zahlreichen Aufstellungen über den Rohrzuckergehalt von Bienenhonig, welche in Veröffentlichungen — vor Einführung spezifischer Trennverfahren für Mono-, Di- und Oligosaccharide — bekanntgegeben wurden, können nicht mehr zur Beurteilung des wahren Zuckergehaltes herangezogen werden, dürften jedoch als orientierende Kennzahlen für den Reifegrad geernteter Honige immer noch von Wert sein. Zu beachten ist indessen der Anteil an Honigtau, der einen hohen Saccharosegehalt vortäuschen kann. Zur orientierenden Prüfung auf einen evtl. Melezitoseanteil ist das Verfahren von TH. VON FELLENBERG (1937) auch heute noch ausreichend nach Vorprüfung durch ein qualitatives Papierchromatogramm (H. HADORN 1952).

Unreifer, zu früh geernteter Honig enthält noch beachtliche Mengen Saccharose, die aber bei längerem Lagern sich nach und nach dem Gehalt des reifen Honigs annähern, wenn die Invertase bei den technischen Ernte- und Abfüllmaßnahmen erhalten geblieben ist. In der Honig-VO ist für reifen, unverfälschten Blütenhonig ein „Rohrzuckergehalt" von 5 % zugelassen. J. W. WHITE jr. u. Mitarb. (1962) wiesen an 500 Honigen nach, daß nach kontrollierter Fraktionierung von Mono-, Di- und Trisacchariden der Saccharosegehalt häufig unter 1 % lag; jedoch wurden z. B. bei seinen von Alfalfa oder Klee stammenden Honigen auch höhere Saccharosegehalte gefunden. Inwieweit der Nachreifungsprozeß bis zur Ankunft der Proben bei den Autoren dabei eine Rolle gespielt haben kann, wäre bei Kenntnis des jeweiligen Invertasegehaltes leichter zu beurteilen; so aber kann die Frage des verhältnismäßig hohen Saccharosegehaltes dieser Honige nicht abgeklärt werden. Auch der Honigtauanteil erhöht den scheinbaren Rohrzuckergehalt bei Messung nach schwacher Hydrolyse mit Salzsäure (Melezitose).

Während K. TÄUFEL u. R. REISS (1952) papierchromatographisch in einem großen Teil der untersuchten Honige keinen Rohrzucker fanden, zeigten J. W. WHITE jr. u. N. HOBAN (1959), daß Saccharose in Gegenwart von Turanose nicht mit der einfachen Papierchromatographie bestimmt werden kann.

d) Oligosaccharide

Wenngleich diese Gruppe von Zucker gewichtsmäßig nur wenige Prozent des Gesamtzuckergehaltes ausmacht, ist ihre Kenntnis von einiger Bedeutung, weil sie einen gewissen Einblick in Veränderungen gestattet, die der Honig beim Lagern erleidet und weil sie auch zur Aufhellung des Entstehungsmechanismus des Honigtaus beigetragen hat. Die Oligosaccharide des Honigs wurden früher als Honigdextrine bezeichnet. Sie können zunächst im Rohstoff der Honigbereitung, dem Nektar, enthalten sein, während die Pollen keine Oligosaccharide in den Honig abgeben. Der Nektar enthält nach R. BEUTLER (1953) eine pflanzliche

Invertase, die eine Transfructosidierung (Übertragung von Fructosegruppen auf andere Zucker) bei der Oligosaccharidsynthese bewirken kann. Vorgänge dieser Art dürften eine gewisse Rolle bei der Honiglagerung spielen. Ausschlaggebender sind indessen die Vorgänge bei der Honigtaubildung. F. Duspiva (1954) konnte durch Vergleich der bei der Einwirkung von Darmhomogenat einiger Honigtauerzeuger auf Saccharose und andere Zucker entstehenden Saccharide mit den im

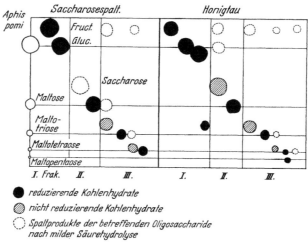

Abb. 13. Vergleich der Saccharide des Honigtaus von *Aphis pomi* mit den Spalt- und Syntheseprodukten bei der Einwirkung von Darmhomogenat von *Aphis pomi* auf Saccharoselösung (F. Duspiva 1954)

Honig gefundenen Zuckern zeigen, daß eine weitgehende Parallelität zu den Oligosacchariden des Honigtaues besteht (Abb. 13). In den Darmhomogenaten konnten drei verschiedene Reihen von homologen Oligosacchariden nachgewiesen werden: Erstens durch 1,4-Verknüpfung von Glucoseeinheiten (Maltose, Maltotriose, Maltotetraose-Amylose-Reihe). Die zweite Reihe besteht aus Isomaltose, Dextrantriose, Dextrantetraose, deren Glucoseeinheiten durch 1,6-Verknüpfung miteinander verbunden sind. Die dritte Reihe geht vom Saccharosemolekül aus, an dessen Glucoseende fortlaufend weitere Glucosereste in 1,4-Bindung angelagert werden. Diese Oligosaccharide der dritten Reihe reduzieren nicht; sie spalten bei milder Säurehydrolyse Fructose ab und gehen dabei in die um eine Hexoseeinheit kürzeren Glieder der ersten Reihe (Maltose-Reihe) über. Das Trisaccharid dieser Reihe entspricht dem α-Maltosyl-β-D-fructofuranosid (J. W. White jr. u. J. Maher 1953).

Die von F. Duspiva (1954) erhaltenen Ergebnisse dürften zur Aufklärung der Honigtauentstehung beitragen. Eine schöne Ergänzung der von F. Duspiva (1954) veröffentlichten Befunde brachte die Veröffentlichung von J. P. Wolf u. W. J. Ewart (1955). Diese hatten ermittelt, daß im Honigtau von *Coccus hesperidum* L-Fructose, Saccharose, Glucosaccharose, Maltosaccharose, Maltotriosaccharose und vielleicht Maltotetraosaccharose enthalten sind.

Von St. Goldschmidt u. H. Burkert (1955) wurde die Anwesenheit folgender Oligosaccharide wahrscheinlich gemacht: Erlose, Kestose, Melezitose, Raffinose, Dextrantriose, 4-Glucosyldextrantriose. Im Honigtau sind sie in größerer Menge als im Blütenhonig zugegen (einige höhere Zucker fehlen dort).

e) Dextrin

Von den Oligosacchariden konnte bisher nur der niedrigmolekulare Anteil bearbeitet werden, die exakte Trennung der höher molekularen Fraktion steht noch aus. TH. V. FELLENBERG u. J. RUFFI (1933) reinigt die Dextrinfraktionen von Honigtau- und Blütenhonig und hielt beide für identisch. J. W. WHITE jr. u. J. MAHER (1954 b) halten die Dextrinfraktion für ein Gemisch einiger Tri-, Tetra- und höherer Saccharide.

9. Sonstige Honigbestandteile

Außer den bekannten Inhaltsstoffen zeigt die Honiganalyse einen bisher nicht analysierten Rest von einigen Prozenten des Trockengewichtes, der nach J. W. WHITE jr. (1956) z. T. aus Oligosacchariden besteht, z. T. wohl auch noch sonstige Bestandteile (Eiweißstoffe usw.) enthält. Indessen gibt es Hinweise, daß in kleinen Mengen vorkommende Inhaltsstoffe des Honigs noch nicht bekannt sind. So sind im Honig z. B. noch eine Reihe biologischer Wirkungen beobachtet worden, ohne daß man über ihre Ursache orientiert ist. Z. B. permeabilitätsfördernde Wirkung des Bienenhonigs und ihre Beziehung zur Herzwirkung: E. KLOTZBÜCHER (1951); gärungsfördernder Bioaktivator: A. G. LOCHHEAD u. L. FARREL (1931); brunst- erregende Stoffe: E. DINGEMANSE (1938) sowie G. GEISSLER u. W. STECHE (1965); Stimulans für das "rooting of cuttings": R. W. OLIVER (1940); Anti- stiffness-Faktor: J. CHURCH (1954).

V. Veränderungen des Honigs bei der Lagerung

1. Allgemeines

Wenn man einen frisch geernteten, reifen Honig lagert, so gehen dem Auge sichtbar nur insofern Veränderungen vor sich, als er nach meistens einer bis mehreren Wochen zunächst trübe und einige Zeit später fest wird. Schon sehr früh war bekannt, daß Honig kühl gelagert werden muß, weil man dann und wann beobachtet hatte, daß Honig in der Wärme unter Um- ständen anfängt zu gären. Damit war die Kenntnis über die Lagerveränderungen erschöpft. Die Forschungsarbeit der letzten 30 Jahre hat ein schon weitgehend klareres Bild über die viel- fältigen Veränderungen gebracht, die Honig bei langem, bis zu viele Jahre langem Lagern er- leidet.

Diese Veränderungen haben ihren Grund in der oft komplizierten Zusammen- setzung des Gemisches reaktionsfähiger Zucker mit biologisch wirksamen Eiweiß- bestandteilen, welche besonders bei der Erwärmung miteinander in Reaktion treten können und zur Bildung von färbenden Stoffen, Aromakomponenten

Tabelle 12. *Halbwertszeiten von Honig-Enzymen*
(J. W. WHITE jr. u. Mitarb. 1963)

Temperatur °C	Halbwertszeit	
	Diastase	Invertase
10	12600 Tage	9600 Tage
20	1480 Tage	820 Tage
25	540 Tage	250 Tage
32,2	126 Tage	48 Tage
35	78 Tage	28 Tage
40	31 Tage	9,6 Tage
50	15,4 Tage	1,3 Tage
62,4	16 Std	3 Std
71	4,5 Std	40 min
80	1,2 Std	8,6 min

Tabelle 13. *Zusammenhang zwischen Lager- temperaturen, Zeit und Steigerung des HMF-Gehaltes auf 3 mg/100 g*
(J. W. WHITE jr. u. Mitarb. 1963)

Temperatur °C	Zeit
70	5 — 14 Std
60	1 — 2,5 Tage
50	4,5 — 9 Tage
40	20 — 50 Tage
30	150 — 250 Tage
20[1]	etwa 5—7mal länger
10[1]	über etliche Jahre

[1] Die Angaben für 10 und 20° C sind nach Erfahrungen des Instituts für Honig- forschung in Bremen geschätzt.

(Abb. 9a u. b), Bildung neuer Zucker und auch Zuckerzersetzungsprodukten, andererseits aber zur langsamen Inaktivierung gewisser Fermente führen und somit auch die biologische Wirksamkeit verändern.

J. W. White jr. u. Mitarb. (1963 u. 1964) hat mitgeteilt, daß bei Lagerung eines Honigs bei Temperaturen von −20°C im Dunkeln in einem Zeitraum von 5 Jahren keine Veränderungen in meßbarem Umfang vor sich gegangen waren. Bei 0° C in einem Zeitraum von 6—12 Monaten dürften kaum merkliche Veränderungen eintreten. Beim Handel, aber auch beim Verbraucher können Lagertemperaturen von 0° C höchstens in der kalten Jahreszeit vorkommen. So niedrige Temperaturen sind auch nicht erforderlich, da die Geschwindigkeit der Veränderungen auch bei 10° C, ja selbst bei 15° C noch klein ist, so daß selbst jahrelanges Lagern erträgliche Verluste an Werten herbeiführt.

Indessen ist aus den Tab. 12 u. 13 sehr gut zu erkennen, wie erheblich die Veränderungen bei Honigen werden können, die monatelang in warmen Gebieten dieser Welt nach der Ernte lagern. Auch die Lagerung bei Verarbeitungsbetrieben wird in warmen Sommermonaten speziell im Freien, bei reichlichem Sonnenschein, hiervon betroffen, da zu der Lufttemperatur noch die Strahlungswärme hinzu kommt, die erhebliche Werte annehmen kann.

Zu den Veränderungen, die Honig beim Lagern erleidet, gehört auch die Wasseraufnahme, die bei Lagerung in offenen Gefäßen stattfinden kann. Honig befindet sich mit der umgebenden Luft im hygroskopischen Gleichgewicht, wenn die relative Feuchtigkeit etwa 56% beträgt. Bei trockenen, warmen Tagen mit wesentlich geringerer relativer Feuchtigkeit gibt Honig Wasser ab, er trocknet ein, wie z. B. beim Stehen in sehr warmen Zimmern beobachtet werden kann. Tritt Abkühlung ein, so kann die relative Luftfeuchtigkeit auf Werte bis zu 100% ansteigen und damit offenstehende Honige zur Wasseraufnahme veranlassen. An der Oberfläche des Honigs tritt Verdünnung ein, die gelegentlich das Wachstum zuckerresistenter Hefen ermöglicht und zu Gärungserscheinungen führt. Ein guter Luftabschluß ist bei der Honiglagerung auch schon deshalb erforderlich, weil Honig leicht Fremdgerüche aus der Umgebung aufnimmt. Als letzter Faktor für die Lagerveränderungen von Honig sei das Licht genannt. H. Dold u. Mitarb. (1937) haben gezeigt, daß die bakteriostatische Wirksamkeit bei Honig lichtempfindlich ist. H. Duisberg u. B. Warnecke (1959) ermittelten die Zusammenhänge zwischen Abnahme der bakteriostatischen Wirkung und Belichtung und konnten zeigen, daß die bakteriostatische Wirkung durch Licht und außerdem in ganz ähnlicher Weise wie das Ferment Invertase durch Wärmeeinwirkung im Honig inaktiviert wird. B. Warnecke u. H. Duisberg (1964) gaben technische Möglichkeiten an, die Inhibinverluste durch Licht in den Verkaufspackungen hintanzuhalten, und J. W. White jr. u. Mitarb. (1964) untersuchten die Wirkung der verschiedenen Wellenlängen bei Belichtung.

Der Einfluß der Wärme ist von zahlreichen Beobachtern untersucht worden. L. Armbruster (1933), H. W. de Boer (1930 u. 1931) und H. Gontarski (1962), sowie H. Hadorn u. K. Zürcher (1962a) beschäftigten sich mit der Wärmewirkung auf Honig. H. Duisberg (1958b) ermittelte die theoretischen Grundlagen für ein großtechnisches Honigschmelzverfahren, welches das Ziel hatte, irgendwelche erkennbaren Veränderungen des Honigs (Fermentschädigung oder dgl.) mit Sicherheit auszuschließen. Dabei war davon ausgegangen worden, daß Erwärmung auf 38°C über einige Tage hin keine ins Gewicht fallende Veränderungen des Honigs herbeiführt.

Tabelle 14. *Temperatur-Zeit-Bedingungen zur Hefe-Inaktivierung in Honig (berechnet nach Angaben von G. F. Townsend 1939). 5 bekannte Honighefen bei 18,6% Wassergehalt des Honigs. Die beiden letzten Werte sind aus der gradlinig logarithmischen Kurve berechnet*

Temperatur	°C	53		58		63		68		73
	°F	128	130	135	140	145	150	155	160	165
Zeit	min	470	170	60	22	7,5	2,8	1,0	0,4	0,1

J. E. Schade u. Mitarb. (1958b) zeigten die Veränderungen des Honigs bei Temperaturen von 35, 45 und 55°C. J. W. White jr. u. Mitarb. (1963) haben in breit angelegten Untersuchungen die bei Lagerungs- und Erwärmungsveränderungen auftretenden Gesetzmäßigkeiten herausgearbeitet. Sie kamen zu dem Ergebnis, das W. Bartels (1938) bereits aussprach, ohne damals jedoch die experimentellen Unterlagen zu besitzen: „Man kann sagen, daß die Alterungserscheinungen die-

selben sind, wie die Veränderungen, die beim Erhitzen von Honig auftreten".
Die Wirkung der Erwärmung auf Hefen vgl. Tab. 14 (G. F. TOWNSEND 1939).

2. Veränderungen in der Farbe

Honig verändert sowohl bei längerer Lagerung wie in der Wärme seinen Farbton. Er dunkelt nach. V. G. MILUM (1939) hat die Temperatur-Zeit-Beziehung ermittelt (vgl. Tab. 15). Danach ist bei langem Lagern in warmen Ländern mit einer Farbvertiefung zu rechnen, während Lagern bei 10—15°C unschädlich sein dürfte.

Tabelle 15. *Zusammenhang zwischen Farbvertiefung pro Monat und Lagertemperatur nach Angaben von* V. G. MILUM (1948) *in mm „Pfund"* mm Pfund = Färbung Standardglas des Pfund Color Grader mm Honigschichtdicke

Lagertemperatur °C	weiß oder heller	Extra hell Amber	hell Amber oder dunkler
10,5	0,024	0,024	0,024
16	0,08	0,125	0,10
21,5	0,27	0,70	0,40
27	0,90	4,0	1,50
32,5	3,0	7,7	5,0
38	10,0	14,0	11,0

3. Veränderungen der Zucker

J. W. WHITE jr. u. Mitarb. (1962) kamen bei der Prüfung des Einflusses einer zweijährigen Lagerung bei Raumtemperaturen von 23—28°C (solche Lagertemperaturen sind in südlichen Ländern normal) auf die Zucker zu folgendem Ergebnis: Eine Abnahme der Glucose (13% im Mittel) und eine Abnahme von freier Fructose (5,5% im Mittel) wurde festgestellt (Gesamtverlust 18,5% an Monosacchariden). Dem stand eine Zunahme an Maltose oder reduzierenden Disacchariden um 68% des Anfangswertes gegenüber. Auch eine relativ große Zunahme des Saccharosegehaltes und eine kleine (13%) Erhöhung der höheren Zucker sowie ein Ansteigen der nicht bestimmten Stoffe um 22% wurde beobachtet.

Eine Erhitzung für 30 min auf 55°C hatte keinen Einfluß auf die oben beschriebenen Wirkungen, höchstens eine Verminderung der Bildung höherer Zucker. Beim Lagern wurde die Zusammensetzung der Zucker komplizierter. Hohe Zuckerkonzentration und niedriges pH fördern die Reversion der Monosaccharide. Auch die Transglucosidase förderte die Bildung höherer Zucker. Eine 30 min lange Erwärmung auf 55°C reichte nicht aus, um die hier in Betracht kommenden Fermente zu inaktivieren.

Maltose. Die Zunahme erstreckt sich auf alle reduzierenden Disaccharide (Maltose, Isomaltose, Maltulose, Turanose und Nigerose. Diese Zucker werden von Honig-glucosidase synthetisiert). Der Anstieg der Disaccharide dürfte dem Hauptteil der Abnahme der Monosaccharide entsprechen.

Saccharose erreicht ihren niedrigsten Wert einige Monate nach der Ernte, verschwindet niemals vollständig und steigt später wieder ungefähr um 1% an.

Höhere Zucker entstehen durch Reversion und Transglucosidierung. J. W. WHITE jr. u. Mitarb. (1962) nennt als wahrscheinliche Bestandteile der von ihm als "not determined" bezeichneten Fraktion:

Di-fructoseanhydride, nicht reduzierende Disaccharide (mit Ausnahme der Saccharose), Kojibiose (2-0-α-D-Glucosido-D-glucose (isoliert im Honig von

T. Watanabe u. K. Aso (1959) und vielleicht Trehalose (Kojibiose und Trehalose sind vermutlich durch Glucose-Reversion entstanden).

Auch die Veränderungen nach 35jähriger Lagerung wurden an einigen Beispielen geprüft. Sie waren z. T. von gleicher Art, jedoch ausgeprägter. F. Auerbach u. E. Bodländer (1924) hatten nach 14jähriger Lagerung ein Fructose/Glucose-Verhältnis von durchschnittlich 1,40 (1,18—1,11) bestimmt, während frische Honige 1,06—1,19 ergaben. (Die reduzierenden Disaccharide sind im Glucosewert mit einbegriffen.)

Die beschriebenen Veränderungen der Zuckerzusammensetzung haben auch praktische Bedeutung: Der beträchtliche Glucoseschwund kann sowohl für die Erweichung wie auch für die teilweise Verflüssigung (das Absetzen), welches manche festen Honige bei langem Lagern zeigen, verantwortlich sein. (Das Verhältnis Glucose zu Wasser verschiebt sich unter den Sättigungspunkt der Lösung.) Ist andererseits das Verhältnis Glucose zu Wasser in Honigen zu groß, dann entsteht zunächst ein sehr harter Honig, der beim Konsumenten unbeliebt ist.

4. Sonstige Veränderungen

Die Veränderungen des Honigs durch Lagerung oder Wärme betreffen auch den Fermentgehalt (weniger die Diastase, stärker die Invertase). Über die Abnahme der Glucose-oxydase liegen genauere Angaben nicht vor.

Als letzte Wärme- und Lagerveränderung muß erwähnt werden, daß die Fructose in Gegenwart von Säure in geringem Umfang eine Umwandlung zu Hydroxymethylfurfurol erfährt, welches als analytisches Kennzeichen für die Qualitätsbeurteilung des Honigs herangezogen worden ist.

5. Gärung

Zu den Veränderungen des Honigs durch Lagerung oder Erhitzung gesellt sich die Veränderung durch Gärung, die vor allem bei unsachgemäßer Lagerung oder zu hohem Wassergehalt eintritt und vorwiegend auf Hefebefall zurückzuführen sein dürfte. Sie geht mit der Bildung von Gärungsprodukten und einer sehr nachteiligen Geschmacksveränderung einher. Gärender Honig ist unbekömmlich und gilt nach der Honig-VO als verdorben.

VI. Untersuchung von Honig (und Kunsthonig)

1. Allgemeine Untersuchungsmethoden

a) Probenahme

Bei der Probeentnahme sind zunächst die Grundsätze zu beachten, die in Bd. II/1 dieses Handbuches genauer beschrieben sind. Da bei Honig gewisse Sonderprobleme auftreten können, sollen diese, soweit die Probeentnahme darauf Rücksicht zu nehmen hat, kurz angedeutet werden. Besonders bei der Kontrolle größerer Warenpartien muß mit sehr erheblichen Schwankungen — speziell der Fermentaktivitäten innerhalb der gleichen Partie — gerechnet werden. Dieses erfordert, daß nach Herstellung der Sammelprobe jeweils genügend Material für die Untersuchung der einzelnen Proben zur Verfügung bleibt. Bei Honigen aus warmen Ländern kann weiterhin eine Wärmebeeinflussung der der Faßwandung anliegenden Randpartie vorliegen, während der übrige Teil der Ware einwandfrei ist. Bei der Untersuchung auf Verschmutzung ist darauf Rücksicht zu nehmen, daß Wachspartikelchen und dgl. Bienenbestandteile sich meistens oben in der Schaumschicht ansammeln, während äußerliche Verunreinigungen, etwa durch nicht genügende Reinigung der Behältnisse, meistens nur die Bodenschicht betreffen. Alle Proben, speziell auch aus Verkaufspackungen des Einzelhandels, sollten bis zur Untersuchung bei 0° C gelagert werden.

b) Farbmessung

Die Farbmessung des Honigs besitzt für den Handel eine gewisse Bedeutung, da der Preis gekaufter Partien mit der Einhaltung gewisser Bedingungen bezüglich der Farbe gekoppelt ist. Die Honigfarbe wird international im allgemeinen durch Farbvergleich geschmolzener Honige mit standardisierten gefärbten Gläsern (AOAC-Methoden 1960, Ziff. 29092, 29093) gemessen.

Im internationalen Handel wird vorwiegend ein von der Firma Koehler Instrument Co. Inc., New York, hergestellter Pfund-Colorgrader für die Messung benutzt, welcher die Dicke einer Honigschicht mißt, die gerade dem Farbton des Standardglases gleichkommt. Der Farbton dieses Glases ist vom Department of Agriculture, Washington (Circular 410) festgelegt. Auch der "US Department of Agriculture Honey Color Classifier" (J. W. WHITE jr. u. Mitarb. 1962), der aus einer Reihe genormter Farbgläser besteht, hinter welche jeweils Flaschen mit genormten Trüblösungen eingesetzt werden können, ist im Gebrauch. Die Honigproben werden in genormte Flaschen gefüllt und zwischen jeweils ein Paar von Standardgläsern gehalten und zur Festlegung des Farbtones mit diesen verglichen.

Diese Meßmethode ist indessen nicht sehr genau, da die verschiedenartigen Nuancen zwischen rötlichen und mehr ins grau-grün gehenden Farbtönen nur schwer mit einer Standardfärbung verglichen werden können. Von dieser Erkenntnis ausgehend wird in anderen Honigerzeugungsländern zum colorimetrischen Vergleich das Tintometer (Hersteller: Tintometer Ltd., Salisbury, England) herangezogen, welches die Vergleichsfarbe durch Vorschalten von Farbfiltern verschiedener Wellenlängen herstellt. Im Grundgedanken folgt diese Methode der von W. KUTZNER (1928) durchgeführten Messung der Lichtabsorption von Honigen bei 480 nm (blau), 580 nm (gelb), 680 nm (rot). Auch feinste, dem Auge nicht auffallende Trübungen können zur Korrektur der gefundenen Werte zwingen. Während beim Tintometer der Farbvergleich mit Hilfe der vorgeschalteten Filter durch das Auge erfolgt, kann die Farbmessung auch durch Absolutcolorimetrie mit geeigneten Colorimetern unter Vorschaltung monochromatischer Filter durchgeführt werden.

Die im internationalen Verkehr honigüblichen Farbbezeichnungen beziehen sich auf die Skala des Pfund-color-grader: 0—10 = water white, 10—20 = extra white, 20—35 = white, 35—50 = extra light amber, 50—85 = light amber, 85—115 = amber, 115—140 = dark.

c) Geruch und Geschmack

sind mit die wichtigsten Kriterien beim Einkauf sowohl zur Beurteilung einer Provenienz als auch einer bestimmten Tracht und können durch Zungentest von geübten Honigprüfern beurteilt werden. (Organoleptische Bewertungsverfahren, wie sie z. B. für Fruchtsäfte entwickelt wurden, fehlen beim Honig noch.) Bei Ungeübten kann die Unterscheidung zwischen einem Fremdaroma und dem blüteneigenen Geschmackscharakter eines Honigs zu Schwierigkeiten führen. Die gaschromatographische Aromauntersuchung von Honigen bestimmter Trachten (M. RIEDMANN u. Z. DEMIANOWICZ 1965) kann zur Beurteilung wegen der noch fehlenden Erfahrung vorläufig noch nicht herangezogen werden.

Der Geruch kann nach J. FIEHE (1926) deutlicher gemacht werden, wenn man den Honig mit reinem Gips zu einem trockenen Pulver verreibt, dieses in einem verschlossenen Glas wiederholt umschüttelt und dann in das Glas hineinriecht.

Konsistenz (vgl. allgemeine Eigenschaften).

2. Physikalische Untersuchung

a) Dichte

Die Bestimmung der Dichte im unverdünnten Honig mittels Spezialspindel (H. D. CHATAWAY 1933) oder Spezialpyknometer (W. B. NEWKIRK 1920) besitzt heute wenig praktische Bedeutung. Dagegen wird die leicht und exakt zu bestimmende Dichte verdünnter Honiglösungen vielfach zur Ermittlung der Trockensubstanz benützt ebenso wie die Refraktometerwerte (vgl. auch Bd. II/1 sowie Bd. II/2, Kapitel Kohlenhydrate).

b) Oberflächenspannung

Meßmethodik und Apparate vgl. Bd. II/1 dieses Handbuches sowie ULLMANN (1961). H. S. PAINE u. Mitarb. (1934) haben nach einer statischen Bestimmungsmethode gemessen. Hierbei erreichten sie erst nach mehrstündigem Stehen konstante Werte. Solche Verzögerungen treten besonders bei verdünnten Lösungen grenzflächenaktiver Stoffe auf.

c) Viscosität

Die Viscositätsmessung im Honig wird wegen seiner mehr oder weniger vorhandenen Strukturviscosität (Kolloidgehalt) zweckmäßigerweise mit Rotationsviscosimetern durchgeführt. Auslauf- oder Kugelfallviscosimeter liefern nur bedingt verwertbare Ergebnisse, da die gefundenen Werte nur bei normalviscosen (Newtonschen) Flüssigkeiten unbeschränkt gültig sind.

Meßmethodik vgl. Bd. II/1 dieses Handbuches sowie Ullmann (1961). Apparattypen vgl. H. Umstätter (1952).

Die Viscositätsmessung kann zur Feststellung des Wassergehaltes (H. D. Chataway 1932) und zur Ermittlung der Streichfähigkeit und der Fließeigenschaften herangezogen werden. J. A. Munro (1943) benützt hierzu das Rotationsviscosimeter nach MacMichael.

d) Lichtbrechung

Da Honig überwiegend aus Zuckern besteht und da deren Lichtbrechung sehr ähnlich ist, eignet sich die Bestimmung der Lichtbrechung des Honigs zur Bestimmung der Trockensubstanz bzw. des Wassergehaltes (vgl. auch Bd. II/2, Kapitel Kohlenhydrate).

Bei Refraktometern mit heizbaren Prismen kann die Ablesung auch bei 40°C erfolgen. F. Auerbach u. G. Borries (1924a) stellten zwischen den Brechungszahlen n bei 40° und der Dichte d_4^{20} der wäßrigen Lösungen von 20 g Honig in 100 ml folgende Beziehungen auf

bei echten Honigen . . . . $d_4^{20} = 0{,}61517 + 0{,}29993$ n

bei Kunsthonigen . . . . $d_4^{20} = 0{,}63222 + 0{,}28837$ n

Über Apparate und Meßtechnik vgl. Bd. II/1 dieses Handbuches.

e) Polarimetrie

Die Polarisation von Honiglösungen wurde früher zur Bestimmung des Rohrzuckergehaltes angewandt, wobei die Lösung vor und nach schwacher Hydrolyse mit Salzsäure (Zollvorschrift) polarimetriert wurde. Diese Methode kann auch heute noch zur Orientierung, ob unreifer Honig oder Rohrzuckerzusatz vorliegt, angewandt werden, jedoch geben die auf „Rohrzucker" berechneten Differenzen der gefundenen Polarisationswerte keineswegs den wahren Gehalt an Rohrzucker an. Bei Honigtauhonigen oder solchen mit Honigtauanteil wird z. B. auch die Melezitose durch diese Bestimmung miterfaßt. Die Mutarotation muß beachtet werden. (Ausschaltung durch 3—4stündiges Stehen, evtl. geringer Zusatz von Ammoniak oder Kochen.)

Trübe Lösungen können nach W. Bartels (1938) mit gefälltem, feucht aufbewahrten Aluminiumhydroxid geklärt werden. Bei der Anwendung der Polarimetrie zur Ermittlung der Saccharasewirksamkeit im Honig ist eine Klärung nur in seltenen Fällen erforderlich, da bei Anwendung von Quecksilberlicht (Linie 546 mμ) die Ablesungen meist auch bei ungeklärten Lösungen erfolgen können. Apparate und Meßmethodik vgl. Bd. II/1 dieses Handbuches.

f) Elektrische Leitfähigkeit

Sie wurde bei Honigen von J. Stitz u. B. Szigvárt (1932) und G. Vorwohl (1964a, b) gemessen. Die Messung erfolgt mit handelsüblichen Apparaten.

3. Chemische Untersuchung

a) Trockenmasse bzw. Wasser

Im Honig wird im allgemeinen der Wassergehalt durch Trocknung bestimmt. Dieses Verfahren ist für die normalen analytischen Zwecke gültig, da der Prozentsatz flüchtiger Stoffe — außer dem Wasser — im Honig sehr klein ist und weit unterhalb der Streuung der einzelnen Bestimmungsmethoden liegt. Für Routineuntersuchungen, aber auch für genauere Bestimmungen hat sich bei den Vergleichen mit der Bestimmung aus der Dichte und derjenigen durch Trocknen die refraktometrische Methode immer mehr als die Methode der Wahl erwiesen: F. AUERBACH u. G. BORRIES (1924a), H. D. CHATAWAY (1932), E. B. WEDMORE (1955), H. HADORN (1956). Bei der refraktometrischen Bestimmung in dunklen Honigen z. B. Buchweizen- oder Waldhonigen und sonstigen, Thixotropie zeigenden Honigen können allerdings die Standardabweichungen sich wesentlich erhöhen (vermutlich, weil die Lichtbrechung durch den erhöhten Oligosaccharidgehalt etwas höhere Werte als bei den Monosacchariden und der Saccharose annimmt). E. B. WEDMORE (1955) beziffert den Wassergehalt in solchen Honigen bis zu 0,5 % höher, als aus der Umrechnungsformel oder den Refraktometertabellen hervorgeht. Bei der refraktometrischen Bestimmung ist die Vorbereitung der Probe für die Genauigkeit entscheidend.

Nach innigem Rühren (der Mischproben, am besten bei einer relativen Luftfeuchtigkeit von 56—60%) wird die Probe in ein Röhrchen eingefüllt, so daß zwischen Verschlußkappe (Gummi oder Glasschliff) etwa 5 mm Luftpolster verbleibt. Die Verschlüsse werden durch Federn oder Gummiringe fest angedrückt und die Probe so lange bei 50—60° C gehalten, bis sie völlig klar geworden ist. Nach dem Erkalten wird geöffnet, evtl. der Schaum abgenommen und mittels Spatel aus der Mitte Honig entnommen und zwischen die Prismen des Refraktometers gebracht. Bei Temperaturen über 20° C wird zu dem abgelesenen Brechungsindex pro Grad 0,00023 addiert, bei Temperaturen unter 20° C abgezogen. Der Wassergehalt kann berechnet oder aus Tab. 16 abgelesen werden. Für Rohrzuckerlösungen ermittelte Tabellen sind nicht anwendbar. Skaleneinteilungen in Refraktometern, die sich auf Prozent Rohrzucker beziehen, müssen auf Prozent Trockensubstanz im Honig umgerechnet werden.

F. AUERBACH u. G. BORRIES (1924a) messen bei 40° C und berechnen den Wassergehalt nach einer empirisch ermittelten Formel T (Trockenmasse) = $78 + 390,7 \, (n^{40°} - 1,4768)$. E. I. FULLMER u. Mitarb. (1934) ermittelten eine Umrechnungstabelle der Brechungsindices auf Prozent Wassergehalt im Honig und verglichen die Werte mit den durch Trocknen einer Honig-Quarzsand-Mischung bei 65° C und 69—72 Torr zur Gewichtskonstanz (Gewichtsdifferenz pro Gramm eingewogener Honig nicht größer als 0,4 mg) gewonnenen Zahlen. Die Werte der Tabelle von E. I. FULLMER u. Mitarb. zeigen einen um 0,6 % höheren Wassergehalt an als die Werte der Tabelle von H. D. CHATAWAY (vgl. unter Wasserbestimmung nach KARL FISCHER).

H. D. CHATAWAY (1935) stellte auf Grund sehr umfangreicher Meßreihen

Tabelle 16. *Zusammenhang zwischen dem Brechungsindex n_{20} und dem Wassergehalt von Honig*
(nach E. I. FULLMER u. Mitarb. 1934)

Brechungs-index 20° C	% Wasser	Brechungs-index 20° C	% Wasser
1,4855	21,0	1,4970	16,4
1,4860	20,8	1,4975	16,2
1,4865	20,6	1,4980	16,0
1,4870	20,4	1,4985	15,8
1,4875	20,2	1,4990	15,6
1,4880	20,0	1,4995	15,4
1,4885	19,8	1,5000	15,2
1,4890	19,6	1,5005	15,0
1,4895	19,4	1,5010	14,8
1.4900	19,2	1,5015	14,6
1,4905	19,0	1,5020	14,4
1,4910	18,8	1,5025	14,2
1,4915	18,6	1,5030	14,0
1,4920	18,4	1,5035	13,8
1,4925	18,2	1,5040	13,6
1,4930	18,0	1,5045	13,4
1,4935	17,8	1,5050	13,2
1,4940	17,6	1,5055	13,0
1,4945	17,4	1,5060	12,8
1,4950	17,2	1,5065	12,6
1,4955	17,0	1,5070	12,4
1,4960	16,8	1,5075	12,2
1,4965	16,6	1,5080	12,0

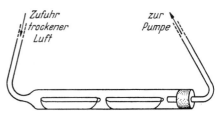

Abb. 14. Trockenröhre mit Glasschiffchen

eine Umrechnungstabelle der Brechungsindices in Prozent Wassergehalt auf, die von
E. B. Wedmore (1955) für hohe und sehr niedrige Wassergehalte einer begründeten
Korrektur unterzogen wurde. Die Werte zwischen 16 und 20 % sind ungeändert
geblieben (AOAC-Methoden 1960, Ziff. 29096).

E. B. Wedmore rechnete die von H. D. Chataway (1935) aufgestellte Tabelle
um, da aus mathematischen und statistischen Überlegungen eine bessere Übereinstimmung speziell der sehr hohen und sehr niedrigen Wasserwerte erreicht werden
konnte. Er benutzte die Umrechnungsformel

$$\text{Wassergehalt} = \frac{1{,}73190 - \log{(n^{20°} - 1)}}{0{,}002243}$$

Zum Vergleich der gefundenen Werte wurde von den meisten Autoren (E. I.
Fullmer u. Mitarb. 1934; H. D. Chataway 1935; E. B. Wedmore 1955; H. Hadorn 1956) die Trocknungsmethode in verschiedenen Variationen herangezogen,
welche für Honig von F. Auerbach u. G. Borries (1924a) ausgearbeitet worden
ist.

Arbeitsvorschrift: Kleine Glasschiffchen (72 mm lang, 20 mm breit, 10 mm hoch; Abb. 14)
werden mit 5 g gereinigten, lufttrockenen Tontellerstücken beschickt, in ein Wägeröhrchen
gebracht, gewogen, sodann in die Trockenvorrichtung überführt und in diesem im trockenen
Luftstrome bei 65° C bis zum gleichbleibenden Gewicht getrocknet, wobei die Schiffchen jedesmal unmittelbar nach dem Herausnehmen aus der Röhre sofort in Wägeröhrchen übergeführt,
durch die eingeschliffenen Glasstopfen von der Luft abgeschlossen und im Exsiccator zum Erkalten belassen werden (mindestens 1 Std).
Zur Herstellung der Honiglösung wägt man etwa 5 g der vorsichtig (im Wasserbad bei
höchstens 50° C im verschlossenen Gefäß) geschmolzenen und gut durchgemischten Honigprobe in einem gewöhnlichen verschlossenen Wägeglas genau ab, läßt aus einer Pipette 5 ml
Wasser zufließen und wägt abermals. Durch vorsichtiges Umschwenken, wobei der Glasstopfen
von der Honiglösung möglichst nicht benetzt werden soll und schließlich mit Hilfe eines Glasstabes mischt man gründlich. Von dieser Lösung läßt man auf die gewogenen, getrockneten
Tonstückchen in den Glasschiffchen mittels eines Glasrohres oder einer Pipette etwa 1 ml
schnell in der Weise zutropfen, daß die Lösung möglichst gleichmäßig verteilt wird, verschließt
das Schiffchen sofort im Wägeglas und wägt. Dabei ist rasches Arbeiten unbedingt erforderlich,
um Wasserverdunstung vor der Wägung zu vermeiden. Nach dem Wägen stellt man die gefüllten Glasschiffchen zunächst zum Vortrocknen 4—5 Std unmittelbar in den auf 65° C angeheizten Trockenschrank, wobei bereits der größte Teil des Wassers verdunstet; dann bringt
man je zwei Schiffchen in eine Röhre und saugt unter Erwärmung im Trockenschrank in der
beschriebenen Weise Luft durch. Nach 3—4 Std werden die Schiffchen herausgenommen, sofort
in den Wägeröhrchen verschlossen, im Exsiccator abgekühlt und gewogen. Beträgt nach nochmaligem 1—1½stündigem Trocknen die Gewichtsabnahme nicht mehr als 0,5 mg, so kann die
Trocknung als beendet angesehen werden. Die Methode ist zeitaufwendig, gibt indessen sehr
genaue reproduzierbare Werte. Für Routineanalysen genügt die Variante der AOAC-Methoden
(1960) Ziff. 29094.

Bereits F. Auerbach u. G. Borries (1924a) hatten mitgeteilt, daß die Dichte
von Honiglösungen (20 g Honig zu 100 ml bei 20° C) zum Brechungsindex $n^{20°}$ in
einer gesetzmäßigen Beziehung steht, so daß nach beiden Methoden der Wassergehalt ermittelt werden kann. Der Wassergehalt errechnet sich aus der Dichte
nach der Formel

$$T = \frac{d - 0{,}99823}{0{,}00076763} = 1302{,}7 \cdot (d - 0{,}99823)$$

Sehr bequem zu berechnen aus der Dichte ist der Wassergehalt nach der Formel
des Schweizerischen Lebensmittelbuches (20 g Honig zu 100 ml bei 20° C)

$$\text{Trockenmasse T in } \% = 1300{,}4 \cdot (d_{20}^{20} - 1)$$

Der Wassergehalt kann auch aus der allgemein benutzten Tabelle von J. Grossfeld (Tab. 17), welche auf die Dichte d_4^{20} berechnet ist, abgelesen werden.

Aus dem Wassergehalt läßt sich bei Blütenhonigen aus der Tabelle von H. D. Chataway
(1932) auch die Viscosität annähernd ablesen.

Die *Karl-Fischer-Titration* ist von E. ABRAMSON (1953) mit der refraktometrischen Methode nach den AOAC-Methoden verglichen worden und ergab im Durchschnitt von 46 schwedischen Honigen etwa 0,6 % Wasser mehr als aus den refrakto-

Tabelle 17. *Berechnung der Trockenmasse von Bienenhonig aus der Dichte der wäßrigen Lösung 1 : 5 bei 20° C (nach J. GROSSFELD 1927)*

$$(d_4^{20} = d_{20}^{20} \cdot 0{,}9823)$$

Dichte (20 g in 100 ml)	Trockenmasse %	Dichte (20 g in 100 ml)	Trockenmasse %	Dichte (20 g in 100 ml)	Trockenmasse %	Dichte (20 g in 100 ml)	Trockenmasse %
1,0550	73,95	1,0576	77,34	1,0602	80,73	1,0628	84,12
1	74,08	7	47	3	86	9	25
2	21	8	69	4	99	630	38
3	34	9	73	5	81,12	1	51
4	47	580	86	6	25	2	64
5	61	1	99	7	38	3	77
6	74	2	78,12	8	51	4	90
7	87	3	25	9	64	5	85,03
8	75,00	4	38	610	77	6	16
9	13	5	51	1	90	7	29
560	26	6	64	2	82,03	8	42
1	39	7	77	3	16	9	55
2	52	8	90	4	29	640	68
3	65	9	79,03	5	43	1	81
4	78	590	16	6	56	2	94
5	91	1	29	7	69	3	86,07
6	76,04	2	42	8	82	4	20
7	17	3	55	9	95	5	33
8	30	4	68	620	83,08	6	46
9	43	5	82	1	21	7	59
570	56	6	95	2	34	8	72
1	69	7	80,08	3	47	9	85
2	82	8	21	4	60	650	98
3	95	9	34	5	73		
4	77,08	1,0600	47	6	86		
5	21	1	60	7	99		

metrischen Werten (abgelesen nach der Tabelle von H. D. CHATAWAY) ermittelt. Die Wassergehalte nach KARL FISCHER stimmen somit mit den Werten der Tabelle nach E. I. FULLMER u. Mitarb. (vgl. oben) überein.

b) Mineralstoffe und Spurenelemente
(vgl. Bd. II/2)

c) Säuren

Die der Honig-VO zugrunde liegende Bestimmung des Säuregehaltes wird in folgender Weise ausgeführt:

Die Lösung von 10 g Honig in 50 ml Wasser wird mit 0,1 n-Kalilauge titriert, bis ein Tropfen der Lösung empfindliches Lackmuspapier nicht mehr rötet. Der Gehalt an freier Säure wird in mval (= ml n-Lauge) für 100 g Honig angegeben. (Der vielfach vorgeschlagene Indicator Phenolphthalein ist ungeeignet.)

Die Bestimmung besitzt konventionellen Charakter, gibt jedoch keine Auskunft über den wahren Säuregehalt (vorwiegend an Gluconsäure), der im Wechselspiel mit dem Lactongehalt des Honigs steht (J. W. WHITE jr. u. Mitarb. 1958).

Bestimmung der freien Säure, der Gesamtsäure und der Lacton-Acidität
(nach J. W. WHITE jr. u. Mitarb. 1962)

Arbeitsvorschrift: Die Titration wird mit einem pH-Meter, welches vorher bei pH 4 und pH 8 geeicht wurde, ausgeführt. Erforderlich sind 10 ml-Mikrobüretten mit ausgezogener

Spitze für 0,05 n-HCl und 0,05 n-Natronlauge. 10 g Honig werden in einem 250 ml-Becherglas mit 75 ml kohlensäurefreiem dest. Wasser vermischt und mit einem Magnetrührer gerührt. Die Elektroden des pH-Meters werden in die Honiglösung eingetaucht, und das Anfangs-pH wird gemessen. Sodann wird mit 0,05 n-Natronlauge titriert (die einzelnen Tropfen sollen rasch hintereinander in die Lösung gelangen [5 ml/min]). Der Zufluß wird gestoppt, wenn pH 8,5 erreicht ist. Sodann werden sofort mittels Pipette 10 ml 0,05 n-Natronlauge zugefügt; anschließend wird sofort mit 0,05 n-Salzsäure aus der 10 ml-Bürette zurücktitriert, bis das pH von 8,3 erreicht ist. Die Anzahl ml-Natronlauge, die aus der Bürette bis zum pH 8,5 zugefügt wurde minus Blindwert entspricht dem Gehalt an freier Säure; die Differenz 10 ml minus verbrauchte ml 0,05 n-HCl ist ein Maß für den Lactongehalt. Die Summe von freier Säure und Lactongehalt ergibt die Gesamtsäure. Alle Werte werden in mval/kg Honig berechnet. Die angegebene Titrationsgeschwindigkeit ist so schnell, wie mit einer annehmbaren Reproduzierbarkeit verträglich ist. Die Titration auf pH 8,5 ist äquivalent dem Bestehenbleiben einer Rosafärbung für 10 sec bei Zusatz von Phenolphthalein, während in der gleichen Zeit der pH-Wert auf 8,3 fällt.

d) Aminosäuren

Der Gesamtgehalt kann durch die *Formoltitration* nach J. Tillmans u. J. Kiesgens (1927) ermittelt werden. Ein sehr bequemes Verfahren ist im Anschluß an die Säure-Lactonbestimmung nach J. W. White jr. nach dem Schweizerischen Lebensmittelbuch (1963) möglich.

Arbeitsvorschrift: Die auf pH 8,3 titrierte Lösung wird auf pH 8,0 eingestellt. Dann werden 15 ml neutralisierte (auf pH 8 eingestellte [Glaselektrode]) ca. 35%ige Formalinlösung zugegeben. Das pH sinkt und wird nach 1 min mit 0,05 n-Natronlauge langsam auf pH 8 zurücktitriert. Der Laugenverbrauch, umgerechnet in n-Natronlauge pro 100 g Honig, entspricht der Formolzahl.

Die *einzelnen Aminosäuren* können nach S. Maeda u. Mitarb. (1962) durch Chromatographie an Ionenaustauschersäulen von Amberlite IR-120 getrennt und durch die Farbreaktion mit Ninhydrin bestimmt werden. (Die Autoren fanden 50—60% Prolin.) A. Komamine (1960) ermittelte bei ähnlicher Untersuchungsmethode in einem finnischen Honig 45%, bei Importhonig bis zu 80% Prolin.

e) Kohlenhydrate

Mit der Erkenntnis, daß neben den seit langem bekannten Zuckerkomponenten Glucose, Fructose, Saccharose und gegebenenfalls Melezitose eine Anzahl weiterer Zucker im Honig — wenn auch teilweise nur in geringer Menge — sich vorfinden, ging eine Wandlung der Analysenmethodik der Zucker im Honig parallel. Bei den modernen Methoden wird das Zuckergemisch zunächst in Fraktionen oder sogar in Einzelkomponenten aufgetrennt, welche dann identifiziert und im einzelnen bestimmt werden.

α) Papierchromatographischer Nachweis der Zucker

Allgemeine Übersicht über Technik, Fließmittel, Behandlung zur Sichtbarmachung der Zucker, Störfaktoren usw., vgl. Bd. II/2. Für Honig ist die Rundfilterchromatographie nach M. Potterat (1956) und H. Hadorn (1958) als qualitative Vorprüfung auf die anwesenden Zucker einfach und leicht ausführbar.

Arbeitsvorschrift (Schweizerisches Lebensmittelbuch, Ringbuchfassung 1963):

Reagentien:
Fließmittel. n-Propanol-Äthylacetat-Wasser (65+10+25 Vol.)
Sprühreagens nach Buchmann und Savage:

4% Anilin in 95%igem Alkohol	5 Vol.-Teile,
4% Diphenylamin in 95%igem Alkohol	5 Vol.-Teile,
konz. sirupöse Phosphorsäure	1 Vol.-Teil.

Filtrierpapier Schleicher und Schüll Nr. 2043b.

Apparaturen:
Petrischalen, 27 cm ∅.
Mikropipette.
Sprühvorrichtung (welche möglichst unter kontinuierlichem, regelbarem, leichten Überdruck arbeitet, um einen möglichst gleichmäßigen feinen Spray zu erzeugen).

Ausführung der Prüfung

Bereitung der Honiglösung. 1,0 g Honig werden in einem 25 ml-Becherglas abgewogen, in wenig Wasser gelöst und in einem graduierten Reagensglas auf 5,0 ml verdünnt (1 μl enthält 0,2 mg Honig).

Vergleichszucker-Lösungen von Fructose, Glucose, Saccharose, Maltose, Melezitose. In analoger Weise werden Vergleichszuckerlösungen hergestellt, die im μl von jeder Zuckerart einzeln 20 μg enthalten. Meistens genügt eine Vergleichszuckerlösung, die obige fünf Zuckerarten als Mischung enthält. Zur sicheren Lokalisierung der einzelnen Flecken empfiehlt es sich jedoch, auf einzelnen Sektoren nur eine Zuckerart aufzutragen.

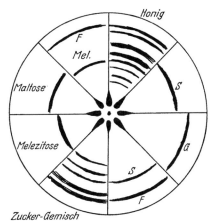

Abb. 15. Rundfilter-Chromatogramm der Honigzucker (nach POTTERAT)

Zuschnitt des Papiers. Ein Filtrierpapierbogen von 30×30 cm wird sorgfältig derart zusammengefaltet, daß acht gleich große Sektoren entstehen. Mittels Locher und Schere wird das Papier so zugeschnitten, daß auf jedem Sektor ca. 15 mm vom Zentrum entfernt eine 2 mm breite Brücke entsteht (vgl. Abb. 15).

Auftragen der Honiglösung. Auf jedem Sektor trägt man eine Honiglösung oder eine Vergleichszuckerlösung (mit nur einer oder mehreren Zuckerarten) auf. Mittels Pipette werden 5—10 μl (entsprechend 1—2 μg Honig) portionsweise unter Zwischentrocknung mit einem Föhn auf die Brücke aufgetragen. Es ist darauf zu achten, daß am Schluß die aufgetragenen Flecken nicht vollständig zu einer glasigen Masse eintrocknen, weil die Zucker sonst vom Fließmittel nicht mehr gut gelöst werden. Die Flecken dürfen auch nicht über die Brücke hinaus in den äußeren Teil der Sektoren hinausragen. Von den Vergleichslösungen werden auf andere Sektoren bekannte Mengen aufgetragen. Als optimal erwiesen sich pro Sektor 100 μg von jeder Zuckerart. (Um die Zuckermengen im Honig abschätzen zu können, müssen die Mengen der Vergleichszucker auf verschiedenen Sektoren variiert werden.)

Entwickeln des Chromatogramms. Das Papier wird zwischen zwei Petrischalen von je 27 cm ⌀ gelegt. In der Mitte der unteren Schale befindet sich eine kleine Petrischale (ca. 8 cm ⌀) mit dem Fließmittel. Mit einem Docht aus zusammengerolltem Filtrierpapier, den man in ein Loch von 3—4 mm ⌀ im Zentrum des sternförmigen Teiles steckt, wird das Fließmittel zum Chromatogramm geleitet. Es wird während 14—18 Std (am besten über Nacht) bei möglichst konstanter Temperatur entwickelt, indem man das Fließmittel an dem zwischen den Petrischalen herausragenden Rand des Filters verdunsten läßt. Das Papier wird im Abzug getrocknet und auf beiden Seiten gleichmäßig mit dem Sprühreagens besprüht. Anschließend wird während ca. 5 min im Trockenschrank bei 100° C erhitzt, bis die Flecken deutlich zum Vorschein kommen. Der Untergrund soll sich nicht zu stark verfärben.

Auswertung. Die Methode gibt Aufschluß über die in einem Honig enthaltenen Zuckerarten. Die Flecken erscheinen in folgender Reihenfolge (von außen nach innen): Fructose, Glucose, Saccharose, Maltose, Melezitose. Es folgen nach innen meistens einige noch nicht charakterisierte Oligosaccharide. Abb. 15 zeigt ein fertiges Chromatogramm. Durch Auftragen bekannter Mengen von Vergleichszuckerlösungen auf andere Sektoren des gleichen Chromatogramms lassen sich die im Honig enthaltenen Mengen der einzelnen Zuckerarten abschätzen, was in vielen Fällen für die Beurteilung des Honigs bereits genügt.

Auch andere Varianten sind erprobt (K. TÄUFEL u. R. REISS 1952). Speziell für Honig ist auch von J. W. WHITE jr. u. J. MAHER (1954a) die absteigende Papierchromatographie (n-Butanol-Pyridin-Wasser [3:1:1,5] mit Benzidin-Citronensäure-Sprühreagens und anderen Farbreagentien) zur Kontrolle seiner Kohlesäuleneluate angewandt worden (vgl. J. W. WHITE jr. u. J. MAHER 1954b).

β) Quantitative Papierchromatographie der Honigzucker

(Vgl. Schweizerisches Lebensmittelbuch 1963): Absteigende Papierchromatographie, p-Anisidin-Sprühreagens und direktphotometrische Auswertung mit dem

Leukometer. Auswertung anhand von Vergleichszucker-Chromatogrammen. Die Methode erfordert einige Übung und Erfahrung und ist zeitaufwendig. Auch bei sorgfältigem Arbeiten muß man mit größeren Streuungen rechnen, so daß die Resultate den Charakter einer quantitativen Schätzung tragen.

γ) Quantitative Bestimmung der Zucker durch Fraktionierung an Kohlesäulen
(J. W. White jr. u. J. Maher 1954 a, b; AOAC-Methoden Ziff. 29107—29116 1960; J. W. White jr. u. Mitarb. 1962)

Durch Adsorption der Zucker der Honiglösung an Tierkohle und anschließende Elution mit 1—2 %ig., 7—9 %ig. und 50 %ig. Alkohol gelingt die Auftrennung in Monosaccharide, Disaccharide und höhere Zucker. Hierdurch wird die Beeinflussung der Glucose- und Fructosebestimmung durch Disaccharide ausgeschaltet.

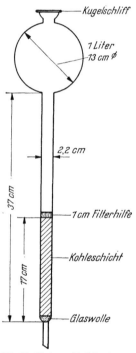

Abb. 16. Säule zur Fraktionierung der Zucker an Kohle

Durch Elution mit fortschreitenden höheren Alkoholkonzentrationen, der die Analyse der einzelnen Zucker folgt, gelingt die Trennung der einzelnen Monosaccharide, des Rohrzuckers, der reduzierenden Disaccharide (als Maltose berechnet), der Trisaccharide und höheren Zucker (als Kollektiv nach Hydrolyse). Die Melezitose kann nach Invertasewirkung in einem aliquoten Teil der Fraktion B oder C bestimmt werden.

Die Methode erfordert Einarbeitung. Vorherige Überprüfung der Adsorptionseigenschaften der verwandten Kohlesorten mit Testzuckern und genaue Einhaltung der Arbeitsbedingungen ist notwendig. Sie ist gegenwärtig die einzige Methode, die eine genaue quantitative Bestimmung des Honigzucker-Spektrums gestattet.

Vorbereitung und Standardisierung der Kohlesäulen. Maße der Säulen: Äußerer Durchmesser 22 mm, Länge 370 mm (bis zum Kugelansatz), oben Kugelansatz (1 l Inhalt), Durchmesser 13 cm (die Glasstärke muß so gewählt werden, daß man Druckluft (2—2,5 atü) oben auf die Säule geben kann; vgl. Abb. 16). Adsorptionsmittel (Aktivkohle Darco G 60 im Verhältnis 1:1 mit Filterhilfsmittel Celite 545 oder Dicalite 4200[1]).

Stopfe einen Pfropf aus Glaswolle unten in die Säule, feuchte ihn von unten an und fülle von oben etwa 23—26 cm hoch Adsorptionsmittelgemisch in die trockene Säule, evakuiere unter leichtem Klopfen, so daß eine Füllhöhe von 17 cm erreicht wird. Entferne überschüssige Kohle von den Wänden der Kolonne und überdecke die Kohlefilterschicht mit einer Schicht von Filterhilfsmittel unter leichtem Andrücken (Schichthöhe 1—1,5 cm); wasche die Kolonne mit 500 ml Wasser und 250 ml 50%igem Alkohol und lasse über Nacht mit 50%igem Alkohol bedeckt stehen. Die Durchlaufgeschwindigkeit soll etwa 5,5—8 ml/min mit Wasser betragen bei einem Überdruck von 1,8 atü Preßluft. Kleinere Durchlaufgeschwindigkeiten verzögern die Analyse.

Die folgende alternative Feuchtpackungsmethode erhöht die Durchlaufgeschwindigkeit der Kolonne. Man gebe den Glaswollpfropf unten in die Säule und schichte 10 mm trockene Filterhilfe darüber. Dann füge man bei offenem Ausfluß eine Suspension von 18 g Adsorptionsmittelgemisch in 200 ml Wasser in die Kolonne. Dann 5 min wende man 0,9 atü Druckluft an, bis die Kohleoberfläche stabilisiert ist. Dann erhöhe man den Druck auf 1,9 atü, sauge anschließend die über 17 cm Höhe in der Säule befindliche Kohlemischung ab, überschichte wie oben mit Filterhilfsmittel und wasche die Kolonne wie bei der ersten Füllmethode.

Der Alkoholgehalt der Elutionslösungen muß der Adsorptionskraft der Kohlemischung angepaßt werden. Wasche die Kolonne alkoholfrei mit 250 ml Wasser, gib 10,0 ml einer Lösung, welche in 10 ml genau 1,000 g wasserfreie Glucose enthält, unter Saugen hinzu, ohne die Ober-

---

[1] Bezugsquellen: Darco G 60: Darco Corporation, New York.
Celite 545: Johns Manville, New York.
Dicalite 4200: Great Lakes Carbon Corp., New York.

fläche trocken werden zu lassen. Gib 300 ml Wasser auf die Säule und vertausche das Vakuum mit Überdruck (2,1 atü maximal). Das Eluat wird in fünf gewogenen Bechergläsern in Portionen von 50 ml gesammelt. In die erste Fraktion werden die 10 ml Flüssigkeit der Probenlösung eingeschlossen. Die Kolben werden auf dem Dampfbad vom Wasser befreit, dann im Vakuumtrockenschrank bei 89—100° C getrocknet und gewogen.

Dekantiere das über der Kohleschicht in der Kolonne zurückgebliebene Wasser, schicke 50 ml 5%igen Alkohol und dann 250 ml Wasser durch die Kolonne und wiederhole die Chromatographie, indem 1,000 g wasserfreie Glucose in 10 ml 1%igem Alkohol gelöst, aufgegeben wird, behandle dann mit 250 ml 1%iger Alkohollösung wie oben. Wiederhole die Chromatographie falls nötig mit 2%igem Alkohol, um als Elutionsmittel A diejenige Mischung herauszufinden, die die Glucose mit 150 ml entfernt.

Wasche die Kolonne mit 250 ml Wasser und dann mit 20 ml 5%igem Alkohol. Sodann gib auf die Kolonne eine Lösung von 100 mg Maltose und 100 mg Saccharose in 10 ml 5%igem Äthylalkohol. Eluiere *wie oben* mit 250 ml 5%igem Alkohol und bestimme den Rückstand der 50 ml-Portionen des Filtrats. Wiederhole das Vorgehen falls nötig unter Verwendung von 7, 8 und 9%igem Alkohol, um das geeignete Elutionsmittel B zu finden, welches in 200 ml mindestens 98% der Disaccharide eluiert.

Das Elutionsmittel A darf die Disaccharide nicht extrahieren. Kombinationen, die bei verschiedenen Aktivkohlen befriedigende Resultate gaben, sind 1,7, 2,8, 2,9%. Zum Schluß lasse 100 ml 50%igen Alkohol durch die Säule laufen und lasse sie unter einer Schicht von 50%igem Alkohol stehen.

Fraktionierung. Wasche die Kolonne mit 250 ml Wasser und dekantiere das Überstehende. Lasse 20 ml Elutionslösung A durch die Kolonne laufen und verwirf das Eluat. Löse 1 g der Probe in 10 ml des Elutionsmittels A in einem 50 ml-Becherglas und überführe die Lösung unter Verwendung eines Trichters mit langem Hals in die Säule. Spüle Becherglas und dann den Trichter mit insgesamt 15 ml Lösung A quantitativ in die Kolonne.

Sammle das gesamte Eluat, beginnend mit der Aufgabe der Honiglösung, in einem 250 ml-Meßkolben; gib 250 ml Lösungsmittel A auf die Säule und sammle, bis genau 250 ml im Meßkolben erreicht sind (Fraktion A = Monosaccharide).

Den Überschuß an Lösungsmittel A dekantiert man aus der Kolonne (durch Absaugen mit einer Pipette), gibt sodann 265—270 ml Lösung B oben in die Kolonne und sammelt 250 ml in einem Meßkolben (Fraktion B = Disaccharide).

Der Überschuß an Lösungsmittel über die Kohlesäule wird dekantiert und 110 ml Lösungsmittel C (50%iger Alkohol) aufgegeben. Vom Eluat werden genau 100 ml in einen Meßkolben gesammelt (Fraktion C = höhere Saccharide). Nach achtmaligem Gebrauch wird die Füllung ausgewechselt.

Aufarbeitung der einzelnen Fraktionen. Die Arbeitsvorschriften zur Bestimmung der Zucker in den einzelnen Fraktionen nach J. W. WHITE jr. sind in den AOAC-Methoden (1960) unter folgenden Ziffern beschrieben: Fructose 29110 und 29111, Glucose 29112 und 29113, reduzierende Disaccharide als Maltose 29114, Rohrzucker 29115, höhere Zucker (Dextrin) 29116. Die zur Zuckerbestimmung benutzte Methode von Shaffer-Somogyi vgl. Ziff. 29055, 29056 und 29057.

Anmerkung. Für genaue Analysen müssen die Shaffer-Somogyi-Werte innerhalb 0,04 ml übereinstimmen. Die Eichung des ganzen Verfahrens einschließlich der Kolonne durch Mischungen von Glucose, Fructose, Saccharose, Maltose und Raffinose bekannter Zusammensetzung wird empfohlen. Die Trennschärfe der Kolonne wird kontrolliert durch Papierchromatographie der Fraktionen A, B, C nach AOAC-Methode Ziff. 29119.

Die von J. W. WHITE jr. u. Mitarb. (1962) auf breitester Ebene erprobte und abgesicherte, sowie an 500 Honigen angewandte Chromatographie an Kohlesäulen ist die zuverlässigste Bestimmungsmöglichkeit für Glucose, Fructose, Rohrzucker, Maltose und Melezitose in dem komplizierten Zuckergemisch Honig und nimmt trotz ihres Zeitaufwandes in der Honiganalytik den Rang einer Standardmethode ein.

Die Bestimmung der einzelnen Zucker im Anschluß an die Fraktionierung an Kohlesäulen kann auch nach den in Bd. II/2 beschriebenen Methoden erfolgen.

δ) Andere Bestimmungsmethoden für einzelne Zucker

Die Bestimmung der Monosaccharide, aber auch der Saccharose mit den für andere Zuckermischungen üblichen chemischen oder polarimetrischen Verfahren kann beim Honig wegen seiner sehr komplexen Zusammensetzung zu fehlerhaften Werten führen, weil die Methoden nicht spezifisch genug für die einzelnen Zucker sind.

Glucose (enzymatisch). Einzelheiten vgl. Bd. II/2 dieses Handbuches sowie H. U. Bergmeyer (1962). Eine quantitative Schnellbestimmung kann mit Hilfe von Glucose-oxydase ausgeführt werden, wenn die störende a-Glucosidase bei der Bestimmung inaktiv ist. J. W. White jr. (1964) hat ein amerikanisches Handelspräparat (Glucostat der Fa. Calbiochem., Los Angeles, USA) vergleichend mit der Chromatographie an Kohle überprüft und eine für die Praxis gute Übereinstimmung der Ergebnisse festgestellt, während ein anderes Glucose-oxydasepräparat in Verbindung mit Tris-Puffer noch genauere Werte (0,27 % höher) als die Chromatographie an Kohle ergab.

Fructose. Die Bestimmung durch Polarimetrie bei 20° C und 87° C ergibt Annäherungswerte, da auch andere Zucker kleine Temperaturdifferenzen zeigen (J. W. White jr. 1952; C. Ricciuti u. G. Maher 1952 nach R. F. Jackson u. J. A. Mathews und W. D. Chase 1932). Sie ist bei vorhandener Heizeinrichtung zum Polarimeter mit wenig Arbeitsaufwand durchführbar.

Arbeitsvorschrift (AOAC-Methoden Ziff. 29 021b, 29 100d, 29 100b und 29 104): 26,0 g Honig mit 5 g gefälltem feuchten Aluminiumhydroxid zur Marke (100 ml) auffüllen, filtrieren, nach Ablauf der Mutarotation im 200 mm-Rohr bei 20° C und bei 87° C polarimetrieren. Ablesung mit 1,0315 multiplizieren und vom Wert bei 20° C abziehen. Differenz mit 2,3919 multiplizieren. Man erhält g Fructose im Normalgewicht (26 g) Honig.

Scheinbare Saccharose (als orientierende Vorprüfung auf erhöhten Rohrzuckergehalt [unreifer Honig] oder Rohrzuckerzusatz) anwendbar. Erhält man normale Werte, so sind diese noch nicht stichhaltig für „Reife" oder „nicht erfolgtem Rohrzuckerzusatz". Die Bestimmung ist in Verbindung mit einem qualitativen Papierchromatogramm auszuführen:

a) durch Inversionspolarisation einer 10%igen Honiglösung (nach der Zollvorschrift. P. Lehmann u. H. Stadlinger 1916).

b) nach M. Potterat u. H. Eschmann (1954) nach schwacher Hydrolyse der salzsauren Lösung komplexometrisch bestimmen (vgl. Bd. II/2). Differenz, als Invertzucker berechnet, $\times$ 0,95 = scheinbare Saccharose. Die Bestimmung läßt nur dann auf erhöhten Rohrzuckergehalt schließen, wenn zuvor durch Papierchromatogramm oder Dünnschichtchromatogramm die Abwesenheit von Melezitose oder wesentlicher Anteile von Oligosacchariden ausgeschlossen ist oder zumindest abgeschätzt werden kann.

ε) Bestimmung der Saccharose und Melezitose im Honig
(nach Th. von Fellenberg 1937)

Bei dieser Arbeitsweise werden die direkt reduzierenden Zucker durch Kochen mit Kupfersulfat und Natronlauge zerstört und die unverändert bleibenden Zucker Saccharose und Melezitose nach Inversion bestimmt. Durch Saccharase wird die Saccharose, durch Salzsäure werden Saccharose und Melezitose invertiert: die Differenz, mit 1,43 multipliziert, ergibt die Melezitose.

ζ) Stärkedextrin (qualitative Vorproben)

Ein Verfahren von J. Fiehe (1909) beruht darauf, daß Honigdextrine bei Anwesenheit von Salzsäure durch Alkohol nicht gefällt werden, wohl aber die Stärkedextrine.

Die Lösung von 5 g Honig in 10 ml Wasser wird mit 0,5 ml einer 5%igen Tanninlösung geklärt und filtriert. Ein Teil des Filtrates wird nach Zugabe von je zwei Tropfen Salzsäure (d = 1,19) auf jedes ml Lösung mit der zehnfachen Menge absoluten Alkohols gemischt. Durch das Auftreten einer milchigen Trübung wird die Gegenwart von Dextrinen des Stärkezuckers oder Stärkesirups angezeigt.

Bei Vergleich von 5 ml 20%iger Honiglösung (Zusatz: 0,25 ml 0,1 n-Jodlösung) mit derselben Menge Jodlösung in Wasser zeigt braunrote Farbe oder rote Farbe die Anwesenheit
von Stärkedextrin an; in zweifelhaften Fällen entfernt man das Eiweiß vorher mit Phosphormolybdänsäure (Schweizerisches Lebensmittelbuch 1963, Ringbuchfassung; Th. v. Fellenberg 1928).

Durch Papierchromatographie; Farbreagens: Anilin-Diphenylaminphosphat nach AOAC-
Methoden Ziff. 29117—29119. Hierbei sind 5% Stärkesirup an der blauen Farbe der Malto-
dextrinflecken zu erkennen, während Honigdextrine graue oder braune Flecke ergeben.

Eine ungefähre Schätzung des Anteils an *Stärkesirup* (commercial glucose) ist durch Polarimetrie der invertierten Lösung bei 20 und 87° C möglich (AOAC-Methode Ziff. 29120). Bilde
die Differenz zwischen den Werten bei 87° C und 20° C, multipliziere mit 77 und dividiere die
gefundene Zahl durch die % Invertzucker, die sich nach der Inversion ergeben. Dieser Quotient,
multipliziert mit $\frac{100}{26,7}$ ergibt % Honig in der Mischung.

$$100\% - \% \text{ Honig} = \% \text{ Stärkesirup.}$$

η) Honigdextrine

werden nach den AOAC-Methoden (1960) (Ziffer 29106) durch Fällung mit
Alkohol und Wägen der getrockneten Fällung bestimmt. In dieser Fällung werden
reduzierende Zucker und Saccharose bestimmt und vom Gewicht der Fällung abgezogen. Die Differenz entspricht den Dextrinen.

f) Erhitzungsnachweis, Nachweis von Kunsthonig

Qualitative Vorprobe (J. Fiehe 1908): Energisches dreimaliges Anreiben von 5 g Honig
mit je 5 ml peroxidfreiem Äther und Betupfen des Trockenrückstandes der in einem Eierbecher
gesammelten Ätherauszüge mit frisch bereiteter 1%iger Resorcin-Salzsäure-Lösung (d = 1,19).
Rotfärbung steigenden Grades zeigt steigenden Gehalt an Hydroxymethylfurfurol (HMF) an.

Für die *quantitative Bestimmung* hat sich die Methode von O. Winkler (1955) fast allgemein durchgesetzt.

Arbeitsvorschrift: Reagentien: Barbitursäure-Lösung: 500 mg bei 105° C getrocknete Barbitursäure werden mit etwa 70 ml Wasser in ein 100 ml-Meßkölbchen gespült, durch Erwärmen
im Wasserbad gelöst und nach dem Erkalten zur Marke aufgefüllt.

p-Toluidin-Reagens: 10,0 g p-Toluidin (Smp 45° C) werden in etwa 50 ml Isopropanol,
evtl. durch schwaches Erwärmen auf dem Wasserbad, gelöst, unter Nachwaschen mit etwas
Isopropanol in ein 100 ml-Meßkölbchen übergeführt und mit 10,0 ml Eisessig versetzt. Nach
dem Abkühlen auf Zimmertemperatur wird mit Isopropanol zur Marke aufgefüllt. Es empfiehlt sich, die Lösung möglichst frisch (1—3 Tage alt) zu verwenden, da die weitere Haltbarkeit
unterschiedlich beurteilt wird.

In zwei Reagensgläser werden je 2,0 ml Honig-Grundlösung (1:5) einpipettiert und je
5,0 ml p-Toluidin-Reagens zugegeben. In das eine Reagensglas gibt man nun 1,0 ml Wasser
(Blindprobe), in das andere 1,0 ml Barbitursäure-Lösung und schüttelt um. Die Zugabe der
Reagentien soll ohne lange Zwischenpause erfolgen und in etwa 1—2 min beendet sein. 3—4
min nach Zugabe der Barbitursäure wird die Extinktion der Probe gegen die Blindprobe in
einem Photometer bei 550 nm oder im Stufenphotometer mit Filter S 55 gemessen.

Der HMF-Gehalt des Honigs in mg je 100 g Honig errechnet sich dann

$$\text{HMF in mg/100 g} = 19,2 \cdot \frac{\text{Extinktion}}{\text{Schichtdicke}}$$

Anmerkung: Den HMF-Gehalt kann man auch aus der UV-Absorption (bei 245, 285 und
325 nm) berechnen (O. Winkler 1955). Bei Benutzung von Eichkurven ist besondere Vorsicht
geboten, da das reine HMF sehr sauerstoffempfindlich ist.

Frische, ohne Anwendung von Wärme gewonnene Honige zeigen einen HMF-
Gehalt von 0—1 mg/100 g. Sehr lange, speziell bei Temperaturen über 15° C gelagerte Honige, haben einen höheren HMF-Gehalt. (Der HMF-Gehalt von Kunsthonig liegt sehr viel höher [50—150 mg/100 g] als der überlagerter oder überwärm-
ter Honige, welche je nach den Umständen einige mg/100 g aufweisen.)

Ein Verdacht auf Zusatz von Kunsthonig ergibt sich bei stark überhöhtem
HMF-Gehalt. Zur Erhärtung kann die Bestimmung der Aschebestandteile, der
Lundschen Eiweißfällung und anderer Honigkomponenten herangezogen werden.

g) Fermente

α) Invertase (Saccharase)

Bestimmung der Aktivität nach H. DUISBERG u. H. GEBELEIN (1958): 10,0 g Honig + 6 ml m-Essigsäure-Na-acetatpuffer (pH 6,4) werden am pH-Meter mit 0,1 m-Natriumcarbonatlösung auf pH 6,2—6,4 titriert, zu 25 ml mit Wasser aufgefüllt. 50 ml Saccharoselösung (40 g zu 100 ml) werden mit 25 ml Wasser gemischt. Die vorgewärmten Honig- und Zuckerlösungen werden zusammengegossen und gemischt (Zeit notieren). In Abständen von 15 min werden sechsmal je 15 ml des Reaktionsgemisches in bereitstehende Gläser mit 5 ml 7,5%iger Natriumcarbonat-Sistierlösung einpipettiert. Die Polarimetrie der durch Filter 589³ (Fa. Schleicher und Schüll) filtrierten Proben erfolgt nach 3 Std Stehen im 200 mm-Rohr. Die von H. HADORN definierte Saccharasezahl = [(abgelesener Drehwinkel nach 15 min) — (abgelesener Drehwinkel nach 75 min)] · 6,68. Die Methode ist einfach und wenig störanfällig, genaues Pipettieren vorausgesetzt. (Die Drehwinkelabnahmen, gegen die Zeit aufgetragen, verlaufen geradlinig.)

H. GONTARSKI (1957) bestimmt die bei den Spaltansätzen gebildete Glucose nach Enteiweißen chemisch nach HAGEDORN-JENSEN oder ISSEKUTZ. Man kommt mit sehr geringen Honigmengen aus, aber die Störanfälligkeit ist erheblich, infolge des nur kleinen Reduktionszuwachses gegenüber dem Leerwert.

F. KIERMEIER u. W. KÖBERLEIN (1954) umgehen diese Unsicherheit, indem sie die Invertase durch 2—3stündige Dialyse gegen dest. Wasser von dem reduzierend wirkenden Honigbestandteilen abtrennen und nach Spaltung von Saccharose den Glucoseanteil jodometrisch ermitteln (vgl. Bd. II/2 dieses Handbuches). Die Werte sind nicht mit den polarimetrisch ermittelten vergleichbar (pH nicht optimal, Verluste durch Dialyse).

β) Diastase (α-Amylase)
(nach J. E. SCHADE u. Mitarb. 1958a)

Arbeitsvorschrift: Diastase (α-Amylase). 10 g Honig werden mit 4 ml m-Essigsäure-Natriumacetat-Puffer (pH = 5,3) und 1,5 ml 0,5 m-NaCl-Lösung aufgelöst und auf 25 ml aufgefüllt. Davon werden 10 ml bei 40°C vorgewärmt und mit 5 ml vorgewärmter 2%iger Stärke-Lösung (lösliche Stärke Pfanstiehl) bei 40°C gemischt (Zeit stoppen). Nach 4 min wird die erste Probe von 0,5 ml entnommen und in bereitstehende verdünnte 0,0007 n-Jodlösung, unter Zusatz von Wasser, dessen Menge vorher ermittelt werden muß (vgl. unten) einpipettiert. Dann wird sofort in einem für genaue Messungen geeigneten Photometer (Filter 667 nm, 1 cm-Küvette) die Lichtdurchlässigkeit der blau gefärbten Jodstärke-Lösung bestimmt. Weitere Probenentnahmen erfolgen bei genau notierter Entnahme-Zeit, bis 50% Lichtdurchlässigkeit erreicht ist. Die gefundene Spaltzeit ergibt nach der Formel $\frac{300}{t}$ die Diastaseeinheiten (vgl. auch AOAC-Methoden [1960] Ziff. 29125—29130). *Ermittlung des Wasserzusatzes.* Es werden 6 Röhrchen mit 20—25 ml dest. Wasser gefüllt und dazu je 5 ml verdünnte (0,0007 n-) Jodlösung gegeben. Dazu pipettiert man der Reihe nach 0,5 ml Stärkelösung (10 ml dest. Wasser + 5 ml 2%ige Stärkelösung) und mißt jeweils sofort im Photometer (Filter 667 nm, 1 cm-Küvette) die Lichtdurchlässigkeit. Die ermittelten Lichtdurchlässigkeiten werden gegen die Wasser-

Tabelle 18. *Ansatzschema für die α-Amylasebestimmung*
(F. KIERMEIER u. W. KÖBERLEIN 1954)

Ansätze zur Bestimmung der α-Amylase („Diastasezahlen") in Honig. Ansatzmengen vgl. Tabelle; jedes Glas: 2 ml Puffer + 1 ml Natriumchloridlösung + 4 ml Stärkelösung, t = 40°C, Spaltzeit 60 min

Nummer des Glases	ml Honiglösung	ml Wasser	Diastasezahl
1	10,0	0,0	4,0
2	7,7	2,3	5,2
3	6,0	4,0	6,7
4	4,6	5,4	8,7
5	4,0	6,0	10,0
6	3,5	6,5	11,4
7	3,0	7,0	13,3
8	2,7	7,3	14,8
9	2,5	7,5	16,0
10	2,3	7,7	17,4
11	2,1	7,9	19,1
12	1,9	8,1	21,0
13	1,8	8,2	22,9
14	1,6	8,4	25,0
15	1,5	8,5	26,7
16	1,4	8,6	28,6
17	1,3	8,7	30,8
18	1,2	8,8	33,4
19	1,1	8,9	36,4
20	1,0	9,0	40,0

menge als Diagramm aufgezeichnet und diejenige Wassermenge, welche 8% Lichtdurchlässigkeit ergibt, wird für die Bestimmung verwandt. (Die Bestimmung kann mit dem Elko II der Fa. Zeiss durchgeführt werden oder anderen genau arbeitenden Photometern.)

Nach H. HADORN kann der Blauwert auch durch Mischen von verschiedenen Stärkelösungen mit unterschiedlichen Blauwerten auf einen bestimmten Standard eingestellt werden. Den Vorteil weiterer kleiner Modifikationen, welche H. HADORN vorschlug, konnte J. W. WHITE jr. nicht bestätigen.

Bei fehlendem Photometer kann die Diastase auch mittels visueller Ablesung nach der Methode F. KIERMEIER u. W. KÖBERLEIN (1954) bestimmt werden.

Arbeitsvorschrift: Wechselnde Mengen (vgl. Tab. 18) einer 10%igen Honiglösung, abgemessen mit einer Meßpipette, werden in Reagensgläsern mit der entsprechenden Menge Wasser und 7 ml einer Mischung, bestehend aus 2 ml Puffer nach MCILVAINE (pH 5,2), 1 ml 0,1 m-Natriumchloridlösung und 4 ml 1%iger Stärkelösung (hergestellt aus löslicher Stärke nach ZULKOWSKY) versetzt und sodann 1 Std im Wasserbad auf 40° C gehalten. Dasjenige Reagensglas, welches nach dem Abkühlen in Eiswasser und dem Zusatz eines Tropfens einer 0,1 n-Jodlösung keinen blauen Farbton mehr zeigt, gibt die Diastasezahl an. Der Farbton wird im reflektierenden Tageslicht sofort nach Zusatz der Jodlösung und unter Zugabe von 5 ml einer Suspension von Aluminiumoxid beurteilt. Um zunächst die ungefähre Diastasezahl zu erfahren, setzt man nur die Gläser Nr. 4, 7, 10, 13 und 17 an und dann erst die Gläschen des Intervalles, welches durch die erste Versuchsreihe bezeichnet wurde.

Die Diastasezahl (Maßzahl für die α-Amylase-Aktivität) gibt die Anzahl von ml 1%iger Stärkelösung an, die durch 1 g Honig unter den gewählten Reaktionsbedingungen abgebaut werden können. Die nach dieser Arbeitsweise erhaltenen Werte schwankten um die Diastasezahl eines Gläschens nach oben oder unten. Es konnte also beispielsweise der Wert 19,1 bei einer wiederholten Bestimmung zu 21,0 oder 17,4 gefunden werden.

Die älteren Methoden von F. GOTHE (1914) und A. KOCH (1926) berücksichtigen die pH-Einstellung nicht, oder nicht genügend, was bei den verschieden starken Eigenpufferungsvermögen der Honige oft zu nicht optimaler Spaltung führt. Hierauf wies bereits H. WEISHAAR (1933) hin.

Photometrische Bestimmung nach H. GONTARSKY (1954b). Man bestimmt den nicht abgebauten Teil einer Stärkelösung nach der Enzymeinwirkung von Honig bei drei verschiedenen pH-Einstellungen und ermittelt die Fermentwirksamkeit an Hand einer Eichkurve. Diese Methode ermöglicht die Bestimmung mit sehr wenig Honig (1 g) und gibt gut reproduzierbare Werte bei niedrigem Fermentgehalt, bei mittlerem, speziell bei hohem Fermentgehalt wird sie unempfindlich.

γ) Diastase (β-Amylase)

K. TÄUFEL u. Mitarb. (1936) definiert als Diastasewert (β-Amylasegehalt) die Anzahl mg Glucose, die unter Einwirkung von 1 g Honig bei festgelegten Versuchsbedingungen aus einer überschüssigen Menge Stärkelösung gebildet werden. G. GORBACH u. K. BARLE (1937) steigern nach ihren Angaben die Genauigkeit der Aldosebestimmung auf 0,1%, in dem sie zunächst die Natronlauge, sodann die erforderliche Menge Jodlösung zutropfen und die Hauptmenge Thiosulfat vor dem Ansäuern zugeben (vgl. auch Aldosebestimmung nach WILLSTÄTTER u. SCHUDEL Bd. II/2).

Reagentien: Pufferlösung nach MCILVAINE, pH 5,2 : 9,28 Teile 0,1 m-Citronensäurelösung + 10,28 Teile 0,2 m-K_2HPO_4, 0,1 n-NaCl-Lösung; n-Salzsäure, 0,1 n-Natronlauge. 0,1 n-Jodlösung; 0,1 n-Thiosulfatlösung. 2%ige Stärkelösung.

Arbeitsvorschrift nach G. GORBACH u. K. BARLE (1937): 10 g Honig werden im Becherglas eingewogen und in dest. Wasser gelöst. Man stellt mit 0,1 n-Natronlauge auf pH 5,2 (Indicatorpapier) ein, überführt in einen 100 ml-Meßkolben und füllt mit dest. Wasser auf. Es wird mit Schliffstopfen versehene Standflasche (50 ml) werden 5 ml dieser Honiglösung, 2 ml Puffergemisch und 3 ml NaCl-Lösung einpipettiert und im Wasserbad auf 40° C erwärmt. Dann pipettiert man unter Festlegung dieses Zeitpunktes 10 ml der ebenfalls auf 40° C erwärmten Stärkelösung in die Standflasche, schüttelt rasch um und setzt in den Thermostaten ein. Nach Ablauf 1 Std bringt man den Inhalt in ein Becherglas, das zur Aufhebung der Diastasewirkung 2 ml n-Salzsäure enthält, neutralisiert, fügt dann 37,5 ml 0,1 n-Natronlauge bei und versetzt aus der Mikrobürette mit 25 ml 0,1 n-Jodlösung. Nach 15—20 min Stehen des Reaktionsgemisches läßt man die Hauptmenge der für die Rücktitration erforderlichen 0,1 n-Thiosulfatlösung aus der Mikrobürette zufließen, säuert mit verd. Schwefelsäure an und titriert mit Stärkelösung als Indicator zu Ende.

In einer gleich zusammengesetzten, aber sofort nach dem Stärkezusatz mit 2 ml n-Salz-säure versetzten Kontrollprobe wird gleichzeitig der Eigenjodverbrauch von Honig und Stärke bestimmt.

Der Jodverbrauch der Diastaseprobe, vermindert um den der Kontrollprobe, ergibt den Diastasewert, ausgedrückt in ml 0,1 n-Jodlösung, der durch Multiplikation mit 17,15 in mg Maltose umgerechnet werden kann.

δ) Andere Fermente

Katalasebestimmung. Vgl. H.U. Bergmeyer (1962) sowie F. Kiermeier u. W. Köberlein (1954).

Glucose-oxydasebestimmung. Nach A.J. Schepartz u. Mitarb. (1964, 1965a, b).

h) Serologische Eiweißdifferenzierung
(vgl. auch Bd. II/2)

Über die *Komplementbindung* berichtete W. Carl (1910). Er erzielte mit einem durch Einspritzung von Naturhonig gewonnenen Antiserum eine einwandfreie Differenzierung von Natur- und Kunsthonig durch Komplementbindung, während ein mit den gleichen Mengen Kunsthonig hergestelltes Antiserum weder mit Natur- noch mit Kunsthonig Bindung ergab. Die Antisera wurden durch subcutane Einspritzung von 20 und 40%igen Honiglösungen gewonnen.

Die *Präzipitinbestimmung* nach Langer hat J. Thoeni (1913) für den Nach-weis der Echtheit von Honig herangezogen. Solche serologischen Methoden können Bedeutung gewinnen bei verfälschten Honigen, die durch Zusatz von Amylasen analysenfest gemacht worden sind. Bezüglich der serologischen Methoden vgl. L. Kotter „Serologische Methoden zur Unter-scheidung von Proteinen" in Bd. II/2 dieses Handbuches.

i) Eiweißfällung nach LUND

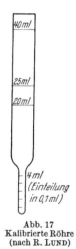

Abb. 17
Kalibrierte Röhre
(nach R. Lund)

Zur Beurteilung der Echtheit von Honigen kann auch die Ei-weißfällung nach Lund herangezogen werden. Bei diesem Verfahren flockt man die Eiweißstoffe des Honigs mit Phosphorwolframsäure aus und bestimmt das Volumen des Sediments.

Reagentien: 2,0 g Phosphorwolframsäure werden in 20 ml Schwefelsäure (1+4 Vol.-Teile) und 80 ml Wasser gelöst.

Geräte: Kalibrierte Röhre (nach Abb. 17) mit Marken bei 20, 25 und 40 ml, deren unterer ca. 4 ml fassender Teil verengt und in 0,1 ml eingeteilt ist.

Arbeitsvorschrift (Schweizerisches Lebensmittelbuch 1963): In die kali-brierte Röhre bringt man 20 ml einer kalt bereiteten, filtrierten Honiglösung (1 Teil Honig und 9 Teile Wasser) und versetzt mit 5 ml Reagens. Hierauf wird mit Wasser bis zu 40 ml aufgefüllt und vorsichtig gemischt. Nach einiger Zeit erfolgt die Ausscheidung in Form eines flockigen Niederschlages, dessen Absetzen durch Drehen der Röhre um die Längsachse gefördert wird. Nach 24stündigem Stehen wird das Volumen des Niederschlages abgelesen und in ml angegeben.

Auswertung: Der Eiweißniederschlag nach Lund beträgt in der Regel nicht unter 0,5 ml.

VII. Hinweise für die lebensmittelrechtliche Beurteilung

Die gesetzlichen Bestimmungen, welche die Anforderungen an das Lebens-mittel Honig regeln, enthalten Beurteilungsnormen, die sich auf die Qualität, ins-besondere aber auf den Verderb bzw. die Verfälschung von Honig beziehen. Einzel-heiten, auch bezüglich der analytischen Merkmale, finden sich in der Honig-VO vom 21. März 1930 (RGBl. I S. 101), in der amtlichen Begründung und den An-merkungen.

Während sich die Merkmale der Verdorbenheit meist auf unsorgfältige oder fehlerhafte Gewinnung, Wiederverflüssigung oder Lagerung beziehen, umfaßt die Verfälschung oder Nach-

Tabelle 19. *Anhaltspunkte zur Beurteilung von Honig* (nach W. BARTELS 1938 überarbeitet)

Die mit Strichen versehenen Rubriken sind nur von Fall zu Fall zu beurteilen

Eigenschaften	Normale Beschaffenheit von Honig			Anormale Eigenschaften von Honig und Kunsthonig		
	Blüten	§ 4/7 H.-VO	Honigtau	Zuckerfütterung	verdorben, verfälscht	Kunsthonig
pH	einzelne 3,4, 3,7—4,5 einzelne bis 5,0		3,8—4,8 etwas höher als Blütenhonig	—	—	3,0—4,0
Säure a) Gesamtsäure b) Lactongehalt c) freie Säure	meist 2—4 mval/100g evtl. bis 6 mval/100g 0,2—1,5 mval/100g 1—3,5 mval/100g		bis 6 mval/100 g sonst Werte wie bei Blütenhonig, jedoch etwas höher	meist geringer als bei Blütenhonig, genaue Unterlagen fehlen	freie Säure über 4 mval/100 g	Gesamtsäure zulässig bis 4 mval/100 g
Einzelne Mineralstoffe	vgl. Tab. S. 510/511	vgl. Tab. S. 510/511	vgl. Tab. S. 510/511	—	—	—
Gesamt-N Reaktion Lund Formoltitration	0,04 v. 0,02—0,08, 0,3—5,0 ml 0,3—2,5 mval/100 g	— —	0,1 von 0,04—1,2 wie bei Blütenhonig	— 0,1—2,75 —	— — —	— 0—0,3 ? 1—2 Tropfen
Fructose/Glucose ohne Maltose	1,1—1,4 auch wesentlich höher selten 1,0—1,1	—	1,1—1,4 auch 1,0—1,1		—	1,0 ?
Saccharose	nicht über 5 % meist. unter 2 %	—	wie Blütenhonig, jedoch zuzüglich Melezitose		—	nicht mehr als 30 %
Oligosaccharide	spez. Drehung unter + 170° Honig typisch vgl. Lichtbrechung	—	spez. Drehung unter + 170° Honig typisch, vgl. Lichtbrechung		—	Malto-oligosaccharide
Diastase	über 8,3 meist höher! Linde, Robinie, Orange, manchmal geringer	17,9 und höher, besonders gute Beschaffenheit	meist etwas höher; 8,3—30,0 und höher	über 8,3 meist nicht sehr reichlich	d. Erwärmung geschwächt, W. unter 8,3 und HMF über 3 mg/100 g	
Invertase	stark wechselnd, auch Einflusse von Lagerung und Gewinnung, Schädigung durch Wärme	Trachtabhängig, untere Grenzzahl noch nicht festgelegt	meist reichlich bis sehr reichlich, untere Grenze nicht festgelegt	vorhanden, jedoch meist nicht reichlich	—	—
Katalase	gering bei hohem Pollengehalt, bei Gärung reichlich			wie bei Blütenhonig	bei Gärung reichlich auch bei größerem Gehalt an Hefen	bei Gärung und kurz vor Gärung vorhanden
HMF	negativ meist unter 1 mg %	nicht über 1,5 mg/100 g	negativ wie Blütenhonig	negativ	Manchmal erhöht über 4 mg/100 g	reichlich vorhanden bis 50 mg/100 g u. mehr
Chloraminreaktion	3—5 ml 0,01 n Chloraminlös.	—	wie Blütenhonig	negativ	—	1 ml 0,01 n Chloraminlösung

machung die Herstellung von Honig aus anderen Rohstoffen als dem natürlichen Nektar oder Honigtau sowie jeglichen Zusatz zum Bienenhonig und einen überhöhten Wassergehalt. Hier sei nur angedeutet, daß z. B. der Nachweis von Zuckerfütterungshonig (insbes. als Zusatz) nur durch eine Kombination mehrerer anormaler Merkmale (Polarisation, Aschegehalt, evtl. Saccharosegehalt, Säurespektrum und Pollenbild) mit einiger Sicherheit geführt werden kann.

Verfälschung durch Zusatz anderer Stoffe. Solche Stoffe sind: Invertzucker, Rüben- oder Rohrzucker, Melasse, Stärkesirup, Säure, Alkalien, Farbstoffe, Aromastoffe und andere. Jeder Zusatz zum Honig, ob unmittelbar oder mittelbar auf dem Wege der Fütterung der Bienen, führt eine Verfälschung herbei und ergibt ein Kunstprodukt. Derartige Erzeugnisse dürfen lediglich als Kunsthonig bezeichnet werden und müssen Hydroxymethylfurfurol enthalten.

Honige mit Kunsthonigzusatz dürfen nur als Kunsthonig gehandelt werden. Der Leitgedanke der Honig-VO ist, daß dieses Naturprodukt möglichst wenig von Menschenhand verändert dem Verbraucher zugeführt werden soll, da keinerlei Aufbereitung, Konservierung oder Veränderung erforderlich ist. Die Gewinnung kann sich auf die Entleerung aus der Wabe und das Durchseihen beschränken. Zur Abfüllung in Gläser kann evtl. versteifte Ware schonend verflüssigt werden. Zur Qualitätssteigerung im Interesse der Verbraucher sind bei Vorliegen entsprechender Merkmale auch belobigende Beiworte (Hinweis auf eine *besonders* sorgfältige Gewinnung oder eine *besonders* gute Beschaffenheit) gestattet. Worin diese Merkmale bestehen, ist nur aus den allgemeinen Grundgedanken der Verordnung zu verstehen. Eine besonders sorgfältige Gewinnung kann nur darin bestehen, die natürliche Beschaffenheit unverändert zu erhalten. Da äußerst wärme- evtl. auch lichtempfindliche Eiweißkomponenten im Honig enthalten sind, bedeutet dies maximale Schonung bei Gewinnung und Lagerung.

Hinweise auf eine besonders gute Beschaffenheit hat man jahrzehntelang vorwiegend in äußeren Merkmalen, wie bevorzugtem Duft und Aroma, erblickt. In neuerer Zeit sind zu diesen Eigenschaften auch sog. innere Merkmale, wie natürlicher Reichtum an biologisch wirksamen Faktoren, wie Fermenten, Acetylcholin, u. a. hinzugetreten, an deren Erhaltung weite Verbraucherkreise interessiert sind. Zu beachten sind ferner die Verordnung über den Handel mit Bienenhonig vom 22. Oktober 1935 (RGBl. I, S. 1253) (§ 1 enthält Vorschriften über den Vertrieb von Honig in bestimmten Gewichtseinheiten) sowie die Lebensmittelkennzeichnungs-VO vom 8. Mai 1935 (RGBl. I, S. 590) i. d. Fassung vom 9. September 1966 (BGBl. I, S. 590).

B. Kunsthonig

Begriffsbestimmung

Unter Kunsthonig versteht man nach der Verordnung über Kunsthonig vom 21. März 1930 (RGBl. I S. 102) „aus mehr oder weniger stark invertierter Saccharose (Rüben- oder Rohrzucker) mit oder ohne Verwendung von Stärkezucker oder Stärkesirup hergestellte aromatisierte, meist künstliche gefärbte, in Aussehen, Geruch und Geschmack dem Honig ähnliche Erzeugnisse, die von ihrer Herstellung her organische Nichtzuckerstoffe, Mineralstoffe und Saccharose sowie stets Hydroxymethylfurfurol enthalten". Kunsthonig, der unter Verwendung von Stärkezucker oder Stärkesirup hergestellt ist, enthält die hieraus stammenden Dextrine. Kunsthonig bildet je nach der Art seiner Herstellung eine feste oder dickflüssige Masse, deren Farbe zwischen Weiß, Hell- bis Dunkelgelb oder Braungelb wechselt. Flüssiger Kunsthonig kristallisiert bei längerem Stehen häufig ganz oder teilweise.

Als Kunsthonig gelten auch die honigähnlichen, d. h. in Aussehen, Geruch und Geschmack dem Honig ähnlichen Zubereitungen, deren Zuckergehalt nicht oder nur z. T. dem Honig entstammt, also auch Verschnitte von Honig und Kunsthonig sowie Honig mit künstlichen Zusätzen.

Herstellung

Zur Herstellung des Kunsthonigs dient weißer Verbrauchszucker. Die Inversion der Saccharose darf nur mit chemisch reiner Salzsäure, Schwefelsäure, Phosphorsäure, Kohlensäure, Ameisensäure, Milchsäure, Weinsäure oder Citronensäure erfolgen. Nach der Inversion der etwa 75 %igen wäßrigen Lösung, die in Kesseln mit Dampfbeheizung und Rührwerk erfolgt, wird mit Soda, Calciumcarbonat, Ätzkalk oder anderen Stoffen neutralisiert.

In der Verordnung über Kunsthonig sind Aschegehalt und Säuregrad begrenzt worden, um die Anwendung zu großer Säuremengen zu vermeiden.

Die Konsistenz des Kunsthonigs hängt von seinem Gehalt an Saccharose sowie an Stärkesirup ab. Die Masse neigt um so mehr zum Festwerden, je höher der Gehalt an diesen beiden Bestandteilen ist.

Als Hauptbestandteil muß Kunsthonig Invertzucker enthalten. Im Kunsthonig findet man stets weniger Fructose als Glucose, das Verhältnis Fructose zu Glucose ist also stets kleiner als 1.

Die Kunsthonige enthalten von der Inversion mit Säure her auch Oligosaccharide, die durch Reversion entstanden sind, die man aber früher als „dextrinartige Körper" (vgl. W. BARTELS 1938) angesprochen hat.

Kunsthonig muß stets Hydroxymethylfurfurol enthalten.

Untersuchung

Kunsthonig wird im Prinzip nach den gleichen Methoden untersucht wie Honig.

Trockensubstanz. Es sind die gleichen Methoden wie für Honig anwendbar. Für die Berechnung nach der refraktometrischen und pyknometrischen Methoden werden Formeln mit anderen empirischen Faktoren benützt, weil sich Kunsthonig etwas anders verhält als Bienenhonig.

Es gelten folgende von F. AUERBACH u. G. BORRIES (1924b) abgeleitete Formeln zur Berechnung der Trockensubstanz (Tr.):

$$Tr. \text{ (refraktometr.) in } \% = 78 + 378 \, (n - 1{,}4756)$$
$$n = \text{Brechungsindex bei } 40°$$

$$Tr. \text{ (pyknometr.) in } \% = \frac{d_4^{20} - 0{,}99823}{0{,}0007629}$$

$$d_4^{20} = d_{20}^{20} \cdot 0{,}99823,$$
vereinfacht für die Dichte d_{20}^{20}

$$Tr. \text{ (pyknometr.) in } \% = 1308{,}5 \cdot (d_{20}^{20} - 1)$$

Zuckerarten. Kunsthonig enthält neben Glucose und Fructose meist noch verschiedene Oligosaccharide, die durch Reversion entstanden sind oder aus mitverarbeitetem Stärkezuckersirup stammen. Auf eine Trennung und quantitative Bestimmung der Zuckerarten kann in der Regel verzichtet werden.

pH-Wert, Säure-, Asche- und HMF-Gehalt werden nach den bei Honig angegebenen Methoden bestimmt.

Bibliographie

AOAC-Methoden: Official methods of analysis of the Association of official agricultural Chemists. Hrsg. von W. HORWITZ. 9. Aufl. Washington: Assoc. off. agric. Chemists 1960.

BAMANN, E., u. K. MYRBÄCK: Die Methoden der Fermentforschung. Bd. 1—4, Leipzig: Georg Thieme 1941.

BARTELS, W.: Honig und Kunsthonig. In: Handbuch der Lebensmittelchemie. Bd. V. Hrsg. von E. BAMES, A. JUCKENACK, B. BLEYER u. J. GROSSFELD. S. 314—361. Berlin: Springer 1938.

Bergmeyer, H. U.: Methoden der enzymatischen Analyse. Weinheim/Bergstr.: Verlag Chemie GmbH 1962.
Beythien, A., u. W. Diemair: Laboratoriumsbuch für den Lebensmittelchemiker. 7. Aufl. Dresden und Leipzig: Theodor Steinkopff 1957.
Büdel, A., u. E. Herold: Biene und Bienenzucht. München: Ehrenwirth 1960.
Bundesgesundheitsamt: Kunststoffe im Lebensmittelverkehr. Empfehlungen der Kunststoff-Kommission des Bundesgesundheitsamtes. Hrsg. von R. Franck u. H. Mühlschlegel. Lose-Blatt-Sammlung. Köln: C. Heymanns ab 1962.
Eberius, E.: Wasserbestimmung mit Karl-Fischer-Lösung. 2. Aufl. Weinheim/Bergstr., Verlag Chemie GmbH 1958.
Eckert, J. E.: *A handbook on beekeeping in california.* Manual 15, California agricultural Experiment Station, Extension Service 1954.
Evenius, J.: Das Honigbuch. München: Ehrenwirth 1964.
— Abfüllen und Umfüllen. In: Das Honigbuch. S. 37—41. München: Ehrenwirth 1964.
— Festschrift zum 60. Geburtstag von E. Zander. Leipzig: Verlag Leipziger Bienenztg. 1930.
Frisch, K. von: Aus dem Leben der Bienen. 5. Aufl. Berlin-Göttingen-Heidelberg: Springer 1953.
Grossfeld, J.: Anleitung zur Untersuchung der Lebensmittel, S. 356—357. Berlin: Springer 1927.
Grout, R. A.: The hive and the honey bee. Hannibal Missouri (USA): Dadant u. Sons Inc. Standard Printing Company 1963.
Heyns, K., u. H. Paulsen. Über die chemischen Grundlagen der Maillard-Reaktion. In: Veränderungen der Nahrung durch industrielle und haushaltsmäßige Verarbeitung, S. 15—44. Hrsg. von K. Lang. Darmstadt: D. Steinkopff 1960.
Jacoby, R.: Das Imker ABC. Bad Segeberg/Holstein: Bienenzucht 1949.
Kloft, W.: Die Honigtauerzeuger. In: A. Büdel u. E. Herold 1960. S. 105—114.
—, A. Fossel u. J. Schels: Honigtauerzeuger des Waldes. In: Das Waldhonigbuch, S. 33—146. Hrsg. von W. Kloft, A. Maurizio u. W. Kaeser. München: Ehrenwirth 1965.
—, A. Maurizio u. W. Kaeser: Das Waldhonigbuch. München: Ehrenwirth 1965.
Lang, K.: Biochemie der Ernährung. Darmstadt: Th. Steinkopff 1957.
Maurizio, A.: Nektarproduktion bei verschiedenen Pflanzenarten, S. 73. In: A. Büdel u. E. Herold 1960.
— Bienenbotanik. In: A. Büdel u. E. Herold, Biene und Bienenzucht. München: Ehrenwirth 1960.
Root, A. I.: *ABC and XYZ of bee culture,* Medina Ohio, USA.: A. I. Root Company 1954.
Schweizerisches Lebensmittelbuch (provisorisches Ringbuch): 23. Kapitel: Honig und Kunsthonig. Bern: Eidgenoss. Drucksachen- und Materialzentrale 1963.
Souci, S. W., W. Fachmann u. H. Kraut: Die Zusammensetzung der Lebensmittel. Bd. 2. Stuttgart: Wissenschaftl. Verlagsges. mbH 1962.
Spöttel, W.: Honig und Trockenmilch. Leipzig: Johann Ambrosius Barth 1950.
Ullmann: Encyklopädie der technischen Chemie, Bd. 2/1. München-Berlin: Urban & Schwarzenberg 1961.
Umstätter, H.: Einführung in die Viskosimetrie und Rheometrie. Berlin-Göttingen-Heidelberg: Springer 1952.
White jr., J. W., M. L. Riethof, M. H. Subers and I. Kushnir: Composition of american honeys. Agricultural Research Service. Techn. Bull. No. 1261. Washington D.C.: US. Government Printing Office 1962.
Zander, E.: Das Leben der Biene. Handbuch der Bienenkunde in Einzeldarstellungen, Bd. 4 u. 5. Stuttgart: Eugen Ulmer 1947 u. 1953.
—, u. A. Koch: Der Honig. Stuttgart: Eugen Ulmer 1927.

Zeitschriftenliteratur

Abramson, E.: Ein Vergleich verschiedener Methoden für die Bestimmung des Wassergehaltes in Honig. Mitt. Lebensmitteluntersuch. Hyg. **44**, 468—471 (1953).
Adcock, D.: The effect of catalase on the inhibine and peroxide values of various honeys. J. apic. Res. **1**, 38—40 (1962).
Ammon, R.: Was muß man über die Rolle der Nahrungsfermente und ihre Bedeutung für die Ernährung der Menschen wissen? Therapiewoche **8**, 379—381 (1957/58).
Anderson, R. H.: Some chemical and physical properties of south african honeys. Thesis Univ. of Stellenbosch, South Africa (1958).
Armbruster, L.: Über Honigfarben. Arch. Bienenkunde **9/10**, 40—54 (1928).
— Honig-Ferment-Studien II. Arch. Bienenkunde **14**, 304—334 (1933).

AUERBACH, FR., u. G. BORRIES: Die Bestimmung der Trockenmasse echter Honige. Z. Untersuch. Nahrungs- u. Genußmittel 48, 272—277 (1924a).

— — Direkte und indirekte Bestimmung der Trockenmasse von Kunsthonig. Z. Untersuch. Nahrungs- u. Genußmittel 47, 177—184 (1924b).

—, u. E. BODLÄNDER: Über ein neues Verfahren zur Unterscheidung von Honig und Kunsthonig. Z. Untersuch. Nahrungs- u. Genußmittel 47, 233—238 (1924).

AUSTIN, G. H.: Maltose content of canadian honeys and its probable effects of crystallization (1958).

10th Internat. Congr. Entomol Proc. 4, 1001—1006 (1956).

AUZINGER, A.: Über Fermente im Honig und den Wert ihres Nachweises für die Honigbeurteilung. Z. Untersuch. Nahrungs- u. Genußmittel 19, 65—83 (1910).

AXENFELD, D.: Invertin im Honig und im Insektendarm. Zentralbl. Physiol. 17, 268 (1903).

BARTELS, W.: Beiträge zu vergleichenden Untersuchungen über die Verfahren zur Feststellung des Diastasegehaltes von Honig von GOTHE u. ARMBRUSTER. Ber. ges. Biol. 73, 429 (1933).

—, u. A. FAUTH: Beobachtungen bei der Untersuchung kalifornischer Honige. Z. Untersuch. Lebensmittel 66, 396 (1933).

BAUMGARTEN, F., u. I. MÖCKESCH: Über die papierchromatographische Auffindung freier Aminosäuren im Bienenhonig. Z. Bienenforsch. 3, Teil 2, 181—184 (1955/1957).

BECKER, E. R., u. R. F. KARDOS: Über den Vitamin C-Gehalt von Honig. Z. Untersuch. Lebensmittel 78, 305—308 (1939).

BEUTLER, R.: Nektar. Bee World 34, 106, 128, 156 (1953).

BLECHSCHMIDT, W.: Über die Verwendung injizierbarer Honiglösungen. Med. Mschr. 4, 506—508 (1950).

DE BOER, H. W.: Das Verhalten der diastatischen Fermente im Honig beim Erhitzen. Chem. Weekbl. 27, 646—648 (1930).

— Kristallisatie van honig en het verhitten van gekristalliseerden honig. Chem. Weekbl. 28, 682—686 (1931).

— The examination and evaluation of honey. Chem. Weekbl. 43, 562—571, 578—585, 592—602 (1947).

— u. L. C. E. Kniphorst: Thixotropie van heidehonig. Chem. Weekbl. 29, 526—534 (1932).

BROWNE, C. A.: Chemische Analyse und Zusammensetzung amerikanischer Honige. Z. Zuckerindustr. 45, 751—820 (1908).

BÜDEL, A., u. J. GRZIWA: Erwärmung des Honigs im Wasserbad. Z. dtsch. Bienenwirtsch. 7, 134 (1959a).

— — Erwärmung des Honigs im Heizschrank. Z. dtsch. Bienenwirtsch. 2, 30 (1959b).

BUETTNER, G.: Borsäure im Honig. Z. Untersuch. Nahrungs- u. Genußmittel 23, 139 (1912).

CARL, W.: Ein neues Verfahren zur Unterscheidung von Natur- und Kunsthonig. Z. Immun.-Forsch. 4, 700—702 (1910).

CHATAWAY, H. D.: The determination of moisture in honey. Canad. J. Res., E. 6, 532—547 (1932).

— The determination of moisture in honey by the hygrometer method. Canad. J. Res. 8, 435—439 (1933).

— Canad. Bee J. 215 (1935); zit. nach AOAC-Methoden, S. 436, Ziff. 29096 (1960).

CHISTOV, V. C.: Säure- und Puffereigenschaften von Honigen. Pchelovodstvo 2, 28—32 (1954) [russisch]; zit nach Bee World 36, (9), 173 (1955).

— and N. SILITSKAJA: Chemical composition of floral and honeydew honeys. Pehelovodstov 29, Nr. 10, 14—16 (1952); zit. nach Biol. Abstr. 27, 740 (1953).

CHRISTOV, G., and ST. MLADENOV; Honey in surgical practice, the antibacterial qualities of honey 14, Chirurgia (Sofia) 8422, 937—949 (1961) [russisch, englische Zusfass.].

CHURCH, J.: Honey as a source of the antistiffness-factor. Federat. Proc. 13, (1 Part 1): S. 26 [A. A. 221/55] (1954).

COCKER, L.: The enzymic production of acid in honey. J. Sci. Food. Agric. 2, 411—414 (1951).

CODOUNIS, J.: La cristallization du miel. Gazette Apicole 136 (1963).

CREMER, E., u. M. RIEDMANN: Identifizierung von gaschromatographisch getrennten Aromastoffen in Honigen. Z. Naturforsch. 19b, 76—77 (1964).

— — Gaschromatographische Untersuchungen zur Frage des Honigaromas. Monatsh. Chem. 96, 364—368 (1965).

DEMIANOWICZ, Z.: Pollenkoeffizienten als Grundlage der qualitativen Pollenanalyse des Honigs. Pszczelnicze Zeszyty Naukowe Rok V, Nr. 2, Lipiec 53—107 (1961) [polnisch, dtsch. Zusfass.]

— Die Beurteilung der Einsorten-Lindenhonige bei Anwendung der Pollenkoeffizienten-Methode. Pszcelnicze Zeszyty Naukowe Panstwowe wydawnictwo Rolniczec Lesne, Rok IV (1962).

— (1965, im Druck).

DINGEMANSE, E.: Über das Vorkommen von brunsterregenden Stoffen im Bienenhonig, Acta Brev. Neerlandia Physiol. (Amsterdam) 8, 55—58 (1938).

Dörrscheidt, W., u. K. Friedrich: Trennung von Aromastoffen des Honigs mit Hilfe der Gaschromatographie. J. Chromatograph. **7**, 13—18 (1962).

Dold, H., u. Th. Knapp: Honig zur Sanierung der Diphterie-Bazillenträger. Experimentelle Grundlagen. Med. Klin. **2**, 243—244 (1947).

— — Über inhibierende und modifizierende Wirkungen des Honigs auf Diphteriebazillen und ihre Brauchbarkeit zur Bekämpfung des Diphteriebazillenträgertums. Z. Hyg. **130**, 323—334 (1949)

—, u. R. Witzenhausen: Ein Verfahren zur Beurteilung der örtlichen inhibitorischen Wirkung von Honigsorten. Z. Hyg. **141**, 333—337 (1955).

—, D.H. Du u. S.T. Dziao: Nachweis antibakterieller hitze- und lichtempfindlicher Hemmstoffe. (Inhibine) im Naturhonig (Blütenhonig). Z. Hyg. Infekt.-Kr. **120**, 155—167 (1937).

Duisberg, H.: Unveröffentlicht (1958).

—, u. H. Gebelein: Über die Kontrolle bei Erhitzungsschäden bei Honig. Z. Lebensmittel-Untersuch. u. -Forsch. **107**, 489—501 (1958).

—, u. B. Warnecke: Erhitzungs- und Lichteinfluß auf Fermente und Inhibine des Honigs. Z. Lebensmittel-Untersuch. u. Forsch. **111**, 111—120, (1959).

Duspiva, F.: Enzymatische Prozesse bei der Honigtaubildung der Aphiden. Verhandlungen der Deutschen Zoologischen Gesellschaft, Tübingen 440—447 (1954).

Dyce, E.J.: Fermentation and cristallization of honey. Bull. 528, 3—75, Cornell Univers. Agricult. Experiment Station, Ithaka, New York (1931).

Eckert, J.E., and H.W. Allinger: Physical and chemical properties of california honeys. Bull. 631, Univers. Califonia College of Agriculture, Agricultural Experiment Station Berkeley, California (1939).

Elser, E.: Maltose im Bienenhonig. Mitt. Lebensmitteluntersuch. Hyg. **15**, 92—96 (1924).

— Beiträge zur quantitativen Honiguntersuchung. Arch. Bienenkunde **6**, 70 (1923/25).

— Vergleichende Untersuchung der Aschenbestandteile bei verschiedenen Honigtypen. Arch. Bienenkunde **7**, 76 (1926).

— Weitere Beiträge zur quantitativen Bestimmung der Aschenbestandteile des Honigs. Z. Untersuch. Nahrungs- u. Genußmittel **33**, 246—251 (1928).

— Zit. nach Ullmann Enzyklopädie der technischen Chemie **3**, 770—772 (1961).

Erlenmeyer u. von Planta: Über die Fermente in den Bienen, im Bienenbrot und im Pollen und über einige Bestandteile des Honigs. Chem. Zentralbl. 790 (1874).

Evenius, J.: Die Fermente im Darmkanal der Honigbiene. Arch. Bienenkunde **7**, 229—244. (1926).

Fanconi, G.: Die angeborenen Anomalien des Kohlenhydratstoffwechsels. Mschr. Kinderheilk. **110**, 138—148 (1962).

Fellenberg, v. Th.: Die Bestimmung der Saccharose und Melezitose im Honig. Mitt. Lebensmitteluntersuch. Hyg. **28**, 139—149 (1937).

— Mitt. Lebensmitteluntersuch. Hyg. **19**, 49 (1928).

—, u. J. Ruffy: Untersuchungen über die Zusammensetzung echter Bienenhonige. Mitt. Lebensmitteluntersuch. Hyg. **24**, 367—392 (1933).

Fiehe, J.: Eine Reaktion zur Erkennung und Unterscheidung von Kunsthonig und Naturhonig. Z. Untersuch. Nahrungs- u. Genußmittel **15**, 492—493 (1908).

— Über die Erkennung von Stärkesirup und Stärkezucker in Honig und in Fruchtsäften. Z. Untersuch. Nahrungs- u. Genußmittel **18**, 30—33 (1909),

— Beitrag zur Kenntnis deutscher Honige. Z. Untersuch. Lebensmittel **52**, 244—259 (1926).

—, u. W. Kordatzki: Beitrag zur Kenntnis der Honigdiastase. Z. Untersuch. Lebensmittel **55**, 162—169 (1928).

Frühling, R.: Zur Polarisation des Honigs. Z. öff. Chem. 410—412 (1898).

Fullmer, E.I., W. Bosch, O.W. Park and J.H. Buchanan: The analysis of the water content of honey by use of the refractometer. Amer. Bee J. May (1934).

Gauhe, A.: Über ein glucoseoxydierendes Enzym in den Pharynxdrüsen der Honigbiene. Z. vergl. Physiol. **28**, 211—253 (1942).

Geinitz, B.: Die Entstehung des Tannenhonigs. I. Arch. Bienenkunde, 305—318 (1930); II. Arch. Bienenkunde **11**, 308 (1938).

Geissler, G., u. W. Steche: Östrogene Aktivität des Honigs (bisher unveröffentl.). Persönl. Mitt. v. G. Geissler, Institut für Biophysik, Bonn.

Giri, K.V.: Eine neue Methode zur Trennung der beiden Komponenten der Amylase. Current Sci. **2**, 128 (1933).

— Chemische Zusammensetzung und Enzymgehalt von indischem Honig. Madras agricult. J. **26**, 68 (1938).

Goldschmidt, St., u. H. Burkert: Vorkommen einiger im Bienenhonig bisher unbekannter Zucker. Hoppe-Seylers Z. physiol. Chem. **300**, 188—200 (1955).

Gonnet, M., P. Lavie et J. Louveaux: La pasteurisation des miels. Ann. Abeille **2**, 81—102 (1964).

GONTARSKI, H.: Ein Vitamin C oxydierendes Ferment der Honigbiene. Z. Naturforsch. **3** b, 245—249 (1948).

— Fermentbiologische Studien an Bienen. Dtsch. Gesellsch. f. angew. Entomologie 12. Mitgliederversammlg. 186—197 (1954a).

— Eine elektrophotometrische Halbmikromethode zur quantitativen Diastasebestimmung im Bienenhonig. Z. Lebensmittel-Untersuch. u. -Forsch. **98**, 205—213 (1954b).

— Eine Halbmikromethode zur quantitativen Bestimmung der Invertase im Bienenhonig. Bienenforsch. **4**, 41—45 (1957).

— Fermentbiologische Studien an Honigen. Z. Bienenforsch. **5**, 1—10 (1959).

— Zur Frage der Wertung des deutschen Honigs. Gießener Schriftenreihe Tierzucht und Haustiergenetik **1**, 58—66 (1961).

— Zur Verflüssigung kandierten Honigs. Dtsch. Bienenwirtsch. **13**, 11—15 (1962).

GORBACH, G., u. K. BARLE: Zur quantitativen Bestimmung der Honigdiastase. Z. Untersuch. Lebensmittel **73**, 530—536 (1937).

GOTHE, F.: Die Fermente des Honigs. Z. Untersuch. Nahrungs- u. Genußmittel **28**, 273—285 (1914a).

— Experimentelle Studien über Eigenschaften und Wirkungsweise der Honigdiastase. Z. Untersuch. Nahrungs- u. Genußmittel **28**, 286—321 (1914b).

GOTTFRIED, A.: Der Mangangehalt der Honige. Pharmaz. Zentralh. **52**, 787—788 (1911).

GRIEBEL, C.: Vitamin C enthaltende Honige. Z. Untersuch. Lebensmittel **75**, 417—420 (1938).

—, u. G. HESS: Vitamin C enthaltende Honige. Z. Untersuch. Lebensmittel **78**, 308—314 (1939).

GRÜSS, J.: Eine Methode zur Ergänzung der Honiganalyse. Z. Untersuch. Lebensmittel **64**, 376—383 (1932).

GUBIN, A.: Über Honigkristallisation. Arch. Bienenkunde 7, 145—147 (1926).

HADORN, H.: Kritische Betrachtung zur Bestimmung der Zuckerarten im Honig. Mitt. Lebensmitteluntersuch. Hyg. **43**, 353—357 (1952).

— Beitrag zur Wasserbestimmung im Honig. Mitt. Lebensmitteluntersuch. Hyg. **47**, 200—204 (1956).

— Über die Beurteilung von Malzbonbons. Mitt. Lebensmitteluntersuch. Hyg. **49**, 291—296 (1958).

— Zur Problematik der quantitativen Diastasebestimmung im Honig. Mitt. Lebensmitteluntersuch. Hyg. **52**, 67—103 (1961).

— Wärme- und Lagerbeschädigungen von Bienenhonig. Mitt. Lebensmitteluntersuch. Hyg. **53**, 191—229 (1962).

—, u. A.S. KOVACS: Zur Untersuchung und Beurteilung von ausländischem Bienenhonig auf Grund des HMF- und Diastasegehaltes. Mitt. Lebensmitteluntersuch. Hyg. **51**, 373 (1960).

—, u. K. ZÜRCHER: Über Veränderung im Bienenhonig bei der großtechnischen Abfüllung. Mitt. Lebensmitteluntersuch. Hyg. **53**, 28—34 (1962a).

— — Zur Bestimmung der Saccharaseaktivität im Honig. Mitt. Lebensmitteluntersuch. Hyg. **53**, 6—28 (1962b).

— — Formolzahl von Honig. Mitt. Lebensmitteluntersuch. Hyg. **54**, 304—321 (1963).

HANSSON, A.: Eigenschaften des Rapshonigs. Nord. Bitidskr. **3**, (2), 32—45 (1951) [schwedisch].

HELVEY, T.C.: Collodial constituents of dark buck wheat honey. Food Res. 18, 197—205 (1953a).

— Conditioning of honey. Industr. agric. aliment. (Paris) 70, 401—404 (1953b).

— Study on some physical properties of honey. Food Res. 19, 282—292 (1954).

HERBST, W.: Radioaktivität im Honig verschiedener Herkunft. Persönl. Mitteilung Radiol. Institut Freiburg/Br. (1960).

HOOPEN, H.J.G. TEN: Flüchtige Carbonylverbindungen in Honig. Z. Lebensmittel-Untersuch. u. -Forsch. **119**, 478—482 (1963).

HURD, C.D., D.T. ENGLIS, W.A. BONNER and M.A. ROGERS: Carbohydrate analysis as applied to honey. J. amer. chem. Soc. **66**, 2015—2017 (1944).

IBARRA, H.P.T., u. J. DE CASTRO: Decolorization or bleaching of honey. Rev. asoc. ing. agron. **15**, 22—29 (1943).

JACKSON, R.F., and C.G. SILSBEE: Saturation relations in mixtures of sucrose, dextrose and levulose. Technol. Papers Bureau of Standards 259, **18**, 277—304 (1924).

— J.A. MATHEWS and W.D. CHASE: Bur. Standards J. Res. **9**, 597 (1932).

JAMIESON, C.A.: Some factors influencing the crystallization of honey. Bee World **39**, 54 (1958).

JURITZ, C.F.: The problem of noors honey. J. Department of Agriculture, South Africa, Chem. News 310—312 (1925).

KALOYEREAS, S.A.: Prelimenary report on the effect of ultrasonic waves on the crystallization of honey. Science **121**, 339—340 (1955).

— and E. OERTEL: Crystallization of honey as affected by ultrasonic waves, freezing and inhibitors. Amer. Bee J. 442—443 (1958).

Kamer, J.H., van de, H.A. Weijers u. W.K. Dicke: Chronische Durchfälle, verursacht durch einen Mangel an zuckerspaltenden Enzymen. Gastroenterologia 97, 319—356 (1962).
Kern, B.: Honig perlingual, ein neues Hausmittel. Landarzt 29, 318 (1935).
Kiermeier, Fr., u. W. Köberlein: Über die Hitzeaktivierung von Enzymen im Honig. Z. Lebensmittel-Untersuch. u. -Forsch. 98, 329—347 (1954).
Kitzes G., H.A. Schuette and C.A. Elvehjem: The B vitamins in honey. J. Nutr. 26, 241—250 (1943).
Klotzbücher, E.: Über die permeabilitätsfördernde Wirkung des Bienenhonigs und ihre Beziehungen zur Herzwirkung. Dtsch. Z. Verdauungs- u. Stoffwechselkrankh. 11, 282—294 (1951).
Koch, A.: Die Grundlagen der chemisch-biologischen Prüfung des Honigs. Leipziger Bienenztg. 41, 189—199 (1926).
Koch, E.: Das Honigpräparat, ein Mittel zur spezifischen Förderung der Zucker-Utilisation. Med. Mschr. 3, 5 (1949).
Komamine, At.: Amino acids in honey. Suomen Kemistilekti 33 B, 185—187 (1960).
Kreis, H.: Beitrag zur Honiguntersuchung nach der Präcipitinmethode. Mitt. Lebensmittel-untersuch. Hyg. 6, 53—62 (1915).
Kruijff, H.W.: Verslag van de vergadering der sectie voor analytische chemie. Chem. Weekbl. 29, 104—106 (1932).
Kutzner, W.: Zur Physik der Honigfarben. Arch. Bienenkunde 9/10, 185—195 (1928).
Lampitt, L.H., E.B. Hughes and H.S. Rooke: Diastatic activity of honey. Analyst 55, 666—672 (1930).
Langer, J.: Fermente im Bienenhonig. Schweiz. Wschr. Chem. Pharm. 41, 17—18 (1903).
— Beurteilung des Bienenhonigs und seiner Verfälschung mittels biologischer Eiweißdifferenzierung. Arch. Hyg. Bakt. 71, 308—330 (1910).
— Das (serologisch faßbare) Eiweiß des Honigs stammt von der Biene (Langer) und nicht aus dem Blütenstaube (Küstenmacher). Z. Biochem. 69, 141—144 (1915).
— Die Eiweißkörper des Bienenhonigs und ihre Bewertung zu seiner Beurteilung. Dtsch. Imker 259—265 (1929).
Lavie, P.: L'appareillage pour la pasteurisation des miel à la station experimentale d'apiculture de L'I.N.R.A. Vortrag Bienenzüchterkongreß Madrid (1961).
— Sur l'identification des substances antibactériennes présentes dans le miel. C.R. Acad. Sci. (Paris) 256, 1858—1860 (1963).
Lehmann, P., u. H. Stadlinger: Polarimetrische Saccharosebestimmung in Honigen nach Lehmann-Stadlinger. Z. Untersuch. Nahrungs- u. Genußmittel 31, 160 (1916).
Lendrich, K., u. F.E. Nottbohm: Beitrag zur Kenntnis ausländischer Honige. Z. Untersuch. Nahrungs- u. Genußmittel 22, 633—643 (1911).
Lippert, E.: Fluoreszenzspektroskopie. In: Ullmanns Enzyklopädie der technischen Chemie, Bd. 2/1. S. 305. München-Berlin: Urban & Schwarzenberg (1961).
Lothrop, R.E.: Specific test for orange honey. Industr. Engin. Chem. 395—396 (1932).
—, and S.J. Gertler: Determination of amino acids and related compounds in honey. Industr. Engin. Chem. Anal. Ed. 5, 103—105 (1933).
—, and H.S. Paine: The colloidal constituents of honey and their influence on color and clarity. Amer. Bee J. 280—281 u. 291 (1931a).
—, and H.S. Paine: Some properties of honey colloids and removal of colloids from honey with Betonite. Industr. Engin. Chem. 23, 3, 328—332 (1931b).
Louveaux, J., et A.E. Trubert: Étude technique sur la fonte du miel cristalisé. Ann. Abeille 19—30 (1958).
Lochhead, A.G., and L. Farell: A bioactivator in honey stimulating fermentation. Canad. J. Res. 5, 529—538 (1931).
Lund, R.: Albuminate im Naturhonig und Kunsthonig. Z. Untersuch. Nahrungs- u. Genußmittel 17, 128—130 (1909).
Maeda, S., A. Mukai, N. Kosugi and Y. Okada: On the tasting components of honey. J. Food Sci. Technol. 9, 270—274 [japanisch, Zusfass. englisch] (1962).
Marquardt, P., u. G. Spitznagel: Über den Gehalt des Honigs an Acetylcholin. Fette u. Seifen 58, 863—865 (1956).
—, u. G. Vogg: Vorkommen, Eigenschaften und chemische Konstitution des cholinergischen Faktors im Honig. Arzneimittel-Forsch. 2, 152—155 u. 205—211 (1952).
—, E. Aring u. G. Vogg: Untersuchung über das gemeinsame Vorkommen von Acetylcholin und Diastase im Honig. Arzneimittel-Forsch. 3, 446—448 (1953).
Maurizio, A.: Papierchromatographische Untersuchungen an Blütenhonigen und Nektar. Ann. Abeille 4, 291—341 (1959).
— Zuckerabbau unter Einwirkung der invertierenden Fermente in Pharynxdrüsen und Mitteldarm der Honigbiene. Insectes Sociaux 8, 125—175 (1961).

MAURIZIO, A.: Zuckerabbau unter der Einwirkung der invertierenden Fermente in Pharynx-drüsen und Mitteldarm der Honigbiene. Ann. Abeille 5, 215—232 (1962).
— Das Zuckerbild blütenreiner Sortenhonige. Ann. Abeille 7, 289—299 (1964).
— Zuckerabbau unter der Einwirkung der invertierenden Fermente in Pharynxdrüsen und Mitteldarm der Honigbiene. Ann. Abeille 8, 113—128 (1965a); 167—203 (1965b).
MICHAELIS, L., u. M. MENTEN: Die Kinetik der Invertinwirkung. Biochem. Z. 49, 333—369 (1913).
MIHAÉLOFF, S.: Contribution à l'étude de la multirotation des miels. Ann. Chim. analytic. appl. 20, 145—149 (1938).
MILUM, V.G.: Honey discoloration and loss of delicate flavor in processing and storage. Amer. Bee J. 390—392, 416 (1939).
— Some factors affecting the color of honey. J. Econ. Entomol. 41, 495—505 (1948).
MITCHELL, T.J., L. IRVINE u. R.H.M. SCOULAR: Eine Prüfung von schottischem Heidehonig. Analyst 80, 620—622 (1955).
MOREAU, E.: Identifizierung und Bestimmung der Proteinsubstanzen im Honig. Ann. Falsific. 4, 36—41 (1911).
MUNRO, J.A.: The viscosity and thixotropy of honey. J. Econ. Entomol. 36, 769—777 (1943).
NELSON, E.K.: The flavor of orange honey. Industr. Engin. Chem. 22, 448 (1930).
NEUMANN, W.: Honigähnliche Erzeugnisse mit pharmakologischer Wirkung. Aus Chemisch-medizinischer Forschung, Editio Cantor K.G., Aulendorf i. Württ. 24—29 (1950).
—, u. E. HABERMANN: Über parasympathicomimetische Wirkungen des Bienenhonigs. Arch. exp. Pathol. Pharmakol. 212, 163 (1950).
NEWKIRK, W.B.: A picnometer for the determination of density of molasses. Techn. Papers Nr. 161, Bureau of Standards, USA, April, 3—7 (1920).
NOTTBOHM, F.E.: Die Aschenbestandteile des Bienenhonigs. Arch. Bienenkunde 8, 207—228 (1927).
OLIVER, R.W.: Honey as a stimulant to the rooting of cutting. Amer. Bee J. 80, 158 (1940).
ORBÁN, G. u. J. STITZ: Die Fluorescenz der Honige im ultravioletten Licht. Z. Untersuch. Lebensmittel 56, 467—471 (1928).
PAINE, H.S., S.I. GERTLER u. R.E. LOTHROP: Colloidal constituents of honey. Industr. Engin. Chem. 26, 73—81 (1934).
PALLESEN, H.R.: Flash heating of honey using plate equipment. Amer. Bee J. 92, 202—204 (1952).
PANGAUD, CL.: Dosage de l'acidité libre d'un miel. Bull. Apic. [France] II., 11—14 (1959).
PARK, W.: The storing and ripening of honey. Rept. of the State Apiarist for (1923). State of Iowa (1924); zit. nach A. BÜDEL u. E. HEROLD (1960), S. 190.
PFEILSTICKER, K.: Einige Anwendungen der Spektralanalyse in der Lebensmittelchemie. Z. Lebensmittel-Untersuch. u. Forsch. 95, 24—31 (1952).
PHILLIPPS: Gleanings in Bee Cult. 57, 288, 362 (1929); zit. nach W. BARTELS (1938).
POPP, G.: Die Verwendung ultravioletten Lichtes bei der Untersuchung von Nahrungsmittel. Z. Untersuch. Lebensmittel 52, 165—171 (1926).
POTHMANN, F.J.: Der Einfluß von Naturhonig auf das Wachstum von Tb-Bakterien. Z. Hyg. Infekt.-Kr. 130, 468—484 (1950).
POTTERAT, M.: Mitt. Lebensmitteluntersuch. Hyg. 47, 66—71 (1956); zit. nach Schweiz. Lebensmittelbuch, Honig u. Kunsthonig, provis. Ringbuchf. (1963).
—, u. H. ESCHMANN: Application des complexones au dosage des sucres. Mitt. Lebensmittel-untersuch. Hyg. 45, 312—329 (1954).
RIEDMANN, M., u. Z. DEMIANOWICZ: Im Druck.
ROSENTHALER, L.: Über die Mutarotation des Honigs. Z. Untersuch. Nahrungs- u. Genuß-mittel 22, 644—647 (1911).
SANNA, A.: Über das Vorkommen eines bitterschmeckenden Bienenhonigs. Boll. Soc. ital. Biol. sperim. 7, 166—168 (1932) [italienisch].
SARIN, E.: Weitere Studien über Invertase des Darmkanals der Honigbiene. Biochem. Z. 135, 75—84 (1923).
SCHADE, J.E., G.L. MARSH and J.E. ECKERT: Diastase activity and hydroxy-methyl-furfural in honey and their usefulness in detecting heat alteration. Food Res. 23, 5, 446—463 (1958a).
— — — Improved methods of determining diastase and hydroxy-methyl-furfural in honey and theire relationship to the bacteriostatic quality of honey. Proc. 10th International Congress of Entomology (1956) 4, 991—999 (1958b).
SCHEPARTZ, A.J. and M.H. SUBERS: Glucose-oxydase of honey. Biochem. Biophys. Acta 85, 228—237 (1964); 96, 234—236 (1965a); 99, 161—164 (1965b).
SCHIMERT, G.: Über die spezifische Kreislaufwirkung des Honigpräparates M2 Woelm und seine klinische Indikation. Med. Klin. 45, 3, 65—70 (1950).
—, u. R. KRÄMER: Über die Wirkung von Honiglösungen auf die Durchblutung des Herzens. Klin. Wschr. 13/14, 234 (1949).

Schmalfuss, H., u. H. Barthmeyer: Diacetyl als Aromabestandteil von Lebens- u. Genuß-
mitteln. Biochem. Z. 330—335 (1929).
Schou, S. A., u. J. Abildgaard: Über die Unterscheidung zwischen Honig und Kunsthonig.
Dank Tidgeskraft for Farmaci 5, 89—105 (1931) [dänisch].
Schuette, H. A., and C. L. Baldwin jr.: Amino acids and related compounds in honey. Food
Res. 9, 244—249 (1944).
—, and P. du Brow: Degree of pigmentation and its probable relationship to invertase
activity of honey. Food Res. 10, 330—333 (1945).
—, and D. J. Huenink: Mineral constituents of honey II. Food Res. 2, 529—538 (1937).
—, and K. Remy: Degree of pigmentation and its probable relationship to the mineral constituents of honey. J. amer. chem. Soc. 54, 2909 (1932).
—, and F. J. Schubert: The activity of honey. Trans. Wisconsin. Acad. 36, 426—433 (1944).
—, and R. E. Triller: Mineral constituents of honey. III. Sulfur and chloride. Food Res. 3,
543—547 (1938).
— W. Woessner, R. E. Triller and D. J. Huenink: Degree of pigmentation and the potential acid-base balance of honey. Transactions Wisconsin Acad. Sci. Arts and Letters 32,
273—277 (1940).
Schuler, R., u. R. Vogel: Wirkstoffe des Bienenhonigs. Arzneimittel-Forsch. 7, 330—331 (1957).
Scott-Blair, G. W.: The thixotropy of heather honey. J. Phys. Chem. 39, 213—219 (1935).
— The measurement of the rheological properties of some industrial materials. J. Sci. Instrum.
17, 169—177 (1940).
Sipos, E.: Tabelle über Zusammensetzung zwischen Eiweißgehalt und Fermentreichtum.
Persönl. Mitt. (1960).
Stinson, E. E., M. H. Subers, J. Petty and J. W. White jr.: The composition of honey V.
Separation and identification of the organic acids. Arch. Biochem. Biophys. 89, 6—12 (1960).
Stitz, J.: Die Photoaktivität des Honigs. Z. Untersuch. Lebensmittel 59, 606—607 (1930).
—, u. J. Koczkás: Die Ultraviolettabsorption des Honigs. Z. Untersuch. Lebensmittel 60,
420—425 (1930).
—, u. B. Szigvárt: Die Gefrierpunktserniedrigung des Honigs. Magyar Chem. Foly 133—136
(1931/32) [ungarisch, Zusfass. deutsch].
—, u. B. Szigvárt: Die elektrische Leitfähigkeit des Honigs. Z. Untersuch. Lebensmittel 63,
211—215 (1932).
—, u. J. Sonntag: Wasserstoffionenkonzentration des Honigs. Z. Untersuch. Lebensmittel
63, 215—218 (1932).
Stolte, K.: Praktische Beiträge zur Diphteriebekämpfung. Med. Klin. 42, 425—426 (1947).
Stomfay-Stitz, J., u. S. D. Kominos: Über bakteriostatische Wirkungen des Honigs. Z. Lebensmitteluntersuch. u. -Forsch. 113, 304—309 (1960).
Svoboda, J.: Chemické Listy 24, 462 (1930) [tschechisch].
Täufel, K., u. K. Müller: Die Reversion der Saccharide und ihre Bedeutung für die Analytik
der Kohlenhydrate. I u. II. Z. Lebensmittel-Untersuch. u. -Forsch. 100, 351—359, 437—441
(1955).
—, u. R. Reiss: Analytische und chromatographische Studien an Bienenhonig. Z. Lebens-
mittel-Untersuch. u. -Forsch. 94, 1—11 (1952).
—, H. Thaler u. M. de Mingo: Zur Frage der Ermittlung des Wirkungswertes der Honigdiastase. Z. Untersuch. Lebensmittel 71, 190—194 (1936).
Thoeni, J.: Wesen und Bedeutung der quantitativen Präcipitinreaktion bei Honigunter-
suchungen. Z. Untersuch. Nahrungs- u. Genußmittel 25, 490—493 (1913).
Thomson, A. M. K. A., M. L. Wolfrom and M. Inatome: Acid reversion products from
D-glucose. J. amer. chem. Soc. 76, 1309—1311 (1954).
Tillmans, J., u. J. Kiesgens: Die Formoltitration als Mittel zur Unterscheidung von künst-
lichen und natürlichen Lebensmitteln. Z. Untersuch. Lebensmittel 53, 131—137 (1927).
Townsend, G. F.: Preparation of honey market. Ontario, Department of Agriculture Toronto,
Publ. 544 (Juli 1961).
— Time and temperature in relation to the destruction of sugar-tolerant yeasts in honey.
J. econ. ent. 32, 650—654 (1939).
Turkot, V. A., R. K. Eskew and J. B. Claffey: A continous process for dehydrating honey.
Food Technol. 14, 387—390 (1960).
Vergeron, Ph.: Interpretation statistique des résultats en matière d'analyse pollinique des
miels. Ann. Abeille 7, 349—364 (1964).
Verordnung über Maß und gewichtrechtliche Anforderungen der Abfülleinrichtungen und Fertig-
packungen. Amtsbl. f. Berlin, Eichdirektion, Merkbl. f. Abfüllbetriebe 11, Nr. 51, 1221—1229
(1961).
Voorst, F. Th. van: Biochemische suiker bepalingen 14, Invertzuckerkunsthonig. Chem.
Weekbl. 39, 646—648 (1942).
— Biochemische Zuckerbestimmung. Stärke 7, 105—107 (1955).

VORWOHL, G.: Die Messung der elektrischen Leitfähigkeit des Honigs und die Verwendung der Meßwerte zur Sortendiagnose und zum Nachweis von Verfälschungen mit Zuckerfütterungshonig. Z. Bienenforsch. **7**, 37—47 (1964a).
— Die Beziehung zwischen der elektrischen Leitfähigkeit der Honige und ihrer trachtmäßigen Herkunft. Ann. Abeille **7**, 301—308 (1964b).
WALTON, G.P.: Report on the analysis of honey and honeydew honey. J. Ass. off. agric. Chem. **27**, 477—480 (1944).
WARNECKE, B., u. H. DUISBERG: Die bakteriostatische (inhibitorische) Wirkung des Honigs. Z. Lebensmitteluntersuch. u. -Forsch. **107**, 340—344 (1958).
— — Die Erhaltung der Honiginhibine durch Ausschaltung des UV-Lichtes. Z. Lebensmitteluntersuch. u. -Forsch. **124**, 265—270 (1964).
WATANABE, T., and K. ASO: Isolation of kojibiose from honey. Nature (Lond.) **183**, 1740 (1959).
WEDMORE, E.B.: The accurate determination of the water content of honeys. Bee World **36**, 197—206 (1955).
WEIJERS, H.A., and J.H. VAN DE KAMER: Aetiology and diagnosis of fermentative diarrhoeas. Acta Paediatr. **52**, 329—337 (1963).
— — Diarrhoea caused by deficiency of sugar-splitting enzymes. II. Acta Paediatrica **51**, 371—374 (1962).
WEISHAAR, H.: Untersuchungen über Bestimmung, Mindestwert und Herkunft der Honigdiastase. Z. Untersuch. Lebensmittel **65**, 369—399 (1933).
WHITE jr., J.W.: The composition of honey. Bee World **38**, 57—66 (1957).
— Report on the analysis of honey. J. Ass. off. agric. Chem. **42**, 341 (1959c).
— Determination of acidity, nitrogen and ash in honey. J. Ass. off. agric. Chem. **45**, 548–551 (1962).
— Persönliche Mitteilung (1964).
—, and N. HOBAN: Composition of honey IV. Identification of the disaccharides. Arch. Biochem. Biophys. **80**, 386—392 (1959b).
—, and J. MAHER: α-Maltosyl-β-d-fructofuranoside, a trisaccharide enzymically synthesized from sucrose. J. amer. chem. Soc. **75**, 1259 (1953).
— — Selective adsorbtion method for determination of the sugars of honey. J. Ass. off. agric. Chem. **37**, 466—478 (1954a).
— — Sugar analysis of honey by a selective adsorption method. J. Ass. off. agric. Chem. **37**, 478—486 (1954b).
—, C. RICCIUTI and J. MAHER: Determination of dextrose and levulose in honey. J. Ass. off. agric. Chem. **35**, 859—872 (1952).
—, and M. RIETHOF: Composition of honey III. Detection of acetylandromedol in toxic honey. Arch. Biochem. Biophys. **79**, 165—167 (1959).
—, and M.H. SUBERS: Studies on honey inhibine. Destruction of the peroxide accumulation-system by light. J. Food Sci. **29**, 6, 819—828 (1964).
—, and G.P. WALTON: Flavor modification of low-grade honey. U.S. Dept. Agr. Bur. Agr. and Ind. Chem. A 1 C — 272, 11 (1950).
—, J. PETTY and R.B. HAGER: Composition of honey II. Lactone content. J. Ass. off. agric. Chem. **41**, 194—197 (1958).
—, M. RIETHOF and J. KUSHNIR: Composition of honey VI. J. Food Sci. **26**, 63—71 (1961).
—, M.H. SUBERS and A.I. SCHEPARTZ: The identification of inhibine. Amer. Bee J. **102**, 430—431 (1962b).
— —, and I. KUSHNIR: How processing and storage effect honey quality. Gleanings Bee Culture 422—425 (1963a). Food Technol. **18**, 153—156 (1964).
— —, and A.I. SCHEPARTZ: Identification of inhibine, the antibacterial factor in honey, as hydrogen peroxide and its origin in honey glucose-oxidasesystem. Biochem. Biophys. Acta **73**, 57—70 (1963).
WINKLER, O.: Beitrag zum Nachweis und zur Bestimmung von Oxymethylfurfurol in Honig und Kunsthonig. Z. Lebensmittel-Untersuch. u. -Forsch. **102**, 161—167 (1955).
WITTE, H.: Honiguntersuchungen. Z. öffentl. Chem. **18**, 362—373, 390—397 (1912).
WOLF III, J.P., and W.H. EWART: Carbohydrate composition of the honeydew of coccus hesperidum L: Evidence for the existence of two new oligosaccharides. Arch. Biochem. Biophys. **58**, 365—372 (1955).
ZELIKMANN, I.F.: Exessive supersaturation of sugar solutions and the speed of crystallization. Doklady Akad. Nauk Uzbek, S.S.R. **4**, 27—30 (1955) [russisch]; zit. nach Chem. Abstr. **52**, 2435 (1958).

Patente

ALPHANDERY, G., and R. ALPHANDERY: Decolorization and deodorization of honey, molasses und sirups. Franz. P. 1115705, Apr. 27 (1956).
CANZLER, C., Düren: D.B.P. 1175537 (ausg. 1964).
DUISBERG, H., u. B. KRANZ: D.P. 1062537 (angem. 1956, ausg. 1959).

Mikroskopische Untersuchung des Honigs

Von

Dr. **J. Evenius** und **E. Focke**, Celle

Mit 86 Abbildungen

I. Allgemeines über Festkörper im Honig

Im Bienenhonig sind je nach Trachtherkunft und Gewinnungsort unterschiedliche Mengen von Festkörpern enthalten. Sie schwanken zwischen etwa 0,01 und 1,0 ml in 100 g Honig. Im wesentlichen handelt es sich um Pollen, Honigtaubestandteile und honigfremde Verunreinigungen.

Wenn ein Urteil darüber abgegeben werden soll, ob ein Honig den Bestimmungen der Verordnung über Honig (Honig-VO) vom 21. III. 1930 entspricht, so kann die mikroskopische Untersuchung Antwort auf folgende Fragen geben:

1. Enthält ein Honig Brut oder ist er durch andere, mit bloßem Auge nicht sichtbare Fremdkörper so stark verunreinigt, daß er gemäß § 2, Nr. 2 der Honig-VO als verdorben anzusehen ist?

2. Ist der Honig nach der pflanzlichen Herkunft (Blütenhonig, Honigtauhonig) richtig bezeichnet? (§ 1, Abs. 2, Nr. 1).

3. Handelt es sich um deutschen oder ausländischen Honig? (§ 1, Abs. 2, Nr. 2).

4. Trifft die Angabe über die Art der Gewinnung zu? (Schleuderhonig, Preßhonig) (§ 1, Abs. 2, Nr. 3).

5. Stammt ein nach einer bestimmten Blütenart bezeichneter Honig (Sortenhonig) tatsächlich vorwiegend aus den Nektariensäften dieser Art? (§ 4, Nr. 5).

Zur näheren Untersuchung werden die in einem Honig enthaltenen Festkörper durch Zentrifugieren gewonnen. A. Maurizio u. J. Louveaux (1963) geben folgende, von der Arbeitsgruppe für Pollenanalyse der internationalen Kommission für Bienenbotanik angenommene Standardmethode an:

„10 g eines gut durchgemischten Honigs werden im Reagensglas oder einem anderen Glasbehälter in einem Wasserbad (bei ca. 45° C) in 20 ml kaltem, dest. Wasser gelöst. Die Lösung wird zentrifugiert (3—5 min bei 2500—3000 U/min) und die überstehende Flüssigkeit bis auf wenige Tropfen vom Sediment abgegossen. Das Sediment wird mit einer ausgeglühten Platinöse aufgewirbelt, ein Tropfen davon auf einen Objektträger ausgegossen[1] und mit der Öse ausgebreitet (auf einer Fläche von ca. 1 × 1,5 cm). Man läßt den Ausstrich in einem Thermostaten (bei ca. 35° C) oder auf einer Wärmeplatte antrocknen und schließt ihn mit einem auf das Deckglas gegebenen Tropfen verflüssigter Glyceringelatine zu einem Dauerpräparat ein. Die Präparate werden mit verdünntem Kanadabalsam oder einem geeigneten Lack eingefaßt.

Glyceringelatine (nach Kaiser): 7 g Gelatine werden zerschnitten und in 42 ml dest. Wasser 2 Std eingeweicht. Dann werden unter ständigem Umrühren 50 g Glycerin (d = 1.26) und 0,5 g Phenolkristalle beigegeben, 15 min erwärmt und durch angefeuchtete Glaswolle filtriert."

Nach unseren Erfahrungen sind folgende Ergänzungen zu vermerken:

1. Empfehlenswert ist, daß beim Trocknen des Ausstriches die Unterlage genau waagerecht liegt (E. Zander 1935), damit die Festkörper sich gleichmäßig verteilen.

---

[1] Gemeint ist: Das Sediment wird in einem Tropfen ausgegossen (schriftliche Mitteilung von A. Maurizio).

2. Ebenfalls nach E. Zander werden die getrockneten Ausstriche vor der Eindeckung wie bei bakteriologischen Präparaten vorsichtig mit der Schicht nach oben dreimal durch die Flamme eines Bunsenbrenners gezogen, um alle Bestandteile festzulegen.

Bei Verwendung des ganzen Sedimentes empfiehlt es sich, nach dem ersten Zentrifugieren die überstehende Lösung abzugießen, danach mit dest. Wasser aufzufüllen und nochmals zu zentrifugieren.

Soll eine quantitative Bestimmung des Sediments erfolgen, so geht man von der gleichen Lösung von 10 g Honig aus. Zur Zentrifugierung werden Leukozytenröhrchen nach Trommsdorf verwendet (5 min bei 2500—3000 U/min).

Die Trommsdorf-Röhrchen fassen nur 10 ml Lösung. Es muß daher zweimal zentrifugiert werden. In dem Kapillaransatz steht das Sediment meistens mit schräger Oberfläche. Man muß dann beim Ablesen der Menge die Mitte zugrunde legen. In dem Kapillaransatz erfolgt die Messung in μl.

Aus dem Sediment im Leukozytenröhrchen kann das mikroskopische Präparat hergestellt, also auf gesondertes Zentrifugieren zum zweiten Honigmenge verzichtet werden. Dazu wird die Flüssigkeit so weit abgegossen, daß über dem Kapillaransatz noch ein Tropfen stehen bleibt. Eine Injektionsspritze mit einer in das Kapillarrohr passenden Kanüle wird zunächst mit Wasser ausgespült. Die über dem Sediment stehende Flüssigkeit wird vorsichtig in die Spritze hereingezogen und dann mit scharfem Druck gegen den Sedimentpfropf entleert. Danach zieht man die Spritze heraus, saugt etwas Luft ein, und drückt mit dieser die Flüssigkeit aus dem Kapillaransatz in den weiteren Teil des Röhrchens. Jetzt kann man mit der Platinöse das Sediment entnehmen und auf den Objektträger bringen.

Der für die Beurteilung eines Honigsedimentes bei weitem wichtigste Bestandteil ist der Pollen. Wer sich mit Pollenanalyse ernsthaft beschäftigen und mit ihrer Hilfe insbesondere deutschen von ausländischem Honig unterscheiden will, muß sich unbedingt eine Vergleichssammlung von Pollen aus den Blüten möglichst vieler Trachtpflanzen anlegen. Das geschieht am besten nach der von A. Maurizio u. J. Louveaux (1963) angegebenen Methodik:

„Frischer Pollen aus reifen Antheren, oder bei kleinen Blüten ganze Antheren, werden auf einem Objektträger oder einem Uhrglas mit einigen Tropfen Äther (oder Chloroform) entfettet. Es empfiehlt sich, frisch erblühte Knospen zur Pollennahme zu verwenden und die Blüten vor der Verarbeitung 24 Std im Zimmer in Wasser eingestellt zu halten. Die reifen Antheren sollen bei Berührung mit dem Entfettungsmittel platzen und ihren Inhalt entleeren.

Nach Verdunstung oder vorsichtigem Abgießen des Entfettungsmittels werden die Antherenreste entfernt. Der entfettete Pollen wird mit Glyceringelatine zu einem Dauerpräparat eingeschlossen, indem ein Tropfen im Wasserbad verflüssigter Glyceringelatine auf ein Deckglas gegeben und dieses über die Pollenschicht auf den Objektträger gelegt wird. Die fertigen Präparate werden mit einer verd. Lösung von Kanadabalsam (mit Xylol verdünnt) oder einem geeigneten Lack eingefaßt. Dienen als Ausgangsmaterial getrocknete Pflanzen (Herbarmaterial, das am besten in Zellophanbeuteln aufzubewahren ist), so werden die trockenen Antheren ganz oder zerrieben in Äther getaucht und die herausgefallene Pollenmasse, wie oben beschrieben, weiter verarbeitet (bei zerriebenen Antheren empfiehlt es sich, das entfettete und getrocknete Material vor der Weiterverarbeitung durch feine Gaze zu ziehen)."

Glyceringelatine hat sich als Einschlußmittel für den Pollen am besten bewährt. Die Pollenkörner erreichen darin den gleichen Quellungszustand wie im Honig, und die Präparate sind viele Jahre haltbar. Auch die besten Mikrophotographien können bei schwierigen Vergleichsfällen das Pollen-Vergleichspräparat nicht ersetzen.

II. Honigfremde Festkörper

Mit der Sammelbezeichnung „honigfremde Festkörper" sollen alle Bestandteile im Honig erfaßt werden, die nicht im Blütennektar oder im Honigtau vorhanden sind. Der Begriff ist insofern ungenau, als auf den klebrigen Überzug von Honigtau auf Blättern und Nadeln auch Fremdkörper wie etwa Ruß oder Staub gelangen können, die sich dann im Honig wiederfinden (vgl. S. 566). Hier geht es aber um nur im Mikroskop erkennbare Verunreinigungen, von denen folgende Beispiele genannt seien:

Teile des Körpers erwachsener Bienen oder von Bienenbrut (Haare, Teile des Chitinpanzers, Muskelfasern, Tracheen, Malpighische Gefäße). Insbesondere deuten innere Teile des Bienen-

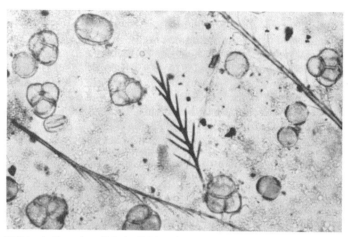

Abb. 1. Heidehonig (Import aus Polen) mit Bienenhaaren verschiedener Form (270 ×). Foto: Evenius

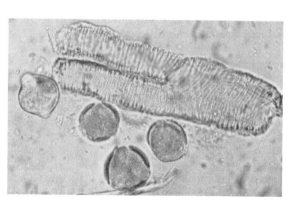

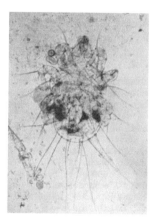

Abb. 2. Trachee in einem Importhonig (420 ×). Foto: Evenius   Abb. 3. Milbe in Honig (40 ×)

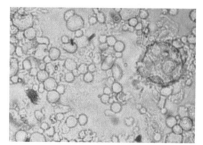

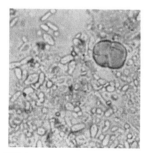

Abb. 4. Honig mit viel Sojamehl, rechts Taraxacumpollen (420 ×). Foto: Evenius

Abb. 5. Mittelamerikanischer Honig mit viel Hefen (670 ×). Foto: Evenius

körpers auf unsaubere Honiggewinnung (Schleudern oder Pressen von Honigwaben, die noch Brut enthielten) (Abb. 1, 2). Mitbewohner des Bienenstockes (Buckelfliegen z. B. Phora incrassata und deren Puppen; Milben) (Abb. 3).

Schmetterlingsschuppen von Wachsmotten (Schuppen anderer Falter können mit dem Nektar aus Blüten eingeschleppt sein, die von Schmetterlingen besucht wurden).

Stärkekörner und Aleuronkörner aus Pollenersatzmitteln (Abb. 4) (Fütterung von Getreide- bzw. Sojamehl). Stärkekörner können bei Honigtauhonigen auch aus den Blattgeweben der betreffenden Pflanzen stammen.

Tuchfasern (häufig gefärbt) von Putzlappen, die beim Säubern von Gerätschaften verwendet wurden.

Diatomeen (selten) aus Kieselgurfiltern, die zur Reinigung von Honigen mit Filterpressen verwendet werden.

Rußteile gelangen zumeist mit Honigtau in den Stock, können aber zuweilen auch auf übermäßig starke Anwendung von Rauch bei Entnahme der Honigwaben zurückzuführen sein.

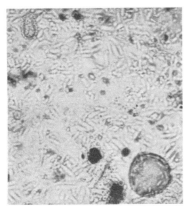
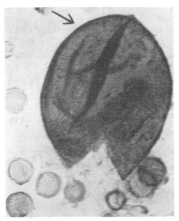

Abb. 6. Honig mit Höselhefe, oben links Rostspore (420×). Foto: EVENIUS

Abb. 7. Cyste von Pericystis apis mit Sporenballen (Pfeil) (270×). Foto: EVENIUS

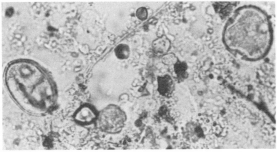

Abb. 8. China-Importhonig mit Linde (links Seitenlage, rechts Pollage), viele Hefen- und Humusteilchen (420×)
Foto: EVENIUS

Hefen sind keine Verunreinigungen im engeren Sinne. Bei zu hohem Wassergehalt von Honigen vermehren sich die Gärungshefen (Zygosaccharomyces) sehr stark. Ihr erhöhtes Auftreten im mikroskopischen Bild kann Signal für drohende Gärung sein (Abb. 5). Auch aus dem Pollenersatzmittel „Höselhefe" können Hefen (Torula utilis) in den Honig gelangen (Abb. 6). Angaben über weitere Hefearten, die im Honig zu finden sein können, finden sich bei E. ZANDER (1949, S. 230—235).

Von manchen Imkern zur Reizfütterung oder als vermeintliche Vorbeugungsmittel gegen Krankheiten verwendete Pflanzenabkochungen („Bienentee") können *pflanzliche Gewebeteile* in den Honig bringen.

36*

Zuweilen werden *Fruchtkörper* des Pollenschimmels (Pericystis alvei) und des Erregers der Kalkbrut (Pericytis apis) im Honig gefunden (Abb. 7).

Humusteilchen gelangen mit dem Nektar von Blüten in Steppengebieten gelegentlich in den Honig (häufiger bei Honigen aus Argentinien und China) (Abb. 8).

In manchen Honigen finden sich *Kristalle*, über deren Herkunft bisher nichts bekannt ist.

In Honigen aus *Heide* (Calluna vulg.) und *Bärenklau* (Heracleum Spondylium) finden sich wechselnde Mengen einer „*feinkörnigen Masse*", deren Zusammensetzung bisher nicht geklärt ist. Sie kommt nach E. Zander auch bei Honigen aus *Edelkastanie* (Castanea sativa) und *Fenchel* (Foeniculum vulgare) vor. Die im Honig stets vorhandenen Bakterien scheinen mit der „feinkörnigen Masse" in vermehrter Menge aufzutreten (J. Evenius 1932).

Besonders in nicht sorgfältig gesiebten Honigen befinden sich kleinste Wachsteilchen auf der Oberfläche der zu zentrifugierenden Lösung.

Die Sedimentmenge erlaubt Rückschlüsse auf die Art und Sauberkeit der Gewinnung (J. Evenius 1958). In sorgfältig gewonnenen deutschen Blütenhonigen liegt die Menge unter 30 µl auf 100 g. Mengen zwischen 30 und 100 µl treten bei Honigtauhonigen auf und bei Heideschleuderhonigen. Bei 100—200 µl handelt es sich, wenn das Sediment im wesentlichen aus Pollen besteht, um Preßhonige. Wenn in dieser Gruppe honigfremde Festkörper das Sediment überwiegend bilden, so ist eine Verunreinigung gegeben, welche eine Kennzeichnung solcher Honige als 1. Qualität nicht mehr zuläßt. Bei über 200 µl Sediment handelt es sich um Preßhonige minderer Güte oder aber um Verunreinigungen, die gem. § 2 Nr. 2, der Honig-VO zu beanstanden sind (Hefen bei vergorenen Honigen).

III. Pollen-Analyse

Für die mikroskopische Beurteilung eines Honigs sind die im Sediment vorhandenen Pollenkörner der insektenblütigen Pflanzen bei weitem am wichtigsten. Sie ermöglichen eine Bestimmung der geographischen Herkunft und damit die in der Lebensmitteluntersuchung oftmals nötige Entscheidung, ob es sich um einen einheimischen oder um einen Importhonig handelt. Ebenso verrät das Pollenbild,

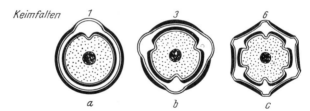

Abb. 9. Quellungsvorgang: *a)* einfaltiger, *b)* dreifaltiger, *c)* sechsfaltiger Pollen; die Trockenform ist punktiert in die gequollene hineingezeichnet (aus E. Zander 1935, Abb. 13)

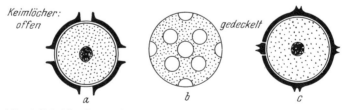

Abb. 10. Beispiele offener und gedeckelter Keimlöcher (aus E. Zander 1935, Abb. 15)

ob eine Deklarierung nach einer bestimmten Blütenart zutrifft. Auch die Pollen von windblütigen Pflanzen und aus solchen Blüten, welche keinen Nektar absondern, aber mit dem Nektar anderer Pflanzen oder am Haarkleid der Sammelbienen in den Bienenstock und damit in den Honig gelangen, können zusätzlich Aufschlüsse über die Herkunft eines Honigs geben.

Das einzelne Pollenkorn besteht aus der Schale, welche sich aus zwei Schichten, der *Exine* und der *Intine* aufbaut und den Inhalt, das Polleneiweiß, einschließt.

Die Gestaltung der Pollenkörner ist außerordentlich mannigfaltig. Unterschiedlich sind:

1. *Größe* (größter Durchmesser des gequollenen Pollens): zwischen etwa 6 μ (Myosotis) und 220 μ (Mirabilis jalappa). 65 % der von E. ZANDER untersuchten 600 Pollenarten fallen in die Größenklasse 20—40 μ.

2. *Gestalt:* kugelig; walzenförmig (ergibt verschiedene Bilder je nach der Lage im Präparat — Pol-Lage, Seitenlage).

3. *Keimstellen* (aus denen die Keimschläuche herausgetrieben werden): *Keimfalten* (zumeist Einfalter, Dreifalter, Vier- bis Sechsfalter). *Keimporen* (ungedeckelt oder gedeckelt): zumeist: 1 Keimstelle; 3 Keimstellen; mehr als 3 Keimstellen im Äquator oder über die ganze Oberfläche des Pollenkornes (Abb. 9, 10).

4. *Oberflächengestaltung* (Exine): Glatt; geperlt; gewarzt; Perlnetz; Netzleisten; Netzpalisaden; Bestachelung. Im Inneren der Exine können palisadenartige Quersäulen eingebaut sein, das ergibt Querstrichelung im optischen Bild.

5. *Farbe* durch Ölüberzug, aber auch Färbung der Exine selbst und seltener auch des Inhalts.

6. *Inhalt:* Von feinster Formung bis zu Grobkörnigkeit.

In der Regel treten die Pollen als Einzelkörner auf. Es kommen aber auch Vierlingspollen (Tetraden) vor (z. B. Ericaceen), seltener größere Pollenpakete (z. B. Mimosoideen).

Die Sedimentpräparate werden im Mikroskop (mit Kreuztisch) bei etwa 420facher Vergrößerung untersucht. Nur bei Betrachtung von kennzeichnenden Feinstrukturen der Exine verwendet man höhere Vergrößerungen mit Öl-Immersions-Objektiven.

Zur Bestimmung der Pollenformen ist von den im Literaturverzeichnis genannten Schriften besonders wichtig das umfangreiche Pollenwerk von E. ZANDER (1935—1951). Das Werk von L. ARMBRUSTER u. G. OENIKE (1929) mit Bestimmungstafeln ist nur begrenzt verwendbar. Gute Abbildungen, vor allem auch von einer größeren Zahl von Honigtypen, finden sich bei A. MAURIZIO (1959/60), ebenso für Einzelpollen bei D. HODGES (1952). Eine sehr umfangreiche Literatur gibt es über fossile Pollenformen, welche für paläontologische Forschungen steigende Bedeutung gewinnen. Ihre Verwendbarkeit für die Honigpollenanalyse ist beschränkt — schon deshalb, weil dabei mit acetolysiertem Material gearbeitet werden muß und außerdem sehr viele Arten von nektarlosen Pflanzen stammen. Trotzdem sei auf das im Erscheinen begriffene Werk von H. J. BEUG (1961) besonders wegen seiner ausgezeichneten Abbildungen hingewiesen. Das gleiche gilt für die Lehrbücher von G. ERDTMAN (1952) sowie K. FAEGRI u. J. IVERSEN (1964). — Eine große Zahl brauchbarer Photographien und Beschreibungen finden sich bei C. GRIEBEL (1930, 1931, 1938). Nach Abschluß dieses Beitrages ist das ausgezeichnete Werk von A. MAURIZIO u. J. LOUVEAUX (1965) erschienen, in dem die Pollen von 60 wichtigen europäischen Honigpflanzen dargestellt sind. Wiedergegeben werden Detailfotos und Übersichtsbilder der zugehörigen Honige.

Nach A. MAURIZIO (1949) genügt eine Auszählung von 100 Pollenkörnern, um ein Bild über die Mengenanteile der verschiedenen Pollenarten zu gewinnen. Diese Zahl von Pollenkörnern ist meistens bei Bewegung des Kreuztisches von einer Seite des Präparates zur anderen anzutreffen. Die Pollenformen werden nach ihrer Häufigkeit in drei Gruppen eingeordnet: *Leitpollen* (über 45 %), *Begleitpollen* (16—45 %), *Einzelpollen* (1—15 %). Wenn der Leitpollen unter 70 % vertreten ist, werden besser 200 Pollenkörner ausgezählt. Will man aus der Zugehörigkeit der Pollen von insektenblütigen Pflanzen zu diesen Gruppen Schlüsse auf die mengenmäßige Trachtherkunft ziehen (wichtig bei der Beurteilung von Sortenhonigen!), so muß man beachten, daß es von Natur aus pollenarme und besonders pollenreiche Honigsorten gibt (A. MAURIZIO 1949, 1955). Bei diesen muß man den prozentualen Anteil für die Leitpollen entsprechend korrigieren. Extrem pollenreich sind besonders Honige aus *Edelkastanie* (Castanea sativa) und *Vergißmeinnicht* (Myosotis silvatica), die erst als blütenrein anzusehen sind, wenn der Anteil der

Leitform mindestens 70 % beträgt. Pollenarm dagegen sind Honige aus *Robinie* (Robinia pseudacacia), *Linde* (Tilia sp.) und *Lavendel* (Lavandula sp.). Bei ihnen kann ein Pollengehalt von 35—40 % als Grenzwert angenommen werden, bei *Salbeihonig* (Salvia sp.) sogar schon von 25—30 %. Sehr pollenarm ist auch Honig aus Blüten von Navel-Orangen.

Die aus Honigtau stammenden grünen Algen werden innerhalb der Prozentanteile mitgezählt. Die zumeist sehr zahlreichen Pilzsporen dagegen werden gesondert gezählt und prozentual auf 100 Pollenkörner und Grünalgen angegeben (vgl. S. 567). Bei sehr pollenreichen Honigen aus einseitiger Myosotis- oder Castanea-Tracht führt A. Maurizio eine zweite Auszählung unter Fortlassung der Leitform aus.

Für die Beurteilung der Herkunft eines Honigs sind nicht nur die Leitformen, sondern die Kombinationen der vertretenen Pollenarten wichtig (,,*Honigtypus*''). Dabei können auch die Einzelformen eine entscheidende Rolle spielen. So kommt z. B. die in französischen oder spanischen Heidehonigen häufige Erica cinerea in deutschen Heidehonigen nicht vor. Für Honige aus Südosteuropa ist der Pollen von Loranthus europaeus ,,Leitform'' (A. Maurizio 1960 und F. Ruttner 1960/61).

Es sei noch vermerkt, daß die Honig-Pollenanalyse auch für die praktische Bienenzucht oftmals eine bessere Grundlage für die Beurteilung der Trachtverhältnisse einer Gegend liefern kann als die nicht selten unzuverlässigen Schätzungen der Imker.

IV. Honigtau-Honige

Honigtauhonige entstehen durch Aufnahme und Verarbeitung von Honigtau durch die Bienen. Der Honigtau wird als stark zuckerhaltige Ausscheidung aus dem Darm von Pflanzensaugern erzeugt. Wirtspflanzen können Laub- und Nadelgewächse, seltener auch Krautgewächse sein. Der Honigtau überzieht die Blätter und Nadeln als klebrige Masse. Mit dem Honigtau werden von den Bienen auch an der Blattoberfläche entwickelte charakteristische Algen und Pilze mit eingetragen,

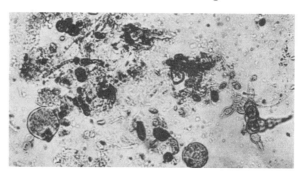

Abb. 11. Honigtauhonig. Zahlreiche Pilzsporen, oben ein Pollenkorn von Filipendula, rechts Trifolium repens
Foto: Maurizio

ebenso auch vom Winde zufällig auf den Honigtau-Überzug gewehte Pollenkörner von Windblütlern sowie Staub- und Rußteilchen aus der Luft. Letzteres trifft namentlich in der Nähe von größeren Orten oder Industrieanlagen zu.

Als Honigtauerzeuger kommen vor allem *Aphiden*, *Lachniden* und *Cocciden* in Frage. Wichtigste Wirtspflanzen sind unter den Coniferen Abies alba und Picea excelsa; bei den Laubhölzern namentlich Acer, Tilia, Quercus, Fraxinus und die Obstarten Prunus domestica, Prunus avium, Prunus cerasus; bei den Krautpflanzen vor allem Vicia faba, Beta-Arten und Kohlsaaten.

Pollenanalytisch ist die Bestimmung von Honigtau weder nach den Wirtspflanzen noch geographisch eindeutig möglich. Das mikroskopische Präparat zeigt auch bei reinen Tauhonigen meistens eine Anzahl Windblütlerpollen (Gramineen, Rumex, Plantago, Coniferen). Sonst sind vorhanden vor allem dunkle Mycele und Fruchtkörper (Konidien, Sporen) namentlich von Rußtaupilzen (Abb. 11). Nicht so häufig sind Grünalgen, meist nur bei späten Weißtannenhonigen, z. B. Pleurococcus (Abb. 12).

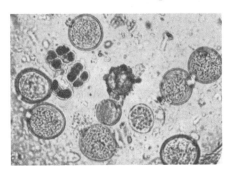

Abb. 12. Honigtauhonig. Links grüne Algenzellen (Pleurococcus), mehrere Pollenkörner von Gramineen
Foto: MAURIZIO

Die Tauhonige von Blattgewächsen („Blatthonige" im engeren Sinne) haben häufiger als Coniferen-Tauhonige feine kristallinische Massen. Dagegen kommen Oxalat-Kristalle bei beiden Gruppen vor. Sie stammen häufig aus Beimengungen von Blütenhonigen, welche im Gemisch mit Tauhonigen auftreten.

Bei vielen Honigen auch aus dem norddeutschen Raum, wo es vor allem aus klimatischen Gründen Honigtau seltener gibt als in Süddeutschland, sind doch Beimengungen von Honigtau mehr oder weniger vorhanden, auch wenn das äußerlich etwa an der Farbe nicht erkennbar ist. Reine bis fast reine Tauhonige gibt es aus Nadelwäldern in Süd- und Südwestdeutschland, sowie z. B. aus Waldgebieten Österreichs und vor allem südosteuropäischer Länder. Zuweilen verrät sich die geographische Herkunft durch geringere Beimengungen von Blütenhonigen mit für diese Gebiete charakteristischen Pollenformen (z. B. Loranthus europaeus).

Die Unterscheidung von Weißtannen- und Fichtentauhonigen, welche bei der Prüfung der Deklaration „Tannenhonig" wichtig werden kann, ist nur organoleptisch möglich. Es ist allerdings denkbar, daß eine physikalisch-chemische Untersuchung hier weiter helfen könnte. Kennzeichnend für Tauhonige allgemein sind erhöhter Gehalt an „scheinbarer Saccharose", an Melezitose, an Asche und auch erhöhte elektrische Leitfähigkeit (G. VORWOHL 1964). Nähere Angaben über Honigtauhonige sind bei E. ZANDER 1949 zu finden. A. MAURIZIO (1949) gibt den Honigtauanteil eines Honigs in einer zweistelligen Zahl an, bezogen auf 100 Pollenkörner im Präparat. 76/232 bedeutet: 76 Algenzellen und 232 Rußtau-Pilzsporen auf 100 Pollenkörner; —/2: Algenzellen fehlen, 2 Pilzsporen entfallen auf 100 Pollenkörner.

Die Kartierung der pollenanalytischen Befunde wird von den einzelnen Autoren verschieden gehandhabt. Neuerdings (J. LOUVEAUX 1964) werden auch Lochkarten benutzt.

V. Pollenformen in Honigen

1. Einleitung

Bei der Auswahl von Pollenformen der wichtigsten deutschen und ausländischen honigliefernden Pflanzen haben wir uns an die Befunde von mehreren tausend Honigen gehalten, welche im Niedersächsischen Landesinstitut für Bienenforschung Celle in den letzten Jahren untersucht wurden. Insbesondere haben wir versucht, solche Formen zu bringen, die entweder für sich allein oder in Kombination mit bestimmten anderen Arten (Honigtypen) einen Hinweis auf die geographische Herkunft ermöglichen. Es sei nochmals betont, daß auch bei

Zuhilfenahme weiterer Literatur ein ernsthafter Pollenanalytiker ohne Anlage einer Sammlung von Pollenpräparaten aus den Blüten der Trachtpflanzen als Vergleichsmaterial nicht auskommen kann.

In der systematischen Anordnung der Pflanzenfamilien haben wir uns mit E. Zander nach dem grundlegenden Werk von G. Hegi (1906—1931) gerichtet.

Bei einem Teil der nach E. Zander übernommenen Beschreibungen waren Ergänzungen und Berichtigungen erforderlich. Sie wurden durch E. Focke vorgenommen, die auch bei ausländischen Formen einige Arten, die in der Literatur nicht aufzufinden waren, neu beschrieben hat. Diese Arten sind jeweils durch * vor dem Artnamen gekennzeichnet.

Die Untersuchung von Details erfolgte stets mit Ölimmersion. Die Mikrophotographien mußten wegen der Verwendung bereits vorhandener Vorlagen leider in einer Reihe verschiedener Vergrößerungen wiedergegeben werden. — Die Größenangaben neu vermessener Pollen sind jeweils das Mittel aus 50 einzelnen Körnern, sofern nichts anderes vermerkt ist.

Bei der Beschreibung der einzelnen Arten wurden folgende Abkürzungen verwendet (nach E. Zander, ergänzt): Pk = Pollenkorn, PL = Pollage, SL = Seitenlage, L = Längsfalte, Kst = Keimstelle, KP = Keimpore, Ex = Exine, Int = Intine, Inh = Inhalt.

Auf die Beschreibung der Trockenformen wird verzichtet. Die folgenden Ausführungen betreffen nur die Quellungsformen. Alle Maßangaben sind Mittelwerte nach E. Zander.

Er hat zumeist die Pollagen gemessen. Bei den Formen, welche im Präparat vorwiegend in Seitenlagen liegen, sind diese gemessen worden. In der gleichen Weise wurde auch bei den hier neu beschriebenen Formen verfahren. Louveaux (Maurizio u. Louveaux 1965) hat nicht nach dem gleichen Verfahren gemessen, so daß dadurch sich die meisten Differenzen in den Größenangaben erklären. Es bleibt noch zu prüfen, wieweit Pollen der gleichen Pflanzenart von verschiedenen Standorten in der Größe differieren.

Feinste Baueigentümlichkeiten, die für die Identifizierung der Pollen in den täglich anfallenden Honigsedimenten nicht unbedingt wichtig sind, blieben unberücksichtigt.

2. Einheimische Pollenformen

a) Gymnospermen

Familie: Pinaceae. *Pinus silvestris L., Kiefer* (Abb. 13, S. 581)

61,5:36,2 μ, hantelförmig mit 2 Luftsäcken, Kst nicht erkennbar, Ex des Pollenmittelteiles farblos, sehr dünn, niedriger kräftiger Säulchenbau, sehr engnetzig. Die stets äquatorial angeordneten Luftsäcke sind weitmaschig genetzt, sehr dünne Netzleisten, Netzung nach den Ansatzstellen hin enger, Int meistens dünn, Inh grobkörnig.

b) Angiospermen

α) Monocotyledonen

Fam.: Gramina. *Zea Mays L., Mais* (Abb. 14)

Größe sehr verschieden, 79,6:76,3 μ, 78,6:68,8 μ, unregelmäßig kugelig, 1 KP mit Ex-Ringwall umgeben, Ex gelblich, dünn, schwach punktiert, Int dünn, Inh sehr grobkörnig.

Fam.: Liliaceae. *Asparagus off. L., Spargel*

24,6:22,8 μ, vorwiegend ovale, vielfach beilförmige SL, 1 L ohne Pore, Ex farblos, sehr eng und fein genetzt (feiner Quersäulchenbau), Int dünn, Inh feinkörnig.

β) Dicotyledonen

aa) Archichlamydeae

Fam.: Salicaceae. *Salix Smithiana, Smiths-Weide* (Abb. 15)

20,8:18,8 μ (S. Caprea 17:16 μ), rundlich ovale SL, gewölbt dreiseitige PL, 3 Kst (L ohne KP), Ex gelblich beölt, mäßig dick, Seiten zeigen unregelmäßige Netzung, die nach den Falten hin allmählich verschwindet, Int dünn, glatt, Inh feinkörnig.

Fam.: Fagaceae. *Castanea sativa Mill.*, *Edelkastanie* (Abb. 16)

13,5:9,5 μ, meistens ovale SL, seltener dreiseitige PL, 3 Kst (L mit KP), Ex gelblich, kräftig, kaum erkennbarer Quersäulchenbau, Int dünn, Inh gleichmäßig.

Fam.: Polygonaceae. *Rumex spec.*, *Sauerampfer*

19,5:19,6 μ, rundliche PL und SL, 3—4 kurze Falten über der Oberfläche verteilt, Ex farblos, sehr dünn, engnetzig, Int dünn, Inh sehr grobkörnig.

Fagopyrum esculentum Moench., *Buchweizen* (Abb. 17)

48:47,6 μ, kleinere und größere Formen (nach K. FAEGRI, 1964 dimorphic) zu den Pflanzen gehörig, die verschiedene Pollengrößen entwickeln wie *Primula odorata* und *Lythrum salicaria* u. a. Vorwiegend breitovale SL, 3 Kst (L mit KP), weniger rundliche PL, Falten tief eingeschnitten mit sehr schwacher Randmarkierung, Pore mit dünnem Ring, Exinekörnchen in der Falte, Ex mehr oder weniger dunkelgelb, dick, grobe verzweigte Säulchen stehen in unregelmäßigen engen Kreisen zusammen und bilden ein grobes, englöcheriges Netz. Int sehr dünn, Inh sehr grobkörnig mit rundlichen Zelleinschlüssen.

Polygonum bistorta L., *Wiesenknöterich* (Abb. 18)

41:39 μ, rundliche bis kurzovale SL mit einer hellen Längsfurche, gewölbt dreiseitige PL mit 3 Kst, die keilförmig in den Pollenkörper vordringen (L mit KP), Ex graubräunlich, verzweigte Säulchen stehen an den Polen lockerer und sind höher als an den Seitenteilen um den Äquator. — Oberflächennetzung, Int sehr dünn, formt zuweilen Verdickungen um den Ausführgang der KP, Inh sehr grobkörnig.

Fam.: Caryophyllaceae. *Agrostemma Githago L.*, *Kornrade* (Abb. 19)

54,8:51,4 μ, kugelig, etwa 30 KP mit dornenbesetzten Deckelchen über der Oberfläche verteilt, Ex gelblich, undurchsichtig, dick, kräftiger Säulchenbau in engnetziger Anordnung.

Fam.: Ranunculaceae. *Ranunculus acer L.*, *Scharfer Hahnenfuß* (Abb. 20)

29,6:26,6 μ, sehr unterschiedlich in der Größe, kugelig in PL und SL, 3—5 Kst (kurze schmale Falten ohne KP) über der Oberfläche verteilt, Ex leuchtend gelb beölt, feiner enger Quersäulchenbau, aus dem gleichmäßig verteilt Säulchen mit einem kurzen dornigen Fortsatz herausragen und von einem hellen Ring umgeben sind, mit ihren Spitzen aber unter einer geschlossenen Deckschicht bleiben (optischer Eindruck einer weitläufigen Perlung). Falten tragen eine verdünnte gekörnte Ex-Membran. Int sehr dünn, Inh sehr grobkörnig.

Fam.: Papaveraceae. *Papaver Rhoeas L.*, *Feldmohn*

23:20,8 μ, rundliche PL und SL, 3 Kst (L ohne KP), (*P. orientalis* auch 4 Kst), Ex fast farblos, feiner Quersäulchenbau in engnetziger Anordnung, darüber Tectum mit winzigen Dornen (bei Hocheinstellung verstreut perlige Wirkung), in den Falten verdünnt und gekörnt. Int dünn, Inh feinkörnig, taube Körner kommen vor.

Fam. Cruciferae. *Brassica Napus oleifera hiem. Doell.*, *Winterraps* (Abb. 21)

25,5:24,5 μ, rundliche PL und SL, 3 Kst (L ohne KP), Ex grünlichgelb, dick, gleichmäßiger Quersäulchenbau netzig angeordnet, freie Säulchenspitzen geben den Netzleisten perliges Aussehen, Ex über den Falten dünner mit gleicher Zeichnung. Bei Quellung reißt das Exinenetz auseinander, so daß Ex-Körnchen der Int ein gerauhtes Aussehen verleihen. Int dünn, quillt nach Aufreißen der Falte schnell auf, Inh fein, erscheint strukturlos.

Raphanus raphanistrum L.: 22,8:22,2 μ, farblich heller und feiner genetzt. *Brassica sinapistrum Boiss.:* 31,6:29,5 μ, deutlich gröberes Perlnetz.

Fam.: Rosaceae. *Pirus spec.*, *Apfel* (Abb. 22)

SL: 33:28,4 μ, PL: 36,6:33,8 μ, breitovale SL vorherrschend, weniger gewölbt dreiseitige PL, 3 Kst (L mit KP), Ex zart gelblich, dünn, von kaum sichtbarer Struktur, Int dünn, Inh feiner oder gröber.

Prunus avium L., *Süßkirsche* (vgl. Abb. 21)

PL: 34,8:34,2 μ, breitovale SL, vorwiegend dreiseitige PL, 3 weite Kst (L mit abgerundet rechteckiger KP), Ex fast farblos, deutlich langgeriefelt (*P. domesticus* kurzflächig verflochten geriefelt, auch 4 Kst), Int dünn, Inh gekörnt.

Rubus idaeus L., *Himbeere* (Abb. 78)

PL: 23,4:22,2 μ, rundovale SL, gewölbt dreiseitige PL, 3, vereinzelt auch 4 Kst (L mit KP); (4 Kst besonders häufig bei *R. caesius*), Ex farblos, dünn, Quersäulchenbau, ganz fein engnetzig. Int dünn, Inh feinkörnig.

Filipendula ulmaria J. Hill., *Knolliges Mädesüß* (Abb. 23)

15:13 μ, rundliche PL und SL, 3 Kst (L mit KP), Ex farblos, mäßig dick, Quersäulchenbau, optischer Eindruck: gekörnt (K. FAEGRI u. J. IVERSEN, 1964: Mikrobestachelung), keine Ex-Verdünnung um die Falten, Int dünn, Inh grobkörnig, erscheint bei guten Quellungsformen undeutlich wolkig.

Fragaria spec., *Erdbeere*

(*F. vesca L.:* 18,8:18 μ) meist rundlich bis schwach gewölbt dreiseitige PL, 3 Kst (L mit KP), Ex gelb beölt, dick, deutlich von Pol zu Pol geriefelt, Int dünn, Inh fein.

Sanguisorba off. L., Großer Wiesenknopf (Abb. 75)

31,4:31 μ, rundlich ovale SL, vom Äquator nach den Polen zu etwas abgeflacht, sechsseitige PL mit 6 Kst (L mit KP) (K. Faegri, 1964). Die Meinung von E. Zander, daß es sich um einen Scheinsechsfalter handelt, kann auch durch eigene Beobachtungen nicht geteilt werden. Bei manchen SL erscheint der Pollen wie aus zwei dreilappigen ineinandergreifenden Teilen zusammengesetzt. Ex sehr dick, gelb, fein getüpfelt, enger, sehr feiner Säulchenbau, Int dünn, Inh feinkörnig.

Fam.: Leguminosae. Unterfam.: *Papilionatae, R*(obinien)-Form: *Robinia pseudacacia L. Falsche Akazie* (Abb. 24)

28:24,6 μ, rundliche PL und SL, 3 Kst (L mit KP), Ex farblos, dünn, sehr feiner enger Quersäulchenbau, Int dünn, Inh fein.

Lupinus angustifolius L., Blau Lupine

36,4:31,2 μ (*albus* und *luteus* etwas größer), rosaceen-ähnlich, Ex zart orange, dünn, etwas schwer erkennbare kleetypische Netzung. Int ziemlich kräftig, Inh fein.

T(rifolium)-Form: *Trifolium repens L., Weißklee* (Abb. 25)

28,6:26,2 μ, Größenüberschneidungen mit *T. hybridum*, ovale SL vorherrschend, seltener gewölbt dreiseitige PL, 3 Kst (L mit KP), Ex fast farblos, sehr dünn, Tectum wellig, schwachnetzig, ganz dichter feiner Quersäulchenbau gibt in Aufsicht die optische Wirkung feinster Perlung. Int dünn, erscheint häufig durch Ex-Körnchen gerauht, Inh körnig, viele taube Körner kommen vor.

Trifolium pratense L., Wiesenrotklee (Abb. 25)

36,2:34,8 μ, ovale SL und rundliche dreiseitige PL, 3 Kst (L mit KP), Ex graugrünlich bis farblos, dünn, deutlicher netzig gewellt als bei *T. repens* (es kommen auch Kulturformen mit gröberer Netzung vor), dichter, feiner Quersäulchenbau, Int dünn, erscheint an den Kst gerauht durch Ex-Körnchenbelag, Inh feinkörnig, taube Körner kommen vor.

Trifolium incarnatum L., Inkarnatklee (Abb. 25)

49:41,8 μ, ovale SL und gewölbt dreiseitige PL, 3 Kst (L mit KP), Ex grünlichgelb, dünn, deutlich netzig gewellt, dichter feiner Quersäulchenbau, Int dünn, Ex-Körnchenbelag, Inh feinkörnig.

M(elilotus)-Form: *Melilotus albus altissimus Thuill., Riesenhonigklee* (*Hubamklee*)

25,8:22 μ, vorwiegend abgerundet walzenförmige SL (*Mel. off.*, auch rundlich ovale SL wie bei *T. repens*), PL selten, 3 Kst (L mit feiner Randleistenverstärkung und rundlicher KP), Ex zart gelblich, dünn, schwach erkennbares sehr feines und enges Netz, Int dünn, Ex-Körnchen, um die KP leicht verstärkt, Inh körnig.

Lotus corniculatus L., Hornschotenklee (Abb. 26)

18,4:13 μ, vorwiegend ovale SL, selten runde PL, 3 Kst (L mit KP), Ex sehr dünn, farblos, ohne erkennbare Struktur, Int sehr dünn, Inh ganz fein.

L. uliginosus: 13:10,2 μ, sonst ganz ähnlich *L. corn.*

V(icia)-Form: *Vicia villosa Roth., Zottelwicke* (Abb. 27)

42,8:24,6 μ, länglich ovale SL vorherrschend, 3 Kst (L mit KP), Ex gelblich, glatt, dünn (bei *Vicia faba* grobnetzig gewellt, Falte mit deutlicher Randleistenverstärkung), Int dünn, bildet um die Pore einen Ring, Inh grobkörnig.

Onobrychis sativa Lmk., Esparsette (Abb. 28)

34:20 μ, nur langovale walzenförmige, polar leicht gerundete SL, sehr selten dreiseitige rundliche PL, 3 Kst (L ohne KP), oft seitlich aufgerissene Formen mit Int-Austritt, ähnlich den beilförmigen *Liliaceen*pollen. Ex grünlichgelb, feiner Quersäulchenbau, eng und fein genetzt, Ex trägt feine Randleisten an den Faltenrändern. Über die Mitte der Falte läuft ein brüchiger Grat, so daß 3 feine Linien das Keimfaltenfeld kennzeichnen. Int dünn, Inh fein.

Fam.: Aceraceae. *Acer pseudoplatanus L., Ahorn* (Abb. 29)

33,8:29,4 μ, rundlich ovale SL, gewölbt dreiseitige PL mit 3 weiten eckständigen Kst (L ohne KP), Ex leicht grünlichgelb, kräftig, dicht mit engem feinem Säulchenbau, wobei ein Teil Säulchen vorsteht und in linearer Anordnung feine Riefen bildet, die in polarer Richtung verlaufen. Ein Teil kürzerer Säulchen bildet unter den Riefen in gegenläufiger Richtung eine ganz fein genetzte Schicht, so daß in polarer Aufsicht die Ex im Profil doppelschichtig erscheint. Int dünn, zuweilen leicht wellig, Inh fein und dicht.

Fam.: Hippocastanaceae. *Aesculus hippocastanum L., Roßkastanie* (Abb. 30)

22,2:18,6 μ, vorwiegend ovale SL, selten rundliche dreiseitige PL, 3 Kst (L mit KP) stark vorgewölbt, Ex blaßorange (farbiger Ölbelag), dünn, feiner enger Quersäulchenbau gibt feine Tüpfelwirkung, in den Falten weitläufig mit derben Dornen besetzt (markantes Erkennungsmerkmal), Int dünn, Inh fein.

Fam.: Balsaminaceae. *Impatiens Noli tangere L., Echtes Springkraut*

27,4:17,4 μ, nur abgerundet walzenförmige SL mit 4 unscheinbaren Kst (enge lange Schlitze ohne KP in Querstellung), parallel zueinander je eine Kst am oberen und unteren Teil der Walze, dasselbe gegenständig, so daß ein Rechteck mit 4 Kst an den Ecken entsteht. Ex farblos, sehr dünn, Quersäulchenbau, schwachnetzig, Int sehr dünn, Inh körnig.

Fam.: Rhamnaceae. *Rhamnus frangula L.*, *Faulbaum* (Abb. 31)

PL = 22:20,5 μ, länglich ovale SL, die zur Kst hin etwas zugespitzt sind und dreiseitige, nur schwach gewölbte PL mit 3 eckständigen Kst (L mit KP), Ex gelblich, dünn, Struktur nicht erkennbar, äußerst schwacher Säulchenbau, ganz geringe Ex-Verdickung um die KP, Rand der KP rissig, Int dünn, um die KP kraus, bei Austritt der Keimschläuche bilden sich Hohlräume um die KP als kleine bis große Keimhöfe. Inh fein, ohne erkennbare Struktur. Verwechselungsgefahr mit *Myrtacea*.

Fam.: Tiliaceae. *Tilia parvifolia Ehrh.*, *Linde* (Abb. 32)

30,8:29,4 μ, vorwiegend gewölbt dreiseitige PL, seltener ovale SL, 3 seitenständige Kst, vereinzelt auch 4 Kst (kurze Querfalten mit runder KP), Ex grünlichgelb, dünn, englöcherig (andere *Tilia*-Arten deutlich genetzt), ein auffallend dicker Endexine-Ringwulst um die KP gibt dem Pollen das charakteristische Aussehen (große Keimhöfe), Ex um die KP leicht angehoben, Int dünn, eine Struktur des Inh ist nicht sichtbar.

Fam.: Cistaceae. *Helianthemum nummularium M.*, *Gemeines Sonnenröschen* (Abb. 33)

36,4:34,2 μ, kugelig in PL und SL, 3 Kst (L mit KP), Ex leuchtend gelb beölt, dünn, feiner Quersäulchenbau, sehr engnetzig (ganz englinig verlaufende Leisten mit feinlöcheriger Porung dazwischen), nach den Falten hin verdünnt, Int dünn, Inh dicht, grobkörnig.

Fam.: Violaceae. *Viola tricolor L.*, *Stiefmütterchen* (Abb. 34)

70,6:69 μ, kugelige maisähnliche SL, vier- bis fünfseitige PL (L mit KP von rechteckiger Form), Ex gelblich, gleichmäßig dünn, glatt erscheinend, jedoch zeigt starke Vergrößerung einen schwachen Säulchenbau und kaum erkennbare Ex-Tüpfelung, beim *Gartenstiefmütterchen* bereits eine erkennbare feine enge Netzung. Int ist dünn und erscheint durch Inhaltsverschiebungen und Keimschlauchvorwölbung dick, Inh sehr grobkörnig, ähnlich *Mais*.

Fam.: Oenotheraceae. *Epilobium angustifolium L.*, *Schmalblättriges Weidenröschen* (Abb. 35)

79:77,8 μ, kugelig gewölbt dreiseitige PL, rundliche SL, 3, vereinzelt auch 4 Kst (keine Falten), zapfenförmig vorgetriebene Keimkegel, Ex matt bläulich, erscheint glatt und läßt nur bei stärkster Vergrößerung einen äußerst feinen Säulchenbau und schwer erkennbare äußerst engporige feine Netzung feststellen. Die Ex bildet um die KP röhrenförmig vorgetriebene Krater mit rauher, leicht nach innen gebogener Kante. Am Grunde bei Austritt der „Röhre" aus dem Pollenkörper bildet die Endexine innen einen starken Ringwulst. Int ziemlich dünn, Inh grobkörnig.

Fam.: Umbelliferae. *Heracleum Sphondylium L.*, *Bärenklau. H*(eracleum)-Form (Abb. 36)

39,6:21,2 μ, nur polar gerundete, walzenförmige SL, PL äußerst selten, 3 Kst (L mit querliegend rechteckiger KP), Ex gelb, kräftig, Faltenränder mit ganz feiner Leistenmarkierung, derber Säulchenbau in eng- und feinnetziger Anordnung, Endexine-Ringwulst um die KP, Int sehr dünn, Inh undeutlich grobkörnig.

Foeniculum vulgare Mill., *Fenchel. A*(nthriscus)-Form

24:12,6 μ, walzenförmige SL, ganz selten kleine dreieckige PL, 3 Kst (L mit KP), Ex blaßgelb, kräftig, seitlich stärker als an den Polen, deutlicher Säulchenbau, löcherig engnetzig, Int sehr dünn, Inh fein.

$\beta\beta$) Sympetalae

Fam.: Ericaceae. *Calluna vulgaris Salisb.*, *Besenheide* (Abb. 37)

37,8:33 μ, Tetraden (Größe bereits von 28 μ an), 3—4 Kst je PK (nur kurze L), Ex leicht gelblich, allseits gleichmäßig dick, grobe Struktur, unregelmäßige plattenförmige Erhebungen (schorfig). Int dünn, bildet gelegentlich Keimhöfchen, Inh erscheint meistens feinkörnig. Viele andere *Ericaceen* zeigen Keimschlitze.

Fam.: Convolvulaceae. *Convolvulus arvensis L.*, *Ackerwinde* (vgl. Abb. 38)

61,4:58,4 μ, runde PL und rundovale SL, 3 Kst (L ohne KP), Ex gelblichgrau, läuft nach den Keimfalten hin dünn aus, deutlicher kräftiger verzweigter Säulchenbau, derbes, ziemlich gleichmäßiges kleinporiges Netz, dünne Ex-Schicht in der Falte ist verstreut gekörnt, Int sehr dünn, Inh feinkörnig.

Convolvulus Sepium L., *Zaunwinde*

70:69 μ, Kugel mit 25 runden KP, die Büschel von hohen feinen nadelförmigen Gebilden tragen. Meistens sind sie abgebrochen, so daß auf den Poren nur noch ungleich kantige Körnchen liegen. Weitere Baueigentümlichkeiten ganz wie *C. arvensis*.

Fam.: Boraginaceae. *Echium vulgare L.*, *Natterkopf* (Abb. 39)

16,6:13,4 μ, eiförmige SL vorherrschend, seltener rundliche dreiseitige PL, 3 Kst (L mit KP), Ex farblos, ganz schwacher Quersäulchenbau erkennbar, sehr schwach feinnetzig, dünn, Int dünn, Inh sehr fein.

Myosotis silvatica Ehrh., Bergvergißmeinnicht (vgl. Abb. 18)

6 : 2,5 μ, hantelförmig, vorwiegend SL, 6 Falten = 3 Falten mit KP und dazwischen 3 Nebenfalten ohne Poren. Weitere Einzelheiten wegen der Kleinheit des Pollens nicht erkennbar.

Fam.: Labiatae. *Teucrium Scorodonia L., Salbeiblätteriger Gamander. L*(amium)-Form (Abb. 41)

24,2 : 23,2 μ, flach gewölbt dreiseitige PL und rundlich ovale SL, 3 Kst (L ohne KP), Ex farblos, dünn, schwach erkennbar engnetzig, nach den Falten hin dünner. Faltenränder schwach markiert durch eine brüchige Leiste. Für etliche andere Arten der dreifaltigen *Labiaten* liegt hierin ein besonderes Merkmal. Schwach erkennbare Risse durchziehen wie eine äquatoriale Bänderung die Ex-Schicht in der Falte (in Honigsedimenten besonders bei *Galeopsis*-formen gut zu sehen). Bei 3jährigen Präparaten ist diese Bänderung bereits verschwunden. Die Mitte der L zeigt bei *Teucrium* einen schmalen vorspringenden Ex-Wulst, der in polarer Aufsicht den Anschein von Knöpfchen auf den Kst gibt. Int sehr dünn, Inh feinkörnig.

Majoranus hortensis Moench., Majoran. M(ajoranus)-Form. (Abb. 42)

30,2 : 29 μ, rundliche sechsseitige PL, rundovale SL, 6 Kst (L ohne KP) in gleichen Abständen voneinander. Ex fast farblos, dünn, allseits gleich stark, Säulchenbau in sehr enger netziger Anordnung, Int dünn, gelegentlich mit Ex-Körnchen auf den Falten, Inh feinkörnig.

Salvia pratensis L., Wiesensalbei. S(alvia)-Form (Abb. 43)

39,8 : 37,8 μ, sehr verschieden groß, leicht ovale PL und breitovale, gebändert erscheinende SL mit 3 Falten. 6 Kst (L ohne KP). Nach J. Louveaux (1962) liegt zwischen 2 längeren Falten je eine kürzere, so daß 4 längere und 2 kürzere Falten vorhanden sind. Ex dünn, gelblich, feinnetzig löcherig, nach den Falten hin verdünnt. Int dünner als Ex, oft mit Ex-Körnchen besetzt, Inh feinkörnig.

Fam.: Plantaginaceae. *Plantago lanceolata L., Spitzwegerich* (Abb. 44)

23,7 : 23,1 μ, sehr verschieden in der Größe, kugelig, etwa 12 kleine runde KP mit Deckeln über der Oberfläche verteilt. Ex fast farblos, mäßig dick, wellig, bildet um die KP einen zarten Ringwulst, Int dünn, Inh körnig, oft grobkörnig.

Fam.: Rubiaceae. *Galium-Arten, Labkraut*

16,4 : 16,4 μ bis 21,7 : 18,7 μ, kugelige PL und ovale SL, 6—7 L ohne KP, Ex dick, gelblich beölt, nach den Falten hin nicht verdünnt, zarter Quersäulchenbau gibt die Wirkung feiner Perlung Int dünn, Inh körnig.

Fam.: Dipsaceae. *Knautia arvensis L., Acker-Witwenblume* (Abb. 45)

111,4 : 108,4 μ, dreieckige linsig flache PL, ovale SL, 3 eckständige Kst ovaler Form mit nadelförmigen Stachelbüscheln auf dünner Basisschicht. Ex bräunlichgelb, um die Kst verdickt, zwischen engstehenden winzigen dornigen Erhebungen stehen weitläufig verteilt kurze breite Stacheln. Int sehr dünn, Inh körnig. *Scabiosen*formen zeigen vielfach spitzovale Kst. Eine klare Gruppierung als dreifaltig und dreiporig scheint nicht möglich zu sein. Auf diese Schwierigkeit weist bereits E. Zander (1935) hin und spricht von Kst, G. Erdtman (1952) spricht bei *K. arv.* von „aperturate" = Kst, bei anderen *Dipsaceen*, je nach Art, von dreifaltig oder dreiporig, desgl. K. Faegri u. J. Iversen (1964); er teilt *Knautia* im Bestimmungsschlüssel den dreiporigen Pollen zu. — Ex ist immer dick, auffallend gefärbt und grob gezeichnet. Die groben Stacheln bleiben, die winzigen Dörnchen fehlen oft. Zuweilen liegt ein derbes, ungleich löcheriges Tectum über der Oberfläche und läßt bei geringer Tiefeinstellung eine ganz zarte engnetzige Schicht erkennen. Die Säulchen sind verschieden stark, bei *Dipsacus* sind oberflächlich betrachtet nur weitläufig grobe Säulchen mit Stachelspitzen zu sehen.

Fam.: Cucurbitaceae. *Cucumis sativus L., Gurke* (Abb. 46)

62 : 60 μ, meist ovale SL, weniger gerundet dreiseitige PL, 3 KP (keine L), Ex gelblich, mäßig stark, bildet um die Kst einen Ringwulst und ist von äußerst feiner Struktur. Int dünn, quillt um die Kst auf und bildet Höfchen, Inh grobkörnig.

Fam.: Campanulaceae. *Campanula patula L., Wiesenglockenblume* (Abb. 47)

28,2 : 26,2 μ, kugelig, 3—6 Kst ohne Deckel über der Oberfläche verteilt. Ex zartgelblich, dünn, schwer erkennbar locker bestachelt. Int sehr dünn, bildet um die KP deutliche Höfchen. Inh grobkörnig. Andere C.-Arten zeigen kleinere und auch größere PK, manche sind bläulichviolett beölt und deutlich bestachelt.

Fam.: Compositae. *Chrysanthemum uliginosum. Wucherblume. A*(chillea)-Form (Abb. 48)

28,2 : 28,2 μ, rundliche SL, gerundet dreilappige PL, 3 runde KP mit feinem Ring in kurzen L, Ex gelb beölt, sehr dick, starke Säulchen sind mit ihren Spitzen zu einer derben löcherigen und netzig wirkenden Schicht verschmolzen. Darauf stehen weitläufig und gleichmäßig verteilt kurze, breitfundierte Stacheln. Eine sehr dünne, ganz feinsäulige Schicht darüber ist hügelig um die Stacheln hochgezogen, umschließt sie mit gleichzeitig etwas ansteigender Säulchenhöhe und Stärke wie Schäfte. Daher ist in Polarsicht eine etwas deutlichere feine Perlung um die Stacheln wahrzunehmen. Ex fällt nach den Falten hin in der Stärke schroff ab. Int sehr dünn, quillt vor den Poren schnell auf. Inh feinkörnig.

Helianthus annuus L., Sonnenblume. H(elianthus)-Form (Abb. 49)

27,8:27,2 μ, PL durchwegs 29 μ kugelige PL und SL, 3 KP von leicht quadratischer Form in kurzen Falten. Ex gelb beölt, dünn, gleichmäßig verteilt fein und lang bestachelt, rund um die Stacheln etwas hügelig angehoben, feinperlig durch Säulchenbau, Stachelschäfte sehr niedrig. Int sehr dünn, Inh feinkörnig.

Centaurea Jacea L., Wiesen-Flockenblume. J(acea)-Form (Abb. 50)

36,6:32 μ, rundliche SL vorherrschend, seltener gewölbt dreiseitige PL, 3 große rundliche KP mit feinem Ring umgeben in kurzer L. Ex gelblich, dick, enghügelig, mit sehr flachen, breit fundamentierten Stacheln gleichmäßig besetzt, sehr feiner Säulchenbau gibt in Polarsicht einen feinperligen Eindruck. Int dünn, Inh feinkörnig.

Cirsium oleraceum Scop., Kohldistel. S(erratula)-Form (Abb. 51)

47:46 μ, starke Größenunterschiede, vorwiegend gewölbt dreiseitige PL, seltener rundliche SL, 3 leicht ovale KP mit feinem Ring in kurzer enger L. Ex bräunlich gelb, sehr dick, allseits gleich stark, gleichmäßig mit sehr kräftigen kegelförmigen Stacheln besetzt. Auf einer flachen grobsäuligen Schicht liegt eine dicke, äußerst feinsäulige, um die Stacheln hügelig hochgezogene Schicht, die in polarer Sicht bei Tiefeinstellung sehr englöcherig, netzig erscheint, bei Hocheinstellung ganz feinstperlig. Die Stacheln werden bis auf ganz kurze kahle Spitzen in der Weise umkleidet, daß die Säulchen der Deckschicht rechtwinklig auf den Stachelschrägen stehen (Stachelprofil in Aufsicht: Mitte = porig, Seiten = schräg gesäult). Int dünn, Inh feinkörnig.

Centaurea Cyanus L., Kornblume. C(yanus)-Form (Abb. 52)

37,2:30,6 μ, vorwiegend breitovale SL, sehr selten dreieckige PL, 3 breitovale KP in L, Ex fast farblos, sehr dick, PL zeigt kammartig vorspringende Seitenteile mit kräftigem Palisadenbau, der an den Polen und um die Falten eng und niedrig wird. Über einer Schicht mit groben verzweigten Säulchen liegt eine fast gleich dicke fein- und engsäulige Schicht, die wiederum von einem dünnen, glasklaren Tectum überzogen wird. Äquatorialsicht (Tiefeinstellung) zeigt eine derbe, löcherige, netzige Schicht. Bei Hocheinstellung verlaufen Netzleisten andeutungsweise in radial zur KP weisenden Linien. Int dünn, bildet eine um den Äquator verlaufende ringförmige Vorwölbung, die anscheinend zwischen zwei parallelen Endexineverdickungen liegt. Inh körnig.

Taraxacum officinale Weber. Frühjahrs-Löwenzahn. T(araxacum)-Form (Abb. 53)

33,3:32,6 μ, wie auch 38:40 μ, rundliche PL und SL, 3 runde KP ohne L. Komplizierte Bauart: Kugelige Grundform mit glatter dünner Ex, darauf hochgestellte bestachelte feinsäulige und feinpunktierte Zierleisten, die ungleiche, längliche, fünf- bis sechsseitige Kammern bilden und das ganze PK umziehen. Die KP (vereinzelt kommen auch 4 vor) sind von den Leisten oft als 2 durch feine Spalten getrennte Halbkreise umschlossen (diese Spalten könnten eine Faltenandeutung sein). Die Leisten verzweigen sich von hier aus in 6 Richtungen und bilden somit um die KP einen Sechsstern. Durch die Ungleichheit der Kammern entsteht an den Polen eine bestachelte ungleich geformte Platte (breit oder schmal), die E. ZANDER (1935) als „Polplatte" bezeichnet. PK sind meistens mit viel gelben Öltröpfchen behaftet. Int dünn, Inh feinkörnig.

3. Ausländische Pollen

a) Angiospermen

α) Monocotyledonen

Fam.: Commelinaceae. *Commelina spec., Kommeline* (Abb. 54)

E. ZANDER (*C. coelestris*): 76,6:45,6 μ, in einem China-Honig:* um 65,5:31—40 μ. Nur beilförmige, langovale SL, zuweilen etwas gekrümmt, 1 Keimfalte ohne KP. Ex sehr schwach gelblich, feinster enger Säulchenbau läßt sie feinperlig erscheinen. Durch starke Ausquellung sind nur geringe Fetzen von der Ex einseitig erkennbar. Int farblos, dünn, glatt, mit kurzen, sehr kräftigen Stacheln besetzt, Inh körnig.

In sibirischen, chinesischen und mexikanischen Honigen kommt *Commelina* als Einzelpollen vor.

Fam.: Liliaceae. 2. Unterfam.: *Asphodeloideae. Eremurus spec.*

* 35,8:23,9 μ (von 31:23,6 bis 41,8:24,4 μ), beilförmige SL und rechteckige Rückenlagen mit leicht eingebogenen Seiten, 1 Keimfalte ohne KP, Ex zart grünlichgelb, kräftig, äquatorial um die Falten mit unregelmäßig grob- und feinmaschigem Perlnetz versehen, das zu den Polen hin engmaschiger wird und in einer dichten Perlung ausläuft. Rückseite des Pollens engmaschig genetzt. Int glatt und dünn, Inh fein. Kommt im Honig aus dem asiatischen Teil Rußlands vor.

β) Dicotyledonen

aa) Archichlamydeae

Fam.: Proteaceae. *Lomatia dentata* (Chile) (Abb. 55)

* 22,5:24,5 μ (von 20:23,6 bis 21,8:27,2 μ) dreieckige PL und tropfenförmige SL, 3 eckständige KP (keine L), Ex gelblich, dünn, deutlich genetzt mit Körnchen in den Netzmaschen, um die KP nach innen leicht verstärkt, Int an den KP gequollen, Inh sehr fein.

Neben den gelblichen PK finden sich in den Blüten rötlichbraune Körnchen, die mikroskopisch eine eigenartige Formung zeigen. Es sind leere Hüllen, meist länglich, teilweise rundlich, mit tiefen Furchen im äquatorialen Verlauf zwischen plattenähnlichen Strukturelementen. Ihre Größe ist sehr schwankend von 29,1:34,5 bis 30,8:47,4 und 40:58,2 μ. Welche Bedeutung diese Gebilde in den Blüten haben, konnte bis jetzt nicht in Erfahrung gebracht werden. Die Bienen tragen sie aber zusammen mit dem Pollen ein, so daß diese Gebilde im Honigsediment in dunkel graubräunlicher Farbe vereinzelt vorkommen und ein typisches Merkmal für chilenische Honige darstellen[1].

Fam.: Loranthaceae. *Loranthus europaeus Jacq.*, *Riemenblume* (Abb. 56)

„F. Ruttner (1961): 25:23,1 μ (A. Maurizio, 1960: 25:24,2 μ), regelmäßiges Dreieck mit eingedellten Schenkeln, fast ausschließlich PL, 3 Kst an abgestumpften Ecken, Ex gelbgrün, stark lichtbrechend, streifige Struktur im Plasma von Pol zu Pol." A. Maurizio: „Ex kräftig, Oberfläche gerauht." Bei stärkster Vergrößerung: feinnetzig, feiner Säulchenbau, Int dünn, Inh fein. Dieser Pollen wird in südosteuropäischen Honigen gefunden.

Fam.: Magnoliaceae. *Magnolia spec.* (Abb. 57)

* 34,2:42,2 μ (von 26,1:38,2 bis 40:45,5 μ), nur SL, breitwalzig oder trapezförmig, auch beilförmig und rundoval. 1 Keimfalte ohne KP, Ex farblos, dick, wellig, flachnetzig. Int dick, Inh körnig, grünlichgelb. Diese Form wird in Honigen aus Kuba, Haïti und Mexiko gefunden.

Fam.: Papaveraceae. *Eschscholtzia californica Cham.*, *Eschscholtzie* (Abb. 58, Präparat von 1954)

* Sehr unterschiedlich in der Größe: von 29:29 μ bis 47,3:47,3 μ, Mittel: 39:40,5 μ. Kugelige SL, rundliche, vier- bis sechsseitige PL, 4—6 Kst (L ohne KP), Ex leuchtend gelb beölt (entölt farblos), dünn, weitläufiger Säulchenbau, unregelmäßig genetzt mit Tüpfeln in den Netzmaschen, Int sehr dünn, Inh feinkörnig mit vielfach größeren rundlichen Zelleinschlüssen. Dieser Pollen ist häufig in mehreren Exemplaren in kalifornischen Mischblütenhonigen zu finden, in deutschen Honigen selten und dann ganz vereinzelt.

Fam.: Leguminosae. 1. Unterfam.: *Mimosoideae: Mimosa spec.* (Abb. 59)

92:87,5 μ, ovale Pollenballen, PK kantig und flachseitig gegeneinander gepreßt, Einzelpollen aus zerfallenen Ballen ähnlich Einfaltern mit einseitig dickem Außenrand, 3 Kst (spaltförmige L mit KP), Ex gelblich, mäßig stark, ungleich flachfelderig und verschlungen linig gepunzt, Int dünn, bildet oft Keimhöfchen, Inh sehr fein. Mimosenpollen verschiedenster Arten wird in Honigen aus Mexiko, dem tropischen Amerika, Afrika, Australien, Neuseeland und dem Vorderorient gefunden.

Mimosa pudica L., *Keusche Sinnpflanze* (Abb. 60 u. 61, Präparat von 1953)

* 9,2:9,2 μ, kleinste Tetradenform, 3 Kst je PK, Ex farblos, glatt, sehr dünn, Int dünn, Inh fein, von keiner erkennbaren Struktur. Beobachtet in Honigen aus Mittelamerika und dem nördlichen Südamerika.

2. Unterfam.: *Caesalpinioideae: Gleditschia L.*, *Gleditschie*

* 30,9:32,4 μ (von 29,1:29,1 bis 34,5:36,4 μ), rundlich dreiseitige PL vorherrschend neben rundovalen SL, 3 Kst (L mit KP), Ex leicht gelblich, wird nach den Faltenrändern hin dünner, feiner Säulchenbau, fein genetzt, nach den Falten hin Netzmaschenverengung. Int dünn, bei beginnender Auskeimung an den Kst aufgequollen, bei weiterer Auskeimung und Keimschlauchbildung wieder gleichmäßig dünn. Inh sehr fein. Eine Pollenform, die in südosteuropäischen Honigen häufig anzutreffen ist, in deutschen Honigen selten (Parkbaum).

Fam.: Zygophyllaceae. *Tribulus terrestris L.*, *Burzeldorn* (Abb. 62)

* 36,4:37,7 μ (von 30,9:32,8 bis 43,6:43,6 μ) Kugelpollen, Ex kräftig gelbgrün, sehr dick, mit starkem Säulchenbau, Palisadenspitzen zu einer Leiste miteinander verschmolzen. Sie bilden ein unregelmäßiges grobmaschiges Netz (Leisten unregelmäßig wellig). In jeder Netzmasche befindet sich eine KP (80—90 über der Oberfläche verteilt). Aus jedem 2. Maschen-Kreuzungspunkt ragt ein Säulchen mit einer dornigen Spitze heraus. Int scheint sehr dünn zu sein, Inh nicht eindeutig erkennbar. Beobachtet in Honigen der Mittelmeerländer, Mittelamerika und Ostasien[2].

---

[1] Blüten verdanken wir Herrn Karl Otto, Bienenzüchter in Santiago. Für die botanische Bestimmung danken wir Herrn Dr. H.-J. Beug, Göttingen.

[2] Blüten verdanken wir Herrn Karl Otto, Bienenzüchter in Santiago.

Fam.: Rutaceae. *Citrus aurantium L.*, *Orange*

27:25 μ, rundlich ovale SL mit 1—3 Kst und vier- bis fünfseitige PL (L mit rundlicher KP), Ex leuchtend gelb beölt, dick, Säulchenbau engnetzig angeordnet, optischer Eindruck: grobporiges Netz. Nach den Falten hin wird das perlig erscheinende Netz geringfügig engmaschiger. Int dick, bildet ausgeprägte Keimhöfe um die KP. Inh grobkörnig. Pollen von Citrusarten findet sich in Honigen aus Südeuropa, Vorderasien, Nord- und Südafrika, Kalifornien, Mexiko, Mittel- und Südamerika.

Fam.: Polygalaceae. *Polygala amara L.*, *Bittere Kreuzblume* (auch einheimisch) (Abb. 63)

40,4:39,8 μ, rundlich ovale SL, runde PL, 9 Kst (L mit KP), farblos, mit mehr oder weniger deutlichem Äquatorialgürtel. Ex kräftig längsgestrichelt, deutlich gegitterte Polkappen, Inh körnig. Pollen von Polygalaceen wurden in deutschen Honigen äußerst selten beobachtet und dann nur von *P. vulgaris*. Als Einzelpollen werden sie des öfteren in Honigen aus Südeuropa (Mittelmeerländer), Vorderasien, China und Mittelamerika gefunden. Pollengröße z. B. bei einer mittelamerikanischen Art um 65,5:69 μ, 11—12 Falten mit KP, Ex grau, auch bräunlich, je nach Art sehr dick oder auch dünn, besetzt mit flachen, unregelmäßig körnigen Gebilden. Int sehr dünn, Inh undeutlich dichte Masse.

Fam.: Euphorbiaceae. *Euphorbia Seguieriana Neck. Steppen-Wolfsmilch* (Abb. 64)

37:35,9 μ, sehr stark ausgerundete dreiseitige PL mit 3 weiten Kst, rundovale SL mit 1 Kst (3 L mit KP), Ex citronengelb beölt, entölt blasser gelb, um die Falten etwas dünner und bei stärkerer Quellung nach außen gebogen, Randleistenverstärkung, deutlicher Säulchenbau gibt in Aufsicht das Bild kräftiger Perlung, bei Tiefeinstellung engporig netzig. Int dünn, oft mit Ex-Körnchen besetzt, Inh meist grobkörnig. Dieser markanten Pollenform begegnet man besonders in ungarischen und jugoslawischen Sommerhonigen. Obwohl die Verbreitung von *E. Seg.* von G. Hegi (1906—1931) auch für das Rhein-Maingebiet, Elbe, Saale und Oder angegeben wird, ist dieser Pollen in deutschen Honigen noch nicht beobachtet worden.

Croton spec. (Abb. 65)

Im Honig vorkommende Arten bis 55 μ etwa, kugelig, Kst nicht erkennbar. Ex kräftig gelb, dünn, mit größeren Perlen oder prismatischen Gebilden besetzt, die meistens zu 7 in kreisförmiger Anordnung stehen. Int sehr dünn, Inh besteht aus dichter, grober, ungleichmäßig geformter Substanz. Ex platzt sehr leicht und gibt die Int mit Inhalt als maispollenähnliches Gebilde frei.

Manihot spec.

Manihot ist kräftiger in der Ex, trägt starke prismatische Gebilde auf der Oberfläche in der Anordnung wie bei *Croton*, jedoch nicht wie bei diesem mit kleinsten Perlchen dazwischen. Gewisse Arten haben Formen bis zu 182 μ groß mit weitläufig über die ganze Oberfläche verteilten Kst, doch erscheinen diese Formen nicht im Honig, sondern nur solche von 80 μ an. Pollen von verschiedenen *Crotonarten* trifft man besonders in den meisten Honigen aus dem mittelamerikanischen Raum, einschließlich Mexiko, an; *Manihot*pollen seltener und sehr vereinzelt. *C.*-Pollen gruppiert sich durchwegs unter die Einzelpollen, ist aber zusammen mit Mimosenarten (besonders *M. pudica*), „Goldballen" (S. 579) u. a. ein zuverlässiges Merkmal für Überseehonig.

Fam.: Aquifoliaceae. *Ilex spec.*, *Stechpalme* (verschiedene Arten aus „Georgia Gallberry-Honey")

* 21,8:23 μ bis 27,3:29,1 μ, rundliche PL und SL, 3 Kst (nur Falten). Ex grünlichgelb, dick, sehr kräftig, mit grober starker Säulchenstruktur. Säulchen tragen einen ungleich geformten perlähnlichen Kopf. Zwischen größeren Säulen stehen feinere mit ganz kleinen Perlköpfchen. Zu den Falten hin werden die Säulchen sehr niedrig und feinperlig. Int sehr dünn, bildet Keimhöfchen, Inh sehr fein.

Fam.: Malvaceae. *Gossypium. Baumwolle.* Sorte „Koker" (aus Ägypten und Griechenland[1])

* 114,6:115,5 μ (von 101,5:103,5 bis 124:124 μ) Kugelpollen, 15—17 ungedeckelte Kst, die der Anordnung einer S-förmig geschwungenen Linie, die um den ganzen Pollen gelegt ist, folgen. Ex bräunlich, nicht sonderlich dick, mit 1,14 μ hohen Stacheln weitläufig besetzt, die in einem über die Oberfläche herausragenden Hügel mit kräftigem Säulchenbau stehen. Die Säulchenstärke vermindert sich kontinuierlich zu den Ex-Tälern. Vertieft liegende und nach innen mit einem breiten, nur schwach die Oberfläche anhebenden Ex-Ringwall umgebene KP werden mindestens von 2 Stacheln (manchmal bis zu 5) eng flankiert. Ex erscheint fein geperlt. Int sehr dünn, Inh feinkörnig. Diese Form wurde in Honigen aus Ägypten, Türkei, Südrußland, Griechenland und dem mittelamerikanischen Raum gefunden. *Gossypium* ist in Sortenhonigen nie Leitpollen, da die Baumwolle *nach* der Blüte von den Imkern angewandert wird und die Bienen süße Säfte aus extrafloralen Nektarien sammeln, die an den Hüllblättern der Baumwollfrucht sitzen[2].

---

[1] Blüten und Sortenbestimmung danken wir Herrn Dr. G. Vorwohl, Hohenheim.

[2] Mitteilung von Herrn Ramadam Dingil, Türkei.

Fam.: Bombacaceae. *Bombax longiflora* (Abb. 85)

74:72:70 μ (im Honig gefundene Art um 63,5:67,6 μ), dreiseitige PL mit abgerundeten Ecken, selten ovale SL mit stärker verjüngten Polen, 3 enge, ein wenig vorgewölbte seitenständige Kst mit schmalen, spitzovalen polweisenden KP. Ex gelblich, ziemlich dünn, um die Kst ein kräftiger und lockerer Quersäulchenbau in netziger Anordnung. Netzmaschen weiter um die Kst als auf den Polflächen, Auslauf der Netzung bis zu feiner Perlung nach den Ecken. Die dünne Int bildet je nach dem Quellungsgrad mehr oder weniger breite Keimhöfe. Inh feinkörnig. Pollen von *Bombacaceen* wurden mehrfach in mittelamerikanischen, seltener in südamerikanischen Honigen gefunden und bilden ein charakteristisches Merkmal für Überseehonige.

Fam.: Eucryphiaceae. *Eucryphia cordifolia* (Abb. 67)

* SL = 8,8:7,9 μ (von 6:5 μ bis 9,9:8,5 μ), meist ovale SL mit 2 polar gelegenen Kst (2 L mit runder KP). Die L gehen ineinander über und erscheinen wie von eine die Pole verlaufende Falte. Runde PL mit rundlicher KP in der Mitte sind sehr selten. Ex farblos, dünn, genetzt. Netzmaschen werden nach den Faltenrändern hin enger bis zum Verschwinden (G. ERDTMAN, 1952). Int sehr dünn, bildet um die KP kleine Höfchen, Inh ohne erkennbare Struktur. Dieser kleine Pollen, den bereits C. GRIEBEL (1931) abbildet und erwähnt, ohne ihn botanisch bestimmen zu können, kommt in chilenischen Berghonigen, die als „Ulmo"-Honige bezeichnet werden, als Leitpollen vor. Tasmanien-Honig mit der gleichen Pollenform dürfte nach Angaben von G. ERDTMAN (1952) von *E. lucida* stammen.

Fam.: Nyssaceae. *Nyssa spec.* (aus „Georgia Tupelo-honey", 1963) (Abb. 68)

* 36,9:34,8 μ (von 32,7:30,9 bis 41,8:36,4 μ), ganz leicht gerundet dreiseitige PL mit abgestumpften Ecken und rundovale SL, 3 Kst (L mit 3 breitovalen KP), ganz vereinzelt kommen auch 4 Kst vor, nach innen gebogene Falten geben einen langen schmalen Spalt frei, Faltenränder mit feinem Grat versehen. Die Ex bildet um die KP durch Verdickung einen nach innen gewölbten Ringwulst. Ex ganz zart gelblich, sehr feiner Säulchenbau gibt bei Hocheinstellung die optische Wirkung einer sehr feinen Warzung, etwas tiefer eingestellt erscheint sie ganz engnetzig, feinlöcherig. Int sehr dünn, Inh feinkörnig.

Fam.: Myrtaceae. *Eucalyptus maculata* (vgl. Abb. 69)

* 20,9:19,6 μ (von 18,2:18,2 μ bis 23,6:21,8 μ), dreiseitige PL mit 3 Kst und ovale, leicht eiförmige SL mit 1—2 Kst (schmale spaltförmige L ohne KP), Faltenränder nach innen verstärkt. Ex fast farblos und glatt (kaum erkennbarer Säulchenbau), Int dünn, starke Keimhöfe als kraterförmige Einstülpungen in den Inhalt, der feinkörnig und grünlich ist.

Myrtaceen (*Eucalyptus*-Arten) sind in den meisten warmen und tropischen Gebieten der Erde zu finden. Durch Anbau ist die Verbreitung nordwärts z. B. in Europa in den Mittelmeerländern bis zu den südlichen Alpengebieten (Tessin), in Nordamerika bis Florida und Kalifornien gelungen. Honige aus Südeuropa, Vorderasien, Nord- und Südafrika, Mittel- und Südamerika, Australien und Neuseeland zeigen *Eucalyptus*pollen in verschiedenen Größen (von 15,7:14,5 μ bis 34,6:32,8 μ) aus den verschiedensten Arten. Einzelne australische *Eucalyptus*-Arten geben Honige mit maggi-ähnlichem Geschmack; neuseeländische, argentinische und mittelamerikanische Eucalyptushonige sind nach den Importen zu urteilen, feinaromatisch. Eine neuseeländische E.-Art liefert einen herbaromatischen Honig von rotbrauner Farbe und heidehonigähnlicher Beschaffenheit.

Fam.: Oenotheraceae. *Oenothera spec.* (Mexiko)

* 65:58,6 μ (von 56,4:54,5 μ bis 72,8:69 μ = 40 PK eines Honigsedimentes 1964), vorwiegend flachseitig dreieckige PL mit 3 Kst wie unter *Epilob. angustif.* beschrieben (Abb. 35). Ex blaßviolett, dünn, glatt, Int äußerst dünn, Inh fein mit etwas gröberen Körnern durchsetzt. Einzelne PK mit grobkörnigem Inhalt kommen vor. Diese Form findet man in manchen mittelamerikanischen Honigen.

ββ) Sympetalae

Fam.: Ericaceae. *Erica cinerea* L., *Graue Glockenheide* (Abb. 70)

41,1:39,6 μ nach A. MAURIZIO, geschlossene rundliche Tetrade, 3 Kst je PK, Keimschlitze (mit KP ?), Ex bräunlich, feinschorfig, Int dünn, Inh deutlich körnig.

E. cinerea ist besonders in südfranzösischen Heidehonigen zu finden. Verbreitung nach G. HEGI (1906/21): Südostfrankreich, äußerster Rand der westlichen Rheinprovinz, Belgien, Holland; nach Süden: Portugal, Madeira. In deutschen Heidehonigen konnte *E. cinerea* bis jetzt nicht gefunden werden.

Erica vagans L., *Wanderheide oder Buschheide* (Abb. 70)

28,5:26,3 μ (nach A. MAURIZIO), geschlossene dreieckige Tetrade, 3 Kst je PK (Keimschlitze, mit KP ?), Ex ganz schwach gelblich, kräftig, oberflächlich ganz feinschorfig, Int dünn, Inh sehr fein.

E. vagans kommt mit *E. cinerea* vereinzelt in Heidehonigen aus Frankreich vor, häufiger mit *E. umbellata* u. a. in spanischen Heidehonigen.

Fam.: Polemoniaceae. *Polemonium caeruleum L., Himmelsleiter* (Abb. 71)

47,8:46,4 μ, fast farblose Kugel, 50—60 KP über der Oberfläche verteilt. Ex mäßig dick mit eigenartig unterbrochen und linear verflochten verlaufender Schalenzeichnung. Int sehr dünn, Inh körnig. Ähnlich gestaltete Form, bräunlich violett, konnte in China-, Kalifornien- und Südosteuropa-Honigen beobachtet werden. *P. caeruleum* und *P. viscosum* (gelblich) werden in Deutschland als Gartenzierpflanzen angebaut und von den Bienen gern beflogen. Diese Formen erscheinen in deutschen Honigen ganz vereinzelt und äußerst selten.

Fam.: Hydrophyllaceae. *Phacelia tanacetifolia Benth., Rainfarnblättriges Büschelschön*

21:20,6 μ, farbloser Schein-Sechsfalter, runde PL und ovale SL, 3 Keimfalten und drei dazwischenliegende Scheinfalten. Ex dünn, fast glatt (feinster Säulchenbau), Ex nach den Falten hin verdünnt, Int dünn, Faltenmembran weitläufig gekörnt, Inh feinkörnig. *Phacelia* ist in Kalifornien beheimatet. Diese Pollenform kommt in den dortigen Mischblütenhonigen von verschiedenen Arten vor. In Europa ist *Phacelia* teils eingeschleppt, teils als Futter- oder Zierpflanze angebaut, so daß sich der Pollen in Honigen aus Ost- und Südosteuropa häufig, gelegentlich auch vereinzelt in süddeutschen Honigen findet.

Fam.: Acanthaceae. *Bravaisia spec.*

C. GRIEBEL (1931): 50—60 μ (*20 PK aus einem Honigsediment; 1959: i. M. 65,5:58,9 μ), kugelige PL und rundovale SL, 2 gegenständige KP (ohne Falte). Ex bräunlich, dicht und engsäulig, daher in Aufsicht feinperlig, mit aufliegenden, gelochten und geperlten Bändern in der Weise dicht umschlungen, daß die eine Pollenhälfte längs-, die andere quergebändert ist. Die KP sind von je 2 hochgestellten Bänderschlingen links und rechts flankiert. Int nicht deutlich sichtbar, Inh nur bei beschädigten PK als feinkörnig erkennbar. Beobachtet in Honigen aus Kuba und Mexiko, besonders aus Yukatan.

Fam.: Cucurbitaceae. *Citrullus spec. Melone* (Abb. 72)

52,8:52,4 μ, lockere, leicht auseinanderfallende Vierlinge, so daß man sie im Honig meistens als einzelne Pollen findet. Einzelpollen rundlich, 3 Kst (L mit KP), Ex gelblich bis bräunlich, sehr dünn, zierlich genetzt, Netzmaschen ziemlich weit, nach den Faltenrändern engmaschiger. Feiner Säulchenbau mit Perlköpfchen. Int sehr dünn, Inh undeutlich körnig, wolkig. Pollen von *Citrullus*arten können (nach C. GRIEBEL 1931) in Mexiko-, Valparaiso-, Chile- und Kalifornienhonigen vorkommen. Nicht selten aber findet man sie in südosteuropäischen Honigen.

VI. Honigtypen

Wie bereits auf S. 566 bemerkt, ist für die Herkunftsbeurteilung der Honigtypus von besonderer Bedeutung. Nachstehend wird eine Anzahl häufiger deutscher und ausländischer Pollenkombinationen beschrieben. Soweit Abbildungen der betreffenden Einzelformen vorhanden sind, wird auf diese verwiesen. Für nicht abgebildete Pollen wird jeweils eine kurze Beschreibung gegeben.

1. Inländische Honigtypen

Schleswig-Holstein (Abb. 73):

Brassica Napus-Sortenhonige z. T. in Mischung mit *Pirus*- und *Prunus*-Arten. *Trifolium repens*-Sortenhonige in Mischung mit *Trifol. pratense, Tilia, Rhamnus frangula*, vereinzelt *Polygonum bistorta.*

Niedersachsen (Abb. 74):

a) Nordseeküste: Ähnlich Schleswig-Holstein, Baumobst-Sortenhonige z. T. in Mischung mit *Fragaria* im „Alten Land".

b) Übriges Gebiet: *Brassica Napus* mit *Pirus*- und *Prunus*-Arten. — *Trifolium repens* und *pratense, Cruciferen (Brassica sinapistrum, Raphanus raphanistrum), Centaurea Cyanus, Rubus idaeus, Rhamnus frangula, Tilia, Filipendula, Lotus uliginosus, Vicia faba, Asparagus off.* — *Calluna vulgaris, Erica Tetralix, Epilobium angustifolium.* In Süd-Niedersachsen bereits *Onobrychis sativa* vorkommend.

Westfalen und Nordhessen:

Baumobst-Sortenhonige, *Rubus idaeus, Taraxacum off., Polygonum bistorta.* — *Trifolium*-Arten, *Cruciferen, Tilia, Rhamnus frangula, Filipendula, Sanguisorba off.* (Abb. 75), Honigtauhonige (*Picea excelsa*, Laubbäume). — *Solidago, Teucrium* (Abb. 41), *Calluna vulg.*

Rheinland mit Pfalz:

Baumobst-Sortenhonige, *Taraxacum off., Rubus idaeus* und *caesius, Cruciferen, Trifolium*-Arten, *Lotus corniculatus* und *uliginosus, Robinia pseudacacia, Rhamnus frangula, Castanea sativa, Centaurea Cyanus.* Honigtau (*Picea excelsa* und Laubbäume). Südlich: *Teucrium und Solidago, Onobrychis.*

Südhessen:

Ähnlich Nordhessen, zusätzlich *Castanea sativa* (Abb. 76), *Robinia pseudacacia*, *Sanguisorba off.* und *minor*.

Baden:

Baumobst-Sortenhonige, *Taraxacum off.* (Abb. 80), *Cruciferen*, gelegentlich *Brassica Napus.* — *Trifolium*-Arten, *Rubus idaeus*, *Lotus corn.* und *uligin.*, Honigtau-Sortenhonige von *Abies alba*, *Picea excelsa* und Laubbäumen, Wiesentracht, *Castanea sat.*, *Solidago.*

Württemberg:

Baumobst-Sortenhonige, *Taraxacum*, *Brassica Napus* u. a. *Cruciferen.* — *Trifolium*-Arten, *Onobrychis*, Wiese. Honigtau von *Abies alba*, *Picea exc.* und Laubbäumen, ganz ähnlich Baden.

Bayern:

Baumobst-Sortenhonige, *Brassica Napus*-Sortenhonige, desgleichen aus *Taraxacum* und gelegentlich *Salix*, *Raphanus raphanistrum*, *Rubus idaeus*, *Onobrychis*, *Trifolium*-Arten. Frühjahrs- und Sommerwiesen (*Heracleum Sphondylium* (Abb. 78), *Cirsium oleraceum*), *Centaurea Cyanus.* Honigtau von *Abies alba*, *Picea exc.* und Laubbäumen. — *Calluna vulgaris.*

2. Ausländische Honigtypen

Beschriebene Kombinationen bei ausländischen Honigen betreffen Handelsware. Es ist möglich, daß in den einzelnen Ländern in bestimmten Bezirken andere Kombinationen und Sortenhonige vorkommen.

a) Europäische Honige

Polen (Abb. 81, S. 589):

Sommer-Mischblütenhonige, Sortenhonige von *Abies alba* und *Calluna vulgaris.* An Deutschland angrenzende Gebiete zeigen keine mit Sicherheit unterscheidbare Kombinationen. Der Exporthonig ist offenbar größtenteils durch Mischung entstanden, wobei die Kombination „*Fagopyrum* - *Onobrychis* - *Polygonum bistorta* - *Lupinus* und *Campanulaceen* (z. B. *Jasione*)" häufig ist; diese kommt in der Bundesrepublik höchstens vereinzelt und nur in geringen Honigmengen vor.

Rußland:

Die bisher in der Bundesrepublik als „osteuropäisch" angebotenen russischen Honige enthalten meistens *Fagopyrum-Onobrychis* (Abb. 79, S. 588), *Helianthus*, *Daucus* und *Tilia*-Arten. *Tilia*-Honige aus Sibirien mit *Commelina* als Einzelpollen, wie schon E. Zander (1935) feststellte (Abb. 54, S. 585), zeigen einen Anteil Honigtau von Laubbäumen (meistens wohl von der Linde selbst). Das Vorkommen von *Eremurus*, vereinzelt auch *Gossypium*, deutet auf Südwest-Sibirien, Südrußland.

Südosteuropäische Honige:

CSR-Waldhonige (*Abies alba*, *Picea exc.*, Laubbäume). Ungarische *Robinien*-Sortenhonige und Mischblütenhonige aus *Robinia pseud.*, *Castanea sativa*, *Abies alba*, *Ericaceen* (*Erica arborea*, *Arbutus* u. a.), rumänische *Tilia*-Sortenhonige mit viel *Tilia*pollen und *Olea europ.* und sog. „Vielblütenhonige" sind meistens durch *Loranthus europaeus* kenntlich (vgl. A. Maurizio 1960). Ungarische und jugoslawische Sommerhonige enthalten als markante Form gelegentlich *Euphorbia Seguieriana* (Abb. 64, S. 586), auch *Cerinthe minor* L., *Mentha Pulegium* L. und *Symphytum spec.* (Abb. 40).

Spanien:

Citrus-Sortenhonige, *Rosmarinus*-Sortenhonige, *Heide*honige (*Erica umbellata*, *Erica vagans* u. a.). Als Beitracht sind beachtlich viele verschiedene *Cistus*-Arten, *Thymus*, *Onobrychis*, *Echium*, *Olea europ.* zu beobachten.

Frankreich:

Exportiert werden in die BR hauptsächlich Heidehonige, in denen *Calluna vulgaris*, *Erica cinerea*, vereinzelt *Erica vagans* (Abb. 37 u. 70, S. 587), dazu *Castanea sativa*, *Genista*-Arten, *Fagopyrum* und *Onobrychis* vorkommen.

b) Außereuropäische Honige

Kanada und nördliche USA:

Klee-Sortenhonige vor allem aus *Trifolium repens* und *Melilotus alba* mit Einzelpollen aus *Fagopyrum* und *Impatiens noli tangere.*

Texas und Kalifornien:

Tiliahonige mit *Trifolium repens* und *Melilotus alba.* „*Mesquite*"-Sortenhonig (*Prosopis juliflora*), sehr hell und kräftig fein aromatisch, zeigt eine Pollenform, die der von *Robinia pseudacacia* sehr ähnlich ist, jedoch engere Kst und gröberen Inhalt hat. — „*Alfalfa*" (*Medicago sativa*)-Sortenhonige kommen seltener vor, es sind meistens Honige aus *Trifol. repens* mit „*Alfalfa*". Das besondere Anbaugebiet von *Alfalfa* waren die Südweststaaten. Die Art breitet sich aber immer mehr nach Osten aus. Sehr charakteristisch für Kalifornien ist der *Wollampfer* (*Eriogonum fasciculatum*), „*Flat-top*" genannt. Er kommt als Sortenhonig und in Mischblütenhonigen vor. Die Pollenform ist ähnlich *Fagopyrum*, nur sehr viel feiner in der Exinestruktur. Dieser Honig ist säuerlich in Geruch und Geschmack und wird vielfach mit „*Salvia*"-Honig verwechselt und als solcher ausgegeben. *Salvia*-Sortenhonige (mit 9—15 % *Salvia*pollen nach A. MAURIZIO, 1955) sind offenbar sehr selten. *Citrus*-Sortenhonige (zart gelblich mit typischem Orangengeruch und -Geschmack) enthalten vielfach keinen *Citrus*-Pollen, wenn sie aus Plantagen mit Navel-Kulturen stammen. Die große Menge der Mischblütenhonige enthält Pollen von *Hydrophyllaceen*, mehr oder weniger *Myosotis*, *Polemoniaceen* des *Gilia*- und *Polem. caeruleum*-Typus, einen kleinen *myrtaceen*ähnlichen gelblichen Dreifalter und manche andere markante, noch nicht bestimmbare Formen.

Süd-Georgia und *Westflorida*

sind die Herkunftsgebiete zweier sehr markanter Sortenhonige: „*Tupelo*"-honey (Abb. 68, *Nyssa Ogeche*, *aquatica*, *biflora* und *sylvatica*) und „*Gallberry*"-honey (*Ilex glabra* und *I. coriacea*). In beiden Sortenhonigen kommen *Nyssa* und *Ilex* mit sehr wenigen anderen Formen vor.

Mexiko:

In dem im Landesinstitut für Bienenforschung vorliegenden Material wurden in Mexiko-Honigen gefunden: *Magnolien*ähnliche Form (vgl. Abb. 57, S. 585), *Compositen* der *Helianthus*-Gruppe, *Mimosa pudica* und etliche andere *Mimosen*arten, auch mit auffallend großen Formen wie in Abb. 59, S. 585, *Citrus*, kleine und kleinste *Eucalyptus*-Formen, verschiedene *Croton*-Arten (Abb. 65, S. 586), *Manihot*, *Bravaisia* (Abb. 82, S. 589), *Caesalpinia*-Formen, Pollen des Blutholz- oder *Blauholz*baumes (*Haematoxylon campechianum L.*), *Polygonacea* der *P*-Gruppe (wahrscheinlich *Gymnopodium antigonoides* Robinson-Vulgärname *Dzidzilche*), *Cactaceen*, *Gossypium* (Abb. 66, S. 586) u. a. *Malvaceen*, *Cistus* und jener kleine goldgelbe gerieffelte engnetzige Dreifalter (Abb. 83, S. 589), der in Yukatan-Honigen sogar Begleitpollen sein kann und nach A. MAURIZIO „Goldballen" genannt wurde. Er kommt zusammen mit ganz ähnlichen Formen vor, die sich durch verschieden feine Riefelung und Netzung unterscheiden. Drei Größenordnungen sind festzustellen: etwa 21,8:21,8 μ, 23,6:23,6 μ und 28:28 μ. Dr. MATSUO TSUCADA, Yale-Universität Connecticut, hat die Pollen inzwischen als *Burseraceen* identifiziert (Schriftliche Mitt.). *Mais*, *Proteaceen* und eine citronenähnliche Form vom *Centaurea*-Typ wären noch zu nennen (Abb. 84, S. 589). Die meisten dieser Pollenarten sind auch in den Honigen aus mittelamerikanischen Ländern zu beobachten. Cuba- und Haïti-Honige zeigen besonders viel von der erwähnten *magnolien*ähnlichen Form (Abb. 57, S. 585). Haïti-Honige sind vielseitiger und ähneln sehr den Yukatan-Honigen. *Compositen* der *H*-Gruppe spielen bei den mittelamerikanischen Honigen eine große Rolle (z. B. *Viguiera helianthoides* H. B. K.-Vulgärname „*Tah*." und andere kleine Formen). Havanna hat auch „*Cotton*"-Honig (*Gossypium*) mit *G.* als Einzelpollen, viel pflanzlichen Gewebetrümmerteilchen und Pflanzenhaaren neben Pollen aus *Melilotus*, *Medicago*, *Citrus*, *Cruciferen*. Guatemala-Honige zeigen besonders eine um 53 μ große leuchtend gelbe, weitmaschig genetzte Form mit seitenständigen Kst. Diese Form kommt vereinzelt auch in allen mittelamerikanischen und in Mexiko-Honigen vor. Für Bolivien führt ZANDER *Bombax spec.* als charakteristische Form an (Abb. 85, S. 589).

Argentinien:

Von Südamerika kommt aus Argentinien besonders viel Honig nach Deutschland. Es sind selten Sortenhonige, sondern meistens Blütenmischhonige mit einem sehr einförmigen Pollenbild, das hauptsächlich aus *Trifol. repens*, *Myrtaceen*, *Serratula*, *Echium*-Form, *Umbelliferen* und *Helianthus annuus* besteht. Dabei kann als Begleitpollen, je nach Jahr und Tracht, jede der genannten Formen auftreten. Bei Sortenhonigen sind dieselben Formen Leitpollen, ausschließlich der *Umbelliferen*. Im Sediment fällt stets eine große Menge von Humusteilchen auf, bedingt durch den Steppencharakter des Landes.

Chile:

Die Hauptformen der chilenischen Pollenbilder sind *Trifolium pratense*- und *repens*-Formen, *Echium*-Form und *Composite* der *T*-Gruppe, daneben finden sich *Eucalyptus*-Arten, *Rubus*, *Tribulus*, *Serratula*, *Castanea sativa*, *Proteaceen* und eine große *Centaurea*-Form (63,5: 45,9 μ, kleiner und größer). Eigenartige Gebilde aus der Blüte von *Lomatia dentata*, deren Bedeutung noch nicht erklärt werden konnte, tragen die Bienen mit dem Pollen zusammen ein. Im Honig stellen sie ein sicheres Merkmal für die chilenische Herkunft dar (Abb. 86, S. 589).

Australien:

Sortenhonige aus verschiedensten *Eucalyptus*-Arten sind besonders charakteristisch (Abb. 69, S. 586), daneben beobachtet man *Trifolium pratense, Echium*-Form, *Composite* der *H*-Gruppe, *Proteaceen* (*Hakea*- und *Banksia*-Arten), *Serratula*-Formen und *Mimosen*. Die würstchenförmigen *Banksia*pollen und die großen *Hakea*-Dreifalter mit den auffallend weiten Kst, zusammen mit den größeren *Eucalyptus*-Formen geben ein charakteristisches Bild.

Neuseeland:

Trifolium repens, Eucalyptus-Arten (kleine Formen), *Mimosen, Serratula* und *Ranunculaceen* sind die Hauptbestandteile des importierten Neuseeland-Honigs. Die *Mimose* ist nur Einzelpollen und kann fehlen, dann ist die Kombination sehr dem Argentinien-Honig ähnlich. Die Unterscheidung liegt im Vorkommen einer *Umbellifere* im Argentinien-Honig. Im Neuseeland-Honig ist diese *Umbellifere* nie beobachtet, während andererseits im Argentinien-Honig bislang kein *Mimosen*pollen gefunden wurde.

China:

Sortenhonige. deren Leitpollenformen noch nicht bestimmt werden konnten, z. B. wahrscheinlich eine *Rhamnacea* u. a. kommen vor. Häufiger sind Blütenmischhonige mit *Tilia*-pollen von verschiedenen Arten (vgl. Abb. 8, S. 563), *Fagopyrum spec.* (vgl. Abb. 17, S. 581), *Trifolium*-Formen, *Sanguisorba off.* (vgl. Abb. 75, S. 588), *Polemonium caeruleum*-Form (vgl. Abb. 71, S. 587), *Polygalacea* (vgl. Abb. 78, S. 588), *Commelina spec.* (vgl. Abb. 54, S. 585), *Cucumis spec.* (vgl. Abb. 46, S. 584), *Thalictrum*-Form, *Citrullus* (vgl. Abb. 72, S. 587), viel Kleinformen, fast immer sehr viel Humus- und Staubteilchen.

Verzeichnis der Autoren der Abbildungen auf den Seiten 581—589

ZANDER:			MAURIZIO:	EVENIUS:		VORWOHL:
Abb. 13	40	63	Abb. 15	Abb. 55	83	Abb. 65
14	41	69	16	56	86	66
19	42	72	17	57		68
20	43	80	18	60		84
26	44	82	21	61		
27	45	85	22	62		
30	46		23	64		
31	47		24	67		
32	48		25	73		
33	50		28	74		
34	51		29	75		
35	52		49	76		
36	53		70	77		
37	54		71	78		
38	58			79		
39	59			81		

Die Verfasser sind Herrn Dr. W. Kaeser, Direktor des Niedersächsischen Landesinstitutes für Bienenforschung, zu Dank verpflichtet für die Bereitwilligkeit, mit der er die Sammlung des Instituts an Honig- und Pollenpräparaten und die Einrichtungen für Mikrophotographie zur Verfügung stellte. Fräulein Dr. A. Maurizio, Liebefeld-Bern, verdanken wir eine große Zahl ihrer Honig- und Pollenaufnahmen. Herr Dr. K. Böttcher ließ von den in der Bayerischen Landesanstalt für Bienenzucht, Erlangen, befindlichen Negativen der Originalaufnahmen von E. Zander Kopien für uns herstellen. Herr Dr. G. Vorwohl, Landesanstalt für Bienenkunde, Hohenheim, fertigte eine Anzahl Aufnahmen ausländischer Pollenformen für uns an.

Abb. 13—21   581

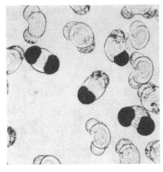

Abb. 13. Pinus silvestris (160×)

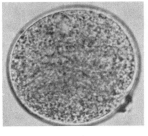

Abb. 14. Zea Mays (450×)

Abb. 15. Salix sp. in Pol- und
Seitenlage (400×)

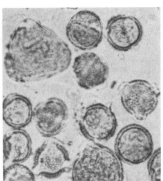

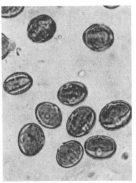

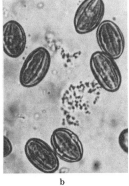

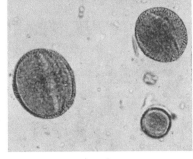

Abb. 17. Buchweizenhonig (Fagopyrum 400×)

a   b
Abb. 16. Castanea sativa. a Kurzovale Form, b Langovale Form (600×)

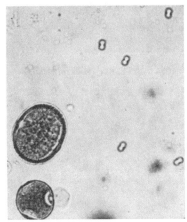

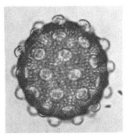

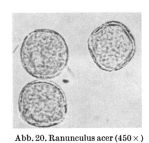

Abb. 20. Ranunculus acer (450×)

Abb. 19. Agrostemma gittago (450×)

Abb. 18. Polygonum bistorta (links Mitte),
rechts fünf Körner von Myosotis alpestris
(400×)

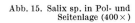

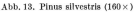

Abb. 21. Brassica napus, Pol- und Seitenlage. Links unten
Prunus sp. in Pollage. Mitte rechts Aesculus hippocastanum
in Seitenlage (400×)

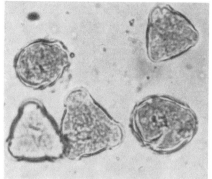

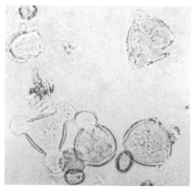

Abb. 22. Pirus sp. in Pol- und Seitenlage (400 ×)

Abb. 23.
Filipendula
ulmaria (600 ×)

Abb. 24. Robinienhonig (400 ×).
Robinia pseudacacia, Pol- und Seitenlagen

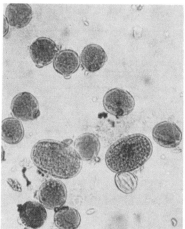

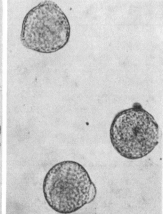

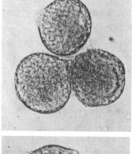

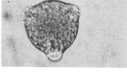

a   b   c

Abb. 25. *a* Trifolium repens (Weißkleehonig), *b* Trifolium pratense (Pol- und Seitenlage), *c* Trifolium incarnatum
(Pol- und Seitenlage) (400 ×)

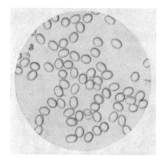

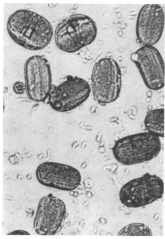

Abb. 26. Lotus corniculatus (350 ×)

Abb. 29. Acer
pseudoplatanus (400 ×)

Abb. 27. Vicia villosa (450 ×)   Abb. 28. Onobrychis viciifolia. Oben links Centaurea cyanus (400 ×)

Abb. 22—42   583

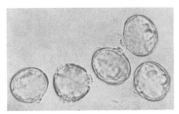

Abb. 30. Aesculus hippocastanum (450×)

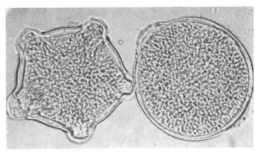

Abb. 34. Viola tricolor (450×)

Abb. 31. Rhamnus frangula (450×)

Abb. 36. Heracleum
sphondylium (450×)

Abb. 35. Epilobium angustifolium (450×)

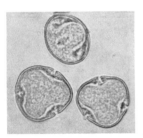

Abb. 32. Tilia parvifolia (450×)

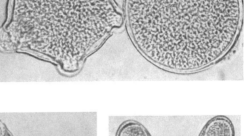

Abb. 38.
Convolvulus tricolor (450×)

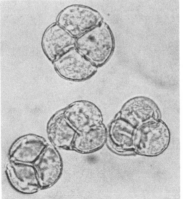

Abb. 37. Calluna vulgaris (450×)

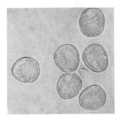

Abb. 39. Echium vulg. (450×)

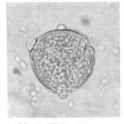

Abb. 33. Helianthemum
nummularium (450×)

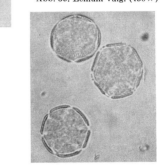

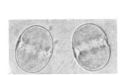

Abb. 40. Symphytum
asperum (450×)

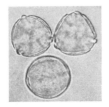

Abb. 41. Teucrium
scorodonia (450×)

Abb. 42.
Majorana hortensis (450×)

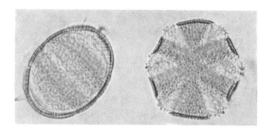

Abb. 43. Salvia pratensis (450 ×)

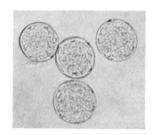

Abb. 44. Plantago lanceolata (450 ×)

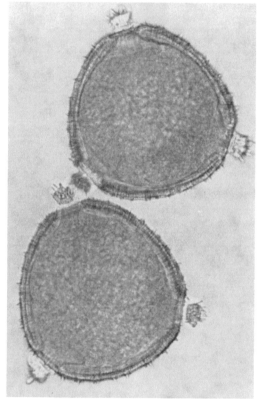

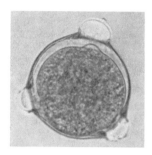

Abb. 46. Cucumis sativus (450 ×)

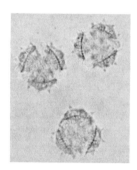

Abb. 48. Chrysanthemum uliginosum (450 ×)

Abb. 45. Knautia arvensis (450 ×)

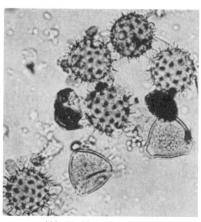

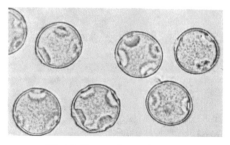

Abb. 47. Campanula patula (450 ×)

Abb. 49. Helianthus annuus.
Mitte 2 Robinia pseudacacia (400 ×)

Abb. 43—60 585

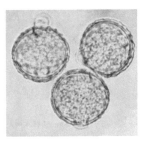

Abb. 50. Centaurea jacea (450 ×)

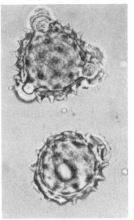

Abb. 51. Cirsium oleraceum (450 ×)

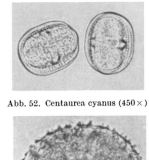

Abb. 52. Centaurea cyanus (450 ×)

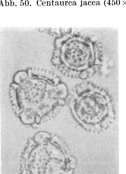

Abb. 53.
Taraxacum officinalis (450 ×)

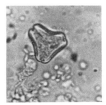

Abb. 56. Loranthus europaeus (400 ×)

Abb. 54. Commelina coelestis (450 ×)

Abb. 58. Eschscholtzia
californica (450 ×)

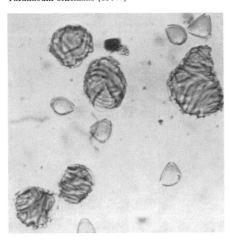

Abb. 55. Pollen von Lomatia dentata (Myrtacea).
Kommt nur in Chile vor (270 ×)

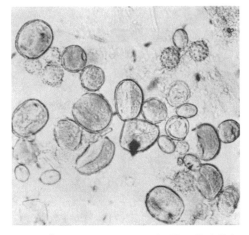

Abb. 57. Überseeischer Einfalterhonig (Magnolien), Kuba,
Haïti. Rechts oben zwei Compositen der S-Gruppe (270 ×)

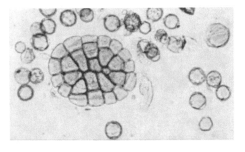

Abb. 60.
Mimosa pudica,
Mittelamerika (670 ×)

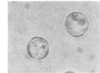

Abb. 59. Akazienballen in Überseehonig (450 ×)

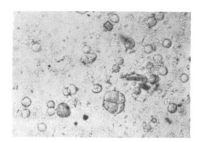

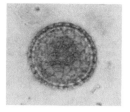

Abb. 62. Tribulus sp. (400 ×)

Abb. 63.
Polygala amara (450 ×)

Abb. 61. Mimosa pudica in mittelamerikanischem Honig (270 ×)

Abb. 64. Euphorbia seguieriana
links Pol-, rechts Seitenlage (400 ×)

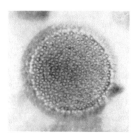

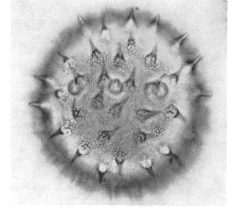

Abb. 66. Gossypium spec. (450 ×)

Abb. 65. Croton spec. (Mexiko) (450 ×)

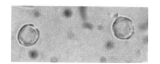

Abb. 67. Eucryphia cordifolia („Olmo") (670 ×)

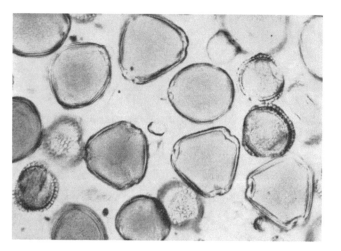

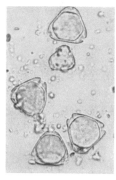

Abb. 69.
Eucalyptus sp. (450 ×)

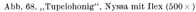

Abb. 68. „Tupelohonig". Nyssa mit Ilex (500 ×)

Abb. 61—74   587

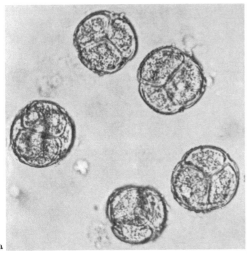
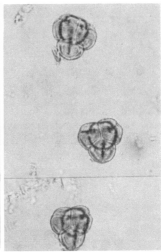

a   b

Abb. 70. *a* Erica cinerea, *b* Erica vagans (400 ×)

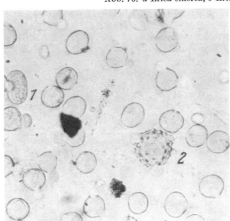
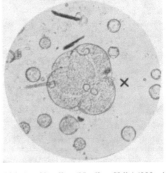

Abb. 72. Citrullus (Mexiko, Chile) (333 ×)

Abb. 73. Weißkleehonig aus
Schleswig-Holstein mit
Vicia (*1*) und
Distel (*2*) (270 ×)

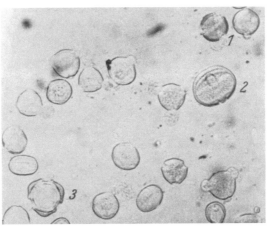
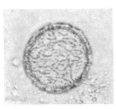

Abb. 71.   Abb. 74. Sommerhonig aus Niedersachsen: Weißklee
Polemonium sp. (450 ×)   mit Kreuzblütler (*1*), Kornblume (*2* Seitenlage, *3* Pollage) (460 ×)

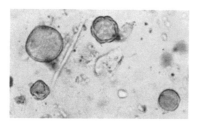

Abb. 75. Sommerhonig aus Hessen mit Rotklee
(links oben), Großem Wiesenknopf (oben Mitte)
und Kreuzblütler (unten rechts) (270 ×)

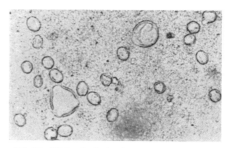

Abb. 76. Edelkastanienhonig aus dem Taunus mit
Himbeere links unten. Viel kristallinische Masse (270 ×)

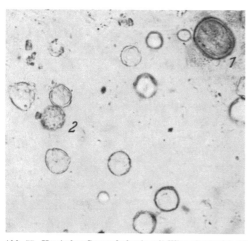

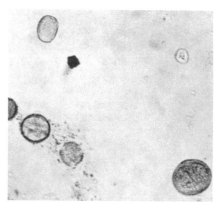

Abb. 79. Osteuropäischer Honig mit Buchweizen
(rechts unten), Esparsette (links oben) und Wiesenknöterich (darunter Mitte) (215 ×)

Abb. 77. Hessischer Gamanderhonig mit Wiesenknöterich (1)
und Melde (2) (270 ×)

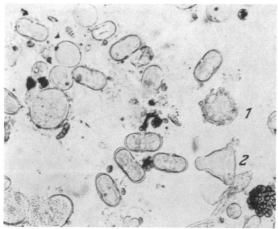

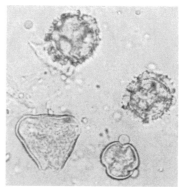

Abb. 78. Bärenklauhonig aus Oberbayern (langovale Formen) mit
Löwenzahn (1) und Himbeere (2) (270 ×)

Abb. 80. Löwenzahn- und Obsthonig
(deutsch) (450 ×)

Abb. 75—86   589

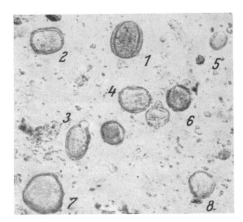

Abb. 81. Polnischer Honig mit Buchweizen (*1*), (Esparsette *2, 3, 4*), Hornschotenklee (*5*), Kreuzblütler (*6*), Rotklee (*7*) und Weißklee (*8*) (270 ×)

Abb. 82.
Bravaisia (450 ×)

a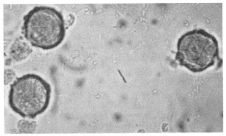

b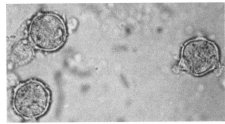

Abb. 83. Mexiko-Honig mit „Goldballen".
a Hocheinstellung, *b* Einstellung auf Äquator (420 ×)

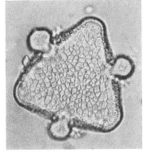

Abb. 85.
Bombax spec.
(Bolivien) (450 ×)

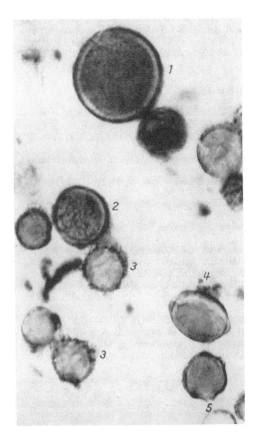

Abb. 84. Mexiko-Honig: *1* Croton spec. *2* Gymnopodium antigonoides („Dzidzilche") Robinson
3 Viguiera helianthoides H.B.K. („Tah") *4* „Citronenform"
5 Bursera spec. (450 ×)

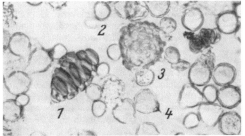

Abb. 86. Chile-Honig mit einer Form aus den Blüten von Lomatia dentata (*1*, vgl. Abb. 55), Echium (*2*), Distel (*3*) und Rubus (*4*) (270 ×)

Bibliographie

ABC and XYZ of Beeculture. Medina (Ohio): Root Company 1950.

Armbruster, L., u. G. Oenicke: Die Pollenkörner als Mittel zur Honig-Herkunftsbestimmung. Neumünster: Wachholz 1929.

Beug, H. J.: Leitfaden der Pollenbestimmung für Mitteleuropa und angrenzende Gebiete. (Im Erscheinen. Lfg. 1: 1961). Stuttgart: Gustav Fischer.

Erdtman, G.: Pollen Morphology and Plant Taxonomy. — Angiosperms. Stockholm: Almquist and Wicksell 1952.

Faegri, K., and J. Iversen: Textbook of Pollen-Analysis. Kopenhagen: Munksgaard 1964.

Goodacre, W. A.: The Honey and Pollen Flora of New South Wales. Sydney: A. H. Pettifer 1958.

Griebel, C.: Die Mikroskopische Untersuchung des Honigs. In: Handbuch der Lebensmittelchemie. Bd. 5, S. 362—379. Berlin: Springer 1938.

Hegi, G.: Illustrierte Flora von Mittel-Europa. (13 Bde.). München: Lehmann 1906—1931.

Hodges, D.: The pollen loads of the honeybee. London: Bee Research Association Ltd 1952.

Lovell, H. B.: Honey Plants Manual. Medina (Ohio): Root Company 1956.

Maurizio, A.: Blüte, Nektar, Pollen, Honig. (Sonderdruck a. d. Ztschr. „Deutsche Bienenwirtschaft"). Nürnberg: Deutscher Imkerbund 1959/60.

— Bienenbotanik. In: Biene und Bienenzucht, S. 68—104. Hrsg. von A. Büdel u. E. Herold. München: Ehrenwirth 1960.

— Honigtau — Honigtauhonig. In: Das Waldhonigbuch. Hrsg. von W. Kloft, A. Maurizio u. W. Kaeser. München: Ehrenwirth 1965.

—, u. J. Louveaux: Pollens de plantes mellifères d'Europe: Union des Groupements Apicoles Francais: Paris 1965.

Ordetx-Ros, G.: Flora apicola de la America tropical. Editorial LEX, Habana, Cuba 1952.

Zander, E.: Beiträge zur Herkunftsbestimmung bei Honig. Bd. I: Berlin: Reichsfachgruppe Imker 1935. Bd. II: Leipzig: Liedloff, Loth u. Michaelis 1937. Bd. III: Leipzig: Liedloff, Loth u. Michaelis 1941. Bd. IV: München: Ehrenwirth 1949. Bd. V: Leipzig: Liedloff, Loth u. Michaelis 1951.

Zeitschriftenliteratur

Evenius, J.: Die Prüfung des Sedimentgehaltes norddeutscher Honige im Zusammenhang mit ihren chemisch-biologischen Eigenschaften. Festschrift Zander, S. 23 (1933).

— Pollenanalyse und Begutachtung von sedimentreichen Honigen. Ann. de l'Abeille 1, 77—88 (1958).

— Pollenanalytische Prüfung von Honigen aus der Bundesrepublik. Dtsch. Bienenwirtsch. 11, 76—80 (1960).

Griebel, C.: Zur Pollenanalyse des Honigs. Z. Untersuch. Lebensmittel 59, 63, 197, 441 (1930); 61, 241 (1931).

Louveaux, J.: L'utilisation des cartes perforées pour l'analyse pollinique des miels. Ann. de l'Abeille 7, 365—369 (1964).

Maurizio, A.: Beiträge zur quantitativen Pollenanalyse des Honigs. Beih. Schweiz. Bienenztg. 2, 320—421 (1949).

— Weitere Untersuchungen an Pollenhöschen. Beih. Schweiz. Bienenztg. 2, 485—556 (1953).

— Beiträge zur quantitativen Pollenanalyse des Honigs. 2.: Absoluter Gehalt pflanzlicher Bestandteile in *Tilia*- und *Labiaten*-Honigen. Z. Bienenforsch. 3, 32—39 (1955).

— Beiträge zur quantitativen Pollenanalyse des Honigs. 3.: Absoluter Gehalt pflanzlicher Bestandteile in *Esparsette*-, *Luzerne*-, *Orangen*- und *Rapshonigen*. Ann. de l'Abeille 2, 93 bis 106 (1958).

— Zur Frage der Mikroskopie von Honigtau-Honigen. Ann. de l'Abeille 2, 145—158 (1959).

— Das mikroskopische Bild jugoslawischer Import-Honige. Z. Bienenforsch. 5, 8—22 (1960).

—, u. J. Louveaux: Methodik der Honigpollenanalyse. Z. Bienenforsch. 6, 115—116 (1963).

Pritsch, G.: Zum Problem der mikroskopischen Analyse des Bienenhonigs. Wiss. Z. d. Humboldt-Universität Berlin 6, 197—204 (1956/57).

Ruttner, F.: Der Pollen der *Eichenmistel* (*Loranthus europaeus* Jacq.) als Charakterform in österreichischen Honigen. Z. Bienenforsch. 5, 220—226 (1960/61).

Vorwohl, G.: Die Messung der elektrischen Leitfähigkeit des Honigs und die Verwendung der Meßwerte zur Sortendiagnose und zum Nachweis der Verfälschung mit Zuckerfütterungshonig. Z. Bienenforsch. 7, 37—47 (1964).

Zucker

A. Rübenzucker und Rohrzucker

Von

Prof. Dr. **F. Schneider**, Braunschweig[1]

Mit 4 Abbildungen

I. Geschichtlicher Überblick, Vorkommen, Eigenschaften

Der Zucker ist mit der Kulturgeschichte der Menschheit eng verbunden. Die ältesten süßen, zuckerhaltigen Nahrungsmittel, die den Menschen zur Verfügung standen, waren der Bienenhonig und süße Pflanzensäfte. Der Honig dürfte bereits in vorgeschichtlicher Zeit ein beliebtes Genußmittel gewesen sein. Er wurde später durch den zuckerhaltigen Zellsaft des in tropischen Ländern angebauten Zuckerrohrs zurückgedrängt. Erst sehr viel später kam die Gewinnung von Zucker aus der in gemäßigten Klimazonen angebauten Zuckerrübe hinzu.

Die ältesten Angaben über die Kultivierung von *Zuckerrohr* finden sich in alten indischen Schriften, die etwa auf das vierte vorchristliche Jahrhundert zurückgehen. Während man sich wohl zuerst auf den Genuß des zuckerhaltigen Saftes beschränkte, kannte man etwa 300 n. Chr. im nördlichen Indien (Bengalen) unter dem Namen śarkarâ auch festen Zucker. Auf diese Bezeichnung ist unser heutiges Wort „Saccharose" zurückzuführen.

Der Anbau von Zuckerrohr dehnte sich später über Persien weiter nach Westen aus, und um 700 n. Chr. wurde auch in Ägypten Zuckerrohr kultiviert. Hier wurde auf Grund der bei den ägyptischen Alchimisten vorhandenen chemischen Kenntnisse bereits weißer Zucker in größeren Mengen erzeugt.

Die Araber brachten das Zuckerrohr nach Europa, und um 750 n. Chr. wurde es auf Sizilien und in Spanien kultiviert. Der Anbau des Rohrs erreichte hier bald eine große Blüte. Um 1000 n. Chr. wurden bereits einige 10000 t Rohr verarbeitet.

Nach Mitteleuropa dürfte der erste Zucker aus Zuckerrohr über Venedig z. Z. der Kreuzzüge gelangt sein, allerdings mehr als Luxusartikel oder Arzneimittel.

Die Verbreitung des Zuckerrohrs in Amerika geht auf Columbus zurück, der auf seiner zweiten Amerikareise (1494) Zuckerrohrpflanzen nach der Antilleninsel San Domingo mitführte. Von dort erfolgte eine schnelle Verbreitung über die weiteren Inseln, die bald unter dem Namen „Zuckerinseln" bekannt wurden, sowie über die gesamten tropischen und subtropischen Gebiete dieses Kontinents, wo sich eine blühende Rohrzuckerproduktion entwickeln konnte. Der Rohzucker wurde von dort als Kolonialzucker nach Europa exportiert und in den Hafenstädten in sog. Zuckersiedereien raffiniert. Hiervon gab es allein in Hamburg im Jahre 1750 nicht weniger als 365 Betriebe. Das Zuckerrohr gelangte von Amerika aus weiter nach den Inseln des Pazifischen und des Indischen Ozeans (Hawaii, Ozeanien, Philippinen, Indonesien).

Die *Zuckerrübe* hat dagegen erst verhältnismäßig spät als Rohstoffquelle für die Zuckergewinnung Bedeutung erlangt.

Der Berliner Chemiker und Akademiedirektor A. S. Marggraf entdeckte 1747 kristallisierenden Zucker in der Runkelrübe und erkannte dessen Identität mit der Saccharose aus dem Zuckerrohr. Sein Schüler und Nachfolger F. C. Achard begann 1786 durch systematische Züchtungsversuche der weißen Runkelrübe und Fabrikationsversuche die Entdeckung A. S. Marggrafs nutzbar zu machen. 1798 gelang es ihm, in einer Berliner Zuckersiederei den ersten Zucker aus Rüben in größeren Mengen zu gewinnen. Im Jahre 1801 errichtete er mit Unterstützung von König Friedrich Wilhelm III. von Preußen trotz heftiger Anfeindungen der

[1] Unter Mitarbeit von Dr. G. Baumgarten u. Dr. Christa Reichel.

Rohrzuckerkonkurrenten die erste Rübenzuckerfabrik der Welt in Cunern in Schlesien.

Starken Auftrieb erfuhr kurze Zeit später die junge Zuckerindustrie durch die 1806 von Napoleon verhängte Kontinentalsperre, wodurch der Import von Rohrrohzucker (Kolonialzucker) zu den Raffinerien der mitteleuropäischen Hafenstädte verhindert wurde. Durch die enorme Preissteigerung des Zuckers entstanden zahlreiche Rübenzuckerfabriken auf dem Kontinent. Nach Aufhebung der Sperre im Jahre 1814 sanken die Zuckerpreise wieder. Die Rübenzuckerfabrikation wurde in Deutschland weitgehend eingestellt und hielt sich nur noch in Frankreich in einigen rationell geführten Fabriken, wodurch die Rübenzuckerindustrie vor

Tabelle 1. *Weltrüben- und Weltrohrzuckererzeugung*[1]

Jahr	Weltzuckererzeugung t	Rübenzucker t	Rohrzucker t	Rübenzucker %	Rohrzucker %
1901	12 643 448	6 880 875	5 762 573	54,4	45,6
1910	16 823 817	8 667 980	8 155 837	51,5	48,5
1920	16 831 079	4 906 266	11 924 813	29,2	70,8
1930	27 863 321	11 920 883	15 942 438	42,8	57,2
1940	29 902 541	11 684 206	18 218 355	39,1	60,9
1950	33 576 389	14 101 719	19 474 670	42,0	58,0
1960	55 442 530	24 266 322	31 176 208	43,8	56,2
1964	63 828 368	28 565 867	35 262 501	44,8	55,2

[1] Nach F. O. Licht's Weltzuckerstatistik 1964/65

dem Untergang bewahrt wurde. Von dort ausgehend, setzte sich der Anbau von Zuckerrüben erst wieder in den dreißiger Jahren des vorigen Jahrhunderts in Deutschland durch und erreichte in der zweiten Hälfte des 19. Jahrhunderts einen hohen Stand, nachdem inzwischen der Zuckergehalt der Rüben durch züchterischlandwirtschaftliche Maßnahmen von 5 auf 16—20 % erhöht wurde und wesentliche chemische Verfahrenserkenntnisse und apparative Verbesserungen in Verbindung mit dem einsetzenden Aufschwung der chemischen Forschung im 19. Jahrhundert erarbeitet worden waren.

Die Fabrikationsprozesse, welche die Herstellung von Zucker zum Ziele haben, gehören mit zu den am längsten bekannten und am sorgfältigsten studierten Vorgängen der chemischen Technik. Die Jahresproduktion von Zucker hat sich in den letzten 60 Jahren verfünffacht und liegt zur Zeit bei über 60 Mio. t (vgl. Tab. 1). Bis zum 1. Weltkrieg war der Anteil an Rohr- und Rübenzucker etwa gleich. Nach Schwankungen durch klimatische, marktpolitische oder kriegerische Ereignisse (2. Weltkrieg) liegt der Anteil der Rohrzuckerproduktion jetzt bei ca. 55 % der Welterzeugung. Andere Rohstoffe wie etwa Sorghum, Palmzucker und Zuckerhirse, die gleichfalls der Zuckergewinnung dienen können, spielen mengenmäßig nur eine untergeordnete Rolle; lediglich Ahornzucker wird in Kanada noch in größerem Ausmaß gewonnen und z. B. zur Konservierung von Früchten verwendet.

Rübenzucker, Rohrzucker, Saccharose, Saccharobiose (engl. *sucrose*), $C_{12}H_{22}O_{11}$, chemisch α-D-Glucopyranosyl-β-D-fructofuranosid, ist ein nichtreduzierendes Disaccharid, das durch Säuren oder Enzyme (Invertase) leicht in die Bausteine D-Glucose und D-Fructose gespalten wird. Das Gemisch von Glucose und Fructose wird Invertzucker genannt.

a-D-Glucopyranosyl-β-D-fructofuranosid

100 g Saccharose enthalten 410 Kalorien. Zucker zeichnet sich über seinen Nähr- und Genußwert hinaus durch leichte Verdaulichkeit und schnelle Resorbierbarkeit im menschlichen Organismus aus.

Die Saccharose wird von allen industriell hergestellten organischen Stoffen in der größten Menge gewonnen. Bei einer Weltbevölkerung von z. Z. etwa 3 Milliarden Menschen steht mit der derzeitigen Erzeugung eine Jahresmenge von durchschnittlich ca. 20 kg Saccharose pro Kopf der Bevölkerung zur Verfügung. Sie schwankt jedoch je nach Lebensstandard und Lebensgewohnheiten zwischen 60 kg im Maximum (Island, Dänemark, England) und etwa 1 kg im Minimum (China, Indien). Sie liegt in Deutschland z. Z. bei etwas über 30 kg pro Kopf der Bevölkerung.

Die Weltzuckerproduktion unterliegt infolge von klimatischen und politischen Einflüssen gewissen Schwankungen. Sie liegt aber trotz regulierender Exportvereinbarungen und Anbaubeschränkungen fast immer über dem Verbrauch, so daß schon seit langer Zeit ein großes Interesse besteht, neue Verbraucher für die Saccharose als industriellen Rohstoff zu finden, zumal im Bedarfsfall die Erzeugung an Saccharose sowohl in den Zuckerrohr- als auch in den Zuckerrübenanbaugebieten schnell gesteigert werden kann.

Die als Assimilationsprodukt der Sonnenenergie jährlich heranwachsenden Saccharosemengen sind außerdem technisch oft billiger herzustellen als vergleichbare organische hydroxylgruppenhaltige Grundstoffe.

Die Saccharose wird nicht nur billig und in großen Mengen, sondern auch in hoher Reinheit gewonnen. Ein Raffinadezucker ist in seiner Reinheit ohne weiteres analysenreinen Reagentien vergleichbar (vgl. Abschnitt „Untersuchung von Zucker und Zuckerfabriksprodukten“).

1. Zuckerrübe

Die heutige *Zuckerrübe* (*Beta vulgaris saccharifera* L.), die botanisch zu der Familie der Gänsefußgewächse (*Chenopodiaceen*) gehört, ist aus der schon im Mittelalter stark verbreiteten weißen Runkelrübe hervorgegangen. Diese dürfte ihrerseits von der an den Küsten Europas verbreiteten *Beta maritima* L. abstammen. Wildformen sind noch heute in der Klimazone von Ägypten bis Finnland anzutreffen.

Die Rübe ist eine zweijährige Pflanze. Während im ersten Jahr der eigentliche Rübenwurzelkörper mit der darin als Reservestoff gespeicherten Saccharose gebildet wird, erfolgt im zweiten Jahr die Ausbildung der Samenanlage unter Abbau der Reservestoffe. Pflanzen, bei denen diese Erscheinung bereits im ersten Vegetationsjahr eintritt, werden „Schosser“ genannt. Sie können bei länger anhaltenden kalten oder trockenen Witterungsperioden vermehrt auftreten, wenn auch die heutigen Rübensorten durch Züchtung weitgehend „schosserfest“ sind.

Bisher unterschied man bei Zuckerrüben zwischen ertragreichen (E), zuckerreichen (Z) und normalen (N) Zuchtrichtungen, die sich u. a. in der Länge der Vegetationszeit, im Rübengewicht und im Zucker- und Blatterertrag unterschieden. Zu diesen diploiden Sorten mit 18 Chromosomen

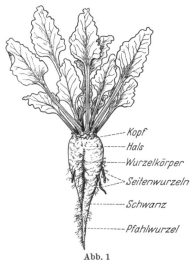

Kopf
Hals
Wurzelkörper
Seitenwurzeln
Schwanz
Pfahlwurzel

Abb. 1

sind seit einigen Jahren durch Mutation polyploide Zuckerrübensorten entwickelt worden. Diese tetra-, tri- und diploiden Samen liefern Rüben mit teilweise besseren Zucker- und Blatterträgen und günstigeren Verarbeitungseigenschaften.

Während das normale Saatgut vielkeimige Knäuel aufweist, die bei der weiteren Verarbeitung durch Hacken und Vereinzeln einen hohen Aufwand an Handarbeit erfordern, ist man heute immer mehr bestrebt, technisch oder genetisch hergestelltes einkeimiges (monogermes) Saatgut zu verwenden, das bei Anwendung entsprechender Spezialmaschinen ohne zusätzliche Handarbeit eine maschinelle Bearbeitung ermöglicht. Diese Umstellung von der Verbesserung des Saatgutes bis zur Verwendung arbeitserleichternder Maschinen für die Aussaat und Pflege ist z. Z. in vollem Gange. Das gleiche gilt für die Ernteverfahren. Das Ernten der Rüben mit dem Köpfen, Roden, Blatt- und Rübentransport von Hand ist weitgehend durch Teil- oder Vollerntemaschinen ersetzt, bei denen z. T. in einem Arbeitsgang das Köpfen, Roden, Aufladen von Blatt und Rüben bis zur Ablage am Feldrand bzw. Übergabe zum Abtransport erfolgt.

Die Zuckerrübenwurzel setzt sich etwa wie folgt zusammen: 23,6 % Trockensubstanz, 16,5 % Saccharose, 1,1 % Rohprotein, 0,1 % Rohfett, 1,2 % Rohfaser, 2,9 % stickstofffreie Extraktstoffe (außer Saccharose), 0,8 % anorganische Bestandteile (Asche).

In der Zuckertechnik ist die Unterscheidung von *Mark* und *Saft* gebräuchlich. Unter dem Mark versteht man die Bestandteile der Rübenwurzel, die nach wäßriger Extraktion unter bestimmten Bedingungen unlöslich bleiben. Das Mark enthält etwa 25—30 % Cellulose, ca. 5 % Lignin, ca. 30 % Pektin und 20—25 % Pentosane. In der Regel liegt der Markgehalt der Rüben zwischen 4 und 5 %.

Im Saft (95—96 %) finden sich neben der Saccharose etwas Invertzucker und Raffinose, außerdem organische Säuren, Eiweiß, Pflanzenbasen (Betain), Aminosäuren und deren Amide (Glutamin), Saponine sowie Mineralbestandteile, vor allem Kalium (alle „Nichtzuckerstoffe" zusammen etwa 1,5—2,5 %).

Die Zuckerrübe ist volkswirtschaftlich sowohl für die Nahrungs- als auch für die Futtermittelversorgung von großer Bedeutung. Außer dem aus der Rübe gewonnenen Zucker fallen noch die ausgelaugten Schnitzel, das Kraut (Blatt und Kopf) und die Melasse an, die allein je Flächeneinheit eine doppelte Wiesenheu- bzw. eine gute Haferernte ersetzen. In den meisten Rübenanbaugebieten werden die Blätter mit dem sog. Rübenkopf entfernt, der wegen seines Saccharosegehaltes den Futterwert der Blätter erhöht. Durch Silage bzw. Trocknung der Rübenblätter (Troblako) und der ausgelaugten Schnitzel läßt sich ein haltbares, hochwertiges Viehfutter gewinnen.

Im Durchschnitt wurden in der Bundesrepublik von einem Hektar ca. 36 t Zuckerrüben mit über 14 % gewinnbarem Zucker und ca. 30 t Rübenkraut erhalten, wobei der gewonnene Weißzucker einem Nährwert von ca. 50000 cal pro Tag über den Zeitraum eines Jahres entspricht. Auf der gleichen Fläche werden dagegen nur 17 t Kartoffeln oder 2,1 t Getreide geerntet mit einem Nährwert von etwa 40000 cal bei der Kartoffel und 17000 cal pro Tag über den gleichen Zeitraum beim Getreide. Rechnet man bei der Rübe den Futterwert der ausgelaugten Schnitzel und des Krautes hinzu, der ungefähr in der Mitte zwischen dem der Kartoffel und dem des Getreides liegt, so ist der erzeugte Gesamtnährwert für die Zuckerrübe pro Flächeneinheit etwa doppelt so groß wie für die Kartoffel und sogar vier- bis fünfmal so groß wie für Getreide.

Die Hauptanbaugebiete für Zuckerrüben, die ein gemäßigtes Klima voraussetzen, liegen auf der nördlichen Halbkugel, und zwar mit dem Schwerpunkt in Europa. Rußland produziert nahezu 9 Mio t Zucker (1964), über 2 Mio t Zucker stellen die USA, Frankreich und Westdeutschland her. Auf der südlichen Halbkugel wird eigentlich nur in Südamerika (Chile, Uruguay) Rübenanbau in geringerem Ausmaß betrieben.

Anbau, Kultur und Zusammensetzung der Zuckerrüben sind nicht nur vom Boden, sondern auch vom Klima abhängig. Sie verlangen einen tiefgründigen Boden mit guter Wasserführung, wobei die künstliche Bewässerung, besonders auf leichten Sandböden und in Trockengebieten, stark zunimmt. Die Wachstumsperiode liegt in Deutschland bei 170—200 Tagen. In Dürrejahren kann der Zuckergehalt stark ansteigen. Gleichzeitig ist aber auch immer mit einem beträchtlich höheren Anfall an Nichtzuckerstoffen (Melasse) zu rechnen. Z. Z. weitet sich der Rübenanbau in den entwicklungsfähigen Ländern Nordafrikas und des Vorderen

Orients aus, wo man besonders den Anbauwert der Zuckerrüben für die Entwicklung der Landwirtschaft schätzen lernt.

Eine gute Rentabilität des Rübenanbaues verlangt nicht nur ein hochwertiges Saatgut mit möglichst geringem Arbeitsaufwand bei der Pflege und Ernte, sondern andere Faktoren wie Sortenwahl, Saatzeit, Aussaatstärke, Standweite, Unkrautbekämpfung, Pflegearbeiten, Krankheiten, Bodenbearbeitung, Einsatz der Vorfrüchte, Düngung usw. müssen beachtet werden. Dazu kommen die Witterungseinflüsse während der Wachstumsperiode (Niederschlagsmenge, Sonnenscheindauer, Temperaturen) und während oder nach der Ernte, wo besonders Verluste durch mechanische Beschädigungen der Rüben oder durch Hitze- oder Frosteinwirkung entstehen können.

Es ist gelungen, durch künstliche Belüftung großer Mieten die Lagerungsverluste zu verringern.

2. Zuckerrohr

Das *Zuckerrohr* (*Saccharum officinarum* L.) gehört zur Familie der *Gramineen* und der Gruppe der Bartgräser (*Andropogoneen*). Es wird in allen tropischen und subtropischen Gebieten zwischen 30° südlicher und 35° nördlicher Breite kultiviert, soweit die Boden- und Bewässerungsverhältnisse es zulassen. Die Hauptanbaugebiete liegen in Hawaii, Japan, China, Formosa, den Philippinen, Indonesien, Australien, Indien, Afrika, Mittel- und Südamerika sowie in einigen Südstaaten der USA. In Europa wird heute nur noch in Südspanien Zuckerrohr angebaut.

Aus den wild wachsenden Sorten sind ähnlich wie bei der Zuckerrübe durch systematische Züchtung Sorten mit höherem Zuckergehalt und besseren Eigenschaften entwickelt worden. Diese Verbesserungen waren erst möglich, nachdem man Samen aus Kreuzungen verschiedener Rohrsorten gewonnen und Stecklinge daraus gezogen hatte. Als Ergebnis steht jetzt eine große Anzahl der verschiedensten Rohrsorten zur Verfügung, deren Eigenschaften auf die unterschiedlichen Verhältnisse in den jeweiligen Rohranbaugebieten abgestimmt sind. Hoher Zuckergehalt und hohe Saftreinheit sind kombiniert mit großer Resistenz gegenüber klimatischen Einwirkungen (Frost, Trockenheit) und mit großer Immunität gegen pflanzliche und tierische Schädlinge. Die einheimischen Rohrsorten werden mehr und mehr von den durch Züchtung entstandenen Varietäten verdrängt.

Das Zuckerrohr für die Zuckergewinnung wird ungeschlechtlich durch Stecklinge vermehrt. Jedes der an den Knoten befindlichen Augen des gepflanzten Stecklings entwickelt sich zu einer Rohrpflanze mit bis zu 25 und mehr Stengeln. In Kuba und den meisten anderen Rohranbaugebieten werden die Stecklinge im allgemeinen nur einmal innerhalb von 3—6 Jahren gepflanzt. Nach der Ernte sprossen aus den stehengebliebenen Stoppeln neue Rohrhalme, die nach entsprechender Wachstumszeit zu einer neuen Ernte heranreifen. In anderen Ländern, wie z. B. Java, werden die Rohrstecklinge unter Einhaltung einer Fruchtfolge in jedem Jahr neu gepflanzt. Als Stecklinge dienen die oberen Enden der Halme, die bei der Ernte abgetrennt werden, oder einfache Stücke des Rohres, die aus Halmen besonderer Stecklingspflanzen zurechtgeschnitten werden. Eine planmäßige Feldpflege vor und während des Anbaus mit künstlicher Düngung und evtl. notwendiger künstlicher Bewässerung wird heute bei allen Rohrkulturen betrieben.

Die Vegetationszeit ist in den einzelnen Anbaugebieten verschieden. In Louisiana beträgt sie 7—9 Monate, in Kuba und Puerto Rico 10—12 Monate, in Java im Mittel 12 Monate, in Hawaii dagegen 18—22 Monate. Das Reifen des Zuckerrohrs hängt von verschiedenen Umständen ab. Die Rohrvarietät spielt ebenso eine Rolle wie die Bodenbeschaffenheit, Höhenlage und die klimatischen Verhältnisse mit Menge und Verteilung der Niederschläge und die Tatsache, ob die Rohrfelder künstlich bewässert werden. Das Reifestadium ist erreicht, wenn der Saccharosegehalt den höchsten Wert ergibt. Um längere Verarbeitungsperioden zu erhalten, setzt die Ernte gewöhnlich schon vor Eintritt der Reife ein.

Das Zuckerrohr erreicht eine Höhe von 4—6 m und ist bis zu 6 cm stark. Schilfartige Blätter umfassen den Halm scheidenartig. Die Stengelglieder zwischen den Knoten werden bis 15 cm lang und enthalten ein lockeres, saftiges, sehr zuckerreiches Mark.

Bei der Ernte wird das Rohr möglichst kurz oberhalb des Bodens abgehauen, weil die untersten Schaftglieder am zuckerreichsten sind. Die Blätter, die keinen Zucker enthalten, werden mit der Hand, manchmal auch durch Abbrennen, entfernt, ebenso die Spitzen der Schäfte, weil ihr Zuckergehalt zu niedrig ist. Die so vorbereiteten Stengel werden evtl. noch in Längen von 1,5—2 m zerschnitten und dann mit Karren, Feldbahn, Eisenbahn oder großen Spezial-Lastwagen zur Fabrik transportiert. Das geschnittene Rohr muß so schnell wie möglich verarbeitet werden, um Zuckerverluste bei der Lagerung zu vermeiden. Im allgemeinen ist Handarbeit bei der Ernte üblich, doch werden Erntemaschinen bei geeignetem Gelände zunehmend mit Erfolg eingesetzt. Die Entwicklung geht dahin, die Ernte sowie die Entblätterung und Entspitzung mehr und mehr zu mechanisieren und Handarbeit auszuschalten. Die Erntezeit dauert jeweils 3—6 Monate. Sie fällt entsprechend den Anbaugebieten in die verschiedensten Monate des Jahres.

Der Ertrag an Rohr je Hektar und der Zuckergehalt sind in den einzelnen Anbaugebieten außerordentlich unterschiedlich und dort wiederum, abgesehen vom Witterungsverlauf und vom Alter der Rohrkulturen, von den verschiedensten Faktoren abhängig.

Durchschnittserträgen von etwa 42 t/ha wie in Louisiana und Mittel- und Südamerika und 48 t/ha wie in Kuba stehen solche von 90 t/ha in Hawaii und Java oder bedeutend niedrigere mit etwa 30 t/ha wie in Indien oder Südafrika gegenüber. Der Saccharosegehalt der Stengel liegt in Südamerika zwischen 8 und 10 % und beträgt in Louisiana etwa 12 % und in Kuba und anderen tropischen Ländern wie Puerto Rico und den Philippinen durchschnittlich 12—14 % mit Spitzen bis 17 %. Der Zuckerertrag je Hektar schwankt dementsprechend in den einzelnen Rohranbaugebieten zwischen etwa 3 und 12 t/ha. Er kann 3 t/ha noch unterschreiten, unter günstigen Verhältnissen und bei entsprechenden Rohrsorten aber auch bis 16 t/ha ansteigen.

Die zuckerhaltigen Gewebe befinden sich im Innern des Zuckerrohrschaftes und sind durch eine harte Rinde geschützt. An Kohlenhydraten sind außer Saccharose Fructose und Glucose vorhanden.

Das Zuckerrohr setzt sich etwa wie folgt zusammen: Wasser 69—83 %; Saccharose 12—17 %; Rohfaser 9—15 %; Stickstoffsubstanz 1,5 %; Asche 0,5—0,7 %; Fett 0,5 %; Invertzucker 0,3—0,8 %.

II. Zucker aus Zuckerrüben

1. Allgemeines

Die Herstellung des Zuckers aus der Rübe erfolgt in der Weise, daß zunächst aus dem zerkleinerten Rübenmaterial ein wäßriger Extrakt gewonnen wird, aus dem der Zucker nach der teilweisen Entfernung von Nichtzuckerstoffen schließlich durch Kristallisation aus übersättigten Lösungen abgeschieden wird. Hierzu sind verschiedene Reinigungsprozesse erforderlich, da die Abtrennung des reinen Zuckers durch eine Vielzahl von mitextrahierten Stoffen der verschiedensten chemischen Verbindungsklassen — den sog. Nichtzuckerstoffen — mehr oder weniger erschwert wird.

Bei der Zuckerfabrikation wird heute meist die Gewinnung von weißem Verbrauchszucker in einem Arbeitsgang direkt aus dem Rohstoff angestrebt, während die früher übliche Gewinnung von durch anhaftende Mutterlauge noch mehr oder weniger gelb gefärbtem *Rohzucker* zur späteren Umarbeitung zu weißem Verbrauchszucker (*Raffinade*) zumindest in den Rübenzuckerländern immer mehr zurückgetreten ist.

Als *Kampagnebetriebe* arbeiten die rübenverarbeitenden Zuckerfabriken in Deutschland meist von Ende September bis in die zweite Dezemberhälfte (Verarbeitung von 600 bis über 6000 t Rüben je Tag). Dagegen erstreckt sich die Betriebszeit der rohzuckerverarbeitenden Raffinerien auf das ganze Jahr. Diese Aufgabe wird jedoch in zunehmendem Maße mit von den Weißzuckerfabriken übernommen. Der Arbeitsprozeß der Raffinerien umfaßt *Affination* (Waschen des Rohzuckers) und *Raffination* (Umkristallisieren), d. h. im wesentlichen nur Kristallisation und Gewinnung des Zuckers.

2. Vorbereitung der Rüben

a) Lagerung, Transport und Reinigung

Je nach Gestaltung der Anlieferungsverträge zwischen Fabrik und Rüben-
anbauern müssen mehr oder weniger große Lagermöglichkeiten vorhanden sein.
Bei jeder Lagerung treten Zuckerverluste auf, da die Rübe Saccharose veratmet.
Unter guten Lagerungsbedingungen betragen diese Verluste etwa 0,01—0,02 %
Zucker pro Tag (auf Rübe gerechnet). Die Rübenernte ist infolge der weitgehenden
Mechanisierung heute außerordentlich kurz geworden, so daß große *Rübenlager*
bei den Fabriken bis zu 100 000 t notwendig geworden sind. Um die Zuckerverluste
bei der Lagerung von Rüben möglichst gering zu halten, sind mehrere Faktoren
zu beachten. So sollten nur reife, gesunde, saubere Rüben eingelagert werden. Auf
der einen Seite ist Schutz vor Frost wichtig (insbesondere faulen gefrorene und
wieder aufgetaute Rüben schnell), andererseits muß in Mieten eine gleichmäßige
Luftzirkulation herrschen (evtl. künstliche Belüftung), um höhere Temperaturen
zu vermeiden (günstigster Temperaturbereich: +4 bis —1 °C). Am zweckmäßigsten dürfte die Einlagerung von gewaschenen Rüben unter guter Belüftung in
Lagern bis zu 8 m Höhe sein.

Das Abladen der Fuhrwerke bzw. Waggons und die Beschickung der Lager
erfolgen mittels ortsfester oder fahrbarer mechanischer Einrichtungen. Die Rüben
werden entweder trocken nach Passieren eines Schmutzabscheiders oder gewaschen gelagert, wobei heute Düsenwäschen eingesetzt werden. Vom Lager
werden sie mittels Hydranten in Schwemmrinnen gespritzt und in die Fabrik
geschwemmt. Rüben, die sofort verarbeitet werden, gelangen durch Abspritzen
der Fuhrwerke bzw. Waggons über die Schwemmkanäle direkt in die Fabrik.

Aus den mit Kraut- und Steinefängern ausgerüsteten, meist unterirdischen
Schwemmrinnen werden die Rüben und das Schwemmwasser mit Hilfe eines
Hubrades, einer Mammut- oder Kreiselpumpe gehoben und gelangen anschließend
in die *Wäsche*. Diese besteht aus einem mit Rührarmen, Schaufeln und Steinefängern ausgerüsteten Trog. Oft werden jetzt auch Rollenrost-Düsenwäschen eingesetzt. Infektionen durch das anhaftende Restwasser kann man durch kurzfristiges
Eintauchen der gewaschenen Rüben in ein Kalkbad (pH>12) weitgehend ausschalten. Die Wäschen werden neuerdings auch außerhalb der eigentlichen Fabrik
installiert, um mit dieser ,,unsauberen" Station Infektionen im Betriebe zu vermeiden.

Zum Schwemmen der Rüben sind etwa 500—800 %, zum Waschen 100—200 %
Wasser, bezogen auf das Rübengewicht, erforderlich. Nach entsprechender Behandlung und Reinigung im Rücknahmeverfahren wird dieses Wasser wieder
verwendet (Schwemm- und Waschwasser-Kreislauf).

b) Zerkleinerung

Eine wichtige Voraussetzung für die Effektivität der Extraktion ist die Zerkleinerung der Rüben. Ziel ist dabei, Rübenteilchen zu erhalten, die eine möglichst
große Oberfläche und geringe Dicke aufweisen. Meist werden dabei lange Rillen-
schnitzel (mit sog. Königsfelder Messern) erzeugt.

Die gesäuberten Rüben werden nach Verwiegung (Kipp- oder Bandwaage) zur
Schneidstation befördert. Die Zerkleinerung erfolgt nach dem Hobelprinzip unter
dem Druck des Eigengewichtes der Rüben in Schnitzelmaschinen, in denen sich
die mit Messerkästen versehene Schneidscheibe mit regelbarer Geschwindigkeit
dreht. Die frischen Schnitzel laufen über eine Bandwaage zur Extraktionsapparatur.

3. Saftgewinnung

Die Überführung des im Zellsaft der Rübenzellen gelösten Zuckers erfolgt durch wäßrige *Gegenstromextraktion* im sog. Diffusionsverfahren.

Für die wäßrige Gegenstromextraktion läßt sich im Prinzip die Gleichung für den Stoffübergang benutzen:

$$-\frac{dC_s}{dt} = K\,(C_s - c) \tag{1}$$

C_s = Zuckerkonzentration in der flüssigen Phase der Schnitzel

t = Extraktionszeit

K = Geschwindigkeitskonstante der Extraktion

c = Zuckerkonzentration im Saft

K ist abhängig von den Schnitzelabmessungen, der scheinbaren Diffusionskonstanten, der Relativgeschwindigkeit Schnitzel/Saft und den apparativen Einflüssen. Näherungsweise hat u. a. P. M. Silin die Konstante aufgelöst nach

$$K = A \cdot \delta \cdot \varLambda \tag{2}$$

A = Silinsche Konstante

δ = Temperaturfunktion

$\varLambda$ = spez. Länge der Schnitzel

Daraus läßt sich der Einfluß der Temperatur und der Schnitzelabmessung gut erkennen. Allgemein läßt sich aus den Gleichungen (1) und (2) ohne weiteres ersehen, daß für die Extraktion eine möglichst hohe Temperatur, eine möglichst lange Zeit und feinste Schnitzel eingesetzt werden sollten. Der Feinheit der Schnitzel sind aus mechanischen Gründen sowohl von der Zerkleinerung her als auch durch die Transportverhältnisse in den Extraktionsapparaturen Grenzen gesetzt. Zeit und Temperatur, vor allem die letztere, werden durch eine Reihe von Vorgängen, hauptsächlich chemischen Reaktionen der Zellwandbestandteile, Grenzen gesetzt.

Wichtig ist eine richtige *Temperaturführung*, um eine schnelle „Plasmolyse'' der Rübenzellen (Denaturierung der semipermeablen Plasmahaut) und eine ausreichend hohe Diffusionsgeschwindigkeit der Saccharose zu erreichen. Die Temperatur soll außerdem so hoch liegen, daß eine Stoffwechseltätigkeit von Mikroorganismen (Verbrauch von Saccharose, daher Erhöhung der sog. unbestimmten Zuckerverluste) weitgehend ausgeschaltet wird, andererseits aber nicht zu hoch, um Veränderungen der Zellwandsubstanzen (Abbau und Löslichwerden von Pektinstoffen) zu vermeiden. In der Regel wird die mittlere Diffusionstemperatur zwischen 70 und 75°C gehalten. Das zur Zuckerextraktion benutzte Wasser soll möglichst salzfrei und schwach sauer (pH 5,6—5,8) sein. Die eingesetzte Wassermenge wird so bemessen, daß der anfallende rohe Zuckersaft (sog. Rohsaftabzug) etwa 110—125 Gew.-% auf Rübe beträgt. Eine möglichst schnelle Arbeit (kurze Diffusionszeit) wird angestrebt, da dann gut verarbeitbare Säfte resultieren. Als *Diffusionsleistung* werden heute bei 120 Gew.-% Saftabzug (auf Rübe gerechnet) Diffusionsverluste (Restbetrag an Zucker in den extrahierten Schnitzeln) von nicht über 0,20% auf Rübe verlangt, d. h. ein Extraktionsgrad von nahezu 99% der Saccharose. Zur Erreichung dieses Auslaugegrades benötigen die modernen Extraktionsapparaturen *Diffusionszeiten* von 70—85 min.

Der Extraktionseffekt wird naturgemäß durch die mechanischen Verhältnisse, d. h. die Eigenart der Saftgewinnungsapparatur, beeinflußt.

Früher arbeitete man vorwiegend mit sog. *Diffusionsbatterien.* In diesen sind meist 12—14 mit Bodensieben ausgestattete, durch ein Rohrleitungssystem verbundene zylindrische

Gefäße (Diffuseure) in Reihe geschaltet. Im diskontinuierlichen Betrieb wurden diese nacheinander mit frischen Schnitzeln gefüllt, mit Rohsaft „eingemaischt" und im Gegenstrom zu
den Schnitzeln so vom „Frischwasser" durchlaufen, daß von Diffuseur zu Diffuseur stets ein
Saft mit zunehmender Zuckerkonzentration anfällt. Das Frischwasser trifft schließlich auf die
am weitesten ausgelaugten, zuckerärmsten Schnitzel, die nach „Abhängen" dieses Diffuseurs
nach unten entleert werden.

Wegen der damit verbundenen vielen Handarbeit ist heute die Batteriearbeit
weitgehend verlassen. Es sind in den letzten 20 Jahren mehrere Apparatetypen
entwickelt worden, in welchen die Extraktion vollständig kontinuierlich und weitgehend automatisiert vorgenommen wird. Das Hauptproblem, die Rübenschnitzel
in dichter Packung gleichmäßig im Gegenstrom zur Extraktionsflüssigkeit zu
transportieren, ist bei den einzelnen Systemen verschiedenartig gelöst. Gewissermaßen umgangen wird die Schwierigkeit in den sog. *Zellendiffuseuren*. Diese bestehen aus einer Reihe abgeschlossener Abteilungen, in denen Schnitzel und Saft

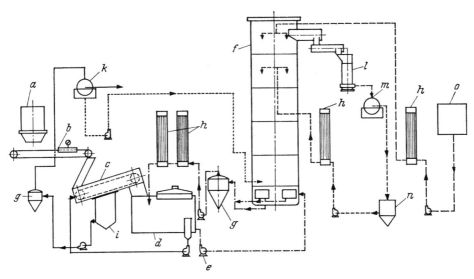

Abb. 2. Verarbeitungsverlauf beim BMA-Diffusionsturm

a = Schneidmaschine; *b* = Bandwaage; *c* = Separator; *d* = Schnitzelmaische; *e* = Schnitzelpumpe; *f* =
Diffusionsturm; *g* = Sandfänger; *h* = Vorwärmer; *i* = Betriebssaftkasten; *k* = Rohsaftpülpefänger; *l* =
Schnitzelpresse; *m* = Preßwasserpülpefänger; *n* = Preßwasserkasten; *o* = Frischwasserkasten

―――――――――― Rohsaft   ―·―·―·―·―·―·―·― Umlaufsaft
―·―·―·―·―·―·―·― Schnitzel + Saft   ···················· Rohsaftpülpe
― ― ― ― ― ― ― Frischwasser   ― ― ― ― ― ― ― ― Preßwasser

im Gleichstrom bewegt werden. Nach Durchlaufen der Zellen werden Extraktions-
gut und -flüssigkeit getrennt und den nächsten Zellen in entgegengesetzter Richtung zugeführt. Bei den meisten Anlagen ist heute jedoch ein „durchgehender"
Extraktionsraum verwirklicht.

Die Anwärmung der Schnitzel geschieht teilweise vor Eintritt in die Extraktionsapparatur (*Vorbrühung* mit Saft), teilweise im Apparat selbst. Bei der Arbeit
mit vorgewärmten Schnitzeln gestaltet sich die Temperaturführung besonders
einfach. Da auch das Wasser entsprechend heiß eingeführt wird, ist eine Beheizung
der isolierten Anlage meist nicht nötig. Als Vorteile ergeben sich bei dieser Art
der Anwärmung ferner ein guter Sterilisationseffekt und eine schnelle „Plasmolyse". Bei der Beheizung der Apparatur selbst (Heizmäntel) sind Überhitzungen
nicht völlig vermeidbar.

Die zur Extraktion verwandten Apparaturen lassen sich nach F. Schneider u. E. Reinefeld (1960) einteilen in solche:

1. mit *Schnitzel- und Saft-Zwangsführung.* Hier sind die sog. Zellendiffuseure (RT) und Rieseldiffuseure (de Smet) einzuordnen.

2. mit *Schnitzel-Zwangsführung.* Es handelt sich hierbei um Anlagen, in denen im Prinzip die Schnitzel auf einem Transportorgan durch ein Rohr im Gegenstrom zum Saftfluß gezogen werden (Oppermann & Deichmann, J-Diffusion).

3. ohne *Schnitzel-Zwangsführung.* Die Schnitzel werden in diesen Apparaten durch geeignete Einbauten in dichter Packung durch stehende Zylinder (BMA, Buckau-Wolf) oder schwach geneigte Trommeln (DdS) dem Wasser entgegen transportiert. Als Beispiel sei die Saftgewinnung in einem Schema mit einem stehenden Zylinder als Extraktionsapparatur erläutert (Abb. 2).

Die ausgelaugten Schnitzel werden in der Regel abgepreßt und als Viehfutter verwendet. Bei einer schwächeren Entwässerung (auf etwa 10 % i. Tr.) erfolgt die Abgabe als sog. *Naßschnitzel.* Um eine gute Konservierung und Lagerung zu ermöglichen, erfolgt meist nach möglichst starker Abpressung in Schnitzelpressen (auf 17—24 % i. Tr.) eine Verarbeitung auf *Trockenschnitzel* in rotierenden Trommeltrocknern (Beheizung durch Feuergase bzw. Kesselabgase). Das bei der Abpressung anfallende Preßwasser wird bei der in Deutschland üblichen Arbeitsweise zur Zuckerextraktion mit in die Diffusionsapparatur geführt (Rücknahmeverfahren). Es fällt also bei dieser Art der Saftgewinnung gegenüber der reinen Frischwasserarbeit (ohne Preßwasserrücknahme) kein Abwasser mehr an, was eine wesentliche Verbesserung der Abwasserverhältnisse bedeutet. Beim Rücknahmeverfahren mit starker Schnitzelabpressung braucht die Extraktion der Rübenschnitzel nur bis zu einem Zuckergehalt von 0,6—0,8 % getrieben zu werden, um — auf Rübe bezogen — Diffusionsverluste von etwa 0,20 % „Polarisationszucker" zu erreichen.

Teilweise wird bei der Schnitzeltrocknung auch Melasse zugesetzt (Melasseschnitzel). Aus unvollständig entzuckerten Schnitzeln werden sog. Steffen-Schnitzel, Trockenschnitzel mit mindestens 18 % Zucker, erzeugt.

4. Saftreinigung

a) Saftreinigung mit Kalk und Kohlendioxid

Der aus der Extraktionsanlage kommende Rohsaft wird durch mechanische Filtration von restlichen Schnitzelteilchen möglichst vollkommen befreit (entpülpt). Er besitzt eine schwarzblaue Farbe, ist leicht trübe und hat eine Gesamttrockensubstanz von 12—17 %, davon etwa 85—90 % Saccharose, d. h. er weist einen Quotienten[1] von 85—90 auf. (Weitere Zusammensetzung vgl. Tab. 2.)

Die eigentliche Saftreinigung erfolgt chemisch durch Fällung und Umsetzung mit gleichzeitiger Adsorption eines Teiles der im Rohsaft gelösten Nichtzuckerstoffe sowie mechanisch durch die anschließende Abtrennung des erhaltenen Niederschlages. Hier hat sich seit langer Zeit das *Kalk-Kohlendioxid-Verfahren* bewährt, das aus einer *Scheidung* mit Kalk (pH>12), einer anschließenden *I. Saturation* mit Kohlendioxid zur Umhüllung der ausgefällten Nichtzuckerstoffe mit dem dabei gebildeten Calciumcarbonat und der darauffolgenden Filtration dieses sog. *Scheideschlammes* besteht. Eine *II. Saturation* mit Kohlendioxid zur optimalen Entkalkung des gereinigten Saftes schließt sich an.

---

[1] Unter Reinheitsquotient, meist kurz Quotient genannt, versteht man in der Zuckertechnik den Anteil Saccharose in der Trockensubstanz (bezogen auf 100).

Es sind zahlreiche Varianten in der Kalk-Kohlendioxid-Zugabe bekannt. Am häufigsten wird das sog. klassische Verfahren angewandt, das aus einer unterteilten Kalkzugabe (*progressive Vorscheidung*) bis pH 11 und anschließender *Hauptscheidung* bei pH>12 sowie einer *I. Saturation* mit Kohlendioxid bei pH 11 besteht. Durch stufenweise Zugabe von etwa 0,2—0,3 % CaO steigt während der progressiven Vorscheidung der pH-Wert des Rohsaftes von etwa 6 auf 11 an, wobei eine weitgehende Ausflockung der Kolloide und die Fällung der unlöslichen Kalksalze der Phosphorsäure, organischer Säuren (Oxalsäure, Citronensäure u. a.) und von Metallionen stattfindet. Dieser Prozeß wird meist bei 50—65°C in waagerechten Trögen mit Einbauten zum Zwangsdurchlauf des Saftes durchgeführt. Besonders bewährt haben sich Apparaturen mit „mildem" pH-Anstieg durch Rückführung eines Teiles des bereits etwas höher alkalisierten Saftes (System BRIEGHEL-MÜLLER).

Nach der Vorscheidung hat der Saft seine schwarzblaue Farbe verloren und ist hellgelb und klar. Der sich langsam absetzende schleimige Niederschlag, dessen Charakter stark durch das Pektin und Eiweiß bestimmt wird, läßt sich in diesem Zustand schwer vom Saft abtrennen. Deshalb erfolgt als anschließende Hauptscheidung die Zugabe einer weiteren, erheblich größeren Kalkmenge (1—1,5 %), aus der in der darauffolgenden I. Saturation die zur Umhüllung der Flockung und damit zur Überführung in einen filtrationsfähigen Zustand erforderliche Menge von Calciumcarbonatkristallen gebildet wird. Daneben finden in der Hauptscheidung beim pH-Wert über 12 weitere chemische Umsetzungen statt wie die Zerstörung des aus der Rübe stammenden Invertzuckers (0,05—0,1 %) und z. B. die Spaltung der Säureamide, vor allem von Glutamin und Asparagin, unter Ammoniakentwicklung. Auch das bei der Saturation gebildete Calciumcarbonat greift mit in den Saftreinigungsprozeß ein, da es noch im Saft gelöste, nicht fällbare Nichtzuckerstoffe adsorbiert. Hauptscheidung und I. Saturation werden meist bei Temperaturen zwischen 80 und 85°C durchgeführt.

Die Saturation wird gewöhnlich beim gleichen pH-Wert, der am Ende der Vorscheidung eingehalten wird, nämlich bei pH 11, unterbrochen (daher I. Saturation), weil hier ein Optimum für die Sedimentations- und Filtrationseigenschaften des Schlammes sowie die Farbe des Saftes besteht. Durch „*Übersaturation*", also durch Senken des pH-Wertes unter 11 beim weiteren Einleiten des Kohlendioxids in Anwesenheit der geflockten Kolloide, geht ein Teil der während der Saftreinigung gefällten bzw. adsorbierten Nichtzuckerstoffe wieder in Lösung.

Bei einem *gleichzeitigen* Zusatz von gebranntem Kalk in Form von Kalkmilch und von Kohlendioxid zur Fällung und Umhüllung von Nichtzuckerstoffen in einer sog. *Scheidesaturation* beim pH-Wert 11 wird zwar eine schnelle Sedimentation und leichte Filtration des Schlammes, aber keine weitgehende Umsetzung des Invertzuckers und der anderen alkalilabilen Nichtzuckerstoffe infolge Fehlens einer längeren Kalkeinwirkung bei höherer Alkalität (pH>12) erzielt.

Die einzelnen Prozesse wie Vorscheidung, Hauptscheidung, I. Saturation bzw. Scheidesaturation wurden früher hauptsächlich diskontinuierlich durchgeführt. Heute werden diese Verfahren in entsprechend konstruierten Apparaturen immer häufiger kontinuierlich und weitgehend automatisiert betrieben.

Auch die Filtration des nach der I. Saturation erhaltenen Schlammsaftes, die bis vor einiger Zeit ausschließlich über diskontinuierlich betriebene Filterpressen erfolgte, wird zunehmend im Rahmen der gesamten Umstellung von der diskontinuierlichen, von Hand betriebenen Arbeit auf kontinuierliche Verfahren ebenfalls kontinuierlich unter weitgehender Einsparung von Arbeitskräften durchgeführt. Dabei wird der Schlammsaft in *Dekanteuren* in *Klarsaft* und *Dickschlamm* getrennt. Der Klarsaft wird einer Nachfiltration unterworfen, während der Dickschlamm über rotierende Vakuumfilter mit verhältnismäßig geringer Filterfläche von den letzten Saftspuren, zum Schluß durch „Absüßen" mit Wasser, befreit wird.

Diese Arbeitsweise stellt allerdings besondere Anforderungen an die Qualität der Schlammsäfte, was zur Entwicklung spezieller Verfahren zur Erzielung schnell sedimentierender und leicht filtrierbarer Säfte geführt hat. So wird z. B. durch Rückführung bereits umhüllter Schlammpartikel (in Form von Schlammsaft oder Dickschlamm) in die Vorscheidung die Struktur des Schlammes günstig beeinflußt. Im sog. Wiklund-Verfahren wird ein Teil des Saftes der I. Saturation bis auf etwa pH 9 „übersaturiert" und dann in die Vorscheidung zurückgeführt, was ebenfalls zur Bildung großer, leicht filtrierbarer Schlammagglomerate führt. In anderen Ländern, besonders in den USA und in England, ist durch die reine Scheidesaturation bei pH 11 bei gleichzeitiger starker Schlammsaftrücknahme zum Rohsaft, die sog. *Dorr-Saturation*, die Einführung der kontinuierlichen Schlammabtrennung möglich geworden. Neuerdings steht mit der sog. *Braunschweiger Saftreinigung* (nach F. SCHNEIDER und BMA, Braunschweigische Maschinenbauanstalt), einer Kombination von Scheidesaturation beim pH ~ 9 mit der im klassischen Verfahren üblichen Scheidung und anschließenden I. Saturation bei pH 11, ein Verfahren zur Verfügung, das sich durch seine Anpassungsfähigkeit an das Rübenmaterial auch zur sicheren Verarbeitung von durch Wärme, Frost oder Lagerung geschädigten Rüben bewährt hat. Neben sehr guten Filtrationseigenschaften wird infolge hoher Sedimentationsgeschwindigkeiten hier eine besonders starke Eindickung des Schlammes erzielt, so daß bei diesem Verfahren eine geringere Drehfilterfläche als bisher zur Schlammabtrennung erforderlich ist. Besonders bei der Verarbeitung frostgeschädigter Rüben bereitete bisher die Filtration der Schlammsäfte ganz erhebliche Schwierigkeiten, so daß manche Fabrik, die vom klassischen Verfahren nicht auf eine Scheidesaturation oder Übersaturation umschalten konnte, infolge Filtrationsschwierigkeiten in der Verarbeitung zum Erliegen kommen konnte.

In anderen Verfahren, z. B. dem sog. *Sepa*-Verfahren, wird versucht, die pektin-, stickstoff- und phosphorsäurehaltigen Nichtzuckerstoffe mit möglichst wenig Kalk abzutrennen, um diesen kalkarmen Schlamm zusammen mit Melasse an Trockenschnitzeln anzutrocknen und dadurch ein hochwertiges Futtermittel zu erhalten.

Nach Abtrennung der Nichtzuckerstoffe durch Filtration nach der I. Saturation erfolgt durch erneutes Einleiten von Kohlendioxid in den blankfiltrierten Saft als *II. Saturation* die optimale Entkalkung des Saftes bei etwa pH 9. Der hierbei anfallende Calciumcarbonatniederschlag wird über Pressen, Beutel- oder Kerzenfilter entfernt. Der erhaltene *Dünnsaft* kann zum Zweck einer weiteren *Enthärtung* noch einer Ionenaustauscheranlage zugeführt werden.

Vielfach wird der Dünnsaft auch noch einer Behandlung mit Schwefeldioxid, einer sog. *III. Saturation* oder *Schwefelung*, unterworfen. Die reduzierende Wirkung der schwefligen Säure bewirkt nicht nur eine Farbaufhellung des Saftes, sondern sie verhütet auch eine weitere Verfärbung der Säfte besonders während des Verdampfprozesses. Die Filtration der nur geringen Ausscheidungen erfolgt meist über Anschwemmfilter.

Den für die Saftreinigung benötigten gebrannten Kalk (CaO) stellen die Fabriken in eigenen Kalköfen aus Kalkstein ($CaCO_3$) selbst her, wobei das gleichzeitig anfallende Kohlendioxid (CO_2) zur Saturation verwendet wird. Moderne Kalköfen werden vollautomatisch mit Kalkstein und Koks beschickt. Der gebrannte Kalk wird von einer am Boden des Kalkofens befindlichen Abziehvorrichtung entweder direkt als Ätzkalk (*Trockenscheidung*) zum Rohsaft dosiert oder einer Kalklöschstation zugeführt und in Form von Kalkmilch (*Naßscheidung*) über Impulse von geeigneten Saftmengenmessern (z. B. Venturirohr) zum Rohsaft gegeben. Die Kalklöschstation besteht aus der Löschtrommel, Vibratoren zur Grobentgrießung, Kalkmilchmaischen und Pumpen. Eine praktisch völlige Entsandung der Kalkmilch wird neuerdings über Hydrozyklone bzw. Klassierer mit Erfolg durchgeführt. Eine möglichst gleichmäßige Dichte der Kalkmilch ist besonders bei automatischen Dosiereinrichtungen unbedingt erforderlich.

Das abgezogene Kohlendioxid wird in Wäschern (sog. *Laveuren*) gereinigt und enthält etwa 35—44 % CO_2, 2 % O_2 und 1 % CO. Eine Kohlendioxiddruckregelung erleichtert das Einhalten der optimalen pH-Werte der Saturationen. Diese pH-Werte werden, wie auch der End-pH-Wert der Vorscheidung, bei kontinuierlich arbeitenden Anlagen heute über pH-Meß- und -Regelanlagen mittels Glas- oder Antimonelektroden oder auch über die Leitfähigkeitsmessung eingehalten.

Der nur noch geringe Spuren Zucker enthaltende Schlamm (etwa 7—9 % a.R.) mit etwa 50—60 % Trockensubstanz enthält neben 35—40 % $CaCO_3$ noch 10—15 % pektin-, stickstoff- und phosphorsäurehaltige organische Nichtzuckerstoffe sowie mitgefällte Spurenelemente und stellt somit ein wertvolles Düngemittel, besonders für saure Böden, dar.

Insgesamt werden bei der Saftreinigung etwa 30—40 % der Nichtzuckerstoffe entfernt; der Rest, hauptsächlich Betain und Aminosäuren sowie Kalium- und in geringerem Maße Natriumionen, bleiben im gereinigten Saft, im sog. *Dünnsaft*, zurück. (Weitere Zusammensetzung vgl. Tab. 2.)

b) Saftreinigung durch Ionenaustausch

Die ersten Versuche, Ionenaustauscher in der Zuckerindustrie einzusetzen, wurden bereits Anfang dieses Jahrhunderts unternommen. Es wurde vorgeschlagen, durch Ersatz des stark melassebildenden Kaliums gegen Calcium die Zuckerausbeute zu verbessern. Diese Ansätze führten jedoch wegen der geringen Kapazität und der ungenügenden mechanischen Festigkeit der damals verfügbaren Permutite und Zeolithe (künstliche und natürliche Aluminosilicate mit Austauscheigenschaften) nicht zu wirtschaftlichen Ergebnissen. Erst die Herstellung von Austauschmaterialien auf Kohle- und Kunstharzbasis in den dreißiger Jahren machte die Arbeiten zur Reinigung von Zuckersäften erfolgversprechend. Drei Anwendungsgebiete sind hauptsächlich bearbeitet worden:

Die Entkalkung der Dünnsäfte, durch die das Verkrusten der Verdampfer und Kochapparate vermieden werden soll,

die vollständige Entsalzung der Zuckersäfte mit dem Ziel, die Ausbeute zu steigern und den Melasseanfall zu verringern,

der Austausch der Alkalien gegen Erdalkalien, um die Löslichkeit der Saccharose in den Endabläufen (Melassen) zu erniedrigen und damit die Ausbeute an kristallisiertem Zucker zu erhöhen.

Die *Entkalkung* der Dünnsäfte durch Ionenaustausch gegen Natrium wurde schon 1900 vorgeschlagen, aber erst ab 1939 in größerem Maße erprobt. Sie ist seit 1950 in vielen Fabriken eingesetzt worden. Für diesen Zweck wurden Kohleaustauscher (Dusarit, Nekrolith) und Austauschharze (erstmals die Wofatite, heute Lewatite und andere) verwendet. Durch dieses Verfahren werden zwar die Ansätze in den Verdampferrohren verhindert, der Melasseanfall wird aber nicht geringer.

Beides kann man durch die *Vollentsalzung* mittels hintereinandergeschalteter Wasserstoff- und Hydroxylionenaustauscher erzielen. Wegen der vorübergehend stark sauren Reaktion der Säfte und der invertierenden Wirkung der Wasserstoffionenaustauscher muß der Saft auf Temperaturen unter $+15°C$ abgekühlt werden. Die Herstellung stark basischer Anionenaustauscher erlaubt es auch, den

Saft zuerst von den Anionen zu befreien und damit die Inversion weitgehend zu vermeiden. Ein anderes Entsalzungsverfahren, das neuerdings wieder aufgegriffen ist, verwendet eine Kombination von Ammonium- und Hydroxylionenaustauschern. Das an Stelle der Salze in den Zuckersaft eingeführte Ammoniumhydroxid wird anschließend durch Verdampfen ausgetrieben.

Die Entsalzungsverfahren gehen meist von vorgereinigten (geschiedenen und saturierten) Säften oder von Abläufen der Kristallisation aus. Die direkte Reinigung von Rohsaft ist schwierig, weil die sonst in der Kalk-Kohlendioxid-Saftreinigung entfernten Kolloide insbesondere auf den sauren Kationenaustauschern ausfallen und deren Wirksamkeit herabsetzen. Eine gewisse Vorreinigung bzw. Änderung der Saftgewinnung wird sich wohl nicht umgehen lassen, doch sind die Versuche auf diesem Gebiet noch nicht abgeschlossen.

Durch die Entsalzung werden Säfte sehr hoher Reinheit gewonnen (Quotient über 98). Wenn auch die hohen Anlage- und Betriebskosten (teure Regenerationsmittel) bewirkt haben, daß sich diese Verfahren bisher nicht in größerem Umfang durchsetzen konnten, ist doch das Interesse an ihnen sehr groß, da sie die Möglichkeit bieten, den größten Teil der 10—12% des Zuckers der Rüben (etwa 1,6 bis 2,2% a.R.[1]), die in die Melasse gehen, als kristallisierten Zucker zu gewinnen.

In den letzten Jahren haben die Verfahren an Interesse gewonnen, die durch *Austausch* der *Alkalien* gegen *Erdalkalien* den Zuckergehalt der Melasse erniedrigen und auf diesem Wege die Ausbeute erhöhen. Ein Verfahren (Quentin) geht vom B-Ablauf der Zuckerhausarbeit aus, in den in direktem Austausch Magnesium eingeführt wird. Beschränkt man sich auf einen geringen Austauschgrad, dann erhält man Melassen, deren Quotient nur um 3—4 Einheiten gesenkt ist und die infolgedessen die Handelsbedingungen (Gesamtzucker als Saccharose berechnet > 47%) noch erfüllen. Die Mehrausbeute an Zucker beträgt dann 0,2—0,3% a.R. Bei hohem Austauschgrad lassen sich bis ca. 0,5% Zucker a.R. gewinnen. Die Melassen zeigen dann allerdings niedrigere Polarisationen. Im *SCC-Verfahren* tauscht man die Kationen des Dünnsaftes zunächst gegen Ammoniumionen aus, führt dann durch Erhitzen mit Calciumhydroxid Calciumionen ein und fällt den Kalküberschuß durch Saturation mit Kohlendioxid aus. Dabei werden ungefähr 0,6—0,7% Zucker a.R. mehr gewonnen, und es fällt eine Melasse mit niedrigerer Polarisation an.

5. Verdampfung

Der nunmehr vorliegende *Dünnsaft* (auf 100 kg Rüben kommen ungefähr 115—130 kg Dünnsaft) von 12—15% Trockensubstanz und mit etwa 11—14% Zuckergehalt wird in der Verdampfstation zum Dicksaft mit 60—70% i. Tr. und mit etwa 56—65% Zucker eingedampft (auf 100 kg Rüben kommen etwa 25—30 kg Dicksaft).

Eine Anlage mit einem täglichen Durchsatz von 1000 t Rüben hat pro Tag rund 1000 m³ Wasser zu verdampfen, was nur mit Hilfe einer besonders entwickelten *Mehrstufen-Verdampfstation* in hinreichend schonender Weise möglich ist. Den Wärmebedarf liefert der Abdampf der Turbine zur Energieerzeugung, mit dem die erste Verdampferstufe beheizt wird. Der entstehende Brüden beheizt dann jeweils die nächste Verdampferstufe, so daß sich Dampf bzw. Brüden und Saft im Gleichstrom durch die hintereinandergeschalteten Verdampfapparate bewegen. Die Verdampfstation wird heute meist als reine Druckverdampfung betrieben im Gegensatz zur früher vielfach benutzten Vakuum- bzw. Druck-Vakuum-Verdampfung. Sie ist praktisch ein Dampfumformer, bei der durch eine

---

[1] In der Zuckertechnik ist es üblich, für Vergleichszwecke alle Ergebnisse auf das Rübengewicht zu beziehen mit der Abkürzung % a.R.

sinnvolle Schaltung die anfallenden Brüden bzw. Kondensate weitgehend den Wärmebedarf der einzelnen Stationen der Fabrik decken.

Die Dünnsaftverdampfung ist von verschiedenen chemischen Vorgängen begleitet, die größtenteils durch die veränderten Löslichkeitsverhältnisse und die gegenseitige Beeinflussung der gelösten Substanzen bei höheren Konzentrationen zustande kommen (z. B. Abspaltung von Amidstickstoff und dessen Entweichen als NH_3, geringfügige oxydative Zuckerspaltung, Verringerung des pH-Wertes, Dunkelfärbung durch Karamellisationsvorgänge und Melanoidinbildung, Abscheidung von Calciumsalzen verschiedener Säuren usw.).

Der im letzten Körper der Verdampfstation anfallende Dicksaft ist schließlich eine hellbraune, klare, schwere Flüssigkeit. Sein Quotient beträgt meistens zwischen 92 und 94. (Weitere Zusammensetzung vgl. Tab. 2.)

Tabelle 2. *Zusammensetzung der Roh-, Dünn- und Dicksäfte*[1]
Bx = Brix = % Trockensubstanz

	Rohsaft	Dünnsaft	Dicksaft
Bx	14,9	14,0	54,5
Polarisation	13,5	13,0	51,5
Quotient	90,6	92,9	94,5
Acidität (% CaO)	0,022	—	—
Alkalität (% CaO).	—	0,019	0,057
pH	6,2	9,4	9,4
Asche/100° Bx	2,50	2,28	2,08
Invertzucker/100° Bx	0,41	0,06	0,03
Gesamtstickstoff/100° Bx	0,48	0,37	0,35
Farbe (° St)	—	4,0	5,1
Kalksalze/100° Bx	—	0,022	0,016
Pektin/100° Bx	0,37	—	—
Eiweiß/100° Bx	0,30	—	—
Glutaminsäure vor Hydrolyse	0,071	—	—
Glutaminsäure nach Hydrolyse	0,64	—	0,64
K_2O/100° Bx	—	0,84	0,84
Na_2O/100° Bx.	—	0,10	0,10

[1] Durchschnittswerte aus mehrjährigen Versuchen des Instituts für landwirtschaftliche Technologie und Zuckerindustrie an der TH Braunschweig.

6. Kristallisation und Gewinnung des Zuckers

Die Gewinnung der Saccharose erfolgt im sog. *Zuckerhaus.* Es ist zu unterscheiden zwischen der eigentlichen Kristallisationsarbeit (Füllmassegewinnung) und der Abtrennung des Zuckers vom Muttersirup (Zentrifugenarbeit).

a) Kristallisation

Die Kristallisation der Saccharose aus übersättigten Lösungen kann auf Grund ihrer Eigenschaften so erfolgen, daß die Übersättigung beim Kristallisieren durch Verdampfung des freiwerdenden Wassers oder infolge der Temperaturabhängigkeit ihrer Löslichkeit durch Abkühlung aufrechterhalten wird. Beide Prinzipien werden in der Praxis der Zuckerfabrikation angewandt. Bei reineren Lösungen bevorzugt man die *Verdampfungskristallisation* unter laufendem Zuzug des Saftes, und bei unreineren Lösungen wird die Verdampfungskristallisation unter Zuzug mit der *Kühlungskristallisation* kombiniert. Die Verdampfungskristallisation erfolgt absatzweise in Einzelapparaten, den sog. Kochapparaten, und zwar zur Schonung der Saccharose unter Vakuum bei 60—80°C.

Der Kochvorgang kann in drei Abschnitte eingeteilt werden: die Kornbildung, das weitere Verkochen zur Ausbildung der Kristalle und das Ab- oder Fertigkochen der Füllmasse.

Zur *Kornbildung* wird ein Teil des Dicksaftes bis zu einer höheren Übersättigung eingedickt. Die Kristallisation erfolgt dann entweder spontan durch Stoß oder durch Impfung. Ist genügend Korn gebildet, dann soll die weitere Verkochung (*Kristallisation*) so erfolgen, daß nur die vorhandenen Kristalle wachsen und sich keine neuen bilden. Das wird erzielt durch Regelung der Übersättigung, die niedriger als bei der Kornbildung gehalten wird, und zwar durch geregeltes Verdampfen und geregelten Saftzuzug. Nach dem letzten Saftzuzug beginnt das *Fertigkochen* der Füllmasse, d. h. die Füllmasse wird stramm abgekocht. Die fertige Füllmasse stellt dann schließlich ein dickes Gemisch von hellen Kristallen und dunklem Sirup dar mit etwa 6—8 % Wassergehalt. Die Endkristallisation erfolgt nach dem Ablassen der Füllmasse in Kristallisations- oder Sudmaischen durch Rühren unter Abkühlen. Der Kristallgehalt beträgt über 50 %, und die Reinheit des Sirups ist entsprechend der auskristallisierten Zuckermenge geringer geworden.

Die Kristallisationsgeschwindigkeit wird naturgemäß von einer Reihe von Faktoren wie Grad der Übersättigung, Menge und Art der Begleitstoffe, Viscosität und Temperatur mehr oder weniger stark beeinflußt. Das Ziel der Kristallisationsarbeit, möglichst hoher Kristallgewinn bei gleicher Größe und guter Qualität, ist daher nur durch gute Überwachung des Kochprozesses möglich.

Die Kontrolle des diskontinuierlichen Kochvorganges erfolgt durch Messung der Temperatur, des Vakuums und insbesondere auch der elektrischen Leitfähigkeit, die zur Beurteilung der Übersättigung herangezogen wird. Die kontinuierliche Durchführung des Kochprozesses befindet sich noch im Versuchsstadium und ist noch nicht betriebsreif.

b) Zuckerabtrennung aus der Füllmasse

Die Zuckerabtrennung aus der Füllmasse geschieht durch Abschleudern der Füllmasse in meist diskontinuierlich arbeitenden *Zentrifugen* (Zentrifugen mit Siebtrommeln meist hängender Bauart verschiedener Konstruktion), wobei eine Trennung der Kristalle vom Sirup (Grünsirup) erfolgt.

Die Zentrifugen für Weißzucker unterscheiden sich von denen für Rohzucker meist nur durch die Deck- und die Ablauftrennvorrichtung. Das Deckmittel, Wasser, Decksirup oder Dampf, wird nach Abtrennung des Muttersirups durch Düsen auf die Kristallschicht aufgesprüht. Der Deckvorgang hat den Zweck, die an den Zuckerkristallen anhaftenden letzten Sirupteilchen möglichst völlig zu entfernen. Die diskontinuierlichen Zentrifugen sind heute für eine vollautomatische Arbeitsweise entwickelt worden. Es sind dies Flachbodenzentrifugen, in denen alle Arbeitsvorgänge wie Füllen, Schleudern, Decken und Ausräumen durch elektrische Schaltungen ablaufen.

Seit einigen Jahren finden auch kontinuierlich arbeitende Zentrifugen, meist Strömungszentrifugen, zunehmend Eingang in die Zuckerindustrie. Sie werden für Mittel- oder Nachproduktabschleuderung, also für wiederaufzulösende, unreine Produkte, eingesetzt, da eine Kristallbeschädigung nicht ganz vermeidbar ist.

c) Zuckerhausarbeit für verschiedene Fabrikationsarten

Der Kristallgehalt einer Füllmasse kann nicht über ein gewisses Maß gesteigert werden (ca. 60—70 %), da sonst ihre Handhabung mechanisch zu sehr erschwert wird. Aus diesem Grunde ist es nicht möglich, in einer Stufe die Kristallisation und Abtrennung des Zuckers durchzuführen. Die Zahl der Stufen richtet sich nach der Reinheit des Ausgangssirups (Dicksaft, Klären usw.): Je reiner das

Ausgangsmaterial ist, um so mehr Stufen (Verkochungen) sind notwendig, bis ein nicht mehr kristallisierbarer Endsirup, die sog. *Melasse*, erreicht wird.

α) Rohzuckerfabrik

In einer *Rohzuckerfabrik* wird nur Rohzucker hergestellt, der nicht für den Verbrauch bestimmt ist, sondern in einer Weißzuckerfabrik oder Raffinerie auf weißen Verbrauchszucker umgearbeitet wird. Um aus Dicksaft Rohzucker herzustellen, sind zwei Verkochungen erforderlich (Abb. 3). Bei der ersten Verkochung erhält man nach dem Zentrifugieren den *Rohzucker I* und den *Ablauf I*, der auch als Grünsirup bezeichnet wird. Aus diesem gewinnt man durch Kristallisation in einer zweiten Verkochung den *Rohzucker II* (Nachprodukt) und den nicht mehr kristallisierbaren *Ablauf II*, die *Melasse*. (Zusammensetzung des Rübenrohzuckers vgl. Tab. 3.)

Tabelle 3. *Zusammensetzung von Rohzucker aus Zuckerrüben*[1]

	Pol.	Wasser	Reduz. Subst.	Asche[2]	Organischer Nicht-zucker	Rende-ment[3]
Rohzucker I. Produkt						
a) Durchschnittsqualität .	97,4°S	0,9%	<0,05%	0,71%	0,99%	93,85
b) Obere Qualität	98,4°S	0,7%	<0,05%	0,48%	0,42%	96,00
c) Untere Qualität. . . .	95,0°S	2,0%	<0,05%	1,37%	1,63%	88,15
Rohzucker II. Produkt						
a) Durchschnittsqualität .	91,4°S	3,0%	<0,05%	2,31%	3,29%	79,85
b) Obere Qualität	93,2°S	2,5%	<0,05%	1,86%	2,44%	83,90
c) Untere Qualität. . . .	89,0°S	4,0%	<0,05%	2,80%	4,20%	75,00

[1] Durchschnittswerte aus Untersuchungen des Instituts für landwirtschaftliche Technologie und Zuckerindustrie an der TH Braunschweig

[2] Leitfähigkeitsasche

[3] vgl. Abschnitt „Untersuchung von Zucker und Zuckerfabriksprodukten"

β) Weißzuckerfabrik

In einer *Weißzuckerfabrik* wird die aus der Rübe stammende Saccharose, teilweise zusammen mit eingeworfenem Rohzucker aus einer Rohzuckerfabrik, auf *weißen Verbrauchszucker* verarbeitet. Wird nur eine Weißzuckersorte hergestellt, dann kann nach folgendem Schema mit drei Verkochungen gearbeitet werden (Abb. 4): Der Dicksaft und die Kläre (aufgelöstes B- und C-Produkt) werden zu Füllmasse A verkocht, woraus der A-Zucker (weißer Verbrauchszucker) anfällt.

Der A-Ablauf ergibt die B-Füllmasse, aus der der B-Zucker gewonnen wird. Der B-Ablauf wird auf C-Füllmasse (Nachprodukt) verkocht, aus der man C-Zucker und als Ablauf Melasse erhält. Der B- und C-Zucker wird in den Zentrifugen mit Wasser gewaschen (gedeckt), um als *affinierter Zucker* mit weniger anhaftenden Sirupanteilen aufgelöst, filtriert, evtl. mit Aktivkohle entfärbt und dann zusammen mit Dicksaft auf A-Füllmasse verkocht zu werden.

Es gibt auch Weißzuckerfabriken, die zwei Sorten Weißzucker direkt aus Rüben herstellen und deswegen eine raffinerieähnliche, verfeinerte Arbeit mit vier Verkochungen durchführen. Der B-Zucker wird aufgelöst und als *Kläre* mit Aktivkohle behandelt, filtriert und für sich auf eine sehr reine Weißzuckerfüllmasse verkocht. Der gewonnene Zucker wird als *Raffinade* bezeichnet. Der anfallende Ablauf wird zusammen mit Dicksaft weiter nach Abb. 4 auf Weißzucker verkocht. Teilweise zieht man auch den C-Zucker zur sog. Raffinadeherstellung mit heran,

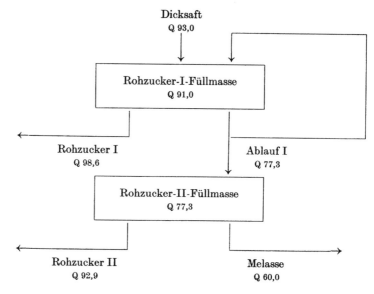

Abb. 3. Kochschema für Rohzucker

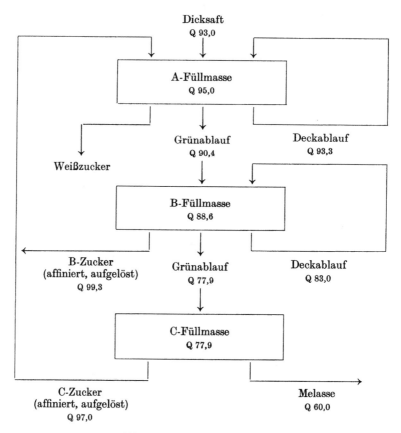

Abb. 4. Kochschema für Weißzucker

indem er nach besonderer Reinigung durch Einmaischen mit Ablauf und Abschleudern zusammen mit B-Zucker wie dieser weiter behandelt wird. (Zusammensetzung des Weißzuckers vgl. Tab. 8.)

γ) Raffinerie

Bei der Weiterverarbeitung von Rohzucker in einer *Raffinerie* unterscheidet
man im allgemeinen zwei Arbeitsweisen: ohne Auflösung (*Affination*) und mit
Auflösung (*Raffination*).

Zunächst erfolgt eine erste Vorreinigung der im Rohzucker enthaltenen Kristalle vom anhaftenden Sirup durch Einmaischen in eine gesättigte, reinere Zuk-
kerlösung (Affinationssirup). Diese künstliche Füllmasse wird zentrifugiert (affi-
niert). In der Zentrifuge wird zum Schluß mit einer weiteren reinen Zuckerlösung
und bzw. oder mit Wasser in feiner Verteilung (Nebeldecke) gedeckt, bis der
Zucker hinreichend vom Sirup befreit ist. Man erhält auf diese Weise einen Weißzucker, die sog. *Affinade*, zugleich mit Affinationssirupen, die in die weitere
Fabrikation und damit zur weiteren Kristallisation gehen; z. T. werden sie auch
zu Speisesirupen verarbeitet.

Reiner *Raffinadezucker* für Hut- und Würfelzucker, für Kandis und feinen
Kristallzucker wird unter Wiederauflösen und anschließendem Neukristallisieren
— also Raffinieren — erhalten. Hierzu wird der Rohzucker zunächst etwa wie bei
der Affinadegewinnung in Zentrifugen gereinigt, gedeckt und schließlich zu einer
Kläre gelöst.

Die *Kläre* wird mit Knochen- oder Aktivkohle, evtl. unter Zugabe von Kieselgur, weiter entfärbt und gereinigt. Daraufhin erfolgt die erneute Kristallisation
im Vakuum und die Gewinnung des Zuckers in den Zentrifugen. Meist sind in den
Raffinerien mindestens 5—6 Kristallisationsstufen (Verkochungen) notwendig, bis
ein nicht mehr kristallisationsfähiger Endsirup, die Melasse, erhalten wird.

Die Herstellung von *Zuckerhüten* oder *Zuckerbroten* erfolgt durch Einfüllen
von Raffinadefüllmasse in Blechformen, die zum Abtrennen des Sirups und der
Deckflüssigkeit beim Zentrifugieren mit kreisförmigen Öffnungen versehen sind.
Die Füllmasse kann auch in Kästen gegossen werden, um Zuckerplatten herzustellen, die man nach dem Schleudern und Trocknen — wobei Verbacken der
Kristalle eintritt — in Würfel zersägt (*Gußwürfel*). Nach anderen Verfahren werden feuchte Raffinadekristalle in Würfelformen gepreßt und anschließend getrocknet (*Preßwürfel*).

Kandiszucker ist ein farbloser oder leicht gelblich gefärbter Zucker in besonders
großflächigen Kristallen und von hoher Reinheit. Er kann an eingehängten Fäden
kristallisieren oder auch ohne Fäden durch Bewegung bei langsamem Kristall-
wachstum hergestellt werden. Brauner Kandis stammt entweder aus einem weniger reinen Produkt, das noch Ablaufanteile enthält, oder aus einer reinen Kläre,
die mit etwas Zuckercouleur angefärbt ist.

Die *Lagerung* des fertigen Zuckers erfolgte früher meist in Säcken. Jetzt geht
man immer mehr dazu über, den Zucker ungesackt in Silos zu lagern, um die ganz-
jährige Abpackung in verschiedenen, jeweils vom Kunden gewünschten Ver-
packungsgrößen zu ermöglichen.

Für Großverbraucher, wie z. B. für die Getränke- oder Konservenindustrie,
wird der Zucker auch in Lösung abgegeben. Eine Infektion der Lösung durch
Keime aus der Luft kann durch Bestrahlung mit UV-Lampen verhütet werden.

d) Melasse

Die Melasse ist der Endsirup der Zuckerfabrikation, der nicht mehr in wirtschaftlicher Weise weiterkristallisiert werden kann. Die Trockensubstanz der

Melasse enthält meist eine Saccharosemenge von ca. 60 % und eine Nichtzuckermenge von ca. 40 %, d. h. der Reinheitsquotient ist ca. 60. Die nicht kristallisierbare Zuckermenge in der Melasse ist daher ungefähr das $1\frac{1}{2}$fache der Nichtzuckermenge, die im Dicksaft nach der Saftreinigung auftritt. Die Melasse ist ein für die menschliche Ernährung ungeeigneter, hochviscoser, brauner Sirup. Die Nichtzuckersubstanzen bestehen aus anorganischen Kationen, hauptsächlich K^+, Na^+ und etwas Ca^{2+}. Der Rest ist organischer Natur (Betain, Aminosäuren, organische Säuren usw.). An weiteren Oligosacchariden ist noch die Raffinose hervorzuheben, ein aus Galaktose und Saccharose zusammengesetztes Trisaccharid (vgl. Tab. 4).

Die Melasse reagiert schwach alkalisch. Sie wird als Futtermittel durch Antrocknen an ausgelaugte, abgepreßte Rübenschnitzel oder andere Melasseträger verarbeitet, auf Spiritus vergoren oder bei der Hefefabrikation als Nährsubstrat verwendet. Darüber hinaus sind auch Verfahren zur Gewinnung des Zuckers aus der Melasse bekannt (Melasseentzuckerung).

Zu den bekanntesten Verfahren zur Gewinnung des Zuckers aus der Melasse gehören das Kalkentzuckerungs-Verfahren (Steffen-Verfahren), das Strontian-Verfahren und das Baryt-Verfahren, die alle auf der Eigenschaft des Zuckers beruhen, mit den Oxiden der Erdalkalien Calcium, Strontium, Barium unter gewissen Bedingungen schwerlösliche Verbindungen, sog. Saccharate, zu bilden.

Tabelle 4. *Zusammensetzung von Rübenmelassen*
(Durchschnittswerte, bezogen auf 80° Bx)[1]

Polarisation	—	50,5°S
Saccharose	—	47,7 %
Raffinose.	—	1,2 %
Reduzierende Substanzen	—	0,26%
Andere Kohlenhydrate	—	0,5 %
Sulfatasche.	—	11,73%
Leitfähigkeitsasche	—	10,89%
davon K_2O	43,0%	—
Na_2O	6,9%	—
$CaO + MgO$	2,3%	—
SO_3	2,7%	—
Cl	9,7%	—
Stickstoff	—	1,74%
Aminosäuren	—	2,14%
davon Glutaminsäure	25%	—
Pyrrolidoncarbonsäure	—	2,76%
Betain	—	5,50%
Stickstofffreie organische Säuren . .	—	4,26%
davon Milchsäure	44%	—

[1] Durchschnittswerte aus Untersuchungen des Instituts für landwirtschaftliche Technologie und Zuckerindustrie an der TH Braunschweig.

Mit der Einführung der *Ionenaustauscher*, welche die Entfernung der ionisierten Nichtzuckerstoffe erlauben, bietet sich neuerdings ebenfalls die Möglichkeit, den Zucker aus der entsalzten Melasse zu gewinnen, jedoch haben diese Verfahren noch keine größere Anwendung gefunden.

Die Melasseentzuckerungsverfahren werden nur dort durchgeführt, wo der Melassepreis im Verhältnis zum Zuckerpreis sehr niedrig ist.

7. Energie- und Wärmewirtschaft

Der Energie- und Wärmebedarf wird in den Zuckerfabriken durch Erzeugung von überhitztem Dampf in Kesseln gedeckt.

Der Energieinhalt des hochgespannten Dampfes wird über Gegendruckturbinen z. T. in elektrische Energie zur Deckung des gesamten Kraftbedarfs umgewandelt. Der Kraftbedarf beträgt für eine Rohzuckerfabrik etwa 2—3 kWh/100 kg Rüben, für eine Weißzuckerfabrik etwa 3—4 kWh/100 kg Rüben.

Der gesamte Wärmebedarf einer Fabrik wird letztlich durch die Kochstation (Kristallisierarbeit), die Anwärmung der Säfte, die Extraktion, die Abstrahlung usw. bestimmt. Man kann heute für Weißzuckerfabriken etwa mit folgenden Zahlen rechnen (kg Dampf je 100 kg Rüben): Kochstation etwa 20—25, Saftanwärmung etwa 15—18, Saftgewinnung, Abstrahlung usw. etwa 6—12. Der gesamte Dampfverbrauch liegt in modernen Weißzuckerfabriken zwischen 40 und 50 kg je 100 kg Rüben je nach der Verfahrenstechnik und den äußeren Bedingungen. Bei Rohzuckerfabriken liegt er um etwa 10 kg niedriger.

Um den immer größer werdenden Bedarf an elektrischer Energie zu decken, sind heute höhere Dampfdrücke anzuwenden als früher. Es wird daher teilweise mit Kesseldrücken von 40 bis über 60 at gearbeitet, wobei dann gleichzeitig eine elektrische Energieabgabe an fremde Verbraucher stattfindet.

8. Zuckerbilanz

Die Wirtschaftlichkeit einer Zuckerfabrik hängt in erster Linie von der Höhe der Zuckerausbeute ab. Die Polarisationsbilanz einer Fabrik, die nur Weißzucker erzeugt, ist aus Tab. 5 zu ersehen.

Tabelle 5. *Polarisationsbilanz einer Weißzuckerfabrik (% auf Rübe)*

Polarisation der Rübe (eingeführter Zucker)		16,5
Zucker in der Melasse		1,7— 2,2
Bestimmte Verluste:		
Zucker in den ausgelaugten Schnitzeln	0,2—0,4	
Zucker im Schlamm der Saftreinigung	0,01—0,1	
Unbestimmte Verluste:		
Polarisationsänderungen, Saccharosezerstörung in den verschiedenen Fabrikationsstufen, auch durch Mikroorganismen, mechanische Verluste usw.	0,3—0,6	
Gesamtverluste		0,5— 1,1
Ausbeute an Weißzucker		14,3—13,2

Die Menge des in die Melasse gehenden Zuckers ist außer von den Fabrikationsbedingungen weitgehend von Rübenmaterial, von den Anbaubedingungen, vom Klima usw. abhängig. Von den übrigen Verlusten können die niedrigen Zahlen nur bei modernsten technischen Einrichtungen und Verfahren (kontinuierliche Extraktion, Saftreinigung usw.) und exakter Betriebskontrolle erreicht werden. Die Betriebskontrolle hat sich insbesondere auch auf die Tätigkeit der Mikroorganismen im gesamten Fabrikationsbereich zu erstrecken, deren Auswirkung auf die Verlustbilanz bis vor kurzem weit unterschätzt wurde und die leicht zu Zuckerverlusten von einigen Zehntel Prozent a.R. führen kann.

III. Zucker aus Zuckerrohr

1. Allgemeines

Die Gewinnung des Zuckers aus Zuckerrohr gleicht z. T. der des Zuckers aus der Rübe. Lediglich die Verfahren zur Saftgewinnung weichen auf Grund der unterschiedlichen Struktur des Rohmaterials prinzipiell voneinander ab. Die Saftreinigung geschieht entweder ebenfalls durch eine Kalk-Kohlendioxid-Behandlung oder durch eine Schwefeldioxid-Behandlung unter Berücksichtigung der andersartigen Zusammensetzung der Nichtzuckerstoffe. Die weitere Eindickung des Dünnsaftes zum Dicksaft sowie die Zuckerhausarbeit mit der Verkochung zu Füllmassen, der Abschleuderung des Zuckers und Weiterverarbeitung der Abläufe gleicht im wesentlichen der Arbeitsweise der Rübenzuckerindustrie, so daß sie hier im einzelnen nicht wiederholt zu werden braucht.

2. Saftgewinnung

Das geschnittene Rohr wird möglichst schnell zur Fabrik transportiert und — im Gegensatz zur Rübenzuckerindustrie — möglichst ohne Lagerung sofort verarbeitet, um bei den hohen Außentemperaturen Zuckerverluste zu vermeiden.

Der zuckerhaltige Saft wurde bisher mit wenigen Ausnahmen durch Auspressen des Rohres in *Rohrmühlen* gewonnen. Diese Mühlen bestehen aus drei Walzen, zwei unteren und einer oberen, die einen gemeinsamen Antrieb haben. Die obere Walze ist beweglich und wird hydraulisch gegen die beiden unteren gepreßt. Das auszupressende Rohr wird so geleitet, daß es zwischen den Walzen hindurchwandert und den vollen Druck erhält. Drei bis sieben dieser Dreiwalzenmühlen sind zu einem Aggregat zusammengefaßt. Zwischengeschaltete Transportbänder besorgen die Weiterleitung von einer Mühle zur anderen.

Um die Auspressung in den Mühlen wirkungsvoller zu gestalten, ist ein Zerkleinern und Zerbrechen der harten Rohrschäfte und ein Zerreißen der Gewebebündel notwendig. Das geschieht in Vorbrechern, die aus zwei Rollen mit besonderer Profilierung bestehen und vor der ersten Mühle angeordnet sind. Ebenso werden rotierende Rohrmesser und schnellaufende Zerkleinerer (Reißwölfe und Hammermühlen) entweder für sich oder gewöhnlich in Verbindung mit den Vorbrechern, dann vor diesen angeordnet, für die Zerkleinerung und Zerfaserung des Rohrs benutzt. Je besser die Zerkleinerer und Vorbrecher arbeiten, um so gleichmäßiger tritt das Rohr zwischen die Walzen der Mühlen, und um so gleichmäßiger ist die Abpressung.

Vorgeschaltete Magnetabscheider sorgen für die Entfernung etwa mitgeführter Eisenteile, die unter Umständen schwere Beschädigungen der Zerkleinerer und der Mühlen herbeiführen können.

Durch Vorbrecher und erste Mühle werden dem Rohr mehr als 60 % seines Gewichts an Saft bzw. 70 % und mehr an Saccharose entzogen. Der Gewinn an Zucker steigt mit dem Druck der Rollen und der Anzahl der Mühlen. Er liegt bei 93—97,5 %. Der maximalen Ausbeute sind allerdings Grenzen gesetzt, da bei stärkerer Abpressung mehr Nichtzuckerstoffe in den Rohsaft gehen, wodurch wiederum die Saftreinigung erschwert wird.

So haben die Bemühungen der Zuckerindustrie, die Extraktion des Zuckers aus dem Rohr durch Verbesserung der konventionellen Mühlenarbeit zu steigern, nur begrenzten Erfolg gehabt. Mit einem großen Aufwand an Mühlen und Energie wurden nur geringe Verbesserungen der Extraktion erzielt. Dagegen ist es neuerdings teilweise auf Grund der Erfahrungen auf dem Gebiet der kontinuierlichen Saftgewinnung bei der Rübenzuckerverarbeitung möglich geworden, mit dem Diffusionsverfahren bei wesentlich geringerem Aufwand, besonders an Energie, einen größeren Zuckergewinn zu erzielen.

Eins dieser Diffusionssysteme arbeitet z. B. mit einer Drei-Walzen-Mühle, um das Rohr für die spätere Auslaugung in einem kontinuierlichen Diffuseur zu zerkleinern, und mit zwei Drei-Walzen-Mühlen hinter dem Diffuseur zur Abpressung des ausgelaugten Rohrs für anschließende Verfeuerung. Der eigentliche kontinuierlich arbeitende Diffuseur besteht aus einem horizontal liegenden, U-förmigen Trog, dessen Boden ein robustes Sieb bildet. Das zerkleinerte Rohr wird durch Mitnehmer über das Sieb gezogen und dabei mehrfach im Gegenstrom durch Perkolation ausgelaugt. Es wurde mit diesem Verfahren ein Extraktionsgrad von ca. 97 % erreicht. Infolge der Filterwirkung der Bagasseschicht ist der Diffusionssaft praktisch frei von Feststoffen, was sich ebenfalls günstig auf die weitere Verarbeitung auswirkt.

Auch andere aus der Rübenzuckerindustrie bewährte kontinuierliche Diffusionssysteme haben sich jetzt bei der Rohrdiffusion bewährt bzw. sind in der Erprobung.

Die Reinheit des Saftes der ersten Mühle liegt am höchsten, etwa bei 86, die der letzten Mühle mit ca. 68 erheblich tiefer, so daß der zur Weiterverarbeitung gelangende Mischsaft eine Reinheit von 80—86 aufweist. Der Aschegehalt liegt mit 0,25—0,80 % höher als bei Rüben-Rohsäften. Auch die Zusammensetzung der Nichtzuckerstoffe ist anders als bei der Rübe, da im Rohr-Rohsaft außer Stickstoffverbindungen, Pektinen und organischen Säuren auch Fette, Wachse und Gummi neben einem erhöhten Gehalt an reduzierenden Substanzen, phosphorsauren Salzen und Kieselsäure in kolloider Form vorkommen.

Das ausgepreßte Zuckerrohr, die Bagasse, das in einer Menge von 20—35 % a.R. anfällt, enthält unter 50 % Wasser und noch 2—3 % Saccharose. Die Bagasse wird in diesem feuchten Zustand im Kesselhaus auf besonders konstruierten Rosten verbrannt und genügt zur Deckung des Wärmebedarfs der Fabrik. Sie findet allerdings auch zur Herstellung von Papier, Pappe, Bau- und Isoliermaterial auf Grund ihrer hierfür geeigneten Beschaffenheit zunehmend Verwendung.

3. Saftreinigung

Der schwach saure Rohsaft (pH 4,8—5,6), der in einer Menge von 90—105 % a. R. anfällt, enthält erheblich mehr Invertzucker als der der Rübe (0,4—1,4 %). Darum wird im Gegensatz zur Saftreinigung von Rübenzuckerrohsäften, bei der die geringen Invertzuckermengen zerstört werden, eine invertzuckerschonende Behandlung des Saftes durchgeführt.

Es ist eine große Zahl von Saftreinigungsverfahren bekannt, die alle das Ziel haben, möglichst viel Nichtzuckerstoffe aus dem Rohsaft in schnell sedimentierbarer und leicht filtrierbarer Form abzuscheiden. Dies geschieht entweder nur durch Anwendung von Kalk (Defäkation), von Kalk und Kohlendioxid (Karbonatation) oder von Kalk und Schwefeldioxid (Sulfitation).

a) Defäkation

Bei der Fällung der Nichtzuckerstoffe mit Kalkmilch wird der pH-Wert des Saftes auf 8,5—8,8 erhöht, wo ein Optimum für die Ausflockung der fällbaren Nichtzuckerstoffe besteht, der Invertzucker aber nur wenig angegriffen wird. Höhere Alkalitäten werden bewußt vermieden. Nach der Anwärmung auf Temperaturen bis zum Siedepunkt läßt man den Niederschlag in Dekanteuren absitzen, wobei vielfach zusätzlich Flockungshilfsmittel (Sedimentationsbeschleuniger auf Stärke- oder Polyacrylamidbasis) benutzt werden. Der geklärte Saft geht direkt oder nach vorheriger Filtration zur Verdampfstation, während der Dickschlamm filtriert und abgesüßt wird, wobei immer häufiger kontinuierlich arbeitende Drehfilter eingesetzt werden.

b) Karbonatation

Bei der Anwendung von Kalkmilch und Kohlendioxid werden, falls die Reagentien nacheinander zugegeben werden, ebenfalls hohe Alkalitäten wegen der Gefahr der Invertzuckerzerstörung streng gemieden. Der Saft wird bis höchstens pH 11 gekalkt und anschließend auf pH 9,8 heruntersaturiert. Nach der Filtration erfolgt eine nochmalige Kohlendioxidbehandlung und schließlich eine Schwefelung auf pH 6,8. Auch Scheidesaturationsverfahren — gleichzeitige Zugabe von Kalkmilch und Kohlendioxid — sind bekannt, wobei meistens ein pH-Wert von 10,5 eingehalten wird.

c) Sulfitation

Auch bei der Behandlung des Rohsaftes mit Kalk und Schwefeldioxid sind sehr viel Variationen bekannt. Es wird entweder der Rohsaft erst geschwefelt (pH 3,8), dann gekalkt (pH 7,2), dekantiert und filtriert oder umgekehrt erst gekalkt und dann mittels Schwefeldioxid auf einen pH-Wert von 7,2 eingestellt. Auch die gleichzeitige Zugabe von Kalkmilch und Schwefeldioxid bei pH-Werten zwischen 7,2 und 8,3 bei Temperaturen von 75°C ist bekannt. Die angewandten Mengen an Calciumoxid und Schwefeldioxid betragen etwa 0,16 % a.R. Sie sind also erheblich geringer als bei der Rübenverarbeitung.

Der Reinigungseffekt ist bei der Karbonatation am größten. Bei der Weißzuckerherstellung liefern diese Verfahren bessere Produkte als die Sulfitationsverfahren. Die Reinheitssteigerung ist mit 1—2 Einheiten im Quotienten jedoch erheblich geringer als bei der Saftreinigung der Rübenrohsäfte.

4. Verdampfung

Der klare, gereinigte Saft wird wie bei der Rübenzuckerherstellung in einer Mehrkörper-Verdampfstation auf eine Konzentration von 60—70° Bx eingedickt. Allerdings arbeitet ein Teil der Verdampfapparate unter Vakuum, um höhere Temperaturen mit der Gefahr der Invertzuckerzerstörung zu vermeiden.

5. Kristallisation und Gewinnung des Zuckers

Die Weiterverarbeitung des Dicksaftes und der Abläufe auf Zuckerkristalle erfolgt in gleicher Weise wie in Rübenzuckerfabriken in Kochapparaten, Maischen und Zentrifugen.

Die angewandten *Kochschemata* sind allerdings je nach Qualität der Säfte und des herzustellenden Endprodukts — Rohzucker oder Weißzucker — bzw. der angestrebten Melassereinheit sehr unterschiedlich. Es wird in zwei, drei oder vier Stufen bis zur Melassereinheit heruntergekocht.

Der anfallende *Rohrrohzucker* hat meist eine Polarisation von 97. Er soll gute Lager- und Raffinationseigenschaften besitzen. In den Kristallen sind allerdings mehr Nichtzucker- und Farbstoffe als beim Rübenzucker eingeschlossen, die von der Rücknahme von Nachproduktkristallen herrühren. Im anhaftenden Sirup ist der Anteil an Invertzucker — besser an reduzierenden Substanzen — ebenfalls größer als beim Rübenrohzucker. Auch der Anteil an Kolloiden im anhaftenden Sirup ist größer.

In Tab. 6 sind Analysen von Rohzuckern aus Zuckerrohr verschiedener Qualität wiedergegeben. Die Werte stammen z. T. aus der Literatur, z. T. aus Analysen von in den letzten Jahren in Deutschland eingeführten Rohrrohzuckern.

Von besonderem Interesse ist die Haltbarkeit bzw. Lagerfähigkeit des Rohzuckers. Diese ist nicht vom Wassergehalt allein abhängig, sondern vom Verhältnis zwischen dem prozentualen Anteil an Wasser und der Summe aus Wasser und Nichtzucker. Der nach der Formel

$$\text{Wassergehalt} : (100 - \text{Polarisation})$$

berechnete Sicherheitsfaktor soll einen Wert von 0,33 nicht übersteigen. So hat z. B. ein Rohzucker mit 96,8 Polarisation und einem Wassergehalt von 0,77 % einen Sicherheitsfaktor von 0,24; er kann ohne Bedenken gelagert werden. Bei höherem Wassergehalt besteht die Gefahr der Infektion durch Hefen, Schimmelpilze und Bakterien an der feuchten Kristalloberfläche, wodurch eine Qualitätsminderung des Zuckers eintritt (Polarisationsverluste, pH-Abfall, Raffinationserschwerung). Beim normalen Rohzucker liegt der pH-Wert bei 6,3—6,6. Er kann bei Zuckern schlechter Qualität beim Lagern auf 5,5 absinken.

Tabelle 6. *Zusammensetzung von Rohzucker aus Zuckerrohr*

	Pol.	Wasser	Reduz. Subst.	Asche	Organischer Nichtzucker	Rendement[1]
Rohzucker aus Kuba						
a) Durchschnittsqualität .	97,4°S	0,6 %	0,81 %	0,40 %	0,79 %	92,36
b) Obere Qualität	98,0°S	0,4 %	0,50 %	0,42 %	0,68 %	94,02
c) Untere Qualität	96,3°S	1,0 %	0,98 %	0,51 %	1,21 %	90,07

[1] vgl. Abschnitt „Untersuchung von Zucker und Zuckerfabriksprodukten"

Zucker mit hohem Wassergehalt neigt zum Hartwerden, sobald er mit trockener Luft zusammentrifft. Die relative Luftfeuchtigkeit soll daher im Lager am besten zwischen 60 und 70 % gehalten werden.

Der rohe Rohrzucker wird geschmacklich weniger unangenehm empfunden als der rohe Rübenzucker, da die anhaftenden Sirupanteile angenehm schmeckende und riechende Begleitstoffe enthalten.

Der Rohrrohzucker wird entweder im Herstellungsland oder nach meist überseeischem Transport in Raffinerien oder auch in umarbeitenden Weißzuckerfabriken auf weißen Verbrauchszucker verarbeitet.

Während der Umarbeitung auf Weißzucker muß in allen Verarbeitungsstufen darauf geachtet werden, daß die in größerem Maße als im Rübenrohzucker vorhandenen reduzierenden Substanzen weder zersetzt noch neue aus Saccharose gebildet werden. Invertzuckerneubildung bedeutet Verlust an kristallisierbarer Saccharose und Vermehrung an Melasse. Invertzuckerzersetzung führt zur Bildung störender Verbindungen wie Säuren und Farbstoffe, die ebenfalls die Melassemenge erhöhen. Daher wird größter Wert auf die Einhaltung bestimmter Temperaturen und Zeiten sowie eines günstigen pH-Wertes gelegt, der um oder etwas oberhalb des Neutralpunktes liegt.

Die *Reinigung* des Rohrrohzuckers geschieht durch *Affination* und *Raffination*. Da die Verunreinigungen beim Rohrrohzucker nicht nur im anhaftenden Sirup, sondern auch im Kristall wesentlich größer sind als bei Rübenrohzucker, genügt keine einfache Affination, also Reinigung des Kristalls ohne Wiederauflösung. Die Affinade muß aufgelöst werden. Die Lösung wird einer *Saftreinigungsbehandlung* mit Kalk- und Kohlendioxid oder mit Kalk und Phosphorsäure unter Abtrennung der dabei entstandenen Fällungen unterzogen. Es soll eine völlig blanke und möglichst helle Kläre anfallen, die bei der Verkochung eine einwandfreie Raffinade und saubere Verbrauchszucker ergibt. Die zu entfernenden Stoffe sind neben mechanischen Verunreinigungen wie Sackfasern, Sand, toten Insekten usw. die in kolloider Form vorliegenden Stoffe wie Eiweiß, Pektine, gummiartige Substanzen, Wachse und Albumine sowie in Lösung die Salze der verschiedenen anorganischen und organischen Säuren und andere organische Nichtzuckerstoffe.

Tabelle 7. *Zusammensetzung von Rohrmelassen* (in %)[1]

Wasser	—	17—25
Saccharose	—	30—40
Reduzierende Substanzen	—	10—25
Andere Kohlenhydrate	—	2— 5
Carbonatasche	—	7—15
davon K$_2$O	30—50	—
Na$_2$O	0— 9	—
CaO	7—15	—
SO$_3$	7—27	—
Cl	12—20	—
Stickstoff	—	0,4—0,7
Aminosäuren+Pyrrolidoncarbonsäure .	—	0,5—1,5
Stickstofffreie organische Säuren . . .	—	1,5—6,0
davon Aconitsäure	1— 5	—

[1] Nach SPENCER-MEADE, Cane Sugar Handbook 1963.

Die durch Zugabe der Chemikalien entstandenen Niederschläge sind meist weich, gelartig und stark hydratisiert, so daß sie nur unter Verwendung geeigneter Filterhilfsmittel wie Kieselgur oder Cellulose filtriert werden können, soweit die Reaktionsprodukte, wie z. B. Calciumcarbonat, nicht schon selbst als Filterhilfsmittel dienen. Eine gleichzeitige oder anschließende *Entfärbung* mit Knochenkohle oder Aktivkohle ist notwendig.

Aus der gereinigten und entfärbten Kläre wird anschließend durch Kristallisation Raffinade verschiedenster Sorten wie Brote, Würfelzucker, Kristallraffinade verschiedener Qualität und Kristallgröße oder ohne Kristallisation flüssiger Zukker und Sirup je nach Wunsch und Bedarf der Verbraucher gewonnen.

Als Endablauf fällt die *Rohrzuckermelasse* an, die eine andere Zusammensetzung hat als die Rübenzuckermelasse (vgl. Tab. 7). Der Saccharoseanteil liegt bei 30—40%, der Gehalt an reduzierenden Substanzen zwischen 10 und 25%. Raffinose ist im Gegensatz zur Rübenmelasse nur in geringen Mengen enthalten. Der Anteil an Gesamtzucker liegt also bei 50—60%. Auffallend ist der hohe Gehalt an Aconitsäure (ca. 5%), die in der Rübenmelasse nicht vorhanden ist. Der Stickstoffgehalt liegt mit 0,4—0,7% niedriger, desgleichen die Glutaminsäure bzw. ihr Anhydrid, die Pyrrolidoncarbonsäure. Betain fehlt in der Rohrmelasse. Durch Vergärung von Rohrzuckermelasse wird Rum hergestellt.

IV. Untersuchung von Zucker und Zuckerfabriksprodukten

Die Untersuchung von Zucker und Zuckerfabriksprodukten erfolgt im allgemeinen nach den in Bd. II/2 im Kap. „Kohlenhydrate" beschriebenen Verfahren. Darüber hinaus gibt es jedoch eine Reihe spezieller Bestimmungsmethoden, die im folgenden beschrieben werden sollen.

1. Saccharose

Für die Bestimmung der Saccharose genügt in den meisten Fällen die Polarisation. Zur Nachprüfung, ob der dabei erhaltene Drehungswert nur von Saccharose herrührt, führt man noch die Inversionspolarisation durch und berechnet aus der sog. Clerget-Formel den Gehalt an Saccharose. Man kann auch den Invertzuckergehalt vor und nach der Inversion gewichts- oder maßanalytisch bestimmen und daraus die Saccharose berechnen. Oft empfiehlt sich eine Nachprüfung durch papierchromatographische Analyse. (Vgl. Bd. II/2, Kap. „Kohlenhydrate".)

2. Invertzucker

a) Rohzucker, Abläufe und Melassen

Die Bestimmung des Invertzuckers in diesen Produkten erfolgt in der Bundesrepublik Deutschland meist nach der Methode von O. Spengler u. Mitarb. (1936) mit Müllerscher Lösung, die 1954 auch als ICUMSA-Methode (International Commission for Uniform Methods of Sugar Analysis) angenommen wurde. Für Handelsanalysen ist diese Methode vorgeschrieben.

Nach der Zollvorschrift ist für die Bestimmung des Invertzuckers in Abläufen und Melassen bei einem Gehalt über 2% die gewichtsanalytische Methode mit Fehlingscher Lösung auszuführen (vgl. Abschnitt „Zollvorschriften").

Bei Rübenprodukten (desgl. auch Rohzucker aus Zuckerrohr) sollen in den meisten Fällen relativ geringe Mengen Invertzucker neben einem großen Überschuß an Saccharose bestimmt werden. Es sind daher Bedingungen anzustreben, unter denen die Saccharose möglichst wenig angegriffen wird. Dazu gehören ein niedriger pH-Wert und schonende Kochbedingungen. Diese Voraussetzungen erfüllt die Methode nach O. Spengler u. Mitarb. (1936) mit Müllerscher Lösung (sodaalkalisch pH ~ 10,4). Über vergleichende Untersuchungen mit Fehlingscher und Müllerscher Lösung berichten F. Schneider u. A. Emmerich (1951). Außerdem ist in der gleichen Arbeit eine Vorschrift für die Methode mit Müllerscher Lösung für Rohrprodukte angegeben.

Verfahren mit Müllerscher Lösung

Reagentien:

1. Müllersche Lösung.

In einem 1 Liter-Meßkolben übergießt man 35 g kristallisiertes Kupfersulfat ($CuSO_4$ · 5 H_2O p. a.) mit 400 ml kochendem dest. Wasser und in einem anderen Gefäß 173 g Kaliumnatriumtartrat p. a. und 68 g wasserfreies Natriumcarbonat p. a. mit 500 ml siedendem dest. Wasser. Nach Auflösung und Abkühlung gießt man die zweite Lösung in den Meßkolben und füllt zur Marke auf. Die Lösung wird mit 1—2 g Aktivkohle gut durchgeschüttelt und nach mehrstündigem Stehen durch ein gehärtetes Filter oder Membranfilter gesaugt. Die Lösung hält sich praktisch unverändert. Sollten sich kleine Kupfer(I)-oxid-Mengen ausscheiden, muß erneut filtriert werden.

2. 5n-Essigsäure
3. n/30-Jodlösung
4. n/30-Thiosulfatlösung
5. Stärkelösung
6. n-Essigsäure
7. n-Natriumcarbonatlösung
8. Bleiacetatlösung: 300 g Bleiacetat/Liter

Vorbereitung der Proben

α) Rübenrohzucker

Zweimal 10 g Rübenrohzucker werden auf einer Laborwaage auf $\pm$ 10 mg genau abgewogen, mit jeweils 95 ml dest. Wasser (im 100 ml-Meßzylinder abgemessen) in je einen 300 ml-Enghals-Erlenmeyerkolben aus Jenaer Glas vollständig eingespült und durch Umschwenken gelöst. Die Lösungen haben dann mit einer für diese Zwecke ausreichenden Genauigkeit ein Volumen von 100 ml. Nun wird nach Zusatz von drei Tropfen 0,1%iger alkoholischer Phenolphthaleinlösung je nach der Alkalität des Zuckers mit n-Essigsäure oder n-Natriumcarbonatlösung neutralisiert. Schließlich gibt man in beide Erlenmeyerkolben je 10 ml Müllersche Lösung.

β) Rohrrohzucker

57,7 ml der auch zum Polarisieren (vgl. Bd. II/2, Kap. „Kohlenhydrate") verwendeten Lösung (26 g/100 ml) werden in einem 75 ml-Meßkölbchen mit 10%iger Na_2CO_3-Lösung (100 g Na_2CO_3 im Liter) entbleit. Ein größerer Überschuß an Na_2CO_3-Lösung ist zu vermeiden. Überschlägig reicht 1 ml dieser Lösung aus, um das Blei aus 1 ml Bleiacetatlösung auszufällen. Zur Sicherheit wird 1 ml Na_2CO_3-Lösung mehr zugesetzt, als man an Bleiacetatlösung zum Klären verwendet, füllt zur Marke auf und schüttelt gut durch. Man läßt den Niederschlag kurze Zeit absitzen und filtriert durch ein dichtes Filter, z. B. Kieselgurfilter. Von der entbleiten Lösung werden je 10 ml (= 2 g Einwaage) in zwei 300 ml-Enghals-Erlenmeyerkolben pipettiert, mit 90 ml dest. Wasser (Meßzylinder) zu 100 ml ergänzt und nach Zusatz von 2—3 Tropfen einer 1%igen alkoholischen Phenolphthaleinlösung mit n-Essigsäure auf schwache Rosafärbung neutralisiert. Sollte die Probe dabei entfärbt werden, setzt man bis zur schwachen Rosafärbung n-Na_2CO_3-Lösung zu. In beide Erlenmeyerkolben gibt man 10 ml Müllersche Lösung.

γ) Abläufe und Melassen (Rüben und Rohr)

Abläufe sowie Melassen müssen geklärt werden:

22 g einer Verdünnung 1:1 werden im 200 ml-Meßkolben mit 7 ml Bleiacetatlösung versetzt, zur Marke aufgefüllt und filtriert. 100 ml dieser Lösung pipettiert man in einen 100/110-ml-Meßkolben, füllt mit einer Lösung von 7 g Dinatriumhydrogenphosphat und 3 g Kaliumoxalat zu 100 ml bis zur Marke 110 ml auf, schüttelt um und filtriert. Die Lösungen enthalten nun 5 g Substanz in 100 ml. Zur Bestimmung (Warm- und Kaltwert) werden verwendet:

40 ml = 2 g	bis	1,4% Invertzucker
20 ml = 1 g	1,4— 2,8%	Invertzucker
10 ml = 500 mg	2,8— 5,6%	Invertzucker

Bei höheren Gehalten (Rohrmelassen) werden 20 ml auf 100 ml aufgefüllt.

Davon 20 ml = 200 mg	5,6—14,0%	Invertzucker
10 ml = 100 mg	14,0—28,0%	Invertzucker

Arbeitsvorschrift

Warmwert: Eine der vorbereiteten Proben wird nun in ein stark siedendes Wasserbad eingehängt. Das Bad ist so groß zu bemessen, daß das Sieden beim Einhängen des Erlenmeyerkolbens nicht unterbrochen wird. Der Flüssigkeitsspiegel im Erlenmeyerkolben muß etwa 1 cm unter der Badoberfläche stehen, um eine gleichmäßige Erwärmung zu sichern. Aus dem gleichen Grund darf der Kolben nicht schräg eingehängt werden.

Die Reaktionsmischung muß den Boden gleichmäßig bedecken. Nach genau 10 min ± 5 sec wird der Kolben aus dem Bad genommen und mit einem Becherglas bedeckt unter der Wasserleitung 10 min abgekühlt. Dann werden nacheinander 5 ml 5n-Essigsäure und 20—30 ml n/30-Jodlösung zugesetzt (keinesfalls umgekehrte Reihenfolge). Den mit einem Uhrglas bedeckten Kolben läßt man nach gründlichem Umschwenken stehen und wiederholt das Umschwenken von Zeit zu Zeit so lange, bis der weiße Niederschlag völlig gelöst ist (Zeitbedarf rund 5—10 min). Dann wird mit n/30-Thiosulfatlösung zurücktitriert. Kurz vor dem Umschlag setzt man 1—2 ml Stärkelösung zu. Der Umschlag ist sehr scharf von Dunkelblau nach Blaugrün. Er ist auf 1—2 Tropfen der Thiosulfatlösung genau zu erreichen.

Bei der Ausführung der Bestimmungen (Warm-, Kalt- und Blindwert) ist folgendes genau zu beachten: Nachdem die Müllersche Lösung zugesetzt und zur Durchmischung umgeschwenkt ist, darf die Reaktionsmischung auf keinen Fall mehr umgeschwenkt oder stärker bewegt werden, ehe die Jodlösung zugesetzt ist. Das ausgeschiedene Kupfer(I)-oxid (manchmal nur sehr geringe Mengen, z. B. Kalt- und Blindwert) ist sehr empfindlich gegen den oxydierenden Einfluß des Luftsauerstoffs. Jedes Unterrühren von Luft gibt unkontrollierbare Verluste von Kupfer(I)-oxid und damit zu niedrige Werte. Insbesondere ist es falsch, vor der Jodzugabe umzuschwenken, da in saurer Lösung die Empfindlichkeit des einwertigen Kupfers am größten ist.

Die Konzentration von Jodlösung und Thiosulfatlösung ist so gewählt, daß einem *Verbrauch von 1 ml Jodlösung* (Jodvorlage minus Thiosulfatverbrauch) *1 mg Invertzucker entspricht.* Die Müllersche Lösung enthält so viel Kupfer, wie theoretisch zur Reaktion mit 40 mg Invertzucker ausreichen. Um jedoch auch gegen Ende der Reaktion eine gewisse Kupferkonzentration aufrechtzuerhalten, soll der Warmwert nicht über einen Jodverbrauch von 30 ml (= $^3/_4$ des stöchiometrisch Möglichen) hinausgehen.

Beim Warmwert muß der Verbrauch an Thiosulfatlösung mindestens 7 ml betragen. Liegt er niedriger, so ist die Bestimmung statt mit 30 mit 40 ml Jodlösung zu wiederholen. Ein Thiosulfatverbrauch unter 7 ml ergibt nach F. Schneider u. A. Emmerich (1951) bis zu 2 mg Invertzucker zu wenig, also selbst bei einer Einwaage von 2 g noch 0,1% Fehler.

Die Korrekturen

Kaltwert: Die zweite Probe wird genau 10 min nach dem Zupipettieren der Müllerschen Lösung nacheinander mit 5 ml 5n-Essigsäure und mit 10 ml n/30-Jodlösung versetzt, umgeschwenkt und nach einer Einwirkungszeit von 5—10 min (Uhrglas auf dem Erlenmeyerkolben) mit n/30 Thiosulfatlösung zurücktitriert.

Der Kaltwert erfaßt leicht oxydierbare Substanzen in der Probe, die kein Invertzucker sind (z. B. schweflige Säure) und die im Warmwert Invertzucker vortäuschen. Der Kaltwert ist also ein Merkmal des untersuchten Zuckers und muß von jeder Probe parallel zum Warmwert bestimmt werden.

Blindwert: 100 ml dest. Wasser (im Meßzylinder abgemessen) werden mit 10 ml Müllerscher Lösung in einem 300 ml-Erlenmeyerkolben vermischt und in der gleichen Weise wie der Warmwert behandelt. Zur Titration setzt man jedoch beim Kaltwert 5 ml 5n-Essigsäure und 10 ml n/30-Jodlösung zu. Der Blindwert eliminiert Verunreinigungen der MüllerschenLösung. Er ist für jede neu bereitete Müllersche Lösung mit einer Doppelbestimmung festzulegen und kann sich bei längerem Stehen ändern. Scheidet sich ein Niederschlag im Laufe der Zeit ab, muß man filtrieren und den Blindwert neu bestimmen. Der Blindwert liegt bei Verwendung sauberer Reagentien (p.a. mit Garantieschein) um 0—0,1 ml.

Saccharosekorrektur: Als dritte Korrektur ist der Reduktionswert der anwesenden Saccharose zu berücksichtigen. Diese Saccharosekorrektur beträgt 0,2 ml/g Saccharose.

Weitere Invertzuckerbestimmungsmethoden sind in Bd. II/2, Kap. „Kohlenhydrate" abgehandelt. Die Anwendung der Tetrazoliumchloridmethode auf Zuckerfabriksprodukte wurde von A. Carruthers u. A. E. Wootton (1955) beschrieben.

b) Weißzucker

Für die Bestimmung kleinerer Invertzuckermengen im Weißzucker gibt es eine Reihe von Verfahren. Am bekanntesten ist die Methode von H. C. S. de Whalley (1937), bei der durch Entfärbung einer 0,2%igen Methylenblaulösung Invertzuckergehalte unter 0,015% bestimmt werden können. Die Bestimmung erfolgt durch visuellen Vergleich mit Standards (Kupfersulfat-Ammoniak). Entgegen den Angaben dieses Autors empfiehlt es sich jedoch, den zu untersuchenden Zucker nicht zu mörsern, weil sich bei diesem Vorgang nach Versuchen von F. SCHNEIDER u. A. EMMERICH (ICUMSA-Report of the Proceedings of the 13th Session 1962, Referat 11, S. 37) Invertzucker bildet. J. KNIGHT u. C. H. ALLEN (1960) beschreiben eine Methode, bei der das nicht reduzierte $CuSO_4$ mittels Komplexon(III)-Lösung bestimmt wird.

Alle diese genannten Verfahren liefern wegen der nicht erfaßten Saccharosekorrektur zu ungenaue Werte. Erst in jüngster Zeit ist es A. EMMERICH (noch nicht veröffentlicht) durch Verbesserung der Methode von T. MOMOSE u. Mitarb. (1960) gelungen, die Saccharosekorrektur so weit herabzusetzen, daß man bei sehr geringen Invertzuckermengen zu brauchbaren Ergebnissen gelangt. Die Methode beruht auf der Reaktion reduzierender Zucker in alkalischer Lösung mit 3,6-Dinitrophthalsäure unter Bildung eines Azofarbstoffes.

3. Raffinose

Das Trisaccharid Raffinose, von W. W. BINKLEY (1964) in geringer Menge in kristalliner Form auch aus Rohrmelassen isoliert, ist für die Analyse von Zuckerfabrikserzeugnissen — vor allem Rübenmelassen und -abläufen — von Bedeutung, da dieser Zucker eine 1,852mal so starke Rechtsdrehung wie Saccharose zeigt und somit bei der Messung der Polarisation Saccharose vortäuscht.

Die früher übliche Bestimmung der Raffinose durch Polarisation vor und nach der Inversion mit Säure führt nur in reinen Produkten zu genauen Ergebnissen. In Melassen und Abläufen können wegen der stark angereicherten Nichtzuckerstoffe mit dieser Methode erhebliche Fehler auftreten, es können sogar negative Werte gemessen werden. Von F. SCHNEIDER u. Mitarb. (1959) wurden im Zusammenhang mit der Ausarbeitung papierchromatographischer Raffinosebestimmungsmethoden (vgl. Bd. II/2, Kap. „Kohlenhydrate") die Ergebnisse der nach diesen Methoden ermittelten Werte denjenigen der Säurehydrolyse gegenübergestellt. Diese Arbeit gibt u. a. Arbeitsvorschriften für eine visuelle und eine photometrische Methode an. Die visuelle Methode ist seit 1962 ICUMSA-Methode (International Commission for Uniform Methods of Sugar Analysis). (Vgl. dazu auch die Arbeiten von R. WEIDENHAGEN u. H. SCHIWECK 1959; V. PREY u. E. HAMMER 1959 sowie S. BÖTTGER u. W. STEINMETZER 1959.)

Auf die zuletzt zitierte Arbeit sei besonders hingewiesen, weil darin eine enzymatisch-manometrische Methode beschrieben ist, die weitgehend frei von Einflüssen durch störende Substanzen ist. Eine ältere enzymatische Bestimmung ist die Doppel-Enzymmethode von H. S. PAINE u. R. T. BALCH (1925) (AOAC-Methode Ziff. 29027/29028), die darauf beruht, daß die durch Invertase aus der Raffinose gebildete Melibiose die einzige Substanz sein soll, die bei der parallel dazu durchgeführten zusätzlichen Melibiaseeinwirkung weiterreagiert. Diese Voraussetzung ist allerdings nicht erfüllt, seit R. F. SERRO u. R. J. BROWN (1954) in amerikanischen Rübenmelassen *Galaktinol*, eine zuckerähnliche Verbindung aus Galaktose und Inosit, entdeckten, die durch Melibiase in ihre Bausteine gespalten wird. 1% Galaktinol würde bei dieser Methode 2% Raffinose vortäuschen. Die oben zitierten Autoren fanden Galaktinolgehalte zwischen 0,2 und 0,6%. Die gleichen Mengen Galaktinol entdeckten A. CARRUTHERS u. Mitarb. (1963) in englischen Melassen. Auch in deutschen Rübenmelassen liegt der Galaktinolgehalt ähnlich hoch. Aus diesem Grund ist die enzymatische Raffinosebestimmung nach S. BÖTTGER u. W. STEINMETZER (1959) als Bezugsmethode geeignet, da sie nicht auf Galaktinol anspricht.

Ein anderes Oligosaccharid, das hier evtl. stören könnte, ist die *Stachyose*, ein Tetrasaccharid. Sie ist in so geringer Menge vorhanden (vgl. F. Schneider u. Mitarb. 1965d sowie D. Gross u. N. Albon 1953), daß sie das Ergebnis nicht beeinflußt.

Aufschluß über die Genauigkeit einiger Raffinosebestimmungsmethoden geben F. Schneider u. Mitarb. (1965c) (vgl. auch C. Reichel u. N. Şendökmen 1965).

In letzter Zeit sind einige Arbeitsvorschriften zur Bestimmung der Raffinose in Melassen mit Hilfe *dünnschichtchromatographischer* Verfahren bekanntgeworden. Zu nennen sind die Arbeiten von V. Prey u. Mitarb. (1964) sowie von Y. Takamisawa (1965) und von F. Schneider u. Mitarb. (1965b). Den zuletzt genannten Autoren ist es gelungen, durch Anwendung von Gips als Trägersubstanz mit dem von Prey angewendeten Fließmittel (Aceton : Wasser = 9:1) eine einwandfreie Trennung der Raffinose von den übrigen Zuckern, besonders den Kestosen, zu erreichen. (Über die Trisaccharide Kestosen vgl. A. Carruthers u. Mitarb. 1963.)

Arbeitsvorschrift

Herstellung der Platten: 50 g Gips, gebrannt DAB 6 von E. Merck ($CaSO_4 \cdot {}^1/_2 H_2O$), werden mit 70 ml dest. Wasser in einem Erlenmeyerkolben kräftig geschüttelt, in ein Streichgerät eingefüllt und sofort auf 5 Mattglasplatten aufgestrichen. Die Platten bleiben zum Abbinden 15 min liegen und werden anschließend 1 Std bei 85°C im Trockenschrank erhitzt. Danach werden die Platten im Exsiccator über Sicapent aufbewahrt.

Auftragen der Lösungen: Von einer Melasselösung (5 g/100 ml) werden 4×1 µl über die Platte verteilt auf die Startlinie aufgebracht, und auf die verbleibenden Auftragstellen werden jeweils 1 µl Raffinoselösung in steigender Konzentration aufgetragen, z. B. 0,03—0,07 g/100 ml. Dies entspricht einem Raffinosegehalt von 0,6—1,4%. Bei höheren Gehalten stellt man sich eine Lösung her, welche 4 bzw. 3 g Melasse in 100 ml enthält.

Entwickeln und Besprühen der Platten: Die aufgetragenen Lösungen müssen jeweils sofort mit dem Fön getrocknet und nach Erkalten in der Mischung Aceton: Wasser = 9:1 chromatographiert werden, bis die Lösungsmittelfront ca. 15 cm aufgestiegen ist. Die dafür benötigte Zeit beträgt ca. 90 min. Nach dem Trocknen wird mit 0,25%iger äthanolischer α-Naphthollösung, der kurz vor Gebrauch 10% konz. Schwefelsäure zugefügt werden, besprüht. Anschließend werden die Platten 15 min auf 80°C erhitzt. Durch visuellen Vergleich mit den Testflecken wird der Gehalt an Raffinose bestimmt. Die Genauigkeit beträgt im Bereich bis 1,4% etwa ± 0,1% absolut.

4. Trockensubstanz

Die Trockensubstanz von Roh- und Weißzuckern wird durch Trocknen (4 Std) im Vakuumtrockenschrank bei 105°C durchgeführt. Bei Fabriksäften und Melassen wird sie refraktometrisch (ICUMSA-Methode) festgestellt (vgl. Bd. II/2, Kap. „Kohlenhydrate").

Über die Bestimmung der Trockensubstanz mit der Spindel und dem Pyknometer vgl. Abschnitt „Zollvorschriften" und Bd. II/2, Kap. „Kohlenhydrate".

5. Asche

Die früher übliche Aschebestimmung nach der Carbonatasche-Methode ist wegen ihrer Langwierigkeit von der Sulfatasche-Methode abgelöst worden. Für Roh- und Weißzucker sowie für alle Fabrikuntersuchungen hat sich die Messung der löslichen Asche mit Hilfe der elektrischen Leitfähigkeit durchgesetzt.

a) Sulfatasche (ICUMSA-Methode)

Doppelte Behandlung mit Schwefelsäure ist nötig, um die gesamte Asche in Sulfat überzuführen.

Arbeitsvorschrift

Annähernd 5 g der Probe werden in einer Platinschale tropfenweise mit 0,5 ml konz. Schwefelsäure befeuchtet und über einem Bunsenbrenner unter vorsichtigem Bewegen langsam verascht, bis die Probe verkohlt ist und keine SO_3-Dämpfe mehr entweichen. Anschließend überführt man die Probe in einen Muffelofen und glüht bei 550°C so lange, bis sie frei von Kohlenstoff ist. Die Asche wird noch einmal mit wenigen Tropfen konz. Schwefelsäure behandelt, bis keine SO_3-Dämpfe mehr entweichen über dem Bunsenbrenner erhitzt und danach im Muffelofen bei 800°C bis zur Gewichtskonstanz geglüht.

Vorschläge für die Behandlung verschiedener Produkte:

	Einwaage	H_2SO_4-Menge
Weißzucker . .	10—35 g	8 ml
Rohzucker . . .	5—10 g	0,5—5 ml
Säfte	50 g	5 ml
Sirupe	15—25 g	5 ml
Melassen . . .	10 g	10 ml

b) Leitfähigkeitsasche

Die Messung der löslichen Asche kann mit jedem geeigneten Konduktometer und einer Meßzelle vorgenommen werden. Die Umrechnung der spezifischen Leitfähigkeit einer Lösung von 5 g/100 ml in Ascheprozente erfolgt in der Bundesrepublik Deutschland mit dem von A. E. LANGE (1910) für eine große Anzahl von Proben gefundenen Umrechnungsfaktor, dem sog. „C-Faktor" = 1786.

Beispiel: Spezifische Leitfähigkeit: 0,000405

multipliziert mit C-Faktor 1786 = 0,722% Asche.

Auf der 14. Sitzung der ICUMSA 1966 ist für die 5 g-Methode (vgl. unten) bei Weißzucker der C-Faktor 1800 angenommen worden.

In der Zuckerindustrie ist es üblich, für die Messungen sog. Ascheschnellbestimmer einzusetzen, die auf 5%ige Zuckerlösungen geeicht sind und auf denen man direkt Ascheprozente bis zu 3% ablesen kann. Man wägt daher von den meisten Zuckerfabriksprodukten 5 g Substanz ein und löst in dest. Wasser mit geringer Leitfähigkeit (unter 0,006% scheinbare Asche bzw. spezifische Leitfähigkeit $3 \cdot 10^{-6}$ Siemens $\cdot$ cm^{-1}) in einem 100-ml-Meßkolben auf und mißt bei 20°C nach dem Auffüllen zur Marke und Umschütteln der Lösung. Die Temperaturkorrektur beträgt 2,2% je Grad Temperaturabweichung von 20°C, und zwar muß sie bei Temperaturen über 20°C vom Meßwert abgezogen werden und entsprechend unter 20°C zugezählt werden.

6. Organische Säuren

Zur Bestimmung der organischen Säuren in Zuckerfabrikssäften (stickstoffhaltige und stickstofffreie) kann man folgendermaßen vorgehen: Zunächst muß eine Isolierung durch Ionenaustauscher oder durch Extraktion vorangehen. Danach kann eine papierchromatographische oder dünnschichtchromatographische Bestimmung erfolgen. Will man eine Auftrennung in einzelne Säuren erzielen, so empfiehlt sich eine Anwendung von Ionenaustauschern oder Silicagel mit anschließender Titration oder Papier- bzw. dünnschichtchromatographischer Bestimmung. Aus der großen Zahl von Arbeiten sollen hier nur zwei angeführt werden: H. G. WAGER u. F. A. ISHERWOOD (1961) sowie H. D. WALLENSTEIN u. K. BOHN (1964).

7. pH-Wert

a) Rohzucker

Für die Bestimmung des pH-Wertes von Rohzuckern werden 10 g Zucker in 100 ml ausgekochtem dest. Wasser in einem geschlossenen Erlenmeyerkolben gelöst. Für die Messung sind normale Glaselektroden geeignet und alle pH-Meßverstärker, die eine genügende Empfindlichkeit und Ablesegenauigkeit von ± 0,05 pH aufweisen. Zur Eichung werden zwei Pufferlösungen empfohlen:

Phosphatpuffer pH-Wert 6,88 (0,025 molar an KH_2PO_4 und an Na_2HPO_4);
Boraxpuffer pH-Wert 9,22 (0,01 molar an Borax).

Die genaue Vorschrift ist von A. Emmerich u. C. Reichel (1961) zusammengestellt worden (vgl. auch H.C.S. de Whalley, ICUMSA Methods of Sugar Analysis, 1964).

b) Melassen

Der pH-Wert von Melassen und Sirupen kann direkt oder in der Verdünnung 1:1 mit Hilfe einer Glaselektrode gemessen werden.

8. Farbe

a) Lösungen

Bei Fabrikssäften wird der Extinktionskoeffizient ε bei 560 nm nach Filtration über Kieselgur oder Membranfilter (Porenweite 0,6 μm) in einem Photometer bestimmt. Eine Umrechnung in die noch oft gebräuchlichen Stammergrade kann durch die empirische Beziehung $°St = 34 \cdot \varepsilon_{560}$ erfolgen (vgl. dazu B. Lange, Kolorimetrische Analyse, 1942, S. 434).

Auf gleiche Weise wird oft die Farbe von Sirupen (z. B. Brausirupen) bestimmt.

Über die Bestimmung der „Farbe in Lösung" von Weißzuckern vgl. im Abschnitt „Qualitäts- und Kennzeichnungsbestimmungen". Bei dieser Methode werden Farbe und Trübung gemeinsam erfaßt. Dabei ist zu beachten, daß bei dieser Art der „Farbmessung" der Gerätetyp vorgeschrieben sein muß (vgl. dazu F. Schneider u. A. Emmerich 1965).

Will man weitgehend trübungsfreie Lösungen erhalten, so ist eine Filtration über Membranfilter (vgl. oben) zweckmäßig. Darüber berichtet z. B. P. Devillers (1965).

b) Feste Zucker

α) Rohzucker

Die Farbe von Rohzuckern wird nur im Hinblick auf ihre Affinierbarkeit nach der „abgekürzten" Methode von O. Spengler u. C. Brendel (1927) bestimmt. Die mit Wasser eingemaischten und in einer Spezialzentrifuge (Ecco) abgeschleuderten und mit Wasser abgedeckten Zucker werden nach dem Trocknen mit einer im Institut für landwirtschaftliche Technologie und Zuckerindustrie an der TH Braunschweig hergestellten Farbtypenreihe (sog. Farbtypenreihe Braunschweig) verglichen.

β) Weißzucker

Zur Bestimmung der Farbe von Weißzuckern durch visuellen Vergleich mit der Farbtypenreihe Braunschweig siehe im Abschnitt „Qualitäts- und Kennzeichnungsbestimmungen". Messungen des Weißgrades von Zuckern mit Hilfe von Reflexions- bzw. Remissionsmeßgeräten wurden von W. Strube (1963) sowie von R. de Vletter u. L.F.C. Friele (1964) beschrieben.

Über Versuche zur Herstellung von Farbtypenreihen berichtet R. Willer u. H. Bothe (1955). Die Braunschweiger Farbtypenreihe wird nach der im ICUMSA-Report of the Proceedings of the 14th Session (1966), Referat 22, gegebenen Anleitung hergestellt.

9. Reinheit, Ausbeute und Rendement

Reinheit bzw. Reinheitsquotient eines zuckerhaltigen Stoffs nennt man die Zahl, welche angibt, wieviel Prozent Zucker in der Trockensubstanz vorhanden sind. Über die Bestimmung vgl. Abschnitt „Zollvorschriften".

Unter *Ausbeutegrad* versteht man die Zahl, welche angibt, wieviel an kristallisiertem Zucker bei der Raffinationsarbeit aus einem Rohzucker zu gewinnen oder „auszubringen" ist.

Ausbeutegrad = Rendement — Verarbeitungsverluste (meist 0,6 %).

a) Rübenzucker

Der im deutschen Handel z. Z. üblichen *Rendementsberechnung* liegt die Annahme zugrunde, daß bei der Raffinationsarbeit durch je 1 Gewichtsteil der in den Rohzuckern enthaltenen löslichen Asche 5 Gewichtsteile Saccharose am Kristallisieren verhindert und der Melasse zugeführt werden. Bei der Berechnung des Rendements wird die Leitfähigkeitsasche, mit 5 multipliziert, von der Polarisation abgezogen. Auch Invertzucker gilt als ausbeutevermindernd; man pflegt daher den evtl. gefundenen Gehalt an Invertzucker mit 7 zu multiplizieren und ebenfalls von der Polarisation abzuziehen.

Rendement = Pol — (5 · Asche + 7 · Invertzucker)

b) Rohrzucker

In Rohrzuckerländern wird der Rohzucker im allgemeinen nach der Polarisation gehandelt. In der Bundesrepublik Deutschland ist es üblich, bei Rohrrohzucker zur Berechnung des Rendements von der Polarisation den 5fachen Aschegehalt und den 3,75fachen Invertzuckergehalt abzuziehen.

Zur Diskussion stehen auch andere Berechnungsarten, z. B. 2 · Polarisation — 100.

10. Qualität, Polarisation und Saccharosegehalt von Weißzuckern

F. Schneider u. A. Emmerich (1965) berichten über die Problematik der Qualitätsbestimmung von Zucker und stellen in einer Tabelle, die nachfolgend wiedergegeben wird (Tab. 8), die Summe der Verunreinigungen einfacher Sorten derjenigen der Spitzensorten gegenüber und machen damit deutlich, daß die Polarisationsdifferenz dieser beiden extremen Sorten knapp 0,1 % beträgt (vgl. auch A. Emmerich 1963).

Tabelle 8
Polarisation und Saccharosegehalt von Weißzuckern

	Einfache Sorten	Spitzensorten
Asche	0,03%	0,001%
Org. Nichtzucker	0,05%	0,002%
Feuchtigkeit . .	0,06%	0,03 %
Raffinose. . . .	0,05%	0,03 %
Summe	0,19%	0,063%
Saccharose . . .	99,81%	99,937%
Pol (Saccharose)	99,81°S	99,937°S
Pol (Raffinose) .	0,09°S	0,055°S
Polarisation . .	99,90°S	99,992°S

Die in Tab. 8 aufgeführten Zahlen können sich auch umkehren, wie aus nicht veröffentlichten neueren Messungen von F. Schneider u. Mitarb. hervorgeht. Sehr reine Zucker können also etwas unter 100°S polarisieren und unreinere Zucker über 100°S (geringer Wassergehalt bei viel Raffinose) anzeigen.

Es ist bekannt, daß in einem normal eingerichteten zuckeranalytischen Laboratorium mit geschulten Kräften kaum eine größere Genauigkeit der Polarisationsbestimmung erreicht werden kann als etwa $\pm$ 0,1 %. Selbst mit den modernen lichtelektrischen Geräten, deren Ablesegenauigkeit z. T. 0,01 % erreicht, kommt man bei Routineanalysen nicht wesentlich weiter, da mit einem für Handels- und Kontrollanalysen tragbaren Aufwand bei der Herstellung der Lösungen diese Genauigkeit nicht ausgenutzt werden kann. Für die analytische Praxis bedeutet das aber, daß aus dem Ergebnis der Polarisationsbestimmung nichts über die Qualität eines Weißzuckers ausgesagt werden kann. Das gleiche gilt auch für die üblichen Methoden der Saccharosebestimmung, deren Fehlergrenzen im allgemeinen noch höher liegen. Die Polarisation kann im wesentlichen nur dazu beitragen, ein Mindestmaß an Saccharose zu garantieren. So schreibt z. B. der Pariser Weißzuckerterminmarkt u. a. eine Polarisation von min. 99,7°S vor.

Die Reinheit eines Weißzuckers und damit sein Verbrauchswert und sein Handelswert können damit nur durch eine indirekte Bestimmung, d. h. Erfassung von Spuren an Verunreinigungen, beurteilt werden. Im folgenden sind solche Untersuchungsmethoden zusammengestellt:

I. Spurenanalyse

  1. Wasser (Feuchtigkeit)

  2. Asche
  3. Bestandteile der Asche
  4. Schwefeldioxid
  5. Reduzierende Substanzen (Invertzucker)
  6. Oligosaccharide (Raffinose/Kestosen)
7. Mikrobiologische Untersuchungen

II. Auswirkung von Verunreinigungen

  1. Farbe (fester Zucker/ Lösungen)
  2. Trübung
  3. Pufferung
  4. Verfärbung beim Erhitzen
  5. Flockungen in saurer Lösung (Saponine)
  6. Schäumen der Lösungen

III. Siebanalyse

  1. Mittlere Korngröße

  2. Korngrößenverteilung

Die vorstehende Zusammenstellung soll keinen Anspruch auf Vollständigkeit erheben; sie enthält aber die wichtigsten und gebräuchlichsten Methoden für die Weißzuckeruntersuchung und läßt erkennen, daß für die meisten Verwendungszwecke Möglichkeiten bestehen, die Qualität eines Zuckers nach den jeweiligen speziellen Anforderungen objektiv zu beurteilen.

So interessieren den Hersteller von Süßgetränken hauptsächlich die Farbe und Klarheit der Lösungen sowie die Abwesenheit von flockenden Substanzen und von oberflächenaktiven Stoffen, welche die Lösung zum Schäumen bringen. Für Konsumzucker, der im Haushalt verbraucht wird, wird man dagegen darauf achten müssen, daß man möglichst farblose Kristalle erzeugt. Der Bonbonkocher wird sich wiederum für den Schaumtest und die Bräunung des Zuckers beim Erhitzen interessieren.

Außerdem muß man berücksichtigen, daß die Ergebnisse der verschiedenen Untersuchungsmethoden in den meisten Fällen nicht miteinander zusammenhängen. Im allgemeinen ist zwar festzustellen, daß mit der Verschlechterung einer Eigenschaft auch die anderen Qualitätsmerkmale schlechter werden. Von dieser Tendenz gibt es aber große Abweichungen. So kann ein Zucker mit niedrigem Aschegehalt hohe Farbwerte aufweisen und umgekehrt. Gute Werte für Asche und Farbe schließen nicht aus, daß beim Ansäuern der Lösung Flockungen auftreten. Aus diesem Grunde muß man sich bei der Ausarbeitung einer Bestimmungsmethode für die Weißzuckerqualität auf mehrere Untersuchungen stützen. Es gilt also, aus den vielen möglichen Methoden der Zuckeruntersuchung eine Anzahl auszuwählen, die bestimmte Bedingungen erfüllen.

Einmal sollen diese Methoden einen guten Überblick über die Gesamtqualität unabhängig von speziellen Anwendungen geben und für verschiedene Eigenschaften des Zuckers zahlenmäßige Ergebnisse liefern. Zum anderen sollen sie mit verhältnismäßig einfachen Mitteln und in kurzer Zeit durchführbar sein. Die letzte Forderung ergibt sich vor allem, wenn es darum geht, Qualitätsnormen für den Handel oder für amtliche Preisvorschriften aufzustellen. In solchen Fällen müssen dem analytischen Aufwand, insbesondere auch zur raschen Entscheidung während der Fabrikation, verhältnismäßig enge Grenzen gesetzt werden.

F. SCHNEIDER u. Mitarb. (1950) haben unter Berücksichtigung der oben entwickelten und begründeten Forderungen (Erfassung mehrerer Qualitätsmerkmale und möglichst einfache Durchführung der Methoden) für das „Punktsystem Braunschweig" vier Teste ausgewählt:

1. *Farbtype:* Sie wird durch visuellen Vergleich mit einer Standard-Farbreihe der „Farbtypenreihe Braunschweig" ermittelt.

2. *Farbe und Trübung in Lösung:* Dieser Test besteht aus einer photometrischen Messung, wobei wegen des Trübungseinflusses die Meßbedingungen einschließlich des zu verwendenden Geräts in allen Einzelheiten vorgeschrieben werden mußten.

3. *Erhitzungstest:* Er erfaßt die Verfärbung des festen Zuckers beim Erhitzen ebenfalls durch eine photometrische Messung.

4. *Aschegehalt:* Er wird über die elektrische Leitfähigkeit einer Lösung schnell und reproduzierbar ermittelt.

Die beiden ersten Untersuchungen geben „äußere" Merkmale wieder, die beiden letzten sind ein Maß für den „inneren" Wert des Zuckers.

Die Grundsätze für die Auswertung der für jeden Zucker erhaltenen vier Zahlen ergaben sich nach folgenden Überlegungen: Es ist unbefriedigend, für jeden Test einzeln eine Grenzzahl festzusetzen. Beispielsweise würde ein Zucker mit ausgezeichneten Farbwerten und etwas erhöhtem Aschegehalt in ungerechtfertigter Weise benachteiligt. Die Bewertung würde automatisch allein nach der schlechtesten Eigenschaft ausgerichtet, ohne daß andere gute Eigenschaften berücksichtigt werden. Eine ausgleichende Bewertung aller erfaßten Eigenschaften muß in das Endresultat eingehen, wenn man ein richtiges Maß für die Gesamtqualität erhalten will.

Die im „Punktsystem Braunschweig" angewandte Lösung dieses Problems besteht darin, daß die Ergebnisse jedes Tests mit Hilfe von Faktoren in „Punkte" umgerechnet werden, deren Summe als Maßzahl für die „Qualität" dient. Die Faktoren für die Punktberechnung sind so gewählt, daß die vier Teste im Durchschnitt der westdeutschen Produktion etwa das gleiche Gewicht erhalten. Das Ergebnis, die Gesamtpunktzahl, ist um so kleiner, je besser die Qualität des untersuchten Zuckers ist (vgl. Tab. 9).

Tabelle 9. *Qualitätsbestimmung von Weißzuckern*[1] (Wert/Punkte)

	Farbtype	Farbe in Lösung	Erhitzungstest	Asche	Gesamtpunkte
Spitzenraffinade	0/0	0,011/1,4	0,018/1,2	0,0023/0,7	3,3
Raffinade	0,7/1,4	0,020/2,5	0,025/1,7	0,0056/1,6	7,2
Grundsorte	2,3/4,6	0,038/4,7	0,047/3,1	0,0126/3,6	16,0

[1] Durchschnittswerte aus Untersuchungen des Instituts für landwirtschaftliche Technologie und Zuckerindustrie an der TH Braunschweig.

Über die Möglichkeit, die Qualitätsbestimmung zu vereinfachen, indem man den Erhitzungstest eliminiert, berichten F. SCHNEIDER u. Mitarb. (1964) sowie F. SCHNEIDER, A. EMMERICH u. J. DUBOURG (1965a).

11. Qualitäts- und Kennzeichnungsbestimmungen von Weißzucker

Das „Punktsystem Braunschweig" ist durch das Zuckergesetz vom 5. Januar 1951 (Bundesgesetzbl. I. S. 47) festgelegt, und in der Verordnung über Preise für Zucker sind in der Anlage zu § 10 die Qualitäts- und Kennzeichnungsbestimmungen für Raffinade aufgeführt:

1. Als Raffinade im Sinne dieser Verordnung gilt nur Zucker, der höchstens 14 Punkte nach dem Bewertungssystem der Technischen Hochschule Braunschweig (Institut für landwirtschaftliche Technologie und Zuckerindustrie) („Punktsystem Braunschweig") aufweist.

2. Die Einführer sollen in geeigneter Weise untersuchen, ob der Zucker, den sie im Geltungsbereich dieser Verordnung als Raffinade absetzen, diesen Qualitätsbestimmungen entspricht.

3. In Zweifelsfällen ist ein Gutachten der Technischen Hochschule Braunschweig (Institut für landwirtschaftliche Technologie und Zuckerindustrie) einzuholen. Bei Abweichungen gegenüber den Messungen des Herstellers ist eine Toleranz bis zu zwei Punkten zulässig.

Arbeitsvorschrift

1. Farbtype

Geräte: Eine Tageslicht-Leuchtstoffröhre von ca. 100 cm Länge (geeignet sind die Typen Osram HNT 120 und Philips TL 25 W/55) wird in einem vorn offenen Kasten von 20 cm Tiefe, 120 cm Breite und 50 cm Höhe so montiert, daß der senkrechte Abstand von Lampe und Zuckerproben etwa 35 cm beträgt. Durch einen Blendstreifen von ca. 15 cm Höhe werden die Augen des Beobachters vor dem direkten Licht der Lampe geschützt. Damit die gelblichen bis bräunlichen Farbtöne der Zuckerproben möglichst gut hervortreten, werden Rück- und Seitenwände des Kastens innen mattbraun (z. B. mit Nußbaumbeize, dunkel) gestrichen. Als Unterlage dient weißes Fließpapier, auf dem sich die Zuckerfärbung deutlich abhebt. Der Kasten wird so aufgestellt, daß sich die Lampe etwa in Augenhöhe befindet. Bei der Untersuchung darf kein direktes Tages- oder Lampenlicht aus dem Raum auf die Zuckerproben fallen, da dadurch die Einstufung erschwert wird.

Der Zucker wird in quadratische, hellblau ausgekleidete Typenschachteln eingefüllt und mit dem Deckel glattgestrichen.

Es ist darauf zu achten, daß die Schachteln mit der Probe und mit den Typenmustern bis zum Rand gefüllt sind. Der Farbton der Auskleidung muß bei allen Schachteln genau gleich sein, da sonst merkliche Fehlresultate erhalten werden. Runde Schachteln sind nicht geeignet. Würfelzucker wird so in die Schachteln eingelegt, daß sie möglichst gut ausgefüllt werden.

Durchführung: Die Zuckerprobe wird zunächst durch Einordnen an verschiedenen Stellen der Typenreihe grob eingestuft und dann mit den benachbarten Typen genau verglichen. Bei sorgfältiger Beobachtung ist es möglich, Zehntel-Typenwerte abzuschätzen. Die Ergebnisse zweier unabhängiger Beobachter sind zu mitteln. Bei Körnungen, die von der des Typenmusters abweichen, ist auf die Färbung des Zuckers und nicht auf die Kristallschatten zu achten.

2. Farbe in Lösung

Geräte: Zur Herstellung der Lösung werden Erlenmeyerkolben (200 oder 300 ml Inhalt), eine Pipette (100 ml) und Glasfritten (90—150 μm Porenweite, 150 ml Inhalt, z. B. Schott 17 G 1) benötigt. Die Messung der Lichtschwächung erfolgt mit dem Universal-Kolorimeter der Fa. B. Lange; Stromquelle: 6-V-Batterie oder Netz 220 V (Schalter am Boden des Gerätes beachten); Lichtquelle: 6-V-Glühlampe; Farbfilter: AL-Interferenz-Bandfilter, λ max = 490 nm; Küvetten: 100 ml, Schichtdicke 34 mm.

Die Messungen erfolgen nach der Bedienungsvorschrift für die „Ausschlagmethode". Bei den neuen Geräten sind die Mattscheiben von den Photozellen zu entfernen.

Als Prüfstandard dient die Lösung nach K. Šandera (1932), die zur Verbesserung der Haltbarkeit in der folgenden Weise anzusetzen ist:

$$1,000 \text{ g (NH}_4)_2\text{Ni (SO}_4)_2 \cdot 6 \text{ H}_2\text{O},$$

$$1,200 \text{ g (NH}_4)_2\text{Co (SO}_4)_2 \cdot 6 \text{ H}_2\text{O und}$$

$$0,019 \text{ g K}_2\text{Cr}_2\text{O}_7$$

werden mit 10 ml n-H_2SO_4 versetzt und zu 200 ml mit doppelt dest. Wasser aufgefüllt. Von dieser Stammlösung werden 20 ml mit 10 ml n-H_2SO_4 versetzt und mit doppelt dest. Wasser auf 150 ml aufgefüllt und durch ein gehärtetes Filter in ein trockenes Gefäß gefiltert. Der Sollwert dieser Prüflösung beträgt 0,050 Einheiten auf der Extinktionsskala des Lange-Kolorimeters. Bei Abweichungen sind die Messungen an den Zuckerlösungen entsprechend zu korrigieren.

Zur Erzielung einer höheren Genauigkeit kann ein Multiflex-Galvanometer an das Kolorimeter angeschlossen werden (längere Skala und parallaxenfreies Ablesen).

Durchführung: 54,0 g Zucker werden auf 0,1 g genau abgewogen, mit 100 ml dest. Wasser in einen Erlenmeyerkolben gespült und durch Umschwenken gelöst. Die Temperatur der Lösung soll etwa 20°C betragen. Nach Filtration durch die Glasfritte (s. o.) und gründlichem Umschwenken bleibt dann die Lösung noch 10 min stehen, damit evtl. feinste Luftbläschen aufsteigen können. Anschließend spült man — ohne weiteres Umschwenken — mit ca. 10 ml die Küvette aus, füllt die Lösung ein und mißt sofort im Lange-Kolorimeter.

Zu beachten ist, daß die Küvetten stets in gleicher Weise (Beschriftung „100 ccm" immer in der gleichen Richtung zur Photozelle hin) eingesetzt werden. Nullpunkt und Hundertpunkt sind zwischen zwei Ablesungen stets zu kontrollieren.

Beträgt die Differenz zweier Parallelbestimmungen mehr als 0,003 Extinktionseinheiten, so ist eine dritte Bestimmung erforderlich.

3. Erhitzungstest

Geräte: Temperaturbad zur Erhitzung der Proben auf 175°C. Das Bad soll so groß sein, daß die Temperatur beim Einsetzen der Proben um weniger als 0,5°C sinkt. Eine Badgröße von 2,5—3 Liter ist ausreichend, wenn nicht mehr als 4—6 Proben gleichzeitig erhitzt werden. Die Temperatur wird durch ein Kontaktthermometer und ein Relais konstant gehalten. Ein Rührer sorgt für eine gleichmäßige Temperaturverteilung im Bad. Seine Geschwindigkeit ist so zu bemessen, daß die Temperaturschwankungen zwischen den Heiz- und Kühlperioden $\pm$ 1°C nicht übersteigen. Da die Kontaktthermometer meist nicht exakt anzeigen, muß die Temperatureinstellung nach einem geeichten Thermometer erfolgen. Zur Füllung des Bades ist Glycerin zu empfehlen. Da es meist Wasser enthält und in der Kälte stark Feuchtigkeit anzieht, muß das Bad vorsichtig angeheizt werden, um ein Verspritzen zu vermeiden. Vor der erstmaligen Benutzung empfiehlt sich ein gründliches Ausheizen.

Universalkolorimeter von Lange mit der Ausrüstung wie bei der „Farbe in Lösung". Lediglich das Filter muß ausgewechselt werden. Die Farbmessung zum Erhitzungstest wird mit dem grünen Gibson-Filter (Schwerpunkt bei 560 nm) durchgeführt.

Die Eichung des Gerätes erfolgt ebenfalls mit den oben bereits erwähnten Salzen. In diesem Fall (Gibson-Filter) wird direkt die Lösung der drei Salze in 200 ml Wasser verwendet. Sie muß auf der Skala des Instruments 0,074 Extinktionseinheiten anzeigen (Korrektur vgl. oben).

Kaffeemühle — Zusatzgerät zum Multimix

Jenaer Reagensgläser 160·16 mm. Der Außendurchmesser soll zwischen 15,5 und 16,0 mm liegen (zu messen im unteren Drittel des Glases).

Durchführung: In die Kaffeemühle werden ca. 15 g Zucker gegeben und bei Schalterstellung II 45 sec gemahlen. Dann klopft man den an den Wandungen anhaftenden Zucker herunter und läßt weitere 45 sec mahlen.

Je 6,5 g $\pm$ 10 mg werden in zwei Jenaer Reagensgläser eingewogen und durch leichtes Aufklopfen auf 5 cm Füllhöhe gebracht. Die Gläser werden in das auf 175°C einregulierte Heizbad eingesetzt und nach 15 min $\pm$ 5 sec wieder herausgenommen. Sie müssen so in das Bad gehängt werden, daß die Zuckeroberfläche 1—2 cm unterhalb der Badoberfläche liegt, und dürfen weder die Wand noch den Boden des Bades berühren.

Nach dem Erhitzen entfernt man sorgfältig die anhaftende Badflüssigkeit und läßt die Gläser abkühlen. Der karamellisierte Zucker wird in dest. Wasser gelöst, wobei zur Beschleunigung erwärmt werden kann. Erforderlichenfalls werden die Reagensgläser zertrümmert — zur Vermeidung von Substanzverlusten werden sie dabei in hartes Filtrierpapier gewickelt. Die Lösung, deren Temperatur etwa 20°C betragen soll, wird in einem Meßkolben auf 100 ml aufgefüllt.

Die Messung wird wie bei der „Farbe in Lösung", jedoch unter Verwendung des grünen Gibson-Filters, durchgeführt: Man spült die Küvette mit ca. 10 ml der Lösung und füllt dann den Rest zur Messung ein. Aus beiden Parallelwerten wird das Mittel genommen. Differieren die Parallelwerte um mehr als 0,003 Extinktionseinheiten, so ist eine dritte Bestimmung erforderlich.

4. Asche

Geräte: Raffinometer bzw. Ascheschnellbestimmer mit Meßbereich bis herab zu 0,001% Asche oder Leitfähigkeitsmeßbrücke mit einer Meßgenauigkeit von $\pm$ 0,1—0,2 · 10^{-6} Siemens · cm^{-1} (Ohm^{-1} · cm^{-1}); Meßkolben mit 100 ml Inhalt.

Die Eichung der Leitfähigkeitsmeßgeräte kann mit einer 0,0002n-Kaliumchloridlösung durchgeführt werden. Zu diesem Zweck werden 745,5 mg Kaliumchlorid p. a. (zur Entwässerung bei ca. 500°C — dunkle Rotglut — geglüht) mit dest. Wasser zu 1 Liter gelöst. Von dieser Lösung (0,01 n) werden 10 ml in einen Meßkolben von 500 ml Inhalt gegeben, der mit doppelt dest. Wasser (scheinbare Asche unter 0,0035% bzw. spezifische Leitfähigkeit unter 2 · 10^{-6} Siemens · cm^{-1}) gründlich ausgespült ist, und mit doppelt dest. Wasser zur Marke aufgefüllt. Diese 0,0002n-Kaliumchloridlösung soll bei genau 20°C nach Abzug der Leitfähigkeit des verwendeten doppelt dest. Wassers anzeigen:

0,0475 ± 0,0005% Asche bzw. (26,6 ± 0,3) · 10⁻⁶ Siemens · cm⁻¹. Die Kaliumchlorid-lösung muß für jede Eichung frisch angesetzt werden.

Das für die Messungen benötigte doppelt dest. Wasser wird zweckmäßig in Kunststoff-flaschen aufbewahrt. Wenn das Wasser alsbald verbraucht wird, genügen auch verschlossene Gefäße aus Jenaer Geräteglas 20, die vorher mit etwas Salzsäure ausgekocht und dann sorg-fältig gespült sind — zuletzt mit doppelt dest. Wasser.

Vor jeder Bestimmung müssen die verwendeten Meßkolben gründlich (dreimal mit einer kleinen Menge doppelt dest. Wassers) ausgespült werden.

Die Umrechnung der spezifischen Leitfähigkeit in % Asche oder umgekehrt erfolgt nach der folgenden proportionalen Beziehung:

$$5,6 \cdot 10^{-6} \text{ Siemens} \cdot \text{cm}^{-1} \text{ entsprechen } 0,01\% \text{ Asche}$$

Durchführung: 5 g Zucker werden im 100-ml-Meßkolben mit doppelt dest. Wasser (vgl. oben) gelöst und zur Marke aufgefüllt. Die Lösung wird auf 20°C temperiert und ihre Leit-fähigkeit bestimmt. Bei Temperaturen über 20°C werden 2,2% des Meßwertes je Grad Ab-weichung abgezogen, bei Temperaturen unter 20°C zugezählt — entsprechend der Temperatur-korrekturtabelle zum Aschenschnellbestimmer.

Die gleiche Menge Wasser, wie sie zum Lösen des Zuckers verwendet wurde, schüttelt man in einem 100-ml-Meßkolben in derselben Weise wie beim Auflösen, füllt auf 100 ml auf und zieht den damit gemessenen Asche- oder Leitfähigkeitswert von den auf Temperatur korrigier-ten Werten der Zuckerlösungen ab.

Übersteigt die Differenz zweier Parallelwerte 0,0010% Asche bzw. 0,6 · 10⁻⁶ Siemens · cm⁻¹, so ist eine dritte Bestimmung erforderlich.

Zur Auswertung sind die Meßergebnisse der vier Teste mit folgenden Faktoren in Punkte umzurechnen:

Farbtype	. . . . . .	0,5	gleich 1 Punkt
Farbe in Lösung	. . .	0,008	gleich 1 Punkt
Erhitzungstest	. . .	0,015	gleich 1 Punkt
Asche	. . . .	0,0035	gleich 1 Punkt

Die erhaltenen Punktzahlen für die vier Teste werden addiert.

12. Einzelbestimmungen

a) Schwefeldioxid

Schwefeldioxid, das als technischer Hilfsstoff bei der Zuckergewinnung be-nötigt wird, bleibt in ganz geringen Mengen im Weißzucker zurück. Nach dem deutschen Lebensmittelgesetz dürfen technische Hilfsstoffe in Lebensmitteln nur soweit enthalten sein, als sie entweder technisch unvermeidbar sind oder die fest-gesetzten Höchstmengen nicht überschreiten. Höchstmengen sind für Schwefel-dioxid nicht festgesetzt. Nach Untersuchungen des Instituts für landwirtschaft-liche Technologie und Zuckerindustrie an der Technischen Hochschule Braun-schweig, die sich über mehrere Jahre erstreckten, wurden bei der direkten Titra-tion mit Jodlösung keine Werte über 0,0006% SO₂ festgestellt. Dieses Ergebnis liegt weit unterhalb der Grenze von 0,007% SO₂, die das englische Lebensmittel-gesetz aus dem Jahr 1927 vorschreibt.

Zur Bestimmung des SO₂-Gehaltes in Weißzuckern empfiehlt die ICUMSA (International Commission for Uniform Methods of Sugar Analysis) eine Destilla-tionsmethode (vgl. H.C.S. de Whalley, ICUMSA Methods of Sugar Analysis, 1964).

Direkte jodometrische Titrationsverfahren von Roh- bzw. Weißzuckern sind bei C.A. Browne u. F.W. Zerban (1948) beschrieben.

Bei der jodometrischen Titration nach vorheriger Alkalibehandlung erhält man das gesamte Schwefeldioxid, während ohne Alkalibehandlung nur das freie Schwefeldioxid erfaßt wird. A. Carruthers u. Mitarb. (1965) wenden die Reak-tion des Farbstoffs Rosanilin mit Formaldehyd und Schwefeldioxid zur SO₂-Be-stimmung in Weißzuckern an. Die jodometrische Titration gibt Maximalwerte an.

b) Flockungen

Die Getränkeindustrie fordert oft einen in sauren Lösungen flockungsfreien Zucker. Weißzucker von nicht allzu hoher Reinheit enthalten noch Spuren von *Saponin*, das beim pH-Wert der kohlensäurehaltigen Getränke nach einigen Tagen ausflockt. Darüber berichten F. G. Eis u. Mitarb. (1952). Inzwischen haben verschiedene Autoren Methoden zur Saponinbestimmung veröffentlicht. Erwähnt werden sollen nur die Methoden von H. Rother (1962) und H. Schiweck (1963). Der von der Getränkeindustrie meist durchgeführte Test ist der sog. Coca-Cola-Test (vgl. unten).

Im Zusammenhang mit dem Saponingehalt steht auch das *Schäumen* des Zuckers beim Auflösen. Deshalb ist auf den *Schaumtest* von H. S. Paine, M. S. Badollet u. J. C. Keane (1924) aufmerksam zu machen. Über den Zusammenhang zwischen Saponingehalt und dem Herstellungsverfahren kann bei R. S. Gaddie u. R. R. West (1958) sowie M. L. A. Verhaart (1966) nachgelesen werden.

Über Bestimmungen des in Wasser *Unlöslichen* in Zuckerlösungen mit Hilfe der Filtration über Membranfilter stellten P. Devillers (1957), D. Hibbert u. R. T. Phillipson (1966) Versuche an.

Coca-Cola-Test: 68 g Zucker werden in 55 ml dest. Wasser gelöst und durch ein Faltenfilter filtriert. 90 ml des Filtrats werden mit 4 ml Phosphorsäure (15 ml H_3PO_4 [85%ig] auf 250 ml H_2O) angesäuert, in einen 100-ml-Erlenmeyerkolben gefüllt, der mit einem Korkstopfen zugestopft wird. Man läßt bei Raumtemperatur stehen und untersucht auf Flockung in starkem Lichtstrahl.

c) Mikrobiologische Untersuchungen

Im Rohzucker kann sich eine Vielzahl von Mikroorganismen befinden, die allerdings zum größten Teil durch Luftinfektion in den Zucker gelangen. Auch Weißzucker können Mikroorganismen enthalten. Hier liegen sie überwiegend in ihrer widerstandsfähigen sporifizierten Form vor. Praktisch sind im Weißzucker im Verhältnis zu anderen Lebensmitteln sehr wenig Mikroorganismen vorhanden, so daß aus diesem Grund Untersuchungen normalerweise ohne Bedeutung sind. Einen Überblick über die bisher in Roh- und Weißzuckern aufgefundenen Mikroorganismen gibt O. Arrhenius (1946). Untersuchungsmethoden wurden von W. L. Owen (1949) zusammengestellt.

Verarbeiter, die aus irgendwelchen Gründen besonders keimarmen Zucker wünschen, haben Sondervorschriften; z. B. läßt die amerikanische Konservenindustrie den von ihr verwendeten Zucker bakteriologisch untersuchen. Hierbei werden Art und Anzahl der im Weißzucker enthaltenen Mikroorganismen festgestellt.

Auch die amerikanische Mineralwasserindustrie stellt an die dort verwendeten Zucker in bakterieller Hinsicht besondere Anforderungen. Darüber berichtet ebenfalls W. L. Owen (1954).

d) Fremdbestandteile

α) Beimischungen

Fremde Bestandteile kommen in dem in der Bundesrepublik Deutschland hergestellten Zucker kaum vor.

Stärke. Aus dem Ausland eingeführte Puderzucker können mit Maisstärke bis zu ca. 10 % versetzt sein, um den Zucker streufähig zu halten. Durch Bestimmung des Unlöslichen und durch mikroskopische Untersuchung läßt sich der Nachweis leicht durchführen. Eine Blaufärbung von Jodlösung zeigt ebenfalls Stärke an.

β) Verfälschungen

Blauen von Zucker. Um einen höheren Weißgrad vorzutäuschen, wurde früher häufig das sog. Blauen von Zucker, d. h. Zusatz eines blauen Farbstoffs, durchgeführt.

Sämtliche Zuckerfabriken der Bundesrepublik Deutschland haben verbindlich erklärt, daß sie auf das Blauen von Weißzuckern verzichten.

Da aber in der Zuckerindustrie des europäischen Auslandes noch öfter Ultramarin oder Indanthrenblau zum Blauen von Weißzucker verwendet wird, soll deren analytischer Nachweis gegeben werden.

Ultramarin: In einem Reagensglas säuert man eine 35%ige Zuckerlösung (z. B. von der Bestimmung „Farbe in Lösung" vgl. Abschnitt „Qualitäts- und Kennzeichnungsbestimmungen") mit wenigen Tropfen konz. Phosphorsäure an, legt ein befeuchtetes Bleiacetatpapier an den Rand, verstopft und erhitzt über der Flamme. Eine Bräunung des Papiers durch gebildeten Schwefelwasserstoff zeigt Ultramarin an. Eine Geruchsprobe ist außerdem vorzunehmen.

Indanthrenblau oder Anthrachinonblau (N,N'-Dihydro-1,2,1,2'-anthrachinonazin): Zum Nachweis dieses Farbstoffs läßt man etwa 100 ml einer 10—15%igen Zuckerlösung durch ein mit Aluminiumoxid gefülltes Glasröhrchen tropfen. An der Ausbildung einer blauen Zone etwas unterhalb der Oberfläche erkennt man Indanthrenblau. Ultramarin würde an der Oberfläche haften bleiben.

Schnell und auf einfache Weise erkennt man geblaute Zucker, wenn deren 50%ige wäss. Lösungen über Membranfilter filtriert werden (Blaufärbung des Filters).

13. Zollvorschriften

Anleitung zur Untersuchung von Rübenzuckerabläufen, anderen Rübenzuckerlösungen und Mischungen dieser Erzeugnisse, einschließlich der ganz oder teilweise invertierten, sowie von Stärkezucker[1].

A. Anleitung für die Zollämter und die Lehranstalten für Zollbeamte.

I. *Allgemeine Vorschrift.* Bei der Untersuchung einer Zuckerlösung auf ihren Reinheitsgrad (Zuckergehalt in der Trockenmasse) wird von einer Lösung ausgegangen, die aus gleichen Gewichtsteilen der zu untersuchenden Zuckerlösung und dest. Wasser bereitet wird (Lösung 1+1).

Zu diesem Zwecke werden in einem tarierten Erlenmeyerschen Kolben von 700—800 ml Raumgehalt 200—250 g Zuckerlösung gegeben und auf 0,1 g ausgewogen. Alsdann wägt man unter zweckmäßiger Verwendung eines Meßzylinders oder einer Pipette die gleiche Gewichtsmenge Wasser hinzu, verschließt mit einem Stopfen und schüttelt so lange, bis eine völlig gleichartige Mischung entsteht.

II. *Besondere Vorschrift.* a) Prüfung auf Invertzuckergehalt. In eine tarierte Porzellanschale werden 20 g Lösung (1+1) eingewogen und 50 ml Wasser und 50 ml Fehlingsche Lösung[2] gegeben. Die Schale wird auf einem Drahtnetz zum Sieden erhitzt und 2 min im Sieden erhalten. Alsdann läßt man den etwa entstandenen Niederschlag sich absetzen.

Zeigt die Randzone der Flüssigkeit eine deutlich blaue oder grünblaue Farbe, so enthält der Zuckerablauf weniger als 2% Invertzucker. Erscheint die Randzone gelbgrün oder bräunlich oder bestehen in dieser Hinsicht Zweifel, so werden etwa 10 ml Flüssigkeit durch ein kleines angefeuchtetes Filter aus dickerem oder zwei Lagen gewöhnlichen Filtrierpapiers in ein Probierrohr filtriert. Etwa 5 ml Filtrat werden in einem anderen Probierrohr mit etwa 5 ml Essigsäure und 2 oder 3 Tropfen einer Lösung von gelbem Blutlaugensalz (Ferrocyankalium) versetzt. Eine hierbei auftretende, durch die Bildung von Ferrocyankupfer bedingte deutliche Rotbraunfärbung zeigt einen Überschuß von Kupferlösung an; im Zweifelsfalle ist der Inhalt des Probierrohres durch ein kleines, angefeuchtetes Filter zu filtrieren, wobei das gebildete, rotbraune Ferrocyankupfer auf dem Filter zurückbleibt. Ergibt der durch die blaue oder grünblaue Farbe des Schaleninhalts oder durch die Bildung des Ferrocyankupfers nachgewiesene Überschuß an Kupferlösung, daß der Zuckerablauf weniger als 2% Invertzucker enthält, so ist nach der Vorschrift unter b) weiter zu untersuchen. Im anderen Falle ist die Untersuchung des Zuckerablaufs der zuständigen Technischen Prüfungs- und Lehranstalt zu übertragen.

Ermittlung des Reinheitsgrades

1. Gehalt an Trockenstoff (Prozente Brix). Die Lösung (1+1) wird unter Vermeidung lästiger Schaumbildung in einen geeigneten Glaszylinder gegeben, indem man die Flüssigkeit

---

[1] Zuckersteuergesetz nebst Durchführungsbestimmungen und Dienstanweisung, hrsg. v. Bundesminister der Finanzen, Bonn, 1960.

[2] Die Fehlingsche Lösung bereitet man, indem man einerseits 34,6 g kristallisiertes Kupfersulfat (Kupfervitriol) und andererseits 173 g Kaliumnatriumtartrat (Seignettesalz) + 50 g Natriumhydroxid zu je 500 ml löst; 25 ml Kupfervitriollösung und 25 ml alkalische Seignettesalzlösung werden erst unmittelbar vor dem Gebrauch zusammengegossen.

die Wandung entlanglaufen läßt. Durch Einsenken der Brix-Spindel werden der scheinbare Gehalt an Trockenstoff und der Wärmegrad festgestellt, aus denen mittels der nachstehenden Tab. 10 der wahre Gehalt an Trockenstoff ermittelt wird in gleicher Weise, wie es bei der Ermittlung der wahren Weingeiststärke geschieht. Aus dem wahren Gehalte der Lösung (1+1) an Trockenstoff ergibt sich der Gehalt der Zuckerlösung an Trockenstoff durch Vervielfältigung mit 2.

2. Gehalt an Zucker. 26 g Lösung (1+1) werden in einem tarierten Becherglase abgewogen und unter Nachspülen mit 3 · 20 ml Wasser in einen Meßkolben von 100 ml Raumgehalt übergeführt. Darauf gibt man in den Kolben 5 ml Bleiessig und schwenkt mehrmals um. Erscheint die Flüssigkeit über dem Niederschlag sehr dunkel, so sind weitere 5 ml Bleiessig zuzusetzen.

Tabelle 10. *Temperaturkorrektur für °Brix*[1]

Beobach-tungstemp. °C	Abgelesene Gewichtsprozente (° Brix)										
	0	5	10	15	20	25	30	35	40	45	50
	Der abgelesene Betrag ist zu verkleinern um:										
10	0,32	0,37	0,42	0,47	0,51	0,56	0,60	0,64	0,67	0,69	0,71
11	0,31	0,34	0,39	0,43	0,47	0,51	0,54	0,58	0,61	0,63	0,65
12	0,28	0,31	0,35	0,39	0,42	0,46	0,49	0,52	0,54	0,56	0,58
13	0,26	0,28	0,32	0,35	0,38	0,41	0,43	0,46	0,48	0,49	0,51
14	0,23	0,25	0,28	0,30	0,33	0,35	0,37	0,39	0,41	0,43	0,44
15	0,20	0,21	0,24	0,26	0,28	0,30	0,31	0,33	0,35	0,36	0,37
16	0,16	0,18	0,19	0,21	0,23	0,24	0,25	0,27	0,28	0,29	0,29
17	0,12	0,13	0,15	0,16	0,17	0,18	0,19	0,20	0,21	0,22	0,22
18	0,08	0,09	0,10	0,11	0,12	0,12	0,13	0,13	0,14	0,15	0,15
19	0,04	0,05	0,05	0,06	0,06	0,06	0,07	0,07	0,07	0,08	0,08
	Der abgelesene Betrag ist zu vergrößern um:										
21	0,05	0,05	0,06	0,06	0,06	0,06	0,07	0,07	0,07	0,07	0,07
22	0,10	0,11	0,11	0,12	0,12	0,13	0,14	0,14	0,14	0,15	0,15
23	0,15	0,16	0,17	0,18	0,19	0,20	0,21	0,22	0,22	0,22	0,23
24	0,21	0,22	0,23	0,24	0,26	0,26	0,28	0,29	0,30	0,30	0,30
25	0,27	0,28	0,30	0,31	0,32	0,33	0,35	0,36	0,37	0,38	0,38
26	0,33	0,34	0,36	0,38	0,39	0,41	0,42	0,44	0,45	0,45	0,46
27	0,40	0,40	0,42	0,44	0,46	0,48	0,50	0,51	0,53	0,53	0,54
28	0,46	0,47	0,49	0,51	0,54	0,55	0,58	0,59	0,61	0,61	0,62
29	0,53	0,54	0,56	0,58	0,61	0,63	0,65	0,67	0,69	0,70	0,70
30	0,60	0,61	0,63	0,66	0,68	0,71	0,73	0,75	0,77	0,78	0,79

[1] Anstelle der in den Zollvorschriften enthaltenen Tabelle, die sich über 6 Seiten erstreckt, wird aus Platzgründen die in der Zuckerindustrie gebräuchliche Tabelle für die Ermittlung der Temperaturkorrektur für die Spindel wiedergegeben. Die korrigierten Werte sind auf Zehntel auf- bzw. abzurunden; sie stimmen mit denjenigen der anderen Tabelle überein.

Ein unnötiger Überschuß an Bleiessig ist tunlichst zu vermeiden. Der Kolben wird nunmehr mit Wasser bis zur Marke aufgefüllt, verschlossen kräftig geschüttelt und durch ein trockenes Faltenfilter von 18 cm Durchmesser in einen trockenen Kolben filtriert. Ist das Filtrat ausnahmsweise noch nicht klar, so wird es auf das Filter zurückgegossen. Das blanke Filtrat wird ohne Zeitverlust in ein Polarisationsrohr von 200 mm Länge übergeführt und im Saccharimeter polarisiert. Ist die Lösung zu dunkel, so ist die Polarisation im 100-mm-Rohr zu versuchen. Die bei Anwendung eines 200-mm-Rohres mit 2 und bei Anwendung eines 100-mm-Rohres mit 4 vervielfältigten Polarisationsgrade ergeben den Zuckergehalt der Zuckerlösung.

Bietet das Klären besondere Schwierigkeiten oder ist die geklärte Flüssigkeit so dunkel, daß eine scharfe Einstellung nicht möglich ist, dann ist die Ermittlung des Zuckergehaltes einer Technischen Prüfungs- und Lehranstalt zu übertragen.

Bei den polarimetrischen Bestimmungen ist zu beachten:

1. Durch Einlegen eines mit dest. Wasser gefüllten Polarisationsrohres ist bei jeder Versuchsreihe zu prüfen, ob der Nullpunkt richtig eingestellt ist, bei kleinen Abweichungen ist der Unterschied zuzuzählen. Liegt z. B. der ermittelte Nullpunkt bei +0,2, so ist von den ermittelten Polarisationsgraden 0,2 abzuziehen.

2. Luftbläschen sind bei nicht an einem Ende erweiterten Röhren sorgsam zu vermeiden.

3. Die Schraubenkapseln an den Polarisationsröhren dürfen nicht fest angezogen werden, weil die Deckgläschen sonst optisch aktiv werden, es genügt, daß das Deckgläschen mittels des Gummiringes in fester Lage gehalten wird.

4. Scharfe Einstellung der Trennungslinie ist Haupterfordernis.

5. Es sind bei jeder Probe vier Bestimmungen auszuführen, und von diesen ist das Mittel zu nehmen, weichen sie um mehr als 0,3° voneinander ab, so sind sechs Bestimmungen auszuführen.

6. Berechnung des Reinheitsgrades. Bezeichnet man den Gehalt an Trockenstoff mit T und den Gehalt an Zucker mit P, so ist der Reinheitsgrad R = $\frac{100\,P}{T}$. Bruchteile sind auf Zehntel abzurunden. Beispiel: 223 g Zuckerablauf sind mit 223 g Wasser verdünnt worden. Die Brix-Spindel zeigte 35,2% bei 21°C; nach der Tafel ist der wahre Gehalt an Trockensubstanz 35,3, mithin der Gehalt des Zuckerablaufs an Trockenstoff 2 · 35,3 = 70,6%. Die Polarisation der Lösung (1+1) im 200-mm-Rohr betrug 25,2°, mithin die Polarisation des Zuckerablaufs 2 · 25,2 = 50,4°. Hiernach berechnet sich der Reinheitsgrad $\frac{100 \cdot 504}{70,6}$ = 71,39 oder abgerundet auf 71,4%.

B. Richtlinien für Chemiker bei den Zolltechnischen Prüfungs- und Lehranstalten.

1. für die Untersuchung von Rübenzuckerlösungen:

a) Der Gehalt an Trockenmasse wird mit Pyknometer bei 20°C unter Benutzung der Tafel von Domke (Taschenbuch für die Lebensmittelchemie von Thiel, Strohecker und Patzsch) oder der Tafel von Reichard (Verlag Hans Carl, Nürnberg) bestimmt.

b) Enthält die Probe weniger als 2 vom Hundert Invertzucker, so wird der Reinheitsgrad nach der Untersuchungsvorschrift für die Zollehranstalten ermittelt.

c) Enthält die Probe 2 vom Hundert oder mehr Invertzucker, so werden der Invertzucker und der Rübenzucker reduktometrisch bestimmt. Der Reinheitsgrad wird berechnet, indem an die Stelle des Polarisationswertes die Summe von Rübenzucker und Invertzucker gesetzt wird.

2. für die Untersuchung von Stärkezucker:

a) Der Gehalt an Trockenmasse wird durch Austrocknen bei 100—105°C bis zur Gewichtskonstanz, bei flüssigen Erzeugnissen in der unter 1 a) für Rübenzuckerlösungen angegebenen Weise bestimmt.

b) Der Dextrosewert wird reduktometrisch bestimmt. Etwa vorhandene Maltose oder reduzierende Dextrine bleiben dabei unberücksichtigt. Der Reinheitsgrad ist der Gehalt der Trockenmasse an reduzierenden Stoffen, berechnet als Dextrose.

c) Der Kochsalzgehalt der Abläufe der Stärkezuckerherstellung wird in der Asche in der Weise bestimmt, daß ihr Gesamtchlorgehalt auf Kochsalz umgerechnet wird. Saure Abläufe sind vor der Veraschung mit chloridfreier Soda zu neutralisieren.

V. Hinweise für die lebensmittelrechtliche Beurteilung[1]

1. Begriffsbestimmung für Zucker[2]

Zucker im Sinne des Zuckergesetzes (Gesetz über den Verkehr mit Zucker) vom 5. Januar 1951 (Bundesgesetzbl. I S. 47) ist der aus Zuckerrüben, Zuckerrohr oder Melasse hergestellte Zucker, und zwar Verbrauchszucker, Rohzucker-Erstererzeugnis, Rohzucker-Nacherzeugnis sowie flüssiger Zucker, Abläufe (ausgenommen Melasse) und Sirup mit einem Reinheitsgehalt von über 70 Grad.

Nach der kommerziellen Sortenbezeichnung der deutschen Zuckermarktordnung werden unterschieden:

I. Grundsorten,

II. Aufschlagsorten.

I. Grundsorten: Weißzucker mit mehr als 14 Punkten nach dem Braunschweiger Punktsystem (vgl. Abschnitt „Untersuchung von Zucker- und Zuckerfabriksprodukten"). Je geringer die Punktzahl, desto besser der Zucker. Im Gegensatz zur Raffinade besteht keine Garantie für Qualität.

---

[1] Vgl. Abschnitt „Untersuchung von Zucker und Zuckerfabriksprodukten" 11, 12c u. 12d.

[2] Nach: Das Warenlexikon 1 international 1963/64.

Nach der Korngröße werden im allgemeinen unterschieden:
1. grob (grobkörnig), Kristallgröße etwa über 1,2 mm;
2. mittel (mittelkörnig), Kristallgröße etwa zwischen 0,8 und 1,2 mm;
3. fein (feinkörnig), Kristallgröße etwa unter 0,8 mm.
Für die Kristallgrößen existieren *keine* verbindlichen Vereinbarungen.

II. Aufschlagsorten im Sinne der deutschen Zuckermarktordnung.

1. *Sandzucker*, gemahlener Weißzucker mit einer Qualität von über 14 Punkten (keine Raffinade).

2. *Raffinaden* dürfen nicht mehr als 14 Punkte nach dem Braunschweiger Punktsystem erreichen und sind daher Zucker von garantiert guter Qualität.

a) *Kristallraffinaden*
1. grob (grobkörnig), Kristallgröße etwa über 1,2 mm;
2. mittel (mittelkörnig), Kristallgröße etwa zwischen 0,8 und 1,2 mm;
3. fein (feinkörnig), Kristallgröße etwa unter 0,8 mm.
Für die Kristallgrößen existieren keine verbindlichen Vereinbarungen.

b) *gemahlene Raffinade*, Raffinade, die auf Walzenstühlen gemahlen worden ist.

c) *Würfelraffinade*, Würfelzucker bester Raffinade, der im Guß- oder Preßverfahren hergestellt worden ist.

d) *Puderraffinade*, feingemahlene Raffinade (Staubform), Korngröße etwa 5—50 μm, aus Raffinade hergestellt.

2. Zuckersorten mit teilweise volkstümlicher Bezeichnung

Brotzucker (Zuckerbrote): Zucker in Form von Broten, Herstellung wie Plattenzucker bzw. Zuckerhüte. — Brotzucker (Brodzucker) auch Bezeichnung für Zuckerhut.

Doppelraffinade: Eine Raffinade von besonders guter Qualität, die durch wiederholtes Umkochen gewonnen wird.

Einmachzucker: Verbrauchszucker, Weißzucker zum Einmachen, meist Raffinade, Verbrauchsgewohnheit regional verschieden: In Süddeutschland werden grobkörnige Kristallraffinaden bevorzugt; in anderen Gebieten feinkörnige Kristallraffinaden. Zur Erhaltung der Fruchtfarben wird Zucker teilweise mit nach der Farbstoff-VO für diesen Zweck zulässigen Farbstoffen gefärbt.

Farin (Farinzucker): „Mehlzucker", von franz. farine = Mehl; feinmehliger Zucker von gelblicher bis brauner Farbe. Durch Waschen in der Zentrifuge wird er zu hellem Farin.

Flüssiger Zucker: Nahezu gesättigte Zuckerlösung, enthält etwa 65 % Zucker (Saccharose).

Gelber Kandis: Mit Zuckercouleur gelblich gefärbter Kandis.

Gelierzucker: Mit Apfelpektin gemischter, spezialverpackter weißer Verbrauchszucker zur Herstellung von Marmeladen und Gelees.

Gemahlener Zucker: Verbrauchszucker, der auf Walzenstühlen gemahlen worden ist.

Granulated Sugar, Granulierter Zucker: Internationale Handelsbezeichnung für „gekörnte Zucker" (granula, Mehrzahl von lateinisch granulum: das Körnchen) (Kristallzucker) Grundsorte.

Gußwürfel: Würfel, die im Gußverfahren (Adantverfahren) hergestellt werden.

Hagelzucker: Weißzucker, in der Regel aus Raffinade hergestellt; in Hagelform zusammengewachsene, etwa 1,5—3 mm große Körner.

Harte Zucker: Darunter versteht man z. B. Hutzucker, Brotzucker, Plattenzucker (keine Handelsbezeichnung).

Haushaltszucker: Weißzucker zum direkten Verbrauch im Haushalt, im Unterschied zu Verarbeitungszucker.

Hutzucker: Gelegentlich wird Zucker, der durch Zerschlagen des in Zuckerhutform auskristallisierten Zuckers entstanden ist, auch als Hutzucker bezeichnet.

Kandis: Vom arab. Kand, eingedickter Zuckerrohrsaft. Kandis ist ein Sammelbegriff für sehr grobkristalline Zucker, Kandis kann auf sehr verschiedene Produktionsart hergestellt werden. Die Kristallgröße bewegt sich von etwa 7—30 mm und darüber. Kandis wird aus sehr reiner Zuckerlösung durch langsames Auskristallisieren gewonnen. Dabei können die Kristalle zu einer Länge von mehreren Zentimetern wachsen. Damit die Kristalle nicht in der Lösung zu Boden sinken, werden in die Gefäße Fäden eingezogen (Fadenkandis), oder die Lösungen werden beim Kristallisieren in langsamer Bewegung gehalten (Fadenloser Kandis). Neben reinem, weißen Kandis gibt es auch durch Zuckercouleur (Zuckerkulör) oder Karamel gelblich oder bräunlich gefärbten Kandiszucker. Weißer Kandis ist ein beliebtes Süßmittel für Tee.

Kandisfarin: Bei der Kandisherstellung anfallendes braunes Produkt.

Knoppern: In kleine, unregelmäßige Stücke zerschlagener Zucker, ähnlich wie Pilézucker, jedoch kleinere Stücke; Verwendung z. B. in Konditoreien.

Kristallzucker: Zucker, bei dem die Zuckerkristalle deutlich erkennbar sind; Kristallzucker ist Streuzucker im Unterschied zu gemahlenem Zucker und zu Würfelzucker.

Melis: In Deutschland wenig gebräuchliche Handelsbezeichnung für Weißzuckersorten unterschiedlicher Qualität.

Pilé-Zucker: In unregelmäßige Stücke zerschlagene Weißzuckerplatten, Stücke größer als Knoppern; Verwendung z. B. in Konditoreien.

Plattenzucker: Zucker in Platten. Die Platten werden entweder durch Schleudern reiner Füllmassen in Formen (Gußware, Adantware, in Plattenform auskristallisierter Zucker) oder durch Brikettieren feuchten Zuckers (Preßware) hergestellt. Die Platten können zu Stangen zersägt und diese zu Würfelzucker geknippt werden. — Früher wurde Plattenzucker gern zum Einmachen verwandt.

Preßwürfel: Würfel, die grundsätzlich nicht in der Zentrifuge geformt werden, sondern für die feuchter Kristallzucker (Kristallraffinade) in Formen gefüllt und durch Matrizen so weit zusammengepreßt wird, daß er den Transport in die Trockenkammern aushält. Durch Trocknen mittels warmer Luft von etwa 80°C wird dann die gewünschte mindere Feuchtigkeit erreicht. Neuere Verfahren arbeiten auch ohne Warmluft mit Infrarotstrahlen oder Hochfrequenz. Der nach verschiedenen Verfahren (Chambon, Vibro u. a.) hergestellte Preßwürfel zeichnet sich durch seine gleichmäßige Form und leichte Löslichkeit aus.

Puderraffinade: Fein gemahlene Raffinade.

Puderzucker: Ganz fein gemahlener Weißzucker.

Raffinadekandis: Bei weißem Kandis handelt es sich in der Bundesrepublik Deutschland grundsätzlich um Raffinadekandis.

Rohrzucker: Aus dem Saft des Zuckerrohrs gewonnener Zucker (Zuckerrohr, *Saccharum officinarum*).

Rohzucker: Nicht gereinigter, auch nicht raffinierter Zucker bräunlicher Färbung. Wird international zumeist auf der Basis einer Polarisation von 96°S gehandelt. In der Statistik Umrechnungsverhältnis Rohzucker zu Weißzucker wie 100:90; in den Statistiken des Internationalen Zuckerrates (Zuckerabkommen von 1958) Umrechnungsverhältnis Rohzucker zu Weißzucker wie 100:92.

Rübenzucker: Aus der Zuckerrübe gewonnener Zucker (Saccharose).

Speisesirup: Enthält größtenteils invertierte Saccharose, auch Invertzucker, Wasser und Nebenbestandteile aus Rüben oder Rohr.

Vanillezucker: Mischung aus Weißzucker, mit feingeriebener echter Vanille.

Vanillinzucker: Mit 1% Vanillin (Aromastoff der Vanillefrucht) aromatisierter Zucker.

Verbrauchszucker: Reiner, weißer Zucker (Saccharose). Nach der Verordnung über Preise für Zucker ist Verbrauchszucker Weißzucker. — Bezeichnung für jede Art von Zucker, der in den Konsum gelangt. In hochzivilisierten Ländern sämtliche Zuckersorten mit Ausnahme des Rohzuckers. In Entwicklungsländern auch Rohzucker und nichtzentrifugierter Zucker, wie z. B. Gur (Indien).

Weißzucker: Gereinigter Zucker (Grundsorten, Raffinaden), im Gegensatz zu Rohzucker.

Würfelkandis (Würfel-Kandis-Zucker): Kleine, gleichmäßige Kristalle, weiß oder gelblich oder braun. Verwendungsmöglichkeiten: Zum Süßen von Tee, Grog und Glühwein, zum Einmachen von Früchten.

Würfelzucker: Weißer Verbrauchszucker, der in der Bundesrepublik Deutschland ausschließlich aus Raffinade (Würfelraffinade) hergestellt wird. Der Zucker wird zunächst in Platten gegossen (Gußwürfel) oder gepreßt (Preßwürfel), dann in Stangen bzw. Streifen zersägt und anschließend zu Würfeln geknippt, oder die Würfel werden direkt hergestellt (Preßwürfel). Man unterscheidet je nach Format und Größe der Stücke: Doppelwürfel, Normalwürfel, Sparwürfel, Mokkawürfel, Dominowürfel.

Zuckerhut, Zuckerhüte: In konische Form (Hutform) gegossener und auskristallisierter oder gepreßter weißer Zucker (Raffinade). Zuckerhüte werden hergestellt durch Schleudern reiner Füllmassen in Formen oder durch Brikettieren feuchten Zuckers (Preßware).

Bibliographie

Browne, C. A., and F. W. Zerban: Physical and Chemical Methods of Sugar Analysis. 3. Aufl. New York: Wiley; London: Chapman & Hall 1948.

Chemische Technologie. Hrsg. von K. Winnacker u. L. Küchler. 2. Aufl., Bd. 4: Organische Technologie II, S. 810ff. München: Hanser 1960.

ICUMSA Methods of Sugar Analysis. Hrsg. von H. C. S. de Whalley. Amsterdam-London-New York: Elsevier 1964.

International Commission for Uniform Methods of Sugar Analysis. Report of the Proceedings of the 13th Session 1962.
Report of the Proceedings of the 14th Session 1966 (im Druck).
LANGE, B.: Kolorimetrische Analyse, 2. Aufl. Berlin: Verlag Chemie 1942.
MEADE, G.P.: Spencer-Meade. Cane Sugar Handbook, 9. Aufl., S. 272. New York-London: Wiley 1963.
Official Methods of Analysis of the Association of Official Agricultural Chemists. Hrsg. von W. HORWITZ. 9. Aufl. Washington: Ass. off. Agr. Chem. 1960.
OWEN, W.L.: The Microbiology of Sugars, Syrups and Molasses. Minneapolis: Barr-Owen 1949.
Taschenbuch für die Lebensmittelchemie. Bearb. von A. THIEL, R. STROHECKER, H. PATZSCH. 2. Aufl. Berlin: de Gruyter 1947.
Das Warenlexikon 1 international. Hrsg. von A. MOJE, P. BORGERS, G. KLEIN u. A. KEUNE. Teil A: Illustriertes Waren- und Sachlexikon. Hamburg: Keune 1963/64.

Zeitschriftenliteratur

ARRHENIUS, O.: Försök rörande sockersönderdelning. Socker Handl. 2, 205—216 (1946).
BINKLEY, W.W.: The isolation of raffinose from cane final molasses. Int. Sugar J. 66, 185—187 (1964).
BÖTTGER, S., u. W. STEINMETZER: Die selektive enzymatische Bestimmung von Zuckern in Zuckerfabrikprodukten. Z. Zuckerindustr. 9, 16—24 (1959).
CARRUTHERS, A., and A.E. WOOTTON: A colorimetric method for the determination of invert sugar in the presence of sucrose using 2, 3, 5-triphenyl tetrazolium chloride. Int. Sugar J. 57, 193—194 (1955).
—, J.V. DUTTON, J.F.T. OLDFIELD, C.W. ELLIOTT, R.K. HEANEY and H.J. TAEGUE: Estimation of sugars in beet molasses. Int. Sugar J. 65, 234—237 u. 266—269 (1963).
—, R.K. HEANEY and J.F.T. OLDFIELD: Determination of sulphur dioxide in white sugar. Int. Sugar J. 67, 364—368 (1965).
DEVILLERS, P.: Determination de la coloration et de l'insoluble des sucres. Sucr. franç. 98, 17—18 (1957).
— Recherches sur l'elimination des troubles d'une solution de sucre commercial, en vue la mesure exacte. Sucr. franc. 106, 247—248 (1965).
DOUWES-DEKKER, K., and M.J. DOUWES-DEKKER: Properties of raw sugar and their deterioration in storage. Sugar 47, Nr. 7, 33—35 (1952).
EIS, F.G., L.W. CLARK, R.A. MC GINNIS and P.W. ALSTON: Floc in carbonated beverages. Industr. Engin. Chem. 44, 2844—2848 (1952).
EMMERICH, A.: Arbeitsvorschrift für die Qualitätsbestimmung von Verbrauchszuckern. Zucker 5, 416—418 (1952).
— Die Untersuchung von Weißzucker als Beispiel einer Qualitätskontrolle. Stärke 15, 387—393 (1963).
— u. C. REICHEL: Über die pH-Bestimmung in Rübenrohzucker. Zucker 14, 340—343 (1961).
GADDIE, R.S., and R.R. WEST: Relationship between white pan pH and saponin content of the sugar. J. Amer. Soc. Beet Sugar Technol. 10, 171—176 (1958).
GROSS, D., and N. ALBON: Large-scale chromatographic separation of sucrose-raffinose mixtures on powdered cellulose for the determination of raffinose in raw sugars. Analyst 78, 191—200 (1953).
HIBBERT, D., and R.T. PHILLIPSON: The determination of extraneous, water-insoluble matter in white sugars using membrane filters. Int. Sugar J. 68, 39—44 (1966).
KNIGHT, J., and C.H. ALLEN: A routine titrimetric method for the determination of invert sugars in refined white sugars using ethylene diamine tetra-acetic acid. Int. Sugar J. 62, 344—346 (1960).
LANGE, A.E.: Das elektrische Leitvermögen unreiner Zuckerlösungen und die Verwendung desselben zur Aschebestimmung in Zuckerfabrikprodukten. Z. Ver. dtsch. Zuckerindustr. 60, 359—381 (1910).
MOMOSE, T., A. INABA, Y. MUKAI and M. WATANABE: Determination of blood sugar and urine sugar with 3,6-dinitrophthalic acid. Talanta 4, 33—37 (1960).
—, Y. MUKAI and M. WATANABE: Determination of reducing sugars with 3,6-dinitrophthalic acid. Talanta 5, 275—278 (1960).
OWEN, W.L.: Microbiological control in the refinery for producing carbonated beverage sugars. Sugar 49, Nr. 1, 41—42 (1954).
PAINE, H.S., M.S. BADOLLET u. J.C. KEANE: Kolloide bei der Herstellung von Rohr- und Rübenzucker. Industr. Engin. Chem. 16, 1252—1258 (1924).
— u. R.T. BALCH: Anwendung von Enzymen zur Kontrolle der Rübenzuckerherstellung. Industr. Engin. Chem. 17, 240—246 (1925).

Prey, V., W. Braunsteiner, R. Goller u. F. Stressler-Buchwein: Dünnschichtchromatographische Bestimmung der Raffinose in Melassen. Z. Zuckerindustr. 14, 135—136 (1964).
— u. E. Hammer: Papierchromatographische Schnellbestimmung der Raffinose in Zuckerfabriksprodukten. Z. Zuckerindustr. 9, 314—342 (1959).
Reichel, C., u. N. Şendökmen: Raffinosebestimmung in Melassen. Zucker 18, 458—460 (1965).
Rother, H.: Saponinfällung in zuckergesüßten, klaren Erfrischungsgetränken. Zucker 15, 186—191 (1962).
Šandera, K.: Vorschlag zur einheitlichen Bestimmung der Farbe in der Zuckerfabrikation. Z. Zuckerindustr. čecho-slov. Republ. 57, 44—48 (1932—33).
Schiweck, H.: Der Floc-Test, seine Durchführung und technologische Bedeutung. Zucker 16, 80—88 (1963).
Schneider, F., u. A. Emmerich: Über die Bestimmung der reduzierenden Zucker in Produkten aus Zuckerrohr, insbesondere in Rohzucker. Zucker-Beihefte 1, 17—24 (1951).
— — Zur Frage der Qualitätsbestimmung von Verbrauchszucker. Zucker 5, 342—343 (1952).
— — Die Problematik der Qualitätsbestimmung von Zucker. Zucker 18, 397—406 (1965).
— — u. J. Dubourg: Zur Qualitätsbestimmung von weißen Verbrauchszuckern. Zucker 18, 571—573 (1965a).
— — u. C. Reichel: Über die Qualitätsbestimmung von weißen Verbrauchszuckern. Zucker 17, 416—420 (1964).
— — — Schnellbestimmung von Raffinose. Zucker 18, 37—39 (1965b).
— — — u. H. Rother: Über die papierchromatographische Bestimmung von Raffinose. Zucker-Beihefte 3, 95—102 (1959).
— — — u. N. Şendökmen: Über die Bestimmung der Raffinose in Rübenmelassen. Zucker 18, 286—292 (1965c).
— — — u. N. Şendökmen: Über das Vorkommen von Stachyose in Rübenmelassen. Zucker 18, 292—294 (1965d).
— — u. E. Reinefeld: Über die Bewertung von Verbrauchszucker. Zucker-Beihefte 1, 3—16 (1950).
— u. E. Reinefeld: Grundlagen und technische Durchführung der Zuckerextraktion aus Rübenschnitzeln. Zucker 13, 460—471 (1960).
Serro, R. F., and R. J. Brown: Improved chromatographic method for analysis of sugar beet products. Analytic. Chem. 26, 890—892 (1954).
Spengler, O., u. C. Brendel: Über die Wertbestimmung von Rohzuckern im Hinblick auf ihre Affinierbarkeit. Z. Ver. dtsch. Zuckerindustr. 77, 801—806 (1927).
— F. Tödt u. M. Scheuer: Die Gesetzmäßigkeiten bei der Reaktion von Invertzucker und Saccharose mit kupferhaltigen alkalischen Lösungen in der Wärme. Z. Wirtschaftsgr. Zuckerindustr. 86, 130—146 u. 322—331 (1936).
Strube, W.: Farbtypenreihen zur Qualitätsbewertung von Zuckern, ihre Herstellung und die derzeitigen Möglichkeiten der Definition der Endpunkte. Zuckererzeugung 7, 58—63 (1963).
Takamisawa, Y.: On the thin-layer chromatography in the sugar analysis. Proc. Res. Soc. Japan Sugar Ref. Technol. 15, 23—29 (1965).
Verhaart, M. L. A.: Schaum- und „floc"-freier Zucker aus Zuckerrüben. Z. Zuckerindustr. 16, 27—32 (1966).
de Vletter, R., u. L. F. C. Friele: Weißgrad und Farbtype von Raffinaden. Zucker 17, 35—41 (1964).
Wager, H. G., u. F. A. Isherwood: Silicagelchromatographie der organischen Säuren aus Pflanzengeweben. Analyst. 86, 260—266 (1961)
Wallenstein, H. D., u. K. Bohn: Säuren in Rüben und Säften. 5. Mitt.: Die Bestimmung der Säuren durch Verdrängungschromatographie an Anionenaustauschern. Z. Zuckerindustr. 14, 253—259 (1964).
de Whalley, H. C. S.: A rapid method for the determination of invert sugar in refined white sugars. Int. Sugar J. 39, 300—301 (1937).
Weidenhagen, R., u. H. Schiweck: Papierchromatographische Raffinosebestimmung in Melasse. Z. Zuckerindustr. 9, 443—445 (1959).
Willer, R., u. H. Bothe: Physikalische Grundlagen zur Herstellung einer Farbtypenreihe. Z. Zuckerindustr. 5, 381—383 (1955).

B. Glucosesirup (Stärkesirup), Stärkezucker und Dextrose (Traubenzucker)

Von

Dr. GERD GRAEFE, Hamburg

Mit 7 Abbildungen

I. Geschichtliches. Wirtschaftliche Bedeutung

D-Glucose (Traubenzucker) ist die in freier und gebundener Form im Pflanzen- und Tierreich am weitesten verbreitete Zuckerart. In freier Form, insbesondere in süßen Früchten u. a. Pflanzenteilen, kommt diese Hexose meistens gemeinsam mit der D-Fructose (Fruchtzucker) vor, in gebundener Form in der Saccharose (Rohr- und Rübenzucker) und in anderen Di- und Oligosacchariden sowie in vielen Glykosiden. Als alleiniger Baustein der Polysaccharide Stärke, Glykogen und Cellulose dient sie als Energiereserve für Pflanzen und Tiere und als Bestandteil der Zellwände.

Da sich D-Glucose in reiner Form aus Fruchtsäften und Honig nur schwer gewinnen läßt, kommen als Rohstoffe für die technische Herstellung praktisch nur Stärke und Cellulose in Betracht. Wie die Erfahrung gezeigt hat, kann die *Holzverzuckerung* nur in Krisenzeiten und bei autarken Wirtschaftsformen, aber nicht in der freien Wirtschaft mit der Stärkeverzuckerung konkurrieren.

Von den seit der Entdeckung durch A. BRACONNOT im Jahre 1819 fast 200 vorgeschlagenen Verfahren zur *Holzverzuckerung* haben nach W. SANDERMANN (1963) bis heute nur drei groß-technische Bedeutung erlangt: das Scholler-Tornesch- und Madison-Verfahren mit verdünnter Schwefelsäure, das von HÄGGLUND und BERGIUS entwickelte Rheinau-Verfahren mit 40%iger Salzsäure und das von SCHLUBACH und DARBOVEN vorgeschlagene Verfahren mit gasförmiger Salzsäure, letzteres besonders in Japan. Bei diesen Verfahren wird die Zersetzung der gebildeten D-Glucose weitgehend vermieden. In den letzten 10 Jahren wurde durch die Arbeiten von K. SCHOENEMANN (1953) das Rheinau-Verfahren soweit verbessert, daß man die Holzverzuckerung als technisch ausgereift betrachten kann. Im Vergleich zur Stärkeverzuckerung ist die Holzverzuckerung aber nicht wirtschaftlich, weil es insbesondere an wirtschaftlichen Verfahren zur Verwertung des als Nebenprodukt anfallenden Lignins fehlt. Nach dem „modifizierten" Rheinau-Verfahren (UDIC-Rheinau-Verfahren) werden bei der Verzuckerung von 100 kg Nadelholz erhalten:

Kohlenhydrate, reduzierend, insgesamt . . . . 60—65 kg
davon vergärbare Zuckerarten . . . . 28—31 kg
(Rest: 80%iger Sirup)
Lignin . . . . etwa 30 kg

Die Entdeckung der *Stärkeverzuckerung* fiel in die Zeit der sog. Kontinentalsperre. England, das mit Frankreich Krieg führte, hatte jegliche Einfuhr von Rohrzucker unterbunden. Napoleon setzte daraufhin eine Belohnung für die Lösung der Aufgabe aus, aus heimischen Pflanzen Zucker zu gewinnen. Da entdeckte der in Mecklenburg geborene und in St. Petersburg wirkende Chemiker GOTTLIEB KIRCHHOFF (1811) bei der Suche nach einem Ersatz für Gummi arabicum zufällig, daß bei längerer Behandlung einer Mischung von Stärke und Wasser mit Schwefelsäure ein dünner, klarer Sirup erhalten wird, den er als „Stärkezucker" bezeichnete. Die Entdeckung wurde bald von anderen Forschern bestätigt. Der Franzose SAUSSURE konnte erstmalig nachweisen, daß der „Stärkezucker" mit dem aus Trauben und Honig isolierten Traubenzucker identisch ist. G. KIRCHHOFF konnte seine Entdeckung im Jahre 1816 insofern ergänzen, als ihm der Nachweis gelang, daß sich Stärke nicht nur mit Säuren, sondern auch durch Malzdiastase verzuckern läßt.

Die Entdeckung KIRCHHOFFS führte bereits im Jahre 1812 zur Errichtung der ersten „Stärkezucker"-Fabrik in Tiefurt bei Weimar. Im Jahre 1814, als die Kontinentalsperre wieder aufgehoben wurde, liefen jedoch die Rohrzucker-Importe erneut an, und außerdem erwuchs dem „Stärkezucker" in Gestalt des Rübenzuckers ein neuer Konkurrent. Zunächst hatte der „Stärkezucker" deshalb keine Aussicht, sich neben der Saccharose als Süßmittel bzw. Zuckerart zu behaupten.

Durch die technische Vervollkommnung der Stärkehydrolyse, die zu einer Qualitätsverbesserung und zu den heute handelsüblichen Erzeugnissen Glucosesirup (synonym mit Stärkesirup), Stärkezucker und Dextrose[1] (synonym mit Traubenzucker) führte, haben die Stärkeverzuckerungserzeugnisse nicht nur in Deutschland, sondern in der ganzen Welt eine erhebliche wirtschaftliche Bedeutung erlangt.

Tabelle 1. *Erzeugung von Stärkeverzuckerungs-erzeugnissen in Deutschland (1000 t)*

Jahr	Glucosesirup	Stärkezucker und Dextrose	insgesamt
1910/11	56,4	9,1	65,5
1913/14	65,5	11,3	76,8
1923/24	22,5	2,7	25,2
1924/25	47,0	5,1	52,1
1928/29	48,2	6,8	55,0
1930/31	40,6	4,5	45,1
1934/35	47,5	10,2	57,7

Tabelle 2. *Erzeugung von Stärkeverzuckerungs-erzeugnissen in den USA (1000 t)*

Jahr	Glucosesirup	Stärkezucker und Dextrose	insgesamt
1932	343	352	695
1937	458	187	645
1942	910	346	1256
1947	881	348	1229
1952	663	333	996
1957	740	324	1064

Vor dem zweiten Weltkrieg diente in Deutschland hauptsächlich Kartoffelstärke als Rohstoff für die Herstellung von Glucosesirup, Stärkezucker und Dextrose. Nach Angaben des Statistischen Jahrbuchs für das Deutsche Reich (1936) erreichte die Jahresproduktion mit insgesamt über 70 000 t im Jahre 1913/14 einen ersten Höhepunkt (Tab. 1). Durch den Verlust der Ostgebiete ist in der Bundesrepublik Deutschland heute Maisstärke als Rohstoff in den Vordergrund getreten. Im Jahre 1962 wurden hier etwa 245 000 t Maisstärke, 26 000 t Kartoffelstärke, 9 000 t Reisstärke und 16 000 t Weizenstärke, also insgesamt etwa 296 000 t Stärke erzeugt, wovon etwa die Hälfte, also nahezu 150 000 t, auf Stärkeverzuckerungserzeugnisse weiterverarbeitet wurde.

In den USA werden Stärkeverzuckerungserzeugnisse erst seit dem Jahre 1842 technisch hergestellt. Heute ist die Erzeugung dort aber nach Angaben der CORN INDUSTRIES RESEARCH FOUNDATION (1958) etwa sechs- bis siebenmal höher als in der Bundesrepublik (Tab. 2). Auch in den USA diente zunächst Kartoffelstärke als Rohstoff, während seit dem Jahre 1866 fast ausschließlich Maisstärke verarbeitet wird.

II. Herstellung

1. Grundlagen der Stärkeverzuckerung

Während man zunächst angenommen hatte, die Stärkehydrolyse sei chemisch einfach zu übersehen und technisch leicht durchführbar, haben neuere Erkenntnisse gezeigt, daß es sich um einen chemisch relativ komplizierten Prozeß handelt. Im Gegensatz zu der Herstellung von modifizierten Stärken (S. 183), bei der die Bildung größerer Anteile reduzierender Zucker vermieden werden soll, wird die hydrolytische Spaltung der Stärke bei der Herstellung von Stärkeverzuckerungs-

---

[1] Unter dieser Bezeichnung wird in dieser Darstellung das Handelsprodukt verstanden.

erzeugnissen auf einen bestimmten Abbaugrad eingestellt. Grundsätzlich kann man bei der Stärkehydrolyse vier Wege beschreiten: a) Stärkehydrolyse mit Säuren, b) Stärkehydrolyse mit Enzymen, c) zweistufige Stärkehydrolyse mit Säuren und Enzymen und d) zweistufige Stärkehydrolyse mit Enzymen. Technisch wird die Hydrolyse bzw. Konversion entweder einstufig mit Säuren (a), heute fast ausschließlich Salzsäure, zweistufig mit Säuren und Enzymen (c) oder neuerdings auch zweistufig mit Enzymen (d) durchgeführt. Die Verzuckerung verläuft über die Stufen der höhermolekularen Maltosaccharide, Maltooligosaccharide und das Disaccharid Maltose bis zum Monosaccharid D-Glucose, dem Grundbaustein der Stärke.

Die Einteilung der Stärkeverzuckerungserzeugnisse erfolgt nach dem Verzuckerungsgrad bzw. dem D.E.-Wert (D. E. = [englisch] dextrose equivalent = [deutsch] Dextrose-Äquivalent), worunter der Gehalt an reduzierenden Zuckern, berechnet als D-Glucose i. Tr., zu verstehen ist. Glucosesirupe haben D.E.-Werte von mindestens 25%, Stärkezucker von mindestens 70% und Dextrose von mindestens 99%.

a) Stärkehydrolyse mit Säuren

Die Hydrolyse der Stärke mit Säuren ist keine einheitliche Reaktion. Neben der Hauptreaktion, der unter Wasseraufnahme (Hydrolyse) erfolgenden Aufspaltung der Stärkemoleküle, laufen in geringem Umfange sekundäre Nebenreaktionen unter Wasserabspaltung (Kondensation) ab, die nur z. T. reversibel sind. Die Hauptreaktion, die im Endstadium zur Bildung von D-Glucose führt, setzt sich theoretisch zusammen aus der Hydrolyse von Glucoseketten mit ausschließlich a-1,4-glucosidischen Bindungen (Amylose) und der Hydrolyse von verzweigten Molekülketten, die außer 1,4-Bindungen auch a-1,6-glucosidische Bindungen aufweisen (Amylopektin). Die Hydrolysengeschwindigkeit ist für die 1,4-Bindungen größer als für die 1,6-Bindungen. Auch ist die 1,4-Bindung der Maltose leichter spaltbar als die der höhermolekularen Saccharide.

Nach S. M. CANTOR u. W. W. MOYER (1942) nehmen die gebildeten D-Glucose- und Maltosemengen bei der normalen Stärkehydrolyse mit Säuren bis zu einem D.E.-Wert von etwa 42% etwa gleichmäßig zu. Erst bei höheren D.E.-Werten steigt die Glucosemenge schneller an als die Maltosemenge. Die höhermolekularen Maltosaccharide (Polymerisationsgrad > 4 D-Glucose-Einheiten) zeigen bis zu einem D.E.-Wert von etwa 60% einen nahezu gleichmäßigen starken Abfall. Der Gehalt an Maltooligosacchariden (Maltotri- und Maltotetraose) ändert sich zwischen 25 und 60% D.E. nur verhältnismäßig wenig (Abb. 1). Die Trennung der einzelnen Saccharide erfolgte durch fraktionierte Destillation ihrer Methylderivate.

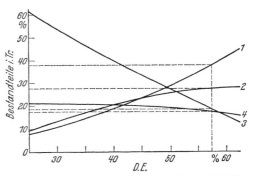

Abb. 1. Stärkehydrolyse mit Säuren. *1* D-Glucose, *2* Maltose, *3* höhermolekulare Maltosaccharide, *4* Maltooligosaccharide. Die gestrichelten Linien geben die Verhältnisse bei einem D.E.-Wert von 57,5% wieder

Die hier als *höhermolekulare Maltosaccharide* bezeichneten Stärkeabbauprodukte werden in der Fachliteratur auch als „Dextrine" bezeichnet, obwohl diese Bezeichnung zu Verwechslungen mit den durch Rösten von angesäuerten Trockenstärken erhaltenen und als Klebstoff bekannten Dextrinen bzw. Röstdextrinen führen kann. Bei den Röstdextrinen handelt es sich um hochmolekulare Umwandlungsprodukte der Stärke, bei deren Herstellung parallel zu einer hydrolytischen Spaltung intra- und intermolekulare Kondensationen unter verstärkter Ausbildung von 1,6- und ätherartigen 6,6-Bindungen innerhalb der Stärkemoleküle und Brückenbildung zwischen verschiedenen Stärkemolekülen handelt (G. Graefe 1951, 1960a).

Im Gegensatz hierzu stellen die höheren Maltosaccharide des Glucosesirups relativ niedrigmolekulare Bruchstücke der Stärke dar, die nach Untersuchungen von M. Levine u. Mitarb. (1942) und E. Lindemann (1952) nur einen durchschnittlichen Polymerisationsgrad von etwa 10 bzw. von 7—12 aufweisen.

Als reversible Sekundärreaktion bei der fortschreitenden Stärkehydrolyse mit Säuren tritt die sog. „Reversion" ein. Dabei bilden sich unter intermolekularer Wasserabspaltung zwischen zwei oder mehr Glucose-Molekülen Disaccharide und höhermolekulare Saccharide, wie Gentiobiose (6-β-Glucosido-glucose), Isomaltose (6-α-Glucosido-glucose) und 6-Isomaltosido-glucose, in denen 1,6-glucosidische Bindungen vorliegen (G. Graefe 1950). Aus den Mutterlaugen der Dextrosekristallisation haben A. Sato u. Mitarb. (1962) als weiteres Trisaccharid Panose isoliert.

Im geringem Umfange setzt bei der Säurehydrolyse der Stärke als irreversible Sekundärreaktion weiterhin eine Zersetzung unter intramolekularer Wasserabspaltung aus der gebildeten D-Glucose ein. Diese Reaktion ist gleichzeitig für die Dunkelfärbung der Rohsäfte verantwortlich. Sie führt u. a. zur Bildung von Hydroxymethylfurfurol, das unbeständig ist und in Laevulinsäure und Ameisensäure zerfällt (G. Graefe 1955).

Mit zunehmender Säurekonzentration, Reaktionstemperatur und -dauer wird die Bildung von Sekundärprodukten begünstigt, und es ist infolgedessen auch nicht möglich, Stärke mit Säuren vollständig bis zu ihrem Grundbaustein D-Glucose abzubauen.

b) Stärkehydrolyse mit Enzymen

Die enzymatische Hydrolyse unterscheidet sich insofern grundsätzlich von der Säurehydrolyse, als die verschiedenen Amylasen eine bestimmte Spezifität aufweisen. Man hat es deshalb in der Hand, je nach Art der verwendeten Enzyme Stärkehydrolysate bestimmter Zusammensetzung zu erhalten. Außerdem enthalten sie keine Nebenprodukte wie Kochsalz, und es treten keine irreversiblen Sekundärreaktionen unter intramolekularer Kondensation und Bildung von Hydroxymethylfurfurol ein. Auch werden keine Reversionsprodukte wie bei der Säurehydrolyse gebildet, sofern die verwendeten Enzympräparate frei von Transglucosidasen sind.

Bei den technisch verwendeten Amylase-Präparaten handelt es sich in der Regel um Gemische von mehreren Amylasen. Nach R.W. Kerr u. Mitarb. (1951) enthalten *Malzenzyme* α- und β-Amylase, *Bakterienenzyme* fast ausschließlich α-Amylase und *Pilzenzyme* α- Amylase und Amyloglucosidase.

Bei der Einwirkung von reinem Malzenzym auf Stärke wird als Endprodukt der Hydrolyse nicht D-Glucose, sondern Maltose gebildet. Wird die Hydrolyse bei einem Maltose-Gehalt von etwa 80 % unterbrochen, so enthält das Hydrolysat nach D. P. Langlois (1953) neben Maltose sehr geringe Mengen Maltooligosaccharide und höhere Maltosaccharide, aber nur Spuren von D-Glucose (Abb. 2).

Ein Nachteil der enzymatischen Stärkeverzuckerung für die Technik ist darin zu sehen, daß in verhältnismäßig starker Verdünnung gearbeitet werden muß. Es werden etwa 10 Gew.-Teile Wasser auf 1—2 Gew.-Teile Stärke benötigt, weil die Stärke vor der Einwirkung der Enzyme verquollen werden muß. Native, unverquollene Stärke wird von Enzymen nur sehr langsam angegriffen. Die einstufige, rein enzymatische Stärkehydrolyse hat aus diesem Grunde auch bisher keine nennenswerte technische Bedeutung erlangt.

c) Zweistufige Stärkehydrolyse mit Säuren und Enzymen

Als Ergänzung des einstufigen Säureprozesses hat die zweistufige Stärkehydrolyse mit Säuren und Enzymen in den letzten Jahren zunehmende technische Bedeutung erlangt. Dies trifft sowohl für die Herstellung hochverzuckerter Glucosesirupe, als auch für die Herstellung von Dextrose zu. Wie sich gezeigt hat, ist es nicht möglich, nach dem üblichen Verfahren der Säurehydrolyse haltbare hochverzuckerte Glucosesirupe herzustellen. Untersuchungen von G. GRAEFE (1958) haben zu dem Ergebnis geführt, daß Säurehydrolysate nur bis zu einem D.E.-Wert von etwa 53% lagerfähig sind. Andernfalls werden die Sirupe trübe, und bei sehr hohen D.E.-Werten kristallisiert Glucose aus.

Durch Vorverzuckerung mit Säuren und Nachverzuckerung mit Enzymen ist es technisch möglich, eine relativ konzentrierte Stärkemilch zunächst zu verflüssigen und den weiteren Abbau der höhermolekularen Saccharide enzymatisch durchzuführen. Bei Verwendung geeigneter Enzympräparate werden auf diese Weise haltbare hochverzuckerte Sirupe erhalten. Werden Pilzenzyme für die

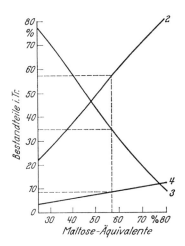

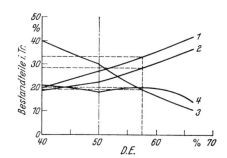

Abb. 3. Zweistufige Stärkehydrolyse mit Säuren und Enzymen. *1* D-Glucose, *2* Maltose, *3* höhermolekulare Maltosaccharide, *4* Maltooligosaccharide

← Abb. 2. Stärkehydrolyse mit Malzenzym (vgl. auch Abb. 1). *2* Maltose, *3* höhermolekulare Maltosaccharide, *4* Maltooligosaccharide

Nachverzuckerung benutzt, so können haltbare Erzeugnisse mit D.E.-Werten über 60% erhalten werden. Bei gleichem D.E.-Wert (z. B. 57,5%) enthält ein solches Hydrolysat (Abb. 3) nach D. P. LANGLOIS (1953) zugunsten des Gehaltes an Maltose weniger D-Glucose als ein Hydrolysat, das durch einstufige Säurehydrolyse erhalten wird (Abb. 1).

Wird für die Nachverzuckerung nicht Pilz-, sondern Malzenzym verwendet, so erhält man hochverzuckerte Glucosesirupe, die besonders reich an Maltose sind, aber im Vergleich zu den durch ausschließlich malzenzymatischen Abbau erhaltenen Hydrolysaten (Abb. 2) je nach Intensität der Vorhydrolyse mit Säure mehr oder weniger große Anteile an D-Glucose enthalten.

d) Zweistufige Stärkehydrolyse mit Enzymen

Ein zweistufiger Enzymprozeß ist technisch weniger für die Herstellung von Glucosesirup als für die Herstellung von Dextrose von Interesse. Während man beim Arbeiten nach dem Säureprozeß infolge von Sekundärreaktionen maximal auf D.E.-Werte von etwa 92% kommt, sind nach dem zweistufigen Säure-Enzym-Prozeß D.E.-Werte von maximal etwa 95% zu erreichen. Durch einen zweistufigen Enzymprozeß hofft man, D.E.-Werte von 98–99% zu erreichen. Zu diesem Zweck muß in der ersten Stufe ein temperaturbeständiges a-Amylase-Präparat verwendet werden, um die Stärke in wirtschaftlicher Weise gleichzeitig zu verkleistern und zu verflüssigen. Durch Nachverzuckerung mit Amyloglucosidase-haltigem Pilzenzym sollte es möglich sein, Stärke praktisch vollständig zu verzuckern.

2. Technische Herstellung der Stärkeverzuckerungserzeugnisse

a) Glucosesirup (Stärkesirup)

α) Säure-Prozeß

Eine 35—40% Tr. enthaltende wäßrige Suspension von reiner Stärke wird in einem Autoklaven (Konverter) mit Säure, in der Regel Salzsäure, bis auf einen pH-Wert von 1,8 bis 2,0 angesäuert und bei einem Dampfdruck von 2—3 atü, beispielsweise bei 2,3 atü, mit direkt eingeführtem Dampf behandelt. Die Konversionszeit richtet sich nach dem gewünschten

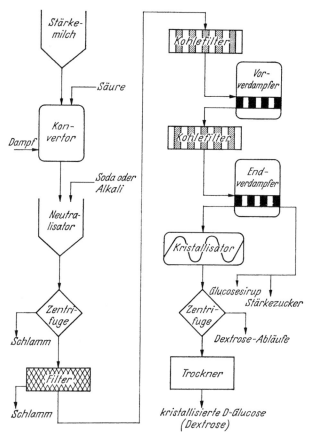

Abb. 4. Vereinfachtes Schema der Herstellung von Glucosesirup, Stärkezucker und Dextrose (Säure-Prozeß)

Verzuckerungsgrad und beträgt etwa 15—20 min. Der Verzuckerungsgrad kann durch die Färbung mit Jod-Kaliumjodidlösung überprüft werden. Nach beendeter Konversion wird der Konvertersaft in einen Neutralisator-Tank abgelassen und heiß mit verdünnter Sodalösung auf pH 4—5 neutralisiert. Dabei bildet sich Kochsalz.

Eine Neutralisation bis zum Neutralpunkt würde zu Verfärbungen des Saftes und des Sirups führen, weil D-Glucose im neutralen und alkalischen pH-Bereich weniger beständig ist als im sauren pH-Bereich. Auch würde ein Teil der ausgeschiedenen Verunreinigungen (geringe Mengen Eiweißstoffe, Fette u. a. kolloidgelöste Stoffe) in Lösung gehen (G. Graefe 1958, 1960a).

Wenn die Hydrolyse nicht mit Salz- sondern mit Schwefelsäure durchgeführt wird, erfolgt Neutralisation mit Calciumcarbonat. Das gebildete Calciumsulfat wird durch Filtration entfernt.

Der neutralisierte Dünnsaft wird mit Hilfe von Schlammpressen und -zentrifugen von den ausgeschiedenen Verunreinigungen befreit, mit Entfärbungskohle behandelt, filtriert und in

einem Vakuumverdampfer bis auf 50—60% Tr. zum Dicksaft eingedampft. Es folgt eine nochmalige Behandlung mit Entfärbungskohle und Filtration, bevor der gereinigte und geklärte
Dicksaft im Endverdampfer unter vermindertem Druck bis auf etwa 80% Tr. (43er Glucosesirup, Kapillärsirup, entsprechend etwa 43° Bé) oder bis auf etwa 84% Tr. (45er Glucosesirup,
Bonbonsirup, entsprechend etwa 45° Bé) konzentriert wird. Der klare, farblose Sirup gelangt
dann in Sammelbehälter und ist fertig für die Verladung in Fässer oder Tankwagen (Abb. 4).

Da die anorganischen Bestandteile, insbesondere NaCl, durch die Behandlung der Konvertersäfte mit Entfärbungskohle nur unvollständig entfernt werden, kann nach H. WEISS
(1949, 1950), H. RÜGGEBERG (1951b) u. a. vor oder nach der Klärung des Dünnsaftes zu ihrer
vollständigen Entfernung eine Behandlung mit *Ionenaustauschern* eingeschaltet werden.

Höherverzuckerte, kristallisationsfeste *Glucosesirupe* mit D.E.-Werten von 53
bis über 60% lassen sich nach G. GRAEFE (1955b, 1958) nach dem Säureprozeß
dadurch herstellen, daß man die Konversion unter den üblichen Temperatur-,
Druck- und Konzentrationsverhältnissen bei pH-Werten von 2,0—2,4 und gleichzeitig verlängerter Reaktionsdauer vornimmt. Die in Abhängigkeit vom D.E.-
Wert gebildete Glucosemenge (Abb. 1) wird dann zugunsten der gebildeten
Mengen an Maltose und Maltooligosacchariden verringert.

Verfahren zur *kontinuierlichen Stärkekonversion* mit Säuren sind u. a. von
A. C. HORESI (1940), S. M. CANTOR (1940), O. J. BORUD (1954) und K. KRØYER
(1954, 1955) beschrieben worden. Technische Bedeutung hat insbesondere das
Krøyer-Verfahren erlangt:

Nach dem System KRØYER wird die angesäuerte Stärkemilch unter Druck durch einen
als Rohrsystem ausgebildeten, indirekt beheizten Wärmeaustauscher gepumpt. Sie wird dabei
ohne Einführung von direktem Dampf auf Konvertierungstemperatur gebracht. Es wird ein
Dampfdruck von etwa 15—20 atü angewendet, der wesentlich höher liegt als der Druck von
Sattdampf bei der üblichen Konvertierungstemperatur von 140—160° C. Auf diese Weise ist
es möglich, den Verkleisterungsbereich der Stärke schnell zu überwinden, so daß der vor-
konvertierte Saft in die ebenfalls rohrförmige Reaktionszone bereits verhältnismäßig dünn-
flüssig und pumpfähig eintritt. Die Neutralisation erfolgt ebenfalls kontinuierlich.

Das Verfahren hat den Vorteil, daß es einen schnellen, schonenden und wirtschaftlichen
Abbau der Stärke gestattet. Der Dampfverbrauch soll nur etwa ²/₃ des üblichen Chargen-
verfahrens betragen.

β) Säure-Enzym-Prozeß

Die Nachverzuckerung eines mit Säure vorverzuckerten Stärkehydrolysats
mit *Malzenzym* ist zuerst von G. WULKAN (1932) vorgeschlagen worden. Die Stärke
wird in üblicher Weise mit verdünnten Säuren bis zu einem D.E.-Wert von
höchstens 60% vorkonvertiert und nach Neutralisation und Abkühlung des
Dünnsaftes auf 50—55° C mit Malzenzym bis zu einem Gehalt von 82—85%
D-Glucose und Maltose nachverzuckert. Nach der Behandlung wird das Enzym
durch Aufkochen inaktiviert, das Hydrolysat mit Entfärbungskohle behandelt
und zur Sirupkonsistenz eingedampft. In dieser Weise hergestellte Glucosesirupe
sind unbeschränkt haltbar, ohne trübe zu werden. Sie enthalten einen relativ
hohen Anteil an Maltose, aber im Vergleich zu ausschließlich durch malzenzymatischen Abbau hergestellten Sirupen größere Mengen an D-Glucose.

Wird die Vorhydrolyse mit Säuren weniger intensiv durchgeführt, so lassen
sich durch Nachverzuckerung mit Malzenzym Glucosesirupe herstellen, die praktisch nur Maltose und nur sehr geringe Mengen D-Glucose enthalten.

J. K. DALE u. D. P. LANGLOIS (1938) haben als erste für die Nachverzuckerung
Pilzenzyme, insbesondere auf der Basis von Aspergillus-Arten (Aspergillus niger,
A. flavus, A. oryzae) vorgeschlagen. Dieses Verfahren dient insbesondere der
Herstellung von Glucosesirupen mit hohen D.E.-Werten von 50—70% und relativ
hohem D-Glucose-Gehalt. Zunächst erfolgt in üblicher Weise eine Vorverzuckerung
mit Säuren bis zu D.E.-Werten von mindestens 25%, vorzugsweise 38—60%.
Nach Neutralisation und Filtration wird der Dünnsaft beispielsweise auf etwa
53% Tr. konzentriert, auf pH 5,5 eingestellt und mehrere Tage bei etwa 52° C

mit einer bestimmten Menge eines gereinigten Aspergillus oryzae-Präparates behandelt. Anschließend wird das Enzym durch kurzzeitiges Erhitzen auf 80° C inaktiviert, das Hydrolysat mit Entfärbungskohle behandelt, filtriert und bis auf 80 bzw. 84 % Tr. im Vakuum eingedampft.

b) Trockenglucosesirup (Trockenstärkesirup)

Nach den Angaben der DEUTSCHEN STÄRKEVERKAUFSGENOSSENSCHAFT (1931, 1932) wird Glucosesirup mit etwa 84 % Tr. (45er Glucosesirup) und 28 bis 36 % red. Zuckern (ber. als D-Glucose) bei Temperaturen unter 145° C einem Trocknungsvorgang auf heißen Walzen, in Vakuumapparaten oder im Sprühturm unterworfen. Durch Vermischung von hochverzuckertem Hydrolysat mit über 55 % red. Zuckern mit Hydrolysat mit unter 25 % red. Zuckern (ber. als D-Glucose) soll sich die Hygroskopizität des Trockenproduktes verringern lassen.

Die technische Herstellung von Trockenglucosesirup erfolgt heute fast ausschließlich nach dem Zerstäubungsverfahren, wobei 60–80 %ige wäßrige Stärkehydrolysate im Sprühturm bei Temperaturen unterhalb 100° C (Temperatur des Trockengutes) in Trockenprodukte mit einem Wassergehalt von 3–4 % überführt werden. Die Teilchengröße der Trockenprodukte hängt weitgehend von dem Trockensubstanz-Gehalt und der Viscosität der Stärkehydrolysate ab. Ein niedriger Trockensubstanz-Gehalt führt im allgemeinen zu feinkörnigeren Trockenprodukten. Die Trockensirupe können auf die gewünschte Korngröße vermahlen und gesichtet werden.

c) Stärkezucker

Bei der Herstellung von Stärkezucker wird die Hydrolyse der Stärke mit Säure solange fortgesetzt, bis auch die höhermolekularen Maltosaccharide weitgehend verzuckert sind. Die angewendeten Hydrolysenbedingungen sind ähnlich wie bei der Herstellung von Glucosesirup. Man verzichtet jedoch im allgemeinen darauf, die Hydrolyse bis zum höchsterreichbaren D.E.-Wert fortzusetzen wie bei der Herstellung von Dextrose. Um die Kosten für den Eindampfprozeß niedrig zu halten, nimmt man die Bildung einer gewissen Menge von Reversionsprodukten in Kauf (S. 640), die bei niedrigeren Stärkekonzentrationen nur in geringerem Umfange eintritt. Außerdem hat sich gezeigt, daß sich zu hohe D.E.-Werte des Dicksaftes nachteilig auf den Kristallisationsprozeß auswirken.

Nach G. GRAEFE (1955a) wird eine wäßrige Stärkesuspension mit etwa 35 % Tr. in einem Konverter mit Säure, in der Regel HCl, auf einen pH-Wert von etwa 1,8–2,0 angesäuert und mit direkt eingeführtem Dampf bei etwa 3 atü 20—30 min lang behandelt. Der Endpunkt der Verzuckerung wird durch die Alkoholprobe ermittelt (keine Trübung von 96%igem Alkohol). Der Konvertersaft wird in den Neutralisator abgelassen und heiß mit verdünnter Sodalösung auf pH 4,8—5,2 neutralisiert. Die weitere Aufarbeitung des Saftes erfolgt in ähnlicher Weise wie bei Glucosesirup. Durch Schlammpressen und -zentrifugen werden ausgeschiedene Verunreinigungen entfernt. Anschließend wird der Saft nacheinander mit Entfärbungskohle behandelt, filtriert, im Vakuum bis auf etwa 50—60 % Tr. eingedampft, nochmals mit Entfärbungskohle behandelt, filtriert und im Endverdampfer zu einem Sirup mit etwa 80% Tr. eingedampft (Abb. 4).

Zur Verfestigung wird der geklärte Dicksaft möglichst schnell abgekühlt, mit fein geraspeltem Stärkezucker einer vorherigen Charge als Saat vermischt und in Kisten oder Pfannen abgelassen, in denen er nach ein- bis zweitägigem Stehen an einem kühlen, luftigen Ort zu festen Blöcken aus a-Glucose-Monohydrat-Kristallen einschließlich der Mutterlauge erstarrt. Nach dem Herausschlagen aus den Formen wird der Zucker im Zuckerbrecher zerkleinert oder geraspelt. Er kommt dann in Stücken oder geraspelt in den Handel. Gelegentlich wird Stärkezucker je nach dem Verzuckerungsgrad (bezogen auf den D.E.-Wert) auch als ,,70er'' oder ,,80er'' Stärkezucker bezeichnet.

Ein weiteres Eindampfen bis zu einem Wassergehalt unter 15% ist nicht zu empfehlen, weil das Festwerden bzw. Kristallisieren dann erheblich langsamer verläuft. Dies dürfte damit zusammenhängen, daß D-Glucose normalerweise in Form des a-Glucose-Monohydrats kristallisiert, wofür 9,1% des Molekulargewichts an Wasser benötigt werden.

d) Dextrose (Traubenzucker)

Entsprechend der Gleichung $(C_6H_{10}O_5)_n + nH_2O \rightarrow nC_6H_{12}O_6$ führt die vollständige Hydrolyse der Stärke zu einem Gewinn an Trockensubstanz. Aus 162 g Stärke-Trockensubstanz werden unter Aufnahme von 18 g Wasser 180 g D-Glucose gebildet.

α) Säure-Prozeß

Arbeitsbedingungen und apparative Einrichtungen sind ähnlich wie bei der Herstellung von Glucosesirup und Stärkezucker.

Eine etwa 20%ige wäßrige Suspension von reiner Stärke wird im Autoklaven (Konvertor) bis zu einer Normalität von 0,03—0,04 mit HCl angesäuert und bei 140—160° C (etwa 2,7 bis 5,3 atü) mit direkt eingeleitetem Dampf behandelt. Der Inhalt des Konvertors gelangt dann in den Neutralisator, wo er mit verdünnter Sodalösung oder Natronlauge auf pH 4—5 neutralisiert wird. Die Aufarbeitung erfolgt in ähnlicher Weise wie bei Glucosesirup beschrieben. Der gereinigte Saft wird schließlich im Endverdampfer unter vermindertem Druck bis auf 70—80% Tr. konzentriert, bevor er zur Kristallisation gelangt (Abb. 4).

Die technisch-wirtschaftliche Herstellung von Dextrose durch Stärkehydrolyse mit Säuren ist nach dem ersten Weltkrieg insbesondere von W. B. NEWKIRK (1922, 1923, 1924, 1925) beschrieben worden. Diese Arbeiten haben ihren Niederschlag in zahlreichen Patenten gefunden, auf die hier im einzelnen nicht eingegangen werden kann. Mit zunehmender Säurekonzentration, Reaktionstemperatur und -dauer wird die Bildung von Sekundärprodukten begünstigt, so daß es bis heute nicht möglich ist, Stärke mit Säuren vollständig bis zu ihrem Baustein D-Glucose abzubauen. D.E.-Werte von 92—95% können nicht überschritten werden.

Die Reinheit des Dicksaftes und die Ausbeute an reiner kristallisierter Dextrose können erhöht werden, wenn man die geklärten Konvertersäfte mit *Ionenaustauschern* behandelt (S. M. CANTOR 1940, 1941). Auch das *kontinuierliche Verfahren* von K. KRØYER (1951, 1954, 1955) ist für die Totalhydrolyse der Stärke mit Säuren anwendbar.

β) Säure-Enzym-Prozeß

Dieses Verfahren hat in den letzten Jahren für die technische Herstellung von Dextrose zunehmende Bedeutung erlangt. Mit Hilfe von geeigneten Enzympräparaten auf der Basis von Aspergillusarten auf eine mit Säuren schwach vorhydrolysierte Stärkelösung gelingt es, Stärke nahezu restlos zu D-Glucose zu hydrolysieren (L. WALLERSTEIN 1947; L. WALLERSTEIN u. PH. P. GRAY 1948). Das Ergebnis ist wesentlich von Art und Reinheit der verwendeten Enzympräparate abhängig. Für die Reinigung und zur Entfernung von Transglucosidase haben E. R. KOOI u. C. F. HARJES (1957) und R. W. KERR (1958a, 1958b) besondere Verfahren vorgeschlagen, auf die hier im einzelnen nicht eingegangen werden kann.

Es wird beispielsweise eine 15—20%ige wäßrige Suspension von reiner Stärke bis zu einer Normalität von 0,02 n mit Salzsäure angesäuert und bei 140—160° C mit direkt eingeführtem Dampf unter Druck bis zu einem D.E.-Wert von etwa 17% vorkonvertiert. Das erhaltene Vorhydrolysat wird mit Bentonit behandelt, filtriert, mit Sodalösung auf pH 5 neutralisiert und im Vorverdampfer unter vermindertem Druck auf etwa 25% Tr. eingedickt. Das Konzentrat wird auf pH 4,0—4,2 eingestellt und auf 60° C erwärmt. Bei dieser Temperatur wird eine berechnete Menge gereinigte Amyloglucosidase mit bestimmter Aktivität aus einem Aspergillus niger-Kulturansatz hinzugefügt. Nach etwa 72 Std ist die Hydrolyse beendet. Das Hydrolysat zeigt D.E.-Werte von 95—97% und enthält etwa 93% D-Glucose i. Tr. Es wird mit Entfärbungskohle behandelt, filtriert und im Endverdampfer unter vermindertem Druck auf etwa 70—75% Tr. eingedickt, bevor es zur Kristallisation gebracht wird (Abb. 4).

Um die Kosten des Prozesses zu senken, versucht man neuerdings, auch die erste Stufe des Prozesses ähnlich wie bei Glucosesirup bei höheren Konzentrationen (30—40% Tr.) durchzuführen und für die Vorhydrolyse bzw. Verflüssigung der Stärke anstelle von Säuren α-Amylase-Präparate heranzuziehen.

γ) Kristallisation

Normalerweise erfolgt die Kristallisation von Dextrose in Form des α-Glucose-Monohydrats. Daneben haben die Gewinnung des α-Anhydrids und des β-Anhydrids keine nennenswerte technische Bedeutung.

a-Glucose-Monohydrat

Die Gewinnung des a-Glucose-Monohydrats aus konzentrierten Stärkehydrolysaten hat durch die systematischen Arbeiten von W. B. Newkirk (1922, 1923, 1924a, b, 1925, 1928, 1929, 1930, 1934) zu einer erheblichen Verbesserung der Kristallisationsbedingungen und zu reineren Kristallisaten geführt.

Der auf 75—78% Tr. eingedampfte Dicksaft wird auf etwa 45° C abgekühlt und gelangt in Kristallisatoren. Hierbei handelt es sich um horizontal gelagerte, zylindrische Behälter, die mit einem sich langsam drehenden Rührwerk ausgerüstet sind. Zur Einleitung der Kristallisation verbleiben etwa 25% der Füllmasse eines vorherigen Ansatzes im Kristallisator. Durch die Vermischung mit dem Dicksaft sinkt die Temperatur auf etwa 41° C ab. Die Kristallisation des a-Glucose-Monohydrats erfolgt bei allmählicher Abkühlung unter Rühren bis auf 20° C. Nach einigen Tagen sind etwa 60% der Glucose auskristallisiert. Der Kristallbrei wird in Zentrifugen von der Mutterlauge befreit, und die Kristalle werden mit Wasser gewaschen. In rotierenden Trocknern wird der feuchte Zucker mit trockener Luft auf den theoretischen Feuchtigkeitsgehalt von 9,1% gebracht. Hierdurch wird erreicht, daß das a-Glucose-Monohydrat nicht zum Klumpen neigt.

Aus den Mutterlaugen und dem Zentrifugen-Waschwasser kann man eine zweite unreinere Fraktion des Monohydrats erhalten. Da in den Mutterlaugen von Säurehydrolysaten höhermolekulare Saccharide und Reversionsprodukte angereichert sind, die kristallisationshemmend wirken, werden sie üblicherweise nochmals der Hydrolyse unterworfen bzw. rekonvertiert, bevor man sie der Kristallisation unterwirft (C. Ebert u. W. B. Newkirk 1928, 1929). Die Gesamtausbeute an reinem, kristallisiertem a-Glucose-Monohydrat beträgt nach R.W. Kerr (1958b) beim Säureprozeß etwa 80%, beim Enzymprozeß etwa 85% der Theorie.

Es hat nicht an Versuchen gefehlt, um aus den nach Rekonversion und nochmaliger Kristallisation erhaltenen Mutterlaugen (Hydrol) weitere Mengen an kristallisierter Glucose zu erhalten. Ein solches, von R. C. Wagner u. P. L. Stern (1935), Th. H. Barnard u. P. L. Stern (1939) sowie von J. K. Dale (1935) beschriebenes Verfahren benutzt die Eigenschaft der Glucose, mit Natriumchlorid die Additionsverbindung $(C_6H_{12}O_6)_2 \cdot NaCl \cdot H_2O$ zu bilden, die sehr leicht in kristallisierter Form zu erhalten ist. Das Kristallisat wird abgetrennt und in wenig Wasser gelöst. a-Glucose-Monohydrat kristallisiert dann aus, während Kochsalz in Lösung bleibt. Man kann das Doppelsalz auch an geeigneter Stelle in den Kristallisationsprozeß zurücknehmen.

Auch auf direktem Wege kann nach A. Sipjagin (1956) a-Glucose-Monohydrat aus Stärkehydrolysaten über die NaCl-Doppelverbindung gewonnen werden. Der Vorteil dieses Verfahrens ist in einer Verkürzung der Kristallisationszeit von mehreren Tagen auf etwa 10 Std zu sehen. Die Ausbeute an kristallisiertem a-Glucose-Monohydrat soll 82—84% der Theorie erreichen. Ein kochsalzfreies Erzeugnis läßt sich aber ohne Umkristallisation auf diesem Wege nicht erhalten.

Die kontinuierliche Durchführung der Kristallisation von a-Glucose-Monohydrat ist u. a. von A. H. Stevens (1949) und G. Ackermann (1959) vorgeschlagen worden.

a-Glucose-Anhydrid

Wasserfreie a-Glucose kann durch Trocknen des Monohydrats in einem warmen Luftstrom (C. E. J. Porst u. N. V. S. Mumford 1922) oder durch Kristallisation aus Äthanol, Methanol oder Essigsäure erhalten werden.

Im Hinblick auf die geringe Löslichkeit der Glucose in wasserfreiem Äthanol und Methanol ist es nach G. Graefe (unveröffentlicht) auch möglich, a-Glucose-Anhydrid aus 75—80%igem wäßrigen Äthanol zu kristallisieren. Man benötigt dann auf 1 Teil Glucose-Monohydrat nur 0,75—1,5 Teile Äthanol. Das erhaltene Glucose-Anhydrid ist praktisch wasserfrei.

Die technische Gewinnung erfolgt nach W. B. Newkirk (1925, 1928, 1929, 1930, 1934, 1936a, b) in der Weise, daß man eine 60%ige wäßrige Lösung des Monohydrats bei etwa 65° C im Vakuum eindampft, bis das Anhydrid auskristallisiert. Da das Hydrat bei etwa 50° C in das Anhydrid umgewandelt wird, muß die Kristallisation oberhalb dieser Temperatur erfolgen. Kristallisation bei noch höheren Temperaturen führt zur Bildung von β-Glucose. Zur Abtrennung der a-Glucose-Anhydrid-Kristalle wird der Kristallbrei zentrifugiert, und der Zucker wird auf einen Wassergehalt unter 0,1% getrocknet. Das auf diese Weise erhaltene α-Glucose-Anhydrid ist von hoher Reinheit, nimmt aber aus der Luft unter Übergang in das Hydrat begierig Wasser auf.

β-Glucose

Da β-Glucose nur bei Temperaturen über 100° C stabil ist, kann man sie nur oberhalb dieser Temperatur erhalten, beispielsweise nach C. S. HUDSON u. J. K. DALE (1917) durch Kristallisation aus Eisessig.

Technisch wird β-Glucose nach W. B. NEWKIRK (1925, 1928, 1929, 1930, 1934, 1936a, b) in ähnlicher Weise wie das α-Glucose-Anhydrid hergestellt, und zwar durch Kristallisation einer auf über 90% Tr. konzentrierten wäßrigen Glucoselösung im Vakuum bei Temperaturen etwas oberhalb 100° C unter Zusatz einer kleinen Menge β-Glucose als Impfmaterial. Mit fortschreitender Kristallisation wird die Temperatur erniedrigt. β-Glucose ist unter diesen Bedingungen metastabil, und es muß dafür gesorgt werden, daß Kristalle der α-Form sorgfältig ausgeschlossen werden.

Durch Versprühen einer heißen konzentrierten Glucoselösung auf β-Glucose im Wirbelbett kann man nach W. HACH u. D. G. BENJAMIN (1945) β-Glucose in Perl- bzw. Granulatform herstellen. Das auf diese Weise erhaltene Produkt ist aber nicht ganz frei von α-Glucose.

III. Zusammensetzung

1. Glucosesirup und Trockenglucosesirup

a) Wasser/Trockensubstanz

Die Richtlinien für Stärke und Stärkerzeugnisse (1963) schreiben für Glucosesirup einen Trockensubstanz-Gehalt von mindestens 70% entsprechend einem Wassergehalt von höchstens 30% vor. Für Trockenglucosesirup sind mindestens 95% Tr. entsprechend höchstens 5% Wasser vorgesehen. Handelsüblicher Glucosesirup enthält meistens einen Trockensubstanz-Gehalt um 84% (Bonbonsirup) bzw. um 80% (Kapillärsirup), handelsüblicher Trockenglucosesirup einen solchen von 90–97%.

b) Säuregrad/Acidität

Die bereits erwähnten *Richtlinien* (1963) enthalten keine Angaben über den Säuregrad. Reihenuntersuchungen an einer größeren Anzahl von in Europa und in den USA im Handel erhältlichen Glucosesirupen in den Jahren 1958/59 haben gezeigt, daß der Säuregrad heute mit durchschnittlich 0,3–0,8 wesentlich niedriger liegt als der früher mit 1,6 festgesetzte Höchstwert. Dies entspricht einer Acidität (berechnet als % HCl) von 0,010–0,025%.

c) pH

Da Glucosesirupe im pH-Bereich von 3,5–5,5 am beständigsten sind, werden sie bei der Herstellung üblicherweise auf pH 4,5–5,5 eingestellt. Bei der Verarbeitung kann dieser pH-Wert durch Zusatz geeigneter Puffersalze (Acetate, Citrate, Lactate) aufrechterhalten werden. Reihenuntersuchungen in den Jahren 1958/59 an einer größeren Anzahl von in Europa und in den USA im Handel erhältlichen Glucosesirupen haben zu dem Ergebnis geführt, daß niedrigere oder höhere pH-Werte außerordentlich selten vorkommen.

d) Mineralbestandteile

Glucosesirupe enthalten in der Regel geringe Mengen Mineralbestandteile, die im wesentlichen aus Kochsalz bestehen, wenn sie nicht durch Behandlung des neutralisierten Konvertorsaftes mit Ionenaustauschern entfernt werden. Der Kochsalzgehalt des Glucosesirups hängt im übrigen weitgehend von der Menge der für die Hydrolyse verwendeten Salzsäure ab und schwankt infolgedessen auch relativ stark, wie aus den in Tab. 4 angeführten Werten zu ersehen ist. Reihenuntersuchungen in den Jahren 1958/59 an heute in Europa und in den USA im Handel erhältlichen Glucosesirupen haben gezeigt, daß der Gehalt an Mineralbestandteilen durchschnittlich 0,2–0,4 % und maximal 0,5 % (bestimmt als Sulfatasche) beträgt.

e) Rohprotein

Da reine Getreidestärken und Tapiokastärken stets geringe Mengen stickstoffhaltige Substanzen, und zwar entsprechend den bereits erwähnten *Richtlinien* (1963) maximal 0,5 % Rohprotein (N · 6,25) enthalten, ist auch Glucosesirup aus Getreidestärken und Tapiokastärke nicht völlig frei von stickstoffhaltigen Substanzen. Bei Reihenuntersuchungen in den Jahren 1958/59 an heute in Europa und in den USA im Handel erhältlichen Glucosesirupen hat sich ergeben, daß der Gehalt an Rohprotein mit maximal 0,09 % und durchschnittlich 0,03–0,06 % äußerst gering und im allgemeinen nicht auschlaggebend für die Qualität eines Glucosesirups ist. Da Kartoffelstärke nur maximal 0,1 % Rohprotein enthält, liegen die Rohproteinwerte für Glucosesirup aus Kartoffelstärke im allgemeinen etwas niedriger als bei Glucosesirupen aus Getreidestärken.

f) Kohlenhydrate

In den *Richtlinien* (1963) ist für Glucosesirup ein D.E.-Wert (Gehalt an red. Zuckern, berechnet als D-Glucose i. Tr.) von mindestens 20 % festgelegt. Während Glucosesirup bis vor wenigen Jahren fast ausschließlich durch Säurehydrolyse von Stärke hergestellt wurde, werden heute in zunehmendem Maße Enzyme für

Tabelle 3. *Zusammensetzung von Glucosesirup aus Maisstärke (Säureprozeß)*

% Saccharide i. Tr.	Glucosesirup		
	niedrig-	normal-	hochverzuckert
Dextrose-Äquivalente (D.E.)	30,1—35,7	42,1—45,9	52,1—52,4
D-Glucose	(0)—12,7	15,2—21,6	23,8—38,9
Maltose	21,8—37,4	25,1—35,4	7,6—36,5
Maltotriose und höhermolekulare Maltosaccharide (bestimmt).	60,3—67,3	49,0—53,3	38,7—53,5
Spez. Drehung	153—162°	135—148°	125—128°

Tabelle 4. *Zusammensetzung von Glucosesirup aus Maisstärke (Säureprozeß)*

[a]$_D$	% D.E.	% Rohprotein i. Tr.	% Asche i. Tr.	Acidität (als % HCl) i. Tr.
153,8	39,0	0,029	0,32	0,0074
147,5	42,8	0,051	0,31	0,0215
143,5	46,0	0,060	0,32	0,0174
136,4	50,4	0,036	0,29	0,0131
128,7	54,9	0,045	0,35	0,0171
106,6	66,5	0,128	0,54	0,0218
79,7	79,2	0,169	0,61	0,0220
70,1	82,7	0,088	0,43	0,0256
62,1	86,4	0,114	0,81	0,0267
54,9	89,8	0,132	1,06	0,0441

die Herstellung herangezogen. Durch die Kombination beider Verfahren hat man es in der Hand, nicht nur den Verzuckerungsgrad bzw. D.E.-Wert, sondern auch die Zusammensetzung der Zuckerarten im Fertigerzeugnis beliebig einzustellen.

Während beim Arbeiten nach dem Säure-Verfahren aus dem analytisch relativ einfach zu ermittelnden D.E.-Wert weitgehend Rückschlüsse auf die Zusammensetzung der Saccharide gemacht werden können (Abb. 1), ist dies bei säureenzymatisch gewonnenen Glucosesirupen nicht mehr möglich. Es kommt hinzu,

Tabelle 5. *Durchschnittliche Zusammensetzung von Glucosesirup (Säureprozeß)*

% Bestandteile	45er Glucosesirup (Bonbonsirup)		
	niedrig-	normal-	hochverzuckert
D.E.	37	43	52
Wasser	16	16	16
D-Glucose	15	19	24
Maltose	15	18	22
Maltooligosaccharide. . .	17	17	23
höhermolekulare Saccharide	37	30	15

daß die quantitative Analyse der Saccharide des Glucosesirups nicht leicht zu handhaben ist, sofern es sich dabei nicht nur um die Bestimmung des Gehalts an D-Glucose und Maltose handelt. Nach den von L. ACKER (Handbuch Bd. II/2) beschriebenen Methoden der Papierchromatographie und Dünnschichtchromato-

Tabelle 6. *Zusammensetzung von Glucosesirupen nach papierchromatographischen Untersuchungen (Säureprozeß)*

% D.E.	Saccharide in % i. Tr.							
	Mono-	Di-	Tri-	Tetra-	Penta-	Hexa-	Hepta-	höhere
25	7,7	7,5	7,2	7,2	6,5	5,2	4,6	54,1
30	10,4	9,3	8,6	8,2	7,2	6,0	5,2	45,1
35	13,4	11,3	10,0	9,1	7,8	6,5	5,5	36,4
40	16,9	13,2	11,2	9,7	8,3	6,7	5,7	28,3
45	21,0	14,9	12,2	10,1	8,4	6,5	5,6	21,3
50	25,8	16,6	12,9	10,0	7,9	5,9	5,0	15,9
55	30,8	18,1	13,2	9,5	7,2	5,1	4,2	11,9
60	36,2	19,5	13,2	8,7	6,3	4,4	3,2	8,5
65	42,5	20,9	12,7	7,5	5,1	3,6	2,2	5,5

graphie bereitet zwar auch die Bestimmung der Maltotri- und Maltotetraosen keine Schwierigkeiten. Jedoch sind diese Methoden für den praktischen Betrieb weniger geeignet.

Aus älteren Arbeiten sollen hier nur Untersuchungsergebnisse von W. R. FETZER u. J.W. EVANS (1935) sowie von A. P. BRYANT u. R. C. JONES (1933) angeführt werden, die auch Angaben über die spezifische Drehung, den Gehalt an Rohprotein und Asche sowie über die Acidität enthalten (Tab. 3 u. 4).

G. GRAEFE (1955) hat unter Zugrundelegung einer Arbeit von S. M. CANTOR u. W.W. MOYER (1942) und eigener Untersuchungen die durchschnittliche Zusammensetzung von niedrig-, normal- und hochverzuckertem Glucosesirup (Säureprozeß) errechnet und dabei auch die Maltooligosaccharide (Maltotri- und Maltotetraose) und höhermolekularen Maltosaccharide (Polymerisationsgrad > 4) berücksichtigt (Tab. 5).

Sehr eingehende papierchromatographische Untersuchungen über die Zusammensetzung der einzelnen Saccharid-Fraktionen bei säurekonvertierten Glucosesirupen aus Maisstärke hat G. E. CORSON (1957) angestellt (Tab. 6).

Die gleiche Zusammenstellung von G. E. CORSON (1957) enthält auch eine auf Untersuchungen von W.W. BISHOP zurückgehende Übersicht über die Zusammensetzung von hochverzuckerten Glucosesirupen, erhalten durch kombinierte Hydrolyse mit Säure und Pilzenzym (Tab. 7).

Für einen handelsüblichen *Trockenglucosesirup* haben R. GRAU u. A. BÖHM (1959) die Zusammensetzung angegeben (Tab. 8).

L. ACKER u. Mitarb. (1954) haben in zwei verschiedenen Glucosesirupen sowie in einem Maltosesirup papierchromatographisch den Gehalt an D-Glucose, Maltose, Maltotriose, Maltotetraose und höhermolekularen Maltosacchariden (Dextrinen) quantitativ ermittelt (Tab. 9).

In der Tab. 10 ist die Zusammensetzung von sieben verschiedenen Glucosesirup-Typen angegeben, wie sie auf Grund von papierchromatographischen und dünnschichtchromatographischen Untersuchungen des Instituts für Forschung

Tabelle 7. *Zusammensetzung von hochverzuckertem Glucosesirup (Säure-Enzymprozeß)*

% D.E.	% Saccharide i. Tr.			
	60	62	64	66
D-Glucose	35,2	36,6	38,4	40,6
Maltose	32,6	33,8	34,6	35,2
Maltooligosaccharide	17,6	16,7	15,4	13,8
höhermolekulare Maltosaccharide	14,6	12,9	11,5	10,4

Tabelle 8. *Zusammensetzung von Trockenglucosesirup*

Wasser	2,7 %
D-Glucose	16,1 %
Maltose	39,1 %
Maltotriose und höhermolekulare Saccharide	40,9 %
Protein	0,20 %
Asche	0,48 %
pH (1%ige Lösung)	6,32 %

Tabelle 9. *Papierchromatographische Untersuchung von Glucosesirup und Maltosesirup*

% Saccharide	Glucosesirup (Säure)	Glucosesirup (Säure-Pilzenzym)	Maltosesirup (Säure-Malzenzym)
D-Glucose	15,3	28,9	25,2
Maltose	8,6	25,6	20,1
Maltotriose	9,9	9,6	14,0
Maltotetraose	6,0	4,3	1,3
Maltopentaose und höhermolekulare Maltosaccharide	37,9	12,3	15,8
Gesamtsaccharide	77,7	80,7	76,4

Tabelle 10. *Zusammensetzung von Glucosesirup (bezogen auf Tr.)*

		% Saccharide			
Sirup-Typ	% D.E.	D-Glucose	Maltose	Maltotriose	Maltotetraose und höhermolekulare Maltosaccharide
1	37	14	12	10	64
2	37	5	40	12	43
3	37	1	50	20	29
4	43	20	14	12	54
5	43	6	45	14	35
6	50	13	55	11	21
7	60	39	28	14	19

und Entwicklung der Maizena-Gruppe ermittelt worden ist. Diese Untersuchungen wie auch die Tab. 6 zeigen deutlich, daß der D.E.-Wert heute kaum noch Rückschlüsse auf die Zusammensetzung eines Glucosesirups zuläßt. Im vorliegenden Fall handelte es sich nur bei den Sirup-Typen 1 und 4 um Erzeugnisse, die durch einstufigen Säureabbau von Stärke erhalten wurden. Alle übrigen Sirup-Typen, bei denen es sich teilweise um Versuchsprodukte handelte, wurden durch kombinierten Säure-Enzym-Abbau von Stärke hergestellt.

2. Stärkezucker

Da Stärkezucker für die Lebensmittelindustrie eine wesentlich geringere Bedeutung hat als Glucosesirup, gibt es über die Zusammensetzung nur wenig brauchbare Unterlagen. Die *Richtlinien für Stärke und Stärkeerzeugnisse* (1963) schreiben für Stärkezucker mindestens 80 % Tr. entsprechend maximal 20 % Wasser und einen D.E.-Wert von mindestens 80 % vor.

Wie G. GRAEFE (1955a) betont hat, besteht ein großer Teil der Disaccharide und höhermolekularen Saccharide des Stärkezuckers aus Reversionsprodukten. Dies wird durch papierchromatographische Untersuchungen an einem Stärkezucker neuerer Herstellung aus Maisstärke bestätigt (bisher unveröffentlicht). Es konnte festgestellt werden, daß die Disaccharid-Fraktion außer Maltose insbesondere Gentiobiose (6-β-Glucosido-glucose) und Isomaltose (6-α-Glucosido-glucose) enthält. Untersuchungen haben gezeigt, daß etwa die Hälfte der Disaccharid-Fraktion vergärbar ist. Da Gentiobiose und Isomaltose nicht vergärbar sind, kann angenommen werden, daß die Disaccharid-Fraktion zu etwa 50 % aus Maltose besteht. Auch die höhermolekularen Saccharide dürften anteilmäßig Reversionsprodukte enthalten (Tab. 11).

Tabelle 11. *Zusammensetzung eines Stärkezuckers neuerer Herstellung*

D.E.	84,0%
Trockensubstanz	85,2%
Wasser	14,8%
Asche (als Sulfat)	0,54%
D-Glucose i. Tr.	74,0%
Disaccharide i. Tr.	17,0%
Trisaccharide i. Tr.	6,0%
Tetrasaccharide und höhere Saccharide i. Tr.	3,0%

Auf Grund der gegenüber Glucosesirup erhöhten Säuremenge bei der Stärkehydrolyse liegt der Gehalt an *Mineralbestandteilen* (vorwiegend NaCl) durchschnittlich etwas höher als bei Glucosesirup, und zwar je nach Herstellungsverfahren bei 0,5–1,5 %. Der Gehalt an *Rohprotein* (N · 6,25) beträgt ähnlich wie bei Glucosesirup 0,05–0,1 %, und der *pH-Wert* liegt durchschnittlich bei 4,5–5,5.

3. Dextrose

Für Dextrose schreiben die *Richtlinien* (1963) einen Gehalt von mindestens 99,0 % D-Glucose i. Tr. und einen Wassergehalt von maximal 9,2 % vor. Die im Handel erhältliche Dextrose weist meistens einen höheren Reinheitsgrad auf, entsprechend D.E.-Werten von mindestens 99,5 % und einen Gehalt an D-Glucose i. Tr., der diesem Wert nahezu entspricht bzw. nur unwesentlich darunter liegt. Der Gehalt an *Mineralbestandteilen* (vorwiegend NaCl) beträgt 0,02–0,03 % und maximal 0,05 % (Sulfatasche).

IV. Eigenschaften

1. Organoleptische Eigenschaften

Glucosesirup stellt einen zähen, klaren, süßschmeckenden, farblosen bis schwach gelb gefärbten Sirup dar. Er besitzt keinen Nebengeschmack, was auch für *Trockenglucosesirup* und *Dextrose* gilt. *Stärkezucker* hat infolge seines relativ hohen Kochsalzgehalts und seines Gehalts an Reversionsprodukten, insbesondere Gentiobiose, einen nicht unangenehmen süß-salzigen Geschmack.

Da es keine objektive Methode für die Bestimmung der Süßkraft gibt, weichen die Angaben der älteren Literatur über die Süßkraft von Glucosesirup und Dextrose stark voneinander ab. Nach G. D. Turnbow u. Mitarb. (1947) ist der *Süßungsgrad* der Stärkeverzuckerungserzeugnisse konzentrationsabhängig, Konzentrierte Lösungen schmekken vergleichsweise süßer als verdünnte (Tab. 12).

Der *Süßungsgrad* eines Süßmittels gibt nach T. Paul (1921) an, wieviel Gramm Saccharose in einem bestimmten Volumen Wasser gelöst werden müssen, damit die Lösung ebenso süß schmeckt, wie die Lösung von 1 g des Süßmittels in dem gleichen Volumen Wasser. Der Süßungsgrad der Saccharose ist also gleich 1 gesetzt.

Tabelle 12. *Süßungsgrad von Glucosesirup und Dextrose*

Zuckerart	% Konzentration				
	5	10	15	20	25
Saccharose . .	1,00	1,00	1,00	1,00	1,00
Dextrose . . .	0,62	0,69	0,77	0,80	0,83
Glucosesirup (53% D.E.)	0,39	0,44	0,50	0,56	0,60
Glucosesirup (42% D.E.) .	0,30	0,36	0,40	0,45	0,51

40%ige Lösungen von Saccharose und Dextrose schmecken, bezogen auf Tr., etwa gleich süß. Eine frisch bereitete Lösung von Dextrose in Form von α-Glucose-Monohydrat oder α-Glucose-Anhydrid schmeckt süßer als eine gleichkonzentrierte Lösung, die längere Zeit gestanden hat und in der sich das Gleichgewicht zwischen etwa 36% α- und 64% β-Glucose eingestellt hat. Es wird deshalb angenommen, daß die α-Form süßer als die β-Form schmeckt (G. Graefe 1960).

Wenn Glucosesirup und Dextrose in Kombination mit Saccharose zur Anwendung kommen, wie es in der Praxis meistens der Fall ist, wird im allgemeinen ein höherer Süßungsgrad erhalten, als erwartet werden kann. Offensichtlich liegt hier ein ähnlicher Effekt vor, wie er auch bei der Kombination verschiedener Süßstoffe mit Saccharose beobachtet wird. Entsprechende Untersuchungen von H. Roederer (1952) an 5%igen Zuckerlösungen mit 75% Saccharose und 25% Dextrose, Stärkezucker bzw. Glucosesirup (a) sowie 50% Saccharose und 50% Dextrose bzw. Glucosesirup (b) haben diese Erfahrungen, von denen u. a. auch G. D. Turnbow u. Mitarb. (1947) berichteten, bestätigt (Tab. 13). Nach F. A. Lewis (1956) schmeckt eine 45%ige Zuckerlösung aus 25% Glucosesirup (42% D.E.) und 75% Saccharose nahezu ebenso süß wie eine 45%ige Saccharoselösung.

Tabelle 13. *Süßungsgrad der Stärkeverzuckerungserzeugnisse in 5%igen Saccharoselösungen*

Zuckerart	Süßungsgrad bei	
	75% Saccharose (a)	50% Saccharose (b)
Dextrose	0,70	0,75
Stärkezucker	0,60	—
Glucosesirup (53% D.E.) . .	0,60	0,60
Glucosesirup (42% D.E.) . .	0,50	0,55

Säure-enzymkonvertierte Glucosesirupe mit hohem Gehalt an D-Glucose und/oder Maltose, wie sie in letzter Zeit im Handel anzutreffen sind, weisen im allgemeinen einen höheren Süßungsgrad auf als säurekonvertierte Glucosesirupe mit gleichem D.E.-Wert.

2. Biochemisches Verhalten

Hier sollen nur einige Eigenschaften behandelt werden, die für den Einsatz der Stärkeverzuckerungserzeugnisse auf dem Lebensmittelsektor Bedeutung haben.

Die Vergärbarkeit von Stärkezucker und von Glucosesirup hängt im wesentlichen von den vorhandenen D-Glucose- und Maltosemenge ab. Für die Vergärung der Maltose ist allerdings vorher eine Aufspaltung durch das Ferment Maltase erforderlich, das aber in der Hefe vorhanden ist. Die Trisaccharide und höheren Saccharide des Glucosesirups und des Stärkezuckers sind nur vergärbar, wenn entsprechende Fermente vorhanden sind. Ein hochverzuckerter, durch enzymatische Nachverzuckerung erhaltener Glucosesirup ist deshalb leichter vergärbar und fördert die Hefegärung stärker als ein niedrigverzuckertes Säurehydrolysat.

Die leichteVergärbarkeit ist von Bedeutung für die Verwendung der Dextrose und der hochverzuckerten Glucosesirupe als *Brauzucker* und bei der Herstellung von *Backwaren*. Interessant ist ferner die u. a. von D. A. GREENWOOD u. Mitarb. (1940), R. GRAU (1951, 1961) sowie von R. GRAU u. A. BÖHM (1959) beschriebene Wirkung, die bereits geringe Mengen D-Glucose in Form von Dextrose oder Trockenglucosesirup bei dem Prozeß der *Umrötung von Fleisch* (Wurstbrät und Pökelfleisch) ausüben. Durch den Abbau zu Milchsäure bewirkt D-Glucose eine stärkere Säuerung und pH-Senkung. Dies hat zur Folge, daß das Wachstum unerwünschter, den Eiweißabbau fördernder Bakterien gehemmt, gleichzeitig aber das Wachstum denitrifizierender Bakterien und die Bildung von Nitrosomyoglobin (Pökelrot) gefördert wird.
Über die bakteriostatischen Eigenschaften von höher konzentrierten Glucose-Lösungen hat H. ROEDERER (1951, 1952) berichtet. Bei Untersuchungen an Bakterien, die häufig die Ursache von Lebensmittelvergiftungen sind, hat sich u. a. gezeigt, daß D-Glucose bereits bei einer Konzentration von 35 g/100 ml jegliches Bakterienwachstum unterbindet, während dies bei Saccharose erst bei 50 g/100 ml der Fall ist. Hierbei spielt der unterschiedliche osmotische Druck der Zuckerlösungen (S. 654) eine Rolle.

Auf die ernährungsphysiologischen Eigenschaften der D-Glucose und des Glucosesirups und ihre Eignung als Süßmittel auch für diätetische Zwecke hat G. GRAEFE (1960a, 1960b, 1962) wiederholt hingewiesen. Die D-*Glucose* nimmt im Stoffwechsel eine zentrale Stellung ein. Die übrigen Bestandteile des Glucosesirups und des Stärkezuckers, wie *Maltose, Maltooligosaccharide* und *höhermolekulare Maltosaccharide*, sind zwar nicht, wie die D-Glucose, direkt resorbierbar, können aber durch die Fermente des Mundspeichels und des Darms nach und nach zu D-Glucose aufgespalten und als solche von der Darmwand aufgenommen werden.

Stärkezucker kann trotz seines Gehaltes an teilweise nicht vergärbaren Reversionsprodukten (S. 640) als vollwertiges Lebensmittel angesehen werden. Die Reversionsprodukte mit ihren 1,6-glucosidischen Bindungen sind gesundheitlich unbedenklich (G. GRAEFE 1955). Dies geht nicht nur aus älteren, bei E. PREUSS (1925) erwähnten Untersuchungen hervor, sondern auch aus der Tatsache, daß in der Isomaltose und Isomaltosidoglucose die gleichen 1,6-a-glucosidischen Bindungen wie im Amylopektin, dem Hauptbestandteil der handelsüblichen Stärkearten, an den Verzweigungsstellen der Glucoseketten vorliegen.

3. Chemisches Verhalten

Im Vergleich zu anderen Zuckerarten ist D-Glucose gegen Säure relativ beständig. Im pH-Bereich von 1,0–5,0 erleiden beispielsweise 25 %ige wäßrige Glucose-Lösungen bei mehrstündigem Erhitzen auf 60° C keine Veränderungen (G. GRAEFE, unveröffentlicht). In stärker sauren Lösungen kondensiert Glucose sich zu höheren Sacchariden, und erst bei intensiver Einwirkung von Säuren unter Erwärmen finden auch intramolekulare Kondensationen statt, die zur Bildung von Hydroxymethylfurfurol, Laevulinsäure und Ameisensäure führen (vgl. Stärkehydrolyse mit Säuren, S. 640).
Gegen Alkalien sind alle reduzierenden Zucker wesentlich empfindlicher als gegen Säuren. In schwach alkalischer Lösung erfolgt beispielsweise partielle Umwandlung der D-Glucose in D-Fructose und D-Mannose (Lobry de Bruyn-Alberda van Ekensteinsche Umlagerung). Beim Erhitzen stärker alkalischer D-Glucose-

lösungen tritt unter Gelb- bis Braunfärbung Zersetzung ein, wobei sich neben höhermolekularen Bräunungsprodukten u. a. Methylglyoxal, Milchsäure, Ameisensäure, Essigsäure, Oxalsäure und Saccharinsäuren bilden.

Wie alle reduzierenden Zucker, bildet D-Glucose beim Erhitzen mit Eiweißstoffen oder Eiweißabbauprodukten braungefärbte hochpolymere Kondensationsprodukte (Maillard-Reaktion). Diese Eigenschaft ist für die Verwendung der Stärkeverzuckerungserzeugnisse für die Herstellung von *Zuckercouleur* (S. 684) wichtig. Weiterhin ist sie von Bedeutung für die *Bräunung der Kruste* von Backwaren, die durch Dextrose und Glucosesirup stärker gefördert wird als durch Saccharose (G. GRAEFE 1960 a).

Durch Dextrose und hochverzuckerten Glucosesirup soll die natürliche rote Farbe bei Tomatenketchup und bei Erdbeerkonserven besser erhalten bleiben.

4. Physikalische Eigenschaften

a) Schmelzpunkt, optisches Verhalten, Molekulargewicht, osmotischer Druck

Eine Auflösung von α- oder β-Glucose in Wasser führt stets zu einem Gleichgewicht zwischen 36,2% α- und 63,8% β-Glucose (Tab. 14).

Die spez. Drehung von Stärkezucker und Glucosesirup hängt weitgehend von dem Gehalt an D-Glucose, Maltose und höheren Sacchariden ab. Niedrigverzuckerte Glucosesirupe zeigen höhere spez. Drehungen als hochverzuckerte Sirupe. So

Tabelle 14. *Physikalische Eigenschaften der Glucose-Anomeren*
(W. W. PIGMAN u. R. M. GOEPS 1948)

Glucose-Anomere	$[\alpha]_D^{20}$ (H$_2$O; c=4)		Smp. (° C)	Molekulargewicht
α-Glucose-Monohydrat	+102,2°	+47,9°	83°	198
α-Glucose-Anhydrid	+112,2°	+52,7°	146°	180
β-Glucose	+ 18,7°	+52,7°	148–150°	180

werden von W. R. FETZER u. J. W. EVANS (1935) für niedrigverzuckerte Sirupe (etwa 30–36% D.E.) spez. Drehungen von 153–162° und für hochverzuckerte Sirupe (etwa 52% D.E.) solche von 125–128° angegeben (Tab. 3).

Ein hochverzuckerter Glucosesirup mit 63% D.E. (Säureverzuckerung hat ein mittleres Molekulargewicht von etwa 258, ein normalverzuckerter Glucosesirup mit 42% D.E. (Säureverzuckerung) ein solches von etwa 405, und ein Glucosesirup mit 53% D.E. (Säureverzuckerung) hat etwa das gleiche mittlere Molekulargewicht wie Saccharose (342).

Auf Grund des im Vergleich zur Saccharose relativ hohen osmotischen Drucks der Lösungen von D-Glucose und von hochverzuckerten Glucosesirupen vermögen diese Zuckerarten in die Oberfläche von bestimmten Lebensmitteln, beispielsweise Früchten, leichter einzudringen als die größeren Saccharose-Moleküle, was beispielsweise für die Verwendung von Dextrose und Glucosesirup für die Herstellung von *kandierten Früchten* wichtig ist.

Je niedriger das Molekulargewicht eines Zuckers ist, umso stärker wird auch bei gleicher Konzentration der Gefrierpunkt einer Zuckerlösung erniedrigt. Dies kann eine nicht unerhebliche Rolle bei der Herstellung von *Eiskrem und Speiseeis* spielen, worauf u. a. G. GRAEFE (1952, 1960 a) hingewiesen hat. In dem Diagramm Abb. 5 sind die Gefrierpunkte von wäßrigen Zuckerlösungen in Abhängigkeit von der Konzentration graphisch aufgetragen worden. Eine zu starke Gefrierpunkterniedrigung ist bei Speiseeis und Eiskrem selbstverständlich nicht erwünscht. Optimal ist eine Mischung aus etwa 75 % Saccharose und 25 % Dextrose oder hoch- bzw. normalverzuckertem Glucosesirup.

b) Löslichkeit

Alle Stärkeverzuckerungserzeugnisse sind in Wasser leicht löslich. Über die Löslichkeit der D-Glucose sind u. a. von F. E. YOUNG (1957) eingehende Untersuchungen durchgeführt worden. Wie das Phasen-Diagramm (Abb. 6) zeigt, lösen sich bei 20° C in Wasser 47,26 Gew.-% a-Glucose-Monohydrat, 60,65 % a-Glucose-Anhydrid und 71,48 % β-Glucose. Bei 54,7° C ist der Umwandlungspunkt a-Monohydrat ⇄ a-Anhydrid (Tab. 15). β-Glucose ist nur bei Temperaturen oberhalb 100° C stabil.

Auf Grund ihrer relativ guten Löslichkeit in Wasser hat die β-Glucose für bestimmte Verwendungszwecke Interesse erlangt. Bei Raumtemperatur läßt sich aus β-Glucose sehr schnell eine etwa 60 %ige wäßrige Lösung herstellen. Die gelöste β-Glucose wandelt sich aber teilweise in das a-Anomere um, und aus der an a-Glucose übersättigten Lösung kristallisiert a-Glucose-Monohydrat aus.

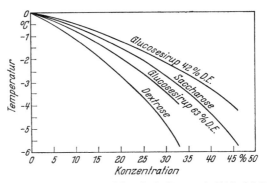

Abb. 5. Gefrierpunkte von wäßrigen Zuckerlösungen in Abhängigkeit von der Konzentration (bezogen auf Tr.)

c) Hygroskopizität

Die Stärkeverzuckerungserzeugnisse sind mit steigendem Verzuckerungsgrad bzw. D.E.-Wert zunehmend hygroskopisch. Hochverzuckerter Glucosesirup ist deshalb für viele Zuckerwaren, beispielsweise *Geleezuckerwaren*, *Weichkaramellen* und *Marzipan*, als Frischhalte- bzw. Stabilisierungsmittel geeignet. Niedrigverzuckerte Glucosesirupe sind vergleichsweise weniger hygroskopisch und deshalb für *Hartkaramellen* geeigneter. Für die Hygroskopizität ist in erster Linie die D-Glucose verantwortlich zu machen, während die höhermolekularen Maltosaccharide praktisch nicht hygroskopisch sind. Im Gegensatz zu ihrem Verhalten in amorphem Zustand (Trockenglucosesirup) und in konzentrierten wäßrigen Lösungen (Glucosesirup) im Gemisch mit anderen Zuckerwaren ist D-Glucose in kristallisierter Form nicht hygroskopisch (G. GRAEFE 1960a).

d) Beeinflussung der Kristallisation

Dextrose hat die Eigenschaft, bei vielen Süßwaren die Kristallisation der Saccharose zu hemmen

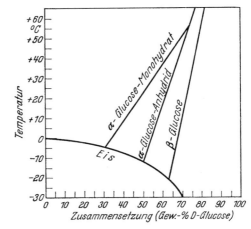

Abb. 6. Phasen-Diagramm D-Glucose-Wasser

Tabelle 15. *Löslichkeit der D-Glucose in Wasser (Gew.-%)*

Temperatur (° C)	a-Glucose-Monohydrat	a-Glucose-Anhydrid	ß-Glucose
0	33,78	53,80	67,00
10	40,28	57,19	69,24
20	47,26	60,65	71,48
30	54,57	64,18	73,72
40	62,09	67,78	75,96
50	69,67	71,46	78,20
54,71	73,22	73,22	79,00

oder die Bildung feiner Saccharosekristalle zu fördern, weil beide Zucker gegenseitig ihre Löslichkeit erhöhen. Noch wirksamer ist in dieser Hinsicht Glucosesirup. Er kann deshalb auch bei *Hartkaramellen* das Absterben und die Bildung sehr feiner Saccharosekristalle bei *Weichkaramellen, Fondant* und *Pralinenfüllungen* fördern.

Die Beeinflussung der Kristallisation spielt nicht nur bei Zuckerwaren, sondern auch bei *Speiseeis* eine Rolle. Bei Fruchteis, das ohne Milch oder Sahne hergestellt wird, kann es bei der Aufbewahrung im Konservator bei tiefen Temperaturen zu Verkrustungen der Oberfläche durch Auskristallisieren von Saccharose kommen. Wenn dem Eismix 25% des Süßmittels in Form von Glucosesirup oder Dextrose zugesetzt werden, tritt dieser Fehler nicht ein (G. GRAEFE 1952, 1960a).

Bei *Milch-* und *Sahneeis* kommt es bei unzweckmäßiger Zusammensetzung des Eismixes leicht zum „Sandigwerden" (Auskristallisieren von grobkörnigen, in Wasser schwer löslichen α-Lactose-Kristallen). Wenn man 25% des Süßmittels in Form von Dextrose oder Glucosesirup zusetzt, so erhält man beim Gefrieren sehr feine α-Lactose-Kristalle, die auf der Zunge nicht als „sandig" empfunden werden. Dieser Effekt ist gleichfalls bei *gezuckerter Kondensmilch* zu erreichen (G. GRAEFE 1952, 1960a).

e) Viscosität

Eine für die Zucker- und Süßwarenherstellung und für viele andere Lebensmittel wichtige Eigenschaft des Glucosesirups ist seine Viscosität, worauf u. a. H. ROEDERER (1952, 1954) und G. GRAEFE (1960a, 1960b) hingewiesen haben.

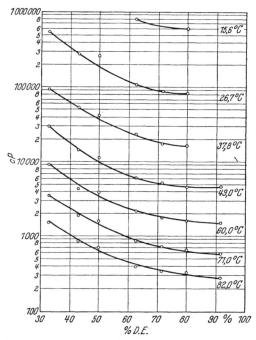

Abb. 7. Viscosität von Glucosesirup in Abhängigkeit vom D.E.-Wert und der Temperatur

Während gleichkonzentrierte Saccharose- und Dextroselösungen bei gleicher Temperatur etwa die gleiche Viscosität aufweisen, liegt die Viscosität der meisten Glucosesirupe, bezogen auf Tr., höher. Sie ist nicht nur abhängig vom Trockensubstanz- bzw. Wassergehalt eines Sirups, sondern auch von der Zusammensetzung der Saccharide. Je niedriger der Verzuckerungsgrad bzw. der D.E.-Wert eines Glucosesirups ist, um so höher ist im allgemeinen die Viscosität. Hierfür sind insbesondere die höhermolekularen Saccharide des Glucosesirups verantwortlich zu machen. Wie aus Abb.7 hervorgeht, ist der Einfluß des D.E.-Wertes auf die Viscosität allerdings wesentlich geringer als der Einfluß der Temperatur.

Ein niedrigverzuckerter Glucosesirup mit etwa 84% Wassergehalt (Bonbonsirup, etwa 45° Bé) und 37% D.E. hat beispielsweise bei 37,8° C eine Viscosität von etwa 75000 cP. Unter gleichen Bedingungen hat ein normalverzuckerter Glucosesirup mit 43% D E. eine Viscosität von etwa 53000 cP und ein hochverzuckerter Glucosesirup mit 52% D.E. eine solche von 34000 cP.

Die Viscosität des Glucosesirups ist nicht nur für viele Zuckerwaren, wie Gummibonbons, Kaubonbons, Schaumzuckerwaren, bei denen es auf eine besonders zähe Konsistenz bzw. Kaufähigkeit ankommt, sondern auch für den Transport in Tankwagen und die Lagerung in Tanks von Bedeutung. Die Grenze der Pumpfähigkeit für Glucosesirup liegt erfahrungsgemäß bei einer Viscosität von etwa 47000 cP. Diese Viscosität weisen 43er Glucosesirupe bei etwa 20° C und 45er Glucosesirupe bei etwa 38° C auf. Die Viscositätsgrenze für einen freien Auslauf aus einem Tank liegt bei etwa 15600 cP. Um die Viscosität soweit herabzusetzen, müssen 43er Glucosesirupe auf etwa 30° C und 45er Glucosesirupe auf etwa 47° C angewärmt werden.

Eine Übersicht über Geschichte, Vorkommen, Bildung, Darstellung, physikalische und chemische Eigenschaften der D-Glucose hat G. TEGGE (1957, 1959) veröffentlicht.

V. Verwendung

Seit Entdeckung der Stärkeverzuckerung sind über 150 Jahre vergangen. Neue wissenschaftliche Erkenntnisse haben auch die Technologie der Stärkeverzuckerung fortschrittlich gestaltet. Glucosesirup, Stärkezucker und Dextrose stellen heute hochwertige Lebensmittel und Süßmittel dar, die nicht nur aus leichtverdaulichen Kohlenhydraten bzw. Zuckerarten bestehen, sondern darüberhinaus für die moderne Lebensmitteltechnologie wichtige Eigenschaften aufweisen, die sich insbesondere bei der Kombination mit anderen Zuckerarten günstig auswirken. Die Stärkeindustrie ist heute insbesondere dazu in der Lage, für jedes Einsatzgebiet den geeigneten Glucosesirup sozusagen „nach Maß'' zur Verfügung zu stellen. Die Verwendungsmöglichkeiten der Stärkeverzuckerungserzeugnisse auf dem Lebensmittelsektor sind überaus vielseitig, so daß in den folgenden Ausführungen nur die wichtigsten Gebiete erwähnt werden können. Eingehend hierüber berichtet haben u. a. G. GRAEFE (1953, 1960b), H. ROEDERER (1954) und F. A. LEWIS (1956).

Das Hauptanwendungsgebiet der *Dextrose* liegt auf dem diätetischen Sektor. Auf Grund der schnellen Resorption der D-Glucose eignet sich die Dextrose besonders als Kalorienspender für Nähr- und Kräftigungsmittel, weiterhin für Kindernahrung, für die Herstellung von Tabletten bzw. Komprimaten zur Leistungssteigerung bei Ermüdungserscheinungen, als Süßmittel für alkoholfreie Erfrischungsgetränke, Malzbier und Getränke für Hitzearbeiter sowie für Schokoladen (G. LEHMANN 1950; H. ROEDERER 1954; G. GRAEFE 1956, 1961). Bei Hefegebäck, Fein- und Dauerbackwaren fördert Dextrose die Teiggärung, Bräunung und Frischhaltung. Weiterhin wird mit Dextrose bei der Zuckerung von Most und Wein eine Verbesserung des Buketts und ein voller, reifer Geschmack des fertigen Getränks erreicht. Bei der Umrötung von Fleisch (Pökeln) fördern geringe Zusätze von Dextrose oder von *Trockenglucosesirup* die Bildung von Nitrosomyoglobin (D. A. GREENWOOD u. Mitarb. 1940; R. GRAU 1951, 1961).

Auf dem Arzneimittelsektor findet Dextrose u. a. Anwendung für die Herstellung steriler, pyrogenfreier Injektions- und Infusionslösungen und auf Grund ihrer bakteriostatischen Eigenschaften für die Herstellung von Wund- und Heilsalben und von Vaginaltabletten.

Durch den hohen Gehalt an leicht vergärbarer D-Glucose eignet sich *Stärkezucker* u. a. als Süß- und Bräunungsmittel für Dauerbackwaren, z. B. Lebkuchen und Honigkuchen. Weiterhin findet er als Braustoff für obergärige Biere und als Süßmittel für Malz- und Nährbier Verwendung. Auch dient er zum Glasieren von Röstkaffee und Malzkaffee und als Weichmacher und Frischhaltemittel für Tabak. Die pharmazeutische Industrie verwendet Stärkezucker u. a. als Rohstoff für die mikrobiologische Gewinnung von Milchsäure und Gluconsäure und als Nährstoff für Bakteriennährböden bei der Gewinnung von Antibiotica. Weiterhin bildet Stärkezucker üblicherweise das Ausgangsmaterial für die technische Herstellung von Polyalkoholen, insbesondere von Sorbit (S. 677), durch elektrolytische Reduktion bzw. katalytische Hydrierung. Schließlich dient Stärkezucker auch der Herstellung von Zuckercouleur (S. 684).

Die Verwendungsmöglichkeiten des *Glucosesirups* sind außerordentlich vielseitig. Im Vordergrund steht der Süßwarensektor. Bei Hartkaramellen wird durch Glucosesirup das Auskristallisieren von Saccharose (Absterben) verhindert. Bei Weichkaramellen, Fondant, Gummi- und Schaumzuckerwaren und Kaugummi wird nicht nur das Auskristallisieren von Saccharose vermieden, sondern auch eine verbesserte Frischhaltung erreicht. Kaubonbons und Kaugummi erhalten darüberhinaus die gewünschte zähe, elastische Struktur. Bei Speiseeis verhindert ein Zusatz von Glucosesirup das Auskristallisieren von Saccharose und *a*-Lactose, gleichzeitig werden die Schmelzeigenschaften verbessert. Weitere wichtige Einsatzgebiete für Glucosesirup sind Liköre, Dessertweine, alkoholfreie Erfrischungsgetränke und Obstkonserven. Außer einer Milderung des süßen Geschmacks wird hier eine Verbesserung der Sämigkeit und bei alkoholfreien Erfrischungsgetränken und Obstkonserven eine Unterstützung des Fruchtgeschmacks erreicht. Weiterhin verhindert ein Zusatz von Glucosesirup bei Konfitüren, Marmeladen und Fruchtgelees das Auskristallisieren von Saccharose und bei Kunsthonig das Auskristallisieren von D-Glucose.

Obwohl Glucosesirup ein hochwertiges Lebensmittel darstellt, sind seiner Verwendung in vielen Ländern heute noch erhebliche Beschränkungen auferlegt. Während es in den USA, Großbritannien, Schweden und Dänemark dem Lebensmittelhersteller grundsätzlich freigestellt ist, als Süßmittel die Zuckerart oder die Zuckermischung zu verwenden, die ihm für die Herstellung eines bestimmten Erzeugnisses am geeignetsten erscheint, ist die Verwendung in anderen Ländern, insbesondere Frankreich, Italien und der Schweiz, auf Grund von überalterten lebensmittelrechtlichen Bestimmungen bei vielen Lebensmitteln untersagt.

G. Graefe (1964c) hat am Beispiel von zehn Lebensmittelgruppen über die gegenwärtige Stellung des Glucosesirups im Lebensmittelrecht europäischer Länder berichtet. Er weist darauf hin, daß in den verschiedenen Ländern nicht nur die prinzipielle lebensmittelrechtliche Einstufung des Glucosesirups als Süßmittel und Zuckerart voneinander abweicht, sondern daß auch die Vorschriften für vergleichbare Lebensmittelgruppen sehr unterschiedlich sind.

VI. Untersuchung

Für die Untersuchung von Glucosesirup, Trockenglucosesirup, Stärkezucker und Dextrose hat die amerikanische Corn Industries Research Foundation (1963) die analytischen Methoden standardisiert (CIRF-Methoden); sie werden heute fast in der gesamten westlichen Welt angewendet. Ein großer Teil dieser Methoden wurde inzwischen von der „International Commission for Uniform Methods of Sugar Analysis" (ICUMSA) übernommen. Soweit die Methoden von der ICUMSA angenommen worden sind, hat sie kürzlich H. C. S. de Whalley (1964) zusammengestellt.

Weiterhin wird auch seitens der Internationalen Standardisierungsorganisation (ISO) auf internationaler Ebene an der Standardisierung der Analysenmethoden für Stärkeverzuckerungserzeugnisse gearbeitet. Von der entsprechenden ISO-Kommission TC-93 wird angestrebt, die von der ICUMSA empfohlenen Methoden möglichst unverändert zu übernehmen. Auch die „Association Internationale des Fabricants de Confiserie" (1964) hat eine Sammlung von Untersuchungsvorschriften für Glucosesirup herausgegeben, die aber nur z. T. mit den ICUMSA-Methoden übereinstimmen.

1. Sinnenprüfung

Glucosesirup bildet eine klare, farblose bis gelblich gefärbte, mehr oder weniger hochviscose Flüssigkeit mit mehr oder weniger süßem, sonst aber neutralem Geschmack. *Trockenglucosesirup* ist weiß bis gelblich gefärbt und mehr oder weniger feinkörnig amorph. Der Geschmack ist ebenfalls mehr oder weniger süß, aber sonst neutral. *Stärkezucker*, in Stücken oder geraspelt, ist von weißer bis gelblicher Farbe, schmeckt süß und hat meistens einen leicht salzig-bitteren Beigeschmack. *Dextrose* bildet in Form des α-Glucose-Hydrats, des α-Glucose-Anhydrids und der β-Glucose mehr oder weniger feine Kristalle von süßem Geschmack. Da das α-Glucose-Hydrat eine negative Lösungswärme hat, löst es sich in Wasser unter Abkühlung, was beim Verzehr von Lebensmitteln, die das Monohydrat in kristallisierter Form enthalten, in einem angenehmen, kühlenden, erfrischenden Gefühl auf der Zunge zum Ausdruck kommt.

2. Wasser/Trockensubstanz

a) Glucosesirup, Trockenglucosesirup und Stärkezucker

α) Direkte Bestimmung

Eine Probe von 8—10 g wird mit etwa 30 g gereinigtem und getrocknetem Kieselgur bei 100° C (Stärkezucker 80° C) im Vakuum bis zur Gewichtskonstanz getrocknet (CIRF-Methode E-42).

Weiterhin können für die Wasser- bzw. Trockensubstanzbestimmung auf direktem Wege die azeotrope Destillation mit Toluol (CIRF-Methode E-40) oder die Karl-Fischer-Methode (E. EBERIUS u. W. KEMPF 1957) herangezogen werden.

β) Indirekte Bestimmung

Für Betriebsuntersuchungen wird heute die Trockensubstanz von Glucosesirup noch meistens über das Gewichtsverhältnis, das mit Hilfe eines Pyknometers, Aräometers oder einer Mohrschen Waage ermittelt wird, oder über den mit Hilfe eines Refraktometers ermittelten Brechungsindex bestimmt. Voraussetzung für die Anwendung dieser Methode sind exakte Tabellen über die Beziehungen zwischen Gewichtsverhältnis bzw. Brechungsindex und Trockensubstanz, die mit Hilfe einer direkten Bestimmungsmethode aufgestellt werden müssen. G. GRAEFE (1961) hat darauf hingewiesen, daß den älteren Tabellen, z. B. von W. B. SMITH (1906), O. WOLFF (1922) und W. KRÖNER u. Mitarb. (1941), ausnahmslos der Fehler anhaftet, daß sie den Verzuckerungsgrad bzw. den D.E.-Wert nicht berücksichtigen. Lediglich die von J. E. CLELAND u. Mitarb. (1943, 1944) ausgearbeiteten Tabellen über die Beziehungen zwischen spez. Gew. bzw. Brechungsindex und Trockensubstanz nehmen auf den D.E.-Wert und den Aschegehalt Rücksicht. Sie wurden von der Corn Industries Research Foundation als Standardmethoden (CIRF-Methoden E-8 und E-54) und von der ICUMSA versuchsweise übernommen.

Die Tabellen berücksichtigen keine niedrigverzuckerten Stärkehydrolysate unter 42% D.E. Außerdem gelten sie exakt nur für Säurehydrolysate. Bei Säure-Enzymhydrolysaten liegt der Gehalt an Maltooligosacchariden und höhermolekularen Maltosacchariden niedriger als bei Säurehydrolysaten.

b) Dextrose

Etwa 5 g Glucose-Monohydrat oder etwa 10 g Glucose-Anhydrid werden 4 Std im Vakuum bei 100° C getrocknet (CIRF-Methode F-34).

3. Acidität/Säuregrad

50 g Glucosesirup, Trockenglucosesirup oder Dextrose bzw. 25 g Stärkezucker werden in 200 ml dest. Wasser gelöst und gegen Phenolphtalein als Indikator mit 0,1n-NaOH bis zum bleibenden Farbumschlag titriert. Bei elektrometrischer Titration wird ein pH-Wert von 7,0 eingestellt. Die Berechnung der Acidität kann als % HCl oder als mval erfolgen (CIRF-Methoden E-2 und F-2). Soll der Säuregrad angegeben werden, so werden die ml n-NaOH/100 g Glucosesirup, Stärkezucker oder Dextrose berechnet.

4. pH

Die Messung erfolgt mit einem pH-Gerät, das mit Glas- und Kalomel-Elektrode ausgerüstet und zur Messung von pH-Werten zwischen 1 und 10 geeignet ist. 100 g Glucosesirup, Trockenglucosesirup, Stärkezucker oder Dextrose werden in der gleichen Menge frisch gekochtem, dest. Wasser gelöst (CIRF-Methoden E-48 und F-42).

5. Mineralbestandteile (Sulfatasche)

Etwa 5 g Glucosesirup, Trockenglucosesirup, Stärkezucker bzw. 10 g Dextrose (Glucose-Monohydrat oder -Anhydrid) werden nach Zugabe von 5 ml H_2SO_4 (1:3) in einer Platin- oder Quarzschale bei mindestens 525° C 2 Std verascht (CIRF-Methoden E-6 und F-6).

6. Schwermetalle

Es soll hier nur auf die Methoden der Corn Industries Research Foundation für die Bestimmung von Schwermetallen, Kupfer und Eisen hingewiesen werden (CIRF-Methoden E-30, E-22, E-32, F-26, F-18, F-28), die auch von der ICUMSA versuchsweise übernommen worden sind (H. C. S. DE WHALLEY 1964).

7. Kohlenhydrate

a) D.E.-Wert

Zur Bestimmung des D.E.-Wertes (Gehalt an reduzierenden Zuckern, berechnet als D-Glucose i. Tr.) können alle von L. Acker (vgl. Bd. II/2) angeführten nichtselektiven Reduktionsmethoden herangezogen werden, vorzugsweise die Methoden, die auf der Reduktion von Fehlingscher Lösung beruhen.

Für Reihenuntersuchungen besonders geeignet ist die Methode der Titration der Fehlingschen Lösung mit der zuckerhaltigen Lösung (Lane-Eynon-Methode). Angewendet werden kann diese Methode für alle Stärkeverzuckerungsprodukte. Sie wird von der Corn Industries Research Foundation (CIRF-Methoden E-26 und F-22) und von der ICUMSA (H. C. S. de Whalley 1964) empfohlen und im Rahmen der Standardisierungsarbeiten des ISO/TC 93 diskutiert (vgl. auch Bd. II/2). An Stelle der von L. Acker (Bd. II/2) entsprechend den AOAC-Methoden (Ziff. 29.035-037) angegebenen Standard-Invertzuckerlösung mit bekanntem Gehalt empfiehlt es sich allerdings für genauere Bestimmungen, eine Standard-Glucoselösung aus reiner Dextrose von Arzneibuch-Qualität, die vorher im Vakuum 2 Std bei 100° C getrocknet wird, herzustellen. Fructose hat ein geringeres Reduktionsvermögen gegenüber Fehlingscher Lösung als D-Glucose.

b) D-Glucose neben Maltose und höhermolekularen Maltosacchariden

Für die Bestimmung des Gehaltes an D-Glucose in Glucosesirup, Trockenglucosesirup und Stärkezucker wird auch heute noch meistens die Reduktion von Kupferacetatlösung (Barfoed-Reagens) in der von G. Steinhoff (1933) und K. Sichert u. B. Bleyer (1936) empfohlenen Arbeitsweise (Bd. II/2) benutzt. Bei Glucosesirup wird nach Untersuchungen von L. Acker u. Mitarb. (1954) gute Übereinstimmung mit den papierchromatographisch ermittelten Glucosewerten erhalten. Bei niedriger Glucose- und hoher Maltose-Konzentration werden aber zu hohe Maltose-Werte gefunden, was auch L. Robinson-Görnhardt (1955) festgestellt hat. F.W. Zerban u. L. Sattler (1938) haben für die stärkere Reduktion der Maltose Korrekturen angegeben. Im Maltose-Wert werden die höhermolekularen Maltosaccharide mit erfaßt, die ebenfalls, wenn auch schwächer, reduzierend wirken.

H. Rüggeberg (1951a) hat zur Bestimmung von D-Glucose und Maltose neben höhermolekularen Maltosacchariden im Glucosesirup eine colorimetrische Methode vorgeschlagen, die als Reagentien 3,5-Dinitrosalicylsäure und Ammoniummolybdatophosphat verwendet.

c) Chromatographische Bestimmung der Saccharide

Für genauere Untersuchungen der Zusammensetzung der Saccharide des Glucosesirups und des Stärkezuckers können die von L. Acker (Bd. II/2) angeführten chromatographischen Verfahren herangezogen werden. Geeignet sind sowohl die quantitative Papierchromatographie als auch die Dünnschichtchromatographie, auf die hier im einzelnen nicht eingegangen werden soll. Auf eine von der ICUMSA empfohlene Vorschrift zur quantitativen Papierchromatographie hat H. C. S. de Whalley (1964) hingewiesen. Die Dünnschichtchromatographie haben C. E. Weill u. P. Hanke (1962) zur Trennung von D-Glucose, Maltose und höhermolekularen Maltosacchariden benutzt. Sie erreichten eine gute Trennung bis zu Maltosacchariden mit 10 Glucoseeinheiten.

d) Mikrobiologische und enzymatische Bestimmungsmethoden

Die Bestimmung der Glucose, Maltose und höhermolekularen Maltosaccharide kann auch auf mikrobiologischem Wege erfolgen, wobei die einzelnen Zuckerarten mit Hefen selektiv vergoren werden (Bd. II/2). Ein entsprechendes Verfahren für Glucosesirup hat F. Th. van Voorst (1955) vorgeschlagen. Es beruht darauf, daß die Hefe *Saccharomyces cerevisiae* die Eigenschaft hat, sowohl D-Glucose als auch Maltose zu vergären, während die Hefe *Candida pseudotropicalis* die Maltose nicht angreift.

Auch mit geeigneten Enzympräparaten, wie Glucoseoxydase, kann nach R. L. WHISTLER (1953) der D-Glucosegehalt von Glucosesirup zuverlässig ermittelt werden (Bd. II/2).

8. Farbe und Farbstabilität

Die Farbe von Glucosesirup, Trockenglucosesirup und Stärkezucker kann nach entsprechenden Vorschriften mit Hilfe eines Spektrophotometers ermittelt werden (CIRF-Methoden E-18 und F-14 sowie H. C. S. DE WHALLEY 1964). Für Glucosesirup wurde weiterhin eine Methode zur Bestimmung der Farbstabilität bei 1 stündigem Erhitzen im siedenden Wasserbad vorgeschlagen (CIRF-Methode E-20).

9. Bonbontest

Nach dieser von K. Heyns (1944) beschriebenen Methode, die in Anlehnung an den Prozeß des Bonbonkuchens entwickelt wurde, werden Glucosesirup, Saccharose und Wasser in bestimmtem Mengenverhältnis in einer Kupferpfanne unter Einhaltung einer bestimmten Temperatur-Zeit-Kurve bis auf 160° C erhitzt. In der erkalteten Bonbonmasse wird dann die Inversion (% reduzierende Zucker, ber. als D-Glucose i. Tr.) und gegebenenfalls die Farbe (nach Auflösung in Wasser) spektrophotometrisch ermittelt (CIRF-Methode E-12).

10. Schweflige Säure

In 200 g Glucosesirup, Trockenglucosesirup oder Stärkezucker wird nach dem Verdünnen bzw. Auflösen in 100 ml dest. Wasser der SO_2-Gehalt nach der Methode Monier-Williams ermittelt. Die erhaltene H_2SO_4 kann anschließend auch gravimetrisch bestimmt werden (CIRF-Methoden E-66 und F-54 sowie H. C. S. DE WHALLEY 1964). Zu gut reproduzierbaren Werten führt auch die von J. F .REITH u. J. J. L. WILLEMS (1958) vorgeschlagene Ausführungsform der Methode Monier-Williams, die anstelle von Phosphorsäure zum Ansäuern Salzsäure verwendet.

Nach den „Richtlinien für Stärke und Stärkeerzeugnisse" (1963) dürfen Glucosesirup, Trockenglucosesirup und Stärkezucker maximal 100 mg/kg SO_2 als unvermeidliche Reste eines technischen Hilfsstoffs enthalten.

VII. Hinweise für die lebensmittelrechtliche Beurteilung

Eine spezielle bundesrechtliche Regelung auf Grund von § 5 LMG besteht für Stärkeverzuckerungserzeugnisse z. Z. nicht. Als Verkehrsanschauung der Lebensmittelwirtschaft und als Maßstab der Verbrauchererwartung gelten *Richtlinien für Stärke und Stärkeerzeugnisse*, die vom Bund für Lebensmittelrecht und Lebensmittelkunde am 23. IV. 1963 veröffentlicht worden sind. Diese Richtlinien enthalten außer Begriffsbestimmungen und Mindestanforderungen für die Reinheit auch Hinweise auf die Untersuchungsmethoden und sollen als Unterlage für die Aufnahme in das Deutsche Lebensmittelbuch dienen. Soweit sich die Richtlinien auf Stärkeverzuckerungserzeugnisse beziehen, werden sie hier auszugsweise angeführt:

„*6. Stärkezuckersirupe (Stärkesirupe, Glucosesirupe)* werden aus Stärke jeder Art durch Verzuckerung in wässeriger Suspension mittels Säuren und/oder Enzymen gewonnen. Sie enthalten D-Glucose und/oder Maltose sowie höhermolekulare Zucker.

Aussehen:	blank, farblos bis gelb
Geruch und Geschmack:	süß, manche mit spezifischem Geschmack
Trockensubstanzgehalt:	min. 70%
Dextrose-Äquivalent:	min. 20%
Schweflige Säure:	max. 100 mg/kg

Anmerkung:
Weizenstärkesirup wird nicht aus Stärke im Sinne der vorstehenden Richtlinien, sondern aus Rohstärke mit einem gewissen Gehalt an Rohprotein, Fett und Fasern hergestellt.

7. Trockenstärkezuckersirup (Trockenstärkesirupe, Trockenglucosesirupe) sind vorzugsweise im Zerstäubungsverfahren aus Stärkezuckersirupen gewonnene Trockenerzeugnisse.

Farbe:	weiß bis gelb
Geruch und Geschmack:	süß, manche mit spezifischem Geschmack
Trockensubstanzgehalt:	min. 95%
Dextrose-Äquivalent:	min. 20%
Schweflige Säure:	max. 100 mg/kg

8. Stärkezucker ist das bei der Verzuckerung von Stärke jeder Art mittels Säuren und/oder Enzymen entstehende Erzeugnis in fester Form. Es wird in Stücken oder geraspelt in den Verkehr gebracht. Bezeichnungen wie „Traubenzucker", „Dextrose", „Glucose" sind irreführend.

Farbe:	weiß bis gelb
Geruch und Geschmack:	süß, manche mit leicht bitterem oder salzigem Geschmack
Trockensubstanzgehalt:	min. 80%
Dextrose-Äquivalent:	min. 80%
Schweflige Säure:	max. 100 mg/kg

9. Dextrose entsteht bei der vollständigen Hydrolyse von Stärke jeder Art. Sie wird in Form des Anhydrids ($C_6H_{12}O_6$) oder des Monohydrates ($C_2H_{12}O_2 \cdot H_2O$) gewonnen.
Sie enthält in der Trockensubstanz min. 99,0% D-Glucose. Dextrose wird auch als „Traubenzucker" bezeichnet. Die Feuchtigkeit des Monohydrates beträgt max. 9,2%."

Begriffsbestimmungen für Stärkeverzuckerungserzeugnisse, die z. T. auch lebensmittelrechtlich interessant sind, gibt die Dienstanweisung des Bundesministeriums der Finanzen zum Zuckersteuergesetz und seinen Durchführungsbestimmungen in der Fassung vom 15. November 1965 (BZollBl. S. 929). Speisesirupe in Verpackungen oder Behältnissen unterliegen den Bestimmungen der Verordnung über die äußere Kennzeichnung von Lebensmitteln (Lebensmittel-Neuzeichnungsverordnung) in der Fassung vom 9. September 1966 (BGBl. I S. 590). Für die Beurteilung von Diatbeiker-Lebensmitteln, die Stärkeabbauprodukte enthalten, gilt die Verordnung über diätetische Lebensmittel in der Fassung vom 22. Dezember 1965 (BGBl. I S. 2140).

Im Rahmen der Internationalen Standardisierungs-Organisation (ISO) wird vom Technischen Komitee TC 93 seit einigen Jahren auf internationaler Ebene an einer einheitlichen Terminologie auf dem Stärkegebiet gearbeitet. Im Hinblick auf die bereits vorliegenden Ergebnisse dieser Arbeiten (G. GRAEFE 1964a, 1964b, 1965) und die Belange der EWG sollte auch im deutschen Sprachgebrauch für Stärkesirup einheitlich die Bezeichnung *Glucosesirup* angewendet werden.

Bibliographie

AEHNELT, W. R.: Stärke, Stärkesirup, Stärkezucker. Dresden und Leipzig: Theodor Steinkopff 1951.
Association Internationale des Fabricants de Confiserie: Sammlung von Untersuchungsmethoden der Chemiker-Kommission. Hamburg: Benecke-Verlag 1963.
CAMERON, A.T.: The taste sense and the relative sweetness of sugars and other sweet substances. Sugar Research Foundation 1947.
Corn Industries Research Foundation: Corn syrups and sugars. Second Edition. Washington—New York: Corn Industries Research Foundation 1958.
— Standard analytical methods of the member companies of the Corn Industries Research Foundation. Washington: 1. Aufl., letztmalig 1964 ergänzt.
CORSON, G.E.: Critical data tables. New York: Corn Industries Research Foundation 1957.
DEAN, G.R., and J.B. GOTTFRIED: The commercial production of crystalline dextrose. In: Advances in corbohydrate chemistry, Vol. 5. New York: Academic Press Inc. 1950.
DE WHALLEY, H.C.S.: ICUMSA methods of sugar analysis. Amsterdam, London, New York: Elsevier Publishing Company 1964.

GROSSFELD, J.: Zucker und Zuckerwaren. In: Handbuch der Lebensmittelchemie, hrsg. von A. BÖMER, A. JUCKENACK u. J. TILLMANNS, Bd. V, S. 380—500. Berlin: Springer 1938.

HEYNS, K.: Die Technologie der Kohlenhydrate. In: Chemische Technologie, Hrsg. von K. WINNACKER u. L. KÜCHLER, Bd. 4, S. 901—957. München: Carl Hauser 1960.

HOLZ, G.: Technisch wichtige Kohlenhydrate. In: Ullmanns Encyklopädie der technischen Chemie. 3. Aufl., Bd. 9, S. 656—679. München—Berlin: Urban & Schwarzenberg 1957.

KERR, R.W.: Chemistry and industry of starch, 2. Aufl. New York: Academic Press Inc. 1950.

MICHEEL, F.: Chemie der Zucker und Polysaccharide. 2. Aufl. Leipzig: Akad. Verlagsges. Geest u. Portig 1956.

PIGMAN, W.W., and R.M. GOEPP: Chemistry of the carbohydrates. New York: Academic Press. Inc. 1948.

PREUSS, E.: Die Fabrikation des Stärkezuckers. Leipzig: Dr. M. JÄNECKE, Verlagsbuchhandlung 1925.

Richtlinien für Stärke und Stärkeerzeugnisse, Gutachten des Bundes f. Lebensmittelrecht u. Lebensmittelkunde vom 23. 4. 1963. Schriftenreihe des BLL Heft 45. Hamburg—Berlin—Düsseldorf: B. Behr's Verlag 1963.

TURNBOW, G.D., P.H. TRACY, and L.A. RAFFETTO: The ice cream industry, 2. Aufl., New York 1947.

WAGNER, L. v.: Handbuch der Stärkefabrikation. Weimar: Bernhard Friedrich Voigt 1884.

Zeitschriftenliteratur

ACKER, L., W. DIEMAIR u. D. PFEIL: Die quantitative papierchromatographische Bestimmung von Zuckern in Malzextrakten, Stärkesirupen und ähnlichen Erzeugnissen. Stärke **6**, 241—246 (1954).

Anonym: Die Stellung der Dextrose im biochemischen Stoffwechselgeschehen. Stärke **13**, 117—128 (1961).

AUERBACH, F., u. E. BODLÄNDER: Zur Bestimmung von Glucose durch Oxydation mit Jod. Angew. Chem. **36**, 602—607 (1923).

—, u. G. BORRIES: Der Einfluß des Rohrzuckers auf die Bestimmung des Milchzuckers durch Oxydation mit Jod. Arb. Reichsgesundh.-Amt **57**, 318—324 (1926).

BORUD, J.: Praktische Erfahrungen mit dem Krøyer-Verfahren zur kontinuierlichen Stärkekonversion. Stärke **6**, 148—152 (1954).

BRYANT, A.P., and R.C. JONES: Composition of corn sirup unmixed. Industr. Engin. Chem. **25**, 98—100 (1933).

CANTOR, S.M., and W.W. MOYER: Analysis of corn syrups. Paper presented at the meeting of the American Chemical Society, Buffalo, Abstracts 1942.

CLELAND, J.E., J.W. EVANS, E.E. FAUSER, and W.R. FETZER: Refractive index-dry substance tables for starch conversion products. Industr. Engin. Chem. Anal. Ed. **16**, 171—168 (1944).

EBERIUS, E., u. W. KEMPF: Die Wasserbestimmung in Stärken, Stärkederivaten und Stärkenebenprodukten nach der Karl-Fischer-Methode. Stärke **9**, 77—81 (1957).

ERBSLÖH, F., P. KLÄRNER, u. A. BERNSMEIER: Über die Bilanz des cerebralen Zuckerstoffwechsels. Klin. Wschr. **36**, 849—852 (1958).

FETZER, W.R., and J.W. EVANS: Baumé-purity-moisture tables for corn sirup. Industr. Engin. Chem. Anal. Ed. **7**, 41—43 (1935).

GRAEFE, G.: Über die bei der Stärkehydrolyse auftretenden Reversionsprodukte. Stärke **2**, 27—31 (1950).

— Neuere Erkenntnisse über den thermischen Abbau der Stärke. Stärke **3**, 3—9 (1951).

— Die Verwendung von Stärkesirup und Dextrose für Speiseeis. Stärke **4**, 41—46 (1952).

— Die lebensmittelrechtliche Stellung des Stärkesirups im Rahmen der Herstellung von Zuckerwaren und anderer zuckerhaltiger Erzeugnisse. Gordian *L III*, Heft 1271, 11—14, u. Heft 1272, 15—17 (1953).

— Hartkrokant mit hohem Stärkesirup-Anteil. Gordian *L IV*, Heft 1280, 27—29 (1954).

— 70er Stärkezucker — ein Stiefkind der Stärkeverzuckerung. Stärke **7**, 180—185 (1955).

— Getränke für Hitzearbeiter. Gordian *L VI*, Heft 1333, 34—35 (1956).

— Über hochverzuckerten Stärkesirup mit niedrigem Glucosegehalt. Stärke **10**, 79—86 (1958).

— Stärkeverzuckerungsprodukte und ihre Eigenschaften unter besonderer Berücksichtigung der Süßwarenherstellung. Stärke **12**, 2—12 (1960).

— Vorurteile gegen Stärkesirup unbegründet. Gordian *L X*, Heft 1434, 21—24 (1960).

— Zur Frage der Standardisierung der Trockensubstanz-Bestimmung in Stärkehydrolysenprodukten. Stärke **13**, 400—404 (1961 a).

— Über Traubenzuckerschokolade. Süßwaren **5**, 1116—1119 (1961 b); Stärke **13**, 435—439 (1961 c).

Graefe, G.: Internationale Normung von Begriffen und Definitionen auf dem Stärkegebiet. 1. Mitteilung. Stärke 16, 229—235 (1964a); 2. Mitteilung. Stärke 16, 381—385 (1964b); 3. Mitteilung. Stärke 17, 263—268 (1965).
— Glucosesirup, ein modernes Lebensmittel und seine Beurteilung im internationalen Lebensmittelrecht. Süßwaren 8, 1415—1420 (1964c).
Grau, R.: Verwendung von Stärkederivaten bei der Fleischwarenherstellung. Stärke 3, 112—115 (1951).
— Die Verwendung von Stärkehydrolysaten bei der Herstellung von Fleischerzeugnissen. Stärke 13, 332—337 (1961).
—, u. A. Böhm: Die Eignung von Trockenstärkesirup Kristallpur zur Herstellung von Fleischwaren. 11, 117—120 (1959).
Greenwood, D.A., W.L. Lewis, W.M. Urbain, and L.B. Jensen: The heme pigments of cured meats. IV. Rol of sugars in color of cured meats. Food Res. 5, 625—635 (1940).
Hach, W., and D.G. Benjamin: Preparation of salts of glucuronic acid. J. Amer. chem. Soc. 76, 917—918 (1954).
Heyns, K.: Die Beurteilung von Stärkesirup nach dem Inversionsvermögen. Z. Lebensmittel-Untersuch. u. -Forsch. 88, 46—49 (1944).
Hudson, W., and J.K. Dale: Studies on the forms of D-glucose and their mutarotation. J. Amer. chem. Soc. 39, 320—328 (9117).
Kerr, R.W., J.C. Cleveland, and W.J. Kathbeck: The action of amylo-glucosidase on amylose and amylopektin. J. Amer. chem. Soc. 73, 3916—3921 (1951).
—, and H. Gehman: The action of amylases on starch. Stärke 3, 271—278 (1951).
Kirchhoff, G.S.C.: Observations, experiences et notices interessantes, faites et communiquées à l'academie. Acad. Impériale des Sci. de St. Peterburg, Mémoires 4, 27 (1811).
Kröner, W., W. Reischel, u. W. Höppner: Beziehungen zwischen Trockensubstanz, Refraktion und Dichte von Stärkehydrolysaten. Z. analyt. Chem. 122, 321—334 (1941).
Krøyer, K.: Über ein neues kontinuierliches Verfahren zur Herstellung von Stärkesirupen und Glucose. Stärke 6, 119—122 (1954).
— Weitere Erfahrungen auf dem Gebiet der kontinuierlichen Stärkekonvertierung, der Saftreinigung und Verdampfung. Stärke 7, 257—260 (1955).
Langlois, D.P.: Application of enzymes to corn syrup production. Food Technol. 7, 303—307 (1953).
Lehmann, G.: Schwitzen und Trinken bei Hitzearbeit. Zbl. Arbeitswiss. u. soz. Betriebspraxis 4, 129—144 u. 149—153 (1955).
Levine, M., J.F. Forster, and R.M. Hixon: Structure of the dextrins isolated from corn sirup. J. Amer. chem. Soc. 64, 2331—2337 (1942).
Lewis, F.A.: Corn sweeteners — In Food Products Manufacture. Western Canner and Packer's Processing Technology Handbook Series Nr. 8, October 1956.
Lindemann, E.: Untersuchungen über den durchschnittlichen Polymerisationsgrad von Dextrinen in Stärkesirupen und eine einfache Methode zu seiner Bestimmung. Stärke 4, 68—73 (1952).
Newkirk, W.B.: Manufacture and uses of refined dextrose. Industr. Engin. Chem. 16, 1173—1175 (1924).
— Development and production of anhydrous dextrose. Industr. Engin. Chem. 28, 760—766 (1936).
Paul, Th.: Begriffsbestimmungen und Maßeinheiten in der Süßstoffchemie. Chemiker-Ztg. 45, 705—706 (1921).
Porst, C.E.G., and N.V.S. Mumford: Manufacture of chemically pure dextrose. Industr. Engin. Chem. 14, 217—218 (1922).
Reith, J.F., u. J.J.L. Willems: Über die Bestimmung der schwefligen Säure in Lebensmitteln. Z. Lebensmittel-Untersuch. u. -Forsch. 108, 270—280 (1958).
Robinson-Görnhardt, L.: Zur Analyse von Stärkesirupen. Stärke 7, 305—310 (1955).
Roederer, H.: Bakteriostatische und baktericide Wirkungen der Zucker auf nahrungsmittelvergiftende Bakterien. Stärke 3, 311—317 (1951).
— Bactericide und wachstumshemmende Eigenschaften der verschiedenen Zucker gegenüber einigen typischen Wundinfektions- und Eitererregern. Zbl. Bakt., I. Abt. Orig. 157, 512—519 (1952).
— Verdickungsvermögen und Süßkraft von Stärkesirup. Stärke 4, 19—22 (1952).
— Neue Verwendungsmöglichkeiten von Stärkesirup in der Lebensmittel-Industrie. Stärke 6, 298—303 (1954).
Rüggeberg, H.: Die quantitative Analyse von Zuckergemischen auf kolorimetrischem Wege. Mikrochemie/Mikrochim, Acta (Wien) 36/37, 916—923 (1951).
— Glucosefabrikation mit Ionenaustauschern. Stärke 3, 34—38 (1951).
Sato, A., Y. Ito, and H. Ono: Isolation of isomaltotriose and panose from hydrol. Chem. and Industr. 301—302 (1962).

SAUSSURE, TH. DE: Über die Verwandlung von Stärke in Zucker. Ann. Physik **49**, 129 (1815).
SICHERT, K., u. B. BLEYER: Die Bestimmung von Glucose, Maltose und Dextrinen in Zucker-gemischen. Z. analyt. Chem. **107**, 328—338 (1936).
STEINHOFF, G.: Ztschr. f. Spiritusind. **56**, 64 (1933); zit. n. K. SICHERT u. B. BLEYER (1936).
TEGGE, G.: Die D-Glucose. Geschichte, Vorkommen, Bildung, physikalische und chemische Eigenschaften, Modifikationen. Stärke **9**, 221—225 (1957); Stärke **11**, 322—325 u. 349—355 (1959).
TOLMAN, L. M., and W. B. SMITH: Estimation of sugars by means of the refractometer. J. Amer. chem. Soc. **28**, 1476—1482 (1906).
VAN VOORST, F. TH.: Biochemische Zuckerbestimmungen. Stärke **7**, 105—107 (1955).
WEILL, C. E., and P. HANKE: The thin-layer chromatography of maltooligo-saccharides. Analytic. Chem. **34**, 1736—1737 (1962).
WEISS, H.: Beschreibung der modernsten Stärke- und Dextrose-Fabrik in USA. Stärke **1**, 90—94 (1949).
— Die Verwendung von Ionenaustauschern bei der Stärkezuckerherstellung. Stärke **2**, 104—106 (1950).
WHISTLER, R. L., L. HOUGH, and J. W. HYLIN: Determination of glucose in corn syrups. Analytic. Chem. **25**, 1215—1216 (1953).
WILLSTÄTTER, R., u. G. SCHUDEL: Bestimmung von Traubenzucker mit Hypojodit. Ber. dtsch. chem. Ges. **51**, 780—781 (1918).
WOLFF, O.: Die Analyse des Stärkezuckersirups auf optischem Wege. Chemiker-Ztg. **46**, 1101—1103 (1922).
YOUNG, F. E.: D-Glucose-water phase diagram. J. phys. Chem. **61**, 616—619 (1957).
ZERBAN, F. W., and L. SATTLER: Analysis of sugar mixtures containing dextrose, laevulose, maltose and lactose. Industr. Engin. Chem. Analyt. Ed. **10**, 669—674 (1938).

Patente

Corn Products Company, New York USA (Erfinder W. B. NEWKIRK): U.S.P. 1 471 347 (angem. 1922).
— U.S.P. 1 508 569 (angem. 1923).
— U.S.P. 1 521 830 (angem. 1924).
— U.S.P. 1 521 829 (angem. 1925).
— U.S.P. 1 559 176 (angem. 1925).
— U.S.P. 1 571 212 (angem. 1925).
— U.S.P. 1 673 187 (angem. 1928).
— U.S.P. 1 693 118 (angem. 1928).
— U.S.P. 1 704 037 (angem. 1929).
— U.S.P. 1 722 761 (angem. 1929).
— U.S.P. 1 783 626 (angem. 1930).
— U.S.P. 1 976 361 (angem. 1934).
— U.S.P. 2 065 724 (angem. 1936).
— (Erfinder S. M. CANTOR): U.S.P. 2 328 191 (angem. 1940).
— (Erfinder A. C. HORESI): U.S.P. 2 359 763 (angem. 1940).
— (Erfinder E. R. KOOI u. C. P. HARJES): DBP. 1 106 275 (angem. 1957).
— (Erfinder R. W. KERR): DBP. 1 085 124 (angem. 1958).
— DBP. 1 087 550 (angem. 1958).
Deutsche Lysell Fischkonservenfabrik Heitmann, Thomsen & Co. K. G., Hamburg-Altona: DAS 1 084 556 (angem. 1957).
Deutsche Maizena Werke GMBH., Hamburg (Erfinder G. GRAEFE): DBP. 964 580 (angem. 1955).
Deutsche Stärke-Verkaufsgenossenschaft e.G.m.b.H., Berlin: DBP. 625 828 (angem. 1931).
— DBP. 644 754 (angem. 1932).
Krøyer, K., Aarhus, Dänemark: U.S.P. 2 735 792 (angem. 1951).
A. E. Staley Manufacturing Company, Decatur ,Ill., USA (Erfinder J. K. DALE u. D. P. LANGLOIS): U.S.P. 2 201 609 (angem. 1938).
Wallerstein Company, INC., New York, USA (Erfinder L. WALLERSTEIN): U.S.P. 2 531 999 (angem. 1947).
Wallerstein Company, INC., New York, USA (Erfinder L. WALLERSTEIN u. PH. P. GRAY): U.S.P. 2 583 451 (angem. 1948).
Wulkan, G., Hamburg: DRP. 575 178 (angem. 1932).

C. Sonstige Zucker- und Siruparten

Von

Dr. GERD GRAEFE, Hamburg

Mit 3 Abbildungen

I. Fructose

1. Vorkommen

D-Fructose (synonym mit Laevulose und Fruchtzucker) ist die wichtigste Ketohexose unter den natürlich vorkommenden Zuckerarten. In freier Form findet sie sich neben der D-Glucose in vielen süßen Früchten und im Honig. Sie ist auch die einzige Zuckerart, die im menschlichen Samen (T. MANN 1946) und im Samen von Tieren (J. PRYDE 1946) angetroffen wird. Als Bestandteil von Di- und Oligosacchariden finden wir die Fructose in der Saccharose, Raffinose, Stachyose, Melezitose und Gentianose. Außerdem enthalten viele stärkeähnliche Polysaccharide (Polyfructosane) des Pflanzenreichs, wie Inulin, Phlein, Triticin und Irisin, als Baustein fast ausschließlich D-Fructose.

2. Herstellung

Trotz ihrer weiten Verbreitung in der Natur, ist es relativ schwierig, Fructose in reiner kristallisierter Form zu gewinnen. Nach G. HOLZ (1957) beläuft sich die jährliche Erzeugung in Deutschland auf nur etwa 100 t.

Als Rohstoffe für die technische Gewinnung von Fructose kommen insbesondere Polyfructosane oder Saccharose, auch in Form von Invertzucker oder Melasse, und neuerdings D-Glucose in Betracht.

a) Fructose aus Polyfructosanen

Das geeignetste Polyfructosan für die Fructoseherstellung ist Inulin aus Zichorie (*Cichorium intybus* L.), Topinambur (*Helianthus tuberosus* L.) oder Dahlienknollen (*Georgina*). Entweder wird das Inulin aus diesen Rohstoffen zunächst rein dargestellt und anschließend mit Säuren oder Enzymen hydrolysiert; oder die rohen Pflanzensäfte werden bereits der Hydrolyse unterworfen.

Zichorien- oder Topinambur-Knollen werden bei 70—80° C mit schwach kalkhaltigem Wasser extrahiert, um die Pflanzensäuren zu neutralisieren. Zur Klärung der Extrakte werden diese mit schwach kalkhaltigem Wasser auf pH 10—11 eingestellt, und die ausgeschiedenen Verunreinigungen (Schleim- und Eiweißstoffe) werden durch Filtration entfernt. Bei tiefen Temperaturen scheidet sich ein Teil des Inulins ab. Weiteres Inulin wird durch Eindampfen der Mutterlauge auf etwa 45% i. Tr. erhalten. Anschließend wird das Inulin mit Säuren (Salz- oder Citronensäure) unter Druck hydrolysiert. Das Hydrolysat wird mit Entfärbungskohle geklärt, zum Sirup eingedampft und ggf. die Fructose durch Kristallisation gewonnen (A. G. COFFAROM 1949). Die Hydrolyse kann auch enzymatisch durchgeführt werden (O. STENGLER u. R. WEIDENHAGEN 1932).

Weniger verlustreich verläuft die Gewinnung der Fructose, wenn man die rohen inulinhaltigen Pflanzensäfte der Säurehydrolyse unterwirft und die Fructose dann durch Zusatz von Calciumhydroxid als in kaltem Wasser praktisch unlösliches Calciumfructosat ($C_6H_{12}O_6$· CaO·6 H$_2$O) abscheidet. Die Kalkverbindung wird abfiltriert, und die Fructose wird durch Saturieren der wässr. Suspension mit Kohlendioxid in Freiheit gesetzt. Nach Abtrennung des

Calciumcarbonats wird die Fructoselösung gereinigt und zum Sirup konzentriert. Durch Zusatz von absolutem Äthanol kann der Zucker in kristallisierter Form erhalten werden (R. F. Jackson u. Mitarb. 1926).

Obwohl in den USA halbtechnische Anlagen mit einer Produktionskapazität von 500kg/ Tag Topinambur errichtet worden sind, ist das Verfahren im Hinblick auf Schwierigkeiten bei der Lagerung von Topinambur und ungenügende Erträge beim Anbau heute für die technische Herstellung von Fructose kaum von Bedeutung.

b) Fructose aus Saccharose, Invertzucker und Melasse

Da Saccharose ein leicht zugänglicher Rohstoff ist, hat man schon frühzeitig versucht, dieses Disaccharid für die Herstellung von Fructose heranzuziehen. Beim Eindampfen des durch Säurehydrolyse oder enzymatisch erhaltenen Invertzuckers bis auf etwa 85 % Tr. können etwa 25 % D-Glucose durch Kristallisation entfernt werden. Aus dem wieder verdünnten und abgekühlten Sirup wird die Fructose mit Calciumhydroxid gefällt, und das erhaltene Calciumfructosat wird mit CO_2 zerlegt (T. S. Harding 1922).

Bei der technischen Gewinnung von Fructose aus Saccharose geht man nach G. Holz (1957) von etwa 20%igen Saccharoselösungen aus, die mit HCl bei pH 2 und erhöhter Temperatur invertiert werden. Das Hydrolysat wird auf 5—10° C abgekühlt. Durch Zusatz von Kalk wird das Calciumfructosat abgeschieden, auf Filterpressen abgetrennt und mit eiskaltem Wasser gewaschen. Das Fructosat wird dann in wässr. Suspension durch CO_2 zersetzt, das Calciumcarbonat abfiltriert und das Filtrat im Vacuum auf etwa 90—95 % i. Tr. eingedampft. Die Kristallisation erfolgt unter Zusatz von Äthanol oder Methanol. Die Kristalle werden durch Zentrifugieren von der Mutterlauge getrennt und mit Äthanol oder Methanol gewaschen. Durch die Anwendung von Ionenaustauschern zur Reinigung des Dünnsaftes kann die Reinheit der kristallisierten Fructose erhöht werden. Wie M. Rohrlich u. F.Tödt (1950) gezeigt haben, ist das Verfahren auch auf Melasse anwendbar.

A.G. Holstein u. G.C. Holsing (1959) haben vorgeschlagen, die Glucose des Invertzuckers zunächst mit Glucoseoxydase vollständig in D-Gluconsäure zu überführen, die Gluconsäure als Calciumgluconat abzuscheiden und aus dem Filtrat die Fructose zu gewinnen. Die Ausbeute an kristallisierter Fructose kann durch Erwärmen der Fructose enthaltenden Lösung auf Temperaturen unterhalb 80° C bei einem mit starken Säuren eingestellten pH unterhalb 4 vor dem Konzentrieren zum Sirup erhöht werden (J.J. Murtaugh u. J.J. Mahieu 1958).

Nach G. C.Docal (1947) führt auch die elektrolytische Oxydation der im Invertzucker enthaltenen Glucose und Abtrennung der Gluconsäure als Nebenprodukt zur Fructose. Weiterhin sind Verfahren bekannt, bei denen durch die Einwirkung bestimmter Mikroorganismen, wie Aspergillus-Arten, auf Invertzucker die Aldosen verwertet werden, während die Fructose nicht angegriffen wird (M. Tsukamoto u. S. Matsumoto 1950). In ähnlicher Weise wird auch bei der Herstellung von Dextran aus Saccharose bzw. Invertzucker nur Glucose verwertet, so daß Fructose als Nebenprodukt erhalten werden kann (M. Stacey 1951).

c) Fructose aus Glucose

In letzter Zeit hat insbesondere die basenkatalysierte Isomerisierung bzw. Epimerisierung Aldosen ⇌ Ketosen, die bereits im Jahre 1895 von C.A. Lobry De Bruyn u. W. Alberda van Ekenstein (1895, 1896, 1897, 1899) entdeckt worden ist, Interesse für die technische Gewinnung von Fructose aus Glucose erlangt. Es ist lange bekannt, daß sich D-Glucose mit Natriumhydroxid, Calciumhydroxid, Erdalkalicarbonaten, alkalischen Ionenaustauschern, Ammoniak und Pyridin isomerisieren läßt. Die Mengen an Fructose, die sich dabei bilden, betragen jedoch max. 20—30 %. Stets entsteht auch eine geringe Menge D-Mannose, und es ist äußerst schwierig, die Fructose aus dem Reaktionsgemisch in reiner kristallisierter Form zu isolieren (G. Graefe 1954).

S.M. Cantor u. K.C. Hobbs (1940) haben vorgeschlagen, aus dem Zuckergemisch, das mit Calciumhydroxid aus Glucose erhalten wird, die nicht umgelagerte Glucose auszukristallisieren und abzutrennen, um auf diese Weise zu einem fructosereichen Sirup zu gelangen.

W.R. Fetzer u. J.W. Evans (1942) haben als erste erkannt, daß sich Aluminate hinsichtlich der Umwandlungsquote besonders günstig verhalten. Mit Natrium- oder Kaliumaluminat sollen sich etwa 70 % der D-Glucose in Fructose umwandeln und aus 100 Gew.-Teilen D-Glucose bis zu 60 Gew.-Teile kristallisierte Fructose erhalten lassen. Geht man von Invertzucker anstelle von Glucose aus, so soll sich die Ausbeute an Fructose noch weiter erhöhen lassen (BOEHRINGER & SÖHNE 1962).

Auch auf enzymatischem Wege, z. B. mit Hilfe der in verschiedenen Mikroorganismen vorkommenden Xylose-Isomerase, ist nach R. O. MARSHALL u. E. R. KOOI (1957) eine Umwandlung von D-Glucose in D-Fructose möglich. Eine max. Umwandlungsquote von etwa 30% konnte auf diesem Wege aber bisher nicht überschritten werden, so daß dieses Verfahren für die technische Herstellung von Fructose kaum in Frage kommen dürfte.

3. Eigenschaften

D-Fructose ist die für die Ernährung wichtigste Ketohexose. Sie ist im Handel als geruchloses, weißes, schwach hygroskopisches Kristallpulver und als 70%iger klarer, stark viskoser Sirup von gelblicher Farbe.

Hinsichtlich des *Süßungsgrades* (S. 652) ist Fructose nicht nur der Glucose, sondern auch der Saccharose überlegen. Von G. HOLZ (1957) wird der Süßungsgrad in 10%iger Lösung mit 1,20 angegeben (Saccharose = 1,00). Wie bei Glucose ist der Süßungsgrad auch bei Fructose konzentrationsabhängig; außerdem ändert er sich stark mit der Temperatur. Bei 5° C ist Fructose etwa 1,45mal so süß wie Saccharose, bei 40° C sind beide Zucker etwa gleich süß, und bei 60° C beträgt die Süßkraft der Fructose nur noch 79% der Saccharose.

Aus Äthanol oder Methanol kristallisiert Fructose wasserfrei in farblosen, rhombischen Prismen, Smp. 102—104° C. Aus konzentrierten wässrigen Lösungen wird ein Halbhydrat in Form von Nadeln erhalten, das oberhalb 20° C allmählich in die wasserfreie Form übergeht. Auch ein Mono- und ein Dihydrat sind bekannt.

Der kristallisierte Zucker liegt stets als β-Fructopyranose vor, die in wässr. Lösung mutarotiert $[a]_D^{20} = -133°$ (Anfangswert)→ $-92°$. Die Mutarotation beruht nicht auf der Einstellung eines Gleichgewichts zwischen α- und β-Form wie bei der Glucose, sondern zwischen Pyranose- und Furanose-Form. Nach A. GOTTSCHALK (1945) enthält eine wässr. Fructoselösung bei 20° C etwa 20% und bei 0° C etwa 12% Fructofuranose. Auch in Di- und Oligosacchariden (Saccharose) und Polysacchariden (Inulin) liegt Fructose als Furanose vor.

In Wasser ist Fructose äußerst leicht löslich. Eine gesättigte Lösung enthält bei 20° C etwa 79%, bei 30° C etwa 82%, bei 40° C etwa 84% und bei 55° C etwa 88% Fructose. Auch in Methanol und Äthanol ist Fructose relativ leicht löslich (Tab. 1).

Tabelle 1. *Löslichkeit von D-Fructose in Alkohol bei 20° C* (H.S. ISBELL u. W.W. PIGMAN 1938)

Lösungsmittel	$[a]_D^{20}$	Löslichkeit (g/100 ml Lösung)	
		Anfangswert	Endwert
80%iges Methanol	$-133,5° \to -68,6°$	13,4	27,4
90%iges Äthanol	$-122,0° \to -52,5°$	1,8	4,2
100%iges Methanol	$-122,0° \to -61,4°$	5,2	11,1

Sowohl in Substanz als auch in Lösung ist D-Fructose weniger stabil als D-Glucose. Die Stabilität in Lösung ist abhängig von Konzentration, Temperatur und pH-Wert. G. HOLZ (1957) gibt für das Maximum der Stabilität pH 4,5—5,0 an. Nach I. LONGHI (1962) liegt bei konstanter Temperatur das Maximum der Stabilität bei pH 4. Konzentrierte Lösungen zersetzen sich leichter. In stärker alkalischer Lösung ist der Abbau der Fructose sehr heftig, er führt zu zahlreichen Umwandlungsprodukten. Aber auch im sauren Gebiet ist der Zucker bei weitem unbeständiger als Glucose, wie R. WEIDENHAGEN (1957) papierchromatographisch ermittelt hat.

Die Instabilität der Fructose in wässr. Lösung dürfte mit der Umwandlung der Fructopyranose in die Fructofuranose zusammenhängen. Beim Erhitzen neutraler wässr. Lösungen unter Druck auf 120° C tritt wesentlich schneller als bei gleichkonzentrierten Glucoselösungen unter Gelb- bis Braunfärbung und Bildung von Hydroxymethylfurfurol, Methylglyoxal u. a. Zersetzung ein. Auch sinkt der pH-Wert infolge stärkerer Säurebildung (Milchsäure, Laevulinsäure, Ameisensäure) stärker ab.

4. Verwendung

Eine ausgedehnte Verwendung auf dem Lebensmittelsektor hat Fructose bisher nicht gefunden. Hierfür dürften außer ihrer im Vergleich zur Glucose geringeren Stabilität die Schwierigkeiten bei der Herstellung in reiner Form und insbesondere der hohe Preis verantwortlich sein.

In der Diätetik wird Fructose aber seit langem als Zuckeraustauschstoff für Diabetiker und als Süßmittel für Diabetiker-Lebensmittel verwendet. Orale Gaben bis zu etwa 50 g über den Tag verteilt werden vom Zuckerkranken im allgemeinen ohne gesteigerten Insulinbedarf vertragen (K. SCHNITZLER 1960). Darüberhinaus hat Fructose auch in der Pharmazie in Form von Injektionslösungen Bedeutung erlangt.

Daß sich D-Fructose im Stoffwechselverhalten von D-Glucose unterscheidet, hat bereits E. KÜLZ im Jahre 1874 festgestellt, und daß bei Diabetikern nach Fructosegaben die Zuckerausscheidung im Harn abnimmt, war ebenfalls bereits vor der Jahrhundertwende bekannt. Darüber hinaus hat u. a. G. HOLZ (1957) darauf hingewiesen, daß Fructose im Stoffwechsel schneller und mit geringerem Verlust verwertet wird als Glucose und daher bei parenteraler Ernährung schneller und mit geringerem Verlust an Zucker infundiert werden kann. K. SCHREYER u. G. HARTMANN (1958) sowie G. GRAEFE (1959) haben dem gegenüber klargestellt, daß in den Veröffentlichungen des letzten Jahrzehnts über ernährungsphysiologische und biochemische Unterschiede im Verhalten der beiden Monosaccharide erhebliche Widersprüche auffallen.

Die Besonderheiten des Fructose-Stoffwechsels sind im wesentlichen durch Intermediärreaktionen in der Leber bestimmt. Dagegen ist der Fructose-Umsatz in der Muskulatur gering, und die Fructose-Aufnahme des Herzmuskels ist nahezu Null. In ähnlicher Weise wie in der Leber wird die Fructose auch in den Nieren und in der Darmschleimhaut nicht nach dem „klassischen" Glykolyseschema verwertet. Wie man heute weiß, existieren in der Leber enzymatische Abbauwege für Fructose, die nicht über die Stufe der insulinabhängigen Triosephosphat-Umsetzung verlaufen.

Zusammenfassende Übersichten über den Fructose-Stoffwechsel, wie er sich aus den Erkenntnissen der letzten Jahre ergibt, haben F. LEUTHARDT u. K. STUHLFAUTH (1960) sowie W. LAMPRECHT (1965) veröffentlicht.

II. Maltosesirup

1. Begriffsbestimmungen

Unter „Maltosesirup" ist ein Erzeugnis zu verstehen, das man heute kaum noch im Handel antrifft. Es darf nicht mit Malzextrakt und Malzsirup verwechselt werden, wobei es sich um wässrige Auszüge aus Gerstenmalz in schonend eingedickter Form handelt (vgl. S. 695). Auch ist Maltosesirup im althergebrachten Sinne kein Glucosesirup, der durch Verzuckerung von reiner Stärke erhalten wird (vgl. S. 661).

Da über Maltosesirup praktisch keine Veröffentlichungen vorliegen, muß man bei der Definition des Begriffs von den „Gütevorschriften" der *Geschäftsbedingungen für Stärke und Stärkeveredelungs-Erzeugnisse* der *VELF* (1948) ausgehen.

Unter Ziffer 10 dieser Gütervorschriften wird Maltosesirup wie folgt definiert: „Maltosen im handelsüblichen Sprachgebrauch sind Sirupe, die aus Malz und stärkehaltigen Produkten auf diastatischem Wege gewonnen werden".

Von den Malzextrakten und Malzsirupen unterscheiden sich die Maltosesirupe demnach dadurch, daß sie nicht ausschließlich aus Gerstenmalz hergestellt werden, und im Gegensatz zu den Glucosesirupen werden die Maltosesirupe nicht aus reiner Stärke, sondern aus stärkehaltigen Produkten bzw. Mehlen erzeugt. Die Maltosesirupe, die in der Kriegs- und Nachkriegszeit in Deutschland im Handel waren, wurden meistens aus Maismehl hergestellt.

In die *Richtlinien für Stärke und Stärkeerzeugnisse*, die in Form eines Gutachtens des Bundes für Lebensmittelrecht und Lebensmittelkunde v. 23. 4. 1963 veröffentlicht worden sind, ist Maltosesirup nicht mit aufgenommen worden, weil es sich hierbei nicht um ein Erzeugnis aus reiner Stärke handelt.

In einer Sitzung des Ausschusses Lebensmittelchemie der Arbeitsgemeinschaft der für das Gesundheitswesen zuständigen Minister (ALAG) im Jahre 1952 in Hamburg, an der auch Vertreter der Wissenschaft und Fachleute der beteiligten Industriezweige teilgenommen haben, ist festgestellt worden, daß die Gütevorschriften aus dem Jahre 1948 Ungenauigkeiten und offensichtliche Fehler enthalten haben, und daß sie nicht in allen Punkten den technischen und wirtschaftlichen Verhältnissen entsprochen haben. So wurde beispielsweise hinsichtlich des unter Ziffer 10 behandelten Maltosesirups folgendes festgestellt:

„Bei den unter Ziffer 10 aufgeführten Maltosesirupen muß unterschieden werden zwischen Erzeugnissen, die aus reiner Stärke und solchen, die aus stärkehaltigen Rohstoffen hergestellt worden sind. Für die erste Gruppe wird die Bezeichnung „Maltose-Stärkesirup" vorgeschlagen".

Die etwas unglückliche Bezeichnung „Maltose-Stärkesirup" ist in die „Richtlinien" des Jahres 1963 nicht übernommen worden. Entsprechend der Definition unter Ziffer b) 10 wird Glucosesirup (Stärkesirup, Stärkezuckersirup) aus Stärke jeder Art durch Verzuckerung in wässr. Suspension mittels Säuren und/oder Enzymen gewonnen. Hierdurch ist klargestellt worden, daß der Begriff „Glucosesirup" die sog. „Maltose-Stärkesirupe" mit erfaßt.

Es entspricht aber heute durchaus dem Handelsbrauch, wenn Hersteller von Glucosesirup ihre maltosereichen Erzeugnisse als „Maltosesirupe" bezeichnen, um damit zum Ausdruck zu bringen, daß sich diese Glucosesirupe durch einen besonders hohen Gehalt an Maltose auszeichnen, im übrigen aber den „Richtlinien" des Jahres 1963 für Glucosesirup entsprechen (vgl. S. 650, Tab. 10, Sirup-Typen 2, 3 und 5).

2. Herstellung

Einzelheiten über die Herstellung von Maltosesirup finden sich nur in der Patentliteratur. In der Regel werden dabei stärkehaltige Mehle oder ganze Getreidekörner zunächst in Wasser und/oder mit Dampf, ggf. unter Zusatz von Säure, verquollen. Sofern ganze Getreidekörner zur Anwendung kommen, werden sie in gequollenem Zustand vermahlen. Anschließend erfolgt nach anteilmäßigem Zusatz von Malz oder Malzauszügen die Verzuckerung.

Die Herstellung von Maltosesirup aus stärkehaltigen Rohstoffen, wie Mais, Reis, Roggen, Weizen, Gerste, durch 5—10% Malzauszüge bei einer Temperatur von 48° C und einer Verzuckerungsdauer von 12—15 Std nach vorheriger Verquellung und Verflüssigung mit Säuren unter Überdruck bei 80° C ist bereits im Jahre 1883 von der *Société Anonyme Générale de Maltose* vorgeschlagen worden.

L. Cusinier (1884) hat vorgeschlagen, stärkehaltiges Material bzw. ganze Getreidekörner unter Zusatz von 2,5—5% Malz bei 70—75° C zu verflüssigen und anschließend unter Druck zu behandeln.

Nach A. Gaschler (1948) werden Maismehl oder Maisgries mit der 3½—4fachen Gewichtsmenge Wasser bei einer Temperatur von max. 65° C verquollen, und die verquollene Masse wird anschließend mit Gerstenmalz verzuckert, wobei ein Teil des Malzes bereits vor der Verquellung zugesetzt werden kann.

Es werden beispielsweise 200 kg Maismehl in einem emaillierten eisernen Kessel mit 700 l Wasser kalt angerührt. Dann wird direkter Dampf in die Mehlsuspension eingeleitet, bis eine Temperatur von 60° C erreicht ist. Dabei tritt eine teilweise Verquellung der Stärke ein, so daß sich die Masse kaum noch rühren läßt. Es werden 6 kg in warmem Wasser angerührtes, geschrotetes Grünmalz unter Rühren hinzugefügt. Die Verzuckerung, während der gelegentlich gerührt werden muß, ist in 1½—2 Std beendet. Es wird eine durch Verflüssigung der Stärke dünnflüssige Lösung erhalten. In warmem Zustand gelangt sie in Filterpressen, wobei die

Temperatur nicht unter 40° C absinken darf. Der ablaufende Zuckersaft wird im Vakuum-verdampfer zu einem Sirup mit 78—80% i. Tr. eingedampft. Ausbeute 120 kg honigartiger Sirup.

3. Zusammensetzung, Eigenschaften und Verwendung

Hinsichtlich der Zusammensetzung von Maltosesirup gibt es nur wenig brauchbare Unterlagen. In den bereits erwähnten „Gütevorschriften" aus dem Jahre 1948 waren eine Dichte von 1,410—1,448 entsprechend etwa 78—83% i. Trockenmasse und ein Gehalt an red. Zuckern, berechnet als Maltose, von 45—65% vorgeschrieben.

L. ACKER u. Mitarb. (1954) haben die Zusammensetzung der Zuckerarten eines bräunlich gefärbten, vermutlich durch Säure- und enzymatische Hydrolyse von Maismehl hergestellten Maltosesirups papierchromatographisch untersucht und den Gehalt an D-Glucose, Maltose, Maltotriose, Maltotetraose und höheren Maltosacchariden quantitativ ermittelt (Tab. 2).

Tabelle 2. *Zusammensetzung von Maltosesirup*

% Saccharide	Maltosesirup (Säure-Malzenzym)
D-Glucose	25,2
Maltose	20,1
Maltotriose	14,0
Maltotetraose	1,3
Maltopentaose und höhermolekulare	
Maltosaccharide	15,8
Gesamtsaccharide	76,4

Art und Menge der übrigen Bestandteile des Maltosesirups, wie Rohprotein und Mineralstoffe, hängen wesentlich von der Art und Zusammensetzung der stärkehaltigen Rohstoffe und des Herstellungsverfahrens ab, so daß sich hierüber keine allgemein gültigen Angaben machen lassen.

Maltosesirup im althergebrachten Sinne stellt im übrigen im Vergleich zu Glucosesirup, Malzextrakt und Malzsirup ein relativ geringwertiges, mehr oder weniger stark braun gefärbtes Erzeugnis dar, das in Abhängigkeit von dem verwendeten Rohstoff im allgemeinen nicht nur süß schmeckt, sondern häufig einen unangenehmen, bitteren Beigeschmack aufweist. In Ermangelung von Zucker hat Maltosesirup in der Kriegszeit und während der ersten Nachkriegsjahre in Deutschland in größerem Umfange als Süßmittel, insbesondere für Fein- und Dauerbackwaren, Verwendung gefunden. Dabei hat sich nach A. ROTSCH (1950) häufig die dunkle Farbe des Sirups nachteilig auf die Krumenfarbe ausgewirkt, vor allen Dingen bei Gebäcken aus hellen Mehlen. Für die meisten übrigen Einsatzgebiete des Glucosesirups auf dem Lebensmittelsektor kommen derartige Maltosesirupe außer aus farblichen auch aus geschmacklichen Gründen nicht in Frage.

III. Ahornsirup und Ahornzucker

1. Geschichte und wirtschaftliche Bedeutung

Ahornsirup und Ahornzucker sind Erzeugnisse aus dem Saft des Zuckerahorns (*Acer saccharum* MARSHALL). Die USA und Canada sind außer Japan die einzigen Länder der Erde, in denen bis heute eine wirtschaftlich bedeutende Erzeugung von Ahornsirup und Ahornzucker erfolgt, obwohl dem Zuckerahorn auch das mitteleuropäische Klima gut zusagen würde. Der Zuckerahorn ist ein ansehnlicher

Baum, der sich gut zur Anpflanzung in Parkanlagen und für Alleen eignet. Auch besitzt sein Holz eine schöne Maserung. Besonders verbreitet ist der Baum in den nördlichen Oststaaten der USA von North Carolina und Missouri bis zu den Great Lakes und im Südosten Canadas entlang dem St. Lawrence River in den Provinzen Quebec und Ontario.

Seit wann Ahornsirup und Ahornzucker bereits aus dem Saft des Zuckerahorns gewonnen werden, ist nicht bekannt. Es steht aber fest, daß die Erzeugung bereits auf die Indianer, die Ureinwohner Amerikas an den Great Lakes und am St. Lawrence River, zurückgeht. Nach Angaben von H.A. Schuette u. S.C. Schuette (1935) ist die Gewinnung von Ahornsirup und Ahornzucker schon im Jahre 1634 beschrieben worden, und es würde sich demnach um die ältesten landwirtschaftlichen Erzeugnisse Amerikas handeln.

Wie bei jeder Ernte, so hängt auch bei Ahornsirup und Ahornzucker die jährliche Produktion von den jeweiligen klimatischen Bedingungen ab. Darüberhinaus hat in der Vergangenheit für die jährlich erzeugten Mengen der Rohrzucker-Preis eine Rolle gespielt. Nach Angaben von J. Grossfeld u. R. Payer (1937) schätzte man die Produktion der canadischen Ahornzuckerindustrie im Jahre 1914 auf fast 20 Mio Pfund und die Zahl der Ahornfarmer auf 55 000.

Nach C.O. Willits (1958) wurde im Jahre 1860 in den USA mit über 32 Mio pounds [1 pound (1b) = 453,6 g] Ahornsirup eine Rekordernte produziert. In den folgenden Jahrzehnten ging der Rohrzuckerpreis zurück, was zur Folge hatte, daß sich die Erzeugung von Ahornsirup im Jahre 1869

Tabelle 3. *Erzeugung von Ahornsirup und Ahornzucker in den USA (Mio pounds)* (C.O. Willits 1958)

Jahr	Ahornsirup	Ahornzucker	insgesamt
1918	33,1	11,4	44,5
1922	27,0	5,2	32,2
1926	28,0	3,6	31,6
1930	29,7	2,1	31,8
1934	19,6	1,0	20,6
1938	22,2	0,7	22,9
1942	23,9	0,6	24,5
1946	10,8	0,3	11,1
1950	16.1	0,3	16,4
1954	13,8	0,2	14,0

auf nur 7—8 Mio pounds belief. Als während des 1. Weltkrieges in den USA Rohrzucker knapp wurde, erreichte die Erzeugung von Ahornsirup erstmalig wieder die Rekordernte des Jahres 1860. Auch im 2. Weltkrieg stieg die Produktion wieder an. Seitdem ist eine fallende Tendenz festzustellen (Tab. 3).

Für die Farmen im Nordosten der USA ist Ahornsirup eine der profitreichsten Einnahmequellen. Nach F. B. Trenk u. P. E. McNall (1954) kann der Farmer mit etwa 3 Dollar für jede Stunde rechnen, die er mit der Gewinnung von Ahornsaft und der Herstellung von Ahornsirup beschäftigt ist. Seit dem Jahre 1940 ist in den USA eine zunehmende Tendenz festzustellen, den Sirup direkt an den Verbraucher zu verkaufen. In vielen Fällen konnte dadurch der Gewinn erhöht werden.

2. Herstellung

a) Gewinnung des Ahornsaftes

Nur 2 von insgesamt 13 in Nordamerika heimischen Ahornarten eignen sich für die Saftgewinnung: der bereits erwähnte Zuckerahorn (*Acer saccarum* Marshall) und der Schwarzzuckerahorn (*Acer nigrum* Michx. F.). Die übrigen Ahornarten liefern einen weniger süßen Saft. Nur gelegentlich wird auch der Saft des Rotahorns (*Acer rubrum* L.) und des Silberahorns (*Acer saccharinum* L.), aus dem sich beim Eindämpfen größere Mengen „Zuckersand" abscheiden, für die Herstellung von Ahornsirup und -zucker herangezogen. Der Rotahorn zeichnet sich durch seine roten Knospen im Frühjahr aus. Die Ahornarten lassen sich am besten durch die verschiedenen Formen ihrer Blätter unterscheiden (Abb. 1).

Die Saftgewinnung erfolgt im zeitigen Frühjahr, etwa Mitte Februar bis Ende März, wenn die erste Warmluftfront sich von Westen nach Osten bewegt. Nach A. H. EICHMEIER (1955) wird den Farmern in den meisten Staaten der USA, die Ahornsaft gewinnen, der günstigste Zeitpunkt für die Ernte mit den Rundfunk-Wetterberichten durchgesagt. Die Bäume, die für die Saftgewinnung ausgewählt werden, sollen einen Durchmesser von mindestens 25 cm haben. Sie werden etwa 1 m über dem Erdboden mit einem $^3/_8$- oder $^7/_{16}$zölligen Drillbohrer angebohrt,

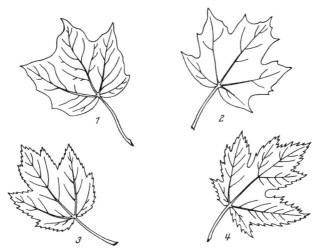

Abb. 1. Blätter des Zuckerahorns und anderer Ahornarten (C. O. WILLITS 1958)
1 = Schwarzzuckerahorn, 2 = Zuckerahorn, 3 = Rotahorn, 4 = Silberahorn

so daß ein etwa 5—8 cm tiefes, schwach abwärts geneigtes Loch entsteht. Bäume mit 40—50 bzw. 50—60 cm Durchmesser können an 2 bzw. 3 Stellen zugleich angezapft werden. Die in die Löcher hineingeschlagenen Saftrohre waren früher aus Schilf- oder Holunderrohr. Heute bestehen sie meistens aus verzinntem Eisenrohr oder aus Kunststoff. Als Auffanggefäße, die über die Rohre gehängt werden, dienen Eimer aus Holz, Aluminium oder Kunststoff. Die Eimer müssen groß genug sein, um den Saftausfluß eines Tages aufzunehmen.

Die Saftausbeute je Zapfstelle beträgt 20—70 l. Der Saft enthält durchschnittlich 2—3 % Zucker bei einer Schwankungsbreite von 1—9 oder sogar 11 %. Ausbeute und Zuckergehalt des Saftes schwanken nicht nur von Baum zu Baum, sondern auch von Erntejahr zu Erntejahr (C. O. WILLITS 1958).

In der landwirtschaftlichen Versuchsstation von Vermont wird seit Jahren versucht, durch Züchtung zu Bäumen zu gelangen, die hohe Saftausbeuten mit hohem Zuckergehalt liefern. Diese Arbeiten sind äußerst langwierig, weil bis zum Heranwachsen eines Baumes, welcher der Saftgewinnung dienen soll, mehr als 20 Jahre vergehen.

Die Eimer mit dem Saft werden in Sammeltanks entleert, die meistens auf einem Wagen montiert sind. Um die Kosten für die Saftgewinnung herabzusetzen, ist man heute vielfach dazu übergegangen, den Saft mit Hilfe eines Pipeline-Systems direkt aus den Saftrohren in die Sammeltanks zu leiten. Diese Entwicklung hat stark zugenommen, seitdem für die erforderlichen Leitungen Plastikrohre zur Verfügung stehen. Wichtig ist dabei, daß der Wagen mit dem Sammelbehälter seinen Standort in einer Bodensenke hat.

b) Herstellung von Ahornsirup

Der frische Ahornsaft wird auf der Farm im Zucker- oder Eindampfhaus, das mit entsprechenden Einrichtungen ausgestattet ist, in flachen Pfannen über Holzfeuer eingedickt. Dabei bilden sich die für den Ahornsirup typischen Geschmacks- und Farbstoffe. Besonders wichtig für die Qualität ist die Einhaltung der richtigen Temperatur in der Endphase des Eindampfprozesses. Erfahrungsgemäß wird die beste Sirupqualität erhalten, wenn der Prozeß bei einer Siruptemperatur von 104° C beendet wird. Die Dichte des Sirups soll min. 65° Brix betragen, da bei

Sirupen mit geringerem Tr.-Gehalt die Gefahr von Hefegärung und Schimmelwachstum besteht. Sirupe mit einer Dichte von 66—67° Brix werden nach C.O. Willits (1958) geschmacklich am besten beurteilt.

In zunehmendem Umfange werden heute für die Herstellung von Ahornsirup auch offene Verdampfer eingesetzt, die mit Öl oder Dampf beheizt werden. Besonders bewährt haben sich Zweistufensysteme, bei denen in der ersten Stufe mit Öl geheizt wird, bis der Saft eine Dichte von etwa 30—40° Brix aufweist. Die letzte Stufe des Eindampfprozesses erfolgt dann mit Dampf.

Der Einsatz von Vakuumverdampfern für den gesamten Eindampfprozeß führt nach W.K. Jordan u. Mitarb. (1954) zu milder schmeckenden Erzeugnissen, die nicht den typischen Geschmack des Ahornsirups aufweisen.

Während des Eindampfens scheidet sich ein Teil der Mineralstoffe, insbesondere Calciummalat (Calciumsalz der Äpfelsäure) als sog. „Zuckersand" ab. Der größte Teil setzt sich am Boden des Verdampfers ab. An der Oberfläche sich abscheidende Eiweißstoffe werden abgeschöpft. Der fertige Sirup wird anschließend zur Klärung noch durch Sedimentation, Filtration oder auch mit Hilfe von Zentrifugen von den restlichen Ausscheidungen befreit. Wenn er einige Wochen nach der Herstellung noch nicht klar ist, kann er nur noch durch Filtration geklärt werden.

Sofern der Sirup in kleine Gebinde als Speisesirup abgefüllt werden soll, wird er zur Vermeidung von Hefegärung und Schimmelwachstum vorher auf mindestens 82° C erwärmt. Ein Wiedererhitzen über 93° C sollte aber vermieden werden.

c) Herstellung von Ahornzucker

Für die Herstellung von Ahornzucker aus Ahornsirup ist keine besondere Apparatur erforderlich. Der Eindampfungsprozeß wird solange fortgesetzt, bis eine übersättigte Lösung erhalten wird, aus der sich der Zucker beim Abkühlen in kristallisierter Form abscheidet.

Wie H.S. Paine (1924) ausführlich dargelegt hat, sind für den mehr oder weniger kristallisierten oder nicht kristallisierten Zustand des Ahornzuckers mehrere Faktoren verantwortlich, wozu insbesondere der Grad der Übersättigung, das Animpfen mit Saat, der Grad des Kühlens und die Dauer des Rührens während der Kristallisation gehören. Große Kristalle werden erhalten, wenn der leicht übersättigte, auf 67—70° Brix konzentrierte Sirup langsam abgekühlt und längere Zeit ohne Rühren gelagert wird. Eine glasklare Masse entsteht dagegen, wenn ein stark übersättigter Sirup durch Eindampfen bis zu einer Temperatur von min. 110° C hergestellt und schnell ohne Rühren unter Raumtemperatur abgekühlt wird.

Vorgezogen wird ein Ahornzucker, der eine feinkristalline Struktur aufweist und frei von groben Kristallen ist. Dies wird dadurch erreicht, daß der heiße, stark übersättigte Sirup schnell auf Raumtemperatur oder darunter abgekühlt und die hochviscose, glasähnliche Masse dann unter Rühren mit feinen Zuckerkristallen als Saat versetzt wird. Auf diese Weise wird ein sehr feinkörniger Ahornzucker erhalten.

Wie sich im übrigen gezeigt hat, wird die Kristallstruktur des Ahornzuckers stark von dem Anteil an Invertzucker beeinflußt. Wenn zuviel Invertzucker vorhanden ist, kann die Kristallisation verzögert oder verhindert werden. Ein gewisser Invertzucker-Anteil ist aber erwünscht, weil dadurch die Bildung feiner Zuckerkristalle gefördert wird.

Ahornzucker kommt in Form harter Blocks, als Körnerzucker oder als feines Kristallpulver in den Handel.

d) Weitere Erzeugnisse aus Ahornsaft

Außer Ahornsirup und Ahornzucker sind in Amerika noch weitere Erzeugnisse aus Ahornsaft im Handel, die hier nur kurz erwähnt werden können. Einzelheiten hierüber können dem Manual von C.O. Willits (1958) entnommen werden.

Ahorn-Creme oder -Butter (Maple Cream or Butter) ist eine fondantähnliche Masse, die von H.S. Paine (1924, 1929) näher beschrieben worden ist. Der Ausgangssirup muß mehr als 4% Invertzucker enthalten, und der Eindampfungsprozeß muß bis zu einer Siruptemperatur von 111—113° C fortgesetzt werden. Anschließend wird der Sirup schnell auf etwa 10° C abgekühlt und gerührt, bis die gewünschte cremeartige Konsistenz erhalten wird.

Ahorn-Brotaufstrich (Maple Spread) ist ein halbfestes Erzeugnis, das in folgender Weise hergestellt wird: Ahornsirup wird bis auf 105—106° C und auf eine Dichte von 70—78° Brix erhitzt und konzentriert, dann auf 66° C oder darunter abgekühlt und mit Invertase ($1^1/_2$ oz je gal) versetzt. Nach einer Lagerung über 2 Wochen bei Raumtemperatur wird die Masse mit Dextrose oder feinkristallisiertem Honig angeimpft, abgefüllt und bei 13—16° C gelagert. Nach einigen Tagen haben sich die Dextrosekristalle gebildet, und der Sirup hat die gewünschte Plastizität erhalten, die ihn als Brotaufstrich geeignet macht.

Hocharomatischer Ahornsirup (High-flavored Maple Sirup) wird durch Konzentrieren von Ahornsaft in einem dampfbeheizten Kessel bis auf eine Temperatur von 121—123° C hergestellt. Der eingedickte Sirup wird anschließend noch $1^1/_2$—2 Std bei dieser Temperatur gehalten. Nach G. S. Whitby (1936) werden die besten Ergebnisse erzielt, wenn man Ahornsirup mit einer Dichte von 65—67° Brix $1^1/_2$ Std unter Druck auf 121—123° C erhitzt. Durch den höheren Wassergehalt wird die Bildung unerwünschter caramelähnlicher Geschmackskomponenten verhindert.

Als weitere Erzeugnisse auf der Basis von Ahornsaft sollen erwähnt werden: Soft Sugar Candies, andere Ahorn-Zuckerwaren, wie Maple on Snow, Rock Candies, Hard Sugar und Granulated Sugar, sowie Crystalline Honey-Maple Spread.

3. Eigenschaften und Zusammensetzung

Ahornsirup hat eine gelbbraune Farbe und einen charakteristischen Geschmack, der seinen Wert bedingt. Der charakteristische Geschmack und die Farbe entstehen erst während des Eindampfprozesses aus den Inhaltsstoffen des Saftes. Wenn der Saft unter sterilen Bedingungen gewonnen und im Vakuum zum Sirup eingedickt oder gefriergetrocknet wird, werden farblose, süßschmeckende Erzeugnisse ohne die typischen Geschmacksstoffe erhalten. (J. C. Underwood u. Mitarb. 1956).

Für die durchschnittliche Zusammensetzung von Ahornsirup und Ahornsaft hat C. O. Willits (1958) folgende Werte angegeben (Tab. 4).

Tabelle 4. *Zusammensetzung von Ahornsaft und Ahornsirup*

% Bestandteile	Saft	Saft (Tr.)	Sirup (Tr.)
Zucker	2,000	97,0	98,0
Org. Säuren	0,030	1,5	0,3
Asche	0,014	0,7	0,8
Rohprotein	0,008	0,4	0,4
Rest	0,009	0,4	0,5

Tabelle 5. *Zusammensetzung der Zucker in Ahornsaft und Ahornsirup*

% Zucker	Saft	Saft (Tr.)	Sirup (Tr.)
Saccharose	1,44	96,00	88—99
Hexosen	0	0	0—12
Raffinose und Glucosylsaccharose...........	0,00021	0,14	—
Andere Oligosaccharide	0,00080	0,055	—

Den Hauptanteil der *Zucker* bildet Saccharose. Unter sterilen Bedingungen gewonnener Ahornsaft enthält nach W. L. Porter (1954) weniger als 0,0001% Monosaccharide bzw. Invertzucker. Wie einer Übersicht von C. O. Willits (1958) zu entnehmen ist, enthält Ahornsirup demgegenüber erhebliche Mengen Hexosen (Tab. 5).

Durchschnittswerte für den Saccharose-, Invertzucker- und Aschegehalt, die bei der Untersuchung von fast 500 Ahornsirupproben aus den USA und Canada gefunden wurden, hat C. O. Willits (1950/51) angegeben (Tab. 6).

T. Watanabe u. K. Aso (1963) haben in Ahornsirup nach säulenchromatographischer Trennung auf papierchromatographischem Wege geringe Mengen Xylose, Arabinose, Galaktose und Melizitose gefunden. Auch konnten sie zwei Di- oder Trisaccharide mit Ketose-

Tabelle 6. *Saccharose-, Invertzucker- und Aschegehalt von Ahornsirup*

Bestandteile	Höchste Werte	Niedrigste Werte	Durchschnitt
Wasser .... in %	48,14	24,85	34,22
Saccharose .... in %	70,46	47,20	60,57
Invertzucker .... in %	11,01	0	1,47
Asche .... in %	1,06	0,46	0,66

Tabelle 7. *Nichtflüchtige organische Säuren in Ahornsaft und Ahornsirup* (C. O. Willits 1958)

Säure	Saft	Saft (Tr.)	Sirup (Tr.)
Äpfelsäure .... in %	0,02100	1,40	0,141
Citronensäure .... in %	0,00200	0,13	0,015
Bernsteinsäure .... in %	0,00030	0,02	0,012
Fumarsäure .... in %	0,00003	0,02	0,006

Gruppen, sechs höhermolekulare Oligosaccharide mit Ketose-Gruppen und Hydroxymethylfurfurol nachweisen. G. A. Adams u. Mitarb. (1959) isolierten aus Ahornsirup ein Arabogalaktanähnliches Polysaccharid mit einer geringen Anzahl Rhamnose-Einheiten.

Tabelle 8. *Zusammensetzung der Mineralstoffe des Ahornsirups* (C. O. Willits 1958)

% Bestandteile	Sirup	Sirup (Tr.)
Gesamtasche	0,66	1,00
Lösliche Asche	0,38	0,58
Unlösliche Asche	0,28	0,42
Kalium	0,26	0,40
Calcium	0,07	0,11
SiO_2	0,02	0,03
Mangan	0,005	0,008
Natrium	0,003	0,005
Magnesium	Spuren	Spuren

Ahornsaft enthält außerdem eine größere Anzahl *organischer Säuren*, insbesondere Äpfelsäure, die für die Geschmacksbildung des Ahornsirups wichtig sind. Außer Äpfelsäure, Citronensäure, Bernsteinsäure und Fumarsäure wurden mindestens sieben weitere, bisher nicht identifizierte Säuren nachgewiesen (Tab. 7).

Als *Geschmackkomponenten* konnten J. C. Underwood u. V. J. Filipic (1963) im Chloroformextrakt von Ahornsirup nach gaschromatographischer Trennung Vanillin, Syringaaldehyd und Dihydroconiferol aus ihren Infrarotspektoren nachweisen.

Die Mineralstoffe des Ahornsaftes bestehen zur Hauptsache aus Kalium. Natrium ist nur in Spuren vorhanden, wodurch Ahornsirup auch für diätetische Zwecke von Interesse ist (Tab. 8).

IV. Zuckeralkohole

1. Geschichte und Vorkommen

Nach der LeBel-van't Hoffschen Theorie des asymetrischen Kohlenstoffatoms existieren 4 Paare von optisch aktiven Hexiten und 2 Mesoformen. D-Sorbit, D-Mannit, L-Idit und Dulcit kommen in Pflanzen vor, während die übrigen Isomeren in der Natur bisher nicht angetroffen wurden. Die Geschichte der Hexite beginnt mit der Isolierung des Mannits aus Manna im Jahre 1806 durch Proust. Erst über 50 Jahre später, im Jahre 1872, wurde Sorbit von J. Boussingault im Saft reifer Vogelbeeren entdeckt.

D-*Mannit* ist der in der Natur am weitesten verbreitete Hexit; man findet ihn in Manna-Arten, Braunalgen, Früchten, Gemüsen, Blüten, Kräutern und Schimmelpilzen. Besonders reich an Mannit ist der Saft der Manna-Esche *(Fracinus ornus)*, der in Trockenform das handelsübliche Manna mit einem Gehalt von etwa 30—50 % Mannit bildet.

Reich an D-*Sorbit* sind die Früchte der Rosaceaen, insbesondere der Sorbus- und Crataegus-Arten. Frische Vogelbeeren, die Früchte der Eberesche *(Sorbus aucuparia* L.) und die Früchte des Rotdorns *(Crataegus oxycantha* L.) enthalten 5—10 % Sorbit.

L-*Idit* und der meso-Hexit *Dulcit*, die ebenfalls im Pflanzenreich angetroffen werden, sind bisher für die menschliche Ernährung von geringer Bedeutung. Dulcit findet sich ähnlich wie Sorbit und Mannit in zahlreichen Pflanzensäften. Besonders reich an Dulcit mit über 50 % ist das Manna von Gymnosporia diflexa Sprague (Madagaska—Manna). Idit kommt zusammen mit D-Sorbit im Saft der Beeren von Ebereschen und anderen Sorbus-Arten vor.

Neben den beiden Hexiten Sorbit und Mannit hat in den letzten Jahren auch der fünfwertige Zuckeralkohol (Pentit) *Xylit* auf dem Ernährungssektor Bedeutung erlangt. In der Natur wird Xylit sowohl in niedrigen als auch in höheren Organismen angetroffen. In den höheren Organismen unterliegt er allerdings einer zu hohen Umwandlungsquote, als daß er daraus in nennenswerten Mengen isoliert werden könnte (J. PFRIMMER & Co., 1963). Über das Vorkommen von Xylit im Champignon *(Psalliota campestris)* haben K. KRATZL u. Mitarb. (1963) berichtet.

2. Herstellung

a) Sorbit

Für die Gewinnung von Sorbit im technischen Maße ist das natürliche Vorkommen nicht ausreichend. Man hat deshalb schon frühzeitig versucht, den Hexit durch Reduktion von D-Glucose herzustellen. Erstmalig hat J. MEUNIER (1890) über die Bildung von Sorbit bei der Reduktion von Glucose mit Natriumamalgam berichtet. Die erste katalytische Hydrierung wurde von V. IPATIEFF (1912) durchgeführt.

Theoretisch kann Sorbit durch Reduktion von drei natürlich vorkommenden Hexosen — D-Glucose, D-Fructose und L-Sorbose — erhalten werden, wobei aus den beiden Ketosen außer D-Sorbit auch D-Mannit und L-Idit entstehen. Da D-Glucose am leichtesten zugänglich ist und großtechnisch hergestellt wird, bildet sie bis heute praktisch das einzige Ausgangsprodukt für Sorbit.

α) Elektrolytische Reduktion von Glucose

Die Durchführung der elektrolytischen Reduktion kann in neutraler oder schwach alkalischer Lösung erfolgen. Die Reaktion ist nicht leicht zu steuern, weil die Gefahr besteht, daß die Reduktion der Carbonylgruppe bis zur Methyl- oder Methylengruppe führt. Auch treten bei alkalischer Reaktion Umlagerungen in D-Fructose und D-Mannose ein, wodurch der Mannit-Anteil im Endprodukt erhöht wird. Das elektrolytische Verfahren führt deshalb auch nur bei genauer Einhaltung bestimmter Reaktionsbedingungen zu gleichmäßigen Erzeugnissen.

Nach einem Verfahren der *Atlas Powder Company* (1935) dienen als Ausgangsmaterial 15—35 %ige Glucoselösungen, denen geringe Mengen Natronlauge und Natriumsulfat zugesetzt sind. Die Lösungen werden bei pH 10—13 durch rechteckige elektrolytische Zellen aus keramischem Material geleitet, in die amalgamierte Bleibleche als Kathoden eingehängt sind. Als Anoden dienen ebenfalls Bleibleche, die von einem Diaphragma aus keramischem Material umgeben sind. Die Anodenflüssigkeit enthält verdünnte Schwefelsäure. Zellen, Rohrleitungen und Pumpen bestehen aus gummiertem Stahl. Die Reaktion, die bei einer Stromdichte von etwa 0,5—2 A/dm² und 15—35° C durchgeführt wird, nimmt etwa 1—2 Std in Anspruch.

Zur Aufarbeitung wird die filtrierte Reduktionslösung mit Schwefelsäure neutralisiert und eingedampft. Das Natriumsulfat wird durch Äthanol oder Methanol abgeschieden. Die heiße alkoholische Lösung wird filtriert, und der Alkohol wird abgedampft. Wenn bei der Umsetzung größere Mengen Mannit entstanden sind, müssen sie durch Kristallisation entfernt werden. Aus dem Filtrat wird Sorbit in kristallisierter Form erhalten.

β) Katalytische Hydrierung von Glucose

Sorbit wird heute technisch fast ausschließlich durch katalytische Hydrierung von D-Glucose hergestellt. Das Verfahren ist wirtschaftlicher als der elektrolytische Prozeß und führt zu reinerem Sorbit.

Zur Hydrierung gelangen 20—50%ige Glucoselösungen. Als Katalysator werden Nickel, Raney-Nickel (H.R. Hefti u.W. Kolb 1949), Kupfer oder Edelmetalle, wie Ruthenium und Palladium (G.L. Bogers u. I.G. E Cohn 1957; 1958) verwendet. Der Katalysator wird häufig in feinverteilter Form auf Kieselgur oder einem ähnlichen Material durch Reduktion niedergeschlagen (F.H. Buck u. Mitarb. 1952). Auch können geringe Mengen alkalisch reagierender Substanzen und Methanol zugesetzt werden (J. Müller u. U. Hoffmann 1926). Die Hydrierung erfolgt bei Reaktionstemperaturen von etwa 50 bis etwa 150° C und einem Wasserstoffdruck von etwa 50 bis etwa 300 atm.

Bei *kontinuierlicher Arbeitsweise* wird die mit feinverteiltem Katalysator vermischte Glucoselösung beispielsweise zusammen mit Wasserstoff durch senkrecht angeordnete, erhitzte Rohre gepumpt. Die Zuckerlösung kann aber auch über den im Reaktionsraum fest angeordneten Katalysator geleitet werden. Nach G. Schiller (1950) erhält man nach Behandlung mit Entfärbungskohle, Filtrieren und Eindampfen praktisch reinen Sorbit mit max. 0,03% reduzierenden Zuckern, wenn bei einer Reaktionstemperatur von 100—110° C und einem Wasserstoffdruck unter 250 atm gearbeitet wird. Wichtig ist insbesondere die Einhaltung optimaler Grenzwerte für die Geschwindigkeit der Wasserstoffzufuhr, die vom Wasserstoffverbrauch und vom Querschnitt des Hydriergefäßes abhängt (L. Kasehagen 1952). Die Lebensdauer des Nickelkatalysators kann verlängert werden, wenn man die Hydrierung in wässr. Äthanol oder Methanol durchführt (M.L. Aléhritière 1956).

Die erhaltenen Sorbitlösungen werden entweder im Vakuum zu einem Sirup mit etwa 70% Tr. eingedickt, oder sie können nach einem Vorschlag von E.G. Almy (1946) zur Herstellung von technisch reinem Sorbit auf Walzentrocknern direkt in ein Trockenprodukt überführt werden. Zur Herstellung von technisch reinem, kristallisiertem Sorbit kann nach F.H. Buck u. Mitarb. (1952) auch das Kristallgranulat von Sorbit unter bestimmten Bedingungen bei erhöhter Temperatur in einer Mischschnecke mit geschmolzenem Sorbit besprüht werden. Nach einem anderen, von G. Pakleppa u. O. Völker (1960) angegebenen Verfahren werden einer konzentrierten wässrigen Sorbitlösung Trockensorbit und Äthanol oder Isopropanol zugesetzt, das Gemisch wird unter Rühren unter 15° C abgekühlt und das erhaltene stückige Trockengut gemahlen.

Zur Herstellung von reinem, kristallisierten Sorbit werden die rohen wässrigen Sorbitlösungen nach F.H. Buck u. Mitarb. (1952) zunächst mit Ionenaustauschern behandelt, um sie von Säuren und Salzen zu befreien. Die nach dem Eindampfen der Lösungen erhaltenen Trockenprodukte werden aus wässrigem Alkohol umkristallisiert.

b) Mannit

D-Mannit läßt sich aus den verschiedenen Manna-Arten aufgrund seiner Schwerlöslichkeit in Wasser und guten Kristallisierbarkeit leicht isolieren. Für die technische Gewinnung ist dieser Weg jedoch zu teuer.

Schon vor über 75 Jahren haben E. Fischer u. J. Hirschberger (1888, 1889) erstmalig Mannit durch Reduktion von D-Mannose mit Natriumamalgam und Mannit neben Sorbit durch Reduktion von D-Fructose mit Natriumamalgam erhalten. Durch elektrolytische Reduktion von D-Glucose in alkalischer Lösung entstehen nach R. Lohmar u. R.M.Goepp (1949) neben Sorbit bis zu 20% Mannit.

Während Mannit früher durch Extraktion von Manna mit wässr. Alkohol gewonnen wurde, hat für die technische Mannit-Erzeugung heute ausschließlich die katalytische Hydrierung von Invertzucker, hydrolysierter Melasse oder Glucose Bedeutung. Von dem gebildeten Sorbit läßt sich der Mannit durch Kristallisation aus wässr. Äthanol, in dem Sorbit relativ leicht löslich ist, trennen.

Nach L. KASEHAGEN u. M.M. LUSKIN (1953) wird eine etwa 50 %ige Saccharoselösung zunächst bei 65° C und pH 1,8 mit Schwefelsäure hydrolysiert und anschließend bei pH 6 bis 7, 150° C und 112 at unter Verwendung eines Nickelkatalysators mit Wasserstoff hydriert. Nach Entfernung der anorganischen Salze durch Ionenaustauscher wird der Mannit durch Kristallisation aus wässr. Alkohol isoliert. Zur beschleunigten Abtrennung der Mannitkristalle können die hochviskosen Hexitlösungen nach F.R. PENCE (1952) durch eine Schicht von Mannitkristallen filtriert werden.

Zwecks Herstellung von Mannit aus D-Glucose wird die wässr. Glucoselösung vor der Hydrierung in Gegenwart von Alkali- oder Erdalkalihydroxid bei 40—80° C isomerisiert und dann bei pH 5—7 unter milden Bedingungen hydriert (L. KASEHAGEN 1953). Es kann aber auch so verfahren werden, daß Glucose zunächst in üblicher Weise zu Sorbit hydriert und anschließend der Sorbit in konzentrierter wässr. Lösung in Gegenwart eines Katalysators bei 160—200° C, einem Wasserstoffdruck von 210 at und pH 7—11 behandelt wird. Auf diesem Wege ist es beispielsweise möglich, aus 100 Gew.-T. Sorbit ein Gemisch aus 23% Mannit, 55% Sorbit und 22% Idit zu erhalten (L. KASEHAGEN 1960).

c) Dulcit und Idit

Nur historisches Interesse hat die Gewinnung von *Dulcit* aus Madagaska-Manna und Torula-Hefe (H. FINK 1938), in der Dulcit zu etwa 1%, bezogen auf Tr., enthalten ist. Im Jahre 1871 stellte G. BOUCHARDAT erstmalig Dulcit durch Reduktion von D-Galaktose mit Natriumamalgam her.

Heute wird Dulcit nach ähnlichen Verfahren wie Sorbit und Mannit durch katalytische Hydrierung von D-Galaktose oder zusammen mit Sorbit durch Hydrierung von hydrolysierter Lactose gewonnen. Aufgrund seiner geringen Löslichkeit in Wasser läßt sich der gebildete Dulcit leicht vom Sorbit trennen (R. LOHMAR u. R.M.GOEPP 1949).

Auch L-*Idit* wurde erstmalig schon im Jahre 1871 von G. BOUCHARDAT dargestellt, und zwar in Form eines kristallisierten Benzyliden-Derivates aus den Fermentationslösungen von *Acetobacter xylinum*, die der Gewinnung von L-Sorbose aus Sorbit gedient haben.

Technisch kann Idit durch Reduktion von L-Idose oder L-Sorbose mit Natriumamalgam oder durch katalytische Hydrierung dieser beiden Hexosen erhalten werden (R. LOHMAR u. R.M. GOEPP 1949).

d) Xylit

Obwohl Xylit ein regelmäßiges Intermediärprodukt des tierischen Kohlenhydratstoffwechsels als Glied des Glucuronsäure-Xylulose-Cyclus ist (O. TOUSTER 1960) und seit Jahren in der Biochemie Beachtung findet, reichen die bisher zur Verfügung stehenden Mengen nur für Versuchszwecke. Erst seitdem die Pentose D-Xylose, der Baustein des als Begleiter der Cellulose des Holzes in der Natur weit verbreiteten hochmolekularen Xylans, großtechnisch aus den Vorhydrolysaten der Holzverzuckerung gewonnen werden kann, steht auch Xylit für die menschliche Ernährung in größeren Mengen zur Verfügung.

Besonders reich an Xylan sind pentosanhaltige Pflanzenstoffe, wie Stroh, Haferschalen, Maisschalen und Bagasse. Das Xylan kann mit mittelstarken Säuren aus diesen Rohstoffen herausgelöst und zu Xylose hydrolysiert werden, die erstmalig im Jahre 1886 von F. KOCH dargestellt wurde. Nach H. KOCH (1950) werden die pentosanhaltigen Pflanzenstoffe, wie Haferschalen, vor der Hydrolyse mit schwach alkalischen Flüssigkeiten vorbehandelt, worauf sie mit 0,2- bis

0,5 %iger Schwefelsäure bei 125° C hydrolysiert werden. Das saure Hydrolysat wird mit Calciumcarbonat bis zu pH 2,5—3 neutralisiert und mit Entfärbungskohle gereinigt. Es enthält über 80 % Xylose i. Tr., die sich durch Eindampfen in kristallisierter Form erhalten läßt.

L. NOBILE u. Mitarb. (1961) haben ein Verfahren zur kontinuierlichen Herstellung von Xylose beschrieben, wonach die Xylan enthaltenden pflanzlichen Rohstoffe bei einem Feuchtigkeitsgehalt von max. 45 % im geschlossenen Gefäß bei 40—90° C mit Salzsäure oder bei 60—130° C mit schwefliger Säure behandelt und im Anschluß daran kontinuierlich abgepreßt werden. Auf weitere Verfahren zur Herstellung von Xylose durch selektive Trennung der bei der Vorhydrolyse von pflanzlichen Stoffen anfallenden Zuckerlösungen mit Hilfe von organischen Lösungsmitteln (H. APEL 1957 a, 1957 b), zur Reinigung von xylosehaltigen Hydrolysaten mit schwefliger Säure (H. KATZ u. G. LEINISCH 1952, 1953) und zur Gewinnung von Xylose aus schwefel- und essigsauren Vorhydrolysaten von Laubholz (T. RIEHM 1962) kann hier nur kurz hingewiesen werden.

E. FISCHER u. R. STAHEL (1891; 1894) haben erstmalig durch Reduktion von Xylose mit Natriumamalgam Xylit erhalten. Heute erfolgt die technische Herstellung von Xylit aus Xylose nach ähnlichen Verfahren wie die Herstellung von Sorbit aus Glucose durch katalytische Hydrierung.

Nach einem Vorschlag von T. RIEHM (1956) kann man zur Herstellung von reinem Xylit auch so vorgehen, daß man zunächst Pentosen und Hexosen enthaltende Holz-Vorhydrolysate, die beispielsweise i. Tr. neben 35 % Xylose einen Gehalt von 27 % Glucose, 22 % Mannose, 5 % Galaktose, 4 % Arabinose und 7 % höhermolekulare Zucker aufweisen können, katalytisch hydriert und das erhaltene Gemisch von Polyalkoholen anschließend der Vakuum-Wasserdampfdestillation unterwirft. Dabei geht der gebildete Xylit nahezu quantitativ und in sehr reiner Form über.

3. Eigenschaften

Die Zuckeralkohole bilden in reinem Zustand farblose Kristalle von süßem Geschmack. Die Löslichkeit in Wasser ist sehr unterschiedlich. Sorbit und Idit sind hygroskopisch und in Wasser sehr leicht löslich. Schwerer löst sich Mannit, während Dulcit äußerst schwer löslich ist. In den meisten organischen Lösungsmitteln sind die Zuckeralkohole unlöslich. Mehr oder weniger gut löslich sind sie in heißem Methanol und Äthanol, wovon man beim Kristallisieren und Umkristallisieren Gebrauch macht.

Sorbit kommt in einer stabilen und einer instabilen Modifikation vor, die sich hinsichtlich des Schmelzpunktes unterscheiden. Die optische Aktivität der Zuckeralkohole ist sehr gering. Durch Zusatz von komplexbildenden Salzen, wie Borax und Ammoniummolybdat, kann die spezifische Drehung erhöht werden. Bei Zusatz von Borax bzw. Ammoniummolybdat erhält man nach R. LOHMAR u. R.M. GOEPP (1949) $[a]_D^{25} = + 6,63°$ bzw. $+ 30,93°$.

Ebenso wie die Hexosen und Pentosen unterscheiden sich auch die entsprechenden Hexite und Pentite erheblich hinsichtlich ihres *Süßungsgrades* (vgl. S. 652). Während Sorbit, Mannit und Dulcit nur etwa halb so süß wie Saccharose schmecken (K. TÄUFEL 1925), entspricht der Süßungsgrad des Xylits

Tabelle 9. *Physikalische und organoleptische Eigenschaften der Zuckeralkohole*

Zuckeralkohol	Smp (°C)	$[a]_D^{25}$	Süßungsgrad	Löslichkeit in Wasser bei 25° C (g/100 g)
D-Sorbit				
stabile Form ...	96,7—97,2	—2,0	0,48	235
instabile Form .	90,4—91,8			
D-Mannit	166—167	—0,4	0,45	22
L-Idit...........	73,5	—3,5	unbekannt	sehr leicht
Dulcit	188,5	optisch inaktiv	0,41	etwa 3
Xylit	93—95	optisch inaktiv	etwa 1	64

etwa dem der Saccharose (J. GUTSCHMIDT u. G. ORDYNSKY 1961). In Tab. 9 sind die physikalischen und organoleptischen Eigenschaften der Zuckeralkohole zusammengestellt worden.

Die leichte Wasserlöslichkeit, die Hygroskopizität und die vergleichsweise hohe Viscosität der konzentrierten wässr. Lösungen bilden die Voraussetzung für die vielseitige Verwendung des Sorbits auf dem Lebensmittelgebiet.

Während Glycerin und Äthylenglykol zu den stark hygroskopischen Substanzen zählen, weist Sorbit nur eine mäßig hohe *Hygroskopizität* auf. Er spricht deshalb auf Feuchtigkeitsschwankungen der Umgebung weniger an und gibt für die Konstanz des Feuchtigkeitsgehaltes eines Lebensmittels eine größere Gewähr als Glycerin (Abb. 2).

Im Vergleich zu gleichkonzentrierten Glycerinlösungen zeigen wässr. Sorbitlösungen eine weitaus höhere *Viscosität*. Bei Lebensmitteln, die unter Sorbitzusatz hergestellt werden, wird deshalb häufig eine Viscositätserhöhung erzielt (Abb. 3).

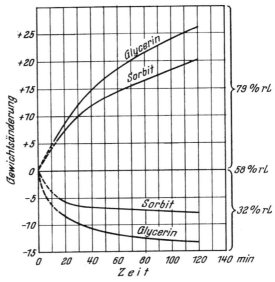

Abb. 2. Gleichgewichtswassergehalt von wäßrigen Sorbit- und Glycerinlösungen in Abhängigkeit von der rel. Luftfeuchtigkeit (rL) (C. D. PRATT 1955)

Gegenüber Säuren, Alkalien und Hitze sind die Zuckeralkohole wesentlich beständiger als die Monosaccharide, weil sie keine Carbonylgruppe aufweisen. Sie sind koch- und backfest, nicht vergärbar und äußerst widerstandsfähig gegen bakterielle Zersetzungen. Im Gegensatz zu D-Glucose und D-Fructose können Zuckeralkohole auch in Gegenwart von Aminoverbindungen bedenkenlos erhitzt und gelagert werden. Infolge des Fehlens der reduzierenden Gruppe gehen sie keine Maillard-Reaktion (vgl. S. 683) ein, die zu unerwünschten Bräunungsvorgängen und Nährwertverlusten führen kann.

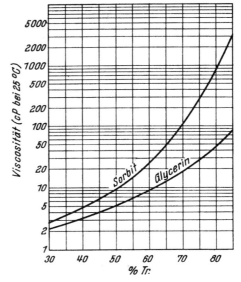

Abb. 3. Viscosität von wäßrigen Sorbit- und Glycerinlösungen (C. D. PRATT 1955)

Hinsichtlich der thiaminsparenden Eigenschaften des Sorbits beim Menschen und beim Wiederkäuer muß auf eine zusammenfassende Darstellung von S. HOLLMANN (1963) und auf die von G. SCHRAMM (1962) und L. BREM (1966) zitierte Originalliteratur verwiesen werden.

Hervorzuheben ist ferner die Eigenschaft der Zuckeralkohole, insbesondere in alkalischen Lösung mit Metallionen, wie Fe(III)-, Cu(II)- und Al(III)-Ionen, komplexe Chelate zu bilden. Da Schwermetallionen die Autoxydation von Fetten und Ölen katalysieren, kann durch Zusatz von Zuckeralkoholen zu fetthaltigen Lebensmitteln häufig das Ranzigwerden verzögert werden. Die Zuckeralkohole eignen sich deshalb auch als Synergisten für Antioxydantien.

Durch intramolekularen Wasseraustritt, beispielsweise beim Verestern mit organischen Säuren, bilden die Zuckeralkohole leicht beständige innere Äther bzw. Anhydride. Durch Austritt von 1 Mol H_2O entstehen die Hexitane bzw. Pentitane der entsprechenden Hexite bzw. Pentite, durch Austritt von 2 Mol H_2O Hexide bzw. Pentide (L. F. Wiggins 1950).

Weitere Einzelheiten über die physikalischen und chemischen Eigenschaften der Zuckeralkohole vgl. H. Elsner (1935), R. Lohmar u. R. M. Goepp (1949), G. Schramm (1962), *Atlas Powder Company* (1952), J. Pfrimmer & Co (1963).

4. Verwendung

Aufgrund seiner leichten Wasserlöslichkeit und hygroskopischen Eigenschaften findet *Sorbit* nicht nur für viele technische Zwecke, wie Textilien, Papier, Leder, sowie in der Pharmazie (W. Huhn 1960) und Kosmetik, sondern auch als Weichmacher und Frischhaltemittel für viele Lebensmittel und für Tabak Verwendung. Durch die ausgezeichneten wasserbindenden Eigenschaften ist Sorbit in der Lage, den Feuchtigkeitsgehalt bei wechselnden klimatischen Bedingungen über einen längeren Zeitraum zu stabilisieren. Hiervon macht man bei vielen Süßwaren, wie Weichkaramellen, Fondant, flüssigen und halbfesten Füllungen, Geleeartikeln, Gummi- und Schaumzuckerwaren, Marzipan und Persipan, Cocosflocken und Lebkuchen Gebrauch. Die Zusatzmenge beträgt je nach Erzeugnis 5—20 %. Meistens kommt der Sorbit dabei in Form einer handelsüblichen 70 %igen wässr. Lösung zur Anwendung (C. D. Pratt 1955; G. Graefe 1955; P. Schreiber 1956; G. Schramm 1962).

In den USA macht man von den qualitäts- und haltbarkeitsverbessernden Eigenschaften des Sorbits seit Jahren Gebrauch. Für Süßwaren, die zu den ständigen Verpflegungsrationen der amerikanischen Truppen gehören, und für die eine besonders gute Lagerfähigkeit verlangt wird, ist eine bestimmte Sorbitmenge bei der Verarbeitung vorgeschrieben (C. Kelch 1957).

Mannit eignet sich aufgrund seiner physikalischen, chemischen und physiologischen Eigenschaften für die Herstellung von kaubaren Tabletten, um den Geschmack von Arzneimittelzubereitungen und die mechanische Festigkeit der Tabletten zu verbessern.

Außerdem wird Mannit zur Verbesserung der elektrischen Eigenschaften von elektrolytischen Kondensatoren verwendet, um einen Spannungsabfall zu verhindern. Das *Hexanitrat* des Mannits ist nicht nur ein hervorragender Sprengstoff, sondern es wird wegen seiner blutdrucksenkenden Wirkung auch zur Behandlung von hypertonischen Zuständen verwendet (*Atlas Powder Company* 1959).

Eines der wichtigsten Verwendungsgebiete für die Zuckeralkohole auf dem Lebensmittelsektor ist die *Diätetik*. Als *Zuckeraustauschstoff für Diabetiker* und als Süßmittel für Diabetiker-Lebensmittel haben Sorbit und Mannit gegenüber den künstlichen Süßstoffen den Vorteil, daß sie bei verzögerter Resorption als Nährstoff vollkommen verwertet werden und etwa die gleiche Kalorienmenge (3,97 kcal/g) liefern wie D-Glucose. Orale Gaben bis zu 50 g Sorbit über den Tag verteilt führen beim Diabetiker weder zu einer Erhöhung des Harn- und Blutzuckers noch zu einem gesteigerten Insulin-Bedarf. Einzelheiten über den Sorbitstoffwechsel und die Verwendung des Sorbits in der Diät des Diabetikers entsprechend den neuesten Erkenntnissen haben u. a. E. Boye (1958), A. N. Wick u. Mitarb. (1951), G. Schramm (1962), H. Mehnert (1962) u. W. Lamprecht (1965) mitgeteilt.

Während D-Xylose vom menschlichen Organismus praktisch nicht verwertet und weitgehend unverändert im Harn ausgeschieden wird (H. ELSNER 1935; K. SCHNITZLER 1960), wird seit einigen Jahren neben Sorbit und Mannit auch *Xylit* als Zuckeraustauschstoff für Diabetiker empfohlen. Wie insbesondere Untersuchungen von K. LANG, H. BÄSSLER u. Mitarb. (1962, 1963 a, 1963 b, 1963 c, 1964) gezeigt haben, besitzt Xylit nicht nur etwa den gleichen kalorischen Wert wie D-Glucose, sondern er ist aufgrund seines intensiv süßen Geschmacks, der Nichtbeeinflussung des Blutzuckerspiegels und der antiketogenen Wirkung auch als Zuckeraustauschstoff für Diabetiker in über den Tag verteilten Dosen von 40—80 g gut geeignet.

V. Zuckercouleur

1. Grundlagen der Zucker-Caramelisierung

Beim Erhitzen von trockenem Zucker unter Rühren auf 150—180° C wird eine amorphe, braune, wasserlösliche Masse erhalten, die zum Färben und Aromatisieren von Caramelspeisen geeignet ist. Dieser altbekannte Vorgang bildet die Grundlage für die Herstellung von Zuckercouleur.

Die Caramelisierung der Zucker gehört chemisch zu der Gruppe der nicht-enzymatischen Bräunungsreaktionen, die beim Erhitzen von Zuckerarten auf ausreichend hohe Temperaturen eintreten. Reduzierende Zucker, wie Xylose, Ribose, Fructose und Glucose, lassen sich leichter caramelisieren als nicht redu-zierende Kohlenhydrate, wie Saccharose und Stärke. Die Intensität der Bräunung hängt von den Reaktionsbedingungen (Wassergehalt, Temperatur, pH, Reak-tionsdauer) ab. In Gegenwart von Säuren oder von Alkalien wird der Reaktions-ablauf beschleunigt.

In den letzten Jahrzehnten hat insbesondere auch die nach dem französischen Chemiker L.C. MAILLARD (1912) benannte Reaktion zwischen reduzierenden Zuckern und Aminoverbindungen, wie Aminosäuren, Peptiden, Proteinen, für die Herstellung von Zuckercouleur Bedeutung erlangt. Beide Nährstoffgruppen sind Bestandteile der meisten Lebensmittel, und die Maillard-Reaktion ist in starkem Maße an der Bräunung vieler Lebensmittel beteiligt, die beim Braten, Backen und Rösten z. B. von Fleisch, Brot und Kaffee eintritt. In Gegenwart von Aminover-bindungen verläuft die Caramelisierung der Zucker bereits bei wesentlich nied-rigeren Temperaturen.

In den Reaktionsablauf bei der Caramelisierung der Zucker durch Erhitzen mit und ohne Zusatz von Reaktionsbeschleunigern hat man erst in den letzten Jahr-zehnten durch Verfeinerung der Analysenmethoden aufschlußreiche Einblicke erhalten. Es kann heute als gesichert gelten, daß dabei zunächst sehr reaktions-fähige Zwischenprodukte entstehen, wie α, β- ungesättigte Carbonylverbindungen, Furfurol, Hydroxymethylfurfurol, Methylglyoxal, Reduktonkörper, also Um-setzungsprodukte der Zuckerdehydrierung und -dehydratisierung sowie der Zuckerspaltung über Enole/Triosen. Im weiteren Reaktionsablauf bilden sich unter Polykondensatien und Polymerisation dunkel gefärbte Verbindungen, in Gegenwart von Aminoverbindungen z. T. unter Einbau des Stickstoffes zu stark gefärbten Melanoidinen, die durch die peptisierende Wirkung der unveränderten Zucker kolloid in Lösung gehalten werden (H.S. BURTON u. D.J. McWEENY 1964). Auf Einzelheiten kann hier nicht eingegangen werden. Es sei aber auf die ausge-zeichneten Zusammenfassungen von J.E. HODGE (1953), G.P. ELLIS (1959),

K. HEYNS u. H. PAULSEN (1960), T. M. REYNOLDS (1962, 1964) und C. H. LEA (1965) hingewiesen.

2. Herstellung von Zuckercouleur

Für die Herstellung von Zuckercouleur lassen sich keine allgemein gültigen Regeln aufstellen. Je nach Verwendungszweck werden an eine Couleur ganz bestimmte Anforderungen gestellt, wie hohe Farbkraft, angenehmer Geschmack, gute Löslichkeit in hochprozentigem Alkohol, Essig und Bier, Verträglichkeit mit Gerbstoffen bzw. Tannin oder Eiweißstoffen. Es gibt keine Zuckercouleur, die alle diese Eigenschaften gleichzeitig besitzt.

Als Rohstoff für Zuckercouleur dienen im allgemeinen Saccharose, Dextrose oder Stärkezucker. Das Kochen der Couleur erfolgt entweder im offenen Kessel oder im Autoklaven unter Druck. Die Behälter aus rostfreiem Stahl müssen mit einem Rührwerk ausgerüstet sein, da während des ganzen Prozesses gerührt werden muß. Die Reaktionsdauer ist weitgehend von der Art der Reaktionsbeschleuniger abhängig und beträgt etwa 5—10 Std. Die Reaktionstemperatur ist ebenfalls sehr unterschiedlich und schwankt zwischen 120 und 180° C. Wenn die gewünschte Farbkraft erreicht ist, wird auf etwa 95° C abgekühlt, mit heißem Wasser auf den gewünschten Tr.-Gehalt von 65—75 % verdünnt und erforderlichenfalls durch ein feines Sieb filtriert.

Nach Angaben von E. PREUSS (1925) werden bei der Herstellung einer *Biercouleur* auf 180—200 kg Stärkezucker als Reaktionsbeschleuniger 600—800 g pulverisiertes Ammoniumcarbonat zugesetzt. Bei der Herstellung einer *Rumcouleur*, die in 75—80 vol.-%igem Äthanol löslich ist, werden auf 200 kg Stärkezucker etwa 2,5 kg Kristallsoda, in etwa 5 l Wasser gelöst, zugegeben, sobald die Hauptmenge des Wassers verdampft ist und die Masse sich zu bräunen beginnt. Für eine *Raffinadecouleur*, die in 90 vol.-%igem Äthanol löslich ist und zum Färben stärkster Spirituosen dienen kann, werden auf 50 kg Saccharose 15 kg Glycerin und 500 g in wenig Wasser gelöstes Natriumacetat als Reaktionsbeschleuniger angegeben. In einer Änderung zur EWG-Richtlinie über färbende Stoffe. die in Lebensmitteln verwendet werden dürfen (1965), werden als zulässige Stoffe für die Herstellung von Zuckercouleur u. a. angeführt: die Ammonium-, Natrium- und Kaliumverbindungen der Essigsäure, Citronensäure, Phosphorsäure und Kohlensäure sowie Ammonium-, Natrium- und Kaliumhydroxid.

Nach einem Vorschlag von B. LONGENECKER (1950) kann eine *säurefeste Couleur für alkoholfreie Erfrischungsgetränke* dadurch hergestellt werden, daß man angesäuerten Stärkezucker zunächst bei pH 0,2—4,0 auf 93—120° C erwärmt, bis der Gehalt an reduzierenden Zuckern auf 30—60 % gesunken ist, und anschließend wird die Masse nach Zusatz von Ammoniak oder Ammoniumsalzen bei pH 3—7,5 weiterbehandelt. Die Herstellung einer *säurefesten Zuckercouleur* durch Erhitzen einer Stärkezuckerlösung unter Druck bei 124—129° C unter Zusatz von Ammoniumsalzen und anschließendes Konzentrieren durch Eindampfen im Vakuum hat E. E. ALT (1957) beschrieben. Nach A. LE ROY u. J. E. CLELAND (1956) lassen sich die hochmolekularen gefärbten Caramelisierungsprodukte aus einer Zuckercouleur dadurch von den restlichen, nicht umgesetzten Zuckern abtrennen, daß man sie mit einer Mischung von Methanol und Isopropanol behandelt. Die unveränderten Zucker gehen dann in die leichtere alkoholische Phase über, während die hochmolekularen gefärbten Verbindungen in der wässr. Phase verbleiben. Nach Abdestillieren des Alkohols kann der nicht caramelisierte Zucker erneut der Couleurkochung zugeführt werden.

3. Zusammensetzung, Eigenschaften und Verwendung

In der deutschen Bundesrepublik gilt Zuckercouleur als Lebensmittel und nicht als fremder Stoff. Wie aus der amtlichen Begründung zur Allgemeinen Fremdstoff-VO (1959) hervorgeht, hat der Gesetzgeber von einer ausdrücklichen Zulassung der

Zuckercouleur abgesehen, weil für die Verwendung als Färbematerial nicht nur die braunen Veränderungsprodukte des Zuckers, sondern auch der Restgehalt an verdaulichen Kohlenhydraten maßgebend ist.

R. FRANCK (1963) hat über Untersuchungen des Bundesgesundheitsamtes berichtet. Er macht einen Unterschied zwischen sog. „Caramelsirup" mit einem Gehalt von mehr als 50% verdaulichen Kohlenhydraten und Zuckercouleur, die weniger als 50% verdauliche Kohlenhydrate enthält. Nach Ansicht von FRANCK ist nur „Caramelsirup" kein fremder Stoff, während Zuckercouleur erst nach § 5 a LMG durch die Allgemeine Fremdstoff-VO zugelassen werden müßte, wogegen vom lebensmittelchemischen Standpunkt keine Bedenken bestehen würden.

Es fragt sich, ob die vorgeschlagene Unterteilung notwendig und praktisch ist, abgesehen davon, daß die Bezeichnung „Caramelsirup" etwas unglücklich gewählt ist, weil unter „Caramel" nach E. PREUSS (1925) Zuckercouleur in fester Form verstanden wird, die man durch weitgehendes Verdampfen des Wassers bei der Herstellung von Zuckercouleur erhält.

Der Trockensubstanz-Gehalt von Zuckercouleur beträgt durchschnittlich 65—75%, und je nach Verwendungszweck liegt der pH-Wert zwischen etwa 2 und etwa 7. Da über die Zusammensetzung von Zuckercouleur kaum Veröffentlichungen vorliegen, sollen hier einige neuere Untersuchungsergebnisse des Instituts für Forschung und Entwicklung der Maizena-Gruppe angeführt werden (Tab. 10).

Tabelle 10. *Zusammensetzung von Zuckercouleur* (M = Malzbiercouleur, S = Spezialcouleur, E = Essigcouleur, B = Bonboncouleur)

Zuckercouleur-Type	M	S	E	B
Trockensubstanz (%) ...	74	71	71	61
pH	5,6	2,9	3,8	6,8
red. Stoffe (%) (ber. als D-Glucose i. Tr.)	60	58	61	44
red. Stoffe (%) nach Dextrin-Inversion (ber. als D-Glucose i. Tr.)	75	84	86	67

In der bereits erwähnten Änderung zur EWG-Richtlinie über färbende Stoffe (1965) werden für Zuckercouleur folgende Mindestanforderungen angeführt:

Ammoniak-Stickstoff: max. 0,5% (Methode TILLMANS-MILDNER);

Schwefeldioxid: max. 0,1% (Methode MONNIER-WILLIAMS);

pH-Wert: ≧ 1,8;

Phosphate: max. 0,5% (ber. als P_2O_5).

Für die Beurteilung einer Zuckercouleur sind außer der *Farbkraft* und dem *Geschmack* je nach Verwendungszweck u. a. folgende Eigenschaften von Bedeutung: *pH-Wert, isoelektrischer Punkt, Tanninfestigkeit, Wasserlöslichkeit, Alkohollöslichkeit, Säurefestigkeit, Bierbeständigkeit* und *Verharzungszeit;* Einzelheiten hierüber haben H. ROEDERER (1955) und F.W. PECK (1955) angegeben.

Besonders wichtig für die Beurteilung einer Couleur ist der *isoelektrische Punkt.* Nach H. ROEDERER (1955) enthalten beispielsweise Rum, Weinbrand, Dessertwein und Wermutwein tannin- bzw. gerbstoffähnliche Stoffe, die meistens elektronegativ geladen sind. Setzt man diesen Getränken eine Zuckercouleur zu, die zum elektropositiven Typ gehört, so vereinigen sich die entgegengesetzt geladenen Kolloidteilchen zu größeren elektroneutralen Partikeln, und es kann zu unerwünschten Ausflockungen kommen. Im vorliegenden Fall ist eine elektronegative Couleur geeignet, die sowohl eine ausreichende Alkohollöslichkeit aufweist als auch tanninfest ist. Eine Malzbiercouleur darf dagegen nicht stärker elektropositiv geladen sein, weil es sonst zur Ausflockung von Eiweißstoffen kommen kann.

Von den zahlreichen Lebensmitteln, denen häufig Zuckercouleur zugesetzt wird, sollen hier nur die wichtigsten angeführt werden: *Rum, Weinbrand, Wermutwein, Dessertwein, Essig* und *Weinessig, Malzbier, alkoholfreie Erfrischungsgetränke, Zuckerwaren, Backwaren.*

VI. Untersuchung

1. Fructose

Für die Untersuchung von Fructose, die in kristallisierter Form und als 70%iger wässr. Sirup im Handel ist, sind bisher keine bestimmten Methoden festgelegt worden, ebensowenig existieren für Fructose als Lebensmittel besondere Reinheitsanforderungen. Man muß deshalb auf Untersuchungsmethoden zurückgreifen, die in den Arzneibüchern verschiedener Länder beschrieben sind. Die

Tabelle 11. *Reinheitsanforderungen an Fructose*

Arzneibuch	Österreich (1960)	Österreich (1960)	Großbritannien (1948)
Bezeichnung	Fructose	Fructose zur Injektion	Laevulose
$[a]_D^{20}$	—88° bis —93°	—91° bis —93°	min. —81°
Smp (°C)........	95—106	100—110	—
Wasser .....in %	max. 5,0 (bei 103—105° C)	max. 0,5 (bei 103—105° C)	max. 5,0 (bei 105° C)
Asche ..... in %	max. 0,1	max. 0,1	max. 2,5 (als Sulfatasche)

dort angegebenen Methoden und Reinheitsvorschriften weichen allerdings voneinander ab (Tab. 11), und die Angaben im DAB (1948) sind völlig unzureichend, so daß sie hier nicht angeführt werden.

Im übrigen können für die Untersuchung von Fructose die für Dextrose und Stärkezucker angegebenen Methoden für die Bestimmung von *Wasser/Trockensubstanz, pH, Acidität, Säuregrad, Mineralbestandteile, Schwermetalle* (vgl. S. 658/659) herangezogen werden.

Die Bestimmung des *Fructose-Gehalts* und eventueller Verunreinigungen, insbesondere durch D-Glucose und andere Aldosen, kann nach der von L. ACKER (Handbuch II/2) angegebenen und von I.M. KOLTHOFF (1925) und C.J. KRUISHEER (1929) genauer beschriebenen Methode erfolgen, wobei die Aldosen zunächst mit Hypojodit oxidiert und die unveränderte Fructose dann durch ihr Reduktionsvermögen gegenüber Fehling'scher Lösung ermittelt wird. Für genauere Untersuchungen können auch die von L. ACKER (Handbuch II/2) angeführten chromatographischen Verfahren benutzt werden.

Hingewiesen sei ferner auf eine kürzlich von H.H. WEICHEL (1965) beschriebene enzymatische Methode, nach der es möglich ist, mit Hilfe der Enzyme Hexokinase, Phospho-glucose-isomerase und Glucose-6-phosphat-dehydrogenase Fructose in Gegenwart anderer Zucker, insbesondere von D-Glucose, quantitativ zu bestimmen. Ein wesentlicher Vorteil der Methode soll in der Zeitersparnis bei Serienanalysen liegen.

2. Maltosesirup

Für Maltosesirup können alle für Glucosesirup (vgl. S. 658 ff) angegebenen Untersuchungsmethoden benutzt werden, ergänzt durch die Bestimmung des Rohproteins nach der für Stärke (vgl. S. 190) angegebenen Methode.

3. Ahornsirup und Ahornzucker

Da Ahornsirup und Ahornzucker als wesentliche Zuckerart Saccharose enthalten, können für die Untersuchung die bei Rohr- und Rübenzucker behandelten Methoden herangezogen werden.

Die Bestimmung des *Invertzuckers* kann nach MEISSL (J. GROSSFELD 1935) oder nach SCHOORL in der von F. SCHNEIDER u. A. EMMERICH (1951) für Rohzucker vorgeschlagenen Ausführungsform erfolgen (vgl. Handbuch II/2). Speziell für Ahornsirup haben J. NAGHSKI u. Mitarb. (1954) eine einfache colorimetrische Methode vorgeschlagen.

Hinsichtlich der Bestimmung von *Raffinose, Oligosacchariden, Asche* und *Mineralstoffen* sei auf die von C.O. WILLITS (1958) angegebene Originalliteratur hingewiesen.

Für die Bestimmung der *Trockensubstanz* bzw. des *Wassergehalts* in Ahornsaft und Ahornsirup haben C.O. WILLITS u. Mitarb. (1960) eine indirekte Methode angegeben, wonach mit Hilfe eines Aräometers das spez. Gewicht nach Brix. bzw. Baumé unter Berücksichtigung der Meßtemperatur ermittelt wird. Nach C.O. WILLITS (1958) kann die Bestimmung der Trockensubstanz auch über den mit Hilfe eines Refraktometers gefundenen Brechungsindex erfolgen. Weiterhin kommt die pyknometrische Methode in Betracht.

4. Zuckeralkohole

Mit Perjodaten lassen sich Polyhydroxyverbindungen mit benachbarten Hydroxylgruppen in neutraler und saurer Lösung unter Spaltung der C-C-Bindung oxydieren. Auf dieser Reaktion beruht eine zuerst von L.A.J. MALAPRADE (1928) vorgeschlagene Methode zur quantitativen Bestimmung von *Sorbit*, die auch für *Mannit* und *Xylit* anwendbar ist. Nach R. RAPPAPORT u. Mitarb. (1937) ist die Methode zur Bestimmung mehrwertiger Alkohole neben reduzierenden Zuckern geeignet, auch ist sie in den 3. Nachtrag zum DAB 6 aufgenommen worden (H. BÖHME u. H. WOJAHN 1960).

Da bis heute noch kein Reagens bekannt ist, das mit Sorbit, Mannit oder Xylit in Gegenwart anderer Zuckeralkohole eine spezifische Reaktion gibt, ist man zur eindeutigen Bestimmung auf papier- oder dünnschichtchromatographische Methoden angewiesen. Eine papierchromatographische Arbeitsvorschrift, die als Sprühreagens eine Lösung von Silbernitrat in Aceton und zur Entwicklung des Chromatogramms Ammoniak verwendet, ist in den Laboratorien der Firma E. Merck AG., Darmstadt, ausgearbeitet worden (G. SCHRAMM 1962).

S. GERLAXHE u. J. CASIMIR (1957) und C.B. COULSON u. W.C. EVANS (1958) haben ferner auf die Möglichkeit hingewiesen, die Zuckeralkohole neben reduzierenden Zuckern papierelektrophoretisch zu bestimmen. Eine mikrocolorimetrische Methode zur Bestimmung von Sorbit und Mannit in biologischen Flüssigkeiten hat J.M. SAILEY (1959) vorgeschlagen.

Für die quantitative Bestimmung von *Sorbit in Wein und anderen Lebensmitteln* benutzen K. TÄUFEL u. K. MÜLLER (1957) die Oxydation mit Perjodat in Kombination mit der papierchromatographischen Isolierung.

Eine polarimetrische Methode zur Bestimmung von *Sorbit in Brot und Teigwaren* haben A.M. MANZONE u. C.J. TURI (1961) beschrieben. Sie benutzt die Eigenschaft der Zuckeralkohole, mit Ammoniummolybdat optisch aktive Komplexverbindungen einzugehen, die ein deutlich stärkeres Drehungsvermögen zeigen als die freien Polyalkohole (vgl. S. 680). Da reduzierende Zucker mit Ammoniummolybdat keine entsprechenden Komplexverbindungen eingehen, brauchen sie vor der Bestimmung nicht durch Vergärung entfernt zu werden. Wie A. TURNER (1964) bei *Diabetikerschokolade* und A. ROTSCH u. G. FREISE (1964) bei *Diabetiker-Backwaren* ermittelt haben, kann die Bildung von Molybdänblau, welche die Ablesung im Polarimeter erschwert, durch Zugabe von Natriumnitrit verzögert werden.

Für die Bestimmung von *reduzierenden Zuckern* in Sorbit, Mannit oder Xylit haben H. BÖHME u. H. WOJAHN (1960) eine gravimetrische Vorschrift mit Fehling'scher Lösung angegeben. Hierfür können aber auch die meisten von

L. ACKER (Handbuch II/2) angeführten nichtselektiven Reduktionsmethoden, wie die auf FEHLING u. SOXHLET zurückgehende Methode der Titration der Fehling'schen Lösung mit der zuckerhaltigen Lösung dienen (H. C. S. DE WHALLEY 1964).

5. Zuckercouleur

Bei der Untersuchung von Zuckercouleur interessiert weniger die chemische Zusammensetzung als das chemische und physikalische Verhalten. Bestimmungsmethoden für die Eigenschaften, wie *Farbkraft, isoelektrischer Punkt, Tanninfestigkeit, Wasserlöslichkeit, Alkohollöslichkeit, Säurefestigkeit, Bierbeständigkeit* und *Verharzungszeit*, die für die Verwendung maßgebend sind, haben H. ROEDERER (1955) und F. W. PECK (1955) angegeben.

Weiterhin können für die Untersuchung von Zuckercouleur die in der Änderung zur EWG-Richtlinie über färbende Stoffe (1965) angegebenen Methoden zur Bestimmung von Ammoniak-Stickstoff (Methode TILLMANNS-MILDNER) und Schwefeldioxid (Methode MONNIER-WILLIAMS) herangezogen werden.

Zum *Nachweis von Zuckercouleur in Orangensaftkonzentration oder -grundstoffen* hat E. BENK (1962) die Bestimmung von Hydroxymethylfurfurol (HMF) empfohlen.

Nach Angaben von H. ROTHER (1966) ist dieses Nachweisverfahren aber wenig befriedigend, weil einerseits bei längerer Lagerung oder Erwärmung von Fruchtsäften HMF entstehen kann, und es andererseits Couleur-Typen gibt, die praktisch frei von HMF sind.

Eine kürzlich von H. ROTHER (1966) beschriebene Methode zum *Nachweis von Zuckercouleur in Grundstoffen für alkoholfreie Erfrischungsgetränke* bedient sich der Gelfiltration und benutzt eine Beobachtung von C. AMTHOR (1885), daß sich die hochmolekularen dunkel gefärbten Bestandteile der Zuckercouleur mit Paraldehyd und Alkohol ausfällen lassen. Vorher erfolgt die Abtrennung der gefärbten Verbindungen aus den Grundstoffen durch Gelfiltration.

Bei der „Gelfiltration" wird eine Fraktionierung von Molekülen verschiedener Größe durchgeführt, wobei es nicht — wie beim Ionenaustausch — auf die Art der Moleküle oder deren aktive Gruppen, sondern ausschließlich auf ihre Größe ankommt. Als Filtermaterial wird in vorliegendem Fall Dextran verwendet. Die erhaltenen hochmolekularen Fraktionen werden nach Hydrolyse mit Säure (zur Beseitigung störender Substanzen) mit Paraldehyd und Alkohol versetzt. Bei Anwesenheit von Couleurfarbstoffen entsteht ein brauner Niederschlag.

Nach Angaben von H. ROTHER (1966) soll sich diese Methode auch zum Nachweis von Zuckercouleur in anderen Lebensmitteln eignen. Da entsprechende hochmolekulare braungefärbte Reaktionsprodukte (Melanoidine) aber z. B. auch beim Braten, Backen und Rösten von Fleisch, Brot und Kaffee entstehen, bedarf dieser Hinweis noch der Nachprüfung.

VII. Hinweise für die lebensmittelrechtliche Beurteilung

1. Fructose

Zur Zeit besteht in Deutschland keine spezielle Regelung aufgrund von § 5 LMG für Fructose. Als verdauliches Kohlenhydrat ist Fructose aber eindeutig Lebensmittel und kein „fremder Stoff". Durch die *VO über diätetische Lebensmittel* in der Fassung vom 22. XII. 1965 ist Fructose speziell als Zuckeraustauschstoff für Diabetiker zugelassen worden.

2. Maltosesirup

Die am 31. XII. 1949 außer Kraft getretenen *Geschäftsbedingungen für Stärke und Stärkeveredlungserzeugnisse* (1948) enthielten u. a. Begriffsbestimmungen und Mindestanforderungen für Maltosesirup. Für maltosereiche Erzeugnisse aus reiner

Stärke, die zu den Glucosesirupen rechnen und häufig im Unterbegriff als „Maltose-sirup" bezeichnet werden, gelten die in den Richtlinien für Stärke und Stärke-erzeugnisse (1963) für Glucosesirup angegebenen Reinheitsanforderungen.

3. Ahornsirup und Ahornzucker

In den USA sind im Jahre 1940 Standards für Ahorn-Tafelsirup aufgestellt worden, die u. a. Vorschriften für die Trockenmasse, die Farbe, die Klarheit und die Verpackung enthalten (C. O. WILLITS 1958). Außerdem haben einzelne ameri-kanische Staaten, wie Vermont, Wisconsin und New York, besondere Bestimmun-gen für den Verkauf und die Kennzeichnung von Ahorn-Erzeugnissen erlassen (C. O. WILLITS 1958).

4. Zuckeralkohole

Für Zuckeralkohole besteht zur Zeit keine spezielle Regelung aufgrund von § 5 LMG. Entsprechend der Amtlichen Begründung zur *Allgemeinen Fremdstoff-VO* (1959) werden Sorbit und Mannit aufgrund ihres süßen Geschmacks als natürliche Geschmacksstoffe angesehen. Darüber hinaus hat der Wissenschaftliche Beirat des Bundes für Lebensmittelrecht und Lebensmittelkunde in einem Gut-achten (1960) festgestellt, daß Zuckeralkohole, soweit sie verdaulich sind, den verdaulichen Kohlenhydraten zuzurechnen sind.

Durch die *VO über diätetische Lebensmittel* in der Fassung v. 22. XII. 1965 sind Sorbit, Mannit und Xylit speziell als Zuckeraustauschstoffe für Diabetiker zuge-lassen worden.

Das *Deutsche Arzneibuch*, 6. Ausgabe, 3. Nachtrag 1959 (H. BÖHME u. H. WOJAHN 1960) schreibt für Sorbit u. a. einen Gehalt von mindestens 98,0 % $C_6H_{14}O_6$, ber. auf die im Vakuum über Schwefelsäure bis zum konstanten Gewicht getrocknete Substanz, und einen Gehalt an Kohlenhydraten von max. 0,2 %, berechnet als Glucose, vor.

5. Zuckercouleur

Eine spezielle Regelung aufgrund von § 5 LMG besteht für Zuckercouleur zur Zeit noch nicht. Die Amtliche Begründung zur *Allgemeinen Fremdstoff-VO* (1959) besagt, daß Zuckercouleur Lebensmittel und kein „fremder Stoff" ist, weil für ihre Verwendung als Färbemittel nicht nur die braunen Veränderungsprodukte des Zuckers, sondern auch der Restgehalt an verdaulichen Kohlenhydraten maß-gebend ist.

Einer *Änderung zur EWG-Richtlinie über färbende Stoffe, die in Lebensmitteln verwendet werden dürfen (1965)*, zufolge müssen die entsprechenden deutschen Bestimmungen bis spätestens 31. XII. 1966 den EWG-Bestimmungen angeglichen werden. Soweit es sich bisher übersehen läßt, ist deshalb vorgesehen, in Deutschland bestimmte Zusatzstoffe für die Her-stellung von Zuckercouleur zuzulassen. Darüberhinaus ist auch damit zu rechnen, daß Zucker-couleur selbst als allgemein und deklarationsfrei zugelassener fremder Stoff eingruppiert wird, da es als fraglich angesehen wird, ob der Gehalt der Zuckercouleur an verdaulichen Kohlen-hydraten unter physiologischen oder technischen Gesichtspunkten als „maßgeblich" im Sinne von § 4 Abs. 2 LMG für ihre Verwendung anzusehen ist.

Bibliographie

Atlas Powder Company: Atlas sorbitol and related polyols. Wilmington, Del.: Atlas Powder Co. CD-60, 1951, reprinted 1952.
— General characteristics of Atlas polyols. Wilmington, Del.: Atlas Powder Co. CD-156, 1959.
BARRY, C. P., and J. HONEYMAN: Fructose and its derivates. In: Advanc. Carbohyd. Chem., Bd. VII, S. 53—98. New York: Academic Press 1952.
Bemerkungen zu einigen in § 4a Abs. 2 des Lebensmittelgesetzes aufgeführten naturwissenschaft-lichen Begriffen. Gutachten des Bundes für Lebensmittelrecht und Lebensmittelkunde. Schriftenreihe des BLL, Heft 32, S. 91—95. Hamburg-Berlin-Düsseldorf: B. Behr's Verlag GmbH. 1960.

BÖHME, H., u. H. WOJAHN: DAB 6, 3. Nachtrag 1959, Kommentar. Stuttgart: Wissenschaftliche Verlagsges. m.b.H. 1960.

BREM, L.: Sorbit in der Medizin und Pharmazie. Hamburg: Deutsche Maizena Werke GmbH. 1966.

DE WHALLEY, H.C.S.: ICUMSA methods of sugar analysis. Amsterdam, London, New York: Elsevier Publ. Co. 1964.

ELLIS, G.P.: The Maillard reaction. In: Advanc. Carbohyd. Chem., Bd. XIV, S. 63—134. New York: Academic Press 1959.

Ergänzungsbuch zum Deutschen Arzneibuch (Erg.-Bd. VI), Neudruck 1948. Frankfurt a.M.: Deutscher Apotheker-Verlag GmbH. 1948.

GROSSFELD, J.: Kohlenhydrate. In: Handbuch der Lebensmittelchemie. Hrsg. von A. BÖHMER, A. JUCKENACK u. J. TILLMANNS, Bd. II/2. Berlin: Springer 1935.

HEYNS, K.: Die Technologie der Kohlenhydrate. In: Chemische Technologie, Sammelwerk in 5 Bänden, Bd. V. Hrsg. von K. WINNACKER u. L. KÜCHLER, S. 901—957. München: Carl Hanser 1960.

—, u. H. PAULSEN: Über die chemischen Grundlagen der Maillard-Reaktion. In: Veränderungen der Nahrung durch industrielle und haushaltmäßige Verarbeitung. Wissenschaftliche Veröffentlichungen der Deutschen Gesellschaft für Ernährung, Bd. V, S. 15—42. Darmstadt: Dietrich Steinkopff 1960.

HOLZ, G.: Technisch wichtige Kohlenhydrate. In: ULLMANNS Encyklopädie der technischen Chemie, 3. Aufl., Bd. IX, S. 656—679. München-Berlin: Urban & Schwarzenberg 1957.

KÜLZ, E.: Beiträge zur Pathologie und Therapie des Diabetes mellitus. Marburg 1874.

LEUTHARDT, F., u. K. STUHLFAUTH: Biochemische, physiologische und klinische Probleme des Fructosestoffwechsels. Medizinische Grundlagenforschung, Bd. III. Hrsg. von K.FR. BAUER. Stuttgart: Georg Thieme 1960.

LEVI, I., and C.B. PURVES: The structure and configuration of sucrose. In: Advanc. Carbohyd. Chem., Bd. IV, S. 1—45. New York: Academic Press 1959.

LOHMAR, R., and R.M. GOEPP: The hexitols and some of their derivatives. In: Advanc. Carbohyd. Chem., Bd. IV, S. 211—241. New York: Academic Press 1959.

Österreichisches Arzneibuch, 9. Ausgabe, I. Bd. Wien: Österreichische Staatsdruckerei 1960.

PFRIMMER, J., & Co: Xylit-Pfrimmer, 1. Aufl. Erlangen: Wissenschaftl. Abt. J. Pfrimmer & Co 1963.

PREUSS, E.: Die Fabrikation des Stärkezuckers, des Stärkesirups und der Zuckerkulör. Leipzig: Dr. Max Jänecke 1925.

REYNOLDS, T.M.: Chemistry of nonenzymatic browning. I. The reaction between aldoses and amines. In: Advanc. Food Res., Bd. XII, S. 1—52. New York: Academic Press 1963; II. Bd. XIV, 168—283 (1965).

Richtlinien für Stärke und Stärkeerzeugnisse, Gutachten des Bundes für Lebensmittelrecht und Lebensmittelkunde v. 23. IV. 1963. Schriftenreihe des BLL, Heft 45. Hamburg-Berlin-Düsseldorf: B. Behr's Verlag GmbH. 1963.

SCHRAMM, G.: Sorbit in der Medizin. Wissenschaftliche Berichte E. Merck, Bd. III. Darmstadt: E. Merck A.G. 1962.

STACEY, M.: Bacterial dextrans. In: Fortschritte der Chemie der organischen Naturstoffe, Bd. VIII. Wien: Springer 1951.

The British Pharmacopoeia 1948. London: Constable & Co. Ltd. 1948.

TOLLENS-ELSNER: Kurzes Handbuch der Kohlenhydrate. 4. neubearbeitete Auflage von H. ELSNER. Leipzig: Johann Ambrosius Barth 1935.

TRENK, F.B., and P.E. MCNALL: Costs of producing maple sirup in Wisconsin. Wis. Agr. Expt. Sta. 1954.

WIGGINS, L.F.: Anhydrides of the pentitols and hexitols. In: Advanc. Carbohyd. Chem., Bd. V, S. 191—228. New York: Academic Press 1950.

WILLITS, C.O.: Crops from the maple trees. In: Yearbook of Agriculture, S. 316—321. Washington: US-Government Printing Office 1950/51.

— Maple-sirup producers manual. US-Department of Agriculture, Agriculture Handbook No. 134. Washington: US-Government Printing Office 1958.

—, H.A. FRANK and J.C. UNDERWOOD: Measuring the sugar in maple sap and sirup. US-Department of Agriculture, Agricultural Research Service (ARS 73-28), 1960.

Zeitschriftenliteratur

ACKER, L., W. DIEMAIR u. D. PFEIL: Die quantitative papierchromatographische Bestimmung von Zuckern in Malzextrakten, Stärkesirupen und ähnlichen Erzeugnissen. Stärke 6, 241—246 (1954).

AMTHOR, C.: Z. analyt. Chem. 24, 30 (1885); zit. nach H. ROTHER (1966).

BÄSSLER, K. H., u. W. PRELLWITZ: Die Verträglichkeit von Xylit beim Diabetiker. Klin. Wschr. 41, 196—199 (1963).

—, u. G. DREISS: Antiketogene Wirkung von Xylit bei alloxandiabetischen Ratten. Klin. Wschr. 41, 593—595 (1963).

BAILEY, J. M.: A microcolorimetric method for the determination of sorbitol, mannitol and glycerol in biologic fluids. J. Laborat. Clin. Med. 54, 158 (1959); zit. nach G. SCHRAMM (1962).

BENK, E.: Naturbrunnen 11, 338 (1963); zit. nach H. ROTHER (1966).

BOYE, E.: Sorbit in Wissenschaft und Technik. Chemiker-Ztg. 82, 657—660 (1958).

BURTON, H. S., and D. J. McWEENY: Non-enzymatic browning; routes to the production of melanoidins from aldoses and amino-compounds. Chem. and Industr. 462—463 (1964).

COULSON, C. B., and W. C. EVANS: Paperchromatography and paper electrophoresis of phenols and glycosides. J. Chromatograph. 1, 374 (1958); zit. nach G. SCHRAMM (1962).

EICHMEIER, A. H.: Weather and maple syrup. U.S. Weather Bur., Weekly Weather and Crop Bull. 42 (3), 7—8 (1955).

FISCHER, E.: Reduktion von Säuren der Zuckergruppe. Ber. dtsch. chem. Ges. 22, 2204—2205 (1889).

— Über einige Osazone und Hydrazone der Zuckergruppe. Ber. dtsch. chem. Ges. 27, 2486 bis 2506 (1894).

—, u. J. HIRSCHBERGER: Über Mannose. Ber. dtsch. chem. Ges. 21, 1805—1809 (1888).

—, u. R. STAHEL: Zur Kenntnis der Xylose. Ber. dtsch. chem. Ges. 24, 528—539 (1891).

FRANCK, R.: Zur lebensmittelrechtlichen Situation alkoholfreier Erfrischungsgetränke. Mineralwasser-Ztg. 16, 13—16 (1963).

GERLAXHE, S., and J. CASIMIR: Separation of sucrose, glucose, fructose, and sorbitol by paper chromaty-electrophoresis. Bull. Inst. Agron. Sta. Rech. Gembloux 25, 265 (1957); zit. nach G. SCHRAMM (1962).

Geschäftsbedingungen für Stärke und Stärkeveredlungserzeugnisse. Anlage zur Anordnung der VELF über die Bewirtschaftung und Marktregelung der Kartoffel- und Stärkewirtschaft v. 1. IX. 1948. Amtsbl. f. Ernährung, Landwirtschaft u. Forsten Nr. 23/24 v. 27. IX. 1948, S. 177—196.

GOTTSCHALK, A.: Yeast hexokinase and its substrates D-fructofuranose and D-glucose. Nature (Lond.) 156, 540—541 (1945).

GRAEFE, G.: Umlagerung der D-Glucose in ammoniakalischer Lösung. Stärke 6, 209—214 (1954).

— Sorbit — ein neues Frischhaltemittel für Süßwaren. Gordian 54, 1301, 25—27 (1955).

— Zur Anrechnung der Fructose bei Diabetiker-Süßwaren. Süßwaren 3, 1301—1302 (1959).

GROSSFELD, J., u. R. PAYFER: Über Ahornsirup. Z. Lebensmittel-Untersuch. u. -Forsch. 74, 31—34 (1937).

GUTSCHMIDT, J., u. G. ORDYNSKY: Bestimmung des Süßungsgrades von Xylit. Dtsch. Lebensmittel-Rdsch. 57, 321—324 (1961).

HARDING, T. S.: The preparation of fructose. J. Amer. chem. Soc. 44, 1765—1768 (1922).

HODGE, J. E.: Dehydrated foods. Chemistry of browning reactions in model systems. Agric. Food Chem. 1, 928—943 (1953).

HOLLMANN, S.: Beeinflussung der intestinalen Vitaminsynthese durch Sorbitol. Stärke 15, 208—212 (1963).

HUHN, W.: Sorbit als Arzneimittel. Med. Mschr. 14, 650—653 (1960).

IPATIEFF, V.: Katalytische Reaktion bei hohen Temperaturen und Drucken. XXV. Ber. dtsch. chem. Ges. 45, 3218—3226 (1912).

ISBELL, H. S., and W. W. PIGMAN: Pyranose-furanose interconversions with reference to the mutarotations of galactose, levulose, lactulose, and turanose. J. Res. Nat. Bur. Std. 20, 773—798 (1938).

JORDAN, W. K., F. V. KOSIKOWSKI and R. P. MARCH: Full-flavored maple syrup process puts idle dairy units to work. Food Engin. 26 (5), 70—71 (1954).

KELCH, C.: Sorbit in den Süßwarenrationen der US-Truppen. Kakao u. Zucker 4, 25—31 (1957).

KOLTHOFF, J. M.: Die Anwendung der jodometrischen Aldosenbestimmung bei der Analyse kohlenhydrathaltiger Gemische. Z. Untersuch. Nahrungs- u. Genußmittel 45, 141—147 (1923).

KRATZL, K., H. SILBERNAGEL u. K. H. BÄSSLER: Über das Vorkommen von Xylit im Speisepilz Champignon (Psalliota campestris). Mh. Chem. 94, 106—109 (1963).

KRUISHEER, C. J.: Die Bestimmung von Stärkesirup und Stärkezucker neben Saccharose und Invertzucker. Z. Untersuch. Lebensmittel 58, 261—281 (1929).

LAMPRECHT, W.: Biochemie und Stoffwechsel von Fructose und von Sorbit. Süßwaren 9, 566—572 (1965).

LANG, K.: Xylit als Nahrungskohlenhydrat. Med. u. Ernährung **2**, 45—50 (1963).

—, K. H. BÄSSLER, V. UNBEHAUN u. W. PRELLWITZ: Xylitstoffwechsel beim Menschen. Zur Frage der Eignung von Xylit als Zucker-Ersatz beim Diabetiker. Klin. Wschr. **40**, 791—793 (1962).

—, B. SCHMIDT u. M. FINGERHUT: Über den Stoffwechsel von radioaktiv markiertem Xylit bei der Ratte. Klin. Wschr. **42**, 1073—1077 (1964).

LEA, C. H.: The advantages of non-enzymatic browning reactions in food processing and storage. Food Manufact. **1955**, 51—55.

LOBRY DE BRUYN, C. A., et W. ALBERDA VAN EKENSTEIN: Action des alkalis sur les sucres. Transformation reciproque des uns dans les autres des sucres glucose, fructose et mannose. Rec. Trav. chim. Pays-Bas **14**, 203—216 (1895).

— Transformation des sucres sous l'influence de l'hydroxyde de plomb. Receuil Trav. chim. Pays-Bas **15**, 92—96 (1896).

— Remarques générales. Transformation de la galactose. La glucose et la pseudo-fructose. Action de l'eau boullante sur la fructose. Rec. Trav. chim. Pays-Bas **16**, 257—261, 262—273, 274—281, 282—283 (1897).

— Le maltose, le lactose et le melibiose. Rec. Trav. chim. Pays-Bas **18**, 147—149 (1899).

LONGHI, I.: Untersuchung der Stabilität der Laevulose in saurer Lösung. Farmaco (Pavia), Ediz. prat. **17**, 504—507 (1962).

MAILLARD, L. C.: Action des acides aminés sur les sucres; formation des mélanoidines par voie méthodique. C.R. Acad. Sci. (Paris) **164**, 66—68 (1912).

MALAPRADE, L. A. J.: Bull. Soc. chim. France **43**, 683 (1928); zit. nach G. SCHRAMM (1962).

MANN, T.: Fructose, a constituent of semen. Nature (Lond.) **157**, 79 (1946).

MANZONE, A. M., e C. J. TURI: Tecnica Molitoria **12**, 105 (1961); zit. nach A. ROTSCH u. G. FREISE (1964).

MARSHALL, R. O., and E. R. KOOI: Enzymatic conversion of D-glucose to D-fructose. Science **125**, 648—649 (1957).

MATTHEWS, J. A., and R. F. JACKSON: The stability of levulose in aqueous solution of varying pH. J. Res. Nat. Bur. Std. **11**, 619—633 (1933).

MEUNIER, J.: Transformation du glucose en sorbite. C.R. Acad. Sci. (Paris) **111**, 49—51 (1890).

NAGHSKI, J., C. O. WILLITS and W. L. PORTER: Maple sirup. VIII. A simple and rapid test for the analysis of maple sirup for invert sugar. Food Res. **20**, 138—143 (1955).

PAINE, H. S.: Constructive chemistry in relation to confectionery manufacture. Industr. Engin. Chem. **16**, 513—517 (1924).

— Candy makers control softening of cream centers. Food Industr. **1**, 200—202 (1929).

PECK, F. W.: Caramel color, its properties and its uses. Food Engin. **1955**, 94—99 u. 154—155.

PORTER, F. W., N. HOBAN and C. O. WILLITS: Contribution to the carbohydrate chemistry of maple sap and sirup. Food Res. **19**, 597—602 (1954).

PRATT, C. D.: Would your formula problems be helped by sorbitol? Food in Canada **1955**, 11—14 u. 26.

PRYDE, J.: Sugar of human semen. Nature (Lond.) **157**, 660 (1946).

RAPPAPORT, F., L. REIFER u. H. WEINMANN: Über die Verwendung von Perjodat zur maßanalytischen Bestimmung von mehrwertigen Alkoholen neben reduzierenden Aldosen, mit Berücksichtigung der Bestimmung von Perjodat und Jodat nebeneinander. Microchim. Acta (Wien) **1**, 290 (1937); zit. nach G. SCHRAMM (1962).

Richtlinie des Rates der Europäischen Wirtschaftsgemeinschaft vom 25. Oktober 1965 zur Änderung der Richtlinie des Rates zur Angleichung der Rechtsvorschriften der Mitsgliedsstaaten für färbende Stoffe, die in Lebensmitteln verwendet werden dürfen. Amtsblatt f. Europäische Gemeinschaften **1965**, 2793—2796.

ROEDERER, H.: Verwendung, Untersuchung und Herstellung von Kulör. Stärke **7**, 205—209 (1955).

ROHRLICH, M., u. F. TÖDT: Fructose aus Rohrzucker und Melasse. Chemiker-Ztg. **74**, 750—751 u. 758—762 (1950).

ROTHER, H.: Über den Nachweis von Zuckerkulör mit Hilfe der Gelfiltration. Dtsch. Lebensmittel-Rdsch. **62**, 108—113 (1966).

ROTSCH, A.: Erfahrungen mit Stärke und Stärkeerzeugnissen bei der Herstellung von Fein- und Dauerbackwaren. Getreide, Mehl, Brot **4**, 59—60 (1950).

—, u. G. FREISE: Über die quantitative Bestimmung von Sorbit in Backwaren. Dtsch. Lebensmittel-Rdsch. **60**, 343—344 (1964).

SCHNEIDER, F., u. A. EMMERICH: Über die Bestimmung reduzierender Zucker in Produkten aus Zuckerrohr, insbesondere in Rohzucker. Zucker-Beihefte, Beilage Zschr. Zucker **1951**, 17—24.

SCHNITZLER, K.: Süßstoffe und Süßmittel für Diabetiker. Süßwaren **4**, 55—57 (1960).

SCHREIBER, P.: Sorbit in der Süßwarenpraxis. Gordian **55**, 1324, 30 (1956).

Schreier, K., u. G. Hartmann: Untersuchungen zum Stoffwechsel markierter Glucose und Fructose bei Ratten. Hoppe-Seylers Z. physiol. Chem. 312, 145—153 (1958).

Schuette, H. A., and S. C. Schuette: Maple sugar. A bibliography of early records. Part I. Wis. Acad. Sci. Arts Letters Trans. 29, 209—236 (1935).

Täufel, K.: Studien über die Beziehungen zwischen dem chemischen Aufbau und dem Geschmack süß schmeckender Stoffe (Zuckerarten, Alkohole). Biochem. Z. 165, 96—101 (1925).

—, u. K. Müller: Zur oxydimetrischen Bestimmung von Sorbit im Wein unter Heranziehung der papierchromatographischen Arbeitsweise. Z. Lebensmittel-Untersuch. u. -Forsch. 106, 123—128 (1957).

Touster, O.: Essential pentosuria and the glucuronate-xylulose pathway. Federat. Proc. 19, 977—983 (1960).

Tsukamoto, M., and S. Matsumoto: Chem. Abstr. 44, 7021 (1950); zit. nach C. P. Barry and J. Honeyman (1952).

Turner, A.: Analyst 80, 115, 121 (1964); zit. nach A. Rotsch u. G. Freise (1964).

Underwood, J. C., H. G. Lento and C. O. Willits: Triose compounds in maple sirup. Food Res. 21, 589—597 (1956).

—, and V. J. Filipic: Gas chromatographic identification of compounds in maple sirup flavor extract. J. Ass. off. agric. Chem. 46, 334—337 (1963).

Watanabe, T., and K. Aso: The sugar composition of maple sirup. Tohoku J. agric. Res. 13, 175—181 (1962).

Weichel, H. H.: Die quantitative Bestimmung von Fructose neben anderen Kohlenhydraten in Lebensmitteln durch enzymatische Analyse. Dtsch. Lebensmittel-Rdsch. 61, 53—55 (1965).

Weidenhagen, R.: Mitteilung anläßlich einer Diskussionstagung der Intern. Kommission für Rübenzuckertechnologie, London 1957.

Wick, A. N., M. C. Almen and L. Joseph: The metabolism of sorbitol. J. amer. pharm. Ass. Scientific Ed., 11, 542—544 (1951).

Patente

Atlas Powder Company, Wilmington, USA: D.R.P. 630454 (angem. 1933).

— (Erfinder E. G. Almy): U.S.P. 2483254 (angem. 1946).

— (Erfinder F. H. Buck, M. M. Luskin und M. T. Sanders): U.S.P. 2594863 (angem. 1948).

— (Erfinder F. H. Pence): D.B.P. 1017603 (angem. 1952).

— (Erfinder L. Kasehagen): DAS 1002304 (angem. 1952).

— (Erfinder F. H. Buck, M. M. Luskin und M. T. Sanders): D.B.P. 1031297 (angem. 1952).

— (Erfinder L. Kasehagen): D.B.P. 1034610 (angem. 1953).

— (Erfinder L. Kasehagen und M. M. Luskin): D.B.P. 960352 (angem. 1953).

— (Erfinder L. Kasehagen): D.B.P. 1114470 (angem. 1960).

Badische Anilin- und Soda-Fabrik, Ludwigshafen/Rhein (Erfinder G. Schiller): D.B.P. 895340 (angem. 1950).

Boehringer & Söhne GmbH., Mannheim: Brit.P. 949293 (angem. 1962).

Carbon GmbH., Lübeck-Schlutup (Erfinder H. Katz und G. Leinisch): D.B.P. 912440 (angem. 1952) und D.B.P. 965300 (angem. 1953).

Chemische Holzverwertung GmbH., Mannheim-Rheinau (Erfinder T. Riehm): DAS 1064489 (angem. 1956).

Coffarom A.G., Glarus, Schweiz: D.B.P. 801146 (angem. 1949).

Corn Products Company, New York, USA (Erfinder S. M. Cantor und K. C. Hobbs): U.S.P. 2354664 (angem. 1940).

— (Erfinder E. E. Alt): Franz.P. 1185724 (angem. 1957).

Cuisinier, L., Paris: D.R.P. 37923 (angem. 1884).

Dawe's Laboratories, Inc., Chikago, USA (Erfinder J. J. Murtaugh und J. J. Mahieu): U.S.P. 2949389 (angem. 1958).

— (Erfinder A. G. Holstein und G. C. Holsing): U.S.P. 3050444 (angem. 1959).

Dr. August Oetker Nährmittelfabrik GmbH., Bielefeld (Erfinder H. Koch): D.B.P. 834079 (angem. 1950).

Engelhard Industries, Inc., Newark, USA (Erfinder G. L. Bogers und J. G. E. Cohn): D.B.P. 1069135 (1957) und D.B.P. 1082245 (1958).

Finck, H.: D.R.P. 700919 (angem. 1938).

Gaschler, A., Landshut: D.B.P. 911723 (angem. 1948).

Hefti, H. R., u. W. Kolb: Deutsche Patentanmeldung H 597, Klasse 12 o, 5/03 (angem. 1949).

I.G. Farben A.G., Frankfurt/Main (Erfinder J. Müller und U. Hoffmann): D.R.P. 554074 (angem. 1936).

Jackson, R. F.: U.S.P. 2007971 (angem. 1926).

Ledoga S.p.A., Mailand, Italien (Erfinder L. NOBILE, R. ALLEGRINI und A. POMA):
   DAS 1204149 (angem. 1961) und DAS 1204150 (angem. 1961).
Les Usines de Melle S.A., Saint-Léger-Les-Melle, Frankreich (Erfinder M.L. ALHÉRITIÈRE):
   DAS 1029815 (angem. 1956).
Salzgitter Industriebau GmbH., Salzgitter-Drütte (Erfinder T. RIEHM): DAS 1183870 (angem.
   1962).
Société Anonyme Générale de Maltose, Brüssel, Belgien: D.R.P. 34085 (angem. 1883).
STENGLER, O., u. R. WEIDENHAGEN: D.R.P. 577427 (angem. 1932).
Sugar Research Foundation, New York, USA (Erfinder G.C. DOCAL): U.S.P. 2567060 (angem.
   1950).
UDIC Société Anonyme Lausanne, Vevey, Schweiz (Erfinder A. APEL): D.B.P. 1034560)
   (angem. 1957) und D.B.P. 1039960 (angem. 1957).
Union Starch & Refining Company, Columbus, USA (Erfinder J.B. LONGENECKER):
   U.S.P. 2582261 (angem. 1950).
— (Erfinder A. LE ROY und J.E. CLELAND): U.S.P. 2902393 (angem. 1956).
VEB Deutsche Hydrierwerke Rodleben, Rodleben (Erfinder G. PAKLEPPA und O. VÖLKER):
   DAS 1115726 (angem. 1960).
WHITBY, G.S.: U.S.P. 2054873 (angem. 1936).

D. Malzextrakt und Malzsirup

Von

Dr. H. VIERMANN, München

I. Begriffsbestimmung

Malzextrakt ist ein wässeriger Auszug aus Gerstenmalz in schonend eingedickter oder getrockneter Form, der alle wasserlöslichen und durch Einwirkung
der dem Malz eigenen Enzyme löslich gemachten Inhaltsstoffe des Malzes enthält.

Malzsirup ist eine (besonders im englisch-amerikanischen Raum) übliche Bezeichnung für einen flüssigen Malzextrakt mit geringerer Viscosität, der dann aus
Haltbarkeitsgründen in den Packungen nachpasteurisiert oder tyndallisiert ist.

Die Verwendung anderer Getreidearten als Gerste muß den Verkehrsanschauungen nach
entsprechend gekennzeichnet werden.

II. Herstellung

Um eine optimale Anpassung an den Verwendungszweck zu erreichen, wird
bereits die Herstellung des Malzes (vgl. Bd. VII) entsprechend modifiziert. Durch
die Wahl geeigneter Maischverfahren können darüber hinaus Malzextrakte mit
hohem Maltose- und niedrigem Dextringehalt, mit mittlerem Maltose- und erhöhtem Dextringehalt oder Extrakte mit höherem oder niedrigerem Stickstoff- und
Enzymgehalt erhalten werden.

In geschmacklicher Hinsicht spielt auch der entsprechend geleitete Darr-
prozeß bei der Malzherstellung eine große Rolle. Grundsätzlich werden nur gut
gelöste und geputzte Malze verwendet, die vor dem Einmaischen frisch geschrotet
werden.

Die Herstellung und Gewinnung der wässerigen Auszüge, Würzen genannt,
erfolgt im Sudhaus (vgl. Bd. VII). Die unter Umständen bei verschiedenen Maische-
temperaturen gezogenen Auszüge bzw. Würzen werden im Läuterbottich oder im
Maischefilter von den Trebern getrennt, die im ersten Falle gleichzeitig als Filter-
schicht dienen. Die abgezogenen Würzen sowie die zur Erschöpfung der Treber
folgenden Nachgüsse werden in einer offenen Sammelmulde, dem sog. Grand,
gesammelt und von dort evtl. unter Nachklärung durch Zentrifugen oder Filter
in die Vakuumverdampferstation eingezogen. In der als Zwei- oder Dreistufen-
verdampfern mit Brüdenkompressoren ausgebildeten Anlage erfolgt unter Hand-
refraktometer-Kontrolle die Eindickung bis auf die für die Haltbarkeit der Extrakte erforderliche Dichte. Die erhaltenen Chargen werden — bei hochdiastatischen Extrakten nach analytischer Kontrolle — in beheizten, mit Rührwerk
versehenen Sammelmulden zusammengestellt und kommen von dort zur Abfüllung in sorgfältigst gereinigte und getrocknete Gebinde.

Zur Herstellung von getrockneten Malzextrakten, die sehr hygroskopisch sind,
werden voreingedampfte Extrakte in Vakuum-, Pfannen-, Band- oder Sprüh-
trocknern bis auf einen Wassergehalt von unter 4 % getrocknet, erforderlichenfalls auf die gewünschte Korngröße vermahlen und abgefüllt. Gewünschte diätetisch wirksame Zusätze wie Eisen, Kalk, Lecithin u. a. werden je nach ihrer Natur

im voreingedampften Extrakt gelöst bzw. emulgiert oder auch dem Trocken-
extrakt beigemischt.

Über Einzelheiten des Maischprozesses orientiere man sich in Bd. VII. Weitere
speziell für Malzextrakte bestimmte Hinweise findet man bei J. Weichherz (1928)
und A. Hesse (1929).

III. Einteilung der Sorten, Verwendung

Je nach den Eigenschaften des verwendeten Malzes unterscheidet man helle
und dunkle Malzextrakte aus hellem oder dunklem Malz und diastasereiche Malzextrakte aus schwach gedarrtem (geschwelktem) Diastasemalz, je nach der Konsistenz flüssige oder getrocknete Malzextrakte. Der ernährungsphysiologische Wert
von Malzextrakt beruht neben den spezifischen Geschmacks- und Geruchsstoffen
auf dem Gehalt an leicht, aber doch unterschiedlich schnell resorbierbaren Kohlenhydraten neben enzymatisch teilweise abgebautem Eiweiß und dem Gehalt an
Enzymen. Der Vitamingehalt des Gerstenmalzes (nach F. W. Norris (1950)
Aneurin, Lactoflavin, Nicotinsäure, Pyridoxin, Pantothensäure und Biotin) bleibt
im Malzextrakt erhalten. Der kalorische Wert von flüssigem Malzextrakt liegt bei
300 Kal.

Die stärkeabbauende Wirkung von diastatischen Malzextrakten ist bei der
Herstellung von Kindernährmitteln zur Erzielung unterschiedlich schnell resor-
bierbarer Kohlenhydrate von Bedeutung (A. Guilbot 1964).

Über seine Verwendung als Kräftigungsmittel, die seit Mitte des vorigen Jahrhunderts durch die gewichtige Empfehlung J. von Liebigs begründet war (vgl.
van Noorden), wobei vielfach diätetisch wirksame Zusätze erfolgen, seine Verwendung zur Herstellung von Süßwaren und als Nährstoff für Hefereinzucht-
kulturen hinaus werden mit Diastase angereicherte Malzextrakte zur Stärkeverzuckerung in der Nährmittelindustrie bei der Herstellung von Säuglings- oder
Kleinkindernahrung, ferner in beträchtlichem Umfange als Backhilfsmittel (vgl.
S. 342) verwendet.

Außerdem werden Malzextrakte auch zur Herstellung von Schlichten und zur Entschlich-
tung von Geweben in der Textilindustrie verwendet.

IV. Zusammensetzung und Eigenschaften

Malzextrakt ist ein komplexes Gemisch, das vorwiegend aus verschiedenen
Kohlenhydratarten, Eiweiß- und Mineralstoffen neben Enzymen u. a. Wirkstoffen
besteht. Das Verhältnis der Inhaltsstoffe kann je nach den Fabrikationsbedingungen variieren und in gewissem Umfange dem jeweiligen Verwendungszweck angepaßt werden.

Eine Aufstellung von Grenzzahlen im eigentlichen Sinne für einzelne Inhaltsstoffe ist bei
Malzextrakten nicht möglich, für die Beurteilung muß jeweils das Verhältnis verschiedener,
miteinander korrespondierender Inhaltsstoffe und der Verwendungszweck berücksichtigt werden.

a) Organoleptische Eigenschaften

α) Aussehen und Konsistenz

Flüssiger Malzextrakt ist mehr oder minder zähe, fadenziehend und von gold-
gelber bis dunkelbrauner Farbe.

Getrockneter Malzextrakt ist ein hygroskopisches, mehr oder minder feines
Pulver von plättchenartigem oder kristallähnlichem Gefüge von heller bis gelb-
bräunlicher Farbe.

Die Viscosität hängt von der Konzentration und dem Gehalt an Maltodextrinen ab, sie kann von 20—60000 cP, bestimmt im Höppler-Viscosimeter bei 20° C, betragen.

Bei zu hoch getriebener Konzentration und hoher Verzuckerung besteht die Gefahr der Kristallisation. Die Konzentration ist für die Haltbarkeit des flüssigen Malzextraktes von Bedeutung. Trotz hoher Konzentration kann jedoch bei nicht vollständig trockenen Gefäßen oder bei Bildung von Kondenswasser aus dem abgeschlossenen Luftraum bei stark schwankenden Lagertemperaturen Gärung eintreten.

In Großgebinden ist flüssiger Malzextrakt nur haltbar bei einem Trockensubstanzgehalt von über 75 %. Malzextrakt mit geringerem Trockensubstanzgehalt, wie er zur Vermeidung des Fadenziehens und zur besseren Handhabung beim direkten Verzehr in Kleinpackungen mit einem Trockensubstanzgehalt von mindestens 72 % im Verkehr ist, muß aus Haltbarkeitsgründen pasteurisiert oder tyndallisiert werden.

β) Geruch und Geschmack

Für Nährzwecke schonend hergestellter Malzextrakt muß einen charakteristischen würzigen Geruch und Geschmack aufweisen. Auffallende Süße bei schwachem oder fehlendem Malzgeschmack deutet auf Zusatz von Saccharose oder Invertzucker hin, karamelähnlicher Geschmack in Verbindung mit dunkler Farbe auf hohe Eindampftemperatur.

Säuerlicher Geschmack, häufig verbunden mit einer feinblasigen, stabilen Schaumbildung, deuten auf Gärungserscheinungen hin.

Bei Extrakten mit hoher Viscosität kann jedoch durch Luftblasen von der Füllung her ein stabiler, grobblasiger Schaumrand auftreten, der nicht durch Gärung bedingt ist.

Malzextrakte aus Diastasemalz zeigen einen etwas rohen (grünen) Nachgeschmack.

b) Mikroskopischer Befund

Malzextrakt ist wasserlöslich, ergibt jedoch beim Lösen in Wasser durch instabile Eiweißverbindungen leicht opalisierende Trübungen, selbst blank filtrierte Würzen trüben bei der Eindickung nach.

15—20 g Malzextrakt werden in der zehnfachen Menge Wasser gelöst und zentrifugiert. Im Rückstand finden sich neben Detritus kleine Gewebereste und vereinzelt korrodierte Stärkekörner, die einen Hinweis auf andere Getreidearten oder mitverzuckerte Fremdstärke geben können.

Die Prüfung wird durch Anwendung sehr stark verdünnter Jodlösung erleichtert. Bei Cerealienstärke tritt ein rötlicher, bei Wurzelstärken ein rein blauer Farbton auf.

Hoher Gehalt an Hefezellen deutet auf Verwendung von mit Zucker hergestelltem Hefeautolysat oder ähnlichen Hefezubereitungen hin. Diastatische Malzextrakte enthalten in der Regel geringe Mengen nicht korrodierter Stärke.

c) Wassergehalt/Trockensubstanz

Eine ausreichende Haltbarkeit der flüssigen Malzextrakte in Großpackungen ist nur bei einem Wassergehalt von unter 25 % gegeben. Getrocknete Malzextrakte sind hygroskopisch und nur unter Ausschluß von Feuchtigkeit haltbar. Bei Wassergehalten über 4 % tritt bereits Klumpenbildung auf.

Bei der Bestimmung der Trockensubstanz ist zu beachten, daß nach H. WEISS (1949) bei der Trocknung im Trockenschrank bei 105° C auch nach Verreibung mit frisch ausgeglühtem Seesand durch Zersetzung der Maltose nicht ganz zutreffende Werte erhalten werden, auch bei Trocknung im Vakuumtrockenschrank oder einer Trockenpistole über P_2O_5 finden sich voneinander abweichende Werte nach eigenen Erfahrungen und nach W. ERNSTBERGER u. Mitarb. (1963) streut auch die Planwägeglasmethode bei Einwaage von 0,08—0,14 g und Erhöhung der Trocknungszeit von 30 auf 60 min etwas stärker als die refraktometrische. Durch die Trocknung bei 105° C ist mit Zersetzungen zu rechnen.

Die Karl-Fischer-Titration ist grundsätzlich für die Bestimmung der Trockensubstanz von Malzextrakten geeignet, jedoch streute sie trotz Beachtung verschiedener Vorsichtsmaßnahmen noch relativ stark, für Routineuntersuchungen ist sie daher nicht zu empfehlen.

Bei der Trockensubstanzbestimmung mittels Pyknometer und bei der Spindelung mit Saccharometern (100 g Malzextrakt auf 400 g Wasser) ist zu beachten, daß den Extrakttabellen nach Plato reine Saccharoselösungen zugrunde liegen, so daß ihre Benützung zu Fehlern führt. Ähnliches gilt für die Refraktometerbestimmung. Nach eigenen Untersuchungen bei den verschiedensten Malzextrakten ergaben die Saccharometermessungen stark streuende Werte. Die gut reproduzierbare, schnell durchzuführende Refraktometrie, insbesondere mit dem Zuckerrefraktometer, liefert zwar im Mittel um 2% höhere Werte, ist aber auch nach W. Ernstberger u. Mitarb. (1963) als am besten reproduzierbare Methode anzusehen. Durch Abzug von 2% von den auf der Zuckerprozentskala des Refraktometers abgelesenen Werten erhält man zwischen 70—80% Trockensubstanz ausreichend angenäherte Werte.

d) Säuregrad

Die Acidität ist nach Arbeiten von H. Luers u. Mitarb. (1915) bei Malzextrakten höher als die ursprüngliche Acidität im Getreide und im Malz, da bei der Bereitung der Auszüge sich unter Enzymeinfluß Aminosäuren und hauptsächlich saure Phosphate bilden.

W. Windisch u. P. Kolbach (1924) untersuchten den Einfluß des Maischverfahrens und des pH auf die Zusammensetzung der Würze, A. Devreux u. J. Heyvaert (1961) den Einfluß des pH auf den Malzextrakt in Zusammenhang mit der Gerstensorte und dem Erntejahr.
Über die Reaktionen der Puffersubstanzen des Malzes mit den Salzen des Maischwassers, ihr Einfluß auf die Acidität der Würzen, den Einfluß des Maischverfahrens auf das pH und die Enzymreaktionen sowie über deren Beeinflussungsmöglichkeiten vgl. A. Hesse (1929).

Bei der Vergärung von Malzextrakten tritt neben anderen Säuren vorwiegend Milchsäure auf, aus diesem Grunde wird die titrierbare Säure als Milchsäure berechnet. Ihr Wert liegt in der Regel zwischen 1,2—1,8 % in der Trockensubstanz.

Werte über 2% bei Nährmalzextrakten deuten auf milchsaure Gärungen, evtl. schon bei zu langfristigen Maisch- und Läuterprozessen hin. Im Zentrifugenrückstand finden sich dann bei der mikroskopischen Prüfung zahlreiche Stäbchen und Kokken.

Bei zu warmer Lagerung, vornehmlich diastatischer Malzextrakte, steigt der Säuregehalt unter Auftreten eines rötlichen Farbtones an, was durch Enzymtätigkeit, vornehmlich Phosphatasen, bedingt ist. Bei diastatischen Extrakten liegt der Säuregrad höher als bei Nährmalzextrakten; bei Säuregehalten über 2,5% in der Trockensubstanz ist bei längerer Lagerung mit einem Rückgang der diastatischen Kraft zu rechnen.

Bei einem Säuregehalt bis zu 2% in der Trockensubstanz bleibt die diastatische Kraft bei kühler Lagerung 6—8 Monate konstant, um dann unter Auftreten einer dunklen (rötlichen) Farbe abzusinken. Zu warme Lagerungstemperatur beschleunigt diesen enzymatisch bedingten Vorgang.
Bei Malzextrakten, die zur Verarbeitung mit Milch bestimmt sind, oder Malzsuppenextrakt zur Herstellung einer Malzsuppe nach Prof. Keller wird der Säuregehalt mit Kaliumcarbonat eingestellt.
Bei Zusatz von Alkali tritt ein dunkelbrauner Farbumschlag, bedingt durch Verfärbung der Trübstoffe, auf.

e) Mineralbestandteile

Der Gesamtgehalt an Mineralstoffen in reinen Malzextrakten, der von dem schwankenden Aschengehalt der Gerstensorten unter Berücksichtigung des Auslaugungsverlustes beim Wasch- und Weichprozeß der Gerste und den Umsetzungen mit den Mineralbestandteilen des Maischwassers (vgl. H. Viermann u. G. Neumüller, 1939) abhängt, liegt bei 1,5—2% in der Trockensubstanz. Bei diastatischen Malzextrakten liegt der Aschengehalt höher als bei Nährmalzextrakten.

Der Gehalt an P_2O_5 in der Asche liegt nach Untersuchungen von H. Jesser (1932) bei 44,2—47,5%, nach H. Viermann u. G. Neumüller (1939) bei 30,3 bis

47,6%, im allgemeinen wohl bei 30—55% der Asche (bei Gerste 26,0—42,6, im Mittel 34,7%). Bei Verwendung von Rohfrucht (nicht vermälztem Getreide) oder Stärke sinkt der Aschegehalt und der anteilige P_2O_5-Gehalt ab.

f) Stickstoffsubstanz

In der Gerste sind 10—15% Rohprotein (N · 6,25) in der Trockensubstanz enthalten, wovon 15—18% wasserlöslich sind. Bei der Vermälzung werden diese durch die vorhandenen Enzyme angegriffen, der Gehalt an wasserlöslichen Stickstoffsubstanzen steigt je nach dem Lösungsgrad des Malzes auf 35—55% des N-Gehaltes im Malz an. Der Eiweißabbau, der für die sog. Lösung des Kornes und für den N-Gehalt der Würze von Bedeutung ist, kann beim Vermälzungsprozeß durch entsprechende Temperaturen und Rastzeiten beeinflußt werden. Beim Maischen des Malzes spalten die proteolytischen Enzyme jedoch nur bereits gelöste Eiweißstoffe.

Wie alle enzymatischen Vorgänge beim Maischen ist die herrschende Wasserstoffionen-Konzentration und die Pufferung der Maische bzw. Würze von erheblicher Bedeutung. In weniger sauren Maischen werden mehr Eiweißabbauprodukte gewonnen, ebenso bei einer Rastzeit der Maische bei 50° C. Über 55° C wird die proteolytische Wirkung schwächer, jedoch zeigt sich auch noch bei 60° C eine deutliche Abnahme des koagulierfähigen Eiweißes und des Albumin-N bei Zunahme des Pepton-N. Für die proteolytische Wirkung, besonders bei Backmalz, ist dieses von Bedeutung.

Der Gehalt an Stickstoffsubstanz, der vom Eiweißgehalt der Gersten, dem Lösungsgrad und der Art des Malzes sowie vom Maischverfahren abhängt, beträgt in der Regel 4—8% der Trockensubstanz. H. JESSER (1932) fand 5,38—6,78%, H. VIERMANN u. G. NEUMÜLLER (1939) für Nährextrakte 5,45—5,95%.

Diastatische Malzextrakte weisen höhere Werte als Nährmalzextrakte auf. Auch bei meistens als solche bezeichneten feinfiltrierten Malzextrakten, bei denen die evtl. vorkonzentrierten Würzen mit Filterhilfsmitteln behandelt sind, sinkt der Gehalt nach unseren Erfahrungen nicht unter 3,5% in der Trockensubstanz ab.

Zu geringe Werte deuten auf Beimischung fremder Bestandteile wie Zuckerarten, mitverzuckerte Stärke oder auch auf nicht gemälztes Getreide hin.

K. HOCHSTRESSER (1961) isolierte aus Albumin-Glykosiden als Brückenglied 4-L-Alanyl-D-xylopyranose aus Gerste. Nach E. WALDSCHMIDT-LEITZ (1961) ist dieser Stoff im Malz nicht mehr vorhanden, woraus sich unter Umständen eine Nachweismöglichkeit für die Verwendung nicht vermälzter Gerste ergeben könnte.

g) Kohlenhydrate

Durch Variation der ausschlaggebenden Temperatur und der Zeitintervalle beim Maischprozeß kann der Gehalt an Maltose, dem Hauptbestandteil des Malz-

Tabelle 1

	Beobachter	Drehungs-vermögen	Reduktions-vermögen Maltose = 100	Jod-Rk.
Amylodextrin	A. MEYER	+ 193,4°	0	blau
stabiles Dextrin . . .	BROWN, MILLAR	+ 195—195,7°	5,7—5,9	blau
Erythrodextrin I . . .	LINTNER	+ 196°	3,5	rot
,, IIa . .	LINTNER-DÜLL	+ 194°	8,6	rot
,, IIβ . .	LINTNER-DÜLL	+ 194°	8,6	rot
Achroo-Dextrin I . . .	LINTNER-DÜLL	+ 192°	12—13	—
,, II . .	LINTNER-DÜLL	+ 180°	26,5	—
,, III . .	PRIOR, WIEGMANN	+ 171,1°	42,5	—
Malto-Dextrin a . . .	LING-BAKER	+ 180°	32,8	—
,, β . . .	LING-BAKER	+ 171,1°	43,0	—
,, γ . . .	OST	+ 160°	60,0	—

extraktes, in Grenzen von 40—60% in der Trockensubstanz gesteuert werden.
Neben Glucose und Maltose enthält der Malzextrakt ein kompliziertes Gemisch an
Oligosacchariden von der Maltotriose bis zu den höheren Dextrinen.

J. Weichherz (1928) gibt eine Zusammenstellung der von einzelnen Autoren ermittelten
Werte für derartige Zwischenprodukte (Tab. 1). Die mit den allmählich frei werdenden Al-
dehyd-Gruppen zunehmende Reaktionsfähigkeit der Dextrine und das abnehmende Drehungsvermögen zeigen die Schwäche auf, die sich bei chemischen und polarimetrischen Methoden
ergibt.

α) Rohmaltose

Bestimmt man die direkt reduzierenden Zucker im Malzextrakt mit Fehlingscher oder Luffscher Lösung (vgl. Bd. II/2) und berechnet als Maltose (sog. Rohmaltose), dann beträgt diese in der Regel 65—85% der Trockensubstanz.

Vorhandener Invertzucker, Glucose und Fructose werden hierbei mitbestimmt und erhöhen das Resultat.

β) Fructose und Saccharose

K. Täufel u. K. Müller (1942) bestimmten den Gehalt an Mono- und Oligosacchariden in Gerste und Malz. Der Saccharosegehalt von 1,48—2,32% in der
Gerste steigt im abgedarrten Malz bis auf 4,22—5,23%, nach H. Lüers (1950) auf
5,4% in der Trockensubstanz an. Hierauf ist ein bestimmter Gehalt an Saccharose
im Malzextrakt (in der Regel nicht über 4—5% i. T.) zurückzuführen. Der Überschuß an Fructose nach der Inversion wurde im Malz zu 0,08—0,397% bestimmt.
Der Gehalt an ,,Trifructosan'' wurde zu 0,06—0,36% in der Trockensubstanz
bestimmt. Ein erhöhter Fructosegehalt deutet auf Zusatz von Saccharose bzw.
Invertzucker hin.

γ) Glucose

Der Gehalt an dieser Zuckerart im Malzextrakt ist signifikant, wenn auch
durch den Maischprozeß nicht wesentlich beeinflußbar, was auf den von der Darr-
temperatur abhängenden Gehalt an Maltase bzw. α-Glucosidase und deren relative
Empfindlichkeit (Temperaturoptimum 50—55°C, darüber hinaus rasche Abnahme) zurückgeführt wird. Bereits durch die Amylasenwirkung entsteht ein
bestimmter Gehalt an Glucose.

H. Viermann u. G. Neumüller (1939) fanden bei Nähr-Malzextrakten nach der Methode
von Sichert u. Bleyer 14,1—19,2% in der Trockensubstanz. F. Th. van Voorst (1942) ermittelte durch Vergärung mit Candida pseudotropicalis unter Berücksichtigung des Fructose-
wertes nach Kruisheer (Bd. II/2) im Mittel 19,4% i.T., später (1948) 19% Glucose i.T. mit
Schwankungen von 12,0—27,5; Th. v. Fellenberg (1947) fand nach seiner chemischen Methode 15,9% Glucose in der Trockensubstanz.

L. Acker, W. Diemair u. D. Pfeil (1954) ermittelten nach papierchromatographischer
Trennung photometrisch mit Anthron-Schwefelsäure sowie nach Sichert u. Bleyer folgende
Glucosewerte: Für Malzextrakt hell im Mittel 13,3%, nach Sichert u. Bleyer 14,8%. Für
Malzextrakt dunkel im Mittel 10,9%, nach Sichert u. Bleyer 9,5%. Auf Malzextrakt mit
78% Trockensubstanz umgerechnet würden diese Werte 17,0 bzw. 19,0 bei hellem Malzextrakt,
bei dunklem 14,0 bzw. 12,2% Glucose ergeben.

Auch K. Täufel u. K. Müller (1956) erhielten beim Vergleich der nach Sichert u.
Bleyer ermittelten Glucosewerte mit den nach ihrem Gärverfahren erhaltenen Werten sehr
gute Übereinstimmung.

F. Muntoni u. A. Cesari (1958) fanden in reinen Malzextrakten nach zweimaliger Fällung
der Dextrine mit 96%igem Alkohol, Reinigung mit basischem Bleiacetat, Polarimetrie und
Reduktion mit Fehlingscher Lösung 6,7—12,1, im Mittel 9,84% Glucose, was bei einer angenommenen Trockensubstanz von 78% 12,6% Glucose i.T. ergeben würde. Bei mit handelsüblichem Stärkesirup verfälschten Malzextrakten wurden 15,6—23,0% (im Mittel 18,8%)
Glucose erhalten, was bei 78% Trockensubstanz 24,1% Glucose i.T. entsprechen würde. Bei
vier unter Verwendung von 30% Mais hergestellten Extrakten wurden Glucosewerte von
4,1—7,2, im Mittel 5,9% Glucose gefunden, was bei 78% Trockensubstanz einen Wert von
7,5% Glucose i.T. ergeben würde.

C. SAMPIETRO u. I. INVERNIZZI (1959) fanden nach der von ihnen angewendeten kombinierten polarimetrischen und reduktometrischen Methode in italienischen Handelsproben
17,0—22,9% Glucose. Bei dieser Methode ist aber von der Annahme eines konstanten Dreh-
wertes für Dextrine und des Fehlens einer Reduktionswirkung bei Dextrinen ausgegangen
worden, was bei Malzextrakten nicht angängig ist.

L. ROBINSON-GÖRNHARDT (1955) überprüfte die Glucosewerte nach SICHERT-
BLEYER in Anwesenheit von Maltose mit folgendem Ergebnis:

Einwaage		gefunden		Summe in %
mg Glucose	mg Maltose	% Glucose	% Maltose	(Glucose + Maltose)
100	—	86,4	(27,2)	113,6
100	100	91,8	114,5	103,2
100	200	97,8	103,6	100,7
100	300	104,9	97,0	101,0
—	100	(5,0)	88,6	93,6

Danach gibt die Methode im Bereich der zwei- bis dreifachen Maltosemenge,
wie sie in Malzextrakten vorliegt, zutreffende Werte. Auch der relativ geringe
natürliche Gehalt an freier Fructose (vgl. oben) bedingt keine nennenswerten
Fehler.

Aus den vorliegenden Arbeiten ist zu schließen, daß die nach SICHERT-BLEYER
bzw. nach STEINHOFF in Malzextrakt ermittelten Werte als zutreffend anzusehen
sind. Bei reinen Malzextrakten liegt demnach in der Regel ein Glucosegehalt von
12—20% in der Trockensubstanz vor.

δ) Maltose und Dextrin

Der mengenmäßig größte Anteil der Kohlenhydrate in Malzextrakten besteht
aus Maltose. Wenn häufig auch die Bestimmung der direkt reduzierenden Zucker,
berechnet als Maltose (sog. Rohmaltose), für die Betriebskontrolle als Maßstab
für den Grad der Verzuckerung ausreicht, so ist jedoch für diätetische Zwecke
und vor allem bei Verdacht auf Verfälschungen die Kenntnis des wahren Maltosegehaltes neben dem Dextringehalt von Bedeutung. Die getrennte Bestimmung
von Maltose und Dextrin bietet insofern Schwierigkeiten, als neben Maltose noch
Maltotriose und Maltotetraose in nennenswerter Menge vorkommen und das vorliegende Gemisch der anderen höhermolekularen Stärkespaltprodukte ebenfalls
noch geringe Reduktion zeigt.

Der nach der Methode SICHERT-BLEYER erhaltene Maltosewert wird aus diesen
Gründen erheblich über dem wahren Maltosegehalt liegen. Für Vergleichszwecke
jedoch behält die ohne größeren Aufwand an Zeit durchzuführende, genügend
reproduzierbare Methode ihren Wert.

H. TRYLLER (1948) hat für die Anwendung dieser Methode bei Stärkesirupen unter Zuhilfenahme der spez. Drehung eine Umrechnung der Maltose- und Dextrinwerte nach SICHERT-
BLEYER vorgeschlagen, die mit den nach biologischen Verfahren ermittelten Dextrinwerten
(Summe der nicht vergärbaren Kohlenhydrate) ausreichend genau übereinstimmt. Auf Malzextrakt scheint die Tryllersche Berechnungsmethode bisher noch nicht angewandt worden zu
sein. Interessant sind die so berechneten niedrigeren Maltose- und die beträchtlich höheren
Dextrinwerte gegenüber SICHERT-BLEYER bei Stärkesirup. Damit sind auch zahlreiche Ana-
lysenangaben der Literatur, die nach der Sichert-Bleyer-Methode dem Malzextrakt sehr ähnliche Werte im Verhältnis der Kohlenhydratgruppen untereinander zeigten, wohl als nach-
prüfungsbedürftig bzw. überholt anzusehen. Das Verhältnis Glucose zu Maltose, auf dessen
Bedeutung später einzugehen ist, liegt nach TRYLLER nur in seltenen Fällen bei 1:1,5, sonst
auch nach K. TÄUFEL u. K. MÜLLER bei 1:1.

L. ACKER, W. DIEMAIR u. D. PFEIL (1954) bringen einen Vergleich zwischen den Sichert-
Bleyer-Werten mit den nach ihrer Methode quantitativ nach papierchromatographischer
Trennung erhaltenen Werten.

Vergleich der in Malzextrakten nach Sichert-Bleyer *erhaltenen (S-B) mit den papierchromatographisch ermittelten Werten (P) (Angaben in %)*

Art des Erzeugnisses	Glucose		Maltose		Malto-triose	Malto-tetra-ose	Dextrine		Gesamtzucker	
	S-B	P	S-B	P			S-B	P	S-B	P
Malzextrakt hell	14,8	13,3	45,4	41,0	7,2	0,9	11,2	14,6	71,4	77,0
Malzextrakt dunkel	9,5	10,9	43,0	36,3	10,7	1,1	17,7	20,4	70,2	79,4

Die Summen der hier gefundenen Werte für Maltose und Maltotriose sowie die Dextrine, unter denen sämtliche auf die Maltotetraose folgenden Stärkespaltprodukte zu verstehen sind, liegen jeweils um rund 3% höher als die Werte nach Sichert u. Bleyer, man kann daher bei den letzteren Zahlen von einer groben Annäherung sprechen. Der Gehalt an Maltotetraose ist im Gegensatz zu Stärkesirupen praktisch bedeutungslos, die Autoren weisen darauf hin, daß bei reinen Malzextrakten das Verhältnis Maltose zu Maltotriose mindestens 3,5:1 beträgt.

Die von L. Acker, W. Diemair u. D. Pfeil (1954) mitgeteilte Methode ist für Routineuntersuchungen zu langwierig und zu diffizil, gestattet aber, den wahren Gehalt an Maltose, Maltotriose und Maltotetraose zu ermitteln.

Eine Methode zur direkten photometrischen quantitativen Bestimmung von Zuckern nach papierchromatographischer Trennung wurde von W. Kleber u. Mitarb. (1961 und 1963) zur Bestimmung der in Bierwürze enthaltenen und von Bierhefe vergärbaren Kohlenhydratarten wie Fructose, Glucose, Saccharose und Maltose ausgearbeitet.

Hinzuweisen ist auch auf die papierchromatographischen Trennungsmethoden von K. Wallenfels u. Mitarb. (1953), K. Myrbäck u. E. Willstaedt (1954) sowie F.G. Fischer u. H. Dörfel (1954); sämtliche Methoden setzen aber doch eine Einarbeitung voraus, die Fehlergrenzen sind bei den kleinen Substratmengen nicht unbeträchtlich. An sonstigen Befunden sind zu nennen: F. Muntoni u. A. Cesarini (1958) fanden nach ihrem Verfahren (vgl. oben unter Glucose) bei elf italienischen genuinen Malzextrakten 37,5 bis 48,3% Maltose (Trockensubstanz nicht angegeben); C. Sampietro u. I. Invernizzi (1959) nach dem von ihnen vorgeschlagenen Verfahren (vgl. oben unter Glucose) im Mittel 31,7% Maltose, 13,0% Dextrin und 2,8% Saccharose (Trockensubstanz nicht angegeben).

Neben der quantitativen Papierchromatographie sind eine Reihe biochemischer Verfahren entwickelt worden, die eine Trennung der Kohlenhydratgruppen im Malzextrakt ermöglichen sollen (vgl. Bd. II/2).

F. Th. van Voorst (1942) hat nach seinem biochemischen Verfahren im Malzextrakt folgende Werte im Mittel gefunden: Glucose 19,4%, Maltose 33,2%, Dextrine 14,5%. H. Hadorn (1951) benutzte diese Methode zur Bestimmung des wahren Maltosegehaltes. Unter den zehn Malzextrakten, deren Werte Hadorn mitteilt, befinden sich besonders dünnflüssige Extrakte, die bereits $3^{1}/_{2}$ Jahre gelagert hatten und bei denen der Maltosegehalt erheblich abgenommen, der Glucose- und Dextringehalt dagegen zugenommen hatte. Auf derartige Veränderungen bei der Lagerung, die besonders stark bei Malzextrakten mit geringer Trockensubstanz auftreten, hatten bereits P.R.A. Maltha u. F. Th. van Voorst (1945) hingewiesen In konzentrierten Malzextrakten erhielt Hadorn 41,9—54,2% Maltose und 17,3—26% Dextrin in der Trockensubstanz.

Nach K. Täufel u. K. Müller (1956) ist das Verfahren nach van Voorst zwar befriedigend genau, aber recht zeitraubend.

Die Methoden zur Dextrinbestimmung nach F. Th. van Voorst (1942), Sichert u. Bleyer sowie nach J. Grossfeld wurden von H. Dörner (1950) miteinander verglichen; Malzextrakt war in diese Arbeiten nicht einbezogen worden.

Die Methode nach van Voorst wird danach als die zuverlässigste beurteilt. Beim Verfahren nach Sichert u. Bleyer liegen die Dextrinwerte meistens niedriger, der Vorteil liegt jedoch in der schnellen Ausführbarkeit. Die Methode von J. Grossfeld ist zwar ungenauer, da Alkoholfällungen stets etwas Zucker, besonders die in Alkohol schwer lösliche Maltose, einschließen und die gefällte Menge stark von der Alkoholkonzentration abhängig ist. Zur raschen Orientierung kann sie jedoch wegen ihrer einfachen Durchführung herangezogen werden.

Für die Bestimmung von Maltose und Dextrin im Malzextrakt bietet sich einstweilen noch für Vergleichszwecke die leicht durchzuführende Methode von

SICHERT u. BLEYER als Konventionsmethode an. Wenn die Einzelwerte von Maltose und Dextrin auch den wahren Gehalt nur in grober Annäherung wiedergeben, so gestatten sie doch im Zusammenhang mit anderen analytischen Zahlen Anhaltspunkte für eine Verfälschung zu geben.

Bei hochdiastatischen Malzextrakten, die eher als Enzymzubereitungen anzusehen sind, muß vor der Bestimmung der Kohlenhydrate zunächst eine Inaktivierung der Enzyme durch mehrmaliges Abdampfen mit Alkohol erfolgen.

Bei Nährmalzextrakten liegt der Maltosewert nach SICHERT u. BLEYER in der Regel mindestens um das $2^1/_2$fache höher als der Glucosewert.

ε) Sonstige Kohlenhydrate

Von den übrigen zu den Kohlenhydraten zu rechnenden Inhaltsstoffen sind zunächst die Pentosane (A. HESSE 1929) aufzuführen. Die Hauptmenge der nach B. TOLLENS 9—10$^0/_0$ der Gerste ausmachenden Pentosane verbleibt in den Trebern, nur $^1/_4$ bis $^1/_3$ gehen in die Malzwürzen und damit in den Malzextrakt über. W. WINDISCH u. VAN WAVEREN (1909) fanden in der Extrakttrockensubstanz 2,3—3 % Pentosane.

Inwieweit die in der Gerste enthaltenen, als Gerstengummi bezeichneten, nur unvollständig charakterisierten Kohlenhydrate (z. B. Amylan, Galaktan, Xylan u. a.) als Nachweis für die Verwendung nicht vermälzter Gerste dienen könnten, ist bisher noch nicht überprüft worden, fest steht, daß derartige Extraktlösungen eine höhere Viscosität aufweisen.

Als weiterer Inhaltsstoff ist Maltol (2-Methyl-3-hydroxypyron) zu nennen, der aus Di- bis Tetrasacchariden (Isomaltose, Maltotetraose, Panose), nicht aber aus Maltotriose entsteht.

Eine Übersicht über die Analytik gibt H. BEITTER (1963). Maltol und Isomaltol sind mit Wasserdampf flüchtig und leicht sublimierbar. Eine mit Eisen(III)-chlorid auftretende Violettfärbung, besonders bei dunklen Malzextrakten, kann zu Verwechslungen mit Salicylsäure führen.

h) Enzyme

Amylasen (Diastase): Die im Malz vorhandenen α- und β-Amylasen, die den enzymatischen Stärkeabbau beim Maischprozeß herbeiführen, unterscheiden sich in ihrer Wirkung auf die linear aufgebauten Amylose- und die verzweigten Amylopektin-Ketten im Stärkekorn.

Die α-Amylase, auch Dextrinogen-Amylase genannt, spaltet die α-glucosidischen 1,4-Bindungen der Glucoseketten von innen her. Es entstehen zunächst reichlich Dextrine von mittlerer Molekülgröße und geringem Reduktionsvermögen. Man spricht hier von einer stärkeverflüssigenden Wirkung. Die β-Amylase, auch Saccharogen-Amylase genannt, setzt Maltose von den nicht reduzierenden Kettenenden her frei, sofern es sich um 1,4-Bindungen handelt.

Beide Enzymgruppen unterscheiden sich in ihrem Temperaturoptimum und ihrer Temperatur- und pH-Empfindlichkeit. Beim Maischprozeß wird besonders von dem unterschiedlichen Temperaturoptimum Gebrauch gemacht. Die optimale Temperatur für die Verflüssigung liegt bei 70° C, für die Verzuckerung bei 50—56°.

Die diastatische Wirkung der beiden Enzyme zusammen geht über die Wirkung der einzelnen Amylasen hinaus, in der Praxis liegt die günstigste Verzuckerungstemperatur erst bei 60—63°.

Die Angaben in der Literatur über die optimale Temperatur und pH-Konzentration beziehen sich in den meisten Fällen auf die Erzielung eines möglichst hohen Maltosegehaltes, während bei Malzextrakten für bestimmte diätetische Zwecke ein höherer Dextringehalt von Bedeutung sein kann.

Malzextrakt für Nährzwecke, der nahezu klar und schmackhaft sein soll, muß unter Temperaturbedingungen hergestellt werden, die oberhalb 60° C liegen, damit alle Stärke so weit aufgespalten wird, daß mit der Jodprobe keine Blaufärbung mehr auftritt. Wie H. Kramer u. E. Hirt (1952) feststellten, decken sich die optimalen Temperaturen zur Erhaltung der verzuckernden Kraft nicht mit demjenigen eines quantitativen Stärkeabbaues, auch nicht bei zwei- bis dreifacher Verlängerung der fermentativen Einwirkungszeit. Aus diesem Grunde weist Malzextrakt für Nährzwecke auch bei schonender Herstellung nur eine diastatische Kraft von mindestens 250 DK-Einheiten nach Pollak-Egloffstein bzw. 12 DK-Einheiten nach Windisch-Kolbach auf.

Bei amylasehaltigen bzw. amylasereichen Malzextrakten müssen dagegen niedrigere Temperaturen angewandt werden. Dieses ist von Einfluß auf den Geschmack und die Klarheit des Extraktes. Derartige Extrakte sind in erster Linie für lebensmitteltechnologische Prozesse und nicht zum direkten Verzehr bestimmt.

Die *diastatische Kraft* (DK) wird im Prinzip durch Bestimmung des Reduktionswertes nach Einwirkung des Malzextraktes auf verkleisterte oder lösliche Stärke gemessen. Es finden sich zahlreiche Methoden zur Messung der enzymatischen Amylolyse, die in ihren Werten untereinander nicht vergleichbar sind. Für eine getrennte Bestimmung der Verflüssigungskraft stehen ebenfalls Methoden zur Verfügung (vgl. H. Wildner 1959). Sie sind aber in erster Linie nur bei Diastase-Extrakten von Bedeutung. Die vielfach in Brauereilaboratorien verwendete Methode von Windisch-Kolbach (vgl. Bd. VII) ist in ihrer Reproduzierbarkeit nicht unbeträchtlich von den Eigenschaften der verwendeten löslichen Stärke und dem pH ihrer Lösung abhängig. Bei dem Verfahren nach Pollak-Egloffstein wird dagegen von einem frisch hergestellten Arrowroot-Stärkekleister ausgegangen, außerdem ergibt diese Methode ein ungefähres Maß für die Verflüssigungskraft, die für lebensmitteltechnologische Zwecke von Bedeutung ist.

Zahlreiche Arbeiten mit Änderungsvorschlägen liegen in der Literatur vor. Auf den methodischen Vergleich von E. Drews (1949) wird verwiesen. Hinweise auf die Anwendung der Methoden vgl. im Abschnitt Untersuchung.

Bei diastatischen Malzextrakten (Diastase-Extrakten) werden mindestens 3000 DK nach Pollak-Egloffstein bzw. 80 DK nach Windisch-Kolbach verlangt werden müssen. Bei diastasereichen Malzextrakten, die als Enzymprodukte für lebensmitteltechnologische Zwecke anzusehen sind, liegen die DK-Werte (z. B. 10000 DK nach Pollak-Egloffstein oder 320 DK nach Windisch-Kolbach) wesentlich höher. Für den Weiterverarbeiter ist die Angabe der DK von Bedeutung.

Proteolytische und peptolytische Enzyme können hauptsächlich bei der Weiterverarbeitung von Malzextrakten von Bedeutung sein. Hier ist ebenfalls eine Reihe von Verfahren bekannt, die z. B. bei der proteolytischen Kraft als Zuwachs der wasserlöslichen N-Substanz durch Einwirkung auf inaktiviertes Weizenmehl oder bei der peptolytischen Kraft auf der Differenz zwischen vorgebildetem und neu gebildetem, formoltitrierbarem N beruhen (Näheres vgl. unten).

Sonstige im Malz und bei entsprechenden Extraktionsbedingungen auch in Malzextrakten vorhandene Enzyme wie Maltase, Mannanase, Lichenase, Cellobiase, Pektinasen, Phosphatasen, Phytase, Phospholipasen, Oxydasen, Katalasen u. a. haben bisher keine praktische Bedeutung erlangt; für Lipase ist in der *British Pharmacop.* eine Prüfungsvorschrift aufgeführt.

Über Nachweise und Bestimmungsmethoden vgl. A. Hesse (1929), Handbuch Bd. II/2 und auch H. U. Bergmeyer (1962).

V. Untersuchung

Im Kapitel über die Zusammensetzung ist bereits auf die Eignung verschiedener Methoden zur Bestimmung einzelner Inhaltsbestandteile eingegangen worden. Es kommen folgende Bestimmungen in Betracht:

1. Sinnenprüfung

Für die Bestimmung der Farbtiefe werden 5 g Malzextrakt auf 500 ml gelöst und 100 ml auf gleiche Farbtiefe mit 0,1 n-Jodlösung titriert.

Bei Schaumbildung empfiehlt sich Prüfung auf Gärung.

Qualitative Prüfung auf Alkohol durch Lösen des Schaumes in Wasser (1:1) und Erhitzen im Reagensglas, das durch einen Watte-Stopfen mit einem Fuchsinkristall verschlossen ist.

2. Mikroskopische Prüfung

Untersuchung des Zentrifugenrückstandes aus einer Lösung von 10 g Malzextrakt in 100 ml Wasser.

3. Trockensubstanz

Als ausreichend genauer Wert für die wahre Trockensubstanz gilt der um die Zahl 2 verminderte Refraktometerwert der Zuckerprozentskala bei 20° C (vgl. Bd. II/2).

Für die Extraktbestimmung mittels Pyknometer (vgl. Bd. II/2) wird eine Lösung von 100 g Malzextrakt, auf 400 g mit Wasser aufgewogen, verwendet.

4. Säuregrad

Für die Bestimmung der titrierbaren Säure werden 10 g Malzextrakt in 100 ml Wasser gelöst und mit 0,1 n-NaOH und zehn Tropfen einer 1%igen Phenolphthaleinlösung in 96 vol.-%igem Alkohol bis zum Umschlag titriert, der Wasserwert wird abgesetzt. Bei potentiometrischer Titration gilt pH = 8,3 als Endpunkt.

Der Titrationswert wird üblicherweise auf Milchsäure berechnet.

5. Mineralbestandteile

Einwaage zur Aschenbestimmung ca. 2 g Malzextrakt in einer ausgeglühten, tarierten Platinschale. Zur Schonung bei den phosphatreichen Aschen empfiehlt das Schweiz. Lebensmittelbuch 1963 die Zugabe von 10 ml Lanthannitratlösung (0,1 n entspricht 1,443 La $(NO_3)_3$ · 6 H_2O in 40 vol.-%igem Alkohol gelöst und auf 100 ml verdünnt). Der ermittelte Blindwert wird in Abzug gebracht.

P_2O_5 wird in der Asche nach mehrmaligem sorgfältigem Abdampfen mit konz. HNO_3 nach den in Bd. II/2 angegebenen Verfahren bestimmt.

6. Stickstoffsubstanz

Zur N-Bestimmung werden ca. 2 g Malzextrakt auf Zinnfolienschiffchen genau eingewogen; der Aufschluß erfolgt nach dem Verfahren von J. KJELDAHL (Bd. II/2). Zur Bestimmung des formoltitrierbaren Stickstoffs vgl. Bd. II/2 sowie Kapitel Honig.

7. Kohlenhydrate

a) Bestimmung der direkt reduzierenden Zucker nach (Bd. II/2); Berechnung als Maltose.

b) Die Fructosebestimmung erfolgt nach dem auf KOLTHOFF zurückgehenden Verfahren in der Ausführung von KRUISHEER (Bd. II/2).

Zur Prüfung auf erhöhten Fructose- bzw. Saccharosegehalt empfehlen sich die selektiven Verfahren zur Bestimmung von Fructose und Saccharose (Bd. II/2).

c) Saccharose. Der Saccharosegehalt wird zweckmäßig aus der Menge der reduzierenden Zucker vor und nach Inversion errechnet (vgl. Bd. II/2).

d) Glucose. Bestimmung nach STEINHOFF mit BARFOEDS Reagens, oder nach SICHERT-BLEYER neben Maltose und Dextrin (vgl. Bd. II/2).

e) Maltose und Dextrin. Unter Verwendung von Spezialhefen für selektive Vergärung hat sich die Methode nach van Voorst (1955) bewährt. Zur getrennten Bestimmung von Maltose und Dextrin nach säulen- oder papierchromatographischer Trennung (vgl. Bd. II/2).

f) Pentosane. Bestimmungsmethoden in Bd. II/2.

8. Enzymaktivitäten

a) Bestimmung der diastatischen Kraft (DK) nach Pollak-Egloffstein unter Abpufferung nach S. Gerardis (1947) in der Ausführungsform von A. Hesse (1929) und E. Drews (1949).

Substrat: 3%iger Stärkekleister aus Arrowrootstärke. 9 g Stärke werden mit wenig Wasser in einer Reibeschale zu einer fein verteilten Suspension angerührt. Inzwischen wird ein Glasgefäß mit 250 ml Wasser im siedenden Wasserbad auf 90° C erhitzt und die Stärkesuspension unter kräftigem Umrühren zur Vermeidung einer Klumpenbildung eingerührt. Die Lösung verbleibt unter zeitweiligem Umrühren ca. 20 min bis zur vollständigen Verkleisterung im siedenden Wasserbad und wird dann in einen 300 ml-Meßkolben, der auch bei 250 ml eine Marke besitzt, unter Nachspülen mit Wasser verbracht und nach Abkühlen auf die Eichtemperatur auf 300 ml aufgefüllt.

Nach kräftigem Durchschütteln werden mit einer Pipette, deren Spitze abgesprengt ist, 50 ml entnommen und die restlichen 250 ml, enthaltend 7,5 g Stärke, mit 3 ml einer Acetatpufferlösung (136 g Natriumacetat kristallisiert und 60 ml Eisessig, aufgefüllt auf 1 l) versetzt. Von dem Untersuchungsmaterial wird eine 0,5%ige Lösung hergestellt und in 20 ml die vorgebildete Maltose nach Bertrand (vgl. Bd. II/2) bestimmt.

Zur *Vorprüfung* können die entnommenen 50 ml Kleisterlösung mit 10 ml der 2%igen Extraktlösung in einem 100 ml-Kölbchen benutzt werden. Man mißt dazu, wie unten angegeben, die Zeit bis zur vollständigen Verflüssigung des Kleisters bei 37,6° C und beginnt dann mit der Prüfung je eines Tropfens mit verdünnter Jodlösung auf einer Porzellanplatte. Die bis zum Verschwinden der blauen Jodfärbung benötigte Zeit in Minuten gibt dann die ungefähre Anzahl der ml 2%iger Extraktlösung an, die den 250 ml 3%igem Kleister zugesetzt werden müssen, um richtige Mengenverhältnisse im Hauptversuch anzuwenden.

Zur *Bestimmung der Verflüssigung* werden den auf 40° C temperierten 250 ml-Kleister 10 ml Malzextraktlösung zugegeben, wodurch die Temperatur auf 38—39° C sinkt. Man beobachtet nun bei 38° C und eingesetztem Thermometer unter Zeitmessung mit der Stoppuhr die Verflüssigung des Kleisters, der bei ständigem Schütteln immer durchsichtiger und leichter beweglich wird. Als Endpunkt der Verflüssigung gilt der Augenblick, bei dem die eingeschlossenen Luftblasen leicht in die Höhe steigen. Beim Schütteln des Kolbens in Richtung auf sich zu, beobachtet man die fühlbare Änderung der Beweglichkeit des Kleisters und das Sichtbarwerden der Thermometerkugel. Der Verflüssigungspunkt ist bei einiger Übung leicht auf etwa 5 sec genau bestimmbar. Um jedoch keine übermäßige Genauigkeit vorzutäuschen, beobachtet man nur von 15 zu 15 sec und gibt die wie unten errechneten Werte in entsprechenden Intervallen an. Die Zeit der Verflüssigung soll zwischen 1 und 3 min betragen, sonst muß die Konzentration der Malzextraktlösung geändert werden.

Als *Verflüssigungskraft* eines diastatischen Produktes wird errechnet, wieviel g Stärke von einem g des Extraktes in 30 min unter den obigen Bedingungen verflüssigt werden.

Berechnungsbeispiel: 10 ml Extraktlösung = 0,1 g Extrakt verflüssigen die 250 ml 3%igen Kleister = 7,5 g Stärke in 75 sec. 1 g Extrakt in 75 sec = 75 g Stärke, in 30 min = 1800 g Stärke; Verflüssigungskraft = 1800.

Zur Bestimmung der *Verzuckerungskraft* wird der Kolben mit den 250 ml gepufferter Kleisterlösung und 10 ml 0,5%iger Malzextraktlösung genau 30 min bei 37,6° C im Wasserbad gehalten, sodann die Enzymwirkung durch Zugabe von 3 ml 10%iger Kalilauge unterbrochen, der Inhalt auf Eichtemperatur abgekühlt, mit Wasser auf 300 ml aufgefüllt und gut durchgeschüttelt. In 20 bzw. 10 ml der verzuckerten Lösung wird die Maltose nach Bertrand bestimmt.

Berechnungsbeispiel: 50 ml Fehlingsche Lösung I und II verbrauchen zur vollständigen Reduktion 36 ml der verzuckerten Lösung entsprechend 0,389 g Maltose.

300 ml enthalten somit $\frac{0,389 \cdot 300}{36} = 3,24$ g Maltose.

Diese wurden erzeugt durch z. B. 25 ml 2%iger Extraktlösung = 0,5 g Extrakt, 1 g Extrakt liefert daher 6,48 g Maltose.

Die vorgebildete Maltose wird nach Alkalischmachen durch einige Tropfen Kalilauge auf dieselbe Weise nach BERTRAND bestimmt und in Abzug gebracht. 50 ml Fehling I und II verbrauchen z. B. 34 ml Extraktlösung = 0,68 g Extrakt, 1 g Extrakt liefert demnach 0,572 g Maltose.

Die DK errechnet sich dann aus 6,48 g Maltose nach der Verzuckerung, abzüglich 0,572 g vor der Verzuckerung, zu 5,908 g in 1 g Extrakt. 1000 g Diastaseträger erzeugen unter den festgelegten Bedingungen somit 5900 g Maltose, d. h. der Extrakt hat eine DK nach POLLAK-EGLOFFSTEIN von 5900.

F. DUCHÁČEK u. W. L. ŽILA (1925) haben die Methode von POLLAK-EGLOFFSTEIN durchgearbeitet und schlagen zur Erzielung genauerer Resultate die Verwendung einer 2%igen gepufferten Lösung aus löslicher Stärke (Kahlbaum) und die jodometrische Bestimmung bei Einhaltung stets gleicher Verdünnungen vor (vgl. K. WILDNER 1959). Die DK nach dieser abgeänderten Methode entspricht in grober Annäherung dem 2,7fachen der DK nach POLLAK-EGLOFFSTEIN.

b) Bestimmung der DK nach WINDISCH-KOLBACH (vgl. Bd. VII).

Bei hochdiastatischen Extrakten, die sich erfahrungsgemäß zwischen 300 und 1000 Einheiten bewegen, werden 10 g Extrakt im 500 ml-Meßkolben mit Wasser gelöst und aufgefüllt. Bei Nährextrakten beträgt die Einwaage höchstens 40 g, da sonst der Eigenjodverbrauch der Extraktlösung und demnach die Gefahr einer fehlerhaften Bestimmung des Jodverbrauches der neu gebildeten Maltosemenge zu groß wird.

Ist der Jodverbrauch von 50 ml Reaktionsgemisch höher als 12 ml 0,1 n-Jodlösung, so ist der Versuch mit einer Lösung von 5 g Extrakt auf 100 ml Wasser zu wiederholen. Liegt der Jodverbrauch unter 6 ml, muß mit einer Lösung von 20 g Extrakt in 500 ml gearbeitet werden.

Der Umrechnungsfaktor beträgt:

bei Einwaage von	10 g	5 g	2,5 g	20 g	40 g
	68,4	136,8	273,6	34,2	17,1

Die DK nach WINDISCH-KOLBACH drückt die Anzahl g Maltose aus, die unter den festgelegten Bedingungen durch 100 g Malz gebildet werden.

Die DK-Werte nach POLLAK-EGLOFFSTEIN und nach WINDISCH-KOLBACH stehen in keiner konstanten Beziehung. Bei Malzextrakten liegen die DK-Werte nach POLLAK-EGLOFFSTEIN in grober Annäherung bei $24,5—29 \cdot$ DK nach WINDISCH-KOLBACH.

Mitunter werden die DK-Werte nach POLLAK-EGLOFFSTEIN statt auf 1000 g auf 1 g bezogen angegeben.

Weitere Methoden auch zur Bestimmung der a-Amylase und des Dextrinierungsvermögens bei H. WILDNER (1959).

c) Für die proteolytische Kraft bringt P. PELSHENKE (1938) eine Reihe von Bestimmungsmethoden. Eine weitere Methode gibt M. N. TULCHINSKY (1942) an.

Als *proteolytische Kraft* wird diejenige Menge wasserlöslicher N-Substanz (mg N aus Weizenmehl, bezogen auf 100 g Malzextrakt) angegeben, die durch Einwirkung von Malzextrakt während 2 Std bei 30° C unter dem Einfluß der proteolytischen Enzyme erhalten wird. Zur Ausschaltung der Proteasen des Weizenmehles ist eine Behandlung mit siedendem Alkohol nach der von K. TÄUFEL u. K. MÜLLER (1942) angegebenen Arbeitsweise zu empfehlen.

Für die Bestimmung der *peptolytischen Kraft* (PK) gibt WEICHHERZ (1928) eine Methode an.

Diese beruht auf der Differenz zwischen vor- und neugebildetem formoltitrierbarem N. Unter PK werden die von 1000 g Extrakt erzeugten mg formoltitrierbaren N verstanden. Zur Anwendung kommen 75 ml einer 10%igen Malzextraktlösung, die mit 40 g eines mit 96%igem Alkohol inaktivierten Gerstenmehles und 150 ml Wasser unter Zusatz einiger Tropfen Toluol 5 Std lang bei 46—48° C behandelt werden.

9. Erkennung von Verfälschungen

Die häufigsten Verfälschungen von Malzextrakt bestehen

1. in der Beimischung von Stärke- oder Zuckersirup, 2. in der Mitverzuckerung von Stärke aller Art, vorverkleistertem Reis- oder Maisgrieß oder 3. in der Mitverzuckerung von nicht gemälzter Gerste. Eine Verfälschung nach 1) kann am

erniedrigten Gehalt der N-Substanz, des Aschegehaltes (P_2O_5 unter 30 % der Asche) und an einem Verhältnis von Glucose zu Maltose von 1 : < 2 bei erhöhtem Dextringehalt erkannt werden, falls es sich nicht um dünnflüssige, sehr lange gelagerte Malzextrakte mit meistens erhöhter Acidität handelt.

Die Beimischung von Invertzuckersirup wirkt sich in einem erhöhten Gesamt-Fructosegehalt, die von Saccharosesirup durch Saccharosegehalte über 6 % aus. Bei 2) ist außer den obengenannten Verhältniszahlen der mikroskopische Befund von Wert.

Bei 3) ist der Maltosewert auffallend niedrig, der Dextringehalt erhöht bei meist erhöhtem Glucosegehalt. Asche und Stickstoffsubstanz sind erniedrigt.

Organoleptisch wirken alle Verfälschungen in Richtung eines abgeschwächten Malzgeschmackes hin, derartige verfälschte Extrakte zeigen auffälligen Glanz oder Süße bzw. dextrinig-leimigen Nachgeschmack.

VI. Hinweise für die lebensmittelrechtliche Beurteilung

Eine spezielle rechtliche Regelung für Malzextrakt besteht z. Z. nicht, seine Beurteilung muß daher nach § 4, Ziff. 2 und 3 LMG erfolgen. Als Maßstab für die Verbrauchererwartung können die *Richtlinien* für Malzextrakt für Nähr- und diätetische Zwecke des Verbandes der diätetischen Lebensmittelindustrie e. V. vom 23. I. 1957 dienen.

Die Begriffsbestimmungen für Malzextrakt finden sich zu Beginn dieses Kapitels.

Nach den Richtlinien muß die Verwendung von nichtgedarrtem Malz (Grünmalz) sowie die Verwendung von Malz aus anderen Getreidearten entsprechend gekennzeichnet werden. Der Extraktgehalt soll 72 % nicht unterschreiten. Die Verwendung von Farbstoffen und Konservierungsmitteln ist nicht zulässig.

Nach § 2, Abs. 2, Nr. 6 der Fremdstoff-VO ist Calciumhydroxid zur Einstellung der Härte von Trinkwasser, das für die Herstellung von Malzextrakt bestimmt ist, zugelassen; gemäß § 3, Abs. 3 dieser VO finden die Bezeichnungsverbote des § 4e, Nr. 3 LMG in diesem Fall keine Anwendung.

Malzextrakt zu diätetischen Zwecken unterliegt der Verordnung über diätetische Lebensmittel vom 20. Juni 1963 (BGBl. I S. 415) in der Fassung vom 22. Dezember 1965 (BGBl. I S. 2140).

Bibliographie

Bergmeyer, H. U.: Methoden der enzymatischen Analyse. Weinheim/Bergstr.: Verlag Chemie 1962.
Hesse, A.: Enzymatische Technologie der Gärungsindustrien. In: Die Fermente und ihre Wirkungen. Hrsg. von C. Oppenheimer. 5. Aufl., Bd. IV, 1. Halbbd. Leipzig: Georg Thieme 1929.
Lüers, H.: Die wissenschaftlichen Grundlagen von Mälzerei und Brauerei. Nürnberg: Hans Carl 1950.
Van Noorden, C., u. H. Salomon: Handbuch der Ernährungslehre, S. 453. Berlin: Springer 1920.
Nord, F. F., u. R. Weidenhagen: Handbuch der Enzymologie. Leipzig: Akad. Verlagsges. Becker u. Erler 1940.
Pawlowski-Doemens: Die brautechnischen Untersuchungsmethoden, S. 175. München: R. Oldenbourg 1947.
Pelshenke, P.: Untersuchungsmethoden für Brotgetreide, Mehl und Brot. Leipzig: M. Schäfer 1938.
Schweizer. Lebensmittelbuch, 4. Aufl., Bern: Neukomm u. Zimmermann 1950.
Weichherz, J.: Die Malzextrakte. Berlin: Springer 1928.
Wildner, H.: Methoden zur Messung der enzymatischen Amylolyse. Nürnberg: Hans Carl 1959.

Zeitschriftenliteratur

ACKER, L., W. DIEMAIR u. D. PFEIL: Die quantitative papierchromatographische Bestimmung von Zuckern in Malzextrakten, Stärkesirupen und ähnlichen Erzeugnissen. Stärke 6, 241 bis 246 (1954).

BEITTER, H.: Über Maltol. Bericht über die Getr.-Chem.-Tagung 1963 Detmold. Brot u. Gebäck 17, 132—134 (1963).

DÖRNER, H.: Über Dextrinbestimmungsmethoden. Getreide, Mehl, Brot 4, 206—208 (1950).

DREWS, E.: Die Bestimmung der diastatischen Kraft. Getreide, Mehl, Brot 3, 40—43 (1949).

DEVREUX, A., et J. HEYVAERT: L'influence du pH sur l'extrait du malt en fonction de la variété d'orge et de l'année de récolte. Petit J. Brasseur 2875, 865 (1961), zit. nach Brauwiss. 15, 336 (1962).

DUCHÁČEK, F., u. W.L. ŽILA: Die Methode der Bestimmung der diastatischen Kraft von Malzextrakten. Wschr. Brauerei 42, 77—78, 81—83, 87—89 (1925).

ERNSTBERGER, W., u. E. HIRT: Bestimmung der Trockensubstanz in Malzextrakten. Mitt. Lebensmitteluntersuch. Hyg. 54, 213—230 (1963).

FELLENBERG, TH. VON: Trennung der Zuckerarten. Mitt. Lebensmitteluntersuch. Hyg. 38, 265—291 (1947).

FISCHER, F.G., u. H. DÖRFEL: Die quantitative Bestimmung reduzierender Zucker auf Papierchromatogrammen. HOPPE-SEYLERS Z. physiol. Chem. 297, 164—178 (1954).

GERARDIS, S.: Beitrag zur Bestimmung der diastatischen Kraft. Brauwelt 9/10, 176—180, 201 bis 204, 248—249 (1947).

GUILBOT, A.: Einwirkung von enzymatischen Amylolysen auf die hygienischen und organoleptischen Eigenschaften der aus stärkereichen Produkten hergestellten Lebensmittel. Stärke 16, 44 (1964).

HADORN, W.: Biochemische Bestimmung von Maltose und Dextrin in Malzextrakten. Mitt Lebensmitteluntersuch. Hyg. 42, 151—157 (1951).

HOCHSTRASSER, K.: Über die Bindungsart von Kohlenhydrat an Protein in Gerstenalbumin. Isolierung von 4-L-Alanyl-D-xylopyranose als Brückenglied. HOPPE-SEYLERS Z. physiol. Chem. 324, 250—253 (1961).

JESSER, H.: Über Malzextrakt und Malzbonbons. Chemiker-Ztg. 56, 662—663 (1932).

KLEBER, W., U.D. RUNKEL u. I. SEYFARTH: Untersuchungen zur papierchromatographischen Bestimmung vergärbarer Zucker im Vergleich zur Endvergärung durch verschiedene Hefen. 1. Mitt. Brauwiss. 14, 65—70 (1961).

—, P. SCHMIDT u. I. SEYFARTH: 2. Mitt. Brauwiss. 16, 1—4 (1963).

KRAMER, H., u. E. HIRT: Der Diastasegehalt in Malzextrakten. Mitt. Lebensmitteluntersuch. Hyg. 43, 140—144 (1952).

KRUISHEER, C.I.: Die Bestimmung von Stärkesirup und Stärkezucker neben Saccharose und Invertzucker. Z. Untersuch. Lebensmittel 58, 261—281 (1929).

LÜERS, H., u. L. ADLER: Entstehung und Bestimmung der Säure in Malz und Gerste und ihren Extrakten. Z. Untersuch. Nahrungs- u. Genußmittel 29, 281—316 (1915).

—, u. S. NISHIMURA: Über den Einfluß des Brauwassers auf die Acidität und das Pufferungsvermögen der Würze. Wschr. Brauerei 44, 124—125 (1927).

—, u. K. SILBEREISEN: Über die Phytase des Malzes. Wschr. Brauerei 44, 263—268, 273—278 (1927).

MALTHA, P.R.A., u. F. TH. VAN VOORST: Veränderungen im Malzextrakt bei der Aufbewahrung. Chem. Weekbl. 40, 127—129 (1945).

Malzextrakte, Nachtrag z. Kap. „Diät. Nährmittel" des Schweiz. Lebensmittelbuches, 4. Aufl. Mitt. Lebensmitteluntersuch. Hyg. 41, 113—136 (1950).

MUNTONI, F., e A. CESARI: Metodo per un giudizio sulla genuinità degli estratti di malto. Z. Birra e Malto 5, 20—23 (1958).

MYRBÄCK, K., and E. WILLSTAEDT: Starch degradation by the a-amylases. II. Paper chromatography of low-molecular degradation products. Ark. Kemi 6, 417—425 (1953), zit. nach Chem. Abstr. 48, 6490d (1954), zit. nach Stärke 6, 230 (1954).

NORRIS, F.W.: The vitamins of barley and malt in the brewing process. Wallerstein Lab. Commun. 13, 141—156 (1950), zit. nach Z. Lebensmittel-Untersuch. u. -Forsch. 93, 332 (1951).

ROBINSON-GÖRNHARDT, L.: Zur Analyse von Stärkesirupen. Stärke 7, 305—310 (1955).

SAMPIETRO, C., u. I. INVERNIZZI: Zur quantitativen Bestimmung von Kohlenhydraten in Malzextrakten. Nahrung 3, 1065—1071 (1959).

TÄUFEL, K., u. K. MÜLLER: Über den Gehalt von Gerste und Malz an Mono- u. Oligosacchariden. Z. Lebensmittel 83, 49—54 (1942).

— — Zur Bestimmung von Glucose, Maltose und sonstigen vergärbaren Oligosacchariden sowie von Dextrinen unter Einsatz von Kulturhefe. Z. Lebensmittel-Untersuch. u. -Forsch. 103, 272—284 (1956).

TRYLLER, H.: Die Bestimmung der spez. Drehung als Hilfsmittel der Sirupuntersuchung. Z. Lebensmittel-Untersuch. u. -Forsch. 88, 616—618 (1948).

TULCHINSKY, M. N.: Determination of the proteolytic power of malt extract, malt and enzyme preparations. Vop. Pitan. 9 [russisch] 4, 74—78; engl. Zus. 79 (1940), zit. nach Z. Untersuch. Lebensmittel 83, 266 (1942).

VIERMANN, H., u. G. NEUMÜLLER: Reinheitsprüfung von Malzextrakten für Nähr- und pharmazeutische Zwecke. Z. Untersuch. Lebensmittel 77, 375—378 (1939).

VAN VOORST, F. TH.: Biochemische Zuckerbestimmungen. Z. Untersuch. Lebensmittel 83, 414—423 (1942).

— A reductometric and biochemical system for analysis of sugar mixtures. Analyt. chim. Acta (Amsterdam) 2, 813—822 (1948).

— Biochemische Zuckerbestimmungen. Stärke 7, 105—107 (1955).

WALDSCHMIDT-LEITZ, E.: Untersuchungen zur Lösung komplizierter Eiweißfragen. Brauwiss. 14, 378 (1961).

WALLENFELS, K., E. BERNT u. G. LIMBERG: Quantitative Bestimmung reduzierender Zucker durch Papierchromatographie sowie eine Anwendung zur Mikrobestimmung der Blutzucker. Angew. Chem. 65, 581—586 (1953).

WEISS, H.: Trockensubstanzbestimmungen von Maltose. Getreide, Mehl, Brot 3, 102—105 (1949).

WINDISCH, W., u. H. VAN WAVEREN: Über das Verhalten der Pentosane beim Mälzen und Maischen. Wschr. Brauerei 26, 581—585 (1909).

—, u. P. KOLBACH (in Gemeinschaft mit M. DERZ, J. DE GROEN u. E. KLEIN): Einfluß des Maischverfahrens und des pH auf die Zusammensetzung der Würze und auf die Acidität des Bieres. Wschr. Brauerei 41, 237—240, 243—246 (1924).

— — Richtlinien für Malzextrakt für Nähr- und diätetische Zwecke. Heft 7 der Schriftenreihe d. Verb. d. Diätet. Lebensmittelindustrie, Frankfurt/Main, 1957, sowie Dtsch. Lebensmittel-Rdsch. 48, 256 (1952).

— — u. F. MAURITZ: Über den Einfluß des Brauwassers auf die Acidität der Würze und des Bieres. Wschr. Brauerei 43, 423—428, 444—447 (1926).

Zuckerwaren

Von

Dr. **Albrecht Fincke**, Köln

I. Allgemeines

Begriffsbestimmungen: Unter dem Begriff „Zuckerwaren" wird eine Vielzahl von Lebensmitteln zusammengefaßt, die im allgemeinen als einen mengenmäßig wesentlichen Bestandteil Rohr- oder Rübenzucker sowie andere Zuckerarten (Glucose, Fructose, Maltose, Lactose u. a.) enthalten. Daneben können Zuckerwaren verschiedenartige andere Lebensmittel (Milcherzeugnisse, Fruchtzubereitungen, Honig, Malz, Kakaoerzeugnisse, Samenkerne, Fette, Gelstoffe, Genußsäuren, Essenzen u. a.) enthalten, die den einzelnen Zuckerwarenarten eine charakteristische Beschaffenheit verleihen. Eine scharfe Abgrenzung der Zuckerwaren gegenüber anderen süßschmeckenden Lebensmitteln ist nicht immer möglich. Zu bemerken ist auch, daß die Zuckerwarenindustrie eine Reihe zuckerfreier Erzeugnisse herstellt, z. B. Erzeugnisse für Diabetiker sowie grobzerkleinerte und feinzerkleinerte Samenkerne (gehobelte oder gehackte Mandeln, Haselnußmark u. a.).

Zuckerwaren werden auch zur Herstellung anderer Süßwaren verwendet; sie bilden häufig die Füllung gefüllter Schokoladen, Pralinen und Dauerbackwaren.

Die Begriffe „Zuckerwaren" und „Süßwaren" sind nicht identisch. Der Begriff „Süßwaren" umfaßt als Oberbegriff die Unterbegriffe Zuckerwaren, Dauerbackwaren, Kakao- und Schokoladenerzeugnisse, Speiseeis- und Speiseeishalberzeugnisse, Kunsthonig.

Einteilungsprinzipien: Eine ausführliche Übersicht über die von der Zuckerwarenindustrie hergestellten Erzeugnisse, die hier nur gekürzt wiedergegeben werden kann, veröffentlichte H. Fincke (1953):

Zuckerwaren im engeren Sinne

Karamellbonbons (Hart- und Weichkaramellen)
Zuckerwaren aus wasserhaltiger, teilweise kristallisierter Zuckermasse (Konserve-Konfekt, Fondant, Kokosflocken)
Zuckerwaren mit Quellstoffzusatz (Gummi-, Gelatine-, Schaumzuckerwaren, Türkischer Honig)
Kandierte Früchte, Fruchtpasten und ähnliche Erzeugnisse
Lakritz und Lakritzwaren
Brausepulver
Dragées
Preßlinge, Pastillen und gegossene Plätzchen
Glasurmassen

Kunsthonig, Sirupe und Zuckerkulör

Erzeugnisse aus Mandeln, Nüssen, Aprikosenkernen, Erdnüssen und anderen eiweißreichen ölhaltigen Samenkernen

Zerkleinerte Samenkerne ohne Zuckerzusatz
Marzipan und marzipanähnliche Erzeugnisse (Persipan)

Nugat und nugatähnliche Erzeugnisse
Füllmassen
Krokantarten
Speiseeishalberzeugnisse
Speiseeis
Kaugummi

Nach einem Gutachten („Begriffsbestimmungen und Verkehrsregeln für Zukkerwaren und verwandte Erzeugnisse") des Bundes für Lebensmittelrecht und Lebensmittelkunde (1964) gelten die nachstehend aufgeführten Erzeugnisse im Sinne dieses Gutachtens als Zuckerwaren:

Hart- und Weichkaramellen
Fondant und Fondanterzeugnisse
Gelee-Erzeugnisse, Gummibonbons und Schaumzuckerwaren
Lakritzen und Lakritzwaren
Dragées
Preßlinge
Kanditen
Brausepulver und -tabletten
Eiskonfekt
Krokant
Türkischer Honig

Die beiden Einteilungssysteme decken sich nur teilweise. Tatsächlich ist eine völlig eindeutige und zweifelfreie Zusammenfassung der verschiedenen Zuckerwarenarten in Hauptgruppen kaum möglich. Einzelne Zuckerwarenarten können mehreren Hauptgruppen zugeordnet werden (z. B. dragierter Kaugummi).

Wirtschaftliches: Neben Betrieben, die ausschließlich Zuckerwaren herstellen, gibt es in der Bundesrepublik Deutschland eine größere Anzahl von Unternehmen, die sowohl Schokolade und Kakaoerzeugnisse als auch Zuckerwaren produzieren. Die Gesamtzahl der westdeutschen Zuckerwarenhersteller (einschließlich West-Berlin) beträgt etwa 250.

Tab. 1 unterrichtet über die Zukkerwarenproduktion in der Bundesrepublik Deutschland (einschließlich West-Berlin), Angaben über die Einfuhr und die Ausfuhr von Zuckerwaren sind der Tab. 2 zu entnehmen.

Tabelle 1. *Zuckerwarenproduktion 1963—1966 in der Bundesrepublik Deutschland (einschließlich West-Berlin)*

| Jahr | Zuckerwarenproduktion | |
	Menge in 1000 t	Wert in Mio DM
1963	183,86	555,40
1964	189,26	584,52
1965	209,17	671,24
1966[1]	211	700

[1] geschätzt

Tabelle 2. *Einfuhr und Ausfuhr von Zuckerwaren 1962—1965 (Bundesrepublik Deutschland einschließlich West-Berlin)*

| Jahr | Einfuhr | | Ausfuhr | |
	Menge in 1000 t	Wert in Mio DM	Menge in 1000 t	Wert in Mio DM
1962	32,44	43,23	5,13	10,93
1963	26,15	43,54	6,49	14,62
1964	27,00	45,70	7,70	16,74
1965	30,35	51,01	9,34	19,39

Tab. 3 gibt den Pro-Kopf-Verzehr von industriell hergestellten Zuckerwaren in den EWG-Ländern für das Jahr 1964 an.

Tabelle 3. *Pro-Kopf-Verzehr industriell hergestellter Zuckerwaren in den EWG-Ländern (1964)*

Land	kg Zuckerwaren je Kopf der Bevölkerung
Bundesrepublik Deutschland	3,93
Belgien/Luxemburg	4,03
Frankreich	3,03
Italien	1,67
Holland	4,76

II. Zusammensetzung und Herstellung

1. Hartkaramellen

Unter Hartkaramellen (Drops, Bonbons, Rocks usw.) versteht man Zuckerwaren mit glasartigem Gefüge und hartem, splittrigem Bruch. Sie werden durch Einkochen von Saccharose-Stärkesirup-Lösungen hergestellt und zeichnen sich durch einen sehr niedrigen Wassergehalt (1—3 %) aus. Der Stärkesirup, der vor allem kristallisationsverhindernd wirkt, wird nur selten durch Invertzucker ersetzt. Neben den genannten Rohstoffen enthalten Hartkaramellen je nach gewünschter Geschmacksrichtung noch verschiedene Zusätze (Citronen- oder Weinsäure, Essenzen, Frucht- oder Pflanzensäfte, Honig, Malzextrakt, Milchbestandteile, Farbstoffe usw.).

Bei den gefüllten Hartkaramellen wird die Füllung (Fruchtmus, frucht- oder fetthaltige Massen, Nugat usw.) von einer Decke aus eingekochter Zuckermasse umschlossen. Der Füllungsanteil beträgt meist etwa 25 %. Gefüllte Hartkaramellen erhalten häufig einen Schokoladenüberzug. In diesen Fällen kann durch eine besondere Zusammensetzung der Hartkaramellfüllung ein allmähliches Erweichen der zunächst spröden Karamelldecke erreicht werden.

Herstellung. 100 Teile Verbrauchszucker, gelöst in 25—30 Teilen Wasser, werden mit 30—100 Teilen Stärkesirup und gegebenenfalls Malzextrakt, Honig, Milcherzeugnissen oder anderen Zusätzen vermischt. Durch Eindampfen in absatzweise arbeitenden Vakuumkochanlagen, seltener in offenen Kesseln, neuerdings auch in kontinuierlich arbeitenden Dünnschichtverdampfern wird das Wasser weitgehend entfernt. Je nach gewünschtem Restwassergehalt und Luftdruck liegen die Kochtemperaturen meist zwischen 120—160°C. Einzelheiten können der Arbeit von A. HETTICH (1960) entnommen werden. Zusätze, die durch die Kochtemperaturen und das Vakuum geschädigt bzw. entfernt werden (Essenzen, ätherische Öle usw.) oder die zu einer unerwünschten Invertzuckerbildung führen (Säuren), werden in die gekochte, aber noch heiße und plastische Zuckermasse eingeknetet. Durch eine längere Bearbeitung der noch heißen Zuckermasse mit Ziehmaschinen kann Luft in die gekochte Zuckermasse eingezogen und damit ein seidenartiger Glanz erzeugt werden.

Aus der zu einem Strang geformten Zuckermasse werden die Hartkaramellstücke mittels Preßwalzen ausgeprägt. Mit Zählmaschinen, automatischen Waagen, Handwaagen oder Volumendosiereinrichtungen werden sie in Packungen eindosiert.

Gefüllte Hartkaramellen werden in der Weise hergestellt, daß die Zuckermasse um ein Rohr gelegt wird, durch das während des Ausziehens des Stranges die Füllung gepumpt wird. Man erhält so zunächst einen gefüllten Strang, der in der Plastikmaschine geteilt und geprägt wird. Schokoladenüberzüge können mittels Überziehmaschinen oder im Sprühverfahren aufgetragen werden.

Zusammensetzung. Abgesehen von besonderen Zusätzen haben ungefüllte Hartkaramellen bzw. die Decken gefüllter Hartkaramellen im allgemeinen die in Tab. 4 angegebene Zusammensetzung.

Tabelle 4. *Ungefähre Zusammensetzung von Hartkaramellen*

Wasser	1—3 %
Asche	0,1—0,2 %
Saccharose	40—70 %
Stärkesiruptrockenmasse .	30—60 %
Invertzucker	1—8 %
Citronen- oder Weinsäure .	0,5—2 %

Der meist nur geringe Gehalt an Invertzucker ist die Folge einer unbeabsichtigten Hydrolyse der Saccharose während der Herstellung.

Das Klebrigwerden der Hartkaramellen während der Lagerung ist auf deren sehr niedrigen Wasserdampfdruck und die dadurch bedingte niedrige Gleichgewichtsfeuchtigkeit (< 30 %) zurückzuführen (D. W. Grover 1949). Eingehende Untersuchungen über das Klebrigwerden und die hygroskopischen Eigenschaften führte R. Heiss (1955) durch.

2. Weichkaramellen

Weichkaramellen (Toffees) enthalten wie die Hartkaramellen als Hauptbestandteile Saccharose und Stärkesirup, daneben aber stets Fett. Außerdem werden häufig Milchbestandteile (meist kondensierte, gezuckerte Milch), Gelatine, Emulgierstoffe (Lecithin, Glycerinmono- und diester), Sorbit, Fruchtbestandteile, ätherische Öle, Essenzen, Mandel- oder Nußanteile, geraspelte Kokosnuß, Kakaopulver, Kaffee u. a. zugesetzt. Weichkaramellen haben im Gegensatz zu den Hartkaramellen einen höheren Wassergehalt (4—8 %) und nehmen daher im Munde eine zäh-plastische Konsistenz an.

Herstellung. Milch, Stärkesirup und Fett werden bei erhöhter Temperatur in einem schnell laufenden Homogenisator innig vermischt. Anschließend wird — gelegentlich noch unter Zusatz von etwas Wasser — der Zucker zugegeben und die Mischung in einem offenen Kessel oder einem Vakuumkessel auf den gewünschten Wassergehalt eingedampft. In die heiße Bonbonmasse, die auf einen Kühltisch ausgegossen wird, können Zusätze eingearbeitet werden. Anschließend wird die Masse zu einem Strang geformt, der in die bekannten rechteckigen Stücke geformt wird.

Zusammensetzung. Die in Tab. 5 zusammengestellten Angaben über die Zusammensetzung von Weichkaramellen treffen nicht in jedem Einzelfalle zu, da ihre Zusammensetzung je nach den Zusätzen (Nüsse, Kakaopulver usw.) innerhalb weiter Grenzen schwanken kann. Auch kann das Verhältnis Zucker : Stärkesirup in Einzelfällen erheblich größer als hier angegeben sein.

Tabelle 5. *Ungefähre Zusammensetzung von Weichkaramellen*

	Milchhaltige Weichkaramellen	Milchfreie Weichkaramellen
Wasser	4—8 %	4—8 %
Asche	1—1,5 %	1 %
Stärkesiruptrockenmasse	20—50 %	20—50 %
Saccharose	30—60 %	30—60 %
Lactose	4—6 %	—
Invertzucker	1—10 %	1—10 %
Fett	3—15 %	2—15 %
Gelatine	0,05—0,5 %	0,05—0,5 %
Milcheiweiß	3—5 %	—

3. Konservekonfekt

Zur Herstellung von Konservekonfekt wird eine stark eingedickte Zuckerlösung mit Fondantmasse oder Puderzucker beimpft und die erstarrende Zuckermasse nach Zusatz von Farb- und Geschmacksstoffen in Platten (Morsellen) oder Plätzchenform (Pfefferminzküchel, Raffinadeküchel) gegossen, die getrocknet werden. Konservekonfekt besteht gewöhnlich zu etwa 99 % aus Saccharose; nur gelegentlich enthält es geringe Mengen Stärkesirup oder Invertzucker. Sein Wassergehalt liegt im allgemeinen unter 1 % (vgl. H. Fincke 1953 b).

4. Fondantmassen und Fondants

Fondantmasse ist eine mehr oder weniger plastische Suspension kleinster Saccharosekristalle (etwa 0,01 mm) in einer gesättigten Saccharose-Stärkesirup- oder Saccharose-Invertzucker-Lösung. Zu ihrer Herstellung wird eine Saccharose-Stärkesirup-Lösung auf 113—119° C eingekocht und anschließend in einer Tabliermaschine durch starke Kühlung und mechanische Bearbeitung zur Kristallisation gebracht. Die zunächst halbflüssige, ,,speckige'' Masse nimmt nach einiger Lagerung eine schnittfeste Beschaffenheit an.

Fondantmassen werden u. a. — meist nach Zusatz von ätherischen Ölen oder anderen Geschmacksstoffen — zur Füllung von Cremschokoladen verwendet. Für diesen Verwendungszweck können sie einen Invertasezusatz erhalten. Fondantmassen werden weiterhin als Rohstoff für die Herstellung anderer Zuckerwaren (Kokosflocken, bestimmte Schaumzuckerwaren) verwendet.

Fondants sind bissengroße Stücke von Fondantmasse, die aus dieser unter Zusatz von Geschmacksstoffen, Fruchtbestandteilen, Farbstoffen und anderen Zusätzen hergestellt werden. Gelegentlich werden Fondants auch kandiert.

Fondantmasse enthält meist 10—15% Wasser, 65—80% Saccharose und 10—20% Stärkesiruptrockenmasse.

5. Komprimate

Komprimate sind Erzeugnisse aus Staubzucker oder Glucose in Tablettenform. Neben Zucker können sie noch geringe Mengen Bindemittel und Geschmacksstoffe sowie gelegentlich Ascorbinsäure enthalten. Zu ihrer Herstellung wird Staubzucker oder Glucose unter Zusatz von Geschmacksstoffen und bestimmten Bindemitteln, die gleichzeitig als Gleit- und Trennmittel dienen, granuliert und das Granulat in Tablettiermaschinen in Pastillenform gepreßt. Als Binde-, Gleit- und Trennmittel werden Stärke, Fette, Stearinsäure, Calciumstearat und Magnesiumstearat, z. T. in Mischungen, verwendet. Die Gesamtmenge an diesen Stoffen liegt meist unter 1%.

6. Gelee-Zuckerwaren, Gummibonbons und verwandte Erzeugnisse

Gelee-Zuckerwaren werden aus Saccharose, Stärkesirup und Invertzucker unter Verwendung gelbildender Stoffe (Agar-Agar, Pektine) sowie unter Zusatz von Säuren und Geschmacksstoffen hergestellt; sie können auch Obsterzeugnisse enthalten. Häufig werden sie mit Zucker bestreut und in Form von Fruchtnachbildungen in den Handel gebracht. Ihr Wassergehalt beträgt meist etwa 15—18%.

Gummibonbons enthalten neben Saccharose, Stärkesirup, Geschmacksstoffen und Pflanzenauszügen Gummi arabicum und Gelatine. Bei den eigentlichen Gummibonbons kann der Gehalt an Gummi arabicum bis 60% betragen. Der Wassergehalt liegt im allgemeinen um 12%.

Weingummi enthält als Gelstoff 6—10% Gelatine, gelegentlich daneben geringe Mengen Gummi arabicum. Der Wassergehalt beträgt etwa 12—15%.

7. Kokosflocken

Zur Herstellung von Kokosflocken wird Fondantmasse mit getrockneter und geraspelter Kokosnuß vermischt und die Masse in Plätzchenform dressiert oder in Tafelform gebracht. Ihr Wassergehalt beträgt meist 5—8%.

8. Krokant

Krokant wird aus geschmolzenem und mehr oder weniger karamellisiertem Zucker sowie zerkleinerten und gerösteten Mandeln oder Nüssen, gelegentlich auch unter Zusatz von Marzipan, Nugat, Milchdauerwaren, Fruchtbestandteilen und Stärkesirup hergestellt. Je nach Zusammensetzung hat Krokant eine spröde bis weiche Konsistenz. Krokant dient im allgemeinen als Füllung für andere Süßwaren.

9. Lakritzwaren

Zur Herstellung von Lakritzwaren wird Mehl verkleistert und mit Zucker, Stärkesirup, eingedicktem Süßholzsaft und Gelatine vermischt und eingedickt. Die Masse wird zu Stangen, Bändern, Figuren usw. geformt, die nachgetrocknet werden.

Die Zusammensetzung der Lakritzwaren kann innerhalb sehr weiter Grenzen schwanken. Einfache Lakritzwaren enthalten neben 30—45% Stärke und 30 bis 40% Saccharose wenigstens 5% Süßholzextrakt. Bei besseren Lakritzwaren kann der Gehalt an Süßholzextrakt bis zu 30% und mehr betragen. Als Geschmacksstoffe können neben geringen Mengen Ammoniumchlorid auch ätherische Öle, vor allem Anisöl, und Pflanzenauszüge verwendet werden. Hustenbonbons enthalten häufig geringe Mengen Süßholzextrakt, ohne dadurch zu einer eigentlichen Lakritzware zu werden.

10. Schaumzuckerwaren

Schaumzuckerwaren sind durch ein besonders lockeres Gefüge und eine entsprechend niedrige Dichte (0,1—1) gekennzeichnet. Zur Herstellung wird eine eingedickte Saccharose-Stärkesirup-Lösung mit Eiweißschaum vermischt. Als schaumerzeugende Stoffe kommen in erster Linie getrocknetes Hühnereiweiß und aufgeschlossenes Milcheiweiß in Frage. Schaumzuckerwaren enthalten häufig noch Gelatine, Agar-Agar, Invertzucker oder Sorbit. Weiche Schaumzuckerwaren haben eine zäh-plastische Konsistenz; harte Schaumzuckerwaren werden durch Trocknen aus weichen Schaumzuckerwaren hergestellt. Zu den Schaumzuckerwaren gehören u. a. Marshmallows, Türkischer Honig, Orientalischer Nugat, Holländischer Nugat, Nugat-Montélimar, Negerküsse; außer den oben genannten Rohstoffen können sie auch Honig, Früchte, Nüsse, Mandeln usw. enthalten.

11. Dragées

Als Dragées bezeichnet man Zuckerwaren, die aus einem Kern (Einlage) und einer im Dragierverfahren aufgezogenen Zucker- oder Schokoladendecke bestehen. Zum Dragieren werden die Einlagen (Schokoladenlinsen, Zuckerkristalle, Nüsse, Lakritzwaren, Kaugummi usw.) in schrägstehende, rotierende Kupferkessel gegeben; man befeuchtet sie oberflächlich mit einer Zuckerlösung, setzt Puderzucker zu und läßt den Dragéekessel so lange laufen, bis alle Einlagen von einer gleichmäßigen Zuckerschicht überzogen sind. Dieser Vorgang wird so lange wiederholt, bis die Zuckerschicht die gewünschte Dicke hat. Anschließend können die Dragées noch „geglänzt" werden. Zum Dragieren kann auch ein heißer, gesättigter und karamellisierter Zuckersirup verwendet werden; in diesem Falle werden die Dragéedecken durch Aufblasen heißer Luft getrocknet und erhalten dadurch eine gekräuselte Oberfläche (gebrannte Mandeln). Sollen die Dragéekerne mit Schokolade überzogen werden, so sprüht man flüssige Schokolade auf die im Dragéekessel bewegten Kerne.

Als Dragéekerne werden neben den verschiedensten Zuckerwarenarten auch Schokolade, Samenkerne, Fruchtstücke und Zuckerkristalle (Liebesperlen, Nonpareille) verwendet.

12. Streusel

In kurze, dünne Stäbchen (3—5 mm lang, etwa 1 mm dick) geformte Zuckerwaren werden als „Streusel" bezeichnet. Man unterscheidet zwischen Schokoladenstreuseln, die ihrer Zusammensetzung nach den Anforderungen an Schokolade genügen müssen, braunen, weichen Konsumstreuseln, die einen Kern aus Zucker oder Fondantmasse haben und Kakaobestandteile enthalten, sowie Zuckerstreuseln.

Zur Herstellung von Streuseln wird die Masse durch die Öffnungen eines gelochten Bleches gedrückt. Die fadenförmigen Stränge werden getrocknet und in Stücke der gewünschten Länge gebrochen. Diese können in Dragéekesseln mit einer Zuckerdecke überzogen und zur Verbesserung des Glanzes mit Lösungen zulässiger Lacke behandelt werden.

13. Kaugummi

Kaugummi enthält neben wasserunlöslichen, thermoplastischen Stoffen (Kaumasse) vor allem Saccharose, Stärkesirup, Invertzucker, Aromastoffe und andere Roh- und Hilfsstoffe der Zuckerwarenindustrie. Der Gehalt an wasserunlöslicher Kaumasse liegt meist zwischen 18—35%.

Die Kaumasse kann neben Kautschuk- und guttaperchaähnlichen Naturstoffen (Crepe, Latex, Chicle, Jelutong, Sorwa, Siak u. a.) auch synthetische Thermoplaste (Polyvinylester, Polyvinyläther, Polyisobutylene, Polyäthylen, Butadien-Styrol-Copolymerisate u. a.), Harze (Dammarharz, Kolophonium u. a.), Paraffine, mikrokristalline Wachse, Balsame und andere Stoffe enthalten. Im allgemeinen bestehen die Kaumassen aus Mischungen der genannten Stoffe.

Zur *Herstellung* wird die geschmolzene Kaumasse in beheizten Knetmaschinen mit Zucker, Stärkesirup und Aromastoffen vermischt und die entstehende Masse zu dünnen Platten ausgewalzt. Diese werden entweder in Streifen geschnitten und verpackt oder in kleine Stücke zerteilt, die mit Zucker dragiert werden.

14. Marzipan und ähnliche Erzeugnisse

Je nach Art der verarbeiteten Samenkerne unterscheidet man (H. FINCKE 1951):

Marzipanrohmasse und angewirktes Marzipan (aus süßen Mandeln),

Nußmasse, Haselnußmarzipan (aus Haselnußkernen).

Mandelnußmasse, Mandel-Nuß-Marzipan (aus süßen Mandeln und Haselnußkernen),

Persipanrohmasse und angewirktes Persipan (aus entbitterten Aprikosenkernen oder entbitterten bitteren Mandeln),

Massen mit marzipanähnlichem Gefüge, die unter Verwendung von Erdnußkernen, Soja und anderen ölhaltigen Samenkernen hergestellt werden.

Den genannten Erzeugnissen ist gemeinsam, daß die fein zerriebenen Samenkernbruchstücke in einer gesättigten Zuckerlösung dispergiert sind. Daher neigen sie zum Austrocknen, fetten aber nicht oder nur wenig.

a) Marzipanrohmasse und angewirktes Marzipan

Abgesehen vom Zucker bilden die süßen Mandeln den Hauptrohstoff der Marzipanherstellung. Ihre durchschnittliche Zusammensetzung wird in Tab. 6 angegeben. Lieferungen süßer Mandeln enthalten meist 2—5% bittere Mandeln; vereinzelt wird auch ein höherer Anteil bitterer Mandeln beobachtet.

Die Mandeln werden kurz gebrüht, mit Gummiwalzen geschält und anschließend von Hand oder mittels elektronischer Vorrichtungen verlesen. Die geschälten Mandeln, die infolge des Brühens erhebliche Mengen Wasser aufgenommen haben, werden grob zerkleinert, mit der notwendigen Zuckermenge vermischt und auf Porzellanwalzenstühlen fein zerrieben. Die zuckerhaltige Masse kommt anschließend in dampfbeheizte, offene, sich drehende und mit festen Rührarmen versehene Kessel, wo sie so lange erhitzt („abgeröstet") wird, bis der vorgesehene Höchstwassergehalt erreicht oder unterschritten ist. Anschließend wird die Marzipanrohmasse abgekühlt, in Kisten verpackt oder durch Zumischen von höchstens der gleichen Gewichtsmenge Zucker zu angewirktem Marzipan weiterverarbeitet. Bei den Marzipanrohmassen kann ein Teil des Zuckers zur Verzögerung des Austrocknens durch Invertzucker ersetzt werden; in angewirkten Marzipanwaren kann aus dem gleichen Grunde ein Teil des Zuckers auch durch Stärkesirup und/oder Sorbit ersetzt werden. Auch der Zusatz geringer Mengen Invertase ist üblich.

Zur Abrundung des Geschmacks werden Erzeugnissen aus angewirktem Marzipan ohne Kenntlichmachung häufig geringe Mengen Rosenwasser, Spirituosen oder Vanillin zugesetzt.

Tabelle 6. *Zusammensetzung süßer Mandeln*

	Mit Samenschale, lufttrocken	Gebrüht und geschält, lufttrocken	Mandelkern-trockenmasse
Samenschale	7—9%	—	—
Wasser	4—7%	4—7%	—
Asche	3—4%	2,7—3,1%	2,8—3,2%
Fett	51—58%	57—63%	59—65%
Eiweiß	17—23%	19—25%	20—26%
Reduzierende Zucker (ber. als Glucose) . . .	1%	1%	1%
Saccharose (ber. aus Polarisation vor und nach Inversion)	2—4%	2—4%	2—5%

Tabelle 7. *Zusammensetzung von Marzipanrohmasse und angewirktem Marzipan*

	Marzipanrohmasse	Angewirktes Marzipan (1 Teil Rohmasse und 1 Teil Zucker)
Wasser durchschnittlich	15—17%	7—8,5%
Höchstgehalt	17%	8,5%
Asche	1,4—1,6%	0,7—0,8%
Fett durchschnittlich	30—33%	15—16%
Mindestgehalt	28%	14%
Zugesetzte Saccharose (Höchstmenge)	35%	67,5%
Zugesetzter Invertzucker	bis etwa 10%	0—20%
Zugesetzter Stärkesirup (Höchstmenge) . . .	—	3,5%
Zugesetzter Sorbit	—	0—5%
Höchstzulässige zugesetzte Menge Saccharose und Invertzucker (ber. als Saccharose) und Stärkesirup und Sorbit	35%	67,5%

Nußmassen (*Haselnußmarzipan*) und Mandelnußmassen (*Mandel-Haselnuß-Marzipan*) enthalten fein zerriebene Haselnußkerne und Zucker bzw. ein Gemisch fein zerriebener süßer Mandeln und Haselnußkerne und Zucker im Verhältnis der Marzipanrohmasse. Da Haselnüsse durchschnittlich einen etwas höheren Fettgehalt haben als Mandeln, kann der Mindestfettgehalt des Haselnußmarzipans mit 30%, der des Mandel-Haselnuß-Marzipans mit 29% angenommen werden. Die Untersuchung dieser nur selten hergestellten Erzeugnisse kann nach dem für Marzipan angegebenen Verfahren erfolgen.

Wegen des mikrobiologischen Verderbs von Marzipan vgl. S. WINDISCH (1965, 1966).

b) Persipanrohmasse und angewirktes Persipan

Persipanrohmasse wird unter Verwendung von Aprikosenkernen, seltener aus bitteren Mandeln oder Pfirsichkernen hergestellt. Diese Rohstoffe enthalten 3—5% Amygdalin (D-Mandelsäurenitril-β-gentiobiosid), das durch Wässerung („Entbitterung") weitgehend entfernt wird.

Zur Entbitterung werden die gebrühten und geschälten Samenkerne längere Zeit in Wasser eingelegt. Hierbei wird das Amygdalin durch eine gleichzeitig in den Samenkernen vorhandene β-Glykosidase („Emulsin") in Mandelsäurenitril und Gentiobiose gespalten. Das Mandelsäurenitril, das in wässeriger Lösung ein Gleichgewicht

$$\text{Mandelsäurenitril} \rightleftarrows \text{Benzaldehyd} + \text{Blausäure}$$

bildet, geht teilweise in das Entbitterungswasser über, welches nötigenfalls zweimal erneuert wird. Durch die Wässerung werden gleichzeitig aber auch wertvolle Inhaltsstoffe der Samenkerne (Eiweiß, Mineralstoffe, lösliche Kohlenhydrate, Vitamine) teilweise entfernt. Die Hauptmenge der Blausäure wird gewöhnlich erst während des Abröstens bis auf geringe Reste ausgetrieben.

Die weitere Verarbeitung der gewässerten Samenkerne zu Persipan erfolgt entsprechend der Marzipanherstellung, doch beträgt der höchstzulässige Wassergehalt

Tabelle 8. *Zusammensetzung von Persipanrohmasse und angewirktem Persipan*

	Persipanrohmasse	Angewirktes Persipan (1 Teil Rohmasse und 1,5 Teile Zucker)
Wasser durchschnittlich	17—20%	7—9,5%
Höchstgehalt	20%	—
Asche	1,4—1,6%	0,7—0,8%
Fett	23—30%	—
Zugesetzte Saccharose (Höchstmenge)	34,5%	74%
Zugesetzter Invertzucker (Höchstmenge) . . .	10%	0—20%
Höchstzulässige Menge an zugesetzter Saccharose und Invertzucker und Stärkesirup und Stärke	35%	74%
Zugesetzte Stärke	0,5%	0,2%
Blausäure	5—15 mg/kg	2—6 mg/kg

der Persipanrohmasse 20%. Zur leichteren Unterscheidung von Marzipan werden den Persipanrohmassen vor oder während des Abröstens 0,5% Kartoffelstärke zugesetzt.

Zur Herstellung von angewirktem Persipan kann 1 Teil Persipanrohmasse mit höchstens 1,5 Teilen Zucker vermischt werden.

Erzeugnisse mit marzipan- bzw. persipanähnlichem Gefüge, zu deren Herstellung anstelle von Mandeln andere Samenkerne, z. B. Haselnüsse, Cashewkerne, Erdnußkerne usw. verwendet wurden, können als „Haselnußpan-Rohmasse" bzw. „Haselnußpan" oder analog der verarbeiteten Samenart entsprechend bezeichnet werden, sofern der Gehalt an Zucker den Vorschriften für Persipanrohmasse bzw. angewirktem Persipan entspricht; bis 10 % der Samenkerne können durch bittere Mandeln oder Aprikosenkerne ersetzt werden.

c) Makronenmassen

Mischungen aus Marzipanrohmasse mit höchstens der gleichen Menge Zucker und einem Gehalt von 10—12 % der Gesamtmasse an Hühnereiweiß werden als Makronenmasse (Mandelmakronenmasse) bezeichnet. Wird Haselnußpan-Rohmasse bzw. Persipanrohmasse anstelle von Marzipanrohmasse verwendet, so sind die Erzeugnisse als „Nußmakronenmasse" bzw. „Persipanmakronenmasse" zu bezeichnen.

d) Nugat

Zur Herstellung von Nußnugat (Nugat) werden geröstete Haselnußkerne zerkleinert, mit Zucker gemischt; das Gemisch wird — häufig unter Zusatz von Kakaobestandteilen (Kakaobutter, Kakaomasse, Kakaopulver, Schokolade) — fein gewalzt. Durch den Zusatz von Kakaobutter bzw. kakaobutterreichen Kakaoerzeugnissen wird der Schmelzpunkt des Haselnußöls erhöht. Es entsteht eine weiche, aber schnittfeste Masse, deren Wassergehalt stets unter 2 % liegt. Der Gehalt an zugesetztem Zucker (Saccharose) beträgt höchstens 50 %, der Mindestfettgehalt 30 %. Zusätze von Invertzucker, Stärkesirup oder Sorbit sind nicht zulässig. „Noisette" ist gleichbedeutend mit „Nugat". Mandel-Nugat und Mandel-Nuß-Nugat werden in gleicher Weise hergestellt, wobei anstelle von Haselnüssen süße Mandeln bzw. gleiche Teile von Mandeln und Haselnußkernen verwendet werden. Der Mindestfettgehalt von Mandel-Nugat und Mandel-Nuß-Nugat beträgt 28 %.

Zur Herstellung von angewirktem Nugat können 1 Teil der oben genannten Nugatarten mit höchstens 0,5 Teilen Zucker vermengt werden. Diese zuckerreicheren Erzeugnisse, die im Kleinhandel abgesetzt oder zur Herstellung von Füllungen verwendet werden, werden ebenfalls als „Nugat" bezeichnet, gegebenenfalls unter Angabe der verarbeiteten Samenkernart.

Ein kleiner Teil des Zuckers kann bei den genannten Nugatarten ohne Kenntlichmachung durch Milchpulver oder Sahnepulver ersetzt werden. Milchnugat enthält wenigstens 3,5 % Milchfett und wenigstens 7,3 % fettfreie Milchtrockenmasse. Sahnenugat enthält wenigstens 5,5 % Milchfett aus Sahne oder Sahnepulver.

15. Vitaminierte Zuckerwaren

Häufig werden Zuckerwaren, vor allem Karamellen, unter Zusatz einzelner oder mehrerer Vitamine hergestellt. Meist wird hierdurch eine ernährungsphysiologische Aufwertung angestrebt; in anderen Fällen dienen die Vitaminzusätze in erster Linie der Farbgebung (Riboflavin, Provitamin A in Form von β-Carotin). Bei der Herstellung vitaminierter Zuckerwaren sind bestimmte Vorsichtsmaßregeln zu beachten, um unnötige Vitaminverluste durch thermische Beanspruchung, Lufteinwirkung, Reaktion einzelner Vitamine untereinander oder mit anderen Inhaltsstoffen der Zuckerwaren zu vermeiden. Oft ist es notwendig, entsprechende Überdosierungen vorzunehmen, eine bestimmte Reihenfolge der Zumischung zu beachten und — bei gefüllten Karamellen — bestimmte Vitamine in die Füllung zu geben (A. Jäger 1963). Die Vitaminverluste bei der Lagerung vitaminierter Zuckerwaren hängen von der Art des Vitamins, den Lagerbedingungen (Temperatur, Belichtung), der Verpackungsart und der sonstigen Zusammensetzung der Zuckerware ab (A. Schillinger u. G. Zimmermann 1964).

III. Untersuchung

1. Allgemeine Untersuchungsverfahren

a) Wassergehalt

Bei Zuckerwaren führt eine Trocknung der Probe bis zur Gewichtskonstanz nicht immer zu brauchbaren Werten, da sich bestimmte Inhaltsstoffe bei erhöhter Temperatur zersetzen (z. B. Fructose) oder zusammen mit der Feuchtigkeit verflüchtigen (z. B. Alkohol) können. Andererseits kann die restlose Entfernung von Feuchtigkeit durch Trocknung bei bestimmten Zuckerwaren (z. B. Karamellen) schwierig und langwierig sein.

Je nach Beschaffenheit und Zusammensetzung der zu untersuchenden Probe wird man den Wassergehalt entweder durch Trocknung der Probe bei 105°C, durch Trocknung im Vakuum bei 60—70°C oder titrimetrisch nach K. Fischer (vgl. W. Schäfer, Wasserbestimmung, Bd. II/2 dieses Handbuches) ermitteln. In jedem Falle ist bei der Vorbereitung und Zerkleinerung der Probe darauf zu achten, daß Zuckerwaren mit sehr niedriger Gleichgewichtsfeuchtigkeit aus der umgebenden Luft schnell Feuchtigkeit anziehen können. Eine Übersicht über die Anwendbarkeit der Trocknungsverfahren bei Zuckerwaren gibt L. Schachinger (1951).

Allgemein anwendbar ist die Wasserbestimmung nach K. Fischer. Da jedoch Ascorbinsäure mit der Titrierflüssigkeit nach K. Fischer reagiert, muß bei der Wasserbestimmung in ascorbinsäurehaltigen Zuckerwaren eine dem Ascorbinsäuregehalt entsprechende Korrektur angebracht werden (vgl. W. Schäfer, Wasserbestimmung, Bd. II/2 dieses Handbuches).

Die Wasserbestimmung nach K. Fischer kann in Zuckerwaren wie folgt ausgeführt werden (vgl. A. Fincke u. E. Zoschke 1957).

Arbeitsvorschrift: Allgemeine Vorbemerkungen. Die Größe der Einwaage richtet sich nach dem ungefähren Wassergehalt der Untersuchungsprobe, der in einem Vorversuch bestimmt wird. Im allgemeinen sollte die zur Titration vorgelegte Probenmenge 10—100 mg Wasser enthalten.

Wenn das zu untersuchende Produkt sich nicht in dem kalten Lösungsmittel (Methanol oder Methanol-Chloroform-Mischungen) löst (z. B. Kakaopulver, Marzipan, Nugat usw.), wird die Suspension des Untersuchungsstoffes 10—20 min im Öl- oder Glycerinbad (kein Wasserbad!) unter Rückfluß bis 60°C erwärmt. Für Erzeugnisse, die wenig Fett enthalten, benutzt man Methanol oder mit Fischer-Lösung austitriertes Methanol als Lösungsmittel. Bei Erzeugnissen mit hohem Fettgehalt wird eine Chloroform-Methanol-Mischung verwendet.

Wasserbestimmung in ungefüllten Hartzuckerwaren. Man füllt ein Durchschnittsmuster in ein trockenes Wägeglas. Dann bringt man sofort das Wägeglas in einen Polyäthylenbeutel, der eine Reibschale mit Pistill, ein zweites Wägeglas und einen Spatel enthält. Man entfernt die Luft teilweise durch Zusammendrücken des Beutels und verschließt ihn dann. Die Probe wird — ohne den Beutel zu öffnen — fein zerkleinert und mittels des Spatels in das zweite Wägeglas überführt.

Nachdem das Wägeglas mit der zerkleinerten Probe sorgfältig verschlossen wurde, öffnet man den Beutel, entnimmt das Wägeglas mit der Probe und wägt es genau. Zusammen mit einem verschlossenen Titriergefäß, welches 25—30 ml frisch austitriertes Methanol enthält, wird das Wägeglas mit der zerkleinerten Probe in den Beutel zurückgebracht, der wieder verschlossen wird. Zum Auflösen der Probe wird zweckmäßig mit Fischer-Lösung austitriertes Methanol verwendet, weil die Löslichkeit der Zucker in wasserfreiem Methanol sehr gering, in Methanol-Pyridin-Mischungen dagegen verhältnismäßig gut ist.

Mit Hilfe des Spatels bringt man etwa 1 g der zerkleinerten Probe in das Titriergefäß und verschließt beide Gefäße. Man wägt das Wägeglas zurück und ermittels so das Gewicht der zur Titration vorgelegten Probe. Dann wird das Titriergefäß an das Titriergerät angeschlossen und unter ständigem Rühren (Magnetrührer) tropfenweise Titrierflüssigkeit bis zum Endpunkt der Reaktion hinzugegeben. Die Auflösung dauert unter diesen Bedingungen ungefähr 10—15 min.

Unter völlig gleichen Bedingungen, aber ohne die Probe, wird ein Blindwert bestimmt. Die Berechnung des Wassergehaltes der Probe erfolgt aus der verbrauchten Menge Fischer-Lösung unter Abzug der im Blindversuch verbrauchten Menge.

Wasserbestimmung in Weichkaramellen. Je nach Konsistenz wird die Probe in einem Polyäthylenbeutel zermahlen oder auf eine andere Weise zerkleinert (z. B. mit einem Messer). Die zerkleinerte Probe wird wie oben beschrieben in ein Wägeglas gefüllt. Ist die Probe zäh-plastisch, kann es vorteilhaft sein, sie vor der Zerkleinerung in einem Polyäthylenbeutel im Eisschrank zu kühlen. In ein trockenes Glasgefäß mit Schliff, das etwa 5 g scharf getrockneten Sand enthält, wird eine etwa 100 mg Wasser entsprechende Probemenge eingefüllt. Die Größe der Einwaage ermittelt man wieder durch Differenzwägung des Wägeglases mit der zerkleinerten Probe. Nach Zusatz von etwa 25 ml trockenem Methanol oder mit Fischer-Lösung austitriertem Methanol wird das Gefäß an einen Rückflußkühler angeschlossen und die Mischung unter kräftigem Rühren mit einem Magnetrührer in einem Öl- oder Glycerinbad 5—10 min auf 60°C erhitzt. Der Rückflußkühler muß trocken und gegen das Eindringen von Feuchtigkeit durch ein Trockenrohr geschützt sein. Nach Abkühlen titriert man in der üblichen Weise mit Fischer-Lösung.

In gleicher Weise, jedoch ohne Untersuchungsstoff, wird ein Blindwert ermittelt. Der Wassergehalt der Probe wird aus der im Hauptversuch verbrauchten Menge Fischer-Lösung unter Abzug der im Blindversuch verbrauchten Menge berechnet.

Wasserbestimmung in Erzeugnissen mit hohem Fettgehalt. Erzeugnisse mit hohem Fettgehalt (z. B. Nugat) werden in einer Mischung von Chloroform und Methanol (2:1) suspendiert und der Wassergehalt in üblicher Weise durch Titration ermittelt.

b) Aschegehalt

Aus der Höhe des Aschegehaltes und der Zusammensetzung der Mineralstoffe lassen sich häufig Rückschlüsse auf das Vorhandensein oder Fehlen bestimmter Rohstoffe ziehen. Veraschungstemperaturen über 650°C sollten vermieden werden. Wegen experimenteller Einzelheiten vgl. E. SCHNEIDER, Mineralstoffe, sowie W. DIEMAIR u. K. PFEILSTICKER, Nachweis und Bestimmung von Spurenelementen, beide in Bd. II/2 dieses Handbuches.

c) Gesamtstickstoff

Der Gesamtstickstoffgehalt von Zuckerwaren wird nach KJELDAHL ermittelt (vgl. Bd. II/2 dieses Handbuches). Bei der Auswertung von Stickstoffgehalten ist zu berücksichtigen, daß Zuckerwaren verschiedenartige stickstoffhaltige Rohstoffe oder Zusätze nebeneinander enthalten können, für die unterschiedliche Umrechnungsfaktoren gelten (z. B. „Gelatine": 5,55 N; „Eiweiß": 6,25 N; „Casein": 6,37 N). Bei kakaohaltigen Zuckerwaren ist weiterhin der Puringehalt der fettfreien Kakaotrockenmasse (2,5—3,5 % Purine, ber. als Theobromin; N-Gehalt des Theobromins: 31,1 %), bei Lakritzwaren ein möglicher Gehalt an Ammoniumchlorid zu berücksichtigen.

d) Fettgehalt und Untersuchung der Fette

Fettreiche Erzeugnisse (Marzipan, Nugat) werden durch Behandlung mit 4 n-Salzsäure aufgeschlossen; der getrocknete Rückstand wird mit Petroläther extrahiert. Bei fettarmen und zuckerreichen Erzeugnissen (Weichkaramellen) wird nach dem von W. STOLDT (1939) angegebenen sog. „Koagulationsverfahren" zunächst die Hauptmenge der wasserlöslichen Stoffe entfernt, der Rückstand mit 4 n-Salzsäure aufgeschlossen und der dann noch verbleibende Rückstand nach Trocknung mit Petroläther extrahiert (vgl. H. PARDUN, Analytische Chemie der Fette und Fettbegleitstoffe, Bd. IV dieses Handbuches).

Durch diese Isolierungs- und Aufschlußverfahren werden die Fette meist nur wenig verändert. Im allgemeinen ist eine weitere Untersuchung der Fette mit den so gewonnenen Proben zulässig. Für die Durchführung von Farbreaktionen (Aprikosenkernöl) oder zum Nachweis bzw. zur Bestimmung von Stoffen aus dem Fettverderb müssen die Fette selbstverständlich unter schonendsten Bedingungen, d. h. durch Extraktion ohne vorhergehenden Säureaufschluß isoliert werden.

Die Bestimmung des Milchfettgehaltes erfolgt nach dem von H. HADORN u. H. SUTER (1957) angegebenen Verfahren zur Durchführung der Halbmikro-Buttersäure- (HBuZ), Halbmikro-Gesamt- und Halbmikro-Restzahl (vgl. H. PARDUN, Analytische Chemie der Fette und Fettbegleitstoffe, Bd. IV dieses Handbuches). Bei der Auswertung ist zu berücksichtigen, daß die HBuZ des Milchfettes im Mittel zwar etwa 20 beträgt, im Einzelfalle jedoch auch unter 17 und über 23 liegen kann (vgl. Bundesgesundheitsamt 1964).

e) Bestimmung der Zuckerarten

Zuckerwaren enthalten neben Saccharose fast stets noch andere Zuckerarten. Es empfiehlt sich daher grundsätzlich, zunächst papierchromatographisch zu prüfen, welche Zuckerarten vorhanden sind. Welche quantitativen Verfahren zur Zuckerbestimmung anzuwenden sind, hängt sowohl von der Art der vorhandenen Zucker als auch vom Zweck der Untersuchung ab.

α) Saccharose

Der Saccharosegehalt der Zuckerwaren wird nach Klärung (vgl. L. ACKER, Nachweis und Bestimmung der Mono- und Oligosaccharide, Bd. II/2 dieses Handbuches) mit Bleiessig oder Carrez allgemein durch Polarisation vor und nach Inversion (mit HCl bei 60°C) ermittelt. Bei gelatinereichen Zuckerwaren oder Lakritzwaren kann eine Klärung mit Bleiessig DAB 6 (3—5 ml/10 g) und 10%iger Tanninlösung (5—10 ml/10 g) notwendig sein. Werden keine besonderen Genauigkeitsanforderungen gestellt, verfährt man nach folgender Arbeitsvorschrift.

Arbeitsvorschrift: 10,00 g Probe werden unter Zusatz von etwa 500 mg Calciumcarbonat (zur Neutralisation etwa vorhandener Säuren) unter leichtem Erwärmen in 50 ml Wasser gelöst bzw. suspendiert. Die Lösung wird in einen 100 ml-Meßkolben gespült, falls erforderlich mit 2—3 ml Bleiessig DAB 6, wobei das überschüssige Klärmittel mit gesättigter Dinatriumphosphat-Lösung ausgefällt wird, oder mit je 3—5 ml Carrez I und II geklärt. Nach Temperatureinstellung auf 20°C wird zur Marke aufgefüllt, umgeschüttelt und filtriert. Die ersten ml des Filtrates werden verworfen. Die optische Drehung des Filtrates wird im 200 mm-Rohr bei 20°C in Kreisgraden (K°) gemessen (Polarisation vor Inversion).

40,0 ml Filtrat werden in einem 50 ml-Meßkolben mit 2,5 ml 37%iger Salzsäure versetzt und in ein auf 60°C eingestelltes Wasserbad gesetzt. Der Meßkolben wird im Wasserbad 3 min geschüttelt und anschließend für weitere 7 min im Wasserbad bei 60°C belassen. Anschließend wird unter fließendem Wasser auf 20°C abgekühlt. Durch Zusatz von konz. Ammoniak wird gegen Phenolphthalein eine ganz schwach alkalische Reaktion eingestellt, mit Wasser bis zur Marke aufgefüllt und bei 20°C im 200 mm-Rohr die Drehung in K° bestimmt (Polarisation nach Inversion).

Zur Ermittlung des Saccharosegehaltes wird die beobachtete Drehung nach Inversion durch Multiplikation mit 1,25 auf die Konzentration der Lösung vor Inversion umgerechnet. Der Drehungsunterschied in Kreisgraden zwischen der Polarisation vor Inversion und der korrigierten Polarisation nach Inversion ergibt nach Multiplikation mit dem Faktor 5,67 den Saccharosegehalt der Probe in Prozent, der gegebenenfalls noch mit einem Faktor für die Volumenkorrektur berichtigt wird. Wegen der Bestimmung eines solchen Faktors vgl. L. ACKER, Nachweis und Bestimmung der Mono- und Oligosaccharide, Bd. II/2 dieses Handbuches.

Für genauere Bestimmungen verfährt man entsprechend der AOAC-Vorschrift (vgl. L. ACKER in Bd. II/2 dieses Handbuches).

Für sehr genaue Bestimmungen von Saccharose neben Stärkesirup wird besser mit Invertase hydrolysiert, da der Stärkesirup durch die Inversion mit Mineral-

säure häufig eine geringe Änderung der spezifischen Drehung erleidet. Wegen der
Ausführung der enzymatischen Saccharoseinversion vgl. L. Acker in Bd. II/2
dieses Handbuches.

Zur Kontrolle berechnet man aus der nach obigem Verfahren gefundenen Saccharosemenge die Drehung der dieser Saccharosemenge entsprechenden Invertzuckermenge:

S · (− 0,0432) = I

S = Saccharosegehalt in Prozent, berechnet aus dem Drehungsunterschied vor und nach
    Polarisation

I = Drehung der entsprechenden Invertzuckermenge in Kreisgraden

Stimmt der so berechnete Polarisationswert I mit dem nach Inversion gefundenen Polarisationswert (mit 1,25 auf die richtige Verdünnung umgerechnet) überein, so wird die Probe
neben Saccharose keine größeren Mengen anderer Zucker enthalten.

β) Invertzucker

Enthält die Probe außer Invertzucker keine anderen reduzierenden Zucker, so
kann der Invertzuckergehalt nach einem der reduktometrischen Verfahren ermittelt werden. Zu nennen sind vor allem die Verfahren von Luff-Schoorl (1929)
sowie M. Potterat u. H. Eschmann (1954) (vgl. L. Acker in Bd. II/2 dieses
Handbuches).

Sind in der Probe neben Invertzucker auch noch andere reduzierende Zucker
enthalten, so kann der Invertzuckergehalt aus dem Fructosegehalt berechnet werden. Diese Berechnung wird allerdings nur zu annähernd richtigen Werten führen,
da die Fructose bei der Herstellung invertzuckerreicher Erzeugnisse teilweise zersetzt wird.

γ) Fructose

Der Fructosegehalt von Zuckerwaren wird zweckmäßig nach dem von J.
Kruisheer (1929) angegebenen Verfahren oder nach Nijn (vgl. L. Acker in
Bd. II/2 dieses Handbuches) oder enzymatisch nach H. Klotzsch u. H.U. Berg-
meyer (1962) bestimmt.

Das Verfahren nach J. Kruisheer versagt bei sehr geringen Invertzuckermengen; die Kohlenhydrate des Stärkesirups zeigen auch nach der Behandlung
mit Hypojodit zur Zerstörung der Aldosen noch eine geringe Reduktionswirkung
und können damit geringe Mengen Fructose vortäuschen.

δ) Lactose

Enthält die Probe neben Lactose keine anderen reduzierenden Zucker, so kann
der Lactosegehalt reduktometrisch bestimmt werden (vgl. L. Acker in Bd. II/2
dieses Handbuches).

ε) Stärkesirupgehalt (Glucosesirup)

Da Stärkesirup je nach Herstellungsart ganz unterschiedliche Mengen Glucose,
Maltose, höhere Zucker und Dextrine enthält (vgl. G. Graefe, Glucosesirup
(Stärkesirup), Stärkezucker und Dextrose (Traubenzucker) in diesem Band, S. 637)
und damit ganz unterschiedliche chemische und physikalische Eigenschaften und
Kennzahlen aufweisen kann, ist es nicht möglich, für Stärkesirup schlechthin ein
genaues Bestimmungsverfahren anzugeben. Man hat daher die Wahl, in der Probe
entweder alle Zuckerarten einzeln papierchromatographisch oder enzymatisch
zu bestimmen und aus dem Ergebnis Rückschlüsse auf den Stärkesirupgehalt zu
ziehen, oder unter der Annahme bestimmter Kennzahlen (spezifische Drehung der
Stärkesiruptrockenmasse, Gehalt an reduzierenden Zuckern) den ungefähren
Stärkesirupgehalt der Probe zu berechnen. Beide Verfahren können nur zu annähernd richtigen Werten führen. Im allgemeinen wird es ausreichen, den Stärkesirupgehalt von Zuckerwaren polarimetrisch unter der Annahme einer bestimmten

spezifischen Drehung der Stärkesiruptrockenmasse abzuschätzen. Voraussetzung hierfür ist allerdings, daß die zu untersuchende Probe neben Stärkesirup und Saccharose keine anderen rechtsdrehenden Zuckerarten (Lactose, zusätzliche Glucose, Maltose) enthält; bei Hartkaramellen und Fondant sind diese Voraussetzungen meist gegeben.

Unter den genannten Voraussetzungen kann der Stärkesirupgehalt nach folgender Formel annähernd ermittelt werden:

Stärkesirupgehalt in % = 3,6 P + 0,15 E

P = Polarisation einer Lösung 10 g in 100 ml, nach Inversion im 200 mm-Rohr, in Kreisgraden

P = Extraktgehalt der Probe

Bei der Ableitung dieser Formel wird angenommen, daß der Stärkesirup einen Wassergehalt von 15 % und die Stärkesiruptrockenmasse eine spezifische Drehung von +145 Kreisgraden hat. Wegen der Ableitung dieser Formel vgl. J. GROSSFELD (1943), A. RINCK (1921) und A. FINCKE (1955). Der so berechnete Wert für den Stärkesirupgehalt kann je nach der Beschaffenheit des verarbeiteten Stärkesirups bis ± 10 % (bezogen auf den gefundenen Wert) vom tatsächlichen Stärkesirupgehalt abweichen. Vgl. auch K. HERRMANN, Konfitüren, Marmeladen usw. in Band V/2.

Enthält die zu untersuchende Probe neben Stärkesirup nur noch Saccharose und Invertzucker, so kann auch das von J. KRUISHEER (1929) angegebene Verfahren angewendet werden (vgl. L. ACKER in Bd. II/2 dieses Handbuches).

ζ) Bestimmung von Saccharose, Invertzucker, Lactose und Stärkesirup nebeneinander

Häufig enthalten die Zuckerwaren neben Saccharose noch Invertzucker, Lactose und Stärkesirup, unter Umständen auch besondere Zusätze an Glucose, Maltose oder maltosereichen Stoffen. In diesen Fällen ist eine Bestimmung der einzelnen Zuckerarten durch Einsatz biochemischer oder quantitativer chromatographischer Verfahren möglich. Fehlt im Untersuchungsmaterial Lactose, so kann das von K. TÄUFEL u. K. MÜLLER (1956) angegebene Gärverfahren zur Bestimmung von Glucose, Maltose, vergärbaren und nicht vergärbaren Oligosacchariden angewendet werden. Ist auch noch Lactose vorhanden, so muß nach dem Verfahren von T. VAN VOORST (1955) unter Einsatz von Reinzuchthefen oder nach H. RUTTLOFF u. Mitarb. (1961) gearbeitet werden (vgl. L. ACKER in Bd. II/2 dieses Handbuches; vgl. auch H. HADORN u. H. SUTER 1955). Wegen der quantitativen papierchromatographischen Untersuchung komplizierter Zuckergemische vgl. L. ACKER u. Mitarb. (1954) sowie L. ACKER in Bd. II/2 dieses Handbuches.

f) Sorbit

Zur Erhöhung der Gleichgewichtsfeuchtigkeit werden Zuckerwaren häufig kleinere Mengen (3—10 %) Sorbit zugesetzt. „Zuckerwaren" für Diabetiker können als Zuckeraustauschstoff auch große Sorbitmengen (20—90 %) enthalten.

Der qualitative Nachweis von Sorbit kann durch Kondensation mit Benzaldehyd (J. WERDER 1929; B. BLEYER u. Mitarb. 1931) bzw. o-Chlorbenzaldehyd (F.M. LITTERSCHEIDT 1931) und Überführung der Kondensationsprodukte in Hexaacetylsorbit geführt werden (vgl. H. BIEBER, Wein, Bd. VII dieses Handbuches). Eleganter ist der papierchromatographische Nachweis nach Vergärung störender Zucker mittels Bäckerhefe nach K. TÄUFEL u. K. MÜLLER (1957); dieses Verfahren kann auch zur quantitativen Bestimmung kleiner Sorbitmengen benutzt werden.

Größere Sorbitmengen, wie sie vor allem in Erzeugnissen für Diabetiker vorkommen, können polarimetrisch nach A. TURNER (1964) bestimmt werden. Nach
den Angaben von A. TURNER ist dieses Verfahren jedoch nur dann anwendbar,
wenn die zu polarisierenden Lösungen nicht mehr als 1,5 g Sorbit/100 ml und nicht
mehr als 0,5 % Zuckerarten enthalten. Vgl. auch R. FRANCK in diesem Band S. 441.

Arbeitsvorschrift: 10—20 g Probe werden in einem 150 ml-Becherglas mit 50—70 ml heißem
Wasser glatt verrührt und 15 min auf einem siedenden Wasserbad erhitzt. Nach Zusatz von
je 5 ml Carrez-Lösung I und II wird die noch heiße Lösung in einen 200 ml-Meßkolben filtriert.
Man läßt das Filter ablaufen und spült Becherglas und Filter mit heißem Wasser mehrmals
nach. Der auf dem Filter verbleibende Rückstand wird mit heißem Wasser wieder in das
Becherglas zurückgespült und mit 50 ml Wasser 5—10 min auf einem siedenden Wasserbad
erhitzt. Man filtriert in den 200 ml-Meßkolben und wäscht solange mit kleinen Mengen heißem
Wasser nach, bis das Filtrat fast 200 ml beträgt. Nach Abkühlen auf 20°C wird mit Wasser
bis zur Marke aufgefüllt. Ist eine weitere Klärung oder Entfärbung erforderlich, so wird die
Lösung durch ein Chromatographierohr gesaugt, das mit 10—20 g neutralem Aluminiumoxid
beschickt ist. Die ersten 20 ml des Durchlaufes werden verworfen. Je 50 ml werden in zwei
100 ml-Meßkolben pipettiert; in den einen Kolben werden dann weiterhin 25 ml 1 n-Schwefelsäure, 20 ml 20%ige Ammonmolybdat-Lösung und 1 ml 2,5%ige Natriumnitrit-Lösung gegeben; in den anderen Kolben gibt man 25 ml 1 n-Schwefelsäure und 1 ml 2,5%ige Natriumnitrit-Lösung. Der Inhalt beider Kolben wird dann mit Wasser auf 200 ml aufgefüllt und umgeschüttelt. Beide Lösungen werden sofort anschließend unter Verwendung eines 400 mm-
Rohres bei 20°C polarimetrisch untersucht. Der Sorbitgehalt der Probe ergibt sich nach

$$\text{Prozent Sorbit} = \frac{93,46 \cdot \text{Drehungsunterschied zwischen den beiden Lösungen in Kreisgraden}}{\text{Einwaage in g}}$$

g) Künstliche Farbstoffe

α) Isolierung wasserlöslicher Farbstoffe

Allgemein anwendbar ist die von H. THALER u. G. SOMMER (1953) angegebene
Wollfadenmethode.

Arbeitsvorschrift: 5—10 g Untersuchungsstoff werden in 30 ml Wasser gelöst bzw. suspendiert, mit 5 ml 10%iger KHSO$_4$-Lösung versetzt und zentrifugiert. Die überstehende Lösung
wird abgegossen und nach Zusatz eines Wollfadens (10—20 cm) auf dem siedenden Wasserbad erwärmt, bis die Farbstoffe möglichst vollständig auf den Faden gezogen sind. Nach
gründlichem Spülen des gefärbten Wollfadens unter fließendem Wasser wird er in 30 ml
5%iger NH$_3$-Lösung auf dem Wasserbad erwärmt, bis die Farbstoffe vom Faden abgezogen
sind. Nach der Entfernung des Wollfadens wird die Lösung eingedampft, bis sie eine zur Chromatographie geeignete Farbstoffkonzentration hat.

Enthalten die zu untersuchenden Zuckerwaren größere Mengen Fett, Stärke oder Gelatine,
führt das angegebene Verfahren nicht zum Ziel. Fettreiche Untersuchungsstoffe müssen vor
Anwendung der Wollfadenmethode entfettet werden. Stärke- und eiweißreiche Lebensmittel
werden zur Elution der Farbstoffe mit einer Lösung von 5% NH$_3$ in 70%igem Äthanol mehrere Stunden bei Zimmertemperatur behandelt; nach Zentrifugieren wird die überstehende
Lösung abgegossen, der Alkohol abgedampft und nach Verdünnen mit Wasser sowie Zusatz
von KHSO$_4$-Lösung wie oben beschrieben weiter verfahren. Aus gelatinereichen Zuckerwaren
extrahiert man künstliche Farbstoffe am besten mit einer Lösung von 5% NH$_3$ in 95%igem
Äthanol.

In einigen Fällen enthalten die nach den obigen Verfahren hergestellten Farbstofflösungen
noch Verunreinigungen, die bei der weiteren papierchromatographischen Untersuchung stören.
Es kann daher notwendig sein, die Farbstoffe mehrmals auf Wolle umzufärben.

Bei einigen künstlichen Farbstoffen versagt die Wollfadenmethode. Rhodamin
B zieht nicht auf Wolle; der Nachweis dieses Farbstoffes wird von E. BECK (1957)
behandelt. Über weitere Störungen berichten E. WOIDICH u. Mitarb. (1960).

Nach B. DREVON u. J. LAUR (1959) kann die Isolierung wasserlöslicher Farbstoffe unter Verwendung quaternärer Ammoniumverbindungen vorgenommen
werden; hierbei bilden sich chloroformlösliche Farbstoffkomplexe.

Der Untersuchungsstoff wird mit soviel einer 10%igen Na$_2$CO$_3$-Lösung versetzt, daß die
Lösung einen pH-Wert von 9 hat. Nach Zusatz von 10 ml Chloroform wird 10 min geschüttelt
und zentrifugiert. Ist das Chloroform gefärbt, sind basische Farbstoffe zugegen. Nach Ab-

trennung des Chloroforms wird der wässerigen Lösung ein großer Überschuß einer 0,1%igen Lösung von Cetylcyclohexyldimethylammoniumbromid und einige ml Chloroform zugesetzt; saure Farbstoffe gehen beim Schütteln in das Chloroform über, das durch Zentrifugieren abgetrennt wird. Das Ausschütteln mit Chloroform wird nötigenfalls mehrfach wiederholt. Die vereinigten Chloroformauszüge werden eingedampft. Der Rückstand, der die Farbstoffe als Komplexe enthält, wird in 0,5 ml Chloroform aufgenommen und an Papier, das mit Al(OH)₃ imprägniert ist, chromatographiert (Fließmittel: n-Butanol, 95%iges Äthanol, Wasser, 18,7%iges Ammoniak [50+25+25+10]).

M. MOTTER u. M. POTTERAT (1953) extrahieren die wasserlöslichen Farbstoffe aus einer wässerigen Lösung bzw. Suspension der Probe nach Zusatz einer Pufferlösung (pH = 3) mit Chinolin. Nach Abtrennung des Chinolins werden Äther und Wasser zugesetzt, die Farbstoffe in die wässerige Phase geschüttelt und chromatographiert.

β) Identifizierung

Die Identifizierung wird in erster Linie papierchromatographisch vorgenommen; daneben können nach Vorschlägen, die u. a. von J. EISENBRAND (1954) und der *Association of Public Analysts* (1960) gemacht wurden, auch die Absorptionsspektren der neutralen, sauren oder basischen Farbstofflösungen zur Identifizierung herangezogen werden (vgl. hierzu auch Mitt. 8 vom 23. November 1956 der Farbstoffkommission der Deutschen Forschungsgemeinschaft, 2. Aufl., Wiesbaden, Verlag F. Steiner 1957).

Zur sicheren papierchromatographischen Identifizierung der Farbstoffe ist es unerläßlich, Vergleichs- und Mischchromatogramme anzufertigen, die Farbe der Farbstoff-Flecken im Tages- und UV-Licht sowie nach Einwirkung von Säuren und Laugen zu beurteilen. Der Versuch, eine Identifizierung nur durch Vergleich der gefundenen mit den in der Literatur angegebenen R_f-Werten und ohne Vergleichsmuster vorzunehmen, kann zu Fehlbeurteilungen führen. Aus den gleichen Gründen sollte man sich auch nicht auf die Anwendung nur eines Fließmittels beschränken.

Weiterhin ist zu berücksichtigen, daß manche zulässige Lebensmittelfarbstoffe in geringer, aber wechselnder Menge Nebenfarbstoffe und Reste von Zwischenprodukten enthalten können, die auf dem Chromatogramm zusätzliche Farbflecke bzw. im UV-Licht fluorescierende Flecke ergeben. Schließlich muß in Einzelfällen auch mit der Möglichkeit einer Veränderung der Farbstoffe während der Herstellung des Lebensmittels bzw. der Isolierung gerechnet werden.

Folgende Fließmittel sind zur Identifizierung künstlicher wasserlöslicher Farbstoffe geeignet (Whatman Papier Nr. 1; S. & S. 2043b oder gleichwertige Papiere):
Nach H. THALER u. G. SOMMER (1953):
Lösung von 2% Trinatriumcitrat in 5%igem wässerigen Ammoniak
Nach K. WOIDICH u. Mitarb. (1960):
n-Butanol, Äthanol, konz. Ammoniak (d = 0,91), Wasser   (4+4+1+3)
organische Phase des Gemisches n-Butanol, Pyridin, Wasser (3+1+3)
Aceton, Wasser, Salzsäure (d = 1,19) (50+200+5)
Nach J.C. RIEMERSMA u. J.F.M. HESLINGA (1960):
tert. Butanol, Propionsäure, Wasser (50+12+38)+0,4% KCl

Neben papierchromatographischen können auch dünnschichtchromatographische Verfahren angewendet werden. Nach H. GÄNSHIRT u. Mitarb. (1962) eignen sich MN-Cellulosepulver — 300 — G-Schichten in Verbindung mit folgenden beiden Fließmitteln:
n-Propanol, Äthylacetat, Wasser (60+10+30)
2,5%ige wässerige Na-acetat-Lösung, 25%iger Ammoniak (80+20)

Die R_f-Werte einiger wichtiger Farbstoffe sind in Tab. 9 zusammengestellt.
Über ein Verfahren zur quantitativen Bestimmung künstlicher Farbstoffe berichtet B. KOETHER (1960).

Tabelle 9. R_f-Werte künstlicher Lebensmittelfarbstoffe

Bezeichnung	Schultz-Nr.	DG F-Nr.[2]	R_f-Werte[1] × 100						
			Papierchromatographie					Dünnschichtchromatographie	
			Fließmittel-Nr.						
			1	2	3	4	5	6	7
Tartrazin	737	64	82	9	30	5	74	25	72
Chrysoin S	186	26	—	70	55 (47, 63)	22 (0, 9, 16, 58)	58 (23)	88	34
Chinolingelb	918	97	59 (32, 17)	57	31 (41, 49)	8 (14, 20)	51 (63, 80)	39 (27)	12 (20)
Echtgelb	172	23	68 (42)	34	58	21	81	53 (50)	58
Gelborange S	—	29	66 (49)	—	61	18	77	55 (69)	42 (24)
Orange GGN	—	32	69	42	62	20	73	56 (69)	45
Azorubin	208	38	32	47	23	30	46	64 (75)	12
Naphtolrot S	212	40	58	7	32	7	61	27	31
Cochenillerot A	213	41	74	20	48	10	84	33	55
Scharlach GN	—	34	90	52	66	33	81	64 (73)	90 (94)
Ponceau 6 R	215	42	84 (56)	4	19	2	89	16	76
Indanthrenblau RS	1228	104	0	2	0 (81, 93)	0 (65, 90)	0 (14)	0	0
Patentblau V	826	85	—	—	81	39 (20)	98	—	—
Indigotin I	1309	105	verschwindet	44	38 (27, 55)	10 (17, 38)	58	26	19 (7)
Brillantschwarz BN	—	58	34 (2)	2	22	5	20	20	10

Zusammensetzung der Fließmittel:

Nr. 1 Lösung von 2% Trinatriumcitrat in 5%igem Ammoniak (Nach H. Thaler u. G. Sommer 1953)
Nr. 2 tert. Butanol, Propionsäure, Wasser (50:12:38) mit 0,4% KCl (Nach J.C. Riemersma u. F.J.M. Heslinga 1960)
Nr. 3 n-Butanol, Äthanol, konz. Ammoniak, Wasser (4:4:1:3) (Nach K. Woidich u. Mitarb. 1960)
Nr. 4 Organ. Phase des Gemisches n-Butanol, Pyridin, Wasser (3:1:3) (Nach K. Woidich u. Mitarb. 1960)
Nr. 5 Aceton, Wasser, Salzsäure (d = 1,19) (50:200:5) (Nach K. Woidich u. Mitarb. 1960)
Nr. 6 n-Propanol, Äthylacetat, Wasser (60+10+30) (Nach H. Gänshirt u. Mitarb. 1962)
Nr. 7 2,5%ige wässerige Na-acetat-Lösung, 25%iger Ammoniak (80+20) (Nach H. Gänshirt u. Mitarb. 1962)

Anmerkung: [1] R_f-Werte von Nebenflecken sind eingeklammert.
              [2] Nach Mitteilung Nr. 8 der Farbstoffkommission der Deutschen Forschungsgemeinschaft.

γ) Fettlösliche künstliche Farbstoffe

In der Bundesrepublik Deutschland dürfen fettlösliche künstliche Farbstoffe zur Herstellung von Zuckerwaren nicht verwendet werden. Ihre Unterscheidung von fettlöslichen natürlichen Farbstoffen (Carotin, Bixin, Capsanthin, Curcumin) ist nach einem von A. Montag (1962) angegebenen dünnschichtchromatographischen Verfahren möglich.

h) Konservierungsstoffe, Antioxydantien und andere fremde Stoffe

Wegen des Nachweises und der Bestimmung dieser Stoffe wird auf die entsprechenden Ausführungen in Bd. II/2 dieses Handbuches verwiesen (W. Diemair u. W. Postel, Konservierungsstoffe; A. Seher, Antioxydantien; R. Franck u. G. Bressau, Schädlingsbekämpfungsmittel; H. Mühlschlegel, Weitere fremde Stoffe; alle in Bd. II/2).

2. Untersuchung der einzelnen Zuckerwaren

a) Hart- und Weichkaramellen

Der Wassergehalt wird am besten nach Karl Fischer ermittelt (vgl. S. 721). Der Gehalt an *Saccharose* kann polarimetrisch bestimmt werden (vgl. S. 723). Eine genaue Bestimmung des Gehaltes an *Stärkesiruptrockenmasse* ist nur möglich, wenn die Eigenschaften des verarbeiteten Stärkesirups bekannt sind (vgl. S. 724). Ist dies nicht der Fall, kann der Gehalt an Stärkesiruptrockenmasse nur ungefähr ermittelt werden. Wegen der Anwesenheit von reduzierenden Zuckern aus dem Stärkesirup kann der Gehalt an *Invertzucker* nur auf dem Weg über eine Fructosebestimmung berechnet werden (vgl. S. 724).

Den *Fettgehalt* bestimmt man nach dem Koagulationsverfahren mit nachfolgendem Salzsäureaufschluß, den Gehalt an *Milchfett* aus der Halbmikro-Buttersäurezahl des Fettes. Die Bestimmung von *Lactose* neben den anderen Zuckerarten, vor allem den Stärkeabbauprodukten, kann näherungsweise durch Vergärung der Probenlösung mit Reinzuchthefen nach dem Verfahren von Th. van Voorst (1942), durch Vergärung mit Preßhefe nach H. Ruttloff u. Mitarb. (1961) oder papierchromatographisch vorgenommen werden. Ein etwa vorhandener Anteil an *Kakaobestandteilen*, der meist in Form von stark entöltem Kakaopulver zugesetzt wird, kann auf dem Weg über eine Theobrominbestimmung abgeschätzt werden (H. Hadorn u. K. Zürcher 1965). *Kaffee-* und *Cola*zusätze können mittels einer Coffeinbestimmung nachgewiesen und angenähert bestimmt werden. Bei *Malzbonbons* läßt sich die zugesetzte Menge an Malzextrakt nach dem Vorschlag von H. Hadorn (1958) durch Bestimmung des Phosphatgehaltes angenähert ermitteln. (Der Phosphatgehalt des Trockenmalzextraktes beträgt 0,60% P_2O_5.) *Honigzusätze* können bisher nicht quantitativ bestimmt, sondern nur qualitativ durch mikroskopische Pollenuntersuchung (vgl. J. Evenius u. E. Focke, Mikroskopische Untersuchung des Honigs, in diesem Band) nachgewiesen werden.

b) Komprimate

Ein Analysengang zum Nachweis von Binde-, Gleit- und Trennmittel wurde von H. Hadorn u. R. Jungkunz (1953) angegeben.

c) Geleezuckerwaren, Gummibonbons

Wegen der Identifizierung der verwendeten Gelstoffe vgl. H. Thaler, Nachweis und Bestimmung der Polysaccharide, Bd. II/2 dieses Handbuches.

d) Kokosflocken

Der Gehalt an geraspelter Kokosnuß kann näherungsweise aus dem Fett- und Eiweißgehalt der Kokosflocken berechnet werden. Da lufttrockene Kokosraspel (Wassergehalt 3—5%) nach R. ILLIES (1953b) einen Fettgehalt von 65—68% haben (bezogen auf die Trockenmasse von 68—70%), ergibt sich der ungefähre Gehalt an lufttrockener Kokosraspel aus dem Fettgehalt der Kokosflocken durch Multiplikation mit 1,52. Notfalls wird man zur Feststellung des Gehaltes an Kokosraspel auch den Stickstoff- sowie den Rohfasergehalt bestimmen. Der Stickstoffgehalt lufttrockener Kokosraspel beträgt 1,3—1,6%, der Rohfasergehalt 5,4—8,2%. Im übrigen ist bei der Untersuchung von Kokosflocken zu berücksichtigen, daß lufttrockene Kokosraspel 6—9% lösliche Kohlenhydrate enthalten.

e) Krokant

Bei der Untersuchung von Krokant ist eine Ermittlung des Zuckergehaltes meist dadurch erschwert, daß mindestens ein Teil des Zuckers karamelisiert vorliegt. Sind die Samenkerne ausschließlich in grob zerkleinerter Form verarbeitet worden, so kann nach H. FINCKE (1940) durch Auflösen des Erzeugnisses in warmem Wasser, Filtration durch Mull oder Seidengaze, Trocknung und Wägung der so isolierten Samenbruchstücke eine allerdings nur rohe Abschätzung des Gehaltes an Mandeln oder Nüssen versucht werden. In anderen Fällen wird man den Fettgehalt und die Fettzusammensetzung zur Beurteilung heranziehen.

f) Kaugummi

Zur Untersuchung von Kaugummi wird dieser zunächst mehrfach mit warmem Wasser behandelt. Der filtrierte wässerige Auszug kann auf Saccharose, Stärkesirup, Invertzucker, Farbstoffe usw. untersucht werden. Bei der Vielzahl der möglichen Rohstoffe und wegen der meist unzureichenden chemischen Kennzeichnung der natürlichen Kaugrundlagen ist eine sichere Identifizierung der Bestandteile der Kaumasse im allgemeinen nicht möglich. E. BENK (1950) beschreibt eine einfache Reaktion zum Nachweis des häufig in Kaumassen vorhandenen Polyvinylacetats.

g) Lakritzwaren

Eine ungefähre Ermittlung des Gehaltes an Süßholzsaft kann auf dem Umweg über eine Bestimmung der Glycyrrhicinsäure erfolgen, jedoch gelingt dies nur, wenn der Gehalt an Süßholzextrakt nicht an der unteren Grenze liegt. Süßholzsaft enthält je nach Herkunft 12—20% Glycyrrhicin. Ausführliche Angaben über die Zusammensetzung und Eigenschaften von Süßholzsaft findet man bei C. NIEMAN (1957).

Zur Bestimmung des *Glycyrrhicinsäuregehaltes* empfiehlt die *Association des Fabricants de Confiserie* das nachstehend angegebene Verfahren (vgl. P. A. HOUSEMAN 1922):

Arbeitsvorschrift: 2 g Probe werden mit 15 ml Wasser in einem 100 ml-Zentrifugenglas bei Zimmertemperatur gelöst. Aus Büretten werden 15 ml 75%iges Äthanol und 53 ml 95%iges Äthanol zugesetzt. (Dies ergibt eine Äthanolkonzentration in der Mischung von 75%, wenn die Probe 25% Wasser enthält. Beträgt der Wassergehalt der Probe nicht 25%, so wird die Menge 95%iges Äthanol so geändert, daß die Äthanolkonzentration der Mischung genau 75% beträgt.) Man läßt 3 Std bei Zimmertemperatur stehen, zentrifugiert 5 min mit 1500 U/min und dekantiert die überstehende Flüssigkeit in einen Kolben. Der Rückstand wird zweimal mit je 75 ml 75%igem Äthanol gewaschen; die überstehende Flüssigkeit wird ebenfalls in den Kolben dekantiert. Der Kolbeninhalt wird auf dem Wasserbad, gegen Ende auch in einem Vakuumtrockenschrank, zur Trockene eingedampft. Der Rückstand wird in 10 ml warmem Wasser aufgenommen und in ein Zentrifugenglas (Markierung bis 30 ml) filtriert. Kolben und Filter werden mit wenig Wasser nachgewaschen, wobei das Filtrat im Zentrifugenglas aufgefangen wird. Nachdem das Flüssigkeitsvolumen im Zentrifugenglas mit kaltem Wasser auf 30 ml gebracht und die Flüssigkeit auf 15°C abgekühlt wurde, werden zur Fällung des Glycyrrhicins 3 ml 10%ige Schwefelsäure zugesetzt. Das Reaktionsgemisch bleibt 16 Std im Eisschrank stehen und wird anschließend 30 min in Eiswasser gestellt. Dann wird zentrifugiert und die überstehende Flüssigkeit dekantiert (Lösung A). Der Rückstand wird zweimal mit je 5 ml Eiswasser (gesättigt mit Äther) gewaschen und die Waschflüssigkeiten mit Lösung A vereinigt (Lösung B). Der Rückstand wird in 30 ml warmem 95%igem Äthanol aufgenommen (Lösung C).

Lösung B wird mit Ammoniak neutralisiert, auf 5 ml eingedampft, in ein Zentrifugenglas überführt und das Volumen der Lösung auf 10 ml eingestellt. Nach Abkühlung werden 2 ml 10%ige Schwefelsäure zugesetzt und das Gemisch 16 Std im Eisschrank und 30 min in Eiswasser gekühlt. Der Niederschlag wird durch Zentrifugieren abgetrennt und die überstehende Flüssigkeit verworfen. Der Rückstand wird zweimal mit je 3 ml Eiswasser (gesättigt mit Äther) gewaschen, die Waschflüssigkeiten werden in 10 ml warmem 95%igem Äthanol aufgenommen (Lösung D). Lösung C und D werden vereinigt und filtriert. Das Filtrat wird in einer gewogenen Abdampfschale aufgefangen. Die benutzten Glasgeräte und das Filter werden mit etwas warmem 95%igem Äthanol nachgewaschen und das Filtrat ebenfalls in die Abdampfschale gegeben. Nach Zusatz von 2 ml konz. Ammoniak wird zur Trockene eingedampft, der Rückstand bei 100°C getrocknet und als Glycyrrhicinsäure ausgewogen.

Nach einem Vorschlag von U. LEHMANN (1934) kann die Bestimmung des Glycyrrhicingehaltes auch durch Fällung der Glycyrrhicinsäure mit Kupfersulfatlösung erfolgen.

Die Bestimmung des Gehaltes an Ammoniumchlorid kann durch Wasserdampfdestillation mit Magnesiumoxid erfolgen (vgl. T. NIEDERMAIER, Stickstoffverbindungen, Bd. II/2 dieses Handbuches); hierbei ist zu beachten, daß geringe Ammoniakmengen auch aus eiweißhaltigen Rohstoffen abgespalten werden können (E. HANSSEN u. Mitarb. 1964).

Den Nachweis und die Bestimmung von Kohle (Carbo medicinalis) in Lakritzwaren behandelt H. P. MOLLENHAUER (1960).

h) Marzipanrohmasse und angewirktes Marzipan

Der *Wassergehalt* kann durch Trocknen bei 105°C ermittelt werden; zuverlässigere Werte ergibt die titrimetrische Wasserbestimmung nach K. FISCHER.

Den *Fettgehalt* bestimmt man nach Salzsäureaufschluß mittels Petrolätherextraktion.

Den *Gehalt an Mandelkerntrockenmasse* erhält man unter Annahme eines Fettgehaltes der Mandelkerntrockenmasse von 60% annäherungsweise durch Multiplikation des Fettgehaltes der Probe mit 1,67. Nach H. E. MONK (1963) kann zur Ermittlung des Gehaltes an Mandelkerntrockenmasse auch der Eiweißgehalt des Marzipans herangezogen werden. Als mittleren Eiweißgehalt lufttrockener Mandelkerne fand H. E. MONK einen Wert von 23,2%; umgerechnet auf Mandelkerntrockenmasse ergibt sich hieraus ein mittlerer Eiweißgehalt von etwa 24,5%.

Der *Gehalt an Saccharose* wird durch Polarisation vor und nach Inversion einer mit Bleiessig geklärten Lösung 20 g : 200 ml bestimmt. Da grundsätzlich mit der Möglichkeit eines Invertasezusatzes zu Marzipan gerechnet werden muß, sollte bei der Herstellung von Lösungen zur Bestimmung des Saccharose- bzw. Invertzuckergehaltes sofort etwas Bleiessig zugesetzt werden, um die Wirkung etwa vorhandener Invertase zu unterbinden.

Der Gesamtgehalt an Saccharose muß zur Berechnung des Anteiles an zugesetzter Saccharose um den möglichen Anteil mandeleigener Saccharose (H. THALER 1957) korrigiert werden. Man verfährt nach A. FINCKE (1958) wie folgt:

Zugesetzte Saccharose in Prozent = $(S - S_M) \cdot f_v$

S = insgesamt gefundene Menge an Saccharose in Prozent, ber. durch Polarisation vor und nach Inversion (20 g : 200 ml, geklärt mit 4 ml Bleiessig DAB 6 und 7 ml Natriumsulfat-Lösung).

S_M = höchstmöglicher Gehalt der Probe an mandeleigener Saccharose in Prozent. $S_M = F \cdot 0{,}08$.

F = Fettgehalt der Probe in Prozent.

f_v = Faktor für die Volumenkorrektur.

$$f_v = 1{,}00 - (F \cdot 0{,}00134)$$

Die so berechnete Menge an zugesetzter Saccharose wird eher geringfügig zu niedrig als zu hoch ausfallen, da die Korrektur unter der Annahme eines Fettgehaltes der Mandelkerntrockenmasse von nur 60 % und eines Gehaltes an mandeleigener Saccharose von 5 % berechnet wird.

Bei Abwesenheit von Stärkesirup kann der *Gehalt an Invertzucker* durch Bestimmung der reduzierenden Zucker nach Luff-Schoorl oder Potterat-Eschmann bestimmt werden. Eine Korrektur für den Gehalt an mandeleigenen reduzierenden Zuckern braucht im allgemeinen nicht angebracht werden. Bei Gegenwart von Stärkesirup kann zur Bestimmung des Invertzuckergehaltes die Fructose bestimmt und durch Multiplikation mit dem Faktor 2 auf Invertzucker umgerechnet werden.

Der *Stärkesirupgehalt* kann — sofern neben Saccharose kein oder nur sehr wenig (< 3 %) Invertzucker vorhanden ist — aus der Polarisation nach Inversion (20 g : 200 ml, 200 mm-Rohr) angenähert berechnet werden. Da süße Mandeln rechtsdrehende Inhaltsstoffe enthalten, die eine geringe Stärkesirupmenge vortäuschen können, muß eine entsprechende Korrektur angebracht werden.

Nach J. Grossfeld u. M. Schnetka (1931) ergibt sich der Stärkesirupgehalt aus folgender Formel:

Stärkesirupgehalt in Prozent = $F_K [(0{,}98 \cdot P_v) + (3{,}02 \cdot P_n) - 0{,}83]$

F_K = 0,954 bei Marzipanrohmasse, 0,979 bei angewirktem Marzipan

P_v = Polarisation vor Inversion (20 g : 200 ml; 200 mm-Rohr)

P_n = Polarisation nach Inversion (20 g : 200 ml; 200 mm-Rohr)

Der so genannte Stärkesirupgehalt fällt eher etwas zu niedrig als zu hoch aus.

Sind neben Saccharose und Stärkesirup größere Mengen Invertzucker anwesend, so müssen zur Abschätzung der Stärkesirupmenge kompliziertere Untersuchungen angestellt werden (vgl. S. 725).

Auf *Sorbit* prüft man am besten papierchromatographisch nach Vergären der Zucker mittels Bäckerhefe (vgl. S. 725).

Ausdrücklich sei darauf hingewiesen, daß der höchstzulässige Gehalt an zugesetzten Zuckerstoffen stets im Zusammenhang mit dem Wassergehalt der Probe gesehen werden muß. Ergibt sich bei der Untersuchung ein zu hoher Zuckergehalt, liegt der Wassergehalt aber unter der zulässigen Höchstmenge, so muß berechnet werden, ob der höchstzulässige Zuckergehalt auch beim Vorhandensein des höchstzulässigen Wassergehaltes überschritten worden wäre.

Zum Nachweis eines *Invertasezusatzes* werden nach R. Illies (1953a) 30 g Marzipan mit 90—100 ml Wasser schnell zu einer klumpenfreien Aufschwemmung verrührt. Man entnimmt sofort 20 ml mit einer Pipette, klärt durch Zusatz von je 5 ml Carrez I und II, filtriert und polarisiert. Die restliche Suspension wird 1—2 Std auf 40°C erwärmt. Man entnimmt erneut 20 ml und verfährt wie oben angegeben. Eine Abnahme des Polarisationswertes infolge Bildung von Invertzucker zeigt die Gegenwart von Invertase an.

Zum Nachweis von *Aprikosenkernöl* werden 10 g Probe mit etwa der gleichen Menge wasserfreiem Natriumsulfat und 25 ml Äther in einer Reibschale verknetet. Nach Filtration wird der Äther abgedampft und 2 Tropfen des hinterbleibenden Öles mit 3 Tropfen einer frisch bereiteten 0,1%igen ätherischen Phloroglucin-Lösung und 2 Tropfen konz. Salpetersäure (d = 1,40) vermischt. Die Gegenwart von Aprikosenkernöl bewirkt eine kräftig kirschrote

Färbung. Nach den Untersuchungen von W. SCHWABE (1959) ist diese Farbreaktion (Kreis-Reaktion) jedoch nicht spezifisch für Aprikosenkernöl; auch Öle portugiesischer und iranischer süßer Mandeln geben z. T. schwach rötlich-violette Färbungen. Auch die Farbreaktion nach BELLIER, bei der anstelle von Phloroglucin eine benzolische Resorcin-Lösung verwendet wird, ist mit Vorsicht auszuwerten.

Zur Erkennung von *Zusätzen entbitterter bitterer Mandeln* ist eine Bestimmung des Kaliumgehaltes empfohlen worden. Da bei der Entbitterung (vgl. S. 719) bitterer Mandeln wasserlösliche Inhaltsstoffe mehr oder weniger weitgehend entfernt werden, können entbitterte bittere Mandeln einen erheblich niedrigeren Kaliumgehalt haben als nicht entbitterte bzw. süße Mandeln (22—28% K in der Asche). Nach W. SCHWABE (1959) wird die Bestimmung des wasserlöslichen Kaliums flammenphotometrisch ausgeführt.

Hierzu werden 2,00 g Marzipanrohmasse bzw. 4,00 g angewirkter Marzipan in einem 100 ml-Meßkolben mit 75 ml dest. Wasser unter gelegentlichem Umschütteln 3—4 Std auf einem siedenden Wasserbad behandelt. Nach Abkühlen wird zur Marke aufgefüllt, umgeschüttelt und filtriert. Im Filtrat wird der Kaliumgehalt flammenphotometrisch bestimmt. Der gefundene Kaliumgehalt wird auf die in der Probe vorhandene Menge an Mandelkerntrockenmasse bezogen.

Nach W. SCHWABE gilt ein K-Gehalt < 450 mg/100 g Kerntrockenmasse als verdächtig; bei K-Gehalten < 400 mg/100 g Kerntrockenmasse kann mit Sicherheit ein Zusatz gewässerter Samenkerne angenommen werden. Die K-Gehalte von Persipan liegen zwischen 90—230 mg/100 g Kerntrockenmasse.

i) Persipan

Die Untersuchung der Persipanerzeugnisse kann grundsätzlich nach den gleichen Verfahren durchgeführt werden, die schon für Marzipan (vgl. S. 731) angegeben wurden.

Die zugesetzte Stärke kann ohne weiteres mikroskopisch nach Anfärben mit Jod nachgewiesen werden.

Zur Bestimmung des Blausäuregehaltes verfahre man entsprechend der Vorschrift von E. HANSSEN u. W. STURM (1967) wie folgt:

Arbeitsvorschrift: 20—30 g fein zerkleinerter Untersuchungsstoff werden zusammen mit 200 ml Pufferlösung (pH 5,9), einem Tropfen Antischaummittel und einigen zerkleinerten, rohen, garantiert süßen Mandeln in einen Rundkolben gegeben. (Die verwendeten süßen Mandeln müssen durch Abkochen einzeln geprüft werden!) Der Rundkolben wird mit einem Destillationsaufsatz verbunden, dessen zum Kühler führendes Rohr mit einem Stück Siliconschlauch versehen ist, der mittels einer Schlauchklemme geschlossen ist. Durch Umschwenken des Kolbens wird der Untersuchungsstoff in der Flüssigkeit dispergiert. Nach Stehen über Nacht bei Zimmertemperatur wird das freie Ende des Siliconschlauches mit einem Kühler verbunden und erst dann die Schlauchklemme gelöst. Das Ende des Kühlers taucht in eine Vorlage, die mit 20 ml 1 n-NaOH beschickt ist. Innerhalb 15—20 min werden 50—60 ml in die Vorlage abdestilliert. Anschließend wird die Vorlage mit 3 Tropfen Phenolrot (5 mg Phenolrot + 0,14 ml 0,1 n-NaOH + 100 ml Wasser), 1 ml 10%iger Ammoniak-Lösung und 1 ml 10%iger Kaliumjodid-Lösung versetzt und mit 0,02 n-Silbernitrat-Lösung bis zur ersten schwachen Trübung titriert. 1 ml 0,02 n-Silbernitrat-Lösung = 1,08 mg Blausäure.

j) Nugat

Die *Untersuchung* der Nugatwaren auf Wasser-, Fett- und Zuckergehalt kann nach den üblichen Verfahren erfolgen (vgl. auch die Untersuchung von Marzipan, S. 731).

Bei der Bestimmung des Gehaltes an zugesetzter *Saccharose* ist zu berücksichtigen, daß auch die Haselnüsse einen natürlichen Gehalt an Sacchariden aufweisen (H. THALER 1957).

Eine Ermittlung des Gehaltes an *Kakaobestandteilen* ist schwierig. Der Gehalt an fettfreier Kakaotrockenmasse kann über eine Theobrominbestimmung abgeschätzt werden. Der Gehalt an *Kakaobutter* läßt sich unter der Annahme, daß die verarbeitete Kakaobutter eine JZ = 37 und das Haselnußöl eine JZ = 90 hat, nach der Formel

$$\text{Prozent Kakaobutter im Gesamtfett} = \frac{90 - JZ_F}{0,53}$$

$$JZ_F = \text{Jodzahl des Gesamtfettes}$$

abschätzen. Die Genauigkeit dieser Schätzung hängt natürlich davon ab, wie gut die tatsächlichen mit den angenommenen JZ übereinstimmen.

IV. Hinweise für die lebensmittelrechtliche Beurteilung

Für die lebensmittelrechtliche Beurteilung von Zuckerwaren sind neben den allgemeinen Beurteilungsmaßstäben, die im Lebensmittelgesetz niedergelegt sind, vor allem die sog. Fremdstoff-Verordnungen sowie Begriffsbestimmungen und Verkehrsregeln für die einzelnen Zuckerwarenarten zu beachten. In besonders gelagerten Fällen werden außer der Kakao-Verordnung (einschließlich der Ministerialerlasse) auch die Verordnungen über vitaminierte Lebensmittel bzw. diätetische Lebensmittel zur Beurteilung herangezogen werden müssen.

Fremde Stoffe, die ohne Kenntlichmachung und z. T. ohne, z. T. mit gewissen Einschränkungen bei der Herstellung von Zuckerwaren verwendet werden können, werden in der Verordnung über die Zulassung fremder Stoffe als Zusatz zu Lebensmitteln vom 19. Dezember 1959 (BGBl. I S. 742) aufgeführt.

In der Verordnung über die Zulassung färbender fremder Stoffe vom 19. Dezember 1959 werden einerseits die zulässigen färbenden fremden Stoffe und andererseits diejenigen Lebensmittel genannt, denen unter Kenntlichmachung färbende fremde Stoffe zugesetzt werden dürfen. Wichtig sind in diesem Zusammenhang insbesondere die Färbeverbote für Lakritzen, Brausepulver, Füllungen von Zuckerwaren und Überzügen, aus deren Bezeichnung hervorgeht, daß sie mit Milch, Butter, Honig, Ei, Malz, Karamel, Kakao, Schokolade oder Kaffee zubereitet sind.

Die Verordnung über Essenzen und Grundstoffe vom 19. Dezember 1959 regelt u. a. die Verwendung und Kenntlichmachung künstlicher Aromastoffe bei der Herstellung von Zuckerwaren. Sie gestattet u. a. den Zusatz von 2% Ammoniumchlorid zu Lakritzwaren.

Die Verordnung über den Zusatz fremder Stoffe bei der Behandlung von Früchten und Fruchterzeugnissen vom 19. Dezember 1959 betrifft Zuckerwaren nur mittelbar, da in dieser Verordnung für bestimmte Rohstoffe der Zuckerwarenherstellung (Obstpülpe, Weinbeeren u. a.) Höchstmengen an Schwefeldioxid und anderen fremden Stoffen festgelegt werden.

Nach der Verordnung über die Zulassung fremder Stoffe zum Schutz gegen mikrobiellen Verderb von Lebensmitteln vom 19. Dezember 1959 dürfen bestimmten Zuckerwaren (Marzipan und marzipanähnliche Erzeugnisse — Makronen und Makronenersatzmassen, wasser- und fetthaltigen Massen für Zuckerwaren) bestimmte Höchstmengen ausdrücklich genannter Konservierungsstoffe unter Kenntlichmachung zugesetzt werden.

Die Verordnung über die Zulassung fremder Stoffe bei der Herstellung von Kaugummi vom 19. Dezember 1959 nennt nicht nur die zulässigen fremden Stoffe, sondern enthält weiter eingehende Vorschriften über die Reinheit und sonstige Beschaffenheit der Kaumassen.

Bei vitaminierten Zuckerwaren ist die Verordnung über vitaminierte Lebensmittel vom 1. September 1942 bei diätetischen Zuckerwaren (z. B. Erzeugnissen für Diabetiker) die Verordnung über die Zulassung fremder Stoffe als Zusatz zu diätetischen Lebensmitteln vom 19. Dezember 1959, sowie die Verordnung über diätetische Lebensmittel vom 20. Juni 1963 zu beachten. In Einzelfällen wird auch das Süßstoff-Gesetz vom 1. Februar 1939 zu berücksichtigen sein.

Schließlich ist zu erwähnen, daß von den Zuckerwaren nur Marzipan und Marzipanersatz unter die Bestimmungen der Verordnung über die äußere Kennzeichnung von Lebensmitteln vom 8. Mai 1935 fallen.

Bei „Begriffsbestimmungen", „Verkehrsregeln", „Leitsätzen" u. a. Beurteilungsgrundsätzen handelt es sich um Normativbestimmungen der Erzeugerverbände. Sie geben den redlichen Handelsbrauch wieder und dienen als Hilfsmaßstäbe für die Bestimmung der Verbrauchererwartung. Rechtlich sind sie als gutachterliche Äußerungen zu werten. Anstelle der im Jahre 1929 vereinbarten „Verkehrsbestimmungen für Zuckerwaren", die von der ehemaligen Fachgruppe Süßwarenindustrie bzw. dem Bund Deutscher Nahrungsmittel-Fabrikanten und -Händler („Nürnberger Bund") oder vom Verein Deutscher Nahrungsmittelchemiker beschlossen wurden, hat der „Bund für Lebensmittelrecht und Lebensmittelkunde e. V." als Gutachten (vom 14. April 1964) die „Begriffsbestimmungen und Verkehrsregeln für Zuckerwaren und verwandte Erzeugnisse" veröffentlicht. Über Einzelheiten dieser neuen Begriffsbestimmungen bestehen allerdings noch Meinungsverschiedenheiten zwischen den beteiligten Industrieverbänden und der amtlichen Lebensmittelüberwachung.

Die „Leitsätze für Ölsamen und daraus hergestellte Massen und Süßwaren" enthalten die Beurteilungsgrundsätze für Mandeln, Nüsse, Aprikosenkerne und daraus hergestellten Erzeugnisse (Marzipan, Persipan, u. a.); sie sind in das Deutsche Lebensmittelbuch aufgenommen worden.

Bibliographie

Association internationale des fabricants de Confiserie: Methodes d'analyse pour l'industrie de la confiserie adoptées par la Commission des Experts. Paris: Loseblattausgabe ab 1963.
Association of public analysts: Separation and identification of food colors permitted by the colouring matters in food regulation. Cambridge: Hefter & Sons Ltd. 1960.
BERTEN, E.: Die Hart- und Weichkaramellen. Lage (Lippe): Theobroma.
BESSELICH, N.: Bonbonfabrikation. 6. Aufl. Bearb. von H.R. RIEDEL unter Mitarbeit von G. KLEPSCH. Trier: Verlag der Konditorzeitung.
Bund für Lebensmittelrecht und Lebensmittelkunde e. V.: Begriffsbestimmungen und Verkehrsregeln für Zuckerwaren und verwandte Erzeugnisse, Gutachten vom 14. April 1964, Heft 49 der Schriftenreihe des Bundes für Lebensmittelrecht und Lebensmittelkunde. Hamburg-Berlin-Düsseldorf: B. Behr 1964.
FINCKE, A.: Zucker und Zuckerwaren, Grundlagen und Fortschritte der Lebensmitteluntersuchung Bd. 5. Berlin: A. Hayn's Erben 1957.
FINCKE, H.: Handbuch der Kakaoerzeugnisse. 2. Aufl. Hrsg. von A. FINCKE unter Mitarbeit von H. LANGE und J. KLEINERT. Berlin-Heidelberg-New York: Springer 1965.
JACOBS, M.J.: The manufacture of chewing gum. In: M.J. JACOBS: The Chemistry and Technology of Food and Food Products, Bd. III, S. 2170—2181. New York: Interscience Publ. Inc. 1951.
Jahrbuch der Süßwarenwirtschaft 1965/66. Hamburg: W. Benecke.
NIEMAN, C.: Licorice. In: Advances in Food Research, Bd. VII, S. 339—381. New York: Academic Press Inc. 1957.
KERN, E.: Das Lebensmittelrecht der Süßwarenwirtschaft. Hamburg: Bergedorfer Buchdruckerei 1960.
KLOTZSCH, H., und BERGMEYER, H.-U.: D-Fructose. In: Methoden der enzymatischen Analyse. Hrsg. von H.-U. BERGMEYER, S. 156—159. Weinheim/Bergstr.: Verlag Chemie 1962.
SCHOEN, M.: Confectionery and cacao products. In: M.J. JACOBS: The chemistry and technology of food and food products, Bd. III, S. 2138—2169. New York: Interscience Publ. Inc. 1951.
WILLIAMS, C.T.: Chocolate and confectionery. London: L. Hill Ltd. 1950.

Zeitschriftenliteratur

Acker, L., W. Diemair u. D. Pfeil: Die quantitative papierchromatographische Bestimmung von Zuckern in Malzextrakten, Stärkesirupen und ähnlichen Erzeugnissen. Stärke 6, 241—246 (1954).

Beck, E.: Zum Nachweis des Lebensmittelfarbstoffes Rhodamin B. Pharmazie 12, 825—827 (1957).

— Deutscher Kaugummi. Seifen, Öle, Fette, Wachse 76, 105—106 (1950).

Bleyer, B., W. Diemair u. G. Lix: Zur Kenntnis des Sorbit-Nachweises in Wein. Quantitative Untersuchungen am Dibenzalsorbit. Z. Untersuch. Lebensmittel 62, 297—303 (1931).

Bundesgesundheitsamt: Vereinheitlichung der Berechnung des Milchfettanteils von Lebensmitteln auf Grund der Buttersäurezahl. Bundesgesundh.-Bl. 7, 235 (1964).

Drevon, B., et J. Laur: Nouvelle methode d'expertise des colorants alimentaires emploi des ammoniums quaternaires. Ann. Falsif. Fraudes 52, 155—161 (1959).

Eisenbrand, J.: Beitrag zum Nachweis von künstlichen Lebensmittelfarbstoffen. Dtsch. Lebensmittel-Rdsch. 50, 248—250; 283—290 (1954).

Fincke, A.: Über die Ermittlung der zur Herstellung verwendeten Stärkesirup- und Saccharosemengen in einfach zusammengesetzten Süßwaren. Zucker- u. Süßwaren-Wirtsch. 8, 188—191; 231—234 (1955).

—, u. E. Zoschke: Wasserbestimmung nach Karl Fischer in Rohstoffen und Fertigerzeugnissen der Süßwarenindustrie. Zucker- u. Süßwaren-Wirtsch. 10, 327—331 (1957).

— Zur Bestimmung des Saccharosegehaltes von Marzipan. Süßwaren 2, 128—130 (1958).

Fincke, H.: Über Marzipan, Nugat und andere Süßwaren aus zerkleinerten ölhaltigen Samenkernen und Zucker. Zucker- u. Süßwaren-Wirtsch. 4, 152—154; 183—184; 214; 261—263 (1951).

— Über den Gehalt von gebrannten Mandeln, Krokant und ähnlichen Zuckerwaren an Samenkernen und über die gewichtsmäßige Bestimmung dieses Gehaltes. Z. Untersuch. Lebensmittel 79, 177—184 (1940).

— Versuch einer übersichtlichen Ordnung der Erzeugnisse der Süßwarenindustrie. Zucker- u. Süßwaren-Wirtsch. 6, 546—549; 603—604 (1953a).

— Über die Bezeichnung „Konserve" für eine Zuckerwarenart. Gordian LIII, Nr. 1266, S. 14—16 (1953b).

Grossfeld, J.: Die Bestimmung des Stärkesirups nach Juckenack. Z. Lebensmittel-Untersuch. u. -Forsch. 86, 56—64 (1943).

—, u. M. Schnetka: Die Berechnung des Saccharose- und Stärkesirupgehaltes von Marzipan- und Persipanzubereitungen aus der Polarisation vor und nach Inversion. Z. Untersuch. Lebensmittel 61, 485—490 (1931).

Grover, D. W.: The keeping properties of confectionery as influenced by its water vapor pressure. The Manufacturing Confectioner 29, Nr. 6, S. 32—38, 64—66 (1949).

Hadorn, H.: Analyse und Beurteilung von Malzbonbons. Mitt. Lebensmitteluntersuch. Hyg. 49, 290—298 (1958).

—, u. R. Jungkunz: Zur Untersuchung von Traubenzuckertabletten. Mitt. Lebensmitteluntersuch. Hyg. 44, 364—370 (1953).

—, u. H. Suter: Zur Untersuchung diätetischer Nährmittel. 4. Mitt.: Über die Anwendung der komplexometrischen Zuckerbestimmung nach Potterat-Eschmann auf die biochemische Zuckertrennung nach van Voorst. Mitt. Lebensmitteluntersuch. Hyg. 46, 341—355 (1955).

— — Zur Methodik der Halbmikrobuttersäurezahl. Über Fehlerquellen sowie ein Vorschlag zur Standardisierung der Arbeitsvorschrift. Mitt. Lebensmitteluntersuch. Hyg. 48, 30—39 (1957).

—, u. K. Zürcher: UV-Spektrophotometrische Theobromin-Bestimmung in Kakao und Schokoladen. Mitt. Lebensmitteluntersuch. Hyg. 56, 491—515 (1965).

Hanssen, E., u. W. Sturm: Dtsch. Lebensmittel-Rdsch. (im Druck).

Heiss, R.: Untersuchungen über die Haltbarkeit von Hartkaramellen. Stärke 7, 45—55; 147—160 (1955).

Hettich, A.: Über die Verdampfungstemperaturen beim Bonbonkochen, insbesondere beim Unterdruckkochen. Süßwaren 3, 548—554 (1959).

Illies, R.: Marzipan- und Persipan-Waren mit Zusatz von Invertase. Zucker- u. Süßwaren-Wirtsch. 6, 255—256 (1953a).

— Kokosraspeln. Zucker- u. Süßwaren-Wirtsch. 6, 998—1000 (1953b).

Jäger, A.: Die Anreicherung und Färbung von Süßwaren mit Vitaminen. Zucker- u. Süßwaren-Wirtsch. 16, 10—14; 63—68 (1963).

Koether, B.: Über die quantitative Bestimmung von 15 zum Färben von Lebensmitteln verwendeten Farbstoffen. Dtsch. Lebensmittel-Rdsch. 56, 7—13 (1960).

KRUISHEER, J.: Die Bestimmung von Stärkesirup und Stärkezucker neben Saccharose und Invertzucker. Z. Untersuch. Lebensmittel 58, 261—281 (1929).

LITTERSCHEID, F. M.: Über ein neues „Sorbit-Verfahren" zum Nachweis von Obstwein im Traubenwein. Z. Untersuch. Lebensmittel 62, 653—657 (1931).

MONK, H. E.: The determination of the almond content of marzipan. J. Ass. Publ. Analysts 1, 20—22 (1963).

MONTAG, A.: Dünnschichtchromatographischer Nachweis einiger fettlöslicher, synthetischer und natürlicher Farbstoffe in Lebensmitteln. Z. Lebensmittel-Untersuch. u. -Forsch. 116, 413—420 (1962).

MOTTIER, M., et M. POTTERAT: Note sur l'extraction de divers colorants hydrosolubles. Mitt. Lebensmitteluntersuch. Hyg. 44, 293—302 (1953).

POTTERAT M., et H. ESCHMANN: Application des complexons au dosage des sucres. Mitt. Lebensmitteluntersuch. Hyg. 45, 312—329 (1954).

RIEMERSMA, J. C., u. J. F. M. HESLINGA: Über die Papierchromatographie wasserlöslicher Farbstoffe. Mitt. Lebensmitteluntersuch. Hyg. 51, 94—104 (1960).

RINCK, A.: Berechnung des Stärkesirups und der Saccharose in Fruchtsäften, Marmeladen usw. Z. Untersuch. Nahrungs- u. Genußmittel 42, 372—382 (1921).

RUTTLOFF, H., R. FRIESE u. K. TÄUFEL: Zur biochemischen Differenzierung von Saccharidgemischen unter Einsatz von Preßhefe. IV. Mitt.: Lactosebestimmung in Backwaren. Z. Lebensmittel-Untersuch. u. -Forsch. 115, 106—113 (1961).

SCHACHINGER, L.: Die Wasserbestimmung in Zuckerwaren und ihren Rohstoffen. Zucker- u. Süßwaren-Wirtsch. 4, 831—836 (1951).

SCHILLINGER, A., u. F. ZIMMERMANN: Über die Stabilität verschiedener Vitamine in vitaminierten Süßwaren. Zucker- u. Süßwaren-Wirtsch. 17, 12—16; 25—27 (1964).

SCHOORL, N.: Zucker-Titration. Z. Untersuch. Lebensmittel 57, 566—576 (1929).

SCHWABE, W.: Einige Mitteilungen über Marzipan und ähnliche Erzeugnisse unter besonderer Berücksichtigung eines Nachweises der Verwendung von entbitterten bitteren Mandeln und Bergmandeln. Süßwaren 3, 376—378; 490—494 (1959).

TÄUFEL, K., u. K. MÜLLER: Zur Bestimmung von Glucose, Maltose und sonstigen vergärbaren Oligosacchariden sowie von Dextrinen unter Einsatz von Kulturhefe. Z. Lebensmittel-Untersuch. u. -Forsch. 103, 272—284 (1956).

— — Zur oxydimetrischen Bestimmung von Sorbit im Wein unter Heranziehung der papierchromatographischen Arbeitsweise. Z. Lebensmittel-Untersuch. u. -Forsch. 106, 123—128 (1957).

THALER, H.: Die löslichen Kohlenhydrate einiger Rohstoffe der Schokoladenindustrie. II. Mitt.: Die Oligosaccharide von Nüssen und Mandeln. Z. Lebensmittel-Untersuch. u. -Forsch. 105, 198—200 (1957).

—, u. G. SOMMER: Studien zur Farbstoffanalytik. IV. Mitt.: Die papierchromatographische Trennung wasserlöslicher Teerfarbstoffe. Z. Lebensmittel-Untersuch. u. -Forsch. 97, 345—365 (1953).

V. Mitt.: Nachweis und Identifizierung wasserlöslicher Teerfarbstoffe in Lebensmitteln. Z. Lebensmittel-Untersuch. u. -Forsch. 97, 441—446 (1953).

TURNER, A.: The determination of sorbitol in chocolate for diabetics. Analyst. 89, 115—121 (1964).

VOORST, T. VAN: Biochemische Zuckerbestimmungen. Z. Untersuch. Lebensmittel 83, 414 bis 423 (1942).

WERDER, J.: Das Sorbitverfahren zum Nachweis von Obstwein in Wein. Z. Untersuch. Lebensmittel 58, 123—131 (1929).

WOIDICH, K., T. LANGER u. L. SCHMID: Papierchromatographie wasserlöslicher Teerfarbstoffe. Dtsch. Lebensmittel-Rdsch. 56, 73—79 (1960).

Speiseeis

A. Allgemeines, Begriffsbestimmungen und lebensmittelrechtliche Beurteilung

Von

Dr. J. KLOSE, Bonn

Mit 2 Abbildungen

I. Geschichtliches

Die Historie des Speiseeises beginnt, folgt man MARCO POLO, bereits gegen 3000 v. Chr. bei den Chinesen, die — wie er 1292 berichtet — seit jener frühen Zeit mitten im Sommer eine Art Speiseeis aus Milch, Wasser und anderen Zutaten bereiten können. Schon vor ihm sind in antiken europäischen Schriften Hinweise auf „Gefrorenes" zu finden, in der Regel wohl aus Gipfelschnee und Wintereis, z. B. bei SIMONIDES VON KEOS (556—468 v. Chr.), HIPPOKRATES (460—377 v. Chr.), XENOPHON (430—354 v. Chr.), GALENUS (130—205).

In Catania — so heißt es — ist 1530 Speiseeis mit Hilfe von Roheis und Salpeter hergestellt worden. Freilich nehmen auch andere Plätze Italiens für sich in Anspruch, die Heimat des eigentlichen Speiseeises zu sein. Unter KATHARINA VON MEDICI (1519—1589) wird Speiseeis im Pariser Palais Royal hoffähig. Gefrorenes aus Apfelsinensaft und Zucker findet um 1602 seinen Weg in die Wiener Hofburg. Am Hofe Ludwigs XIV. (1643—1715) ist erstmalig Schokoladen- und Vanilleeis zu finden. Aus der höfischen Delikatesse wird jetzt immer mehr auch eine Erfrischung für den Bürger. Zu einer Innung vereinigen sich bereits 1676 in Paris 250 Eiskonditoreien. VOLTAIRE, ROUSSEAU, DIDEROT u. a. sind unter ihren Gästen.

Während der kaiserlichen Regierungszeit NAPOLEONS III. (1852—1870) tauchen in Paris erstmalig Eis-Parfait und Eisbecher auf, in Italien Cassata und Gramolata (eine Art gefrorene Limonade), in Wien Eiskaffee und Eisschokolade. Eisdielen kommen auch außerhalb Italiens in Mode. Schon in den Jahren von 1870—1880 wird von „Eismännern" berichtet, die im Sommer für ein paar Monate jenseits der Alpen Speiseeis bereiten und verkaufen.

Bis zum Beginn des 20. Jahrhunderts dient Eis lediglich dem *Erfrischungszweck*. Der „Neuen Welt" ist es vorbehalten geblieben, auch hier einen entscheidenden Wandel einzuleiten, der innerhalb weniger Jahrzehnte in den USA Speiseeis vor allem zum *Lebensmittel für alle Tage* gemacht hat. Die überseeischen angelsächsischen Länder Kanada, Australien und Neuseeland sind rasch gefolgt, während in Europa die skandinavischen Staaten — mit Schweden an der Spitze — sowie Großbritannien und Irland auf diesem Wege zumindest ein gutes Stück zurückgelegt haben. In der UdSSR, in Deutschland und weiteren mitteleuropäischen Ländern schickt man sich an, ein Gleiches zu tun.

JACOB FUSSEL errichtet 1851 in Baltimore die erste Speiseeisfabrik. Schon 1864 läßt J. M. HORTON in New York die erste Großanlage für die Eiskrem-Erzeugung bauen. Anlagen zur kontinuierlichen Kälteerzeugung nach dem von CARL VON LINDE erfundenen Prinzip (Verflüssigung von Ammoniak oder Frigene durch Druck in einem geeigneten Kreislaufsystem) werden in den USA mit der Fabrikation von Speiseeis kombiniert. 1903 erhält ITALO MARCHIONY einen entsprechenden Patentschutz.

Zur „Geschichte" von Speiseeis vgl. die Broschüre „Eiskrem — sozusagen jeden Tag", herausgegeben vom Bundesverband der Deutschen Süßwarenindustrie 1966.

II. Wirtschaftliches

Vor allem in den Jahren nach dem Zweiten Weltkrieg trat industriell gefertigtes Speiseeis seinen Siegeszug bis in den Haushalt an. Die Pro-Kopf-Produktion schnellte in den USA von 9,7 l im Jahre 1940 auf 16,0 l im Jahre 1945 hinauf und stieg in 20 Jahren bis 1965 auf 22,0 l an, mit einer Gesamterzeugung von 4,268 Mrd. l in dem zuletzt genannten Jahr, während sie in der Bundesrepublik Deutschland nur 2,5 l pro Kopf betrug.

Die neuzeitliche Technik ermöglicht es, Eiskrem als industriell gefertigtes Erzeugnis auf dem modernen Weg der Gefrier-Konservierung über eine geschlossene Tiefkühlkette zu transportieren und aufzubewahren.

Auch der Absatz von Speiseeis, das im kleingewerblichen Bereich zum alsbaldigen Konsum hergestellt wird, hat in verschiedenen Ländern eine Belebung erfahren. Sog. Softeis, das in Automaten bereitet und sogleich nach dem Abfüllen verzehrt wird, hat seit 1962 in der BR Deutschland seinen Anteil an der Speiseeis-Gesamterzeugung bis 1965 auf etwa 7% erhöht.

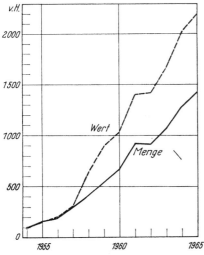

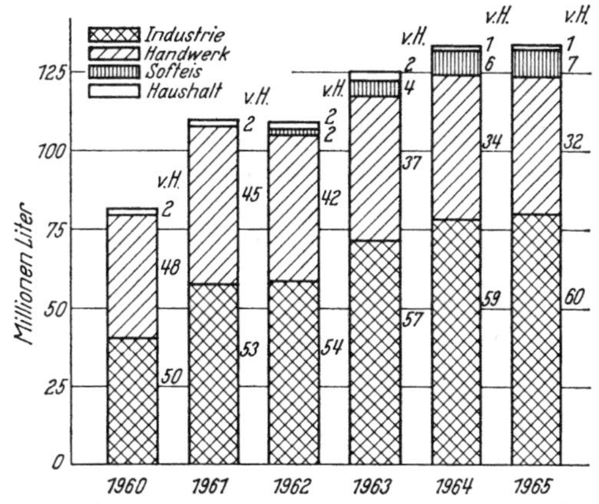

Abb. 1. Speiseeis-Produktion in der Bundesrepublik Deutschland 1960—1965

Abb. 2. Die industrielle Speiseeisproduktion in der BR Deutschland nach Menge und Wert 1954—1965 (1954 = 100)

Der Anteil des in der BR Deutschland in Konditoreien, Bäckereien, Hotels und Gaststätten, Eisdielen und im ambulanten Gewerbe „handwerklich" zubereiteten Speiseeises ist von 1960—1965 von nahezu 50% auf wenig mehr als 30% zurückgegangen. Von der absoluten Menge her gesehen dürfte es freilich seine Position gehalten haben.

Die Herstellung im Haushalt, unter Benutzung entsprechender Eispulver-Packungen, ist unbedeutend und spielt praktisch keine Rolle.

Wie die vier in Frage kommenden Bereiche in der Bundesrepublik von 1960—1965 am Speiseeismarkt partizipiert haben, zeigt Abb. 1.

Welchen Aufschwung die Industrie-Produktion seit 1954 genommen hat, zeigen die Index-Kurven in Abb. 2. Wenn auch in der Bundesrepublik die industrielle Speiseeis-Erzeugung nicht mehr so extrem wie etwa vor 10 Jahren auf das zweite und vor allem dritte Quartal konzentriert ist, so zeigt sie doch im Vergleich mit den USA noch einen stark saisonalen Charakter.

In der prozentualen Aufgliederung des industriellen Speiseeis-Sortiments steht in der BR Deutschland Eiskrem auf Milchfett-Basis mit ca. 66% an der Spitze, in USA mit ca. 65%, während sein Anteil in Schweden bei 45%, in Großbritannien nur bei 15% im Jahre 1965 lag.

Andere als der Milch entstammende Fette sind für Speiseeis in der BR Deutschland verboten, in den USA in 14 Staaten zugelassen, in Schweden und Großbritannien jedoch — bei entsprechender Kenntlichmachung — generell erlaubt. Dabei spielt die Preisrelation der Fette eine äußerst wichtige Rolle.

III. Begriffsbestimmungen

1. Speiseeis

Die Speiseeis-VO definiert *Speiseeis (Gefrorenes)* als durch Gefrieren in einen starren Zustand gebrachte Zubereitungen, die

— mit oder ohne Verwendung von Ei oder Eiprodukten,
— aus Saccharose,
— aus Milch oder Magermilch (auch in Form eingedickter oder pulverisierter Erzeugnisse),
— aus Sahne (Rahm) oder Butter

oder

— aus Saccharose,
— aus frischem Obstfruchtfleisch oder Obsterzeugnissen,

jeweils unter Verwendung
— von geschmacklichen Zusätzen (auch in Form von Auszügen),
— von Geschmacks-, Geruchs- und Farbstoffen sowie
— von sonstigen nach der VO zulässigen Zusatzstoffen (Stabilisatoren, Emulgatoren) hergestellt sind.

Zusätzlich können verwendet werden als natürliche Geschmacks- und Geruchsstoffe Kaffee, Kakao, Schokolade, Vanille, Nüsse, Mandeln, Aprikosenkerne, Pistazien u. dgl., auch in Form von Auszügen, sowie natürliche Fruchterzeugnisse, weiterhin als Stabilisatoren Stärkemehl (1,0%), Gelatine, Tragant, Johannisbrotkernmehl (jeweils 0,6%), Guarmehl (0,4%), Carrageenate (0,3%), Obstpektin (0,3%), Alginate (0,3%), Agar-Agar (0,15%), als Emulgatoren Mono- und Diglyceride natürlicher Fettsäuren (0,3%). Zulässig sind ferner als Zucker und Süßungsmittel Dextrose (Glucose), Stärkesirup (höchstens 5%), Sorbit (höchstens 3%).

Die Verordnung unterscheidet nachstehende *Speiseeissorten:*

Kremeis *(Eierkremeis):* Hergestellt aus Saccharose, Milch (auch eingedickte Milch), Ei oder Eiprodukten in einer Menge entsprechend mindestens 270 g Vollei oder 100 g Eidotter auf 1 l Milch; Obst und Obsterzeugnisse sind zulässig.

Fruchteis: Hergestellt aus Saccharose, Wasser, frischem Obst oder Obsterzeugnissen, wobei mindestens 20% Obstfruchtfleisch, Obstmark oder Obstsaft bzw. eine entsprechende Menge an Obsterzeugnissen zugesetzt sein müssen (bei Zitroneneis 10% Zitronenmark oder -saft).

Rahmeis *(Sahneeis):* Hergestellt aus Saccharose, Schlagsahne (mindestens 60% im Fertigerzeugnis), zuweilen Ei, Obst und Obsterzeugnissen.

Milchspeiseeis: Hergestellt aus Saccharose, Milch (mindestens 70% im Fertigerzeugnis), auch eingedickter Milch und Milchpulver, zuweilen Obst und Obsterzeugnissen.

Eiskrem: Auf besondere Art durch Pasteurisieren, Homogenisieren, Stehenlassen bei niedriger Temperatur und Gefrieren hergestellt aus Saccharose, Milch oder Magermilch (auch eingedickt oder als Pulver), oder Sahne, oder Butter. Fruchteiskrem (mit Obst oder Obsterzeugnissen) enthält mindestens 8%, sonstiger Eiskrem 10% Milchfett.

Einfacheiskrem: Herstellung wie bei Eiskrem, jedoch mit geringerem Gehalt an Milchfett (mindestens aber 3%).

Kunstspeiseeis, das die bei den anderen Speiseeissorten genannten wertgebenden Komponenten (Ei, Milch, Sahne, Obst) in geringerer Menge enthält. Nur bei dieser Sorte sind künstliche Geschmacks- und Geruchsstoffe[1] sowie künstliche Farbstoffe erlaubt, im übrigen die oben genannten Stabilisatoren und Emulgatoren.

---

[1] Vanillin oder künstliche Vanille-Essenz können für sämtliche Speiseeissorten verwendet werden.

2. Halberzeugnisse

Als *Halberzeugnisse für Speiseeis* werden Zubereitungen definiert, die nicht zum unmittelbaren Genuß bestimmt und geeignet, sondern zur Weiterverarbeitung auf Speiseeis bestimmt sind. Die Speiseeis-VO nennt:

Speiseeiskonserven: Zähflüssige Zubereitungen, durch Erhitzen in luftdicht verschlossenen Behältnissen haltbar gemacht,

— mit oder ohne Verwendung von Ei oder Eiprodukten,

— aus Saccharose,

— aus frischem Obstfruchtfleisch oder Obsterzeugnissen,

— unter Verwendung
von Geschmacks- und Geruchsstoffen,
von Zusatzstoffen (Stabilisatoren, Emulgatoren).

Speiseeispulver: Mischungen

— aus Saccharose,

— unter Verwendung von Geschmacks-, Geruchs- und Farbstoffen,

— zuweilen von Milchpulver oder Milchzucker anstelle von Saccharose sowie

— zuweilen von Ei oder Eiprodukten.

Die Halberzeugnisse müssen hinsichtlich ihrer Zusammensetzung den Anforderungen an die Speiseeissorte genügen, für deren Herstellung sie bestimmt sind.

In Ergänzung der allgemeinen Begriffsbestimmung von „Speiseeis" ist nicht nur wichtig, daß es sich um eine durch Gefrieren hergestellte starre Zubereitung handeln muß, sondern daß diese zum Verzehr in gefrorenem Zustand bestimmt ist. Gefrorene Süßspeisen (z. B. Pudding), die aufgetaut gegessen werden, wären demnach kein Speiseeis, auch wenn sie die gleiche oder eine ähnliche Zusammensetzung aufweisen wie Speiseeis. Sie dürfen freilich mit Speiseeis nicht verwechslungsfähig sein und müssen entsprechend kenntlich gemacht werden.

Begrifflich jedenfalls rechnen etwa sterilisierte gefrierfertige Mischungen (z. B. für Softeis), die lediglich des Einfrierens bedürfen, noch zu den Halberzeugnissen. Dennoch erfüllen sie die Anforderungen an Speiseeiskonserven nicht, da sie nicht zähflüssig, sondern nur schwach eingedickt sind, damit keiner Verdünnung mehr vor dem Gefrieren bedürfen.

IV. Hinweise für die lebensmittelrechtliche Beurteilung

Anforderungen an die *stoffliche Beschaffenheit* und *Kenntlichmachung* von Speiseeis und Speiseeishalberzeugnissen, aber auch Maßstäbe für die *gesundheitliche Beurteilung* sind mit der Verordnung über Speiseeis vom 15. VII. 1933 (RGBl. I S. 510) und der Änderungsverordnung vom 15. III. 1961 (BGBl. I S. 227) kodifiziert worden.

Für die Beurteilung von Speiseeis sind folgende Gesetze und Verordnungen heranzuziehen:

Lebensmittelgesetz vom 17. I. 1936 (RGBl. I S. 17) in geänderter Fassung vom 21. XII. 1958 (BGBl. I S. 950)

Bundesseuchengesetz vom 18. VII. 1961 (BGBl. I S. 1012), in geänderter Fassung vom 23. I. 1963 (BGBl. I S. 57)

VO über Speiseeis vom 15. VII. 1933 (RGBl. I S. 510) in der Fassung der	VO über Essenzen und Grundstoffe vom 19. XII. 1959 (BGBl. I S. 747)	Farbstoff-VO vom 19. XII. 1959 (BGBl. I S. 756)
		in der Fassung der VO zur Änderung von Fremdstoff-VOen vom 22. XII. 1960 (BGBl. I S. 1073)
und der VO zur Änderung der VO über Speiseeis und der Essenzen-VO vom 15. III. 1961 (BGBl. I S. 227)		und der VO zur Änderung der Farbstoff-VO vom 20. I. 1966 (BGBl. I S. 74)

Nach der *Essenzen-VO* dürfen für Speiseeis generell Vanillin und künstliche Vanille-Essenz verwendet werden, jedoch ohne Zusatz fremder Stoffe. Ein Hinweis auf Vanille darf nur durch die Angabe „mit Vanillegeschmack" erfolgen. Nur für Kunstspeiseeis darf Äthylvanillin benutzt werden bei Kenntlichmachung „mit künstlichem Aromastoff" bzw. „mit Aromastoff" (bei Halberzeugnissen für Kunstspeiseeis). Die *Farbstoff-VO* gestattet eine direkte Färbung mit fremden Stoffen nur bei Kunstspeiseeis, ansonsten lediglich die Verwendung von gefärbtem, sterilisiertem Kirsch-, Himbeer- oder Erdbeermark bei entsprechendem Farbübergang, jeweils kenntlich gemacht durch den Hinweis „mit Farbstoff". Unter Verzicht auf Deklaration kann dieser Weg auch bei Benutzung färbender Lebensmittel für sterilisiertes Obstmark beschritten werden.

Von *sonstigen Rechtsvorschriften* seien erwähnt:

Die *Konservierungsstoff-VO* vom 19. XII. 1959 läßt die Verarbeitung z. B. von Obstmark, Früchten und Obstmuttersäften bei Speiseeis, welche fremde Stoffe zum Schutz gegen mikrobiellen Verderb enthalten, zu, bei Kenntlichmachung „mit Konservierungsstoff".

Nach der *Fruchtbehandlungs-VO* vom 19. XII. 1959 ist die Schwefelung von Citrusmuttersäften, von Obstmark und flüssigem Obstpektin für die Speiseeisherstellung statthaft, unter Beachtung der in der Verordnung genannten Höchstmengen und der Kenntlichmachung „geschwefelt".

Die *Kakao-VO* vom 15. VII. 1933 erlaubt die Benutzung kakaohaltiger Fettglasuren für Speiseeis bei entsprechender Kenntlichmachung.

Nach der *VO über diätetische Lebensmittel* vom 20. VI. 1963 kann Speiseeis auch als diätetisches Erzeugnis hergestellt und in den Verkehr gebracht werden, auch unter Verwendung von Süßstoffen.

Nur als diätetisches Lebensmittel darf Speiseeis unter Beachtung der *VO über vitaminisierte Lebensmittel* vom 1. IX. 1942 auch vitaminisiert werden.

Die *Enteneier-VO* vom 25. VIII. 1954 untersagt die Verarbeitung von Enteneiern für Speiseeis.

Alle Personen, die mit der gewerbsmäßigen Herstellung oder Behandlung von Speiseeis oder mit dem Inverkehrbringen von Speiseeis in loser Form beschäftigt werden oder eine solche Tätigkeit ausüben, bedürfen nach Maßgabe der §§ 17 und 18 des *Bundesseuchengesetzes* der Einstellungs- und gegebenenfalls der Wiederholungsuntersuchung. Ausgenommen ist lediglich Personal, das mit dem Inverkehrbringen von verpacktem Speiseeis befaßt ist.

Soweit hygienische Regelungen nicht bereits im Lebensmittelgesetz und im Bundesseuchengesetz sowie in der Speiseeis-VO enthalten und damit einheitlich in der BR Deutschland in Anwendung sind, haben die Bundesländer auf dem Verordnungswege Ergänzungen mit Anforderungen an die hygienischen Voraussetzungen der Herstellung und des Verkaufs von Speiseeis und dessen Halberzeugnissen und an die bakteriologische Beschaffenheit vorgenommen. Bisweilen interpretieren Verwaltungsanweisungen die auf Bundesebene geltenden Rahmenvorschriften (vgl. Zusammenstellung im „Jahrbuch der Süßwarenwirtschaft"). Zur hygienischen Beurteilung von Speiseeis und seiner Herstellung vgl. H. Gärtner (1961), sowie O. Roemmele u. M. Danneel (1963).

Die z. Z. geltenden Landesregelungen bestimmen u. a. die Grenzen des zulässigen Höchstgehalts an Keimen und/oder Coli-Bakterien (vgl. Tab. 1). Die Speiseeisverordnung verbietet die Verwendung von anderem Wasser als „Trinkwasser". Sie schreibt ferner vor, daß zur Verwendung gelangende Milch, Sahne oder Magermilch pasteurisiert, sterilisiert oder abgekocht werden müssen. Für die Speiseeissorten Eiskrem und Einfach-Eiskrem ist darüber hinaus die Mix-Pasteurisierung verbindlich. Mehrere Landesregelungen machen die Erhitzung der gefrierfertigen Masse *sämtlicher* Speiseeissorten zur Vorschrift. In einem Falle wird das Abkochen des verwendeten Trinkwassers verlangt.

Der Verkauf auf Wegen, Straßen oder Plätzen ist verschiedentlich auf verpacktes Speiseeis oder die unmittelbare Abgabe aus Soft-Automaten beschränkt.

Moderne technische Transport- und Aufbewahrungsmöglichkeiten im Rahmen der Tiefkühlkette gestatten es Speiseeis in zunehmendem Maße, auch nationale Grenzen zu überschreiten. Hinzu kommt seine steigende Bedeutung als Lebensmittel. So sind Bemühungen ver-

Tabelle 1. *Bakteriologische Anforderungen an Speiseeis in den einzelnen Bundesländern*

Bundesländer	Zahl d. Keime in 1 ml	Colititer	Erhitzung des Speiseeismixers	Aufkochen des Trinkwassers	
Bayern	Beurteilung nach allgemein wissenschaftlichen Erkenntnissen		ja	—	Rechtsverordnungen
Berlin	100 000	kein Coli/0,1 ml	ja	—	
Hessen	150 000	10 Coli/ml	—	—	
Niedersachsen	150 000	10 Coli/ml	—	—	
Rheinland-Pfalz	—	30 Coli/ml	—	—	
Schleswig-Holstein	300 000	kein Coli/ml	—	—	
Baden-Württemberg	300 000	30 Coli/ml		—	Verwaltungsanweisungen
Hamburg	300 000	30 Coli/ml	—	—	
Nordrhein-Westfalen	100 000	kein Coli/ml keine coliformen Bakterien/0,01 ml	ja	ja	
Bremen	100 000	10 Coli/ml	ja	—	
Saarland	100 000	kein Coli/0,001 ml	ja	—	

ständlich, auf internationaler Ebene einen Standard für Speiseeis zu finden. Als Diskussionsgrundlage ist bereits von Schweden ein Vorschlag hierfür unterbreitet worden. Bemerkenswert ist, daß er bei bestimmten Sorten die Verwendung von anderen Fetten als Milchfett unter entsprechenden Kenntlichmachung zuließe.

Eine EWG-Direktive für Speiseeis ist Gegenstand vorbereitender Arbeiten zunächst im Kreise der Industrie.

Bibliographie

ANDERSEN, S. A., u. R. HANSEN: Herstellung von Eiskrem. In: Handbuch der Kältetechnik, Bd. XI. Hrsg. von R. PLANK. Berlin-Göttingen-Heidelberg: Springer 1962.

BAUER, O., u. H. KUNOWSKI: Eispulver und Eisbindemittel zur Herstellung von Speiseeis auf kaltem Wege. Garmisch-Partenkirchen: Moser 1950.

FRANDSEN, J.H., and W.S. ARBUCKLE: Ice and related products. Westport, Connecticut: AVI Publ. Co., Inc. 1961.

—, and D.H. NELSON: Ice cream and other frozen dessert. Amherst, Massachusetts: Frandsen 1950.

GÄRTNER, H.: Hygiene der Speiseeisherstellung und des Speiseeisvertriebs. In: Hygienische Probleme bei Gewinnung, Verarbeitung und Vertrieb von Lebensmitteln. Hrsg. von K. LANG. Darmstadt: Steinkopff 1961.

Ice Cream Industry Year Book. Liverpool: J. Bibby & Sons Ltd.

INICHOW, G.S.: Biochemie der Milch und der Milchprodukte, Speiseeis. Berlin: VEB Verlag Technik 1959.

Jahrbuch der Süßwarenwirtschaft. Hamburg: Benecke.

KERN, E.: Das Lebensmittelrecht der Süßwarenwirtschaft. Bonn: Eigenverlag 1960.

LANGE, W.: Stabilisatoren und Emulgatoren für Speiseeis. Garmisch-Partenkirchen: Moser 1951.

LEON, S.J.: Candy and ice cream making. New York: Chemical Publ. Co., Inc. 1959.

SCHADE, H.: Die Speiseeis-Bereitung. Goslar: Herzog 1952.

Sommer, H. H.: Theory and practice of ice cream making. 6. Aufl. Milwaukee: The Olsen Publ. Co. 1951.

Tuchschneid-Emblik: Die Kältebehandlung schnellverderblicher Lebensmittel. Herstellung von Speiseeis, S. 461—471. Hannover: Brücke-Verlag 1959.

Turnbow, G. D., P. H. Tracy and L. A. Rafetto: The ice-cream industry, 2. Aufl. New York: John Wiley & Sons 1956.

Welz, O.: Handbuch der Eiskrem-Herstellung. Kempten: Deutsche Molkerei-Zeitung.

Zipfel, W.: Lebensmittelrecht. Kommentar der gesamten lebensmittelrechtlichen Vorschrift. C. 360: Verordnung über Speiseeis. München: C. H. Beck 1964.

Zeitschriftenliteratur

Klose, J.: Modernisierung des Speiseeisrechts. Süßwaren 5, 136—142 (1967).
— Zweierlei Speiseeisrecht in Deutschland. Süßwaren 6, 194—200 (1967).

Roemmele, O., u. M. Danneel: Bakteriologisch-hygienische Beurteilung von Speiseeis. Milchwiss. 18, 163—171 (1963).

Selenka, F.: Die hygienisch-bakteriologische Beschaffenheit von Softeis. Milchwiss. 1, 16—20 (1967).

Viermann, H.: Rechtliche Bestimmungen bei der Speiseeisüberwachung. Süßwaren 9, 384—388 (1965).

B. Herstellung von Speiseeis (Technologie)

Von

Dr. E. **LOESER**, München

Mit 4 Abbildungen

Fußend auf italienischen und französischen Rezepten und Herstellungsverfahren für „Rahmeis" oder „Buttereis", wurden in den USA in Verbindung mit der Einführung der mechanischen Kühlung um die Jahrhundertwende Geräte und Verfahren entwickelt, die nach einer relativ kurzen Entwicklungszeit die großindustrielle Fertigung von Eiskrem (ice cream), wie das Speiseeis nach der Einführung in die USA genannt wurde, ermöglichten.

Neben den ökonomischen Forderungen und den rein technischen Erfindungen und Verbesserungen waren es vor allen Dingen die Erkenntnisse der wissenschaftlichen Forschung, die zu erfolgreichen Fabrikationsmethoden, Gerätekonstruktionen und zu einer Qualitätsüberwachung führten.

I. Speiseeissorten

Im Zusammenhang mit den Rechtsvorschriften haben sich, je nach dem Gehalt an wichtigen Grundstoffen, folgende Hauptgruppen für industriell hergestelltes Speiseeis (nachstehend jeweils in Klammern auch Bezeichnungen nach der deutschen Speiseeis-VO) eingebürgert:

Eiskrem *(Kremeis, Rahmeis):* Speiseeissorten mit einem Milchfettgehalt zwischen 8 und 18% und einer fettfreien Milchtrockenmasse zwischen 6 und 11%, mit und ohne Eigehalt, entweder einfach aromatisiert mit Geschmacksstoffen wie Vanille, Kakao, Kaffee, Karamel usw., oder kombiniert mit körperlich sichtbaren Zusätzen von Früchten, Nüssen, Bäckereierzeugnissen usw., auch als Softprodukt (Aufschlag: 80—100%).

Milcheis *(Einfach-Eiskrem, Milchspeiseeis):* Speiseeis mit einem Milchfettgehalt von 2—3%. Der Stabilisatorgehalt liegt im Verhältnis zum höheren Wassergehalt ebenfalls höher. Mit oder ohne Eigehalt, gesüßt, aromatisiert und gefroren wie Eiskrem. Es wird auch als Soft-Produkt hergestellt (Aufschlag: 80—100%).

Tabelle 1. *Mittlere Zusammensetzung der Grundmischung von Industrie-Speiseeis*

Milchfett in %	fettfreie Milchtrocken- masse in %	Süßungsmittel in % Saccharose	Stabilisator/ Emulgator in %	Trocken- substanz in %	Bezeichnung nach deutschem Recht
18	6—7	13—16	0,25—0,3	40—41	Eiskrem (Sahneeis)
12	10	15	0,35	37	Eiskrem
10	10—11	13—15	0,3—0,5	35—37	Eiskrem
6	11,5	14	0,45	31	Einfach-Eiskrem
3	13	14	0,50	30	Einfach-Eiskrem
2,1	6,5	14	0,55	23	Milchspeiseeis
1—3	1—3	28—30	0,4—0,5	30—36	Fruchteis (Sherbet)
—	—	30—32	0,4—0,5	30—32	Fruchteis (Sorbet)
—	—	15—20	0,50	15—20	Kunstspeiseeis

Fruchteis: Als *Sherbet* ein Speiseeis mit einem geringen Gehalt an Milchtrockenstoffen von 2—5%, einem Fruchtanteil von 10—20% und einem Fruchtsäurezusatz von 0,35—0,45% sowie einem Zuckeranteil von 28—30% (Aufschlag: 25—40%). *Sorbet* ist ein Speiseeis, das

keine Milchtrockenstoffe enthält, aber sonst wie Sherbet hergestellt wird. Der fehlende Milchtrockenstoff wird durch einen höheren Zuckergehalt ausgeglichen, der bei ca. 30—32% liegt.
Der Aufschlag bewegt sich in den Grenzen von 15—25%.

Wassereis (Kunstspeiseeis): Ein Speiseeis, das normalerweise keinen Milchtrockenstoff, vor
allem kein Milchfett, enthält. Der Trockenstoff wird größtenteils durch Zucker gedeckt, zur
Aromatisierung und Färbung werden vielfach künstliche Aroma- und Farbstoffe herangezogen. Dieses qualitativ nicht sehr hochwertige Produkt ist in erster Linie zur Herstellung
von Lutschern gedacht, die in Formen ohne Aufschlag gefroren werden. Wegen der ungünstigen
Gefrierbedingungen und des geringen Trockenstoffgehaltes wegen ist eine besonders sorgfältige
Stabilisierung notwendig.

Softeis: Unter Softeis wird Speiseeis verstanden, das noch im plastischen Zustand, kurze
Zeit nachdem es den Freezer verlassen hat, an den Verbraucher gelangt.

Da an Eissorten solcher Art andere Ansprüche an die Stabilität und die Aufschlagfähigkeit
als z. B. an Eiskrem gestellt werden, weicht auch ihre Zusammensetzung gegenüber jenem ab.

Der Fettgehalt ist meist geringer, der Gehalt an fettfreiem Milchtrockenstoff höher
(14—15%), da die Gefahr der Kristallisation von Lactose infolge des raschen Umschlages nicht
gegeben ist. Der Zuckergehalt ist meist etwas niedriger (13—14%), da ein höherer Gefrierpunkt
eine bessere Körperstabilität bei den Entnahmetemperaturen von ca. —6 bis —7°C ergibt.
Der durchschnittliche Luftaufschlag liegt unter dem von gehärtetem Speiseeis im Bereich
von 50—60%.

Diabetiker-Eis: Besondere Ernährungsbedürfnisse und die wachsende Anzahl an Diabetikern haben Wünsche nach einem Speiseeis mit niedrigem Kalorienwert aufkommen lassen.
Die Hauptenergiespender in normalem Speiseeis sind das darin enthaltene Fett und die Kohlenhydrate, die je zur Hälfte etwa 80% des Kaloriengehaltes ausmachen. Die Minderung des
Fettgehaltes führt noch nicht zu so einschneidenden Veränderungen im Körper, Gefüge und
Geschmack wie die Herabsetzung des Kohlenhydratanteiles. Die fettfreie Milchtrockensubstanz mit ihrem über 50%igen Lactoseanteil kann man nicht zu sehr abbauen, da ihr Proteingehalt wesentlich zur Verbesserung der Körper- und Gefügeeigenschaften beiträgt. Die zugesetzten Zucker als weitere Kohlenhydratkomponente verleihen dem Produkt die gewünschte
Süße, einen bestimmten Gefrierpunkt und sind für den Körper und ein feines Gefüge verantwortlich. Sollen die natürlichen Zucker gegen kalorienfreie Süßungsmittel ausgetauscht werden, so müssen auch ihre Funktionen ersetzt werden.

Zur Zeit gibt es kein annehmbares nichtkalorienhaltiges Mittel, welches den Zucker
hinsichtlich seines Einflusses auf den Körper und das Gefüge ersetzen kann. Der starke
Viscositätseffekt stabilisierender Gummisorten, sowie Versuche mit mikrokristalliner Cellulose
haben bisher zu keinem befriedigenden Erfolg geführt (H. E. Weidner 1966).

In einzelnen Ländern kennt man je nach Rechtslage als Speiseeis-Nachahmungen Produkte,
die zwar fettfreie Milchtrockensubstanz enthalten, bei denen aber das Milchfett durch anderes
tierisches Fett oder Pflanzenfett ersetzt ist. Hierher gehören z. B. die in einigen Staaten der
USA zugelassenen Mellorine-Produkte, die mit Ausnahme des Fettes wie Eiskrem bzw. Milcheis zusammengesetzt sind und auch entsprechend verarbeitet werden.

II. Grundstoffe der Speiseeismischung und ihre Funktion

In der ersten Entwicklung der Speiseeisindustrie standen die Rezepte im Mittelpunkt des
Interesses und wurden streng geheim gehalten. Aus vielen praktischen Versuchen und durch
wissenschaftliche Forschungsarbeit wurden einfache Grundregeln entwickelt. Heute werden
die Rezepte nach folgenden Gesichtspunkten aufgebaut:

Gesetzliche Vorschriften,
Art der zur Verfügung stehenden Rohstoffe,
Art des Verfahrens,
Kaufkraft und Geschmacksrichtung des Konsumenten,
Qualität des erwünschten Produktes,
Kosten.

Die Auswahl der einzelnen Bestandteile und ihr Mengenverhältnis ist für die
Qualität des Endproduktes entscheidend.

Es ist deshalb wichtig, den Einfluß jeder Mischungskomponente auf die Eigenschaften des Endproduktes, wie Geschmack, Körper, Gefüge, Aussehen, Gefrierpunkt, Aufschlag und Kosten, genau zu kennen.

Der Geschmack selbst ist eine Funktion hochwertiger Rohstoffe und ihrer richtigen Mischung.

Der Körper bezieht sich auf die Speiseeismasse als Ganzes betrachtet, auf ihre Konsistenzfestigkeit und ihren Schmelzwiderstand.

Das Gefüge hängt von der Größe, Form und Anordnung der kleinen Massenteilchen, wie z. B. Eiskristalle und Lufteinschlüsse, ab.

Nachstehend wird die Funktion der *Gesamttrockensubstanz* und der einzelnen Bestandteile, wie *Milchfett, fettfreie Milchtrockensubstanz, Zucker, Stabilisator, Emulgator* und *aromagebende Stoffe*, im Speiseeis besprochen:

1. Gesamttrockensubstanz

Je mehr Trockensubstanz sich im Speiseeis befindet, desto geringer ist die Wassermenge und desto tiefer liegt der Gefrierpunkt. Damit ist die Gewähr für die Bildung kleiner Eiskristalle und einer feinen Struktur gegeben, außerdem wird die Haltbarkeit und Gleichmäßigkeit des Körpers erhöht. Ein Gesamttrockenstoffgehalt von ungefähr 38—40% ergibt das haltbarste und dem Gefüge nach beste Eis. Neben dem Gehalt an Trockensubstanz kommt es noch entscheidend auf das Mischungsverhältnis der einzelnen Bestandteile zueinander an.

2. Milchfett

Das Milchfett ist der wichtigste und kalorisch bedeutendste Bestandteil. Es gibt dem Speiseeis einen vollen, reichen und cremigen Geschmack und hilft den Körper zu verbessern und den *Schmelzwiderstand* zu erhöhen. Der Geschmack wird durch den Fettgehalt stark beeinflußt. Der günstigste Gehalt liegt bei etwa 12%. Mit steigendem Fettgehalt erhöht sich die *Viscosität* und damit die Schwierigkeit, Luft einzuschlagen. Das Eis wird dichter und glatter; die geschmeidige Konsistenz wird dadurch hervorgerufen, daß das Fett mechanisch die Bildung großer Eiskristalle verhindert. Da das Fett eine stabilisierende Wirkung ausübt, ist bei höheren Fettgehalten weniger Stabilisator notwendig.

Frischer, süßer Rahm ist der beste konzentrierte Lieferant für Milchfett.

Süßrahmbutter ist die billigste Quelle, leicht transportabel und lagerfähig und nahezu überall in gleichbleibender Qualität erhältlich. Bei Eiskrem kann man 50—75% des Milchfettes aus Butter decken. *Butteröl* ist weiterhin eine konzentrierte Milchfettquelle, die preiswert und aus guten Rohstoffen hergestellt, besser lagerfähig ist wie Butter. Bei Eiskrem sollen höchstens 50% des Milchfetts aus Butteröl gedeckt werden.

3. Fettfreie Milchtrockenmasse

Die fettfreie Milchtrockensubstanz umfaßt das Milcheiweiß, den Milchzucker und die anorganischen Salze der Milch. Das Milcheiweiß verbessert das Gefüge und den Körper und gibt die Möglichkeit, einen guten Aufschlag zu erzielen, ohne ein schneeiges oder flockiges Gefüge zu erhalten. Der Milchzucker vermittelt eine leichte Süße, die Mineralien runden mit ihrer geringen Salzigkeit den Geschmack ab. Steigender Gehalt von fettfreier Milchtrockensubstanz erhöht die Viscosität und erniedrigt den Gefrierpunkt. Ein weicheres Eis, das leichter schmilzt, ist die Folge. Bei den meisten Speiseeissorten bewegt sich der Gehalt an fettfreien Milchtrockenstoffen im Bereich von 10—11,5%. Das obere Extrem von beispielsweise 14% kann nur da verwendet werden, wo Lactosekristallisation durch raschen Umschlag (Softeis) verhindert wird.

Sprühmagermilchpulver ist die konzentrierteste Quelle für fettfreie Milchtrockenmasse und wird daher am häufigsten benutzt. Von den Kondensmilchprodukten wird die *Kondensmager-*

milch ebenfalls häufig verwendet. Eine speziell für die Eiskremindustrie hergestellte *Kondens-vollmilch* mit 18—19% Milchfett und 20—21% fettfreie Milchtrockenmasse ist z. B. in USA für viele Betriebe die Quelle sowohl für Milchfett als auch für fettfreie Milchtrockenmasse. Als Füllmittel und gleichzeitig als billigste Quelle für fettfreie Milchtrockenmasse kommt Frisch-magermilch dort in Frage, wo sie zu günstigen Preisen und guter Qualität zur Verfügung steht.

4. Zucker

Der Zuckergehalt, der die Hälfte der Gesamttrockensubstanz ausmachen kann, beeinflußt den Gefrierpunkt der Mischung und das Verhalten des Eises beim Härten. Die anzuwendende Zuckermenge hängt vor allem vom Geschmack ab. Die optimale Zuckerkonzentration liegt bei milchhaltigem Speiseeis, je nach Geschmackssorte, bei etwa 13—16% und bei Fruchteis zwischen 20—32%.

Die alleinige Verwendung von Saccharose bei höheren Konzentrationen in Fruchteis führt zu deren Auskristallisation an der Oberfläche. Um diesen Fehler bei Fruchteis zu verhüten und auch bei Eiskrem die Gefüge- und Körpereigen-schaften sowie die Haltbarkeit zu verbessern, werden neben der Saccharose noch andere Zuckerarten, vor allen Dingen *Glucose* und *Stärkesirupe* (Glucosesirupe) verwendet. Diese Zuckerarten variieren in ihrer Süßkraft und ihren physikalischen Eigenschaften.

Monosaccharide (Glucose) erniedrigen den Gefrierpunkt stärker als *Disaccha-ride*, (Saccharose, Maltose). Die *Glucose* erniedrigt den Gefrierpunkt so stark, daß sie nicht als alleinige Süßungsquelle benutzt werden kann. Bei den üblichen Lagertemperaturen hätte das Speiseeis nicht mehr die notwendige Festigkeit. Die Wirkung auf den Gefrierpunkt begrenzt die anzuwendende Menge Glucose auf

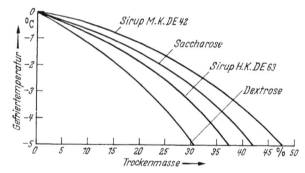

Abb. 1. Gefrierpunkte von Zuckerlösungen in Abhängigkeit von der Konzentration der Trockenmasse (G. D. Turnbow u. Mitarb. 1947)

ca. 25% des Gesamtzuckers, wobei berücksichtigt werden muß, daß Glucose nur 80% der Süßkraft von Saccharose besitzt. Die Glucose verhindert in hochfett-haltigem Speiseeis einen körnigen Körper und verbessert die Abschmelzeigen-schaften, andererseits muß eine längere Gefrierzeit in Kauf genommen werden. Da auch die Anwendung von Glucose im Speiseeis begrenzt ist, ist man dazu über-gegangen, *Stärkesirupe* (vgl. S. 637 ff) zum Einsatz zu bringen.

Bei Zusatz von Stärkesirup ist der unterschiedliche Einfluß der einzelnen Zuckerarten zu beachten:

Die Glucose vermittelt dem Sirup vor allem die Süße, die Hygroskopizität und verursacht eine stärkere Gefrierpunktdepression. Die Maltose trägt ebenfalls zur Süßkraft des Sirups bei, ohne jedoch den Gefrierpunkt wesentlich zu beeinflussen. Die Maltooligosaccharide (Dextrine) besitzen nur noch eine geringe Süßkraft; sie erhöhen die Viscosität, beeinflussen kaum noch den Gefrierpunkt und helfen im Speiseeis die Kristallbildung (Lactose) zu ver-hindern.

Aus Abb. 1 ist der Einfluß von zwei Glucosesirupen im Vergleich mit Saccharose und Glucose auf den Gefrierpunkt ersichtlich. Der mittelkonvertierte Sirup (M. K.) mit einem normalen Anteil an Dextrinen (35%), einem hohen Anteil an Maltose (50%) und einem geringeren Anteil an Glucose (15%) übt bei einer relativ hohen Süßkraft den geringsten Einfluß auf den Gefrierpunkt aus. Der hochkonvertierte Sirup (H. K.) erhält seine Eigenschaften hauptsächlich von seinem Glucose- und Maltose-Gehalt und ist damit der Sirup mit der höchsten Süßkraft, aber auch der stärksten Gefrierpunktdepression.

Mit der Verwendung des hier angeführten normalkonvertierten Sirups besteht die Möglichkeit, die Süße und den Gesamttrockenstoff zu erhöhen, ohne den Gefrierpunkt wesentlich zu erniedrigen. Wenn z. B. 25% der Saccharose durch diesen Glucosesirup ersetzt werden, wird der Gefrierpunkt leicht angehoben, die Viscosität vermehrt, der Schmelzwiderstand vergrößert und die normale Schlagfähigkeit beibehalten. Besonders bei Fruchteis, aber auch bei den trockenstoffarmen, milchhaltigen Sorten (Milchspeiseeis), macht sich eine günstige Wirkung auf die Gesamtstabilität bemerkbar.

5. Eiprodukte

Die günstige Wirkung der Eiprodukte ist in erster Linie dem Eigelb (Lecithin) zu verdanken, das die Schlagfähigkeit erhöht und den Geschmack und die Farbe verbessert. Es genügen Zusätze von 0,3—0,5% Eigelbpulver oder 0,5—1,0% gefrorenes Eigelb, um die erwähnten Wirkungen zu erzielen. Eigelb hat keine Wirkung auf den Gefrierpunkt, erhöht aber die Viscosität. Es ist besonders wirksam bei Mischungen mit niedriger Trockensubstanz und bei solchen, bei denen das Milchfett ausschließlich in Form von Butter oder Butteröl zugesetzt wird. Heute wird Eigelb, nachdem wirksamere und preiswertere Emulgatoren zur Verfügung stehen, nur noch in bestimmten Speiseeissorten (Eierkremeis, custard) verwendet.

6. Stabilisatoren

Die Stabilisatoren gehören zu den notwendigen stofflichen Hilfsmitteln bei der Zubereitung der meisten Speiseeissorten. Stabilisatoren verbessern das Gefüge, vermehren die Festigkeit des Speiseeises und verhindern die Bildung großer Eiskristalle. Neben der Wasserbindung muß der Stabilisator im aufgeschlagenen Eiskrem die fein-disperse Luft/Wasser/Fett-Emulsion stabil erhalten. Die Menge des benötigten Stabilisators hängt von dessen Stärke und der Zusammensetzung des Speiseeises ab. Ein Speiseeis mit wenig Trockenstoffgehalt erfordert mehr Stabilisierungsmittel als ein solches mit hohem Trockenstoffgehalt. Ein höherer Stabilisatorengehalt wird auch für ein Speiseeis benötigt, das während des Vertriebes starken Temperaturschwankungen ausgesetzt ist. (Eiskrempackungen in der Verkaufstruhe.) Die meisten Stabilisierungsmittel wirken so stark, daß 0,2—0,5% genügen. Neben der Gelatine, die in der industriellen Fertigung immer mehr in den Hintergrund tritt, werden in erster Linie Alginate, Carrageenate, Johannisbrotkernmehl, Guarmehl, Karajagummi, Obstpektine und Stärke verwendet.

7. Emulgatoren

Während die Stabilisatoren die Aufgabe haben, Wasser zu binden, und das aufgeschlagene und gehärtete Speiseeis formstabil zu erhalten, haben die Emulgatoren die Funktion, die Öl-in-Wasser-Emulsion, wie sie im Speiseeis vorliegt, zu vervollkommnen und zu stabilisieren. Es wurde festgestellt, daß ein um so haltbarerer Eiskörper und ein um so gleichmäßigeres Gefüge erreicht werden können, je feiner und weitergehend die Fettkügelchen verteilt sind, weil dadurch weniger die Gefahr besteht, daß das Fett beim Aufschlagen und Gefrieren ausklumpt. Bei vollkommenerer Emulgierung werden kleinere und zahlreichere Luftzellen gebildet und die Mischung wird stabiler aufgeschlagen. Die größere Luftzellenoberfläche ist

wahrscheinlich die Ursache für das trockenere Aussehen. Das Speiseeis kann bei
tieferer Temperatur und steiferer Konsistenz vom Gefrierapparat abgezogen werden, ohne den Aufschlag zu vermindern.

Diese Eigenschaften werden besonders bei der vollautomatischen Formung
und Abpackung von Speiseeis-Portionen unmittelbar vom Gefrierapparat geschätzt. Als Emulgatoren dienen in erster Linie die Mono- und Diglyceride der
natürlichen Fettsäuren. Von diesen Emulgatoren genügen im allgemeinen Zusätze
von ungefähr 0,10—0,30%. Sie verursachen in diesen Konzentrationen keinerlei
geschmackliche Beeinträchtigungen.

8. Antioxydantien

Die Entwicklung eines Oxydations- oder talgigen Geschmacks im Speiseeis
rührt meistens von der Oxydation des Milchfettes her. In den Rohmaterialien
vorhandene oxydierende Enzyme, ein hoher Gehalt an mehrfach ungesättigten
Fettsäuren sowie äußere Faktoren, wie hohe Lagertemperaturen der ungefrorenen
Speiseeismischung, Metallverunreinigungen und ungenügende Erhitzung, können
zu unliebsamen Veränderungen im Fett führen.

Wenn einwandfreie und frische Rohwaren sorgfältig verarbeitet werden,
können die erwähnten qualitätsmindernden Einflüsse praktisch ausgeschaltet
werden.

Vielfach sind natürliche Inhibitoren bereits im Rohstoff (z. B. Kakao) enthalten, oder es entstehen oxydationshemmende Stoffe durch Hitzebehandlung.

9. Geschmacksstoffe

Als Geschmacksstoffe kommen die in Abschnitt A angeführten Stoffe in Betracht (vgl. S. 740).

III. Herstellung der Speiseeis-Mischung

Die *Berechnung* des Rezeptes kann im Großbetrieb durch einen Computer übernommen
werden. Er wählt aus einer Anzahl zur Verfügung stehender Rohwaren die günstigsten aus
und zwar unter Berücksichtigung ihres qualitativen Einflusses auf das daraus herzustellende
Speiseeis und der vergleichbaren Kosten. Das erhaltene Rezept wird auf eine Lochkarte
codiert, die ihrerseits die Dosiereinrichtung und die damit verbundenen Vorgänge steuert.
Diese Karte kann zusätzlich für die Produktionskontrolle und für buchhalterische Zwecke
benutzt werden.

Die Herstellung des Speiseeis-Ansatzes umfaßt folgende Einzelbehandlungen:

1. Dosieren und Mischen der Komponenten,
2. Erhitzen,
3. Homogenisieren,
4. Pasteurisieren,
5. Abkühlen.

Diese Arbeitsvorgänge können sich im Chargenbetrieb mit Abwiegen und Abmessen von
Hand oder aber kontinuierlich im automatisch gesteuerten Verfahren abspielen.

1. Dosieren und Mischen

Alle flüssigen Rohwaren wie Wasser, Milch, Rahm, Kondensmilch, Glucose-
sirup, werden kalt oder vorerwärmt in den mit einem starken Rührwerk und
Heizmantel ausgestatteten Mischbehälter eingebracht. Die trockenen Zutaten wie
Milchpulver, Zucker, Trockenei, Kakao, Stabilisator werden anschließend dem in

starker Bewegung befindlichen flüssigen Material zugesetzt. Mit wenigen Ausnahmen (Kakao) werden die Geschmack- und Farbstoffe erst kurz vor dem Gefrieren der Eismasse zugesetzt. Damit während der gesamten Arbeitsperiode

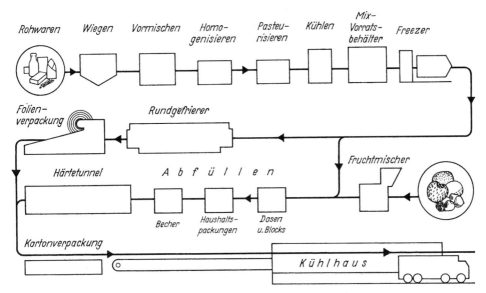

Abb. 2. Schematische Darstellung der Speiseeisfertigung (Bundesverb. Dtsch. Süßw.-Ind. 1966)

laufend Speiseeismasse für die anschließende Behandlung zur Verfügung steht, wird der Inhalt des Hauptmischers nach kurzer Verweilzeit auf Nachmischer umgepumpt.

2. Erhitzen und Homogenisieren

Von hier aus wird die Mischung im Plattenwärmeaustauscher, der im Regenerativverfahren besonders wirtschaftlich arbeitet, auf die erforderliche Temperatur erhitzt (ca. $+70°$C) und anschließend dem *Homogenisator* zugeführt.

Der Hauptzweck der Homogenisation der Speiseeismischung besteht in der Schaffung einer beständigen und einheitlichen Emulsion des Milchfettes durch Verkleinern der Fettkügelchen auf einen Durchmesser von nicht mehr als 2 μ, damit das Fett nicht aufsteigen und in der Speiseeismasse eine Rahmschicht bilden kann. Daneben ergeben sich bei richtiger Homogenisation noch die Vorteile einer einheitlicheren Mischung mit verbesserter Aufschlagfähigkeit und guten Gefügeeigenschaften für das daraus herzustellende Speiseeis. Die leicht destabilisierende Wirkung der Homogenisation auf die Milchproteine fällt nicht nennenswert ins Gewicht.

Im Homogenisator wird die heiße Speiseeismischung mittels einer Hochdruckpumpe mit Drücken von 150—220 at durch besonders ausgebildete Homogenisierventile (Plan-Sitz, Konus-Sitz, Wirbelstrom-Ventil) gedrückt, wobei die Fettkügelchen auf etwa 1/10 der normalen Größe reduziert werden. Gleichzeitig wird die Gesamtoberfläche der Fettkügelchen auf das 100fache gesteigert.

Diese vergrößerte Fettkugeloberfläche, in der die kolloidalen und echt gelösten Stoffe zur Konzentration neigen, ist je nach der Zusammensetzung und dem Säuregehalt der Mischung, den zur Anwendung kommenden Temperaturen und Drücken in erster Linie für den Erfolg der Homogenisation maßgebend.

Die verkleinerten Fettkügelchen haben nach Verlassen des Homogenisationsventils die Tendenz, zu kleineren Verbänden von ca. 10—20 μ Ausdehnung zusammenzutreten. Diese Klumpenbildung führt zu einer höheren Viscosität, schlechteren Aufschlageigenschaften und gröberem Gefüge. Die Hauptursachen für diese Zusammenballungen sind:

1. zu hoher Homogenisierungsdruck,
2. niedrige Homogenisierungstemperatur,
3. hoher Fettgehalt der Mischung,
4. hoher Säuregehalt der Mischung,
5. hoher Gehalt an Calcium- und Magnesiumsalzen im Verhältnis zum Citrat- und Phosphat-Gehalt.

Neben der Verwendung von Eigelb, Natriumalginat und Anwendung hoher Temperaturen führt wiederholtes Homogenisieren am besten zur Beseitigung der Fettklumpen.

Praktisch wird entweder die erfolgreichere Doppelhomogenisation durch zwei in Serie geschaltete Homogenisatoren oder aber ein Zweistufenventil einer einzigen Maschine zur Anwendung gebracht. Hierbei übernimmt die erste Stufe die Aufgabe, das Fett aufzubrechen und die zweite die Aufspaltung der im ersten Prozeß gebildeten Fett-Zusammenballungen. Für eine normale Mischung liegen die günstigsten Homogenisierungstemperaturen bei ca. 68 bis 75°C und die günstigsten Drücke bei 140—220 at in der ersten Stufe und ca. 35—40 at in der zweiten Stufe. Mischungen mit hohem Trockenstoffgehalt und genügend großer Anfangsviscosität (Schokoladeeismischungen) und solche, die als einzige Milchfettquelle Butter oder Butteröl benutzen und den Bedarf an fettfreier Milchtrockensubstanz ausschließlich aus konzentrierten Produkten decken, benötigen geringeren Homogenisierungsdruck.

K. Stistrup u. J. Andreasen (1966) haben nachgewiesen, daß eine Hochtemperaturbehandlung (Pasteurisation bei 85°C für 16 sec) vor der Homogenisation der auf 76°C abgekühlten Mischung eine Verbesserung gegenüber einer nachgeschalteten Pasteurisation bringt. Diese Praxis kann ohne weiteres empfohlen werden, nachdem die Konstruktion der heutigen Homogenisatoren verbunden mit modernen Reinigungsverfahren aus hygienischen Gründen nicht dagegen spricht. Weiterhin haben die Verfasser nachgewiesen, daß bei richtiger Ausbildung des Homogenisierventils (liquid whire ventil) die einstufige Homogenisation in der Dispergierwirkung der zweistufigen nicht nachsteht.

Zur praktischen Überprüfung des Homogenisationseffektes dient in erster Linie die mikroskopische Untersuchung in der Zählkammer; im Großbetrieb kann bei entsprechender Ausstattung des Kontroll-Laboratoriums auch die schnell und genau arbeitende Spektrophotometrie zur Feststellung des Dispersionsgrades herangezogen werden.

3. Pasteurisieren

Pasteurisieren der Speiseeismischung tötet etwa vorhandene pathogene Keime ab, erniedrigt den Gesamtkeimgehalt auf ein zulässiges Maß und mindert die Enzymtätigkeit, die zu unangenehmen Geschmacksveränderungen (Ranzigkeit) im Speiseeis führen kann.

Im Zusammenhang mit gesetzlichen Vorschriften über die Temperaturhöhe und die Zeitdauer der Pasteurisation haben sich die folgenden Verfahren eingebürgert:

1. *Chargenmethode:* 65—68°C für nicht weniger als 30 min.
2. *Hochtemperatur-Kurzzeit-Verfahren:* 80—85°C für nicht weniger als 20—30 sec.
3. *Ultra-Hochtemperatur-Erhitzung:* mit Temperaturen im Bereich von 105—130°C.

Beim Chargenverfahren wird die Mischung meistens im Rührwerkbehälter, der auch zur Mischung der Bestandteile dient, auf die geforderte Temperatur gebracht und warmgehalten, bevor sie homogenisiert wird.

Viele große Hersteller verwenden die Hochtemperatur-Kurzzeit-Pasteurisation im kontinuierlichen, automatisch kontrollierten Verfahren, wobei die Tendenz zu höheren Temperaturen festzustellen ist. Das dabei angewandte Regenerativprinzip macht das Verfahren wirtschaftlicher (Rückgewinn bis zu 85%), indem die kalte Mischung, die erhitzt werden soll, zur Kühlung für die heiße Mischung, die von der Endstufe des Pasteurisateurs kommt, benutzt wird. Als Wärmeaustauscher dienen meistens Plattenapparate, die mit den Stufen der Vorwärmung und Kühlung meistens zusammengeschaltet sind.

4. Kühlen

Die Speiseeismasse wird unmittelbar nach der Pasteurisation auf ca. $\pm$ 0 bis + 4,5°C abgekühlt und bei dieser Temperatur in den gekühlten Lagertanks bis zur Verwendung im Gefrierapparat (Freezer) gehalten. Findet die Lagerung bei höheren Temperaturen als den genannten statt, so besteht die Gefahr der Bakterienvermehrung, Säurebildung und des Anwachsens der Viscosität.

Zur Abkühlung werden normalerweise im oberen Temperaturbereich Plattenkühler und im unteren, wenn die Mischung sehr viscos wird, Röhrenkühler benutzt. Die Viscosität kann beim Eintritt in den Kühler (60—70°C) 3 cP bis 8 cP und am Austritt (+4,5°C) 20 bis 300 cP betragen. Als Kühlmittel dienen stufenweise die kalte Speiseeismischung, Leitungswasser und gekühltes Wasser (Eiswasser).

Nachdem in den meisten Speiseeismischungen heute Stabilisatoren pflanzlichen Ursprungs (Alginate usw.) verwendet werden, und sich ein Maximum an Viscosität schon während der Abkühlung einstellt, kann auf längere Reifezeiten der Mischung in den Lagertanks verzichtet werden.

IV. Gefrieren

Der Gefrierprozeß kann in zwei zeitlich aufeinanderfolgende und verfahrensmäßig unterschiedliche Vorgänge aufgeteilt werden und zwar in das *Teilgefrieren* bis zum plastischen Zustand im Gefrierapparat (Freezer) und das *Fertiggefrieren* im Härtevorgang.

Der *Freezer* hat dabei die Aufgabe, die Speiseeismischung auf die gewünschte Konsistenz zu gefrieren und gleichzeitig Luft in die Mischung zu Erzielung des erwünschten Aufschlages einzubringen und zwar derart, daß sich die für einen geschmeidigen Körper und glattes Gefüge verantwortlichen kleinen Eiskristalle und die fein verteilten kleinen Luftbläschen ausbilden können. Der anschließend folgende *Härtevorgang* muß so geführt werden, daß die beim Vorgefrieren erzielten guten Struktur- und Körpereigenschaften erhalten bleiben.

1. Gefriertemperatur und ausgefrorene Wassermenge

Die *Gefriertemperatur*, d. h., die Temperatur, bei der beim Abkühlen der Speiseeismischung, abgesehen von Unterkühlungserscheinungen, die ersten Eiskristalle ausfallen, sowie die *ausgefrorene Wassermenge* in dem in Frage kommenden Temperaturbereich (0 bis —30°C) sind für die Vorgänge im Freezer und bei der Härtung entscheidend. Maßgebend für das Verhalten der Speiseeismischung beim Gefrieren sind die löslichen Bestandteile wie die Lactose und die gelösten Salze des fettfreien Milchtrockenstoffes sowie die als Süßungsmittel zugesetzten Zuckerarten (Saccharose, Glucose, Maltose) und Säuren (Fruchtsäure).

Wird die Speiseeismischung abgekühlt und der Gefrierpunkt erreicht, so trennt sich bei weiterer Temperaturabsenkung die Lösung in zwei Phasen, in Eis und in eine flüssige Phase. Diese ist höher konzentriert als die ursprüngliche Lösung. Die an der Kühlfläche im Freezer entstandene Schicht besteht also aus Eiskristallen und ungefrorenen Lösungsanteilen, die an den Kristallen haften und zwischen ihnen eingeschlossen sind.

Wird die Temperatur weiter erniedrigt, entstehen erneut Eiskristalle, und die Restlösung wird weiter konzentriert. Die zu der jeweiligen Konzentration gehörigen Gefrierpunkte liegen auf der sog. Eiskurve. Im eutektischen (kryohydratischen) Punkt sind alle Phasen fest. In einer so komplex zusammengesetzten Lösung wie

Tabelle 2. *Gefrierpunkte einiger Speiseeismischungen* (C.J. BELL 1954)

Milchfett	fettfreie Milch-Tr.	Saccha-rose	Glucose	Stabilisator/ Emulgator	Wasser	Gefrierpunkt °C
8,5	11,5	15	—	0,4	64,60	—2,45
10,5	11,0	15	—	0,35	63,15	—2,46
12,5	10,5	15	—	0,30	61,70	—2,47
14,0	9,5	15	—	0,28	61,22	—2,40
16,0	8,5	15	—	0,25	60,25	—2,34
10,5	8,4	12	4	0,40	64,70	—2,56
1,2	1,0	22	8	0,50	67,30	—3,39
—	0	23	9	0,50	67,50	—3,51

sie die Speiseeismischung darstellt, konnte kein derartiger Punkt festgestellt werden. Im Gegenteil sprechen die Anzeichen dafür, daß die Zucker mit der Rest-

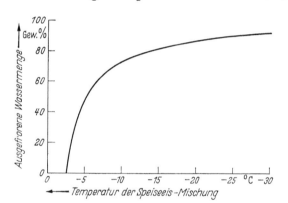

Abb. 3. Ausgefrorene Wassermenge in % der Gesamtwassermenge in Abhängigkeit von der Temperatur (W.C. COLE 1938). *Zusammensetzung* der Speiseeismischung: 12,3 % Milchfett, 37,98 % Ges.-Tr. *Gefrierpunkt* —2,47°C

flüssigkeit eine übersättigte Lösung bilden. Die extrem hohe Viscosität der Restflüssigkeit und die verminderte kinetische Energie der Moleküle bei den tiefen Härtetemperaturen (—40°C) sind wahrscheinlich dafür verantwortlich, daß die gelösten Stoffe nicht auskristallisieren. Die einzige Ausnahme bildet Lactose, die unter gewissen Umständen auskristallisieren kann. Die für das vollständige Gefrieren erforderliche Temperatur muß auf alle Fälle unter dem CaCl$_2$-H$_2$O-Eutektikum, also unter —55°C liegen, wenn man Calciumchlorid als die gelöste Komponente mit dem tiefsten kryohydratischen Punkt für die Vorgänge im untersten Temperaturbereich verantwortlich machen will.

2. Gefriervorgang und Gefüge des Speiseeises

Das Gefüge des Speiseeises hängt von vielen Faktoren ab, im wesentlichsten aber von der Anwesenheit von Eiskristallen, Luftzellen und ungefrorenen Stoffen.

Das Speiseeis stellt ein Drei-Phasen-System dar. Die *Gasphase*, d. h., die *Luftzellen*, ist in einer *flüssigen* Phase mit eingebetteten *festen Eiskristallen* verteilt. *Die flüssige Phase* schließt außerdem verfestigte Fett-Teilchen, Milcheiweiß, unlösliche Salze, manchmal auch Lactosekristalle und echt gelöste Stoffe ein.

Um im Endprodukt ein glattes Gefüge zu erhalten, müssen die Eiskristalle klein und die Luftzellen fein verteilt sein. Die Struktur des Gefüges hängt in erster Linie von der *Keimbildungs-* und *Kristallwachstumsgeschwindigkeit* ab. Da im Freezer die laufend an der kalten Wand abgeschabten Eisteilchen zu einer hohen Keimbildungsgeschwindigkeit und die hohe Abkühlgeschwindigkeit der

Lösung infolge außerordentlich günstiger Wärmeübertragungsverhältnisse im Freezer zugleich zu hoher Kristallwachstumsgeschwindigkeit führt, sind hier die geforderten Bedingungen für kleine Eiskristalle ideal erfüllt.

3. Speiseeis-Gefrierapparate (Freezer)

Es sind im allgemeinen zwei Typen von Freezern in Benutzung. Der *Chargenfreezer*, der eine abgemessene Menge Speiseeismasse in einer bestimmten Zeit gefriert und der *kontinuierliche Freezer*, der in stetigem Fluß flüssige Eismasse aufnimmt und teilweise gefrorenes, plastisches Speiseeis abgibt. Beide Apparate

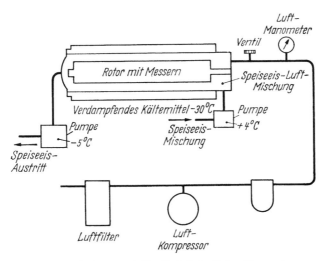

Abb. 4. *Freezer-Schema.* Die Speiseeismischung wird kontinuierlich mit einer Temperatur von ca. +4°C in genau bemessener Menge mittels regelbarer Zahnradpumpe in den Gefrierzylinder gefördert. Die für den Aufschlag notwendige Luft wird über einen Luftkompressor bei konstantem Luftdruck in den Gefrierzylinder eingebracht. Die rotierende Messerwelle sorgt für eine feine Verteilung der Luft in der Speiseeismischung und entfernt gleichzeitig das angefrorene Speiseeis von der inneren Oberfläche des Gefrierzylinders. Am Auslauf des Gefrierzylinders wird das teilgefrorene Speiseeis bei einer Temperatur von ca. —5°C über eine zweite regelbare Zahnradpumpe abgezogen. Der erwünschte Aufschlag wird durch Regelung des Luftdrucks im Gefrierzylinder eingestellt. Der Gefrierzylinder wird auf seiner Außenseite durch unmittelbar verdampfendes Kältemittel gekühlt

sind mit einem Zylinder ausgestattet, der über einen äußeren ringförmigen Spalt mittels unmittelbar verdampfendem Kältemittel gekühlt wird. Innerhalb des Zylinders aus Hart-Chromstahl dreht sich das Schabewerk, dessen scharfe Messer laufend den an der kalten Zylinderwand sich bildenden dünnen Eisfilm abkratzen. Manche Freezer sind noch zusätzlich mit Schlagwerken ausgestattet, die der Verbesserung des Mischvorganges und dem Lufteinschlag dienen.

Die *Chargenfreezer* bewegen sich in ihrer Leistung von 10 l/h bis 150 l/h und werden in erster Linie im Kleingewerbe benutzt. Man unterscheidet bei Softeis-Automaten Pasteurisier-Freezer und einfache Freezer.

Die *kontinuierlichen Freezer* beherrschen heute fast ausschließlich das Feld der industriellen Speiseeisherstellung, sie werden normalerweise für Leistungen von 150 l/h bis zu 2000 l/h gebaut. Wo automatische Füll- und Verpackungsmaschinen große Speiseeismengen fordern, werden *Mehrfach-Freezer* benutzt oder aber mehrere Einzelmaschinen zusammengeschaltet.

Im Betrieb wird die Speiseeismischung auf der Rückseite des Zylinders über eine Rotations-Verdrängerpumpe zugeführt und erhält das gewünschte Luftvolumen entweder über eine zweite Verdrängerpumpe mit etwa dem dreifachen Fördervolumen oder aber über einen separaten Luftkompressor. Je nach dem im Gefrierzylinder gehaltenen Luftdruck, der sich normalerweise zwischen 2—4,5 at bewegt, ergibt sich das im Speiseeis erwünschte zusätzliche Luftvolumen. Die Leistung der kontinuierlichen Freezer kann durch Regulierung der Förderleistung der Pumpen im Bereich von 50—100% variiert werden. Die Leistung, d. h., die Gefrierzeit selbst, hängt von verschiedenen Faktoren ab, wie z. B.:

1. Konstruktion des Freezers,
2. Zustand der Zylinderwände und Messerblätter,
3. Geschwindigkeit der Messerwelle,
4. Kältemitteltemperatur,
5. Strömungsgeschwindigkeit des Kältemittels im Ringspalt,
6. Luftgehalt der Mischung,
7. Endtemperatur, d. h. Ausfriergrad der Speiseeismasse.

Die Entnahmetemperatur kann, je nach dem Verwendungszweck der halbgefrorenen Masse, in weiten Bereichen schwanken. Z. B. für die Stieleisproduktion wird zum leichten Dosieren und Einfüllen eine sehr weiche Konsistenz mit einer Entnahmetemperatur von ca. —4°C benötigt, für automatische Karton- und Becherfüllung, für das Extrudieren und Schneiden von Kleinartikeln auf kalte Metallbänder wird eine sehr steife Konsistenz bei einer Abzugstemperatur von ca. —6,5°C verlangt.

Tabelle 3. *Gefrierzeit und Entnahmetemperatur bei verschiedenen Speiseeis-Freezern*
(J. H. Frandsen u. W. S. Arbuckle 1961)

Freezer Type	Gefrierzeit bei ca. 90% Luftaufschlag	Entnahme-Temperatur am Freezer °C
Chargen-Freezer .	7 min	—3,5 bis —4,5°C
Kontinuierliche Freezer	25 sec	—4,5 bis —6,5°C
Soft-Freezer . . .	3 min	—6,5 bis —7,5°C

Der Tieftemperatur-Freezer, der in der ersten Stufe das Speiseeis bis zu —4°C gefriert und es in der zweiten Stufe bei ca. —10°C bis —11°C abgibt, arbeitet mit Drücken von 12 bis 14 at und gestattet, bereits bis zu 75% des Wasseranteils auszugefrieren. Er wird mit Erfolg bei Großpackungen mit langen Härtezeiten eingesetzt.

Die im Freezer aufzubringende Kälteleistung beträgt z. B. für ein Speiseeis mit 12% Milchfett, 10,5% fettfreier Milchtrockenmasse, 16,5% Zucker, 39% Gesamttrockenmasse, 90% Luftaufschlag, Entnahmetemperatur —5°C (ausgefrorene Wassermenge 48%) *28 kcal/l = 51 kcal/kg* (NH$_3$-Verdampfungstemperatur —31°C).

4. Aromatisieren der Speiseeismischung

Früchte und Nüsse können im kontinuierlichen Freezer als Geschmackstoffe ohne weiteres verarbeitet werden, wenn sie genügend fein zerkleinert der Speiseeisgrundmasse vor dem Gefrieren zugesetzt werden. Dazu werden die Fruchtmischungen von besonderen Geschmackstofftanks in die Mix-Zuleitung zum Freezer eindosiert. Wenn Früchte, Nüsse oder Gebäck und Süßwaren in größeren Stücken im Speiseeis ersichtlich sein sollen (Cassata), dann wird z. B. der Fruchtsaft, die Aromastoffe und Farbe der Mischung vor dem Gefrieren zugesetzt und die grobstückigen Zutaten werden dem teilgefrorenen Speiseeis nach Verlassen des Freezers über einen Fruchtmischer in vorbestimmbaren Mengen automatisch zugeführt.

5. Härten von Speiseeis

Da die Gefrierbedingungen im Freezer weitaus idealer sind als beim Härteprozeß, sollte so viel wie möglich von dem in der Speiseeismischung vorhandenen Wasser im Freezer ausgefroren werden. Die mit der ausgefrorenen Wassermenge zunehmende Festigkeit und damit verbundene schlechte Verformbarkeit setzt der Entnahmetemperatur am Freezer aber eine untere Grenze.

Speiseeis ist am schmackhaftesten unmittelbar am Freezer, doch ist es in diesem Zustand nicht lager- und transportfähig. Es ist deshalb notwendig, die Konsistenz des Speiseeises nach Verlassen des Freezers durch weiteres Ausfrieren von Wasser so zu verfestigen, daß das Endprodukt einwandfrei gelagert und transportiert werden kann.

Um ein glattes Gefüge zu erhalten, muß der noch ausfrierbare Restwassergehalt, der etwa 40% ausmacht, so rasch als möglich ausgefroren werden. Die Wärmeleitung in der ruhenden, lufthaltigen, oft von schlecht leitenden Packmaterialien umgebenen Speiseeismasse, kann wenig beeinflußt werden, dagegen können die äußeren Übertragungsverhältnisse so günstig wie möglich gestaltet werden. Tiefe Lufttemperatur (—40°C) und hohe Luftgeschwindigkeit (2—6 m/s) im Härtetunnel oder Härteräumen, tiefe Verdampfungstemperaturen im Plattenapparat (—45°C), sind die erfolgreichsten Maßnahmen hierzu. Bei Stieleisartikeln, die vollautomatisch im Solebad in Metallformen gehärtet werden, führt eine genügend tiefe Soletemperatur (—40°C) zum gewünschten Erfolg.

V. Lagerung von Speiseeis

Nachdem das Speiseeis gehärtet ist, wird es im Tiefgefrierraum bei möglichst gleichbleibenden Temperaturen im Bereich von —25 bis —30°C gelagert. Allgemein kann gesagt werden, daß der Genußwert um so langsamer zurückgeht, je tiefer die Lagertemperatur gewählt wird.

Die herkömmlichen Geschmacksorten wie Vanille, Erdbeer und Schokolade, sowohl mit niedrigem als auch mit hohem Milchfettgehalt, einwandfreie Rohstoffe und Verarbeitung vorausgesetzt, zeigen bis zu einer Lagerdauer von 12 Monaten keine starken Qualitätseinbußen. Es findet allerdings eine Alterung und Abflachung des Geschmackes statt. Ebenso zeigen sich leichte Rekristallisationserscheinungen, die sich infolge der Ausbildung größerer Eiskristalle in einem gröberen Gefüge äußern. Schokoladeüberzogene Artikel sowie Citrusfruchteissorten zeigen dabei geringere Qualitätsverschiebungen. Speiseeisartikel, die Nüsse, insbesondere Haselnüsse, enthalten, haben infolge Sandigkeit und Ranzigkeit nur eine bis auf höchstens 6 Monate begrenzte Haltbarkeit.

Die Lagerung der Speiseeisprodukte im Kleinhandel, besonders in der offenen, mit Luftumwälzung arbeitenden Schautruhe, bedeutet für das Gefüge eine starke Beanspruchung. Die hohen, vor allem durch den Abtauprozeß des Luftkühlers periodisch auftretenden Temperaturschwankungen führen zu einer so starken *Rekristallisation* und damit verbundenen *Gefügeverschlechterung*, daß die Aufenthaltsdauer der Speiseeispackungen nur auf wenige Tage begrenzt sein sollte.

VI. Transport von Speiseeis

Bei Großtransporten werden fast ausschließlich mechanisch gekühlte Isolierwagen mit Temperaturen im Bereich von —25°C eingesetzt, während die Kleinverteilerfahrzeuge fast ausschließlich mit Trockeneis als Kühlmittel arbeiten.

VII. Fabrikations-Überwachung und Laboratoriumsteste

Da Speiseeis ein ausgezeichneter Nährboden für viele Arten von Mikroorganismen im nichtgefrorenen Zustand ist, ist eine scharfe hygienische Überwachung erforderlich, die das fertige Produkt frei von pathogenen Bakterien hält und die anderen Keime auf eine zulässige Mindestzahl begrenzt.

Laufende Überwachung des Keimgehaltes der Roh- und Hilfsstoffe und gründliche Reinigung und Desinfektion der Räume, Geräte und Maschinen, sauberes und gesundes Personal, sowie eine wirksame Pasteurisation des Speiseeisansatzes, sind dazu die erfolgreichsten Maßnahmen. Zur laufenden Qualitätsüberwachung sind neben der organoleptischen Überprüfung der Roh- und Fertig-Produkte laufend Laboratoriumskontrollen notwendig. Eine Reihe von Standardtesten überprüfen den Fett- und Gesamttrockenstoffgehalt, den Homogenisierungsgrad, Enzymzerstörung, Aufschlag, Viscosität, pH-Wert, Säuregehalt, sowie den Gesamtkeimgehalt und den Gehalt an coliformen Keimen.

Bibliographie

Bell, C.J.: Ice cream. In: Air conditioning refrigerating data book. Applications Vol., 5th Ed., Sect. I, Chapt. 3, S. 9. New York: Amer. Soc. of Refrig. Engin. 1954.

Bundesverband der Deutschen Süßwarenindustrie e. V., Fachsparte Speiseeis: Eiskrem sozusagen jeden Tag. 1. Aufl. S. 26—27. Hamburg: Benecke 1966.

Frandsen, J.H., and W.S. Arbuckle: Ice cream and related products. 1st. Ed., S. 155. Westport Connecticut, USA: The Avi Publishing Comp., Inc. 1961.

Stistrup, K., and J. Andreasen: Homogenization of ice cream mix. In: Bericht XVII. Intern. Milchwirtschafts-Congress, München, Sect. F 2, S. 375—386 (1966).

Turnbow, G.D., P.H. Tracy and L.A. Raffeto: The ice cream industry. 2nd. Ed. New York: John Wiley and Sons, Inc. 1947.

Zeitschriftenliteratur

Cole, W.C.: The influence of temperature upon the extend to which freezing occurs in ice cream. Ice Cream Trade J. **34**, 6, 15 (1938).

Weidner, H.E.: Problems in making low calorie ice cream. Ice Cream World **8**, 18 (1966).

C. Untersuchung von Speiseeis

Von

Dr. W. **Pelz**, Bonn

Für die Begutachtung von Speiseeis sind außer der organoleptischen Prüfung die Ergebnisse der chemischen und der bakteriologischen Analyse von Bedeutung. Weiterhin sind die physikalischen Eigenschaften des Produktes zu berücksichtigen.

I. Probenahme

Zur Untersuchung soll eine Mindestprobenmenge von 500 g entnommen werden. Die Probe wird sogleich nach der Entnahme in ein Dewar-Gefäß abgefüllt. Erfolgt außer der chemischen auch eine bakteriologische Untersuchung, so sind die Vorschriften für eine sterile Probenahme (vgl. H. Werner: Probenahme. Bd. II/1) zu beachten.

Vorbereitung der Probe (nach AOAC-Methoden 1960, Ziff. 15.166): Man läßt die Probe bei Raumtemperatur schmelzen. Da das Fett zur Abscheidung neigt, ist es nicht ratsam, die Probe zu erwärmen. Man mischt mit einem Spatel oder einem Schlagbesen gut durch. — Bei Anwesenheit von unlöslichen Partikelchen benützt man zur Homogenisierung ein Mixgerät. Sollen grobe Stücke wie Früchte, Nüsse und dgl. abgetrennt werden, gießt man die geschmolzene Probe zweckmäßig durch ein Sieb.

II. Physikalische Untersuchung

1. Lufteinschlag (Overrun, Aufschlag)

Verfahren von M. E. Schulz u. H. Kay (1961): Aus dem gefrorenen Produkt wird bei —15°C (Eiskrem) bzw. —10°C (Speiseeis) ein Zylinder von 30 ml Rauminhalt ausgestochen. Man verwendet hierzu ein mit einem Haltegriff versehenes Rohr aus nichtrostendem Stahl von 26,1 mm lichter Weite und 56,2 mm Länge, dessen untere Öffnung zu einer Schneide zugeschliffen ist. Der ausgestochene Zylinder wird bei Zimmertemperatur in einem auf einen Meßzylinder gesetzten Trichter abgetaut. Bei portioniertem Eis wird ein rechtwinkliges Stück abgetaut, dessen Volumen aus den Kantenlängen berechnet werden kann. Eine eventuell vorhandene Glasur muß vorher entfernt werden. Nach dem Auftauen wird der Schaum durch Zugabe eines Entschäumungsmittels zerstört. Das Volumen der aufgetauten Masse wird bei +20°C bestimmt, nachdem vorher durch vorsichtiges Erwärmen auf 50°C und Umschütteln sämtliche Luftblasen entfernt wurden.

Die Berechnung erfolgt nach der Formel:

$$\text{Aufschlag in \%} = \frac{(\text{Volumen der Eismasse} - \text{Volumen der Auflösung}) \cdot 100}{\text{Volumen der Auflösung}}$$

Vom Volumen der Auflösung ist das Volumen des zugesetzten Entschäumungsmittels abzuziehen. Für die Bestimmung des Aufschlages gilt eine Toleranz von $\pm$ 2%.

2. Abtropfgrad

Bei diesem von M. E. Schulz u. H. Kay (1961) angegebenen Verfahren wird die Zeitspanne gemessen, die bis zum Herabfallen des erstens Tropfens vergeht, wenn man eine bei —20°C gehaltene Eisprobe unter definierten Bedingungen in einen Raum mit +25°C Lufttemperatur bringt.

Hierzu wird eine Probe mit Hilfe des unter 1. beschriebenen Ausstechrohres entnommen und in der Längsrichtung auf einen „Dreizack" aufgesteckt. Dieser besteht aus 3 Nadeln (Stärke 1 mm, Länge etwa 50 mm), die parallel zueinander an einem etwa 20 cm langen, die Richtung der Nadeln fortsetzenden Stiel so angebracht sind, daß sie — von ihren Spitzen aus gesehen — die Ecken eines gleichseitigen Dreiecks mit einer Kantenlänge von etwa 12 mm darstellen. Das Stielende wird waagerecht in ein Stativ eingespannt. Mit einem Stiel versehenes Portioneneis wird direkt an diesem Stiel eingespannt. Es ist sorgfältig darauf zu achten, daß die verwendeten Geräte die vorgeschriebene Temperatur von —20°C haben und die Vorbehandlung der Probe bei der gleichen Temperatur vorgenommen wird. Man bringt nun das Stativ mit den Proben in einen Raum mit der Temperatur +25°C und bestimmt den Zeitpunkt bis zum Beginn des Abtropfens.

Für die Untersuchung des Abtropfgrades gilt eine Toleranz von ± 15 sec.

3. Viscosität

Die Messung erfolgt nach einem der üblichen Verfahren z. B. mittels Kugelfallviscosimeter oder Torsionspendelviscosimeter. Nach H. KAY (1962) soll die Viscosität zwischen 30 und 40 cP bei 20°C liegen; auf jeden Fall sollen 15 cP nicht unterschritten und 80 cP nicht überschritten werden. (Vgl. auch Bd. II/1 dieses Handbuches.)

III. Chemische Untersuchung

1. Trockenmasse

Schnellverfahren (M. E. SCHULZ u. Mitarb. 1957): 2 Blatt Aluminiumfolie (unlackiert; 0,015 mm; 150×190 mm) werden aufeinandergelegt, an einer der kurzen Seiten zur festeren Verbindung der beiden Folien in Form eines Falzgelenkes 2 mal etwa 1 cm, nach Einlegen einer Filtrierpapierscheibe (weich, quantitativ, z. B. Macherey und Nagel 640 we ⌀ 11 cm) an den übrigen 3 Seiten einmal etwa 2 cm umgefalzt. Das so gebildete Folienpäckchen wird nach Aufklappen der oberen Folie im Trockenschrank bei 105°C 10 min getrocknet, in diesem zusammengeklappt, außerhalb des Trockenschrankes zusammengefaltet und anschließend gewogen. 3 g Untersuchungssubstanz werden mit einer Wägepipette eingewogen und anschließend nach Öffnung des Folienpaketes auf das Filtrierpapier getropft, so daß die Fläche gleichmäßig benetzt wird. Die Wägepipette wird leer zurückgewogen. Das geöffnete Folienpäckchen wird im Trockenschrank 10 min über den Zeitpunkt hinaus getrocknet, bei dem der Trockenschrank wieder 105°C angenommen hat. Nach Zufaltung wird das Päckchen gewogen und nach Öffnung weitere 10 min getrocknet und anschließend gewogen. Die Nachwägung wird gegebenenfalls so lange wiederholt, bis Gewichtskonstanz erreicht bzw. ein leichter Gewichtsanstieg zu verzeichnen ist.

Offizielle Methode der AOAC (AOAC-Methoden 1960, Ziff. 15.167): In eine Schale mit flachem Boden (⌀ < 5 cm) (oder auch flaches Wägeglas) wiegt man 1—2 g der Probe ein. Die Einwaage kann auch mit Hilfe einer kurzen, gekrümmten 2 ml-Pipette (Wägepipette) erfolgen. Es wird zunächst 30 min auf dem Wasserbad erhitzt und dann im Trockenschrank $3^1/_2$ Std bei 100°C getrocknet. Man läßt im Exsiccator abkühlen und wägt rasch zurück.

2. Lipide

a) Gesamtfett

Schnellverfahren: Eine mit geringem Aufwand auszuführende Bestimmung des Gesamtfettgehaltes ist mit Hilfe des Gerber-Verfahrens möglich. Die Genauigkeit dieser Methode reicht für orientierende Zwecke aus. Spezielle Eiskrem-Butyrometer werden von einschlägigen Firmen auf den Markt gebracht (H. HOFFER 1962).

Verfahren nach RÖSE-GOTTLIEB: Eine Arbeitsvorschrift findet sich bei F. KIERMEIER u. Mitarb. „Untersuchung der Milch" in Bd. III dieses Handbuches. Die Einwaage beträgt je nach dem zu erwartenden Fettgehalt 5—10 g.

Eine auf dieses Verfahren gegründete Arbeitsweise ist offizielle Methode der AOAC.

Verfahren nach WEIBULL-STOLDT: Eine Arbeitsvorschrift findet sich bei A. ROTSCH u. A. MENGER „Untersuchung und Beurteilung von Brot usw." in diesem Band sowie bei F. KIERMEIER u. Mitarb. „Untersuchung der Milch" in Bd. III dieses Handbuches. Soll sich an die Bestimmung des Fettgehaltes die Ermittlung der Halbmikrobuttersäurezahl und gegebenenfalls des Cholesterinwertes anschließen, so geht man von 50 g Einwaage aus. Diese Menge wird mit 60 ml Wasser und anschließend mit 50 ml Salzsäure ($\rho = 1,19$) versetzt. Zur Vermeidung von Cholesterinverlusten ist auf besonders gründliches Auswaschen des Filters zu achten.

Zur schonenden Abtrennung von Fett aus Eiskrem schlagen die AOAC-Methoden (1960) ein Verfahren (Ziffer 15.170) vor, bei dem man aus wäßrig-alkoholischer, ammoniakalischer Lösung mit Äther ausschüttelt.

Auf die Möglichkeit der Fettbestimmung durch direkte Extraktion (Perforation mit einem Methylal-Methanol-Gemisch) nach P. NAVELLIER u. R. BRUNIN (1960) sei abschließend hingewiesen.

b) Milchfett

Die Halbmikrobuttersäurezahl (HMBZ) erlaubt eine sichere Aussage über den Anteil an Milchfett in dem nach der Methode WEIBULL-STOLDT gewonnenen Gesamtfett der Probe. Zur Arbeitsvorschrift vgl. H. PARDUN Bd. IV dieses Handbuches.

Wird eine HMBZ von 20 als Mittelwert für reines Milchfett zugrunde gelegt, so errechnet sich der Prozentgehalt an Milch mit 3 % Fett im Speiseeis nach der Gleichung:

$$M = a \cdot b \cdot \tfrac{5}{3}$$

M = Milch in %, a = Gesamtfettgehalt in %, b = HMBZ.

Die angegebene Berechnungsweise ist nur verwendbar, wenn außer Milch keine weiteren Milchfett enthaltenden Zutaten verarbeitet worden sind.

Eine Berechnung des Milchfettgehaltes ist möglich nach der Gleichung:

$$MF = \frac{a \cdot b \cdot 5}{100}$$

MF = Milchfettgehalt in %, a = Gesamtfettgehalt in %, b = HMBZ

Bei der Beurteilung des Milchfettgehaltes sind die biologischen Schwankungen der Buttersäurezahl zu berücksichtigen. Vgl. auch A. ROTSCH u. A. MENGER „Untersuchung und Beurteilung von Brot usw." in diesem Band.

3. Eigehalt

Der Eigehalt wird aus dem Cholesteringehalt unter Berücksichtigung des Steringehaltes anderer Bestandteile des Speiseeises (insbesondere des Milchfettes) errechnet.

Bestimmung des Cholesterins: 10 g der geschmolzenen Eismasse werden mit 50 g Natriumsulfat (wasserfrei) verrieben und im Extraktionsrohr 3 Std mit einem Gemisch aus gleichen Teilen Benzol und Äthanol extrahiert. Nach Abdestillieren des Lösungsmittels wird der gesamte Rückstand zur Cholesterinbestimmung verwendet.

An Stelle des nach dem hier beschriebenen Extraktionsverfahren gewonnenen Rückstandes kann auch das nach der Methode WEIBULL-STOLDT erhaltene Gesamtfett zur Ermittlung des Cholesteringehaltes benutzt werden. Die Einwaage beträgt mindestens 400 mg.

Die weitere Aufarbeitung erfolgt entweder gravimetrisch nach der Vorschrift von L. ACKER u. H. GREWE (1965) oder colorimetrisch nach der Methode von H. RIFFART u. H. KELLER (1934). Die Arbeitsvorschrift zu dem erstgenannten Verfahren findet sich bei L. ACKER: „Untersuchung von Teigwaren" in diesem Band.

Berechnung des Eigehaltes: Der Gehalt an Eigelb oder Vollei wird in g Eigelb bzw. in g Vollei auf 1 l Milch angegeben. Wenn das Speiseeis außer Milch keine anderen Milchfett enthaltenden Bestandteile aufweist, kann die Berechnung nach den folgenden Gleichungen (W. Pelz 1966) erfolgen:

$$VE = 193 \cdot \frac{Ch - 3{,}2\,M}{33{,}3\,M}$$

$$RE = 68{,}7 \cdot \frac{Ch - 3{,}2\,M}{33{,}3\,M}$$

VE = g Vollei auf 1 l Milch, RE = g Reineigelb auf 1 l Milch, M = Milchfett in %, Ch = Cholesterin in mg je 100 g.

Den Formeln liegt der Wert von 240 mg Cholesterin für ein Ei (45 g) bzw. ein Eigelb (16 g) zugrunde. Milchfett enthält im Mittel 320 mg/100g Cholesterin.

4. Emulgatoren

Der Gehalt an 1-Monoglyceriden läßt sich nach H. E. Schmidt (1963) aus 50—100 mg des extrahierten Fettes durch Oxydation mit Perjodat und Umsetzung des entstandenen Aldehyds mit Chromotropsäure bestimmen.

Zum Nachweis anderer Emulgatoren vgl. H. Mühlschlegel: ,,Weitere fremde Stoffe (Weichmacher, Emulgatoren, Stabilisatoren, Überzugsmittel)'' in Bd. II/2 dieses Handbuches.

5. Kohlenhydrate

a) Monosaccharide sowie Lactose und Saccharose

Die Untersuchungslösung wird mit Kaliumhexacyanoferrat (II)- und Zinksalzlösung geklärt. Der Gehalt an Saccharose wird entweder polarimetrisch oder aus den Reduktionswerten vor und nach Inversion ermittelt.

Die Lactose kann mit einem der üblichen reduktometrischen Verfahren, z. B. der Methode nach Luff-Schoorl (Arbeitsvorschrift bei L. Acker in Bd. II/2 dieses Handbuches) erfaßt werden. Liegen neben Lactose noch andere reduzierende Kohlenhydrate vor, so muß eine Vergärung nach Ruttloff u. Mitarb. (Arbeitsvorschrift bei L. Acker in Bd. II/2 dieses Handbuches) vorgeschaltet werden.

Ein papierchromatographischer Nachweis kann auch direkt aus der im Verhältnis 1:20 verdünnten Schmelze geführt werden (T. C. Chou u. J. Tobias 1960).

b) Stärkesirup

Der Nachweis und die Bestimmung von Stärkesirup kann nach den bei K. Herrmann ,,Konfitüren usw.'' sowie bei A. Fincke ,,Zuckerwaren'', beide in diesem Band, angegebenen Verfahren erfolgen.

c) Stärke

Der Nachweis von Stärke wird in bekannter Weise mit Jodlösung geführt.

Zur Bestimmung des Stärkezusatzes eignet sich das polarimetrische Verfahren nach Baumann-Grossfeld in der Modifikation von H. Hadorn u. F. Doevelaar (1960). Die Arbeitsvorschrift findet sich bei H. Thaler: ,,Nachweis und Bestimmung der Polysaccharide'' Bd. II/2 dieses Handbuches.

Da bei Speiseeis in der Regel mit einer relativ geringen Menge von Stärkemehl zu rechnen ist, empfiehlt sich eine Erhöhung der Einwaage von 2,5 auf 10 g. Dementsprechend sind die von H. Hadorn und F. Doevelaar angegebenen Faktoren durch 4 zu dividieren. Wegen des hohen Eiweißanteils müssen die Zusätze an Klärungsmitteln im Haupt- und Blindversuch auf jeweils 5 ml erhöht werden. Wenn neben Stärke noch andere Dickungsmittel verarbeitet worden sind, kann eine Erhöhung des Stärkegehaltes vorgetäuscht werden, die jedoch nicht über 10 % der höchstzulässigen Stärkemenge hinausgeht.

Für eine genaue Stärkebestimmung eignet sich auch das titrimetrische Verfahren nach Th. von Fellenberg in der modifizierten Form nach H. Hadorn u. F. Doevelaar (1960) (vgl. Arbeitsvorschrift bei H. Thaler: „Polysaccharide" in Bd. II/2 dieses Handbuches).

Zur Probenvorbereitung werden bis zu 5 g Eismix zweimal mit je 50 ml Alkohol (96%ig, vergällt) im Zentrifugenglas durchmischt und anschließend zentrifugiert. Der noch feuchte Rückstand wird zweimal in gleicher Weise mit je 50 ml Äther behandelt und dann nach der oben aufgeführten Vorschrift aufgearbeitet.

d) Dickungsmittel (Stabilisatoren) auf Kohlenhydratbasis

Eine Identifizierung der hier zu erwartenden Substanzen erfordert die Abtrennung der störenden Begleitstoffe.

α) Isolierung

Hierzu eignet sich besonders folgendes Vorgehen:

Arbeitsvorschrift (AOAC-Methoden (1960); Ziff. 15.174—15.175): 50 g der geschmolzenen Probe werden in einem 250 ml-Zentrifugenglas auf 60°C erhitzt und mit 150 ml Dioxan 2 min lang heftig geschüttelt. Man zentrifugiert 10 min bei 1800 U/min, dekantiert und verwirft die überstehende Flüssigkeit. Nach Zugabe von 30 ml Äther wird kräftig geschüttelt, um die Masse auf dem Boden des Glases zu brechen. Anschließend wird dekantiert, das Waschen mit Äther wiederholt und die überstehende Flüssigkeit erneut abgegossen. Man erhitzt im Wasserbad um die Ätherreste zu entfernen, fügt 30 ml Wasser von 80°C hinzu und schüttelt, um den Rückstand zu lösen oder zu dispergieren.

Der Inhalt des Zentrifugenglases wird mit 20 ml 50%iger Trichloressigsäure versetzt und auf dem Wasserbad auf 60°C erhitzt. Man schüttelt 1 min, zentrifugiert 10 min bei 1200 U/min und dekantiert durch ein Faltenfilter in ein zweites Zentrifugenglas, wobei man den Rückstand verwirft. Das Zentrifugenglas wird mit Alkohol aufgefüllt, anschließend mit 1 ml gesättigter Kochsalzlösung versetzt, durchgemischt und bis zur Abscheidung eines Niederschlages sich selbst überlassen. Bildet sich kein Niederschlag, so ist Pflanzengummi abwesend. Etwa entstandene Ausfällungen werden zentrifugiert, die überstehende Lösung verworfen. Zur Reinigung kann die Fällungsoperation zweimal wiederholt werden.

Den reinen Quellstoff kann man auch durch Gelfiltration aus dem Filtrat der Trichloressigsäurefällung erhalten. Man gibt die neutralisierte Lösung auf eine Sephadex-G-25-Säule (vgl. G. Wohlleben: „Säulenchromatographie", Bd. II/1 dieses Handbuches) und erhält beim Eluieren die höhermolekularen Substanzen als erste Fraktion, während die monomolekularen Bestandteile stark verzögert werden.

β) Identifizierung

Die AOAC-Methoden (1960) sehen u. a. eine Identifizierung der auf die oben angegebene Weise isolierten Polysaccharide durch IR-Spektroskopie vor. Dazu wird aus den gefällten Pflanzengummis ein dünner Film hergestellt. Hohe Reinheit und Anwesenheit immer nur *eines* Quellstoffs ist Voraussetzung für die Anwendbarkeit dieser Methode, die sich in Gemeinschaftsuntersuchungen bewährt hat (I. A. McNulty 1960, 1961). Neben den bekannten Pflanzengummis wurden Pektin und Celluloseglykolat nachgewiesen.

Weiterhin kommt für die Identifizierung die Papierchromatographie der durch Säurehydrolyse gewonnenen Bausteine in Betracht.

Dazu werden die nach der obigen Vorschrift erhaltenen Quellstoffe mit 50 ml 5%iger Schwefelsäure 3 Std am Rückflußkühler gekocht. Das so gewonnene Hydrolysat, das als charakteristische Bestandteile Monosaccharide und Uronsäuren enthält, wird mit warmer

Bariumhydroxidlösung neutralisiert. Nach dem Abfiltrieren oder Abzentrifugieren des Niederschlages wird die Lösung über einen Anionenaustauscher in der Acetatform und einem Kationenaustauscher in der H-Form entsalzt und zur Chromatographie eingeengt. Die Endlösung soll höchstens schwach gelb gefärbt sein und kann in dieser Form direkt zur Chromatographie verwandt werden. O. Pfrengle u. H. Hintz (1961) arbeiteten mit dem Chromatographiepapier Nr. 2040b der Firma Schleicher & Schüll bei einer Laufzeit von 16 Std und einem n-Butanol-Pyridin-Wasser-Gemisch (6:4:3) als Laufmittel. Zum Entwickeln werden die Chromatogramme nach dem Trocknen mit einer Lösung von Anilinhydrogenphthalat in wassergesättigtem Butanol besprüht und anschließend bei 60°C erneut getrocknet. Es entstehen braune Farbflecken mit unterschiedlicher Farbtönung, die durch Vergleich mit den ebenfalls aufgetragenen Reinsubstanzen identifiziert werden können. Als Bausteine der einzelnen Dickungsmittel sind bei diesem Verfahren zu erwarten (O. Pfrengle u. H. Hintz 1961):

Karayagummi:	Rhamnose, Galaktose, Uronsäuren
Guargummi:	Mannose, Galaktose
Gummi arabicum:	Rhamnose, Arabinose, Galaktose, Uronsäuren
Traganth:	Rhamnose, Xylose, Arabinose, Galaktose, Uronsäuren
Irisch Moos (Natriumcarrageenat):	Xylose (Spuren), Galaktose, Uronsäuren
Natriumalginat:	Uronsäuren
Methylcellulose:	3 methylierte Zucker, wenig Glucose

Zum Nachweis einzelner Quellstoffe durch Fällungs- und Farbreaktionen vgl. AOAC-Methoden (1960) Ziff. 12.044 und E. Letzig (1955).

e) Sorbit

Die quantitative Bestimmung erfolgt zweckmäßig nach der polarimetrischen Methode von Turner (vgl. A. Fincke in diesem Bd. S. 726) oder nach der von A. Rotsch u. G. Freise (1964) für Diabetikerbackwaren ausgearbeiteten Modifikation dieses Verfahrens (Arbeitsvorschrift bei R. Franck in diesem Bd. S. 441).

Man geht dabei von 20 g Untersuchungsmaterial aus. Enthält die Analysensubstanz mehr als 3,5 % Sorbit, empfiehlt es sich, die Einwaage zu halbieren.

6. Sonstige Zusätze

Gelatine (AOAC-Methoden (1960) Ziff. 15.040): Zu 10 g der geschmolzenen Eisprobe werden 10 ml saure Quecksilber(II)-nitratlösung (1 Teil Hg in 2 Teilen Salpetersäure ($\rho = 1,14$) gelöst und mit Wasser auf das 25fache Volumen verdünnt) gegeben. Man schüttelt kräftig durch, verdünnt mit 20 ml Wasser, schüttelt noch einmal und läßt den entstandenen Eiweißniederschlag absetzen. Die überstehende Lösung wird filtriert und das Filtrat mit dem gleichen Volumen gesättigter wässeriger Pikrinsäurelösung versetzt. Bei Anwesenheit von Gelatine entsteht ein fein verteilter Niederschlag, der sich nur sehr langsam absetzt. Man vergleicht zweckmäßig mit einer 1%igen Gelatinelösung, die nach der gleichen Vorschrift behandelt wurde.

Andere Stickstoffverbindungen geben deutlich kristalline oder flockige Fällungen, die sich schnell und vollständig niederschlagen. Eine sehr geringfügige Trübung kann auch von Eiereiweiß herrühren. Aus konzentrierten Gelatinelösungen fällt ein Teil des Niederschlags flockig aus.

Zur Untersuchung auf Konservierungsstoffe vgl. W. Diemair u. W. Postel: „Konservierungsstoffe" in Bd. II/2 dieses Handbuches.

Zur Untersuchung auf Antioxydantien vgl. A. Seher: „Antioxydantien" in Bd. II/2 dieses Handbuches.

Zum Nachweis künstlicher Farbstoffe vgl. A. Fincke „Zuckerwaren" in diesem Bd. S. 726.

Nachweis von Vanillin und Äthylvanillin: Etwa 5 g der Eisprobe werden mit 20 ml Äther gut ausgeschüttelt. Man trennt die ätherische Phase ab und läßt das Lösungsmittel verdunsten. Der Rückstand, der die gesuchten Substanzen enthält, wird mit wenig Äthanol aufgenommen und die so erhaltene Lösung direkt zur aufsteigenden Papierchromatographie nach K. G BERGNER u. H. SPERLICH (1951) verwandt. Nach den Angaben der genannten Autoren gelingt eine befriedigende Trennung von Vanillin und Äthylvanillin nur dann, wenn die Chromatographie in wasser-petroläthergesättigter Atmosphäre erfolgt.

Hierzu gibt man in das Chromatographiegefäß zunächst eine den Boden gut bedeckende Wassermenge und stellt an den Rand des Innenraumes ein mit Petroläther gefülltes Becherglas. Die zur Aufnahme des Chromatogramms bestimmte Kristallisierschale, die zunächst kein Laufmittel enthält, befindet sich in der Mitte des Gefäßes. Das Papier mit der aufgetragenen Substanz wird in die leere Kristallisierschale gestellt und verbleibt hier mehrere Stunden (am besten über Nacht) bis zur ausreichenden Sättigung aus dem Luftraum. Dann gibt man vorsichtig die erforderliche Menge Petroläther in die Kristallisierschale und läßt etwa 45 min laufen. Anschließend trocknet man das Chromatogramm an der Luft und besprüht mit einer Lösung von 0,5 g Benzidin in 20 ml Eisessig und 80 ml Äthanol. Vanillin und Äthylvanillin ergeben hierbei intensiv gelb gefärbte Flecken. Die Identifizierung kann durch Vergleich mit den aufgetragenen Reinsubstanzen erfolgen.

IV. Bakteriologische Untersuchung

Die Untersuchung wird entsprechend den Vorschriften für die Untersuchung der Milch (vgl. H. FRANK: „Bakteriologie der Milch", Bd. III dieses Handbuches) durchgeführt. Richtlinien für die Beurteilung des Ergebnisses finden sich z. B. in den „Bestimmungen für die DLG-Qualitätsprüfungen" (1963).

Zur bakteriologischen Untersuchung von Speiseeis vgl. auch J. BORNEFF (1952, 1963) sowie O. ROEMMELE u. M. DANNEEL (1964).

Bibliographie

AOAC-Methoden: Official Methods of Analysis of the Association of Official Agricultural Chemists, Hrsg. v. W. Horwitz, 9th Ed. Washington: Association of Official Agricultural Chemists 1960.

Bestimmungen für die DLG — Qualitätsprüfungen für Milch und Milcherzeugnisse, Frankfurt/ Main: Deutsche Landwirtschaftsgesellschaft (Marktabteilung) 1963.

Zeitschriftenliteratur

BERGNER, K.-G., u. H. SPERLICH: Anwendung der Papierchromatographie bei der Untersuchung von Lebensmitteln. Dtsch. Lebensmittel-Rdsch. 47, 134 (1951).

BORNEFF, J.: Vorschläge zur bakteriologischen Untersuchung des Speiseeises. Arch. Hyg. Bakt. 136, 5, 98 (1952).

— Die Bewertung von Speiseeisbakterien nach Art und Zahl. Süßwaren 7, 171—174 (1963).

CHOU, T.C., and J. TOBIAS: Quantitative determination of carbohydrates in ice cream by paper chromatography. J. Dairy Sci. 43, 1031—1041 (1960).

HADORN, H., u. F. DOEVELAAR: Systematische Untersuchungen über titrimetrische, kolorimetrische und polarimetrische Stärkebestimmungen. Mitt. Lebensmitteluntersuch. Hyg. 51, 1—68 (1960).

HOFFER, H.: Eiskrem-Butyrometer E 7 bis 12% — eine neue Variante in der butyrometrischen Fettbestimmung. Milchwiss. Ber. 12, 107—112 (1962).

KAY, H.: Qualitätsanforderungen an Speiseeis und deren Untersuchung. Molkerei-Ztg. (Hildesheim) 13, 289—293 (1962).

LETZIG, E.: Neuere Nachweismethoden für wasserlösliche Binde- und Verdickungsmittel. Dtsch. Lebensmittel-Rdsch. 51, 41—47 (1955).

McNULTY, I.A.: Isolation and Detection of gums in frozen desserts. J. Ass. off. agric. Chem. 43, 624—632 (1960).

— Collaborative studies of gum in ice cream mix. J. Ass. off. agric. Chem. 44, 513—516 (1961).

NAVELLIER, P. et R. BRUNIN: Emploi du méthylal pour le dosage de la matière grasse du lait. Ann Falsif. Expert. chim. 53, 379—390 (1960).

PELZ, W.: Unveröffentlicht (1966).

PFRENGLE, O., u. H. HINTZ: Der papierchromatographische Nachweis von Quellstoffen, insbesondere in Waschmitteln. Fette, Seifen, Anstrichmittel 63, 630 (1961).

ROEMMELE, O., u. M. DANNEEL: Die hygienisch-bakteriologische Untersuchung von Trink-milch, Milcherzeugnissen, Trockenkindermilch und Speiseeis. Arch. Lebensmittelhyg. **1964**, 1—10.

ROTSCH, A., u. G. FREISE: Über die quantitative Bestimmung von Sorbit in Backwaren. Dtsch. Lebensmittel-Rdsch. **60**, 343 (1964).

SCHMIDT, H. E.: Colorimetrische Methode zur Bestimmung von l-Monoglyceriden in Eiskrem. Fette, Seifen, Anstrichmittel **65**, 488—492 (1963).

SCHULZ, M. E., H. KAY u. G. MROWETZ: Trockenmassebestimmung in flüssigen Milchproduk-ten unter Verwendung von Filterpapier und Aluminiumfolien. Milchwiss. **12**, 294—300 (1957).

— — Qualitätsbeurteilung von Speiseeis. Milchwiss. **16**, 347—355 (1961).

Backhefe

Von

Dr.-Ing. **Robert Kautzmann** und Dr. rer. nat. **Werner Zoberst**, Karlsruhe

A. Einleitung

Die Geschichte des Brotes stellt einen bedeutenden Abschnitt der Kulturgeschichte der Menschheit dar. Der Übergang vom Fladenbrot zum gelockerten Brot vollzog sich bei den verschiedenen Völkern in ganz verschiedener Weise und in ganz verschiedenen Zeitepochen. Der Mensch lernte schon früh die Wirkung der Hefen zur biologischen Teiglockerung kennen. Der Sauerteig gehört zu diesen ersten Teiglockerungsverfahren. Bei der Bierherstellung fiel eine gut geeignete Hefe an; denn es wurden früher vornehmlich obergärige Biere hergestellt, deren Hefen sich meist gut als Teigtriebmittel eignen. Deshalb fand man bis zurück in das Altertum oft Brauereien mit Bäckereien in einer Betriebsgemeinschaft. Dies hat sich durch die Einführung der untergärigen Biere grundlegend geändert.

Auch die bei anderen alkoholischen Gärverfahren anfallenden Hefen wurden schon früh zur Brotherstellung verwendet. So sagt man von den Kelten, daß sie Traubensaft eigens dafür vergoren hätten, um mit der dabei anfallenden Hefe ihre Brote herzustellen. Diese Handlungsweise stellt zweifelsohne eine Ausgangsform der Backhefefabrikation dar.

Noch zu Beginn des vorigen Jahrhunderts waren neben dem Sauerteig-Verfahren die Brauereien und die landwirtschaftlichen Brennereien die Hauptlieferanten von Hefe, die sich für Bäckereizwecke eignete. Viele Backhefefabriken entwickelten sich aus landwirtschaftlichen Brennereien, weil diese auf Kosten der Alkoholproduktion die Hefeherstellung förderten, um den ständig wachsenden Bedarf an Backhefe zu decken.

Auf diese Weise mehrten sich die Brennerei-Betriebe, bei denen die Hefe zum Hauptprodukt wurde. Die Erkenntnisse über die Bedeutung der Belüftung der Würzen, die Erfindung der Filterpressen und die Einführung der Separatoren, die den unwirtschaftlichen Abschöpfprozeß ablösten, die Anwendung des sog. „Zulaufverfahrens" und vieles andere mehr sind Meilensteine auf dem Wege, der von dem rezeptmäßig geführten Gärungsbetrieb einer landwirtschaftlichen Getreide- oder Kartoffelbrennerei zur modernen und wissenschaftlich gelenkten Hefefabrik führt, deren bewußt gesteuerte Züchtungsverfahren auf genau errechneten Nährstoffbilanzen beruhen.

Auch in der Hauptrohstoffbasis ist in der Zeit vor und um den ersten Weltkrieg eine grundlegende Wendung eingetreten. Der ursprüngliche Getreide-, Mais- oder Kartoffelnährboden wurde mehr und mehr verlassen und durch die Melasse abgelöst, so daß gegenwärtig die Rübenzuckermelasse den Hauptrohstoff für die Backhefeerzeugung darstellt.

Es werden derzeit in der Bundesrepublik Deutschland (1965) etwa 85 000— 90 000 t Backhefe jährlich hergestellt und verbraucht.

Da eine ausführliche Darstellung der „Backhefefabrikation" bei G. Butscheck u. R. Kautzmann (1962) zu finden ist, kann an dieser Stelle der technologische Teil auf eine kurze Beschreibung des Standes der Technik beschränkt bleiben. Es wird deshalb auch auf die Darstellung von speziellen Züchtungsverfahren verzichtet.

B. Grundzüge der Backhefe-Herstellung

Die technologische Backhefezüchtung kann in folgende Phasen zerlegt werden:

die Pflege des Betriebsstammes und die Herzucht von der Einzell-Kultur bis zum Carlsberg-Kolben, die überwiegend im Laboratorium durchgeführt wird;

das Reinzuchtverfahren;

die Stellhefestufen;

die Versandhefestufe.

Neben dieser Unterteilung, die zum Verständnis des Gesamtzüchtungsverfahrens notwendig ist, kann der ganze Fabrikationsgang der Backhefeherstellung wie folgt aufgegliedert werden:

Vorbereitung der Rohstoffe, besonders der Melasse (Melasseklärverfahren);

das eigentliche Züchtungsverfahren;

Aufarbeitung der Gärungsendprodukte durch deren Separation in eine Hefesuspension (flüssige Hefe) und eine Endwürze, die Alkohol enthalten kann;

Lagern der Hefesuspension und Entwässern derselben; Auspfunden und Verpacken der Hefe;

Trocknen der gepreßten Hefe zu „Trockenbackhefe".

I. Vorbereitung der Rohstoffe

Die stärkehaltigen Rohstoffe wurden in der Zeit des ersten Weltkrieges aufgrund der Verknappungen an Lebens- und Futtermitteln im Rahmen der Backhefeerzeugung durch die Zuckerrübenmelasse abgelöst. Seither bildet die Zuckerrübenmelasse in fast allen Ländern— von wenigen Ausnahmen abgesehen — den Hauptrohstoff für die Backhefeerzeugung.

Rübenzuckermelasse ist durch ihre Zusammensetzung (D. Becker u. J. Weber 1962) ein günstiger Rohstoff für die Herstellung eines Nährbodens für die Züchtung von Backhefen. Die anfänglichen Schwierigkeiten, die sich einer Verarbeitung von Melassen entgegensetzten, konnten überwunden werden und machten der Erkenntnis Platz, daß der neue Rohstoff Melasse manchen wirtschaftlichen und verfahrenstechnischen Vorteil gegenüber dem Getreidenährboden besitzt. Bei der Verarbeitung von Melasse ist jedoch zu berücksichtigen, daß in der Zusammensetzung der Melassen mit gewissen Schwankungen gerechnet werden muß, die unter Umständen verfahrenstechnisch zu berücksichtigen sind. Die Arbeitsweisen der Zuckerfabriken sowie die Zuckerrübenqualität, die ihrerseits wieder klimabedingt ist, wirken sich auf die Melasse-Zusammensetzung aus, so daß die Verfahrensbedingungen für die Züchtung von Backhefen ständig diesen veränderten Zusammensetzungen Rechnung tragen müssen.

Der Gehalt an assimilierbarem Zucker, der als Saccharose vorliegt, schwankt bei den derzeitigen Rübenzuckermelassen zwischen 47 und 53 % (vgl. auch „F. Schneider, Rübenzucker und Rohrzucker" in diesem Band). Die Höhe des Zuckergehaltes beeinflußt naturgemäß sehr stark die Menge an Backhefe, die mit einer Gewichtseinheit Melasse erzeugt werden kann (Hefeausbeute).

Ein für die Backhefeerzeugung sehr wichtiger Bestandteil der Melasse ist ihr Gehalt an assimilierbarem Stickstoff (H. Olbrich 1956). R. Kautzmann hat diesen Stickstoffwert als „NAF-Wert" („Stickstoffassimilationsfaktor") benannt, ein Ausdruck, der sich seit vielen Jahren in der Praxis allgemein eingeführt hat. Den NAF-Wert bestimmt man durch eine elektrometrische Formoltitration der hydrolysierten Melasse.

Der assimilierbare Stickstoff der Melasse ist fast ausschließlich Aminostickstoff eines Aminosäuregemisches. Welcher Anteil von dem so bestimmten NAF-Wert von der Hefe tatsächlich assimiliert wird, hängt nicht nur von der Zusammensetzung des Aminosäuregemisches ab, sondern richtet sich auch nach bestimmten verfahrenstechnischen Bedingungen bei der Backhefezüchtung. Der NAF-Wert kann zwischen 0,4 und 1,2% vom Melassegewicht schwanken, meist liegt er zwischen 0,6 und 0,9%.

Von sehr großer Bedeutung ist auch, daß die Rübenzuckermelasse den Wuchsstoffbedarf der Backhefen nahezu vollständig decken kann (H. OLBRICH 1956). Die gebräuchlichen Backheferassen sind wuchsstoffheterotroph in bezug auf Biotin, m-Inosit und Pantothensäure. m-Inosit und Pantothensäure sind in den normalen Rübenzuckermelassen in ausreichendem Maße für das Backhefewachstum vorhanden. An Biotin kann besonders bei der Durchführung des sog. spirituslosen Verfahrens ein Defizit auftreten. In vielen Backhefefabriken wird die Biotinmenge der Melasse durch eine Zugabe von synthetischem D-Biotin ergänzt. Zur Biotinergänzung können auch beispielsweise 10 oder 20 % der Rübenzuckermelasse durch Zuckerrohrmelasse ersetzt werden. Zuckerrohrmelasse enthält viel mehr Biotin als Rübenzuckermelasse, ist aber viel ärmer an Stickstoff, Pantothensäure u. a. Der Verarbeitung von Zuckerrohrmelasse stehen wegen ihres hohen und wechselnden Gehaltes an Schleimstoffen und anderen Ballaststoffen sowie wegen ihres oft hohen Infektionsgehaltes besonders bei der Klärung große Schwierigkeiten entgegen.

Von den Mineralstoffen ist Kalium für das Hefewachstum in der Rübenzuckermelasse in reichlichem Überschuß vorhanden, wohingegen der Magnesiumgehalt nur dann ausreicht, wenn eine sogenannte Quentin-Melasse (G. QUENTIN 1957) vorliegt. Nennenswerte Mengen an phosphorsauren Salzen finden sich in der Rübenzuckermelasse normalerweise nicht. Der Bedarf der Hefe an P_2O_5 muß also durch besonderen Zusatz von phosphorsauren Salzen (meist als Ammoniumhydrogenphosphat) oder von Phosphorsäure gedeckt werden.

Die Vorbereitung der Melasse zur Hefezüchtung besteht in einem sog. „Klärverfahren". Es gibt viele verschiedenartige Klärverfahren, doch sollen an dieser Stelle nur die Prinzipien des am häufigsten angewandten, des betriebssichersten und zuverlässigsten geschildert werden.

Für die betriebliche Verarbeitung einer Melasse muß deren Zusammensetzung bekannt sein. Die gesamte Nährstoffbilanz hängt nicht einfach von dem eingesetzten Melassegewicht ab, sondern von der eingesetzten Zuckermenge, und die Menge des assimilierbaren Stickstoffs der Melasse bestimmt die Menge der Zusätze an Stickstoffsalzen.

Bei dem Klärverfahren scheiden sich nach einer Hitzesterilisation (100°C) und einem pH zwischen 4,2 und 4,8 in mehr oder weniger starker Verdünnung der Melasse Trubstoffe aus. Diese Trubstoffe werden durch Absitzenlassen und evtl. Zentrifugieren entfernt, und die blanke Melasse bzw. Melasselösung läuft dem Züchtungsbottich genau dosiert zu.

Ammoniumsulfat und Ammoniak werden als Lösungen mit gleichem Stickstoffgehalt der Nährlösung zugegeben. Damit besteht die Möglichkeit — durch die Auswahl verschiedener Mengenverhältnisse dieser beiden Lösungen zueinander —, das pH der Nährlösung zu regeln und dieser gleichzeitig eine bestimmte Stickstoffmenge zuzuführen.

II. Das Züchtungsverfahren

Ausgangspunkt für die fabrikatorische Backhefezüchtung sind ein oder mehrere Hefestämme, die der Gattung *Saccharomyces cerevisiae* angehören und die von den einzelnen Fabriken ganz besonders behütet und gepflegt werden. Der Besitz eines geeigneten Hefestammes ist für eine Backhefefabrik eine grundlegende Voraussetzung dafür, daß höchste Ausbeuten und optimale Qualitäten erzielt werden können. Für optimale Backhefequalitäten sind jedoch nicht nur die genbedingten Eigenschaften des Hefestammes maßgebend, sondern ebenso wichtig ist hierfür auch der physiologische Zustand der Hefe, der durch die Einhaltung von günstigen Ernährungs- und Züchtungsbedingungen der Hefe vermittelt werden kann.

Für den Betriebsstamm, der in irgendeiner Form als Dauerkultur vorliegt, wird vorteilhafterweise von einer Einzell- oder besser einer Mehrzellkultur ausgegangen, die die Einheit des Stammes gewährleistet, aber auch gleichzeitig unerwünschte Zufälligkeiten in Form des Einflusses ungeeigneter Mutanten ausschließt. Die Pflege des Betriebsstammes ist sehr wichtig, da sich die Dauerkulturen ohne geeignete laufende Regeneration verändern können. Die Vermehrung der Backhefe erfolgt von der Dauerkultur ausgehend zuerst im Laboratorium in Malzwürze-Nährlösungen unter streng sterilen Bedingungen. Vom Reagensglas oder vom Freudenreich-Kölbchen ausgehend impft man die bei 25—30° C zugewachsene Hefe in immer größere Gefäße bis zum Carlsberg-Kolben, der im allgemeinen 20—25 l Malzwürzelösung enthält. Die im Carlsberg-Kolben zugewachsene Hefe, die biologisch absolut rein sein muß, bildet die Impf- oder Anstellhefe für die Reinzuchtapparatur.

Nach der Beimpfung der Nährlösung mit Hefe setzen zwei Prozesse ein, die nebeneinander ablaufen: das Wachstum der Hefe und die Vergärung des Zuckers zu Alkohol. Das Wachstum der Hefe ist ein oxybiontischer Vorgang, der Sauerstoff benötigt. Die Gärung dagegen wird als anoxybiontischer Prozeß, der durch die Belüftung zurückgedrängt wird, bezeichnet. Es ist deshalb möglich, mit der Intensität der Sauerstoffzufuhr (= Belüftung) die beiden Prozesse Hefewachstum und Gärung nach Wunsch zu steuern.

In den unbelüfteten Nährlösungen der oben beschriebenen ersten Stufen der laboratoriumsmäßigen Hefeherzucht ist das Hefewachstum nur sehr gering; der größte Teil des zur Verfügung stehenden Zuckers wird in Alkohol umgesetzt. In unbelüfteter Malzwürze stehen der Hefe zur Zellneubildung prozentual sehr viele wertvolle Stickstoffverbindungen und Wuchsstoffe zur Verfügung, so daß die Hefe zunächst über eine Reihe von Reservestoffen und über einen großen Enzymreichtum verfügt. Solche Hefen eignen sich hervorragend als Ausgangshefen für einen Wachstumsprozeß, für den die Nähr- und Wirkstoffe knapp bilanziert sind.

Im Gegensatz zu diesem Hefewachstum im unbelüfteten Getreidenährboden steht das Hefewachstum in einem intensiv belüfteten, mit Nährstoffen ausbilanzierten Melassenährboden. Ist die Belüftung intensiv genug und sind die übrigen Wachstumsbedingungen optimal, so wird der Gärungsprozeß dabei vollständig unterdrückt, und der gesamte zur Verfügung stehende Zucker wird zur Bildung von Hefezellsubstanz (als Energie- oder Stoffquelle) verwendet. Der Hefefachmann spricht im letzteren Falle von einem „spirituslosen Hefezüchtungsverfahren". Zwischen diesen beiden Extremen gibt es alle Übergangsstufen von der nahezu reinen Gärung bis zum „spirituslosen Verfahren".

Im Laufe des gesamten Züchtungsverfahrens werden diese Stufen mehr oder weniger schnell durchschritten, je nachdem in welchem Verhältnis die erzeugte Menge Alkohol zur erzeugten Menge Backhefe im Endergebnis stehen soll. Der Züchtungsprozeß, der bei dem unbelüfteten Carlsberg-Kolben beginnt, geht über in die wenig belüfteten Reinzuchtstufen und die immer stärker belüfteten sog. Stellhefestufen bis zur Versandhefestufe, die meist nach dem „spirituslosen Verfahren" durchgeführt wird.

Diese Zwischenbemerkungen waren hier für das Verständnis der dem Carlsberg-Kolben folgenden Züchtungsstufen notwendig, denn mit dem Übergang zur Reinzuchtapparatur beginnen auch die Züchtungsstufen mit Belüftung, das bedeutet, daß das Wachstum der Hefe mehr und mehr gefördert, während die Gärung mehr und mehr unterdrückt wird.

Mit dem Übergang von den Carlsberg-Kolben auf die Reinzuchtapparatur ist auch oft schon der Übergang von einer Malzwürzeernährung zu einer Melasseernährung der Hefe verknüpft. Dieser Nährlösungsübergang kann auch auf eine frühere oder gar spätere Züchtungsperiode verlegt sein, und er kann so durchgeführt werden, daß über zwei oder mehr Stufen durch allmählichen Ersatz der Malzwürze durch Melasse eine allmähliche Angewöhnung (Adaptation) der Hefe an die neue Nährlösung vorgenommen wird.

Die Reinzuchtapparatur besteht neuerdings in den meisten Fällen nur aus zwei, bisweilen aber auch noch aus drei oder vier Stufen. Die von Stufe zu Stufe größer werdenden Reinzuchtgefäße sind geschlossene, meist zylindrische Kessel aus Kupfer oder aus nichtrostendem Stahl. Sie haben alle Einrichtungen, damit sowohl die Anlagen selbst als auch die sich in ihnen befindenden Nährlösungen dampfsterilisiert und während des Betriebes temperiert werden können. Diese Gefäße sind mit Belüftungseinrichtungen ausgerüstet, wobei keimfrei gemachte Luft diesen meist einfachen Belüftungssystemen zugeführt werden kann. Es sind Vorrichtungen vorhanden, damit die Nährlösungen bzw. die hefehaltige Würze steril von einem Gefäß zum anderen gepumpt oder gedrückt werden kann. Einzelheiten der Hefereinzucht, die eine fast gleiche Ausbildung durch ihre Anwendung in den Brauereien erfahren hat, findet man in der Literatur, besonders bei H. Schnegg (1947).

Als Nährlösung für die Reinzuchtstufen wird eine Melasselösung verwendet, die in der weiter oben angegebenen Weise geklärt und auf etwa 15—18 % Extrakt eingestellt worden ist. Das pH dieser Melasselösung soll etwa 4,2 betragen. Der Stickstoffbedarf ist durch den Stickstoffgehalt der Melasse für das nur geringe Hefewachstum gedeckt. Man gibt jedoch trotzdem geringe Mengen Ammoniumsalze als Monoammoniumphosphat und deckt damit einen Teil des Phosphorsäurebedarfs der Hefe. Der Rest dieses Bedarfes wird in Form von Phosphorsäurelösung zugegeben. Die Belüftung der Reinzuchtstufen ist nur gering, sie wird auch zeitweise ganz unterbrochen.

Es resultiert so aus dem letzten und größten Reinzuchtgefäß, das oft ein Fassungsvermögen von 5000—10 000 l besitzt, eine Hefe, die reich an Enzymen und Reservestoffen ist. Trotzdem mit der Abtrennung der vergorenen und stark alkoholhaltigen Melassewürze von der Hefe gewisse Infektionsgefahren verbunden sein können, wird diese Separierung der Hefe in den meisten Fällen durchgeführt. Werden nämlich die folgenden ersten Stellhefestufen durch Unterlassen dieser Abtrennung mit den Gärungsendprodukten der letzten Reinzuchtstufen belastet, so kann dadurch das Wachstum der Hefe nachteilig beeinflußt werden.

Die nun folgenden Stellhefestufen werden in geschlossenen, meist aus nichtrostendem Stahl bestehenden, zylindrischen Gefäßen durchgeführt, die mit einer ausreichenden Kühleinrichtung und vielfach schon mit einer perfektionierten Belüftungseinrichtung versehen sind. Die Intensität der Belüftung nimmt — wie oben schon ausgeführt — von Stufe zu Stufe zu. In den Stellhefestufen werden die Hefeausbeuten in den meisten Backhefefabriken niedrig gehalten, weil diese ihre gesamte Spiritusproduktion (Hefelüftungsspiritus) in die Reinzucht- und besonders in die Stellhefestufen verlegen.

Während die Reinzuchtverfahren praktisch durchweg durch das sog. Füllverfahren ausgeführt werden, werden in den Stellhefestufen schon Züchtungsverfahren angewandt, die als „Zulaufverfahren" bezeichnet werden. Über Sinn und Zweck solcher Zulaufverfahren soll bei der Behandlung der Versandhefestufe gesprochen werden.

Der Backhefefachmann ist gewohnt, die Menge des erzeugten Alkohols und die Menge der erzeugten Hefe auf die Menge der eingesetzten Melasse zu beziehen.

Soll diese Ausbeuteberechnung exakte und vergleichbare Werte liefern, so muß die angewandte Melassemenge auf eine solche mit 50 % Zucker umgerechnet werden. Die erzeugte Spritmenge wird als Liter reiner Alkohol (r. A.) angegeben und die erzeugte Hefemenge als eine Hefe, die 27 % Trockensubstanz enthält. Für Hefen mit bestimmtem Trockensubstanzgehalt ist die Bezeichnung, wie beispielsweise hier H_{27}, gebräuchlich.

In der ersten Stellhefestufe sind Ausbeuten von etwa 20—24 % H_{27} und die entsprechenden Alkoholausbeuten von 24—20 % r. A. häufig. Schon in der nächsten Stellhefestufe wird mit Hefeausbeuten von 28—35 % H_{27} und in eventuell weiteren Stufen mit H_{27}-Ausbeuten von 35—60 % gerechnet. Entsprechend gehen natürlich die Alkoholausbeuten zurück. Diese Verhältnisse werden jedoch von den wirtschaftlichen Größen „Brennrecht" und „Hefeabsatz" bestimmt.

Während einer Züchtungsstufe wird meistens eine Hefevermehrung von 1:4,5 bis 1:5,5 als Durchschnittswert eingehalten. Die apparative Einrichtung einer Fabrik oder auch das Verhältnis von Brennrecht zu Hefeabsatz können diese durchschnittlichen Vermehrungsstufen beeinflussen. Nach jeder Stufe wird im allgemeinen die Hefe mit Hochleistungs-Zentrifugen von der Endwürze abgetrennt; und wenn die Hefe bis zur nächsten Arbeitsstufe einer Lagerung unterworfen werden muß, so wird der anfallende Hefebrei noch ein oder mehrere Male durch Zusetzen von Wasser und Abzentrifugieren gewaschen.

Von wenigen Ausnahmen abgesehen erfolgt die Lagerung der Hefe, besonders aber der Stellhefen, innerhalb der Fabrik im flüssigen Zustand. Einer solchen Lagerung flüssiger Hefe muß besonders Beachtung geschenkt werden, sie muß in Gefäßen aus nichtrostendem Stahl oder einem anderen geeigneten Metall erfolgen. Diese Gefäße müssen mit einer ausreichenden Kühleinrichtung und mit einem Rührer versehen sein. Die Lagertemperatur soll in möglichst kurzer Zeit mit 2—4° C erreicht werden. Dies ist besonders für Stellhefen wichtig, da diese nicht so haltbar sind wie die wesentlich stabileren Versandhefen.

Mit der Erntehefe der letzten Stellhefestufe wird die Versandhefestufe angestellt. Während für die Stellhefen Nährstoffbilanzen eingehalten werden, die das Wachstum einer eiweißreichen Hefe ermöglichen und die auch eine Anreicherung anderer Reservestoffe zulassen, muß die Nährstoffbilanz für die Versandhefe die Qualitätseigenschaften, die gewünscht und vom Verbraucher gefordert werden, berücksichtigen. Diese Forderung bezieht sich vornehmlich auf den Rohproteingehalt der Versandhefe.

Zur Erzeugung der Versandhefe wird das sog. „Zulaufverfahren" angewandt (Verein der Spiritusfabrikanten in Deutschland 1915; Dansk Gaerings Industri 1919), das schon 1915 in Deutschland unter Patentschutz gestellt wurde. Das Prinzip für die günstige Wirkung des Zulaufverfahrens besteht darin, daß durch die Verteilung der zulaufenden Nährstoffmenge auf die Züchtungszeit immer eine sehr niedere Nährstoff-, besonders Zuckerkonzentration besteht. Die Zulaufzeiten, die für eine normale Vermehrung von 1:5 eingehalten werden, liegen je nach Verfahren zwischen 8 und 12 Zulaufstunden. Besonders für das spirituslose Verfahren liegen die Zulaufzeiten an der oberen Grenze und können diese auch teilweise überschreiten, so daß für diese Verfahren Zulaufzeiten von 10—14 Std durchaus üblich sind.

Über die Staffelung des Zulaufes bestehen noch keine ganz einheitlichen Ansichten. Es hat sich jedenfalls gezeigt, daß das sog. „logarithmische Zulaufverfahren" in der Praxis nicht vorteilhaft durchzuführen ist. Die Zulaufraten am Anfang und Ende einer solchen Zulaufzeit sind größenordnungsmäßig so verschieden, daß entweder zu Beginn des Zulaufes die Kapazität der Einrichtung überhaupt nicht ausgenützt werden kann, während die letzten großen Zulaufraten nicht mehr verarbeitet werden können.

Entscheidend für den Zuwachs an Hefe ist die in der Nährflüssigkeit gelöste Sauerstoffmenge. Die Lösungsgeschwindigkeit des Sauerstoffs der Luft in der Nährlösung ist nicht nur von den physikalischen Größen für diesen Vorgang abhängig, sondern wird weitgehend durch den Wirkungsgrad des Belüftungssystems selbst bestimmt. Daß aufgrund des allmählichen Zulaufes die Nährstoffkonzentration nieder gehalten wird, ist für die Löslichkeit des Sauerstoffs nur förderlich. Die Praxis hat sich deshalb zu einer nur geringen Staffelung der stündlichen Zulaufrate entschieden, und diese Verfahren, die auf die extreme Mengen am Anfang und Ende des Zulaufes verzichten, haben sich als sehr wirtschaftlich und für die Erreichung einer optimalen Ausbeute günstig erwiesen.

In vielen Fabriken wird der Zulauf der Melassenährlösung bereits durch eine automatische Dosier-Einrichtung geregelt.

Auch die Ammoniumsalze, die Phosphorsäuregaben und eventuell andere Nährstoffzusätze können an diese automatische Dosiereinrichtung angeschlossen werden.

Parallel zu dem Melassezulauf muß die Intensität der Belüftung der Nährlösung eingestellt werden, wenn man die beiden Prozesse, Hefewachstum und Gärung, in ein bestimmtes Verhältnis steuern will.

Es hat einige Jahrzehnte gedauert, bis die Belüftungstechnik den gestellten Anforderungen gerecht werden konnte und bis man von dem ursprünglich mit gelochten Rohren grob belüfteten Gärbottich zu dem modernen Gärbottich mit perfektionierter Feinstbelüftung gekommen ist. Die Erkenntnisse, daß die Luftblasen nicht nur sehr klein sein, sondern auch einen möglichst großen Weg, also eine lange Verweilzeit, in der Nährlösung haben müssen, haben zu den heutigen Feinstbelüftungssystemen, vornehmlich in Form von Rotationsluftsystemen, geführt.

Daß die Belüftungseinrichtung mit einem möglichst registrierenden Luftmengenmesser versehen sein muß, ist eine Voraussetzung für die exakte Durchführung des Gärschemas. Wie R. KAUTZMANN (Hefe-Patent GmbH. 1959) zeigen konnte, läßt sich der Züchtungsprozeß durch die elektrometrische Messung des gelösten Sauerstoffs in der Nährlösung sowohl kontrollieren als auch steuern.

Wie alle Wachstumsprozesse, so ist auch das Wachstum der Hefe sehr stark temperaturabhängig. Der Züchtungsbottich muß deshalb mit einer ausreichenden Kühleinrichtung versehen sein, die auch die Verhältnisse während der warmen Jahreszeit meistern kann. Die optimale Wachstumstemperatur unserer Backhefen beträgt 30°C. Wird diese Temperatur nur um wenige Grade überschritten, so können die Hefen erheblichen Schaden an der Triebkraft und Haltbarkeit erfahren. Der Gärungsprozeß dagegen läßt ohne weiteres Temperaturen von 33—34°C zu, er verläuft sogar äußerst rasch bei diesen Temperaturen, aber die aus einem solchen Prozeß gewonnene Hefe ist geschädigt.

Wird die Temperatur von 30°C nur um 2—3 Grade unterschritten, so erfährt das Hefewachstum eine Verzögerung. Der vorgesehene Nährstoffplan kommt durch diese Verzögerung aus dem gewünschten Gleichgewicht; die vorausbestimmte Hefemenge wird dann nicht erreicht, so daß eine Überdosierung der Stickstoffsalze zu einer zu eiweißreichen Erntehefe führt, die in ihrer Haltbarkeit geschwächt sein kann.

Somit führt nur ein wohl ausbilanzierter Züchtungsplan, der in allen einzelnen Phasen genauestens eingehalten wird, zu einer Backhefe, die bei günstigen Ausbeuten optimale Qualitätseigenschaften besitzt.

III. Aufarbeitung der Endprodukte

Am Ende jeder Züchtungsphase liegt als Gärungsendprodukt eine Suspension von Hefe in der sog. „Endwürze" vor. Aus dieser Suspension muß die Hefe abgetrennt und durch gründliches Waschen von den Resten der Endwürze befreit werden. Die Konzentration der Hefe richtet sich einerseits nach der angewandten Nährlösungskonzentration und außerdem nach der Höhe der Hefeausbeute.

Während früher die Melasselösungen für die Hefezüchtung sehr verdünnt waren, ist man aus Gründen, die einerseits mit der Rationalisierung des Verfahrens und andererseits mit den Abwasserproblemen zusammenhängen, dazu übergegangen, konzentriertere Melasselösungen zu verwenden. Es ist eine Frage der Perfektionierung der Belüftung, die darüber entscheidet, mit welchen Nährstoffkonzentrationen gearbeitet werden kann. Nur mit sehr wirksamen Belüftungssystemen können sehr konzentrierte Melasselösungen für die Hefezüchtung, besonders im spirituslosen Verfahren, angewandt werden.

Für die Stellhefezüchtung wurden von je her konzentriertere Melasselösungen angewandt, weil bei den niederen Hefeausbeuten die Belüftungsfragen keine Rolle spielen. Heute sind für Stellhefezüchtungen Melasseendverdünnungen von 1:15 bis 1:8 üblich.

Für die Versandhefeherstellung hat man noch vor etwa zwei bis drei Jahrzehnten Melasseverdünnungen von 1:60 bis herab zu 1:20 angewandt. Die modernen Verfahren verwenden für die Versandhefe-Herstellung Melasseverdünnungen von 1:15, sehr oft 1:10 bis herab zu 1:6.

Nimmt man als durchschnittliche Verdünnung der Melasse 1:10 an, so ist zu erwarten, daß im spirituslosen Verfahren ein Gärungsendprodukt resultiert, das immerhin 8—10 % H_{27} enthält. Mit Hochleistungs-Separatoren wird die Hefe aus der Endwürze abgetrennt. Anschließend wird die abgetrennte Hefesuspension mittels einer Waschdüse über einen zweiten Separator und nach Wiederholung dieses Prozesses auch über einen dritten Separator geleitet. Durch diesen Waschprozeß wird die Endwürze praktisch aus der Hefesuspension entfernt, so daß eine wäßrige Hefesuspension von ca. 16—18 % Trockensubstanz resultiert.

Die abgetrennte und enthefte Endwürze kann je nach dem durchgeführten Verfahren Alkohol enthalten oder nicht. Die alkoholfreien Endwürzen werden der Kanalisation bzw. der Abwasserreinigungsanlage zugeführt. Aus den alkoholhaltigen Endwürzen wird in großen Kolonnenapparaten der Alkohol meist als 96%iger Spiritus gewonnen. In den Hefelüftungsbrennereien fällt als Nebenprodukt auch Fuselöl an.

IV. Lagern der Hefesuspension

Für die Beurteilung des als Hefesuspension angefallenen Endproduktes der Backhefezüchtung muß man berücksichtigen, daß es sich um eine Suspension lebender Hefezellen handelt, deren Atmungssystem durch den Wachstumsprozeß noch stark angeregt ist. Es ist deshalb notwendig, die Hefesuspension — auch als „flüssige Hefe", „Heferahm" oder „Hefesahne" bezeichnet — so schnell wie möglich auf die Lagerungstemperatur von 2—4°C herunterzukühlen, unter Umständen unter Zwischenschaltung eines Oberflächen- oder Plattenkühlers. Durch eine solche Abkühlung wird die Enzymtätigkeit der Hefe auf ein Minimum beschränkt, und es werden dadurch Schädigungen der Haltbarkeit der Hefe vermieden.

In den Hefeaufbewahrungsgefäßen soll die Lagertemperatur von 2—4°C mit großer Exaktheit eingehalten werden, denn im „flüssigen" Zustand, d. h. als Suspension, ist die Hefe besonders temperaturempfindlich.

Ist eine Lagerung der Hefe auf längere Zeit im flüssigen Zustand vorgesehen, so muß die Hefe mit einem langsam laufenden Rührwerk in Suspension gehalten werden. Es ist dabei darauf zu achten, daß durch den Rührprozeß keine Luft in die Suspension eingewirbelt wird, denn eine derartige Sauerstoffzufuhr würde die endogene Atmung der Hefe anregen, d. h. die Hefe würde ihre Reservestoffe schneller als zulässig verbrauchen und damit ihre Haltbarkeit schwächen.

Während die Stellhefen fast durchweg in flüssiger Form gelagert werden, wird die Versandhefe verschiedentlich außer in der flüssigen Form auch im abgepreßten Zustand aufbewahrt. Solange man die Entwässerung mittels Filter- oder Kammerpressen durchführte, war die Aufbewahrung der Hefe in gepreßter Form nach Einstampfen in Kasten oder Fässer allgemein üblich, wobei allerdings Hefeschäden bei zu trockenem Einstampfen auftraten.

V. Entwässern der Hefesuspension und Verpacken der Hefe

Der Verarbeitungsprozeß läuft in den meisten Hefefabriken etwa folgendermaßen weiter:

Je nach Bedarf wird die flüssige Hefe mit einem Saugdrehfilter entwässert. Dabei fällt die Hefe als plastische Masse an, die direkt der Auspfundmaschine zugeführt werden kann. Wenn Preßhefe vorliegt, so muß diese vor der Auspfundmaschine durch eine besondere Knetmaschine und durch Zuguß geeigneter Wassermengen in den für die Pfundung notwendigen plastischen Zustand gebracht werden. Die Pfundungsmaschine selbst kann direkt mit der automatischen Verpackungsmaschine unter Zwischenschaltung einer Schneidevorrichtung gekoppelt sein. Auf diese Weise kommt die Hefe, bis sie im verpackten Pfundstück vorliegt, mit Menschenhand nicht in Berührung. Die Pfundstücke, die in Kartons verschiedener Größe verpackt werden, müssen ebenfalls in Kühlräumen gelagert und nach Möglichkeit in Kühlwagen transportiert werden. So stellt die Backhefe als Pfundstück oder in einer anderen Größenordnung, da sie fabrikfrisch ca. 72—74 % Wasser enthält, ein leicht verderbliches Lebensmittel dar, das für seine Lagerung, seinen Transport und seine Anwendung größte Aufmerksamkeit verlangt.

VI. Trockenbackhefe

Obwohl die Enzymwirksamkeit in der frischen Hefe am größten ist, hat man Mittel und Wege gesucht, um eine Dauerform der Hefe zu finden, die eine längere Lagerung sowie eine Lagerung bei ungünstigen Verhältnissen ermöglicht. Wenn man der entwässerten Hefe auf schonende Weise die Hauptmenge ihres Wassergehaltes bis herab auf etwa 5—8 % entzieht, so erhält man sog. „Trockenbackhefe". Es gibt viele Verfahren, Trockenbackhefe herzustellen. Es hat auch immer wieder viele Versuche gegeben, die Trockenbackhefe als allgemeine Handelsform einzuführen. Aber es läßt sich doch nicht vermeiden, daß durch die Trocknung sowie auch die meist anschließende längere Lagerung ein erheblicher Verlust an Enzymaktivität (Triebkraft) eintritt, obwohl die Trockenbackhefe vielfach in evakuierten Büchsen oder unter Stickstoffatmosphäre gelagert und versandt wird. Die Verwendung von Trockenbackhefe konnte sich nur für besondere Fälle durchsetzen.

C. Zusammensetzung der Backhefe

I. Chemische Zusammensetzung

1. Trockensubstanz

Die Hefetrockensubstanz ist die Grundlage aller analytischen und technologischen Berechnungen. Die handelsüblichen Backhefen in der BR Deutschland besitzen frisch gepfundet eine durchschnittliche Trockensubstanz von 28 %; die untere Grenze liegt bei 26 % i. Tr., die obere bei 30 %. Diese wird nur in seltenen Fällen überschritten.

Die in nordischen Ländern hergestellten Backhefen haben niedrigere Trockensubstanz-Gehalte als die in südlichen Ländern hergestellten. Die Trockensubstanz der eiweißreichen Hefen (Stellhefen) ist geringer als die der proteinärmeren.

Handelsübliche Trockenbackhefe besitzt 90—94 % i. Tr.

2. Rohprotein

Der Rohprotein-Gehalt der Backhefe wird weithin als eine Art Richtzahl für deren physiologischen Zustand und damit für die Qualität des Handelsproduktes betrachtet.

Dieser aus dem Kjeldahl-Aufschluß ermittelte Wert (N · 6,25) ist größeren Schwankungen unterworfen und von den jeweiligen Züchtungsverfahren sowie den verwendeten Rohstoffen abhängig.

In der BR Deutschland gehandelte Backhefen besitzen im Durchschnitt Rohprotein-Gehalte von 45—47 %. Daneben gibt es Backhefen mit nur 42 % bis herab zu 39 % Rohprotein, während die obere Grenze bei etwa 50—52 % liegt. Trotz des unterschiedlichen Rohprotein-Gehaltes können alle diese Hefen von guter Qualität sein.

Die ersten Stellhefe-Stufen haben meist sogar einen Rohprotein-Gehalt von 52—57 %.

Da bei der Bestimmung des Rohprotein-Gehaltes alle stickstoffhaltigen Verbindungen der Backhefezellen erfaßt werden, ist zu berücksichtigen, daß sich das Rohprotein aus den eigentlichen Proteinen, den Nucleoproteiden, Peptiden, freien Aminosäuren und dem Tripeptid Glutathion zusammensetzt.

3. Kohlenhydrate

Von nur in geringen Mengen vorliegenden stickstoffhaltigen Sacchariden abgesehen, wird der Kohlenhydratanteil der Backhefezellen von drei in ihre Struktur bekannten Polysacchariden und dem Disaccharid Trehalose gebildet. Während Glucan und Mannan als Bauelemente der Zellwand Aufnahme und Abgabe von Nährstoffen bzw. Stoffwechselprodukten beeinflussen, stellt das Glykogen das wichtigste Reservekohlenhydrat dar. Je nach Heferasse, in Abhängigkeit von Züchtungsbedingungen (E. S. Polakis u. W. Bartley 1966) und dem physiologischen Zustand der Hefezellen sind die einzelnen Kohlenhydratanteile in außerordentlich schwankenden Mengen vorhanden (H. Suomalainen u. S. Pfäffli 1961; L. Sjöblom u. E. Stolpe 1964).

Nach den in der Literatur angegebenen Werten (A. A. Eddy 1958; W. E. Trevelyan 1958; E. D. Korn u. D. H. Northcote 1960; K. Silbereisen 1960; K. Täufel u. Mitarb. 1960 und D. H. Northcote 1963) lassen sich die Kohlenhydrate der Backhefe wie folgt aufgliedern:

Tabelle 1. *Kohlenhydrate der Backhefe*

Art des Saccharids	Inhalt in % Preßhefe
Glykogen . .	3,2—37,9
Mannan . . .	2,7—31
Trehalose . .	2 —18
Glucan. . . .	2 —28,8

Außerdem haben K. Täufel u. Mitarb. (1960) etwa 2 % Xylan in Backhefe gefunden. Wegen des Vorkommens von Chitin sei auf D. R. Kreger (1954) verwiesen.

4. Phosphorverbindungen

Der Phosphorsäure-Gehalt der deutschen Handelshefen schwankt zwischen 2,5 und 3,5 % P_2O_5, während Stellhefen im allgemeinen P_2O_5-Gehalte von 3,2—4,0 % aufweisen.

Die Phosphorsäure liegt in der Hefe nicht nur als freies Phosphat vor, sondern zu mehr als einem Drittel in organischer Bindung (B.J. KATCHMANN u. J. SMITH 1958).

Der Gesamtphosphorgehalt der Hefe in der Trockensubstanz gliedert sich wie folgt auf (E. BOYLAND 1930):

Tabelle 2. *Gesamtphosphorgehalt der Hefe in der Trockensubstanz*

Gesamtphosphor	3,25%
als Orthophosphat	1,37%
als Diphosphat.	0,68%
als organisches Phosphat . .	1,17%
als Hexosediphosphat . . .	0,38%
als Hexosemonophosphat . .	0,72%
als Nucleinsäurephosphor . .	0,07%

5. Mineralstoffe

Die nachstehend angeführten Werte werden nur in Ausnahmefällen und bei Vorliegen besonderer Verhältnisse unter- bzw. überschritten.

Tabelle 3. *Na-, K-, Mg- und Ca-Gehalte der Hefe*

	Durchschnitts-werte	Schwankungs-breite
% Natrium i. Tr.	0,026	0,010—0,100
% Kalium i. Tr.	2,3	1,9 —2,7
% Magnesium i. Tr. . . .	0,140	0,105—0,365
% Calcium i. Tr.	0,070	0,020—0,120

Geht man von der Hefeasche aus, die zwischen 5 und 11 % i. Tr. schwankt, in der Regel aber 8—9 % beträgt, so ergeben sich — mit Einschluß der Phosphorsäure — folgende Prozentanteile:

Tabelle 4. *Die Mineralstoffe der Hefe*

	nach M. INGRAM (1955) %	nach J. WHITE (1954) %
P_2O_5	44,8—59,0	43,3
K_2O	28,0—48,0	41,7
MgO	4,0— 8,1	6,7
CaO	1,0— 4,5	0,83
Na_2O . . .	0,5— 2,5	—
SiO_2	0,0— 1,6	1,3
Fe_2O_3 . . .	0,2—15,6	0,11
SO_4	0,6— 7,2	0,5
Cl	0,03—1,0	0,33

6. Schwermetalle und Spurenelemente

Abweichende Zusammensetzung der zur Untersuchung verwendeten Backhefeproben und unterschiedliche Analysenmethoden haben in der Literatur der letzten Jahrzehnte zu einer Vielzahl von Werten geführt, die nicht direkt miteinander vergleichbar sind. Nach neueren Veröffentlichungen (J. White 1954; M. Ingram 1955; The Chemistry and Biology of Yeasts 1958; Die Hefen, Bd. I, 1960) können folgende Daten als gesichert angesehen werden:

Tabelle 5. *Schwermetalle und Spurenelemente in der Hefe*
(in mg/100 g i.Tr.)

Fe	2 — 9
Cu	1 — 8
Zn	4 — 7
Mn	0,4 — 1
Pb	0,06— 2
Co	0,5 — 3
Al	2 — 7
As	ca. 0,4

Neben Uran-Spuren (J. Hoffmann u. Mitarb. 1941, 1942) ist noch eine Reihe weiterer Elemente auf spektrographischem Wege in Hefe festgestellt worden. Weiterhin sind sowohl in der Patent- als auch in der wissenschaftlichen Literatur Verfahren und Versuche zur Herstellung von Spezialhefen und Hefepräparaten beschrieben worden, bei denen innerhalb gewisser Grenzen Eisen, Kobalt, Nickel, Kupfer, Mangan, Magnesium, Jod, Fluor u. a. m. angereichert wurden (vgl. z. B. B. Drews u. Mitarb. 1952; M. Lange-de la Camp u. W. Steinmann 1953; H. Kretzschmar 1955, S. 378—381).

7. Lipide

Abgesehen von den durch Anwendung verschiedener Analysenmethoden bedingten, z. T. recht erheblichen Abweichungen, wird der Lipid-Gehalt der Backhefe sowohl quantitativ als auch qualitativ durch Ernährungs- und Züchtungsbedingungen merkbar beeinflußt.

Die Schwankungsbreite der in der Literatur mitgeteilten Werte läßt Tab. 6 erkennen.

Tabelle 6. *Zusammensetzung der Hefelipide*

Hefe	Gesamt-Lipide %	Gesamt-Sterine %	Phosphatide %	Gesamtfettsäuren %	Neutralfett %	Unverseifbares %
Backhefe 1	14,9	0,86	2,66	3,34	2,18	1,88
Backhefe 2	21,3	0,86	2,28	9,97	10,14	2,24
Backhefe 3	23,7	1,4	3,32	5,39	4,14	2,81
Backhefe 4	2,0	0,34	0,17	—	—	0,79
Backhefe 5	6,92	—	1,3	—	—	2,81

Einzelheiten über die Zusammensetzung der Fette und Phosphatide der Backhefe finden sich bei H. Kleinzeller (1948) und W. Hoppe (1960).

Auch der Steringehalt der Backhefe ist in Abhängigkeit von den Herstellungsbedingungen größeren Schwankungen unterworfen. Dies gilt nicht nur für das Hauptsterin der Hefe, das Ergosterin, sondern auch für die sog. Nebensterine, von denen mehrere bereits als Komponenten der Hefezelle aufgefunden werden konnten (A. Stoll u. E. Jucker 1955).

Deutsche Backhefen besitzen einen Ergosterin-Gehalt zwischen 0,8 und 1,5 % i. Tr.; unter besonderen Bedingungen hergestellte Spezialhefen können aber bis zu 5 % und mehr enthalten (E. L. Dulaney u. Mitarb. 1954).

8. Vitamine

Die in der Literatur angegebenen Werte für die Vitamin-Gehalte von Backhefe weichen stark voneinander ab. Neben den biologischen Schwankungen und Unterschieden in der Vorbereitung der zu testenden Hefeproben ist hierfür auch die Anwendung chemischer oder mikrobiologischer Bestimmungsmethoden, die in vielerlei Modifikationen gehandhabt werden, verantwortlich zu machen.

In Tab. 7 sind die Minimum- und Maximum-Werte für zehn Vitamine oder vitaminähnlich wirkende Substanzen zusammengefaßt.

Nicht enthalten sind in Backhefe dagegen die Vitamine A, B_{12}, C, E und K. Gelegentlich erhobene Behauptungen über das Vorkommen dieser Vitamine konnten bisher nicht mit ausreichender Sicherheit bestätigt werden.

Neben diesen allgemein bekannten Vitaminen ist aus Hefe bzw. Hefe-Extrakten noch eine Reihe weiterer Wirkstoffe isoliert worden, deren Bedeutung aber noch nicht abschließend geklärt ist. Dabei handelt es sich um das Carnitin, ein N-Trimethylderivat der β-Hydroxy-γ-aminobuttersäure (G. FRAENKEL u. M. BLEWETT 1947), die Orotsäure (M. EDMONDS u. Mitarb. 1952) und einen als Vitamin L_2 oder Adenyl-thiomethylpentose bezeichneten Faktor (F. WEYGAND u. Mitarb. 1950).

Tabelle 7. *Vitamingehalt von frischer Backhefe* (in mg/100 g i. Tr.)

Thiamin	2,0 — 8,9
Riboflavin	2,5 — 8,5
Nicotinsäure(-amid) .	20,0 —70,0
Pyridoxin	1,6 — 5,6
Pantothensäure . .	8,1 —26,0
p-Aminobenzoesäure .	1,6 —17,5
Pteroylglutaminsäure-Derivate	1,9 — 8,0
Biotin	0,060— 0,180
Meso-Inosit	432,0
Cholin	210,0

D. Untersuchung und Beurteilung der Backhefe

I. Äußere Merkmale, wertgebende Eigenschaften

1. Aussehen, Geruch, Farbe und Plastizität

Aussehen und äußere Beschaffenheit der Backhefe werden beurteilt nach Farbe, Geruch, Plastizität und den Eigenschaften der Oberfläche des Hefepfundes. Frische Hefe hat ein helles, creme- oder elfenbeinfarbenes *Aussehen*. Sie besitzt einen charakteristischen *Eigengeruch* (schwach aromatisch-estrig, obstartig) und darf keinen fremden Geruch ausströmen. Das Hefestück (Hefepfund, Hefeblock) soll eine gleichmäßig gute Konsistenz besitzen.

Die Oberfläche des frischen Hefepfundes soll in der Regel keinen Belag von weißem Milchschimmel (*Oidium lactis*) oder von anderen Schimmelpilzen haben (vgl. Abschnitt C. II. 7.).

Die rein subjektive Beurteilung der *Hefefarbe* wird heute ergänzt durch Methoden zur objektiven Messung des Farbtones von Preßhefe.

So kann man mit dem Leukometer der Firma B. Lange mittels eines Multiflexgalvanometers den Weißgrad einer festen Hefeprobe bzw. einer Hefesuspension messen.

Bei fester Hefe wird der Meßkörper auf den Hefeblock aufgesetzt, von dessen Oberfläche das von einer Lampe ausgestrahlte konstante Licht reflektiert und durch ein Wabenfilter zu einer Selenphotozelle gelangt; die Hefeoberfläche muß dazu glatt und frei von Schimmelbefall sein. Für die Untersuchung einer Hefesuspension werden 10 g Hefe in 90 ml dest. Wasser gelöst und in einer Leukometerküvette auf den Meßkörper gesetzt.

Nach U. KUTSCHER (1953) kann unter Vorschaltung eines Rot- und Blaufilters auch der Gelbton von Hefe bestimmt werden:

$$\text{Gelbstich} = 100 - \frac{\text{Blaumessung}}{\text{Rotmessung}} \cdot 100$$

Zur Messung der *Plastizität* hat die Svenska Jästfabriks A. B. ein Instrument entwickelt, bei dem die Einsinktiefe eines mit einem bestimmten Gewicht belasteten Probekörpers bestimmter Form in die Hefeoberfläche ermittelt wird. Nach 2 min wird die Einsinktiefe an einer Meßuhr in $1/100$ mm abgelesen.

2. pH-Wert und Löslichkeit von Hefe

10 g Hefe werden in 90 ml dest. Wasser gelöst und unter mehrmaligem Umschütteln 30 min stehengelassen. Danach wird der pH-Wert mit der Glaselektrode gemessen. Bei Verwendung von Lyphan-Papier weichen die so bestimmten Werte gering von den elektrometrisch ermittelten ab.

Die Löslichkeit der Hefe wird in der gleichen Suspension bestimmt. Dabei wird festgestellt, wie und in welcher Geschwindigkeit sich die Hefe löst oder aus dieser Suspension grießig absetzt.

3. Veratmungsfaktor

Zur Bestimmung des Veratmungsfaktors werden gleichzeitig mit einer Hefeprobe zur normalen Trockensubstanz-Bestimmung etwa 3 g Hefe in ein Wägegläschen (⌀ 50 mm, Höhe 30 mm) eingewogen. Nach Anfeuchten mit 1 ml dest. Wasser stellt man das Wägegläschen in eine wasserdampfgesättigte Kammer, die man 6 Std bei 50°C in einem Brutschrank beläßt.

Als wasserdampfgesättigte Kammer eignet sich ein Exsiccator, dessen Fußteil mit Wasser gefüllt ist, das durch etwas Sublimat steril gehalten wird. Dabei ist zu beachten, daß die Temperatur in der wasserdampfgesättigten Kammer schon zu Beginn der Bestimmung 50°C betragen soll.

Nachdem das Wägegläschen anschließend 5 Std bei 104°C im Trockenschrank eingestellt war, wird nach Abkühlen zurückgewogen und die Trockensubstanz errechnet.

Die Differenz zwischen der Trockensubstanz vor und nach der Behandlung, bezogen auf den Wert vor der Behandlung, nennt man den Veratmungsfaktor.

4. Haltbarkeit

Die Haltbarkeit ist gleich der Triebkraft ein Maß für die Qualität der Backhefe. Da unterschiedliche Austrocknungsgrade der Hefeproben die Ergebnisse merkbar beeinflussen, muß unter stets gleichen Bedingungen gearbeitet werden.

Hierzu bringt man in Eierbecher eingedrückte, einem Hefepfundstück entnommene Proben in einen auf 35°C eingestellten Thermostaten, in dem man auf bekannte Weise für eine wasserdampfgesättigte Atmosphäre gesorgt hat.

Backhefe handelsüblicher Qualität soll sich 96 Std halten. Bei nicht fabrikfrischer Hefe ist jedoch der Einfluß von Lagerung und Transport zu berücksichtigen.

Dieser Haltbarkeitstest hat allerdings den Nachteil, daß die Ergebnisse erst nach einigen Tagen vorliegen. In den letzten Jahren sind daher Methoden beschrieben worden, die das Redoxpotential von Hefesuspensionen (W. ZOBERST 1955; E. BERGANDER u. K. BAHRMANN 1957) oder die durch den Glykogen-Abbau bewirkten pH-Änderungen (E. BERGANDER u. K. BAHRMANN 1958) als Kriterium der potentiellen Haltbarkeit benutzen. Dadurch ist es möglich, schon in kurzer Zeit (30 min bis 6 Std) zuverlässige Werte zu erhalten.

5. Bestimmung der Triebkraft

Die Triebkraft ist die wichtigste Eigenschaft der Backhefe. Neben einer Reihe anderer Faktoren wird sie insbesondere von der Qualität des Mehles beeinflußt. Um zu vergleichbaren Werten zu gelangen, hat man sich daher auf bestimmte konventionelle Methoden geeinigt.

Zur Triebkraft-Bestimmung benutzt man den Teiglockerungsversuch. Die klassische Methode ist die sog. Verbandsmethode.

Arbeitsvorschrift: 280 g frischgesiebtes Weizenmehl werden aus einem großen Mehlvorrat abgewogen und im Brutschrank auf 35°C vorgewärmt. Dann löst man 5 g Hefe in 160 ml einer $2^1/_2$%igen Kochsalzlösung (die Flüssigkeitsmenge kann je nach der Mehlqualität geändert werden, damit immer ein Teig gleicher Konsistenz erhalten wird) und mischt mit dem Mehl in einer genormten Laborknetmaschine mit oder ohne Wasserbad, das an einen Ultrathermostaten angeschlossen ist. Nach 5 min Knetzeit wird der Teig in eine eingefettete Backform — mit den Abmessungen: Boden 90 × 140, oberer Rand 100 × 150, Seitenhöhe 85 mm — eingedrückt und in den Thermostaten von 35°C gestellt. Als Markierungsstäbchen wird ein 2 cm breiter Blechstreifen am oberen Kastenrand eingehängt, dessen untere Kante 70 mm vom Kastenboden absteht. Dieser Blechstreifen ist an eine Signalvorrichtung angeschlossen, die ausgelöst wird, wenn der mit einem Stanniolstreifen auf der Oberfläche versehene Teig das Blech erreicht. „Haupttrieb" ist die Zeit von Beginn des Knetens bis zur Erreichung des Markierungsstreifens. Die Nachtriebe werden so bestimmt, daß der Teig jeweils nach Erreichung der Markierung aus der Form genommen und eine Minute in der Knetmaschine oder mit den Fingern bearbeitet wird, bevor er wieder in den Kasten eingedrückt wird. Es können so bis zu fünf Triebe ermittelt werden; meistens begnügt man sich mit dem Haupt- und zwei Nachtrieben. Der Gesamttrieb ist die Summe von drei oder fünf Trieben.

Heute verwendet man besonders in den einschlägigen Laboratorien den „Fermentographen" der Firma Brabender bzw. den „SJA-Gärungsschreiber". Dabei verfährt man folgendermaßen:

300 g frischgesiebtes Mehl (Type 550) werden mit 7,5 g Backhefe, 4,5 g NaCl und etwa 165—180 ml (je nach Mehlbeschaffenheit) auf 30°C vorgewärmtes dest. Wasser im ebenfalls auf diese Temperatur gebrachten Knetraum des Farinographen mit 500 FE (= Farinograph-Einheiten) geknetet. Daraufhin bringt man den Teig in eine Gummiblase, die in ein mit einem Schreibgerät verbundenes Wasserbad eingehängt ist. Mit Hilfe des Diagramms können Geschwindigkeit und Ausmaß der Kohlensäure-Bildung objektiv verfolgt werden.

Der Vollständigkeit halber sei auf den von S. BURROWS u. J. S. HARRISON (1959) angegebenen „Fermentometer-Test" hingewiesen.

Versuche, die Gärkraft von Backhefen durch Messung der aus Zuckerlösungen gebildeten Kohlensäure-Mengen zu bestimmen (J. DEHNICKE 1952), haben zu Werten geführt, die mit den im Teiglockerungsversuch gewonnenen nicht vergleichbar sind.

6. Bestimmung der toten Zellen

Reagentien

   a) Methylenblaulösung (1 : 5000):

0,02 g Methylenblau werden auf 100 ml mit dest. Wasser gelöst.

   b) Phosphatpufferlösung:

99,75 ml Kaliumdihydrogenphosphat (m/5) +

0,25 ml Dinatriumhydrogenphosphat (m/5).

Arbeitsvorschrift: Man mischt gleiche Teile der Lösung a) und Lösung b), wodurch eine Methylenblaulösung 1 : 10000 entsteht. Diese Lösung muß vor starker Belichtung geschützt werden.

Zur Bestimmung der toten Zellen gibt man eine geringe Menge einer Hefesuspension in die gepufferte Methylenblaulösung und zählt mit Hilfe der Thoma'schen Zählkammer die gefärbten Hefezellen (= toten Zellen) gegenüber der Gesamtzellenzahl aus und erhält auf diese Weise den Prozentgehalt an toten Hefezellen.

7. Infektionsgrad (Fremdorganismen)

Das zu untersuchende Hefestück wird mit einem sterilen Spatel zerlegt. Von 8—10 verschiedenen Stellen der Innenseite werden Proben mit geglühter Platinöse genommen. Diese werden in sterile Malzextrakt-Lösung von 6° Balling und pH 5,0 eingeimpft, die dann so weit verdünnt wird, daß bei Verwendung der Lindner'schen Tröpfchenmethode in jedem Tropfen 8—10 Zellen enthalten sind. Es werden 50 Tröpfchen angelegt. Anschließend werden die Präparate 24 Std liegengelassen und dann die Kolonien ausgezählt, wobei auch fremde Hefen und Bakterien-Kolonien gut zu erkennen sind. Der Gehalt an Bakterien und fremden Hefen wird auf 100 Backhefe-Zellen bezogen.

Liegen in der Hefeprobe nur wenige Bakterien vor, so wird zu deren Nachweis in letzter Zeit das von Streptomyces griseus gebildete Antibioticum Actidion verwendet, das wohl die Hefezellen, nicht aber das Bakterien- und Schimmelpilz-

Wachstum beeinflußt (S. R. Green u. P. P. Gray 1951; A. von Szilvinyi u. Mitarb. 1954; A. Hendrickx 1954).

Actidion wird in Mengen von 0,5—2,0 mg/l den zu beimpfenden Nährböden zugesetzt, auf denen sich dann nur Bakterien und Schimmelpilze entwickeln.

Zum Nachweis wilder Hefen in Backhefe ist eine Reihe von Spezialnährböden vorgeschlagen worden, deren C- und N-Quellen nur von Wuchshefen assimiliert werden können. Einzelheiten müssen den Originalarbeiten entnommen werden (B. Buresova u. P. Rach 1958; L. S. Walters u. M. R. Thiselton 1953; E. O. Morris u. A. A. Eddy 1957).

II. Chemische Untersuchung

1. Trockensubstanz

2 g Hefe werden in ein vorgewogenes Wägegläschen ($\varnothing$ 45 mm, Höhe 30 mm) gleichmäßig am Boden eingedrückt; das Ganze wird bei geschlossenem Deckel ausgewogen. Dann wird die Hefe zur Unterdrückung der Fermenttätigkeit mit 0,6—1 ml 96%igem Alkohol (F. Stockhausen u. K. Silbereisen 1935) durchfeuchtet, das Wägeglas in den auf 104°C eingestellten Trockenschrank gebracht und dort 4—5 Std belassen. Das Wägegläschen wird im geschlossenen Zustand im Exsikkator ausgekühlt und dann zurückgewogen.

Aus der Einwaage feuchter Hefe und dem Gewicht der Hefetrockensubstanz werden die Prozente in bekannter Weise errechnet.

In neuerer Zeit ist eine Reihe von Methoden zur Bestimmung des Wassergehaltes von Lebensmitteln angegeben worden, die sich auch — teils unter größerem apparativem Aufwand — zur Bestimmung der Hefetrockensubstanz eignen.

So kann mit Hilfe des Schnellwasserbestimmers nach Brabender die Trockensubstanz in 45 min bei 150°C hinreichend genau ermittelt werden, während auf Messung der Leitfähigkeit und der Dielektrizitätskonstanten beruhende Methoden (E. Duvernoy 1952) oftmals zu hohe Werte liefern. Auch die Karl-Fischer-Methode ist schon mehrfach zur Wasserbestimmung in Back- und Trockenbackhefe herangezogen worden (A. Fiechter u. U. Vetsch 1957; L. Minarikova u. V. Stuchlik 1958).

Weiterhin ist von E. Rohrer (1948) eine sehr genaue Mikromethode zur Schnellwasserbestimmung ausgearbeitet worden, die auf der volumetrischen Messung der aus Calciumcarbid durch das Hefewasser freigesetzten Acetylenmenge beruht.

2. Asche

5—10 g Hefe werden in einem ausgewogenen Porzellan-, Quarz- oder Platintiegel zunächst getrocknet, dann vorsichtig verkohlt und durch schwaches Glühen nach üblicher Methode verascht.

Da bei starkem Glühen eine Verflüchtigung bestimmter Aschebestandteile erfolgen kann und überhaupt die Verbrennung durch Mineralsubstanzen erschwert wird, ist es bei exakten Ascheanalysen notwendig, daß man die bei schwacher Rotglut verkohlte Hefemasse mit Wasser auf dem Wasserbad verrührt und auf diese Weise die Mineralsubstanzen aus der Kohle auszieht. Bei hohem Mineralsalzgehalt ist eine solche Behandlung mehrmals zu wiederholen. Die Auszüge werden heiß durch ein aschefreies Filter abfiltriert und müssen dabei vollkommen blank und farblos ablaufen, wenn ausreichend stark und lange verkohlt wurde. Filter und Kohlerückstand werden anschließend im Porzellantiegel verkohlt und durch starkes Erhitzen restlos verglüht. Wenn die Asche nicht ganz gleichmäßig rein weiß wird, läßt sich dies meist durch mehrmaliges Anfeuchten mit verdünnter Salpetersäure oder Ammoniumnitratlösung erreichen. Hiernach werden die filtrierten wäßrigen Auszüge aus der verkohlten Hefemasse vorsichtig zu der Asche hin-

zugegeben, eingeengt und schwach geglüht; der gesamte Rückstand wird ausgewogen. Die Bestimmungen können auch im verkohlten Rückstand und in den vereinigten Filtraten getrennt vorgenommen werden.

Wichtige Hinweise für die Aschebestimmung in der Hefe finden sich bei
H. FINK u. H. WILDNER (1949), die besonders die Notwendigkeit einer vorsichtigen
Vortrocknung, Verbrennung bei genügender Luftzufuhr und sachgemäßer Ver-
glühung bei 800—900°C zur Erzielung einer hellen Asche hervorheben.

3. Gesamtstickstoff (Rohprotein)

Der Gesamtstickstoff wird mittels eines zur Halbmikromethode modifizierten
Kjeldahl-Verfahrens in der Apparatur von Parnas-Wagner bestimmt (vgl. Bd. II/2).

4. Gesamtphosphorsäure

Bei der Bestimmung des Phosphorgehaltes der Backhefe haben sich die colorimetrische Methode von K. LOHMANN u. J. JENDRASSIK (1926) und die gravimetrische von G. EMBDEN (1921) bewährt (vgl. auch Bd. II/2).

5. Eisen, Kupfer

Durch die Züchtung von Hefe in Behältnissen aus Stahl oder Kupfer können
Eisen und/oder Kupfer in Spuren in die Hefe gelangen. Ihr Nachweis und ihre
Bestimmung erfolgt nach den in Bd. II/2 dieses Handbuchs angegebenen Metho-
den (vgl. auch P. NEHRING „Gemüse in Dosen und Gläsern" in Band V/2).

6. Blei

Reagentien:

a) Dithizon-Lösung (G. IWANTSCHEFF 1958): Zur Herstellung einer Stammlösung werden
20 mg Dithizon unter kräftigem Umschütteln in 100 ml Tetrachlorkohlenstoff (oder Chloroform) gelöst und im Kühlschrank aufbewahrt. Eine solche Lösung ist mehrere Monate haltbar.
In Abhängigkeit von der zu bestimmenden Bleimenge können aus dieser Stammlösung die
entsprechenden Reagens-Lösungen hergestellt werden.

b) 25%iges NH_3

c) Ammoniumcitratlösung[1]: 80 g Citronensäure werden in 200 ml dest. Wasser gelöst und
durch Zugabe von Ammoniak (ca. 100 ml 25% NH_3) auf einen pH-Wert von 8,0—8,5 eingestellt.

d) 10%ige KCN-Lösung in dest. Wasser[1].

e) 20%ige Hydroxylaminhydrochlorid-Lösung in dest. Wasser. Diese Lösung muß verwendet werden, wenn oxydierende Substanzen in größerer Menge vorliegen, die das Dithizon
zu Diphenylthiocarbodiazon oxydieren.

f) Blei-Standardlösung: 1,829 g Bleiacetat · 3 H_2O werden unter Zugabe einiger ml konz.
HNO_3 in dest. Wasser gelöst und im Meßkolben auf 1000 ml aufgefüllt.
1 ml = 1 mg Pb.

Arbeitsvorschrift: 5—10 g Hefe werden im Kjeldahl-Kolben mit Salpetersäure und wenig
Schwefelsäure (5—10 ml) aufgeschlossen. Bei Trockenhefe wird die Schwefelsäure erst später
zugegeben.

Die Aufschlußlösung wird mit Wasser verdünnt und in ein 100 ml-Kölbchen übergespült.
Diese Lösung wird zuerst mit konz., dann mit verd. NH_3 vorsichtig neutralisiert (pH 7—8) und
mit Wasser bis zur Marke aufgefüllt.

Zu 5—10 ml Aufschlußlösung gibt man 10 ml Ammoniumcitrat sowie 0,5 ml KCN-Lösung
hinzu und ergänzt mit dest. Wasser auf 20,5 ml. Anschließend wird 1 min mit 15 ml einer
0,001%igen Dithizon-Lösung extrahiert und die gefärbte CCl_4-Schicht innerhalb 5 min bei
525 nm gemessen, da die Lösungen — insbesondere in hellem Licht — fortschreitend zerstört
werden.

---

[1] Um etwa vorhandenes Blei zu entfernen, wird die Lösung mehrmals mit Dithizon
geschüttelt und überschüssiges Dithizon mit CCl_4 aus der wäßrigen Phase entfernt.

7. Arsen

Prinzip: Das im Schwefelsäure-Salpetersäure-Aufschluß der Hefe vorliegende As (V) wird in 3—6 n-H_2SO_4-Lösung mit KJ zu As (III) reduziert und dieses mit Diäthylammonium-diäthyldithiocarbamat (DADDC) in Chloroform extrahiert. Nach oxydativer Zerstörung des Extraktes wird das wieder 5-wertige As mit vorreduzierter Molybdänsäure in die blaue As-Mo-Verbindung übergeführt und die Extinktion bei 840 nm gemessen. Arsen-Mengen bis zu etwa 1 γ können mit guter Reproduzierbarkeit bestimmt werden.

Reagentien:

a) ca. 3 n-Schwefelsäure: 83 ml Schwefelsäure (96%) p. a. werden mit Wasser zu 1 l verdünnt.

b) 25%ige Kaliumjodidlösung

c) 2%ige Natriumdisulfitlösung

d) DADDC-Lösung: 2,5 g Diäthylammoniumdiäthyldithiocarbamat werden mit Chloroform zu 500 ml Lösung gebracht.

e) Mischsäure: Gemisch von 2 Vol. Schwefelsäure (96%) p. a. und 1 Vol. Salpetersäure (65%) p. a.

f) Indicatorlösung: kalt gesättigte wäßrige Lösung von 2,4-Dinitrophenol.

g) Molybdänreagens (nach F. L. Hahn u. R. Luckhaus 1956): 6,85 g Natriummolybdat p. a. ($Na_2MoO_4 \cdot 2 H_2O$) oder 5,2 g Ammoniummolybdat p. a. (($NH_4)_6 Mo_7O_{27} \cdot 4 H_2O$) und 400 mg Hydrazinsulfat p. a. werden in einem geräumigen Kolben in 100 ml Wasser völlig aufgelöst. Dann fügt man unter Umschwenken 100 ml Schwefelsäure (96%) p. a. zu. Es entsteht sofort eine tiefblaue Lösung. Nach dem Erkalten wird sie mit Wasser in einen 1 l-Meßkolben gespült und zur Marke aufgefüllt. Die Lösung ist jetzt hellbraun gefärbt. Reagenslösung und Probelösung werden immer im Verhältnis 1:4 gemischt.

Arbeitsvorschrift (H. Furrer 1961):

Aufschluß der Hefeproben: Da durch Reduktion leicht Arsen-Verluste entstehen können, ist darauf zu achten, daß immer genügend Oxydationsmittel vorhanden ist.

5—10 g Hefe werden mit 25—50 ml HNO_3 (65%) (später evtl. weitere Zugaben) allein erhitzt, bis alles gelöst ist. Dann gibt man 5 ml H_2SO_4 (96%) hinzu und immer so viel HNO_3, daß die Lösung sich nicht schwarz verfärbt. Entwickelt der Aufschluß weiße Schwefelsäuredämpfe, so gibt man nach dem Abkühlen langsam 5—10 ml Perhydrol p. a. und dann nochmals 5 ml Perhydrol zu und läßt abrauchen, bis weiße Schwefelsäuredämpfe entstehen. Dies wird so oft wiederholt, bis bei Perhydrolzusatz keine Schwarzfärbung mehr eintritt.

Nach Beendigung des Aufschlusses wird der Kolbenhals mit etwas Wasser abgespült und erhitzt, bis alles Perhydrol entfernt ist. Der Aufschlußrückstand wird mit 50 ml 3 n-H_2SO_4 verdünnt, in einen 250 ml Scheidetrichter gegossen und der Kolben mit 50 ml 3 n-H_2SO_4 nachgespült. Trübe Lösungen müssen zentrifugiert werden.

Man kann den Aufschlußrückstand auch mit 3 n-H_2SO_4 in einem 100 ml-Meßkolben zur Marke auffüllen und zur Bestimmung einen aliquoten Teil verwenden (z. B. 50 ml).

Vorextraktion des Arsens: Im Scheidetrichter wird die klare Lösung zweimal mit je 10 ml DADDC-Lösung 2 min lang geschüttelt, abgetrennt und mit 5 ml Chloroform kurz geschüttelt. Die organischen Extrakte werden verworfen.

Die schwefelsaure Lösung wird (mit Spuren von Chloroform) in einen 150 ml-Erlenmeyerkolben abgelassen und der Scheidetrichter mit 4—5 ml 3 n-H_2SO_4 nachgespült.

Reduktion: Die Lösung wird mit 2 ml KJ-Lösung und 1 ml Natriumdisulfitlösung versetzt, 10 min auf dem siedenden Wasserbad gehalten und dann abgekühlt (bis ca. handwarm). Danach wird die Lösung in den Scheidetrichter zurückgegossen und der Erlenmeyerkolben mit 4—5 ml 3 n-H_2SO_4 nachgespült.

Extraktion des Arsens: Man schüttelt mit 15 ml DADDC-Lösung 2 min lang. Die Chloroformphase wird in einen 100 ml-Scheidetrichter abgetrennt und die Extraktion noch zweimal mit je 5 ml DADDC-Lösung wiederholt. Zum Schluß wird kurz mit 5 ml Chloroform nachgewaschen.

Die vereinigten Chloroformphasen werden kurz mit 10 ml 3 n-H_2SO_4 geschüttelt und nach sauberem Abtrennen in ein 50 ml Erlenmeyerkölbchen abgelassen. Die Schwefelsäure wird kurz mit 2—3 ml Chloroform gewaschen und letzteres den Extraktlösungen zugefügt.

Das Chloroform wird auf dem Wasserbad abgedampft (Glassiedeperlen!). Zum Rückstand gibt man 4 ml Mischsäure und erhitzt auf dem Asbestdrahtnetz über kleiner Flamme oder auf einer Heizplatte. Sind die braunen Stickoxide verschwunden und entwickeln sich im Gefäß dicke, weiße Schwefelsäuredämpfe, wird noch 1 min weiter erhitzt (Gesamtdauer des Aufschlusses 4—5 min).

Nach dem Erkalten verdünnt man mit etwas Wasser und spült die Flüssigkeit in einen 50 ml-Meßkolben über (Volumen etwa 25 ml). Nach dem Abkühlen läßt man aus einer Bürette 4,5 ml Ammoniaklösung (25%) unter Umschwenken zufließen, kühlt nochmals ab, setzt 5 Tropfen Indicatorlösung zu und titriert weiter, bis die Lösung sich bis auf 1 Tropfen genau gelb färbt.

Photometrische Bestimmung: Man setzt der Lösung 10 ml Molybdänreagens zu, füllt mit Wasser zur Marke auf, mischt und stellt den Meßkolben für 30 min in ein siedendes Wasserbad. Dann wird rasch abgekühlt und mit Wasser zur Marke ausgeglichen.

Die Absorption der Lösung kann sofort, spätestens aber nach 12 Std. in 20 mm-Küvetten bei 840 nm gemessen werden, bei großer Farbstärke in 10 mm-Küvetten.

Als Vergleich dient ein Gemisch aus 10 ml Molybdänreagens und 5 Tropfen Indicatorlösung, das mit Wasser zu 50 ml aufgefüllt wird (kein Erhitzen).

Der Blindwert der Chemikalien wird festgestellt, indem der ganze Analysengang mit den bei einer Probeanalyse eingesetzten Reagentienmengen durchgeführt wird.

Aufstellen der Eichkurve: 1 ml einer Arsen-Standard-Lösung (1,320 g Arsentrioxid (As_2O_3) = 1,000 g As werden mit 20 ml 2 n-NaOH gelöst und mit Wasser auf 1 l verdünnt. 1 ml = 1 mg As) wird in einem Erlenmeyerkolben mit 20 ml Wasser, 10 ml H_2SO_4 (96%) und 1 ml Perhydrol versetzt und dann erhitzt, bis weiße Schwefelsäuredämpfe entweichen. Nach dem Erkalten spült man mit einigen ml dest. Wasser die Gefäßwandung innen ab, erhitzt nochmals, bis sich wieder Schwefelsäuredämpfe entwickeln. Nach dem Erkalten verdünnt man mit Wasser und füllt auf 100 ml auf. 1 ml enthält 10 γ As (V).

Für die Eichwerte werden x ml der Arsen(V)-Lösung in einen 50 ml Meßkolben pipettiert und so viel Schwefelsäure (96%) zugegeben, daß ihre Gesamtmenge 2 ml beträgt. Man verdünnt mit Aqua dest. auf 25 ml, setzt 4,5 ml Ammoniaklösung (25%) zu und titriert mit 5 Tropfen Indicatorlösung bis zur Gelbfärbung. Danach verfährt man wie oben beschrieben.

8. Ergosterin

Ergosterin ($C_{28}H_{44}O$) zeigt aufgrund seiner konjugierten Doppelbindungen im Ringsystem ein typisches UV-Spektrum, das ausgeprägte Maxima bei 271,5, 282 und 293,5 nm aufweist. Dieses Spektrum unterscheidet sich grundsätzlich von dem der in der Hefe ebenfalls vorkommenden, dem Ergosterin nahe verwandten Nebensterine wie Ascosterin, Faecosterin, Anasterin, Episterin, Hyposterin, Cerevisterin und Zymosterin, die im Ringsystem nur eine Doppelbindung besitzen. Einzig das Neosterin zeigt ein mit Ergosterin identisches Spektrum, stört aber — da es ein Gemisch aus Ergosterin und dem nicht absorbierenden a-Dihydro-Ergosterin darstellt — die Bestimmung nicht. Auch das Zymosterin zeigt im UV-Bereich keine Absorption. Da das Maximum bei 293,5 nm durch die Nebensterine am wenigsten beeinflußt wird, verwendet man den bei dieser Wellenlänge gemessenen Wert. Allerdings muß hiervon noch der bei 310 nm am Fußpunkt der Ergosterinkurve ermittelte Blindwert abgezogen werden.

Da ein großer Teil des Ergosterins der Hefezelle verestert oder als Komplex vorliegt, wird es erst durch einen Aufschluß der Zellsubstanz der Extraktion zugänglich gemacht. Die Bestimmung erfolgt nach dem von O. Hummel (1956) angegebenen Verfahren.

Weitere spektralphotometrische, gravimetrische und chromatographische Ergosterin-Bestimmungsmethoden sind von F. Reindel u. Mitarb. (1937), W. Halden (1939), F.W. Lamb u. Mitarb. (1946), D. Waghorne u. C.D. Ball (1952), F. Reinartz (1953) sowie L.M. Reineke (1956) angegeben worden. Nach F. Reinartz u. Mitarb. (1951) können die Nebensterine chromatographisch bestimmt werden.

Bibliographie

Arima, K., W.J. Nickerson, M. Pyke, H. Schanderl, A.S. Schultz, A.C. Thaysen and R.S.W. Thorne: Yeasts. Hrsg. von W. Roman. Den Haag: Dr. W. Junk, Publishers 1957.

Becker, D., u. J. Weber: Zuckerhaltige Rohstoffe. In: Die Hefen, Bd. II, S. 31—81. Nürnberg: Hans Carl 1962.

Bergander, E.: Biochemie und Technologie der Hefe. Technische Fortschrittsberichte, Bd. 59. Dresden, Leipzig: Theodor Steinkopff 1959.

Biochemistry of industrial micro-organisms. Hrsg. von C. Rainbow und A.H. Rose. London, New York: Academic Press 1963.

Butscheck, G., u. R. Kautzmann: Backhefefabrikation. In: Die Hefen, Bd. II, S. 501—610. Nürnberg: Hans Carl 1962.

The chemistry and biology of yeasts. Hrsg. von A.H. Cook. New York: Academic Press Inc. 1958.

Dehnicke, J.: Laboratoriumsbuch für die Brennerei- und Hefeindustrie. Laboratoriumsbücher für die chemischen und verwandten Industrien, Bd. XXVI. Neubearb. u. erw. v. H. Kreipe. 2. Aufl. Halle (Saale): Wilhelm Knapp 1952.

Eddy, A.A.: Aspects of the chemical composition of yeast. S. 184—198: Carbohydrates. In: The chemistry and biology of yeasts. Hrsg. von A.H. Cook. New York: Academic Press Inc. 1958.

Halden, W.: Lipoide. In: Handbuch der Lebensmittelchemie. Bd. IV, S. 708—758. Berlin: Springer 1939.

Die Hefen. Hrsg. von F. Reiff, R. Kautzmann, H. Lüers u. M. Lindemann. Bd. I: Die Hefen in der Wissenschaft; Bd. II: Technologie der Hefen. Nürnberg: Hans Carl 1960, 1962.

Hoppe, W.: Die Lipide der Hefen. C. Phosphatide der Hefen. In: Die Hefen, Bd. I, S. 489—497. Nürnberg: Hans Carl 1960.

Industrial Fermentations. Hrsg. von L.A. Underkofler und R.J. Hickey. Bd. I und II. New York: Chemical Publishing Co., Inc. 1954.

Ingram, M.: An introduction to the biology of yeasts. London: Sir Isaac Pitman & Sons, Ltd. 1955.

Iwantscheff, G.: Das Dithizon und seine Anwendung in der Mikro- und Spurenanalyse. Weinheim/Bergstr.: Verlag Chemie 1958.

Kretzschmar, H.: Hefe und Alkohol sowie andere Gärungsprodukte. Berlin-Göttingen-Heidelberg: Springer 1955.

Olbrich, H.: Die Schleudertechnik in der Hefe- und Spiritusindustrie. Berlin: Institut für Gärungsgewerbe 1954.

—, Die Melasse. Berlin: Institut für Gärungsgewerbe 1956.

Prescott, S.C., and C.G. Dunn: Industrial microbiology. 3. Aufl. New York-Toronto-London: McGraw-Hill Book Comp., Inc. 1959.

Sandell, E.B.: Colorimetric determination of traces of metals. 2. Aufl. New York-London: Interscience Publishers, Inc. 1950.

Schnegg, H.: Die Hefereinzucht. 2. Aufl. Nürnberg: Hans Carl 1947.

Silbereisen, K.: Chemische Zusammensetzung und physikalische Eigenschaften der Hefen. III. Kohlenhydrate. In: Die Hefen, Bd. I, S. 353—368. Nürnberg: Hans Carl 1960.

Stoll, A., u. E. Jucker: Phytosterine, Steroidsaponine und Herzglykoside. In: Moderne Methoden der Pflanzenanalyse, Bd. III, S. 141—176. Hrsg. von K. Paech und M.V. Tracey. Berlin-Göttingen-Heidelberg: Springer 1955.

Trevelyan, W.E.: Synthesis and degradation of cellular carbohydrates by yeasts. In: The chemistry and biology of yeasts. S. 369—436. Hrsg. von A.H. Cook. New York: Academic Press Inc. 1958.

White, J.: Yeast technology. New York: John Wiley and Sons Inc. 1954.

Zeitschriftenliteratur

Bergander, E., u. K. Bahrmann: Untersuchungen über die Entwicklung von lagernder Hefe. Nahrung 1, 74—87 (1957).

—, Schnellbewertung der Haltbarkeit von Backhefen. Nahrung 2, 500—505 (1958).

Boyland, E.: Phosphorsäureester bei der alkoholischen Gärung. II. Pyrophosphat in Hefepräparaten. Biochem. J. 24, 350—354 (1930).

Buresova, B., u. P. Rach: Nährboden zum Nachweis von Hefeinfektionen in der Hefefabrik. Kvasný prumysl 4, 60 (1958); zit. nach Chem. Zbl. 1959, 8733.

Burrows, S., and J.S. Harrison: Routine method for determination of the activity of baker's yeast. J. Inst. Brew. 65, 39—45 (1959).

Drews, B., F. Just, H. Olbrich u. J. Vogl: Über die Aufnahme von Kobalt und Mangan durch Mikroorganismen. Brauerei, Wiss. Beil. 2, 91—92, 99—103 (1952).

Dulaney, E.L., E.O. Stapley and K. Simpf: Studies on ergosterol production by yeasts. Appl. Microbiol. 2, 371—379 (1954).

Duvernoy, E.: Schnellwasserbestimmung in der Brauerei und Mälzerei. Brauwelt 92, 437—440 (1952).

Edmonds, M., A.M. Delluva u. D.W. Wilson: Zum Stoffwechsel der Purine und Pyrimidine bei Hefekulturen. J. biol. Chem. 197, 251—259 (1952).

Embden, G.: Eine gravimetrische Bestimmungsmethode für kleine Phosphorsäuremengen. Hoppe-Seylers. Z. physiol. Chem. 113, 138—145 (1921).

FIECHTER, A., u. U. VETSCH: Die Wasserbestimmung in Zellmaterial von Sacch. cerevisiae nach Karl Fischer. Experientia **13**, 72—74 (1957).

FINK, H., u. H. WILDNER: Über die Bestimmung des Aschengehaltes in Hefe und Hefeextrakt. Brauwiss. **2**, 145—150 (1949).

FRAENKEL, G., u. M. BLEWETT: Die Notwendigkeit von Folsäure und nicht identifizierten Gliedern des Vitamin-B-Komplexes in der Ernährung gewisser Insekten. Biochem. J. **41**, 469—475 (1947).

FURRER, H.: Die Bestimmung von Mikrogramm-Mengen Arsen. Mitt. Lebensmitt.-Untersuch. Hyg. **52**, 286—298 (1961).

GREEN, S. R., and P. P. GRAY: A differential procedure for bacteriological studies useful in the fermentation industry. Wallerstein Lab. Commun. **14**, 289—295 (1951).

HAHN, F. L., u. R. LUCKHAUS: Ein vorzügliches Reagens zur colorimetrischen Bestimmung von Phosphat und Arsenat. Z. analyt. Chem. **149**, 172—177 (1956).

HENDRICKX, A.: Biologische Überwachung mit Actidion. Fermentatio 268—270 (1954); zit. nach Chem. Zbl. 1956, 880.

HOFFMANN, J.: Ein bisher nicht erfaßter radioaktiver Bestandteil der Hefe. Biochem. Z. **311**, 311—316 (1941).

—, u. R. GARZULY-JANKE: Einfluß von Uranspuren auf Hefezellen. Biochem. Z. **313**, 372—376 (1942).

HUMMEL, O.: Zur Ergosterinbestimmung in Hefen. Z. Lebensmittel-Untersuch. u. -Forsch. **103**, 190—198 (1956).

KATCHMAN, B. J., u. J. SMITH: Diffusion von synthetischen und natürlichen Polyphosphaten. Arch. Biochem. Biophys. **75**, 396—402 (1958).

KLEINZELLER, A.: Synthesis of lipids. Advanc. Enzymol. 8, 299—341 (1948).

KORN, E. D., and D. H. NORTHCOTE: Physical and chemical properties of polysaccharides and glycoproteins of the yeast-cell wall. Biochem. J. **75**, 12—17 (1960).

KREGER, D. R.: Observations on cell walls of yeasts and some other fungi by x-ray diffraction and solubility tests. Biochim. biophys. Acta **13**, 1—9 (1954).

KUTSCHER, U.: Die Bestimmung des Weißgehaltes und Gelbstiches in vergleichenden Untersuchungen bei Back- und Brennereihefen mit dem Leukometer nach B.-Lange. Branntweinwirtschaft **75**, 408—410 (1953).

LAMB, F. W., A. MUELLER u. G. W. BEACH: Quantitative Bestimmung von Ergosterin, Cholesterin und 7-Dehydrocholesterin. Antimontrichloridmethode. Industr. Engin. Chem. Analyt. Ed. **18**, 187 (1946).

LANGE-DE LA CAMP, M., u. W. STEINMANN: Speicherung von Metallionen in niederen Organismen. Arch. Mikrobiol. **19**, 87—106 (1953).

LOHMANN, K., u. J. JENDRASSIK: Kolorimetrische Phosphorbestimmungen im Muskelextrakt. Biochem. Z. **178**, 419—426 (1926).

MINARIKOVA, L., u. V. STUCHLIK: Die Anwendung der Karl-Fischer-Methode zur Betriebskontrolle der getrockneten, vitaminreichen Backhefe. Kvasný prumysl **4**, 181 (1958); zit. nach Branntweinwirtschaft **81**, 154 (1959).

MORRIS, E. O., and A. A. EDDY: Method for the measurement of wild yeast infection in pitching yeast. J. Inst. Brewing. **63**, 34—35 (1957).

NORTHCOTE, D. H.: Struktur und Organisation von Polysacchariden der Hefe. Pure appl. Chem. **7**, 669—675 (1963).

POLAKIS, E. S., and W. BARTLEY: Changes in dry weight, protein, deoxyribonucleic acid, ribonucleic acid and reserve and structural carbohydrate during the aerobic growth cycle of yeast. Biochem. J. **98**, 883—887 (1966).

Quentin, G.: Der Einfluß der Kationen auf die Saccharoselöslichkeit in Melassen und die Möglichkeiten einer technologischen Auswertung der unterschiedlichen Löslichkeitsbeeinflussung. Zucker **10**, 408—415 (1957).

REINARTZ, F.: Über die quantitative Bestimmung der Sterine in der Hefe. Angew. Chem. **65**, 322 (1953).

—, H. LAFOS u. W. WETZEL: Chromatographische Trennung von Hefesterinen. Mikrochemie **38**, 581—590 (1951).

REINDEL, F., K. NIEDERLÄNDER u. R. PFUNDT: Die Sterinproduktion der Hefe bei Züchtung nach dem Zulauf- und Lüftungsverfahren. Biochem. Z. **291**, 1—6 (1937).

REINEKE, L. M.: Papierchromatographie bei der Steroidbestimmung. Analytic. Chem. **28**, 1853—1858 (1956).

ROHRER, E.: Mikro-Schnellmethode zur Trockensubstanzbestimmung der Hefe. Schweiz. Brauerei-Rdsch. **59**, 181—182 (1948).

SJÖBLOM, L., u. E. STOLPE: Backhefe. 1. Mitt. Kohlenhydrate der Hefe und ihre Veränderung während der Lagerung. Acta Acad. Aboensis, Math. Physica **24**, 3—28 (1964); zit. nach Chem. Zbl. 1966, 20—3023.

Stockhausen, F., u. K. Silbereisen: Hefegummistudien. I. Die Bestimmung des Hefegummis in der Hefe. Wschr. Brauerei **52**, 145—146 (1935).

Suomalainen, H., and S. Pfäffli: Changes in the carbohydrate reserves of baker's yeast during growth and on standing. J. Inst. Brewing **67**, 249—254 (1961).

von Szilvinyi, A., H. Klaushofer u. C. Rauch: Zur Verwendung des Actidions in der biologischen Betriebskontrolle. Mitt. Versuchsstation Gärungsgewerbe (Wien) **8**, 101—103 (1954).

Täufel, K., K. J. Steinbach u. G. Meinert: Mono-, Oligo- und Polysaccharide von Preß- und Brauereihefe. Nahrung **4**, 295—309 (1960).

Waghorne, D., u. C. D. Ball: Halbmikromethode zur Bestimmung pflanzlicher Sterine. Analytic. Chem. **24**, 560—564 (1952).

Walters, L. S., and M. R. Thiselton: Utilization of lysine by yeasts. J. Inst. Brewing **59**, 401—404 (1953).

Weygand, F., O. Trauth u. R. Löwenfeld: Konstitutionsaufklärung des Thiozuckers der Adenylthiomethylpentose. Ber. dtsch. Chem. Ges. **83**, 563—567 (1950).

Zoberst, W.: Über eine neue Methode der Haltbarkeitsbeurteilung von Hefe. 1955. Unveröffentlicht.

Patente

Dansk Gaerings Industri A.S.: Herstellung von Hefe, insbesondere Lufthefe. Schwed. P. 56428 (pat. v. 8. VIII. 1919 an).

Hefe-Patent GmbH., Hamburg (Erfinder R. Kautzmann): Verfahren und Vorrichtung zur Herstellung von Hefe, insbesondere Backhefe. D.A.S. 1107172 (angem. 10. X. 1959).

Verein der Spiritusfabrikanten in Deutschland: Verfahren der Hefefabrikation ohne oder mit nur geringer Alkoholerzeugung. D.R.P. 300662 (pat. v. 17. III. 1915 an).

— Verfahren der Hefefabrikation ohne oder mit nur geringer Alkoholerzeugung. D.R.P. 303221 (pat. v. 1. IV. 1915 an).

Sachverzeichnis

(Die wichtigste Verweisung ist durch *kursiv*-gedruckte Seitenzahl gekennzeichnet)

Printed in the United States
By Bookmasters